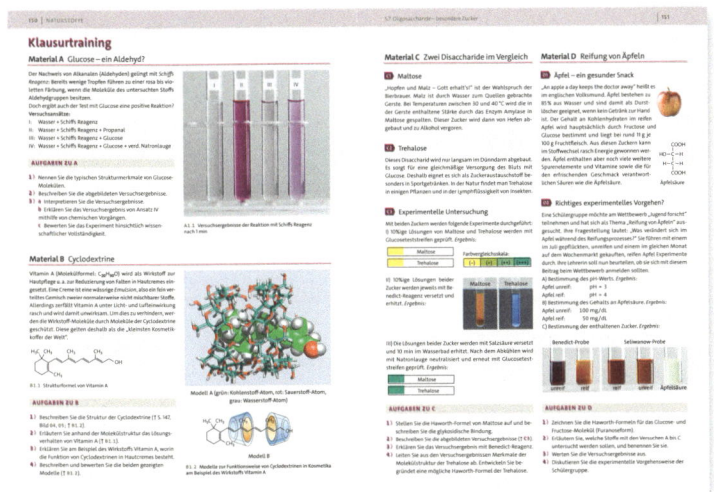

Klausurtraining

Training fürs Abitur: Ähnlich wie im Abitur werden Sie mit diesen Aufgaben herausgefordert! Beschäftigen Sie sich zuerst mit dem vorgestellten Material, damit Sie die Aufgaben lösen können.

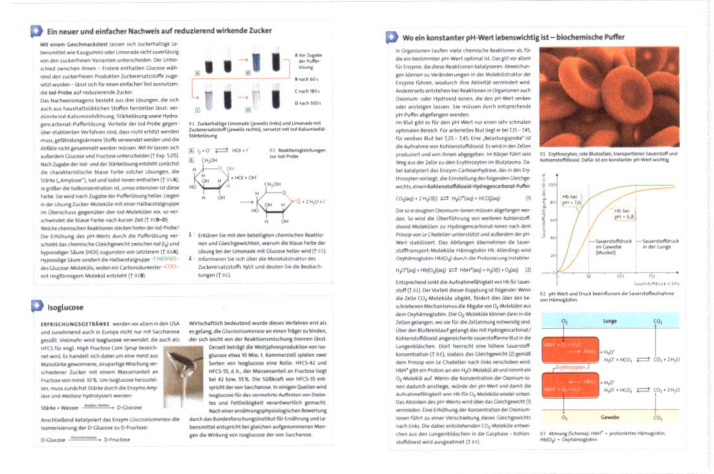

Das Plus in der Chemie

Themen, die die Chemie lebendig machen: Energie, Umwelt, Geschichte, Gesundheit und mehr – mit Texten, Abbildungen und Aufgaben, die Sie tiefer in die Anwendungsbereiche der Chemie einsteigen lassen.

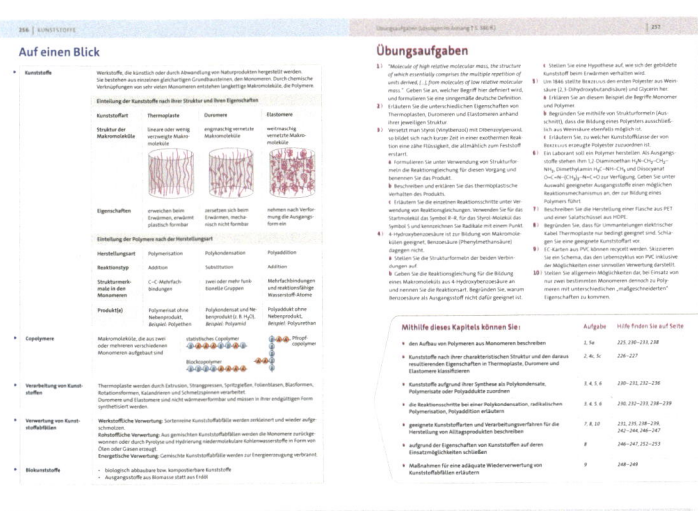

Auf einen Blick und Übungsaufgaben

Am Kapitelende finden Sie die wichtigsten Fachbegriffe *Auf einen Blick* erklärt.
Die *Übungsaufgaben* bieten zusätzliche Aufgaben zur Überprüfung des Grundwissens mit den Lösungen im Anhang. Anhand der Kompetenzübersicht können Sie Ihr erworbenes Wissen sicher einschätzen.

Fokus Chemie

Kursstufe

Erarbeitet von

Riko Burgard

Thomas Epple

Holger Fleischer

Thorsten Kreß

Chaya Stützel

Baden-Württemberg

Fokus Chemie
Kursstufe | Baden-Württemberg

Autorinnen und Autoren:	Riko Burgard (Rottweil), Dr. Thomas Epple (Herrenberg), Dr. Holger Fleischer (Schwäbisch Gmünd), Thorsten Kreß (Stuttgart), Chaya Stützel (Stuttgart)
Herausgeber:	Dr. Holger Fleischer
Autorinnen und Autoren der weiteren Ausgaben:	Arno Fischedick, Dr. Holger Fleischer, Dr. Volker Hofheinz, Annkathrien Jaek, Carsten Kinzel, Stefanie Kohl-Krug, Carina Kronabel, Franziska Lehmann-Eser, Dr. Uwe Lüttgens, Ralf Malz, Thorsten May, Jörn Peters, Dr. Marcus Rehbein, Jens Riedel, Christa Spier, Michael Stein, Dr. Reinhard Vetters
Redaktion:	Dr. Claudia Seidel
Illustration und Grafik:	Hannes von Goessel, Birgit Janisch, Tom Menzel, Oxana Rödel, Detlef Seidensticker
Layoutkonzept:	SOFAROBOTNIK GbR, Augsburg & München
Umschlaggestaltung:	Klein & Halm Grafikdesign
Technische Umsetzung:	Straive

Begleitmaterial zum Lehrwerk

Schülerbuch als E-Book mit Medien	1100030080
Lösungen zum Schulbuch	978-3-06-011257-9
Unterrichtsmanager Plus mit E-Book und Begleitmaterialien	1100030085
Fokus Chemie Mysterys für SI und SII (Print)	978-3-06-015814-0
Fokus Chemie Mysterys für SI und SII (Download)	1100028668

www.cornelsen.de

Das Buch setzt die EU-Verordnung zur Einstufung und Kennzeichnung von Chemikalien um (Globally Harmonised System of Classification and Labelling of Chemicals, GHS). Experimente sind in der Regel Schüler-Experimente. Wenn sie mit einem L markiert sind, dürfen sie nur von der Lehrerin oder dem Lehrer durchgeführt werden.

Dieses Werk enthält Vorschläge und Anleitungen für Untersuchungen und Experimente. Vor jedem Experiment sind mögliche Gefahrenquellen zu besprechen. Beim Experimentieren sind die Richtlinien zur Sicherheit im Unterricht einzuhalten.

Soweit in diesem Lehrwerk Personen fotografisch abgebildet sind und ihnen von der Redaktion fiktive Namen, Berufe, Dialoge und Ähnliches zugeordnet oder diese Personen in bestimmte Kontexte gesetzt werden, dienen diese Zuordnungen und Darstellungen ausschließlich der Veranschaulichung und dem besseren Verständnis des Inhalts.

1. Auflage, 1. Druck 2023

Alle Drucke dieser Auflage sind inhaltlich unverändert und können im Unterricht nebeneinander verwendet werden.

© 2023 Cornelsen Verlag GmbH, Berlin

Das Werk und seine Teile sind urheberrechtlich geschützt. Jede Nutzung in anderen als den gesetzlich zugelassenen Fällen bedarf der vorherigen schriftlichen Einwilligung des Verlages. Hinweis zu §§ 60 a, 60 b UrhG: Weder das Werk noch seine Teile dürfen ohne eine solche Einwilligung an Schulen oder in Unterrichts- und Lehrmedien (§ 60 b Abs. 3 UrhG) vervielfältigt, insbesondere kopiert oder eingescannt, verbreitet oder in ein Netzwerk eingestellt oder sonst öffentlich zugänglich gemacht oder wiedergegeben werden. Dies gilt auch für Intranets von Schulen.

Druck: Mohn Media Mohndruck, Gütersloh

ISBN 978-3-06-011256-2

PEFC zertifiziert
Dieses Produkt stammt aus nachhaltig bewirtschafteten Wäldern und kontrollierten Quellen.
www.pefc.de
PEFC/04-31-1033

Inhalt

1 Rückblick in die Sekundarstufe I 10

1.1 Rückblick: Stoffe – Teilchen – Reaktionen 10

1.2 Rückblick: Grundlagen der organischen Chemie 18

1.3 Aufgaben richtig verstehen – Umgang mit Operatoren 22

2 Chemische Energetik 25

3.1 Chemische Reaktionen und Energie 26

3.2 Reaktionswärme und Kalorimetrie 28
Bestimmung der Wärmekapazität eines Kalorimeters 30
PLUS Energieumwandlungen beim Lösen von Salzen 31
PRAKTIKUM Reaktionsenthalpie und freiwillige Reaktionen 32

3.3 Reaktionsenthalpie 34

3.4 Satz von Hess 36
KLAUSURTRAINING Material A Nährwerte von Lebensmitteln | Material B Süßstoff Aspartam | Material C Power-to-Gas-Technologie | Material D Brenngasbetriebene Autos 38

3.5 Entropie 40
PLUS Ein Bierfass, das sein Bier selbst kühlt 42
Reaktionsentropie 42

3.6 Freiwilligkeit chemischer Reaktionen 44
Metastabilität und unvollständige Reaktionen 46
KLAUSURTRAINING Material E Stickstoffoxide aus dem Diesel | Material F Freiwillig muss es sein 47

AUF EINEN BLICK 48

3 Reaktionsgeschwindigkeit und chemisches Gleichgewicht 51

3.1 Reaktionsgeschwindigkeit 52
Konzentrations-Zeit-Diagramme 53
Modell der wirksamen Stöße 54
Energiediagramme 55

Katalyse 56
PRAKTIKUM Reaktionsgeschwindigkeit 58

3.2 Umkehrung von Vorgängen 60
Dynamisches Gleichgewicht 61

3.3 Chemisches Gleichgewicht 62
Ein genauer Blick auf die Estersynthese 64

3.4 Massenwirkungsgesetz 66
METHODE Rechnen mit dem Massenwirkungsgesetz 68
METHODE Simulation chemischer Gleichgewichte 69

3.5 Störung des chemischen Gleichgewichts 70
PRAKTIKUM Verteilungsgleichgewicht 72
PRAKTIKUM Chemisches Gleichgewicht 73

3.6 Löslichkeitsgleichgewichte 74

3.7 Haber-Bosch-Verfahren 76
PLUS Der lange Schatten des FRITZ HABER 78
PLUS Rohstoffe aus schwarzen Rauchern? 79
KLAUSURTRAINING Material A Der verschwundene Stoff | Material B Deacon-Verfahren | Material C Isomerengleichgewicht | Material D Halogenlampen 80

AUF EINEN BLICK 82

ÜBUNGSAUFGABEN 83

4 Säure-Base-Reaktionen 85

4.1 Entwicklung des Säure-Base-Begriffs 86
Brönsteds Säure-Base-Konzept 87
PRAKTIKUM Säure-Base-Reaktionen 88

4.2 Autoprotolyse des Wassers 90

4.3 pH- und pOH-Wert 92
PLUS pH-Werte im Alltag 93

4.4 Stärke von Säuren und Basen 94
Säure- und Basenkonstanten 95

4.5 Vorhersage von Gleichgewichten 96

4.6 Berechnung von pH-Werten 98

4.7	Wichtige Säuren	100
	PLUS Nicht nur für das Wachstum wichtig – Phosphorsäure und Salpetersäure	101
4.8	Kohlenstoffdioxid-Carbonat-Gleichgewicht	102
4.9	Nachweise auf Carbonat- und Ammonium-Ionen	104
	KLAUSURTRAINING Material A Wachs als Rohstoff | Material B Süßes oder Saures?	105
4.10	Puffersysteme	106
	Puffergleichung	108
	PLUS Wo ein konstanter pH-Wert lebenswichtig ist – biochemische Puffer	109
	PRAKTIKUM pH-Puffer	110
4.11	Säure-Base-Titration	112
	Halbtitration	114
	Titrationskurven mehrprotoniger Säuren	115
4.12	Konduktometrie	116
4.13	Säure-Base-Indikatoren	118
4.14	Universalindikator unter der Lupe	120
	KLAUSURTRAINING Material C Die clevere Assistentin | Material D Puffer in der Analytik | Material E Richtig titriert? | Material F Saure Erfrischung	122
	AUF EINEN BLICK	124
	ÜBUNGSAUFGABEN	126

5 Naturstoffe … 129

5.1	Klassifizierung der Kohlenhydrate	130
	PRAKTIKUM Eigenschaften von Monosacchariden	131
5.2	Spiegelbildisomerie	132
	METHODE Aufstellen einer Fischer-Projektionsformel	133
	Optische Aktivität	134
	PLUS Gleich und doch verschieden – chirale Verbindungen in der Natur	135
5.3	Glucose – ein Monosaccharid	136
	Fructose	138
5.4	Nachweisreaktionen für Glucose und Fructose	140
	PRAKTIKUM Nachweisreaktionen	141
	PLUS Ein neuer und einfacher Nachweis auf reduzierend wirkende Zucker	142
	PLUS Isoglucose	142
5.5	Vielfalt der Monosaccharide	143
5.6	Disaccharide	144
	PLUS Von Rohr- und Rübenzucker	144
5.7	Oligosaccharide – besondere Zucker	146
	Struktur und Eigenschaften von Cyclodextrinen	147
	Vielfältige Anwendungen der Cyclodextrine	148
	PRAKTIKUM Eigenschaften von Disacchariden und Oligosacchariden	149
	KLAUSURTRAINING Material A Glucose – ein Aldehyd? | Material B Cyclodextrine | Material C Zwei Disaccharide im Vergleich | Material D Reifung von Äpfeln	151
5.8	Polysaccharide als Speicherstoffe	152
5.9	Polysaccharide als Baustoffe	154
	PLUS Jeans aus Holz	155
	PRAKTIKUM Polysaccharide	156
	KLAUSURTRAINING Material E Der schlampige Laborant | Material F Die Panne mit dem Pudding	157
5.10	Struktur und Einteilung der Aminosäuren	158
5.11	Eigenschaften der Aminosäuren	160
	PRAKTIKUM Aminosäuren	162
5.12	Bildung von Peptiden	163
5.13	Struktur von Proteinen	164
5.14	Eigenschaften von Proteinen	166
	PRAKTIKUM Eigenschaften von Proteinen	167
5.15	Enzyme – spezialisierte Proteine	168
	KLAUSURTRAINING Material G Phenylketonurie | Material H Vom Histidin zum Histamin | Material I Proteine im Blut | Material J Friseure als Chemiker	170
5.16	Die DNA – ein geniales Molekül	172
	Funktionen der DNA	174
5.17	Struktur und Eigenschaften der Fette	176

5.18	Bedeutung und Charakterisierung der Fette	178
	Kennzahlen von Fetten	179
5.19	Ungesättigte Fettsäuren – Additionsreaktion	180
	PRAKTIKUM Eigenschaften und Reaktionen von Fetten	182
	KLAUSURTRAINING Material K Fett – Energie- oder Wasserspeicher? | Material L Transfette in Nahrungsmitteln	183
AUF EINEN BLICK		184
ÜBUNGSAUFGABEN		187

6 Aromatische Kohlenwasserstoffe und Reaktionsmechanismen — 191

6.1	Benzol – ein Aromat	192
6.2	Elektrophile Addition bei Alkenen	193
6.3	Radikalische Substitution bei Alkanen	194
6.4	Das Benzol-Molekül	196
6.5	Die Stoffklasse der Aromaten	198
6.6	Elektrophile Substitution an Aromaten	200
6.7	Technisch wichtige Derivate des Benzols	202
6.8	Elektrophile Zweitsubstitution	204
6.9	Nucleophile Substitution	206
6.10	Vergleich der Reaktionsmechanismen	208
6.11	Aspirin – ein aromatischer Arzneistoff	210
	PLUS Pharmazie – die Lehre der Arzneimittel	211
	PRAKTIKUM Herstellung und Untersuchung von Acetylsalicylsäure	212
	PLUS Crystal Meth – eine Droge mit Geschichte	213
6.12	Toxizität aromatischer Verbindungen	214
	KLAUSURTRAINING Material A Aromaten bei der Kunststoffsynthese | Material B Synthese von Anisaldehyd | Mat. C Aromatischer Zustand	216
AUF EINEN BLICK		218
ÜBUNGSAUFGABEN		220

7 Kunststoffe — 223

7.1	Ein erster Blick in die Welt der Kunststoffe	224
7.2	Molekülstruktur und Eigenschaften von Kunststoffen	226
	Polymolekularität bei Kunststoffen	228
	PRAKTIKUM Eigenschaften von Kunststoffen	229
7.3	Polykondensation	230
7.4	Kettenpolymerisation (Polymerisation)	232
	Steuerung der Polymerisation	234
	Polyethen und Polypropen	235
	Übersicht über die Polymerisate	236
	PRAKTIKUM Herstellung von Kunststoffen	237
7.5	Polyaddition	238
	KLAUSURTRAINING Material A Polyvinylchlorid | Material B Kunststoff aus nachwachsenden Rohstoffen | Material C Klebstoffe	240
7.6	Maßgeschneiderte Kunststoffe	242
	Modifikation durch Zusatzstoffe	244
	PLUS Von der Cellulose zur Viskose	245
7.7	Verarbeiten von thermoplastischen Kunststoffen	246
7.8	Kunststoffabfälle – ein Problem	248
	Biokunststoffe – biologisch abbaubare und biobasierte Kunststoffe	250
	PRAKTIKUM Kunststoffverwertung – Biokunststoffe	251
7.9	Spezialkunststoffe	252
	KLAUSURTRAINING Material D Mit Polymeren gegen Fressfeinde | Material E Bakterien erzeugen ein Biopolymer | Material F Biologisch abbaubare Kunststoffe	254
AUF EINEN BLICK		256
ÜBUNGSAUFGABEN		257

8 Von Redoxreaktionen zu elektrochemischen Anwendungen — 259

- 8.1 Reaktionen mit Elektronenübergang 260
- 8.2 Redoxreaktionen und Oxidationszahlen 262
  - METHODE Bestimmen von Oxidationszahlen 263
  - Aufstellen von Redoxgleichungen 264
  - METHODE Entwickeln von Redoxgleichungen 265
  - PRAKTIKUM Redoxreaktionen 266
  - PRAKTIKUM Redoxtitration 267
- 8.3 Redoxtitration 268
  - PLUS Schwefeln von Wein 269
  - KLAUSURTRAINING
    - Material A Alkoholbestimmung |
    - Material B Analoge Fotografie |
    - Material C Nitrate in Lebensmitteln 270
- 8.4 Das Batterieprinzip 272
- 8.5 Die elektrochemische Spannungsreihe 274
  - METHODE Berechnen der Standardzellspannung 276
  - KLAUSURTRAINING Material D Redoxverhalten von Halogenen 277
- 8.6 Nernst-Gleichung 278
  - Nernst-Gleichung in der Analytik 280
  - PRAKTIKUM Batterien – Strom für unterwegs 281
- 8.7 Batterietypen 282
- 8.8 Akkumulatoren 284
  - PLUS Entsorgung von Batterien und Akkus 285
  - KLAUSURTRAINING Material E Entfernung von Iodflecken | Material F Münzmetalle | Material G Redox-Flow-Akkumulator 288
- 8.9 Brennstoffzellen 290
  - KLAUSURTRAINING Material H Von der Kupferradierung zur Leiterplatte | Material I Direkt-Methanol-Brennstoffzelle | Material J Knopfzellen für Hörgeräte 292
- 8.10 Elektrolysen 294
  - Zersetzungs- und Überspannung 296
  - Faraday-Gesetze 297
- 8.11 Chloralkali-Elektrolyse 298
- 8.12 Korrosion 300
  - PRAKTIKUM Korrosion und Korrosionsschutz 302
  - PLUS Aluminium und das Eloxalverfahren 303
- 8.13 Korrosionsschutz 304
  - KLAUSURTRAINING Material K Kupferraffination | Material L Braunes Wasser | Material M Reinigung von Silber | Material N Batterie im Mund 306

AUF EINEN BLICK 308

ÜBUNGSAUFGABEN 311

9 Chemie in Wissenschaft, Forschung und Anwendung — 315

- 9.1 Atommodelle im Wandel der Zeit 316
  - PLUS Spektraler Fingerabdruck der Elemente 317
- 9.2 Schalenmodell der Atomhülle 318
- 9.3 Das wellenmechanische Atommodell 320
  - Orbitalmodell 322
- 9.4 Elektronenkonfiguration der Atome 324
- 9.5 Aufbau des Periodensystems 326
- 9.6 Elektronenpaarbindung im Orbitalmodell 328
  - Bindungswinkel und Mehrfachbindungen 330
  - Das Benzol-Molekül im Orbitalmodell 332
  - PLUS Elektronenpaarbindung mit der Molekülorbital-Theorie beschreiben 333
- 9.7 Chemische Wechselwirkungen 334
  - Zusammenspiel der Wechselwirkungen 336
- 9.8 Unsere Welt ist bunt 338
  - Licht und Farbe 339
  - PRAKTIKUM Farbstoffe 340
- 9.9 Lichtabsorption und Molekülstruktur 341
  - Auxochrome Gruppen 342
- 9.10 Farbstoffgruppen – Azofarbstoffe 343
  - Triphenylmethanfarbstoffe 344
  - Indigofarbstoffe 345
- 9.11 Färbeverfahren 346

9.12	Komplexverbindungen	348
	Chemische Bindung und Reaktionen von Komplexen	350
	Bedeutung von Komplexen	351
	Komplexe machen Nachweisreaktionen erst möglich	352
9.13	Lotuseffekt in Natur und Technik	353
9.14	Nanopartikel und Nanomaterialien	354
	Herstellung	356
	PRAKTIKUM Herstellung und Nachweis von Nanopartikeln	357
	Chancen und Risiken	358
9.15	Seifen und Tenside	360
	Eigenschaften und Waschwirkung von Tensiden	362
	PRAKTIKUM Eigenschaften von Tensiden	364
	PLUS Von der Entdeckung der Seife bis zum Waschmittel von heute	365
	Tenside für jeden Zweck	366
	Zusammensetzung von Waschmitteln	368
	PRAKTIKUM Waschhilfsstoffe	369
9.16	Aufgaben und Methoden der analytischen Chemie	370
	Gaschromatografie	372
	Fotometrie	374
	Massenspektrometrie	375
	NMR-Spektroskopie	376
	IR-Spektroskopie	378
	PLUS Suche nach Drogen – die forensische Toxikologie	379
AUF EINEN BLICK		380
ÜBUNGSAUFGABEN		383

6 Anhang 386

Lösungen der Übungsaufgaben	386
Wichtige Größen und Daten in der Chemie	405
Einstufung von Gefahrstoffen nach dem GHS-System	407
Liste der Gefahrstoffe nach der GHS-Verordnung	411
Bild- und Textquellennachweis	415
Register	418

DIGITALE ANREICHERUNG

Animationen, *Videos* und *3D-Moleküle* fördern das Verständnis für komplexe fachliche Inhalte oft mehr, als es das gedruckte Bild allein im Buch vermitteln kann. Über QR-Codes erhalten Sie deshalb zu zentralen Themen zusätzliche digitale Materialien, die Ihren Wissenshorizont erweitern. An geeigneten Stellen können Sie mithilfe von *interaktiven Übungen* Ihre erworbenen Kenntnisse überprüfen.

Hinter diesem QR-Code finden Sie eine Gesamtübersicht über alle digitalen Materialien zu diesem Buch:

Webcode auf www.cornelsen.de: gedeki

Das Buch deckt alle inhaltsbezogenen Kompetenzbereiche der Kursstufe des Bildungsplans Chemie für Baden-Württemberg 2016 (überarbeitete Fassung vom 25.3.2022) ab. Darüber hinaus werden die im Bildungsplan geforderten prozessbezogenen Kompetenzen vor allem in Fachmethoden sowie in zahlreichen Aufgaben zur Kommunikation und Reflexion angebahnt.

Die mit der Rubrik PLUS gekennzeichneten Themen können entsprechend der individuellen Unterrichtsplanung zur Hinführung, Erweiterung, Vertiefung, Wiederholung, Übung und Festigung genutzt werden.

1.1 Rückblick: Stoffe – Teilchen – Reaktionen

EINTEILUNG DER STOFFE

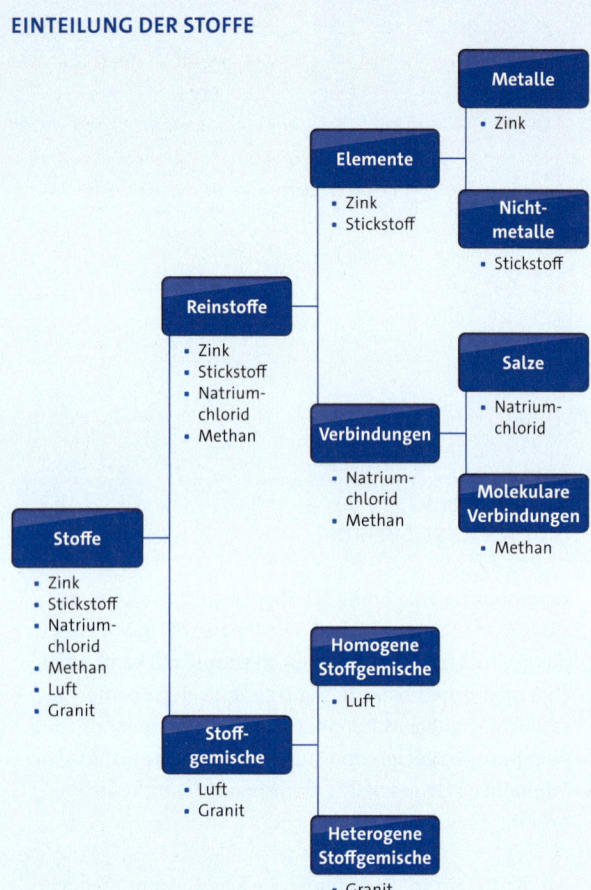

ELEMENT – VERBINDUNG – FORMEL

Element: Reinstoff, der nur aus gleichartigen Atomen besteht
- Das Element *Zink* besteht ausschließlich aus Zink-*Atomen*. Die *Formel* von Zink entspricht dem Elementsymbol.
  Beispiele: Zn, C, Fe, He
- Das Element *Stickstoff* besteht ausschließlich aus Stickstoff-*Molekülen*, die ihrerseits nur aus Stickstoff-Atomen aufgebaut sind.
  Beispiele: N_2, H_2, Cl_2

Verbindung: Reinstoff, in dem die Atome oder Ionen mindestens zweier Elemente verbunden sind und zwischen deren Anzahlen ein bestimmtes Verhältnis besteht
- Nichtmetall-Nichtmetall-Verbindung: In *Methan* liegen Moleküle vor, die aus vier Wasserstoff-Atomen und einem Kohlenstoff-Atom aufgebaut sind. Die **Molekülformel** (Summenformel) gibt die Art und Anzahl der Atome in einem Molekül an.
  Beispiele: CH_4, H_2O, CO_2
- Metall-Nichtmetall-Verbindung: In salzartigen Verbindungen wie Natriumchlorid liegen keine Moleküle, sondern Ionen vor. Das Anzahlverhältnis der Ionen wird durch **Verhältnisformeln** angegeben.
  Beispiele: NaCl, $MgBr_2$

KENNZEICHEN CHEMISCHER REAKTIONEN

Stoffumwandlung: Bei chemischen Reaktionen entstehen neue Reinstoffe mit anderen Eigenschaften. Die Ausgangsstoffe sind nach Ablauf der Reaktion nicht mehr vorhanden.

Energieumwandlung: Chemische Reaktionen verlaufen exotherm oder endotherm.

Veränderung der Stoffteilchen: Stoffteilchen werden verändert, indem Elektronen oder Protonen übertragen werden, oder chemische Bindungen gelöst oder geknüpft werden.

Massenerhaltung: Die Masse der Reaktionsprodukte ist gleich der Masse der Ausgangsstoffe.

$$m(\text{Ausgangsstoffe}) = m(\text{Reaktionsprodukte})$$

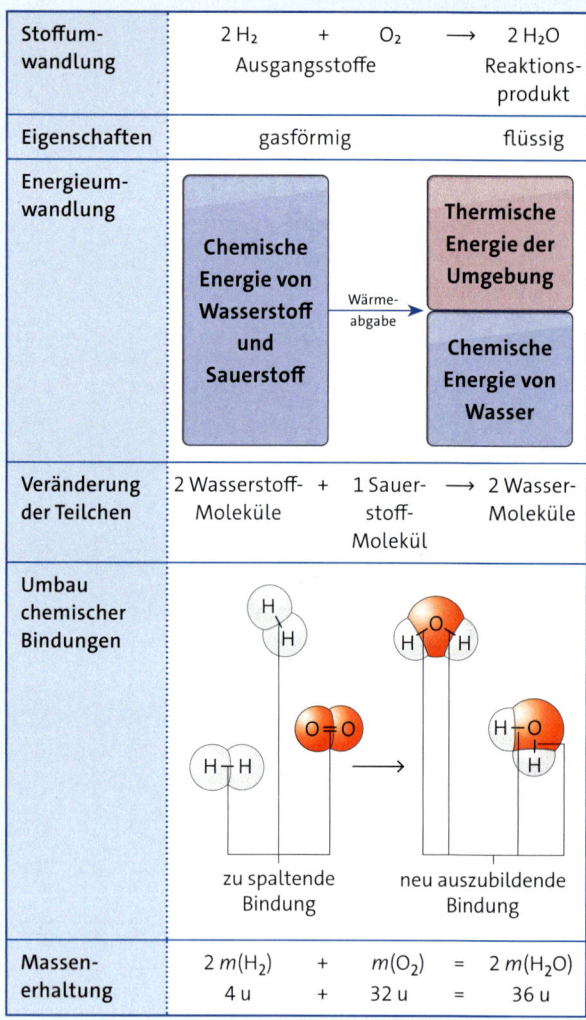

REAKTIONSBEDINGUNGEN

Eine chemische Reaktion verläuft schneller durch:
- Temperaturerhöhung
- Konzentrationserhöhung der Ausgangsstoffe
- größeren Zerteilungsgrad bzw. bessere Durchmischung der Ausgangsstoffe

REAKTIONSGLEICHUNG

Eine Reaktionsgleichung ist eine Beschreibung einer chemischen Reaktion durch Formeln. Die vor den Formeln stehenden Faktoren beschreiben das Verhältnis der Teilchenanzahlen. Sie enthält Aussagen über qualitative Änderungen und quantitative Verhältnisse zwischen den Reaktionsteilnehmern und schließt Aussagen zur Stoffebene und Teilchenebene ein.

Aussagen einer Reaktionsgleichung	$2 H_2 + O_2 \longrightarrow 2 H_2O$
Stoffebene	Wasserstoff reagiert mit Sauerstoff zu Wasser.
Teilchenebene	Zwei Moleküle Wasserstoff reagieren mit einem Molekül Sauerstoff zu zwei Molekülen Wasser.
Abgeleitete Aussagen	
• die Stoffmengen, die reagieren und nach der Reaktion vorliegen • die Massen, die reagieren und nach der Reaktion vorliegen	• 2 mol Wasserstoff reagieren mit 1 mol Sauerstoff zu 2 mol Wasser. • 4 g Wasserstoff reagieren mit 32 g Sauerstoff zu 36 g Wasser.

ENERGIEDIAGRAMM

Exotherme Reaktion: chemische Reaktion, die unter Energieabgabe verläuft. Die chemische Energie der Ausgangsstoffe ist größer als die chemische Energie der Reaktionsprodukte.

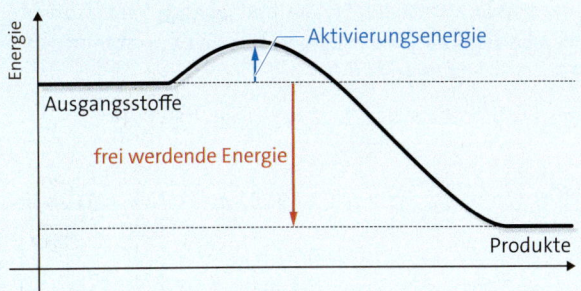

Endotherme Reaktion: chemische Reaktion, die unter Energieaufnahme verläuft. Die chemische Energie der Ausgangsstoffe ist kleiner als die chemische Energie der Reaktionsprodukte.

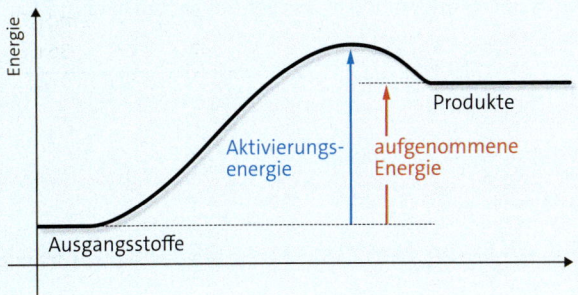

Katalysatoren: Damit eine chemische Reaktion ablaufen kann, müssen die Ausgangsstoffe aktiviert werden. Die dafür notwendige Energie ist die Aktivierungsenergie.
Katalysatoren ermöglichen einer Reaktion einen anderen Weg mit kleinerer Aktivierungsenergie und beschleunigen sie dadurch. Nach der Reaktion liegen sie wieder unverändert vor.

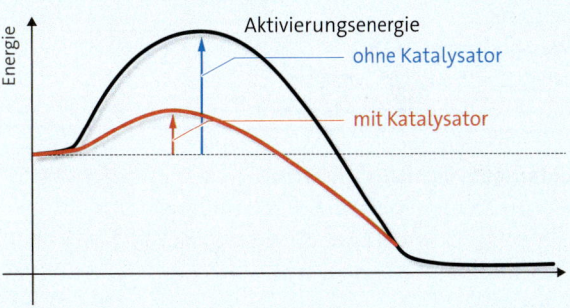

WICHTIGE GRÖSSEN IN DER CHEMIE

Stoffportion: Unter einer Stoffportion versteht man eine bestimmte Menge eines Stoffs.
Dichte: Die Dichte ϱ ist der Quotient aus der Masse und dem Volumen einer Stoffportion. Die Einheit der Dichte ist $g \cdot cm^{-3}$, $g \cdot mL^{-1}$ und bei Gasen $g \cdot L^{-1}$.

$$\varrho(\text{Stoff}) = \frac{m(\text{Stoffportion})}{V(\text{Stoffportion})} \qquad \text{Einheit: } 1 g \cdot cm^{-3} = 1 g \cdot mL^{-1}$$

Die Dichte ist eine Stoffkenngröße, die für jeden Stoff charakteristisch ist. Sie hängt von der Temperatur und vom Druck ab.
Stoffmenge: Eine Stoffportion mit einer Stoffmenge von $n = 1$ mol besteht aus etwa $6 \cdot 10^{23}$ gleichartigen Teilchen (Atomen, Molekülen oder Formeleinheiten). Die Einheit der Stoffmenge ist mol.
Avogadro-Konstante: Mithilfe der Avogadro-Konstante N_A können Stoffmenge n und Teilchenanzahl N ineinander umgerechnet werden. Ihr Wert beträgt $N_A = 6{,}022\,140\,857 \cdot 10^{23}\, mol^{-1}$.

$$N = N_A \cdot n$$

Molare Masse: Die molare Masse M ist der Quotient aus der Masse m und der Stoffmenge n einer Stoffportion. Die Einheit der molaren Masse ist $g \cdot mol^{-1}$.

$$M(\text{Stoff}) = \frac{m(\text{Stoffportion})}{n(\text{Stoffportion})} \qquad \text{Einheit: } 1 g \cdot mol^{-1}$$

Die molare Masse ist eine Stoffkenngröße, die für jeden Reinstoff charakteristisch ist.

Ermitteln von molaren Massen: Für Atome findet man diese Werte im Periodensystem (PSE). Der Zahlenwert der molaren Masse (in g·mol⁻¹) ist gleich dem Zahlenwert der Teilchenmasse (in u). Ist die Zusammensetzung (Formel) eines Stoffs bekannt, kann aus den Atommassen im PSE die molare Masse des Stoffs berechnet werden.
Beispiele:
Wasser (Formel: H_2O)
$$M(H_2O) = 2 \cdot M(1\,H) + M(1\,O)$$
$$= 2 \cdot 1\,g \cdot mol^{-1} + 16\,g \cdot mol^{-1}$$
$$= 18\,g \cdot mol^{-1}$$
Butansäure (Formel: C_3H_7COOH)
$$M(C_3H_7COOH) = 4 \cdot M(1\,C) + 8 \cdot M(1\,H) + 2 \cdot M(1\,O)$$
$$= 4 \cdot 12\,g \cdot mol^{-1} + 8 \cdot 1\,g \cdot mol^{-1} + 2 \cdot 16\,g \cdot mol^{-1}$$
$$= 88\,g \cdot mol^{-1}$$

Satz von Avogadro: Nach dem Satz von Avogadro enthalten gleiche Volumina verschiedener Gase bei gleicher Temperatur und gleichem Druck die gleiche Anzahl an Teilchen.
Beispiel: 24,1 Liter Wasserstoff und 24,1 Liter Sauerstoff enthalten bei Raumtemperatur (20 °C) und Normaldruck 1 mol Wasserstoff-Moleküle bzw. 1 mol Sauerstoff-Moleküle.
Molares Volumen: Das molare Volumen V_m ist der Quotient aus dem Volumen V und der Stoffmenge n einer Stoffportion. Die Einheit des molaren Volumens ist L·mol⁻¹. Das molare Volumen ist für alle Gase gleich und beträgt unter Normbedingungen: $V_m = 22{,}4\,L \cdot mol^{-1}$

$$V_m = \frac{V(\text{Stoffportion})}{n(\text{Stoffportion})}$$

Temperatur in °C	Druck in hPa	Molares Volumen in L·mol⁻¹
0	1013	22,4
20	1013	24,1
25	1013	24,5

BEZIEHUNGEN ZWISCHEN DEN GRÖSSEN

Zwischen der Stoffmenge, der Masse und dem Volumen von Stoffportionen bestehen proportionale Zusammenhänge.

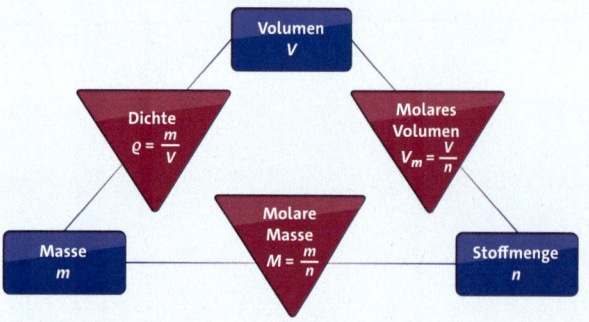

CHEMISCHES RECHNEN
Mithilfe der Beziehungen zwischen den Größen können chemische Berechnungen durchgeführt werden.

Berechnung einer gesuchten Masse aus einer gegebenen Masse: Berechnen Sie die Masse an Aluminium zur Herstellung von 300 g Aluminiumoxid.
$$4\,Al + 3\,O_2 \longrightarrow 2\,Al_2O_3$$
$$m(Al) = \frac{n(Al)}{n(Al_2O_3)} \cdot \frac{M(Al)}{M(Al_2O_3)} \cdot m(Al_2O_3)$$
$$m(Al) = \frac{4}{2} \cdot \frac{27\,\frac{g}{mol}}{102\,\frac{g}{mol}} \cdot 300\,g = 158{,}8\,g$$
Allgemein gilt:
$$m_{ges} = \frac{n_{ges}}{n_{geg}} \cdot \frac{M_{ges}}{M_{geg}} \cdot m_{geg}$$

Berechnung einer gesuchten Masse aus einem gegebenen Gasvolumen: Berechnen Sie die Masse an Magnesium, die in 85 L Sauerstoff vollständig verbrennt ($V_m = 22{,}4\,\frac{L}{mol}$).
$$2\,Mg + 1\,O_2 \longrightarrow 2\,MgO$$
$$m(Mg) = \frac{n(Mg)}{n(O_2)} \cdot \frac{M(Mg)}{V_m} \cdot V(O_2)$$
$$m(Al) = \frac{2}{1} \cdot \frac{24\,\frac{g}{mol}}{22{,}4\,\frac{L}{mol}} \cdot 85\,L = 182{,}1\,g$$
Allgemein gilt:
$$m_{ges} = \frac{n_{ges}}{n_{geg}} \cdot \frac{M_{ges}}{V_m} \cdot V_{geg}$$

Berechnung eines gesuchten Gasvolumens aus einer gegebenen Masse: Berechnen Sie das entstehende Sauerstoffvolumen bei der Analyse von 0,5 g Silberoxid ($V_m = 22{,}4\,\frac{L}{mol}$).
$$2\,Ag_2O \longrightarrow 4\,Ag + 1\,O_2$$
$$V(O_2) = \frac{n(O_2)}{n(Ag_2O)} \cdot \frac{V_m}{M(Ag_2O)} \cdot m(Ag_2O)$$
$$V(O_2) = \frac{1}{2} \cdot \frac{22{,}4\,\frac{L}{mol}}{232\,\frac{g}{mol}} \cdot 0{,}5\,g = 0{,}024\,L = 24\,mL$$
Allgemein gilt:
$$V_{ges} = \frac{n_{ges}}{n_{geg}} \cdot \frac{V_m}{M_{geg}} \cdot m_{geg}$$

Berechnung eines gesuchten Gasvolumens aus einem gegebenen Gasvolumen: Berechnen Sie das Volumen an Wasserstoff, um 40 m³ Ammoniak aus den Elementen herzustellen.
$$N_2 + 3\,H_2 \longrightarrow 2\,NH_3$$
$$V(H_2) = \frac{n(H_2)}{n(NH_3)} \cdot V(NH_3)$$
$$V(H_2) = \frac{3}{2} \cdot 40\,m^3 = 60\,m^3$$
Allgemein gilt:
$$V_{ges} = \frac{n_{ges}}{n_{geg}} \cdot V_{geg}$$

Rückblick: Stoffe – Teilchen – Reaktionen

GEHALTSANGABEN BEI STOFFGEMISCHEN

Der Gehalt eines Stoffs in einem Stoffgemisch, z. B. in einer Lösung, kann durch verschiedene Gehaltsgrößen angegeben werden.

Massenanteil: Der Massenanteil w ist der Quotient aus der Masse der enthaltenen Stoffportion und der Masse des Stoffgemischs. Häufig erfolgt die Angabe des Massenanteils in der Einheit %.

$$w(\text{Stoff}) = \frac{m(\text{Stoffportion})}{m(\text{Gemisch})} \cdot 100\,\%$$

Für Lösungen gilt auch:

$$w(\text{Stoff}) = \frac{m(\text{Stoffportion})}{m(\text{Stoffportion}) + m(\text{Lösungsmittelportion})} \cdot 100\,\%$$

Beispiel: In einer Salzsäure mit $w = 3\,\%$ sind 3 g Chlorwasserstoff in 97 g Wasser gelöst.

Massenkonzentration: Die Massenkonzentration β ist der Quotient aus der Masse der enthaltenen Stoffportion und dem Volumen der Lösung (nicht des Lösungsmittels!). Die Einheit ist $g \cdot L^{-1}$.

$$\beta(\text{Stoff}) = \frac{m(\text{Stoffportion})}{V(\text{Lösung})} \qquad \text{Einheit: } 1\,g \cdot L^{-1}$$

Beispiel: In Cola mit $\beta(\text{Zucker}) = 110\,g \cdot L^{-1}$ sind in einem Liter Cola 110 g Zucker gelöst.

Stoffmengenkonzentration: Die Stoffmengenkonzentration c ist der Quotient aus der Stoffmenge des gelösten Stoffs und dem Volumen der Lösung. Die Einheit ist $mol \cdot L^{-1}$.

$$c(\text{Stoff}) = \frac{n(\text{Stoffportion})}{V(\text{Lösung})} \qquad \text{Einheit: } 1\,mol \cdot L^{-1}$$

Beispiel: In einer Salzsäure mit $c = 0{,}5\,mol \cdot L^{-1}$ sind 0,5 mol Chlorwasserstoff in 1 L Lösung enthalten.

Kombinierte Berechnungen: Massenanteil w, Stoffmengenkonzentration c und Dichte ϱ können ineinander umgewandelt werden.

$$c(\text{Stoff}) = \frac{n}{V} = \frac{m(\text{Stoffportion})}{M(\text{Stoff})} \cdot \frac{\varrho(\text{Lösung})}{m(\text{Lösung})}$$

$$= \frac{m(\text{Stoffportion})}{m(\text{Lösung})} \cdot \frac{\varrho(\text{Lösung})}{M(\text{Stoff})} = w \cdot \frac{\varrho(\text{Lösung})}{M(\text{Stoff})}$$

Beispiel: Gesucht ist die Stoffmengenkonzentration von Salzsäure ($w = 37\,\%$, $\varrho = 1185\,g \cdot L^{-1}$, $M(HCl) = 36{,}46\,g \cdot mol^{-1}$).

$$c(HCl) = w \cdot \frac{\varrho(\text{Salzsäure})}{M(HCl)} = 0{,}37 \cdot \frac{1185\,\frac{g}{L}}{36{,}46\,\frac{g}{mol}} = 12{,}0\,\frac{mol}{L}$$

NACHWEISREAKTIONEN

Wichtige Nachweise für Stoffe:

Nachweis	Stoff	Beobachtung
Glimmspanprobe	Sauerstoff	Entflammen eines Glimmspans
Knallgasprobe	Wasserstoff	pfeifendes, ploppendes Geräusch
		Reaktion: $2\,H_2 + O_2 \longrightarrow 2\,H_2O$
Wassernachweis	Wasser	Blaufärbung von weißem Kupfersulfat oder Watesmopapier
Kalkwasserprobe	Kohlenstoffdioxid	weiße Trübung von Calciumhydroxidlösung
		Reaktion: $CO_2 + Ca(OH)_2 \longrightarrow CaCO_3 + H_2O$

Wichtige Ionennachweise:

Nachweisreagenz	Ion	Beobachtung
Silbernitratlösung	Chlorid-Ion Cl^-	weißer Niederschlag
		Reaktion: $Ag^+ + Cl^- \longrightarrow AgCl\downarrow$
	Bromid-Ion Br^-	gelblicher Niederschlag
		Reaktion: $Ag^+ + Br^- \longrightarrow AgBr\downarrow$
	Iodid-Ion I^-	gelber Niederschlag
		Reaktion: $Ag^+ + I^- \longrightarrow AgI\downarrow$
Bariumchloridlösung	Sulfat-Ion SO_4^{2-}	weißer Niederschlag, unlöslich in Salzsäure
		Reaktion: $Ba^{2+} + SO_4^{2-} \longrightarrow BaSO_4\downarrow$
Kalkwasser	Carbonat-Ion CO_3^{2-}	Das bei Kontakt mit sauren Lösungen entstehende Gas bildet in Kalkwasser eine weiße Trübung.
		Reaktionen: $CO_3^{2-} + 2\,H_3O^+ \longrightarrow CO_2 + 3\,H_2O^-$ $CO_2 + Ca(OH)_2 \longrightarrow CaCO_3 + H_2O$
Nachweis durch Flammenfärbung	Lithium-Ion Li^+	dunkelrot
	Natrium-Ion Na^+	gelb
	Kalium-Ion K^+	rotviolett
	Calcium-Ion Ca^{2+}	orangerot
	Strontium-Ion Sr^{2+}	rot
	Barium-Ion Ba^{2+}	grün

BAU DER ATOME

Atommodell nach DALTON:
- Jeder Stoff besteht aus kleinsten, chemisch nicht weiter zerlegbaren Teilchen, den **Atomen**.
- Atome sind kugelförmige Teilchen. Sie haben eine Masse und ein Volumen. Atome sind unvorstellbar klein.
- Die Atome eines Elements sind untereinander gleich. Sie haben die gleiche Masse und das gleiche Volumen. Damit gibt es genau so viele Atomarten wie es Elemente gibt.

Atommasse: Die Masse von Atomen ist unvorstellbar klein, deshalb wurde die **atomare Masseneinheit unit** (Einheitenzeichen **u**) eingeführt.
- 1 u entspricht in etwa der Masse eines Wasserstoff-Atoms.
- 1 u = $1{,}661 \cdot 10^{-24}$ g
- Die Atommasse wird im Periodensystem rechts über dem Symbol angegeben.

DALTONS Atommodell musste u. a. aufgrund der Ergebnisse des Streuversuchs von RUTHERFORD verändert werden. Daraus resultierte ein neues, differenziertes Atommodell, das **Kern-Hülle-Modell**: Ein Atom besteht aus einem kleinen *Atomkern* und einer viel größeren Atomhülle aus *Elektronen* in ständiger Bewegung.

Der **Atomkern** ist positiv geladen und enthält fast die gesamte Masse des Atoms. Er besteht aus elektrisch positiv geladenen **Protonen** und ungeladenen **Neutronen**.
Aus der *Anzahl der Protonen* ergibt sich die **Kernladungszahl**. Sie stimmt mit der **Ordnungszahl** der Elemente überein. Kennt man die Kernladungszahl bzw. Ordnungszahl eines Elements, so weiß man gleichzeitig, aus wie vielen Elektronen die Atomhülle gebildet wird.
Isotope sind Atome eines Elements, die sich in ihrer *Anzahl an Neutronen* unterscheiden; sie haben unterschiedliche Atommassen.

Die **Atomhülle** (Elektronenhülle) wird durch elektrisch negativ geladene **Elektronen** gebildet. Zur Beschreibung der Atomhülle nutzt man meist zwei Modelle (↑ Kasten unten):
- Nach dem **Energiestufenmodell** werden Elektronen mit ähnlichen Energien gemeinsamen Energiestufen zugeordnet.
- Nach dem **Schalenmodell** der Atomhülle werden Elektronen mit ähnlichem Abstand zum Atomkern gemeinsamen Elektronenschalen zugeordnet.

Die Elektronen der äußeren Schale heißen **Außenelektronen** oder **Valenzelektronen**. Sie bestimmen wesentlich die chemischen Eigenschaften der Elemente.

PERIODENSYSTEM DER ELEMENTE (PSE)

Informationen über Atome, die aus den Feldern im PSE zu entnehmen sind:

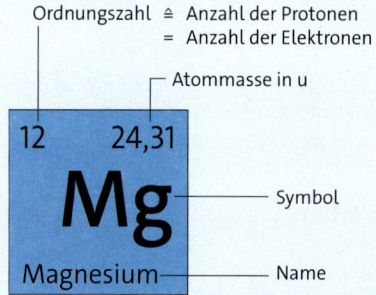

Ordnungsprinzipien im PSE:
- Die Atome im PSE sind nach steigender *Ordnungszahl* (Kernladungszahl) angeordnet.
- Die Atome der ersten 18 Elemente bilden die ersten drei **Perioden**, verteilt auf acht **Hauptgruppen**. Sie werden mit römischen Ziffern von I bis VIII gekennzeichnet.
- Die Nummer der Periode entspricht der Anzahl der Elektronenschalen in der Atomhülle.
- Die Nummer der Hauptgruppe gibt an, mit wie vielen Elektronen die Außenschale besetzt ist.
- Die Atome von Elementen einer **Elementfamilie** stehen in der gleichen Hauptgruppe und haben die gleiche Anzahl an Außenelektronen (Ausnahme: Helium). Dies ist die Ursache für chemisch ähnliche Eigenschaften innerhalb einer Elementfamilie, z. B. Alkalimetalle, Halogene.
- Die Atome der Elemente, die links und unten im PSE stehen, sind mit Ausnahme von Wasserstoff **Metalle**.
- Die Atome der Elemente, die rechts und oben im PSE stehen, sind überwiegend **Nichtmetalle**.

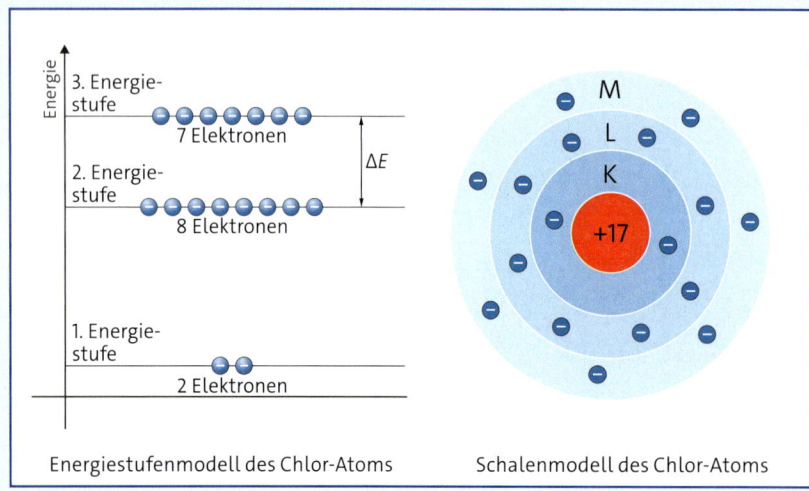

Energiestufenmodell des Chlor-Atoms   Schalenmodell des Chlor-Atoms

SALZE UND IONEN

Salze kommen in der Natur als Kristalle oder in wässrigen Lösungen vor.
Charakteristische Stoffeigenschaften der Salze:
- Salzkristalle sind hart und spröde, sie zerbrechen unter Krafteinwirkung.
- Salze sind oft in Wasser gut löslich.
- Sie besitzen eine hohe Schmelztemperatur.
- Salze leiten nur als Schmelze und in Wasser gelöst den elektrischen Strom.
- In kristalliner Form sind sie elektrische Nichtleiter.

Beispiele: Natriumchlorid NaCl, Calciumcarbonat $CaCO_3$ (Kalk), Kupfer(II)-oxid CuO

Salze sind aus **Ionen** aufgebaut. Ionen sind positiv oder negativ elektrisch geladene Teilchen in der Größenordnung von Atomen.

In Salzen bilden Metalle *positiv geladene* **Kationen**.
Beispiele: Na^+, Fe^{2+}, Mg^{2+}
Nichtmetalle bilden in Salzen *negativ geladene* **Anionen**.
Beispiele: Cl^-, Br^-, F^-, O^{2-}

Salze bilden **Ionenkristalle**. In diesen ist eine unvorstellbar große Anzahl von positiv und negativ geladenen Ionen in einer möglichst dichten Packung angeordnet, wobei die verschieden geladenen Ionen feste Plätze einnehmen. Die regelmäßige Anordnung der Ionen im Kristall wird **Ionengitter** genannt.

Modelle vom Bau des Natriumchlorids:

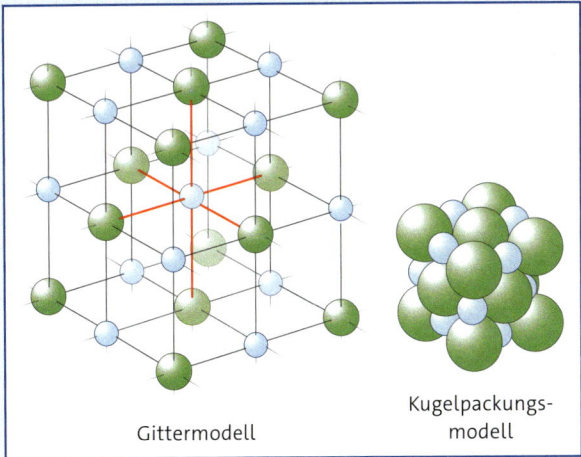

Gittermodell · Kugelpackungsmodell

Die Ionen im Kristall werden durch **Ionenbindung** zusammengehalten. Sie ist eine Art der chemischen Bindung, die durch elektrostatische Anziehung zwischen elektrisch verschieden geladenen Ionen bewirkt wird.

Salzartige, aus Ionen aufgebaute Stoffe werden als **Ionenverbindungen** bezeichnet.

BILDUNG VON IONEN AUS ATOMEN

Vergleich	
Atom	Ion
- elektrisch neutral - gleiche Anzahl an Protonen und Elektronen	- elektrisch geladen - ungleiche Anzahl an Protonen und Elektronen - Kationen sind kleiner, Anionen sind größer als das entsprechende Atom

Einfache **Ionen** bilden sich aus Atomen durch Aufnahme oder Abgabe von Elektronen. Sie besitzen eine stabile **Edelgaskonfiguration**, also die Elektronenkonfiguration des nächststehenden Edelgases.

Beispiele:
- Ein Chlor-*Atom* besitzt sieben Elektronen auf seiner Außenschale. Durch *Aufnahme* eines weiteren Elektrons bildet sich ein einfach negativ geladenes Chlorid-*Ion* (Anion). Die Elektronenkonfiguration entspricht der des Edelgases Argon.
$$Cl + e^- \longrightarrow Cl^-$$
- Ein Natrium-*Atom* besitzt nur ein Elektron auf seiner Außenschale. Durch *Abgabe* dieses Elektrons bildet sich ein einfach positiv geladenes Natrium-*Ion* (Kation). Die Elektronenkonfiguration entspricht der des Edelgases Neon.
$$Na \longrightarrow Na^+ + e^-$$

Art und Anzahl der Ladungen von einfachen Ionen lassen sich aus der Stellung im Periodensystem ableiten:
- Durch Abgabe ihrer Außenelektronen erlangen die Atome der Elemente der I. bis III. Hauptgruppe Edelgaskonfiguration. Die Ladungszahl ihrer Kationen stimmt mit der Nummer der Hauptgruppe überein. Metalle der Nebengruppen bilden oft verschieden geladene Kationen.
- Atome der Elemente der V. bis VII. Hauptgruppe nehmen Elektronen auf, bis ihre Außenschale 8 Elektronen besitzt, und erlangen so Edelgaskonfiguration. Die Ladungszahl ihrer Anionen erhält man, indem die Nummer ihrer Hauptgruppe von acht abgezogen wird.

Beispiele:
- Calcium (II. Hauptgruppe) bildet Kationen. Sie besitzen die Ladungszahl 2 ⇒ Ca^{2+}-Ionen.
- Sauerstoff (VI. Hauptgruppe) bildet Anionen. Sie besitzen die Ladungszahl 2 ⇒ O^{2-}-Ionen (Regel: 8 − 6 = 2).

Edelgasregel: Atome anderer Elemente streben die gleiche Anzahl an Elektronen an wie die der nächststehenden Edelgas-Atome.

MOLEKÜLVERBINDUNGEN – ELEKTRONENPAARBINDUNG

Molekülverbindungen sind Stoffe, die aus Molekülen aufgebaut sind.
Beispiele: Wasserstoff besteht aus Wasserstoff-Molekülen H_2, Chlor besteht aus Chlor-Molekülen Cl_2, Wasser besteht aus Wasser-Molekülen H_2O.

Die zwei Wasserstoff-Atome im Wasserstoff-Molekül erfüllen die Edelgasregel, indem sie ihre Außenelektronen gemeinsam nutzen. Das *gemeinsame (bindende) Elektronenpaar* entsteht durch die Durchdringung der Atomhüllen beider Wasserstoff-Atome. Daraus resultiert eine Elektronenpaarbindung (Atombindung).
⇒ Die **Elektronenpaarbindung** ist eine Art der chemischen Bindung, die durch gemeinsame Elektronenpaare zwischen Atomen bewirkt wird.

Die Bindungsverhältnisse in Molekülen werden durch **Lewis-Formeln** schematisch dargestellt:

Das *bindende Elektronenpaar* wird als Strich zwischen die Elementsymbole gesetzt.
Außenelektronen, die nicht an der Bindung teilnehmen, werden paarweise auch als Striche an das Elementsymbol gestellt und als *freie Elektronenpaare* bezeichnet.

Beispiele für Lewis-Formeln:

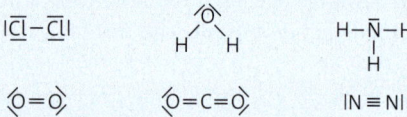

- Einfachbindung: eine durch *ein* bindendes Elektronenpaar bewirkte chemische Bindung
  Beispiele: Cl_2, H_2O, NH_3
- Zweifachbindung bzw. Doppelbindung: eine durch *zwei* bindende Elektronenpaare bewirkte chemische Bindung
  Beispiele: O_2, CO_2
- Dreifachbindung: eine durch *drei* bindende Elektronenpaare bewirkte chemische Bindung
  Beispiel: N_2

Der *räumliche Bau* von Molekülen kann durch das **Elektronenpaarabstoßungsmodell** (EPA-Modell) beschrieben werden. Das Modell beruht auf folgenden Annahmen:
- Alle Außenelektronen der Atome im Molekül werden paarweise zu Elektronenwolken gruppiert.
- Die negativ geladenen Elektronenpaare stoßen sich ab und ordnen sich im Molekül so an, dass sie den größtmöglichen Abstand zueinander einnehmen.
- Die elektrostatische Abstoßung freier Elektronenpaare ist größer als die bindender Elektronenpaare.

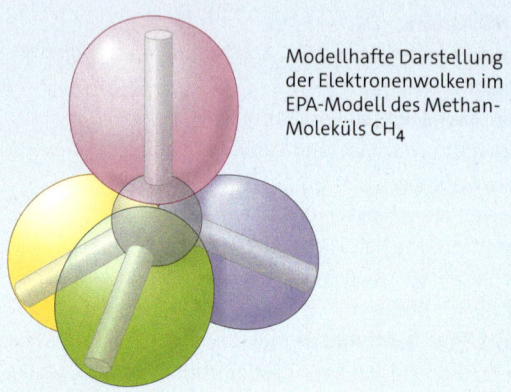

Modellhafte Darstellung der Elektronenwolken im EPA-Modell des Methan-Moleküls CH_4

Stoff und Formel	Methan CH_4	Wasser H_2O
Lewis-Formel	H–C(–H)(–H)–H	H–Ö–H
Elektronenpaare am zentralen Atom	4 bindende Elektronenpaare am C-Atom	2 bindende und 2 freie Elektronenpaare am O-Atom
Molekülmodell und räumlicher Bau	109,5°	105°

Elektronegativitätswert (EN) eines Elements: gibt an, wie stark ein Atom das bindende Elektronenpaar im Molekül anzieht
Polare Elektronenpaarbindung: beruht auf einer unsymmetrischen Elektronenverteilung zwischen den Atomen des Moleküls; daraus resultieren unterschiedliche elektrische Teilladungen δ+ bzw. δ−
Je größer die Differenz zwischen den Elektronegativitätswerten ist, desto polarer ist die Elektronenpaarbindung.
Bei einer *Elektronegativitätsdifferenz von null* handelt es sich um eine **unpolare Elektronenpaarbindung**.
Dipolmolekül: Molekül, in dem getrennte Ladungsschwerpunkte für die positive und negative elektrische Teilladung existieren. *Beispiele:* H_2O, NH_3
Wasserstoffbrücken: zusätzliche Anziehungskräfte zwischen benachbarten Dipolmolekülen. Sie bilden sich zwischen positiv polarisierten Wasserstoff-Atomen und freien Elektronenpaaren stark elektronegativer Elemente.
Zwischenmolekulare Wechselwirkungen: dazu gehören Wasserstoffbrücken, Dipol-Dipol-Wechselwirkungen und London-Wechselwirkungen. Sie bestimmen viele Eigenschaften der Stoffe.

Rückblick: Stoffe – Teilchen – Reaktionen

REAKTIONEN MIT ELEKTRONENÜBERTRAGUNG
Reagieren z. B. Metalle mit Salzlösungen, so findet zwischen den *Metall-Atomen* und *Metall-Ionen* der reagierenden Stoffe eine **Elektronenübertragung** statt.

Die Teilreaktion der **Elektronenabgabe** wird **Oxidation** genannt.

Beispiel Oxidation: $Zn \longrightarrow Zn^{2+} + 2\,e^-$
Das Zn-Atom ist ein **Elektronendonator**.

Die Teilreaktion der **Elektronenaufnahme** wird **Reduktion** genannt.

Beispiel Reduktion: $Cu^{2+} + 2\,e^- \longrightarrow Cu$
Das Cu^{2+}-Ion ist ein **Elektronenakzeptor**.

Oxidation und *Reduktion* finden immer *gleichzeitig* statt. Solche Reaktionen mit gleichzeitiger Elektronenübertragung werden **Redoxreaktionen** genannt:

Oxidation: $Zn \longrightarrow Zn^{2+} + 2\,e^-$
Reduktion: $Cu^{2+} + 2\,e^- \longrightarrow Cu$
___
Redoxreaktion: $Zn + Cu^{2+} \rightarrow Zn^{2+} + Cu$

Mithilfe solcher Elektronenübertragungsreaktionen kann die chemische Energie der reagierenden Stoffe in elektrische Energie umgewandelt werden (**galvanisches Element**, **Batterie**). Die Elektronenübertragungsreaktion kann durch Zuführen von elektrischer Energie umgekehrt werden (**Elektrolyse**).

Elektronenübertragungsreaktionen können auch zwischen anderen Reaktionspartnern wie Metallen und Nichtmetallen stattfinden.

SÄUREN – BASEN – NEUTRALISATION
Stoffliche Betrachtung:
- **Saure Lösungen** sind wässrige Lösungen, die Oxonium-Ionen H_3O^+ enthalten.
- **Alkalische Lösungen** sind wässrige Lösungen, die Hydroxid-Ionen OH^- enthalten.

⇒ Saure und alkalische Lösungen sind wegen der in ihnen enthaltenen Ionen elektrisch leitfähig.

Teilchenmäßige Betrachtung:
- **Säuren** sind Stoffe, deren Teilchen Protonen H^+ abgeben, es sind **Protonendonatoren**.
- **Basen** sind Stoffe, deren Teilchen Protonen H^+ aufnehmen, es sind **Protonenakzeptoren**.

⇒ **Säure-Base-Reaktionen** sind **Protonenübertragungsreaktionen**.

Beispiel:

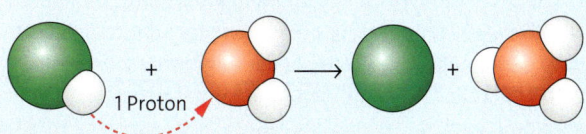

Protonenübergang im Teilchenmodell:

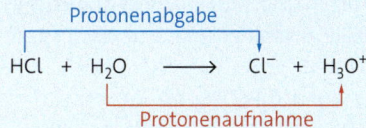

Neutralisation
Die Reaktion zwischen Oxonium-Ionen und Hydroxid-Ionen wird als **Neutralisation** bezeichnet. Es ist eine Protonenübertragungsreaktion. Sie läuft ab, wenn eine saure Lösung zu einer alkalischen Lösung gegeben wird.
Neutralisation:
$H_3O^+(aq) + OH^-(aq) \longrightarrow 2\,H_2O(l)$

Protonenübergang im Teilchenmodell:

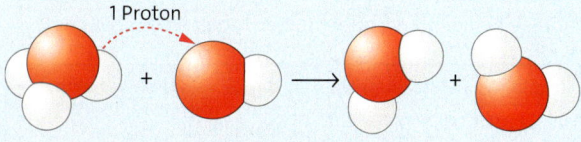

Gleichzeitig wird eine **Salzlösung** gebildet.

Beispiel:
$HCl(aq) + NaOH(aq) \longrightarrow \underbrace{H_2O(l) + Na^+(aq) + Cl^-(aq)}_{\text{Natriumchloridlösung}}$

pH-Wert
Der pH-Wert einer Lösung gibt an, wie stark sauer oder alkalisch diese Lösung ist. Er ist ein Maß für die Konzentration an Oxonium-Ionen.

pH-Indikatoren zeigen durch ihre Farbe, ob eine saure oder alkalische Lösung vorliegt.

Die **pH-Wert-Skala** reicht in etwa von pH = 0 bis pH = 14:

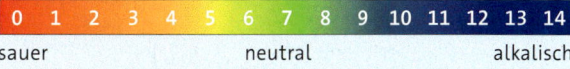

Einteilung von Lösungen nach ihrem pH-Wert
pH < 7: saure Lösung
pH = 7: neutrale Lösung
pH > 7 alkalische Lösung

1.2 Rückblick: Grundlagen der organischen Chemie

ORGANISCHE CHEMIE
Die organische Chemie beschäftigt sich mit molekularen Verbindungen, deren Moleküle auf Kohlenstoff- und Wasserstoff-Atomen basieren.
Beispiele: Methan CH_4, Ethanol C_2H_5OH
Keine organischen Verbindungen: Wasser H_2O, Kalk $CaCO_3$

Kohlenstoff-Atome können untereinander und zu anderen Nichtmetall-Atomen stabile Elektronenpaarbindungen bilden. Sie können sich zu ketten- oder ringförmigen Molekülen verbinden. Dies führt zur Vielfalt der organisch-chemischen Verbindungen.
Beispiele:

Ethan   Cyclohexan

ALKANE
Alkane sind gesättigte Kohlenwasserstoffe, d. h., in ihren Molekülen liegen nur Einfachbindungen vor. Sie bilden eine **homologe Reihe** mit der allgemeinen Molekülformel C_nH_{2n+2}.

Name	Molekülformel	Name	Molekülformel
Methan	CH_4	Hexan	C_6H_{14}
Ethan	C_2H_6	Heptan	C_7H_{16}
Propan	C_3H_8	Octan	C_8H_{18}
Butan	C_4H_{10}	Nonan	C_9H_{20}
Pentan	C_5H_{12}	Decan	$C_{10}H_{22}$

Homologe Reihe der Alkane

Alkylgruppen sind die bei verzweigten Molekülen auftretenden Seitenketten, deren Name sich wie bei den Alkanen aus der Anzahl der C-Atome ergibt. Die Endung **-an** wird durch **-yl** ersetzt.
Beispiele: Methylgruppe $–CH_3$, Ethylgruppe $–C_2H_5$

ISOMERE DER ALKANE
Verbindungen, in deren Molekülen bei gleicher Molekülformel die Atome unterschiedlich verknüpft sind, nennt man **Konstitutionsisomere**.
Beispiele:

$CH_3–CH_2–CH_2–CH_3$ $CH_3–CH–CH_3$ mit CH_3
n-Butan   Isobutan

DARSTELLUNGEN VON STRUKTURFORMELN
Die Strukturformeln von Molekülen können auf verschiedene Arten dargestellt werden:

n-Butan	Isobutan
Strukturformel (vollständige Lewis-Formel) Eine Strukturformel enthält alle Atome, Elektronenpaare und Bindungen eines Moleküls.	

Halbstrukturformel
Es werden nur die Bindungen zwischen den C-Atomen dargestellt. Die gebundenen H-Atome werden zusammengefasst.

$CH_3–CH_2–CH_2–CH_3$ $CH_3–CH–CH_3$ mit CH_3

Skelettformel
Bindungen zwischen den C-Atomen werden durch Linien dargestellt. Punkte, von denen eine, zwei, drei bzw. vier Linien ausgehen, symbolisieren die CH_3-, CH_2-, CH-Gruppen bzw. C-Atome.

Kugel-Stab-Modell
Räumliche Darstellung von Molekülen, die die Atome mit verschiedenfarbigen Kugeln entsprechend ihrer Größenverhältnisse zeigt

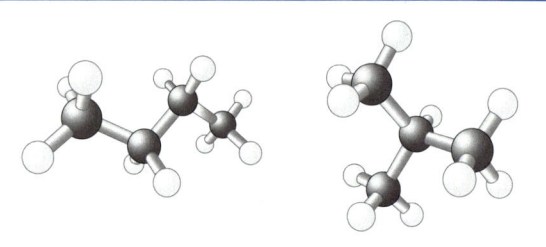

Kalottenmodell
Räumliche Darstellung von Molekülen, die mittels sich durchdringender Kugeln die Raumerfüllung der Moleküle verdeutlicht.

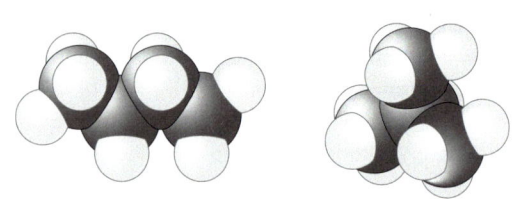

SYSTEMATISCHE BENENNUNG DER ALKANE

$$CH_3-CH_2-\overset{4}{C}H-\overset{3}{C}H-\overset{2}{C}H-\overset{1}{C}H_3$$
mit $\overset{|}{CH_3}$ an C3, $\overset{|}{CH_3}$ an C2, und Seitenkette an C4: $\overset{5}{C}H_2-\overset{6}{C}H_2-\overset{7}{C}H_3$

4-Ethyl-2,3-dimethylheptan

1. Bestimmen Sie die Anzahl der Kohlenstoff-Atome in der längsten Kette und benennen Sie die Hauptkette (heptan).
2. Ermitteln Sie die Verzweigungen, benennen Sie die Alkylgruppen und ordnen Sie sie alphabetisch (Ethyl, Methyl).
3. Ermitteln Sie die Anzahl gleicher Alkylgruppen und stellen Sie das entsprechende griechische Zahlwort den Namen der Alkylreste voran (Dimethyl).
4. Legen Sie die Nummern der Kohlenstoff-Atome fest, an denen Alkylgruppen gebunden sind. Die Hauptkette wird so nummeriert, dass die Verzweigungsstellen kleinstmögliche Zahlen erhalten (2, 3, 4).
5. Bilden Sie den Namen.

Die chemische Nomenklatur einschließlich der Benennung neuer Elemente im PSE erfolgt weltweit durch die *International Union of Pure and Applied Chemistry*, kurz: **IUPAC**

EIGENSCHAFTEN UND REAKTIONEN DER ALKANE

Alkane sind aufgrund ihrer unpolaren Moleküle lipophil („fettliebend") und hydrophob („wasserabweisend"). Sie lösen sich ineinander und nicht in Wasser. Die Wechselwirkungen zwischen ihren Molekülen entstehen durch temporäre und induzierte Dipole.

Oxidation: Alkane reagieren mit Sauerstoff zu Kohlenstoffdioxid und Wasser (vollständige Verbrennung). Die Zündtemperatur steigt mit der Anzahl der Kohlenstoff-Atome im Molekül.
Beispiele:
$CH_4 + 2\,O_2 \longrightarrow CO_2 + 2\,H_2O$
$2\,C_8H_{18} + 25\,O_2 \longrightarrow 16\,CO_2 + 18\,H_2O$

Radikalische Substitution: Alkane reagieren mit den Halogenen Chlor und Brom in einer radikalischen Substitution zu Halogenalkanen und Chlor- bzw. Bromwasserstoff. Die Reaktion wird durch Licht ausgelöst.
Beispiel:
$CH_4 + Cl_2 \longrightarrow CH_3-Cl + HCl$

ALKENE

Alkene gehören zu den ungesättigten Kohlenwasserstoffen. Ihre Moleküle enthalten eine Doppelbindung zwischen den Kohlenstoff-Atomen. Sie bilden eine **homologe Reihe** mit der allgemeinen Molekülformel C_nH_{2n}.

Name	Halbstrukturformel
Ethen	$CH_2=CH_2$
Propen	$CH_2=CH-CH_3$
But-1-en	$CH_2=CH-CH_2-CH_3$
Pent-1-en	$CH_2=CH-CH_2-CH_2-CH_3$

Homologe Reihe der Alkene

Die typische Reaktion der Alkene ist die **Addition**, bei der sich Atome oder Atomgruppen an die Doppelbindung anlagern. Die Addition von Brom dient als Nachweis ungesättigter Kohlenwasserstoffe. Die Addition von Wasserstoff wird als **Hydrierung** bezeichnet.
Beispiele:

$$\underset{H}{\overset{H}{}}C=C\underset{H}{\overset{H}{}} + Br-Br \longrightarrow Br-\underset{H}{\overset{H}{C}}-\underset{H}{\overset{H}{C}}-Br$$

$CH_2=CH_2 + H_2 \underset{\text{Dehydrierung}}{\overset{\text{Hydrierung}}{\rightleftharpoons}} CH_3-CH_3$

ISOMERIE

Die Moleküle der Alkene können wie auch die Moleküle der Alkane verzweigt sein (**Konstitutionsisomere**). Durch Verschiebung der C=C-Doppelbindung treten zusätzliche Konstitutionsisomere auf.
Die C=C-Doppelbindung führt zudem zur Ausbildung von **cis-/trans-Isomeren**, bei denen die Moleküle bei gleicher Konstitution eine unterschiedliche räumliche Anordnung der Atome besitzen.

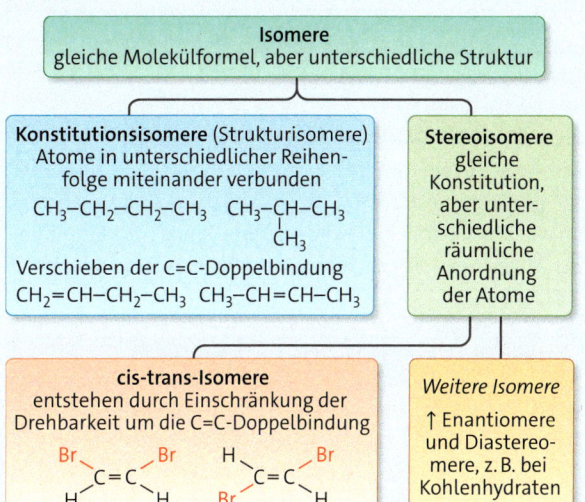

ALKINE

Alkine gehören zu den ungesättigten Kohlenwasserstoffen. Ihre Moleküle enthalten eine Dreifachbindung zwischen den Kohlenstoff-Atomen. Ihre allgemeine Molekülformel lautet C_nH_{2n-2}.

Name	Halbstrukturformel
Ethin	CH≡CH
Propin	CH≡C–CH$_3$
But-1-in	CH≡C–CH$_2$–CH$_3$
Pent-1-in	CH≡C–CH$_2$–CH$_2$–CH$_3$

Homologe Reihe der Alkine

ALKOHOLE

Alkohole sind Verbindungen, deren Moleküle außer Kohlenstoff- und Wasserstoff-Atomen eine oder mehrere Hydroxygruppen (OH-Gruppe) enthalten. Die Hydroxygruppe ist die **funktionelle Gruppe** der Alkohole.
Beispiele:

Ethanol   Propan-1-ol

Alkohole, die sich von den Alkanen ableiten, heißen Alkanole. Sie haben die allgemeine Molekülformel $C_nH_{2n+1}OH$ und bilden eine homologe Reihe.

Name	Halbstrukturformel
Methanol	CH$_3$–OH
Ethanol	CH$_3$–CH$_2$–OH
Propan-1-ol	CH$_3$–CH$_2$–CH$_2$–OH
Butan-1-ol	CH$_3$–CH$_2$–CH$_2$–CH$_2$–OH
Pentan-1-ol	CH$_3$–CH$_2$–CH$_2$–CH$_2$–CH$_2$–OH

Homologe Reihe der Alkanole

ISOMERIE UND BENENNUNG BEI ALKANOLEN

Die Moleküle der Alkanole können verzweigt sein. Die Benennung erfolgt wie bei den Alkanen, zusätzlich wird angegeben, an welches C-Atom die Hydroxygruppe bindet. Die Einteilung der Alkanole erfolgt nach der Stellung der Hydroxygruppe.
Beispiele:

Primär	Sekundär	Tertiär
Ethanol	Propan-2-ol	2-Methylpropan-2-ol

EIGENSCHAFTEN DER ALKANOLE

Die Wasserlöslichkeit der Alkanole sinkt mit steigender Anzahl an Kohlenstoff-Atomen im Molekül.
Wie Alkane reagieren auch Alkanole mit Sauerstoff (Verbrennung) zu Kohlenstoffdioxid und Wasser.

MEHRWERTIGE ALKOHOLE

Hat ein Alkohol-Molekül mehr als eine Hydroxygruppe, so liegt ein mehrwertiger Alkohol vor.
Beispiele:

Ethan-1,2-diol (Glykol)   Propan-1,2,3-triol (Glycerin)

OXIDATIONSPRODUKTE DER ALKANOLE

Primäre Alkohole können zu Aldehyden, sekundäre zu Ketonen oxidiert werden. Die Oxidation von Aldehyden führt zu Carbonsäuren. Charakteristische funktionelle Gruppen sind:
- –CHO, Aldehydgruppe
- C=O, Ketogruppe
- –COOH, Carboxygruppe

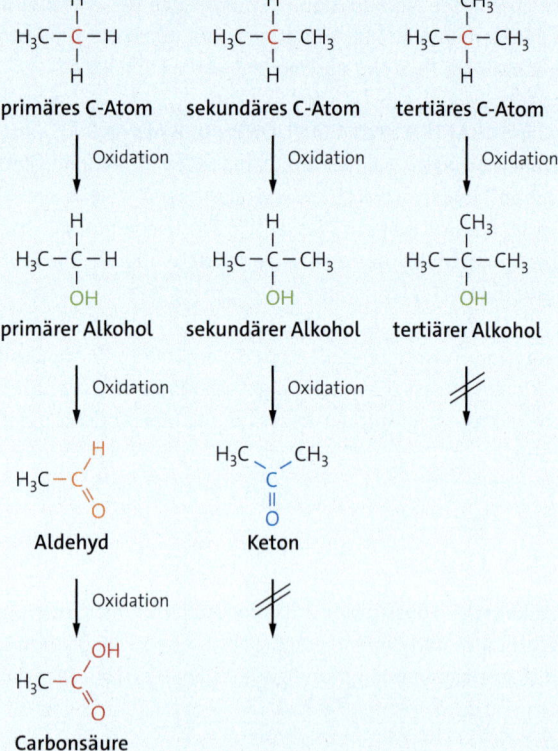

Rückblick: Grundlagen der organischen Chemie

Leiten sich Aldehyde, Ketone oder Carbonsäuren von den Alkanen ab, so heißen sie Alkanale, Alkanone und Alkansäuren. Wie die Alkane bilden auch die Alkanale und Alkansäuren homologe Reihen.
Beispiele:

Alkan	Alkanol	Alkanal	Alkanon	Alkansäure
Methan	Methanol	Methanal	–	Methansäure
Ethan	Ethanol	Ethanal	–	Ethansäure
Propan	Propan-1-ol	Propanal	–	Propansäure
	Propan-2-ol	–	Propanon	–

FUNKTIONELLE GRUPPEN

Funktionelle Gruppen sind Gruppierungen von Atomen in einem Molekül, die charakteristisch für Stoffklassen sind und deren Eigenschaften und Reaktivität wesentlich mitbestimmen.
Beispiele:

Stoffklasse	Name	Struktur
Alkene	C–C-Doppelbindung	$\diagdown C=C \diagup$
Alkine	C–C-Dreifachbindung	$-C\equiv C-$
Alkohole	Hydroxygruppe	$-OH$
Aldehyde	Aldehydgruppe	$-C(H)(=O)$
Ketone	Ketogruppe	$C=O$
Carbonsäuren	Carboxygruppe	$-C(OH)(=O)$
Carbonsäureester	Estergruppe	$-C(O-)(=O)$

NACHWEIS VON ALDEHYDEN

Aldehyde lassen sich mit der Tollens-Probe nachweisen. Dabei werden Ag^+-Ionen zu Ag-Atomen reduziert und es entsteht ein Silberspiegel.
Ketone ergeben keine positive Tollens-Probe.

CARBONSÄUREESTER

Carbonsäureester sind die Produkte der Reaktion von Carbonsäuren mit Alkoholen.
Beispiel:

Butansäureethylester

Die Veresterung ist eine **Kondensationsreaktion**, da als Reaktionsprodukt Wasser entsteht. Sie wird durch starke Säuren katalysiert.

Carbonsäure + Alkohol $\longrightarrow$ Carbonsäureester + Wasser

Die **funktionelle Gruppe** der Carbonsäureester ist die Estergruppe –COO–.

BENENNUNG VON CARBONSÄUREESTERN

Der Name eines Esters wird aus dem Namen der Säure, der Alkylgruppe des Alkohols und der Endung -ester gebildet.
Beispiele:

Carbonsäure	Alkohol	Ester
Methansäure	Ethanol	Methansäureethylester
Ethansäure	Ethanol	Ethansäureethylester
Ethansäure	Pentanol	Ethansäurepentylester

SPALTUNG VON CARBONSÄUREESTER

Die Esterspaltung ist eine **Hydrolyse**, da Ester-Moleküle mit Wasser-Molekülen reagieren und in ihre Ausgangsmoleküle zerfallen.
Beispiel:

$C_3H_7-CO-O-C_2H_5 + H_2O \longrightarrow C_3H_7-COOH + HO-C_2H_5$

Veresterung (Kondensationsreaktion) und Esterspaltung (Hydrolyse) sind umkehrbare chemische Reaktionen.

Carbonsäure + Alkohol $\underset{\text{Esterspaltung}}{\overset{\text{Veresterung}}{\rightleftarrows}}$ Carbonsäureester + Wasser

1.3 Aufgaben richtig verstehen – Umgang mit Operatoren

Operatoren sind *handlungsleitende Verben*, die bei einer Aufgabenstellung darüber Auskunft geben, welche Tätigkeit beispielsweise in einer Klausuraufgabe gefordert wird. Als **Signalwörter** bestimmen sie Art und Umfang der geforderten Leistung.

Mithilfe von einheitlichen Standards im baden-württembergischen *Bildungsplan für das Gymnasium* wird festgelegt, welche Tätigkeiten beim Bearbeiten der Aufgabe erwartet werden, damit eine Vergleichbarkeit der individuellen Lösung möglich wird. Das Wissen um die Bedeutung der Operatoren ist dabei hilfreich, um schon zu Beginn der Bearbeitung einer Klausuraufgabe eine *geeignete Zeiteinteilung* vorzunehmen und abschätzen zu können, in *welcher Tiefe* die Aufgabenstellung bearbeitet werden soll.

Operatoren werden durch den Kontext der Prüfungsaufgabe erst konkretisiert bzw. präzisiert: durch die Formulierung bzw. Gestaltung der Aufgabenstellung, durch den Bezug zu Textmaterialien/Abbildungen bzw. Problemstellungen sowie durch die Zuordnung zu **Anforderungsbereichen (AFB)** im Erwartungshorizont. Aufgrund dieser vielfältigen wechselseitigen Abhängigkeiten lassen sich Operatoren zumeist nicht präzise einzelnen Anforderungsbereichen zuschreiben.

ANFORDERUNGSBEREICH I umfasst das Wiedergeben und Beschreiben fachspezifischer Sachverhalte aus einem abgegrenzten Gebiet und im gelernten Zusammenhang sowie dem wiederholenden Benutzen geübter Arbeitstechniken und Methoden. Dies erfordert vor allem **Reproduktionsleistungen**.

ANFORDERUNGSBEREICH II umfasst das selbstständige Erklären, Bearbeiten und Ordnen bekannter fachspezifischer Inhalte sowie das angemessene Anwenden gelernter Inhalte und Methoden auf andere Sachverhalte. Dies erfordert vor allem **Reorganisationsleistungen**.

ANFORDERUNGSBEREICH III umfasst den rückbeziehenden Umgang mit neuen Problemstellungen, den eingesetzten Methoden und den gewonnenen Erkenntnissen, um zu Begründungen, Folgerungen, Beurteilungen und Handlungsoptionen zu gelangen. Dies erfordert vor allem **Reflexion und Transferleistungen**.

Operator	Beschreibung der erwarteten Leistung	Beispiele für eine Aufgabe in der Chemie
ableiten	Auf der Grundlage von Erkenntnissen sachgerechte Schlüsse ziehen	Leiten Sie aus den Ergebnissen von RUTHERFORDS Streuversuch Schlussfolgerungen über den Bau von Atomen ab.
anwenden	Einen bekannten Zusammenhang oder eine bekannte Methode auf einen anderen Sachverhalt beziehen	Wenden Sie Ihre Kenntnisse über Katalysatoren auf Enzyme an.
aufstellen	Eine chemische Formel oder eine Reaktionsgleichung in Symbolschreibweise formulieren	Stellen Sie die Reaktionsgleichung für die Bildung von Aluminiumoxid aus den Elementen auf.
auswerten	Daten, Einzelergebnisse oder andere Aspekte in einen Zusammenhang stellen, um daraus Schlussfolgerungen zu ziehen	Werten Sie die Ergebnisse der Titration von Phosphorsäure mit Natronlauge aus.
begründen	Sachverhalte auf Regeln, Gesetzmäßigkeiten bzw. kausale Zusammenhänge zurückführen	Begründen Sie die Gruppenzuordnung der einzelnen Aminosäuren aufgrund ihrer Reste.
benennen	Fachbegriffe kriteriengeleitet zuordnen	Benennen Sie die Stoffklassen, zu denen die dargestellten Moleküle gehören.
beschreiben	Strukturen, Sachverhalte, Prozesse und Eigenschaften von Objekten in der Regel unter Verwendung der Fachsprache wiedergeben	Beschreiben Sie die einzelnen Prozesse des Membranverfahrens.
bewerten	Einen Sachverhalt nach fachwissenschaftlichen oder fachmethodischen Kriterien, persönlichem oder gesellschaftlichem Wertebezug begründet einschätzen	Bewerten Sie die unterschiedlichen Möglichkeiten zum Recycling von Kunststoffen.

Operator	Beschreibung der erwarteten Leistung	Beispiele für eine Aufgabe in der Chemie
darstellen	Sachverhalte, Zusammenhänge, Methoden und Ergebnisse strukturiert wiedergeben	Stellen Sie die Konzentrationen der Edukte und Produkte für die Gleichgewichtsreaktion zur Bildung von Ammoniak grafisch dar.
diskutieren	Argumente zu einer Aussage oder These einander gegenüberstellen und abwägen	Diskutieren Sie die Verwendung von Aluminium als Verpackungsmaterial.
durchführen	Eine vorgegebene oder eigene Anleitung (zum Beispiel für ein Experiment oder einen Arbeitsauftrag) umsetzen	Führen Sie das Experiment zur Löslichkeit von Alkoholen in Wasser durch.
erklären	Strukturen, Prozesse und Zusammenhänge eines Sachverhalts erfassen sowie auf allgemeine Aussagen oder Gesetze unter Verwendung der Fachsprache zurückführen	Erklären Sie die unterschiedliche Siedetemperatur der Stoffe ...
erläutern	Strukturen, Prozesse und Zusammenhänge eines Sachverhalts erfassen sowie auf allgemeine Aussagen und Gesetze zurückführen und durch zusätzliche Informationen oder Beispiele verständlich machen	Erläutern Sie den Mechanismus der Polymerisation von Propen.
ermitteln	Ein Ergebnis rechnerisch, grafisch oder experimentell bestimmen	Ermitteln Sie aus Ihren Messwerten ein Temperatur-Zeit-Diagramm auf Millimeterpapier.
nennen	Elemente, Sachverhalte, Begriffe, Daten, Fakten ohne Erläuterung wiedergeben	Nennen Sie die Möglichkeiten zur sinnvollen Anwendung von Copolymeren für den Fahrzeugbau.
nutzen	Fachgerecht einsetzen	Nutzen Sie das Periodensystem der Elemente, um die Oxidationszahlen aller Kohlenstoff-Atome in einem Glucose-Molekül zu bestimmen.
ordnen, einordnen, zuordnen, klassifizieren	Begriffe und Gegenstände auf der Grundlage bestimmter Merkmale systematisch einteilen	Ordnen Sie die gegebenen Stoffe entsprechend ihren Elektronegativitätsdifferenzen einer Bindungsart zu.
planen	Zu einem vorgegebenen Problem Lösungswege entwickeln	Planen Sie ein Experiment, mit dem Sie die Kohlenwasserstoffe Ethan und Ethen voneinander unterscheiden können.
untersuchen	Sachverhalte oder Objekte zielorientiert erkunden, Merkmale und Zusammenhänge herausarbeiten	Untersuchen Sie anhand der Messwerte den Zusammenhang zwischen pH- und pOH-Wert.
vergleichen	Gemeinsamkeiten und Unterschiede herausarbeiten	Vergleichen Sie den Bau und die Funktion von Batterien mit denen von Akkumulatoren.

Sportler sind auf die Zufuhr von Energie angewiesen – scheinbar benötigen sie während eines Wettkampfs viel Energie. Alle Menschen und Tiere nehmen Energie durch die Nahrung auf. Sie wird im Körper durch chemische Prozesse umgewandelt, z. B. in Bewegungsenergie der Muskeln oder in Wärme. Aus der energiereichen Nahrung entstehen dabei energieärmere Stoffe, die wieder an die Umwelt abgegeben werden. Die Energetik betrachtet den Energieumsatz bei solchen chemischen Prozessen.

Chemische Energetik 2

Energieumwandlungen bei chemischen Reaktionen

Energie

- Innere Energie
- Energieerhaltung
- Energieumwandlung
- System und Umgebung
- Reaktionswärme und Kalorimetrie

Enthalpien

- Reaktionsenthalpie
- Verbrennungsenthalpie, Brennwert und Heizwert
- Satz von Hess
- Standardbildungsenthalpie

Freiwilligkeit chemischer Reaktionen

- Entropie
- Reaktionsentropie
- Freie Reaktionsenthalpie
- Gibbs-Helmholtz-Gleichung
- Abhängigkeit der freien Reaktionsenthalpie
- Metastabile Zustände und unvollständig verlaufende Reaktionen

01 Sportler benötigen Energie – Sportler sind Energieumwandler.

3.1 Chemische Reaktionen und Energie

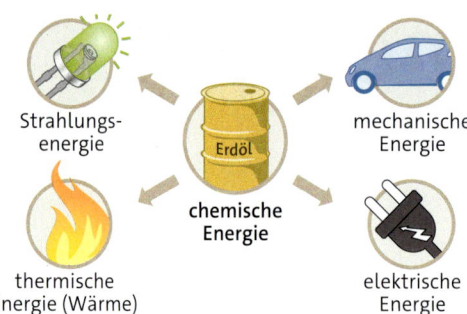

01 Umwandlung von Energieformen

ENERGIE UND ENERGIEUMWANDLUNGEN Die Begriffe „Energie", „Arbeit" und „Brennwert" kennen wir aus dem Alltag. Sie spielen auch in der Chemie eine wichtige Rolle, weil bei chemischen Reaktionen neben Stoff- auch immer Energieumwandlungen auftreten. Ein Beispiel dafür ist die Umwandlung von chemischer Energie in thermische Energie bei der Verbrennung von Erdöl (↑ 01). Die chemische Energetik betrachtet diese Energieumwandlungen bei chemischen Reaktionen qualitativ und quantitativ, wodurch sich der Verlauf einzelner Reaktionen und ganzer Stoffkreisläufe vorhersagen lässt.

ENERGIEKETTE Laufen mehrere Vorgänge hintereinander ab, bei denen Energieumwandlungen stattfinden, können diese zu einer **Energiekette** zusammengefasst werden (↑ 02). Viele von ihnen nehmen ihren Ursprung in der Sonne. Dort entsteht nach der berühmten Formel $E = m \cdot c^2$ durch die Verschmelzung von Wasserstoff- zu Heliumkernen in jeder Sekunde die schier unvorstellbare Energie von 382 Trilliarden Kilojoule ($3{,}82 \cdot 10^{23}$ kJ).

Nur ein Bruchteil dieser Sonnenenergie erreicht jedoch die Erde. Grüne Pflanzen wandeln bei der Fotosynthese diese Energie in chemische Energie um. Dadurch werden Cellulose und andere energiereiche Kohlenhydrate aus Kohlenstoffdioxid und Wasser aufgebaut. Essen wir Obst, Gemüse oder Brot, gelangt diese Energie zu uns Menschen. Unser Körper wandelt die in der Nahrung gespeicherte Energie durch Stoffwechselprozesse um, z. B. in Bewegungsenergie in den Muskeln oder thermische Energie zur Aufrechterhaltung der Körpertemperatur. Dabei entstehen Stoffe mit geringerer chemischer Energie.

Auch eine durch elektrischen Strom betriebene Küchenmaschine bezieht ihre Energie letztendlich zum Großteil aus der Sonne. In Kraftwerken wird bei der Verbrennung von Kohle, Erdöl und Erdgas die darin gespeicherte chemische Energie am Ende der Energiekette in elektrische Energie umgewandelt.

Die fossilen Energieträger sind in Jahrmillionen bei hohem Druck und hoher Temperatur aus abgestorbenen Pflanzen und Kleinstlebewesen entstanden. Die in ihnen enthaltenen energiereichen Verbindungen haben sich – genauso wie heute – erst mithilfe der Energie der Sonne gebildet.

Im Alltag ist es uns meist nicht bewusst: In fossilen Brennstoffen ist die Energie der Sonne gespeichert, die vor vielen Jahrmillionen die Erde erreichte.

INNERE ENERGIE Der Begriff **innere Energie** U (Einheit: J) bezeichnet die Summe aller in einer Stoffportion gespeicherten Energieformen. Sie setzt sich aus verschiedenen Energieformen zusammen, z. B. der Kernenergie, der Summe aller Bindungsenergien (Elektronenpaar-, Metall- und Ionenbindungen) und zwischenmolekularen Wechselwirkungen (zusammen: chemische Energie) sowie der Bewegungsenergie der ungeordneten Bewegungen der Teilchen (thermische Energie).

Die innere Energie ist eine extensive Größe, die von der Stoffmenge, also der Größe der Stoffportion, abhängt. Ihr absoluter Wert ist nicht bestimmbar. Messbar ist nur die Änderung der inneren Energie ΔU infolge einer chemischen Reaktion, bei der z. B. ein Teil der inneren Energie in andere Energieformen umgewandelt wird. Die innere Energie ist daher eine wichtige Größe für die chemische Energetik.

> Die innere Energie U eines Systems ergibt sich aus der Summe aller Energieformen des Systems.

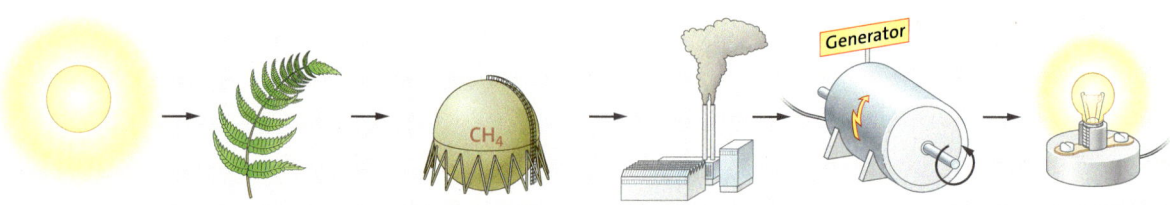

02 Energiekette: schrittweise Energieumwandlung

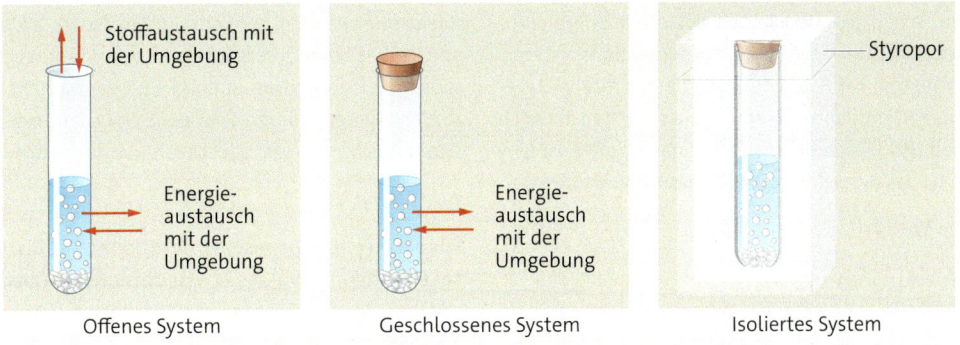

03 Systeme unterscheidet man anhand ihrer Möglichkeit, Stoffe und Energie mit der Umgebung auszutauschen.

SYSTEM UND UMGEBUNG Für die Untersuchung von Energieumwandlungen ist es notwendig, zwischen System und Umgebung zu unterscheiden. Als System bezeichnet man einen klar begrenzten Bereich, dessen Energie- und Stoffbilanz betrachtet wird. Das System ist durch eine Systemgrenze von seiner Umgebung getrennt. In der Chemie ist die Systemgrenze häufig durch die Wand eines Reaktionsgefäßes definiert.

Je nachdem, ob Stoffe und/oder Energie über die Systemgrenze ausgetauscht werden können, unterscheidet man offene, geschlossene und isolierte Systeme (↑ 03):

Bei **offenen Systemen**, wie einem unverschlossenen Reagenzglas, können Stoffe und Energie mit der Umgebung ausgetauscht werden.

Wird das Reagenzglas mit einem Stopfen verschlossen, kann das **geschlossene System** nur noch Energie, z. B. Wärme oder Licht, über die Systemgrenze mit der Umgebung austauschen.

Wenn das verschlossene Reagenzglas in wärmedämmendes Styropor verpackt wird, kann das **isolierte System** weder Stoffe noch Energie mit der Umgebung austauschen. Da in der Praxis kein System perfekt isoliert ist, erfolgt jedoch immer ein geringfügiger Austausch von Energie mit der Umgebung. Deshalb sind isolierte Systeme idealisierte Modelle für theoretische Betrachtungen.

Bei energetischen Betrachtungen ist es hilfreich, als System immer die an einer chemischen Reaktion beteiligten Stoffe zu definieren (Reaktionssystem). Die bei einer chemischen Reaktion umgewandelte Energie wird dann grundsätzlich vollständig mit der Umgebung ausgetauscht.

Beispiel: Die bei der Neutralisation einer sauren mit einer alkalischen Lösung entstehende Wärme wird vollständig auf das Wasser übertragen, dessen Temperaturerhöhung man messen kann.

ENERGIEERHALTUNG In den Medien und im Alltag wird häufig über den „Energieverbrauch elektrischer Geräte" oder die „Energieerzeugung in Kraftwerken" gesprochen. Diese Formulierungen sind nicht korrekt. Nach dem im 19. Jahrhundert formulierten **Energieerhaltungssatz** ist die Summe aller Energien in einem System und seiner Umgebung immer konstant. Energie kann nicht erschaffen oder verbraucht werden. Durch physikalische oder chemische Prozesse lässt sich Energie nur von einer Form in eine andere umwandeln (↑ 02). Dieser Erfahrungssatz wird auch als **1. Hauptsatz der Thermodynamik** bezeichnet.

Die im Erdgas gespeicherte chemische Energie kann aber z. B. nicht vollständig in elektrische Energie umgewandelt werden. Ein Teil der bei der Verbrennung des Erdgases frei werdenden thermischen Energie kann bei diesem Prozess nicht umgewandelt werden und geht als Wärme verloren.

> Nach dem 1. Hauptsatz der Thermodynamik kann Energie weder erschaffen noch vernichtet werden. Ihre verschiedenen Formen lassen sich nur ineinander umwandeln.

1) Bild ↑ 02 zeigt eine Energiekette. Geben Sie ein weiteres Beispiel einer Energiekette an und erläutern Sie die Energieumwandlungen.

2) Nennen Sie drei Beispiele von Systemgrenzen, die bei chemischen Systemen bzw. Reaktionen eine Rolle spielen.

3) In einem Reagenzglas soll Zink mit Salzsäure umgesetzt werden. Beschreiben Sie, wie die Reaktion in einem offenen, geschlossenen bzw. isolierten System geführt werden muss.

4) Geben Sie alle Energieformen und Energieumwandlungen an, die von Bedeutung sind, wenn ein Elektroauto durch Strom betrieben wird, der im Kohlekraftwerk gewonnen wird.

3.2 Reaktionswärme und Kalorimetrie

Die Differenz einer Größe ergibt sich immer aus Endzustand minus Anfangszustand:
$\Delta U = U_{Ende} - U_{Anfang}$

ÄNDERUNG DER INNEREN ENERGIE Bei einer chemischen Reaktion ändert sich durch Energieumwandlung die innere Energie des Reaktionssystems. Das System kann sowohl eine bestimmte Wärmemenge (Q) mit der Umgebung austauschen als auch Arbeit (W) verrichten. Die Differenz der inneren Energie ΔU des Systems ergibt sich damit wie folgt:

$\Delta U = Q + W$

REAKTIONSWÄRME Bei einer **exothermen Reaktion** wird im Laufe der Reaktion ein Teil der inneren Energie in thermische Energie umgewandelt und an die Umgebung als **Reaktionswärme Q** übertragen. Da die innere Energie nach der Reaktion geringer ist als vor der Reaktion, ist der Betrag von Q mit einem negativen Vorzeichen versehen (↑ 02).
Bei **endothermen Reaktionen** nimmt das System dagegen Energie aus der Umgebung auf. Die Reaktionswärme Q nimmt bei endothermen Reaktionen positive Werte an, da die innere Energie des Systems nach der Reaktion größer ist als vor der Reaktion.

ARBEIT Bei chemischen Reaktionen wird mechanische Arbeit verrichtet, wenn Gase entstehen. Diese **Volumenarbeit W** wird messbar, wenn die gasförmigen Produkte der chemischen Reaktion in einem Kolbenprober aufgefangen werden. Der Stempel bewegt sich dann gegen den äußeren Druck der Umgebung heraus (↑ 01). Die innere Energie des Systems nimmt durch die Freisetzung der Gase ab, da das System durch das Rausdrücken des Stempels Arbeit an der Umgebung verrichtet ($W < 0$; ↑ 02).
Verringert sich dagegen das Gasvolumen bei einer Reaktion, so verrichtet die Umgebung durch das Reindrücken des Stempels Arbeit am System ($W > 0$).
Die Volumenarbeit ergibt sich aus dem Produkt der Volumenänderung ΔV bei konstantem Druck p nach folgender Gleichung:

$W = -p \cdot \Delta V$

REAKTIONSENTHALPIE Die meisten chemischen Reaktionen laufen bei konstantem Druck ab, z. B. solche bei Schülerversuchen in offenen Reagenzgläsern. Unter diesen Bedingungen entspricht die Änderung der inneren Energie ΔU der Summe aus Reaktionswärme und verrichteter Volumenarbeit:

$\Delta U = Q - p \cdot \Delta V$

Für die meisten chemischen Reaktionen – selbst unter Beteiligung von Gasen – ist unter Normalbedingungen die verrichtete Volumenarbeit im Vergleich zur Reaktionswärme sehr gering. In der Chemie wird deshalb häufig nur die Reaktionswärme Q betrachtet. Stellt man die obige Gleichung für die Änderung der inneren Energie nach Q um, ergibt sich:

$Q = \Delta U + p \cdot \Delta V$

Der Ausdruck auf der rechten Seite des Gleichheitszeichens entspricht der **Reaktionsenthalpie $\Delta_r H$** (engl. *heat:* Wärme).

$\Delta_r H = Q$

$\Delta_r H = \Delta U + p \cdot \Delta V$

Die Reaktionsenthalpie $\Delta_r H$ kann experimentell bestimmt werden. Sie ist eine zentrale Größe für verschiedene quantitative energetische Betrachtungen. Bei Reaktionen, bei denen das Volumen konstant bleibt ($\Delta V = 0$), z. B. bei einer Reaktion ohne Beteiligung von Gasen, entspricht die Reaktionsenthalpie $\Delta_r H$ der Änderung der inneren Energie (ΔU) des Reaktionssystems.

> Die Reaktionsenthalpie $\Delta_r H$ entspricht der Reaktionswärme Q einer chemischen Reaktion bei konstantem Druck.

Größe	Bedeutung für negative Werte (< 0)	Bedeutung für positive Werte (> 0)
ΔU	Innere Energie des Systems sinkt.	Innere Energie des Systems steigt.
$Q, \Delta_r H$	exotherme Reaktion	endotherme Reaktion
W	System verrichtet Arbeit.	Arbeit wird am System verrichtet.
ΔV	Volumenabnahme	Volumenzunahme
$-p \cdot \Delta V$	System verrichtet Volumenarbeit.	Volumenarbeit wird am System verrichtet.

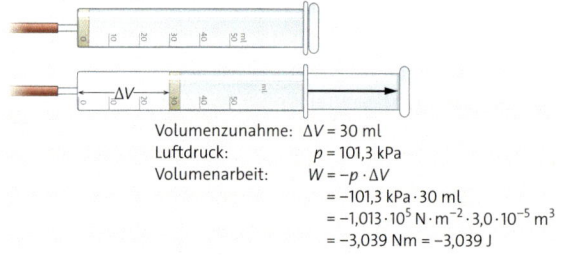

Volumenzunahme: $\Delta V = 30$ ml
Luftdruck: $p = 101{,}3$ kPa
Volumenarbeit: $W = -p \cdot \Delta V$
$= -101{,}3 \text{ kPa} \cdot 30 \text{ ml}$
$= -1{,}013 \cdot 10^5 \text{ N} \cdot \text{m}^{-2} \cdot 3{,}0 \cdot 10^{-5} \text{ m}^3$
$= -3{,}039 \text{ Nm} = -3{,}039 \text{ J}$

01 Austausch von Volumenarbeit zwischen System und Umgebung

02 Vorzeichen physikalischer Größen bei chemischen Reaktionen

BESTIMMUNG DER REAKTIONSWÄRME Eisen und Schwefel reagieren in einer stark exothermen Reaktion zu Eisensulfid (↑ S. 33, Exp. 2.07). Um die dabei frei werdende Reaktionswärme Q quantitativ zu bestimmen, lässt man die Reaktion in einem Kalorimeter (lat. *calor*: Wärme) ablaufen. Ein einfaches Kalorimeter besteht aus einem Gefäß, in dem eine bestimmte Menge Wasser enthalten ist, einem Thermometer zum Messen der Wassertemperatur und einem Rührwerk, mit dem das Wasser durchmischt werden kann (↑ 03). Das Reagenzglas mit dem Eisen-Schwefel-Gemisch wird in das Wasser gehängt. Während der Reaktion wird die frei werdende Reaktionswärme Q an das Wasser im Kalorimeter übertragen. Sie führt zu einem messbaren Temperaturanstieg. Ein Teil der Reaktionswärme führt aber auch zur Erwärmung des Kalorimetergefäßes. Es gilt:

$Q = -(Q_W + Q_K)$

Q_W entspricht der Wärme, die vom Wasser aufgenommen wurde, Q_K entspricht der Wärme, die vom Kalorimeter selbst aufgenommen wurde. Durch das negative Vorzeichen wird ausgedrückt, dass das Reaktionssystem Wärme abgibt, das gefüllte Kalorimeter hingegen diese Wärme aufnimmt.

Die gemessene Temperaturdifferenz ΔT ist proportional zur aufgenommenen Wärme:

$Q \sim \Delta T$

Der Proportionalitätsfaktor ist die **Wärmekapazität**. Für Wasser berechnet sie sich aus der Masse m_W des Wassers im Kalorimeter und der spezifischen Wärmekapazität c_W des Wassers. Sie beträgt $4{,}18\ J \cdot g^{-1} \cdot K^{-1}$.

Das bedeutet: Um 1 g Wasser um 1 K (entspricht 1 °C) zu erwärmen, ist eine Energie von 4,18 J nötig. Die Wärmekapazität C_K des Kalorimeters wird experimentell bestimmt (↑ S. 30, 32). Für die Reaktionswärme ergibt sich dann folgender Ausdruck:

$Q = -(c_W \cdot m_W \cdot \Delta T + C_K \cdot \Delta T) = -(c_W \cdot m_W + C_K) \cdot \Delta T$

> Mithilfe der Kalorimetrie kann die Reaktionswärme berechnet werden: $Q = -(c_W \cdot m_W + C_K) \cdot \Delta T$

1) Nennen Sie chemische Vorgänge aus dem Alltag, bei denen Volumenarbeit verrichtet wird.
2) In einem Kalorimeter ($C_K = 83\ J \cdot K^{-1}$), das mit 200 g Wasser gefüllt ist, nimmt die Temperatur bei einer chemischen Reaktion um 5,2 K ab. Berechnen Sie die Reaktionswärme Q.
3) In einem Kalorimeter ($C_K = 110\ J \cdot K^{-1}$) mit 1500 g Wasser werden 1,3 g Heizöl verbrannt. Die Temperaturzunahme beträgt 9,8 K.
   a Berechnen Sie die Reaktionswärme.
   b Berechnen Sie jeweils die Reaktionswärme für 1 g und für 100 g Heizöl.

Übung: Physikalische Größen zur Bestimmung der Reaktionswärme

Größe	Bedeutung
Q	zu bestimmende Reaktionswärme
Q_W	Wärme, die auf das Wasser übertragen wird
Q_K	Wärme, die auf das Kalorimeter übertragen wird
m_W	Masse des Wassers im Kalorimeter
c_W	spezifische Wärmekapazität des Wassers: $c_W = 4{,}18\ J \cdot g^{-1} \cdot K^{-1}$
C_K	experimentell ermittelte Wärmekapazität des Kalorimeters
ΔT	experimentell ermittelte Temperaturdifferenz: $\Delta T = T_{Ende} - T_{Anfang}$

04 Physikalische Größen zur Bestimmung der Reaktionswärme

Berechnen einer Reaktionswärme

Aufgabe: Bei der Verbrennung von 1,5 g Marshmallows in einem Kalorimeter ($C_K = 85\ J \cdot K^{-1}$) mit der Wassermenge $m_W = 410\ g$ wurde eine Temperaturerhöhung von 11,9 K gemessen. Berechnen Sie die Reaktionswärme für die Verbrennung der 1,5 g Marshmallows.

Gegeben: $m(Marshmallow) = 1{,}5\ g;\ m_W = 410\ g;\ \Delta T = 11{,}9\ K;$
$c_W = 4{,}18\ J \cdot g^{-1} \cdot K^{-1};\ C_K = 85\ J \cdot K^{-1}$

Gesucht: Q

Lösung:
$Q = -(c_W \cdot m_W + C_K) \cdot \Delta T$
$= -(4{,}18\ J \cdot g^{-1} \cdot K^{-1} \cdot 410\ g + 85\ J \cdot K^{-1}) \cdot 11{,}9\ K$
$= -21\,406\ J = -21{,}41\ kJ$

Antwort: Bei der Verbrennung von 1,5 g Marshmallows wurde eine Reaktionswärme $Q = -21{,}41\ kJ$ freigesetzt.

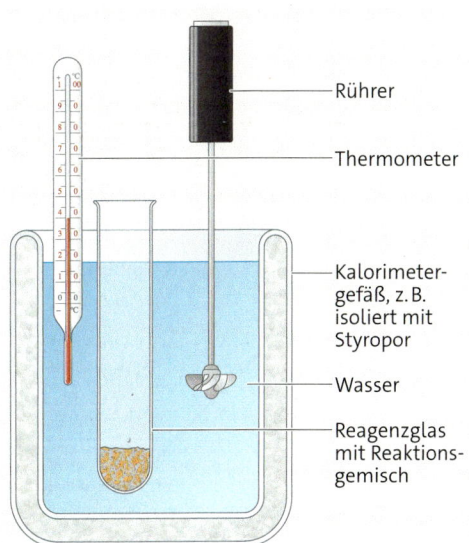

03 Einfaches Kalorimeter

Bestimmung der Wärmekapazität eines Kalorimeters

MISCHUNGSTEMPERATUR VON WASSER Eine einfache Möglichkeit, die Wärmekapazität C_K eines Kalorimeters zu bestimmen, besteht darin, zwei unterschiedlich temperierte Wassermengen zu mischen. In einem Kalorimeter befindet sich eine Wasserportion mit m_1 = 100 g und T_1 = 60 °C. Gibt man zu dieser eine gleich große Wasserportion m_2 mit T_2 = 20 °C, würde man eine Mischtemperatur von T_m = 40 °C erwarten. Gemessen wird aber eine Temperatur, die etwas größer als 40 °C ist. Das liegt daran, dass beim Mischen nicht nur das heiße Wasser, sondern auch die Bauteile des Kalorimeters Wärme auf die kalte Wasserportion übertragen. Es gilt:

$$Q_{W2} = -(Q_{W1} + Q_K)$$

Q_{W2} ist die vom kalten Wasser aufgenommene Wärme, $-(Q_{W1} + Q_K)$ ist die vom Wasser und Kalorimeter abgegebene Wärme. Durch Einsetzen der Temperaturdifferenzen und Wärmekapazitäten ergibt sich:

$$Q_{W2} = c_W \cdot m_2 \cdot (T_m - T_2)$$
$$-(Q_{W1} + Q_K) = -(c_W \cdot m_1 + C_K) \cdot (T_m - T_1)$$

Nach Äquivalenzumformung kann die Wärmekapazität C_K des Kalorimeters berechnet werden:

$$C_K = \frac{c_W \cdot m_2 \cdot (T_m - T_2)}{T_1 - T_m} - c_W \cdot m_1$$

TEMPERATURMESSUNG BEI DER KALORIMETRIE Die Genauigkeit der Kalorimetrie ist abhängig von der exakten Bestimmung der Temperaturen vor und nach der Reaktion im Kalorimeter. Da auch das beste Kalorimeter kein isoliertes System darstellt, findet immer ein minimaler Wärmeaustausch mit der Umgebung statt, sodass die Temperatur nicht konstant gehalten werden kann. Zudem beeinflussen die Trägheit des Thermometers gegenüber Temperaturänderung und die Geschwindigkeit der stattfindenden Reaktion die Genauigkeit der Temperaturmessung.

Die Ermittlung der Temperaturdifferenz ΔT findet daher häufig grafisch statt (↑ 02). Hierzu werden die Temperaturwerte eines ausreichend langen Zeitabschnitts vor der Reaktion (Vorperiode), während der Reaktion (Hauptperiode) und nach der Reaktion (Nachperiode) aufgetragen. Nun werden die hinreichend linear verlaufenden Abschnitte von Vor- und Nachperiode verlängert. Man zeichnet dann eine Senkrechte so in das Diagramm ein, dass die Flächen 1 und 2 den gleichen Flächeninhalt aufweisen. Die Schnittpunkte der Senkrechten mit den Geraden der Vor- und Nachperiode entsprechen der Anfangs- und Endtemperatur der Reaktion (↑ 02). Aus den Werten wird dann ΔT nach folgender Formel berechnet:

$$\Delta T = T_2 - T_1$$

SPEZIALKALORIMETER Um die Reaktionswärme möglichst genau zu bestimmen, muss das Kalorimetergefäß nach außen isoliert werden, um einen Wärmeaustausch mit der Umgebung zu minimieren. Bei Verbrennungskalorimetern ist das nur bedingt möglich, insbesondere wenn bei der Reaktion Gase entstehen, die aus dem Kalorimetergefäß entweichen (↑ 01A). In speziellen Bombenkalorimetern findet die Reaktion in einem geschlossenen Raum statt (↑ 01B).

1) Berechnen Sie die Wärmekapazität C_K des Kalorimeters mit den Werten aus dem Text, wobei eine Mischungstemperatur T_m = 41 °C ermittelt wurde.
2) Begründen Sie, warum die Kalorimetrie für sehr langsam verlaufende Reaktionen zur Bestimmung der Reaktionswärme ungeeignet ist.
3) Erläutern Sie, dass die Glaswendel im Verbrennungskalorimeter die Genauigkeit für die Ermittlung der Reaktionswärme Q verbessert.

Randnotizen:
T_1 – Temperatur Wasserportion m_1
T_2 – Temperatur Wasserportion m_2
T_m – Mischtemperatur beider Wasserportionen

Für die Umstellung genutzt:
$T_m - T_1 = -(T_1 - T_m)$

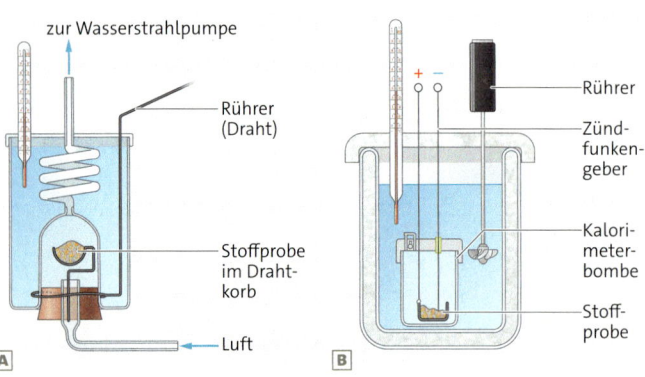

01 **A** Verbrennungskalorimeter, **B** Bombenkalorimeter

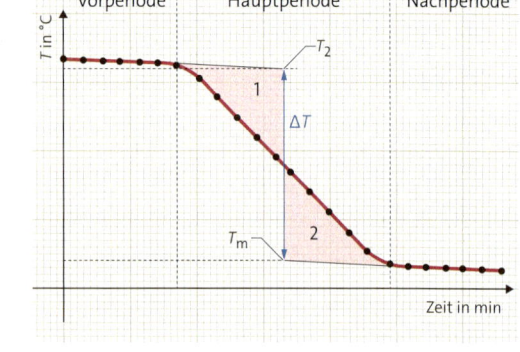

02 Grafische Bestimmung der Temperaturdifferenz

Energieumwandlungen beim Lösen von Salzen

01 Kühlen mit einer Kältesofortkompresse

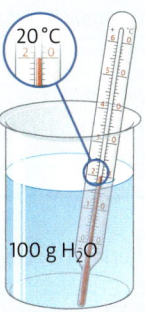
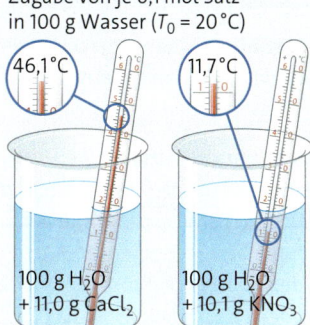

03 Temperaturänderung beim Lösen zweier Salze in Wasser

Zur schnellen Kühlung von Blessuren helfen sogenannte Kältesofortkompressen (↑ 01). Sie bestehen aus einer Mischung aus Ammoniumnitrat und anderen Salzen und – in einem separaten Innenbeutel – Wasser. Wird der Innenbeutel durch Drücken zerstört, löst sich das Ammoniumnitrat im Wasser. Dabei kommt es zu einer Abkühlung der Lösung – die Kompresse wird kalt.

Auch beim Lösen anderer Salze in Wasser misst man je nach Art und Stoffmenge des gelösten Salzes unterschiedliche Temperaturänderungen (↑ 03). Dabei bewirken einige Salze wie Calciumchlorid $CaCl_2$ auch eine deutliche Temperaturzunahme. Dies wird z. B. für selbsterwärmende Heißgetränke genutzt. Diese beim Lösevorgang messbare Wärme wird Lösungsenthalpie $\Delta_L H$ genannt. Sie entsteht aus dem Zusammenwirken verschiedener Teilchenvorgänge.

Im Ionengitter des Salzkristalls halten die Anionen und Kationen durch die starke Ionenbindung zusammen. Beim Lösen des Salzes lagern sich Wasser-Moleküle aufgrund starker Ion-Dipol-Wechselwirkung an die Ionen an und lösen diese aus dem Ionengitter. Beim Ablösen wird deshalb die Gitterenthalpie aufgewendet, da diese ursprünglich bei der Bildung des Ionengitters frei wurde. Dabei werden zuerst die Ionen an den Ecken und Kanten des Kristalls abgelöst und vollständig von Wasser-Molekülen umgeben. Sie werden hydratisiert. Bei der Ausbildung dieser Hydrathüllen wird die Hydratationsenthalpie frei. Beide Enthalpiegrößen sind für das Salz bzw. die Ionen spezifisch.

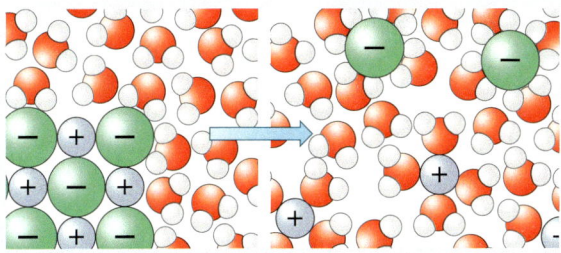

02 Lösevorgang im Teilchenmodell

Beim Lösen des Ammoniumnitrats in den Kältesofortkompressen ist der Betrag der Hydratationsenthalpie insgesamt kleiner als der der Gitterenthalpie. Beim Lösen wird Wärme aus der Umgebung aufgenommen, der Lösevorgang verläuft endotherm. Bei einer im Betrag größeren Hydratationsenthalpie verläuft der Löseprozess exotherm. Die Lösung erwärmt sich. Die Lösungsenthalpie kann aus der Differenz der Gitterenthalpie $\Delta_G H$ des Salzes und den Hydratationsenthalpien der beteiligten Ionen $\Delta_H H$ berechnet werden.

$$\Delta_L H_m = \Delta_H H_m - \Delta_G H_m$$

Für 1 mol Calciumchlorid ergibt sich:

$$\Delta_L H_m = \Delta_H H_m(Ca^{2+}) + 2 \cdot \Delta_H H_m(Cl^-) - \Delta_G H_m(CaCl_2)$$
$$= [-1580 + 2 \cdot (-380) - (-2231)] \text{ kJ} \cdot \text{mol}^{-1}$$
$$= -109 \text{ kJ} \cdot \text{mol}^{-1} < 0 \Rightarrow \text{Lösevorgang exotherm}$$

Ion	$\Delta_H H_m$ in kJ·mol^{-1}	Ion	$\Delta_H H_m$ in kJ·mol^{-1}	Ion	$\Delta_H H_m$ in kJ·mol^{-1}
H_3O^+	–1085	OH^-	–365	Ca^{2+}	–1580
Li^+	–510	F^-	–510	NO_3^-	–256
Na^+	–400	Cl^-	–380	NH_4^+	–293

04 Molare Hydratationsenthalpie $\Delta_H H_m$ ausgewählter Ionen

Salz	$\Delta_G H_m$ in kJ·mol^{-1}	Salz	$\Delta_G H_m$ in kJ·mol^{-1}
LiCl	–850	KNO_3	–616
NaCl	–780	NaBr	–734
$CaCl_2$	–2231	NH_4NO_3	–575

05 Molare Gitterenthalpie $\Delta_G H_m$ ausgewählter Salze

1⟩ Berechnen Sie die Lösungsenthalpie für 1 mol Ammoniumnitrat.
2⟩ Entwickeln Sie einen Behälter für ein selbsterhitzendes Getränk (V = 330 mL). Messen Sie die maximale Temperatur, die Sie damit erreichen können. Vergleichen Sie Ihre Lösung mit den Behältern Ihrer Mitschüler.

Praktikum

Reaktionsenthalpie und freiwillige Reaktionen

EXP 2.01 Wärmekapazität eines Kalorimeters

Materialien 2 Joghurtbecher oder Kalorimetergefäß und Becherglas, digitales Thermometer, Waage, Stoppuhr, raumtemperiertes und heißes Wasser

Durchführung Befüllen Sie einen Joghurtbecher oder das Becherglas mit ca. 50 g raumtemperiertem Wasser. Die genaue Masse m_1 wird mithilfe einer Laborwaage ermittelt. Messen Sie die Temperatur T_1 des Wassers.
In den anderen Joghurtbecher oder das Kalorimetergefäß werden ca. 50 g heißes Wasser (maximal 60 °C) gefüllt. Die genaue Masse m_2 wird auch hier ausgewogen.
Messen Sie nun kontinuierlich alle 10 s die Temperatur des heißen Wassers. Geben Sie nach ca. 1 min das kalte Wasser hinzu. Nehmen Sie für weitere 3 bis 4 min Temperaturwerte auf.
Entsorgung: Flüssigkeiten ins Abwasser geben.

Auswertung
1. Erstellen Sie aus Ihren Messwerten ein Temperatur-Zeit-Diagramm auf Millimeterpapier.
2. Bestimmen Sie aus dem Diagramm die Temperatur T_2 des heißen Wassers und die Mischtemperatur T_m. Nutzen Sie dafür die auf S. 26, Bild ↑ 02 vorgestellte grafische Auswertung.
3. Berechnen Sie die Wärmekapazität des Kalorimeters (C_K) nach folgender Formel:

$$C_K = \frac{c_W \cdot m_2 \cdot (T_m - T_2)}{T_1 - T_m} - c_W \cdot m_1$$

EXP 2.02 Neutralisationsenthalpie

Materialien 2 Joghurtbecher, digitales Thermometer, 2 Messzylinder (100 mL), Natronlauge (c = 0,5 mol · L^{-1}; 5), Salzsäure (c = 0,5 mol · L^{-1}; 5)

Durchführung Geben Sie jeweils genau 100 mL Natronlauge und 100 mL Salzsäure in je einen Messzylinder. Bestimmen Sie jeweils die Temperatur.
Stellen Sie die beiden Joghurtbecher lose ineinander und gießen Sie beide Lösungen hinein. Bestimmen Sie erneut die Temperatur.
Entsorgung: Flüssigkeit ins Abwasser geben.

Auswertung
1. Berechnen Sie die Reaktionswärme Q und die molare Neutralisationsenthalpie. *Hinweis:* Wärmekapazität der Lösung entspricht c_W = 4,18 J · g^{-1} · K^{-1}; Dichte der Lösung ist 1 g · mL^{-1}.
2. Diskutieren Sie mögliche Fehlerquellen.

EXP 2.03 Eine stark endotherme Reaktion

Materialien Erlenmeyerkolben (50 mL), Thermometer, Bariumhydroxid (5, 7), Ammoniumnitrat (3, 7)

Durchführung Geben Sie jeweils gut gemörsert 4,5 g Bariumhydroxid und 1,5 g Ammoniumnitrat in den trockenen Erlenmeyerkolben. Vermischen Sie die Feststoffe durch Schütteln des Kolbens. Messen Sie die Temperatur des flüssig werdenden Gemischs.
Entsorgung: Feste Rückstände in den Behälter für giftige anorganische Abfälle geben.

Auswertung
1. Beschreiben Sie die beobachtbaren Veränderungen unter Berücksichtigung des Begriffs Entropie.
2. Erklären Sie den scheinbaren Widerspruch zum Entropiesatz über freiwillige Reaktionen.

EXP 2.04 Lösungsenthalpie

Materialien Magnetrührer, Rührkern, 2 Joghurtbecher, Thermometer, Spatel, Messzylinder (100 mL), Ammoniumnitrat (3, 7), Wasser

Durchführung Stellen Sie die beiden Joghurtbecher lose ineinander. Geben Sie 25 g Wasser in den Becher und messen Sie für 1 min alle 10 s die Temperatur, bevor Sie unter Rühren 6 g Ammoniumnitrat darin lösen. Messen Sie während des Lösens fortlaufend die Temperatur des Wassers und auch noch etwa 1 min nach Erreichen des Temperaturminimums.
Entsorgung: Lösungen ins Abwasser geben.

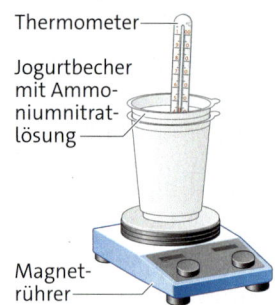

Auswertung
1. Ermitteln Sie aus Ihren Messwerten grafisch die Temperaturdifferenz. Berechnen Sie daraus die Reaktionswärme (↑ S. 26).
2. Berechnen Sie anhand der Messwerte die Lösungsenthalpie für 1 mol Ammoniumnitrat.
3. Berechnen Sie die Lösungsenthalpie für 1 mol Ammoniumnitrat aus den molaren Hydratationsenthalpien und der molaren Gitterenthalpie (↑ S. 27). Vergleichen Sie den Wert mit dem experimentellen Ergebnis und erklären Sie mögliche Unterschiede.

3.2 Reaktionswärme und Kalorimetrie | 33

EXP 2.05 Verbrennungswärme von Walnüssen

Materialien Stativmaterial, Waage, Thermometer, Messzylinder, Konservendose, Büroklammer, Knetmasse, ¼ Walnuss, Wasser, Glasstab

Durchführung Befüllen Sie das nach der Abbildung aufgebaute Kalorimeter mit 400 g Wasser und messen Sie die Wassertemperatur. Das zuvor ausgewogene Nussstück wird entzündet und die Wassertemperatur alle 10 s unter Rühren bis 1 min nach Erreichen des Maximalwerts gemessen.
Entsorgung: Reste in den Hausmüll geben.

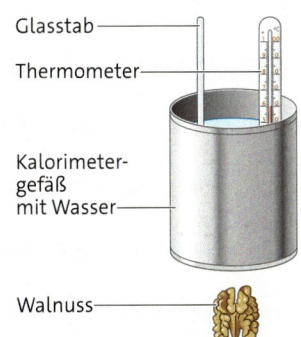

Auswertung
1) Ermitteln Sie grafisch die maximale Temperaturdifferenz (↑ S. 26). Berechnen Sie die Reaktionswärme.
2) Vergleichen Sie Ihren berechneten Wert mit der Nährwerttabelle auf einer Packung Walnüsse. Diskutieren Sie die Unterschiede.

EXP 2.06 Reaktionsenthalpie in wässriger Lösung

Materialien Magnetrührer, Rührkern, 2 Joghurtbecher, Thermometer, Spatel, Messzylinder, Zinkpulver (9), Kupfer(II)-sulfat-Pentahydrat (5, 7, 9), Wasser

Durchführung Stellen Sie die beiden Joghurtbecher lose ineinander. Unter Rühren werden 5,00 g Kupfer(II)-sulfat in 100 g Wasser gelöst und die Anfangstemperatur bestimmt. Geben Sie unter kontinuierlichem Rühren 3 g Zinkpulver hinzu. Die Temperatur wird alle 10 s bis 1 min nach Erreichen des Maximalwerts gemessen.
Entsorgung: Reste in den Behälter für giftige anorganische Abfälle geben.

Auswertung
Reaktionsgleichung: $Cu^{2+}(aq) + Zn(s) \longrightarrow Cu(s) + Zn^{2+}(aq)$
1) Ermitteln Sie grafisch die maximale Temperaturdifferenz (↑ S. 26). Berechnen Sie die Reaktionswärme.
2) Berechnen Sie die umgesetzte Stoffmenge an Kupfer(II)-Ionen. Ermitteln Sie die Reaktionsenthalpie für die oben angegebene Reaktion.
3) Diskutieren Sie mögliche Fehlerquellen Ihrer Messung.

EXP 2.07 Bildungsenthalpie von Eisen(II)-sulfid

Materialien Magnetrührer, Rührkern, 2 Joghurtbecher, Thermometer, schwerschmelzbares Reagenzglas, Messzylinder, Mörser mit Pistill, Stativmaterial, Spatel, Eisenpulver (2), Schwefelpulver (7), Wasser

Durchführung *Abzug! Achtung, Reagenzglas geht zu Bruch!* Zwei lose ineinandergestellte Joghurtbecher werden mit 300 g Wasser gefüllt. Geben Sie 3 g gemörsertes Schwefel- und 5 g Eisenpulver, homogen gemischt, in das Reagenzglas. Befestigen Sie dieses mit dem Stativmaterial etwa zur Hälfte frei im Wasser hängend. Bestimmen Sie die Ausgangstemperatur des Wassers. Zünden Sie das Gemisch mit einem glühenden Metallstab und messen Sie alle 10 s die Wassertemperatur bis 1 min nach Erreichen des Maximalwerts.
Entsorgung: Feste Rückstände in den Behälter für giftige anorganische Abfälle, Flüssigkeiten ins Abwasser geben.

Auswertung
1) a Entwickeln Sie die Reaktionsgleichung für die Bildung von Eisen(II)-sulfid.
   b Ermitteln Sie aus den experimentellen Werten die Reaktionswärme.
2) Berechnen Sie die Reaktionsenthalpie für 1 mol Eisen.
3) Diskutieren Sie mögliche Fehlerquellen Ihrer Messung.

EXP 2.08 Freiwillige endotherme Reaktion

Materialien Erlenmeyerkolben mit Ansatz, Thermometer mit durchbohrtem Stopfen, Kolbenprober, Wasser, Brausetablette

Durchführung Befüllen Sie den Erlenmeyerkolben so hoch mit Wasser, dass beim Verschließen das Thermometer in die Flüssigkeit taucht.
Verbinden Sie den Kolbenprober über den Ansatz. Geben Sie die Brausetablette in den Kolben und verschließen Sie ihn sofort mit dem durchbohrten Stopfen mit Thermometer. Messen Sie kontinuierlich die Temperatur und das Gasvolumen im Kolbenprober.
Entsorgung: Lösungen ins Abwasser geben.

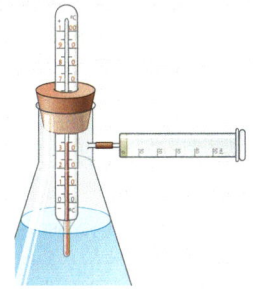

Auswertung Notieren Sie Ihre Beobachtungen. Diskutieren Sie den scheinbaren Widerspruch, der sich aus den Beobachtungen ergibt.

3.3 Reaktionsenthalpie

REAKTIONSENTHALPIE In einem Kalorimeter reagieren 0,25 mol Natrium mit Iod vollständig zu Natriumiodid. Dabei wird eine Reaktionswärme von $Q = -72$ kJ ermittelt. Läuft eine solche Reaktion unter konstantem Druck ab oder sind bei der Reaktion keine Gase beteiligt, entspricht die Reaktionswärme zugleich der Reaktionsenthalpie $\Delta_r H$ (↑ S. 28).

Da die Reaktionsenthalpie von der umgesetzten Stoffmenge abhängt, ist es zweckmäßig, die ermittelte Reaktionswärme auf diese Stoffmenge zu beziehen. Man erhält dann die Reaktionsenthalpie, die einem Umsatz von genau 1 mol Natrium entspricht:

$$\Delta_r H = \frac{Q}{n(\text{Na})} = \frac{-72 \text{ kJ}}{0{,}25 \text{ mol}} = -288 \text{ kJ} \cdot \text{mol}^{-1}$$

FORMELUMSATZ UND REAKTIONSGLEICHUNG
Für die Reaktion von Natrium mit Iod kann man folgende Reaktionsgleichung formulieren:

$$2\,\text{Na(s)} + \text{I}_2(\text{s}) \longrightarrow 2\,\text{NaI(s)}$$

Aus dieser Reaktionsgleichung geht hervor, dass pro Mol Formelumsatz 2 mol Natrium mit 1 mol Iod zu 2 mol Natriumiodid reagieren.
Um zu berechnen, wie groß die Reaktionsenthalpie pro Mol Formelumsatz ist, muss man den Koeffizienten für Natrium aus der Reaktionsgleichung berücksichtigen. Man erhält so die zur Reaktionsgleichung passende Reaktionsenthalpie.

$$\frac{\Delta_r H}{2} = \frac{Q}{n(\text{Na})}$$

$$\Delta_r H = \frac{Q}{n(\text{Na})} \cdot 2 = \frac{-72 \text{ kJ}}{0{,}25 \text{ mol}} \cdot 2 = -576 \text{ kJ} \cdot \text{mol}^{-1}$$

Will man die Reaktionsenthalpie auf den Umsatz von 1 mol Natrium beziehen, muss man alle Koeffizienten in der Reaktionsgleichung durch 2 teilen.

$$\text{Na(s)} + \tfrac{1}{2}\,\text{I}_2(\text{s}) \longrightarrow \text{NaI(s)} \qquad \Delta_r H = -288 \text{ kJ} \cdot \text{mol}^{-1}$$

Bei dieser Reaktionsgleichung gilt, dass pro mol Formelumsatz 1 mol Natrium reagiert. Die angegebene Reaktionsenthalpie bezieht sich jetzt auf die Umsetzung von 1 mol Natrium und entspricht deshalb der von uns zu Beginn berechneten Reaktionsenthalpie von -288 kJ·mol^{-1} (Berechnung: ↑ Kasten links).

Die Reaktionsenthalpie einer chemischen Reaktion ist abhängig von der Temperatur und – vor allem für Reaktionen unter Beteiligung gasförmiger Stoffe – vom Druck. Zur besseren Vergleichbarkeit werden für **Standardbedingungen** ($T = 298$ K, $p = 101{,}3$ kPa) **Standardreaktionsenthalpien** $\Delta_r H^0$ ermittelt und durch eine hochgestellte Null gekennzeichnet.

VERBRENNUNGSENTHALPIE UND BRENNWERT
Viele chemische Reaktionen dienen nur zur Bereitstellung von Energie oder Wärme wie das Verbrennen von Kohle in einem Kraftwerk oder von Holz in einem Kamin, aber auch die vollständige Oxidation von Nährstoffen in Lebewesen. Die dabei freigesetzte Reaktionsenthalpie wird aufgrund dieser Bedeutung als **molare Verbrennungsenthalpie** $\Delta_c H_m$ (engl. *combustion*: Verbrennung) bezeichnet. $\Delta_c H_m$ ist definiert als die Reaktionsenthalpie, bei der pro mol Formelumsatz 1 mol eines Ausgangsstoffs, z. B. Ethanol, vollständig verbrannt wird. Bei der Bestimmung der Reaktionswärme muss eventuell entstehendes Wasser definitionsgemäß im flüssigen Aggregatzustand vorliegen.

$$\text{C}_2\text{H}_5\text{OH(l)} + 3\,\text{O}_2(\text{g}) \longrightarrow 2\,\text{CO}_2(\text{g}) + 3\,\text{H}_2\text{O(l)}$$
$$\Delta_c H_m = -1364 \text{ kJ} \cdot \text{mol}^{-1}$$

Bei Brennstoffen, aber auch bei Nährstoffen gibt man häufig statt der Verbrennungsenthalpie den **Brennwert** H_s an.

Berechnen einer Reaktionsenthalpie

Aufgabe: Bei der Verbrennung von 100 mL Wasserstoff unter Standardbedingungen wird eine Reaktionswärme von $-1{,}14$ kJ gemessen.

Berechnen Sie die Reaktionsenthalpie für 1 mol Formelumsatz nach der Reaktionsgleichung:

$$2\,\text{H}_2(\text{g}) + \text{O}_2(\text{g}) \longrightarrow 2\,\text{H}_2\text{O(g)}$$

Gegeben: $V(\text{H}_2) = 100$ mL; $V_m = 24{,}4$ L·mol^{-1}; $Q = -1{,}14$ kJ
Gesucht: $\Delta_r H$ für 1 mol Formelumsatz

Lösung:
1. Berechnen der umgesetzten Stoffmenge:

$$n(\text{H}_2) = \frac{V(\text{H}_2)}{V_m} = \frac{0{,}1 \text{ L}}{24{,}4 \text{ L} \cdot \text{mol}^{-1}} = 0{,}004 \text{ mol}$$

2. Berechnen von $\Delta_r H$:

$$\frac{\Delta_r H}{2} = \frac{Q}{n(\text{H}_2)}$$

$$\Delta_r H = \frac{Q}{n(\text{H}_2)} \cdot 2 = \frac{-1{,}14 \text{ kJ}}{0{,}004 \text{ mol}} \cdot 2 = -570 \text{ kJ} \cdot \text{mol}^{-1}$$

$$2\,\text{H}_2(\text{g}) + \text{O}_2(\text{g}) \longrightarrow 2\,\text{H}_2\text{O(l)} \qquad \Delta_r H = -570 \text{ kJ} \cdot \text{mol}^{-1}$$

Antwort:
Für $2\,\text{H}_2(\text{g}) + \text{O}_2(\text{g}) \longrightarrow 2\,\text{H}_2\text{O(l)}$ beträgt die Reaktionsenthalpie $\Delta_r H = \mathbf{-570}$ **kJ·mol^{-1}**.

3.3 Reaktionsenthalpie

Stoff und Formel	$\Delta_c H_m$ in kJ·mol⁻¹	H_s in kJ·g⁻¹	H_i in kJ·g⁻¹
Methan* $CH_4(g)$	−891	36	33
Hexan $C_6H_{14}(l)$	−4158	48,3	44,8
Ethanol $C_2H_5OH(l)$	−1364	29,7	26,8
Ethansäure $CH_3COOH(l)$	−872	14,5	13,1
Glucose $C_6H_{12}O_6(s)$	−2820	15,7	14,2

01 Molare Verbrennungsenthalpien $\Delta_c H_m$, Brennwerte H_s und Heizwerte H_i für verschiedene Stoffe (* H_s/H_i für Methan in kJ·L⁻¹)

Der Brennwert wird genauso ermittelt wie die Verbrennungsenthalpie, bezieht sich aber nicht auf 1 mol, sondern bei festen Stoffen auf eine bestimmte Masse und bei gasförmigen Stoffen auf ein bestimmtes Volumen. Bei der Angabe verzichtet man zudem auf das negative Vorzeichen (↑ 01).

HEIZWERT Bei vielen technischen Prozessen zur Energiegewinnung ist es unrealistisch anzunehmen, dass Wasser als flüssiges Reaktionsprodukt entsteht. Verbrennt 1 mol Ethanol zu Kohlenstoffdioxid und gasförmigem Wasser, wird eine geringfügig niedrigere Reaktionsenthalpie $\Delta_r H$ frei.

$$C_2H_5OH(l) + 3\,O_2(g) \longrightarrow 2\,CO_2(g) + 3\,H_2O(g)$$
$$\Delta_r H = -1232\;kJ \cdot mol^{-1}$$

Zum Verdampfen des Wassers ist Energie notwendig, die der Reaktionswärme bei der Verbrennung entnommen wird. Für Wasser beträgt die **molare Verdampfungsenthalpie** $\Delta_v H_m = 44\;kJ \cdot mol^{-1}$. Da bei der Reaktion 3 mol Wasser entstehen, ist die Reaktionsenthalpie $\Delta_r H$ um diesen Betrag von 132 kJ·mol⁻¹ geringer als die molare Verbrennungsenthalpie $\Delta_c H_m$.
In der Technik entspricht diese Reaktionsenthalpie dem **Heizwert** H_i. Wie der Brennwert wird der Heizwert auf die Masse oder das Volumen eines Brennstoffs bezogen. Der Heizwert ist kleiner als der Brennwert (↑ 01), wenn Wasser entsteht.

> Die Verbrennungsenthalpie einer definierten Menge eines Stoffs ist sein Brennwert. Entstehendes Wasser muss flüssig sein. Beim Heizwert muss entstehendes Wasser gasförmig sein.

Berechnen des Brennwerts und Heizwerts für Benzol

Aufgabe: Berechnen Sie aus der molaren Verbrennungsenthalpie $\Delta_c H_m = -3268\;kJ \cdot mol^{-1}$ von Benzol (C_6H_6) den Brennwert H_s und den Heizwert H_i.

Gegeben: $\Delta_c H_m(C_6H_6) = -3268\;kJ \cdot mol^{-1}$; $\Delta_v H_m(H_2O) = 44\;kJ \cdot mol^{-1}$; $M(C_6H_6) = 78\;g \cdot mol^{-1}$
Gesucht: H_s, H_i

Lösung:
1. Berechnen von H_s aus $\Delta_c H_m(C_6H_6)$:

$$H_s = \frac{-\Delta_c H_m(C_6H_6)}{M(C_6H_6)} = \frac{3268\;kJ \cdot mol^{-1}}{78\;g \cdot mol^{-1}} = 41{,}9\;kJ \cdot g^{-1}$$

2. Berechnen von H_i:
$$C_6H_6(l) + \tfrac{15}{2}O_2(g) \longrightarrow 6\,CO_2(g) + 3\,H_2O(g)$$

Berechnung der Reaktionsenthalpie mit gasförmigem Wasser:
$\Delta_r H(C_6H_6) = \Delta_c H_m(C_6H_6) + 3 \cdot \Delta_v H_m(H_2O)$
$= -3268\;kJ \cdot mol^{-1} + 3 \cdot 44\;kJ \cdot mol^{-1}$
$= -3136\;kJ \cdot mol^{-1}$

$$H_i = \frac{-\Delta_r H(C_6H_6)}{M(C_6H_6)} = \frac{3136\;kJ \cdot mol^{-1}}{78\;g \cdot mol^{-1}} = 40{,}2\;kJ \cdot g^{-1}$$

Antwort: Für Benzol beträgt der Brennwert $H_s = 41{,}9\;kJ \cdot g^{-1}$ und der Heizwert $H_i = 40{,}2\;kJ \cdot g^{-1}$.

1⟩ In einem Kalorimeter ($C_K = 95{,}0\;J \cdot K^{-1}$) mit 500 g Wasser werden 1,1 g Aluminium vollständig zu Al_2O_3 oxidiert. Hierbei wurde ein Temperaturanstieg von 15,4 K gemessen.
  a Berechnen Sie die Reaktionswärme.
  b Berechnen Sie die Reaktionsenthalpie für die Umsetzung von 1 mol Aluminium.
  c Geben Sie die Reaktionsenthalpie für einen Formelumsatz von 1 mol an.
  $4\,Al(s) + 3\,O_2(g) \longrightarrow 2\,Al_2O_3(s)$
  d Berechnen Sie die Reaktionswärme, die bei der Herstellung von 150 g Aluminiumoxid freigesetzt wird.

2⟩ Begründen Sie, warum sich die Verbrennungsenthalpien $\Delta_c H$ von flüssigem und gasförmigem Hexan bei sonst gleichen Reaktionsbedingungen voneinander unterscheiden.

3⟩ Bei der Verbrennung von 3 g Ethan, bei der u. a. flüssiges Wasser entsteht, wurde eine Reaktionswärme von 155,7 kJ gemessen. Berechnen Sie daraus die molare Verbrennungsenthalpie, den Brennwert sowie den Heizwert von Ethan.

4⟩ Berechnen Sie aus dem Brennwert $H_s = 22{,}7\;kJ \cdot g^{-1}$ die molare Verbrennungsenthalpie für flüssiges Methanol. Entwickeln Sie die dazu passende Reaktionsgleichung.

3.4 Satz von Hess

BERECHNEN VON REAKTIONSENTHALPIEN Die Reaktionsenthalpien vieler chemischer Reaktionen können kalorimetrisch nicht bestimmt werden: So ist es z. B. nicht möglich, die Reaktionsenthalpie $\Delta_r H$ von Graphit (reiner Kohlenstoff) zu Kohlenstoffmonooxid experimentell zu ermitteln, da dabei immer auch Kohlenstoffdioxid entsteht. Dagegen verbrennen sowohl Graphit als auch Kohlenstoffmonooxid bei ausreichender Sauerstoffzufuhr vollständig zu Kohlenstoffdioxid:

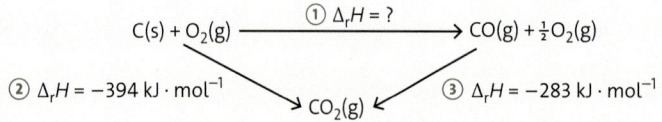

01 Satz von Hess: Zerlegung einer Reaktion in Teilschnitte

Nach dem Energieerhaltungssatz bleibt die Energie eines isolierten Systems konstant (↑ S. 27).

Die experimentell nicht zugängliche Reaktionsenthalpie ① lässt sich jedoch berechnen. Hierzu kann eine Reaktion hypothetisch in zwei (oder mehr) Teilschritte mit bekannter Reaktionsenthalpie zerlegt werden (↑ 01). So entspricht die Reaktionsenthalpie der Reaktion ② der Summe der Reaktionsenthalpien der beiden Teilschritte ① und ③. Folglich kann die Reaktionsenthalpie für die Bildung von Kohlenstoffmonooxid ① aus der Differenz der beiden anderen Reaktionsenthalpien berechnet werden (↑ 01).

① $\Delta_r H$ = ② $\Delta_r H$ − ③ $\Delta_r H$
   = $-394\ kJ \cdot mol^{-1} - (-283\ kJ \cdot mol^{-1})$
   = $-111\ kJ \cdot mol^{-1}$

Grundlage dieser Berechnung ist ein von dem russischen Chemiker GERMAIN HENRI HESS formuliertes Gesetz, das auf dem **Energieerhaltungssatz** beruht. Der **Satz von Hess** besagt:

> Die Reaktionsenthalpie einer chemischen Reaktion ist unabhängig vom Reaktionsweg.

Die Reaktionsenthalpie wird ausschließlich vom Anfangszustand (Ausgangsstoffe) und Endzustand (Reaktionsprodukte) des Reaktionssystems bestimmt. Für eine Reaktion, die von den Ausgangsstoffen über zwei verschiedene Reaktionswege zu denselben Reaktionsprodukten führt, misst man die gleiche Reaktionsenthalpie.

MOLARE STANDARDBILDUNGSENTHALPIE Mit dem Satz von Hess lassen sich prinzipiell die Reaktionsenthalpien aller chemischen Reaktionen berechnen. Hierzu muss die Reaktion in bekannte, aber teilweise auch komplizierte Teilschritte zerlegt werden. Einfacher ist es, sich vorzustellen, dass die chemischen Verbindungen der Edukte in ihre Elemente zerlegt und aus diesen Elementen dann die Reaktionsprodukte gebildet werden (↑ 03).

Dazu wurde die **molare Standardbildungsenthalpie** $\Delta_f H_m^0$ (engl. *formation*: Bildung) eingeführt. Sie entspricht der Reaktionsenthalpie der Bildung von 1 mol einer reinen Verbindung aus ihren Elementen unter Standardbedingungen ($T = 298$ K; $p = 1013$ hPa).

Die Standardbildungsenthalpien aller Elemente in ihrem energetisch stabilsten Zustand wie $H_2(g)$ oder $Fe(s)$ wird per Definition auf null festgelegt. Damit stellen die Standardzustände der Elemente einen Bezugspunkt dar. Eine Verbindung mit negativer Bildungsenthalpie ist im Vergleich zu ihren Elementen energetisch stabiler ($\Delta_f H_m^0 < 0$). Umgekehrt setzt eine Verbindung mit positiver Bildungsenthalpie beim Zerfall in ihre Elemente Energie frei ($\Delta_f H_m^0 > 0$).

> Die molare Standardbildungsenthalpie $\Delta_f H_m^0$ entspricht der Reaktionsenthalpie der Bildung von 1 mol einer Verbindung aus den Elementen unter Standardbedingungen.

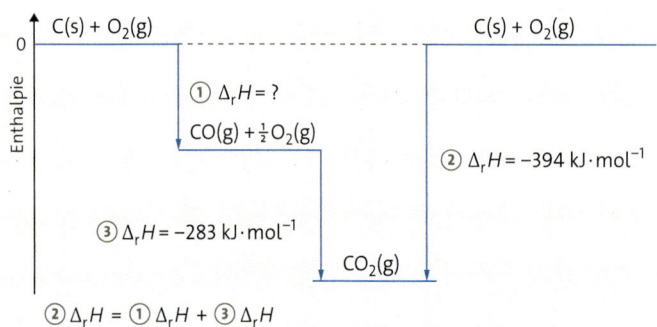

02 Anwendung des Satzes von Hess auf die Reaktion von Kohlenstoff mit Sauerstoff

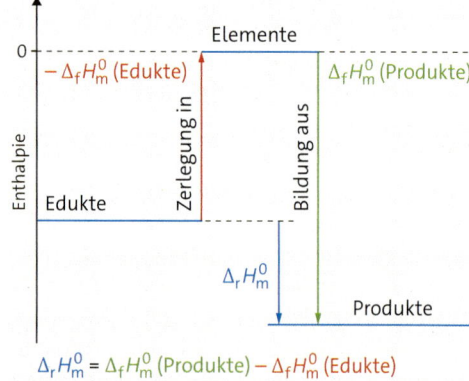

03 Satz von Hess: Prinzipielle Bestimmung der Reaktionsenthalpie mithilfe von Bildungsenthalpien

3.4 Satz von Hess

RECHNEN MIT DEM SATZ VON HESS Die molaren Standardbildungsenthalpien sind nicht nur für Verbindungen, sondern auch für viele Ionen und andere Teilchen tabelliert (↑ 04). Mit ihrer Hilfe kann die Standardreaktionsenthalpie beliebiger Reaktionen berechnet werden. Sie ergibt sich nach dem Satz von Hess aus der Summe der molaren Standardbildungsenthalpien aller Produkte abzüglich der Summe der molaren Standardbildungsenthalpien aller Edukte anhand einer konkreten Reaktionsgleichung. Dabei sind jeweils die Stöchiometriezahlen (ν) der einzelnen Produkte und Edukte zu berücksichtigen (↑ Kasten).

$$\Delta_r H^0 = \sum \nu \cdot \Delta_f H_m^0 (\text{Produkte}) - \sum \nu \cdot \Delta_f H_m^0 (\text{Edukte})$$

Beim Einsetzen der Werte ist darauf zu achten, mit welchem Vorzeichen und in welchem Zustand (s, l, g, aq) die molaren Standardbildungsenthalpien tabelliert sind.

Mithilfe der oben angeführten Gleichung lassen sich auch die Standardbildungsenthalpien einzelner Verbindungen aus einer experimentell ermittelten Standardreaktionsenthalpie berechnen (↑ Kasten).

> Standardreaktionsenthalpien und molare Standardbildungsenthalpien können mit dem Satz von Hess berechnet werden.

1⟩ Die molare Standardverbrennungsenthalpie von Wasserstoff entspricht der molaren Standardbildungsenthalpie von flüssigem Wasser. Erläutern Sie diese Aussage auch mithilfe von Reaktionsgleichungen.
2⟩ Die molare Standardverbrennungsenthalpie von Hexan beträgt $-4158 \, \text{kJ} \cdot \text{mol}^{-1}$. Berechnen Sie die molare Standardbildungsenthalpie von Hexan unter Zuhilfenahme von Tabelle ↑ 04.
3⟩ Berechnen Sie unter Zuhilfenahme von Tabelle ↑ 02 die molare Standardverbrennungsenthalpie von flüssigem Ethanol.
4⟩ Für das Lösen von Natriumchlorid in Wasser kann folgende Reaktionsgleichung geschrieben werden:
$\text{NaCl(s)} \longrightarrow \text{Na}^+(\text{aq}) + \text{Cl}^-(\text{aq})$
Berechnen Sie die Lösungsenthalpie für diesen Vorgang aus den Bildungsenthalpien (↑ 04).
5⟩ Sagen Sie begründet voraus, wie sich die Standardreaktionsenthalpie einer chemischen Reaktion verhält, wenn sie unter Verwendung eines Katalysators durchgeführt wird.
6⟩ Bestimmen Sie die Bildungsenthalpie von Methan aus $\Delta_c H_m^0 (\text{CH}_4) = -891 \, \text{kJ} \cdot \text{mol}^{-1}$. Erstellen Sie ein passendes Energiediagramm (↑ 03).

Formel	$\Delta_f H_m^0$ in $\text{kJ} \cdot \text{mol}^{-1}$	Formel	$\Delta_f H_m^0$ in $\text{kJ} \cdot \text{mol}^{-1}$
C(Graphit, s)	0	NaCl(s)	−411
C(Diamant, s)	2	Na$^+$(aq)	−240
H$_2$O(l)	−286	Cl$^-$(aq)	−167
H$_2$O(g)	−242	Al$_2$O$_3$(s)	−1676
CO$_2$(g)	−394	C$_2$H$_5$OH(l)	−277
CO(g)	−111	C$_6$H$_{12}$O$_6$(s)	−1274

04 Ausgewählte molare Standardbildungsenthalpien $\Delta_f H_m^0$

Berechnungen mit dem Satz von Hess

Aufgabe: Berechnen Sie die molare Standardverbrennungsenthalpie von Glucose aus den tabellierten molaren Standardbildungsenthalpien.

Lösung:
1. Reaktionsgleichung:
$\text{C}_6\text{H}_{12}\text{O}_6(\text{s}) + 6\,\text{O}_2(\text{g}) \longrightarrow 6\,\text{CO}_2(\text{g}) + 6\,\text{H}_2\text{O}(\text{l})$

2. Berechnen von $\Delta_c H_m^0$:
$\Delta_r H^0 = \sum \nu \cdot \Delta_f H_m^0 (\text{Produkte}) - \sum \nu \cdot \Delta_f H_m^0 (\text{Edukte})$

Hinweis: Die Standardbildungsenthalpien der Elemente sind per Definition null und müssen nicht berücksichtigt werden. Deshalb geht Sauerstoff nicht in die Berechnung ein.

$\Delta_c H_m^0 (\text{C}_6\text{H}_{12}\text{O}_6) = 6 \cdot \Delta_f H_m^0 (\text{CO}_2) + 6 \cdot \Delta_f H_m^0 (\text{H}_2\text{O}) - \Delta_f H_m^0 (\text{C}_6\text{H}_{12}\text{O}_6)$
$= 6 \cdot (-394 \, \text{kJ} \cdot \text{mol}^{-1}) + 6 \cdot (-286 \, \text{kJ} \cdot \text{mol}^{-1})$
$- (-1274 \, \text{kJ} \cdot \text{mol}^{-1})$
$= -2806 \, \text{kJ} \cdot \text{mol}^{-1}$

Antwort: Die molare Standardverbrennungsenthalpie von fester Glucose beträgt $-2806 \, \text{kJ} \cdot \text{mol}^{-1}$.

Aufgabe: Für die Verbrennung von flüssigem Benzol wurde eine molare Verbrennungsenthalpie $\Delta_c H_m^0 = -3268 \, \text{kJ} \cdot \text{mol}^{-1}$ ermittelt. Berechnen Sie daraus die molare Standardbildungsenthalpie von Benzol.

Lösung:
1. Reaktionsgleichung:
$\text{C}_6\text{H}_6(\text{l}) + \frac{15}{2}\,\text{O}_2(\text{g}) \longrightarrow 6\,\text{CO}_2(\text{g}) + 3\,\text{H}_2\text{O}(\text{l})$

2. Berechnen von $\Delta_f H_m^0 (\text{C}_6\text{H}_6)$:
$\Delta_r H^0 = \sum \nu \cdot \Delta_f H_m^0 (\text{Produkte}) - \sum \nu \cdot \Delta_f H_m^0 (\text{Edukte})$
$\Delta_c H_m^0 (\text{C}_6\text{H}_6) = 6 \cdot \Delta_f H_m^0 (\text{CO}_2) + 3 \cdot \Delta_f H_m^0 (\text{H}_2\text{O}) - \Delta_f H_m^0 (\text{C}_6\text{H}_6)$

$\Delta_f H_m^0 (\text{C}_6\text{H}_6) = 6 \cdot \Delta_f H_m^0 (\text{CO}_2) + 3 \cdot \Delta_f H_m^0 (\text{H}_2\text{O}) - \Delta_c H_m (\text{C}_6\text{H}_6)$
$= 6 \cdot (-394 \, \text{kJ} \cdot \text{mol}^{-1}) + 3 \cdot (-286 \, \text{kJ} \cdot \text{mol}^{-1})$
$- (-3268 \, \text{kJ} \cdot \text{mol}^{-1})$
$= 46 \, \text{kJ} \cdot \text{mol}^{-1}$

Antwort: Die molare Standardbildungsenthalpie von flüssigem Benzol beträgt $46 \, \text{kJ} \cdot \text{mol}^{-1}$.

Klausurtraining

Material A Nährwerte von Lebensmitteln

Statt den Brennwert eines Lebensmittels kalorimetrisch zu bestimmen, werden in der Regel die Brennwerte der im Lebensmittel enthaltenen Nährstoffe unter Berücksichtigung ihrer Massenanteile addiert. Hierbei unterscheidet man zwischen dem physikalischen Brennwert H_s und dem physiologischen Brennwert H_{bio}, der nur die Energiemenge berücksichtigt, die durch Zellatmung für den Körper nutzbar gemacht werden kann.

Nährwert-angaben	in 100 g	in 33,3 g	33,3 g entsprechen ... Tagesbedarf
Fette	29,5 g	9,9 g	14 %
Kohlenhydrate	58,5 g	19,5 g	8 %
davon Zucker	58,0 g	19,5 g	21 %
Ballaststoffe	1,9 g	0,6 g	–
Proteine	6,5 g	2,2 g	4 %
Salz	0,30 g	0,10 g	2 %

A1.1 Nährwertangaben einer Vollmilchschokolade

Nährstoff	H_s in kJ·g^{-1}	H_{bio} in kJ·g^{-1}
Proteine	23	17
Kohlenhydrate	17	16
Fette	37	37
Zucker	16,8	16,8

A1.2 Physikalische (H_s) und physiologische (H_{bio}) Brennwerte verschiedener Nährstoffe

Der Verein „foodwatch" fordert zusätzlich zu den Nährwertangaben eine Ampelkennzeichnung von Lebensmitteln. Durch die Farbgebung rot, gelb und grün für den Gehalt an Fett, Zucker und Salz sollen Verbraucher auf einen Blick erkennen können, ob der entsprechende Inhaltsstoff in hoher, mittlerer oder geringer Menge enthalten ist. Die Lebensmittelindustrie kritisiert dies und verweist darauf, dass die Nährwertangaben auf den Verpackungen in genügendem Maß Auskunft böten.

AUFGABEN ZU A

1) In einem Kalorimeter (C_K = 72,0 J·K^{-1}) mit 1,3 kg Wasser (c_W = 4,18 J·g^{-1}·K^{-1}) wurden 3,4 g Zartbitterschokolade vollständig verbrannt. Dabei wurde eine Temperaturdifferenz von 15,3 K gemessen.
  a Berechnen Sie die Reaktionswärme der verbrannten Schokolade.
  b Bestimmen Sie daraus den Brennwert H_s einer Tafel Zartbitterschokolade (100 g).
  c Bestimmen Sie mithilfe der Angaben (↑ A1.1, A1.2) den Brennwert H_{bio} der Vollmilchschokolade (100 g).
  d Vergleichen Sie die Werte. Diskutieren Sie mögliche Unterschiede und ihre Gründe.

2) Beurteilen Sie den Nutzen von Nährwerttabellen bzw. die alternative Verwendung einer Ampelkennzeichnung.

Material B Süßstoff Aspartam

Im Handel sind von vielen Lebensmitteln kalorienarme Varianten als Lightprodukte erhältlich. Statt mit gewöhnlichem Haushaltszucker (Saccharose, $C_{12}H_{22}O_{11}$) sind sie häufig mit synthetischen Süßstoffen wie Aspartam ($C_{14}H_{18}N_2O_5$) gesüßt. Die gleiche Menge Aspartam schmeckt im Gegensatz zu Saccharose ungefähr 200-mal so süß. Mit H_{bio} = 17 kJ·g^{-1} ist sein physiologischer Brennwert ähnlich groß wie sein physikalischer Brennwert H_s. Es ist aber kein Kohlenhydrat, sondern ein synthetisches Dipetid, das aus den Aminosäuren Asparaginsäure und Phenylalanin besteht.

Viele Ernährungsexperten warnen dennoch vor dem übermäßigen Konsum von Lightprodukten, da sie nicht beim Abnehmen helfen, sondern in Verdacht stehen, aufgrund ihrer Süße ein Hungergefühl auszulösen, das sogar zu Übergewicht führen kann.

Formel	$\Delta_f H_m^0$ in kJ·mol^{-1}	Formel	$\Delta_f H_m^0$ in kJ·mol^{-1}
CO_2(g)	–394	H_2O(g)	–242
CO(g)	–111	H_2O(l)	–286

B1.1 Molare Bildungsenthalpien einiger Verbindungen

AUFGABEN ZU B

1) Berechnen Sie mithilfe des Satzes von Hess aus dem physiologischen Brennwert von Aspartam die molare Bildungsenthalpie (↑ B1.1). *Hinweis:* Es bildet sich u. a. Stickstoff (N_2) und es gilt die Annahme: H_s = H_{bio}.

2) 1,9 g Saccharose werden in einem Kalorimeter (C_K = 73,0 J·K^{-1}) mit einer Wasserfüllung von 650 g (c_W = 4,18 J·g^{-1}·K^{-1}) vollständig verbrannt. Dabei steigt die Temperatur um 11,3 K.
  a Entwickeln Sie die Reaktionsgleichung für die vollständige Verbrennung von Saccharose.
  b Berechnen Sie den Brennwert und die molare Verbrennungsenthalpie von Saccharose.
  c Bestimmen Sie mithilfe des Satzes von Hess die Bildungsenthalpie von Saccharose.

3) a Vergleichen Sie Saccharose und Aspartam hinsichtlich Brennwerten, molaren Verbrennungsenthalpien und molaren Bildungsenthalpien.
  b Beurteilen Sie die Verwendung von Aspartam statt Saccharose in Lightprodukten.

Material C Power-to-Gas-Technologie

Im Rahmen der Energiewende wird die Power-to-Gas-Technologie als eine Möglichkeit gesehen, langfristig einen Beitrag zur Unabhängigkeit von fossilen Brennstoffen zu leisten. Die Unabhängigkeit von solchen Brennstoffen ist sowohl wegen der Begrenztheit ihrer Ressourcen als auch des Willens zur Verringerung des Kohlenstoffdioxidausstoßes notwendig.
Bei der Power-to-Gas-Technologie soll überschüssige elektrische Energie (engl. *power*) zur Elektrolyse von flüssigem Wasser genutzt werden, um Wasserstoff herzustellen. Aus dem so gewonnenen Wasserstoff soll wiederum Kohlenstoffdioxid zu Methangas (engl. *gas*) umgesetzt werden:

① $4 H_2(g) + CO_2(g) \longrightarrow CH_4(g) + 2 H_2O(g)$

$\Delta_r H = -165 \text{ kJ} \cdot \text{mol}^{-1}$

Verbindung	$\Delta_f H_m^0$ in kJ·mol^{-1}	Verbindung	$\Delta_f H_m^0$ in kJ·mol^{-1}
$CH_4(g)$	−75	$CO(g)$	−111
$CO_2(aq)$	−413	$H_2O(g)$	−242
$CO_2(g)$	−394	$H_2O(l)$	−286

C1.1 Molare Standardbildungsenthalpien

Die Gesamtreaktion erfolgt in zwei aufeinanderfolgenden Schritten:

② $H_2(g) + CO_2(g) \longrightarrow CO(g) + H_2O(g)$ $\Delta_r H = 41 \text{ kJ} \cdot \text{mol}^{-1}$

③ $3 H_2(g) + CO(g) \longrightarrow CH_4(g) + H_2O(g)$ $\Delta_r H = ?$

AUFGABEN ZU C

1） Formulieren Sie die Reaktionsgleichung für die Elektrolyse von Wasser. Erläutern Sie, warum sich aus der leicht zu bestimmenden Reaktionsenthalpie der Elektrolyse die Bildungsenthalpie von Wasser ermitteln lässt.

2） **a** Berechnen Sie die Reaktionsenthalpie der Reaktion ③ mithilfe der Angaben in Tabelle ↑ C1.1.
b Berechnen Sie die Reaktionsenthalpie der Reaktion ③ nur mithilfe der Reaktionen ① und ②.
c Vergleichen Sie die Ergebnisse aus den Aufgabenteilen a und b und erläutern Sie das Resultat.

3） Diskutieren Sie, welcher Herkunft die elektrische Energie zur Gewinnung von Wasserstoff sein könnte, damit durch die Power-to-Gas-Technologie der Kohlenstoffdioxidgehalt in der Atmosphäre verkleinert wird.

Material D Brenngasbetriebene Autos

Schon heute werden Autos mit brennbaren Gasen betrieben. Dabei wird Methan in Form von Erdgas (CNG, engl. *compressed natural gas*) und Autogas (LPG, engl. *liquefied petroleum gas*) genutzt. Autogas ist ein Gasgemisch von Propan und Butan in veränderlicher Zusammensetzung. Das Autogas wird im Tank unter Druck in verflüssigter Form gelagert. Zum Fahren wird das Autogas verdampft, bevor es mit Luft vermischt in den Kolben des Motors gelangt und dort gezündet wird.
Der Energiegehalt der Kraftstoffe lässt sich anhand ihrer Brennwerte H_s vergleichen. Mit dem Heizwert H_i lässt sich eine genauere Aussage darüber treffen, wie groß die für den Antrieb nutzbare Energie eines Kraftstoffs ist. Je größer dabei sein Heizwert ist, desto länger ist die Strecke, die ein Fahrzeug unter vergleichbaren Bedingungen damit zurücklegen kann.

Kraftstoff	$\Delta_c H_m^0$ in kJ·mol^{-1}	H_s in MJ·m^{-3}	H_i in MJ·m^{-3}
Erdgas (Methan)	ca. −890	ca. 42	ca. 38
Propan	−2220	ca. 101	ca. 93
Butan	−2878	ca. 134	ca. 123
Autogas	ca. −2549	ca. 118	ca. 108

D1.1 Molare Standardverbrennungsenthalpien $\Delta_c H_m^0$, Brennwerte H_s und Heizwerte H_i

AUFGABEN ZU D

1） Beschreiben Sie die Energieumwandlungen, die beim Betrieb eines Autos mit Erdgas ablaufen.

2） **a** Definieren Sie Brennwert und Heizwert.
b Berechnen Sie die Verbrennungsenthalpie von 1 mol Autogas mit einer Zusammensetzung von 0,4 mol Propan und 0,6 mol Butan.
c Berechnen Sie den Brennwert dieses Autogases in kJ·kg^{-1}. *Hinweis:* $\Delta_c H_m = -2615 \text{ kJ} \cdot \text{mol}^{-1}$
d Vergleichen Sie die Heiz- und Brennwerte in Tabelle ↑ D1.1 und erklären Sie die Unterschiede. Erläutern Sie, warum der Heizwert eine genauere Aussage über die für den Antrieb nutzbare Energie eines Kraftstoffs liefert als der Brennwert.

3） **a** Bestimmen Sie die Volumenarbeit, die sich aus der vollständigen Verbrennung von 1 m³ Butan nur aufgrund der Teilchenzahlveränderung ergibt.
Hinweis: 1 Mol entsprechen 24,5 Liter einer Gasportion; Druck: $p = 101\,325 \text{ N} \cdot \text{m}^{-2}$.
b Erläutern Sie, warum diese Volumenarbeit bei der Verbrennung im Kolben nur eine kleine Rolle spielt.

4） Diskutieren Sie neben dem Heizwert von Kraftstoffen weitere Faktoren, die die Reichweite eines Fahrzeugs bei Verbrauch gleicher Kraftstoffmengen beeinflussen.

3.5 Entropie

01 Einige Beispiele für freiwillig ablaufende Prozesse

FREIWILLIG ABLAUFENDE PROZESSE Alle Vorgänge um uns herum laufen freiwillig immer nur in eine Richtung ab: Lebewesen altern und werden nicht jünger, der Geruch von Parfüm verteilt sich gleichmäßig im ihm zur Verfügung stehenden Raum, mischbare Flüssigkeiten wie Ethanol und Wasser bilden homogene Lösungen, Streichhölzer brennen ab, Brausetabletten lösen sich in Wasser auf und heißer Kaffee kühlt mit der Zeit ab.

Die Umkehrung dieser Vorgänge kann hingegen nicht beobachtet werden: Abgekühlter Kaffee wird nicht von selbst wieder heiß. Aus Brause bilden sich die Brausetablette und das Wasser nicht wieder zurück. Ein abgebranntes Streichholz kann nicht wieder entzündet werden und auch die Ethanol-Wasser-Lösung entmischt sich nicht von selbst. Erst durch Energiezufuhr lassen sich einige dieser Prozesse umkehren – beispielsweise kann das Ethanol durch Destillation vom Wasser getrennt oder der Kaffee durch Erhitzen wieder heiß werden.

Die Richtung eines freiwillig ablaufenden Prozesses kann aber nicht dadurch vorhergesagt werden, ob dieser unter Energieabgabe an die Umgebung verläuft: Untersucht man das Auflösen der Brausetablette genauer, kann man eine Temperaturabnahme messen: Das Auflösen ist endotherm. Auch die freiwillig ablaufende Reaktion von Bariumhydroxid mit Ammoniumnitrat verläuft exotherm (↑ S. 32, Exp. 2.03).

> Nicht alle freiwillig ablaufenden Prozesse sind ausschließlich exotherm.

RICHTUNG FREIWILLIGER PROZESSE In einem Modellversuch sind zwei gleich große Glaskugeln über ein Ventil miteinander verbunden. In der linken Kugel befindet sich ein Gas, während die rechte Kugel leer ist. Öffnet man das Ventil, verteilt sich das Gas durch die ungerichtete Eigenbewegung der Teilchen von selbst auf den zur Verfügung stehenden größeren Raum (↑ **02**). Mit der Zeit hat sich das Gas auf beide Behälter gleich verteilt. Den umgekehrten Vorgang, dass sich das Gas wieder von selbst in einen Behälter begibt, kann man hingegen nicht beobachten.

Dies lässt sich verstehen, wenn man die Verteilung der Gasteilchen in den beiden Behältern betrachtet und vergleicht. Hierzu nimmt man vereinfachend an, dass sich das Gas nur aus vier Teilchen zusammensetzt. Prinzipiell kann man bei der Verteilung des Gases in den beiden Behältern verschiedene *Zustände* unterscheiden: So können alle vier Teilchen in einem einzigen Behälter sein, nur ein Teilchen in einem Behälter und die restlichen drei im anderen oder jeweils zwei Teilchen befinden sich in jedem Behälter. Für jeden Zustand gibt es jeweils eine unterschiedliche Anzahl an *Realisierungsmöglichkeiten*: Für die Verteilung von jeweils zwei Teilchen auf zwei Behälter gibt es sechs Möglichkeiten. Für den Zustand, bei dem sich alle Teilchen in einem Behälter befinden, gibt es hingegen nur eine Realisierungsmöglichkeit (↑ **03**). Dabei gilt: Je mehr Realisierungsmöglichkeiten ein Zustand hat, desto wahrscheinlicher ist er. Im Beispiel ist die Verteilung des Gases über beide Behälter deshalb 6-mal wahrscheinlicher als der Ausgangszustand.

Reale Gasportionen bestehen aus sehr viel mehr Teilchen. Während deshalb die Anzahl der Realisierungsmöglichkeiten für die Gleichverteilung zunimmt, gibt es für den Zustand, bei dem sich alle Teilchen nur in einem Behälter befinden immer nur eine Realisierungsmöglichkeit. Das Gas wird sich deshalb immer über den gesamten ihm zur Verfügung stehenden Raum verteilen.

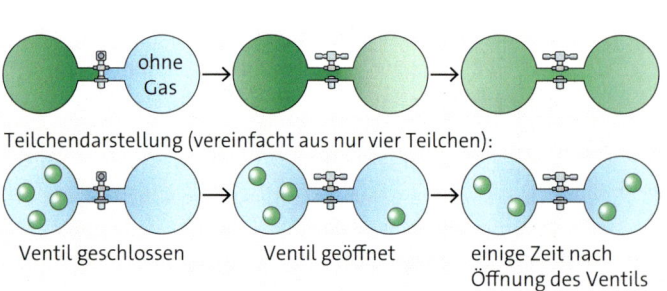

02 Gasausbreitung beim Öffnen des Ventils

3.5 Entropie

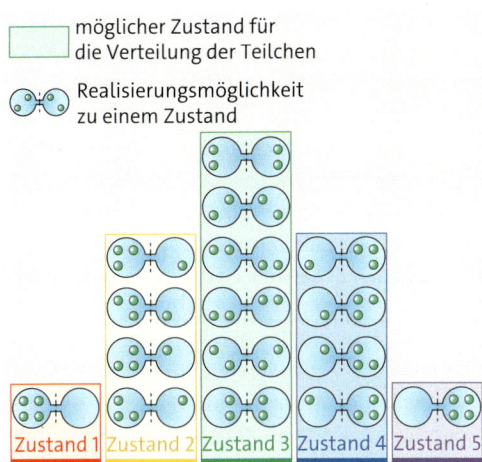

03 Realisierungsmöglichkeiten und Zustände

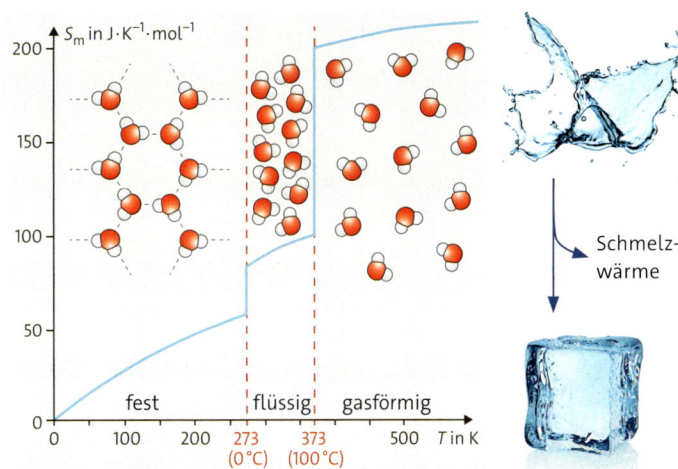

04 Entropieverlauf beim Erhitzen von Wasser

05 Erstarren von Wasser

ENTROPIE Als Maß für die Anzahl der Realisierungsmöglichkeiten wurde die **Entropie S** (Einheit: J·K⁻¹) eingeführt. Je größer dabei die Anzahl der Realisierungsmöglichkeiten, desto größer ist auch die Entropie für diesen Zustand. Freiwillige Vorgänge verlaufen daher immer in Richtung zunehmender Entropie ab.

Anschaulich kann man die Entropie als Maß für die Ordnung bzw. Unordnung interpretieren. Je größer die Entropie eines Zustands dabei ist, desto geringer ist seine Ordnung. In einem Eiswürfel z. B. sind die Wasser-Moleküle in einem Gitter fest angeordnet. Die Anzahl der Realisierungsmöglichkeiten ist gering, weshalb die Ordnung groß ist. Beim Schmelzen nimmt die Entropie zu, da die Wasser-Moleküle keine festen Plätze mehr haben und sich gegeneinander verschieben können. Die Anzahl der Realisierungsmöglichkeiten nimmt zu, weshalb die Ordnung im flüssigen Zustand geringer ist (↑ 04).

> Die Entropie ist ein Maß für die Anzahl an Realisierungsmöglichkeiten für einen bestimmten Zustand. Anschaulich kann die Entropie als Maß für die Unordnung interpretiert werden.

ENTROPIE UND WÄRME Nicht nur das Schmelzen von Eis ist ein freiwilliger Vorgang, auch das Erstarren des Wassers bei einer Temperatur unter 0 °C verläuft freiwillig, obwohl die Entropie der Wasser-Moleküle dabei abnimmt. Dieser scheinbare Widerspruch kann aufgelöst werden, wenn man die beim Erstarren von Wasser freigesetzte Schmelzwärme mit betrachtet. Sie entsteht durch die zunehmende Wechselwirkung zwischen den Wasser-Molekülen im Eis. Die Schmelzwärme wird auf die Umgebung übertragen und bewirkt dort eine Entropieerhöhung, weil sich die ungerichtete Bewegung der Teilchen erhöht – ihre Ordnung also abnimmt.

Warum kann sich dann ein Eiswürfel nicht auch bei einer Temperatur von 20 °C bilden? Das liegt daran, dass die von einer bestimmten Wärmemenge verursachte Entropieänderung umgekehrt proportional zur Temperatur ist: Je höher die Temperatur schon ist, desto stärker ist auch die Eigenbewegung der Teilchen. Eine zusätzliche Wärmemenge vergrößert diese Eigenbewegung nur noch ein wenig. Die Entropie nimmt weniger zu. Das ist wie bei einem Gespräch: In der Pause auf dem Schulhof ist ein Gespräch kaum bemerkbar. In der Unterrichtsstunde während einer Klausur hingegen würde es sofort auffallen.

$$\Delta S = \frac{Q}{T}$$

Für 1 mol Wasser beträgt die Schmelzwärme 6 kJ. Bei einer Umgebungstemperatur von –5 °C ist die daraus resultierende Entropieänderung 22,4 J·K⁻¹, bei 20 °C nur 20,5 J·K⁻¹. Sie ist dann nicht mehr groß genug, die Entropieabnahme bei der Eisbildung auszugleichen. Diese berechnet sich aus der Schmelztemperatur von Wasser und beträgt 22,0 J·K⁻¹.

Berechnung von ΔS für die Eisbildung bei 0 °C:

$$\Delta S = \frac{Q}{T}$$
$$= \frac{6000\,J}{273\,K}$$
$$= 22{,}0\,J \cdot K^{-1}$$

1 › Erläutern Sie den Entropieverlauf beim Erhitzen von Wasser (↑ 04).

2 › Die Verdampfungswärme von 1 mol Wasser beträgt 44 kJ.
  a Berechnen Sie daraus die Entropieänderung bei der Siedetemperatur von Wasser.
  b Erläutern Sie den großen Unterschied zur Entropieänderung beim Schmelzen.

Reaktionsentropie

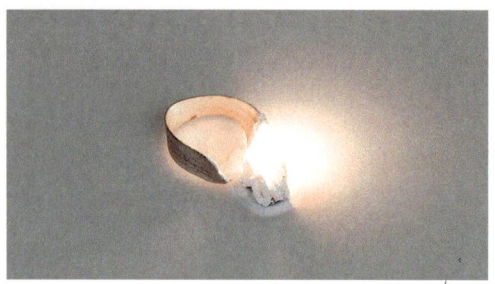

01 Verbrennungen sind freiwillige Reaktionen.

ENTROPIE UND CHEMISCHE REAKTION Auch die Richtung chemischer Reaktionen kann mithilfe der Entropie erklärt werden, weil sich durch die Umgruppierung der Teilchen der Ordnungszustand des Systems verändert.

Um die Änderung der Entropie abzuschätzen, ist es sinnvoll, die Teilchenzahl vor und nach der Reaktion zu vergleichen. Zudem muss der Aggregatzustand der Stoffe berücksichtigt werden. Nimmt durch eine Reaktion die Teilchenzahl ab, steigt der Ordnungszustand des Systems. Auch bei der Bildung von Flüssigkeiten oder Feststoffen aus Gasen nimmt die Ordnung zu.

Betrachtet man z. B. die Verbrennung von Magnesium, so fällt auf, dass die Entropie des Systems in Bezug auf die Teilchenzahl abnimmt. Auch ist einer der Ausgangsstoffe gasförmig, während das Reaktionsprodukt fest ist.

$$2\,Mg(s) + O_2(g) \longrightarrow 2\,MgO(s)$$

Trotz dieser Entropieabnahme ist die Verbrennung von Magnesium eine freiwillig verlaufende Reaktion. Dieser scheinbare Widerspruch zur Aussage von BOLTZMANN, dass bei freiwillig ablaufenden Prozessen die Entropie stets zunimmt, kann aufgelöst werden, wenn der Energieaustausch mit der Umgebung berücksichtigt wird. Bei exothermen Reaktionen wird die Reaktionswärme auf die Umgebung übertragen und bewirkt dort eine Zunahme der Entropie.

Berechnet man die Entropieänderungen des Systems und der Umgebung, stellt man für alle freiwillig ablaufenden Prozesse fest, dass die Entropieänderung insgesamt größer als null ist.

$$\Delta S_{Gesamt} = \Delta S_{System} + \Delta S_{Umgebung} \ \Rightarrow\ \Delta S_{Gesamt} > 0$$

> Prozesse laufen stets in die Richtung freiwillig ab, in der die Gesamtentropie von System und seiner Umgebung zunimmt.

STANDARDENTROPIE VON STOFFEN Im Gegensatz zur inneren Energie kann die Entropie von Stoffen bestimmt werden. Theoretisch hat jeder Stoff am absoluten Nullpunkt (0 K = −273,15 °C) eine Entropie von null (perfekte Ordnung). Es handelt sich aber um einen Idealzustand, der nicht erreicht werden kann. Bei Temperaturerhöhung bewegen sich die Teilchen schneller. Die Entropie des Systems wächst.

➕ Ein Bierfass, das sein Bier selbst kühlt

Von außen sieht es aus wie ein normales Bierfass. Betätigt man allerdings einen kleinen Hebel auf der Oberseite, wärmt sich das Fass stark auf. Gezapft wird aber kein heißes Bier, sondern mit 7 °C gut gekühltes! Wie bei einem Kühlschrank wird Wärme vom Innern des Fasses nach außen transportiert, aber es gibt weder einen Stromanschluss noch eine Batterie, um die notwendige Energie zum Erzwingen dieses Prozesses bereitzustellen. Der mit Bier gefüllte Innenraum ist von einer saugfähigen wasserhaltigen Schicht umgeben. Von dieser räumlich getrennt befindet sich eine evakuierte, stark wasserziehende Zeolithschicht (↑ S. 368).

Durch Betätigung des Hebels werden beide Schichten über ein Ventil miteinander verbunden. Der Zeolith nimmt in einer exothermen Reaktion Wasserdampf auf, sodass in der wasserhaltigen Schicht ein Unterdruck entsteht und flüssiges Wasser verdampft. Die hierfür notwendige Verdampfungswärme wird dem restlichen Wasser und dem Bier entzogen. Dadurch sinkt die Temperatur. Das Bier wird so gekühlt. Dieser Vorgang läuft freiwillig ab, obwohl durch die starke Abkühlung die Entropie des Biers abnimmt. Insgesamt nimmt wegen der Erwärmung der Zeolithschicht die „Gesamtentropie des Bierfasses" jedoch zu.

Das Fass kann sogar regeneriert werden, indem es so stark erhitzt wird, dass das Wasser vom Zeolith wieder in die wasserhaltige Schicht übergeht.

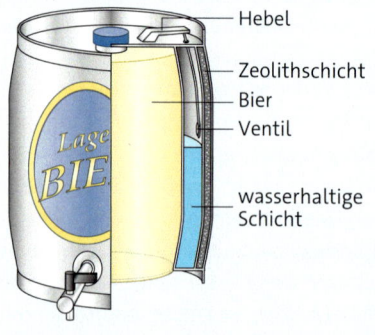

02 Aufbau eines selbstkühlenden Bierfasses

3.5 Entropie

Zur besseren Vergleichbarkeit wird die Entropie eines Stoffs pro mol bei Standardbedingungen als **molare Standardentropie** S_m^0 (Einheit: $J \cdot K^{-1} \cdot mol^{-1}$) angegeben. Sie ist für eine Vielzahl von Stoffen tabelliert (↑ 03). Auch Elemente haben eine von null verschiedene Entropie.

RECHNEN MIT DER ENTROPIE Mithilfe der molaren Standardentropien der Edukte und Produkte kann die Entropieänderung der Reaktion aus deren Differenz berechnet werden. Sie wird **Standardreaktionsentropie** $\Delta_r S^0$ genannt und bezieht sich wie die Reaktionsenthalpie auf einen bestimmten Stoffumsatz (Formelumsatz).

$$\Delta_r S^0 = \sum \nu \cdot S_m^0 (\text{Produkte}) - \sum \nu \cdot S_m^0 (\text{Edukte})$$

Die Entropieänderung der Umgebung berechnet sich aus der Reaktionswärme, die bei der gegebenen Temperatur auf die Umgebung übergeht.

$$\Delta S_{\text{Umgebung}} = \frac{Q}{T} = \frac{-\Delta_r H}{T}$$

Berechnet man für die Verbrennung von Magnesium die Reaktionsentropie $\Delta_r S^0$, erhält man wie erwartet einen negativen Wert, d. h., die Entropie nimmt ab.

$$2\,Mg(s) + O_2(g) \longrightarrow 2\,MgO(s)$$

$$\Delta_r S^0 = [2 \cdot 27 - (2 \cdot 33 + 205)] \, J \cdot K^{-1} \cdot mol^{-1}$$
$$= -217 \, J \cdot K^{-1} \cdot mol^{-1}$$

Die Verbrennung von Magnesium ist aber eine stark exotherme Reaktion ($\Delta_r H = -1202 \, kJ \cdot mol^{-1}$). Die entstehende Reaktionswärme verursacht (bei 298 K) eine Entropieänderung in der Umgebung.

$$\Delta S_{\text{Umgebung}} = \frac{1202 \, kJ \cdot mol^{-1}}{298 \, K} = 4034 \, J \cdot K^{-1} \cdot mol^{-1}$$

Addiert man beide Werte, nimmt auch bei dieser Reaktion die Gesamtentropie zu.

$$\Delta S_{\text{Gesamt}} = -217 \, J \cdot K^{-1} \cdot mol^{-1} + 4034 \, J \cdot K^{-1} \cdot mol^{-1}$$
$$= 3817 \, J \cdot K^{-1} \cdot mol^{-1} > 0$$

1⟩ Chemische Reaktionen verlaufen nur freiwillig, wenn die Entropie in einem isolierten System zunimmt. Trotzdem kann die Reaktionsentropie negativ sein. Erläutern Sie diesen scheinbaren Widerspruch.

2⟩ Berechnen Sie mithilfe der Werte in Tabelle ↑ 03 die Standardreaktionsentropie während der Verdunstung von 1 mol Wasser.

3⟩ Berechnen Sie die molare Standardreaktionsentropie der Verbrennung von 1 mol Cyclohexan.

Formel	S_m^0 in $J \cdot K^{-1} \cdot mol^{-1}$	Formel	S_m^0 in $J \cdot K^{-1} \cdot mol^{-1}$
MgO(s)	27	H_2(g)	131
Mg(s)	33	H_2O(l)	70
CO_2(g)	214	H_2O(g)	189
CO(g)	198	Cyclohexan(l)	204
O_2(g)	205	Benzol(l)	173

03 Molare Standardentropien ausgewählter Stoffe

Berechnungen mit der Entropie

Aufgabe: Berechnen Sie die Standardreaktionsentropie der Synthese von Wasser (flüssig) entsprechend der Reaktionsgleichung.

$$2\,H_2(g) + O_2(g) \longrightarrow 2\,H_2O(l)$$

Gegeben: $S_m^0(H_2) = 131 \, J \cdot K^{-1} \cdot mol^{-1}$; $S_m^0(O_2) = 205 \, J \cdot K^{-1} \cdot mol^{-1}$;
$S_m^0(H_2O, l) = 70 \, J \cdot K^{-1} \cdot mol^{-1}$

Gesucht: $\Delta_r S^0$

Lösung: $\Delta_r S^0 = 2 \cdot S_m^0(H_2O, l) - [2 \cdot S_m^0(H_2) + S_m^0(O_2)]$
$= 2 \cdot 70 \, J \cdot K^{-1} \cdot mol^{-1}$
$\quad - [2 \cdot 131 \, J \cdot K^{-1} \cdot mol^{-1} + 205 \, J \cdot K^{-1} \cdot mol^{-1}]$
$= -327 \, J \cdot K^{-1} \cdot mol^{-1}$

Antwort: Die Standardreaktionsentropie der Synthese von Wasser entsprechend der angegebenen Reaktionsgleichung beträgt $\Delta_r S^0 = -327 \, J \cdot K^{-1} \cdot mol^{-1}$.

Aufgabe: Begründen Sie mithilfe der Gesamtänderung der Entropie, ob die Bildung von Wasser aus den Elementen freiwillig verläuft.

$$2\,H_2(g) + O_2(g) \longrightarrow 2\,H_2O(l)$$

Gegeben: $\Delta_f H_m^0(H_2O, l) = -286 \, kJ \cdot mol^{-1}$; $\Delta_r S_m^0 = -327 \, J \cdot K^{-1} \cdot mol^{-1}$;
$T = 298 \, K$

Gesucht: ΔS_{Gesamt}

Lösung:

1. Berechnen der Reaktionsenthalpie für Wasser:
$\Delta_r H^0 = 2 \cdot \Delta_f H_m^0(H_2O, l)$
$= 2 \cdot (-286 \, kJ \cdot mol^{-1}) = -572 \, kJ \cdot mol^{-1}$

2. Berechnen der Entropieänderung in der Umgebung:

$$\Delta S_{\text{Umgebung}} = \frac{Q}{T} = \frac{-\Delta_r H^0}{T}$$

$$\Delta S_{\text{Umgebung}} = \frac{572 \, kJ \cdot mol^{-1}}{298 \, K} = 1919 \cdot J \cdot K^{-1} \cdot mol^{-1}$$

3. Berechnen der Gesamtänderung der Entropie:
$\Delta S_{\text{Gesamt}} = \Delta_r S^0 + \Delta S_{\text{Umgebung}}$
$= -327 \, J \cdot K^{-1} \cdot mol^{-1} + 1919 \cdot J \cdot K^{-1} \cdot mol^{-1}$
$= 1592 \, J \cdot K^{-1} \cdot mol^{-1} > 0$

Antwort: Die Bildung von Wasser aus den Elementen verläuft freiwillig, da die Gesamtentropieänderung $\Delta S_{\text{Gesamt}} > 0$ ist.

3.6 Freiwilligkeit chemischer Reaktionen

GIBBS-HELMHOLTZ-GLEICHUNG Für die Freiwilligkeit eines Vorgangs muss die Entropie insgesamt zunehmen (↑ S. 42 f.).

$$\Delta S_{Gesamt} = \Delta S_{Umgebung} + \Delta S_{System} > 0$$

Für eine chemische Reaktion kann dies aus der Reaktionsenthalpie $\Delta_r H$ und der Reaktionsentropie $\Delta_r S$ bei gegebener Temperatur berechnet werden.

$$\Delta S_{Umgebung} + \Delta S_{System} = \frac{-\Delta_r H}{T} + \Delta_r S$$

Umrechnung einer Celsius-Temperatur (x °C) in Kelvin (K):
T = (x + 273) K

Multipliziert man den rechten Term mit $-T$, ergibt sich:

$$\Delta_r H = T \cdot \Delta_r S$$

Dieser Ausdruck wurden von JOSIAH W. GIBBS und HERMANN VON HELMHOLTZ zur **freien Reaktionsenthalpie** $\Delta_r G$ (Einheit: $kJ \cdot mol^{-1}$) zusammengefasst und wird **Gibbs-Helmholtz-Gleichung** genannt:

$$\Delta_r G = \Delta_r H - T \cdot \Delta_r S$$

Mit dieser Gleichung kann so die freie Reaktionsenthalpie für eine konkrete Reaktionsgleichung näherungsweise aus den Werten der Reaktionsenthalpie und -entropie ermittelt werden.
Hierzu werden $\Delta_r H$ und $\Delta_r S$ aus den tabellierten Werten ($\Delta_f H_m^0$, S_m^0) der beteiligten Stoffe errechnet (↑ Kasten). Dabei vernachlässigt man die Abhängigkeit dieser Größen von Temperatur und Druck. Durch Einsetzen der Reaktionstemperatur (T in K) ergibt sich dann ein Näherungswert für $\Delta_r G$.

Nach der Gibbs-Helmholtz-Gleichung läuft eine chemische Reaktion dann freiwillig ab, wenn die freie Reaktionsenthalpie einen negativen Wert annimmt ($\Delta_r G < 0$). Sie wird als **exergonische Reaktion** bezeichnet, eine unter den vorherrschenden Reaktionsbedingungen nicht freiwillig ablaufende Reaktion hingegen als **endergonische Reaktion** ($\Delta_r G > 0$). Sie muss von außen erzwungen werden, z. B. bei der Elektrolyse durch Zufuhr elektrischer Energie.

Da die freie Reaktionsenthalpie $\Delta_r G$ aber von der Temperatur abhängig ist, kann eine bei Raumtemperatur endergonische Reaktion unter Umständen durch Veränderung der Reaktionstemperatur freiwillig verlaufen. Ein Beispiel ist die unter Standardbedingungen endergonische Bildung von Branntkalk (CaO) aus Kalkstein ($CaCO_3$), die erst oberhalb von 1000 °C freiwillig verläuft. Mit der Gibbs-Helmholtz-Gleichung können solche Reaktionstemperaturen berechnet werden (↑ Kasten).

Alternativ lässt sich für Standardbedingungen die **freie Standardreaktionsenthalpie** $\Delta_r G^0$ aus tabellierten Werten für molare freie Standardbildungsenthalpien $\Delta_f G_m^0$ der Produkte und Edukte einer Reaktion berechnen:

$$\Delta_r G^0 = \Sigma \, \nu \cdot \Delta_f G_m^0(Produkte) - \Sigma \, \nu \cdot \Delta_f G_m^0(Edukte)$$

Berechnung mit der Gibbs-Helmholtz-Gleichung

Aufgabe: Kalkstein ($CaCO_3$) reagiert erst bei hohen Temperaturen zu Branntkalk (CaO) und Kohlenstoffdioxid (CO_2).

Berechnen Sie mit der Gibbs-Helmholtz-Gleichung die freie Reaktionsenthalpie der Reaktion bei 25 °C.
Oberhalb welcher Temperatur verläuft die Reaktion freiwillig?

Lösung:
1. Reaktionsgleichung:
$CaCO_3(s) \longrightarrow CaO(s) + CO_2(g)$

2. Berechnen von $\Delta_r H^0$, $\Delta_r S^0$:
$\Delta_r H^0 = \Sigma \, \nu \cdot \Delta_f H_m^0(Produkte) - \Sigma \, \nu \cdot \Delta_f H_m^0(Edukte)$
$\quad = \Delta_f H_m^0(CaO) + \Delta_f H_m^0(CO_2) - \Delta_f H_m^0(CaCO_3)$
$\quad = -635 \, kJ \cdot mol^{-1} + (-394 \, kJ \cdot mol^{-1}) - (-1207 \, kJ \cdot mol^{-1})$
$\quad = 178 \, kJ \cdot mol^{-1}$

$\Delta_r S^0 = \Sigma \, \nu \cdot S_m^0(Produkte) - \Sigma \, \nu \cdot S_m^0(Edukte)$
$\quad = S_m^0(CaO) + S_m^0(CO_2) - S_m^0(CaCO_3)$
$\quad = 38 \, J \cdot K^{-1} \cdot mol^{-1} + 214 \, J \cdot K^{-1} \cdot mol^{-1} - 93 \, J \cdot K^{-1} \cdot mol^{-1}$
$\quad = 159 \, J \cdot K^{-1} \cdot mol^{-1} = 0{,}159 \, kJ \cdot K^{-1} \cdot mol^{-1}$

3. Berechnen der freien Reaktionsenthalpie $\Delta_r G$:
$\Delta_r G = \Delta_r H^0 - T \cdot \Delta_r S^0$
$\quad = 178 \, kJ \cdot mol^{-1} - (298 \, K \cdot 0{,}159 \, kJ \cdot K^{-1} \cdot mol^{-1})$
$\quad = 131 \, kJ \cdot mol^{-1}$

4. Berechnen der Temperatur T:
Für eine freiwillige Reaktion muss $\Delta_r G_m$ kleiner null werden.
$0 > \Delta_r G$
$0 > \Delta_r H^0 - T \cdot \Delta_r S^0$

Hinweis:
Beim Auflösen nach T dreht sich das Ungleichheitszeichen um, wenn $\Delta_r S^0$ negativ ist.

$T > \dfrac{\Delta_r H_m^0}{\Delta_r S_m^0} = \dfrac{178 \, kJ \cdot mol^{-1}}{0{,}159 \, kJ \cdot K^{-1} \cdot mol^{-1}} = 1119 \, K = 846 \, °C$

Antwort: Die freie Reaktionsenthalpie beträgt bei 25 °C $131 \, kJ \cdot mol^{-1}$. Die Reaktion verläuft erst oberhalb einer Temperatur von 846 °C freiwillig.

> Die freie Reaktionsenthalpie $\Delta_r G$ ergibt sich nach der Gibbs-Helmholtz-Gleichung aus der Reaktionsenthalpie $\Delta_r H$ und der Reaktionsentropie $\Delta_r S$ bei einer bestimmten Temperatur. Eine Reaktion verläuft dann freiwillig (exergonisch), wenn die freie Reaktionsenthalpie negativ ist ($\Delta_r G < 0$).

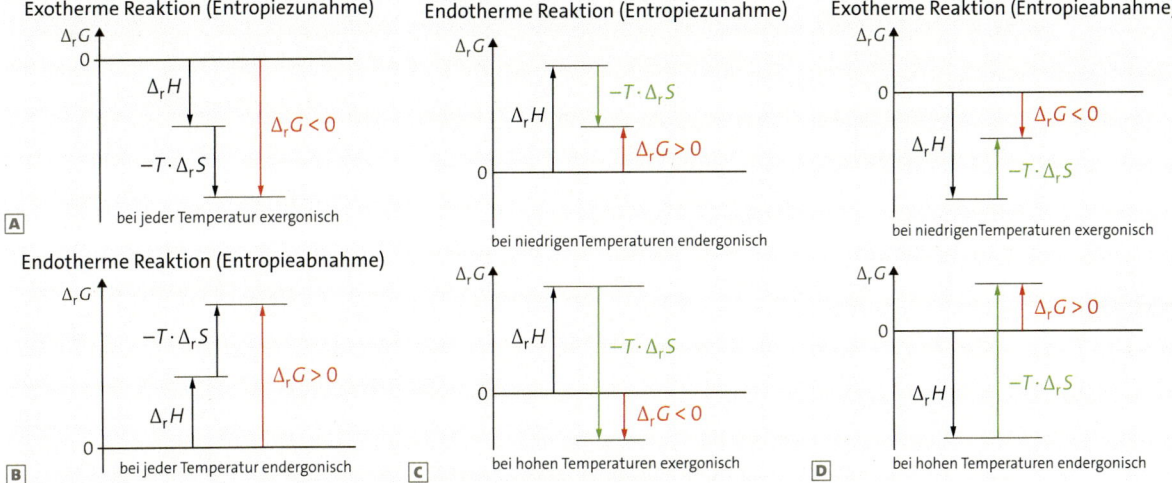

01 Abhängigkeit der freien Reaktionsenthalpie von der Reaktionsenthalpie, -entropie und -temperatur

BEEINFLUSSUNG DER FREIEN REAKTIONSENTHALPIE Ob eine chemische Reaktion exergonisch ($\Delta_rG < 0$) oder endergonisch ($\Delta_rG > 0$) verläuft, hängt von den Vorzeichen und Beträgen der Reaktionsenthalpie (Δ_rH) und Reaktionsentropie (Δ_rS) sowie der Reaktionstemperatur (T) ab. Nach der Gibbs-Helmholtz-Gleichung sind vier Fälle im Zusammenspiel zwischen Δ_rH und $T \cdot \Delta_rS$ zu unterscheiden (↑ **01A–D**):

Fall A: Eine Reaktion ist bei jeder betrachteten Temperatur exergonisch, wenn sie exotherm ($\Delta_rH < 0$) verläuft und dabei eine Zunahme der Reaktionsentropie ($\Delta_rS > 0$) stattfindet, z. B. die Reaktion von Natrium mit Wasser.

$2\,Na(s) + 2\,H_2O(l) \longrightarrow 2\,NaOH(s) + H_2(g)$
$\Delta_rH^0 = -280\;kJ \cdot mol^{-1},\; \Delta_rS^0 = 17\;J \cdot K^{-1} \cdot mol^{-1}$

Fall B: Umgekehrt ist jede Reaktion endergonisch, die endotherm ($\Delta_rH > 0$) und unter Abnahme der Reaktionsentropie ($\Delta_rS < 0$) verläuft. Daher werden Wasser und Kohlenstoffdioxid niemals freiwillig zu Traubenzucker und Sauerstoff reagieren; die Reaktion muss erzwungen werden.

$6\,H_2O(l) + 6\,CO_2(g) \longrightarrow C_6H_{12}O_6(s) + 6\,O_2(g)$
$\Delta_rH^0 = 2806\;kJ \cdot mol^{-1},\; \Delta_rS^0 = -262\;J \cdot K^{-1} \cdot mol^{-1}$

Bei den ersten beiden Fällen spielt die betrachtete Temperatur keine Rolle, da Δ_rH und Δ_rS aufgrund ihrer unterschiedlichen Vorzeichen Δ_rG in die gleiche Richtung beeinflussen. Interessanter sind die Fälle, bei denen die Auswirkungen gegensätzlich auf die freie Reaktionsenthalpie sind (bei gleichem Vorzeichen von Δ_rH und Δ_rS). Hier entscheidet die Temperatur, ob eine Reaktion freiwillig ist.

Fall C: Eine endotherme Reaktion ($\Delta_rH > 0$) mit positiver Reaktionsentropie ($\Delta_rS > 0$) läuft nur dann freiwillig ab, wenn die Reaktionstemperatur ausreichend groß ist, sodass der Einfluss der Reaktionsentropie überwiegt ($|T \cdot \Delta_rS| > |\Delta_rH|$). Das lässt sich am Beispiel der Reaktion von Kohlenstoff mit Wasser zeigen.

$C(s) + H_2O(g) \longrightarrow CO(g) + H_2(g)$
$\Delta_rH^0 = 131\;kJ \cdot mol^{-1},\; \Delta_rS^0 = 134\;J \cdot K^{-1} \cdot mol^{-1}$

Bei Raumtemperatur ($T = 298\;K$) ist die Reaktion endergonisch:

$|298\;K \cdot 134\;J \cdot K^{-1} \cdot mol^{-1}| = 39{,}9\;kJ \cdot mol^{-1} < 131\;kJ \cdot mol^{-1}$

Erst ab einer Temperatur von ca. 1000 K reagieren die Stoffe freiwillig miteinander:

$|1000\;K \cdot 134\;J \cdot K^{-1} \cdot mol^{-1}| = 134\;kJ \cdot mol^{-1} > 131\;kJ \cdot mol^{-1}$

Fall D: Umgekehrt verläuft eine exotherme Reaktion ($\Delta_rH < 0$) mit negativer Reaktionsentropie ($\Delta_rS < 0$) freiwillig, wenn die Reaktionstemperatur niedrig genug ist, sodass der Einfluss der Reaktionsenthalpie überwiegt ($|\Delta_rH| > |T \cdot \Delta_rS|$). Die Hydrierung von Ethen zu Ethan verläuft nur unter 1100 K freiwillig.

$C_2H_4(g) + H_2(g) \longrightarrow C_2H_6(g)$
$\Delta_rH^0 = -137\;kJ \cdot mol^{-1},\; \Delta_rS^0 = -120\;J \cdot K^{-1} \cdot mol^{-1}$

1〉 Geben Sie an, unter welcher Voraussetzung eine exotherme Reaktion nicht mehr spontan ablaufen würde.

2〉 Berechnen Sie für die vier im Text dargestellten Reaktionen jeweils die freie Standardreaktionsenthalpie (Δ_rG^0; $T = 298\;K$).

3〉 Berechnen Sie die freie Standardreaktionsenthalpie für die Verbrennung von 1 mol Butan (↑ Anhang, S. 405).

Metastabilität und unvollständige Reaktionen

01 Auf diese Reaktion wartet man zum Glück ewig.

Zur Abhängigkeit der Reaktionsgeschwindigkeit von der Aktivierungsenergie ↑ S. 55

Zur Bedeutung des Katalysators für den Reaktionsweg und die Reaktionsgeschwindigkeit ↑ S. 56

Homogene und heterogene Katalyse ↑ S. 57

METASTABILE ZUSTÄNDE Diamant, eine Modifikation des Kohlenstoffs, ist nicht stabil gegenüber der Umwandlung in Graphit. Trotzdem muss niemand befürchten, dass sich seine Brillanten plötzlich in Ruß verwandeln (↑ **01**). In diesem und vielen anderen Beispielen ist die exergonische Reaktion durch eine Aktivierungsbarriere gehemmt (↑ **02**). Je größer dabei die **freie Aktivierungsenthalpie** $\Delta G^{\#}$, umso langsamer verläuft die Reaktion. Sie setzt sich vor allem aus der bekannten Aktivierungsenergie E_A zusammen. Zusätzlich spielt noch die Änderung der Entropie auf dem Weg zum Übergangszustand eine Rolle (z. B. bei einer Volumenänderung).

Im Fall der Umwandlung von Diamant in Graphit ist $\Delta G^{\#}$ so groß, dass die Reaktion unmessbar langsam abläuft. Der Diamant befindet sich in einem **metastabilen Zustand**. Erst durch eine Temperaturerhöhung wird die Reaktion beschleunigt.

> Eine freiwillig ablaufende Reaktion wird durch die freie Aktivierungsenthalpie verlangsamt. Findet keine messbare Reaktion statt, so sind die Edukte metastabil.

UNVOLLSTÄNDIG VERLAUFENDE REAKTIONEN
Die Umwandlung von *cis*-But-2-en in *trans*-But-2-en ist eine exergonische Reaktion.

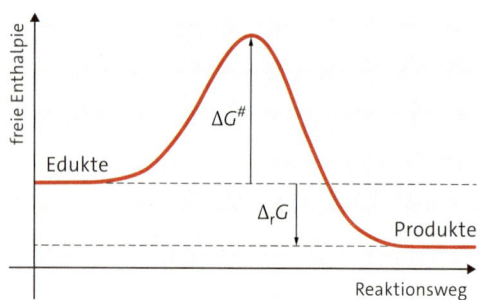

Man erwartet somit einen vollständigen Umsatz von 100 %. Bisher wurde aber nicht betrachtet, dass im Verlauf der Reaktion eine Mischung aus Edukten und Produkten entsteht. Wird ein Teil des *cis*-But-2-en in *trans*-But-2-en umgewandelt, dann liegen beide nebeneinander vor. Somit nimmt die Entropie zu (↑ S. 40 f.).

Bei vollständiger Umwandlung verringert sich die Entropie wieder, weil am Ende keine Mischung, sondern nur das Produkt vorliegt. Die Mischungsentropie $\Delta_{misch}S$ hat einen maximalen Wert, wenn gleich viel Edukt und Produkt vorliegt. Weil die Mischungsenthalpie $\Delta_{misch}H$ hier nahezu gleich null ist, hat die freie Mischungsenthalpie $\Delta_{misch}G$ bei 50 % Umsatz ein Minimum (↑ **03**). Für den Verlauf der Reaktion spielt deshalb nicht nur die freie Standardreaktionsenthalpie $\Delta_r G^0$ eine Rolle, sondern die Veränderung der gesamten freien Enthalpie ΔG (↑ **03**). ΔG ist die Summe aus $\Delta_r G^0$ und $\Delta_{misch}G$.

$$\Delta G = \Delta_r G^0 + \Delta_{misch}G$$

Am Minimum der Kurve ist ΔG am negativsten und betragsmäßig größer als $\Delta_r G^0$. Die Reaktion verläuft somit bis zu einem Umsatz von etwa 77 %. 23 % *cis*-But-2-en sind noch vorhanden. Diesen Anteil an *cis*-But-2-en erreicht man auch, wenn man von reinem *trans*-But-2-en ausgeht. Je größer $\Delta_r G^0$ im Vergleich zu $\Delta_{misch}G$ ist, umso dichter liegt das Minimum von ΔG bei 100 % Umsatz.

> Liegt das Minimum der freien Enthalpie nicht vollständig auf der Seite der Produkte, dann verläuft eine chemische Reaktion unvollständig.

02 Die freie Aktivierungsenthalpie $\Delta G^{\#}$ hemmt die Reaktion, obwohl diese freiwillig verläuft ($\Delta_r G < 0$).

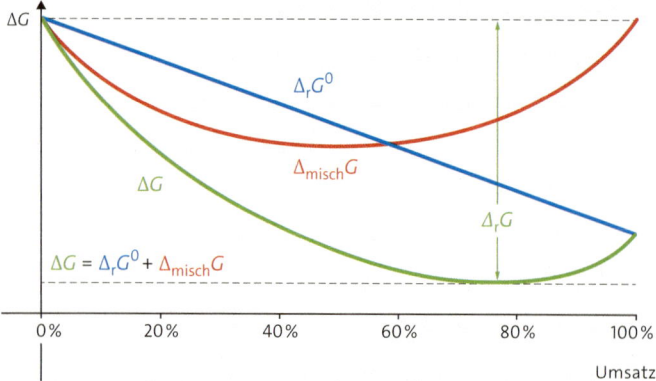

03 Änderung von freier Enthalpie ΔG, freier Standardreaktionsenthalpie $\Delta_r G^0$ und freier Mischungsenthalpie $\Delta_{misch}G$ bei der Umwandlung von *cis*- in *trans*-But-2-en ($T = 298$ K)

1) Ein Gemisch aus Sauerstoff und Wasserstoff ist bei Raumtemperatur metastabil, eine Mischung aus Sauerstoff und Stickstoffmonooxid (NO) ist hingegen nicht stabil gegenüber der Umwandlung in Stickstoffdioxid (NO_2). Erläutere diese Aussagen mithilfe von Energiediagrammen.

2) Begründe, warum sich bei einigen Reaktionen, die unter Standardbedingungen endergonisch sind, in einem geringen Maße Produkte bilden.

Klausurtraining

Material E Stickstoffoxide aus dem Diesel

E1.1 Fahrverbotszone für Autos mit Dieselmotor

Stickstoffdioxid NO_2 gilt als Atemgift, weshalb für die Verbindung gesetzliche Grenzkonzentrationen am Arbeitsplatz und für die Langzeitbelastung festgelegt wurden. Stickstoffdioxid entsteht z. B. aus dem Sauerstoff der Luft und Stickstoffmonooxid NO. Letzteres wird u. a. in Dieselmotoren aus Stickstoff und Sauerstoff gebildet. Um die Konzentration von Stickstoffmonooxid im Abgas zu senken, leitet man Ammoniak NH_3 (in chemisch gebundener Form) in das Abgas des Dieselmotors ein. Es läuft eine chemische Reaktion mit dem Stickstoffmonooxid ab, bei der Stickstoff und Wasser entstehen.

Formel	$\Delta_f H^0$ in kJ·mol^{-1}	S^0 in J·mol^{-1}·K^{-1}	$\Delta_f G^0$ in kJ·mol^{-1}
NO(g)	90,3	210,7	86,6
NO_2(g)	33,1	239,9	51,2
NH_3(g)	−45,9	192,6	−16,4
H_2O(g)	−241,8	188,7	−228,6

E1.2 Energetische Daten ausgewählter Verbindungen

AUFGABEN ZU E

1) **a** Stellen Sie die Reaktionsgleichungen für die im Text beschriebenen Bildungswege von Stickstoffmonooxid und Stickstoffdioxid auf.
b Begründen Sie, welche der beiden Reaktionen bei Standardbedingungen freiwillig verläuft (↑ E1.2).
c Berechnen Sie die Grenztemperatur, oberhalb derer sich Stickstoffmonooxid freiwillig bildet.

2) **a** Begründen Sie anhand der Daten in ↑ E1.2, dass Stickstoffdioxid nicht stabil gegenüber dem Zerfall in die Elemente ist.
b Erklären Sie anhand eines Energiediagramms, warum Stickstoffdioxid nicht sofort in die Elemente zerfällt.

3) **a** Erstellen Sie für die Reaktion von Ammoniak mit Stickstoffmonooxid eine Reaktionsgleichung.
b Zeigen Sie, dass diese Reaktion freiwillig abläuft.
c Begründen Sie die Notwendigkeit der Abgasreinigung für Dieselmotoren (↑ E1.1).

Material F Freiwillig muss es sein

Die Kunststoffe Polyethen (PE), Polypropen (PP) und Polystryrol (PS) sind wichtige, im großtechnischen Maßstab hergestellte Produkte. Sie werden in großen Anlagen aus den jeweiligen Monomeren synthetisiert (↑ F 1.1). Um die Monomere möglichst vollständig zu den Polymeren umzusetzen, muss u. a. die Temperatur der Anlage überwacht und geregelt werden.

$$\begin{array}{c} H \\ \diagdown \\ H \end{array} C=C \begin{array}{c} R \\ \diagup \\ H \end{array} \longrightarrow \frac{1}{n} \left[\begin{array}{cc} H & R \\ | & | \\ -C-C- \\ | & | \\ H & H \end{array} \right]_n$$

F1.1 Allgemeine Reaktionsgleichung für die Synthese von Polymeren aus Monomeren: Ethen: R = H; Propen: R = CH_3; Styrol: R = C_6H_5

	$\Delta_r H^0$ in kJ·mol^{-1}	$\Delta_r S^0$ in J·mol^{-1}·K^{-1}	$\Delta_r G^0$ in kJ·mol^{-1}
PE		−143	−49
PP	−84		−50
PS	−71	−105	

F1.2 Energetische Daten der Polymersynthese bezogen auf die Reaktionsgleichung ↑ F1.1 für T = 298 K

AUFGABEN ZU F

1) **a** Begründen Sie aus der Reaktionsgleichung ↑ F1.1 das zu erwartende Vorzeichen für die Reaktionsentropie $\Delta_r S^0$ und vergleichen Sie Ihre Erwartung mit den gegebenen Werten ↑ F1.2.
b Erläutern Sie die Bedeutung des Vorzeichens der freien Standardbildungsenthalpien $\Delta_r G^0$ in Tabelle ↑ F1.2 für die in ↑ F1.1 dargestellten Reaktionen.
c Berechnen Sie die fehlenden Daten in ↑ F1.2.

2) **a** Begründen Sie, wie sich jeweils die freie Reaktionsenthalpie $\Delta_r G$ bei den drei Polymerisationen ändert, wenn die Temperatur steigt, und geben Sie an, welche Größe für diese Veränderung verantwortlich ist.
b Als „Ceiling-Temperatur" (engl. *ceiling*: Decke) wird in der Polymerchemie die Temperatur bezeichnet, bei der die freie Reaktionsenthalpie $\Delta_r G$ den Wert null erreicht. Berechnen Sie die Ceiling-Temperatur für die drei in ↑ F1.2 gegebenen Polymere.
c Erläutern Sie die Bedeutung der Ceiling-Temperatur für die Herstellung der Polymere.
d Begründen Sie die Notwendigkeit einer Kühlung der Anlage zur Synthese der Polymere.

Auf einen Blick

- **System** — In der Chemie unterscheidet man zwischen offenen, geschlossenen und isolierten Systemen. Chemische Reaktionen finden häufig in offenen Systemen statt.

- **Innere Energie** — Die innere Energie U (Einheit: J) ist die Summe aller Energieformen eines Systems. Die Änderung der inneren Energie ΔU bei einer chemischen Reaktion entspricht der Summe aus Reaktionswärme Q und verrichteter Arbeit W: $\Delta U = Q + W$

- **Volumenarbeit** — Chemische Reaktionen können bei Beteiligung von Gasen Volumenarbeit leisten. Bei konstantem Druck berechnet sie sich aus der Volumenänderung ΔV des Reaktionssystems: $W = -p \cdot \Delta V$

- **Kalorimetrie** — Bestimmung der bei einer Reaktion ausgetauschten Wärme Q durch Messung der Temperaturdifferenz:
$$Q = -(c_W \cdot m_W + C_K) \cdot \Delta T$$

- **Reaktionsenthalpie** — Die Reaktionsenthalpie $\Delta_r H$ (Einheit: J) entspricht der Reaktionswärme Q, die im Laufe einer chemischen Reaktion bei konstantem Druck mit der Umgebung ausgetauscht wird.
Die Standardreaktionsenthalpie $\Delta_r H^0$ ist die Reaktionsenthalpie einer konkreten Reaktion für einen Formelumsatz von 1 mol unter Standardbedingungen (25 °C; 101,3 kPa).

Name und Symbol	Beschreibung	Beispiel
molare Verbrennungsenthalpie $\Delta_c H_m$	1 mol eines Ausgangsstoffs wird vollständig verbrannt.	$CH_4(g) + 2\,O_2(g) \longrightarrow CO_2(g) + 2\,H_2O(l)$ $\Delta_c H_m = -891\ kJ \cdot mol^{-1}$
molare Standardbildungsenthalpie $\Delta_f H_m^0$	1 mol einer Verbindung wird unter Standardbedingungen aus den Elementen gebildet.	$H_2(g) + \tfrac{1}{2}O_2(g) \longrightarrow H_2O(l)$ $\Delta_f H_m^0 = -286\ kJ \cdot mol^{-1}$
molare Verdampfungsenthalpie $\Delta_V H_m$	1 mol eines Stoffs wird verdampft.	$H_2O(l) \longrightarrow H_2O(g)$ $\Delta_V H_m = 44\ kJ \cdot mol^{-1}$

- **Satz von Hess** — Die Reaktionsenthalpie einer chemischen Reaktion hängt nur von den Ausgangsstoffen (Anfangszustand) und den Reaktionsprodukten (Endzustand) ab. Sie ist unabhängig von möglichen Zwischenprodukten und dem Reaktionsweg.

  $\Delta_r H = \Delta H_1 + \Delta H_2$
  (Ausgangsstoffe $\xrightarrow{\Delta_r H}$ Reaktionsprodukte; über Zwischenprodukte mit ΔH_1 und ΔH_2)

- **Entropie** — Die Entropie S (Einheit: $J \cdot K^{-1}$) ist das Maß für die Anzahl an Realisierungsmöglichkeiten für einen bestimmten Zustand des Systems. Bei freiwillig ablaufenden Prozessen nimmt die Entropie im System und seiner Umgebung insgesamt zu.
Aus den molaren Standardentropien lässt sich die Standardreaktionsentropie berechnen:
$\Delta_r S^0 = \sum \nu \cdot S_m^0(\text{Produkte}) - \sum \nu \cdot S_m^0(\text{Edukte})$

- **Freie Reaktionsenthalpie** — Eine chemische Reaktion ist exergonisch, wenn ihre freie Reaktionsenthalpie $\Delta_r G$ (Einheit: J) negativ ist.

  Mithilfe der Gibbs-Helmholtz-Gleichung kann die freie Reaktionsenthalpie $\Delta_r G$ aus der Reaktionsenthalpie $\Delta_r H$ und der Reaktionsentropie $\Delta_r S$ bei gegebener Temperatur T berechnet werden.

  Gibbs-Helmholtz-Gleichung: $\Delta_r G = \Delta_r H - T \cdot \Delta_r S$

$\Delta_r G < 0$ (exergonisch)	$\Delta_r G > 0$ (endergonisch)
$\Delta_r H < 0$ und $\Delta_r S > 0$	$\Delta_r H > 0$ und $\Delta_r S < 0$
$\Delta_r H > 0$ und $\Delta_r S > 0$ mit $\|\Delta_r H\| < \|T \cdot \Delta_r S\|$	$\Delta_r H < 0$ und $\Delta_r S < 0$ mit $\|\Delta_r H\| < \|T \cdot \Delta_r S\|$
$\Delta_r H < 0$ und $\Delta_r S < 0$ mit $\|\Delta_r H\| > \|T \cdot \Delta_r S\|$	$\Delta_r H > 0$ und $\Delta_r S > 0$ mit $\|\Delta_r H\| > \|T \cdot \Delta_r S\|$

- **Metastabilität** — Ist die freie Aktivierungsenthalpie einer sonst exergonischen Reaktion so groß, dass sie unter den vorherrschenden Bedingungen nicht abläuft, sind die Edukte metastabil.

- **Unvollständige Reaktion** — Eine exergonische Reaktion kann aufgrund der entstehenden Mischung aus Edukten und Produkten unvollständig ablaufen. Durch die freie Mischungsenthalpie liegt das Minimum der gesamten freien Enthalpie nicht vollständig auf der Seite der Produkte.

Übungsaufgaben (Lösungen im Anhang ↑ S. 386 ff.)

1 › Alkalimetalle wie Natrium reagieren unter Wasserstoffbildung mit Wasser:
$$2\,Na(s) + 2\,H_2O(l) \longrightarrow 2\,NaOH(aq) + H_2(g)$$
In einem Kalorimeter mit Wasserfüllung (m_W = 330 g, c_W = 4,18 J·g^{-1}·K^{-1}, C_K = 84 J·K^{-1}) wurden 2,3 g Natrium vollständig umgesetzt, wobei eine Temperaturdifferenz von 12,5 K gemessen wurde.
a Berechnen Sie die Reaktionswärme Q.
b Berechnen Sie die Reaktionsenthalpie $\Delta_r H$ für die Umsetzung von 1 mol Natrium.
c Ermitteln Sie für die angegebene Reaktionsgleichung mithilfe der Standardbildungsenthalpien die Reaktionsenthalpie und vergleichen Sie sie mit dem berechneten Wert aus Aufgabenteil **b**. Begründen Sie mögliche Unterschiede (↑ Anhang, S. 405).
d Berechnen Sie die Volumenarbeit dieser Reaktion unter Standardbedingungen (V_m = 24,5 L·mol^{-1}).

2 › In einem Kalorimeter (C_K = 60,8 J·K^{-1}) mit einer Wasserfüllung von 240 g (c_W = 4,18 J·g^{-1}·K^{-1}) wird 1 g Alanin ($C_3H_7O_2N$) vollständig zu $CO_2(g)$, $H_2O(g)$ und $N_2(g)$ verbrannt. Die Temperaturerhöhung beträgt 3,3 K.
a Zeichnen und beschriften Sie einen möglichen Versuchsaufbau.
b Berechnen Sie aus der Messung die Verbrennungsenthalpie für 1 mol Alanin ($\Delta_v H_m$ = 44 kJ·mol^{-1}).
c Berechnen Sie Heizwert und Brennwert von Alanin.

3 › Ethen kann mit gasförmigem Wasserstoff zu Ethan hydriert werden. Die Reaktionsenthalpie kann aus den Verbrennungsenthalpien von jeweils 1 mol Ethan, Ethen und Wasserstoff berechnet werden.
$\Delta_c H_m(C_2H_6)$ = −1557 kJ·mol^{-1}
$\Delta_c H_m(C_2H_4)$ = −1409 kJ·mol^{-1}
$\Delta_c H_m(H_2)$ = −286 kJ·mol^{-1}
a Stellen Sie jeweils die Reaktionsgleichung der vier genannten Reaktionen auf.
b Berechnen Sie die unbekannte Reaktionsenthalpie mit dem Satz von Hess.

4 › Kohlenstoffdioxid wird mit der Kalkwasserprobe nachgewiesen:
$$CO_2(g) + Ca^{2+}(aq) + 2\,OH^-(aq) \longrightarrow CaCO_3(s) + H_2O(l)$$
Berechnen Sie die Standardreaktionsenthalpie dieser Reaktion aus den Standardbildungsenthalpien (↑ Anhang, S. 405).

5 › Auf einem Zinkblech in einer Kupfersulfatlösung ($CuSO_4$(aq)) bildet sich elementares Kupfer, wobei Zink-Ionen (Zn^{2+}(aq)) in Lösung gehen.
a Formulieren Sie die Reaktionsgleichung für die beschriebene Reaktion.
b Begründen Sie mithilfe der freien Reaktionsenthalpie, warum die Reaktion bei Standardbedingungen freiwillig verläuft (↑ Anhang, S. 405).

6 › Elementares Natrium wird mit gasförmigem Chlor nach folgender Gleichung umgesetzt:
$$2\,Na(s) + Cl_2(g) \longrightarrow 2\,NaCl(s)$$
a Berechnen Sie die Standardreaktionsenthalpie und die Reaktionsentropie für 1 mol Formelumsatz mithilfe tabellierter Werte (↑ Anhang, S. 405).
b Ermitteln Sie, ob die Reaktion bei −30 °C exergonisch oder endergonisch verläuft.

7 › Die Polymerisation von Ethen zu Polyethen ist exergonisch: $n\,C_2H_4(g) \longrightarrow$ ─(─C_2H_4─)─$_n$(s)
a Begründen Sie, ob die erwartete Reaktionsentropie positiv oder negativ ist.
b Begründen Sie mithilfe von Aufgabenteil **a**, ob es sich bei der Polymerisation von Ethen um eine exo- oder endotherme Reaktion handelt.

Mithilfe dieses Kapitels können Sie:	Aufgabe	Hilfe finden Sie auf Seite
• die Reaktionsenthalpie einer Reaktion aus einer kalorimetrischen Messung berechnen	1, 2	29
• die Standardreaktionsenthalpien aus Standardbildungsenthalpien berechnen	1, 4, 6	37
• Brennwert und Heizwert definieren und berechnen	2	34–35
• den Satz von Hess definieren und anwenden	3	36–37
• die Änderung der Entropie bei einer Reaktion abschätzen und die Standardreaktionsentropien aus Standardentropien berechnen	5, 6, 7	42–43
• die Gibbs-Helmholtz-Gleichung nutzen, um die freie Reaktionsenthalpie einer Reaktion zu berechnen	5, 6	44–45

Das Calciumcarbonat der Korallenriffe steht im dynamischen Gleichgewicht mit den Ionen im Meerwasser. Ob ein Korallenriff wächst, stabil bleibt oder sich im Wasser löst, hängt von den Konzentrationen verschiedener Ionen, der Temperatur und dem Gehalt an Kohlenstoffdioxid in der Atmosphäre ab. Eine chemische Reaktion so beeinflussen zu können, dass die Ausbeute des gewünschten Produkts möglichst groß wird, fordert Chemiker und Chemikerinnen immer wieder heraus.

3 Reaktionsgeschwindigkeit und chemisches Gleichgewicht

Verlauf und Dynamik chemischer Reaktionen

Reaktionsgeschwindigkeit
- Konzentrations-Zeit-Diagramme
- Stoßtheorie der chemischen Reaktion
- Aktivierungsenergie, Temperatur und Energieverteilung
- Katalyse und Katalysator
- Reaktionsmechanismus der Estersynthese

Chemisches Gleichgewicht
- Umkehrbarkeit physikalischer und chemischer Prozesse
- Kennzeichen dynamischer Gleichgewichte
- Chemisches Gleichgewicht als dynamisches Gleichgewicht
- Massenwirkungsgesetz
- Löslichkeitsprodukte von Salzen

Störung des chemischen Gleichgewichts
- Beeinflussung des Gleichgewichts durch Temperatur, Druck und Konzentration
- Prinzip von Le Chatelier

Chemische Gleichgewichte in Natur und Technik
- Löslichkeitsgleichgewichte
- Ammoniaksynthese nach dem Haber-Bosch-Verfahren
- Zusammenspiel von Temperatur, Reaktionsgeschwindigkeit und chemischem Gleichgewicht

01 Korallenriffe – empfindliche Schönheiten tropischer Meere

3.1 Reaktionsgeschwindigkeit

01 A Blitzlicht durch Verbrennung von Magnesiumpulver, **B** Veränderung eines Kupfercents nach 13 Jahren

02 Beim Raketenstart werden in kurzer Zeit große Mengen Wasserstoff zu Wasser verbrannt.

LANGSAME UND SCHNELLE REAKTIONEN Anfang des 20. Jahrhunderts wurden Szenen für die Aufnahme von Fotos mit Magnesiumblitzen beleuchtet. Dabei wird Magnesiumpulver innerhalb von Bruchteilen einer Sekunde zu Magnesiumoxid unter Freisetzung von intensivem Licht oxidiert (↑ **01A**). Diese Reaktion muss schnell ablaufen, um die für den Blitz notwendige hohe Temperatur zu erreichen.

In anderen Fällen sind schnelle Oxidationen von Metallen aber nicht erwünscht. Münzen sollen beispielsweise beständig sein, da sie einen Wert darstellen. Bei der dunklen Schicht auf der älteren Münze im Bild ↑ **01B** handelt es sich um Kupferoxid. Eine Kupfermünze reagiert bei Raumtemperatur nur sehr langsam mit dem Sauerstoff der Luft und die Veränderung ist oft erst nach einigen Jahren zu erkennen.

▶ **Noch gewusst?** Bewegungen können subjektiv als langsam oder schnell empfunden werden. Durch die mittlere Geschwindigkeit $\bar{v}$ kann eine Bewegung objektiv bestimmt werden. Sie wird als Quotient aus zurückgelegtem Weg Δs und der dafür benötigten Zeit Δt definiert: $\bar{v} = \frac{\Delta s}{\Delta t}$.

Die Stöchiometriezahl gibt die Teilchenanzahl in einer chemischen Reaktion an.

$$\bar{v} = \frac{\Delta s}{\Delta t} = \frac{s_2 - s_1}{t_2 - t_1}$$

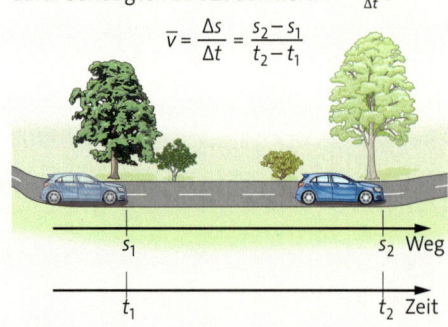

REAKTIONSGESCHWINDIGKEIT Für chemische Reaktionen lässt sich eine Geschwindigkeit definieren, die **Reaktionsgeschwindigkeit v**. In chemischen Reaktionen werden Stoffe ineinander umgewandelt, z. B.:

A + B ⟶ 2 C

Damit die Reaktionsgeschwindigkeit v nicht von der Größe des Systems abhängt, wird nicht die zeitliche Änderung der Teilchenzahl oder Stoffmenge, sondern die Konzentrationsänderung pro Zeit betrachtet: $\frac{\Delta c}{\Delta t}$. Außerdem muss berücksichtigt werden, dass die Konzentrationen von A und B abnehmen, während die von C zunimmt. Um einen positiven Wert für v zu erhalten, wird die Abnahme der Eduktkonzentrationen durch ein negatives Vorzeichen ausgeglichen. Schließlich muss auch noch die Zahl der pro Formelumsatz verschwindenden und entstehenden Teilchen einbezogen werden. Aus einem A und einem B entstehen zwei C, d. h., die Konzentration von C steigt doppelt so schnell, wie die von A und B abnimmt. Die Konzentrationsänderung $\Delta c(C)$ muss deshalb durch die zugehörige *Stöchiometriezahl*, hier 2, dividiert werden:

$$v = -\frac{\Delta c(A)}{\Delta t} = -\frac{\Delta c(B)}{\Delta t} = \frac{1}{2}\frac{\Delta c(C)}{\Delta t}$$

Angewandt auf das konkrete Beispiel der bei einem Raketenstart genutzten Knallgasreaktion (↑ **02**),

2 H$_2$(g) + O$_2$(g) ⟶ 2 H$_2$O(g)

beträgt die Reaktionsgeschwindigkeit:

$$v = -\frac{1}{2}\frac{\Delta c(H_2)}{\Delta t} = -\frac{\Delta c(O_2)}{\Delta t} = \frac{1}{2}\frac{\Delta c(H_2O)}{\Delta t}$$

Konzentrations-Zeit-Diagramme

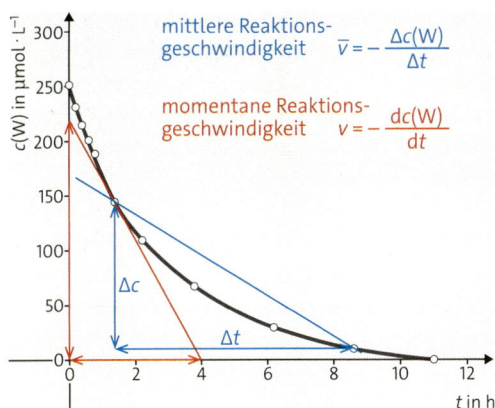

03 Zeitliche Veränderung der Konzentration eines Medikaments im Blutplasma

KONZENTRATIONSVERÄNDERUNGEN Für die Wirksamkeit eines Medikaments ist es wichtig, die zeitliche Veränderung seiner Konzentration im Blut zu kennen. Bei zu geringen Konzentrationen kommt es nicht zu den beabsichtigten Wirkungen, bei zu hohen Konzentrationen treten möglicherweise Nebenwirkungen auf. Bild ↑ 03 zeigt die Konzentration eines Wirkstoffs W im Blut nach dem Erreichen seines Maximalwerts. Die Abnahme von $c(W)$ ist auf die Umwandlung des Wirkstoffs W in sein Abbauprodukt A zurückzuführen: W $\longrightarrow$ A.

MITTLERE REAKTIONSGESCHWINDIGKEIT Mithilfe eines **Konzentrations-Zeit-Diagramms** lässt sich die Geschwindigkeit einer Reaktion bestimmen. Dabei ist die Steigung der blauen Geraden gleich dem Quotienten aus der Konzentrationsänderung Δc und dem gewählten Zeitintervall Δt. Aus ihr kann die **mittlere Reaktionsgeschwindigkeit** $\bar{v}$ ermittelt werden. Um die Steigung zu berechnen, konstruiert man ein Steigungsdreieck und dividiert die Konzentrationsänderung durch das Zeitintervall:

$$\frac{\Delta c(W)}{\Delta t} = \frac{(11 - 145)\ \mu mol \cdot L^{-1}}{(8{,}6 - 1{,}4)\ h} \approx -18{,}6\ \mu mol \cdot L^{-1} \cdot h^{-1}$$

Da W ein Edukt ist und seine Stöchiometriezahl in der Reaktionsgleichung eins beträgt, gilt für die Reaktionsgeschwindigkeit im gewählten Intervall:

$$\bar{v} = -\frac{\Delta c(W)}{\Delta t} \approx 18{,}6\ \mu mol \cdot L^{-1} \cdot h^{-1}$$

> Die mittlere Reaktionsgeschwindigkeit $\bar{v}$ ist gleich der Konzentrationsänderung Δc geteilt durch das benötigte Zeitintervall Δt und die Stöchiometriezahl. Für die Reaktion a A $\longrightarrow$ e E gilt:
>
> $$\bar{v} = -\frac{1}{a} \frac{\Delta c(A)}{\Delta t} = \frac{1}{e} \frac{\Delta c(E)}{\Delta t}$$

MOMENTANE REAKTIONSGESCHWINDIGKEIT Wenn die Größe des Zeitintervalls gegen den Wert null strebt ($\Delta t \longrightarrow dt$), dann wird aus einer Geraden, die die Kurve schneidet, eine Tangente (↑ 03, rot). Ihre Steigung ist gleich der momentanen Änderungsrate der Konzentration, $\frac{dc}{dt}$.

Um die Steigung einer Tangente zu berechnen, ermittelt man ihre Schnittpunkte mit den Achsen. Die Achsenabschnitte entsprechen den Katheten im Steigungsdreieck. Für die Tangente an der Kurve zum Zeitpunkt $t = 1{,}4$ h gilt:

$$\frac{dc(W)}{dt} = \frac{(0 - 220)\ \mu mol \cdot L^{-1}}{(4 - 0)\ h} = -55\ \mu mol \cdot L^{-1} \cdot h^{-1}$$

$$v = -\frac{dc(W)}{dt} = 55\ \mu mol \cdot L^{-1} \cdot h^{-1}$$

Mit zunehmender Zeit wird die Kurve flacher, d. h., die momentane Reaktionsgeschwindigkeit sinkt.

Animation: Ermittlung der Reaktionsgeschwindigkeit

1) Chlorwasserstoff (HCl) wird aus Wasserstoff (H_2) und Chlor (Cl_2) synthetisiert.
  a Erstellen Sie die Reaktionsgleichung.
  b Erstellen Sie zwei Gleichungen für die Geschwindigkeit dieser Reaktion: einmal mit $\Delta c(Cl_2)$ und einmal mit $\Delta c(HCl)$ als Variable.
  c In einem Kolben ($V = 1$ L) reagieren 0,01 mol Chlor und 0,01 mol Wasserstoff miteinander. Bereits 50 ms nach Beginn sind 50 % der Edukte verbraucht. Berechnen Sie die mittlere Reaktionsgeschwindigkeit zwischen 0 und 50 ms.
  d Übertragen Sie das Diagramm. Ermitteln Sie mit der Tangentenmethode die momentane Reaktionsgeschwindigkeit bei $t = 50$ ms.

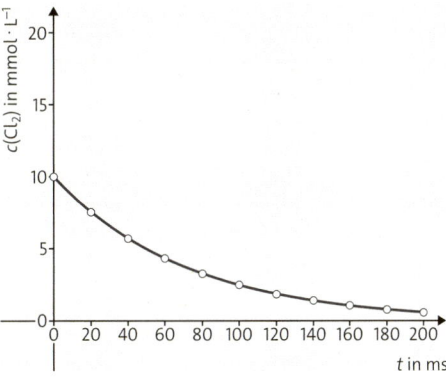

  e Tragen Sie $c(HCl)$ in das Diagramm ein. Zum Zeitpunkt $t = 0$ ms ist $c(HCl) = 0\ mmol \cdot L^{-1}$.
2) Die Bewegungsgeschwindigkeit eines Körpers kann über einen langen Zeitraum konstant sein. Begründen Sie, warum das für die Geschwindigkeit einer Reaktion in einem geschlossenen System nicht gelten kann.

Modell der wirksamen Stöße

Animation: Stoßmodell

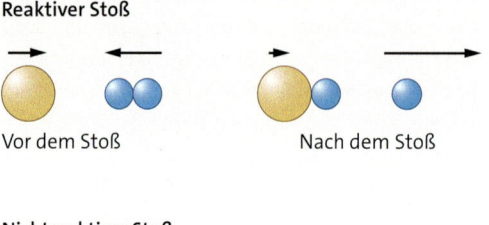

Avogadro-Konstante
$N_A = 6 \cdot 10^{23}\ mol^{-1}$

01 Reaktiver und nichtreaktiver Stoß im Modell. Die Pfeile repräsentieren die Teilchengeschwindigkeit.

TEILCHEN MÜSSEN ZUSAMMENSTOßEN Chemische Reaktionen haben ihre Ursache auf der Teilchenebene. Es kommt zur Übertragung von Elektronen oder zur Spaltung und Entstehung chemischer Bindungen. Dazu müssen Atome, Moleküle oder Ionen zusammenstoßen. Aber nicht jeder Stoß ist ein wirksamer, **reaktiver Stoß**. Es kommt neben der richtigen Orientierung vor allem darauf an, dass die kinetische Energie der Teilchen größer als die notwendige **Aktivierungsenergie** E_A ist.

> Für eine chemische Reaktion müssen Teilchen reaktive Stöße ausführen. Stoßhäufigkeit und kinetische Energie der Teilchen beeinflussen die Reaktionsgeschwindigkeit.

Animation: Stoßzahl

TEILCHENDICHTE, STOßZAHL UND REAKTIONSGESCHWINDIGKEIT Zwischen der Anzahl der Teilchen in einem Raum, die sich unabhängig voneinander bewegen, und der Anzahl möglicher Stöße besteht ein anschaulicher Zusammenhang (↑ 02). In Bild A ist nur ein, in B sind drei und in C neun Stöße zwischen blauen und gelben Kugeln möglich. Mit der Verdreifachung der Anzahl gelber bzw. blauer Kugeln verdreifacht sich auch die Anzahl der möglichen Stöße. Die Stoßhäufigkeit einer Teilchensorte ist also proportional zur Anzahl N dieser Teilchen im Raum und damit zur *Teilchendichte* $\frac{N}{V}$.

Je häufiger Teilchen zusammenstoßen, umso wahrscheinlicher wird auch ein reaktiver Stoß erfolgen, d. h., die Reaktionsgeschwindigkeit v hängt mit der Stoßhäufigkeit und damit der Teilchendichte zusammen: $v \sim \frac{N}{V}$.

STOFFMENGENKONZENTRATION Ersetzt man die Teilchenanzahl N durch die Stoffmenge: $N = n \cdot N_A$, dann kann die Teilchendichte $\frac{N}{V}$ durch die Stoffmengenkonzentration $c = \frac{n}{V}$ ersetzt werden.
Für eine einfache Reaktion A + B ⟶ 2 C ist die Stoßhäufigkeit zwischen den Teilchen von A und B und damit die Reaktionsgeschwindigkeit v proportional zum Produkt aus $c(A)$ und $c(B)$.

$v \sim c(A) \cdot c(B)$
$v = k \cdot c(A) \cdot c(B)$

k wird als **Geschwindigkeitskonstante** der Reaktion bezeichnet und hängt nicht von den Konzentrationen $c(A)$ und $c(B)$ ab, jedoch von der Temperatur (↑ nächste Seite).

DRUCK In der Gasphase ist der Druck p eine geeignete Messgröße. Je höher die Teilchendichte ist und je schneller sie sich bewegen, umso größer ist der Druck und umso häufiger stoßen sie nicht nur gegen die Gefäßwand, sondern auch aneinander. Bei konstanter Temperatur ist die Reaktionsgeschwindigkeit proportional zum Produkt aus $p(A)$ und $p(B)$.

ZERTEILUNGSGRAD In heterogenen Mischungen – wie bei einem aus Metall und wässriger Lösung bestehenden Korrosionselement – liegen die Reaktionspartner in verschiedenen Phasen oder Aggregatzuständen vor. Reaktionen verlaufen an der Phasengrenze, also an der Oberfläche von Festkörpern oder Flüssigkeiten. Die Stoßhäufigkeit zwischen den Teilchen der Reaktionspartner und damit die Reaktionsgeschwindigkeit steigt mit der Größe der Grenzfläche, also mit dem **Zerteilungsgrad** der festen und flüssigen Stoffe.
Geht man von würfelförmigen Partikeln aus, dann steigt die Gesamtoberfläche um den Faktor 10, wenn die Kantenlänge um den gleichen Faktor verkleinert und der Würfel in 1000 kleine Würfel zerteilt wird.

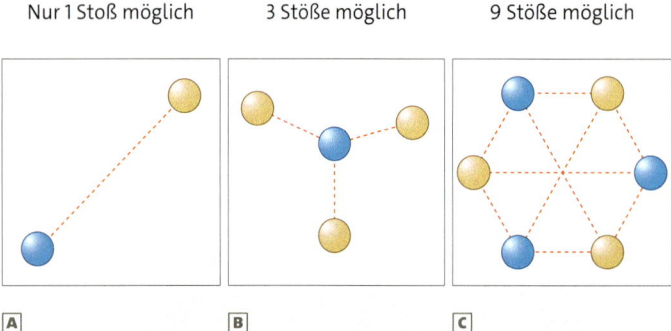

02 Modellhafte Darstellung der Veränderung der Stoßzahl mit der Teilchenanzahl

Energiediagramme

03 Je nach Bedarf: kühlen oder heizen

04 Energieverteilung nach MAXWELL: Bewegungsenergie der Teilchen bei niedriger (blau) und hoher (rot) Temperatur

TEMPERATUR UND REAKTIONSGESCHWINDIGKEIT
Gekühlte Lebensmittel sind länger genießbar, weil das Wachstum von Bakterien und Pilzen sowie die Oxidation von Fetten bei tiefen Temperaturen langsamer verlaufen als bei hohen. Chemische Synthesen werden häufig bei erhöhten Temperaturen durchgeführt. Dadurch können in gleicher Zeit größere Produktmengen erzeugt werden. Zwischen der Temperatur und der Reaktionsgeschwindigkeit besteht folgender experimentell gefundener Zusammenhang:

> Bei einer Temperaturerhöhung um 10 K verdoppelt bis vervierfacht sich die Geschwindigkeit vieler Reaktionen. Dieser Zusammenhang wird als Reaktionsgeschwindigkeits-Temperatur-Regel – kurz RGT-Regel – bezeichnet.

TEMPERATUR UND KINETISCHE ENERGIE Der Einfluss der Temperatur auf die Reaktionsgeschwindigkeit liegt an der Verteilung der Bewegungsenergie (kinetische Energie) auf die Teilchen (↑ 04). Bei der von JAMES C. MAXWELL gefundenen Energieverteilung ist die Fläche unter der Kurve in einem bestimmten Energieintervall ein Maß für den Anteil der Teilchen mit dieser Energie. Bei einer höheren Temperatur gibt es mehr Teilchen, deren Bewegungsenergie gleich oder größer als die notwendige **Aktivierungsenergie** E_A ist, als bei niedriger Temperatur. Dadurch können mehr Teilchen reaktive Stöße miteinander ausführen und folglich erhöht sich mit der Temperatur auch die Geschwindigkeit vieler chemischer Reaktionen. Mathematisch steckt die Veränderung der Reaktionsgeschwindigkeit in der Veränderung der Geschwindigkeitskonstanten k.

ÜBERGANGSZUSTAND Die notwendige Aktivierungsenergie E_A einer Reaktion wird durch ihren **Übergangszustand** bestimmt. Seine Energie liegt um den Betrag von E_A über der der Edukte (↑ 05). Treffen z. B. ein Fluor-Atom und ein Wasserstoff-Molekül mit einer Energie größer als E_A aufeinander, dann wird mit abnehmendem F···H-Abstand die H–H-Bindung gedehnt und geschwächt. Der Übergangszustand ist ein instabiles „H···H···F-Molekül", das schließlich in ein HF-Molekül und ein H-Atom zerfällt.

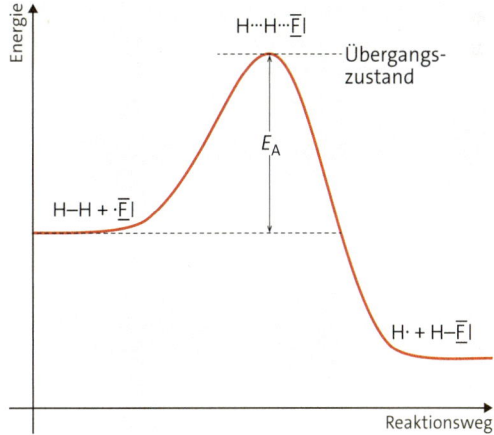

05 Energiediagramm einer exothermen Reaktion

1) Die Geschwindigkeit einer Reaktion verdoppelt sich bei Erhöhung der Temperatur um 10 K.
a Berechnen Sie die Änderung der Geschwindigkeit bei einer Temperaturabsenkung um 30 K.
b Berechnen Sie die notwendige Temperaturerhöhung, um die Reaktionsgeschwindigkeit zu verzehnfachen.

Katalyse

Platinwendel über Methanol

01 Erhitzen von Zuckerwürfeln

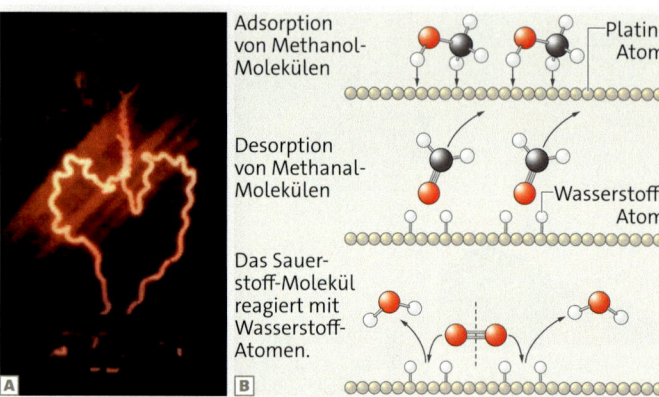

03 **A** Das „pulsierende Platinherz", **B** Reaktionsmechanismus im Modell

EIN ALTERNATIVER REAKTIONSWEG Zucker karamellisiert beim Erhitzen, brennt aber nicht. Gibt man Asche dazu, dann brennt er, d. h., er wird oxidiert. In unseren Körperzellen findet die Oxidation von Zucker bereits bei etwa 37 °C statt, ermöglicht durch **katalytisch** wirksame Enzyme (↑ S. 168 f.).

Ein **Katalysator** ermöglicht einer Reaktion einen neuen Weg mit einer kleineren Aktivierungsenergie. Dadurch führen bei gleicher Temperatur mehr Teilchen reaktive Stöße aus, wodurch die Reaktionsgeschwindigkeit steigt. Bild ↑ 02 zeigt, dass es bei der katalysierten Reaktion zur Bildung eines neuen Teilchens zwischen Edukt- und Katalysatorteilchen kommt, das sich in einigen Fällen sogar durch analytische Methoden nachweisen lässt. Am Ende wird der Katalysator wieder zurückgebildet. Er wird deshalb nicht verbraucht und taucht in der Reaktionsgleichung nicht auf. In der Forschung spielt die Entwicklung effizienter Katalysatoren eine wichtige Rolle.

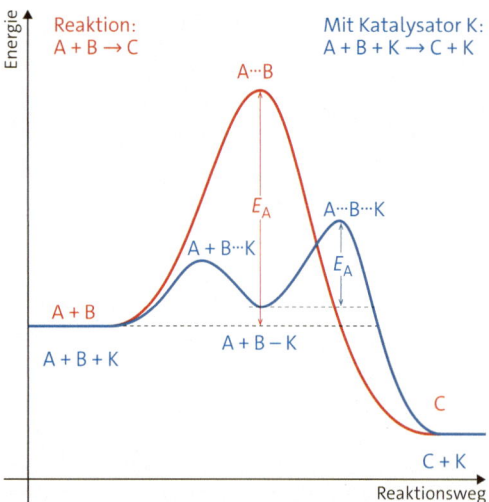

02 Energiediagramme einer nichtkatalysierten (rot) und der zugehörigen katalysierten (blau) Reaktion

KATALYSE VERSTEHEN Um die Wirkungsweise eines Katalysators verstehen zu können, ist eine Vorstellung über den **Reaktionsmechanismus** notwendig, also über den Weg, der von den Teilchen der Edukte zu denen der Produkte führt.

Taucht man einen Platindraht in Methanoldampf (↑ 03), dann kommen Methanol-Moleküle (CH_3OH) in Kontakt mit den Platin-Atomen. Durch Bindungsspaltung und -neubildung entstehen ein Methanal-Molekül (HCHO) und zwei platingebundene Wasserstoff-Atome (H). Diese reagieren exotherm mit einem Sauerstoff-Molekül. Die Reaktionswärme bringt den Platindraht zum Glühen. Die hohe Temperatur zündet schließlich die Verbrennung von Methanol. Danach befinden sich kein Methanol und kein Sauerstoff mehr am Platin. Der Draht kühlt ab, bis der Vorgang durch Diffusion von Methanol- und Sauerstoff-Molekülen erneut beginnt.

> Ein Katalysator ermöglicht einen alternativen Reaktionsweg mit verringerter Aktivierungsenergie. Es kommt zu einer Wechselwirkung der katalytisch aktiven Teilchen mit den Edukt-Molekülen. Da die katalytisch aktiven Teilchen wieder zurückgebildet werden, tauchen sie in der Reaktionsgleichung nicht auf.

HETEROGENE KATALYSE Wenn der Katalysator fest, die Edukte aber gasförmig oder flüssig sind, dann liegt eine **heterogene Katalyse** vor (↑ 03). Ihr Vorteil ist die einfache Abtrennbarkeit der Reaktionsprodukte vom Katalysator. Nicht nur die Abgasreinigung am Verbrennungsmotor, sondern auch die meisten Herstellungsverfahren großtechnischer Produkte basieren auf heterogen katalysierten Reaktionen. Hierbei zeigt sich auch die Selektivität verschiedener Katalysatoren, die von den gleichen Edukten zu verschiedenen Produkten führt.

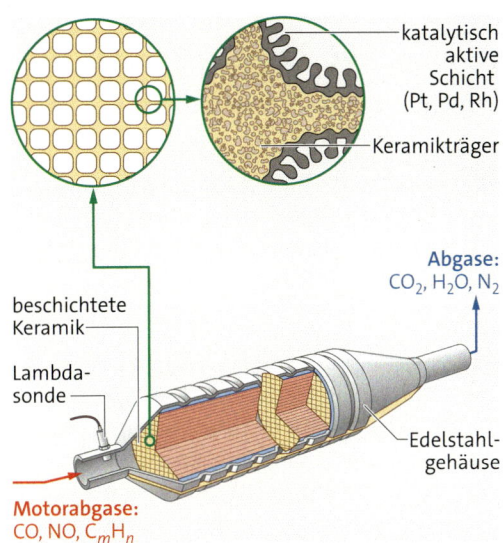

04 Querschnitt durch einen Autoabgaskatalysator

Querschnitt durch einen Autoabgaskatalysator

HOMOGENE KATALYSE Bei der homogenen Katalyse liegen Katalysator und Edukte in einer Lösung oder in der Gasphase vor. Ihr Vorteil ist die gute Durchmischung von Katalysator und Reaktionspartnern. Bild **05** gibt eine Vorstellung vom Mechanismus einer homogen katalysierten Reaktion, der *Estersynthese*. Durch die Anlagerung eines Wasserstoff-Ions H⁺ an das Methansäure-Molekül, die *Protonierung*, vergrößert sich die Teilladung des Kohlenstoff-Atoms und es wird für die Knüpfung einer Bindung zum negativ teilgeladenen Sauerstoff-Atom des Methanol-Moleküls aktiviert. Eine Säure HA ist somit als Katalysator der Estersynthese geeignet.

ENZYME UND BIOKATALYSE Enzyme sind Katalysatoren biologischer Systeme. Ihre beiden bemerkenswertesten Eigenschaften sind die hohe katalytische Aktivität – sie beschleunigen Reaktionen um mehr als einen Faktor 10^6 – und die hohe Spezifität bezüglich der Edukte, die hier **Substrate** heißen. LINUS PAULING (Chemienobelpreis 1954) stellte die Hypothese auf, dass die Enzym-Moleküle durch Form und funktionelle Gruppen in der Bindungsstelle des Substrats die Bildung des Übergangszustands begünstigen und so die Aktivierungsenergie absenken. Dies ist eine Weiterentwicklung des auf EMIL FISCHER (Chemienobelpreis 1902) zurückgehenden **Schlüssel-Schloss-Prinzips**.

AUTOKATALYSE Wenn ein Katalysator einer Reaktion durch die Reaktion selbst erzeugt wird, spricht man von **Autokatalyse** (griech. *autós:* selbst). So sind Mangan(II)-Ionen (Mn^{2+}) katalytisch aktive Produkte der Reaktion von Permanganat-Ionen (MnO_4^-) mit Oxalsäure-Molekülen (HOOC–COOH).

$$2\, MnO_4^- + 5\, HOOC–COOH + 6\, H_3O^+ \longrightarrow 2\, Mn^{2+} + 10\, CO_2 + 14\, H_2O$$

Diese Reaktion findet Anwendung in der analytischen Bestimmung von Oxalsäure durch Titration mit einer Kaliumpermanganatlösung. Bild ↑ **06** zeigt den Vergleich des Verlaufs einer „normalen" katalysierten Reaktion mit dem einer Autokatalyse. Die Geschwindigkeit einer autokatalytischen Reaktion steigt zunächst an, weil die Katalysatorkonzentration zunimmt. Schließlich sinkt sie, wenn die Konzentration der Edukte klein wird.

Reaktionsmechanismus der Estersynthese ↑ S. 64 f.

1) Zusätzlich zu einer Straße, die zwischen zwei Tälern über einen Berg führt, wird eine Straße durch einen Tunnel im Berg gebaut.
a Skizzieren Sie Analogien zwischen diesem Vorgang und der Katalyse.
b Entwickeln Sie Maßnahmen, damit der Tunnel eine Analogie zur Biokatalyse darstellt.

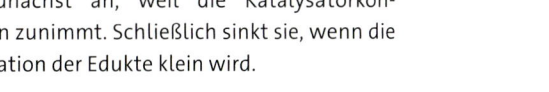

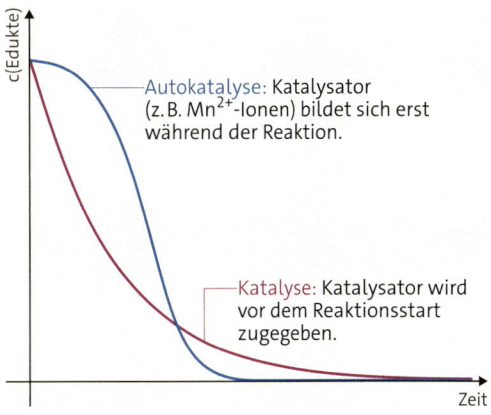

05 Säurekatalysierte Estersynthese: **A** Protonierung, **B** Bildung einer neuen C–O-Bindung, **C** Deprotonierung

06 Konzentrations-Zeit-Diagramm der Eduktkonzentration einer katalysierten Reaktion

Praktikum

Reaktionsgeschwindigkeit

EXP 3.01 Konzentrations-Zeit-Diagramme

Materialien Reagenzglas mit seitlichem Ansatz und Stopfen, Schlauch, Kolbenprober (100 mL), Messzylinder (100 mL), großes Becherglas, Waage, Uhr, Stativmaterial, Salzsäure (c = 0,1 mol·L^{-1}; 5), Magnesiumband (2), Wasser

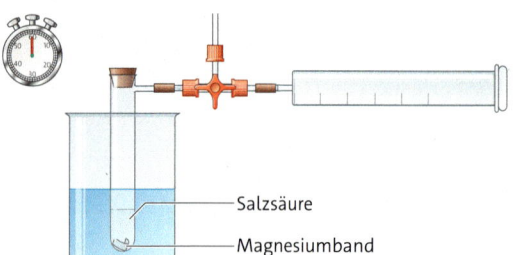

Durchführung Füllen Sie 50 mL Salzsäure ins Reagenzglas, das ins Wasserbad taucht (Thermostat). Geben Sie ca. 0,1 g gefaltetes Magnesiumband hinzu. Setzen Sie sofort den Stopfen auf das Reagenzglas und starten Sie die Zeitmessung. Notieren Sie je 10 mL Volumenzunahme die Zeit.
Entsorgung: Überschüssiges Magnesium an die Lehrkraft geben, Lösung ins Abwasser geben.

Auswertung

1) In der gegebenen Reaktion werden Oxonium-Ionen durch Magnesium-Atome zu Wasserstoff- und Wasser-Molekülen reduziert. Die Magnesium-Atome werden dabei zu Magnesium-Ionen oxidiert. Erstellen Sie die Reaktionsgleichung.
2) Übertragen Sie unten stehende Tabelle. Tragen Sie die Zeit und die gemessene Volumenzunahme – also das Wasserstoffvolumen – in die Tabelle ein.

Berechnungshilfen:
$n(H_2) = \frac{V}{V_m}$ mit $V_m = 24{,}1\ L \cdot mol^{-1}$
$n(H_3O^+) = n_0(H_3O^+) - 2\,n(H_2);\ n_0(H_3O^+) = 0{,}005$ mol
$c(H_3O^+) = \frac{n(H_3O^+)}{V(\text{Lösung})};\ V(\text{Lösung}) = 50$ mL

t in s	$V(H_2)$ in mL	$n(H_2)$ in mol	$n(H_3O^+)$ in mol	$c(H_3O^+)$ in mol·L^{-1}
0	0	0	0,005	0,100
...				

3) Erstellen Sie aus den Daten in der Tabelle ein Konzentrations-Zeit-Diagramm.
4) Bestimmen Sie die mittlere Reaktionsgeschwindigkeit zwischen $c(H_3O^+)$ = 0,08 mol·L^{-1} und 0,06 mol·L^{-1} sowie die momentane Reaktionsgeschwindigkeit bei $c(H_3O^+)$ = 0,1 mol·L^{-1}.

EXP 3.02 Fruchtzucker als „Tintenkiller"

Materialien 3 Reagenzgläser, 4 Messpipetten (10 mL, mit Pipettierhilfe), Becherglas (250 mL), Wasserkocher oder heißes Leitungswasser, Thermometer, Stoppuhr, Natronlauge (c = 0,5 mol·L^{-1}; 5), Fruchtzuckerlösung (c = 0,5 mol·L^{-1}), Methylenblaulösung (c = 0,001 mol·L^{-1}), Wasser

Durchführung
A Temperieren Sie 2,0 mL Methylenblaulösung, 4,0 mL Natronlauge und 4,0 mL Fruchtzuckerlösung in 3 Reagenzgläsern auf ϑ = 20 °C. Vereinigen Sie die Lösungen und starten Sie nach Zugabe der letzten Lösung die Zeitmessung. Stoppen Sie die Zeit, sobald die Lösung farblos erscheint.
Wiederholen Sie die Reaktion unter anderen Bedingungen:
B je 2,0 mL Natronlauge und Wasser statt 4,0 mL Natronlauge
C je 2,0 mL Fruchtzuckerlösung und Wasser statt 4,0 mL Fruchtzuckerlösung
D wie **B**, aber bei 30 °C
E wie **B**, aber bei 40 °C
Entsorgung: Lösungen mit reichlich Wasser verdünnt ins Abwasser geben.

Auswertung
Methylenblau (Met) wird durch die Reaktion mit Fruchtzucker (Fru) zu einem farblosen Stoff reduziert, Fruchtzucker wird entsprechend oxidiert. Die Hydroxid-Ionen der Natronlauge katalysieren diese Reaktion.

	ϑ in °C	c_0(Fru) in $\frac{mol}{L}$	c_0(NaOH) in $\frac{mol}{L}$	Δt in s	v in $\frac{mol}{L \cdot s}$
A	20	0,2	0,2		
...					

1) Übertragen Sie die Tabelle. Berechnen Sie die Konzentrationen c_0(Fru) und c_0(NaOH) nach Vereinigung der drei Lösungen, aber bevor eine Reaktion eingesetzt hat. Tragen Sie die Konzentrationen und die Zeit Δt bis zur Entfärbung der Lösung ein.
2) Bestimmen Sie die mittlere Reaktionsgeschwindigkeit aus dem Quotienten $\frac{\Delta c(\text{Met})}{\Delta t} = \frac{c_0(\text{Met})}{\Delta t}$.
(*Hinweis:* Zu Beginn ist c_0(Met) = 0,0002 mol·L^{-1}, nach der Entfärbung ist c(Met) = 0.)
3) Stellen Sie mittels der Stoßtheorie eine Hypothese auf, wie sich die Reaktionsgeschwindigkeiten von **B** und **C** gegenüber **A** verändern. Vergleichen Sie die Hypothese mit Ihrer experimentellen Beobachtung.
4) Erläutern Sie die unterschiedlichen Reaktionsgeschwindigkeiten für **B**, **D** und **E** mittels der RGT-Regel.

3.1 Reaktionsgeschwindigkeit

EXP 3.03 Auf die Größe kommt es an

Materialien großes Reagenzglas mit seitlichem Ansatz und Stopfen, Schlauch, Kolbenprober (100 mL), Messzylinder (10 mL), großes Becherglas, Waage, Uhr, Stativstange, Stativmuffen und -klemmen, Salzsäure ($c = 1\,\text{mol}\cdot\text{L}^{-1}$), Zink (pulverförmig und fein granuliert; 2, 9), Wasser

Durchführung Bauen Sie eine Apparatur wie in Exp. 3.01 auf. Geben Sie 0,3 g Zinkpulver und 5,0 mL Salzsäure ins Reagenzglas, verschließen Sie es sofort mit dem Stopfen und starten Sie die Zeitmessung. Notieren Sie je 10 mL Volumenzunahme die Zeit. Wiederholen Sie die Reaktion mit der gleichen Masse an granuliertem Zink.
Entsorgung: Reste in Behälter für giftige anorganische Abfälle geben.

Auswertung
1) Erstellen Sie zunächst die Reaktionsgleichung. (*Hinweis:* analog zu Exp. 3.01, Zn und Zn^{2+} statt Mg und Mg^{2+})
2) Erstellen Sie für beide Experimente jeweils eine Tabelle wie in Exp. 3.01 mit V(Lösung) = 5 mL.
3) Erstellen Sie aus den Daten in der Tabelle Konzentrations-Zeit-Diagramme.
4) Bestimmen Sie die momentanen Reaktionsgeschwindigkeiten für beide Reaktionen bei $c(H_3O^+) = 0{,}80\,\text{mol}\cdot\text{L}^{-1}$ und erklären Sie den Unterschied.

EXP 3.04 Edukt oder Katalysator?

Materialien großes Reagenzglas mit seitlichem Ansatz, Stopfen, Schlauch, Kolbenprober (100 mL), Messzylinder (10 mL), großes Becherglas, Waage, Uhr, Stativmaterial, Wasserstoffperoxidlösung ($w = 3\,\%$), Mangandioxid (3, 7)

Aufgabenstellung Es wird behauptet, dass Mangandioxid (MnO_2) die Zersetzung von Wasserstoffperoxid (H_2O_2) zu Wasser und Sauerstoff katalysiert und nicht als Edukt mit ihm reagiert:

$$2\,H_2O_2(aq) \xrightarrow{MnO_2} 2\,H_2O(l) + O_2(g)$$

Überlegen Sie, wie Sie über Volumen-Zeit-Diagramme und durch Variation der Menge des verwendeten Mangandioxids diese Hypothese überprüfen können. Verwenden Sie für ein Experiment genau 10 mL der Wasserstoffperoxidlösung.

Auswertung
1) Beschreiben und erläutern Sie Ihre Vorgehensweise.
2) Vergleichen Sie die Volumen-Zeit-Diagramme und stellen Sie Gemeinsamkeiten und Unterschiede fest.
3) Ziehen Sie aus Ihren Ergebnissen einen Schluss bezüglich der Hypothese.
4) Erläutern Sie, wie Sie die Hypothese auch durch Wiegen des Feststoffs überprüfen können.

EXP 3.05 Stechheberversuch

Materialien 2 Messzylinder (50 mL), 2 Glasrohre mit unterschiedlicher Querschnittsfläche, Wasser

Durchführung
a) Geben Sie in einen Messzylinder (I) 50 mL Wasser. Stellen Sie das dicke Glasrohr senkrecht in I hinein. Verschließen Sie die obere Öffnung mit einem Finger. Nehmen Sie es heraus und geben Sie das Wasser im Glasrohr in den zweiten Messzylinder (II). Übertragen Sie dazu die Tabelle in Ihr Heft. Notieren Sie das Wasservolumen in I und II in der Zeile „1. Entnahme".

Entnahme	V(Wasser) in A	V(Wasser) in B
0	50 mL	0 mL
1		
...	...	...

b) Stellen Sie das dicke Glasrohr erneut senkrecht in I und das dünne in II. Verschließen Sie die oberen Öffnungen mit einem Finger. Nehmen Sie beide Glasrohre heraus und geben Sie das Wasser in den jeweils anderen Zylinder. Notieren Sie erneut die Wasservolumina.

c) Wiederholen Sie Aufgabenteil **b** so lange, bis sich die Wasservolumina in I und II nicht mehr verändern.

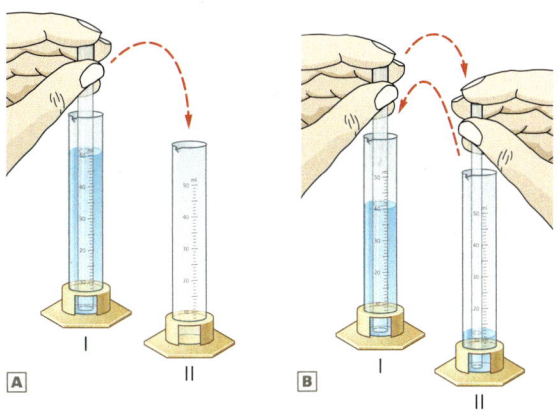

01 Stechheberversuch

Auswertung
1) Tragen Sie in einem Diagramm das Wasservolumen in I und II gegen die Anzahl der Entnahmen auf.
2) Begründen Sie die Konstanz der Wasservolumina in beiden Messzylindern ab einer bestimmten Entnahme.
3) Erstellen Sie Analogien zwischen dem Stechheberversuch und der Einstellung des dynamischen Gleichgewichts bei chemischen Reaktionen (↑ S. 62 f.).
4) Bestimmen Sie die inneren Querschnittsflächen der Glasrohre und bilden Sie daraus einen Quotienten. Vergleichen Sie ihn mit dem Quotienten aus den Wasservolumina am Ende des Versuchs.

3.2 Umkehrung von Vorgängen

01 Eiszapfen und Taschenwärmer

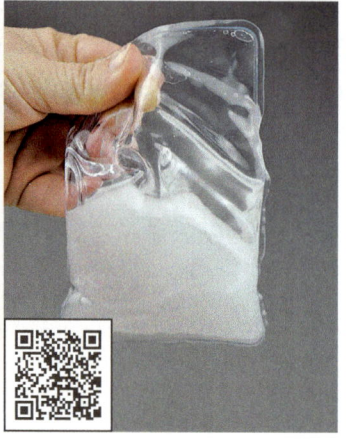

03 Entstehung eines Kupfersulfatkristalls aus einer gesättigten wässrigen Lösung

Viele physikalische Vorgänge, bei denen sich die Ordnung von Teilchen verändert, sind umkehrbar, sie sind *reversibel*. Das ist für Prozesse, die in der Natur ablaufen, genauso wichtig wie für Alltagsvorgänge.

SCHMELZEN UND ERSTARREN Das Schmelzen von Eis durch Wärmezufuhr lässt sich umkehren, wenn flüssigem Wasser Wärme entzogen wird. Die Entstehung von Eiszapfen beruht auf der Kombination beider Vorgänge (↑ 01). Ein Taschenwärmer nutzt die Freisetzung von Wärme beim Erstarren des Inhaltsstoffs. Dabei handelt es sich um einen exothermen Vorgang, der durch Wärmezufuhr wieder umgekehrt werden kann.

Aufgrund der Energieerhaltung muss zum Schmelzen einer bestimmten Menge eines Stoffs gleich viel Energie zugeführt werden, wie beim Erstarren der Schmelze frei wird. Gleiches gilt auch für das Umkehrpaar Verdampfen und Kondensieren. Das endotherme Verdampfen einer Flüssigkeit wird durch das exotherme Kondensieren umgekehrt.

$\Delta H < 0$
exotherme Reaktion

$\Delta H > 0$
endotherme Reaktion
(↑ S. 28)

LÖSEN UND KRISTALLISIEREN Nicht nur die Änderung des Aggregatzustands ist reversibel. Ein Feststoff, der sich in einem Lösungsmittel löst, kristallisiert aus, wenn es verdampft oder die Temperatur verändert wird (↑ 03). So können Salze in der Natur gelöst und über weite Strecken transportiert werden, ehe sie beispielsweise in Salzlagerstätten wieder kristallisieren.

UMKEHRUNG CHEMISCHER REAKTIONEN Auch chemische Reaktionen können in zwei Richtungen ablaufen. Ammoniak und Chlorwasserstoff reagieren exotherm zum Salz Ammoniumchlorid. Durch Energiezufuhr wird diese Reaktion umgekehrt:

$$NH_3(g) + HCl(g) \longrightarrow NH_4Cl(s) \qquad \Delta H < 0$$

$$NH_4Cl(s) \xrightarrow{\text{erhitzen}} NH_3(g) + HCl(g) \qquad \Delta H > 0$$

An der Färbung des pH-Papiers ist die Umkehrung erkennbar (↑ 02B). Die blaugrüne Färbung beruht auf der Reaktion mit Ammoniak, die rote Färbung auf der Reaktion mit Chlorwasserstoff.

> Physikalische Vorgänge und chemische Reaktionen in nichtisolierten Systemen sind prinzipiell umkehrbar.

1) Wenn Natriumhydroxid in Wasser gelöst wird, dann steigt die Temperatur der Lösung, beim Lösen von Kaliumaluminiumsulfat sinkt sie. Ordnen Sie die Begriffe exotherm und endotherm dem jeweiligen Lösungs- und dem Kristallisationsvorgang zu.

2) Geben Sie mindestens ein Beispiel für chemische Reaktionen in der Natur und in der Technik an, die in beiden Richtungen ablaufen.

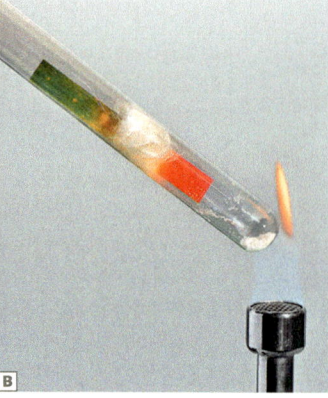

02 **A** Bildung von Ammoniumchlorid, **B** Zersetzung von Ammoniumchlorid

Dynamisches Gleichgewicht

VERTEILUNGSGLEICHGEWICHT Es gibt zahlreiche unvollständig verlaufende Vorgänge. So wissen wir aus dem Kunstunterricht, dass sich aus einem farbverschmutzten Pinsel, der in ein geeignetes Lösungsmittel eintaucht, ein großer Teil der Farbe löst – ein kleiner Teil bleibt aber am Pinsel haften.

Anhand eines Modellexperiments (↑ Exp. 3.06, S. 72) sollen unvollständig verlaufende Vorgänge genauer betrachtet werden. Eine Iod-Kaliumiodidlösung wird mit dem gleichen Volumen Heptan überschichtet. Gleichzeitig wird eine Kaliumiodidlösung mit einer Lösung von Iod in Heptan überschichtet (↑ **04A**). Nach dem Mischen der Phasen durch kurzzeitiges Schütteln sind die Inhalte der beiden Reagenzgläser nicht mehr zu unterscheiden (↑ **04B**).

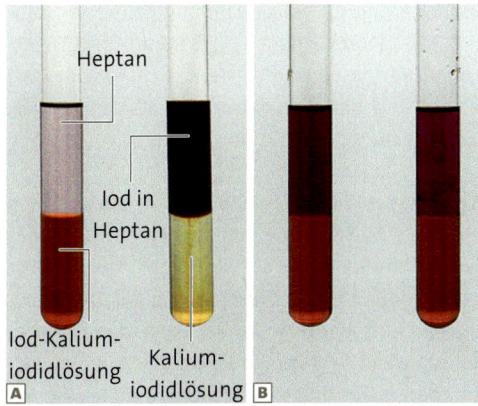

04 Iodverteilung zwischen Kaliumiodidlösung und Heptan: **A** vor dem Mischen, **B** nach dem Mischen

Die Beobachtungen ermöglichen zwei Schlüsse:
- Die Vorgänge verlaufen unvollständig. Das Iod wird weder von der Kaliumiodidlösung noch vom Heptan vollständig aufgenommen.
- Es ist für den erreichten Zustand gleichgültig, in welchem Lösungsmittel das Iod anfangs gelöst war. In beiden Fällen stellt sich das gleiche **Gleichgewicht** ein.

DYNAMISCHES GLEICHGEWICHT Wechseln die Iod-Moleküle im Gleichgewicht nicht mehr von einer Phase in die andere? Ersetzt man im Gleichgewicht einen Teil des Iods aus der Heptanlösung durch das radioaktive Iod-131, dann findet man dieses Iodisotop nach dem Mischen auch in der Kaliumiodidlösung. Das beweist, dass die Iod-Moleküle auch im Gleichgewicht die Phasengrenze überqueren. Da sich die Konzentrationen nicht mehr verändern, folgt daraus, dass im Gleichgewicht pro Zeitraum gleich viele Iod-Moleküle in die jeweils andere Phase gelangen. Man spricht von einem **dynamischen Gleichgewicht**. Die Geschwindigkeiten von Hin- und Rückvorgang sind gleich groß, die resultierende Geschwindigkeit ist gleich null.

$$v = v_{Hin} - v_{Rück} = 0$$

Der Zusammenhang $v = v_{Hin} - v_{Rück} = 0$ gilt insbesondere auch für Gleichgewichtsreaktionen.

> Im dynamischen Gleichgewicht laufen Hin- und Rückvorgang mit gleicher Geschwindigkeit ab.

Die Iodkonzentration ist in den beiden Phasen unterschiedlich. In der Kaliumiodidlösung ist sie bei 20 °C etwa doppelt so groß wie in der Heptanlösung. Dies liegt daran, dass die Wahrscheinlichkeit für ein Iod-Molekül, die Phasengrenze in Richtung der Kaliumiodidlösung zu überschreiten, etwa doppelt so groß ist wie in Richtung der Heptanphase.

Der „Tannenzapfenkonflikt" ist ein anschaulicher Vergleich zur Einstellung eines dynamischen Gleichgewichts. Der Junge kann schneller laufen und gleich viele Zapfen pro Zeitraum über den Zaun werfen wie der Mann, auch wenn sie weiter voneinander entfernt sind (↑ **05**). Deshalb liegen im Gleichgewicht weniger Zapfen auf der Seite des Jungen als auf der des Mannes.

05 Der „Tannenzapfenkonflikt"

3.3 Chemisches Gleichgewicht

EINE REAKTION WIRD NICHT FERTIG Ein Chemiekurs soll die Geschwindigkeit der Reaktion von Methansäure und Methanol zu Methansäuremethylester und Wasser, einer *Veresterung*, bestimmen:

$$HCOOH + CH_3OH \longrightarrow HCOOCH_3 + H_2O$$

Dazu wird eine Lösung aus gleichen Stoffmengen Methanol und einer kleinen Menge eines Katalysators hergestellt. Im Abstand von 5 Minuten werden Proben entnommen und über eine Säure-Base-Titration die Stoffmengenkonzentration der noch vorhandenen Methansäure bestimmt. Nach 60 Minuten zeigt eine Schülerin der Lehrkraft die grafische Darstellung ihrer Ergebnisse (↑ 01) und meint: „Die Reaktion wird nicht fertig."

DIE RÜCKREAKTION SPIELT EINE ROLLE Die Konzentration der Methansäure erreicht nach kurzer Zeit einen konstanten Wert. Bild ↑ 02 zeigt, wie die **Rückreaktion** dafür sorgt, dass die Konzentration der Methansäure niemals auf null sinkt.

Zunächst reagieren Säure- und Alkohol-Moleküle zu Ester- und Wasser-Molekülen. Schon im zweiten Bild kommt es aber zwischen einem Ester- und einem Wasser-Molekül zu einem reaktiven Stoß, wodurch wieder ein Säure- und ein Alkohol-Molekül entstehen. Mit fortschreitender Reaktionsdauer nimmt die Anzahl der Produkt-Moleküle zu und die der Edukt-Moleküle ab. Dadurch gibt es mehr reaktive Stöße, die wieder zu Edukt-Molekülen führen, und weniger, bei denen Produkt-Moleküle gebildet werden. Schließlich werden in jedem Schritt gleich viele Moleküle jeder Art vernichtet und erzeugt. Es liegt eine Mischung von Edukten und Produkten mit konstanter Zusammensetzung vor. Die Bedeutung der Rückreaktion und die Einstellung des Gleichgewichts lässt sich z. B. über den „Stechheberversuch" (↑ Exp. 3.05, S. 59) zeigen.

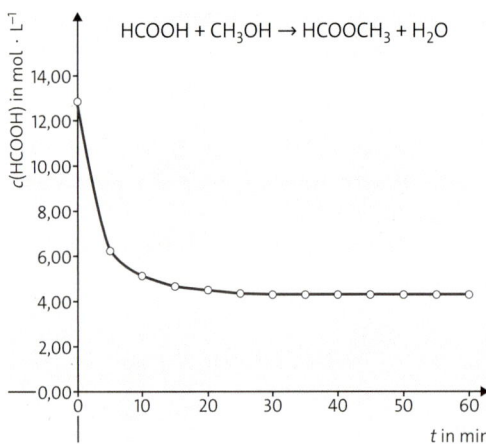

01 Zeitliche Veränderung von c(HCOOH) bei der Reaktion von Methansäure mit Methanol

DYNAMISCHES GLEICHGEWICHT In der Mischung konstanter Zusammensetzung laufen Hin- und Rückreaktion immer noch ab, allerdings mit gleicher Geschwindigkeit. Die Situation ist der im Stechheberversuch ähnlich: Es liegt ein **dynamisches Gleichgewicht** vor. Mit instrumentellen analytischen Methoden oder durch radioaktive Markierung der Ausgangsstoffe lassen sich Hin- und Rückreaktion im dynamischen Gleichgewicht nachweisen.

Die Synthese des Esters ist auch umkehrbar. Über die Umkehrreaktion, die *Esterhydrolyse*, gelangt man zur gleichen Mischung wie bei der Estersynthese, wenn für die Startkonzentrationen von Methansäuremethylester und Wasser wiederum gleiche Stoffmengenkonzentrationen gewählt werden:

$$HCOOCH_3 + H_2O \longrightarrow HCOOH + CH_3OH$$

Erreicht eine chemische Reaktion ein dynamisches Gleichgewicht, dann spricht man von einem **chemischen Gleichgewicht**. Es wird wie folgt formuliert:

$$HCOOH + CH_3OH \underset{\text{Rückreaktion}}{\overset{\text{Hinreaktion}}{\rightleftarrows}} HCOOCH_3 + H_2O$$

Der Gleichgewichtspfeil ⇌ kennzeichnet eine chemische Reaktion, die sich im dynamischen Gleichgewicht befindet.

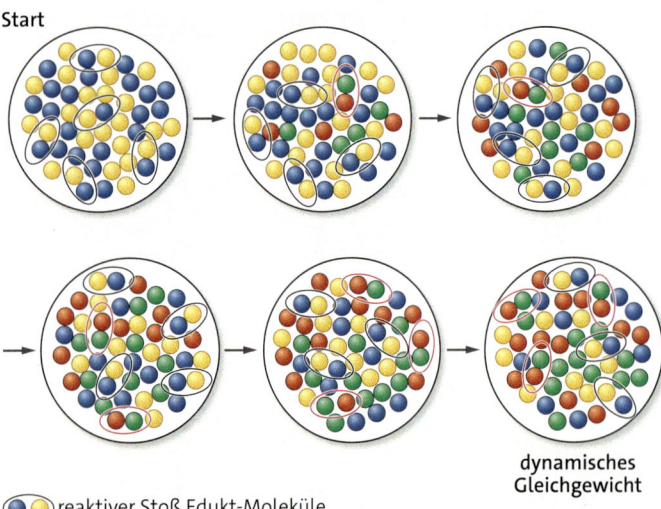

○○ reaktiver Stoß Edukt-Moleküle
○○ reaktiver Stoß Produkt-Moleküle

02 Modellhafte Darstellung für das Erreichen eines dynamischen Gleichgewichts: Edukte (blau und gelb); Produkte (rot und grün). Die jeweils eingekreisten Paare führen reaktive Stöße aus.

> Das chemische Gleichgewicht ist ein dynamisches Gleichgewicht. In ihm laufen Hin- und Rückreaktion mit gleicher Geschwindigkeit ab.

	S	A	E	W
Vor der Reaktion				
c_0 in mol·L^{-1}	12,8	12,8	0,0	0,0
Im chemischen Gleichgewicht				
c in mol·L^{-1}	4,3	4,3	8,5	8,5

03 Ergebnisse des Versuchs zur Estersynthese; beteiligte Stoffe S, A, E und W siehe Text.

KONZENTRATIONEN IM GLEICHGEWICHT In Tabelle ↑ 03 sind die Konzentrationen von Methansäure (S), Methanol (A), Methansäuremethylester (E) und Wasser (W) vor der Reaktion (c_0) und im Gleichgewicht (c) angegeben. Es fällt auf, dass die Konzentrationen der Edukte und Produkte im Gleichgewicht nicht gleich sind. Auch bei der Iodverteilung waren die Gleichgewichtskonzentrationen in beiden Phasen verschieden. Die folgende Modellbetrachtung soll veranschaulichen, warum das möglich ist.

STOSSMODELL Im Gleichgewicht verlaufen Hin- und Rückreaktion gleich schnell, weil die Anzahl der reaktiven Stöße pro Zeit in beiden Reaktionsrichtungen gleich ist. Die reaktiven Stöße machen aber nur einen Teil aller Stöße zwischen den Teilchen aus. Die Geschwindigkeitskonstante k ist ein Maß für diesen Anteil der reaktiven Stöße. Dieser Anteil kann für Hin- und Rückreaktion unterschiedlich groß sein. Bei einer kleinen Aktivierungsenergie E_A ist er aufgrund der *Energieverteilung* größer als bei einer großen. Damit es trotzdem zu gleich vielen reaktiven Stößen in beiden Richtungen kommt, sind für die Reaktion mit der größeren Aktivierungsenergie mehr Stöße und damit mehr Teilchen notwendig.
Bild ↑ 04 geht von einem reaktiven Stoß in jede Richtung und $E_A(\text{Hin}) < E_A(\text{Rück})$ aus.

$$S + A \rightleftarrows E + W$$
$$E_A(\text{Hin}) < E_A(\text{Rück})$$

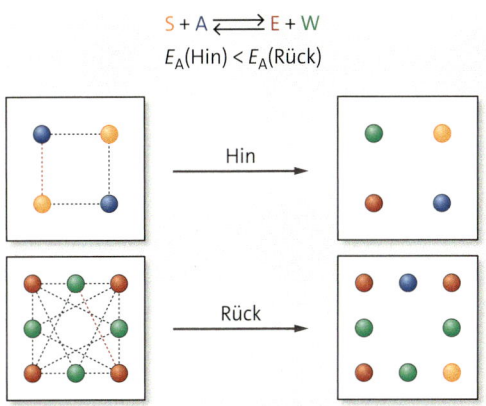

04 Unterschiedliche Anteile reaktiver Stöße für Hin- und Rückreaktion

Für die Hinreaktion (↑ 04, oben) soll einer von $2 \cdot 2 = 4$ möglichen Stößen reaktiv sein. Bei der Rückreaktion (↑ 04, unten) soll das nur für einen von $4 \cdot 4 = 16$ möglichen Stößen gelten. Damit im Gleichgewicht in beiden Richtungen gleich viele reaktive Stöße pro Zeitraum stattfinden, müssen E und W also viermal so häufig zusammenstoßen wie S und A, weshalb die Anzahl der Teilchen von E und W doppelt so groß sein muss wie die Anzahl der Teilchen von S und A. Damit sind auch die Gleichgewichtskonzentrationen $c(E)$ und $c(W)$ doppelt so groß wie $c(S)$ und $c(A)$.

EINFLUSS DES KATALYSATORS Die Wirkungsweise eines Katalysators auf den Verlauf einer chemischen Reaktion wurde bereits erläutert (↑ S. 56 f.). Wenn die Energie des Übergangszustands kleiner wird, sinken die Aktivierungsenergien von Hin- und Rückreaktion. Ein Katalysator beschleunigt deshalb beide Reaktionen gleichermaßen. Mit einem Katalysator wird das Gleichgewicht also schneller erreicht. Auf die Konzentrationen im Gleichgewicht und damit die Lage des Gleichgewichts hat er keinen Einfluss.

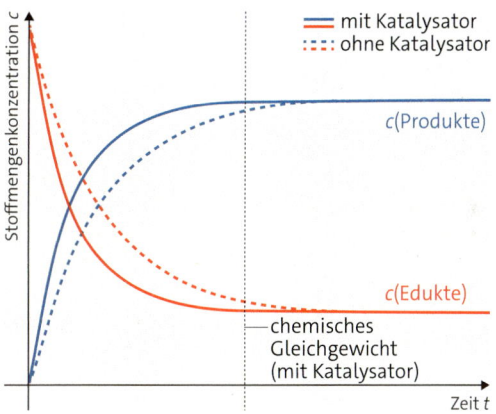

05 Konzentrations-Zeit-Diagramme für eine Reaktion $A \rightleftarrows B$

1› Übertragen Sie das Diagramm aus Bild ↑ 01.
  a Zeichnen Sie den von der Schülerin erwarteten Verlauf (↑ Text, links) von $c(\text{HCOOH})$ ein.
  b Zeichnen Sie den messbaren Verlauf von $c(\text{CH}_3\text{OH})$, $c(\text{HCOOCH}_3)$ und $c(\text{H}_2\text{O})$ ein.
2› Erläutern Sie über die Zahl der reaktiven Stöße bei Hin- und Rückreaktion und deren Abhängigkeit von den jeweiligen Konzentrationen, wie sich ein chemisches Gleichgewicht einstellt.
3› Begründen Sie die Auswirkung einer Halbierung der Katalysatorkonzentration auf den zeitlichen Verlauf der Methansäurekonzentration bei der Veresterungsreaktion.

Ein genauer Blick auf die Estersynthese

Schritt 1: Protonierung der Carboxygruppe

Schritt 2: Addition eines Alkoholmoleküls

instabiles Zwischenprodukt

Schritt 3: Protonenwanderung

Schritt 4: Eliminierung eines Wassermoleküls

Schritt 5: Deprotonierung, Rückgewinnung des Katalysators

01 Mechanismus der säurekatalysierten Veresterung (Esterbildung)

Animation säurekatalysierte Esterbildung

Die säurekatalysierte Veresterung ist eine homogene Katalyse, ↑ S. 57.

MEHRSCHRITTIGE REAKTIONEN Für den Verlauf von chemischen Reaktionen hat die *Stoßtheorie* nahegelegt, dass bereits ein einmaliges Zusammenstoßen von Eduktteilchen zu Produktteilchen führt (↑ Stoßmodell, S. 54). Für die Estersynthese trifft dies aber nicht zu.

Eine Reaktion wie die zwischen einem Methanol- und Methansäure-Molekül erfolgt nicht in einem Stoß, sondern verschiedene Teilchen müssen nacheinander zusammenstoßen, damit die Produktteilchen gebildet werden können. Das Lösen und die Bildung neuer chemischer Bindungen, die zu einem Methansäuremethylester-Molekül und einem Wasser-Molekül führen, erfolgen nicht gleichzeitig, sondern nacheinander (↑ 01). Eine solche *mehrschrittige Reaktion* besteht aus vielen **Elementarreaktionen**. Die genaue Abfolge der Elementarreaktionen heißt **Reaktionsmechanismus**. Der Reaktionsmechanismus der Estersynthese besteht aus fünf Schritten, die im Folgenden genauer betrachtet werden.

> Die genaue Abfolge der Elementarreaktionen bezeichnet man als Reaktionsmechanismus

DIE ROLLE DES PROTONS Für das Verständnis des Mechanismus der Estersynthese ist die Elektronenstruktur der Carboxygruppe des Carbonsäure-Moleküls wichtig. Durch die elektronegativen Sauerstoff-Atome ist das Kohlenstoff-Atom der Carboxygruppe positiv polarisiert (↑ 02 **A**). Durch die Bindung eines Protons (H⁺) an eines der beiden freien Elektronenpaare der Carbonylgruppe entsteht ein als **Carbokation** bezeichnetes Teilchen (↑ 02 **B**):

Teilladungen an der Carboxygruppe:

Durch Anlagerung eines Protons entstandenes Carbokation:

A **B**

02 Merkmale der Carboxygruppe und des Carbokations

Die Anlagerung des Protons verstärkt die positive Teilladung am Kohlenstoff-Atom. Solche Teilchen mit positiver Ladung und einer Elektronenlücke wie das Carbokation bezeichnet man als **Elektrophil** („elektronenliebend" von griech. *philos*: Freund). Elektrophile Teilchen sind für den Angriff eines reaktiven Teilchens mit einem freien Elektronenpaar und einer negativen Teilladung wie dem Methanol-Molekül zugänglich. Gleichzeitig ist die positive Ladung über das Carbokation verteilt – man sagt *delokalisiert* – und damit stabilisiert. Dies kann mithilfe **mesomerer Grenzformeln** verdeutlicht werden (↑ Kasten oben, S. 65).
Das Carbokation ist symmetrisch (↑ 02 **B**). Die Länge der C–O-Bindungen liegt zwischen denen einer Einfach- und einer Doppelbindung.

MECHANISMUS DER SÄUREKATALYSIERTEN ESTERSYNTHESE Die Estersynthese ist eine Gleichgewichtsreaktion, d. h., alle Reaktionsschritte sind reversibel. Sie wird durch Säuren (Protonendonatoren) beschleunigt, man spricht deshalb auch von einer **säurekatalysierten Veresterung**. Sie verläuft nach folgendem Reaktionsmechanismus (↑ 01):

Schritt 1:
Durch die Bindung eines Protons an ein freies Elektronenpaar des Sauerstoff-Atoms der Carbonylgruppe des Carbonsäure-Moleküls entsteht ein Carbokation, zu dem sich drei mesomere Grenzstrukturen formulieren lassen.

Schritt 2:
Das Alkohol-Molekül besitzt am Sauerstoff-Atom eine negative Teilladung und ein freies Elektronenpaar. Es ist ein **Nucleophil** („kernliebend" von lat. *nucleus*: Kern; ↑ Kasten unten) und greift Elektrophile wie das Kohlenstoff-Atom des Carbokations an. In einer als **nucleophilen Addition** bezeichneten Teilreaktion bildet sich eine Bindung zwischen dem nucleophilen Sauerstoff-Atom des Alkohol-Moleküls und dem elektrophilen Kohlenstoff-Atom des Carbokations. Dadurch entsteht ein Zwischenprodukt mit einer positiven Formalladung an einem Sauerstoff-Atom.

Schritt 3:
Das am Sauerstoff-Atom gebundene Proton wandert zur Hydroxygruppe.

Schritt 4:
Hier erfolgt die Abspaltung eines Wasser-Moleküls, was als **Eliminierung** bezeichnet wird.

Schritt 5:
Die Abspaltung (Eliminierung) des Protons führt zur Rückgewinnung des Katalysators.

Da bei diesem Mechanismus Additions- und Eliminierungsreaktionen gekoppelt sind, handelt es sich um eine **Additions-Eliminierungs-Reaktion**.

> Die säurekatalysierte Estersynthese ist eine Gleichgewichtsreaktion, die nach einem Additions-Eliminierungs-Mechanismus verläuft.

Verwendet man Methanol-Moleküle, die das Sauerstoff-Isotop ^{18}O enthalten, so findet sich dieses Isotop in den Ester-Molekülen und nicht in den Wasser-Molekülen wieder. Dieser Befund unterstützt den vorgestellten Mechanismus.

1) Formulieren Sie den Mechanismus für die Veresterung von Methansäure mit Methanol.
2) Erläutern Sie durch Vergleich der Schritte 1 und 5 sowie der Schritte 2 und 4 die folgende Aussage: Der Mechanismus der Estersynthese ist „spiegelsymmetrisch".

Mesomerie

Das Distickstoffmonooxid-Molekül N_2O und das Methanoat-Ion HCO_2^- sind Beispiele für Teilchen, deren Struktur nur mit mehreren Lewis-Formeln dargestellt werden kann. Sie werden als **mesomere Grenzformeln** bezeichnet (griech. *meso*: mitten). Die Elektronenpaare sind in ihnen unterschiedlich verteilt.

Mesomere Grenzformeln von Distickstoffmonooxid:

$$\overset{\ominus}{N}=\overset{\oplus}{N}=\overset{}{O} \longleftrightarrow |N\equiv\overset{\oplus}{N}-\overset{\ominus}{\underline{\overline{O}}}|$$

Mesomere Grenzformeln des Methanoat-Ions:

$$H-C\overset{\overset{\displaystyle\overline{O}|^\ominus}{\diagup}}{\underset{\underset{\displaystyle\overline{\underline{O}}|}{\diagdown}}{}} \longleftrightarrow H-C\overset{\overset{\displaystyle\overline{\underline{O}}|}{\diagup}}{\underset{\underset{\displaystyle\overline{O}|^\ominus}{\diagdown}}{}}$$

Die „wahren" Bindungsverhältnisse liegen zwischen den mesomeren Grenzformeln. Die Elektronen sind delokalisiert. Dieser Zustand wird durch den Mesomeriepfeil ⟷ zwischen den Grenzformeln gekennzeichnet.

In einigen mesomeren Grenzformeln werden den Atomen **Formalladungen** zugeordnet. Zur Unterscheidung von *Ionenladungen* sind sie hier rot gekennzeichnet.

Formalladungen ergeben sich aus der Differenz zwischen der Anzahl der Außenelektronen eines Atoms entsprechend seiner Stellung im Periodensystem und der ihm in der Lewis-Formel zugeordneten Anzahl an Elektronen. Bindende Elektronenpaare werden gleichmäßig aufgeteilt. In einem Molekül-Ion ist die Summe der Formalladungen gleich der Ionenladung.

Übersicht über Reaktionstypen und reaktive Teilchen der Estersynthese

Addition (A): Zwischen zwei Teilchen entsteht eine Bindung, aus zwei Teilchen wird somit ein Teilchen:

$$H-\overset{\oplus}{C}\overset{\overline{O}-H}{\underset{\overline{O}-H}{}} + |\overset{\delta^-}{\overline{O}}-\overset{H}{\underset{H}{C}}-H \longrightarrow H-\overset{\overline{O}|}{\underset{\overline{O}|}{C}}-\overset{\oplus}{\overset{H}{\underset{H}{O}}}-\overset{H}{\underset{H}{C}}-H \quad (A)$$

Elektrophil   Nucleophil

Eliminierung (E): Aus einem Eduktmolekül wird ein Atom oder eine Atomgruppe abgespalten, d. h. eliminiert:

$$H-\overset{H\diagdown\overline{O}|}{\underset{\underset{\displaystyle H\diagup\overset{\oplus}{O}\diagdown H}{}}{C}}-\overline{O}-\overset{H}{\underset{H}{C}}-H \longrightarrow H-\overset{H\diagdown\overline{O}|}{\overset{\oplus}{C}}-\overline{O}-\overset{H}{\underset{H}{C}}-H \quad (E)$$

$$+\;H\diagdown\overset{\overline{O}}{\diagup}H$$

Elektrophil („elektronenliebend"): Im reaktiven Teilchen gibt es ein Atom, das eine positive (Teil-)Ladung und eine Elektronenlücke hat. Es greift bevorzugt Stellen mit hoher Elektronendichte an (↑ **A**).

Nucleophil („kernliebend"): Im reaktiven Teilchen gibt es ein Atom mit einem freien Elektronenpaar und einer negative Teilladung. Es greift Stellen mit Elektronenmangel bzw. positiver Teilladung an (↑ **A**).

3.4 Massenwirkungsgesetz

GLEICHGEWICHTSKONSTANTE K_C Die Geschwindigkeiten von Hin- und Rückreaktion hängen von den Konzentrationen der Reaktionsteilnehmer ab. Für die Estersynthese bzw. -hydrolyse bedeutet dies:

$$v_{Hin} = k_{Hin} \cdot c(HCOOH) \cdot c(CH_3OH)$$
$$v_{Rück} = k_{Rück} \cdot c(HCOOCH_3) \cdot c(H_2O)$$

Im chemischen Gleichgewicht sind beide Geschwindigkeiten gleich:

$$k_{Hin} \cdot c(HCOOH) \cdot c(CH_3OH) = k_{Rück} \cdot c(HCOOCH_3) \cdot c(H_2O)$$

Durch Äquivalenzumformung folgt:

$$\frac{k_{Hin}}{k_{Rück}} = \frac{c(HCOOCH_3) \cdot c(H_2O)}{c(HCOOH) \cdot c(CH_3OH)}$$

Der Quotient der beiden Konstanten ist eine neue Konstante. Sie wird als konzentrationsbezogene **Gleichgewichtskonstante K_C** bezeichnet und hängt nur von der Temperatur ab.

$$K_C = \frac{c(HCOOCH_3) \cdot c(H_2O)}{c(HCOOH) \cdot c(CH_3OH)}$$

Diese Gleichung heißt **Massenwirkungsgesetz (MWG)** des zugehörigen Gleichgewichts. Es wurde erstmals 1867 von Cato Guldberg und Peter Waage beschrieben. Vereinbarungsgemäß stehen die Eduktkonzentrationen im Nenner und die der Produkte im Zähler. Mithilfe des MWG lassen sich die Gleichgewichtskonzentrationen aller Reaktionspartner berechnen (↑ Kasten, rechte Seite).
Wenn das Produkt der Gleichgewichtskonzentrationen der Edukte kleiner ist als das der Produkte, dann ist $K_C > 1$. In diesem Fall sagt man: „Das Gleichgewicht liegt auf der Seite der Produkte."

Für Reaktionen des Typs

$$A + B \rightleftarrows C + D$$

kann man sagen, dass sie zu über 99 % verlaufen, wenn $K_C > 10^4$, und zu weniger als 1 %, wenn $K_C < 10^{-4}$ (↑ 03).

A	B	C	D	K_C
H_2(g)	CO_2(g)	H_2O(g)	CO(g)	10^5
HF(aq)	H_2O(l)	F^-(aq)	H_3O^+(aq)	10^{-5}
HCOOH	CH_3OH	$HCOOCH_3$	H_2O	3,9

03 Einige Gleichgewichtskonstanten K_C für Reaktionen vom Typ $A + B \rightleftarrows C + D$ ($\vartheta = 25\,°C$)

KONZENTRATIONSQUOTIENT Das MWG macht eine wichtige Aussage: Wenn eine Seite der Gleichung konstant ist (K_C), dann muss auch der Konzentrationsquotient auf der anderen Seite konstant sein. Es ist daher nicht möglich, im Gleichgewicht nur die Konzentration eines Reaktionspartners zu verändern. Weicht der Wert des Konzentrationsquotienten von K_C ab, dann sind die Geschwindigkeiten von Hin- und Rückreaktion nicht gleich. Es liegt kein Gleichgewicht vor und die Konzentrationen verändern sich durch entsprechende Reaktionen.

IODWASSERSTOFF-GLEICHGEWICHT Das chemische Gleichgewicht zwischen gasförmigem Iod (I_2), Wasserstoff (H_2) und Iodwasserstoff (HI) wurde intensiv erforscht. Reiner Iodwasserstoff zersetzt sich in einem geschlossenen Gefäß teilweise zu Wasserstoff und Iod. Unter den gleichen Bedingungen entsteht aus Wasserstoff und Iod aber auch Iodwasserstoff (↑ 01):

$$H_2(g) + I_2(g) \rightleftarrows 2\,HI(g)$$

Für unterschiedliche Ausgangskonzentrationen c_0 findet man die in Tabelle ↑ 02 angegebenen Gleichgewichtskonzentrationen c.
Um in allen Fällen den im Rahmen der experimentellen Genauigkeit gleichen Konzentrationsquotienten zu erhalten, muss $c(HI)$ quadriert werden, weil in der Reaktionsgleichung zwei HI-Molekül vorkommen. Als Mittelwert findet man:

$$K_C(490\,°C) = \frac{c^2(HI)}{c(H_2) \cdot c(I_2)} \approx 45,6$$

Das Gleichgewicht liegt bei dieser Temperatur also auf der Seite des Iodwasserstoffs. Der Konzentrationsquotient nimmt diesen Wert auch dann an, wenn die Gleichgewichtskonzentrationen der Edukte nicht gleich sind (↑ 02).

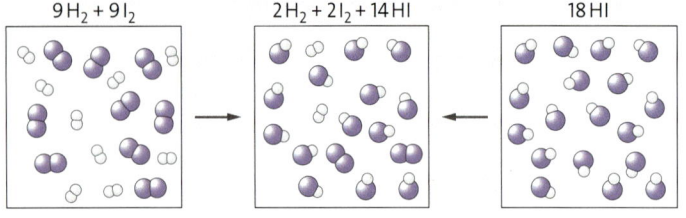

01 Modell zum Iodwasserstoff-Gleichgewicht

Ausgangskonzentrationen in $mol \cdot L^{-1}$			Gleichgewichtskonzentrationen in $mol \cdot L^{-1}$			K_C
$c_0(H_2)$	$c_0(I_2)$	$c_0(HI)$	$c(H_2)$	$c(I_2)$	$c(HI)$	
1,000	1,000	0,000	0,228	0,228	1,544	45,86
0,000	0,000	1,000	0,114	0,114	0,771	45,74
1,000	0,000	1,000	1,020	0,020	0,960	45,18

02 Iodwasserstoff-Gleichgewicht, experimentelle Ergebnisse (bei $\vartheta = 490\,°C$)

3.4 Massenwirkungsgesetz

ALLGEMEINE CHEMISCHE GLEICHGEWICHTE Die Betrachtungen zum chemischen Gleichgewicht am Beispiel der Veresterung oder der Iodwasserstoffsynthese können für beliebige Reaktionen verallgemeinert werden. Lautet die Reaktionsgleichung

$$a\,A + b\,B \rightleftarrows c\,C + d\,D$$

so gilt für das zugehörige Massenwirkungsgesetz:

$$K_C = \frac{c^c(C) \cdot c^d(D)}{c^a(A) \cdot c^b(B)}$$

Werden die Konzentrationen in der Einheit $mol \cdot L^{-1}$ angegeben, dann hat K_C die Einheit $(mol \cdot L^{-1})^{(c+d-a-b)}$.

> Im chemischen Gleichgewicht ist der Quotient aus dem Produkt der Produktkonzentrationen und dem Produkt der Eduktkonzentrationen eine (temperaturabhängige) Konstante. Dieser Zusammenhang wird als Massenwirkungsgesetz bezeichnet.

UMKEHRREAKTION Für die Umkehrreaktion der Iodwasserstoffsynthese, die Iodwasserstoffzersetzung, werden Reaktionsgleichung und Massenwirkungsgesetz wie folgt formuliert:

$$2\,HI(g) \rightleftarrows H_2(g) + I_2(g)$$

$$K_C = \frac{c(H_2) \cdot c(I_2)}{c^2(HI)}$$

Die Gleichgewichtskonstante der Iodwasserstoffzersetzung ist somit der Kehrwert von K_C der Iodwasserstoffsynthese.

> Die Gleichgewichtskonstanten von Reaktion und Umkehrreaktion sind Kehrwerte voneinander.

1) Zur Bestimmung der Gleichgewichtskonstanten wurden die Veresterungsreaktionen von Methansäure mit Methanol bzw. Propan-1-ol untersucht.
$HCO_2H + CH_3OH \rightleftarrows HCO_2CH_3 + H_2O$; $K_C = 7$
$HCO_2H + C_3H_7OH \rightleftarrows HCO_2C_3H_7 + H_2O$; $K_C = 4$
a Erstellen Sie zu beiden Reaktionen das Massenwirkungsgesetz.
b Beschreiben und vergleichen Sie die Lage der beiden chemischen Gleichgewichte.
c Berechnen Sie die Gleichgewichtskonstanten für die Hydrolyse der beiden Ester der Methansäure.
d Berechnen Sie mithilfe des Massenwirkungsgesetzes und der gegebenen Daten die Gleichgewichtskonstante für folgendes Gleichgewicht:
$HCO_2CH_3 + C_3H_7OH \rightleftarrows HCO_2C_3H_7 + CH_3OH$

Berechnung von Gleichgewichtskonzentrationen

Aufgabe: Berechnen Sie die Gleichgewichtskonzentrationen der Veresterung von Methansäure mit $c_0(HCOOH) = 2{,}0\ mol \cdot L^{-1}$ und Methanol mit $c_0(CH_3OH) = 1{,}0\ mol \cdot L^{-1}$. Die Gleichgewichtskonstante ist $K_C = 3{,}9$.

Gegeben: $K_C = 3{,}9$; $c_0(HCOOH) = 2{,}0\ mol \cdot L^{-1}$; $c_0(CH_3OH) = 1{,}0\ mol \cdot L^{-1}$;
$c_0(HCOOCH_3) = c_0(H_2O) = 0$

Gesucht: Gleichgewichtskonzentrationen aller Reaktionsteilnehmer

Lösung:

1. Säure + Alkohol $\rightleftarrows$ Ester + Wasser

2. $K_C = \dfrac{c(HCOOCH_3) \cdot c(H_2O)}{c(HCOOH) \cdot c(CH_3OH)}$

3. Für jedes Säure- und jedes Alkohol-Molekül, das durch die Reaktion verschwindet, entstehen jeweils ein Ester- und ein Wasser-Molekül:

	Säure	Alkohol	Ester	Wasser
c_0 in $mol \cdot L^{-1}$	2	1	0	0
c in $mol \cdot L^{-1}$	$2-x$	$1-x$	x	x

4. $3{,}9 = \dfrac{x \cdot x}{(2-x) \cdot (1-x)}$ Werte aus 3. wurden eingesetzt.

$3{,}9 = \dfrac{x^2}{x^2 - 3x + 2}$ Schrittweises Auflösen in die Normalform: $x^2 + px + q = 0$

$3{,}9 \cdot (x^2 - 3x + 2) = x^2$
$3{,}9x^2 - 11{,}7x + 7{,}8 = x^2$
$2{,}9x^2 - 11{,}7x + 7{,}8 = 0$
$x^2 - 4{,}03x + 2{,}69 = 0$ Lösen mit der pq-Formel

$x_{1/2} = \dfrac{4{,}03}{2} \pm \sqrt{\left(\dfrac{4{,}03}{2}\right)^2 - 2{,}69}$

$x_1 \approx 3{,}19 \quad x_2 \approx 0{,}84$

Nur x_2 ist eine sinnvolle Lösung, da sich für x_1 negative Konzentrationswerte ergeben. Damit folgt für die Gleichgewichtskonzentrationen:
$c(HCOOH) = (2-x)\ mol \cdot L^{-1} = (2-0{,}84)\ mol \cdot L^{-1} = 1{,}16\ mol \cdot L^{-1}$
$c(CH_3OH) = (1-x)\ mol \cdot L^{-1} = (1-0{,}84)\ mol \cdot L^{-1} = 0{,}16\ mol \cdot L^{-1}$
$c(HCOOCH_3) = c(H_2O) = x\ mol \cdot L^{-1} = 0{,}84\ mol \cdot L^{-1}$

---

2) Im Deacon-Verfahren wird Chlorwasserstoff mit Sauerstoff in einer Gleichgewichtsreaktion zu Chlor und Wasser umgesetzt.
a Stellen Sie die Reaktionsgleichung und das Massenwirkungsgesetz auf.
b Bestimmen Sie die Einheit von K_C, wenn die Konzentrationen in $mol \cdot L^{-1}$ angegeben werden.

Methode

Rechnen mit dem Massenwirkungsgesetz

Mit dem Massenwirkungsgesetz (MWG) einer Reaktion können die Gleichgewichtskonstante K_C und die Gleichgewichtskonzentrationen c der Reaktionspartner berechnet oder die Gleichgewichtslage des Systems überprüft werden.

Schrittfolge beim Rechnen mit dem MWG	
1. RGl	Reaktionsgleichung erstellen
2. MWG	MWG aufstellen
3. ⇌	Beziehungen zwischen (unbekannten) Gleichgewichtskonzentrationen und den Ausgangskonzentrationen unter Berücksichtigung der Reaktionsgleichung aufstellen
4. Ber	Gesuchte Größen berechnen

AUFGABE 1 Bei 490 °C liegen im chemischen Gleichgewicht als Edukte vor: $c(I_2) = 8{,}92$ mmol·L⁻¹, $c(H_2) = 4{,}88$ mmol·L⁻¹; als Produkt: $c(HI) = 44{,}49$ mmol·L⁻¹. Ermitteln Sie die Gleichgewichtskonstante K_C.

Gegeben: $c(H_2) = 4{,}88$ mmol·L⁻¹; $c(I_2) = 8{,}92$ mmol·L⁻¹; $c(HI) = 44{,}49$ mmol·L⁻¹

Gesucht: Gleichgewichtskonstante K_C

Lösung:

1. RGl $H_2(g) + I_2(g) \rightleftharpoons 2\,HI(g)$

2. MWG $K_C = \dfrac{c^2(HI)}{c(H_2) \cdot c(I_2)}$

3. ⇌   Die Gleichgewichtskonzentrationen können ins MWG eingesetzt werden.

4. Ber $K_C = \dfrac{(44{,}49\ \text{mmol} \cdot \text{L}^{-1})^2}{4{,}88\ \text{mmol} \cdot \text{L}^{-1} \cdot 8{,}92\ \text{mmol} \cdot \text{L}^{-1}} \approx 45{,}5$

Antwort: Die Gleichgewichtskonstante der Iodwasserstoffsynthese beträgt $K_C = 45{,}5$. Sie hat die Einheit „eins".

AUFGABE 2 Stellen Sie fest, ob sich die Reaktion für die gegebenen Werte im Gleichgewicht befindet.

Gegeben: $c(H_2) = 5{,}0$ mmol·L⁻¹; $c(I_2) = 10{,}0$ mmol·L⁻¹, $c(HI) = 40{,}0$ mmol·L⁻¹, $K_C = 45{,}5$; $\vartheta = 490$ °C

Gesucht: Wert des Konzentrationsquotienten

Lösung:

1. RGl $H_2(g) + I_2(g) \rightleftharpoons 2\,HI(g)$

2. MWG $K_C = \dfrac{c^2(HI)}{c(H_2) \cdot c(I_2)}$

3. ⇌   Überprüfen, ob K_C gleich dem Konzentrationsquotienten ist.

4. Ber $\dfrac{(40{,}0\ \text{mmol} \cdot \text{L}^{-1})^2}{5{,}0\ \text{mmol} \cdot \text{L}^{-1} \cdot 10{,}0\ \text{mmol} \cdot \text{L}^{-1}} = 32 \neq 45{,}5$

Antwort: Das System befindet sich nicht im Gleichgewicht.

AUFGABE 3 Berechnen Sie aus den Anfangskonzentrationen die Gleichgewichtskonzentrationen aller Reaktionsteilnehmer.

Gegeben: $c_0(H_2) = 5$ mmol·L⁻¹; $c_0(I_2) = 10$ mmol·L⁻¹, $c_0(HI) = 40$ mmol·L⁻¹, $K_C = 45{,}5$; $\vartheta = 490$ °C

Gesucht: alle Gleichgewichtskonzentrationen

Lösung:

1. RGl $H_2(g) + I_2(g) \rightleftharpoons 2\,HI(g)$

2. MWG $K_C = \dfrac{c^2(HI)}{c(H_2) \cdot c(I_2)}$

3. ⇌   Bei der Bildung von 2 HI-Molekülen werden 1 I_2-Molekül und 1 H_2-Molekül vernichtet. Die Zunahme von $c(HI)$ ist deshalb doppelt so groß wie die Abnahme von $c(H_2)$ und $c(I_2)$.

	H_2	I_2	HI
c_0 in mmol·L⁻¹	5	10	40
c in mmol·L⁻¹	$5-x$	$10-x$	$40+2x$

4. Ber $45{,}5 = \dfrac{(40+2x)^2}{(5-x)\cdot(10-x)}$

$45{,}5 = \dfrac{4x^2 + 160x + 1600}{x^2 - 15x + 50}$ Normalform: $x^2 + px + q = 0$

$45{,}5 \cdot (x^2 - 15x + 50) = 4x^2 + 160x + 1600$

$45{,}5x^2 - 682{,}5x + 2275 = 4x^2 + 160x + 1600$

$41{,}5x^2 - 842{,}5x + 675 = 0$

$x^2 - 20{,}30x + 16{,}27 = 0$

$x_{1/2} = \dfrac{20{,}30}{2} \pm \sqrt{\left(\dfrac{20{,}30}{2}\right)^2 - 16{,}27}$

$x_1 \approx 19{,}46$ $x_2 \approx 0{,}84$

Nur x_2 ist sinnvoll, da x_1 zu negativen Konzentrationen führt. Für die Gleichgewichtskonzentrationen folgt:

$c(HI) = (40 + 2x)$ mmol·L⁻¹ $\approx 41{,}67$ mmol·L⁻¹

$c(H_2) = (5 - x)$ mmol·L⁻¹ $\approx 4{,}17$ mmol·L⁻¹

$c(I_2) = (10 - x)$ mmol·L⁻¹ $\approx 9{,}17$ mmol·L⁻¹

Antwort: Die Gleichgewichtskonzentrationen für das Iodwasserstoff-Gleichgewicht bei 490 °C sind: $c(HI) \approx 41{,}67$ mmol·L⁻¹; $c(H_2) \approx 4{,}17$ mmol·L⁻¹ und $c(I_2) \approx 9{,}17$ mmol·L⁻¹.

1⟩ Schwefeldioxid (SO_2) und Sauerstoff (O_2) reagieren in einer Gleichgewichtsreaktion zu Schwefeltrioxid (SO_3). $c(SO_2) = 1{,}20$ mol·L⁻¹, $c(O_2) = 1{,}10$ mol·L⁻¹, $c(SO_3) = 3{,}15$ mol·L⁻¹. Berechnen Sie K_C.

2⟩ Distickstofftetraoxid (N_2O_4) zerfällt in einer Gleichgewichtsreaktion zu Stickstoffdioxid (NO_2). Die Gleichgewichtskonstante beträgt bei 25 °C $K_C = 0{,}174$ mol·L⁻¹. Berechnen Sie die Gleichgewichtskonzentrationen, wenn $c_0(N_2O_4) = 0{,}5$ mol·L⁻¹ und $c_0(NO_2) = 0$ mol·L⁻¹.

Methode

Simulation chemischer Gleichgewichte

AUFGABE Simulieren Sie die Einstellung des chemischen Gleichgewichts für die Reaktion A ⇌ B.

Tabellenkalkulationsprogramme ermöglichen es, die Einstellung chemischer Gleichgewichte zu simulieren. Dazu werden die Konzentrationsänderungen in kleinen Zeitintervallen berechnet. Bei gegebenen Ausgangskonzentrationen $c_0(A)$, $c_0(B)$ usw. und Geschwindigkeitskonstanten für Hin- und Rückreaktion, k_{Hin} und $k_{Rück}$, können die Konzentrationen zu verschiedenen Zeitpunkten berechnet und in einem Diagramm dargestellt werden. Die Methode erläutert und veranschaulicht die prinzipielle Vorgehensweise an einer einfachen Gleichgewichtsreaktion:

$$A \rightleftharpoons B$$

1. **Berechnen der Konzentrationsänderungen $\Delta c(A)$ und $\Delta c(B)$ im Zeitintervall Δt:** Die Geschwindigkeiten der Hin- und der Rückreaktion, $\frac{\Delta c(A)}{\Delta t}$ und $\frac{\Delta c(B)}{\Delta t}$, hängen beide sowohl von $c(A)$ als auch von $c(B)$ ab:
A entsteht, wenn B zu A reagiert, und wird verbraucht, wenn A zu B reagiert:

$$\frac{\Delta c(A)}{\Delta t} = k_{Rück} \cdot c(B) - k_{Hin} \cdot c(A)$$

$$\Rightarrow \Delta c(A) = [k_{Rück} \cdot c(B) - k_{Hin} \cdot c(A)] \cdot \Delta t$$

B entsteht, wenn A zu B reagiert, und B wird verbraucht, wenn B zu A reagiert:

$$\frac{\Delta c(B)}{\Delta t} = k_{Hin} \cdot c(A) - k_{Rück} \cdot c(B)$$

$$\Rightarrow \Delta c(B) = [k_{Hin} \cdot c(A) - k_{Rück} \cdot c(B)] \cdot \Delta t$$

k_{Hin} und $k_{Rück}$ sind die Geschwindigkeitskonstanten der Hin- und der Rückreaktion. Bei Annäherung ans Gleichgewicht nähert sich die Differenz $k_{Rück} \cdot c(B) - k_{Hin} \cdot c(A)$ dem Wert null.

2. **Berechnen der Konzentrationen $c(A)$ und $c(B)$ zu einem bestimmten Zeitpunkt:** Aus einer Anfangskonzentration c_0 kann die Konzentration c_1 aus der Konzentrationsänderung Δc im Intervall Δt berechnet werden.
$c_1(A) = c_0(A) + \Delta c(A) = c_0(A) + [k_{Rück} \cdot c_0(B) - k_{Hin} \cdot c_0(A)] \cdot \Delta t$
$c_1(B) = c_0(B) + \Delta c(B) = c_0(B) + [k_{Hin} \cdot c_0(A) - k_{Rück} \cdot c_0(B)] \cdot \Delta t$

3. **Umsetzen der Gleichungen mit einem gängigen Tabellenkalkulationsprogramm:**

	A	B	C	D	E	F
1	Zeit in s	c(A) in mol/L	c(B) in mol/L		k_{hin}	0,004
2	0	1,000	0,000		$k_{rück}$	0,001
3	10	0,960	0,040		Δt	10
4	20	0,922	=C3 + (F$1*B3-F$2*C3)*F$3			
5	30	0,886	0,114			
6	40	0,852	0,148			

01 Umsetzung der Konzentrationsberechnung mit einem Tabellenkalkulationsprogramm

Im Feld C4 wird die Konzentration $c_1(B)$ zum Zeitpunkt $t = 20$ s aus den Konzentrationen $c_0(A)$ und $c_0(B)$ zum Zeitpunkt $t = 10$ s berechnet. Aus dem Vergleich der Formeln ist das leichter ersichtlich:

    = C3 + (F$1 * B3 - F$2 * C3) *F$3

$c_1(B) = c_0(B) + [k_{Hin} \cdot c_0(A) - k_{Rück} \cdot c_0(B)] \cdot \Delta t$

Die Formel im Feld C5, mit der $c(B)$ zum Zeitpunkt $t = 30$ s berechnet wird, ist der in Feld C4 ähnlich. Es sind C3 durch C4, B3 durch B4 ersetzt.

Die Werte für k_{Hin} und $k_{Rück}$ und Δt stehen in den Feldern F1, F2 und F3. Auf sie wird in jedem Feld Bezug genommen, was durch die Schreibweise „F$1", „F$2" und „F$3" verdeutlicht wird.

4. **Erstellen des Diagramms:** Die Konzentrationen werden als x-y-Punkt-Diagramm eingefügt.

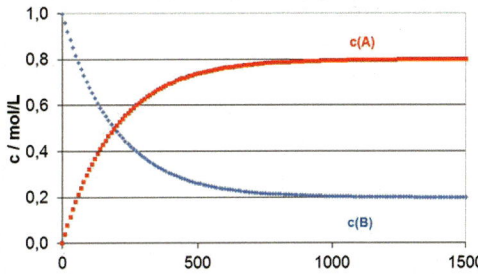

02 Verlauf von $c(A)$ und $c(B)$ von $t = 0$ bis $t = 1000$ s

5. **Prüfen auf Gleichgewichtszustand:** Bei $t = 1000$ s haben $c(A) = 0,20$ mol·L^{-1} und $c(B) = 0,80$ mol·L^{-1} nahezu konstante Werte erreicht. Zur Berechnung von K_C werden diese Werte ins MWG eingesetzt.

$$K_C = \frac{c(B)}{c(A)} = \frac{0,80 \text{ mol}\cdot\text{L}^{-1}}{0,20 \text{ mol}\cdot\text{L}^{-1}} = 4$$

Das entspricht $K_C = \frac{k_{Hin}}{k_{Rück}}$; d. h., die Reaktion befindet sich nach 1000 s im Gleichgewicht.

1 ⟩ Berechnen Sie mit Schritt 2 und einem Tabellenkalkulationsprogramm $c(A)$ und $c(B)$ für 100 Zeitpunkte zwischen 0 und 1000 s. Stellen Sie die Reaktion in einem Diagramm dar (↑ 02): $c_0(A) = 1,0$ mol·L^{-1}, $c_0(B) = 0,0$ mol·L^{-1}, $k_{Hin} = 0,008$ s^{-1}, $k_{Rück} = 0,004$ s^{-1}.

2 ⟩ Wiederholen Sie Aufgabe 1 mit veränderten Geschwindigkeitskonstanten:
  a $k_{Hin} = 0,008$ s^{-1}, $k_{Rück} = 0,002$ s^{-1}
  b $k_{Hin} = 0,008$ s^{-1}, $k_{Rück} = 0,001$ s^{-1}
Beschreiben und erklären Sie mit Bezug auf das Gleichgewicht die Veränderungen gegenüber dem Diagramm aus Aufgabe 1.

3.5 Störung des chemischen Gleichgewichts

01 Spritziges Wasser nur aus vollen Flaschen

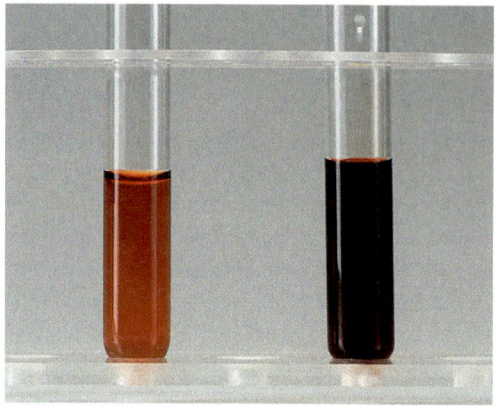

03 Farbänderung durch Konzentrationsänderung

STILLES WASSER STATT SPRUDEL Wasser aus einer frisch geöffneten Sprudelflasche schmeckt aufgrund des darin gelösten Kohlenstoffdioxids erfrischend und spritzig. Bleibt nur ein kleiner Rest in der wieder verschlossenen Flasche, dann schmeckt er nach einiger Zeit fast wie stilles Wasser.

In der ungeöffneten Sprudelflasche liegt ein Gleichgewicht vor. Pro Zeitraum gelangen gleich viele CO_2-Moleküle aus dem Mineralwasser in die Gasphase wie umgekehrt aus der Gasphase in die wässrige Lösung (↑ 02). Beim Ausgießen des Wassers gelangt Luft in die Flasche, wodurch die Konzentration an Kohlenstoffdioxid in der Gasphase geringer wird. Damit liegt eine **Störung des Gleichgewichts** vor. Es gelangen weniger CO_2-Moleküle pro Zeitraum in die Lösung wie umgekehrt in die Gasphase. Folglich nimmt die Konzentration des Kohlenstoffdioxids im Mineralwasser ab und in der Gasphase zu. Dies passiert, bis das Gleichgewicht wieder erreicht ist. Hat die Gasphase ein großes Volumen, dann bleibt nur noch wenig Kohlenstoffdioxid im Mineralwasser.

STÖRUNG ÜBER KONZENTRATIONSÄNDERUNG
In einer Lösung, die Eisen(III)-Ionen (Fe^{3+}) und Thiocyanat-Ionen (SCN^-) enthält, liegt folgendes chemische Gleichgewicht vor:

$$Fe^{3+}(aq) + SCN^-(aq) \rightleftarrows [Fe(SCN)]^{2+}(aq)$$

Die $[Fe(SCN)]^{2+}$-Ionen verursachen die rote Farbe der Lösung. Gibt man eine farblose Lösung, die SCN^--Ionen enthält, hinzu, so wird die rote Farbe intensiver (↑ 03). Diese Beobachtung ist zunächst überraschend und kann wie folgt erklärt werden:

Die Erhöhung der Stoffmengenkonzentration $c(SCN^-)$ sorgt für eine Zunahme reaktiver Stöße der Hinreaktion, die dadurch schneller verläuft als die Rückreaktion. Dadurch werden mehr $[Fe(SCN)]^{2+}$-Ionen gebildet und ihre Konzentration und damit auch die Farbintensität steigen.

STÖRUNG UND DRUCKÄNDERUNG Rotbraunes, gasförmiges Stickstoffdioxid (NO_2) steht im Gleichgewicht mit dem farblosen Distickstofftetraoxid (N_2O_4):

$$2\,NO_2(g) \rightleftarrows N_2O_4(g)$$

Wird das Volumen durch Druckerhöhung geringer, so steigt die Zahl der Zusammenstöße, die zu einem N_2O_4-Molekül führen, stärker an als die, bei denen es zerfällt. Dadurch übersteigt die Geschwindigkeit der Hinreaktion die der Rückreaktion, und das chemische Gleichgewicht verschiebt sich so, dass mehr N_2O_4- und weniger NO_2-Moleküle als vor der Druckerhöhung vorliegen.

Diese **Verschiebung des Gleichgewichts** senkt den Druck, weil die Anzahl der Teilchen in der Gasphase abnimmt, wenn jeweils zwei NO_2-Moleküle zu einem N_2O_4-Molekül reagieren. Druckminderung durch Volumenvergrößerung hat den gegenteiligen Effekt.

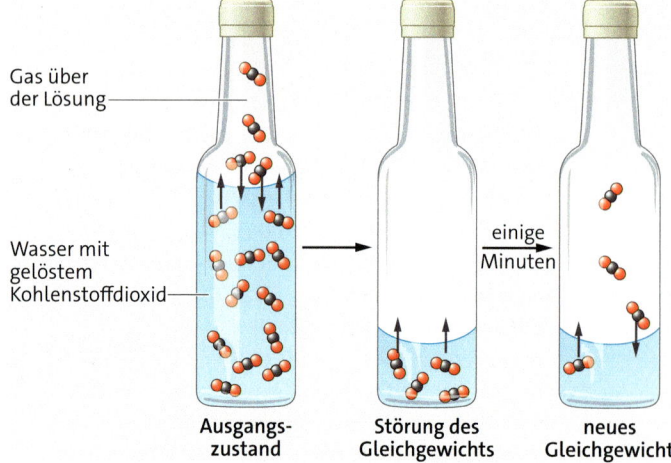

02 Störung und Einstellung des Gleichgewichts im Modell

3.5 Störung des chemischen Gleichgewichts

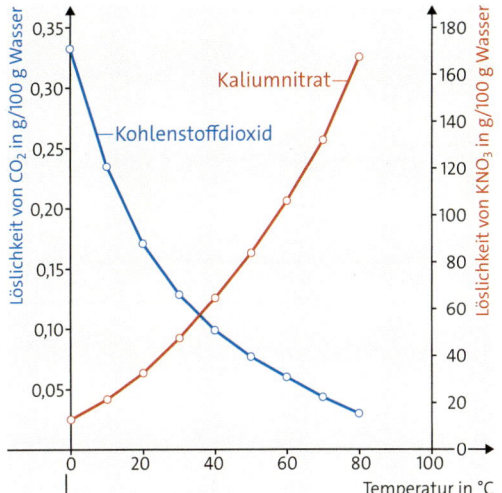

04 Temperaturabhängige Löslichkeit von Kohlenstoffdioxid und Kaliumnitrat in Wasser

TEMPERATURABHÄNGIGKEIT Zur Herstellung von Sprudel wird Kohlenstoffdioxid in Wasser gelöst. Dieser Vorgang ist exotherm:

$$CO_2(g) \rightleftarrows CO_2(aq) \qquad \Delta H < 0$$

Erhöht man die Temperatur und öffnet dann die Sprudelflasche, so ist die Lautstärke des Zischens ein Hinweis darauf, dass mehr Kohlenstoffdioxid entweicht als bei tiefen Temperaturen. Die Löslichkeit von Kohlenstoffdioxid in Wasser sinkt mit steigender Temperatur (↑ 04), d. h., das Gleichgewicht wird nach links verschoben.
Wird dagegen Kaliumnitrat in Wasser gelöst, so kühlt sich die Lösung ab. Dieser Vorgang ist endotherm.

$$KNO_3(s) \rightleftarrows K^+(aq) + NO_3^-(aq) \qquad \Delta H > 0$$

Kühlt man eine gesättigte Lösung ab, so kristallisiert sogar festes Kaliumnitrat aus, d. h., seine Löslichkeit sinkt mit fallender Temperatur (↑ 04).

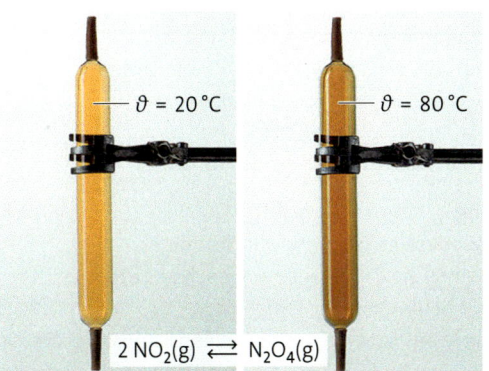

05 Mischung von Stickstoffdioxid und Distickstofftetraoxid bei verschiedenen Temperaturen

TEMPERATUR UND CHEMISCHES GLEICHGEWICHT
Die Bildung von Distickstofftetraoxid aus Stickstoffdioxid ist eine exotherme chemische Reaktion. Mit steigender Temperatur nimmt der Anteil an rotbraunem Stickstoffdioxid zu (↑ 05), das Gleichgewicht verschiebt sich also auf die Seite des Stickstoffdioxids.

PRINZIP VON LE CHATELIER Die Art, wie dynamische Gleichgewichte auf Störungen reagieren, wurde von HENRY LE CHATELIER und FERDINAND BRAUN im „Prinzip des kleinsten Zwangs" (1888) formuliert:

> Übt man auf ein im dynamischen Gleichgewicht befindliches System durch Änderung von Druck, Temperatur oder Konzentrationen einen Zwang aus, dann verschiebt sich das Gleichgewicht so, dass dieser Zwang verkleinert wird.

Für die genannten Variablen bedeutet das:
Erhöht bzw. erniedrigt man den **Druck**, dann verschiebt sich das Gleichgewicht so, dass die Zahl der Teilchen in der Gasphase kleiner bzw. größer wird.
Erhöht bzw. erniedrigt man die **Konzentration** eines Reaktionspartners, dann verschiebt sich das Gleichgewicht so, dass der Reaktionspartner verbraucht bzw. erzeugt wird.
Erhöht bzw. vermindert man die **Temperatur**, dann verschiebt sich das Gleichgewicht in Richtung der endothermen bzw. der exothermen Reaktion. Dabei verändert sich auch die Gleichgewichtskonstante K. Sie hängt bei exothermen bzw. endothermen Reaktionen von der Temperatur ab.

Bei einer exothermen Reaktion ist die Rückreaktion endotherm – und umgekehrt.

1) a Begründen Sie, dass sich der Konzentrationsquotient des Stickstoffdioxid-Distickstofftetraoxid-Gleichgewichts halbiert, wenn das Volumen auf die Hälfte verkleinert wird.
b Erstellen Sie eine Hypothese, wie sich die Farbe eines Gasgemischs aus Stickstoffdioxid und Distickstofftetraoxid verändert, nachdem das Volumen spontan verdoppelt wurde.
2) Erläutern Sie, warum es für die Produktion von Sprudel günstig ist, kaltes Wasser und Kohlenstoffdioxid bei erhöhtem Druck einzusetzen.
3) Betrachten Sie folgendes Gleichgewicht:
$Fe^{3+}(aq) + SCN^-(aq) \rightleftarrows [Fe(SCN)]^{2+}(aq)$
Je höher die Konzentration der $[Fe(SCN)]^{2+}$-Ionen, umso intensiver rot wird die Lösung. Erhöht man die Temperatur, so sinkt die Intensität der Farbe. Ziehen Sie eine Schlussfolgerung aus dieser Beobachtung.

Praktikum

Verteilungsgleichgewicht

EXP 3.06 Einstellung und Störung des Iod-Verteilungsgleichgewichts

Materialien Reagenzgläser mit Stopfen, Reagenzglasständer, 4 Messpipetten (5 mL), Tropfpipetten, kleines Becherglas, Bürette, Thermometer;
Kaliumiodidlösung ($c(I^-)$ = 0,10 mol·L^{-1}), Heptan (2, 8, 7, 9)
Lösung I: Iod-Kaliumiodidlösung ($c(I^-)$ = 0,10 mol·L^{-1}; $c(I_2)$ = 0,01 mol·L^{-1}; 7)
Lösung II: Lösung von Iod in Heptan ($c(I_2)$ = 0,01 mol·L^{-1}; 2, 8, 7, 9)
Für die Titration: Natriumthiosulfatlösung ($c(S_2O_3^{2-})$ = 0,01 mol·L^{-1}), Stärkelösung (w = 0,5 %), verdünnte Salzsäure

Ziel: Es soll die Einstellung und Störung des Iod-Verteilungsgleichgewichts zwischen einer Kaliumiodidlösung und Heptan untersucht werden.

Allgemeine Vorgehensweise für die Stationen 1–3: Füllen Sie die angegebenen Volumina der Stoffe in ein Reagenzglas. Verschließen Sie es mit einem Stopfen und mischen Sie die Phasen durch Schütteln, bis Sie keine Farbveränderung mehr feststellen.

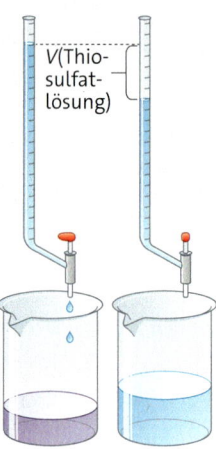

Entnehmen Sie aus einer Phase eine Probe von 4,0 mL, dies entspricht V(Iodlösung). Setzen Sie einen Tropfen Salzsäure und drei Tropfen Stärkelösung zu. Falls Sie eine Heptanphase titrieren, beschleunigen Sie die Reaktion durch Zugabe von 5,0 mL Kaliumiodidlösung. Titrieren Sie das Iod mit der Natriumthiosulfatlösung. Wenn Iod vollständig reagiert hat, wird die zuvor blau-violette Lösung farblos.

Bei der Titration läuft folgende Reaktion ab:
$2\, S_2O_3^{2-} + I_2 \longrightarrow S_4O_6^{2-} + 2\, I^-$

Bis zum Äquivalenzpunkt wurden für jedes I_2-Molekül in der Lösung zwei $S_2O_3^{2-}$-Ionen zugesetzt, daraus folgt:
$n(S_2O_3^{2-}) = 2 \cdot n(I_2)$ bzw.
$c(S_2O_3^{2-}) \cdot V(\text{Thiosulfatlösung}) = 2 \cdot c(I_2) \cdot V(\text{Iodlösung})$

Setzen Sie die bekannten Werte ein und berechnen Sie $c(I_2)$.

Station 1: Einstellung des Gleichgewichts. Mischen Sie:
a) 5,0 mL Lösung I mit 5,0 mL Heptan
b) 5,0 mL Kaliumiodidlösung mit 5,0 mL Lösung II
c) 5,0 mL Lösung I mit 5,0 mL Lösung II

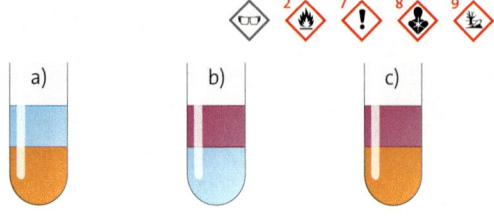

	a)	b)	c)
$c(I_2)$ in der KI-Lösung			
$c(I_2)$ in Heptan			
$\frac{c(I_2)\text{ in KI-Lösung}}{c(I_2)\text{ in Heptan}}$			

Auswertung Tragen Sie die Versuchsergebnisse in die Tabelle ein. Beschreiben Sie Unterschiede und Gemeinsamkeiten zwischen den Ansätzen a, b und c.

Station 2: Störung des Gleichgewichts durch Konzentrationsänderung. Mischen Sie:
a) 5,0 mL Kaliumiodidlösung und 5,0 mL Lösung II
b) 5,0 mL Kaliumiodidlösung mit 5,0 mL Lösung II
Ersetzen Sie nach dem Mischen die iodhaltige Kaliumiodidlösung durch 5,0 mL Kaliumiodidlösung. Mischen Sie erneut und entnehmen Sie dann die Proben zur Titration.
c) 5,0 mL Kaliumiodidlösung mit 5,0 mL Lösung II
Ersetzen Sie nach dem Mischen die iodhaltige Kaliumiodidlösung durch 5,0 mL Lösung I. Mischen Sie erneut und entnehmen Sie dann die Proben zur Titration.

Auswertung
1) Erstellen Sie eine Tabelle wie in Station 1.
2) Begründen Sie, ob der Vergleich der Konzentrationsquotienten der Tabelle Ihren Erwartungen entspricht.
3) Erklären Sie Veränderungen von $c(I_2)$ im Ansatz b und c gegenüber a mit dem Prinzip von Le Chatelier.

Station 3: Störung des Gleichgewichts durch Temperaturänderung. Mischen Sie:
a) 5,0 mL Kaliumiodidlösung und 5,0 mL Lösung II
b) 5,0 mL Kaliumiodidlösung mit 5,0 mL Lösung II
Temperieren Sie die Lösungen ca. 10 min auf 0 °C und mischen Sie die Phasen anschließend.
c) 5,0 mL Kaliumiodidlösung mit 5,0 mL Lösung II
Erwärmen Sie die Lösungen für etwa 10 min auf 40 °C.

Auswertung
1) Erstellen Sie eine Tabelle wie in Station 1.
2) Beschreiben Sie die Veränderungen der Konzentrationsquotienten mit der Temperatur.
3) Ziehen Sie aus der Beobachtung einen Schluss, ob der Übergang von Iod aus der Kaliumiodidlösung in die Heptanlösung exotherm oder endotherm ist.

Praktikum

Chemisches Gleichgewicht

EXP 3.07 Störung des Löslichkeitsgleichgewichts durch Druckänderung

Materialien Spritze aus Kunststoff mit Hahn oder Kolbenprober mit Hahn, kohlensäurehaltiges Mineralwasser, Becherglas (250 mL), Universalindikator

Durchführung
Füllen Sie etwa 50 mL Mineralwasser ins Becherglas und geben Sie Universalindikator hinzu, bis Sie eine deutliche Färbung der Lösung erkennen können.
Ziehen Sie etwas von der Lösung in die Spritze.
Entfernen Sie so weit wie möglich die Luft aus der Spritze und verschließen Sie sie dann.
Ziehen Sie nun den Stempel bis zum Anschlag heraus und beobachten Sie die Farbe der Indikatorlösung.
Drücken Sie danach den Stempel wieder in die Spritze hinein und beobachten Sie erneut die Farbe der Lösung.

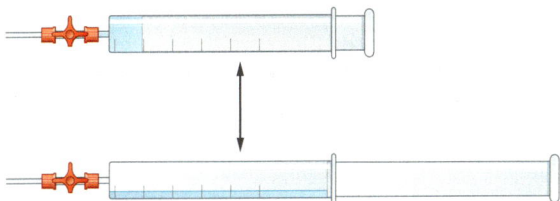

Auswertung Kohlenstoffdioxid reagiert mit Wasser zu Kohlensäure, die zu einer sauren wässrigen Lösung führt. Erklären Sie mithilfe des Prinzips von Le Chatelier die Veränderung der Farbe der Indikatorlösung.

EXP 3.08 Störung des chemischen Gleichgewichts

Materialien Reagenzgläser, Tropfpipetten, Messzylinder (10 mL), Becherglas (250 mL), Eisen(III)-chloridlösung ($c(Fe^{3+})$ = 0,02 mol·L^{-1}), Kaliumthiocyanatlösung ($c(SCN^-)$ = 0,02 mol·L^{-1}), Natronlauge ($c(OH^-)$ = 0,1 mol·L^{-1}), Ascorbinsäure, Wasser, heißes Leitungswasser, Eis, Thermometer

Ziel: Der Einfluss von Konzentrationen und Temperatur auf das chemische Gleichgewicht
$$Fe^{3+}(aq) + SCN^-(aq) \rightleftarrows [Fe(SCN)]^{2+}(aq)$$
soll untersucht werden. Je größer $c([Fe(SCN)]^{2+})$ ist, umso intensiver ist die rote Farbe der Lösung.
Erstellen Sie zunächst eine Hypothese über die Verschiebung des Gleichgewichts und machen Sie eine Vorhersage über die zu erwartende Beobachtung.
Vorbereitung: Geben Sie je 2,0 mL der Kaliumthiocyanat- und der Eisen(III)-chloridlösung in ein Reagenzglas und verdünnen Sie mit Wasser auf 20 mL. Verteilen Sie diese Lösung gleichmäßig auf 7 Reagenzgläser (Beschriftung A–G). Reagenzglas G dient zum Farbvergleich.

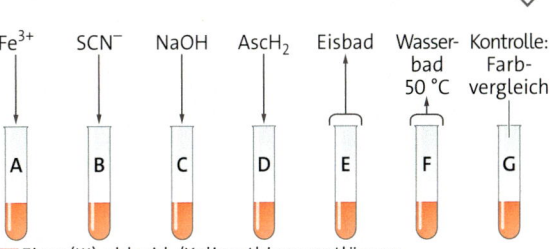

Eisen(III)-chlorid-/Kaliumthiocyanatlösung

Station 1: Störung des chemischen Gleichgewichts durch Zugabe von Fe^{3+}- bzw. SCN^--Ionen
a) Geben Sie zu Reagenzglas A tropfenweise Eisen(III)-chloridlösung.
b) Geben Sie zu Reagenzglas B tropfenweise Kaliumthiocyanatlösung.
Notieren Sie Ihre Beobachtungen.

Auswertung
1) Bewerten Sie Ihre Hypothesen.
2) Erklären Sie die Beobachtungen mit dem Prinzip von Le Chatelier.

Station 2: Störung des chemischen Gleichgewichts durch chemische Reaktion der Fe^{3+}-Ionen.
a) Geben Sie zu Reagenzglas C tropfenweise Natronlauge.
b) Geben Sie zu Reagenzglas D wenige Kristalle Ascorbinsäure.
Notieren Sie Ihre Beobachtungen.

Auswertungshilfen

Die OH^--Ionen der Natronlauge bilden mit den Fe^{3+}-Ionen einen schwerlöslichen Feststoff:
$$Fe^{3+}(aq) + 3\,OH^-(aq) \rightleftarrows Fe(OH)_3(s)$$

Ascorbinsäure ($AscH_2$) reduziert Fe^{3+}-Ionen zu Fe^{2+}-Ionen und wird dabei selbst zu Asc oxidiert:
$$AscH_2 + 2\,H_2O + 2\,Fe^{3+} \rightleftarrows 2\,Fe^{2+} + Asc + 2\,H_3O^+$$

Auswertung
1) Bewerten Sie Ihre Hypothesen.
2) Erklären Sie die Beobachtungen mit dem Prinzip von Le Chatelier.

Station 3: Störung des chemischen Gleichgewichts durch Temperaturänderung.
a) Stellen Sie Reagenzglas E für 5 min in ein Eiswasserbad.
b) Stellen Sie Reagenzglas F für 5 min in ein Wasserbad mit einer Temperatur von ϑ = 50 °C.

Auswertung Ziehen Sie aus der Beobachtung mit dem Prinzip von Le Chatelier einen Schluss, ob die Bildungsreaktion von $[Fe(SCN)]^{2+}$ exotherm oder endotherm ist.

3.6 Löslichkeitsgleichgewichte

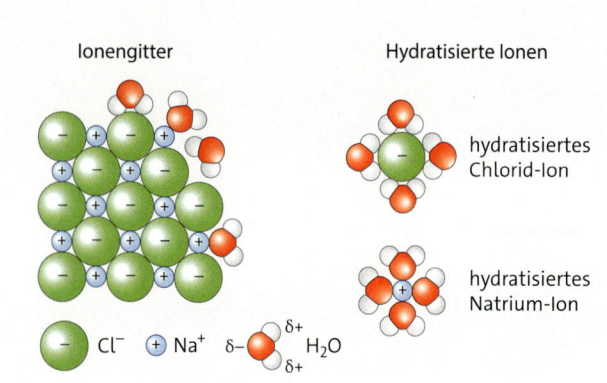

01 Lösen eines Ionenkristalls im Modell

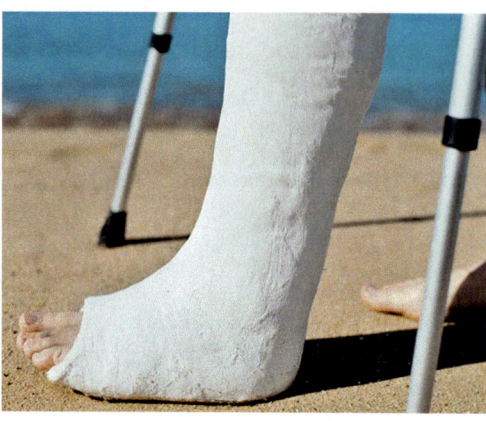

03 Mit Gipsverband sollte man nicht baden.

LÖSUNGSVORGANG VON SALZEN Im Ionengitter von Salzen halten Kationen und Anionen durch die starke elektrostatische Anziehung zwischen ihnen zusammen. Trotzdem ist Wasser ein gutes Lösungsmittel für zahlreiche Salze.

Wassermoleküle sind *Dipolmoleküle*, in denen sich die negative Teilladung am Sauerstoff-Atom und die positive Teilladung auf den Wasserstoff-Atomen befindet (↑ 01). Die beweglichen Wasser-Moleküle lagern sich an die Ionen an der Oberfläche der Salzkristalle an. Es kommt zu einer Wechselwirkung zwischen den Dipolmolekülen des Wassers und den Ionen des Salzes. Die positiv polarisierten Wasserstoff-Atome der Wasser-Moleküle sind dabei zu den Anionen hin orientiert, die negativ polarisierten Sauerstoff-Atome zu den Kationen. Beim Lösen eines Salzes in Wasser werden die Ionen aus dem Ionengitter herausgelöst und mit einer Hülle von Wasser-Molekülen umgeben. Sie bilden eine *Hydrathülle*, d. h., es entstehen hydratisierte Ionen.

Die Löslichkeit eines Salzes ist sowohl von der Stärke der Wechselwirkung zwischen den Ionen als auch von der Stärke der Wechselwirkung zwischen den Dipolmolekülen und den Ionen abhängig.

GESÄTTIGTE LÖSUNGEN Calciumsulfat, umgangssprachlich als Gips bezeichnet, wird für Verbände verwendet (↑ 03). Wasserkontakt sollte vermieden werden, da Gips wasserlöslich ist. Mischt man Calciumsulfat und Wasser, dann geht so viel Calciumsulfat in Lösung, bis sie gesättigt ist. Vereinfacht lässt sich der Vorgang wie folgt beschreiben:

$$CaSO_4(s) \longrightarrow Ca^{2+}(aq) + SO_4^{2-}(aq)$$
Bodenkörper   Ionen in Lösung

Misst man bei diesem Vorgang die elektrische Leitfähigkeit der Lösung, so stellt man fest, dass sie zunächst ansteigt und dann einen konstanten Wert annimmt. Das zeigt, dass die Ionenkonzentrationen über dem festen Bodenkörper ebenfalls nicht mehr weiter zunimmt, bevor er sich vollständig gelöst hat.

Aus Lösungen von Schwefelsäure (H_2SO_4) und Calciumhydroxid ($Ca(OH)_2$) kristallisiert nach dem Mischen Calciumsulfat aus:

$$Ca^{2+}(aq) + SO_4^{2-}(aq) \longrightarrow CaSO_4(s)$$

Sind $c(SO_4^{2-})$ und $c(Ca^{2+})$ gleich, dann sinkt die Leitfähigkeit auf den gleichen Wert wie beim Lösen von Calciumsulfat in Wasser. Die Oxonium-Ionen und Hydroxid-Ionen bilden Wassermoleküle, die nicht zur Leitfähigkeit beitragen.

Der gleiche Zustand, der von verschiedenen Seiten erreicht wird, deutet auf ein **dynamisches Löslichkeitsgleichgewicht** (↑ 02) hin. In ihm laufen Lösen und Kristallisieren mit gleicher Geschwindigkeit ab.

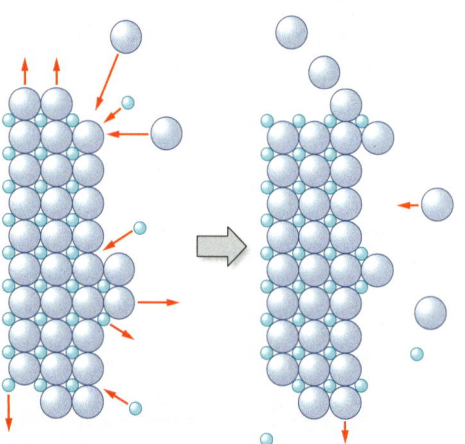

02 Löslichkeitsgleichgewicht, ein dynamisches Gleichgewicht

3.6 Löslichkeitsgleichgewichte

Formel des Salzes	Löslichkeitsprodukt K_L
$MgSO_4$	$6{,}21\ mol^2 \cdot L^{-2}$
$CaSO_4$	$4{,}9 \cdot 10^{-5}\ mol^2 \cdot L^{-2}$
$Ca(OH)_2$	$5{,}0 \cdot 10^{-6}\ mol^3 \cdot L^{-3}$
$CaCO_3$	$4{,}7 \cdot 10^{-9}\ mol^2 \cdot L^{-2}$
$AgCl$	$1{,}7 \cdot 10^{-10}\ mol^2 \cdot L^{-2}$
AgI	$8{,}5 \cdot 10^{-17}\ mol^2 \cdot L^{-2}$

04 Beispiele für Löslichkeitsprodukte

LÖSLICHKEITSPRODUKT Löslichkeitsgleichgewichte sind heterogene Gleichgewichte, d. h., es liegt keine homogene Mischung der Edukte und Produkte vor. Im Löslichkeitsgleichgewicht von Calciumsulfat

$$CaSO_4(s) \rightleftarrows Ca^{2+}(aq) + SO_4^{2-}(aq)$$

liegen festes Calciumsulfat und die gelösten Ionen in verschiedenen Phasen vor. Weil $c(CaSO_4)$ in festem Calciumsulfat konstant ist, vereinfacht sich das Massenwirkungsgesetz. Die Gleichgewichtskonstante K_C und $c(CaSO_4)$ werden zu einer neuen Konstante, dem **Löslichkeitsprodukt K_L**, zusammengefasst:

$$K_C = \frac{c(Ca^{2+}) \cdot c(SO_4^{2-})}{c(CaSO_4)}$$

$$K_L(CaSO_4) = K_C \cdot c(CaSO_4) = c(Ca^{2+}) \cdot c(SO_4^{2-})$$

Für ein Salz des Formeltyps AB wie $CaSO_4$ hat K_L die Einheit $mol^2 \cdot L^{-2}$.
In einer gesättigten Lösung von Calciumsulfat in Wasser sind $c(Ca^{2+})$ und $c(SO_4^{2-})$ gleich. Daraus folgt:

$$K_L(CaSO_4) = c(Ca^{2+})^2 \cdot c(SO_4^{2-})^2 \text{ bzw.}$$

$$\sqrt{K_L(CaSO_4)} = c(Ca^{2+}) = c(SO_4^{2-})$$

Mit dem Wert für $K_L(CaSO_4)$ (↑ **04**) folgt:
$c(Ca^{2+}) = c(SO_4^{2-}) = 7 \cdot 10^{-3}\ mol \cdot L^{-1}$

Je größer der Wert von K_L, desto besser löst sich ein Salz. Tabelle ↑ **04** zeigt, dass Magnesiumsulfat zu den leichtlöslichen und Silberiodid zu den schwerlöslichen Salzen zählt.
Für ein Salz des Formeltyps AB_2 wie Calciumhydroxid $Ca(OH)_2$ gilt für das zugehörige Löslichkeitsprodukt:

$$Ca(OH)_2(s) \rightleftarrows Ca^{2+}(aq) + 2\ OH^-(aq)$$
$$K_L(Ca(OH)_2) = K_C \cdot c(Ca(OH)_2) = c(Ca^{2+}) \cdot c(OH^-)^2$$

> Das Löslichkeitsprodukt ist ein Maß für die Löslichkeit eines Salzes.

STÖRUNG DES LÖSLICHKEITSGLEICHGEWICHTS
Wird eine gesättigte Magnesiumsulfatlösung zu einer gesättigten Calciumsulfatlösung gegeben, dann fällt festes Calciumsulfat aus. Grund ist die Störung des Löslichkeitsgleichgewichts von Calciumsulfat. Das Produkt $c(Ca^{2+}) \cdot c(SO_4^{2-})$ ist durch die Erhöhung von $c(SO_4^{2-})$ größer als $K_L(CaSO_4)$, das System befindet sich nicht mehr im Gleichgewicht. Gemäß dem Prinzip von LE CHATELIER bilden Ca^{2+}- und SO_4^{2-}-Ionen festes Calciumsulfat. Dadurch sinken $c(Ca^{2+})$ und $c(SO_4^{2-})$, bis ihr Produkt wieder gleich $K_L(CaSO_4)$ ist.

BERECHNUNGEN MIT DEM LÖSLICHKEITSPRODUKT Die Gleichgewichtskonzentrationen $c(Ca^{2+})$ und $c(SO_4^{2-})$ in einer Lösung hängen über das Löslichkeitsprodukt $K_L(CaSO_4)$ zusammen. Wie groß ist z. B. $c(Ca^{2+})$, wenn nach der erneuten Einstellung des Löslichkeitsgleichgewichts $c(SO_4^{2-}) = 0{,}1\ mol \cdot L^{-1}$ beträgt? Die Äquivalenzumformung des entsprechenden Löslichkeitsprodukts ergibt:

$$c(Ca^{2+}) = \frac{K_L(CaSO_4)}{c(SO_4^{2-})}$$

Mit dem Wert für $K_L(CaSO_4)$ (↑ **04**) folgt:

$$c(Ca^{2+}) = \frac{4{,}9 \cdot 10^{-5}\ mol^2 \cdot L^{-2}}{0{,}1\ mol \cdot L^{-1}} = 4{,}9 \cdot 10^{-4}\ mol \cdot L^{-1}$$

TEMPERATUR UND LÖSLICHKEIT Salze können sich endotherm oder exotherm lösen. Beim endothermen Lösungsvorgang überwiegt die Gitterenergie den Betrag der Hydratationsenthalpie, beim exothermen Lösungsvorgang ist es umgekehrt. Wie beim chemischen Gleichgewicht begünstigt auch beim Löslichkeitsgleichgewicht eine Temperaturerhöhung den endothermen Prozess. Kaliumnitrat ist z. B. ein Salz, das sich endotherm löst. Stellt man eine bei 20 °C gesättigte Lösung in den Kühlschrank, dann kristallisiert festes Kaliumnitrat aus. Calciumcitrat löst sich exotherm in Wasser. Aus einer bei 20 °C gesättigten Lösung von Calciumcitrat fällt festes Calciumcitrat beim Erhitzen der Lösung aus.

Endothermer Lösungsvorgang: Zum Lösen muss Energie aus dem Lösungsmittel entnommen werden, die Lösung kühlt ab.

Exothermer Lösungsvorgang: Beim Lösen wird Energie frei, die Lösung erwärmt sich.

1 ⟩ a Formulieren Sie Löslichkeitsgleichgewicht und Löslichkeitsprodukt von Calciumcarbonat.
b Berechnen Sie mithilfe von Tabelle ↑ **04** die Gleichgewichtskonzentration $c(Ca^{2+})$ einer Lösung von Calciumcarbonat in Wasser.
c Eine Natriumcarbonatlösung ($c = 1\ mol \cdot L^{-1}$) wird zu einer gesättigten Lösung von Calciumcarbonat gegeben. Beschreiben und begründen Sie die zu erwartende Beobachtung.
d Berechnen Sie $c(Ca^{2+})$ über festem Calciumcarbonat, wenn $c(CO_3^{2-}) = 1\ mol \cdot L^{-1}$ ist.

3.7 Haber-Bosch-Verfahren

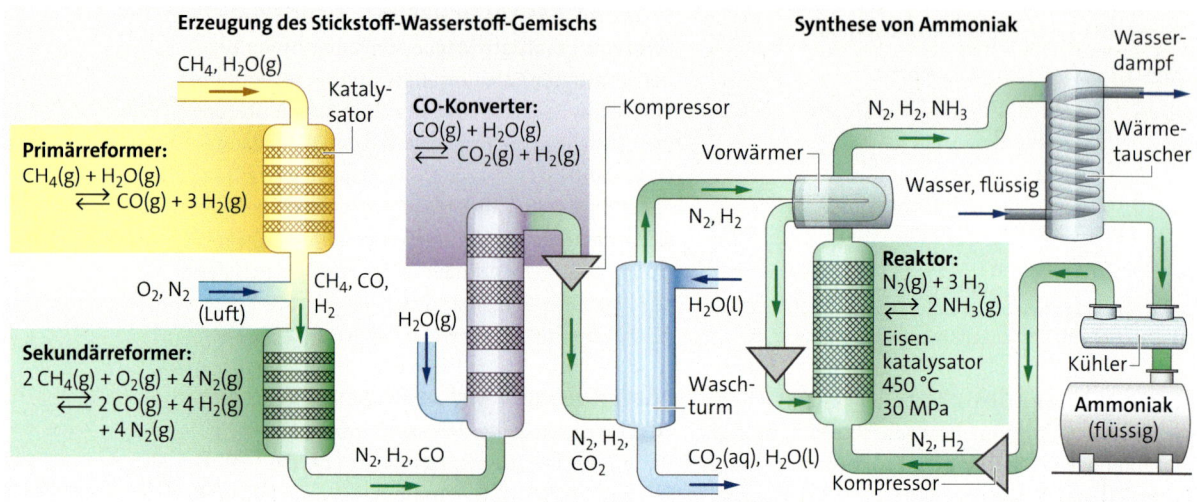

01 Technische Herstellung von Ammoniak nach dem Haber-Bosch-Verfahren (Schema)

Animation: Haber-Bosch-Verfahren

NITRATHALTIGER NATURDÜNGER UND SPRENGSTOFFE Guano, versteinerter Dung pazifischer Seevögel, war im 19. Jahrhundert ein begehrtes Produkt. Er enthält vor allem Natriumnitrat ($NaNO_3$) und Kaliumnitrat (KNO_3), die als Düngemittel verwendet werden. Die Versorgung der wachsenden Weltbevölkerung mit Lebensmitteln konnte jedoch mit Guano als Dünger nicht mehr gesichert werden. Außerdem wurden zur Herstellung von Dynamit und Schwarzpulver ebenfalls Kalium- und Natriumnitrat benötigt. Aus ökonomischen sowie militärischen Gründen wurden deshalb viele Anstrengungen unternommen, Nitratsalze im großen Maßstab synthetisch herzustellen.

REAKTIONSTRÄGER STICKSTOFF Der Syntheseweg zu den Nitratsalzen führt über die Salpetersäure (HNO_3), die wiederum durch Oxidation aus Ammoniak (NH_3) zugänglich ist. Ammoniak kann direkt aus den Elementen synthetisiert werden:

$$N_2(g) + 3\,H_2(g) \rightleftharpoons 2\,NH_3(g) \quad \Delta_r H^0 = -92\ kJ \cdot mol^{-1}$$

Der Stickstoff stammt aus der Luft. Der Wasserstoff wird im Primär- und Sekundärreformer sowie im CO-Konverter katalytisch aus Methan (CH_4) und Kohlenstoffmonooxid (CO) sowie Wasserdampf bzw. Sauerstoff erzeugt. Das dabei entstehende Kohlenstoffdioxid wird im Waschturm entfernt (↑ 01).
Das Stickstoff-Molekül ist wegen der starken Dreifachbindung, die bei der Ammoniakbildung gespalten werden muss, reaktionsträge. Eine Erhöhung der Reaktionsgeschwindigkeit durch Temperaturerhöhung vermindert aber die Ausbeute an Ammoniak. Der Grund hierfür ist nach dem Prinzip von Le Chatelier die Verschiebung des Gleichgewichts der exothermen Reaktion auf die Seite der Ausgangsstoffe. Ein Ausweg aus diesem Dilemma lässt sich durch einen geeigneten Katalysator und durch eine Erhöhung des Drucks erreichen (↑ 02): Im Jahr 1909 gelang es dem Chemiker FRITZ HABER, bei einem Druck von 20 MPa und mit einem Eisenkatalysator bei 450 °C Ammoniak in guter Ausbeute zu gewinnen. In der großtechnischen Anlage läuft die Ammoniaksynthese im Reaktor ab, mit leicht veränderten Bedingungen. Durch nachfolgende Abkühlung wird das Ammoniak kondensiert und aus dem System entfernt. Aus dem Restgas bildet sich gemäß dem Prinzip von Le Chatelier im Reaktor erneut Ammoniak.

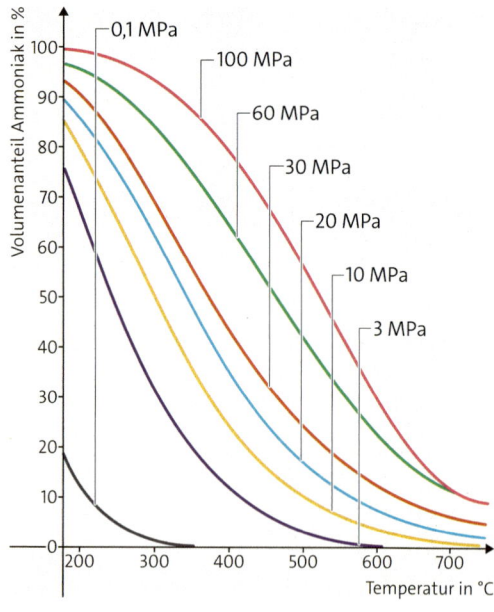

02 Abhängigkeit des Volumenanteils an Ammoniak von Druck und Temperatur

3.7 Haber-Bosch-Verfahren

DRUCK UND MASSENWIRKUNGSGESETZ Bei der Bildung von zwei Molekülen Ammoniak aus drei Wasserstoff-Molekülen und einem Stickstoff-Molekül verringert sich die Zahl der Teilchen in der Gasphase. Gemäß dem Prinzip von Le Chatelier kann das Gleichgewicht demzufolge durch Druckerhöhung auf die Seite des Ammoniaks verschoben werden.

Der Einfluss des Drucks und der Konzentration lässt sich auch mit dem Massenwirkungsgesetz verstehen (↑ 03).

$$K_C = \frac{c^2(NH_3)}{c^3(H_2) \cdot c(N_2)}$$

Bei niedrigem Druck ist das System im Gleichgewicht und ein Drittel der Stickstoff- und Wasserstoff-Atome ist in Ammoniak-Molekülen gebunden (↑ 03A). Eine Druckerhöhung durch Zugabe von Stickstoff und Wasserstoff bringt das System zunächst aus dem Gleichgewicht (↑ 03B):

Das Gleichgewicht wird wieder erreicht, wenn Stickstoff- und Wasserstoff-Moleküle zu Ammoniak-Molekülen reagieren. Dadurch verringert sich die Anzahl von 30 Molekülen in Bild ↑ 03B auf 24 Moleküle in Bild ↑ 03C und der Druck sinkt wieder. Nun ist jedes zweite Stickstoff- und Wasserstoff-Atom in einem Ammoniak-Molekül gebunden, die Ammoniakausbeute wurde erhöht.

EIN GENIALER INGENIEUR Die großtechnische Umsetzung der Ammoniaksynthese im Jahr 1913 war wesentlich die Leistung von CARL BOSCH, der Hochdruckapparaturen von bis dahin unbekannter Größe konstruierte. Das Verfahren drohte zu scheitern, weil der Wasserstoff bei dem hohen Druck in den Stahl der Apparatur diffundierte und dort mit dem enthaltenen Kohlenstoff reagierte. Dadurch wurden die Hochdrucköfen instabil und platzten. BOSCH löste dieses Problem, indem er im Innern der Apparatur kohlenstofffreies Eisen einsetzte, das er mit einem Stahlmantel umgab. In diesen Mantel wurden Löcher gebohrt, durch die der Wasserstoff entweichen konnte und so nicht mehr mit dem Stahl reagierte.

 Wasserstoff-Molekül  Stickstoff-Molekül
Ammoniak-Molekül

A

Gleichgewicht bei niedrigem Druck

$c(H_2) = 6$, $c(N_2) = 2$, $c(NH_3) = 2$

$K_C = \dfrac{2^2}{6^3 \cdot 2} = \dfrac{1}{108}$

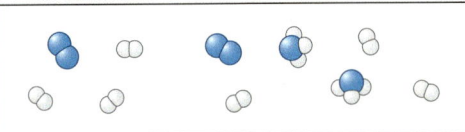

B

Druckerhöhung durch Zugabe von N_2 und H_2

$c_0(H_2) = 21$, $c_0(N_2) = 7$, $c_0(NH_3) = 2$

$K_C > \dfrac{2^2}{21^3 \cdot 7} = \dfrac{4}{64\,827}$

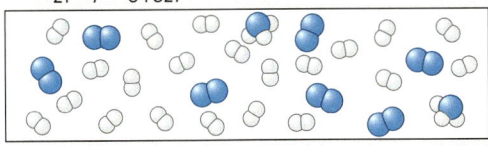

C

Neu eingestelltes Gleichgewicht

$c(H_2) = 12$, $c(N_2) = 4$, $c(NH_3) = 8$

$K_C = \dfrac{8^2}{12^3 \cdot 4} = \dfrac{1}{108}$

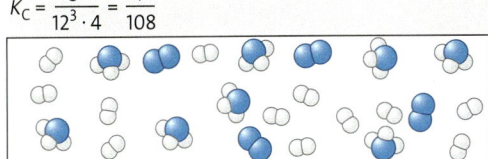

03 Auswirkung einer Druckerhöhung auf die Ammoniakausbeute. Die Einheiten für die Konzentrationen sind willkürlich und werden nicht genannt.

1⟩ a Erläutern Sie das Schema in Bild ↑ 01.
b Erklären Sie die Funktion des Primär-, Sekundärreformers und des CO-Konverters (↑ 01).
c Interpretieren Sie Bild ↑ 02 bezüglich des Einflusses von Druck und Temperatur auf die Ammoniakausbeute.
d Finden Sie einen Grund dafür, warum die Ammoniaksynthese bei 450 °C durchgeführt wird, obwohl der Volumenanteil an Ammoniak im Gleichgewicht bei kleinerer Temperatur größer ist (↑ 02).
e Bewerten Sie folgende Aussage: „Eine Steigerung der Gleichgewichtskonzentration von Ammoniak im Haber-Bosch-Verfahren ist durch einen anderen Katalysator möglich."
2⟩ Die Weltjahresproduktion von Ammoniak beträgt derzeit etwa 125 000 000 t.
a Bestimmen Sie die Pro-Kopf-Produktion. Vergleichen Sie den Wert mit dem Pro-Kopf-Konsum von Ethanol, der bei 5 kg/Jahr liegt.
b Recherchieren Sie fünf Alltagsstoffe, in deren Synthesekette Ammoniak auftritt. Belegen Sie die Präsenz von Stickstoff-Atomen in diesen Produkten durch Molekül- oder Lewis-Formel.

Der lange Schatten des Fritz Haber

Nobelpreisträger des Jahres 1918 und Namensgeber von Straßen in deutschen Städten sowie des renommierten Fritz-Haber-Instituts in Berlin: Nur wenigen Forschern ist so viel Ehre zuteilgeworden wie Fritz Haber (1868–1934). Seine grundlegenden Arbeiten zur Umwandlung von Stickstoff und Wasserstoff in Ammoniak haben dessen Verwendung als großtechnischen Ausgangsstoff zur Herstellung von Düngemitteln, Explosiv-, Farb- und Kunststoffen sowie Medikamenten erst ermöglicht. In Zahlen gefasst sind die Auswirkungen seiner wissenschaftlichen Erkenntnisse sehr beeindruckend: Von den global jährlich etwa 350 Millionen Tonnen atmosphärischen Stickstoffs, der in Stickstoffverbindungen umgewandelt wird, stammt bereits ein Drittel aus dem Haber-Bosch-Verfahren, die übrigen zwei Drittel werden in Bakterien und durch Blitze umgesetzt. Die Ernteerträge würden ohne synthetisch gewonnenen Ammoniak weltweit stark zurückgehen und Hungersnöte für einen großen Teil der Menschheit erschienen wahrscheinlich.

„Für Untersuchungen chemischer Reaktionen an Festkörperoberflächen", so lautete die Begründung des Komitees zur Vergabe des Nobelpreises für Chemie (2007) an Gerhard Ertl. Es sind genau diese Vorgänge, die für das Verständnis der Ammoniaksynthese nach dem *Haber-Bosch-Verfahren* wichtig sind: Die Bindung der H_2- und N_2-Moleküle an die Atome auf der Oberfläche des Katalysators, ihre Spaltung in Atome und deren Neuanordnung zu NH_3-Molekülen. Ertl hat mit modernen instrumentellen Methoden wie der Beugung langsamer Elektronen und der Rastertunnelmikroskopie diese chemischen Reaktionen erforscht. Eine Steigerung der Ausbeute oder eine mögliche Senkung der Reaktionstemperatur bedeuten bei den erzeugten Mengen an Ammoniak Gewinne oder Einsparungen von vielen Millionen Euro. Somit haben die grundlegenden Arbeiten von Haber eine seit 100 Jahren anhaltende, intensive Forschung zur Ammoniaksynthese ausgelöst.

Clara Immerwahr (1870 – 1915), die erste in Deutschland promovierte Chemikerin, und Haber heirateten 1901. Trotz ihrer wissenschaftlichen Leistungen zur „Löslichkeitsbestimmung schwerlöslicher Salze des Quecksilbers, Kupfers, Bleis, Cadmiums und Zinks" erhielt sie keine Anstellung an einer Universität. In der Ehe fiel ihr die Rolle der repräsentierenden, umsorgenden Professorengattin und Mutter zu. Wissenschaftlich verschwand sie im Schatten von Haber, dem 1909 der Durchbruch bei der Ammoniaksynthese gelang. An ihren akademischen Lehrer, Richard Abegg, schrieb Immerwahr im gleichen Jahr: „Was Fritz in diesen acht Jahren gewonnen hat, das – und noch mehr – habe ich verloren, und was von mir übrig ist, erfüllt mich mit der tiefsten Unzufriedenheit." Die Ehe der Habers ist da bereits tief zerrüttet.

Im Friede für die Menschheit, im Krieg fürs Vaterland ist kurz gefasst die Maxime von Habers Bestrebungen 1914. Die Ammoniaksynthese ermöglicht die Herstellung großer Mengen an Munition für die deutsche Armee im Ersten Weltkrieg. Daneben treibt Haber den Einsatz von Chlorgas als chemischem Kampfstoff voran, als Ausweg aus einem verlustreichen Stellungskrieg. Bei einem Test im Januar 1915 kommt es darüber zum offenen Konflikt zwischen Clara, die die Erforschung chemischer Kampfstoffe für eine „Perversion der Wissenschaft" hält, und Fritz, der ihr realitätsfremden Idealismus vorwirft. Für den ersten kriegerischen Giftgaseinsatz am 22.4.1915 in Belgien bei Ypern mit über 1000 Toten auf gegnerischer Seite wird Haber zum Hauptmann befördert. In der Nacht nach den Feierlichkeiten zur Beförderung erschießt sich Immerwahr mit der Dienstwaffe von Haber. Ob sie sich wegen des Engagements von Haber für den Einsatz chemischer Waffen umgebracht hat, ist unter Historikern dennoch umstritten, da ihre Aufzeichnungen und der Abschiedsbrief bald nach ihrem Tod vernichtet wurden.

01 Forschung für die Ammoniaksynthese: **A** Fritz Haber, **B** Gerhard Ertl (vor dem Fritz-Haber-Institut in Berlin)

02 A Clara Immerwahr – Wissenschaftlerin und Gegnerin des Einsatzes chemischer Waffen; **B** Soldaten mit Gasmasken im Schützengraben (1917). Eine Taube wird zum Test auf Gas fliegen gelassen.

Rohstoffe aus schwarzen Rauchern?

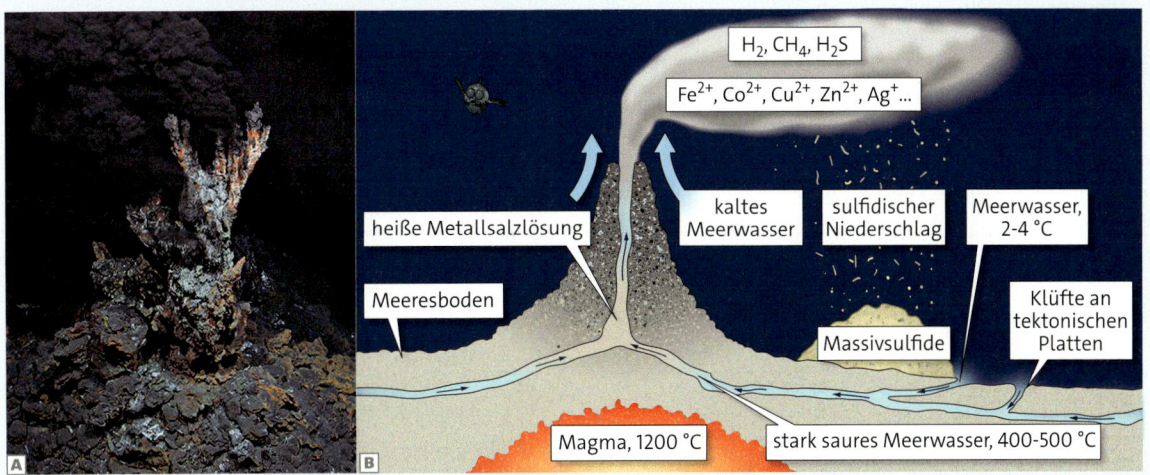

01 Schwarzer Raucher am Meeresboden: **A** Foto, **B** Schema der hydrothermalen Zirkulation

Die dunklen Rauchfahnen gaben den Schwarzen Rauchern (engl. *Black Smoker*) ihren Namen. Aus den röhrenförmigen Schloten, die aus dem Meeresboden viele Meter hoch aufragen, tritt eine weithin sichtbare Wolke aus feinkörnigem Sediment aus. **Schwarze Raucher** sind hydrothermale Quellen, die sich an tektonisch aktiven Kontinentalplatten in der Tiefsee bilden.

Oberhalb heißer Magma-Kammern entstehen durch Kontakt des Meerwassers mit dem Boden heiße Metallsalzlösungen mit Temperaturen von z. T. über 400 °C. Wegen des hohen Drucks am Boden der Tiefsee hat das Wasser dort einen „überkritischen Zustand" und ist nicht gasförmig. Aus der heißen mineralstoffhaltigen Lösung fallen sulfidische (schwefelhaltige) Verbindungen aus, wenn sie sich mit dem eiskalten Meerwasser vermischt. Durch den als *hydrothermale Zirkulation* bezeichneten Prozess lagern sich Eisensulfide wie Magnetkies (FeS) und Pyrit (FeS$_2$), aber auch Kupfer-, Cobalt-, Zink- und Silbersulfidverbindungen sowie gediegenes Gold ab. Diese Ausfällungen werden als *Massivsulfide* bezeichnet. Sie sind wegen der enthaltenen Metalle hochbegehrt.

Durch die weltweite Rohstoffverknappung rücken die als „Erzfabriken der Tiefsee" bezeichneten hydrothermalen Quellen zunehmend in den Fokus von Bergbauunternehmen. So liegt die Konzentration an Gold in manchen Vorkommen der Massivsulfide mit bis zu 15 Gramm pro Tonne etwa 3-mal so hoch wie in guten Lagerstätten am Festland. Ob der Bergbau im Meer wirtschaftlich interessant sein wird, hängt wesentlich von der künftigen Nachfrage nach den enthaltenen Metallen ab sowie der Möglichkeit, sie vermehrt aus Abfällen zu recyclen.

Neben Mineralien werden auch Gase wie Schwefelwasserstoff, Methan und Wasserstoff freigesetzt. Sie dienen einigen spezialisierten, an Dunkelheit und hohe Temperaturen angepassten Mikroorganismen zum Überleben. Sulfidoxidierende Bakterien können beispielsweise Schwefelwasserstoff (H$_2$S) zur Energiegewinnung nutzen. Dabei bauen sie aus Kohlenstoffdioxid durch Chemosynthese Kohlenhydrate wie Glucose (C$_6$H$_{12}$O$_6$) auf und setzen dabei elementaren Schwefel frei. Aufgrund dieser Beobachtungen entstanden Hypothesen, dass das Leben auf der Erde in der Nähe solcher Schwarzer Raucher entstanden sein könnte.

Die Konzentration von Schwefelwasserstoff in der Nähe der schwarzen Raucher nimmt Werte bis etwa 0,1 mol·L^{-1} an. Bei einem pH-Wert von 3 (saure Lösung) beträgt unter diesen Bedingungen die Konzentration der Sulfid-Ionen, die aus den H$_2$S-Molekülen entstehen, $c(S^{2-}) = 10^{-15}$ mol·L^{-1}. Dieser Wert ist winzig klein. Dennoch reguliert er über das Löslichkeitsprodukt von Eisen(II)-sulfid, $K_L(FeS)$, die *maximal mögliche Konzentration* an Eisen(II)-Ionen, $c_{max}(Fe^{2+})$, im Meerwasser(↑ 02). Sie übersteigt unter diesen Bedingungen den kleinen Wert $c(Fe^{2+}) = 3,7 \cdot 10^{-4}$ mol·L^{-1} nicht.

$K_L(FeS)$ in mol^2·L^{-2}	$c(S^{2-})$ in mol·L^{-1}	$c_{max}(Fe^{2+})$ in mol·L^{-1}
$3,7 \cdot 10^{-19}$	10^{-15}	$3,7 \cdot 10^{-4}$

02 Löslichkeitsprodukt von Eisen(II)-sulfid, $K_L(FeS)$

1⟩ Beschreiben Sie die Vorgänge an einem Schwarzen Raucher. Stellen Sie eine Hypothese auf, welchen Einfluss die Temperatur bei der Fällung von Metallsulfide hat.

Klausurtraining

Material A Der verschwundene Stoff

Eine Studentin untersucht die alkalische Hydrolyse eines Dicarbonsäurediesters (↑ A1.2). Sie erfasst die Zeit und die Konzentrationen $c(A)$ und $c(B)$ zunächst in einer Tabelle (↑ A1.1). Danach spricht sie mit ihrem Dozenten: „Ich verstehe nicht, warum die Summe der Konzentrationen erst kleiner wird und dann wieder den Ausgangswert erreicht."
Der Dozent schaut sich die Reaktionsgleichung und die gemessenen Konzentrationen an und erwidert: „Sie haben sorgfältig gemessen, aber ein Zwischenprodukt nicht berücksichtigt."

$$\begin{array}{c} COOCH_3 \\ | \\ CH_2 \\ | \\ COOCH_3 \end{array} + 2\,OH^- \longrightarrow \begin{array}{c} COO^- \\ | \\ CH_2 \\ | \\ COO^- \end{array} + 2\,CH_3OH$$

Stoff A   Stoff B

A1.2 Reaktionsgleichung der untersuchten Reaktion

AUFGABEN ZU A

1) a Erstellen Sie aus den Daten (↑ A1.1) ein Konzentrations-Zeit-Diagramm für $c(A)$ und $c(B)$.
 b Bestimmen Sie die mittlere Reaktionsgeschwindigkeit im Zeitintervall 0 bis 5 min über die Änderung von $c(A)$.
 c Bestimmen Sie die momentane Reaktionsgeschwindigkeit zum Zeitpunkt $t = 5$ min über die Änderung von $c(B)$.

2) a Begründen Sie anhand der Daten, warum der Dozent die Existenz eines Zwischenprodukts A' annimmt.
 b Berechnen Sie die Konzentrationen des Zwischenprodukts $c(A')$ und tragen Sie sie ins Diagramm ein.
 c Erstellen Sie eine Hypothese über die Strukturformel von A'. Zerlegen Sie die Reaktionsgleichung (↑ A1.2) in zwei neue, in denen A' berücksichtigt wird.

t in min	$c(A)$ in mol·L^{-1}	$c(B)$ in mol·L^{-1}	$c(A) + c(B)$ in mol·L^{-1}
0	1,00	0,00	1,00
5	0,59	0,15	0,74
10	0,35	0,41	0,76
15	0,21	0,62	0,83
20	0,12	0,77	0,89
25	0,07	0,86	0,93
30	0,04	0,92	0,96
40	0,01	0,97	0,98
50	0,00	1,00	1,00

A1.1 Messwerte der alkalischen Hydrolyse

Material B Deacon-Verfahren

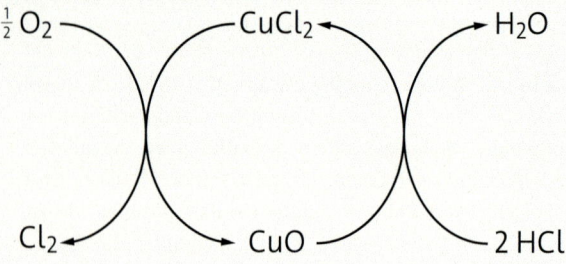

B1.1 Deacon-Verfahren (Schema)

Chlor ist ein wichtiger Ausgangsstoff für viele Synthesen, es kommt auf der Erde aber nicht elementar vor. Der englische Chemiker Henry Deacon entwickelte 1868 ein Verfahren zur Chlorherstellung. Dabei findet bei 430 °C zwischen den gasförmigen Stoffen eine exotherme Gleichgewichtsreaktion nach folgendem Schema statt:

Sauerstoff + Chlorwasserstoff ⇌ Wasser + Chlor

Um die Ausbeute an Chlor zu erhöhen, wird doppelt so viel Sauerstoff eingesetzt, wie nach der Reaktionsgleichung notwendig wäre.

AUFGABEN ZU B

1) a Erklären Sie die Funktion des Gemischs aus CuCl$_2$ und CuO, das unverändert aus der Reaktion hervorgeht.
 b Erstellen Sie die Reaktionsgleichung der Gleichgewichtsreaktion, auf der das Deacon-Verfahren beruht. Verwenden Sie nur ganzzahlige Stöchiometriezahlen.
 c Erstellen Sie das Massenwirkungsgesetz der Reaktion und geben Sie eine mögliche Einheit für K_C an.

2) Zu Beginn der Reaktion war $c_0(HCl) = \frac{4}{100}$ mol·L^{-1} und $c_0(O_2) = \frac{2}{100}$ mol·L^{-1}.
 a Erklären Sie, warum hierbei doppelt so viel Sauerstoff verwendet wird wie notwendig, obwohl die Konzentration $c_0(O_2)$ nur halb so groß ist wie $c_0(HCl)$.
 b Im Gleichgewicht ist $c(HCl) = \frac{4}{300}$ mol·L^{-1}. Berechnen Sie die übrigen Gleichgewichtskonzentrationen und die Gleichgewichtskonstante.
 c Erläutern Sie, ob sich die Ausbeute an Chlor durch Druck- und Temperaturänderung steigern lässt. Begründen Sie, warum die Reaktionstemperatur deutlich über der Raumtemperatur liegt.
 d Nennen Sie weitere Möglichkeiten, die die Ausbeute an Chlor erhöhen.

Material C Isomerengleichgewicht

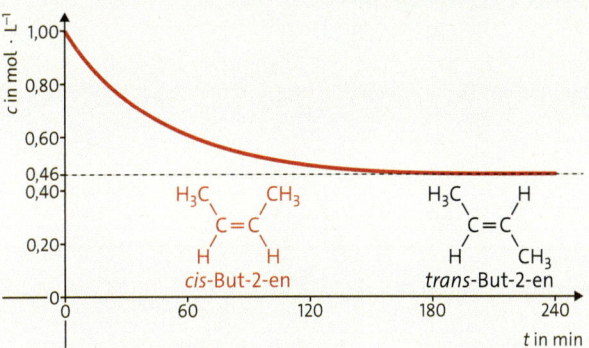

C1.1 Veränderung der Konzentration von reinem *cis*-But-2-en beim Bestrahlen mit UV-Licht

Von der Verbindung But-2-en gibt es zwei Isomere: *cis*-But-2-en und *trans*-But-2-en (↑ C1.1). Beide sind bei Standardbedingungen gasförmig. Wird reines *cis*-But-2-en mit UV-Licht bestrahlt, dann entsteht in einer exothermen Reaktion *trans*-But-2-en. Die Konzentration von *cis*-But-2-en sinkt dabei bis zu einem Grenzwert.

AUFGABEN ZU C

1 ⟩ Übertragen Sie das Diagramm in Ihr Heft.
   a Erläutern Sie den Verlauf der Kurve in ↑ C1.1 und begründen Sie, warum die Konzentration von *cis*-But-2-en gegen einen von null verschiedenen Wert strebt.
   b Bestimmen Sie aus ↑ C1.1 die durchschnittliche Reaktionsgeschwindigkeit im Verlauf der ersten Stunde.
   c Zeichnen Sie den zeitlichen Verlauf der Konzentration von *trans*-But-2-en ein.
2 ⟩ **a** Erstellen Sie das Massenwirkungsgesetz und berechnen Sie die Gleichgewichtskonstante K_C.
   b Begründen Sie, wie sich K_C verändert, wenn die Temperatur sinkt.
   c Erläutern Sie die Möglichkeit, das Gleichgewicht durch Druckänderung zu beeinflussen.
   d Zum Zeitpunkt t = 240 min wird die Konzentration von *cis*-But-2-en auf c_0 = 1,46 mol·L^{-1} erhöht. Berechnen Sie die Konzentrationen von *cis*- und *trans*-But-2-en, die nach Einstellung des Gleichgewichts erreicht werden.

Material D Halogenlampen

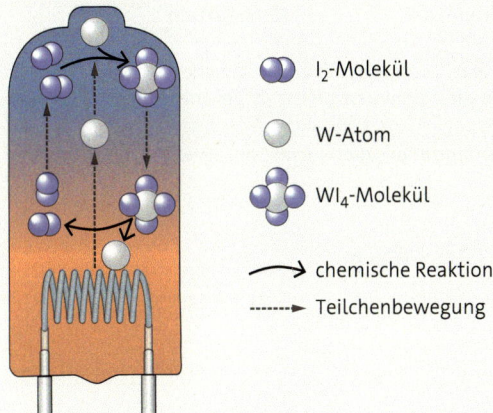

D1.1 Vorgänge in einer Halogenlampe

In Glüh- und in Halogenlampen besteht die Glühwendel meist aus dem Metall Wolfram. Je höher die Betriebstemperatur (ϑ > 1500 °C), umso heller ist die Lampe, aber umso mehr Wolfram verdampft und schlägt sich auf dem kälteren Glas nieder. Glühlampen erscheinen deshalb nach einiger Zeit weniger hell und außerdem wird der Glühfaden dünner. Im Glaskolben von Halogenlampen sind Spuren von gasförmigem Iod (I_2) enthalten. Es reagiert mit dem Wolfram auf dem Glas merklich ab einer Temperatur von 450 bis 500 °C zu Wolframtetraiodid:

$$W(s) + 2\,I_2(g) \rightleftharpoons WI_4(g)$$

An der Glühwendel zerfällt Wolframtetraiodid wieder in die Elemente. Das Iod bleibt in der Gasphase, das Wolfram scheidet sich als Feststoff auf der Glühwendel ab und verstärkt sie wieder.

AUFGABEN ZU D

1 ⟩ **a** Begründen Sie den Namen „Halogenlampe".
   b Erläutern Sie, warum Halogenlampen eine höhere Betriebstemperatur haben, heller sind und länger halten als Glühlampen.
2 ⟩ **a** Erklären Sie die Bedeutung des verwendeten Pfeils in der Reaktionsgleichung.
   b Begründen Sie, ob die Synthese von Wolframtetraiodid aus den Elementen exo- oder endotherm ist.
   c Im Vergleich zu Glühlampen gleicher Lichtstärke ist der Glaskolben von Halogenlampen sehr klein. Erklären Sie mithilfe des Konzepts der Reaktionsgeschwindigkeit, dass der Rücktransport bei großen Glaskolben nicht funktionieren würde.
3 ⟩ Um aus Roh-Titan, das mit Magnesium verunreinigt ist, reines Titan herzustellen, wird es in exothermen Reaktionen mit gasförmigem Iod zunächst in Titantetraiodid und Magnesiumiodid umgewandelt. Titantetraiodid siedet bei 380 °C, Magnesiumiodid schmilzt bei 630 °C.
   a Erklären Sie, wie sich reines Titan gewinnen lässt.
   b Skizzieren Sie einen möglichen Reaktor.

Auf einen Blick

▸ **Reaktionsgeschwindigkeit**	Die Reaktionsgeschwindigkeit v kann über die Änderung der Konzentration der Reaktionsteilnehmer über ein bestimmtes Zeitintervall gemessen werden. Für eine Reaktion $2\,A \longrightarrow B$ gilt: $v = -\dfrac{1}{2}\dfrac{\Delta c(A)}{\Delta t} = \dfrac{\Delta c(B)}{\Delta t}$ **RGT-Regel:** Bei einer Temperaturerhöhung um 10 K verdoppelt bis vervierfacht sich die Geschwindigkeit vieler Reaktionen.	
▸ **Energiediagramm**	Ein Energiediagramm gibt die Energie zwischen den reaktiven Teilchen im Verlauf der Reaktion wieder. Die Maxima heißen Übergangszustände. Mit deren Energie steigt die Aktivierungsenergie der Reaktion. Katalysatoren eröffnen einer Reaktion neue Wege mit geringerer Aktivierungsenergie.	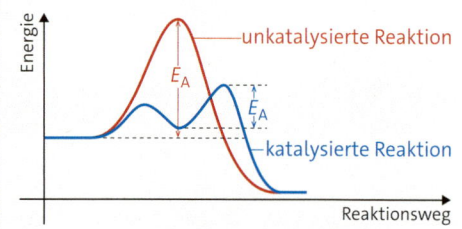
▸ **Dynamisches Gleichgewicht**	Der Zustand eines Systems verändert sich nicht, wenn Vorgang und Umkehrvorgang mit gleicher Geschwindigkeit verlaufen: Die Vorgänge verlaufen unvollständig und bei gegebener Temperatur wird der gleiche Zustand von beiden Seiten aus erreicht.	

Gleichgewicht	Vorgang	Umkehrvorgang
Löslichkeitsgleichgewicht	Lösen	Kristallisation
Verdampfungsgleichgewicht	Verdampfen	Kondensation
Verteilungsgleichgewicht zwischen nichtmischbaren Phasen	Übergang von Phase 1 in Phase 2	Übergang von Phase 2 in Phase 1
Chemisches Gleichgewicht	Hinreaktion	Rückreaktion

▸ **Chemisches Gleichgewicht**	Ein chemisches Gleichgewicht liegt vor, wenn Hin- und Rückreaktion mit gleicher Geschwindigkeit verlaufen: $v_{Hin} = v_{Rück}$. Es wird durch einen Gleichgewichtspfeil $\rightleftarrows$ gekennzeichnet. *Beispiel:* $A + 2\,B \rightleftarrows 2\,C$ Das **Massenwirkungsgesetz** besagt, dass der Konzentrationsquotient im Gleichgewicht konstant ist: $K_C = \dfrac{c^2(C)}{c(A) \cdot c^2(B)}$ Die Gleichgewichtskonstante K_C hängt von der Temperatur ab.
▸ **Prinzip von Le Chatelier (Prinzip des kleinsten Zwangs)**	Ein Gleichgewicht kann von Temperatur, Stoffmengenkonzentration und Druck beeinflusst werden.

Temperaturanstieg bzw. -abfall	begünstigt endotherme bzw. exotherme Reaktion
Zunahme bzw. Abnahme von $c(A)$	begünstigt Verbrauch bzw. Bildung von A
Zunahme bzw. Abnahme des Drucks	begünstigt Abnahme bzw. Zunahme der Teilchenanzahl in der Gasphase

▸ **Löslichkeitsprodukt**	Das Löslichkeitsprodukt K_L eines Salzes A_nX_m ist ein Maß für seine Löslichkeit. $K_L(AX) = c(A^+) \cdot c(X^-)$ *Beispiel:* $K_L(AgCl) = c(Ag^+) \cdot c(Cl^-)$ $K_L(AX_2) = c(A^{2+}) \cdot c^2(X^-)$ *Beispiel:* $K_L(CaF_2) = c(Ca^{2+}) \cdot c^2(F^-)$
▸ **Haber-Bosch-Verfahren**	Verbindungen, die Nitrat-Ionen enthalten, sind wichtig für die Produktion von Düngemitteln und Sprengstoffen. Zu ihrer industriellen Herstellung ist **Ammoniak** notwendig, der großtechnisch im Haber-Bosch-Verfahren aus den Elementen hergestellt wird: $N_2(g) + 3\,H_2(g) \rightleftarrows 2\,NH_3(g)$ $\Delta_r H^0 = -92\,\text{kJ} \cdot \text{mol}^{-1}$ Durch einen geeigneten Katalysator gelingt es, Ammoniak in guter Ausbeute bei einer Temperatur von 450 °C und einem Druck von 30 MPa (300 bar) zu synthetisieren..

Übungsaufgaben

1⟩ Ethanol (C_2H_5OH) wird im menschlichen Körper in Folgeprodukte umgewandelt. Eine Faustregel sagt, dass der Massenanteil an Ethanol im Blut dabei um 0,14 ‰ pro Stunde abnimmt.
  a Berechnen Sie die Stoffmengenkonzentration von Ethanol im Blut, wenn sein Massenanteil w(Ethanol) 1,0 ‰ beträgt. *Hinweis:* Dichte(Blut) = 1,06 kg·L^{-1}
  b Berechnen Sie die Abbaugeschwindigkeit von Ethanol im Blut in der Einheit mol·L^{-1}·h^{-1}.
  c Berechnen Sie mit dem Ergebnis aus Aufgabenteil **b** näherungsweise die Zeit, in der im menschlichen Körper mit V(Blut) = 5 L so viele Ethanol-Moleküle umgewandelt werden, wie es Menschen gibt (7 Mrd.).

2⟩ Die Zersetzung von Wasserstoffperoxid in Lösung verläuft nach folgender Reaktionsgleichung:
$2\,H_2O_2(aq) \longrightarrow 2\,H_2O(l) + O_2(g)$
  a Nennen Sie zwei Möglichkeiten, eine chemische Reaktion in Lösung zu beschleunigen.
  b Die Konzentration $c(H_2O_2)$ sinkt in 10 min von 0,1 mol·L^{-1} auf 0,01 mol·L^{-1}. Berechnen Sie die mittlere Reaktionsgeschwindigkeit mit der Einheit mol·L^{-1}·s^{-1}.
  c Ermitteln Sie exemplarisch die Reaktionsgeschwindigkeit, wenn die Temperatur um 30 K erhöht wird.

3⟩ a Nennen Sie Beispiele für Vorgänge, bei denen sich ein dynamisches Gleichgewicht einstellt.
  b Zählen Sie Gemeinsamkeiten und Unterschiede zwischen den verschiedenen Vorgängen auf.
  c Erklären Sie den Unterschied zwischen dynamischem und statischem Gleichgewicht.

4⟩ a Formulieren Sie die Bildung von Schwefeltrioxid (SO_3) aus Schwefeldioxid (SO_2) und Sauerstoff (O_2) als Gleichgewichtsreaktion und stellen Sie das zugehörige Massenwirkungsgesetz (MWG) auf.
  b Im Gleichgewicht betragen $c(SO_3) = 0{,}9$ mol·L^{-1}, $c(SO_2) = 0{,}1$ mol·L^{-1} und $c(O_2) = 0{,}05$ mol·L^{-1}. Berechnen Sie K_C für die Bildung sowie für die Zersetzung von Schwefeltrioxid.
  c Begründen Sie, warum es die Ausbeute an Schwefeltrioxid begünstigt, wenn $c(O_2)$ erhöht wird. Berechnen Sie das Verhältnis $\dfrac{c(SO_3)}{c(SO_2)}$ für $c(O_2) = 0{,}80$ mol·L^{-1}.

5⟩ Die Funktion eines Taschenwärmers basiert auf folgendem Gleichgewicht:
Salz(fest) ⇌ Salz(gelöst)
Die Kristallisation des Salzes aus der Lösung muss dabei ein exothermer Vorgang sein.

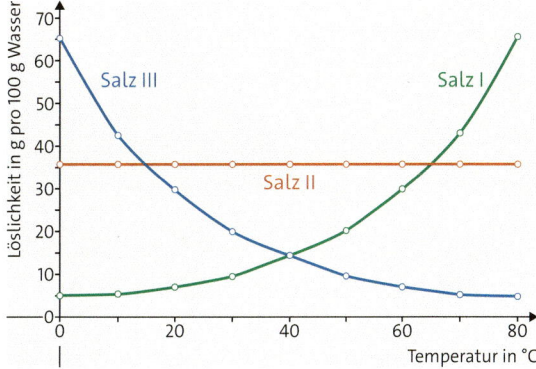

  a Begründen Sie anhand der Löslichkeits-Temperatur-Kurven, welches Salz sich exotherm, endotherm bzw. ohne Wärmetönung löst.
  b Erläutern Sie, welches der Salze sich für einen Taschenwärmer eignen könnte.

6⟩ Erläutern Sie, wie sich Temperatur- bzw. Druckänderung auf die folgenden Gleichgewichtsreaktionen des Stickstoffs auswirken:
  a $N_2(g) + O_2(g) \rightleftarrows 2\,NO(g)$ ⠀⠀⠀ $\Delta H > 0$ (endotherm)
  b $N_2(g) + 3\,H_2(g) \rightleftarrows 2\,NH_3(g)$ ⠀⠀ $\Delta H < 0$ (exotherm)

Mithilfe dieses Kapitels können Sie:	Aufgabe	Hilfe finden Sie auf Seite
• aus Konzentrations-Zeit-Daten die mittlere Geschwindigkeit einer chemischen Reaktion berechnen	1, 2	52–53
• den Einfluss der Temperatur auf die Reaktionsgeschwindigkeit berechnen	2	55
• Kennzeichen eines dynamischen Gleichgewichts erläutern und verschiedene Vorgänge damit erklären	3	61–62
• das Massenwirkungsgesetz einer Reaktion aufstellen und damit Gleichgewichtskonstanten und Konzentrationen berechnen	4	66–67
• mit dem Prinzip von Le Chatelier den Einfluss von Temperatur, Druck und Konzentration auf die Lage eines Gleichgewichts vorhersagen	5, 6	70–71

So verschiedenfarbig Mohn- und Kornblume sind, die Farbstoff-Moleküle ihrer Blüten sind sehr ähnlich und durch Säure-Base-Reaktionen ineinander umwandelbar. Säure-Base-Gleichgewichte spielen in nahezu allen biochemischen Systemen eine wichtige Rolle. So sind beispielsweise optimale Geschwindigkeiten enzymatisch katalysierter Reaktionen nur in einem schmalen pH-Wert-Bereich möglich, der durch entsprechende pH-Puffersysteme stabilisiert wird.

Säure-Base-Reaktionen 4

Protonenübergänge im chemischen Gleichgewicht

Wasser als Säure und Base

- Reaktionen mit Protonenübergang
- Autoprotolyse und Ionenprodukt des Wassers
- pH- und pOH-Wert

Stärke von Säuren und Basen

- Säure-Base-Reaktionen
- Konjugierte Säure-Base-Paare
- Säure- und Basenkonstanten
- Protochemische Reihe

pH-Puffersysteme

- Konstanter pH-Wert in Lösungen schwacher Säuren und Basen
- Abfangreaktionen
- Puffergleichung
- Puffer in der Biochemie

Titration und Indikatoren

- Säure-Base-Titration
- Konduktometrie
- Titrationskurven
- pH-Indikatoren als schwache Säuren und Basen
- Chromatografische Trennung des Universalindikators

01 Ob Rot oder Blau – die Farben von Mohn- und Kornblumen sind eine Frage des pH-Werts.

4.1 Entwicklung des Säure-Base-Begriffs

01 Ameisen versprühen Ameisensäure.

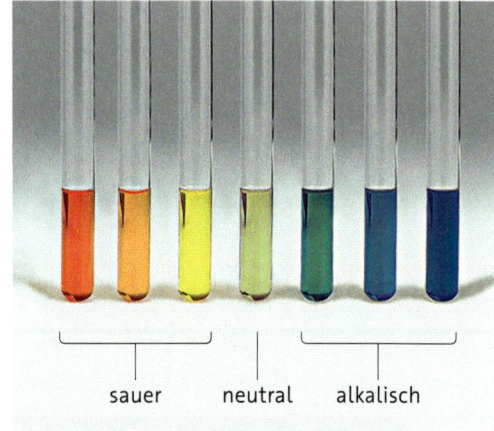

02 Saure, neutrale und alkalische Lösungen mit Universalindikator

Säuren findet man nicht nur im Chemielabor. Ameisensäure (HCOOH) und viele andere Säuren sind Naturprodukte.

SÄUREN UND SAUERSTOFF Auf den französischen Chemiker Antoine Laurent de Lavoisier (1743–1794) geht die Bezeichnung *oxygène* für das Element Sauerstoff zurück (griech. *oxys*: sauer, *genes*: Erschaffung). Lavoisier vertrat die Auffassung, dass chemisch gebundener Sauerstoff für die charakteristischen Eigenschaften saurer Lösungen verantwortlich ist. Tatsächlich sind viele als „Säure" bezeichneten Stoffe Sauerstoffverbindungen.

Beispiele für Säuren, die Sauerstoff enthalten:
Salpetersäure – HNO_3
Schwefelsäure – H_2SO_4

DAVYS DEFINITION DER SÄURE Der englische Chemiker Humphry Davy (1778–1829) entdeckte, dass Chlor ein chemisches Element ist. Chlorwasserstoff (HCl), das eine saure wässrige Lösung ergibt („Salzsäure"), enthält keinen chemisch gebundenen Sauerstoff. Davy bezeichnete Säuren als Stoffe, die chemisch gebundenen Wasserstoff enthalten, der durch Metalle ersetzt werden kann.

$$2\,HCl(aq) + Zn(s) \longrightarrow ZnCl_2(aq) + H_2(g)$$
$$H_2SO_4(aq) + Zn(s) \longrightarrow ZnSO_4(aq) + H_2(g)$$

Video: Elektrische Leitfähigkeit einer sauren Lösung

SAURE UND ALKALISCHE LÖSUNGEN Saure Lösungen reagieren mit unedlen Metallen und sind elektrisch leitfähig. Sie führen bei bestimmten Farbstoffen, den Indikatoren, zu Farbänderungen (↑ 02). „Gegenspieler" zu den sauren Lösungen sind die **alkalischen Lösungen**. Auch sie sind elektrisch leitfähig und führen zu Farbänderungen bei Indikatoren. Gibt man passende Mengen saurer und alkalischer Lösungen zusammen, dann neutralisieren sie sich in ihrer Wirkung und es entsteht eine **neutrale Lösung**.

ELEKTROLYTISCHE DISSOZIATION – DEFINITION NACH ARRHENIUS Über den Vorgang auf der Teilchenebene, der den sauren bzw. alkalischen Charakter der jeweiligen Lösung verursacht, gab es lange Zeit keine konsistente Theorie. Erst Svante Arrhenius konnte mit dem Modell der **elektrolytischen Dissoziation** (Chemienobelpreis 1903) zwei wesentliche Eigenschaften saurer und alkalischer Lösungen erklären:

- elektrische Leitfähigkeit
- gegenseitige Neutralisation

Nach seinem Modell sind **Säuren** Stoffe, deren Teilchen **HA** in Lösung zu Wasserstoff-Ionen H^+ und Säurerest-Ionen A^- dissoziieren.

$$HA \longrightarrow H^+(aq) + A^-(aq)$$
Beispiele: $HCl \longrightarrow H^+(aq) + Cl^-(aq)$
$H_2SO_4 \longrightarrow 2\,H^+(aq) + SO_4^{2-}(aq)$

Alkalische Lösungen entstehen nach Arrhenius durch Dissoziation einer **Base** $M(OH)_n$ in Kationen M^{n+} und Hydroxid-Ionen OH^-.

$$M(OH)_n \longrightarrow M^{n+}(aq) + n\,OH^-(aq)$$
Beispiele: $NaOH \longrightarrow Na^+(aq) + OH^-(aq)$
$Ca(OH)_2 \longrightarrow Ca^{2+}(aq) + 2\,OH^-(aq)$

Alle sauren Lösungen enthalten hydratisierte Wasserstoff-Ionen $H^+(aq)$ und alle alkalischen Lösungen hydratisierte Hydroxid-Ionen $OH^-(aq)$.
Die in der Lösung enthaltenen, frei beweglichen Ionen führen zur elektrischen Leitfähigkeit.

Bei der **Neutralisation** reagieren die Wasserstoff-Ionen und die Hydroxid-Ionen zu Wasser-Molekülen:

$$H^+(aq) + OH^-(aq) \longrightarrow H_2O(l)$$

Brönsteds Säure-Base-Konzept

OXONIUM-IONEN Das Modell von ARRHENIUS liefert keine Aussage über die Struktur des hydratisierten Wasserstoff-Ions. Bei einem Wasserstoff-Ion handelt es sich um ein Proton, also um ein geladenes Teilchen mit einem etwa 100 000-mal kleineren Durchmesser als Atome oder Ionen. Es beeinflusst die Moleküle in der Umgebung durch sein starkes elektrisches Feld. Der dänische Chemiker JOHANNES NICOLAUS BRÖNSTED (1879–1947) schlug vor, dass das Proton an ein freies Elektronenpaar eines Wasser-Moleküls gebunden wird (↑ 03). Das entstehende H_3O^+-Teilchen wird als **Oxonium-Ion** bezeichnet.

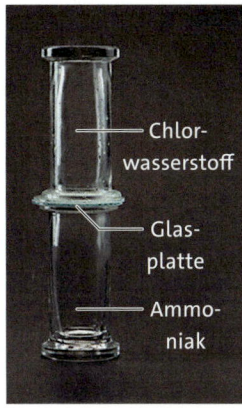
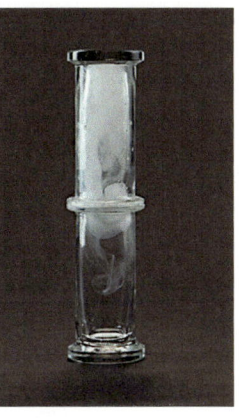

Video: Ammoniak reagiert mit Chlorwasserstoff.

05 Chlorwasserstoff und Ammoniak, zwei Gase, reagieren zu festem Ammoniumchlorid.

03 Bildung eines Oxonium-Ions H_3O^+ durch Protonenübergang

BRÖNSTED-SÄUREN UND -BASEN BRÖNSTED stellte auf der Basis eines **Donator-Akzeptor-Modells** ein neues Säure-Base-Konzept vor. Eine Säure oder ein **Protonendonator HA** ist ein Teilchen, das ein Proton abgibt. Eine Base oder ein **Protonenakzeptor B** ist ein Teilchen, das ein Proton aufnimmt. Der Protonenübergang zwischen den Teilchen wird als Säure-Base-Reaktion bzw. als **Protolyse** bezeichnet.

Säuren und Basen wurden bei ARRHENIUS als Stoffklassen angesehen. Nach BRÖNSTED charakterisieren diese Begriffe aber *Funktionen von Teilchen*, d. h. ihr vom Reaktionspartner mitbestimmtes Verhalten als Säure oder Base. So reagiert das HCl-Molekül als Säure gegenüber der Base, dem H_2O-Molekül (↑ 03). BRÖNSTEDs Konzept erklärt auch, warum eine wässrige Lösung von Ammoniak (NH_3) alkalisch reagiert, obwohl Ammoniak keine Hydroxid-Ionen enthält. Sie entstehen in der Reaktion von NH_3 (Base) mit H_2O (Säure):

$NH_3 + H_2O \longrightarrow OH^- + NH_4^+$
$B + HA \longrightarrow A^- + HB^+$

Teilchen, die wie Wasser-Moleküle abhängig vom Reaktionspartner als Säure oder als Base reagieren können, werden als **Ampholyte** bezeichnet.
Brönsted-Basen B besitzen Atome mit mindestens einem freien Elektronenpaar, an das ein Proton binden kann (↑ 04). In Brönsted-Säuren HA ist ein Wasserstoff-Atom über eine Elektronenpaarbindung an einen Rest A gebunden. Bei der Säure-Base-Reaktion übernimmt A beide Elektronen der Elektronenpaarbindung.

EIN UMFASSENDES KONZEPT Das Säure-Base-Konzept nach BRÖNSTED ist nicht auf Reaktionen mit Wasser-Molekülen, Oxonium-Ionen oder Hydroxid-Ionen beschränkt. So ist die Reaktion der Gase Ammoniak (NH_3 – Base) und Chlorwasserstoff (HCl – Säure) zum Salz Ammoniumchlorid eine Säure-Base-Reaktion der NH_3- und HCl-Moleküle, gefolgt von der Anordnung der entstandenen Ammonium-Ionen NH_4^+ und Chlorid-Ionen Cl^- in einem Ionengitter (↑ 05).

$HCl(g) + NH_3(g) \longrightarrow NH_4^+(g) + Cl^-(g)$
$NH_4^+(g) + Cl^-(g) \longrightarrow NH_4Cl(s)$

> Ein Teilchen reagiert als Brönsted-Säure, wenn es ein Proton abgibt (Protonendonator), bzw. als Brönsted-Base, wenn es ein Proton aufnimmt (Protonenakzeptor). In einer Säure-Base-Reaktion geht ein Proton von einer Säure auf eine Base über.

1) Erstellen Sie die Reaktionsgleichung:
  a HNO_3 (Säure) reagiert mit H_2O (Base).
  b HCO_3^- (Säure) reagiert mit HCO_3^- (Base).

2) Erläutern Sie, warum ein Ammoniak-Molekül zwar als Base im Sinne von BRÖNSTED reagieren kann, nach ARRHENIUS aber keine Base ist.

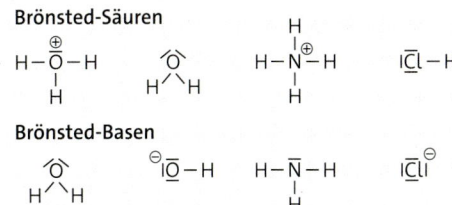

04 Beispiele für Brönsted-Säuren und -Basen

Praktikum

Säure-Base-Reaktionen

EXP 4.01 Eigenschaften saurer und alkalischer Lösungen

Materialien 5 Reagenzgläser, Stativmaterial, Tropfpipetten, Spatel, Becherglas, Netzgerät mit Wechselspannung, Elektrokabel, 2 Elektroden, Stromstärkenmessgerät, Glühlämpchen, demineralisiertes Wasser, Salzsäure ($c(HCl) = 0{,}1\ mol \cdot L^{-1}$), Natronlauge ($c(NaOH) = 0{,}1\ mol \cdot L^{-1}$; **7**), Essigsäure ($w = 98{-}100\ \%$; **2, 5**), Kernseife, Universalindikatorlösung

Durchführung Bauen Sie mit Netzgerät ($U_\sim = 10\ V$), Kabeln, Lämpchen, Elektroden und dem Stromstärkenmessgerät einen nichtverzweigten Stromkreis auf.

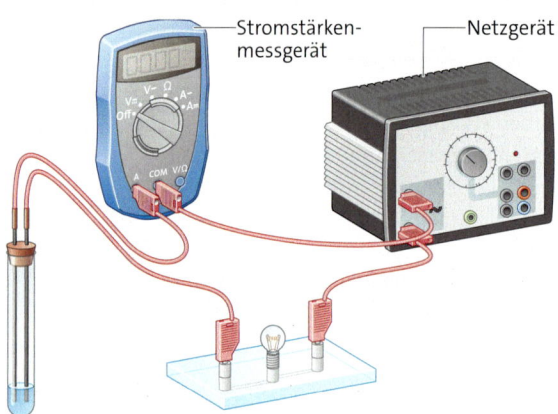

Der Stromkreis wird geschlossen, wenn die Elektroden in die Flüssigkeit tauchen. Die angezeigte Stromstärke ist ein Maß für die elektrische Leitfähigkeit der Flüssigkeit. Spülen Sie die Elektroden mit demineralisiertem Wasser ab, ehe Sie sie in ein anderes Reagenzglas tauchen.

a) Geben Sie 15 Tropfen Essigsäure in ein Reagenzglas und messen Sie die Stromstärke. Geben Sie 15 Tropfen Wasser hinzu und messen Sie die Stromstärke erneut.
b) Geben Sie je 30 Tropfen Salzsäure, Natronlauge bzw. Wasser in 3 Reagenzgläser. In ein weiteres Reagenzglas geben Sie 30 Tropfen Wasser und ein kleines Stück Kernseife. Messen Sie die Stromstärken.
c) Setzen Sie zu allen Lösungen je einen Tropfen Universalindikatorlösung zu und beobachten Sie die Farbänderungen.
Entsorgung: Lösungen ins Abwasser geben.

Auswertung
1) Erklären Sie den Unterschied der elektrischen Leitfähigkeit von Essigsäure und ihrer Lösung in Wasser anhand der dem Phänomen zugrunde liegenden chemischen Reaktion.
2) Ordnen Sie die Lösungen über ihre Farben nach steigendem pH-Wert. Erstellen Sie qualitative Zusammenhänge zwischen dem pH-Wert und der Leitfähigkeit.

EXP 4.02 Neutralisation

Materialien Reagenzglas, Stativmaterial, Tropfpipetten, Netzgerät mit Wechselspannung, Elektrokabel, 2 Elektroden, Stromstärkenmessgerät, Glühlämpchen, demineralisiertes Wasser, Salzsäure ($c(HCl) = 0{,}1\ mol \cdot L^{-1}$), Natronlauge ($c(NaOH) = 0{,}1\ mol \cdot L^{-1}$; **7**), Universalindikatorlösung

Durchführung Bauen Sie einen nichtverzweigten Stromkreis auf (↑ Exp. 4.01). Geben Sie 30 Tropfen Salzsäure und einen Tropfen Universalindikator ins Reagenzglas. Tauchen Sie die Elektroden ein und messen Sie die Stromstärke. Geben Sie insgesamt 36 Tropfen Natronlauge hinzu, messen Sie nach jeweils 3 Tropfen die Stromstärke und notieren Sie den pH-Wert.
Entsorgung: Lösungen ins Abwasser geben.

Auswertung
1) Stellen Sie die Messwerte in einer Tabelle dar und tragen Sie in einem Koordinatensystem die Stromstärke gegen die Zahl der Tropfen der zugesetzten Natronlauge auf.
2) Geben Sie an, welche Teilchen in der Salzsäure und welche in der Natronlauge vorliegen.
3) Stellen Sie eine Hypothese auf, bei welchem pH-Wert bzw. bei wie vielen Tropfen Natronlauge Sie das Minimum der Leitfähigkeit erwarten. Vergleichen Sie Vorhersage und Beobachtung.

EXP 4.03 pH- und pOH-Wert

Materialien 6 Reagenzgläser, Reagenzglasständer, pH-Meter, 3 Messpipetten (10 mL), Becherglas (250 mL), Salzsäure ($c(HCl) = 0{,}1\ mol \cdot L^{-1}$), Natronlauge ($c(NaOH) = 0{,}1\ mol \cdot L^{-1}$; **7**), Wasser, Universalindikatorlösung

Durchführung Füllen Sie in 2 Reagenzgläser je 10 mL Salzsäure bzw. Natronlauge. Stellen Sie durch Verdünnen mit Wasser Salzsäure bzw. Natronlauge mit den Konzentrationen $c = 0{,}01\ mol \cdot L^{-1}$ und $c = 0{,}001\ mol \cdot L^{-1}$ her. Setzen Sie zu jeder der insgesamt 6 Lösungen 2 Tropfen Universalindikatorlösung zu und messen Sie die pH-Werte der Lösungen zusätzlich mit dem pH-Meter. Spülen Sie das pH-Meter gründlich mit demineralisiertem Wasser ab, ehe Sie es in eine andere Lösung eintauchen.
Entsorgung: Lösungen ins Abwasser geben.

Auswertung
Chlorwasserstoff und Natriumhydroxid liegen in den Lösungen vollständig dissoziiert (protolysiert) vor. Berechnen Sie die pH- und pOH-Werte der Lösungen und vergleichen Sie die berechneten pH-Werte mit den beobachteten.

EXP 4.04 pH-Werte von Salzlösungen

Materialien 6 Reagenzgläser, Reagenzglasständer, Becherglas, Spatel, Tropfpipette, Universalindikatorlösung, Aluminiumchlorid (5), Ammoniumchlorid (7), Kaliumhydrogensulfat (5, 7), Natriumacetat, Natriumcarbonat (7), Natriumchlorid, Wasser

Durchführung Geben Sie eine erbsengroße Menge von jedem Salz in je ein Reagenzglas. Fügen Sie etwa 50 Tropfen Wasser hinzu und lösen Sie die Salze durch Schwenken der Reagenzgläser. Geben Sie dann zu jeder Lösung einen Tropfen Universalindikatorlösung.
Entsorgung: Aluminiumchloridlösung in den Behälter für giftige anorganische Abfälle, andere Lösungen ins Abwasser geben.

Auswertung
1. Ermitteln Sie anhand der protochemischen Reihe (↑ S. 97), bei welchen der in den Salzen enthaltenen Kationen bzw. Anionen es sich nicht um sehr schwache Säuren oder Basen ($pK_S > 14$ bzw. $pK_B > 14$) handelt.
2. Erstellen Sie für die nicht sehr schwachen Säuren und Basen die Protolysereaktionen. Erklären Sie damit die Entstehung der sauren bzw. alkalischen Lösungen der Salze.
3. Stellen Sie mittels der pK_S- und pK_B-Werte eine Hypothese über die pH-Wert-Reihenfolge der Lösungen auf und vergleichen Sie Ihre Vorhersage mit dem Experiment.

EXP 4.05 Ampholyte

Materialien 2 Reagenzgläser, Reagenzglasständer, Becherglas, Spatel, Tropfpipette, pH-Meter, Universalindikatorlösung, Natriumdihydrogenphosphat, Natriumhydrogencarbonat, Wasser

Durchführung Geben Sie eine erbsengroße Menge von jedem Salz in ein Reagenzglas. Fügen Sie etwa 50 Tropfen Wasser hinzu und lösen Sie die Salze durch Schwenken der Reagenzgläser. Geben Sie dann zu jeder Lösung einen Tropfen Universalindikatorlösung.
Entsorgung: Lösungen ins Abwasser geben.

Auswertung
1. Ermitteln Sie anhand der protochemischen Reihe (↑ S. 97) die pK_S- und pK_B-Werte des Dihydrogenphosphat-Ions und des Hydrogencarbonat-Ions.
2. Stellen Sie für jedes Ion eine Hypothese auf, ob seine Säure- oder Basenstärke größer ist. Überlegen Sie, ob es eine saure oder alkalische Lösung bildet. Vergleichen Sie Ihre Schlussfolgerung mit der Beobachtung.

EXP 4.06 Säure-Base-Reaktionen

Materialien 6 Reagenzgläser, Reagenzglasständer, Becherglas, Universalindikatorpapier, Ammoniumchlorid (7), Kaliumhydrogensulfat (5, 7), Natriumacetat, Natriumchlorid, Natriumhydroxid (5), Wasser

Durchführung *Abzug! Handschuhe!* Geben Sie die folgenden Stoffe jeweils in ein Reagenzglas. Nehmen Sie von den Salzen je eine erbsengroße Menge und vom Wasser 5 Tropfen:
a) Ammoniumchlorid, Natriumhydroxid, Wasser
b) Kaliumhydrogensulfat, Natriumacetat, Wasser
c) Kaliumhydrogensulfat, Natriumchlorid, Wasser

Stellen Sie die Reagenzgläser im Abzug in ein Becherglas mit heißem Wasser. Führen Sie mit jeder Mischung eine Geruchsprobe durch und testen Sie die Gasphase über dem Gemisch mit feuchtem Indikatorpapier.
Entsorgung: Lösungen ins Abwasser geben.

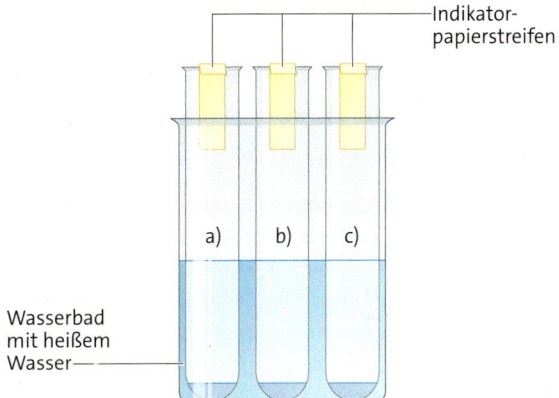

Auswertung
1. Ermitteln Sie anhand der protochemischen Reihe (↑ S. 97) folgende Werte: $pK_S(NH_4^+)$, $pK_B(OH^-)$, $pK_S(HSO_4^-)$, $pK_B(CH_3COO^-)$ und $pK_B(Cl^-)$. Geben Sie die konjugierten Säuren zu den genannten Basen an und ermitteln Sie deren pK_S-Werte.
2. Formulieren Sie für jede der Mischungen a–c eine Säure-Base-Reaktion. Ziehen Sie aus Ihren Beobachtungen jeweils einen Schluss darauf, ob diese Reaktion auch stattgefunden hat.
3. Leiten Sie aus den pK_S-Werten eine Vermutung darüber ab, unter welchen Bedingungen eine Säure-Base-Reaktion abläuft, d. h., wann das entsprechende Gleichgewicht auf der rechten Seite liegt.

4.2 Autoprotolyse des Wassers

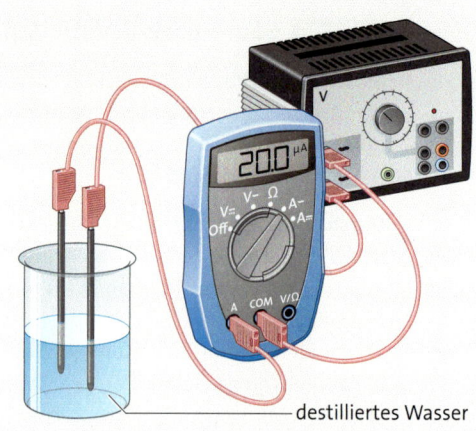

01 Auch reines Wasser ist elektrisch leitfähig.

ϑ in °C	K_W in $mol^2 \cdot L^{-2}$	ϑ in °C	K_W in $mol^2 \cdot L^{-2}$
0	$0{,}11 \cdot 10^{-14}$	30	$1{,}47 \cdot 10^{-14}$
10	$0{,}29 \cdot 10^{-14}$	50	$5{,}47 \cdot 10^{-14}$
20	$0{,}68 \cdot 10^{-14}$	70	$15{,}88 \cdot 10^{-14}$
25	$1{,}00 \cdot 10^{-14}$	100	$54{,}57 \cdot 10^{-14}$

03 Temperaturabhängigkeit des Ionenprodukts

WASSER-MOLEKÜLE REAGIEREN MITEINANDER Meer- und Trinkwasser sind elektrisch leitfähig, weil in ihnen Mineralien gelöst sind. Sie enthalten also frei bewegliche Ionen. Aber auch reines Wasser, das keine gelösten Mineralien mehr enthält, besitzt eine schwache elektrische Leitfähigkeit. Wasser selbst muss also in geringem Maße bewegliche geladene Teilchen enthalten. Bei diesen geladenen Teilchen handelt es sich um Ionen, die durch eine Säure-Base-Reaktion entstehen. Wasser-Moleküle sind Ampholyte, das bedeutet, sie können sowohl Protonen aufnehmen als auch abgeben. Deshalb können sie auch miteinander reagieren. Diesen Vorgang nennt man **Autoprotolyse**. Durch einen Protonenübergang zwischen zwei Wasser-Molekülen entstehen ein Hydroxid-Ion und ein Oxonium-Ion.

02 Autoprotolyse des Wassers

Die Autoprotolyse ist die Umkehrung der Neutralisationsreaktion. Sie ist endotherm, während die Neutralisation exotherm verläuft. In Wasser besteht ein chemisches Gleichgewicht zwischen beiden, das als **Autoprotolysegleichgewicht** bezeichnet wird. Es liegt fast vollständig auf der linken Seite.

$2 H_2O(l) \rightleftharpoons H_3O^+(aq) + OH^-(aq)$

> Die Reaktion von Wasser-Molekülen unter Bildung von Oxonium- und Hydroxid-Ionen wird **Autoprotolyse des Wassers** genannt.

IONENPRODUKT DES WASSERS Für die Gleichgewichtskonstante der Autoprotolyse gilt:

$$K_C = \frac{c(H_3O^+) \cdot c(OH^-)}{c(H_2O)^2}$$

Aus der Autoprotolyse folgt, dass in Wasser gleich viele Oxonium- und Hydroxid-Ionen vorliegen. Bei gegebener Temperatur sind alle Konzentrationen konstant. Sie betragen beispielsweise bei 25 °C:

$c(H_2O) = 55{,}3 \; mol \cdot L^{-1}$
$c(H_3O^+) = c(OH^-) = 10^{-7} \; mol \cdot L^{-1}$

Das Autoprotolysegleichgewicht ist aber weniger für Wasser als vielmehr für verdünnte Lösungen, also bei $c_0(X) < 0{,}1 \; mol \cdot L^{-1}$, interessant. In diesem Fall kann zumindest die Konzentration des Wassers wegen des großen Überschusses an Wasser-Molekülen in guter Näherung als konstant betrachtet werden.

Die Umformung des Massenwirkungsgesetzes ergibt somit eine neue Konstante, das **Ionenprodukt des Wassers** K_W:

$$K_W = K_C \cdot c(H_2O)^2 = c(H_3O^+) \cdot c(OH^-)$$

Das Autoprotolysegleichgewicht wird mit steigender Temperatur auf die rechte Seite verschoben (↑ 03).

Auch in anderen Stoffen, deren Moleküle als Ampholyte reagieren können, finden Autoprotolysen statt, beispielsweise in flüssigem Ammoniak:

$2 NH_3 \rightleftharpoons NH_4^+ + NH_2^-$

Das „Ionenprodukt des Ammoniaks" K_A beträgt bei der Siedetemperatur von Ammoniak (−33 °C):

$K_A = K_C \cdot c(NH_3)^2 = c(NH_4^+) \cdot c(NH_2^-) = 10^{-32} \; mol^2 \cdot L^{-2}$

> Das Produkt der Konzentrationen der Oxonium-Ionen und der Hydroxid-Ionen heißt Ionenprodukt des Wassers K_W. Bei 25 °C ist $K_W = 10^{-14} \; mol^2 \cdot L^{-2}$.

4.2 Autoprotolyse des Wassers

AUTOPROTOLYSE IN LÖSUNGEN Wird ein Stoff HA, dessen Teilchen gegenüber Wasser-Molekülen als Säure reagieren, in Wasser gelöst, dann entstehen in einer Säure-Base-Reaktion Oxonium-Ionen, und das Autoprotolysegleichgewicht wird gestört. Im folgenden Beispiel wird der Prozess der Störung und der Neueinstellung des Autoprotolysegleichgewichts in fünf Phasen gezeigt (bei $\vartheta = 25\,°C$, ↑ 04):

A In Wasser liegt ein Gleichgewicht vor:
$2\,H_2O(l) \rightleftarrows H_3O^+(aq) + OH^-(aq)$
$c(H_3O^+) = c(OH^-) = 10^{-7}\,mol \cdot L^{-1}$
$c(H_3O^+) \cdot c(OH^-) = K_W = 10^{-14}\,mol^2 \cdot L^{-2}$

B Der gelöste Stoff stört das Autoprotolysegleichgewicht durch Entstehung von Oxonium-Ionen:
$HA + H_2O \longrightarrow H_3O^+ + A^-$

C Die Konzentration der Oxonium-Ionen steigt. Es wird angenommen, dass sie einen Wert von $c_0(H_3O^+) = 1{,}09 \cdot 10^{-6}\,mol \cdot L^{-1}$ erreicht. Damit folgt:
$c_0(H_3O^+) \cdot c_0(OH^-) = 1{,}09 \cdot 10^{-13}\,mol^2 \cdot L^{-2} > K_W$
⇒ Die Lösung ist nicht mehr im Gleichgewicht.

D Nach dem Prinzip von Le Chatelier (↑ S. 71) überwiegt nun die Neutralisation die Autoprotolyse:
$H_3O^+(aq) + OH^-(aq) \rightleftarrows 2\,H_2O(l)$
Gleich viele Oxonium- und Hydroxid-Ionen verschwinden, bis das Gleichgewicht wieder erreicht ist. Die daraus resultierende Konzentrationsabnahme Δc für beide Ionen ist $\Delta c = 9 \cdot 10^{-8}\,mol \cdot L^{-1}$.

E Das Autoprotolysegleichgewicht ist erreicht:
$c(H_3O^+) = c_0(H_3O^+) - \Delta c$
$= (1{,}09 \cdot 10^{-6} - 9 \cdot 10^{-8})\,mol \cdot L^{-1} = 10^{-6}\,mol \cdot L^{-1}$
$c(OH^-) = c_0(OH^-) - \Delta c$
$= (10^{-7} - 9 \cdot 10^{-8})\,mol \cdot L^{-1} = 10^{-8}\,mol \cdot L^{-1}$
$c(H_3O^+) \cdot c(OH^-) = K_W = 10^{-14}\,mol^2 \cdot L^{-2}$

SAURE UND ALKALISCHE LÖSUNGEN Die entstandene Lösung (↑ 04) ist eine saure Lösung, weil die Konzentration der Oxonium-Ionen größer ist als die der Hydroxid-Ionen. Man erkennt, dass eine saure Lösung auch Hydroxid-Ionen enthält.
Wird ein Stoff, dessen Teilchen gegenüber Wasser-Molekülen als Base reagieren, in Wasser gelöst, dann entstehen in einer Säure-Base-Reaktion Hydroxid-Ionen. Die Betrachtung zur Störung und Wiederherstellung des Autoprotolysegleichgewichts ist der obigen völlig analog. Entsprechend ist in alkalischen Lösungen die Konzentration der Hydroxid-Ionen größer als die der Oxonium-Ionen.

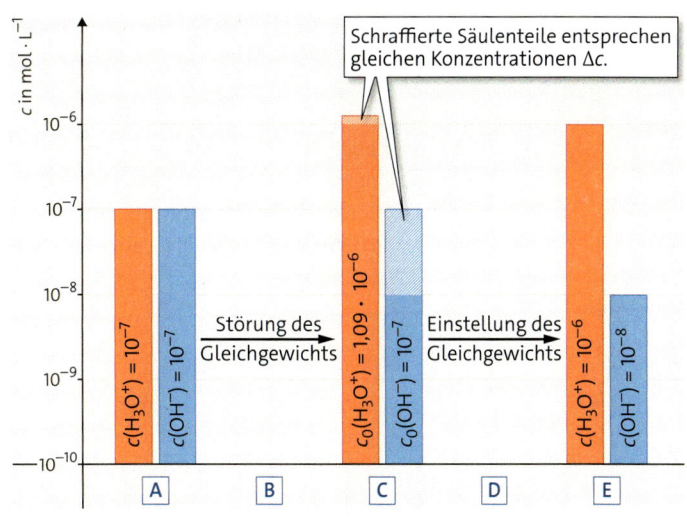

04 Störung des Autoprotolysegleichgewichts

LOGARITHMISCHE DARSTELLUNG In Bild ↑ 04 ist die Konzentrationsachse nicht linear, sondern logarithmisch skaliert. Gleiche Abstände entsprechen dabei nicht gleichen Differenzen, sondern gleichen Verhältnissen. *Beispiel:*

$c(H_3O^+)$: $10^{-7}\,mol \cdot L^{-1} \xrightarrow{\cdot 10} 10^{-6}\,mol \cdot L^{-1}$
$c(OH^-)$: $10^{-7}\,mol \cdot L^{-1} \xrightarrow{:10} 10^{-8}\,mol \cdot L^{-1}$

Die logarithmische Skala ist vorteilhaft, um Veränderungen von alten zu neuen Gleichgewichtskonzentrationen $c(H_3O^+)$ bzw. $c(OH^-)$ nach einer Störung wiederzugeben. Sie führt zu gleich großen Erhöhungen bzw. Senkungen der Säulen und stellt die Konzentrationsverhältnisse besser dar als eine lineare Skala.

1) Berechnen Sie die fehlenden Größen bei 25 °C:

$c(H_3O^+)$	$c(OH^-)$
$10^{-10}\,mol \cdot L^{-1}$	
	$10^{-5}\,mol \cdot L^{-1}$
$5 \cdot 10^{-9}\,mol \cdot L^{-1}$	

2) a Berechnen Sie das Verhältnis von Wasser-Molekülen zu Oxonium-Ionen in Wasser bei 25 °C.
b Nehmen Sie an, dass Oxonium-Ionen und Wasser-Moleküle gleichmäßig auf die Kästchen karierter DIN-A4-Blätter verteilt sind und sich in der linken oberen Ecke der ersten Seite ein Oxonium-Ion befindet. Berechnen Sie, auf welchem Blatt das nächste Oxonium-Ion liegt.

3) Erläutern Sie, wie sich aus Tabelle ↑ 03 auf der gegenüberliegenden Seite ableiten lässt, dass es sich bei der Autoprotolyse um eine endotherme Reaktion handelt.

4.3 pH- und pOH-Wert

ADDIEREN STATT MULTIPLIZIEREN Durch die logarithmische Darstellung lässt sich der Zusammenhang der Gleichgewichtskonzentrationen von Oxonium- und Hydroxid-Ionen einfach erfassen (↑ S. 91). Dies gelingt auch durch Logarithmieren der Definitionsgleichung des Ionenprodukts. Da sich nur Zahlen, aber keine Einheiten logarithmieren lassen, wird die durch $mol^2 \cdot L^{-2}$ dividierte, einheitenlose Definitionsgleichung betrachtet ($\vartheta = 25\,°C$).

$lg\,x = log_{10}\,x$

$lg\,10^x = x$

$lg\,(a \cdot b) = lg\,a + lg\,b$

$10^{-14} = c(H_3O^+) \cdot c(OH^-)$ | lg
$-14 = lg\,c(H_3O^+) + lg\,c(OH^-)$

Um mit positiven Werten rechnen zu können, wird die Gleichung mit -1 multipliziert.

$14 = -lg\,c(H_3O^+) - lg\,c(OH^-)$

Die logarithmischen Terme auf der rechten Seite der Gleichung werden neu definiert:

$-lg\,c(H_3O^+) = $ **pH** $-lg\,c(OH^-) = $ **pOH**
$14 = pH + pOH$

Die Bezeichnung pH wird von lat. *potentia hydrogenii*: Wirksamkeit des Wasserstoffs abgeleitet.

Für die Lösungen gilt damit bei $\vartheta = 25\,°C$:

> neutrale Lösung: pH = pOH = 7
> saure Lösung: pH < 7; pOH > 7
> alkalische Lösung: pH > 7; pOH < 7

Weil pH- und pOH-Wert über das Ionenprodukt des Wassers zusammenhängen, reicht zur Beschreibung einer Lösung der pH-Wert. Er sinkt mit zunehmender saurer Eigenschaft und steigt mit zunehmender alkalischer Eigenschaft der Lösung.

$c(H_3O^+)$	$c(OH^-)$	pH	pOH
$10^{-1}\,mol \cdot L^{-1}$	$10^{-13}\,mol \cdot L^{-1}$	1	13
$10^{-9}\,mol \cdot L^{-1}$	$10^{-5}\,mol \cdot L^{-1}$	9	5
$0{,}02\,mol \cdot L^{-1}$	$5 \cdot 10^{-13}\,mol \cdot L^{-1}$	1,7	12,3

02 Beispiele für den Zusammenhang zwischen $c(H_3O^+)$, $c(OH^-)$, pH und pOH

RECHNEN MIT DEM pH-WERT Die konkreten Berechnungen werden anhand von Tabelle ↑ **02** verdeutlicht:

$c(H_3O^+) = 10^{-1}\,mol \cdot L^{-1}$ $c(H_3O^+) = 0{,}02\,mol \cdot L^{-1}$
$pH = -lg\,10^{-1} = 1$ $pH = -lg\,0{,}02 = 1{,}7$
$pOH = 14 - pH = 13$ $pOH = 14 - pH = 12{,}3$

Aus den Definitionen für pH und pOH folgt für die Konzentrationsberechnung aus pH bzw. pOH:

$c(H_3O^+) = 10^{-pH}\,mol \cdot L^{-1}$
$c(OH^-) = 10^{-pOH}\,mol \cdot L^{-1}$

> Der pH-Wert ist der negative Zehnerlogarithmus der Stoffmengenkonzentration der Oxonium-Ionen: $pH = -lg\,c(H_3O^+)$.

1〉 Ein Stoff, dessen Moleküle B gegenüber Wasser-Molekülen als Base reagieren, wird in Wasser gelöst. Geben Sie an, welche Aussagen Sie über $c(H_3O^+)$, $c(OH^-)$, pH und pOH machen können und welche Art von Lösung vorliegt.

2〉 Übertragen Sie nachfolgende Tabelle und berechnen Sie die fehlenden Größen ($\vartheta = 25\,°C$):

$c(H_3O^+)$	$c(OH^-)$	pH	pOH
$10^{-2}\,mol \cdot L^{-1}$			
	$4 \cdot 10^{-5}\,mol \cdot L^{-1}$		
		0	
			9,3

Kennzeichnen Sie farbig, ob es sich jeweils um eine saure, neutrale oder alkalische Lösung handelt.

3〉 Eine häufig gestellte Frage ist: Gibt es pH- bzw. pOH-Werte außerhalb des Bereichs 0–14? Diskutieren Sie diese Frage in Partnerarbeit und berücksichtigen Sie dabei die Annahmen über das Ionenprodukt des Wassers.

4〉 a Berechnen Sie den pH-Wert von reinem Wasser bei 70 °C.
b Erläutern Sie, ob Wasser bei 70 °C sauer, neutral oder alkalisch ist.

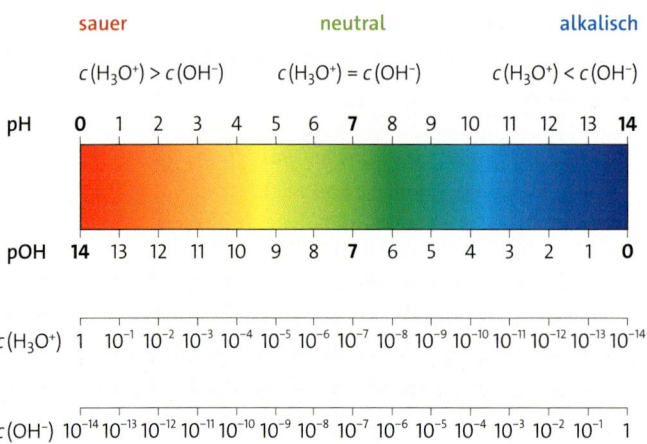

01 pH-Wert-Skala

4.3 pH- und pOH-Wert

GLASELEKTRODE pH-Werte lassen sich mit dem Universalindikator nicht genau bestimmen. Außerdem wird eine Lösung durch seine Zugabe verändert. Eine genauere und störungsfreie Messung des pH-Werts gelingt elektrochemisch mit der **Glaselektrode**. Ihr zentrales Bauteil ist eine kugelförmige Glasmembran mit einer Wandstärke von etwa 0,05 mm. Bei Kontakt mit einer Elektrolytlösung entsteht auf der Glasmembran eine Quellschicht, in der Alkalimetall-Ionen des Glases gegen Protonen aus der Elektrolytlösung ausgetauscht werden können. Auf der Innenseite ist die Membran in Kontakt mit einer Lösung, deren pH-Wert konstant bei 7 liegt (gepufferte KCl-Lösung). Mit ihrer Außenseite berührt sie die zu untersuchende Lösung. Weicht deren pH-Wert von 7 ab, so entsteht zwischen der Innen- und Außenseite der Glasmembran eine elektrische Spannung. Diese kann über zwei Metallelektroden, die in beide Lösungen eintauchen, gemessen werden.
In den handelsüblichen *Einstabmessketten*, die über ein Diaphragma Kontakt zu der zu untersuchenden Lösung haben, sind beide Metallelektroden schon enthalten (↑ 03).

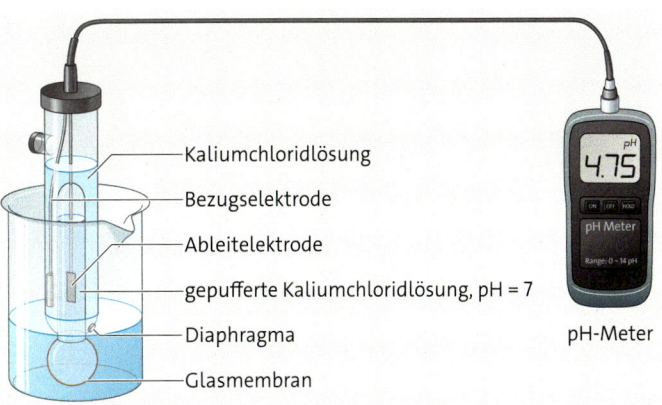

03 pH-Wert-Messung mit der Glaselektrode

Beispiele für Anwendungsgebiete der Glaselektrode:
- pH-Einzelmessungen im Labor
- pH-Messung mit Online-Messwerterfassung in der Qualitätskontrolle, z. B. bei Wasserversorgern
- Verfolgung des Verlaufs einer Säure-Base-Titration (↑ Titration, S. 112 f.)

Die Glasmembran sollte in einer Kaliumchloridlösung ($c = 3 \text{ mol} \cdot \text{L}^{-1}$) aufbewahrt werden, damit die Quellschicht erhalten bleibt.

➕ pH-Werte im Alltag

Der pH-Wert ist nicht nur im Labor und zur Kontrolle oder Überwachung industrieller Prozesse wichtig. Für die meisten biochemischen Reaktionen, die durch Enzyme katalysiert werden, gibt es einen engen pH-Wert-Bereich, in dem sie mit ausreichender Geschwindigkeit verlaufen (↑ Biochemische Puffer, S. 109). Der pH-Wert des Bluts sollte zwischen 7,35 und 7,45 liegen. Außerhalb spricht man vom Krankheitsbild der Acidose (pH < 7,35) oder der Alkalose (pH > 7,45). Eine ganz besondere Leistung muss der Dünndarm erbringen: Der Mageninhalt ist stark sauer – beim Übergang in den Darm wird er neutralisiert.

Viele Lebensmittel enthalten saure Lösungen, darunter viele Obstsorten. Bei Colagetränken überrascht der niedrige pH-Wert, weil die Wahrnehmung des sauren Geschmacks durch den gelösten Zucker oder Zuckerersatzstoff überdeckt wird. Bedenken vor dem Genuss saurer Speisen muss man aber nicht haben, Säuren können gut über die Nieren ausgeschieden werden. Der Urin ist eine schwach saure Lösung.

Selbst Regenwasser ist nicht pH-neutral und das hat nichts mit schadstoffbedingtem sauren Regen zu tun. Das in der Luft in Spuren vorhandene Kohlenstoffdioxid löst sich im Regenwasser, was zur Bildung von Kohlensäure führt.

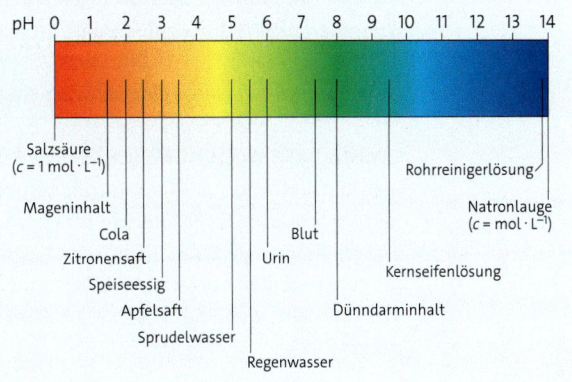

01 pH-Werte verschiedener Lösungen

Fluss- und Meerwasser sind deutlich alkalischer als Regenwasser, was auf den Kontakt mit carbonathaltigen Mineralien zurückzuführen ist.

Lösungen mit einem pH > 7 spielen im Alltag hauptsächlich für Reinigungszwecke eine Rolle. Die Hydroxid-Ionen sorgen dabei für die hydrolytische Spaltung beispielsweise von Fett-Molekülen in Speiseresten oder von Protein-Molekülen bei Haaren im Abfluss.

4.4 Stärke von Säuren und Basen

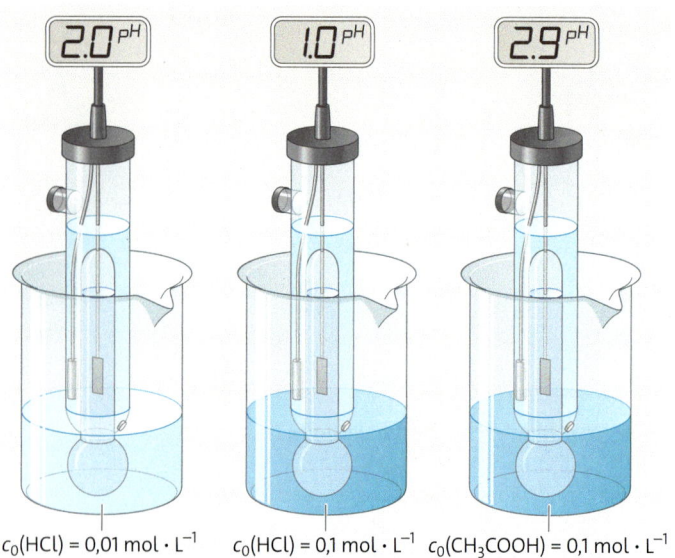

$c_0(HCl) = 0{,}01\ mol \cdot L^{-1}$ $c_0(HCl) = 0{,}1\ mol \cdot L^{-1}$ $c_0(CH_3COOH) = 0{,}1\ mol \cdot L^{-1}$

01 Der pH-Wert einer Lösung hängt vom gelösten Stoff und seiner Konzentration ab.

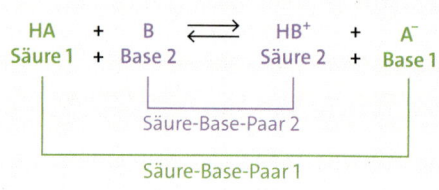

A

$$HA + B \rightleftharpoons HB^+ + A^-$$
Säure 1 + Base 2   Säure 2 + Base 1

Säure-Base-Paar 2
Säure-Base-Paar 1

B

03 Konjugierte Säure-Base-Paare: **A** konkretes Beispiel, **B** allgemeines Schema

pH-BESTIMMENDE FAKTOREN Es ist nicht überraschend, dass der pH-Wert von Salzsäure steigt, wenn sie verdünnt wird, weil dadurch die Konzentration der Teilchen, die gegenüber Wasser als Säure reagieren, abnimmt. Offensichtlich spielt aber zusätzlich auch die Art der Säure eine Rolle. Eine Lösung von Chlorwasserstoff in Wasser hat einen kleineren pH-Wert als eine Essigsäurelösung gleicher Konzentration (↑ **01**). Chlorwasserstoff ist eine stärkere und Essigsäure eine schwächere Säure.

SÄURE-BASE-GLEICHGEWICHTE Eine Berechnung der Konzentration der Oxonium-Ionen zeigt, dass die Chlorwasserstoff-Moleküle praktisch vollständig reagieren: $c_0(HCl) = c(H_3O^+)$.
Dagegen werden nur 1,3 % der Essigsäure-Moleküle deprotoniert, wenn $c_0(CH_3COOH) = 0{,}1\ mol \cdot L^{-1}$ beträgt (↑ **02**).

Kommen in einer Lösung Chlorid-Ionen und Oxonium-Ionen zusammen, dann entstehen keine Chlorwasserstoff-Moleküle, d. h., die Rückreaktion zur Protolyse von Chlorwasserstoff läuft praktisch nicht ab.

$$H_3O^+(aq) + Cl^-(aq) \not\rightarrow HCl(g) + H_2O(l)$$

$c_0(HA) = 0{,}1\ mol \cdot L^{-1}$	pH	$c(H_3O^+)$ in $mol \cdot L^{-1}$
HA = HCl	1,0	0,1
HA = CH_3COOH	2,9	0,0013

02 pH-Werte und Konzentration der Oxonium-Ionen von Salzsäure und Essigsäure gleicher Konzentration

Im Gegensatz dazu findet eine Reaktion statt, wenn in einer Lösung Acetat-Ionen CH_3COO^- und Oxonium-Ionen H_3O^+ zusammenkommen.

$$H_3O^+(aq) + CH_3COO^-(aq) \rightleftharpoons CH_3COOH(aq) + H_2O(l)$$

Bei passenden Ausgangskonzentrationen entsteht in der Rückreaktion die gleiche Lösung wie bei der Hinreaktion, der Protolyse. Es handelt sich um ein **Säure-Base-Gleichgewicht**. Für Essigsäure mit $c_0(CH_3COOH) = 0{,}1\ mol \cdot L^{-1}$ liegt das Protolysegleichgewicht auf der linken Seite.

$$CH_3COOH(aq) + H_2O(l) \rightleftharpoons H_3O^+(aq) + CH_3COO^-(aq)$$

KONJUGIERTE SÄURE-BASE-PAARE Bei der Protolyse des Essigsäure-Moleküls entsteht das Acetat-Ion CH_3COO^-. Es agiert in der Rückreaktion des Säure-Base-Gleichgewichts als Base gegenüber der Säure H_3O^+, wodurch wieder ein Essigsäure-Molekül entsteht.
Allgemein entstehen in einem Säure-Base-Gleichgewicht aus einer Säure 1 (HA) und einer Base 2 (B) die Säure 2 (HB$^+$) und die Base 1 (A$^-$).
HA und A$^-$ werden genauso wie HB$^+$ und B als **konjugiertes Säure-Base-Paar** bezeichnet, weil sie in einer Säure-Base-Reaktion ineinander überführt werden (↑ **03**).

> Die Säure HA wird in einer Säure-Base-Reaktion zur Base A$^-$, die Base B wird dabei zur Säure HB$^+$. HA/A$^-$ und B/HB$^+$ bilden jeweils ein konjugiertes Säure-Base-Paar.

Säure- und Basenkonstanten

PROTOLYSEN IN WÄSSRIGER LÖSUNG Säure-Base-Gleichgewichte mit H_2O als Säure oder Base spielen eine wichtige Rolle. Für sie wird das Massenwirkungsgesetz betrachtet.

Mit HA als Säure gilt:

$$HA + H_2O \rightleftharpoons H_3O^+ + A^-$$

$$K_C = \frac{c(H_3O^+) \cdot c(A^-)}{c(H_2O) \cdot c(HA)}$$

Wie beim Autoprotolysegleichgewicht des Wassers kann $c(H_2O)$ in verdünnten Lösungen als konstant betrachtet und durch Multiplikation mit K_C zu einer neuen Konstanten, der **Säurekonstanten $K_S(HA)$**, zusammengefasst werden.
Je weiter das Gleichgewicht auf der rechten Seite liegt, umso stärker ist die Säure und umso größer ist die Säurekonstante.

$$K_S(HA) = \frac{c(H_3O^+) \cdot c(A^-)}{c(HA)}$$

Die Stärke einer Base B lässt sich analog über die Basenkonstante $K_B(B)$ beschreiben:

$$B + H_2O \rightleftharpoons OH^- + HB^+$$

$$K_B(B) = \frac{c(OH^-) \cdot c(HB^+)}{c(B)}$$

ZUSAMMENHANG VON $K_S(HA)$ UND $K_B(A^-)$ Auch die zu HA konjugierte Base A^- kann in einem Säure-Base-Gleichgewicht mit Wasser-Molekülen reagieren:

$$A^- + H_2O \rightleftharpoons OH^- + HA$$

$$K_B(A^-) = \frac{c(OH^-) \cdot c(HA)}{c(A^-)}$$

Durch Multiplikation von $K_B(A^-)$ mit $K_S(HA)$ folgt:

$$K_S(HA) \cdot K_B(A^-) = \frac{c(H_3O^+) \cdot c(A^-)}{c(HA)} \cdot \frac{c(HA) \cdot c(OH^-)}{c(A^-)}$$

$$K_W = c(H_3O^+) \cdot c(OH^-)$$

Für alle konjugierten Säure-Base-Paare HA/A^- ist das Produkt aus $K_S(HA)$ und $K_B(A^-)$ gleich dem Ionenprodukt des Wassers K_W.

> Je stärker die Säure HA bzw. die Base B, umso größer ist die Säure- bzw. Basenkonstante $K_S(HA)$ bzw. $K_B(B)$.
> Für konjugierte Säure-Base-Paare HA/A^- ist das Produkt aus $K_S(HA)$ und $K_B(A^-)$ gleich dem Ionenprodukt des Wassers K_W.

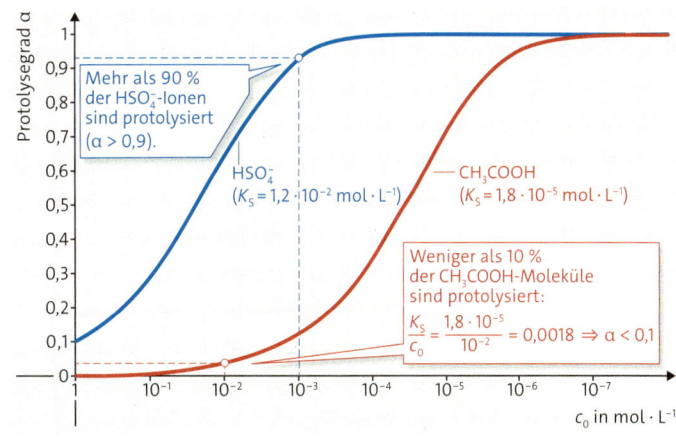

04 Protolysegrad α von zwei verschieden starken Säuren

PROTOLYSEGRAD Der Quotient $\frac{K_S(HA)}{c_0(HA)}$ ermöglicht eine Aussage über den **Protolysegrad α** von HA. α gibt den Anteil derjenigen Moleküle von HA wieder, die als Säure reagiert haben. Er liegt zwischen null (keine Protolyse) und eins (vollständige Protolyse; ↑ 04). Nimmt man an, dass alle Oxonium-Ionen aus der Protolyse von HA stammen, dann sind $c(A^-)$ und $c(H_3O^+)$ gleich, und es gilt:

$$\alpha = \frac{c(A^-)}{c_0(HA)} = \frac{c(H_3O^+)}{c_0(HA)}$$

Für den Quotienten $\frac{K_S(HA)}{c_0(HA)}$ ergibt sich:

$$\frac{K_S(HA)}{c_0(HA)} = \frac{\alpha^2}{1-\alpha}$$

Der Protolysegrad steigt mit der Verdünnung und ist bei gleicher Konzentration $c_0(HA)$ umso größer, je stärker die Säure ist (↑ 04). Dieser Zusammenhang wird **Ostwald'sches Verdünnungsgesetz** genannt. Insbesondere gilt:

Wenn $\frac{K_S(HA)}{c_0(HA)} > 10$, dann ist $\alpha > 0{,}90$.

Wenn $\frac{K_S(HA)}{c_0(HA)} < 0{,}01$, dann ist $\alpha < 0{,}1$.

Ein analoger Zusammenhang gilt auch für den Protolysegrad von Basen.

1) Erstellen Sie die Reaktionsgleichung der Base NH_3 mit der Säure H_2O und kennzeichnen Sie die konjugierten Säure-Base-Paare.

2) Das Salz Kaliumhydrogensulfat ($KHSO_4$) wird in Wasser gelöst. Im Gleichgewicht beträgt der pH-Wert der Lösung 2, $c(HSO_4^-) = 0{,}008$ mol·L^{-1}.
   a Erstellen Sie die Definitionsgleichung von $K_S(HSO_4^-)$.
   b Berechnen Sie $K_S(HSO_4^-)$ und K_B der konjugierten Base.

4.5 Vorhersage von Gleichgewichten

01 Gefahrstoff aus dem Salatdressing?

Zum Zubereiten von Salatsaucen werden unter anderem Essig und Kochsalz verwendet. Kann es dabei zu einer Säure-Base-Reaktion zwischen den Essigsäure-Molekülen und den Chlorid-Ionen aus dem Kochsalz kommen, wodurch Chlorwasserstoff-Moleküle entstehen? Zur Beantwortung der Frage wird das Gleichgewicht genauer betrachtet.

$$CH_3COOH(aq) + Cl^-(aq) \rightleftharpoons CH_3COO^-(aq) + HCl(aq)$$

$$K_C = \frac{c(CH_3COO^-) \cdot c(HCl)}{c(CH_3COOH) \cdot c(Cl^-)}$$

Eine Erweiterung mit $c(H_3O^+)$ ermöglicht eine Zusammenfassung der Faktoren zu Säurekonstanten.

$$K_C = \frac{c(CH_3COO^-) \cdot c(H_3O^+)}{c(CH_3COOH)} \cdot \frac{c(HCl)}{c(Cl^-) \cdot c(H_3O^+)}$$

$$K_C = K_S(CH_3COOH) \cdot \frac{1}{K_S(HCl)} = \frac{K_S(CH_3COOH)}{K_S(HCl)}$$

Mit den Werten für $K_S(CH_3COOH)$ und $K_S(HCl)$ folgt:

$$K_C = \frac{1{,}78 \cdot 10^{-5} \text{ mol} \cdot L^{-1}}{10^7 \text{ mol} \cdot L^{-1}} = 1{,}78 \cdot 10^{-12}$$

Von etwa 750 000 Essigsäure-Molekülen bzw. Chlorid-Ionen reagiert nur je eines – es entsteht praktisch kein Chlorwasserstoff.

Allgemein gilt für eine Säure-Base-Reaktion:

$$HA + B \rightleftharpoons HB^+ + A^- \qquad K_C = \frac{K_S(HA)}{K_S(HB^+)}$$

Je stärker die Säure HA und je schwächer die Säure HB^+, umso mehr liegt das Gleichgewicht auf der rechten Seite.

pK_S(HA) UND pK_B(B) Auch für die Stärken von Säuren und Basen hat sich die Angabe der logarithmierten Werte der (einheitenlosen) Konstanten statt der Konstanten selbst durchgesetzt.

$$pK_S(HA) = -\lg K_S(HA); \quad pK_B(B) = -\lg K_B(B)$$

Beispiel Essigsäure:
$$pK_S(CH_3COOH) = -\lg 1{,}78 \cdot 10^{-5} = 4{,}75$$

Aus pK_S(HA) und pK_B(B) können umgekehrt K_S(HA) und K_B(B) berechnet werden:

$$K_S(HA) = 10^{-pK_S(HA)} \text{ mol} \cdot L^{-1}; \quad K_B(B) = 10^{-pK_B(B)} \text{ mol} \cdot L^{-1}$$
$$K_S(CH_3COOH) = 10^{-4{,}75} \text{ mol} \cdot L^{-1} = 1{,}78 \cdot 10^{-5} \text{ mol} \cdot L^{-1}$$

Wegen des negativen Zusammenhangs von pK_S und K_S bzw. von pK_B und K_B ist eine Säure HA bzw. eine Base B umso stärker, je kleiner pK_S(HA) bzw. pK_B(B) ist.

Für konjugierte Säure-Base-Paare HA/A^- ist das Produkt aus Säure- und Basenkonstante gleich dem Ionenprodukt des Wassers (↑ S. 90). Wird diese Gleichung logarithmiert und danach mit −1 multipliziert, so folgt:

$$-\lg K_S(HA) \cdot K_B(A^-) = -\lg K_W \quad \text{bzw.}$$
$$-\lg K_S(HA) - \lg K_B(A^-) = -\lg K_W$$

Mit den Definitionen von pK_S und pK_B sowie dem Wert für K_W bei 25 °C ergibt sich schließlich:

$$pK_S(HA) + pK_B(A^-) = 14$$

Für jedes konjugierte Säure-Base-Paar ist die Summe aus pK_S und pK_B gleich 14. Daraus folgt: Je stärker die Säure, umso schwächer die konjugierte Base und umgekehrt.

HCl mit pK_S = −7 ist wegen des kleineren pK_S-Werts eine stärkere Säure als CH_3COOH mit pK_S = 4,75. Damit ist CH_3COO^- mit pK_B = 9,25 eine stärkere Base als Cl^- mit pK_B = 21 (↑ **03**).

> Der pK_S-Wert einer Säure HA bzw. der pK_B-Wert einer Base B ist der negative dekadische Logarithmus der Säurestärke K_S(HA) bzw. der Basenstärke K_B(B). pK_S(HA) und $pK_B(A^-)$ addieren sich zu 14 (bei 25 °C).

Stärke der Säure/der Base	pK_S/pK_B
sehr stark	$pK < -1{,}74$
stark	$-1{,}74$ bis $4{,}0$
schwach	$4{,}0$ bis $15{,}74$
sehr schwach	$pK \geq 15{,}74$

02 Einteilung von Säuren und Basen

Übung: Einteilung von Säuren und Basen

4.5 Vorhersage von Gleichgewichten

EINTEILUNG VON SÄUREN UND BASEN Säuren bzw. Basen können nach ihrem jeweiligen pK-Wert klassifiziert werden:
Sehr starke Säuren bzw. Basen sind stärker als H_3O^+ bzw. OH^-, d. h., pK < −1,74. Sehr schwache Säuren und Basen sind schwächer als H_2O, d. h., pK > 15,74. Dazwischen unterscheidet man starke und schwache Säuren und Basen (↑ **02**).
Alle sehr starken Säuren liegen praktisch vollständig protolysiert vor, weil das Säure-Base-Gleichgewicht nach dem Prinzip von Le Chatelier durch den Überschuss an Wasser-Molekülen zusätzlich auf die rechte Seite verschoben wird. Das Wasser gleicht ihre unterschiedlichen Stärken aus, man spricht vom **nivellierenden Effekt des Wassers**.

PROTOCHEMISCHE REIHE Ordnet man konjugierte Säure-Base-Paare nach steigendem pK_S-Wert, so erhält man eine **protochemische Reihe** (↑ **03**). Die Säurestärke nimmt von oben nach unten ab, die Stärke der konjugierten Basen in der gleichen Richtung zu.
Reagiert eine Säure, die in der Reihe weiter oben steht, mit einer Base, die weiter unten steht, dann liegt das Gleichgewicht auf der rechten Seite mit $K_C > 1$. Umgekehrt liegt das Gleichgewicht auf der linken Seite, d. h. $K_C < 1$, wenn eine Säure, die weiter unten steht, mit einer Base, die weiter oben steht, reagiert.
Die Gleichgewichtskonstante K_C der Reaktion kann mittels der K_S-Werte berechnet werden:

$HSO_4^-(aq) + HPO_4^{2-}(aq) \rightleftharpoons SO_4^{2-}(aq) + H_2PO_4^-(aq)$
$pK_S(HSO_4^-) = 1{,}92 \Rightarrow K_S(HSO_4^-) = 1{,}2 \cdot 10^{-2}\ mol \cdot L^{-1}$
$pK_S(H_2PO_4^-) = 7{,}20 \Rightarrow K_S(H_2PO_4^-) = 6{,}3 \cdot 10^{-8}\ mol \cdot L^{-1}$

$$K_C = \frac{K_S(HSO_4^-)}{K_S(H_2PO_4^-)} = 1{,}9 \cdot 10^5$$

Das Gleichgewicht liegt auf der rechten Seite.

> Je stärker eine Säure HA, umso schwächer ist die konjugierte Base A^- – und umgekehrt.

SAURE UND ALKALISCHE SALZLÖSUNGEN Je nach pK_S- bzw. pK_B-Wert der Ionen könnten Salzlösungen sauer, neutral oder alkalisch reagieren. Hier sollen exemplarisch drei Fälle betrachtet werden:

A Kationen und Anionen sind sehr schwache Säuren oder Basen. Es findet keine Protolyse zwischen den Ionen und H_2O-Molekülen statt, die Lösung reagiert neutral.
Beispiele: NaCl, NaI

Säurestärke pK_S	Säure	Konjugierte Base	Basenstärke pK_B
−11	HI	I^-	25
−10	$HClO_4$	ClO_4^-	24
−7	HCl	Cl^-	21
−3	H_2SO_4	HSO_4^-	17
−1,74	H_3O^+	H_2O	15,74
−1,32	HNO_3	NO_3^-	15,32
1,81	H_2SO_3	HSO_3^-	12,19
1,92	HSO_4^-	SO_4^{2-}	12,08
2,12	H_3PO_4	$H_2PO_4^-$	11,88
3,14	HF	F^-	10,86
3,75	HCOOH	$HCOO^-$	10,25
4,75	CH_3COOH	CH_3COO^-	9,25
4,85	$[Al(H_2O)_6]^{3+}$	$[Al(OH)(H_2O)_5]^{2+}$	9,15
6,52	H_2CO_3	HCO_3^-	7,48
6,92	H_2S	HS^-	7,08
7,04	HSO_3^-	SO_3^{2-}	6,96
7,20	$H_2PO_4^-$	HPO_4^{2-}	6,80
9,25	NH_4^+	NH_3	4,75
10,40	HCO_3^-	CO_3^{2-}	3,60
12,36	HPO_4^{2-}	PO_4^{3-}	1,64
13,00	HS^-	S^{2-}	1,00
15,74	H_2O	OH^-	−1,74
24	OH^-	O^{2-}	−10

(zunehmende Säurestärke ↑ / zunehmende Basenstärke ↓)

03 Stärke von Säuren und ihren konjugierten Basen

B Ein Ion hat einen deutlich kleineren pK_S- bzw. pK_B-Wert als die anderen. Es reagiert als Säure bzw. Base mit H_2O-Molekülen, die Lösung ist sauer bzw. alkalisch. *Beispiele:* NH_4Cl, Na_2CO_3

C Ein Ion X ist ein Ampholyt, die anderen sind sehr schwache Säuren bzw. Basen. Ist $pK_S(X) < pK_B(X)$, so reagiert die Lösung sauer, im umgekehrten Fall alkalisch. *Beispiele:* $NaHSO_4$, Na_2HPO_4

1) Berechnen Sie für folgende Teilchen die Säure- bzw. Basenkonstante: HNO_3, CO_3^{2-}, NH_3, HS^-.

2) Begründen Sie, ob bei den folgenden Ampholyten die Säurestärke die Basenstärke überwiegt oder umgekehrt: HSO_4^-, HCO_3^-, $H_2PO_4^-$, HPO_4^{2-}.

3) Begründen Sie, ob Lösungen der Salze NH_4HSO_4 sowie $NaCH_3COO$ sauer, neutral oder alkalisch reagieren.

4) In eine Lösung von Ammoniak (NH_3) wird Schwefelwasserstoff (H_2S) eingeleitet.
  a Erstellen Sie die Reaktionsgleichung.
  b Berechnen Sie die Gleichgewichtskonstante.

4.6 Berechnung von pH-Werten

01 Abwasser in der Kläranlage darf nicht zu sauer sein.

LÖSUNGEN SEHR STARKER SÄUREN UND BASEN
Bei Reinigungsarbeiten mit Salzsäure einer Konzentration von $c(HCl) = 2\ mol \cdot L^{-1}$ ist ein Liter der Säure in ein Sammelbecken für Regenwasser gelaufen, in dem sich 5 m³ Wasser befanden. Darf das Wasser in die Abwasserkanalisation gepumpt werden, wenn der pH-Wert für Abwassereinleitungen nicht kleiner als 4 sein darf?

Um den pH-Wert berechnen zu können, muss die Konzentration $c_0(HCl)$ im Sammelbecken bekannt sein. Ohne die Volumenzunahme durch die Salzsäure beträgt das Lösungsvolumen 5000 L. Damit folgt:

$$c_0(HCl) = \frac{n(HCl)}{V(\text{Lösung})} = \frac{2\ mol}{5000\ L}$$

$$= 4 \cdot 10^{-4}\ mol \cdot L^{-1}$$

Das HCl-Molekül ist eine sehr starke Säure. In Lösungen sehr starker Säuren HA bzw. Basen B kann man praktisch von einer vollständigen Protolyse ausgehen. In diesem Fall vereinfacht sich die Berechnung des pH-Werts, weil die Konzentration der Oxonium- bzw. der Hydroxid-Ionen gleich der Ausgangskonzentration der Säure bzw. Base ist, wenn die Autoprotolyse des Wassers vernachlässigt wird.

$c(H_3O^+) = c_0(HA)$ bzw. $c(OH^-) = c_0(B)$

Der pH-Wert der Lösung ist somit gleich dem negativen Zehnerlogarithmus der Ausgangskonzentration:
$pH = -\lg c_0(HA)$

Für sehr starke Basen gilt entsprechend:
$pOH = -\lg c_0(B); pH = 14 - pOH$

Für das Abwasser folgt:
$pH = -\lg c_0(HCl) = -\lg 4 \cdot 10^{-4} = 3{,}40$
Der pH-Wert ist damit zu niedrig, um es direkt in die Kanalisation zu leiten.

> Sehr starke Säuren und Basen reagieren vollständig mit Wasser-Molekülen. Der pH-Wert der Lösung lässt sich einfach aus der Ausgangskonzentration c_0 berechnen:
> $pH = -\lg c_0(HA)$
> $pOH = -\lg c_0(B); pH = 14 - pOH$

▶ **Schon gewusst?** Für starke Säuren wie Phosphorsäure (H_3PO_4) kann man die Näherung der vollständigen Protolyse zur pH-Wert-Berechnung anwenden, wenn der Quotient $\frac{K_S}{c_0}$ mindestens 10 beträgt.

---

pH-Wert-Berechnung für die Lösung einer sehr starken Base

Aufgabe: Laugengebäck wird vor dem Backen mit Natronlauge bestrichen. Die Natronlauge fördert die Hydrolyse von Proteinen zu Aminosäuren, was die Bräunung an der Teigoberfläche über die Maillard-Reaktion begünstigt. Die verwendete Natronlauge enthält 31 g Natriumhydroxid in einem Liter. In der wässrigen Lösung liegt NaOH vollständig in $Na^+(aq)$ und $OH^-(aq)$ dissoziiert vor.
Berechnen Sie den pH-Wert der Natronlauge.

Gegeben: $m(\text{Natriumhydroxid}) = 31{,}0\ g$; $V(\text{Natronlauge}) = 1{,}0\ L$;
$M(NaOH) = 40{,}0\ g \cdot mol^{-1}$

Gesucht: pH-Wert der Natronlauge

Lösung:
1. Berechnung von $c_0(NaOH)$:

$$c_0(NaOH) = \frac{n(NaOH)}{V(\text{Natronlauge})}$$

$$= \frac{m(\text{Natriumhydroxid})}{M(NaOH) \cdot V(\text{Natronlauge})}$$

$$= \frac{31{,}0\ g}{40{,}0\ g \cdot mol^{-1} \cdot 1\ L}$$

$$= 0{,}775\ mol \cdot L^{-1}$$

2. Berechnung von $c(OH^-)$:
$NaOH \longrightarrow Na^+(aq) + OH^-(aq)$
⇒ $c(OH^-) = c_0(NaOH) = 0{,}775\ mol \cdot L^{-1}$

3. Berechnung des pH-Werts:
$pOH = -\lg c_0(OH^-) = -\lg 0{,}775$
$\quad\quad = 0{,}11$
$pH\ \ = 14 - pOH = 13{,}89$

Antwort: Der pH-Wert der Natronlauge beträgt 13,89.

LÖSUNGEN SCHWACHER SÄUREN UND BASEN

Wenn das Protolysegleichgewicht weitgehend links liegt, dann findet kaum Protolyse statt. Dies trifft für nicht zu stark verdünnte Lösungen schwacher Säuren und Basen zu. Die Gleichgewichtskonzentration von HA bzw. B ist dann fast gleich der Ausgangskonzentration:

$c(HA) \approx c_0(HA)$ bzw. $c(B) \approx c_0(B)$

Vernachlässigt man die Oxonium- bzw. Hydroxid-Ionen aus der Autoprotolyse des Wassers und betrachtet nur die Protolyse von HA bzw. B, so ergeben sich folgende Gleichungen:

$c(A^-) = c(H_3O^+)$ bzw. $c(HB^+) = c(OH^-)$

Damit sind folgende Vereinfachungen der Definitionsgleichungen von $K_S(HA)$ und $K_B(B)$ möglich:

$K_S(HA) = \dfrac{c(A^-) \cdot c(H_3O^+)}{c(HA)} \Rightarrow K_S(HA) \approx \dfrac{c(H_3O^+)^2}{c_0(HA)}$

$K_B(B) = \dfrac{c(HB^+) \cdot c(OH^-)}{c(B)} \Rightarrow K_B(B) \approx \dfrac{c(OH^-)^2}{c_0(B)}$

Die Gleichungen werden nach $c(H_3O^+)$ bzw. $c(OH^-)$ aufgelöst und dann negativ logarithmiert.

Für schwache **Säuren** gilt:
$c(H_3O^+) = [K_S(HA) \cdot c_0(HA)]^{\frac{1}{2}}$ | $-\lg$
$pH = \frac{1}{2} \cdot [pK_S(HA) - \lg c_0(HA)]$

Für schwache **Basen** gilt:
$c(OH^-) = [K_B(B) \cdot c_0(B)]^{\frac{1}{2}}$ | $-\lg$
$pOH = \frac{1}{2} \cdot [pK_B(B) - \lg c_0(B)]; pH = 14 - pOH$

> Schwache Säuren und Basen protolysieren in Wasser nur wenig. Für die entsprechenden Lösungen gilt:
> $pH = \frac{1}{2} \cdot [pK_S(HA) - \lg c_0(HA)]$
> $pOH = \frac{1}{2} \cdot [pK_B(B) - \lg c_0(B)]$

Liegen eine sehr starke und eine schwächere Säure nebeneinander in Lösung vor, so kann der pH-Wert alleine über die Protolyse der sehr starken Säure berechnet werden. Die von ihr stammenden Oxonium-Ionen drängen die Protolyse der schwächeren Säure nach dem Prinzip von Le Chatelier zurück.

1) Berechnen Sie die pH-Werte:
  a $c_0(HCl) = 0,05 \text{ mol} \cdot L^{-1}$
  b $c_0(CH_3COOH) = 0,05 \text{ mol} \cdot L^{-1}$
  c $c_0(CH_3COOH) = 0,1 \text{ mol} \cdot L^{-1}$ und $c_0(HCl) = 0,1 \text{ mol} \cdot L^{-1}$ liegen gemischt vor.

---

pH-Wert-Berechnung für die Lösung einer schwachen Säure

Aufgabe: Zusätze von Essig wurden bereits vor über 2000 Jahren in Erfrischungsgetränken geschätzt, beispielsweise von römischen Soldaten während langer Märsche. Weil er sauer ist, können sich Bakterien in ihm kaum vermehren, sodass das Getränk länger frisch bleibt. Speiseessig enthält pro Liter 50 g Essigsäure, $pK_S(CH_3COOH) = 4,75$. Berechnen Sie den pH-Wert von Speiseessig.

Gegeben: $m(\text{Essigsäure}) = 50 \text{ g}; V(\text{Essig}) = 1 \text{ L};$
$M(CH_3COOH) = 60,0 \text{ g} \cdot \text{mol}^{-1}; pK_S(CH_3COOH) = 4,75$

Gesucht: pH-Wert des Speiseessigs

Lösung:
1. Berechnung von $c_0(CH_3COOH)$:

$c_0 = \dfrac{n(CH_3COOH)}{V(\text{Essig})}$

$= \dfrac{m(\text{Essigsäure})}{M(CH_3COOH) \cdot V(\text{Essig})}$

$= \dfrac{50,0 \text{ g}}{60,0 \text{ g} \cdot \text{mol}^{-1} \cdot 1 \text{ L}}$

$\approx 0,83 \text{ mol} \cdot L^{-1}$

2. Berechnung des pH-Werts:
$CH_3COOH(aq) + H_2O(l) \rightleftarrows CH_3COO^-(aq) + H_3O^+(aq)$
Essigsäure ist eine schwache Säure. Zur Berechnung des pH-Werts kann die entsprechende Formel verwendet werden:

$pH = \frac{1}{2} \cdot [pK_S(CH_3COOH) - \lg c_0(CH_3COOH)]$

$= \frac{1}{2} \cdot [4,75 - \lg 0,83]$

$\approx 2,42$

Antwort: Der pH-Wert von Speiseessig beträgt etwa 2,4.

---

2) Die Lösung einer Base B mit $c_0(B) = 0,1 \text{ mol} \cdot L^{-1}$ hat einen pH-Wert von 9,5. Begründen Sie,
  a warum es sich bei B nicht um eine sehr starke Base handelt.
  b um welche Art von Base es sich handelt.

3) Eine Mitschülerin behauptet: „Schwefelsäure ist eine sehr starke zweiprotonige Säure. In einer Lösung mit $c_0(H_2SO_4) = 0,05 \text{ mol} \cdot L^{-1}$ beträgt $c(H_3O^+) = 0,1 \text{ mol} \cdot L^{-1}$ und der pH-Wert der Lösung ist gleich eins." Begründen Sie, ob die Mitschülerin mit ihrer Behauptung recht hat.

4) Wenn $K_S(HA)/c_0(HA) > 10$, dann kann der pH-Wert nach der Näherung der vollständigen Protolyse berechnet werden.
Berechnen Sie für Essigsäure, ab welchem Wert von $c_0(CH_3COOH)$ dies gilt.

4.7 Wichtige Säuren

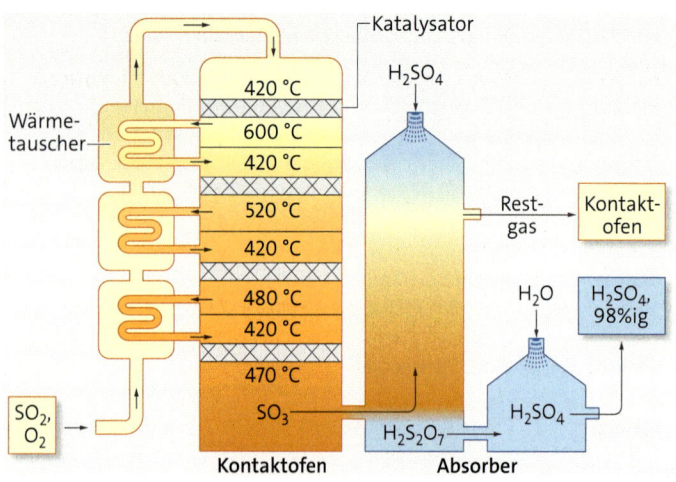

01 Kontaktanlage zur Produktion von Schwefelsäure

Übung: Namen und Molekülformeln von Säuren und Säurerest-Ionen

SCHWEFELSÄURE Schwefelsäure (H_2SO_4) ist einer der wichtigsten industriellen Grundstoffe. Ihre Weltjahresproduktion betrug 2015 etwa 200 Millionen Tonnen – das ist mehr als jedes andere synthetische Produkt. Der Großteil wird für die Düngemittelproduktion genutzt, größere Mengen werden zur Herstellung von Tensiden oder der Aufbereitung von Erzen verwendet. Die Schwefelsäure in Bleiakkumulatoren („Autobatterie") macht nur einen kleinen Anteil aus.

SCHWEFELTRIOXID Ausgangsstoff für die Schwefelsäureherstellung ist Schwefeltrioxid (SO_3), das in zwei exothermen Reaktionen produziert wird:

$$S(s) + O_2(g) \longrightarrow SO_2(g)$$
$$2\,SO_2(g) + O_2(g) \rightleftharpoons 2\,SO_3(g)$$

Der zweite Schritt wird im **Kontaktverfahren** durch Vanadiumpentaoxid (V_2O_5) katalysiert. Die frei werdende Reaktionswärme muss über den Wärmetauscher abgeführt werden. Sonst steigt die Temperatur, und das Gleichgewicht zwischen Schwefeldioxid und -trioxid wird auf die Seite des Schwefeldioxids verschoben.

HERSTELLUNG VON SCHWEFELSÄURE Die Reaktion von Schwefeltrioxid mit Wasser zu Schwefelsäure ist langsam, weshalb sie sich nicht für die Synthese der Schwefelsäure eignet. Stattdessen wird Schwefeltrioxid mit Schwefelsäure in einer schnellen Reaktion zunächst zu Dischwefelsäure ($H_2S_2O_7$) umgesetzt. Diese wird in einem zweiten Schritt hydrolysiert, wodurch reine Schwefelsäure entsteht.

$$SO_3(g) + H_2SO_4(l) \longrightarrow H_2S_2O_7(l)$$
$$H_2S_2O_7(l) + H_2O(l) \longrightarrow 2\,H_2SO_4(l)$$

Die handelsübliche konzentrierte Schwefelsäure hat einen Massenanteil von w(Schwefelsäure) = 98 % und eine Dichte von ρ = 1,84 kg·L^{-1}. Sie wirkt stark hygroskopisch, also wasseranziehend.

EINE ZWEIPROTONIGE SÄURE Vom Schwefelsäure-Molekül können nacheinander zwei Protonen auf Basen übergehen. Es handelt sich deshalb um eine zweiprotonige Säure:

$$H_2SO_4(aq) + H_2O(l) \rightleftharpoons H_3O^+(aq) + HSO_4^-(aq)$$
$$HSO_4^-(aq) + H_2O(l) \rightleftharpoons H_3O^+(aq) + SO_4^{2-}(aq)$$

$pK_S(H_2SO_4)$ wird auch als pK_{S1} und $pK_S(HSO_4^-)$ als pK_{S2} von H_2SO_4 bezeichnet.
Die gebildeten Basen werden Hydrogensulfat-Ion HSO_4^- und Sulfat-Ion SO_4^{2-} genannt. Entsprechend werden Salze nach ihnen benannt, beispielsweise Kaliumhydrogensulfat $KHSO_4$ und Calciumsulfat $CaSO_4$ (Gips).

SCHWEFLIGE SÄURE Bei der Verbrennung von Schwefel oder Schwefelverbindungen entsteht Schwefeldioxid SO_2. Es reagiert mit Wasser zu Schwefliger Säure H_2SO_3:

$$SO_2(g) + H_2O(l) \rightleftharpoons H_2SO_3(aq)$$

Auch Schweflige Säure ist eine zweiprotonige Säure. Die gebildeten Basen heißen Hydrogensulfit-Ion HSO_3^- und Sulfit-Ion SO_3^{2-}:

$$H_2SO_3(aq) + H_2O(l) \rightleftharpoons H_3O^+(aq) + HSO_3^-(aq)$$
$$HSO_3^-(aq) + H_2O(l) \rightleftharpoons H_3O^+(aq) + SO_3^{2-}(aq)$$

1⟩ Erläutern Sie die Bedeutung des Wärmetauschers im Kontaktverfahren.

2⟩ Berechnen Sie das zur Herstellung von einem Liter Schwefelsäurelösung (c = 1,0 mol·L^{-1}) benötigte Volumen an konzentrierter Schwefelsäure.

3⟩ H_2SO_4 ist eine stärkere Säure als H_2SO_3. Wenn zu einer Lösung von Natriumsulfit, Na_2SO_3, Schwefelsäure im Überschuss zugegeben wird, dann kann in der Gasphase über der Lösung Schwefeldioxid nachgewiesen werden. Erklären Sie diese Beobachtung über die beteiligten chemischen Gleichgewichte.

4⟩ Phosphorsäure, H_3PO_4, wird aus Apatit, $Ca_5(PO_4)_3(OH)$, und Schwefelsäure hergestellt. Als Nebenprodukte entstehen Calciumsulfat und Wasser. Erstellen Sie die Reaktionsgleichung.

5⟩ Erstellen Sie für die bei der Herstellung von Calciumdihydrogenphosphat ablaufenden Säure-Base-Reaktionen die Reaktionsgleichungen.

Name des Säure-Moleküls	Formel	Name des Säurerest-Ions	Formel	Name des Natriumsalzes	Formel
Kohlensäure	H_2CO_3	Hydrogencarbonat-Ion	HCO_3^-	Natriumhydrogencarbonat	$NaHCO_3$
		Carbonat-Ion	CO_3^{2-}	Natriumcarbonat	Na_2CO_3
Salpetersäure	HNO_3	Nitrat-Ion	NO_3^-	Natriumnitrat	$NaNO_3$
Phosphorsäure	H_3PO_4	Dihydrogenphosphat-Ion	$H_2PO_4^-$	Natriumdihydrogenphosphat	NaH_2PO_4
		Hydrogenphosphat-Ion	HPO_4^{2-}	Natriumhydrogenphosphat	Na_2HPO_4
		Phosphat-Ion	PO_4^{3-}	Natriumphosphat	Na_3PO_4
Schwefelsäure	H_2SO_4	Hydrogensulfat-Ion	HSO_4^-	Natriumhydrogensulfat	$NaHSO_4$
		Sulfat-Ion	SO_4^{2-}	Natriumsulfat	Na_2SO_4
Chlorwasserstoff	HCl	Chlorid-Ion	Cl^-	Natriumchlorid	NaCl

02 Namen und Molekülformeln wichtiger Säuren und Säurerest-Ionen

Nicht nur für das Wachstum wichtig – Phosphorsäure und Salpetersäure

01 Zahnschmelz enthält Phosphat-Ionen.

Was haben Knochen und Zähne mit der Energieumwandlung im Organismus und der Speicherung von Erbinformation in der Zelle gemeinsam? In allen drei Fällen sind Phosphat-Ionen im Spiel, die sich aus der **Phosphorsäure** H_3PO_4 bilden. Sie ist eine dreiprotonige Säure, aus der durch schrittweise Protolyse die Anionen Dihydrogenphosphat $H_2PO_4^-$, Hydrogenphosphat HPO_4^{2-} und Phosphat PO_4^{3-} entstehen können.

$H_3PO_4(aq) + H_2O(l) \rightleftharpoons H_3O^+(aq) + H_2PO_4^-(aq)$
$H_2PO_4^-(aq) + H_2O(l) \rightleftharpoons H_3O^+(aq) + HPO_4^{2-}(aq)$
$HPO_4^{2-}(aq) + H_2O(l) \rightleftharpoons H_3O^+(aq) + PO_4^{3-}(aq)$

Zahnschmelz besteht aus Apatit $Ca_5(PO_4)_3(OH)$, einem Calciumphosphat, in dessen Ionengitter noch Hydroxid-Ionen eingebaut sind. DNA-Moleküle speichern Erbinformation, und ATP-Moleküle speichern biochemisch nutzbare Energie. Beide Moleküle sind Ester des Phosphorsäure-Moleküls mit Desoxyribose bzw. Ribose, einem Zucker-Molekül. Da Pflanzen ohne Phosphat-Ionen nicht wachsen, werden sie landwirtschaftlich genutzten Flächen durch die entsprechenden Salze zugesetzt. Phosphorsäure wird durch Reaktion von Schwefelsäure mit Calciumphosphat gewonnen:

$Ca_3(PO_4)_2 + 3\,H_2SO_4 \longrightarrow 3\,CaSO_4 + 2\,H_3PO_4$

Durch Reaktion von Calciumphosphat mit Phosphorsäure entsteht das lösliche und somit für die Pflanzen verfügbare Calciumdihydrogenphosphat, ein Hauptbestandteil von Phosphatdüngemitteln.

$Ca_3(PO_4)_2 + 2\,H_3PO_4 \longrightarrow 3\,Ca(H_2PO_4)_2$

Wie Phosphorsäure ist auch **Salpetersäure** ein wichtiger Ausgangsstoff für die Herstellung von Düngemitteln. Aufgrund ihrer oxidierenden Wirkung hat die Salpetersäure aber noch zahlreiche andere Anwendungen.
Großtechnisch wird sie durch die Reaktion von Stickstoffmonooxid mit Sauerstoff und Wasser hergestellt:

$4\,NO + 3\,O_2 + 2\,H_2O \longrightarrow 4\,HNO_3$

Salpetersäure lässt sich beispielsweise zur Unterscheidung der Edelmetalle Gold und Silber nutzen: Gold ist sehr reaktionsträge. Im Gegensatz zum Silber reagiert es mit Salpetersäure nicht zu einer löslichen Verbindung.

Dagegen kann elementares Gold mit einer Mischung aus konzentrierter Salzsäure und Salpetersäure reagieren. In einer solchen Lösung löst sich die gebildete Goldverbindung. Es wird vermutet, dass die hohe Konzentration an Chlorid-Ionen in dieser Mischung dazu beiträgt, die Reaktivität des Golds zu erhöhen.
Weil die Kombination der beiden sauren Lösungen in der Lage ist, mit Gold, dem „König der Metalle", zu reagieren, wird sie auch als Königswasser bezeichnet.

02 Gold reagiert mit Königswasser.

4.8 Kohlenstoffdioxid-Carbonat-Gleichgewicht

01 Die Versauerung der Meere schädigt Lebewesen:
A Flügelschnecke (*Limacina helicina*), **B** Korallen (Bildmontage)

KOHLENSTOFFDIOXID UND DER pH-WERT DER MEERE Durch die in den letzten 100 Jahren stark angestiegenen Mengen an verbranntem Erdöl, Erdgas und Kohle hat sich der Volumenanteil von Kohlenstoffdioxid in der Atmosphäre deutlich erhöht: von 0,03 % (1900) auf 0,04 % (2019), d. h., heute ist ein Drittel mehr Kohlenstoffdioxid in der Atmosphäre als zu Beginn des 20. Jahrhunderts. Eine unmittelbare Folge ist der Einfluss auf den pH-Wert der Meere: Er sinkt. So ist der durchschnittliche pH-Wert des Meerwassers aufgrund der starken anthropogenen Kohlenstoffdioxidemissionen von 8,2 auf 8,1 gesunken, was einem Anstieg der Oxonium-Ionenkonzentration von etwa 26 % entspricht.

Löslichkeitsprodukt
↑ S. 75

VOM KOHLENSTOFFDIOXID ZUR KOHLENSÄURE Wie kommt es, dass in Wasser gelöstes Kohlenstoffdioxid den pH-Wert beeinflusst? Eine Betrachtung des Kohlenstoffdioxid-Moleküls CO_2 zeigt, dass es nicht als Brönsted-Säure reagieren kann. Es enthält kein chemisch gebundenes H-Atom und ist somit nicht in der Lage, ein Proton auf eine Brönsted-Base zu übertragen.

Wird Kohlenstoffdioxid in Wasser gelöst, entsteht dennoch eine saure Lösung. Dabei spielen mehrere Gleichgewichte eine Rolle.

Teilchen	ist beteiligt an Gleichgewicht
$CO_2(aq)$	(1) und (2)
$H_2CO_3(aq)$	(2) und (3) und (6)
$HCO_3^-(aq)$	(3) und (5) und (6)
$CO_3^{2-}(aq)$	(4) und (5)
$OH^-(aq)$	(5) und (6)

02 Kopplung von Gleichgewichten

Zunächst steht gasförmiges Kohlenstoffdioxid $CO_2(g)$ im Gleichgewicht mit in Wasser gelöstem Kohlenstoffdioxid $CO_2(aq)$.

$$CO_2(g) \rightleftharpoons CO_2(aq) \quad | \Delta H^0 = -20 \text{ kJ} \cdot \text{mol}^{-1} \quad (1)$$

Der Lösevorgang ist exotherm. Gelöstes Kohlenstoffdioxid reagiert mit Wasser langsam zu gelöster Kohlensäure.

$$CO_2(aq) + H_2O(l) \rightleftharpoons H_2CO_3(aq) \quad (2)$$

Bei 25 °C kommt im Gleichgewicht ein $H_2CO_3(aq)$-Molekül auf etwa 600 $CO_2(aq)$-Moleküle. Das Kohlensäure-Molekül reagiert schließlich gegenüber Wasser als Brönsted-Säure:

$$H_2CO_3(aq) + H_2O(l) \rightleftharpoons HCO_3^-(aq) + H_3O^+(aq) \quad (3)$$

Als Konsequenz des Zusammenspiels dieser drei Gleichgewichte reagiert die wässrige Lösung von Kohlenstoffdioxid sauer.

GLEICHGEWICHTE GREIFEN INEINANDER Eine der Folgen der Versauerung für das Ökosystem Meer ist die Schädigung der Korallen und anderer Meeresbewohner, deren Gehäuse aus Kalk (Calciumcarbonat, $CaCO_3$) besteht.

Calciumcarbonat ist ein Calciumsalz der Kohlensäure, aufgebaut aus Calcium-Ionen Ca^{2+} und Carbonat-Ionen CO_3^{2-}. Calciumcarbonat ist schwer löslich in Wasser. Sein *Löslichkeitsprodukt* beträgt $K_L = c(Ca^{2+}) \cdot c(CO_3^{2-}) = 4{,}7 \cdot 10^{-9} \text{ mol}^2 \cdot \text{L}^{-2}$.

Bei der Schädigung der Kalkgehäuse spielen mehrere Löslichkeits- und Säure-Base-Gleichgewichte eine Rolle. Weil dabei gleiche Teilchen an verschiedenen Gleichgewichten beteiligt sind, liegen **gekoppelte Gleichgewichte** vor.

Durch Gleichgewicht (4) kommt es bei Kontakt von Kalk mit Wasser zur Bildung von Calcium- und Carbonat-Ionen in Lösung. Weil Carbonat-Ionen starke Basen sind, reagieren sie mit Wasser-Molekülen:

$$CaCO_3(s) \rightleftharpoons Ca^{2+}(aq) + CO_3^{2-}(aq) \quad (4)$$
$$CO_3^{2-}(aq) + H_2O(l) \rightleftharpoons OH^-(aq) + HCO_3^-(aq) \quad (5)$$

Meerwasser enthält durch Kontakt zur Luft gelöstes Kohlenstoffdioxid (1). Es reagiert mit Wasser zu Kohlensäure (2). Die Kohlensäure-Moleküle reagieren schließlich mit den Hydroxid-Ionen (6):

$$CO_2(g) \rightleftharpoons CO_2(aq) \quad (1)$$
$$CO_2(aq) + H_2O(l) \rightleftharpoons H_2CO_3(aq) \quad (2)$$
$$H_2CO_3(aq) + OH^-(aq) \rightleftharpoons HCO_3^-(aq) + H_2O(l) \quad (6)$$

4.8 Kohlenstoffdioxid-Carbonat-Gleichgewicht

LÖSEN VON KALK Die Konzentration von CO_3^{2-}(aq) wird durch die Kopplung der Gleichgewichte (5) und (6) gesenkt, wenn kohlensäurehaltiges Wasser ins Spiel kommt: Das Gleichgewicht (4) wird dadurch nach rechts verschoben und Calciumcarbonat wird gelöst. Die Abnahme von $c(CO_3^{2-})$ bei einer Senkung des pH-Werts hat auch Konsequenzen für im Wasser lebende Organismen wie die Flügelschnecke, die sich mit einer schützenden Hülle aus Calciumcarbonat umgeben (↑ **01A**). Das feste Calciumcarbonat steht über (4) im Gleichgewicht mit gelösten Calcium-Ionen und Carbonat-Ionen. Letztere sind starke Basen und also solche am Gleichgewicht (5) beteiligt. Alle Effekte, die Gleichgewicht (5) nach rechts verschieben, vermindern $c(CO_3^{2-})$ und führen über die Kopplung an Gleichgewicht (4) zu einer Verminderung der Menge an festem Calciumcarbonat. Eine Absenkung des pH-Werts des Meerwassers, z. B. durch die Vergrößerung von $c(CO_2, g)$, vermindert $c(OH^-)$ und verschiebt somit Gleichgewicht (5) nach rechts. Die Organismen verfügen zwar über Mechanismen, einen zur Bildung von festem Calciumcarbonat günstigen, d. h. höheren, pH-Wert herzustellen. Die dafür notwendigen „Protonenpumpen", benötigen aber Energie, die durch zusätzliche Nahrung bereitgestellt werden muss. Dies führt dazu, dass die Kalkhülle der Flügelschnecke zunehmend dünner wird.

BILDUNG VON KALKABLAGERUNGEN Auch Trinkwasser ist mit Calcium- und Hydrogencarbonat-Ionen angereichert. Im Haushalt entstehen beispielsweise Kalkablagerungen auf Heizstäben eines Wasserkochers, wenn die Gleichgewichte (1) bis (6) durch Absenkung der Konzentration von CO_2(aq) gestört werden.

- Gleichgewicht (1) ist exotherm ($\Delta H < 0$). Beim Wasserkochen wird die Temperatur erhöht und das Gleichgewicht nach dem Prinzip von Le Chatelier in Richtung der endothermen Bildung von gasförmigem Kohlenstoffdioxid verschoben.
- Als Konsequenz sinkt die Konzentration des gelösten Kohlenstoffdioxids, $c(CO_2, aq)$.
- Dadurch wird Gleichgewicht (2) beeinflusst. Mit $c(CO_2, aq)$ sinkt auch $c(H_2CO_3)$.
- Weil Kohlensäure an Gleichgewicht (6) beteiligt ist, wird es nach links verschoben, wenn $c(H_2CO_3)$ abnimmt. Damit steigt $c(OH^-)$ und über Gleichgewicht (5) auch $c(CO_3^{2-})$.
- Die Carbonat-Ionen spielen auch in Gleichgewicht (4) eine Rolle. Mit dem Anstieg ihrer Konzentration wird es nach links verschoben, d. h., es wird festes Calciumcarbonat gebildet: Es kommt zu Kalkablagerungen auf dem Heizstab.

03 Tropfsteine aus Kalk

Tropfsteine entstehen nach dem gleichen Prinzip. Auslöser ist hier keine Erwärmung, sondern die Verdunstung von Wasser, wodurch auch Kohlenstoffdioxid aus der Lösung entweicht und Gleichgewicht (1) ebenfalls nach links verschoben wird.

1⟩ Eine Mitschülerin behauptet, Kalkablagerungen könnten durch Sprudelwasser entfernt werden. Erläutern Sie ihre Behauptung mit dem Prinzip der gekoppelten Gleichgewichte.

2⟩ a Berechnen Sie die Konstante von Gleichgewicht (5) bei 25 °C (mit $c(H_2O) = 55{,}3$ mol·L^{-1}).
b Begründen Sie qualitativ, warum der pH-Wert der Oberflächengewässer sinkt, wenn $c(CO_2, aq)$ steigt.

3⟩ Begründen Sie, warum die Löslichkeit von Kohlenstoffdioxid in Wasser mit steigender Temperatur abnimmt.

4⟩ Die Anlage zur Herstellung von demineralisiertem („destilliertem") Wasser ist defekt. Ein Schüler schlägt vor, stattdessen Regenwasser zu nutzen, weil das frei von Mineralstoffen und pH-neutral sei.
a Beurteilen Sie die Aussage des Schülers.
b Entwickeln Sie einen Vorschlag, wie man aus dem Regenwasser pH-neutrales Wasser erhält.

4.9 Nachweise auf Carbonat- und Ammonium-Ionen

CARBONAT-NACHWEIS Bei einigen Mineralien wie beispielsweise Kalkstein, $CaCO_3$ (↑ S. 102), handelt es sich um Salze der Kohlensäure, die Carbonat-Ionen enthalten. Es gibt eine einfache Möglichkeit, diese Carbonat-Minerale von anderen zu unterscheiden. Gibt man zu ihnen die Lösung einer sehr starken Säure im Überschuss zu, dann stellen sich mehrere Gleichgewichte ein (↑ Exp. 4.07):

$CaCO_3(s) \rightleftarrows Ca^{2+}(aq) + CO_3^{2-}(aq)$
$CO_3^{2-}(aq) + H_3O^+(aq) \rightleftarrows HCO_3^-(aq) + H_2O(l)$
$HCO_3^-(aq) + H_3O^+(aq) \rightleftarrows H_2CO_3(aq) + H_2O(l)$
$H_2CO_3(aq) \rightleftarrows CO_2(g) + H_2O(l)$

Das Oxonium-Ion ist eine viel stärkere Säure als das Kohlensäure-Molekül und das Hydrogencarbonat-Ion (↑ S. 97). Die obigen Säure-Base-Gleichgewichte liegen somit auf der rechten Seite, wodurch Kohlenstoffdioxid produziert wird.
Um das entstehende Kohlenstoffdioxid von anderen Gasen unterscheiden zu können, wird es in eine Calciumhydroxid-Lösung eingeleitet (↑ 01). Eine Trübung der Lösung oder die Bildung eines weißen Niederschlags zeigt Kohlenstoffdioxid an. Beim Feststoff handelt es sich um Calciumcarbonat ($CaCO_3$):

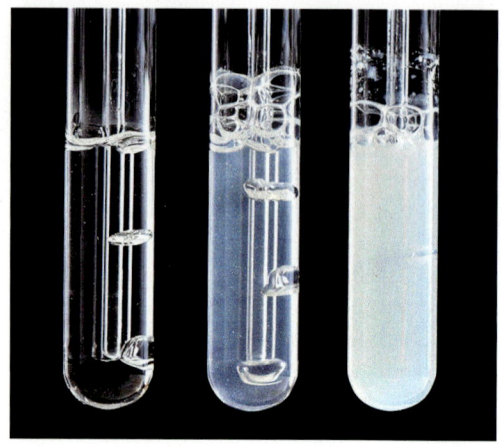

01 Kohlenstoffdioxid wird in eine Calciumhydroxidlösung eingeleitet.

$CO_2(aq) + Ca^{2+}(aq) + 2\,OH^-(aq)$
$\rightleftarrows CaCO_3(s) + H_2O(l)$

Wird Kohlenstoffdioxid im Überschuss eingeleitet, dann löst sich der Niederschlag wieder:

$CaCO_3(s) + H_2O(l) + CO_2(aq) \rightleftarrows$
$Ca^{2+}(aq) + 2\,HCO_3^-(aq)$

NACHWEIS AUF AMMONIUM-IONEN Ein weiteres Ion, das sich nach der Verschiebung von Säure-Base-Gleichgewichten indirekt nachweisen lässt, ist das Ammonium-Ion, NH_4^+. Es kommt beispielsweise in großtechnisch hergestellten Düngemitteln vor und entsteht auf natürlichem Weg beim Abbau von Proteinen. Gibt man zur wässrigen Lösung eines Ammoniumsalzes Natronlauge, so kommt es zu einer Säure-Base-Reaktion (↑ Exp. 4.07):

$NH_4^+(aq) + OH^-(aq) \rightleftarrows H_2O(l) + NH_3(aq)$

Wird die Lösung erhitzt, dann entweicht gasförmiges Ammoniak. Lässt man es auf feuchtes Universalindikatorpapier einwirken, so färbt es sich wegen der Entstehung von Hydroxid-Ionen blau.

$NH_3(aq) + H_2O(l) \rightleftarrows NH_4^+(aq) + OH^-(aq)$

Diese Färbung, ggf. zusammen mit dem charakteristischen Geruch, gilt als Nachweis auf Ammonium-Ionen.

P **EXP 4.07** **Nachweise auf Ammonium- und Carbonat-Ionen**

Materialien Brenner, 2 Reagenzgläser, Reagenzglas mit seitlichem Ansatz und Stopfen, Reagenzglasklammer, gewinkeltes Glasrohr mit kurzem Schlauch, 3 Tropfpipetten mit Pipettierhütchen, 2 Spatel, Universalindikatorpapier, Ammoniumchlorid (5), Calciumcarbonat (grobkörnig), Natronlauge ($c = 1\,mol \cdot L^{-1}$; 5), Salzsäure ($c = 1\,mol \cdot L^{-1}$; 5), Calciumhydroxidlösung (gesättigt; 5), Wasser

Durchführung
a) Ammonium-Nachweis: Geben Sie 1 Spatelspitze Ammoniumchlorid und etwa 5 mL Natronlauge in ein Reagenzglas. Befeuchten Sie das Universalindikatorpapier mit Wasser und legen Sie es quer über die Öffnung des Reagenzglases, die frei von Natronlauge sein muss. Erwärmen Sie die Lösung langsam mit dem Brenner.

b) Carbonat-Nachweis: Geben Sie etwa 5 mL Calciumhydroxidlösung in ein Reagenzglas. Befestigen Sie das gewinkelte Glasrohr mit dem Gummischlauch am seitlichen Ansatz und tauchen Sie das freie Ende in die Calciumhydroxidlösung. Geben Sie nun eine Spatelspitze Calciumcarbonat und dann zügig ca. 5 mL Salzsäure ins Reagenzglas mit dem seitlichen Ansatz und verschließen Sie es schnell mit dem Stopfen.
Entsorgung: Reste mit viel Wasser in den Ausguss geben.

Auswertung
Beschreiben und deuten Sie Ihre Beobachtungen.

1) Sie sollen drei Salze analysieren, um festzustellen, bei welchem es sich um Ammoniumchlorid, Ammoniumhydrogencarbonat bzw. Natriumcarbonat handelt.
   a Erstellen Sie die Verhältnisformeln der Salze.
   b Beschreiben Sie Ihr Vorgehen und die jeweils erwarteten Beobachtungen.

Klausurtraining

Material A Wachs als Rohstoff

A1.1 Bienenwachs besteht aus Estern.

Bienenwachs besteht zum Großteil aus einem Ester der Palmitinsäure ($C_{15}H_{31}COOH$) mit Myricylalkohol ($C_{30}H_{61}OH$). Ein Unternehmen möchte das Wachs als Rohstoff für die Produktion von Palmitinsäure (Siedetemperatur > 100 °C, $pK_S \cong 5$) und Myricylalkohol (Siedetemperatur > 100 °C) nutzen. Im ersten Schritt wird der Ester „verseift", also in einer alkalischen Lösung in Myricylalkohol und das Salz Natriumpalmitat ($NaC_{15}H_{31}COO$) gespalten. Am Ende sollen Palmitinsäure und Myricylalkohol getrennt voneinander vorliegen.
Um eine Zersetzung der langkettigen Moleküle zu vermeiden, darf in keinem der Schritte die Temperatur über 80 °C steigen.

Stoff	löslich in
Palmitinsäure	Pentan (Siedetemperatur: 35 °C)
Natriumpalmitat	Wasser (Siedetemperatur: 100 °C)
Myricylalkohol	Pentan (Siedetemperatur: 35 °C)

A1.2 Löslichkeit und Siedetemperatur der Lösungsmittel

AUFGABEN ZU A

1) **a** Geben Sie die Molekülformel der zu Palmitinsäure konjugierten Base an und berechnen Sie deren pK_B-Wert.
b Erläutern Sie, ob eine wässrige Lösung von Natriumpalmitat sauer, neutral oder alkalisch reagiert.
2) **a** Nennen Sie einen Stoff, mit dem Sie Natriumpalmitat in Palmitinsäure umwandeln können, und begründen Sie Ihre Wahl mit den Säure-Base-Eigenschaften.
b Beschreiben Sie, wie Sie nach der Verseifung des Esters weiter vorgehen, um reine Palmitinsäure und reinen Myricylalkohol zu erhalten.
3) Senkt man den pH-Wert der Lösungen von Natriumpalmitat ($C_{15}H_{31}COONa$) bzw. Natriumhexadecylsulfat ($C_{16}H_{33}OSO_3Na$; $pK_S = 0$) auf 2, so scheidet sich nur aus der ersten Lösung ein Feststoff ab.
Erklären Sie das unterschiedliche Verhalten und die Bildung des Feststoffs.

Material B Süßes oder Saures?

B1.1 Strukturformeln einiger Säuren

Phosphorsäure $pK_{S1} = 2{,}1$ Essigsäure $pK_S = 4{,}8$ Citronensäure $pK_{S1} = 3{,}1$

Bei römischen Legionären war verdünnter Essig, die Posca, als Erfrischungsgetränk beliebt. Heute sind in Getränken meist Citronensäure oder Phosphorsäure als Säuerungsmittel enthalten. Zusätzlich beinhalten sie Zucker, um den sauren Geschmack zu überdecken.

Getränk	pH	w(Säuerungsmittel)
A	2,5	0,41 %
B	2,4	0,07 %
C	2,9	1,00 %

B1.2 Getränke mit verschiedenen Säuerungsmitteln

AUFGABEN ZU B

1) Begründen Sie anhand der pK_S-Werte der drei Säuren (↑ B1.1), der pH-Werte und des Massenanteils (↑ B1.2), welches Säuerungsmittel bei den Getränken A, B und C verwendet wurde.
2) **a** Die Getränke haben eine Dichte von 1,00 kg·L^{-1}. Berechnen Sie aus dem Massenanteil der Säuerungsmittel deren Stoffmengenkonzentrationen.
b Berechnen Sie aus der ermittelten Stoffmengenkonzentration für das mit Essigsäure versetzte Getränk den pH-Wert und vergleichen Sie das Ergebnis mit dem Wert in der Tabelle.
3) Der Zahnschmelz besteht aus Apatit, $Ca_5(PO_4)_3(OH)$, d. h. Calciumphosphat, in dessen Ionengitter Hydroxid-Ionen eingebaut sind.
a Erklären Sie, warum sich der sonst glatte Zahnschmelz nach dem Trinken von Cola, die gelöste Phosphorsäure enthält, rau anfühlt.
b Bei einer „Fluoridierung" der Zähne werden die Hydroxid-Ionen an der Oberfläche teilweise gegen gleich große Fluorid-Ionen ausgetauscht, um den Zahnschmelz gegen Säuren resistenter zu machen. Erläutern Sie diese Maßnahme mithilfe von Säure-Base-Eigenschaften.

4.10 Puffersysteme

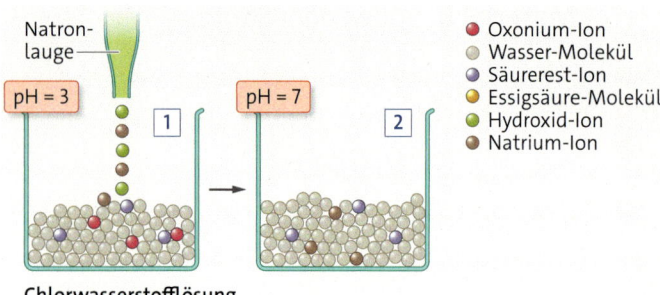

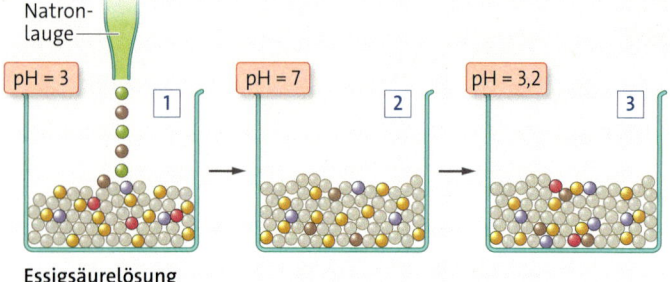

01 Modellhafte Darstellung der Vorgänge beim Neutralisieren der Oxonium-Ionen in Chlorwasserstofflösung und Essigsäurelösung mit gleichem pH-Wert

in mol·L^{-1}	H$_3$O$^+$	A$^-$	HA	pH
Vor der Neutralisation der Oxonium-Ionen (Bild 1)				
c	10^{-3}	10^{-3}	$5{,}6 \cdot 10^{-2}$	3,0
Nach der Neutralisation der Oxonium-Ionen (Bild 2)				
c_0	10^{-7}	10^{-3}	$5{,}6 \cdot 10^{-2}$	7,0
Nach dem Einstellen des Gleichgewichts (Bild 3)				
c	$0{,}6 \cdot 10^{-3}$	$1{,}6 \cdot 10^{-3}$	$5{,}54 \cdot 10^{-2}$	3,2

02 Schrittweise Betrachtung der Neutralisation der Oxonium-Ionen in Essigsäurelösung

GLEICHGEWICHTE STABILISIEREN DEN pH-WERT

Bei gleichem pH-Wert ist die Konzentration der Oxonium-Ionen in einer Essigsäurelösung (kurz: „Essig") und einer Chlorwasserstofflösung („Salzsäure") gleich groß (↑ **01**, Bild 1). Die Chlorwasserstoff-Moleküle sind vollständig, die schwächer sauren Essigsäure-Moleküle nur teilweise protolysiert.

Gibt man zu den Lösungen Natronlauge, so kommt es zu einer Neutralisationsreaktion (↑ **01**, Bild 2):

$$H_3O^+(aq) + OH^-(aq) \longrightarrow 2\,H_2O(l)$$

Für die Salzsäure ist die Reaktion damit abgeschlossen. Es liegen anschließend so viel weniger Oxonium-Ionen vor, wie Hydroxid-Ionen zugegeben wurden. Entsprechend steigt der pH-Wert.
Im Essig ist aber ein weiteres Gleichgewicht aktiv:

$$CH_3COOH(aq) + H_2O(l) \rightleftharpoons CH_3COO^-(aq) + H_3O^+(aq)$$

Es wurde durch die Entfernung der Oxonium-Ionen gestört. Als Folge verläuft die Hinreaktion schneller als die Rückreaktion und die Zahl der Oxonium-Ionen steigt wieder an (↑ **01**, 3). Die Wirkung der Hydroxid-Ionen auf den pH-Wert wird dadurch „gepuffert".

HYDROXID-IONEN WERDEN ABGEFANGEN Die Stabilität des pH-Werts der Essigsäurelösung lässt sich auch mit folgender Reaktion erklären:

$$CH_3COOH(aq) + OH^-(aq) \rightleftharpoons CH_3COO^-(aq) + H_2O(l)$$

Die Hydroxid-Ionen werden durch *Reaktion mit Essigsäure-Molekülen abgefangen*, wodurch der pH-Wert zunächst stabil bleibt. Die Abnahme der Essigsäurekonzentration wirkt sich dann über das Protolysegleichgewicht der Essigsäure in „abgemilderter" Form auf die Konzentration der Oxonium-Ionen und damit den pH-Wert aus:

$$CH_3COOH(aq) + H_2O(l) \rightleftharpoons CH_3COO^-(aq) + H_3O^+(aq)$$

In Bild ↑ **03** werden die Konzentrationsverhältnisse durch zwei verbundene und mit Flüssigkeit gefüllte Gefäße veranschaulicht. Das Volumen des größeren Gefäßes entspricht $c(CH_3COOH)$, das des kleineren entspricht $c(H_3O^+)$. Im Gleichgewicht ist der Füllstand gleich hoch. Findet die Abfangreaktion statt, dann nimmt $c(CH_3COOH)$ ab, was einem Sinken des Flüssigkeitsstands im linken Gefäß entspricht (↑ **03B**, gelb schraffiert). Anschließend stellt sich das Gleichgewicht neu ein. Die rot schraffierte Fläche in Bild ↑ **03C** zeigt, dass dabei nur wenig Flüssigkeit vom rechten ins linke Gefäß fließt. Das bedeutet, dass auch $c(H_3O^+)$ weniger stark abnimmt als $c(HA)$.

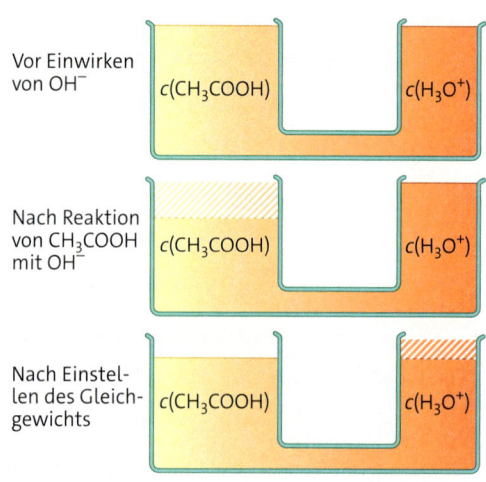

03 Pufferwirkung einer Essigsäurelösung im Modell

4.10 Puffersysteme

HA	A⁻	$pK_S(HA)$	$pK_B(A^-)$
Essigsäure-Acetat-Puffer			
CH_3COOH	CH_3COO^-	4,75	9,25
Phosphat-Puffer			
$H_2PO_4^-$	HPO_4^{2-}	7,20	6,80
Ammonium-Ammoniak-Puffer			
NH_4^+	NH_3	9,25	4,75

04 Beispiele für Pufferlösungen

BASEN FANGEN OXONIUM-IONEN AB Lösungen schwacher Basen stabilisieren den pH-Wert einer Lösung durch das Abfangen zugesetzter Oxonium-Ionen. *Beispiel*:

$$NH_3(aq) + H_3O^+(aq) \rightleftarrows H_2O(l) + NH_4^+(aq)$$

Das Oxonium-Ion ist eine sehr starke Säure und wird durch Reaktion mit der schwachen Base, dem Ammoniak-Molekül, abgefangen.

PUFFERPRINZIP Die Lösung einer schwachen Säure HA bzw. Base B *puffert* die Wirkung der zugesetzten Hydroxid- bzw. Oxonium-Ionen durch entsprechende *Abfangreaktionen*:

$$HA(aq) + OH^-(aq) \rightleftarrows H_2O(l) + A^-(aq)$$
$$B(aq) + H_3O^+(aq) \rightleftarrows H_2O(l) + BH^+(aq)$$

Sehr starke Säuren oder Basen HA oder B sind in Lösung vollständig protolysiert, ihre Lösungen wirken deshalb nicht als Puffer.

PUFFERLÖSUNG Enthält eine Lösung eine schwache Säure HA und eine ebensolche Base B, dann ist sie gegenüber der Veränderung des pH-Werts in beide Richtungen stabilisiert: Sie wird deshalb **Pufferlösung** oder kurz **Puffer** genannt. In der Praxis verwendet man häufig konjugierte Säure-Base-Paare HA/A⁻ mit den entsprechenden Eigenschaften, z. B. den Essigsäure-Acetat-Puffer (↑ 04).

> Schwache Säuren bzw. Basen stabilisieren den pH-Wert, indem sie Hydroxid- bzw. Oxonium-Ionen abfangen. Lösungen, die beide Arten von Teilchen enthalten, heißen Pufferlösungen.

1〉 Eine Pufferlösung enthält gelöstes Natriumdihydrogenphosphat (NaH_2PO_4) und *di*-Natriumhydrogenphosphat (Na_2HPO_4).
  a Geben Sie an, welche Teilchen im Puffer als Säure HA bzw. als Base B wirken.
  b Formulieren Sie die Reaktion, die abläuft, wenn zur Pufferlösung Oxonium-Ionen zugesetzt werden.

Eine genaue Betrachtung des Essigsäure-Acetat-Puffers

Die Konzentrationsveränderungen in der Essigsäurelösung werden schrittweise an einem Beispiel betrachtet (↑ 02).

$$CH_3COOH(aq) + H_2O(l) \rightleftarrows CH_3COO^-(aq) + H_3O^+(aq)$$

Bei pH = 3 ist:
$c(H_3O^+) = 10^{-pH}\, mol \cdot L^{-1} = 10^{-3}\, mol \cdot L^{-1}$
$c(A^-) = c(H_3O^+) = 10^{-3}\, mol \cdot L^{-1}$

Für $c(HA) \approx c_0(HA)$ gilt:
$pH = \frac{1}{2}[pK_S(HA) - \lg c_0(HA)]$ und umgestellt nach c_0:
$c_0(HA) = 10^{(pK_S - 2 \cdot pH)}\, mol \cdot L^{-1}$
$= 5{,}6 \cdot 10^{-2}\, mol \cdot L^{-1}$

Nach der Neutralisation der Oxonium-Ionen verbleiben nur noch die Oxonium-Ionen aus der Autoprotolyse und bei der Konzentration der Acetat-Ionen ($c_0(A^-) = 10^{-3}\, mol \cdot L^{-1}$), handelt es sich nicht mehr um eine Gleichgewichtskonzentration.

Durch die Absenkung von $c(H_3O^+)$ überwiegt die Protolyse der Essigsäure-Moleküle, wodurch wieder Oxonium-Ionen entstehen. Für jedes Wasser-Molekül und jedes weitere Essigsäure-Molekül, die verschwinden, entstehen ein Oxonium-Ion und ein weiteres Acetat-Ion, um das Gleichgewicht wiederherzustellen. Vernachlässigt man die Oxonium-Ionen aus der Autoprotolyse, dann gilt:

$$K_S = \frac{c(H_3O^+) \cdot c(A^-)}{c(HA)}$$

$$= \frac{x \cdot [c_0(A^-) + x]}{c_0(HA) - x}$$

Durch Umformung ergibt sich eine gemischtquadratische Gleichung in x. Die Einheit „$mol \cdot L^{-1}$" wird im Folgenden beim Einsetzen der Werte der Übersichtlichkeit halber weggelassen.

$$x^2 + [K_S + c_0(A^-)] \cdot x - K_S \cdot c_0(HA) = 0$$

$$x_{1/2} = \frac{-K_S - c_0(A^-)}{2} \pm \sqrt{\left(\frac{K_S + c_0(A^-)}{2}\right)^2 + K_S \cdot c_0(HA)}$$

$$= \frac{-10^{-4{,}75} - 10^{-3}}{2} \pm \sqrt{\left(\frac{10^{-4{,}75} + 10^{-3}}{2}\right)^2 + 10^{-4{,}75} \cdot 5{,}6 \cdot 10^{-2}}$$

$x_1 = 0{,}6 \cdot 10^{-3}$; $x_2 = -0{,}0016$ (physikalisch nicht sinnvolle Lösung)

Die Lösung ergibt $x_1 = 0{,}6 \cdot 10^{-3}\, mol \cdot L^{-1}$, d. h., im Gleichgewicht ist $c(H_3O^+) = 0{,}6 \cdot 10^{-3}\, mol \cdot L^{-1}$ und $pH = -\lg c(H_3O^+) = 3{,}2$.

Der pH-Wert der Essigsäurelösung hat sich im Gegensatz zu dem der Salzsäure nur wenig erhöht.

Puffergleichung

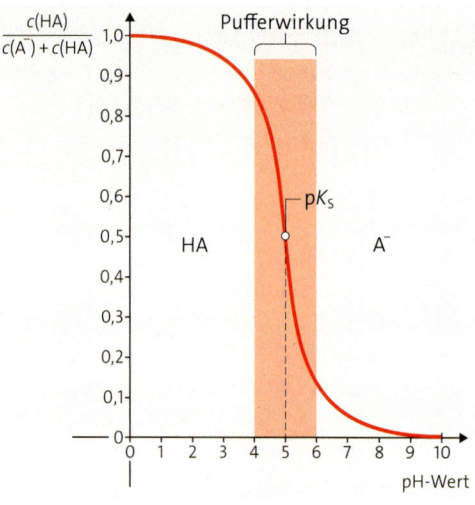

01 pH-Wert als Funktion von $\frac{c(HA)}{c(A^-) + c(HA)}$

$\frac{c(A^-)}{c(HA)}$	100	10	1	$\frac{1}{10}$	$\frac{1}{100}$
$lg\left[\frac{c(A^-)}{c(HA)}\right]$	2	1	0	−1	−2
pH	6,75	5,75	4,75	3,75	2,75

02 pH-Werte für den Essigsäure-Acetat-Puffer bei verschiedenen Werten $\frac{c(CH_3COO^-)}{c(CH_3COOH)}$; $pK_S(CH_3COOH) = 4{,}75$

Der pH-Wert einer Pufferlösung hängt von den Konzentrationen $c(HA)$ und $c(A^-)$ ab. Je größer $c(HA)$ und je kleiner $c(A^-)$ ist, umso kleiner ist der pH-Wert und umgekehrt (↑ 01):

- Bei niedrigem pH-Wert gibt es kaum noch A^-. In diesem Fall ist $\frac{c(HA)}{c(A^-) + c(HA)}$ gleich eins.

- Bei hohem pH-Wert gibt es kaum noch HA. In diesem Fall ist $\frac{c(HA)}{c(A^-) + c(HA)}$ gleich null.

Eine Gleichung, die diesen Zusammenhang beschreibt, erhält man ausgehend von der Säurekonstante $K_S(HA)$ und nachfolgendes Logarithmieren.

$K_S(HA) = c(H_3O^+) \cdot \frac{c(A^-)}{c(HA)}$ | lg; · (−1)

$pK_S(HA) = pH - lg\left[\frac{c(A^-)}{c(HA)}\right]$

$pH = pK_S(HA) + lg\left[\frac{c(A^-)}{c(HA)}\right]$

Diese Gleichung heißt **Puffergleichung** bzw. **Henderson-Hasselbalch-Gleichung**. Ausgewählte pH-Werte für verschiedene Zusammensetzungen sind in Tabelle ↑ 02 angegeben.

PUFFERKAPAZITÄT Die Pufferkapazität eines gegebenen Puffers ist die Stoffmenge an Oxonium-Ionen, die zu einer Pufferlösung gegeben werden muss, um den pH-Wert um eins zu verringern. Die Fähigkeit einer Pufferlösung, den pH-Wert zu stabilisieren, steigt also mit ihrem Volumen und mit den Konzentrationen $c(HA)$ bzw $c(A^-)$.
Je steiler die Kurve im Diagramm (↑ 01), umso weniger verändert sich der pH-Wert bei veränderter Zusammensetzung der Pufferlösung. Bei $pH = pK_S$ ist die Pufferkurve am steilsten und die Pufferkapazität somit am größten.

Um einen bestimmten pH-Wert zu stabilisieren, eignen sich somit am besten solche Pufferlösungen, deren $pK_S(HA)$ in der Nähe dieses pH-Werts liegt.

RECHENBEISPIELE MIT DER PUFFERGEICHUNG

- In einem Essigsäure-Acetat-Puffer ($pK_S = 4{,}75$) ist $c(CH_3COOH) = 0{,}75$ mol·L^{-1} und $c(CH_3COO^-) = 0{,}25$ mol·L^{-1}. Wie groß ist der pH-Wert?

Gegeben: $c(CH_3COOH) = 0{,}75$ mol·L^{-1}; $c(CH_3COO^-) = 0{,}25$ mol·L^{-1}; $pK_S = 4{,}75$

Gesucht: pH-Wert

$pH = pK_S + lg\left[\frac{c(CH_3COO^-)}{c(CH_3COOH)}\right]$

$pH = 4{,}75 + lg\left(\frac{0{,}25}{0{,}75}\right) = \mathbf{4{,}27}$

- Einer Lösung, die 0,5 mol Natriumdihydrogenphosphat und 0,5 mol di-Natriumhydrogenphosphat enthält, werden 0,1 mol Oxonium-Ionen zugesetzt, $pK_S(H_2PO_4^-) = 7{,}20$. Wie stark verändert sich der pH-Wert?

Gegeben: $n(H_2PO_4^-) = n(HPO_4^{2-}) = 0{,}5$ mol, $n(H_3O^+) = 0{,}1$ mol, $pK_S(H_2PO_4^-) = 7{,}20$

Gesucht: pH-Wert-Änderung

$pH(vorher) = pK_S + lg\left[\frac{n(HPO_4^{2-})}{n(H_2PO_4^-)}\right]$

Hinweis: Stoffmenge statt Konzentration ist möglich, da gleiches Volumen gekürzt wird.

$pH(vorher) = 7{,}20 + lg\left(\frac{0{,}5}{0{,}5}\right) = 7{,}20$

$H_3O^+ + HPO_4^{2-} \longrightarrow H_2PO_4^- + H_2O$

⇨ $n(H_2PO_4^-) = 0{,}6$ mol; $n(HPO_4^{2-}) = 0{,}4$ mol

$pH(nachher) = 7{,}20 + lg\left(\frac{0{,}4}{0{,}6}\right) = 7{,}02$

Der pH-Wert sinkt von 7,20 auf 7,02.

1) Ein Liter einer Lösung mit $c(NH_3) = 0{,}1$ mol·L^{-1} und $c(NH_4^+) = 0{,}05$ mol·L^{-1} wird mit Wasser auf ein Gesamtvolumen von 2 Litern verdünnt. Berechnen Sie den pH-Wert der Lösung vor und nach dem Verdünnen.

2) In einem Dihydrogenphosphat-Hydrogenphosphat-Puffer soll die Summe aus $c(H_2PO_4^-)$ und $c(HPO_4^{2-})$ 1,0 mol·L^{-1} und der pH-Wert 7,0 betragen. Berechnen Sie $c(H_2PO_4^-)$ und $c(HPO_4^{2-})$.

Wo ein konstanter pH-Wert lebenswichtig ist – biochemische Puffer

In Organismen laufen viele chemische Reaktionen ab, für die ein bestimmter pH-Wert optimal ist. Das gilt vor allem für Enzyme, die diese Reaktionen katalysieren. Abweichungen können zu Veränderungen in der Molekülstruktur der Enzyme führen, wodurch ihre Aktivität vermindert wird. Andererseits entstehen bei Reaktionen in Organismen auch Oxonium- oder Hydroxid-Ionen, die den pH-Wert senken oder ansteigen lassen. Sie müssen durch entsprechende pH-Puffer abgefangen werden.

Im Blut gibt es für den pH-Wert nur einen sehr schmalen optimalen Bereich. Für arterielles Blut liegt er bei 7,35 – 7,45, für venöses Blut bei 7,25 – 7,45. Eine „Belastungsprobe" ist die Aufnahme von Kohlenstoffdioxid. Es wird in den Zellen produziert und von ihnen abgegeben. Im Körper führt sein Weg aus der Zelle zu den Erythrozyten im Blutplasma. Dabei katalysiert das Enzym Carboanhydrase, das in den Erythrozyten vorliegt, die Einstellung des folgenden Gleichgewichts, einem **Kohlenstoffdioxid-Hydrogencarbonat-Puffer**:

$$CO_2(aq) + 2\,H_2O(l) \rightleftharpoons H_3O^+(aq) + HCO_3^-(aq) \quad (1)$$

Die so erzeugten Oxonium-Ionen müssen abgefangen werden. So wird die Überführung von weiteren Kohlenstoffdioxid-Molekülen zu Hydrogencarbonat-Ionen nach dem *Prinzip von Le Chatelier* unterstützt und außerdem der pH-Wert stabilisiert. Das Abfangen übernehmen die Sauerstofftransport-Moleküle Hämoglobin Hb. Allerdings wird Oxyhämoglobin $Hb(O_2)$ durch die Protonierung instabiler.

$$H_3O^+(aq) + Hb(O_2)(aq) \rightleftharpoons HbH^+(aq) + H_2O(l) + O_2(aq) \quad (2)$$

Entsprechend sinkt die Aufnahmefähigkeit von Hb für Sauerstoff (↑ 02). Der Vorteil dieser Kopplung ist folgender: Wenn die Zelle CO_2-Moleküle abgibt, fördert dies über den beschriebenen Mechanismus die Abgabe von O_2-Molekülen aus dem Oxyhämoglobin. Die O_2-Moleküle können dann in die Zellen gelangen, wo sie für die Zellatmung notwendig sind. Über den Blutkreislauf gelangt das mit Hydrogencarbonat/Kohlenstoffdioxid angereicherte sauerstoffarme Blut in die Lungenbläschen. Dort herrscht eine höhere Sauerstoffkonzentration (↑ 02), sodass das Gleichgewicht (2) gemäß dem Prinzip von Le Chatelier nach links verschoben wird. HbH^+ gibt ein Proton an ein H_2O-Molekül ab und nimmt ein O_2-Molekül auf. Wenn die Konzentration der Oxonium-Ionen dadurch anstiege, würde der pH-Wert und damit die Aufnahmefähigkeit von Hb für O_2-Moleküle wieder sinken. Das Absinken des pH-Werts wird über das Gleichgewicht (1) vermieden. Eine Erhöhung der Konzentration der Oxonium-Ionen führt zu einer Verschiebung dieses Gleichgewichts nach links. Die dabei entstehenden CO_2-Moleküle entweichen aus den Lungenbläschen in die Gasphase – Kohlenstoffdioxid wird ausgeatmet (↑ 03).

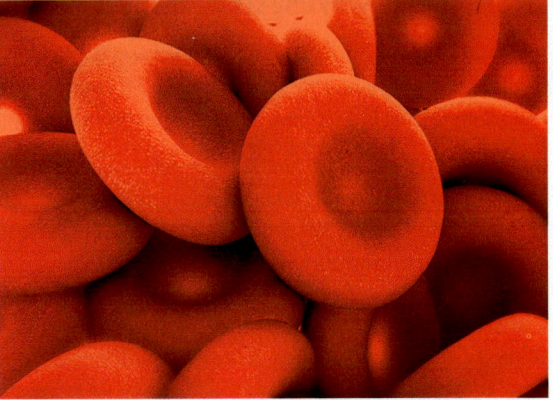

01 Erythrozyten, rote Blutzellen, transportieren Sauerstoff und Kohlenstoffdioxid. Dafür ist ein konstanter pH-Wert wichtig.

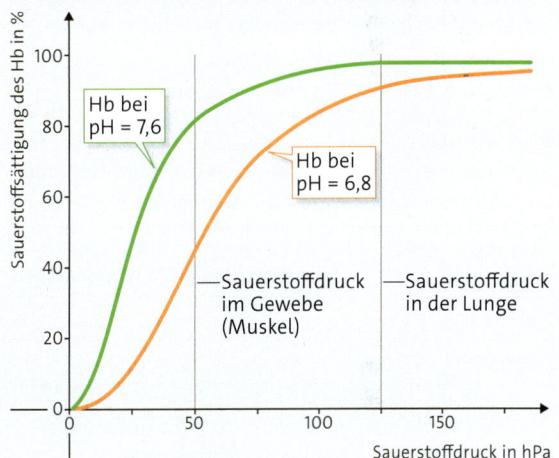

02 pH-Wert und Druck beeinflussen die Sauerstoffaufnahme von Hämoglobin.

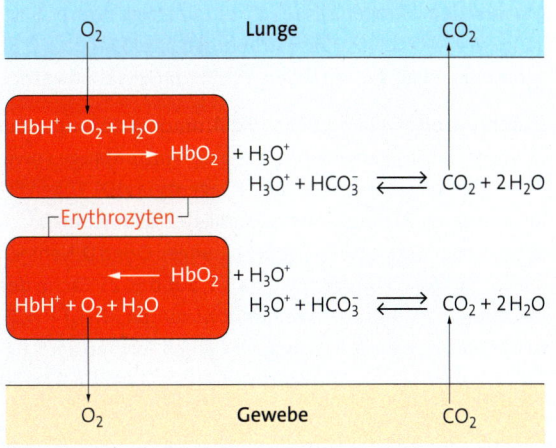

03 Atmung (Schema): HbH^+ = protoniertes Hämoglobin, $Hb(O_2)$ = Oxyhämoglobin

Praktikum

pH-Puffer

EXP 4.08 Pufferwirkung schwacher Säuren

Materialien 2 Reagenzgläser, 3 Tropfpipetten, Wasser, Natronlauge (c = 0,1 mol · L^{-1}; 5), Salzsäure (c = 0,1 mol · L^{-1}; 5), Essigsäurelösung (c = 1,0 mol · L^{-1}), Universalindikator

Durchführung Geben Sie 1 mL Essigsäurelösung in ein Reagenzglas (A) und einen Tropfen Salzsäure sowie 24 Tropfen Wasser in ein anderes Reagenzglas (B). Fügen Sie jeweils einen Tropfen Universalindikatorlösung hinzu.
a) Messen und berechnen Sie die pH-Werte der Lösungen A und B. Nehmen Sie bei der Salzsäure an, dass sie auf das 25-Fache des ursprünglichen Volumens verdünnt wurde; pK_S(CH$_3$COOH) = 4,75.
b) Geben Sie zu beiden Lösungen je einen Tropfen der Natronlauge. Berechnen Sie, unter der Annahme, dass die Tropfen von Salzsäure und Natronlauge das gleiche Volumen haben, den pH-Wert in Reagenzglas B. Messen Sie den pH-Wert in Reagenzglas A und B.
Entsorgung: Lösungen ins Abwasser geben.

Auswertung

1⟩ Übertragen Sie nachfolgende Tabelle in Ihr Heft und tragen Sie die berechneten und gemessenen Werte ein.

Lösung	A	B	A + Natronlauge	B + Natronlauge
pH ber.		/		
pH gem.				

2⟩ Erklären Sie mit dem Pufferprinzip die Änderungen des pH-Werts bei Zugabe der Natronlauge.

EXP 4.09 Pufferwirkung schwacher Basen

Materialien 2 Reagenzgläser, 3 Tropfpipetten, Wasser, Salzsäure (c = 0,1 mol · L^{-1}; 5), Natronlauge (c = 0,1 mol · L^{-1}; 5), Ammoniaklösung (c = 1,0 mol · L^{-1}; 7), Universalindikator

Durchführung Geben Sie 1 mL der Ammoniaklösung in ein Reagenzglas (C) und einen Tropfen der Natronlauge sowie 24 Tropfen Wasser in ein anderes Reagenzglas (D). Fügen Sie jeweils einen Tropfen Universalindikatorlösung hinzu.
a) Berechnen Sie die pH-Werte der Lösungen C und D. Nehmen Sie bei der Natronlauge an, dass sie auf das 25-Fache des ursprünglichen Volumens verdünnt wurde; pK_B(NH$_3$) = 4,75.
b) Geben Sie zu beiden Lösungen je einen Tropfen der Salzsäure. Berechnen Sie, unter der Annahme, dass die Tropfen von Natronlauge und Salzsäure das gleiche Volumen haben, den pH-Wert in Reagenzglas D. Messen Sie den pH-Wert in Reagenzglas C und D.
Entsorgung: Lösungen ins Abwasser geben.

Auswertung

1⟩ Übertragen Sie nachfolgende Tabelle in Ihr Heft und tragen Sie die berechneten und gemessenen Werte ein:

Lösung	C	D	C + Salzsäure	D + Salzsäure
pH ber.		/		
pH gem.				

2⟩ Erklären Sie mit dem Pufferprinzip die Änderungen des pH-Werts bei Zugabe der Salzsäure.

EXP 4.10 Pufferlösungen und Puffergleichung

Materialien Reagenzgläser, pH-Meter, Messpipetten, demineralisiertes Wasser, Salzsäure (c = 0,1 mol · L^{-1}; 5), Natronlauge (c = 0,1 mol · L^{-1}; 5), Essigsäurelösung (c = 1,0 mol · L^{-1}), Ammoniaklösung (c = 1,0 mol · L^{-1}; 7)

Durchführung Stellen Sie die Lösungen I–III her und verteilen Sie jede Lösung auf drei Reagenzgläser:
I) 2 mL Essigsäurelösung und 10 mL Natronlauge
II) 2 mL Ammoniaklösung und 10 mL Salzsäure
III) 5 mL Essigsäurelösung und 5 mL Ammoniaklösung
Geben Sie zu jeder der Lösungen I–III einmal 2 mL Natronlauge (b) und einmal 2 mL Salzsäure (c). Die Lösung im dritten Reagenzglas (a) dient zum Vergleich. Messen Sie anschließend die pH-Werte aller Lösungen.

Auswertung

1⟩ Übertragen Sie nachfolgende Tabelle in Ihr Heft und tragen Sie die gemessenen Werte ein:

	I	II	III
(a)	pH, ber.: pH, gem.:	pH, ber.: pH, gem.:	pH, gem.:
(b)	pH, ber.: pH, gem.:	pH, ber.: pH, gem.:	pH, gem.:
(c)	pH, ber.: pH, gem.:	pH, ber.: pH, gem.:	pH, gem.:

2⟩ Formulieren Sie die Reaktionsgleichungen der Reaktionen, die bei der Herstellung der Lösungen Ia, IIa und IIIa ablaufen. Berechnen Sie aus den eingesetzten Stoffmengen die Konzentrationen der Säuren und Basen in Lösung Ia und IIa sowie deren pH-Wert.

3⟩ Nach Zugabe von Salzsäure bzw. Natronlauge zu den Pufferlösungen verändert sich der pH-Wert. Begründen Sie, warum die Änderung des pH-Werts kleiner ist als bei Zugabe von Salzsäure bzw. Natronlauge zu Wasser.

EXP 4.11 pH-Kurve einer schwachen Säure

Materialien Stativmaterial, Bürette, 10-mL-Messpipette mit Pipettierhilfe, pH-Meter, Magnetrührer mit Rührstab, Becherglas (250 mL), Essigsäurelösung ($c = 1{,}0\ \text{mol} \cdot \text{L}^{-1}$), Natronlauge ($c = 1{,}0\ \text{mol} \cdot \text{L}^{-1}$; 5), Wasser

Durchführung Bauen Sie die Titrationsapparatur auf. Befüllen Sie die Bürette mit der Natronlauge bis zur Nullmarke. Geben Sie dann 10,0 mL Essigsäurelösung ins Becherglas. Fügen Sie so viel Wasser hinzu, dass die Glaskugel des pH-Meters beim Eintauchen von Flüssigkeit bedeckt ist, aber den sich drehenden Rührstab nicht berührt. Messen Sie den pH-Wert. Geben Sie 15,0 mL Natronlauge in Portionen von 0,5 mL hinzu und messen Sie nach jeder Zugabe den pH-Wert.

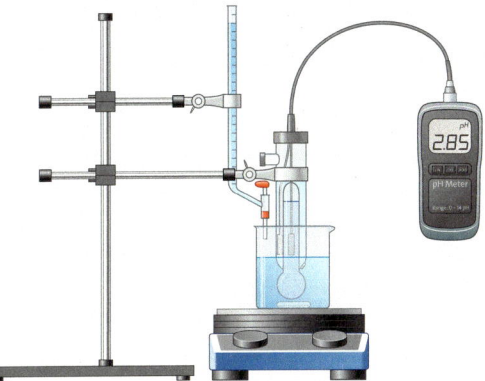

Auswertung

1) Erstellen Sie aus dem Volumen der zugegebenen Natronlauge und dem pH-Wert eine Tabelle.
2) Tragen Sie in einem Diagramm den pH-Wert (y-Achse) gegen das Volumen der Natronlauge (x-Achse) auf und zeichnen Sie eine glatte Kurve durch die Punkte.
3) **a** Berechnen Sie aus dem Volumen der Essigsäurelösung und ihrer Stoffmengenkonzentration sowie aus der Stoffmengenkonzentration der Natronlauge, bei welchem Volumen an Natronlauge der Äquivalenzpunkt und der Halbäquivalenzpunkt erreicht sind.
   b Bestimmen Sie aus der Kurvensteigung den Äquivalenzpunkt (Punkt maximaler Kurvensteigung). Bewerten Sie das Ergebnis durch Vergleich mit der Rechnung aus Aufgabenteil 3a. Bestimmen Sie auch den Neutralpunkt (pH = 7).
   c Begründen Sie, warum der pH-Wert des Äquivalenzpunkts über dem des Neutralpunkts liegt.
   d Bestimmen Sie aus der Kurve $pK_S(CH_3COOH)$ und vergleichen Sie den Wert mit dem Literaturwert (↑ S. 97).

EXP 4.12 pH-Kurve einer mehrprotonigen Säure

Materialien Stativmaterial, Bürette, 10-mL-Messpipette mit Pipettierhilfe, pH-Meter, Magnetrührer mit Rührstab, Becherglas (250 mL), Phosphorsäurelösung ($c = 1{,}0\ \text{mol} \cdot \text{L}^{-1}$; 5), Natronlauge ($c = 1{,}0\ \text{mol} \cdot \text{L}^{-1}$; 5), Wasser

Durchführung Gehen Sie vor wie bei Exp. 4.11. Verwenden Sie 5,0 mL Phosphorsäurelösung statt 10,0 mL Essigsäurelösung und geben Sie insgesamt 17,0 mL Natronlauge in Portionen von 0,5 mL hinzu.

Auswertung

1) Erstellen Sie aus dem Volumen der zugegebenen Natronlauge und dem pH-Wert eine Tabelle.
2) Tragen Sie in einem Diagramm den pH-Wert (y-Achse) gegen das Volumen der Natronlauge (x-Achse) auf und zeichnen Sie eine glatte Kurve durch die Punkte.
3) **a** Stellen Sie für die Reaktion von H_3PO_4, $H_2PO_4^-$ bzw. HPO_4^{2-} mit OH^- jeweils die Reaktionsgleichung auf. Berechnen Sie aus Volumen und Stoffmengenkonzentration der Phosphorsäurelösung sowie aus der Stoffmengenkonzentration der Natronlauge, bei welchem Volumen an Natronlauge die Äquivalenzpunkte (ÄP) dieser Reaktionen jeweils erreicht sind.
   b Bewerten Sie, welcher ÄP sich am besten eignet, eine unbekannte Konzentration an Phosphorsäure durch Aufnahme einer pH-Kurve zu bestimmen.
   c Bestimmen Sie aus der Kurve $pK_S(H_3PO_4)$ und $pK_S(H_2PO_4^-)$ und vergleichen Sie mit den Literaturwerten (↑ S. 97).

EXP 4.12 Wie viel Phosphorsäure ist in Cola?

Materialien Stativmaterial, Bürette, 50-mL-Vollpipette mit Pipettierhilfe, pH-Meter, Magnetrührer mit Rührstab und Heizplatte, Thermometer, 2 Bechergläser (250 mL), Cola, Natronlauge ($c = 0{,}1\ \text{mol} \cdot \text{L}^{-1}$; 5), Wasser

Durchführung Erhitzen Sie 150 mL Cola im Becherglas für 10 min auf 70 °C, um das gelöste Kohlenstoffdioxid zu entfernen. Gehen Sie zur Aufnahme der pH-Kurve vor wie bei Exp. 4.11 beschrieben. Verwenden Sie 100,0 mL Cola statt 10,0 mL Essigsäurelösung. Titrieren Sie, bis Sie den zweiten Äquivalenzpunkt erreicht haben.

Auswertung

1) **a** Bestimmen Sie das bis zum ersten Äquivalenzpunkt der Phosphorsäure verbrauchte Volumen an Natronlauge und berechnen Sie daraus $c(H_3PO_4)$.
   b Berechnen Sie die Stoffmenge $n(H_3PO_4)$ und die Masse $m(\text{Phosphorsäure})$ in 100 mL Cola.
   c Vergleichen Sie Herstellerangaben mit Ihrem Ergebnis.

4.11 Säure-Base-Titration

01 Apparatur zur Aufnahme einer Titrationskurve

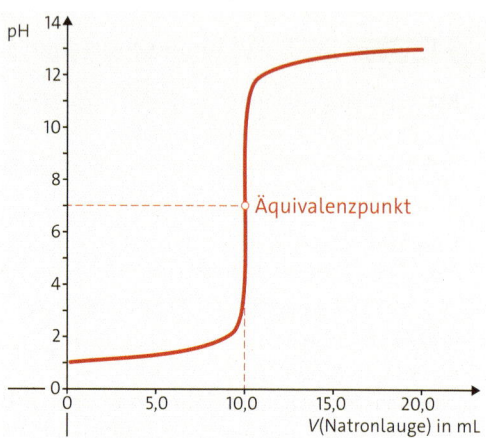

02 Titrationskurve von Salzsäure mit Natronlauge

Aufnahme einer Titrationskurve mit einem digitalen Messwerterfassungssystem ↑ S. 114

Alternative zur pH-Wert-Messung: Konduktometrie (Leitfähigkeitstitration) ↑ S. 116 f.

TITRATION Mit einer Titration kann eine unbekannte Stoffmenge, Stoffmengenkonzentration oder Masse eines Stoffs in einer Probe ermittelt werden. Gemessen wird dabei das Volumen einer Lösung bekannter Stoffmengenkonzentration, der **Maßlösung**, die zu der zu bestimmenden **Probelösung** mit bekanntem Volumen getropft wird. Die in der Maß- und Probelösung enthaltenen Stoffe müssen schnell und vollständig miteinander reagieren und die entsprechende Reaktionsgleichung muss bekannt sein. Bei der **Säure-Base-Titration** wird die Stoffmenge einer Säure HA mit der Maßlösung einer sehr starken Base, in der Regel Natronlauge, bestimmt.

$$HA(aq) + OH^-(aq) \longrightarrow H_2O(l) + A^-(aq)$$

Wenn genauso viel Natronlauge zugegeben wurde, dass die Säure HA gerade vollständig mit den OH^--Ionen reagiert hat, ist der **Äquivalenzpunkt** erreicht. Am Äquivalenzpunkt sind die Stoffmengen gleich:

$$n(HA) = n(OH^-)$$

Über die Beziehung $n = c \cdot V$ ergibt sich:

$$n(HA) = c(OH^-) \cdot V(\text{Natronlauge})$$

Weil $c(OH^-)$ bekannt ist und $V(\text{Natronlauge})$ gemessen wurde, kann $n(HA)$ berechnet werden. *Beispiel:*

$c(OH^-) = 0{,}10$ mol·L^{-1}; $V(\text{Natronlauge}) = 8{,}52$ mL
$n(HA) = 0{,}10$ mol·L$^{-1} \cdot 8{,}52$ mL $\cong 0{,}85$ mmol

Mit dem Volumen V der Probelösung bzw. der molaren Masse $M(HA)$ kann die Stoffmengenkonzentration bzw. Masse der Säure berechnet werden:

$$c(HA) = \frac{n(HA)}{V}; \quad m(\text{Säure}) = n(HA) \cdot M(HA)$$

Mit der Säure-Base-Titration kann auch die Stoffmenge einer Base B durch Titration mit der Maßlösung einer Säure, z. B. Salzsäure, ermittelt werden. Für die Auswertung einer Titration ist die *Erkennung des Äquivalenzpunkts* wichtig. Das gelingt durch Verwendung eines **Indikators** (↑ S. 118 f.), der im pH-Bereich des Äquivalenzpunkts einen **Farbumschlag** aufweisen muss (*Titration mit Indikator*).

Durch kontinuierliche Messung des pH-Werts während der Titration und die Erstellung von pH-Kurven, den **Titrationskurven**, kann der Verlauf einer Titration dokumentiert werden (**pH-metrische Titration**).

TITRATIONSKURVEN SEHR STARKER SÄUREN Bei der Titration einer Lösung einer sehr starken Säure wie Salzsäure mit $c_0(HCl) = 0{,}1$ mol·L^{-1} läuft in der Lösung folgende Reaktion ab:

$$H_3O^+(aq) + OH^-(aq) \longrightarrow 2\,H_2O(l)$$

Zu Beginn ist: pH = $-\lg c(H_3O^+) = -\lg c_0(HCl) = 1$
Nach Zugabe von 9,0 mL Natronlauge haben 90 % der Oxonium-Ionen reagiert, 10 % sind übrig. Unter Vernachlässigung der Volumenzunahme gilt (↑ 03):
pH = $-\lg c(H_3O^+) = -\lg 0{,}01 = 2$
Die Titrationskurve (↑ 02) hat am Äquivalenzpunkt, der hier mit dem *Neutralpunkt* bei pH = 7 zusammenfällt, einen *Wendepunkt*. Ihre Steigung ist dort maximal. Man erkennt, dass in der Nähe des Äquivalenzpunkts schon eine minimale Zugabe von Natronlauge zu einem sprunghaften Anstieg des pH-Werts führt. Aus dem Schnittpunkt der Kurve mit pH = 7 kann der Äquivalenzpunkt bestimmt sowie das bis dahin zugegebene Volumen an Natronlauge abgelesen werden.

Probelösung Salzsäure, $V = 10$ mL, $c_0(HCl) = 0{,}1$ mol·L^{-1}					
$V(\text{Natronlauge})$ in mL, $c(OH^-) = 0{,}1$ mol·L^{-1}	0,0	9,0	9,9	10,0	11,0
pH-Wert der Lösung	1	2	3	7	12

03 Titration von Salzsäure mit Natronlauge

4.11 Säure-Base-Titration

Probelösung Essigsäurelösung $V = 10$ mL, $c_0(CH_3COOH) = 0{,}1$ mol·L^{-1}, pK_S = 4,75					
V(Natronlauge) in mL, $c(OH^-) = 0{,}1$ mol·L^{-1}	0,0	1,0	5,0	9,0	10,0
c(HA) in mol·L^{-1}	0,1	0,09	0,05	0,01	0
$c(A^-)$ in mol·L^{-1}	0	0,01	0,05	0,09	0,1
pH-Wert der Lösung	2,9	3,8	4,8	5,7	8,9

04 Titration von Essigsäurelösung mit Natronlauge

TITRATIONSKURVEN SCHWACHER SÄUREN Auch die Titrationskurve von Essigsäure mit Natronlauge zeigt einen pH-Sprung. Hier läuft vorwiegend folgende Reaktion ab:

$$HA(aq) + OH^-(aq) \longrightarrow H_2O(l) + A^-(aq)$$

Durch die Reaktion entsteht eine Lösung, in der HA und A^- nebeneinander vorliegen. Der pH-Wert kann aus ihren Konzentrationen durch die Henderson-Hasselbalch-Gleichung berechnet werden (↑ S. 108). Der pH-Wert am Äquivalenzpunkt ist größer als 7 und liegt damit im alkalischen Bereich, weil die zur Säure konjugierte Base A^- unter Bildung von Hydroxid-Ionen protolysiert:

$$A^-(aq) + H_2O(l) \rightleftharpoons OH^-(aq) + HA(aq)$$

HALBÄQUIVALENZPUNKT Titrationskurven schwacher Säuren haben neben dem Äquivalenzpunkt einen zusätzlichen Wendepunkt am **Halbäquivalenzpunkt** (↑ 05, 06). Für Essigsäure liegt dieser bei pH = 4,75. Das entspricht zahlenmäßig dem pK_S-Wert der Essigsäure. Eine schwache Säure ist am Halbäquivalenzpunkt zur Hälfte neutralisiert, es ist c(HA) = $c(A^-)$. Damit ist die Pufferkapazität der Lösung maximal und die Titrationskurve besonders flach – der pH-Wert ändert sich trotz Zugabe der Maßlösung kaum. Aus dem pH-Wert am Halbäquivalenzpunkt der Titrationskurve kann direkt der pK_S-Wert einer schwachen Säure ermittelt werden.

TITRATIONSKURVEN VON BASEN Zur Bestimmung der Konzentration einer Base muss als Maßlösung die Lösung einer starken Säure bekannter Konzentration verwendet werden (↑ 06). Das NH_3-Molekül ist eine schwache Base, deshalb läuft vorwiegend folgende Reaktion ab:

$$NH_3(aq) + H_3O^+(aq) \longrightarrow H_2O(l) + NH_4^+(aq)$$

Der pH-Wert kann aus $c(NH_3)$ und $c(NH_4^+)$ mit der Henderson-Hasselbalch-Gleichung berechnet werden (↑ 07). Salzsäure und Ammoniaklösung haben

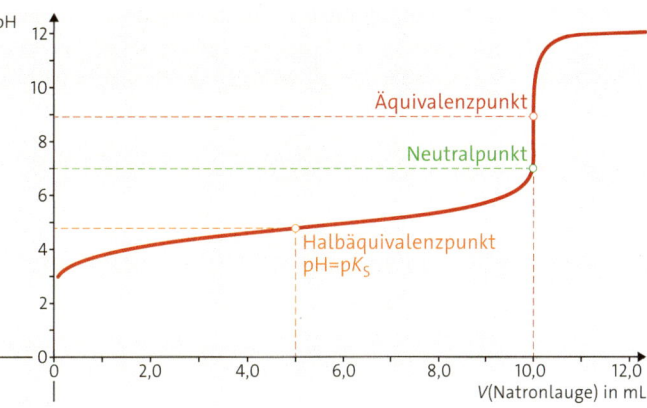

05 Titrationskurve einer Essigsäurelösung mit Natronlauge

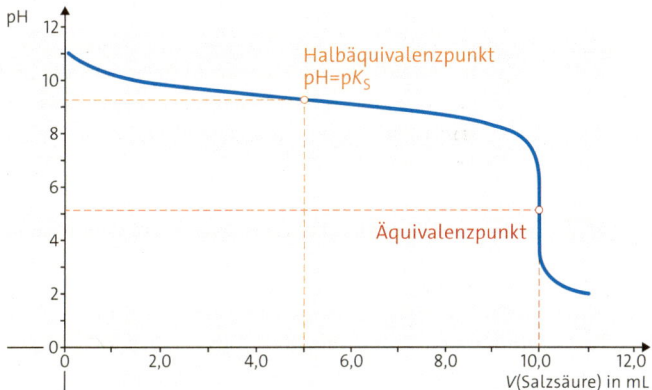

06 Titrationskurve einer Ammoniaklösung mit Salzsäure

Probelösung Ammoniaklösung $V = 10$ mL, $c_0(NH_3) = 0{,}1$ mol·L^{-1}, pK_S = 9,25					
V(Salzsäure) in mL, $c(H_3O^+) = 0{,}1$ mol·L^{-1}	0,0	1,0	5,0	9,0	10,0
c(B) in mol·L^{-1}	0,1	0,09	0,05	0,01	0
$c(HB^+)$ in mol·L^{-1}	0	0,01	0,05	0,09	0,1
pH-Wert der Lösung	11,1	10,2	9,2	8,3	5,1

07 Titration von Ammoniaklösung mit Salzsäure

Übung: Titrationskurven genauer betrachtet

die gleiche Konzentration und es reagieren gleiche Stoffmengen $n(NH_3)$ und $n(H_3O^+)$ miteinander. Der pH-Wert am Äquivalenzpunkt ist kleiner als 7, weil das entstehende Ammonium-Ion NH_4^+ eine schwache Säure ist.

1〉 50,0 mL einer Lösung von Perchlorsäure ($HClO_4$) werden bis zum Äquivalenzpunkt 12,0 mL Natronlauge ($c = 0{,}10$ mol·L^{-1}) zugesetzt, m(Perchlorsäurelsg.) = 50 g. Berechnen Sie Stoffmenge, Stoffmengenkonzentration und Massenanteil der Perchlorsäure in der Probe.

Halbtitration

Die **Halbtitration** ist ein analytisches Verfahren zur Bestimmung des pK_S-Werts einer schwachen Säure (HA) oder des pK_B-Werts einer schwachen Base (B). Für die Protolyse gilt:

Säure: $HA(aq) + H_2O(l) \longrightarrow H_3O^+(aq) + A^-(aq)$
Base: $B(aq) + H_2O(l) \longrightarrow OH^-(aq) + HB^+(aq)$

Am *Halbäquivalenzpunkt* ist die Konzentration von Säure und konjugierter Base bzw. Base und konjugierter Säure gleich groß. Es gilt:

$c(HA) = c(A^-) \Rightarrow \frac{c(HA)}{c(A^-)} = 1$ und $c(B) = c(HB^+) \Rightarrow \frac{c(B)}{c(HB^+)} = 1$

Nach der Henderson-Hasselbalch-Gleichung folgt:

$pH = pK_S(HA) + \lg\left[\frac{c(A^-)}{c(HA)}\right] = pK_S(HA) + \lg 1 = pK_S(HA)$

$pOH = pK_B(B) + \lg\left[\frac{c(HB^+)}{c(B)}\right] = pK_B(B) + \lg 1 = pK_B(B)$

> Beim Halbäquivalenzpunkt entspricht der pK_S-Wert einer schwachen Säure dem pH-Wert, der pK_B-Wert einer schwachen Base dem pOH-Wert.

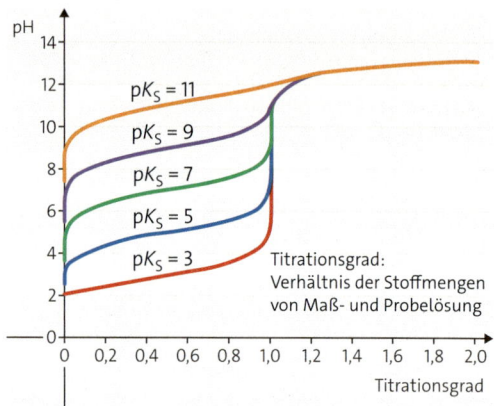

01 Titrationskurven schwacher Säuren mit Natronlauge in Abhängigkeit der pK_S-Werte

1) Begründen Sie, warum man mit diesem Verfahren den pK_S-Wert sehr schwacher Säuren, beispielsweise HPO_4^{2-} (pK_S = 12,36), nicht ermitteln kann.

EXP 4.13 pK_S-Bestimmung mit einem digitalen Messwerterfassungssytem

Materialien pH-Elektrode, Becherglas (250 mL), Bürette, Magnetrührer, Stativmaterial, ggf. Wandler, PC inkl. Software zur Messwerterfassung oder grafikfähiger Taschenrechner, Essigsäure (c = 1,0 mol·L^{-1}), Natronlauge (c = 1,0 mol·L^{-1}; 5), Pufferlösungen mit pH = 4 und pH = 9, Becherglas mit Wasser zum Spülen

Durchführung Schließen Sie ein pH-Messgerät mit einer pH-Elektrode entweder direkt oder über einen Wandler an einen PC mit geeigneter Software an. Nutzen Sie alternativ einen grafikfähigen Taschenrechner. Die Durchführung ist auch ohne digitale Erfassung möglich.

A Kalibrieren der pH-Elektrode: Tauchen Sie die pH-Elektrode in die Pufferlösung mit pH = 4. Warten Sie, bis die Anzeige einen stabilen Wert zeigt. Stellen Sie am Kalibrierregler des pH-Messgeräts (bzw. PC) den pH-Wert 4 ein. Wiederholen Sie den Vorgang mit einer Pufferlösung mit pH = 9. Zur Kontrolle wird erneut die Pufferlösung mit pH = 4 gemessen und ggf. nachgeregelt. Zwischen den Messungen spülen Sie die pH-Elektrode, indem Sie sie in einem Becherglas mit Spülwasser schwenken.

B Titration: Stellen Sie die Essigsäure im Becherglas bereit und füllen Sie die Natronlauge in die Bürette ein. Die Glaskugel des pH-Meters muss von Flüssigkeit bedeckt sein, sie darf aber den drehenden Rührstab nicht berühren. Starten Sie dann die Messung über den Startbutton der Software. Der pH-Wert für die Volumenzugabe 0 mL wird dabei erfasst. Nach Zugabe von jeweils 1 mL der Maßlösung über die Bürette wird erneut der Messwert erfasst.

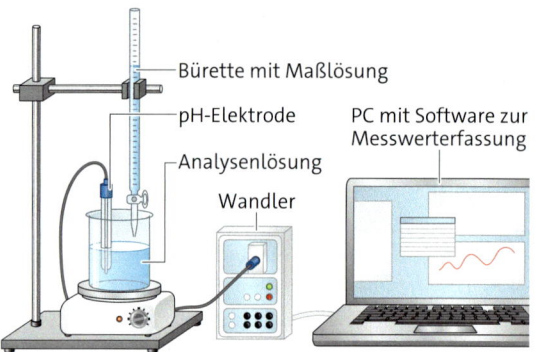

Geben Sie insgesamt etwa 20 mL Natronlauge hinzu, beenden Sie dann die Messung und speichern Sie die Messwerte sowie die Titrationskurve, die das System anzeigt.
Entsorgung: Lösungen in das Abwasser geben.

Auswertung

1) Nutzen Sie die Auswertungsroutinen der eingesetzten Messsoftware oder übertragen Sie die Messwerte in ein Tabellenkalkulationsprogramm.

2) Bestimmen Sie den Verbrauch an Natronlauge am Äquivalenzpunkt und vergleichen Sie diesen mit dem theoretisch zu erwartenden Wert.

3) Ermitteln Sie den pH-Wert am Halbäquivalenzpunkt der Titration und begründen Sie, warum dieser dem pK_S-Wert der Essigsäure entspricht.

4) Diskutieren Sie die ggf. auftretenden Abweichungen von den theoretisch zu erwartenden Werten.

Titrationskurven mehrprotoniger Säuren

Wenn sich die pH-Werte der verschiedenen Äquivalenzpunkte einer mehrprotonigen Säure ausreichend voneinander und vom pH-Wert der Maßlösung unterscheiden, dann sind die Äquivalenzpunkte in der Titrationskurve deutlich voneinander zu unterscheiden. Phosphorsäure hat drei *Protolysestufen:* Am ersten Äquivalenzpunkt liegt $H_2PO_4^-$, am zweiten HPO_4^{2-} und am dritten PO_4^{3-} vor. Die Säurestärken von H_3PO_4 mit pK_S = 2,1 und $H_2PO_4^-$ mit pK_S = 7,2 unterscheiden sich deutlich voneinander, weshalb der erste und der zweite Äquivalenzpunkt in der Titrationskurve gut zu erkennen sind (↑ 02).

HPO_4^{2-} ist eine schwache Säure mit pK_S = 12,2. Der pH-Wert am dritten Halbäquivalenzpunkt, bei dem die Konzentrationen von HPO_4^{2-} und PO_4^{3-} gleich sind (V = 25,0 mL; pH = 12,2), liegt bereits dicht am möglichen pH-Wert der Lösung, wenn mit Natronlauge titriert wird ($c(OH^-)$ = 0,1 mol·L^{-1}; pH = 13). Dadurch zeichnet sich der dritte Äquivalenzpunkt (V = 30,0 mL) in der Kurve nicht mehr ab.

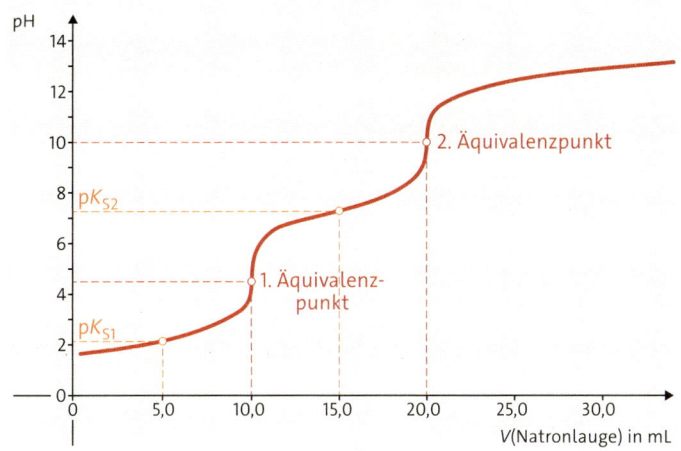

02 Titrationskurve einer Phosphorsäurelösung mit Natronlauge

INTERPRETATION VON TITRATIONSKURVEN In einer Titrationskurve stecken zahlreiche Informationen. Sie ermöglichen in vielen Fällen nicht nur, die Konzentration einer Säure oder Base zu ermitteln, sondern auch, um welche Säure bzw. Base es sich handelt. Wir betrachten ein Fallbeispiel:
Eine Chemielehrerin übernimmt die Chemiesammlung, die sich in keinem guten Zustand befindet. Unter anderem haben sich von vier Flaschen im Säureschrank die Etiketten gelöst. Es handelt sich um:
- Essigsäure, w = 100 %
- Essigsäure, w = 50 %
- Milchsäure, w = 90 %
- Milchsäure, w = 75 %

Die Chemielehrerin möchte herausfinden, welche Flasche zu welchem Etikett gehört. Dazu muss sie folgende Fragen klären:
- Um welche Säure handelt es sich?
- Wie groß ist der Massenanteil?

Sie recherchiert die pK_S-Werte von Essigsäure (pK_S = 4,75) und Milchsäure (pK_S = 3,85), einer einprotonigen Säure. Sie entnimmt 1,000 g des Stoffs aus der ersten Flasche, löst ihn in Wasser und titriert mit Natronlauge (c = 1,0 mol·L^{-1}). Es läuft folgende Reaktion ab:

$$HA(aq) + OH^-(aq) \longrightarrow H_2O(l) + A^-(aq)$$

Eine Auftragung des pH-Werts gegen das Volumen der Natronlauge zeigt die in ↑ 03 abgebildete Kurve. Die Auswertung der Titration ergibt folgende Daten:
- V(Natronlauge, Ä.p.) = 8,50 mL = 0,008 50 L
- V(Natronlauge, Halb-Ä.p.) = 4,25 mL
- pH(Halb-Ä.p.) = pK_S = 3,9

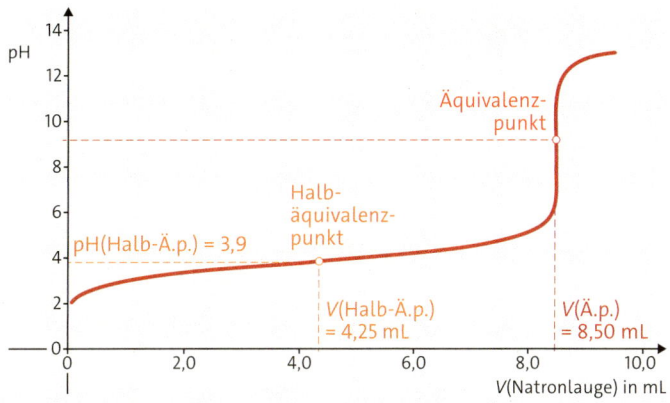

03 Zu welcher Lösung gehört diese Titrationskurve?

Damit handelt es sich sehr wahrscheinlich um eine Lösung von Milchsäure und nicht von Essigsäure. Nun recherchiert sie noch die molare Masse von Milchsäure (M = 90,1 g·mol^{-1}), um den Massenanteil der Milchsäure bestimmen zu können.

$n(HA) = n(OH^-, Ä.p.) = c \cdot V$ = 0,008 50 mol
m(Milchsäure) = $n(HA) \cdot M(HA)$ = 0,766 g

$$w(\text{Milchsäure}) = \frac{m(\text{Milchsäure})}{m(\text{Lösung})} = 76{,}6\ \%$$

Es handelt sich wohl um Milchsäure, w = 75 %.

1〉 Auf einer Flasche ist nicht mehr zu erkennen, ob es sich um eine Lösung von Perchlorsäure ($HClO_4$, pK_S = –10) oder Propionsäure ($CH_3CH_2CO_2H$, pK_S = 4,87) handelt. Auch Konzentrationsangaben fehlen. Beschreiben Sie ein Experiment, mit dem Sie eine eindeutige Unterscheidung treffen können. Geben Sie auch die prognostizierten Beobachtungen an.

4.12 Konduktometrie

Will man den Säuregehalt einer intensiv gefärbten Lösung, z. B. des roten Speiseessigs *Aceto Balsamico*, bestimmen, ist die Titration mit einem Indikator ungeeignet. Der Farbumschlag des Indikators ließe sich nicht eindeutig erkennen.

Eine Alternative zur Titration mit einem Indikator ist neben der pH-metrischen Titration die *Leitfähigkeitstitration* oder **Konduktometrie** (↑ Exp. 4.14). Dabei nutzt man die Tatsache aus, dass für eine verdünnte Lösung gilt: Je höher die Konzentration und Beweglichkeit der gelösten Ionen, umso größer ist die *elektrische Leitfähigkeit*, wobei sich die Beiträge der einzelnen Ionen addieren. Für Lösungen wird sie meist auf einen (gedachten) Würfel der Kantenlänge 1 cm bezogen und dann in der Einheit mS · cm^{-1} angegeben. In der Praxis wird oft einfach die Stromstärke bei Anlegen einer konstanten äußeren Wechselspannung in einer Lösung gemessen, da diese proportional zur Leitfähigkeit ist.

Die elektrische Leitfähigkeit ist der Kehrwert des Widerstands. Sie wird in der Einheit Siemens (S) angegeben.

STARKE SÄUREN In einer Säure-Base-Titration werden H$_3$O$^+$-Ionen bzw. OH$^-$-Ionen der Lösung durch andere Ionen ersetzt. Salzsäure ist vollständig protolysiert. Sie enthält H$_3$O$^+$- und Cl$^-$-Ionen. Gibt man Natronlauge dazu, die Na$^+$- und OH$^-$-Ionen enthält, so läuft die Neutralisationsreaktion ab:

$$H_3O^+(aq) + OH^-(aq) \longrightarrow 2\,H_2O(l)$$

In der Lösung werden also die H$_3$O$^+$-Ionen der Salzsäure durch Na$^+$-Ionen aus der Natronlauge ersetzt. H$_3$O$^+$-Ionen sind aber viel beweglicher, da sie im elektrischen Feld nicht real wandern müssen, sondern die Ladung quasi weiterreichen (↑ 04). Sie tragen damit mehr zur elektrischen Leitfähigkeit der Lösung bei als Na$^+$-Ionen (↑ 03). Das hat zur Folge, dass die elektrische Leitfähigkeit der Lösung sinkt. Erst wenn der Äquivalenzpunkt der Reaktion erreicht ist, steigt die elektrische Leitfähigkeit wieder an. Die nun zugesetzten OH$^-$-Ionen können nicht mehr reagieren und tragen ebenfalls zur Leitfähigkeit bei. Der Äquivalenzpunkt ist damit am Minimum der elektrischen Leitfähigkeit zu erkennen (↑ 01). Er lässt sich durch den Schnittpunkt der beiden Tangenten an der Kurve ermitteln.

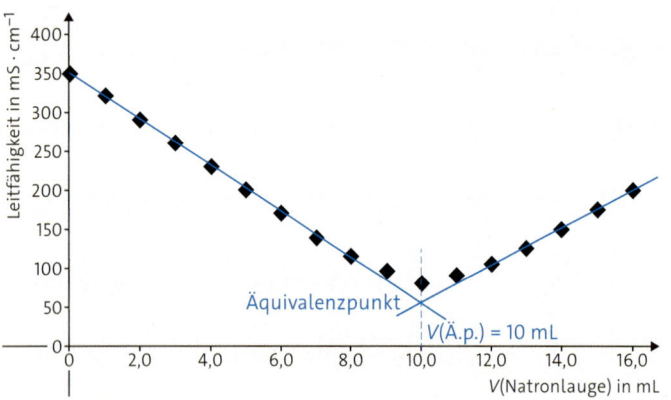

01 Leitfähigkeitstitration einer Salzsäurelösung mit Natronlauge

> **P EXP 4.14 Leitfähigkeitstitration**
>
> **Materialien** Becherglas (100 mL), Vollpipette (20 mL), Bürette mit Stativ, Leitfähigkeitselektrode mit Display, Natronlauge (c = 0,1 mol · L^{-1}; **5**), Salzsäure (c = 0,1 mol · L^{-1})
>
> **Durchführung** Geben Sie mit der Bürette 20 mL Salzsäure ins Becherglas und füllen Sie mindestens 30 mL Natronlauge in die Bürette. Tauchen Sie die Leitfähigkeitselektrode in die Salzsäure und notieren Sie den ersten Wert (V = 0 mL).
> Geben Sie die Natronlauge in Portionen von 1 mL dazu. Homogenisieren Sie die Lösung nach jeder Zugabe durch vorsichtiges Schwenken und notieren Sie die Leitfähigkeit. Verfahren Sie so, bis Sie 30 mL Natronlauge zugesetzt haben.
>
> **Auswertung**
> 1. Erfassen Sie die Messwerte tabellarisch. Erstellen Sie aus den Werten eine Titrationskurve. Das Volumen der Natronlauge wird auf der *x*-Achse, die Leitfähigkeit auf der *y*-Achse aufgetragen.
> 2. Bestimmen Sie über die Methode des Schnittpunkts der Tangenten den Äquivalenzpunkt und vergleichen Sie den Wert mit dem von Ihnen erwarteten Wert.

SCHWACHE SÄUREN Da die Protolyse nur zu einem sehr geringen Teil abläuft, liegen in der Lösung nur wenige Oxonium- und Säurerest-Ionen vor. Die Leitfähigkeit ist gering. Bei Zugabe von Natronlauge werden die Oxonium-Ionen neutralisiert und aus dem Protolysegleichgewicht der Säure nachgebildet. Die Leitfähigkeit nimmt zu, da die Ionenkonzentration der Lösung bis zum Erreichen des Äquivalenzpunkts vor allem durch Na$^+$-Ionen aus der Natronlauge und die aus der Säureprotolyse nachgebildeten Säurerest-Ionen ansteigt (↑ 02).

$$HA(aq) + H_2O(l) \longrightarrow H_3O^+(aq) + A^-(aq)$$
$$H_3O^+(aq) + Na^+(aq) + OH^-(aq) \longrightarrow 2\,H_2O(l) + Na^+(aq)$$

Nach Erreichen des Äquivalenzpunkts steigt die Leitfähigkeit deutlich stärker an, da jetzt weiter Hydroxid-Ionen in die Lösung gelangen, die nicht mehr durch Reaktion mit Oxonium-Ionen zu Wasser umgesetzt werden. Auch Hydroxid-Ionen haben eine große relative Ionenbeweglichkeit, da sie analog zu Oxonium-Ionen die Ladung weiterreichen können.

4.12 Konduktometrie

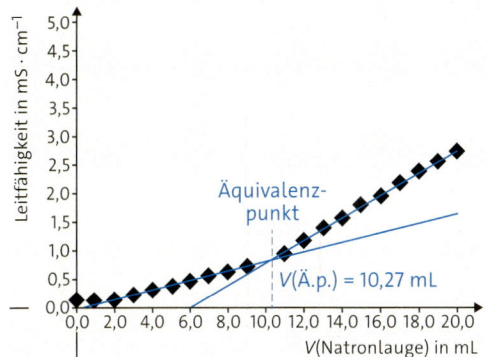

02 Leitfähigkeitstitration von Essigsäure mit Natronlauge

04 Ladungstransport im elektrischen Feld durch Bildung neuer Oxonium-Ionen

TITRATIONEN IM VERGLEICH Die drei zuvor behandelten Methoden der Titration unterscheiden sich vor allem durch die Art der Bestimmung des Äquivalenzpunkts:

- **Titration mit Indikator:** Der Äquivalenzpunkt wird durch Farbumschlag eines Indikators erkannt. Dieser muss so eindeutig sein, dass das Auge ihn leicht erkennen kann (farblos ⇨ blau oder gelb ⇨ blau) und der Indikator muss im pH-Bereich des Äquivalenzpunkts umschlagen.
- **pH-metrische Titration:** Der Äquivalenzpunkt wird durch den Wendepunkt der pH-Kurve im Bereich des pH-Sprungs bestimmt. Die Methode liefert zudem bei schwachen Säuren oder Basen Informationen zum pK-Wert, der mit dem pH-Wert am Halbäquivalenzpunkt übereinstimmt (↑ S. 113).
- **Leitfähigkeitstitration:** Der Äquivalenzpunkt wird durch den Schnittpunkt zweier Geraden (linearer Kurvenäste) bestimmt. Das ist in der Regel einfacher und oft genauer als die Bestimmung eines Wendepunkts. Insbesondere bei geringen pH-Sprüngen oder kleinen Konzentrationen ist die Leitfähigkeitstitration die geeignetere Methode.

KONZENTRATIONSBERECHNUNG BEI MEHRPROTONIGEN SÄUREN Für die Neutralisation einer Probe von 25 mL Schwefelsäurelösung (H_2SO_4) werden als Maßlösung 30 mL Natronlauge (NaOH, $c = 0{,}1 \text{ mol} \cdot L^{-1}$) benötigt. Bei der Neutralisation der zweiprotonigen starken Säure werden pro Schwefelsäure-Molekül zwei Hydroxid-Ionen umgesetzt:

$$H_2SO_4(aq) + 2\, OH^-(aq) \rightarrow SO_4^{2-}(aq) + 2\, H_2O(l)$$

Daher gilt hier am Äquivalenzpunkt:
$2\, n(H_2SO_4) = n(OH^-)$ bzw. $n(H_2SO_4) = \tfrac{1}{2} n(OH^-)$

Mit $n = c \cdot V$ folgt:
$c(H_2SO_4) \cdot V(H_2SO_4) = \tfrac{1}{2} c(OH^-) \cdot V(\text{Natronlauge})$

$$c(H_2SO_4) = \frac{\tfrac{1}{2} n(NaOH) \cdot V(\text{Natronlauge})}{V(H_2SO_4)}$$

$$= \frac{\tfrac{1}{2}\, 0{,}1 \text{ mol} \cdot L^{-1} \cdot 30 \text{ mL}}{25 \text{ mL}} = 0{,}6 \text{ mol} \cdot L^{-1}$$

Die Probelösung hat eine Konzentration von $c(H_2SO_4) = 0{,}6 \text{ mol} \cdot L^{-1}$.

Für die Auswertung ist es wichtig zu wissen, bei welchem pH-Wert der eingesetzte Indikator umschlägt, da man nur dann beurteilen kann, wie viele Oxonium-Ionen bis dahin umgesetzt wurden.

Ion	v_r	Ion	v_r
H_3O^+(aq)	1,000	OH^-(aq)	0,552
Na^+(aq)	0,138	F^-(aq)	0,148
K^+(aq)	0,205	Cl^-(aq)	0,208
Mg^{2+}(aq)	0,286	SO_4^{2-}(aq)	0,434
Ca^{2+}(aq)	0,324	CO_3^{2-}(aq)	0,384

03 Relative Ionenbeweglichkeiten (v_r) in wässriger Lösung bei 18 °C

1) Diagramm ↑ **01** stammt aus einer Leitfähigkeitstitration von Salzsäure mit Natronlauge ($c = 0{,}1 \text{ mol} \cdot L^{-1}$). Ermitteln Sie die Stoffmenge des gelösten Chlorwasserstoffs.

2) Begründen Sie, dass die Konduktometrie für die Lösung einer starken Säure genauere Ergebnisse liefert als für eine schwache Säure.

3) Bestimmen Sie die Konzentration einer Calciumhydroxidlösung, wenn zur Neutralisation einer Probe von $V = 50$ mL genau 18 mL Salzsäure ($c = 0{,}05 \text{ mol} \cdot L^{-1}$) benötigt werden.

4.13 Säure-Base-Indikatoren

01 Rotkohlsaft bei verschiedenen pH-Werten und die dazu passenden Strukturformeln des Indikator-Moleküls Cyanidin

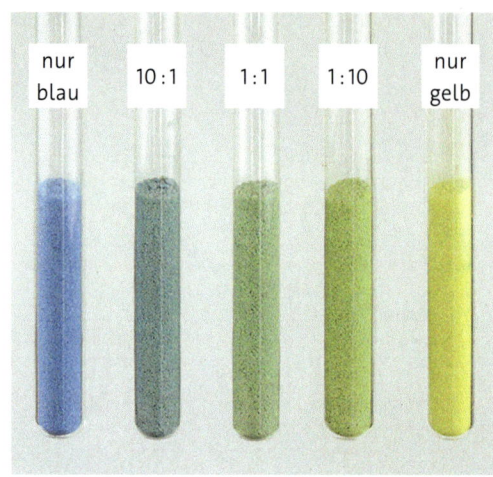

03 Modell „Kreidepulver" zur Verdeutlichung des Farbumschlags eines Indikators

ROTKOHL ODER BLAUKRAUT? Wird Rotkohl mit Essig zubereitet, dann nimmt er wegen der sauren Lösung eine rote Farbe an. In traditionell bayrischen oder schwäbischen Rezepten spricht man von „Blaukraut". Hier findet sich beispielsweise Natron als Zutat, das zu einer schwach alkalischen Lösung führt.

Verantwortlich für die unterschiedliche Farbe des Rotkohlsafts in saurer und alkalischer Lösung sind die in ihm enthaltenen Anthocyanfarbstoffe wie Cyanidin (↑ 01). Aufgrund ihres Verhaltens handelt es sich bei diesen Farbstoffen um **Säure-Base-Indikatoren**.

pH-INDIKATOREN SIND SÄUREN ODER BASEN Die Farbänderung von Indikatorlösungen mit dem pH-Wert deutet darauf hin, dass es sich bei den Indikator-Molekülen um Säuren oder Basen handelt. Durch Abgabe bzw. Aufnahme eines Protons verändert sich ihre Molekülstruktur, was zu Veränderungen in der Farbe der Lösung führt.

HInd(aq) + H_2O(l) ⇌ H_3O^+(aq) + Ind^-(aq)
Ind^-(aq) + H_2O(l) ⇌ OH^-(aq) + HInd(aq)

$pH - pK_S$	$\lg \frac{c(Ind^-)}{c(HInd)}$	$\frac{c(Ind^-)}{c(HInd)}$
1	1	10
0	0	1
−1	−1	0,1

02 Zusammenhang zwischen der Differenz von pH- und pK_S-Wert und dem Konzentrationsverhältnis von Indikatorbase zu Indikatorsäure

„HInd" ist die Kurzschreibweise für die Molekülformel einer Indikatorsäure, „Ind^-" steht für die konjugierte Indikatorbase. Mehrprotonige Indikatorsäuren können als H_2Ind, H_3Ind usw. abgekürzt werden.

pK_S-WERT UND UMSCHLAGBEREICH Die Lage der Säure-Base-Gleichgewichte hängt neben dem pH-Wert auch von pK_S(HInd), dem pK_S-Wert der Indikatorsäure, ab. Aus der Henderson-Hasselbalch-Gleichung folgt:

$$pH = pK_S(HInd) + \lg \frac{c(Ind^-)}{c(HInd)} \text{ bzw.}$$

$$pH - pK_S(HInd) = \lg \frac{c(Ind^-)}{c(HInd)}$$

Die Differenz aus pH- und pK_S-Wert bestimmt den Konzentrationsquotienten von Indikatorbase und Indikatorsäure, wie die Beispiele in Tabelle ↑ 02 zeigen.

Bei kleinen pH-Werten wird die Farbe der Indikatorlösung von HInd dominiert, bei großen pH-Werten von Ind^-. Liegt der pH-Wert um eins unter dem pK_S-Wert, dann ist c(HInd) zehnmal so groß wie c(Ind^-), liegt er um eins über dem pK_S-Wert, dann sind die Verhältnisse umgekehrt. Im pH-Wert-Bereich dazwischen liegt der Umschlagbereich. In ihm ändert sich die Farbe der Indikatorlösung (↑ 03). Breite und Symmetrie des Umschlagbereichs um den pK_S-Wert hängen auch von der Intensität der Farben ab, die von HInd bzw. Ind^- verursacht werden.

> Der Umschlagbereich eines pH-Indikators liegt etwa 2 pH-Einheiten um pK_S(HInd).

SÄURE-BASE-TITRATIONEN MIT PH-INDIKATOR

An den Äquivalenzpunkten sind Titrationskurven besonders steil. Hier ändern sich die pH-Werte schon bei Zugabe geringer Stoffmengen von Oxonium- oder Hydroxid-Ionen sehr stark. Dieses Phänomen kann genutzt werden, um den Äquivalenzpunkt mithilfe eines geeigneten Indikators zu ermitteln. Dazu muss sein Umschlagbereich im erwähnten pH-Sprungbereich liegen, damit sich die Farbe der Lösung am Reaktionsende verändert (↑ 04, 05). Für die Titration von Essigsäure mit Natronlauge ist beispielsweise Thymolphthalein als Indikator geeignet, Bromkresolgrün hingegen nicht.

Da die Indikatorsäure bzw. -base ebenfalls mit den zugesetzten Hydroxid- bzw. Oxonium-Ionen reagiert, verfälscht ein Indikator das Titrationsergebnis. Deshalb muss die Stoffmenge des Indikators sehr klein im Vergleich zur titrierten Säure oder Base sein. Daraus folgt auch, dass Indikatorlösungen schon in sehr geringer Konzentration farbig sein müssen.

ELEKTRONISCHE STRUKTUREN MACHEN DEN UNTERSCHIED

Es gibt zahlreiche bekannte pH-Indikatoren. Ihre Moleküle haben eine Gemeinsamkeit: Sie verfügen über planare, delokalisierte π-Elektronensysteme, an denen auch freie Elektronenpaare von Sauerstoff- oder Stickstoff-Atomen beteiligt sind (↑ 01). Je ausgedehnter und elektronenreicher das π-Elektronensystem ist, umso geringer ist die Energie der absorbierten Photonen, d. h., das absorbierte Licht ist zum roten Ende des sichtbaren Spektrums verschoben. Kleinere und elektronenärmere π-Elektronensysteme führen hingegen zur Absorption am violetten Ende des sichtbaren Spektralbereichs oder im ultravioletten Bereich.

Im Molekül der Indikatorsäure von Phenolphthalein sind die kleinen π-Elektronensysteme der Phenylringe durch das zentrale sp^3-hybridisierte Kohlenstoff-Atom voneinander isoliert (↑ 06). Die Lösungen der Indikatorsäure absorbieren kein sichtbares Licht und erscheinen farblos. In der Indikatorbase verbindet das sp^2-hybridisierte C-Atom die π-Elektronensysteme der Phenylringe zu einem ausgedehnten System. Die Lösung der Indikatorbase absorbiert sichtbares Licht und erscheint farbig.

1) Die Moleküle des Indikators Thymolblau sind zweiprotonige Säuren, H_2Ind: $pK_{S1} = 2{,}0$; $pK_{S2} = 8{,}8$. Geben Sie Schätzungen für die beiden Umschlagbereiche des Indikators an.

2) Ammoniaklösung wurde mit Salzsäure titriert.

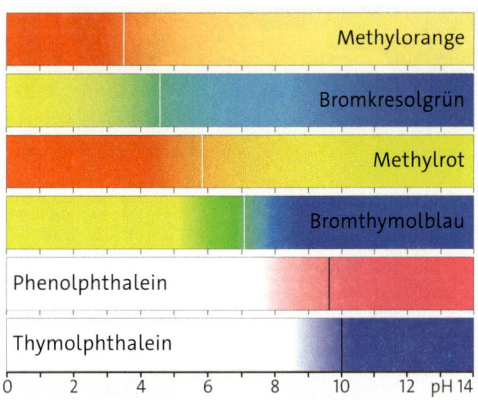

04 Beispiele für Indikatoren und Umschlagbereiche. Die Linien zeigen bei $c(Ind^-) = c(HInd)$ die jeweiligen pK_S-Werte an.

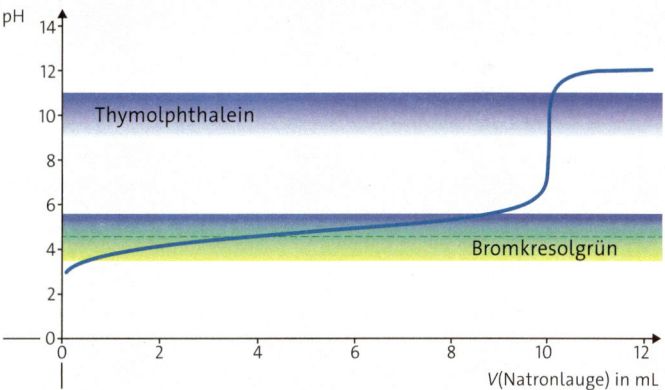

05 Thymolphthalein besitzt bei dieser Säure-Base-Titration einen passenden Umschlagbereich – Bromkresolgrün dagegen nicht.

06 Molekülstrukturen von Phenolphthalein

a Formulieren Sie die Reaktionsgleichung und geben Sie an, welche Verbindung am Äquivalenzpunkt in der Lösung gelöst vorliegt.
b Am Äquivalenzpunkt liegt diese Verbindung mit der Konzentration $c = 1{,}0\ mol \cdot L^{-1}$ vor. Berechnen Sie den pH-Wert der Lösung.
c Wählen Sie aus Bild ↑ 04 einen geeigneten Indikator aus, um durch Farbumschlag den Äquivalenzpunkt der Titration festzustellen.

4.14 Universalindikator unter der Lupe

01 Chromatogramm von Blattgrün

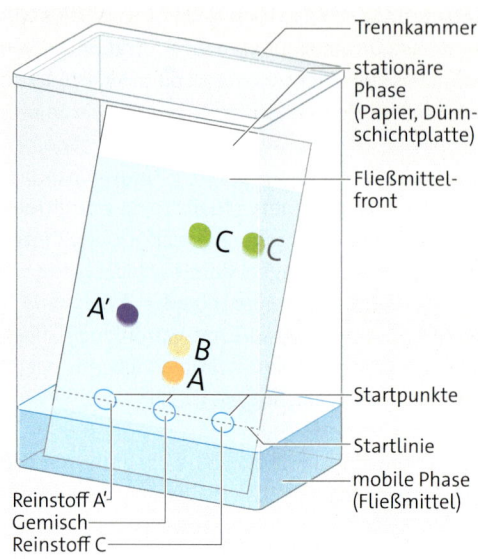

02 Versuchsaufbau zur Dünnschichtchromatografie

Farbverlauf des Universalindikators, ↑ S. 86

DAS „GEHEIMNIS" DES REGENBOGENS Die meisten Indikatoren haben nur einen Umschlagbereich. Bei einigen wenigen (z. B. Thymolblau) handelt es sich um zweiprotonige Säuren, die zwei Umschlagbereiche haben. Beim Universalindikator hingegen kann man alle ganzzahligen pH-Werte zwischen 0 und 10 sowie die pH-Werte 12 und 14 farblich unterscheiden. Der Farbverlauf ähnelt dabei dem des Regenbogens.

Der Universalindikator ist eine Mischung verschiedener Indikatoren, die unterschiedliche Umschlagbereiche haben. Um herauszufinden, welche Indikatoren das sind, müssen sie voneinander getrennt werden. Dazu wird ein spezielles Trennverfahren benutzt: die Chromatografie.

CHROMATOGRAFIE Der Begriff Chromatografie ist griechischen Ursprungs und bedeutet „mit Farben schreiben". Er bezeichnet ein Stofftrennverfahren, das zunächst zur Trennung von Farbstoffgemischen wie dem Blattgrün verwendet wurde (↑ 01). Mittlerweile ist die Chromatografie ein fester Bestand der modernen Analytik und nicht auf die Trennung von Farbstoffgemischen beschränkt.

EIN STÄNDIG GESTÖRTES GLEICHGEWICHT Die Stofftrennung durch Chromatografie beruht auf der ständigen Einstellung und Störung des Verteilungsgleichgewichts der zu trennenden Stoffe an der Grenzfläche zwischen zwei Phasen. Die **stationäre Phase** ist fest, die **mobile Phase** ist bei der Flüssigkeitschromatografie flüssig und strömt über die stationäre Phase. Das Lösungsmittel, aus dem die mobile Phase besteht, wird als **Fließmittel** bezeichnet. Das Verteilungsgleichgewicht

$$A(\text{stationäre Phase}) \rightleftarrows A(\text{mobile Phase})$$

an einer bestimmten Stelle wird gestört, indem die mobile Phase mit dem gelösten A durch die nachströmende mobile Phase verdrängt wird. Die Lösung mit A kommt in Kontakt mit einem anderen Teil der stationären Phase. Dort beginnt sich das Gleichgewicht erneut einzustellen, wird aber durch nachströmendes Fließmittel wieder gestört.

Handelt es sich bei der stationären Phase um einen hydrophilen und bei der mobilen Phase und einen hydrophoben Stoff, dann bindet ein hydrophiler Stoff A bevorzugt an die stationäre Phase. Sein Verteilungsgleichgewicht liegt entsprechend links. Die Strecke, um die ihn die mobile Phase in einer bestimmten Zeit in Strömungsrichtung transportiert, ist eher klein. Ein hydrophober Stoff B hingegen wird sich gut in der mobilen Phase lösen. Sein Verteilungsgleichgewicht liegt rechts und er wird von der mobilen Phase deutlich weitertransportiert.

Sind die Konstanten des Verteilungsgleichgewichts für zwei Stoffe A und B verschieden, so können sie durch das Verfahren der Chromatografie getrennt werden.

> Chromatografie ist ein Stofftrennverfahren. Man nutzt aus, dass verschiedene Reinstoffe unterschiedlich stark an die stationäre Phase binden bzw. sich unterschiedlich gut in der mobilen Phase lösen.

SIMULATION EINER CHROMATOGRAFIE Ein einfaches Modell verdeutlicht das Trennprinzip. Anstatt von einem kontinuierlichen Fluss der mobilen Phase auszugehen, wird ein stufenweises Fortschreiten angenommen (↑ 03). Wenn das Verteilungsgleichgewicht erreicht ist, schreitet die mobile Phase jeweils um eine Stufe weiter. Es kommt neues Fließmittel auf die erste Stufe und das Verteilungsgleichgewicht stellt sich auf allen Stufen neu ein.

Das fiktive Gemisch besteht aus einem blauen Stoff A und einem orangen Stoff B. Für A liegt das Verteilungsgleichgewicht links, für B rechts. Für die Gleichgewichtskonstanten der Verteilung werden folgende Werte angenommen:

$$K(A) = \frac{c(A, \text{mob. Phase})}{c(A, \text{stat. Phase})} = 0{,}1$$

$$K(B) = \frac{c(B, \text{mob. Phase})}{c(B, \text{stat. Phase})} = 10$$

- Zu Beginn liegen A und B auf der ersten Stufe vor (↑ 03, oben). Von A befinden sich $\frac{1}{11}$, von B $\frac{10}{11}$ in der mobilen Phase.
- Die mobile Phase wird durch neues Fließmittel um eine Stufe weitergeschoben und das Gleichgewicht stellt sich neu ein (↑ 03, Mitte). Auf der 1. Stufe überwiegt nun A, auf der 2. Stufe B.
- Nach neun Wiederholungen erhält man das fertige „Chromatogramm" (↑ 03, unten). Während A kaum transportiert wurde, befindet sich B fast vollständig auf den letzten drei Stufen. Die Stoffe wurden erfolgreich getrennt.

PAPIER- UND DÜNNSCHICHTCHROMATOGRAFIE
Die Trennung der Stoffe erfolgt bei der **Papierchromatografie** auf Papier und bei der **Dünnschichtchromatografie (DC)** auf dünnen Schichten aus Aluminiumoxid oder Cellulose (↑ 02). Kapillarkräfte sorgen für das Fortschreiten der mobilen Phase. Die Stofftrennung gelingt umso besser, je kleiner die Poren der dünnen Schicht sind. Die mobile Phase fließt so langsamer und das Verteilungsgleichgewicht kann sich besser einstellen. Für ein gutes Ergebnis muss die Trennkammer vorher mit dem Dampf des Fließmittels gesättigt werden.

Die Geschwindigkeit, mit der ein Stoff mit der mobilen Phase entlang des Trägermaterials fließt, ist für jeden Stoff charakteristisch. Zur Auswertung eines Chromatogramms kann der **Retentionsfaktor R_f** bestimmt werden. Damit lassen sich einzelne Stoffe durch Vergleich mit tabellierten Werten identifizieren.

$$R_f = \frac{\text{Entfernung Startpunkt} - \text{Stoff}}{\text{Entfernung Startpunkt} - \text{Fließmittel}}$$

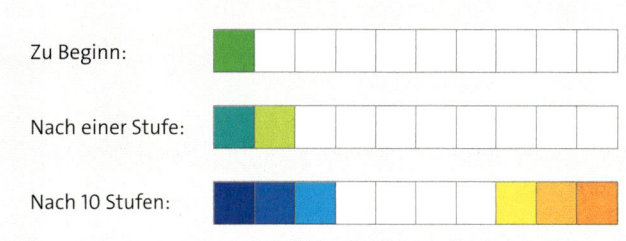

Zu Beginn:

Nach einer Stufe:

Nach 10 Stufen:

03 Stufensimulation einer Chromatografie

EXP 4.15 Chromatografische Trennung des Universalindikators

Materialien 3 Chromatografiekammern, DC-Platten (cellulosebeschichtet) oder rechteckiges Filterpapier (4 cm × 8 cm), Glaskapillaren zum Auftragen der Lösungen, 2 Pasteurpipetten, weicher Bleistift, Lineal; Fließmittel: Natronlauge (c(NaOH) = 0,1 mol·L^{-1}; **7**) und Ethanol (**2, 7**), im Volumenverhältnis 10:1 gemischt; konz. Salzsäure (**5, 7**), konz. Ammoniaklösung (**7, 9**); Indikatorlösungen: Universalindikator, Bromthymolblau, Methylorange (**6**), Methylrot, Phenolphthalein (**2, 8, 7**)

Durchführung Füllen Sie in die erste Chromatografiekammer so viel Fließmittel, dass es ca. 0,5 cm hoch darin steht. Geben Sie in die zweite 5 Tropfen konzentrierte Salzsäure und in die dritte 5 Tropfen konzentrierte Ammoniaklösung und verschließen Sie die Kammern.

Ziehen Sie mit dem weichen Bleistift auf der DC-Platte eine feine (!) Linie parallel zur kurzen Seite und etwa 1 cm von ihr entfernt. Die Celluloseschicht darf nicht beschädigt werden! Markieren Sie auf der Linie mit feinen (!) Strichen fünf Startpunkte. Tragen Sie mithilfe der Kapillaren die Indikatorlösungen auf die Startpunkte auf. Kennzeichnen Sie an der oberen Kante, welcher Indikator wo aufgetragen wurde.

Stellen Sie die DC-Platte mit der Startlinie nach unten in die Chromatografiekammer mit dem Fließmittel und verschließen sie diese wieder. Die Startpunkte dürfen dabei nicht in das Fließmittel eintauchen! Nach 10–15 min hat die Fließmittelfront etwa ¾ der Höhe der Platte erreicht. Nehmen Sie die Platte heraus und kennzeichnen Sie mit dem Bleistift den Stand der Fließmittelfront.

Auswertung
1⟩ Bestimmen Sie die R_f-Werte der Indikatoren und der Komponenten des Universalindikators.
2⟩ **a** Überprüfen Sie durch Farbumschläge, ob Farbstoffe mit ähnlichen R_f-Werten gleich sind. Geben Sie die DC-Platte dazu zunächst kurz in die Kammer mit konzentriertem Ammoniak und dann in die Kammer, in der sich die konzentrierte Salzsäure befindet.
b Begründen Sie, welche der vier Indikatoren Bestandteile des Universalindikators sind und welche nicht.

Klausurtraining

Material C Die clevere Assistentin

Essigsäure 200 mL
[CH_3–COOH, $M = 60\,g\cdot mol^{-1}$
$\varrho = 1{,}05\,kg\cdot L^{-1}$; $pK_S = 4{,}75$]
Essigsäurelösung 1 L
[$c = 2{,}0\,mol\cdot L^{-1}$]
Natriumhydroxid 500 g
[NaOH, $M = 40\,g\cdot mol^{-1}$]
Natronlauge 2 L
[$c = 1{,}0\,mol\cdot L^{-1}$]

C1.1 Viele Chemikalien, aber keine Pufferlösung

Im Labor wird ein Liter eines Essigsäure-Acetat-Puffers benötigt, der 0,5 mol Essigsäure-Moleküle und 0,5 mol Acetat-Ionen enthält. Eine Recherche im Chemikalienbestand zeigt der chemisch-technischen Assistentin, dass eine fertige Pufferlösung und Acetatsalze wie Natriumacetat fehlen. Sie notiert daraufhin vorhandene Chemikalien, die sie für nützlich hält, um das Problem zu lösen (↑ **C1.1**). Neben diesen Chemikalien stehen der Assistentin destilliertes Wasser und übliche Laborgeräte, vor allem solche zum Messen von Masse und Volumen, zur Verfügung.

AUFGABEN ZU C

1) a Geben Sie die zum Puffer passende Henderson-Hasselbalch-Gleichung an und berechnen Sie den pH-Wert der benötigten Pufferlösung.
b Erläutern Sie, wie sich der pH-Wert und die Pufferkapazität der Pufferlösung verändern, wenn statt 0,5 mol nur 0,05 mol Essigsäure-Moleküle und Acetat-Ionen in einem Liter enthalten sind.
2) a Erläutern Sie anhand einer Reaktionsgleichung, wie es der Assistentin gelingt, mithilfe der vorhandenen Chemikalien Acetat-Ionen zu erzeugen.
b Schildern Sie eine Vorgehensweise, um die Pufferlösung herzustellen. Geben Sie dabei auch die Massen bzw. Volumina der Stoffe an, die Sie einsetzen.
c Schildern Sie eine zu Aufgabenteil **b** alternative Vorgehensweise, bei der Sie mindestens eine Chemikalie durch eine andere auf der Liste ersetzen.
3) Der Pufferlösung werden 0,1 mol Oxonium-Ionen zugesetzt.
a Erstellen Sie die Reaktionsgleichung der daraufhin ablaufenden chemischen Reaktion.
b Berechnen Sie den neuen pH-Wert der Lösung.

Material D Puffer in der Analytik

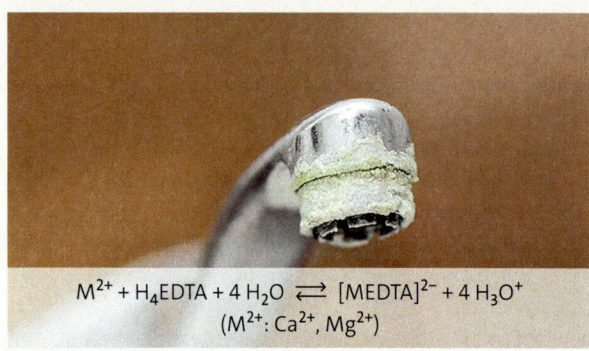

$$M^{2+} + H_4EDTA + 4\,H_2O \rightleftarrows [MEDTA]^{2-} + 4\,H_3O^+$$
(M^{2+}: Ca^{2+}, Mg^{2+})

D1.1 Bestimmung der Wasserhärte mit H_4EDTA

Sehr hartes Wasser stellt in vielen Anwendungen ein Problem dar. Zur Bestimmung der „Wasserhärte" muss gemessen werden, wie groß die Konzentration von Mg^{2+}- und Ca^{2+}-Ionen ist. Ein Verfahren basiert darauf, diese Ionen an die Moleküle von H_4EDTA (Ethylendiamintetraessigsäure; ↑ **D1.1**) zu binden.

Um die entstehenden Oxonium-Ionen zu neutralisieren, darf keinesfalls Natronlauge zugesetzt werden. Eine hohe Konzentration von Hydroxid-Ionen begünstigt nämlich die Bildung schwerlöslicher Metallhydroxide mit der allgemeinen chemischen Formel $M(OH)_2$.

$$M^{2+}(aq) + 2\,OH^-(aq) \rightleftarrows M(OH)_2(s)$$

AUFGABEN ZU D

1) a Erläutern Sie die Notwendigkeit, die Oxonium-Ionen, die bei der Reaktion von M^{2+} mit H_4EDTA entstehen, zu neutralisieren und den pH-Wert konstant zu halten.
b Erklären Sie, warum ein zu großer pH-Wert zu falschen Werten für die Konzentrationen der Magnesium- und Calcium-Ionen führt.
2) Zur Stabilisierung des pH-Werts eignet sich ein Ammoniak-Ammonium-Puffer, der die Base NH_3 und die konjugierte Säure NH_4^+ ($pK_S = 9{,}25$) enthält.
a Formulieren Sie die Reaktionsgleichungen der Abfangreaktionen für Oxonium-Ionen und Hydroxid-Ionen in dieser Pufferlösung.
b Geben Sie die zum Puffer passende Henderson-Hasselbalch-Gleichung an.
c Die Pufferlösung enthält gleiche Mengen an NH_3-Molekülen und NH_4^+-Ionen. Berechnen Sie die Änderung des pH-Werts, wenn 10 % der NH_3-Moleküle mit Oxonium-Ionen reagieren.
d Berechnen Sie, um das Wievielfache die Konzentration von NH_3 die Konzentration von M^{2+} übersteigen muss, damit der pH-Wert durch das Abfangen der Oxonium-Ionen höchstens um 0,1 sinkt.

Material E Richtig titriert?

	Anne	Beate	Charlie
	Titration von Speiseessig		
V(Lösung)	50 mL	20 mL	10 mL
Indikator	1	2	3
V(Natronlauge)	6,3 mL	16,2 mL	8,4 mL
	Titration von Toilettenreiniger		
V(Lösung)	50 mL	20 mL	10 mL
Indikator	1	2	3
V(Natronlauge)	39,2 mL	15,9 mL	8,3 mL

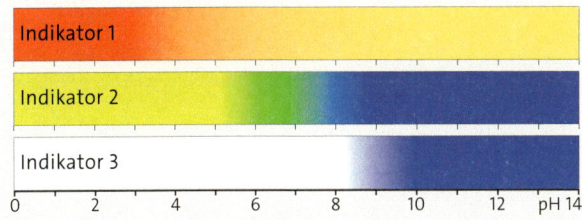

E1.1 Titrationsergebnisse und Umschlagbereiche der Indikatoren

Drei Schülerinnen haben im Praktikum den Gehalt von Säuren in Speiseessig (CH_3COOH; pK_S = 4,75) und einem Toilettenreiniger (HSO_4^-; pK_S = 1,92) durch Säure-Base-Titration mit Natronlauge ($c(OH^-)$ = 1,00 mol·L^{-1}) bestimmt. Zur Erkennung des Äquivalenzpunkts der Titration haben sie verschiedene Indikatoren verwendet. Die eingesetzten Volumina der Probelösungen und die bis zum Farbumschlag des Indikators zugegebenen Volumina an Natronlauge sind angegeben (↑ E1.1).

AUFGABEN ZU E

1⟩ **a** Schildern Sie unter Angabe der wichtigen Größen und einer Gleichung zur Auswertung das Verfahren der Titration.
b Erläutern Sie die Bestimmung des Äquivalenzpunkts einer Säure-Base-Titration mithilfe eines Indikators.
2⟩ **a** Berechnen Sie die pH-Werte an den Äquivalenzpunkten, indem Sie annehmen, dass die Konzentration der gebildeten konjugierten Basen 0,5 mol·L^{-1} beträgt.
b Bewerten Sie die Eignung der drei Indikatoren für die beiden Titrationen und geben Sie auf dieser Grundlage an, welche Schülerin jeweils den zuverlässigsten Wert für den Äquivalenzpunkt erzielt hat.
c Berechnen Sie für den jeweils zuverlässigsten Fall aus dem Volumen der Natronlauge, das bis zum Äquivalenzpunkt zugegeben wurde, die Stoffmengenkonzentration von CH_3COOH in Essig und von HSO_4^- im Toilettenreiniger.
3⟩ Bewerten Sie die verwendeten Volumina an Probelösung hinsichtlich der erzielbaren Genauigkeit bei einer Titration.

Material F Saure Erfrischung

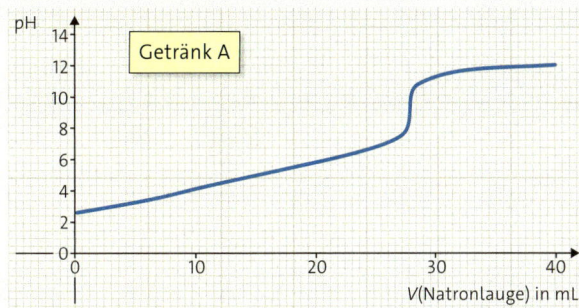

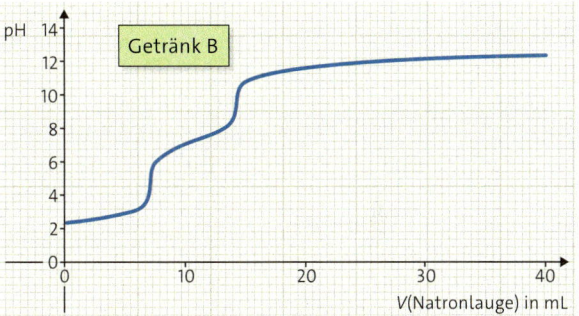

F1.1 Titrationskurven von zwei Erfrischungsgetränken

Ein Chemiekurs hat von zwei Erfrischungsgetränken mit den Probevolumina von je 100 mL durch Titration mit Natronlauge, $c(OH^-)$ = 0,1 mol·L^{-1}, Titrationskurven aufgenommen (↑ F1.1). Ein Erfrischungsgetränk enthält Phosphorsäure (pK_{S1} = 2,1; pK_{S2} = 7,2; pK_{S3} = 12,3), das andere Citronensäure (pK_{S1} = 3,1; pK_{S2} = 4,8; pK_{S3} = 6,4).

AUFGABEN ZU F

1⟩ **a** Erläutern Sie, welche Informationen über die in einer Lösung vorhandene Säure aus einer Titrationskurve erhalten werden können.
b Übertragen Sie beide Titrationskurven und tragen Sie die für die Auswertung wichtigen Punkte ein.
2⟩ Obwohl Phosphorsäure (H_3PO_4) und Citronensäure (H_3A) jeweils dreiprotonige Säuren sind, unterscheiden sich die beiden Kurven qualitativ voneinander.
a Erklären Sie anhand der pK_S-Werte, welche Säure sich in welchem Erfrischungsgetränk befindet.
b Geben Sie an, welchen Punkt der jeweiligen Titrationskurve Sie für die Bestimmung der Stoffmenge der Säure nutzen. Stellen Sie die zugehörige Reaktionsgleichung zwischen H_3PO_4 bzw. H_3A und OH^- auf und geben Sie die Stoffmenge an Hydroxid-Ionen an, die bis zu diesem Punkt mit 1 mol Säure reagiert.
c Berechnen Sie die Stoffmengen und Massen von Phosphorsäure (H_3PO_4) bzw. Citronensäure ($C_6H_8O_7$) in 100 mL des Erfrischungsgetränks.

Auf einen Blick

▸ **Säure-Base-Konzept von BRÖNSTED**	Eine Säure HA ist ein Teilchen, das als **Protonendonator** reagiert (Brönsted-Säure). Eine Base B ist ein Teilchen, das als **Protonenakzeptor** reagiert (Brönsted-Base).	
▸ **Protolyse**	Reaktion zwischen einer Säure HA und einer Base B, bei der ein Protonenübergang stattfindet: 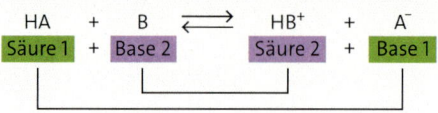 HA und A⁻ bzw. HB⁺ und B bilden jeweils ein konjugiertes Säure-Base-Paar.	
▸ **Ampholyt**	Teilchen, das je nach Reaktionspartner als Säure oder Base reagieren kann *Beispiel:* Wasser-Molekül H_2O Reagiert mit Säure als Base: $H_2O + HCl \rightleftarrows H_3O^+ + Cl^-$ Reagiert mit Base als Säure: $H_2O + NH_3 \rightleftarrows OH^- + NH_4^+$	
▸ **Autoprotolyse**	Protonenübergang zwischen gleichartigen Teilchen. Sie ist nur zwischen Ampholyten möglich. Autoprotolyse des Wassers: $2\,H_2O \rightleftarrows H_3O^+ + OH^-$ $K_W = c(H_3O^+) \cdot c(OH^-) = 10^{-14}\ mol^2 \cdot L^{-2}$ (bei 25 °C) Die Konstante K_W für die Autoprotolyse des Wassers wird als **Ionenprodukt des Wassers** bezeichnet.	
▸ **pH-Wert und pOH-Wert**	zur Kennzeichnung der sauren bzw. alkalischen Eigenschaften von Lösungen. Der pH-Wert einer Lösung ist der negative Zehnerlogarithmus (negativer dekadischer Logarithmus) des Zahlenwerts der Oxonium-Ionenkonzentration. $pH = -\lg c(H_3O^+)$ $pOH = -\lg c(OH^-)$ $pH + pOH = 14$ (bei 25 °C) Für saure Lösung gilt: $c(H_3O^+) > c(OH^-)$ $pH < 7$ Für neutrale Lösung gilt: $c(H_3O^+) = c(OH^-)$ $pH = 7$ Für alkalische Lösung gilt: $c(H_3O^+) < c(OH^-)$ $pH > 7$	
▸ **Säurestärke und Basenstärke**	Reaktion einer **Säure** mit Wasser-Molekülen: $HA + H_2O \rightleftarrows H_3O^+ + A^-$ Säurekonstante K_S: $K_S(HA) = \dfrac{c(H_3O^+) \cdot c(A^-)}{c(HA)}$ $pK_S(HA) = -\lg K_S(HA)$	Reaktion einer **Base** mit Wasser-Molekülen: $B + H_2O \rightleftarrows OH^- + HB^+$ Basenkonstante K_B: $K_B(B) = \dfrac{c(OH^-) \cdot c(HB^+)}{c(B)}$ $pK_B(B) = -\lg K_B(B)$
	Folgende Zusammenhänge gelten: Je größer $K_S(HA)$, umso kleiner ist $pK_S(HA)$ und umso stärker ist die Säure HA. Je größer $K_B(B)$, umso kleiner ist $pK_B(B)$ und umso stärker ist die Base B. Je stärker die Säure HA, umso schwächer ist die konjugierte Base A⁻: $pK_S(HA) + pK_B(A^-) = 14$	
▸ **Berechnung des pH-Werts**	sehr starke Säuren HA: $pH = -\lg c(HA)$ sehr starke Basen HA: $pOH = -\lg c(B);\ pH = 14 - pOH$ schwache Säuren HA: $pH \cong \tfrac{1}{2} \cdot [pK_S(HA) - \lg c_0(HA)]$ schwache Basen B: $pOH \cong \tfrac{1}{2} \cdot [pK_B(B) - \lg c_0(B)];\ pH = 14 - pOH$	

Auf einen Blick

Wichtige Säuren

	Schwefelsäure	Phosphorsäure	Salpetersäure
Molekülformel	H_2SO_4	H_3PO_4	HNO_3
Salze, Anion	Sulfate SO_4^{2-}	Phosphate PO_4^{3-}	Nitrate NO_3^-
Verwendung	Düngemittel, wichtiger industrieller Ausgangsstoff	Düngemittel	Düngemittel, Sprengstoffe

pH-Puffer

Pufferlösungen ändern bei Zusatz (nicht zu großer) Portionen beliebiger Säuren oder Basen ihren pH-Wert fast nicht.
Sie bestehen aus einer schwachen Säure HA und der konjugierten Base A^- und fangen Hydroxid- und Oxonium-Ionen ab. Dadurch stabilisieren sie den pH-Wert:
Zufuhr von H_3O^+: $H_3O^+ + A^- \longrightarrow HA + H_2O$
Zufuhr von OH^-: $OH^- + HA \longrightarrow A^- + H_2O$

Berechnung des pH-Werts mithilfe der **Henderson-Hasselbalch-Gleichung (Puffergleichung)** für Pufferlösungen:

$$pH = pK_S(HA) + \lg \frac{c(A^-)}{c(HA)}$$

Beispiele:
Essigsäure-Acetat-Puffer: CH_3COOH/CH_3COO^-
Ammonium-Ammoniak-Puffer: NH_4^+/NH_3

Säure-Base-Indikatoren

Indikator-Moleküle sind schwache Säuren oder Basen. Durch Protolysereaktionen verändert sich die elektronische Struktur ihrer konjugierten Teilchen und damit die Farbe der Lösung:

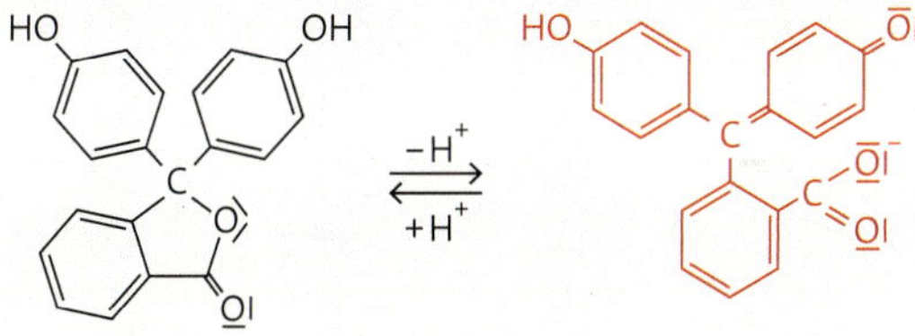

Der pH-Umschlagbereich liegt etwa zwei Einheiten um den pK_S-Wert der Indikatorsäure. Das pH-abhängige Verhältnis von $c(Ind^-) : c(HInd)$ bestimmt die jeweilige Farbe einer Indikatorlösung.

Säure-Base-Titration

Die Konzentration einer Säure oder Base wird mit einer Neutralisation einer Probelösung durch die Maßlösung (hier: Natronlauge) erkannt.

Am **Äquivalenzpunkt** sind die Stoffmengen gleich: $n(HA) = n(OH^-)$.
Den Äquivalenzpunkt erkennt man am Farbumschlag des zugesetzten passenden Indikators oder an den Wendepunkten der Titrationskurve.
Am **Halbäquivalenzpunkt** gilt $pH = pK_S(HA)$.

Titrationskurve einer Essigsäurelösung

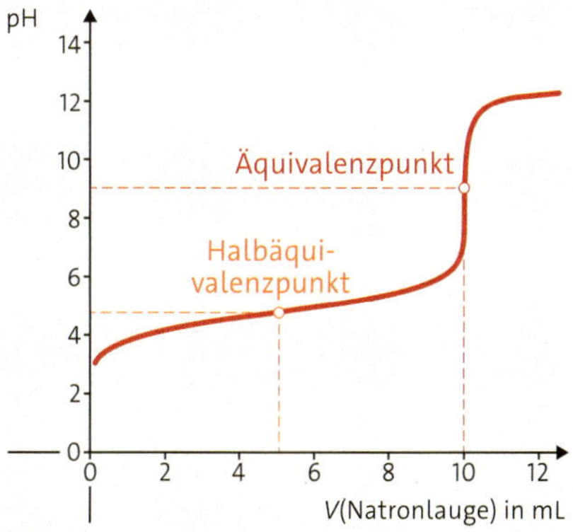

Übungsaufgaben

1) In Wasser wird Chlorwasserstoff eingeleitet, bis die Konzentration der Oxonium-Ionen exakt 10^{-3} mol·L^{-1} beträgt (ϑ = 25 °C).
 a Erstellen Sie die Reaktionsgleichung der Reaktion von Chlorwasserstoff mit Wasser. Ordnen Sie den Reaktionspartnern die Funktion „Säure" und „Base" zu.
 b Erklären Sie den Einfluss der Reaktion aus Aufgabe 1a auf das Autoprotolysegleichgewicht des Wassers und berechnen Sie die Konzentration der Hydroxid-Ionen.
 c Berechnen Sie die Konzentration der Oxonium-Ionen in dieser Lösung, die auf die Autoprotolyse des Wassers zurückzuführen sind.

2) a Definieren Sie den pH-Wert.
 b Berechnen Sie die fehlenden Größen (ϑ = 25 °C):

$c(H_3O^+)$	$c(OH^-)$	pH	pOH
			8
	10^{-5} mol·L^{-1}		
		2,3	
$5 \cdot 10^{-9}$ mol·L^{-1}			

3) Begründen Sie, dass das Ionenprodukt bei zunehmender Konzentration c_0(HA) kleiner als 10^{-14} mol^2·L^{-2} wird (ϑ = 25 °C).

4) Auch in wasserfreiem flüssigem Ammoniak findet eine Autoprotolyse statt. Dabei entstehen u. a. NH$_4^+$-Ionen. Der negative Zehnerlogarithmus ihrer Konzentration wird als pH(NH$_3$) bezeichnet.
 a Erstellen Sie die Reaktionsgleichung zur Autoprotolyse in flüssigem Ammoniak.
 b Bei –33 °C hat das Ionenprodukt in wasserfreiem flüssigem Ammoniak den Wert 10^{-32} mol^2·L^{-2}. Berechnen Sie pH(NH$_3$) einer neutralen Lösung in flüssigem Ammoniak bei dieser Temperatur.
 c Verknüpfen Sie die Zustände „sauer", „neutral" und „alkalisch" in flüssigem Ammoniak mit der Konzentration der NH$_4^+$-Ionen.

5) Geben Sie mindestens vier Schlussfolgerungen an, die Sie auf Basis der Aussage $K_S(HA^1) > K_S(HA^2)$ machen können.

6) Die Verbindung Methyllithium besteht aus Li$^+$- und CH$_3^-$-Ionen. Gibt man sie in Wasser, so entsteht u. a. ein Gas. Der Indikator Thymolphthalein färbt die entstehende Lösung blau.
 a Erklären Sie die Beobachtungen und erstellen Sie die Reaktionsgleichung.
 b Kennzeichnen Sie die konjugierten Säure-Base-Paare.

7) Ein Mitschüler sagt: „HCO$_3^-$ ist ein Ampholyt, d. h., es gilt: pK$_S$(HCO$_3^-$) + pK$_B$(HCO$_3^-$) = 14."
 a Erläutern Sie den Fehler in der Argumentation und korrigieren Sie ihn.
 b Begründen Sie mithilfe von pK$_S$(HCO$_3^-$) und pK$_B$(HCO$_3^-$), ob eine Lösung von Natriumhydrogencarbonat (NaHCO$_3$) in Wasser sauer, neutral oder alkalisch reagiert.

8) Leiten Sie aus den Definitionsgleichungen für die Säurekonstante K_S(HA) und den Protolysegrad α die folgende Gleichung ab:

$$\frac{K_S(HA)}{c_0(HA)} = \frac{\alpha^2}{1-\alpha}$$

9) Entscheiden Sie anhand der pK$_S$-Werte der beteiligten Säuren, ob die folgenden Säure-Base-Gleichgewichte auf der rechten oder linken Seite liegen:
 a HCO$_3^-$ + CH$_3$COOH $\rightleftarrows$ H$_2$CO$_3$ + CH$_3$COO$^-$
 b NH$_4^+$ + H$_2$O $\rightleftarrows$ H$_3$O$^+$ + NH$_3$
 c NH$_4^+$ + OH$^-$ $\rightleftarrows$ H$_2$O + NH$_3$

10) Berechnen Sie die pH-Werte folgender Lösungen:
 a Essigsäurelösung, c_0(CH$_3$COOH) = 0,5 mol·L^{-1}
 b Ammoniaklösung, c_0(NH$_3$) = 0,05 mol·L^{-1}
 c Ammoniumchloridlösung, c_0(NH$_4$Cl) = 1,0 mol·L^{-1}
 d Salpetersäurelösung, c_0(HNO$_3$) = 0,2 mol·L^{-1}

11) Ein Mitschüler berechnet für Salzsäure mit c_0(HCl) = 10^{-9} mol·L^{-1} einen pH-Wert von 9.
 a Schildern Sie das Problem.
 b Erläutern Sie, welches Gleichgewicht der Mitschüler vernachlässigt hat.

12) „Hartes" Wasser enthält gelöstes Calciumhydrogencarbonat (Ca(HCO$_3$)$_2$). Es hat eine deutlich höhere Löslichkeit als Calciumcarbonat (CaCO$_3$). Um die Calcium-Ionenkonzentration im Trinkwasser zu senken, setzen Wasserwerke ihm definierte Mengen einer Lösung von Calciumhydroxid (Ca(OH)$_2$) zu. Erklären Sie diesen scheinbaren Widerspruch über gekoppelte Gleichgewichte.

13) Zu 1 L Natronlauge bzw. 1 L Ammoniaklösung mit pK$_B$(NH$_3$) = 4,75, die beide einen pH-Wert von 11 haben, wird jeweils 1 L Salzsäure gegeben, die einen pH-Wert von 3 hat.
 a Berechnen Sie die Konzentration der OH$^-$-Ionen bei pH 11 und erstellen Sie die Reaktionsgleichung, die nach Zugabe der Salzsäure abläuft.
 b Erläutern Sie, warum aus Natronlauge und Salzsäure eine neutrale Lösung entsteht, die Ammoniaklösung nach Zugabe der Salzsäure aber dennoch alkalisch bleibt.

14) Sie sollen eine Pufferlösung herstellen, die den pH-Wert 5,0 möglichst stabil hält.
 a Begründen Sie mithilfe der protochemischen Reihe Ihre Wahl für eine entsprechende Säure HA und deren konjugierte Base A$^-$.
 b Berechnen Sie das für den pH-Wert notwendige Konzentrationsverhältnis c(A$^-$) : c(HA).

Übungsaufgaben (Lösungen im Anhang ↑ S. 386 ff.)

15⟩ 0,5 L eines Essigsäure-Acetat-Puffers mit $c(CH_3COOH)$ = $c(CH_3COO^-)$ = 0,5 mol·L^{-1} werden mit 100 mL Salzsäure mit $c(HCl)$ = 1,0 mol·L^{-1} versetzt.
a Erstellen Sie die Reaktionsgleichung, die bei Zugabe der Salzsäure abläuft.
b Berechnen Sie die Pufferkapazität des Puffers.
c Berechnen Sie den pH-Wert der Lösung vor und nach der Zugabe der Salzsäure.
d Berechnen Sie das Volumen an Salzsäure, das zugegeben werden muss, um pH = 4 zu erreichen.

16⟩ Eine Phosphorsäurelösung wird mit Natronlauge mit $c(OH^-)$ = 0,1 mol·L^{-1} titriert.
a Erstellen Sie die Reaktionsgleichungen aller möglichen Reaktionen in der Lösung.
b Phenolphthalein schlägt bei einer Zugabe von 10,0 mL Natronlauge um. Bestimmen Sie mithilfe der Titrationskurve der Phosphorsäure (↑ S. 115) die Stoffmenge und die Masse der Phosphorsäure in der Lösung.

17⟩ 10 mL einer Lösung von Ammoniak mit $c(NH_3)$ = 0,1 mol·L^{-1} und $pK_B(NH_3)$ = 4,75 werden mit Salzsäure mit $c(H_3O^+)$ = 0,1 mol·L^{-1} titriert.
a Berechnen Sie die pH-Werte nach Zugabe von 0 mL, 1 mL, 5 mL, 9 mL, 10 mL und 11 mL Salzsäure. Vernachlässigen Sie bei den Berechnungen die Volumenänderung durch Zugabe der Salzsäure.
b Skizzieren Sie die Titrationskurve.
c Begründen Sie, welcher Indikator für die Anzeige des Äquivalenzpunkts geeignet ist.

Mithilfe dieses Kapitels können Sie:	Aufgabe	Hilfe finden Sie auf Seite
• die Begriffe Säure, Base, konjugiertes Säure-Base-Paar und Ampholyt definieren und Reaktionen damit beschreiben	1, 6, 7, 14	86–87, 94
• den Begriff des Autoprotolysegleichgewichts erklären und mit dem Konzept argumentieren	1, 2, 3, 4	90–91
• die Größen pH- und pOH-Wert definieren und mit ihnen rechnen	2	92
• K_S, K_B, pK_S und pK_B definieren und mit ihrer Hilfe Säuren und Basen gemäß ihrer Stärke ordnen	4, 5, 8	95–97
• mithilfe von pK_S bzw. K_S-Werten die Gleichgewichtslage von Säure-Base-Reaktionen in wässriger Lösung vorhersagen	9	97
• pH-Werte von Lösungen sehr starker und schwacher Säuren und Basen berechnen	6, 9, 10, 11, 17	98–99
• für ausgewählte Säuren Name, Summenformel und Name der konjugierten Base zuordnen	10, 11, 16	100–101
• gekoppelte Gleichgewichte erkennen und damit argumentieren	12	102–103
• die Pufferwirkung von Lösungen schwacher Säuren und Basen erklären	13	106–107
• mithilfe der Henderson-Hasselbalch-Gleichung pH-Wert bzw. Konzentrationen von Pufferlösungen berechnen	14, 15	108
• die Titrationskurven sehr starker und schwacher Säuren voneinander unterscheiden und sie erstellen	16, 17	112–113
• den Umschlagbereich von Indikatoren anhand von pK_S-Werten erklären und geeignete Indikatoren für Säure-Base-Titrationen auswählen	17	118–119

Für alle Lebensvorgänge benötigt der menschliche Körper Energie und Baustoffe sowie einen Plan, nach dem sie ablaufen. Kohlenhydrate wie Glucose und Stärke sowie Fette sind die wichtigsten Energielieferanten. Für das Wachstum und die Bildung von Geweben sind Proteine von Bedeutung. Rund 20 000 Proteine übernehmen im Körper des Menschen die unterschiedlichsten Funktionen, z. B. bei der Regulation des Stoffwechsels. In der DNA ist die Information über den Bau der Proteine gespeichert.

Naturstoffe 5

Struktur und Eigenschaften

Kohlenhydrate

- Spiegelbildisomerie
- Monosaccharide, z. B. Glucose und Fructose
- Glykosidische Bindung
- Disaccharide, z. B. Saccharose
- Polysaccharide, z. B. Stärke und Cellulose
- Kohlenhydrate als Energielieferanten
- Polysaccharide als Bau- und Speicherstoffe

Proteine

- Aminosäuren als Bausteine der Proteine
- Peptidbindung
- Primär-, Sekundär-, Tertiär- und Quartärstruktur der Proteine
- Denaturierung und Renaturierung
- Enzyme als Biokatalysatoren

Nukleinsäuren

- Molekülstruktur der DNA und der RNA
- Funktionen von DNA und RNA
- Bedeutung für die Verschlüsselung der Erbinformation

Fette

- Gesättigte und ungesättigte Fettsäuren
- Elektrophile Addition an ungesättigten Fettsäuren
- Bedeutung und Charakterisierung von Fetten

01 Die Nahrung sollte die für den Körper notwendigen Nährstoffe in ausreichender Menge, im richtigen Verhältnis und in der richtigen Form enthalten. Die Anordnung der Lebensmittel in der Ernährungspyramide spiegelt die empfohlene Aufnahme der Nährstoffe bei der täglichen Ernährung wider.

5.1 Klassifizierung der Kohlenhydrate

Kohlenhydrate

Monosaccharide — Disaccharide — Oligosaccharide — Polysaccharide

Glucose — Saccharose — Glykoproteine — Cellulose

01 Einteilung der Kohlenhydrate

02 Glucose wird durch Erhitzen in Kohlenstoff und Wasser zersetzt.

Video: Erhitzen von Glucose

ZUSAMMENSETZUNG DER KOHLENHYDRATE
Glucose (Traubenzucker), *Saccharose* (Haushaltszucker) und *Cellulose* sind Kohlenhydrate – eine weitverbreitete Gruppe von Naturstoffen, die ihren Namen ihrer elementaren Zusammensetzung verdankt: Die Moleküle enthalten neben Kohlenstoff-Atomen auch Wasserstoff- und Sauerstoff-Atome, letztere meist im Verhältnis 2:1, sodass für viele Kohlenhydrate die allgemeine Molekülformel $C_x(H_2O)_y$ lautet.

Zersetzt man Kohlenhydrate durch starkes Erhitzen, so entstehen elementarer *Kohlenstoff* und *Wasser* (↑ 02). Darauf gründete sich historisch die Benennung als *Kohlenhydrate*. Fachsprachlich ist die Verwendung der Endung -hydrat jedoch unzutreffend, da in ihnen keine Wasser-Moleküle gebunden sind.

EINTEILUNG DER KOHLENHYDRATE Zur Gruppe der Kohlenhydrate gehören sehr vielfältige Verbindungen, die anhand ihrer Struktur in verschiedene Gruppen eingeteilt werden (↑ 01).
Die einfachsten Vertreter sind die **Monosaccharide** oder **Einfachzucker**. Charakteristische Merkmale ihrer Moleküle sind:
- Sie sind relativ klein und enthalten drei bis sieben Kohlenstoff-Atome in einer Kette. Nach der Anzahl der Kohlenstoff-Atome unterscheidet man *Triosen* (3 C-Atome), *Tetrosen* (4 C-Atome), *Pentosen* (5 C-Atome) und *Hexosen* (6 C-Atome).
- Die Moleküle enthalten entweder eine Aldehydgruppe (–CHO), die sich am Ende einer Kette aus Kohlenstoff-Atomen befinden muss, oder eine Ketogruppe (–CO–) am zweiten C-Atom der Kette. Im ersten Fall liegen *Aldosen* vor, im zweiten Fall *Ketosen*.
- Jedes Kohlenstoff-Atom, außer das der Aldehyd- bzw. Ketogruppe, bindet zu einer Hydroxygruppe.

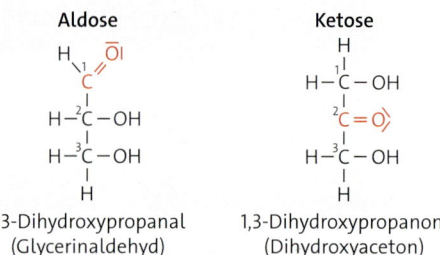

03 Strukturformeln der beiden einfachsten Zucker

Am Beispiel der beiden Kohlenhydrat-Moleküle, 2,3-Dihydroxypropanal (Glycerinaldehyd) und 1,3-Dihydroxypropanon (Dihydroxyaceton), lassen sich diese Strukturmerkmale erkennen (↑ 03). Weil ihre Moleküle *drei* Kohlenstoff-Atome aufweisen, zählt man sie zu den *Triosen*.

Die Moleküle der Monosaccharide sind die Grundbausteine aller weiteren Kohlenhydrate. Sie lassen sich unter Wasserabspaltung (Kondensation) zu größeren Einheiten miteinander verknüpfen. Dabei können *Disaccharide* (Zweifachzucker, ↑ S. 144 f.), *Oligosaccharide* (Mehrfachzucker, ↑ S. 146) und *Polysaccharide* (Vielfachzucker, ↑ S. 152 ff.) entstehen.

1) Klassifizieren Sie die beiden Kohlenhydrate, deren Strukturformeln abgebildet sind:

A) Aldose mit 5 C-Atomen (H–C(=O)–, dann vier H–C–OH): Aldopentose

B) Ketose mit 5 C-Atomen: Ketopentose

Praktikum

Eigenschaften von Monosacchariden

EXP 5.01 Optische Aktivität

Materialien Polarimeter, 2 Messzylinder (100 mL), Waage, Wasser, D-Glucose, D-Fructose, 2 Bechergläser (250 mL)

Durchführung Lösen Sie 10 g D-Glucose und 10 g D-Fructose in jeweils 90 mL Wasser. Bestimmen Sie für jede Lösung mithilfe des Polarimeters einen Drehwert. Verdünnen Sie dann 50 mL von jeder Lösung mit 50 mL Wasser und bestimmen Sie erneut den Drehwert.
Hinweis: Polarimeterrohr vor jeder Messung mit der zu messenden Lösung spülen.
Entsorgung: Lösungen ins Abwasser geben.

Auswertung Entscheiden Sie, ob D-Glucose bzw. D-Fructose links- oder rechtsdrehend sind.

EXP 5.02 Löslichkeit

Materialien 6 Reagenzgläser, Wasser, Heptan (2, 8, 7, 9), Ethanol (2, 7), Glucose, Fructose

Durchführung Füllen Sie von jedem Lösungsmittel 3 mL jeweils in zwei Reagenzglas. Geben Sie jeweils 1 Spatelspitze von jedem Zucker zu einem der Lösungsmittel und schütteln Sie. Prüfen Sie, ob sich die beiden Zucker lösen.
Entsorgung: Heptan in den Behälter für halogenfreie organische Abfälle, übrige Lösungen ins Abwasser geben.

Auswertung Erklären Sie Ihre Beobachtungen mithilfe der Struktur der jeweiligen Zucker- und Lösungsmittel-Moleküle.

EXP 5.03 Erhitzen von Kohlenhydraten

Materialien 4 Reagenzgläser, Reagenzglasklammer, Gasbrenner, Spatel, Watesmo-Papier, Glucose, Fructose, Saccharose, Stärke

Durchführung Geben Sie in jedes Reagenzglas eine Spatelspitze von einem anderen Kohlenhydrat. Erhitzen Sie die Stoffe zunächst langsam in der Brennerflamme. Beobachten Sie Veränderungen des Aggregatzustands und der Farbe, sowie die Bildung von Kondensaten am Reagenzglas und deren Verhalten gegenüber Watesmo-Papier.
Unter dem Abzug arbeiten! Erhitzen Sie dann die Stoffe so lange, bis Sie keine Veränderung mehr feststellen.
Entsorgung: Reagenzgläser nach dem Abkühlen in den Glasmüll geben.

Auswertung
1) Fassen Sie Ihre Beobachtungen in einer Tabelle zusammen.
2) Deuten Sie den Watesmo-Test und den Rückstand im Reagenzglas nach dem Erhitzen.
3) Begründen Sie den Namen Kohlenhydrate für die Stoffklasse, zu der die untersuchten Stoffe gehören.

EXP 5.04 Fermentation von Kohlenhydraten

Materialien 3 Erlenmeyerkolben (250 mL), 3 Magnetrührer mit Rührstäbchen, 3 passende, einfach durchbohrte Stopfen, 3 Gärröhrchen, Waage, Messzylinder, Becherglas (100 mL), Tropfpipette, Spatel, Wasser, Glucose, Saccharose, Stärke, Trockenhefe, Calciumhydroxidlösung ($w = 1\%$)

Durchführung Geben Sie 50 g Glucose, Saccharose bzw. Stärke zusammen mit jeweils 100 mL Wasser in die Erlenmeyerkolben. Suspendieren Sie den Inhalt von einem Beutel Trockenhefe in 50 mL Wasser und teilen Sie die Suspension gleichmäßig auf die drei Erlenmeyerkolben auf. Rühren Sie die Suspensionen bei 50 °C mit mittlerer Geschwindigkeit. Füllen Sie die Gärröhrchen mit Calciumhydroxidlösung, so dass die Aufweitungen höchstens halb gefüllt sind und setzen Sie sie dann auf die Erlenmeyerkolben. Beobachten Sie Gasentwicklung und Trübung in den Gärröhrchen. Messen Sie die Zeit, die jeweils bis zur Entstehung von zehn Gasblasen vergehen.

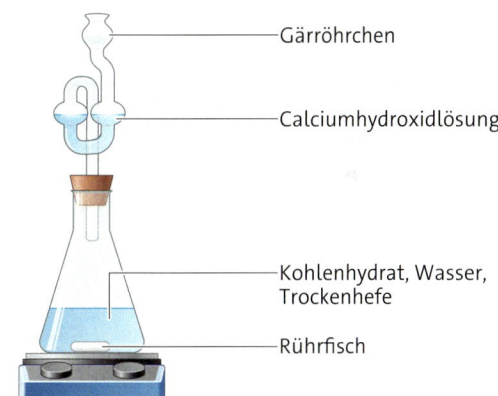

Entsorgung: Lösungen ins Abwasser geben.

Auswertung
1) Deuten Sie die Beobachtungen in den Gärröhrchen.
2) Hefepilze ernähren sich von D-Glucose. Unter den Reaktionsbedingungen entsteht D-Glucose auch aus Saccharose bzw. Stärke. Erklären Sie übereinstimmende und unterschiedliche Beobachtungen in den drei Gärröhrchen.
3) Begründen Sie den Vorteil, bei der Herstellung von Hefeteig zu einer Mischung aus Hefe, Mehl (Stärke) und Wasser auch Zucker (Saccharose) hinzuzufügen.
4) Recherchieren Sie die bei der alkoholischen Gärung ablaufende, chemische Reaktion von Glucose und erstellen Sie die zugehörige Reaktionsgleichung.

5.2 Spiegelbildisomerie

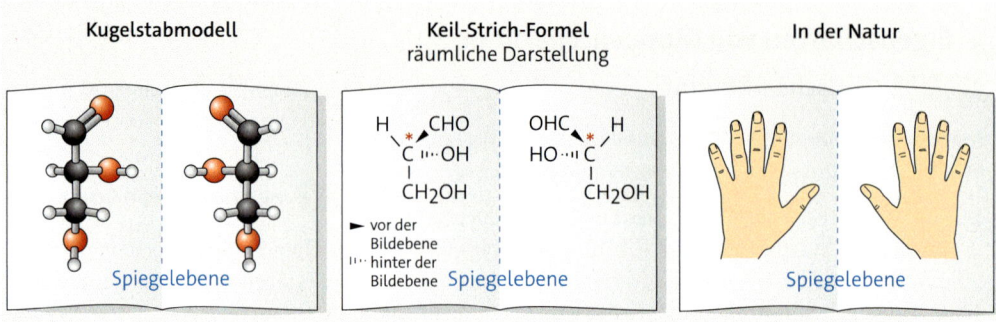

01 Spiegelbildisomere des Glycerinaldehyds

Übung: Chiral – oder nicht chiral?

Einige Körper sind spiegelsymmetrisch: So erzeugt eine Schnittebene, die durch den Mittelpunkt einer Kugel geht, zwei identische Hälften, die sich sogar zur Deckung bringen lassen. Eine Hand beispielsweise besitzt jedoch keine solche Symmetrieebene. Dieses Phänomen der fehlenden Symmetrieebene tritt auch bei Molekülen auf.

CHIRALITÄT UND SPIEGELBILDISOMERIE An den Molekülen des einfachsten Zuckers Glycerinaldehyd lässt sich erkennen, dass zwei räumlich verschiedene Formen möglich sind, die sich wie **Bild** und **Spiegelbild** verhalten. Weil das Phänomen auch an unserer nicht deckungsgleichen rechten und linken Hand beobachtet werden kann, spricht man von **chiralen Molekülen** (griech. *cheir*: Hand). Solche werden als **Spiegelbildisomere** oder **Enantiomere** bezeichnet und können nicht zur Deckung gebracht werden.

Auch von anderen Zuckern (z. B. ↑ S. 136) und von Aminosäuren existieren Spiegelbildisomere (↑ S. 160).

> Objekte, die mit ihrem Spiegelbild nicht zur Deckung gebracht werden können, sind chiral. Ein chirales Molekül und sein Spiegelbild heißen Spiegelbildisomere oder Enantiomere.

Spiegelbildisomere treten dann auf, wenn ein Molekül mindestens ein Kohlenstoff-Atom enthält, das mit vier unterschiedlichen Substituenten verknüpft ist (↑ 01). Das C–2-Atom des Glycerinaldehyd-Moleküls ist so ein **asymmetrisch substituiertes** Kohlenstoff-Atom, das auch **Chiralitätszentrum** genannt und mit einem Stern C* gekennzeichnet wird. Dort sind eine CHO-Gruppe, eine OH-Gruppe, eine CH_2OH-Gruppe und ein H-Atom gebunden.

Mithilfe der **Fischer-Projektionsformel** wird die dreidimensionale Struktur der Spiegelbildisomere vereinfacht und auf die Papierebene übertragen (Methode ↑ S. 133). Spiegelbildisomere haben den gleichen Namen, werden jedoch durch die vorgesetzten Buchstaben D und L unterschieden. Ausschlaggebend beim Glycerinaldehyd-Molekül ist die Stellung der Hydroxygruppe am C–2-Atom. Steht sie auf der der rechten Seite, wird sie als D-Glycerinaldehyd (lat. *dexter*: rechts) bezeichnet, steht sie links als L-Glycerinaldehyd (lat. *levos*: links).

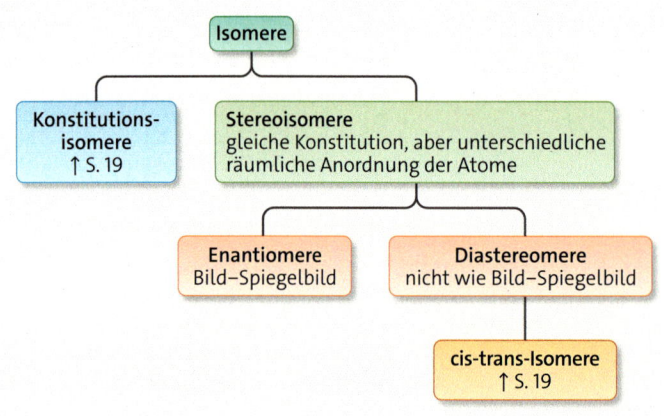

02 Überblick über die Isomeriearten

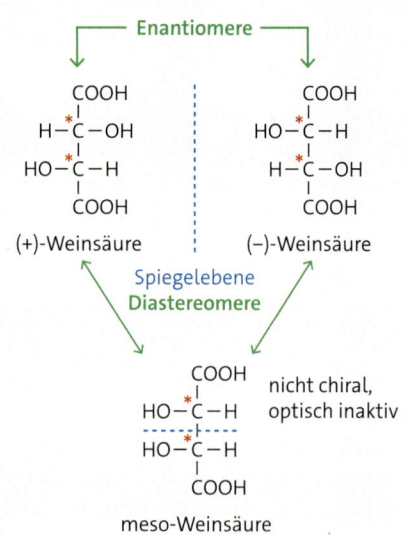

03 Stereoisomere und Diastereomere

Die Moleküle solcher Verbindungen mit der gleichen Konstitution, aber unterschiedlicher räumlicher Anordnung der Atome sind *Stereoisomere*.

Enantiomere zeigen chemisch und physikalisch nahezu identische Eigenschaften. Allerdings unterscheiden sie sich in ihrer *optischen Aktivität* (↑ S. 134).

DIASTEREOMERE Die Moleküle der Weinsäure haben zwei Chiralitätszentren (↑ 03). Es existieren drei Stereoisomere. Je zwei Moleküle verhalten sich wie Bild und Spiegelbild und sind daher Enantiomere. meso-Weinsäure besitzt eine Spiegelebene im Molekül. Stereoisomere, die nicht Bild und Spiegelbild sind, heißen **Diastereomere**. Sie unterscheiden sich in ihren chemisch-physikalischen Eigenschaften.

M Aufstellen einer Fischer-Projektionsformel

AUFGABE Stellen Sie die Fischer-Projektionsformel des Glycerinaldehyd-Moleküls auf.

1. Die Kohlenstoffkette mit dem asymmetrisch substituierten Kohlenstoff-Atom C* wird senkrecht angeordnet. Das Kohlenstoff-Atom mit der höchsten Oxidationszahl steht oben.
   Die Aldehydruppe –CHO steht oben, die CH$_2$OH-Gruppe unten.

2. Jedes asymmetrisch substituierte Kohlenstoff-Atom wird so betrachtet, dass die senkrechten C–C-Bindungen vom Betrachter weg weisen. Die waagerechten Substituenten zeigen auf den Betrachter.
   Die CHO-Gruppe und CH$_2$OH-Gruppe weisen vom Betrachter weg. –H und –OH zeigen auf den Betrachter.

3. Das so orientierte Molekül wird in die Papierebene projiziert.
   Bindungen, die nach hinten weisen, werden als senkrechte Striche gezeichnet, die nach vorne weisen als waagerechte Striche.
   Befindet sich die OH-Gruppe des C* auf der rechten Seite der Kohlenstoffkette, liegt die D-Form der Verbindung vor. Steht sie links, handelt es sich um das L-Enantiomer.

4. Hat ein Molekül mehr als ein asymmetrisches Kohlenstoff-Atom, so wird die D- bzw. L-Zuordnung anhand des asymmetrischen Kohlenstoff-Atoms getroffen, das am weitesten von der Aldehydgruppe entfernt ist.
   Beim Glucose-Molekül entscheidet die Stellung der OH-Gruppe am C–5-Atom über die Zuordnung zur L- oder D-Glucose.

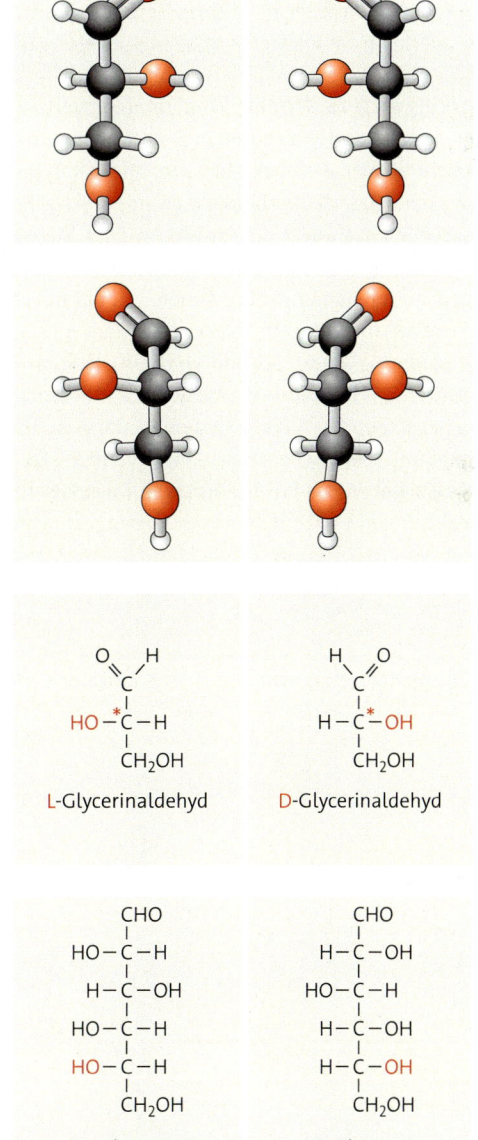

L-Glycerinaldehyd   D-Glycerinaldehyd

L-Glucose   D-Glucose

Optische Aktivität

POLARISIERTES LICHT Beim Licht einer Glühlampe oder Sonnenlicht schwingen die elektromagnetischen Wellen in allen Ebenen senkrecht zur Ausbreitungsrichtung des Lichts. Spezielle Polarisationsfilter lassen nur *eine* Schwingungsebene des Lichts durch. Die Lichtwellen des so **linear polarisierten Lichts** breiten sich in der durch den Filter vorgegebenen Schwingungsebene aus. Alle anderen Schwingungsebenen werden nicht durchgelassen (↑ 01).
Das menschliche Auge kann polarisiertes Licht von unpolarisiertem nicht unterscheiden. Deshalb wird ein zweiter Polarisationsfilter, der Analysator, in den Strahlengang gebracht. Bei gleicher Ausrichtung lassen beide Filter das Licht durch und das Blickfeld ist hell. Dreht man jedoch den Analysator um 90° zum Polarisationsfilter, so wird das Licht vollständig absorbiert und das Blickfeld erscheint dunkel (↑ 02).

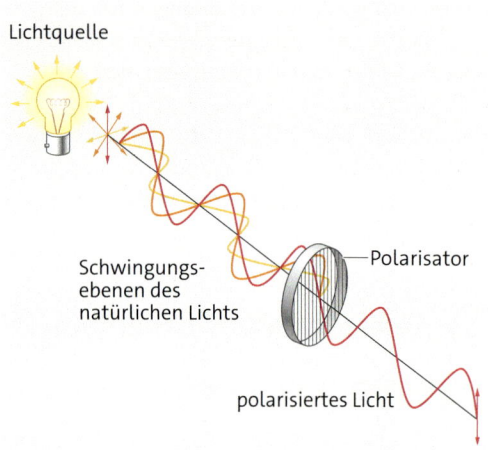

01 Erzeugung von polarisiertem Licht einer Schwingungsebene

OPTISCH AKTIVE STOFFE Wird nun eine Verbindung aus chiralen Molekülen in den Strahlengang gebracht, so wird das Blickfeld hinter dem Analysator wieder heller. Die Verbindung dreht die Schwingungsebene des linear polarisierten Lichts: Sie ist **optisch aktiv**. Muss man den Analysator im Uhrzeigersinn um den Winkel α drehen, um das Blickfeld wieder abzudunkeln, dann ist die Verbindung rechtsdrehend. Ihrem Namen wird ein (+) vorangestellt, z. B. (+)-D-Glucose. Muss man zur Abdunklung gegen den Uhrzeigersinn drehen, dann ist die Verbindung linksdrehend, was mit einem (−) gekennzeichnet wird, z. B. (−)-D-Fructose. Da ein Drehwinkel z. B. von +60° mit dem Polarimeter nicht von einem von −120° zu unterscheiden ist, muss zur Festlegung des Drehsinns eine zweite Messung durchgeführt werden. Der sich bei halber Konzentration ergebende Drehwinkel von +30° (rechtsdrehend) ist von einem von −60° (linksdrehend) unterscheidbar.

Enantiomere drehen die Ebene des linear polarisierten Lichts um den gleichen Betrag in die entgegengesetzte Richtung. Deshalb ist ein 1:1-Gemisch zweier Enantiomere optisch inaktiv, da sich die Drehwinkel gegenseitig kompensieren. Ein derartiges Enantiomerengemisch wird **Racemat** genannt.

1) Erklären Sie, warum ein äquimolares Gemisch aus D- und L-Glycerinaldehyd optisch inaktiv ist.
2) Begründen sie, warum Glycerin (Propan-1,2,3-triol) im Gegensatz zu D- bzw. L-Glycerinaldehyd optisch inaktiv ist.

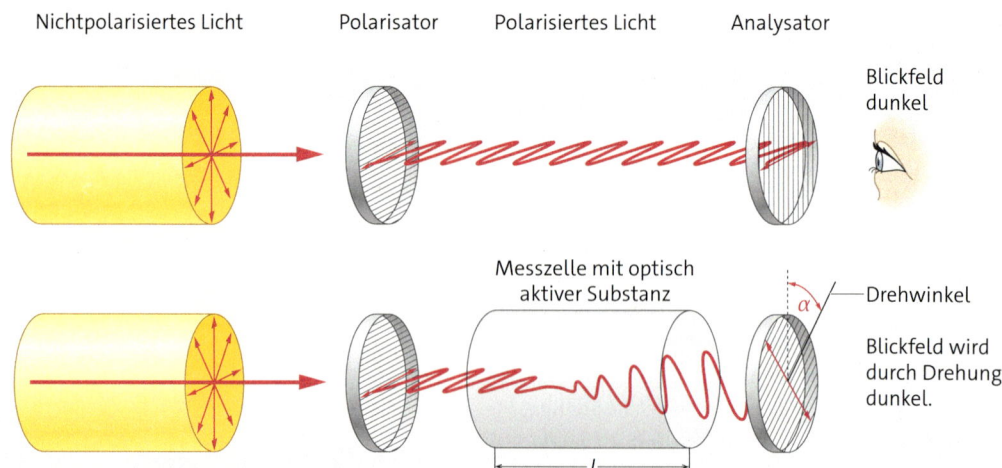

02 Messung einer optisch aktiven Verbindung mit einem Polarimeter

Gleich und doch verschieden – chirale Verbindungen in der Natur

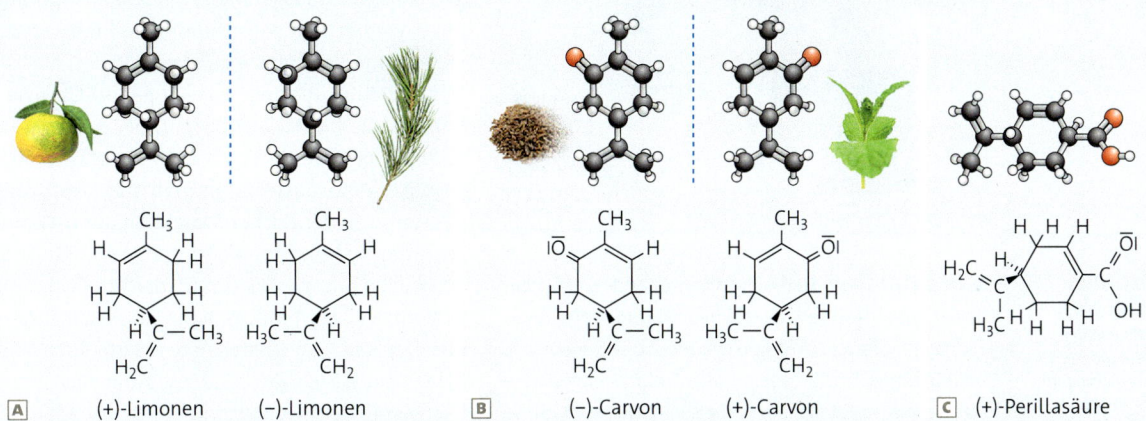

01 **A** Limonen: Orangen- und Fichtennadelölgeruch, **B** Carvon: Kümmel- und Minzgeruch, **C** Struktur von (+)-Perillasäure

LIMONEN Die Moleküle von (+)- und (−)-Limonen sind in jeder Hinsicht identisch – bis auf die Tatsache, dass sie nicht zur Deckung zu bringen sind. Trotzdem ist der Geruchsunterschied sehr deutlich: (+)-Limonen riecht nach Orangen und (−)-Limonen nach Fichtennadelöl bzw. Terpentin. Unser Körper ist in der Lage, diesen minimalen Strukturunterschied in bemerkenswerter Weise zu erkennen: Verantwortlich dafür sind die in der Nasenschleimhaut befindlichen chiralen Rezeptoren für chirale Duftmoleküle. Die unterschiedlichen Gerüche entstehen, weil sich Rezeptor und Duftmolekül nach dem Schlüssel-Schloss-Prinzip miteinander verbinden.

Beide Enantiomere findet man in der Natur: (+)-Limonen ist als Hauptaromastoff in den Schalen von Zitrusfrüchten enthalten. Außerdem findet man es in Kümmel, Dill, Koriander und Rosmarin. (−)-Limonen kommt in den ätherischen Ölen im Harz und Holz von Nadelbäumen vor.

Rund 90 % des ätherischen Öls aus Orangenschalen besteht aus (+)-Limonen. Da viele Orangenschalen als Abfall bei der Saftproduktion anfallen, ist es als nachwachsender Rohstoff für die Industrie interessant. Aufgrund der großen produzierten Mengen wird es zur Herstellung von Reinigungsmitteln und als Lösungsmittel in Lacken genutzt, aber auch als preiswerter natürlicher Duftstoff in Kosmetika. Seine Verwendung ist problematisch, da es hautreizend und allergieauslösend wirkt und außerdem giftig für Wasserorganismen ist.

Interessant ist ein Oxidationsprodukt des (+)-Limonens, die **(+)-Perillasäure**. Sie kann mithilfe von Bakterien aus (+)-Limonen gewonnen werden. Durch sie lassen sich gesundheitsgefährdende Konservierungsmittel beispielsweise in Kosmetikprodukten ersetzen.

CARVON Minze und Kümmel unterscheiden sich sehr deutlich in Geruch und Geschmack. Bei beiden ist Carvon dafür der bestimmende Bestandteil. Minze enthält (−)-Carvon und Kümmel (+)-Carvon.
Minzöl wird beispielsweise in Kaugummi und Zahnpasta eingesetzt. Kümmel gilt als eines der ältesten Gewürze und wird für deftige Speisen gebraucht, weil es deren Verdauung erleichtert.

SPIEGELSYMMETRISCHE SYNTHESE Chirale Moleküle spielen für den Menschen nicht nur bei Duftstoffen eine entscheidende Rolle. Auch bei der Herstellung von Medikamenten kann das eine Enantiomer wirksam, das andere jedoch unwirksam oder sogar extrem schädlich sein. Im Jahr 2001 erhielten WILLIAM S. KNOWLES, RYOJI NOYORI und BARRY SHARPLESS den Chemie-Nobelpreis für die „Molekulare spiegelsymmetrische Katalyse". Den drei Forschern gelang es, mithilfe von chiralen Katalysatoren chemische Reaktionen so zu steuern, dass als Ergebnis nur eine von zwei möglichen spiegelbildlichen Varianten des Produkts gebildet wird. Damit können beispielsweise die linksdrehende Aminosäure (−)-Thyroxin als Schilddrüsenhormon, die rechtsdrehende Form (+)-Thyroxin zur Senkung des Cholesterinspiegels selektiv synthetisiert werden.

1⟩ Zeichnen Sie das Enantiomer von (+)-Perillasäure.
2⟩ Sowohl Kümmel als auch Minze enthalten Limonen, allerdings überdeckt das dominante Carvon dessen Geruch und Geschmack.
  a Vergleichen Sie die Molekülstruktur von Limonen mit Carvon.
  b Ordnen Sie Minze und Kümmel jeweils ein Enantiomer von Limonen zu. Begründen Sie Ihre Entscheidung.

5.3 Glucose – ein Monosaccharid

01 Mit Glucose lernt es sich besser!

Glucose ist als Monosaccharid-baustein in den Polysacchariden Stärke, Glykogen und Cellulose gebunden (↑ S. 152).

BEDEUTUNG Die zu den Monosacchariden gehörende **Glucose** (Traubenzucker) besitzt durch eine Vielzahl an physiologischen Funktionen große biologische Bedeutung: Ohne sie kann unser Gehirn nicht arbeiten, denn es nutzt fast ausschließlich Glucose als Energielieferanten. Im Blut gesunder Menschen beträgt ihr Massenanteil 0,08 bis 0,1 %.

In nahezu allen biologischen Systemen wird dabei zunächst Glucose mit der Molekülformel $C_6H_{12}O_6$ in Glycerinaldehyd (2,3-Dihydroxypropanal, $C_3H_6O_3$) umgewandelt, das zur Brenztraubensäure (2-Oxopropansäure, $C_3H_4O_3$) oxidiert wird. Bei Sauerstoffmangel wird sie in menschlichen Zellen zu Milchsäure (2-Hydroxypropansäure, $C_3H_6O_3$) reduziert. In Hefepilzen hingegen entstehen unter diesen Bedingungen aus Brenztraubensäure durch Reduktion Kohlenstoffdioxid und Ethanol (C_2H_5OH). Ist hingegen genug Sauerstoff vorhanden, so wird die Brenztraubensäure in der Zellatmung in einer mehrstufigen exothermen Reaktion zu Kohlenstoffdioxid und Wasser oxidiert. So wird die Energie für Stoffwechselprozesse zur Verfügung gestellt.

Nucleophile Addition (↑ S. 64 f.)

Formalladung (↑ S. 65)

MOLEKÜLSTRUKTUR Die Struktur des kettenförmigen Glucose-Moleküls wurde von EMIL FISCHER aufgeklärt, der 1902 dafür den Nobelpreis für Chemie erhielt. Ein wichtiges Hilfsmittel bei seiner Forschung war das Polarimeter (↑ S. 134). Durch systematische Veränderungen der Moleküle, Betrachtungen an Molekülmodellen und Überlegungen zur Symmetrie gelang es ihm, die Konfiguration der asymmetrisch substituierten Kohlenstoff-Atome im Glucose-Molekül zu ermitteln.

Mit der Molekülformel $C_6H_{12}O_6$ gehört Glucose zu den *Hexosen*. Die Aldehydgruppe weist sie als *Aldose* aus. Vier der sechs Kohlenstoff-Atome im Glucose-Molekül sind asymmetrisch substituierte C*-Atome. In der **Fischer-Projektion der D-Glucose** zeigt die Hydroxygruppe am fünften Kohlenstoff-Atom, dem am weitesten von der Aldehydgruppe entfernten asymmetrischen Kohlenstoff-Atom, nach *rechts* (↑ 02, rechts). In der Natur kommt nur die D-Glucose vor, die L-Glucose kann aber synthetisch hergestellt werden.

RINGFÖRMIGE MOLEKÜLE Einige Eigenschaften der Glucose können mit der Kettenform nicht erklärt werden. Strukturuntersuchungen zeigen, dass im Kristall und überwiegend auch in wässriger Lösung **ringförmige Glucose-Moleküle** vorliegen. Sie entstehen über mehrere umkehrbare Schritte aus der Kettenform. Entscheidend für die Entstehung der Ringform ist die Bildung einer neuen Elektronenpaarbindung zwischen dem Sauerstoff-Atom am C–5-Atom und dem C–1-Atom der Kohlenstoffkette (↑ 04).

Dieses Sauerstoff-Atom trägt, wie die anderen Sauerstoff-Atome im Molekül auch, eine negative Teilladung δ– und verfügt über freie Elektronenpaare. Es ist *nucleophil*. Das C–1-Atom besitzt als Teil der Aldehydgruppe eine positive Teilladung δ+ und ist deshalb bevorzugtes Ziel eines nucleophilen Angriffs. So kommt es zunächst zu einer *nucleophilen Addition* des Sauerstoff-Atoms vom C–5-Atom an das C–1-Atom. Das Sauerstoff-Atom am C–5-Atom erhält dadurch eine positive *Formalladung*, während das Sauerstoff-Atom am C–1-Atom eine negative Formalladung hat.

Durch Übertragung eines Protons vom Sauerstoff-Atom am C–5-Atom auf das Sauerstoff-Atom am C–1-Atom werden diese Formalladungen wieder ausgeglichen (↑ 04). Das ringförmige Molekül enthält statt der Aldehydgruppe eine **Halbacetalgruppe**. Solche Zucker, deren ringförmige Moleküle aus fünf Kohlenstoff- und einem Sauerstoff-Atom gebildet werden, heißen **Pyranosen**.

Fischer-Projektion

L-Glucose ・ D-Glucose

02 Die beiden Enantiomere der Glucose (Kettenform)

> Glucose ist eine Aldose mit sechs Kohlenstoff-Atomen im Molekül. Glucose-Moleküle liegen überwiegend in der Ringform als Halbacetal vor.

5.3 Glucose – ein Monosaccharid

α-D-Glucose

β-D-Glucose

03 Haworth-Projektionen der Diastereomeren α- und β-D-Glucose (Pyranoseform)

Glucose bezeichnet werden. Weil sie sich in der Konfiguration am anomeren C-Atom unterscheiden, nennt man diese Isomere auch Anomere. In wässriger Lösung stehen α-D-Glucose (36 %) und β-D-Glucose (64 %) über die Kettenform miteinander im Gleichgewicht (↑ 03). Der Anteil der Kettenform ist kleiner als 0,1 %.

3D-Molekül: α-D-Glucose

HAWORTH-PROJEKTION Zur Verdeutlichung der räumlichen Struktur ringförmiger Zucker-Moleküle hat sich die **Haworth-Projektion** etabliert. Die C-Atome im Ring werden durch die Ecken symbolisiert. Bindungen, die zum Betrachter hinzeigen, werden durch keilförmige bzw. dicke Linien dargestellt (↑ 03). Atome und Atomgruppen, die in der Fischer-Projektion auf der rechten Seite stehen, zeigen in der Haworth-Projektion nach unten, die nach links weisen nach oben.

EIN NEUES CHIRALITÄTSZENTRUM Das C–1-Atom der Aldehydgruppe des kettenförmigen Glucose-Moleküls wird durch Ringbildung zu einem weiteren asymmetrisch substituierten Kohlenstoff-Atom. Es wird als **anomeres Kohlenstoff-Atom** bezeichnet (↑ 04). Die Hydroxygruppe am anomeren Kohlenstoff-Atom ist besonders reaktiv, sodass Glucose-Moleküle dort mit weiteren Zucker-Molekülen reagieren können (↑ S. 144).
Je nach räumlicher Anordnung der Hydroxygruppe am anomeren Kohlenstoff-Atom unterscheidet man zwei Diastereomere, die als α-D-Glucose und β-D-

LÖSLICHKEIT Die Hydroxygruppen im Glucose-Molekül sorgen nicht nur für den süßen Geschmack des Stoffs. Ihre gute Wasserlöslichkeit wird durch Wasserstoffbrücken zwischen den Hydroxygruppen des Glucose-Moleküls und den umgebenden Wasser-Molekülen verursacht (↑ Exp. 5.02, S. 131). Die Wasserlöslichkeit ist eine wichtige Voraussetzung für die biologischen Funktionen der Glucose. In lipophilen Lösungsmitteln wie Heptan, die aus unpolaren Molekülen bestehen, löst sich Glucose nicht.

1⟩ Formulieren Sie die Reaktionsgleichung der Oxidation von Glucose zu Kohlenstoffdioxid.
2⟩ Stellen Sie den oxidativen Abbau von Glucose im Stoffwechsel in Fließschemata dar.
3⟩ Zeichnen Sie die Fischerprojektion von D-Milchsäure (D-2-Hydroxypropansäure).
4⟩ Erläutern Sie den Unterschied zwischen den Enantiomeren und Anomeren der Glucose.
5⟩ Konstruieren Sie mithilfe eines Molekülbaukastens ein D-Glucose-Molekül in der Kettenform und wandeln Sie es dann in β-D-Glucose (Pyranoseform) um.
6⟩ Begründen Sie die Unlöslichkeit von Glucose in Heptan über zwischenmolekulare Wechselwirkungen.

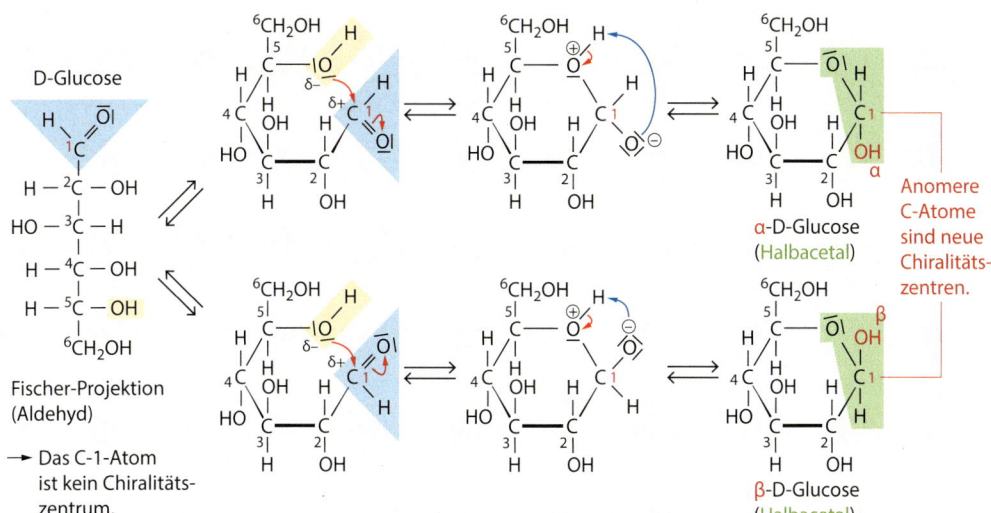

Animation: Bildung der Ringform der D-Glucose aus der Kettenform

04 Bildung der Ringform (Pyranoseform) von α- und β-D-Glucose aus der Kettenform

Fructose

01 Bienen sammeln Blütennektar. Im Honigmagen entstehen daraus durch enzymatische Reaktion Fructose und Glucose.

03 Glucose und Fructose im Vergleich: Das Fructose-Molekül besitzt eine Ketogruppe.

VORKOMMEN UND BEDEUTUNG Fructose (Fruchtzucker) kommt in fast allen Früchten sowie im Honig vor (↑ 01, ↑ 04). Im Haushaltszucker, Saccharose, und im Inulin, einem Polysaccharid, liegt sie als Zuckerbaustein chemisch gebunden vor. Von allen Zuckern hat sie die höchste Süßkraft, was sie für die Lebensmittelindustrie sehr bedeutsam macht.

STRUKTUR Fructose hat die Molekülformel $C_6H_{12}O_6$. Ihre Moleküle sind Konstitutionsisomere der Glucose-Moleküle (↑ 03). Als Hexosen haben Fructose-Moleküle eine Kohlenstoffkette mit sechs C-Atomen, weisen aber im Unterschied zu Glucose-Molekülen am C–2-Atom eine Ketogruppe auf und gehören folglich zu den **Ketosen**.

Wie bei den D-Glucose-Molekülen stehen auch bei den D-Fructose-Molekülen Ketten- und Ringformen in wässrigen Lösungen im Gleichgewicht, wobei die Kettenform in einer Fructoselösung zu etwa 1 % vorliegt.

Die Ringbildung (Halbacetalbildung) kann über die Hydroxygruppe des C–5- oder des C–6-Atoms erfolgen. So bilden sich sowohl fünfgliedrige Ringe, die **Furanosen**, als auch sechsgliedrige Ringe, die **Pyranosen** (↑ 02).

Am anomeren C–2-Atom kann die Stellung der OH-Gruppe variieren, wobei jeweils eine α- und eine β-Form bei der Furanose und der Pyranose gebildet werden. Alle vier Anomere liegen in unterschiedlichen Anteilen in einer Fructoselösung vor (↑ 02).

> **Fructose-Moleküle kommen sowohl als Fünfring (Furanoseform) als auch als Sechsring (Pyranoseform) vor.**

EIGENSCHAFTEN Die natürlich vorkommende D-Fructose ist optisch aktiv und dreht die Schwingungsebene des polarisierten Lichts nach links. Aus diesem Grund wird D-Fructose auch als Laevulose (lat. *laevus*: links) bezeichnet.

Fructose wirkt in alkalischer Lösung reduzierend, d. h., sie reagiert wie Glucose mit Benedict-Reagenz, indem sie Cu^{2+}-Ionen zu Cu^+-Ionen reduziert, sowie mit Tollens-Reagenz, indem sie Ag^+-Ionen zu Silber-Atomen reduziert (↑ S. 140; ↑ Exp. 5.07, S. 141). Fructose führt auch zur Entfärbung einer alkalischen Iod-Kaliumiodid-Stärkelösung (↑ S. 142; ↑ Exp. 5.01, S. 141), allerdings deutlich langsamer als Glucose.

3D-Molekül: Fructose

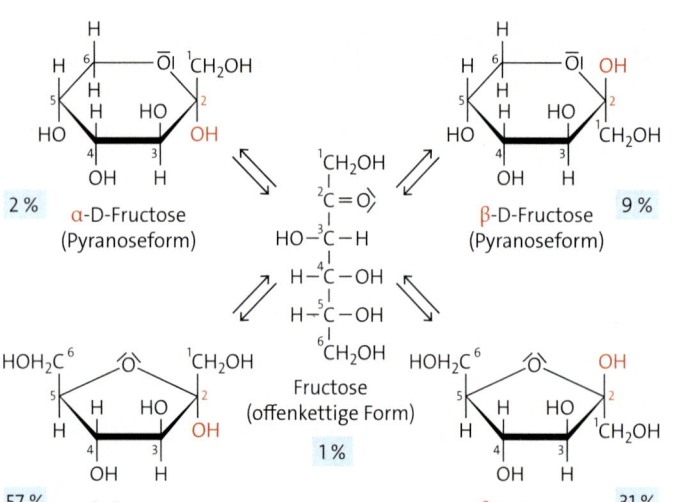

02 Die fünf Formen der Fructose in wässriger Lösung

Frucht	w(Glucose)	w(Fructose)
Aprikose	1,7 %	0,9 %
Nektarine	1,7 %	1,7 %
Wassermelone	2,0 %	3,9 %
Trauben	7,1 %	7,1 %

04 Massenanteile von Glucose und Fructose in verschiedenen Früchten

5.3 Glucose – ein Monosaccharid

Bildung der Endiolform durch intramolekulare Umlagerung eines Protons

[Reaktionsschema: Ketoform ⇌ ⇌ Endiolform, mit Übergang über deprotoniertes Zwischenprodukt unter Zugabe von OH^- bzw. $H-OH$]

Deprotonierung und Bildung der Aldehydform

[Reaktionsschema: Endiolform ⇌ ⇌ ⇌ Aldehydform, über Zwischenstufen mit OH^- und $H-OH$]

05 Isomerisierung: Die Keto-Enol-Tautomerie

Animation: Keto-Enol-Tautomerie

Diese Versuchsergebnisse sind zunächst erstaunlich, da Fructose-Moleküle keine leicht oxidierbare Aldehydgruppe, sondern eine Ketogruppe aufweisen. Zu erklären ist die Reaktivität der Fructose über chemische Gleichgewichte und die Bildung einer neuen Struktur, der *Endiolform* (↑ 05). Der Mechanismus der Oxidation von Zucker-Molekülen durch Cu^{2+}- bzw. Ag^+-Ionen in alkalischer Lösung ist dabei noch nicht vollständig aufgeklärt (↑ S. 140).

KETO-ENOL-TAUTOMERIE Das Fructose-Molekül besitzt am C–1-Atom eine der Ketogruppe benachbarte, besonders reaktionsfähige C–H-Bindung. Sie ermöglicht, dass über mehrere Reaktionsschritte die Ketogruppe am C–2-Atom verschwindet und eine Aldehydgruppe am C–1-Atom gebildet werden kann (↑ 05). Dazu sind katalytisch wirkende OH^--Ionen notwendig, die bewirken, dass am C–1-Atom ein Proton abgespalten und zwischen dem C–1- und C–2-Atom eine Doppelbindung gebildet wird. Das abgespaltene Proton kann nun an das Sauerstoff-Atom der Ketogruppe binden. Das bei dieser *intramolekularen Umlagerung* entstandene Zwischenprodukt ist ein **Endiol**; *En-* steht dabei für die Doppelbindung, *-diol* für die beiden Hydroxygruppen.
Die Endiolform ist nicht sehr stabil. Jeweils eine der Hydroxygruppen kann wieder deprotoniert und dadurch eine Carbonylgruppe zurückgebildet werden. Wird dabei das Proton der Hydroxygruppe am C–2-Atom abgespalten und an die Doppelbindung addiert, bildet sich wieder die Fructose zurück. Wird aber das Proton der Hydroxygruppe am C–1-Atom abgespalten, bildet sich die Aldehydgruppe am C–1-Atom und es entsteht eine isomere Aldose – die Glucose bzw. die Mannose (↑ Exp. 5.06, S. 141).

Da alle beteiligten Reaktionen Gleichgewichtsreaktionen sind, stellt sich mit der Zeit ein Gleichgewicht zwischen der Ketoform (Fructose) und der Aldehydform (Glucose) ein. Das Gleichgewicht zwischen der Aldehyd- und der Ketoform wird als **Keto-Enol-Tautomerie** bezeichnet.

> In alkalischen Lösungen können die Ketose Fructose und die Aldose Glucose über eine Keto-Enol-Tautomerie ineinander umgewandelt werden.

Die Isomerisierung von D-Glucose zu D-Fructose ist eine wichtige chemische Reaktion in biologischen Systemen. Sie ist die Vorstufe für den schrittweisen oxidativen Abbau der D-Glucose zu Brenztraubensäure (↑ S. 136) bzw. weiter zu Kohlenstoffdioxid und Wasser. Um diese Isomerisierung zu aktivieren, wird zuerst das D-Glucose-Molekül am C–6-Atom mit einem Phosphorsäure-Molekül verestert, das aus dem biologischen Energieträger ATP (Adenosintriphosphat) stammt.

1) Vergleichen Sie die Struktur von Fructose- und Glucose-Molekülen.

2) Erklären Sie die gute Löslichkeit von Fructose in Wasser.

3) Bestimmen Sie die Anzahl der Stereoisomeren zu D-Fructose.

4) Die Desoxyribose (Haworth-Projektion ↑ 06) ist ein zentraler Bestandteil der DNA.
  a Zeichnen Sie die Fischer-Projektion der D-Desoxyribose.
  b Vergleichen Sie sie mit D-Fructose und diskutieren Sie Ihre Zuordnung zu den Zuckern.

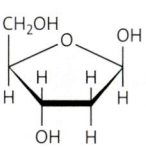

06 D-Desoxyribose

5.4 Nachweisreaktionen für Glucose und Fructose

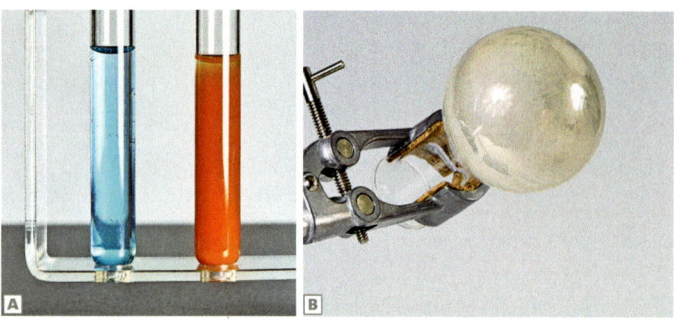

01 Oxidation von Glucose mit
A Benedict-Reagenz (Bildung von rotem Kupferoxid),
B Tollens-Reagenz (Bildung von elementarem Silber – „Silberspiegelprobe")

A Glucoson **B** Resorcin

02 Wichtige Verbindungen bei Nachweisreaktionen.
A Bei der Benedict-Probe, **B** beim Seliwanow-Test

Iodprobe als weiterer Nachweis auf reduzierend wirkende Zucker ↑ S. 142

Komplexe bei Nachweisen auf reduzierend wirkende Zucker und bei Nachweisen auf Proteine ↑ S. 352

CHEMISCHE EIGENSCHAFTEN Die chemischen Eigenschaften sowohl der Glucose als auch der Fructose werden durch die Hydroxygruppen in den Molekülen und die Halbacetalgruppe in den cyclischen Molekülen bestimmt. Für die Glucose ist weiterhin die Aldehydgruppe in der Kettenform entscheidend, ebenso wie die Ketogruppe in der Kettenform für die Fructose. Neben der Fähigkeit zur Bildung von Di-, Oligo- und Polysacchariden (↑ S. 144 ff.) ist die Eigenschaft der Glucose und der Fructose als Reduktionsmittel von Bedeutung. Darauf basieren auch gemeinsame **Nachweisreaktionen**.

BENEDICT-PROBE Die Oxidation des Glucose- bzw. des Fructose-Moleküls gelingt u. a. mit Cu^{2+}-Ionen, wie sie im **Benedict-Reagenz** (↑ Exp. 5.07) vorliegen. Diese Ionen bilden mit den aus Citronensäure-Molekülen entstandenen Citrat-Anionen (Cit^{3-}-Ionen) einen *Komplex*, $[Cu(Cit)_2]^{4-}$. In ihnen liegen *koordinative Bindungen* zwischen den Cu^{2+}-Ionen und Sauerstoff-Atomen aus den Cit^{3-}-Ionen vor. Glucose- und Fructose-Moleküle reduzieren die Cu^{2+}-Ionen zu Cu^+-Ionen. Letztere bilden schwerlösliches rotes Kupferoxid (Cu_2O). Sein Auftreten zeigt einen positiven Nachweis an (↑ **01A**).
Glucose- und Fructose-Moleküle werden dabei aus der Endiolat-Form (↑ S. 139) am C–2-Atom zu **Glucoson** (2-Ketoglucose, ↑ **02B**) oxidiert, das in alkalischer Lösung unter Spaltung von C–C-Bindungen weiterreagiert. Fructose reagiert deutlich schneller als Glucose, was vermutlich am größeren Anteil der Kettenform liegt (Fructose: 1 %, Glucose < 0,1 %).

TOLLENS-PROBE Auch im **Tollens-Reagenz** liegt mit $[Ag(NH_3)_2]^+$ ein Komplex vor, der aus Ag^+-Ionen und Ammoniak-Molekülen (NH_3) entsteht und durch koordinative Bindungen zwischen den N-Atomen und den Ag^+-Ionen zusammengehalten wird. Glucose- und Fructose-Moleküle reduzieren Ag^+-Ionen zu Ag-Atomen. Letztere bilden auf dem Glas eine dünne Schicht aus elementarem Silber. Ihr Auftreten zeigt einen positiven Nachweis an (↑ **01B**).

GOD-TEST UND SELIWANOW-TEST Neben den genannten Proben, die mit Glucose *und* mit Fructose einen positiven Test ergeben, gibt es auch noch spezifische Nachweise. Ein *spezifischer Nachweis* von D-Glucose gelingt mit dem enzymatischen **Glucoseoxidase-Test** (GOD-Test; ↑ Exp. 5.08). Dabei reduziert Glucose in einer durch das Enzym Glucoseoxidase katalysierten Reaktion Sauerstoff (O_2) zu Wasserstoffperoxid (H_2O_2). In einer zweiten Reaktion katalysiert das Enzym Peroxidase die Oxidation eines im Teststäbchen vorhandenen farblosen Stoffs zu einem blauen Farbstoff. Zusammen mit dem gelben Hintergrund des Teststreifens zeigt eine gelbgrüne Farbe eine geringe und eine tiefblaue Farbe eine hohe Glucosekonzentration an.

Mit dem **Seliwanow-Test** kann die Ketose Fructose von Aldosen unterschieden werden. In verdünnter Salzsäure entsteht aus Fructose durch Abspaltung von Wasser der Aldehyd **5-Hydroxymethylfurfural** (↑ **02B**). Diese Verbindung reagiert mit dem im Seliwanow-Reagenz vorhandenen **Resorcin** zu einem tiefroten Farbstoff, der unlöslich ist und ausfällt. Seine Entstehung ist ein Nachweis auf Fructose.

1) Zeigen Sie über Oxidationszahlen, dass
a das Glucose-Molekül gegenüber Cu^{2+}-Ionen und Ag^+-Ionen reduzierend wirkt,
b das Glucoson-Molekül ein Oxidationsprodukt vom Glucose-Molekül ist.

2) a Fructoselösung wird durch Benedict-Probe sowie mit GOD- und Seliwanow-Test untersucht. Beschreiben Sie die zu erwartenden Beobachtungen.
b Erklären Sie, warum die Ketose Fructose mit Benedict-Reagenz positiv reagiert.

Video: Silberspiegelprobe

Praktikum

P Nachweisreaktionen

EXP 5.05 Iod-Probe auf Aldosen

Materialien 5 Tropfpipetten, 2 Reagenzgläser, Iod-Kaliumiodidlösung [$c(I_2)$ = 0,001 mol · L^{-1}, $c(KI)$ = 0,01 mol · L^{-1}], pH-Pufferlösung [$c(NaHCO_3)$ = $c(Na_2CO_3)$ = 0,25 mol · L^{-1}], 0,1%ige Stärkelösung, 10%ige Lösungen von Glucose und Fructose

Durchführung Geben Sie in jedes Reagenzglas 1 mL Iod-Kaliumiodidlösung, 1 mL Pufferlösung und 1 mL Stärkelösung, sodass eine blauviolette Lösung resultiert. Geben Sie je 1 mL einer Zuckerlösung zu. Beobachten Sie die Farbänderungen.
Entsorgung: Lösungen ins Abwasser geben.

Auswertung
1. Ziehen Sie eine Schlussfolgerung von der Farbveränderung auf die Veränderung der Iod-Konzentration.
2. Erklären Sie den Zeitunterschied bis zur Entfärbung der Lösung durch Glucose bzw. Fructose.

EXP 5.06 Isomerisierung

Materialien 2 Reagenzgläser, Tropfpipetten, Messpipette, Wasserbad, Brenner, Glucoseteststreifen, Indikatorpapier, Natronlauge (c = 0,1 mol/L; 7), Essigsäure (c = 0,1 mol/L), Fructose

Durchführung Lösen Sie 1 g Fructose in 10 mL Wasser. Prüfen Sie die Lösung mit einem Glucoseteststreifen. Fügen Sie nun 1 mL Natronlauge hinzu und erhitzen Sie die Flüssigkeit 5 min im siedenden Wasserbad. Lassen Sie das Reaktionsgemisch abkühlen und neutralisieren Sie dann durch Zugabe von Essigsäure in kleinen Portionen. Untersuchen Sie die neutralisierte Lösung mit einem Glucoseteststreifen.
Entsorgung: Lösungen ins Abwasser geben.

Auswertung Beschreiben und deuten Sie die Beobachtung.

EXP 5.07 Nachweis reduzierender Zucker

Materialien 4 Reagenzgläser, Reagenzglasständer, Becherglas (250 mL), Tropfpipette, Heizplatte, 10%ige Glucoselösung, 10%ige Fructoselösung, Benedict-Reagenz (9), Tollens-Reagenz (Silbernitratlösung w = 1%, 7; Ammoniaklösung w = 10%, 5, 7, 9)

Durchführung I) *Benedict-Probe:* Geben Sie 2 mL Benedict-Reagenz in ein Reagenzglas. Fügen Sie einige Tropfen Glucoselösung hinzu und erwärmen Sie die Mischung im Wasserbad bei 80 °C. Wiederholen Sie den Versuch mit Fructoselösung.
II) *Tollens-Probe:* Geben Sie 2 mL Silbernitratlösung in ein sauberes (neues) Reagenzglas und versetzen Sie die Lösung unter Schwenken des Glases tropfenweise mit Ammoniaklösung, bis sich ein zunächst gebildeter brauner Niederschlag wieder löst. Fügen Sie einige Tropfen Glucoselösung hinzu und erwärmen Sie die Mischung im Wasserbad bei 80 °C. Wiederholen Sie den Versuch mit Fructoselösung.
Entsorgung: Benedict-Probe: Reste in giftige anorganische Abfälle, *Tollens-Probe:* in Behälter für Silberabfälle geben.

Auswertung
1. Notieren und deuten Sie Ihre Beobachtungen. Begründen Sie bei den positiv verlaufenden Reaktionen den vorliegenden Reaktionstyp.
2. Formulieren Sie eine verallgemeinernde Schlussfolgerung für die beiden Nachweise.

EXP 5.08 GOD-Test auf Glucose

Materialien GOD-Teststreifen (Glucoseoxidase-Teststreifen), 4 Reagenzgläser, 1%ige Lösungen von Glucose, Fructose und Saccharose, Wasser, Tropfpipetten, saugfähiges Papier

Durchführung Geben Sie in jedes Reagenzglas ca. 5 mL Zuckerlösung bzw. Wasser. Tauchen Sie dann je einen GOD-Teststreifen kurz ein, streifen Sie ihn am Papier ab und beobachten Sie nach 30 bis 60 s seine Farbe.
Entsorgung: Flüssigkeiten ins Abwasser, Teststreifen in den Hausmüll geben.

Auswertung
1. Informieren Sie sich über die beim GOD-Test ablaufenden Reaktionen.
2. a Begründen Sie die Spezifität des GOD-Tests.
   b Begründen Sie, dass der Teststreifen nur kurz eingetaucht und dann abgestreift werden muss.

EXP 5.09 Seliwanow-Test auf Fructose

Materialien 2 Reagenzgläser, Becherglas, Wasserbad, Brenner, 10%ige Fructoselösung, 10%ige Glucoselösung, Resorcin (8, 7, 9), konz. Salzsäure (w = 32%; 5, 7)

Durchführung *Herstellen von Seliwanow-Reagenz für etwa 10 Ansätze:*
Lösen Sie 0,2 g Resorcin in 40 mL konzentrierter Salzsäure. Geben Sie die Lösung vorsichtig in 80 mL Wasser.
Füllen Sie jeweils 2 mL Fructose- und Glucoselösung in ein Reagenzglas. Versetzen Sie diese jeweils mit 5 mL Seliwanow-Reagenz. Erhitzen Sie die Lösungen anschließend in einem siedenden Wasserbad.
Entsorgung: Lösungen in den Behälter für halogenhaltige organische Abfälle geben.

Auswertung Beschreiben und deuten Sie die Beobachtung.

Ein neuer und einfacher Nachweis auf reduzierend wirkende Zucker

Mit einem Geschmackstest lassen sich zuckerhaltige Lebensmittel wie Kaugummi oder Limonade nicht zuverlässig von den zuckerfreien Varianten unterscheiden. Der Unterschied zwischen ihnen – Erstere enthalten Glucose während den zuckerfreien Produkten Zuckerersatzstoffe zugesetzt wurden – lässt sich für einen einfachen Test ausnutzen: die **Iod-Probe** auf reduzierende Zucker.

Das Nachweisreagenz besteht aus drei Lösungen, die sich auch aus haushaltsüblichen Stoffen herstellen lässt: verdünnte Iod-Kaliumiodidlösung, Stärkelösung sowie Hydrogencarbonat-Pufferlösung. Vorteile der Iod-Probe gegenüber etablierten Verfahren sind, dass nicht erhitzt werden muss, gefährdungsärmere Stoffe verwendet werden und die Abfälle nicht gesammelt werden müssen. Mit ihr lassen sich außerdem Glucose und Fructose unterscheiden (↑ Exp. 5.05). Nach Zugabe der Iod- und der Stärkelösung entsteht zunächst die charakteristische blaue Farbe solcher Lösungen, die Stärke („Amylose"), Iod und Iodid-Ionen enthalten (↑ **01A**). Je größer die Iodkonzentration ist, umso intensiver ist diese Farbe. Sie wird nach Zugabe der Pufferlösung heller. Liegen in der Lösung Zucker-Moleküle mit einer Halbacetalgruppe im Überschuss gegenüber den Iod-Molekülen vor, so verschwindet die blaue Farbe nach kurzer Zeit (↑ **01B–D**).

Welche chemischen Reaktionen stecken hinter der Iod-Probe? Die Erhöhung des pH-Werts durch die Pufferlösung verschiebt das chemische Gleichgewicht zwischen Iod (I_2) und hypoiodiger Säure (HOI) zugunsten von Letzterem (↑ **02A**). Hypoiodige Säure oxidiert die Halbacetalgruppe $-CH(OH)O-$ des Glucose-Moleküls, wobei ein Carbonsäureester $-COO-$ mit ringförmigem Molekül entsteht (↑ **02B**).

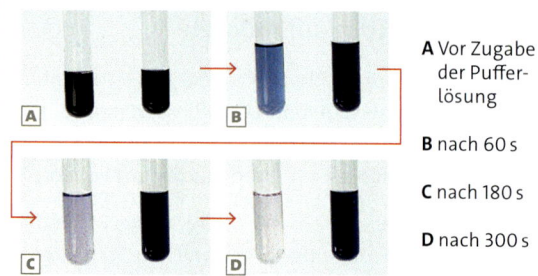

A Vor Zugabe der Pufferlösung
B nach 60 s
C nach 180 s
D nach 300 s

01 Zuckerhaltige Limonade (jeweils links) und Limonade mit Zuckerersatzstoff (jeweils rechts), versetzt mit Iod-Kaliumiodid-Stärkelösung

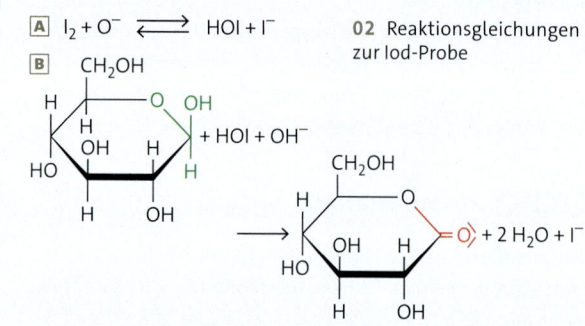

02 Reaktionsgleichungen zur Iod-Probe

1) Erklären Sie mit den beteiligten chemischen Reaktionen und Gleichgewichten, warum die blaue Farbe der Lösung bei der Limonade mit Glucose heller wird (↑ **01**).
2) Informieren Sie sich über die Molekülstruktur des Zuckerersatzstoffs Xylit und deuten Sie die Beobachtungen (↑ **01**).

Isoglucose

ERFRISCHUNGSGETRÄNKE werden vor allem in den USA und zunehmend auch in Europa nicht nur mit Saccharose gesüßt. Vielmehr wird **Isoglucose** verwendet, die auch als HFCS für engl. *High Fructose Corn Syrup* bezeichnet wird. Es handelt sich dabei um eine meist aus Maisstärke gewonnene, sirupartige Mischung verschiedener Zucker mit einem Massenanteil an Fructose von mind. 10 %. Um Isoglucose herzustellen, muss zunächst Stärke durch die Enzyme *Amylase* und *Maltase* hydrolysiert werden:

Stärke + Wasser $\xrightarrow{\text{Amylase, Maltase}}$ D-Glucose

Anschließend katalysiert das Enzym *Glucoseisomerase* die Isomerisierung der D-Glucose zu D-Fructose:

D-Glucose $\xrightarrow{\text{Glucoseisomerase}}$ D-Fructose

Wirtschaftlich bedeutend wurde dieses Verfahren erst als es gelang, die *Glucoseisomerase* an einen Träger zu binden, der sich leicht von der Reaktionsmischung trennen lässt.

Derzeit beträgt die Weltjahresproduktion von Isoglucose etwa 10 Mio. t. Kommerziell spielen zwei Sorten von Isoglucose eine Rolle: HFCS-42 und HFCS-55, d. h., der Massenanteil an Fructose liegt bei 42 bzw. 55 %. Die Süßkraft von HFCS-55 entspricht der von Saccharose. In einigen Quellen wird Isoglucose für das vermehrte Auftreten von Diabetes und Fettleibigkeit verantwortlich gemacht. Nach einer ernährungsphysiologischen Bewertung durch das Bundesforschungsinstitut für Ernährung und Lebensmittel entspricht bei gleichen aufgenommenen Mengen die Wirkung von Isoglucose der von Saccharose.

5.5 Vielfalt der Monosaccharide

HOMOLOGE REIHE DER D-ALDOSEN Die Monosaccharide bilden ähnlich den Alkanen eine homologe Reihe. Die kleinste Aldose ist das Glycerinaldehyd. Durch den Einbau jeweils einer weiteren H–C–OH-Gruppe zwischen dem C–1- und dem C–2-Atom erfolgt die Verlängerung zu längerkettigen Aldosen. Da die neu eingeschobenen C-Atome asymmetrisch substituiert sind, gibt es für die Stellung der OH-Gruppen in der Fischer-Projektion jeweils zwei Möglichkeiten. Somit verdoppelt sich auf jeder Verlängerungsstufe die Anzahl der Diastereomere. Bei einer Kettenlänge von sechs Kohlenstoff-Atomen ergeben sich für die Reihe der D-Aldosen bereits acht mögliche Zucker (↑ 01) – zusammen mit den L-Aldosen entsprechend 16 verschiedene Zucker.

VORKOMMEN UND BEDEUTUNG Nicht nur die bekannte D-Glucose, sondern viele weitere Zucker aus der Reihe der D-Aldosen kommen in der Natur verbreitet vor. *Beispiele (jeweils D-Form)*:

- Glycerinaldehyd ist ein Zwischenprodukt des Energiestoffwechsels bei Tieren und Menschen.
- Erythrose kommt ebenfalls beim Energiestoffwechsel vor und in einigen Synthesewegen von Bakterien, Pflanzen und Pilzen.
- Ribose ist ein Baustein der an der Proteinbiosynthese beteiligten Ribonucleinsäure (RNA) sowie des Energieträgers Adenosintriphosphat (ATP). Sie kommt damit bei allen Stoffwechselvorgängen und bei der Zellteilung vor.
- Arabinose ist Bestandteil von Kautschuksaft (Gummi), Harzen und Schleimen.
- Xylose findet man in Holz, Samen und Früchten chemisch gebunden. Aus ihr wird das Süßungsmittel Xylit hergestellt, das vom menschlichen Stoffwechsel nicht verwertet werden kann.
- Mannose kommt in gebundener Form in den Wurzeln von Korbblütlern wie Löwenzahn vor.
- Galactose ist neben der Glucose ein Zuckerbaustein im Milchzucker (Lactose). Sie ist auch in höheren Kohlenhydraten chemisch gebunden und kommt in der Schleimhaut vor.

HOMOLOGE REIHE DER KETOSEN Auch bei den Ketosen erhält man durch die Verlängerung der Kette weitere Zucker (↑ 01). Die Kettenverlängerung erfolgt zwischen dem C–2- und C–3-Atom. Von Bedeutung ist die D-Ribulose als Zwischenprodukt des Calvinzyklus der Pflanzen. D-Sorbose kommt in Vogelbeeren der Eberesche vor und ist außerdem ein Zwischenprodukt bei der Vitamin-C-Synthese. Die D-Tagatose liegt in geringen Mengen in der Milch vor. Sie kann aus D-Galactose gewonnen werden.

1) Zeichnen Sie die zur D-Mannose enantiomere Form der L-Mannose sowie die zur D-Galactose enantiomere Form der L-Galactose. Kennzeichnen Sie alle asymmetrischen Kohlenstoff-Atome C*.

2) Vergleichen Sie D-Galactose und D-Tagatose. Erläutern Sie die Möglichkeit, D-Tagatose aus D-Galactose zu gewinnen.

Die Zuordnung zur D- oder L-Reihe der Monosaccharide erfolgt immer aufgrund der Konfiguration des chiralen Kohlenstoff-Atoms, das am weitesten von der Aldehyd- oder Ketogruppe entfernt ist (↑ S. 133).

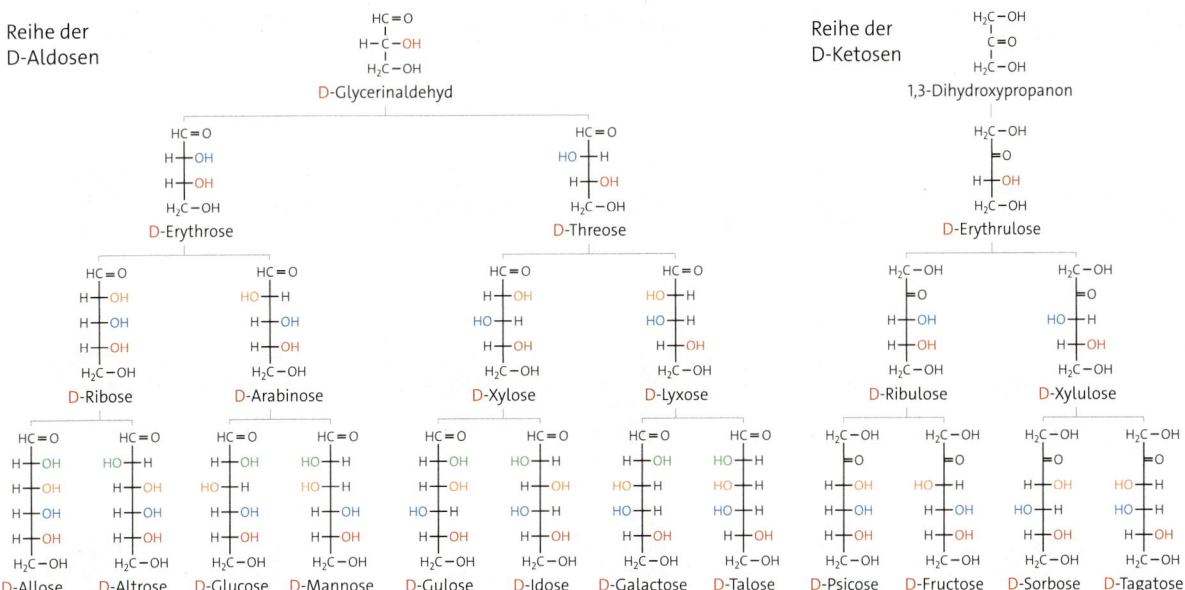

01 Reihe der D-Aldosen und D-Ketosen

5.6 Disaccharide

Zuckerrohr (20–25 %)   Zuckerrübe (17–20 %)   Zuckerhirse (8 %)

01 Einige Pflanzen enthalten hohe Anteile an Saccharose.

3D-Molekül: Saccharose

SACCHAROSE – ROHRZUCKER Die in den grünen Pflanzenteilen bei der Fotosynthese erzeugte Glucose wird häufig umgewandelt, wobei als ein möglicher Speicherstoff die **Saccharose** entsteht. In bestimmten Pflanzen ist sie in hohen Anteilen enthalten und kann so für die Gewinnung unseres Haushaltszuckers genutzt werden (↑ 01).
Saccharose wird durch die Reaktion von α-D-Glucose mit β-D-Fructose gebildet. Dabei wird Wasser in einer Kondensationsreaktion abgespalten (↑ 02). Saccharose gehört zu den **Disacchariden** (lat. *di*: zwei, *saccharum*: Zucker), den Zweifachzuckern.

GLYKOSIDISCHE BINDUNG Die Moleküle der Disaccharide bestehen aus zwei Monosaccharidbausteinen, die über ein Sauerstoff-Atom verbunden sind. Diese Bindung wird durch die Reaktion je einer OH-Gruppe der beiden Monosaccharid-Moleküle gebildet. Voraussetzung für diese Reaktion sind *besonders reaktionsfähige OH-Gruppen*. Im Fall des Glucose-Moleküls ist dies die OH-Gruppe am C–1-Atom, beim Fructose-Molekül die OH-Gruppe am C–2-Atom. Diese OH-Gruppen sind jeweils durch die Ringbildung aus der Kettenform entstanden und werden **glykosidische OH-Gruppen** genannt. Entsprechend wird die aus ihnen entstandene Bindung als **glykosidische Bindung** bezeichnet.
Im Saccharose-Molekül liegt eine α-1,β-2-glykosidische Bindung vor. Dies besagt, dass ein α-D-Glucose-Molekül über sein C–1-Atom mit dem C–2-Atom des β-D-Fructose-Moleküls verbunden ist.
Durch verdünnte saure Lösungen kann Saccharose hydrolytisch zu D-Glucose und D-Fructose im Verhältnis 1:1 gespalten werden (↑ Exp. 5.11, S. 149).

> Saccharose ist ein Disaccharid. Ihre Moleküle bestehen aus einem D-Glucosebaustein und einem D-Fructosebaustein, die α-1,β-2-glykosidisch verbunden sind.

Zur Kondensation kommt es, wenn die OH-Gruppen des Glucose- und Fructose-Moleküls nebeneinander liegen. Das Fructose-Molekül muss dazu in der Haworth-Projektion 180° um die gezeigte Achse gedreht gezeichnet werden.

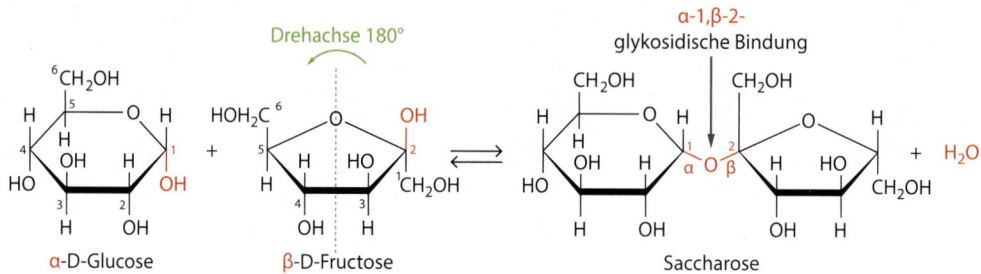

02 Bildung von Saccharose aus α-D-Glucose und β-D-Fructose

➕ Von Rohr- und Rübenzucker

Schon um 600 n. Chr. gelang es in Persien, aus wässrigen Auszügen des Zuckerrohrs einen süßen Stoff, die Saccharose, zu isolieren. Sie war die erste organische Verbindung, die in reiner kristalliner Form gewonnen wurde. Händler brachten den Zucker im frühen Mittelalter nach Europa. Er war so kostbar, dass er nur in Apotheken verkauft wurde. Im 16. Jahrhundert wurde Zucker allmählich erschwinglicher, weil große Zuckerrohrplantagen in der Karibik von Sklaven aus Afrika bewirtschaftet wurden. Er blieb aber ein Privileg für Wohlhabende.

A. S. Marggraf, ein deutscher Chemiker, entdeckte 1747, dass die Runkelrübe ebenfalls Saccharose enthält. Der mit 1,6 % geringe Zuckergehalt konnte durch Züchtung der Zuckerrübe auf anfänglich 5 % erhöht werden. Napoleons Kontinentalsperre von 1806 bis 1813 verhinderte den Handel mit karibischem Rohrzucker. Dies führte zum Aufblühen der europäischen Zuckerindustrie, sodass Ende des 19. Jahrhunderts der in Deutschland verbrauchte Zucker überwiegend aus Rüben gewonnen wurde. Zucker war dadurch preiswert und für jedermann erschwinglich geworden.

5.6 Disaccharide

03 **A** Maltose (Haworth-Projektion), **B** Ringöffnung des Maltose-Moleküls, **C** Lactose (Haworth-Projektion)

A Maltose α-1,4-glykosidische Bindung
B Ringöffnung am C-1-Atom
C Lactose β-1,4-glykosidische Bindung

MALTOSE – MALZZUCKER Bei der Hydrolyse von Maltose, dem Malzzucker, entsteht nur D-Glucose: Die Maltose-Moleküle sind aus zwei α-D-Glucose-bausteinen aufgebaut, die α-1,4-glykosidisch verbunden sind (↑ 03A).

Maltose kommt als Hydrolyseprodukt von Stärke in Getreide vor und dient dort als Energielieferant der Pflanze. Für die Bierherstellung wird sie gezielt in keimender Gerste erzeugt und mithilfe von Hefen zu Ethanol vergoren.

REDUZIERENDE WIRKUNG Untersucht man Saccharose und Maltose mit Benedict- oder Tollens-Reagenz, so zeigt Saccharose keine Reaktion, Maltose jedoch eine positive Reaktion. Dies liegt daran, dass im Saccharose-Molekül keine glykosidischen OH-Gruppen mehr vorhanden und die reaktiven C-Atome beider Monosaccharidbausteine glykosidisch gebunden sind. Saccharose wirkt nicht reduzierend.

Beim Maltose-Molekül liegt jedoch am C–1-Atom des zweiten Glucosebausteins eine glykosidische OH-Gruppe vor. Hier kann in einer Gleichgewichtsreaktion die offenkettige Form entstehen, sodass Benedict- und Tollens-Probe positiv ausfallen.

> Disaccharide wirken dann reduzierend, wenn durch Ringöffnung der cyclischen Struktur am anomeren C-Atom eines der beiden Monosaccharidbausteine eine offenkettige Form entsteht.

LACTOSE – MILCHZUCKER Die Milch aller Säugetiere enthält Lactose als Zucker, Kuhmilch beispielsweise 4,8 %. Sie schmeckt deutlich weniger süß als Saccharose. Im Milchzucker ist β-D-Galactose mit D-Glucose β-1,4-glykosidisch verknüpft (↑ 03C).
Während Babys durch das Enzym Lactase in der Lage sind, die Lactose zu spalten, fehlt bei etwa 15 % der Erwachsenen dieses Enzym. Sie leiden an einer Lactoseintoleranz mit Symptomen wie Bauchschmerzen und Durchfällen, weil die nicht abgebaute Lactose im Darm zu Milchsäure vergoren wird.

> **Schon gewusst?** Der Mechanismus der Bildung eines Disaccharids ist eine nucleophile Addition.
> Halbacetale wie die Glucose (A) können in Gegenwart von Säuren mit der OH-Gruppe eines weiteren Monosaccharid-Moleküls (B) zu einem Acetal reagieren: Das Sauerstoff-Atom einer OH-Gruppe des Monosaccharid-Moleküls B greift nucleophil das Kohlenstoff-Atom des Halbacetals (Monosaccharid A) an. Dabei bildet sich ein Disaccharid oder allgemein formuliert: ein Acetal.
>
> Monosaccharid A   Monosaccharid B   Disaccharid
>
> Solche Zuckeracetale werden allgemein als *Glykoside* bezeichnet. Daher rührt auch der Name der reaktiven OH-Gruppe am Halbacetal, der *glykosidischen OH-Gruppe*, sowie der Name der *glykosidischen Bindung*.

1) Entwickeln Sie einen Versuchsansatz, der zeigt, dass Saccharose aus den Monosaccharidbausteinen D-Glucose und D-Fructose besteht.

2) Ordnen Sie die Lactose begründet den nichtreduzierenden bzw. reduzierenden Zuckern zu.

3) Zeichnen Sie die Haworth-Projektionsformeln der Monosaccharidbausteine der Lactose.

4) Ein weiteres Disaccharid ist die Cellobiose. Sie besteht aus zwei β-D-Glucosebausteinen, die β-1,4-glykosidisch verknüpft sind.
a Zeichnen Sie die Haworth-Projektionsformel dieses Zuckers.
b Stellen Sie eine Hypothese auf, ob Cellobiose mit Benedict-Reagenz nachgewiesen werden kann.
c Erklären Sie die Begriffe Halbacetal und Acetal am Cellobiose-Molekül.

5.7 Oligosaccharide – besondere Zucker

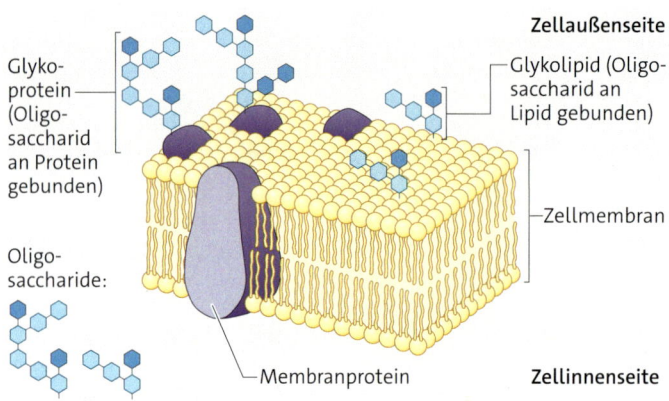

01 Oligosaccharide übernehmen wichtige Aufgaben in der Zellmembran.

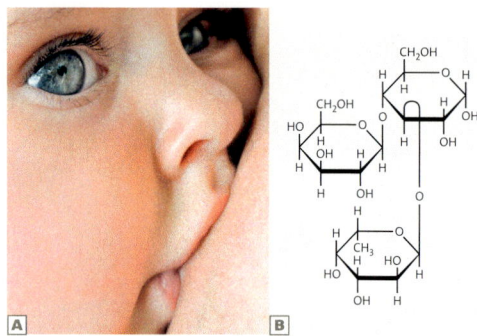

03 **A** Die in der Muttermilch enthaltenen Oligosaccharide schützen den Säugling vor Infektionen. **B** Strukturformel des HMO-Moleküls 3'-Fucosyllactose aus drei Monosaccharidbausteinen

WICHTIGE VERBINDUNGEN IN DER BIOCHEMIE Wenn drei bis zehn Monosaccharidbausteine miteinander verbunden sind, dann nennt man diese Zucker **Oligosaccharide** oder **Mehrfachzucker**. Sie sind eine biochemisch bedeutende Stoffgruppe, die auch zunehmend für industrielle Produkte interessant wird.

Oligosaccharide sind häufig an andere biologische Moleküle gebunden. So kommen beispielsweise in den Zellmembranen **Glykoproteine** vor, die aus einem Oligosaccharid und einem Protein aufgebaut sind. Ein weiterer wichtiger Bestandteil der Zellmembranen sind **Glykolipide**, bei denen ein Oligosaccharid an ein Lipid gebunden ist (↑ 01). Als individuelle Markierungen dienen sie dort der Zellerkennung oder bestimmen als Blutgruppenantigene die Blutgruppen nach dem AB0-System.

IMMUNSTIMULIERENDE HUMANE MUTTERMILCH OLIGOSACCHARIDE (HMO) Eine weitere, erst in jüngster Zeit erforschte biochemische Funktion der Oligosaccharide spielt schon zum Beginn unseres Lebens eine wichtige Rolle. So enthält die Muttermilch 5 bis 10 g/L der sogenannten **humanen Muttermilch Oligosaccharide** (HMO, ↑ 03B). Sie dienen nicht der Ernährung, sondern der Abwehr von Krankheitserregern wie Influenzaviren oder E.-coli-Bakterien. Beim Stillen gelangen die HMO aus der Muttermilch unverdaut in den Darm des Säuglings. Sie weisen eine ähnliche Struktur auf wie jene glykosidischen Rezeptoren, die sich an der Oberfläche der Darmepithelzellen befinden.

Bei einer Infektion binden Krankheitserreger an diese Zellerkennungsstrukturen und dringen in die Zellen ein. Sind jedoch durch das Stillen im Darm HMO vorhanden, so binden die Krankheitserreger bevorzugt an diese und werden schließlich, ohne krank zu machen, mit den unverdaulichen Oligosacchariden ausgeschieden (↑ 02). So kann heute erklärt werden, warum noch vor 100 Jahren gestillte Säuglinge eine 8-mal geringere Sterblichkeit aufwiesen als nicht mit Muttermilch ernährten Säuglinge, die als Ersatznahrung beispielsweise Kuhmilch erhielten.

> Oligosaccharide sind Mehrfachzucker aus drei bis zehn Monosaccharidbausteinen. Sie übernehmen wichtige Funktionen in unserem Immunsystem und beim Erkennen körpereigener Zellen.

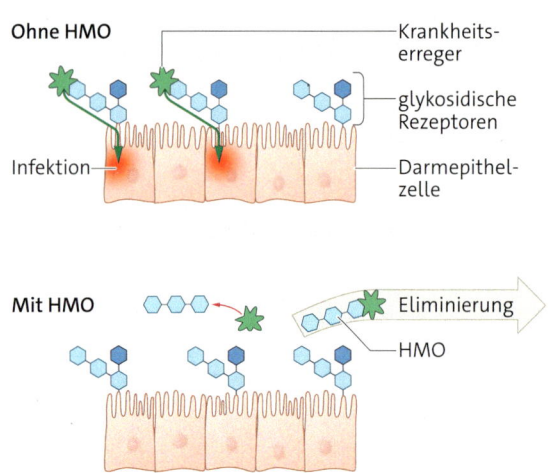

02 Modell der Funktion von HMO zum Schutz vor Infektionen im Darm eines Säuglings

1️⃣ Beschreiben Sie die am Aufbau des 2'-Fucosyllactose-Moleküls (↑ 03B) beteiligten Monosaccharidbausteine und die glykosidischen Bindungen.

2️⃣ Entscheiden Sie, ob es sich bei 2'-Fucosyllactose um einen reduzierenden Zucker handelt.

Struktur und Eigenschaften von Cyclodextrinen

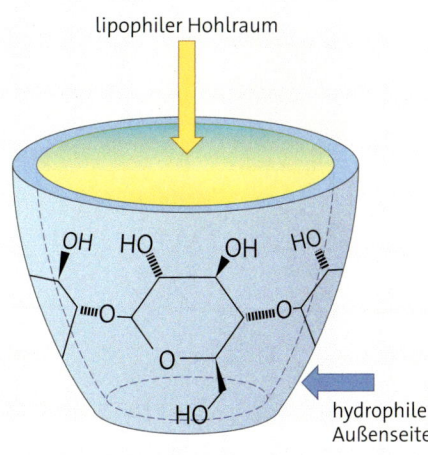

04 Strukturformel eines ß-Cyclodextrin-Moleküls

05 Dreidimensionale Struktur eines Cyclodextrin-Moleküls (Schema): OH-Gruppen weisen auf den äußeren oberen und unteren Rand des Moleküls.

RINGFÖRMIGE MAKROMOLEKÜLE Cyclodextrine sind ringförmige Makromoleküle und gehören zu den Oligosacchariden (↑ 04). Es sind wasserlösliche Abbauprodukte der *Stärke*, die in der Natur nicht vorkommen, aber durch ihre besonderen Eigenschaften für viele unterschiedliche Anwendungen von Interesse sind.

Ihre Moleküle bestehen aus α-1,4-glyosidisch verknüpften Glucosebausteinen. Nach ihrer Anzahl unterscheidet man verschieden große Ringmoleküle: α-Cyclodextrin ist das kleinstmögliche Cyclodextrin und besitzt sechs Glucosebausteine, ß-Cyclodextrin besitzt sieben und γ-Cyclodextrin acht Glucosebausteine.

BESONDERE EIGENSCHAFTEN DER CYCLODEXTRINE In den Cyclodextrin-Molekülen sind die Glucosebausteine so angeordnet, dass sich eine hydrophile Außenseite und in ihrem Innern ein lipophiler Hohlraum ergibt (↑ 05, 06). Die Größe des Hohlraums wird durch die Anzahl der Glucosebausteine bestimmt. Dieser Hohlraum ermöglicht es, dass verschiedene andere Moleküle eingelagert werden können, wobei Einschlussverbindungen entstehen.

Diese besondere Struktur der Cyclodextrin-Moleküle ermöglicht viele verschiedene Anwendungen in unterschiedlichen technischen und industriellen Bereichen, beispielsweise in der Lebensmittelindustrie, beim Bierbrauen, in Luft- und Textilfrischern, in der Pharmaindustrie und in der Textilindustrie (↑ S. 148).

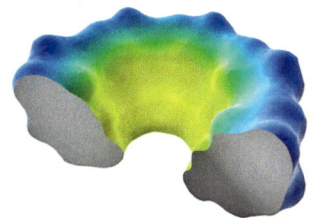

Stärke ↑ S. 152 f.

06 Oberflächenmodell eines ß-Cyclodextrin-Moleküls. Die blaue Farbe repräsentiert den hydrophilen, die gelbe den lipophilen Molekülbereich.

Die besondere Stabilität der Cyclodextrine ermöglicht ebenfalls einen vielfältigen Einsatz dieser Stoffgruppe: Bis zu einem pH-Wert von 2 und Temperaturen bis 200 °C zeigen sie keine wesentlichen Veränderungen der gewünschten Eigenschaften.

> Cyclodextrin-Moleküle können in ihrem unpolaren Hohlraum unpolare Moleküle reversibel binden. Durch ihre hydrophile Außenseite sind sie gut wasserlöslich und dadurch vielseitig einsetzbar.

1⟩ Erläutern Sie anhand der Strukturformeln der Cyclodextrine, ob es sich um chirale Verbindungen handelt.
2⟩ Beurteilen Sie, ob Cyclodextrine reduzierend wirken.
3⟩ Erklären Sie die gute Wasserlöslichkeit von Cyclodextrinen.
4⟩ Diskutieren Sie, ob Cyclodextrine als Emulgatoren eingesetzt werden können.

Vielfältige Anwendungen der Cyclodextrine

01 Keine unangenehmen Gerüche wahrnehmbar – dank Cyclodextrinen

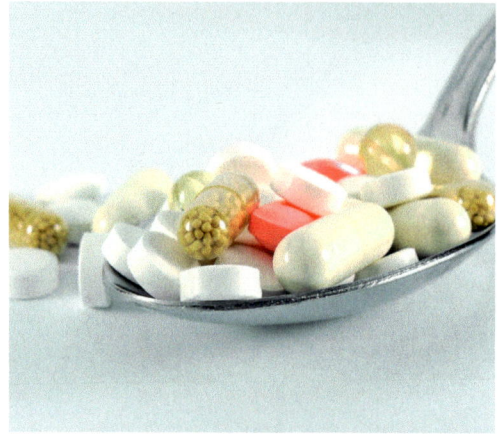

02 In Medikamenten können Wirkstoffe reversibel in Cyclodextrinen eingeschlossen werden.

GERUCHSNEUTRAL DANK CYCLODEXTRINEN Die Vielzahl an Gerüchen, denen unsere Nase im Laufe eines Tages ausgesetzt ist, ist enorm. Um unangenehme Gerüche zu minimieren, wurden *Textilerfrischer* entwickelt, die häufig als Sprays angeboten werden. Die darin enthaltenen Cyclodextrine können unpolare Moleküle als Gast aufnehmen und binden, er wird neutralisiert. Unterhalb einer stoffspezifischen Konzentration ist der unangenehme Geruch für uns Menschen nicht mehr wahrnehmbar. Während Textilerfrischer keine weiteren Geruchsstoffe enthalten, sind in anderen Lufterfrischungsprodukten wie Duftbäumen zusätzlich Geruchsstoffe in hoher Konzentration zugesetzt, um unangenehme Gerüche zu überdecken.

Die Textilindustrie bewirbt Sport- und Outdoorkleidung, auf denen Cyclodextrine aufgebracht sind und die nach Gebrauch nicht nach Schweiß riechen. Diese auf den Textilien aufgebrachten Cyclodextrine nehmen große unpolare organische Moleküle aus dem Schweiß in ihren lipophilen Hohlraum auf und binden sie. So wird verhindert, dass Mikroorganismen auf unserer Haut diese Moleküle zersetzen und es entstehen weniger unangenehm riechenden Stoffe (↑ 01).

Als zukünftiges Anwendungsszenario sollen Cyclodextrine dafür eingesetzt werden, auf Kleidung gewünschte Gerüche kontinuierlich abzugeben. Während Parfüm, das direkt auf die Haut aufgebracht wird, sehr schnell verdampft, könnten so Duftstoffe über einen langen Zeitraum gleichmäßig abgegeben werden. Die Pharmaindustrie prüft, ob Medikamente auch auf diesem Weg über die Haut aufgenommen werden können.

LEBENSMITTELINDUSTRIE Cyclodextrine werden in der Lebensmittelindustrie beispielsweise als *Emulgatoren* eingesetzt. Da sie Abbauprodukte der Stärke sind, können sie in vegetarischen Produkten verwendet werden. Außerdem nutzt man sie als *Stabilisatoren* für Aromen. Bitterstoffe können an Cyclodextrinen gebunden werden, sodass der unangenehme Geschmack nicht wahrgenommen wird. Als gesundheitlich unbedenklich gelten die α- und γ-Cyclodextrine, sie können unbegrenzt verzehrt werden. α-Cyclodextrin ist ein löslicher *Ballaststoff* mit gesundheitsförderndem Effekt. γ-Cyclodextrin ist eine Glucosequelle mit geringer Auswirkung auf den Blutzucker- bzw. Blutinsulinspiegel. Dagegen ist ß-Cyclodextrin in der EU nur für bestimmte Lebensmittel zugelassen (E459) und wird beispielsweise zur Aromatisierung von Getränkepulvern und Tees verwendet.

PHARMA- UND KOSMETIKINDUSTRIE Auch bei der Herstellung von Medikamenten und Cremes nutzt man die besonderen Löslichkeitseigenschaft der Cyclodextrine in wässrigen Lösungen. In Cremes dienen sie als *Emulgatoren* sowie als Stabilisatoren für beispielsweise UV-empfindliche Wirkstoffe. Zum Schutz vor der Reaktion mit Sauerstoff werden Wirkstoffe in Medikamenten an Cyclodextrine gebunden. Unangenehmer Geruch oder Geschmack von Medikamenten kann durch den Einsatz der Cyclodextrine reduziert werden.

1⟩ Erläutern Sie, wie Cyclodextrine auf Kleidungsstücken auch in der Kriminaltechnik angewendet werden können.
2⟩ Erklären Sie, welche Eigenschaften die Verwendung der Cyclodextrine in Verpackungsmaterialien ermöglichen.

Praktikum

Eigenschaften von Disacchariden und Oligosacchariden

EXP 5.10 Reduzierende Eigenschaften von Disacchariden

Materialien 3 Reagenzgläser, Reagenzglasständer, Wasserbad, Saccharose, Maltose, Lactose, Benedict-Reagenz (9)

Durchführung Führen Sie mit Saccharose, Maltose und Lactose die Benedict-Probe durch (↑ Exp. 5.07, S. 141). *Entsorgung:* Lösungen in den Behälter für giftige anorganische Abfälle geben.

Auswertung
1) Beschreiben Sie die Beobachtungen.
2) Erklären Sie das unterschiedliche Verhalten der Zucker.

EXP 5.11 Hydrolyse von Saccharose

Materialien Reagenzglas, Reagenzglasständer, Gasbrenner, Wasserbad, Messpipette, Siedesteinchen, Wasser, Glucoseteststreifen, Seliwanow-Reagenz (↑ Exp. 5.09, S. 141; 8, 5, 7, 9), Saccharose, Salzsäure (c = 1 mol/L; 7), Natronlauge (c = 1 mol/L; 5)

Durchführung 1. Geben Sie zu 5 mL einer 5%igen Saccharoselösung 1 mL Salzsäure. Fügen Sie ein Siedesteinchen hinzu und erhitzen Sie das Reaktionsgemisch 10 min in einem siedenden Wasserbad. Lassen Sie es dann abkühlen.
2. Geben Sie 1 mL Natronlauge zum Reagenzglasinhalt.
3. Prüfen Sie die neutralisierte Lösung mit einem Glucoseteststreifen.
4. Untersuchen Sie anschließend die Lösung mit Seliwanow-Reagenz (↑ Exp. 5.09, S. 141).

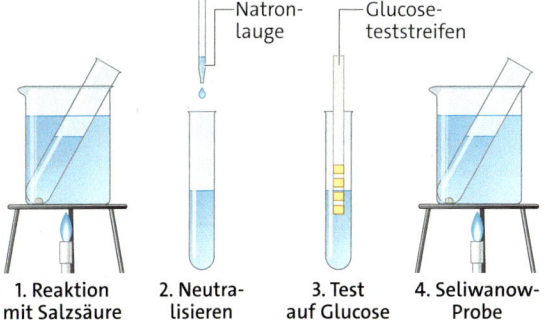
1. Reaktion mit Salzsäure   2. Neutralisieren   3. Test auf Glucose   4. Seliwanow-Probe

Entsorgung: Lösungen in den Behälter für saure und alkalische Abfälle, Teststreifen in den Hausmüll geben.

Auswertung
1) Beschreiben Sie Ihre Beobachtungen.
2) Erklären Sie das Versuchsergebnis.
3) Bewerten Sie die Nachweise der Reaktionsprodukte kritisch, führen Sie eventuell ein zusätzliches Experiment durch.

EXP 5.12 Glucosenachweis in Cyclodextrin

Materialien Reagenzglas, Becherglas (50 mL), Wasserbad, Brenner, Waage, 2 Messpipetten, Siedesteinchen, Cyclodextrin, Glucoseteststreifen, Salzsäure (c = 1 mol/L; 7), Natronlauge (c = 1 mol/L; 5)

Durchführung Stellen Sie 4 mL einer 10%igen wässrigen Cyclodextrinlösung her. Prüfen Sie diese mit einem Glucoseteststreifen. Versetzen Sie jetzt 1 mL der Cyclodextrinlösung mit 1 mL Salzsäure und geben Sie ein Siedesteinchen hinzu. Erhitzen Sie das Gemisch für 10 min im siedenden Wasserbad. Neutralisieren Sie die Lösung nach dem Abkühlen mit 1 mL Natronlauge und prüfen Sie sie dann mit einem Glucoseteststreifen.
Entsorgung: Lösungen ins Abwasser geben.

Auswertung
1) Beschreiben Sie die Beobachtungen.
2) Erklären Sie das Versuchsergebnis.
3) Diskutieren Sie, ob die Nutzung der Benedict-Probe anstelle der Glucoseteststreifen sinnvoll wäre.

EXP 5.13 Emulgatorwirkung von Cyclodextrin

Materialien 2 Reagenzgläser, Messzylinder, Tropfpipette, Wasser, Cyclodextrin, Speiseöl

Durchführung Geben Sie 3 mL einer 10%igen Cyclodextrinlösung (↑ Exp. 5.12) in ein Reagenzglas. In ein weiteres Reagenzglas füllen Sie 3 mL Wasser. Geben Sie in beide Reagenzgläser wenige Tropfen Speiseöl.
Schütteln Sie beide Reagenzgläser kräftig.
Entsorgung: Lösungen ins Abwasser geben.

Auswertung Beschreiben und deuten Sie das Ergebnis.

EXP 5.14 Cyclodextrin im Lufterfrischungsspray

Materialien Becherglas (250 mL), 3 Reagenzgläser, Wasserbad, Brenner, 2 Messpipetten, Siedesteinchen, Lufterfrischungsspray, Glucoseteststreifen, Salzsäure (c = 1 mol/L; 7), Natronlauge (c = 1 mol/L; 5), Wasser, Speiseöl

Durchführung Erhitzen Sie 50 mL Raumerfrischungsspray mit einigen Siedesteinchen in einem Becherglas so lange, bis das Volumen auf die Hälfte reduziert ist.
Verfahren Sie mit der gewonnenen Lösung wie in ↑ Exp. 5.12 und 5.13 beschrieben.
Entsorgung: Lösungen ins Abwasser geben.

Auswertung Vergleichen Sie das Ergebnis mit den Beobachtungen aus den Experimenten ↑ 5.12 und 5.13.

Klausurtraining

Material A Glucose – ein Aldehyd?

Der Nachweis von Alkanalen (Aldehyden) gelingt mit *Schiffs Reagenz*: Bereits wenige Tropfen führen zu einer rosa bis violetten Färbung, wenn die Moleküle des untersuchten Stoffs Aldehydgruppen besitzen.
Doch ergibt auch der Test mit Glucose eine positive Reaktion?
Versuchsansätze:

I: Wasser + Schiffs Reagenz
II: Wasser + Schiffs Reagenz + Propanal
III: Wasser + Schiffs Reagenz + Glucose
IV: Wasser + Schiffs Reagenz + Glucose + verd. Natronlauge

AUFGABEN ZU A

1⟩ Nennen Sie die typischen Strukturmerkmale von Glucose-Molekülen.
2⟩ Beschreiben Sie die abgebildeten Versuchsergebnisse.
3⟩ a Interpretieren Sie die Versuchsergebnisse.
   b Erklären Sie das Versuchsergebnis von Ansatz IV mithilfe von chemischen Vorgängen.
   c Bewerten Sie das Experiment hinsichtlich wissenschaftlicher Vollständigkeit.

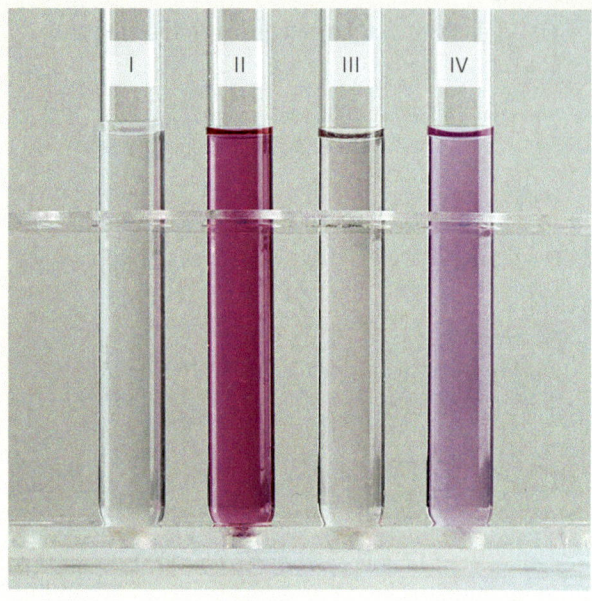

A1.1 Versuchsergebnisse der Reaktion mit Schiffs Reagenz nach 1 min

Material B Cyclodextrine

Vitamin A (Molekülformel: $C_{20}H_{30}O$) wird als Wirkstoff zur Hautpflege u. a. zur Reduzierung von Falten in Hautcremes eingesetzt. Eine Creme ist eine wässrige *Emulsion*, also ein fein verteiltes Gemisch zweier normalerweise nicht mischbarer Stoffe. Allerdings zerfällt Vitamin A unter Licht- und Lufteinwirkung rasch und wird damit unwirksam. Um dies zu verhindern, werden die Wirkstoff-Moleküle durch Moleküle der Cyclodextrine geschützt. Diese gelten deshalb als die „kleinsten Kosmetikkoffer der Welt".

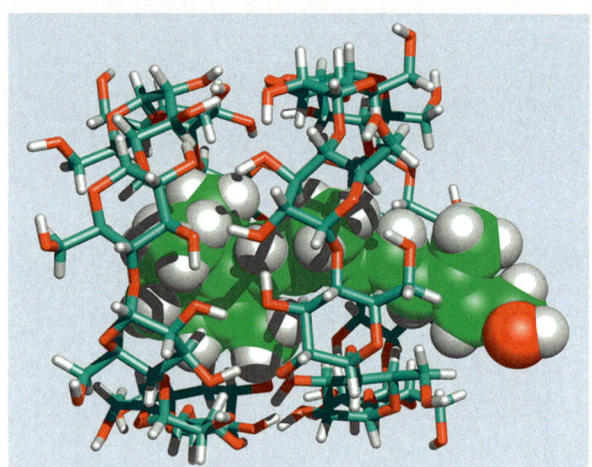

B1.1 Strukturformel von Vitamin A

Modell A (grün: Kohlenstoff-Atom, rot: Sauerstoff-Atom, grau: Wasserstoff-Atom)

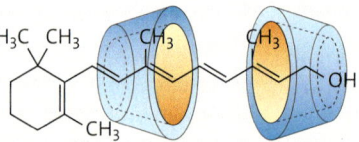

Modell B

B1.2 Modelle zur Funktionsweise von Cyclodextrinen in Kosmetika am Beispiel des Wirkstoffs Vitamin A

AUFGABEN ZU B

1⟩ Beschreiben Sie die Struktur der Cyclodextrine (↑ S. 147, Bild 04, 05; ↑ B1.2).
2⟩ Erläutern Sie anhand der Molekülstruktur das Lösungsverhalten von Vitamin A (↑ B1.1).
3⟩ Erklären Sie am Beispiel des Wirkstoffs Vitamin A, worin die Funktion von Cyclodextrinen in Hautcremes besteht.
4⟩ Beschreiben und bewerten Sie die beiden gezeigten Modelle (↑ B1.2).

Material C Zwei Disaccharide im Vergleich

C1 Maltose

„Hopfen und Malz – Gott erhalt's!" ist der Wahlspruch der Bierbrauer. Malz ist durch Wasser zum Quellen gebrachte Gerste. Bei Temperaturen zwischen 30 und 40 °C wird die in der Gerste enthaltene Stärke durch das Enzym Amylase in Maltose gespalten. Dieser Zucker wird dann von Hefen abgebaut und zu Alkohol vergoren.

C2 Trehalose

Dieses Disaccharid wird nur langsam im Dünndarm abgebaut. Es sorgt für eine gleichmäßige Versorgung des Bluts mit Glucose. Deshalb eignet es sich als Zuckeraustauschstoff besonders in Sportgetränken. In der Natur findet man Trehalose in einigen Pflanzen und in der Lymphflüssigkeit von Insekten.

C3 Experimentelle Untersuchung

Mit beiden Zuckern werden folgende Experimente durchgeführt:
I) 10%ige Lösungen von Maltose und Trehalose werden mit Glucoseteststreifen geprüft. *Ergebnis:*

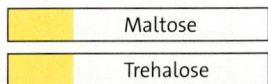

Farbvergleichsskala: (–) (+) (++) (+++)

II) 10%ige Lösungen beider Zucker werden jeweils mit Benedict-Reagenz versetzt und erhitzt. *Ergebnis:*

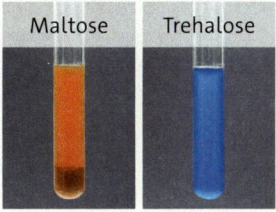

III) Die Lösungen beider Zucker werden mit Salzsäure versetzt und 10 min im Wasserbad erhitzt. Nach dem Abkühlen wird mit Natronlauge neutralisiert und erneut mit Glucoseteststreifen geprüft. *Ergebnis:*

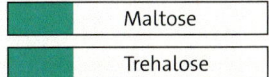

AUFGABEN ZU C

1) Stellen Sie die Haworth-Formel von Maltose auf und beschreiben Sie die glykosidische Bindung.
2) Beschreiben Sie die abgebildeten Versuchsergebnisse (↑ C3).
3) Erklären Sie das Versuchsergebnis mit Benedict-Reagenz.
4) Leiten Sie aus den Versuchsergebnissen Merkmale der Molekülstruktur der Trehalose ab. Entwickeln Sie begründet eine mögliche Haworth-Formel der Trehalose.

Material D Reifung von Äpfeln

D1 Äpfel – ein gesunder Snack

„An apple a day keeps the doctor away" heißt es im englischen Volksmund. Äpfel bestehen zu 85 % aus Wasser und sind damit als Durstlöscher geeignet, wenn kein Getränk zur Hand ist. Der Gehalt an Kohlenhydraten im reifen Apfel wird hauptsächlich durch Fructose und Glucose bestimmt und liegt bei rund 11 g je 100 g Fruchtfleisch. Aus diesen Zuckern kann im Stoffwechsel rasch Energie gewonnen werden. Äpfel enthalten aber noch viele weitere Spurenelemente und Vitamine sowie die für den erfrischenden Geschmack verantwortlichen Säuren wie die Äpfelsäure.

```
       COOH
        |
  HO – C – H
        |
   H – C – H
        |
       COOH
      Äpfelsäure
```

D2 Richtiges experimentelles Vorgehen?

Eine Schülergruppe möchte am Wettbewerb „Jugend forscht" teilnehmen und hat sich als Thema „Reifung von Äpfeln" ausgesucht. Ihre Fragestellung lautet: „Was verändert sich im Apfel während des Reifungsprozesses?" Sie führen mit einem im Juli gepflückten, unreifen und einem im gleichen Monat auf dem Wochenmarkt gekauften, reifen Apfel Experimente durch. Ihre Lehrerin soll nun beurteilen, ob sie sich mit diesem Beitrag beim Wettbewerb anmelden sollten.

A) Bestimmung des pH-Werts. *Ergebnis:*
Apfel unreif: pH = 3
Apfel reif: pH = 4

B) Bestimmung des Gehalts an Äpfelsäure. *Ergebnis:*
Apfel unreif: 100 mg/dL
Apfel reif: 50 mg/dL

C) Bestimmung der enthaltenen Zucker. *Ergebnis:*

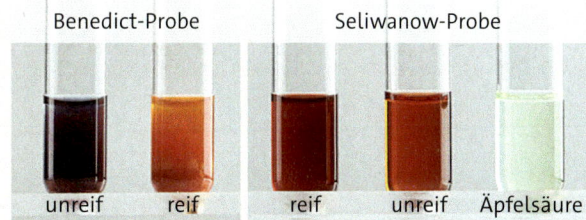

AUFGABEN ZU D

1) Zeichnen Sie die Haworth-Formeln für das Glucose- und Fructose-Molekül (Furanoseform).
2) Erläutern Sie, welche Stoffe mit den Versuchen A bis C untersucht werden sollen, und benennen Sie sie.
3) Werten Sie die Versuchsergebnisse aus.
4) Diskutieren Sie die experimentelle Vorgehensweise der Schülergruppe.

5.8 Polysaccharide als Speicherstoffe

01 Einige Pflanzen enthalten hohe Anteile an Stärke.

03 Einlagerung von I_3^--Ionen in Amylose-Moleküle

Weitere natürliche polymere Stoffe:
↑ *Proteine, S. 164 f.*

Synthetisch hergestellte polymere Stoffe: ↑ *Kunststoffe, S. 222 ff.*

Die sich wiederholenden Grundeinheiten der Polymere werden auch als Monomere (griech. monos: einzig) bezeichnet.

PFLANZLICHER SPEICHERSTOFF Viele Pflanzen speichern große Mengen an **Stärke**, beispielsweise in Getreidekörnern, Früchten und Knollen (↑ 01). Dort dient sie als Speicherstoff für Glucose, die die Pflanzen für die Erhaltung des Energiestoffwechsels ständig zur Verfügung haben müssen.

STÄRKE – EIN POLYMER Kohlenhydrate wie Stärke, aber auch Glykogen und Cellulose zählen zu den **natürlichen polymeren Stoffen**. Kennzeichnend für diese Stoffe ist ihr Aufbau aus **Makromolekülen** oder **Polymeren** (griech. *poly:* viel, *meros:* Teil). Sie bestehen aus einer großen Anzahl von sich wiederholenden Grundeinheiten. Bei den Makromolekülen der Stärke sind es sehr viele D-Glucosebausteine, die miteinander verknüpft sind.

STRUKTUR UND EIGENSCHAFTEN Die natürlich vorkommende Stärke ist ein Gemisch aus den **Polysacchariden** *Amylose* (ca. 25 %) und *Amylopektin* (ca. 75 %). **Amylose-Moleküle** bestehen aus unverzweigten Makromolekülen von 500 bis 1200 D-Glucosebausteinen, die α-1,4-glykosidisch verknüpft sind (↑ 02 **A**). Sie bilden eine Spirale, bei der auf jede Windung etwa sechs D-Glucosebausteine entfallen. Die Struktur wird durch Wasserstoffbrücken stabilisiert. In das Innere der Spirale können sich Triiodid-Ionen I_3^- einlagern, die in *Lugol'scher Lösung* enthalten sind. Die Einlagerungsverbindung wird wegen ihrer typischen blauen Farbe als **Nachweis für Stärke** genutzt (↑ 03). Amylose ist in heißem Wasser löslich und heißt deshalb auch *lösliche Stärke*.

Amylopektin-Moleküle besitzen eine verzweigte Struktur. Die in der Kette gebundenen D-Glucosebausteine sind ebenfalls α-1,4-glykosidisch verknüpft. Im Abstand von etwa 25 Glucosebausteinen befindet sich zusätzlich eine Verzweigung. Verzweigungspunkt ist die Hydroxygruppe am C–6-Atom. Hier bildet sich eine α-1,6-glykosidische Bindung (↑ 02 **B**). Amylopektin-Moleküle sind sehr groß, sie bestehen aus bis zu 1 000 000 Glucosebausteinen. Bedingt durch die Größe seiner Moleküle ist Amylopektin nicht wasserlöslich. Es ist jedoch quellfähig und kann deshalb große Mengen Wasser binden. Mit Lugol'scher Lösung färbt es sich braunviolett.

VERWENDUNG DER STÄRKE Die aus Weizen, Roggen und Mais gewonnenen stärkereichen Mehle stellen ein wichtiges Grundnahrungsmittel zur Versorgung mit Kohlenhydraten in Brot, Backwaren und Nudeln dar. Außerdem wird die Quellfähigkeit der Stärke beim Kochen z. B. von Pudding und Soße genutzt. **Stärkefolie** (↑ Exp. 5.18, S. 156) bleibt lange biegsam und ist im Vergleich zu erdölbasierten Kunststofffolien biologisch abbaubar. Bei Kontakt mit Wasser quillt sie auf und zersetzt sich.

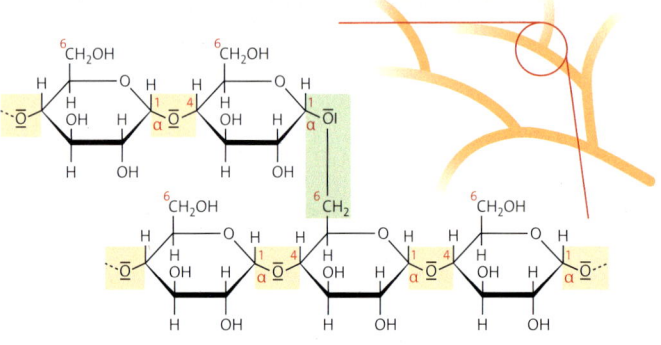

02 Struktur (Ausschnitte) von: **A** Amylose, **B** Amylopektin

> Stärke besteht aus Makromolekülen, in denen sehr viele Glucosebausteine verknüpft sind. Natürliche Stärke ist ein Gemisch aus Amylose und Amylopektin.

GLYKOGEN Auch die Moleküle des Polysaccharids Glykogen bestehen wie bei der Stärke ausschließlich aus α-D-Glucosebausteinen. Sie sind jedoch stärker verzweigt als Amylopektin-Moleküle: Alle acht bis zehn Glucosebausteine befindet sich eine Verzweigungsstelle (↑ 04). Insgesamt können mehrere 100 000 Glucosebausteine enthalten sein.
Glykogen kommt in der Leber und in den Muskeln von Säugetieren vor. Dort dient es als schnell aktivierbarer Energiespeicher. Durch die Verzweigung gibt es mehr Enden, und Glucosebausteine können schneller hinzugefügt oder abgelöst werden als in einem kettenförmigen Molekül.

INULIN Der Name des Inulins leitet sich von dem Korbblütler *Inula helenium* (Echter Alant) ab. Es kommt als Speicherstoff in Korbblütengewächsen wie Löwenzahn, Schwarzwurzeln, Topinambur und Pastinaken vor. Industriell wird es aus der Zichorienwurzel (Wegwarte) gewonnen.
Inulin ist ein Gemisch aus Poylsacchariden, deren Makromoleküle aus bis zu 100 D-Fructosebausteinen bestehen, die β-1-2-glykosidisch verknüpft sind sowie einen endständigen D-Glucosebaustein besitzen (↑ 05).
In der Lebensmittelindustrie wird es beispielsweise in fettarmen Joghurts eingesetzt, da es einen cremigen, sahnigen Geschmackseindruck vermittelt. Außerdem findet es Verwendung als Verdickungsmittel in Backwaren, Brotaufstrichen und Salatsoßen. Auch der in Baden-Württemberg erfundene Caro-Kaffee basiert auf dem Inulin. Die Alternative zur Kaffeebohne ist eine Mischung aus Zichorie und Getreide, die ebenfalls geröstet wird.
Inulin gelangt unverdaut in den Dickdarm und wird dort von speziellen Bakterien zersetzt.

GALACTOMANNANE Die Samen des indischen Guarstrauchs und des Johannisbrotbaums der Mittelmeerländer enthalten Polysaccharide, die aus D-Mannose- und D-Galactosebausteinen aufgebaut sind. **Galactomannane** besitzen ein Grundgerüst aus β-1,4-glykosidisch gebundenen D-Mannosebausteinen. In unregelmäßigen Abständen finden sich als Seitenketten einzelne D-Galactosebausteine, die α-1,6-glykosidisch an Mannosebausteine gebunden sind (↑ 06).
Galactomannane gelten in der Lebensmittelindustrie als Alleskönner und sind als Zusatzstoff E 412 in Nahrungsmitteln zugelassen. In Suppen, Soßen, Konfitüren und Gelees bilden sie mit Wasser viskose Lösungen, was sie als Verdickungs-, Geliermittel und Füllstoff geeignet macht.

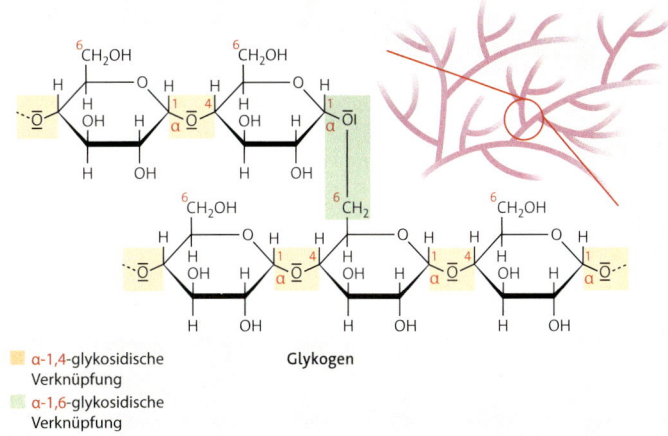

■ α-1,4-glykosidische Verknüpfung
■ α-1,6-glykosidische Verknüpfung

04 Struktur von Glykogen (Ausschnitt)

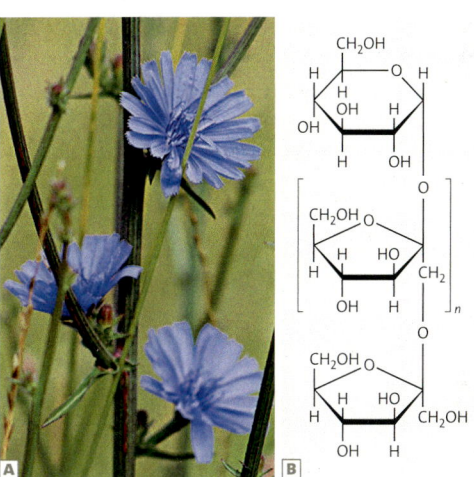

05 A Zichorie, **B** Struktur von Inulin (Ausschnitt)

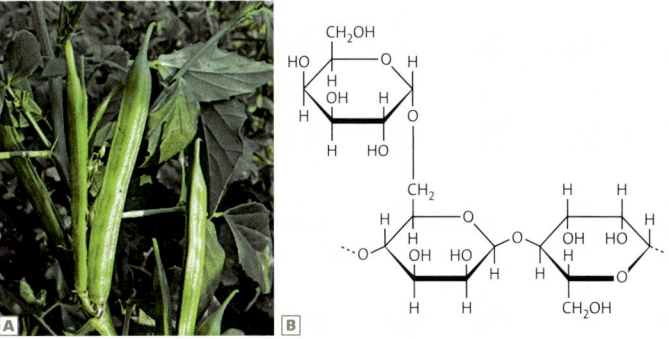

06 A Guarbohnen, **B** Struktur von Galactomannan (Ausschnitt)

1 ⟩ Erklären Sie die Quellfähigkeit der Stärke anhand ihrer molekularen Struktur.
2 ⟩ Beim enzymatischen Stärkeabbau entstehen zunächst Disaccharide. Vergleichen Sie die Abbauprodukte der Amylose und des Amylopektins.

5.9 Polysaccharide als Baustoffe

01 Die Samenhaare der Baumwolle bestehen aus Cellulose.

CELLULOSE Holz besteht etwa zur Hälfte aus dem Polysaccharid **Cellulose**, die damit die häufigste organische Verbindung auf der Erde ist. Aus nahezu reiner Cellulose bestehen Pflanzenfasern wie Baumwolle (↑ 01), Hanf und Flachs.
Es wird geschätzt, dass Pflanzen jährlich weltweit etwa 85 Milliarden Tonnen ($85 \cdot 10^9$ t) dieses Polysaccharids produzieren. Der in Form von Cellulose gebundene Kohlenstoff der Pflanzen entspricht damit etwa 50 % des in der gesamten Erdatmosphäre als Kohlenstoffdioxid vorliegenden Kohlenstoffs.

STRUKTUR Die linearen Makromoleküle der Cellulose bestehen aus 1000 bis 15 000 D-Glucosebausteinen, die β-1,4-glykosidisch verknüpft sind. Die einzelnen Makromoleküle lagern sich parallel zu Fasern aneinander, die durch Wasserstoffbrücken zusammengehalten werden. Mehrere dieser Fasern bilden Bündel, die netzartig miteinander verflochten sind. Dadurch entstehen sehr stabile wasserunlösliche Strukturen.
In den Zellwänden von Pflanzen dient Cellulose als Gerüstsubstanz. Im Verbund mit Lignin, einem makromolekularen Naturstoff, bildet sich daraus Holz.

VERWENDUNG Cellulose ist ein wichtiger nachwachsender Rohstoff und wird in großen Mengen aus Holz gewonnen. Dazu muss das Lignin chemisch abgetrennt werden, beispielsweise durch das **Sulfatverfahren**: Das zerkleinerte Holz wird mit Natronlauge, Natriumsulfat und Natriumsulfid unter Druck gekocht. Das Lignin geht dabei in Lösung und die Cellulose kann abgetrennt werden. Aus einem großen Teil der so gewonnenen Cellulose werden Papier und Kartonagen hergestellt.

CELLULOSEESTER Die Hydroxygruppen der Cellulose-Moleküle ermöglichen die Reaktion zu Celluloseestern. So reagiert Cellulose mit Salpetersäure sowie mit Schwefelsäure als Katalysator zu dem Ester **Cellulosenitrat** (*Nitrocellulose*, auch als Schießbaumwolle bekannt). Daraus konnte 1869 der erste Kunststoff, das **Celluloid**, hergestellt werden. Celluloid ist schmelzbar und deshalb leicht formbar. Es diente früher u. a. zur Herstellung von Filmmaterial. Eine nachteilige Eigenschaft ist jedoch seine sehr leichte Entflammbarkeit, sodass heute andere Verwendungen, z. B. in der Pyrotechnik, üblich sind.
Für Textilfasern werden Essigsäureester der Cellulose, die **Celluloseacetate** (Acetylcellulose), verwendet. Aus ihr werden Fasern für leichte, weiche und knitterarme Gewebe, aber auch Filmmaterial und Brillengestelle hergestellt.

02 Struktur von Cellulose-Molekülen (Ausschnitt)

03 Strukturformel von: **A** Cellulosenitrat, **B** Celluloseacetat (Ausschnitt)

Jeans aus Holz

Obwohl jährlich rund 30 Millionen Tonnen Baumwolle geerntet werden, lässt sich damit der Bedarf für die Herstellung von Kleidung mit Naturfasern noch nicht decken. Die Textilindustrie hat deshalb Verfahren zur Gewinnung von Cellulosefasern aus Holz entwickelt – auch, um sich von Baumwollimporten unabhängig zu machen. Um spinnbare Fasern zu erhalten, muss die aus Holz gewonnene Cellulose gelöst werden. Dazu nutzte man schon seit den 1930er Jahren Natriumhydroxid (NaOH) und Kohlenstoffdisulfid (CS_2). Dadurch entsteht Cellulosexanthogenat, die **Viskose** (↑ S. 239). Allerdings fallen bei diesem Verfahren sehr giftige Abwässer an. Durch Zufall entdeckte man ein ungiftiges, biologisch abbaubares Lösungsmittel für Cellulose, das N-Methylmorpholin-N-oxid (kurz: NMO). Damit kann die Cellulose direkt aus dem Holzbrei gelöst und zu Fasern versponnen werden, die die Bezeichnung **Lyocell** oder **Tencel** tragen. Allerdings ist NMO in der Herstellung viel teurer als Natriumhydroxid und Kohlenstoffdisulfid. Ein in den 1990er Jahren entwickeltes Verfahren nutzt das Lösungsmittel in einem geschlossenen Kreislaufsystem (↑ 04). Der umweltschonende Prozess liefert feuchtigkeitsbeständige, hochwertige Fasern, die vielfältig einsetzbar sind.

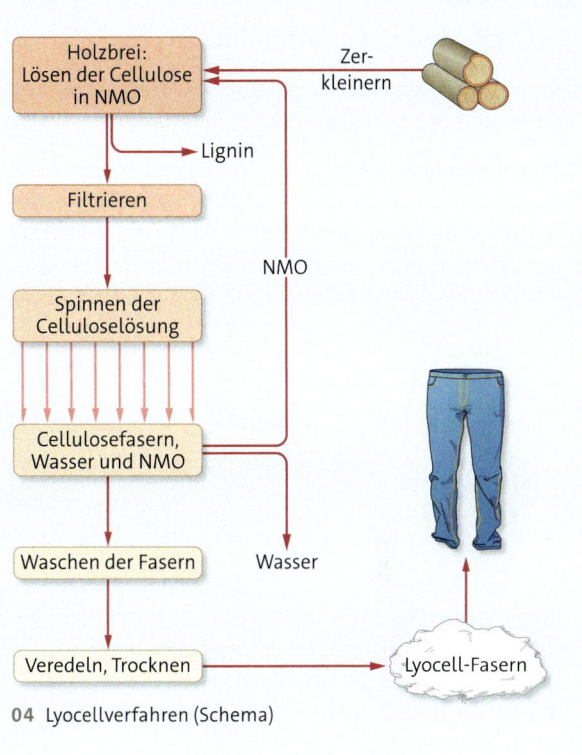

04 Lyocellverfahren (Schema)

CHITIN Bei Krebsen und Insekten besteht ihr Außenskelett aus dem Polysaccharid **Chitin**. Davon entstehen in der Natur geschätzt 10 Millionen Tonnen pro Jahr. Es ist nach Cellulose der zweihäufigste organische Stoff auf der Erde. Industriell wird es aus Abfällen der Krabbenfischerei gewonnen und ist somit als nachwachsender Rohstoff interessant.
Bei den Chitin-Molekülen ist die Hydroxygruppe am C–2-Atom des Zuckerbausteins durch eine Acetamidogruppe ersetzt (↑ 05). Die Bindung der Monomere ist β-glykosidisch. Chitin ähnelt also in seiner Struktur der Cellulose.
Chitin ist ein farbloser Feststoff. Im Gegensatz zu Cellulose ist es von Wasser nicht benetzbar. Es kann für biologisch abbaubare Fasern für Wundverbände genutzt werden.

05 Strukturformel von Chitin

06 Strukturformel von Chitosan

CHITOSAN Ein Großteil des produzierten Chitins wird durch alkalische Hydrolyse zu **Chitosan** weiterverarbeitet (↑ 06). In verdünnter Essigsäure bildet es viskose Lösungen und kann zur Herstellung von biologisch abbaubaren Folien genutzt werden. Die Aminogruppen im Chitosan-Molekül können als Basen fungieren. Neben Protonen können sie auch einige Schwermetall-Ionen binden. Wegen dieser Fähigkeit wird Chitosan auch zur Abwasserreinigung eingesetzt.

1⟩ Vergleichen Sie die Disaccharid-Moleküle, die bei der hydrolytischen Spaltung von Cellulose und Amylose entstehen.
2⟩ Cellulose quillt in Wasser auf, Nitro- und Acetatcellulose hingegen nicht. Erklären Sie diesen Sachverhalt.
3⟩ Chitosan ist in sauren Lösungen löslich, in Laugen nicht. Erklären Sie diesen Sachverhalt.

Praktikum

P Polysaccharide

EXP 5.15 Stärke aus Kartoffeln

Materialien Küchenreibe, Schraubglas, Teesieb, Messer, Becherglas, Messzylinder, Wasser, große Kartoffel

Durchführung Schälen Sie die Kartoffel. Stellen Sie mithilfe der Küchenreibe einen möglichst feinen Kartoffelbrei (ca. 100 g) her. Zu diesem geben Sie 100 mL Wasser. Füllen Sie das Gemisch in das Schraubglas und schütteln Sie es kräftig, damit sich möglichst viel Stärke aus den Zellen löst.

Danach geben Sie den Inhalt des Schraubglases durch ein Teesieb in ein Becherglas. Lassen Sie das Becherglas 5 min stehen. Die Stärke setzt sich am Boden ab. Dekantieren Sie das Wasser ab. Die Stärke kann für die folgenden Versuche genutzt werden.
Entsorgung: Reste in den Hausmüll geben.

EXP 5.16 Nachweis von Stärke

Materialien Reagenzglas, Reagenzglasständer, 3 Bechergläser, Glasstab, Wasserbad, Brenner, Iod-Kaliumiodidlösung (Lugol'sche Lösung; 8), Stärke

Durchführung Geben Sie in ein Becherglas 50 mL Wasser und 1 Spatel Stärke. Erhitzen Sie das Gemisch im Wasserbad auf ca. 90 bis 100 °C und rühren Sie dabei um. Lassen Sie dann die Lösung abkühlen. Geben Sie 5 mL der abgekühlten Stärkelösung in ein Reagenzglas und versetzen Sie diese mit 1 Tropfen Iod-Kaliumiodidlösung.
Stellen Sie das Reagenzglas nach dem Umschütteln in ein Becherglas mit heißem Wasser. Beobachtung?
Stellen Sie das Reagenzglas danach in ein Becherglas mit kaltem Wasser. Wiederholen Sie den Vorgang mehrfach.

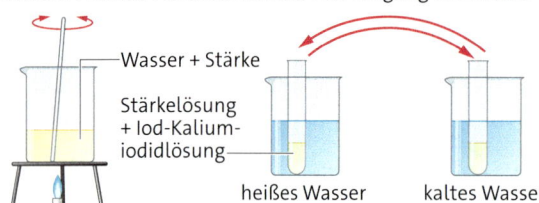

Entsorgung: Reste in den Hausmüll geben.

Auswertung Beschreiben und deuten Sie die Beobachtungen.

EXP 5.17 Hydrolyse von Stärke

Materialien 5 Reagenzgläser, Becherglas (50 mL), Becherglas (250 mL), Tropfpipette, Glasstab, Brenner, Dreifuß, Keramiknetz, Stärke, konz. Salzsäure (w = 32 %; 5, 7), Natriumhydrogencarbonat, Indikatorpapier, Glucoseteststreifen, Iod-Kaliumiodidlösung (Lugol'sche Lösung; 8)

Durchführung Geben Sie 1 Spatelspitze der Stärke aus ↑ Exp. 5.15 in einem Becherglas (50 mL) in etwa 10 mL Wasser. Erhitzen Sie das Gemisch, bis die Stärke gelöst ist. Füllen Sie die Lösung mit Wasser auf etwa 50 mL auf.
Verteilen Sie die Lösung gleichmäßig auf 5 Reagenzgläser und beschriften Sie sie. Geben Sie zu den Lösungen II bis V je 5 Tropfen Salzsäure und stellen Sie die Lösungen in ein siedendes Wasserbad.
Nehmen Sie ein Glas nach 2 min heraus, kühlen Sie sofort mit kaltem Wasser und neutralisieren Sie mit Natriumhydrogencarbonat. Verfahren Sie mit den verbleibenden Gläsern im Abstand von 2 min ebenso. Prüfen Sie die neutralisierten Lösungen mit Glucoseteststreifen. Versetzen Sie alle Reagenzgläser mit Iod-Kaliumiodidlösung.
Entsorgung: Reste ins Abwasser geben.

Auswertung
1) Beschreiben Sie Ihre Beobachtungen.
2) Erklären Sie das Versuchsergebnis.
3) Diskutieren Sie die Bedeutung von Ansatz 1.

EXP 5.18 Herstellung einer Folie aus Stärke

Materialien Becherglas (600 mL, als Wasserbad), Becherglas (250 mL), Heizplatte, Kunststoffunterlage zum Ausstreichen, Glasstab, 2 Siedesteinchen, 3,5 g Speisestärke (z. B. aus Exp. 5.15), 5 mL Glycerin, ggf. Speisefarbe

Durchführung Füllen Sie in das 250-mL-Becherglas 70 mL Wasser und 5 g Stärke. Geben Sie anschließend 2 mL Glycerin, Siedesteinchen und ggf. Speisefarbe hinzu und lösen die Stärke so gut wie möglich auf. Erhitzen Sie das Gemisch mindestens 12 min im siedenden Wasserbad, bis eine zähflüssige Masse entsteht. Streichen Sie die Masse auf einem glatten Kunststoff aus. Entfernen Sie die Siedesteinchen. Nach 24 h Stunden Trockenzeit lässt sich die Folie abziehen.
Entsorgung: Reste in den Hausmüll geben.

Auswertung
1) Beschreiben Sie das Versuchsergebnis.
2) Vergleichen Sie die Eigenschaften des Reaktionsprodukts mit denen von Kunststofffolie aus PE.

Klausurtraining

Material E Der schlampige Laborant

Ein Chemielaborant hat für eine Forschungsreihe die Aufgabe, jeweils 10 g unterschiedlicher Kohlenhydrate in Probenflaschen abzuwiegen. Er wiegt Glucose, Fructose, Maltose, Stärke, Cellulose und Saccharose ab und füllt sie in Flaschen, die er mit Nummern versieht.

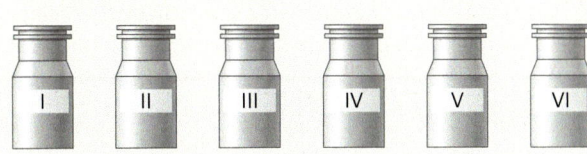

Als er seinem Chef stolz die Flaschen präsentiert, fragt dieser: „Welches Kohlenhydrat steht für welche Zahl?" Beschämt muss der Laborant zugeben, dass er das nicht mehr weiß. Sein Chef verdonnert ihn erbost, den Inhalt der Flaschen experimentell zu bestimmen und ordentlich zu beschriften.
Der Laborant führt unterschiedliche Experimente mit den Kohlenhydraten durch. *Ergebnisse:*

	I	II	III	IV	V	VI
Wasserlöslichkeit	–	+	+	–	+	+
Benedict-Probe	–	+	+	–	+	–
Seliwanow-Probe	–	+	–	–	–	+
Glucoseteststreifen	–	–	–*	–	+	–
Iod-Kaliumiodidlösung	–	–	–	+	–	–

– keine Reaktion, + positive Reaktion; (* ggf. schwach positiv)
E1.1 Nachweisreaktionen für Kohlenhydrate

Nach der Erstellung der Tabelle erzeugt er von den Stoffen I, III, IV und VI Lösungen, versetzt sie mit Salzsäure und erhitzt sie 10 min in einem Wasserbad. Alle Reaktionsprodukte zeigen eine deutliche Reaktion mit Glucoseteststreifen und ebenso einen positiven Nachweis mit Benedict-Reagenz.

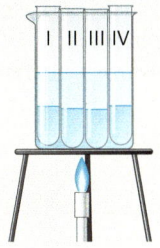

AUFGABEN ZU E

1) Zeichnen Sie die Haworth-Formeln (ggf. Ausschnitte der Formeln) der sechs untersuchten Kohlenhydrate.
2) Erklären Sie die in der Tabelle durchgeführten Versuche (↑ **E1.1**).
3) Geben Sie die in den Flaschen I bis VI enthaltenen Kohlenhydrate an. Begründen Sie Ihre Entscheidung.
4) Erläutern Sie, welche Reaktion jeweils die Stoffe I, III, IV und VI mit Salzsäure eingegangen sind. Nehmen Sie Bezug zu den Versuchsergebnissen der Tabelle.

Material F Die Panne mit dem Pudding

F1 Puddingrezept

Zutaten: ½ Liter Milch, 40 g Zucker, 45 g Maisstärke, Vanille
Zubereitung: Maisstärke und Zucker miteinander vermischen und mit ca. 6 Esslöffeln von der Milch verrühren. Die übrige Milch mit Vanille zum Kochen bringen, von der Kochstelle nehmen, die angerührte Zucker-Stärke-Mischung hinzugeben und unter Rühren kurz aufkochen.

F2 Notruf im Internetforum, Frage von Xanthippe

„Hilfe, hilfe! Ich habe entsprechend der Anleitung auf der Tüte einen Pudding gekocht. Den lauwarmen Pudding habe ich dann aus dem Kochtopf gegessen. Weil es ein wenig viel war, habe ich den Rest eingepackt und mit zur Arbeit genommen. Dort habe ich ihn in den Kühlschrank gestellt.
Mittags wollte ich den Puddingrest essen. Aber er war total flüssig. Wie kann das sein? Normalerweise stellt man doch Speisen zum Festwerden in den Kühlschrank. Wie kann ein schön cremiger Pudding im Kühlschrank flüssig werden?"

F3 Amylasekonzentration im Speichel

Das Diagramm zeigt die relative Amylasekonzentration im Speichel von sieben unterschiedlichen Probanden.

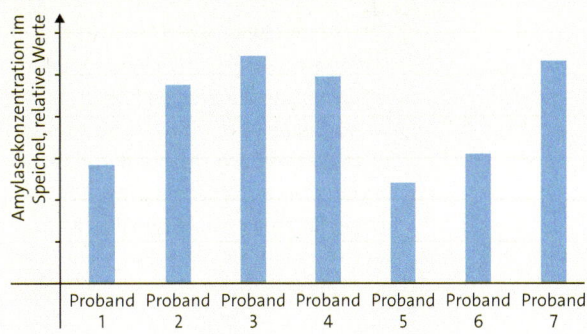

AUFGABEN ZU F

1) Beschreiben Sie den Aufbau von Stärke und Saccharose.
2) Erläutern Sie, wie ein Pudding durch Kochen fest wird (↑ **F1**). Stellen Sie dazu eine Hypothese auf, welche chemischen Vorgänge beim Puddingkochen ablaufen.
3) Beschreiben Sie das Diagramm in ↑ **F3**. Erläutern Sie die Bedeutung von Amylase im Speichel.
4) Formulieren Sie eine Antwort für die im Internetforum gestellte Frage unter Einbeziehung der Materialien ↑ **F1** bis **F3**.

5.10 Struktur und Einteilung der Aminosäuren

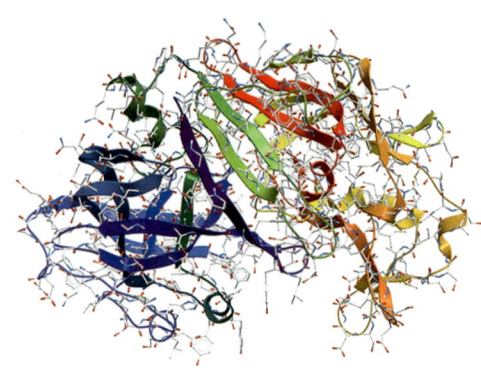

01 3-D-Modell des Proteins Pepsin – ein Enzym, das selbst Proteine zu spalten vermag

BAUSTEINE DES LEBENS Von allen in unserem Körper vorkommenden Stoffen stellen die *Proteine* (Eiweiße) den größten Anteil dar und sind an fast allen Lebensprozessen beteiligt. Sie transportieren Stoffe, katalysieren als Enzyme chemische Reaktionen, erkennen Botenstoffe und funktionieren selbst als Signalstoffe. Sie bauen Muskeln, Sehnen, Haare und Fingernägel auf und sind damit für unseren Körper strukturgebend.
Bausteine der aus Makromolekülen aufgebauten Proteine sind **Aminosäuren**. Dies lässt sich beispielsweise daran erkennen, dass bei der Verdauung von proteinhaltiger Nahrung oder durch Einwirken von Säurelösungen oder Enzymen Proteine hydrolytisch bis zu den Aminosäuren abgebaut werden.

STRUKTUR DER AMINOSÄUREN Aminosäuren sind substituierte Carbonsäuren, deren Moleküle mindestens eine **Carboxygruppe –COOH** und eine **Aminogruppe –NH$_2$** besitzen. Sie sind an ein zentrales Kohlenstoff-Atom gebunden, das außerdem immer ein Wasserstoff-Atom sowie einen unterschiedlich gestalteten **organischen Rest R**, die **Seitenkette**, trägt (↑ 02). Alle Aminosäuren unterscheiden sich nur in diesem Rest.

Diese Struktur, bei der sich die COOH-Gruppe und die NH$_2$-Gruppe am gleichen Kohlenstoff-Atom, dem C–2-Atom oder auch α-Kohlenstoff-Atom, befinden, ist für alle biologisch bedeutsamen Aminosäuren gleich. Wegen dieser Bindungsverhältnisse nennt man sie deshalb auch **α-Aminosäuren** oder **2-Aminosäuren**.
Die einfachste Aminosäure ist **Glycin** (2-Aminoethansäure). Sie stellt unter den Aminosäuren einen Sonderfall dar, weil bei ihren Molekülen der Rest nur aus einem Wasserstoff-Atom besteht (↑ 03).

PROTEINOGENE AMINOSÄUREN Obwohl die beiden funktionellen Gruppen an verschiedenen Kohlenstoff-Atomen im Molekül gebunden sein könnten, sind in der Natur bisher nur α-Aminosäuren gefunden worden. Als **proteinogene** oder **biogene Aminosäuren** werden sie bezeichnet, wenn sie in Lebewesen als Bausteine der Proteine vorkommen. Derzeit sind 22 proteinogene Aminosäuren bekannt (↑ 03). Allerdings kommen zwei von ihnen, Selenocystein und Pyrrolysin, nur extrem selten vor. Die übrigen 20 Aminosäuren gehören zu den Standardaminosäuren, die im genetischen Code der Lebewesen häufig verschlüsselt sind. Sie werden mit Trivialnamen benannt, die auch von der IUPAC zugelassen sind. Die drei ersten Buchstaben verwendet man häufig als Abkürzung, z. B. Gly für Glycin.
Acht proteinogene Aminosäuren sind für den Menschen **essenziell**, das bedeutet, dass sie vom Organismus nicht selbst hergestellt werden können. Sie müssen mit der Nahrung aufgenommen werden. Für Kinder und Schwangere sind mit Tyrosin und Cystein noch zwei weitere Aminosäuren essenziell.

EINTEILUNG Die unterschiedliche Struktur der Seitenketten beeinflusst maßgeblich die Eigenschaften der Aminosäuren. Deshalb werden sie in vier Gruppen eingeteilt (↑ 03):
Neutrale Aminosäuren mit unpolarem Rest: Die Seitenkette der Moleküle besteht nur aus Kohlenstoff- und Wasserstoff-Atomen, z. B. bei Alanin.
Neutrale Aminosäuren mit polarem Rest: Die Seitenkette der Moleküle enthält neben Kohlenstoff- und Wasserstoff-Atomen weitere Atome (S, N, O, Se), z. B. die polare Hydroxygruppe im Serin.
Saure Aminosäuren: Die Seitenkette der Moleküle enthält eine zusätzliche Carboxygruppe, z. B. bei Glutaminsäure. Dadurch reagiert ihre wässrige Lösung sauer.
Basische Aminosäuren: Die Seitenkette der Moleküle enthält eine zusätzliche Aminogruppe, z. B. bei Lysin. Dadurch reagiert die wässrige Lösung alkalisch.

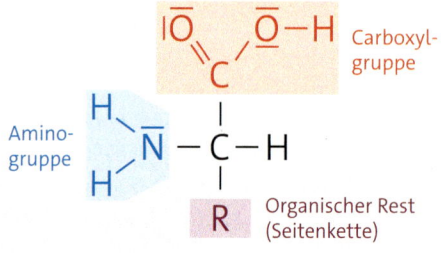

02 Allgemeiner Bau der proteinogenen Aminosäuren

5.10 Struktur und Einteilung der Aminosäuren

Die Moleküle der α-Aminosäuren weisen am C–2-Kohlenstoff-Atom eine Carboxygruppe und eine Aminogruppe auf und haben außerdem noch ein Wasserstoff-Atom und einen unterschiedlich gestalteten organischen Rest (Seitenkette) gebunden. Die Seitenkette bestimmt die Eigenschaften der Aminosäuren. Derzeit sind 22 proteinogene Aminosäuren bekannt, die die Proteine aller Lebewesen aufbauen.

1) Definieren Sie die Begriffe α-Aminosäuren, proteinogene, neutrale und essenzielle Aminosäuren.

2) 2-Amino-1,4-butandisäure soll als essenzielle Aminosäure näher bestimmt werden.
  a Zeichnen Sie die Strukturformel des Moleküls.
  b Ermitteln Sie mithilfe von Bild ↑ 03 den Trivialnamen der Aminosäure.
  c Begründen Sie Ihre Gruppenzuordnung.

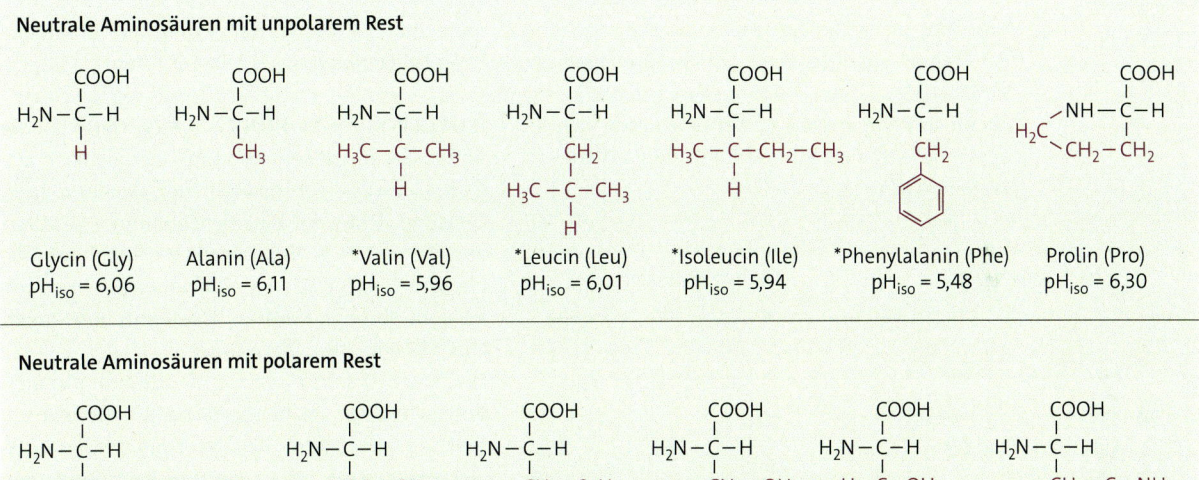

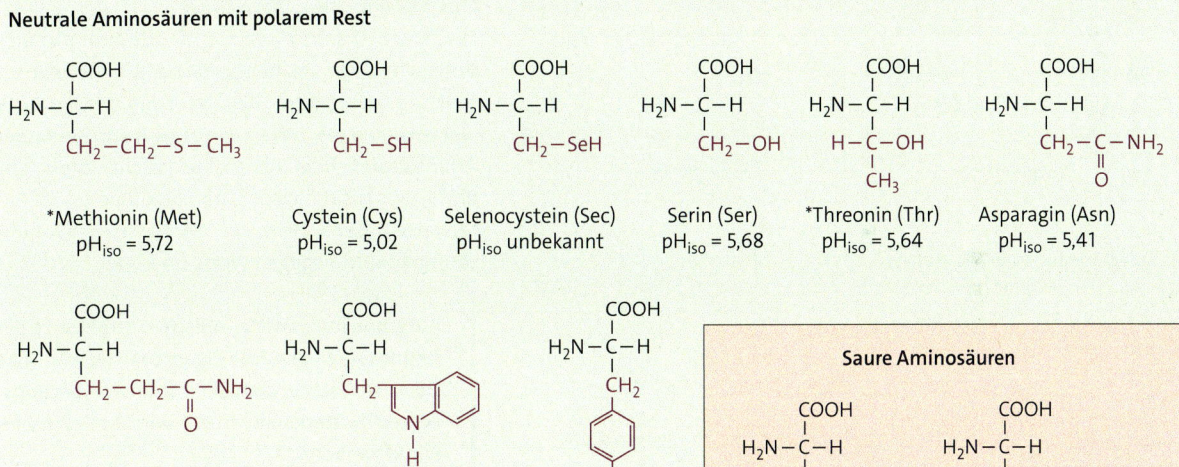

03 Einteilung der 22 proteinogenen Aminosäuren. Unpolarer Rest: nur C- und H-Atome; polarer Rest: zusätzlich S-, O-, N- oder Se-Atome
In Violett: organischer Rest (Seitenkette); pH$_{iso}$ = isoelektrischer Punkt; * essenzielle Aminosäure

5.11 Eigenschaften der Aminosäuren

SPIEGELBILDISOMERIE BEI AMINOSÄUREN Die Moleküle der proteinogenen Aminosäuren haben am α-Kohlenstoff-Atom (mit Ausnahme von Glycin) ein asymmetrisches C*-Atom, weil es vier unterschiedliche Substituenten gebunden hat (↑ 02, S. 158). Dadurch sind Aminosäure-Moleküle *chiral* und *optisch aktiv*. Es existieren also von allen Aminosäuren zwei unterschiedliche *Enantiomere*, die sich wie Bild und Spiegelbild verhalten. Wie bei den Kohlenhydraten werden die Aminosäuren meist in der *Fischer-Projektionsformel* dargestellt (↑ 01). Ausschlaggebend für die Benennung ist die Stellung der Aminogruppe: Bei den L-Aminosäuren befindet sie sich links, bei den D-Aminosäuren rechts.

Für die Proteinbiosynthese der Lebewesen werden ausschließlich die L-Aminosäuren zum Aufbau von Proteinen genutzt.

Spiegelbildisomerie und Fischer-Projektionsformel bei Kohlenhydraten ↑ S. 132 f.

ZWITTERIONEN Aminosäuren sind kristalline Verbindungen, die sich gut in Wasser lösen und elektrisch leitfähige Lösungen bilden. Sie haben relativ hohe Schmelz- oder Zersetzungstemperaturen (170 bis 300 °C). Die Ursache für diese den Salzen ähnlichen Eigenschaften liegt an der strukturellen Besonderheit der beiden funktionellen Gruppen der Aminosäuren: Innerhalb der Moleküle wirkt die Carboxygruppe als **Protonendonator** und damit als Säure. Die Aminogruppe fungiert als **Protonenakzeptor** und damit als Base. Es kommt zur **intramolekularen Protonenwanderung**, die zur Bildung eines **Zwitterions** H_3N^+–CHR–COO^- führt (↑ 02).

ISOELEKTRISCHER PUNKT Die Zwitterionen der Aminosäuren können als Säure oder als Base reagieren. In wässriger Lösung bilden sie Säure-Base-Gleichgewichte mit einem bestimmten pH-Wert aus (↑ Exp. 5.21, S. 162). Der pH-Wert, bei dem die höchste Konzentration an Zwitterionen einer Aminosäure vorliegt, wird als **isoelektrischer Punkt**, kurz: **IEP** oder **pH_{iso}**, bezeichnet.

Der isoelektrische Punkt ist für alle Aminosäuren unterschiedlich und hängt von der Struktur der Seitenketten ab (↑ 03; S. 159). Neutrale Aminosäuren weisen einen pH_{iso}-Wert von etwa 6 auf. Bei sauren Aminosäuren liegt der isoelektrische Punkt aufgrund der zusätzlichen Carboxygruppe in der Seitenkette unter 5. Der pH_{iso}-Wert basischer Aminosäuren nimmt dagegen Werte über 7 an.

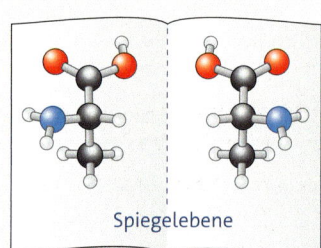

01 Spiegelbildisomere des Alanins

Säuren sind Protonendonatoren, Basen Protonenakzeptoren. Ampholyte können je nach Reaktionspartner sowohl als Protonendonatoren als auch als Protonenakzeptoren fungieren (↑ S. 87).

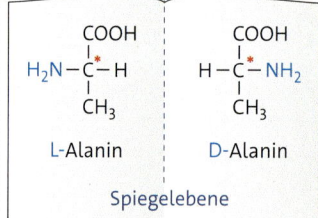

02 Zwitterionische Struktur von Aminosäuren

> Aufgrund ihrer zwitterionischen Struktur zeigen Aminosäuren ähnliche Eigenschaften wie Salze. Der pH-Wert, bei dem die maximale Konzentration an Zwitterionen vorliegt, wird isoelektrischer Punkt genannt.

PUFFERWIRKUNG Die zwitterionische Struktur der Aminosäure-Moleküle führt dazu, dass sie als *Ampholyte* reagieren und – je nach Reaktionspartner – sowohl als Säure als auch als Base wirken können: Bei Zugabe von Säuren nimmt die COO^--Gruppe ein Proton auf und das Zwitterion wird zum Kation. Bei Zugabe von Laugen gibt die NH_3^+-Gruppe ein Proton ab und wird zum Anion (↑ 03).

Mischungen der Zwitterionen mit den Kationen wirken als *Pufferlösungen* im sauren pH-Bereich. Mischungen der Zwitterionen mit den Anionen puffern dagegen pH-Werte im basischen Bereich. Am stärksten ist die Pufferwirkung, wenn die schwachen Säuren und Basen jeweils im Verhältnis 1:1 vorliegen.

$$H_3\overset{+}{N}-\underset{R}{\underset{|}{C}}H-COOH \quad \underset{+H_3O^+ \\ -H_2O}{\overset{+OH^- \\ -H_2O}{\rightleftharpoons}} \quad H_3\overset{+}{N}-\underset{R}{\underset{|}{C}}H-COO^- \quad \underset{+H_3O^+ \\ -H_2O}{\overset{+OH^- \\ -H_2O}{\rightleftharpoons}} \quad H_2N-\underset{R}{\underset{|}{C}}H-COO^-$$

Kation pH < 1   Zwitterion pH = 6   Anion pH > 13

03 Gleichgewichte der Aminosäuren in sauren und basischen Lösungen

Die Pufferwirkung lässt sich anhand der Titration einer angesäuerten Glycinlösung mit Natronlauge erkennen (↑ 04). Zu Beginn der Titration liegen in der sauren Lösung vorwiegend Glycin-Kationen vor. Durch Zugabe der Natronlauge reagieren OH⁻-Ionen mit den Glycin-Kationen und es werden Zwitterionen gebildet. Bei pH = 6,06 ist ihre Konzentration am höchsten. Bei weiterer Zugabe von OH⁻-Ionen nimmt die Konzentration an Zwitterionen ab und es liegen überwiegend Glycin-Anionen vor.

ELEKTROPHORESE Gemische von verschiedenen Aminosäuren und auch Proteinen lassen sich durch ein als **Elektophorese** bezeichnetes Verfahren auftrennen. Das Prinzip beruht darauf, dass Ionen in einem elektrischen Feld zur jeweils entgegengesetzt geladenen Elektrode mit unterschiedlicher Geschwindigkeit wandern. Die Geschwindigkeit der Ionenwanderung ist abhängig vom Betrag der Ladung und vom Radius der Ionen. Damit die getrennten Ionen später isoliert werden können, wird nicht in wässriger Lösung, sondern mit Papier oder einem Gel aus Polyacrylnitril als Trägermaterial gearbeitet. Durch das engmaschige, dreidimensionale Netzwerk des Trägermaterials und die Viskosität des Lösungsmittels wird die Wanderung der Ionen unterschiedlich stark beeinflusst.

Das Trägermaterial wird mit einer Pufferlösung getränkt, die auf einen konstanten pH-Wert eingestellt ist. Dann wird ein Gemisch aus verschiedenen Aminosäuren in die Mitte des Trägermaterials gegeben und Gleichspannung angelegt (↑ 05). Die Auftrennung erfolgt aufgrund der unterschiedlichen pH_{iso}-Werte der Aminosäuren im Gemisch. An ihrem isoelektrischen Punkt liegen alle Aminosäuren fast vollständig als Zwitterionen vor. Diese wandern nicht im elektrischen Feld, da sie sowohl vom Plus- als auch vom Minuspol angezogen werden. Dies ist der Fall, wenn der pH_{iso}-Wert der Aminosäure dem pH-Wert der Pufferlösung entspricht. Aminosäuren, die einen niedrigeren pH_{iso}-Wert besitzen als der pH-Wert der Pufferlösung, bilden an ihren Seitenketten negativ geladene COO⁻-Gruppen und wandern zum Pluspol. Aminosäuren mit höheren pH_{iso}-Werten bilden positiv geladene NH_3^+-Gruppen und wandern zum Minuspol. Schließlich werden die farblosen Aminosäuren mit *Ninhydrin* angefärbt.

> Die Elektrophorese ist ein analytisches Verfahren, bei dem die unterschiedlichen Wanderungsgeschwindigkeiten und -richtungen von Ionen dazu genutzt werden, um beispielsweise Aminosäuregemische aufzutrennen.

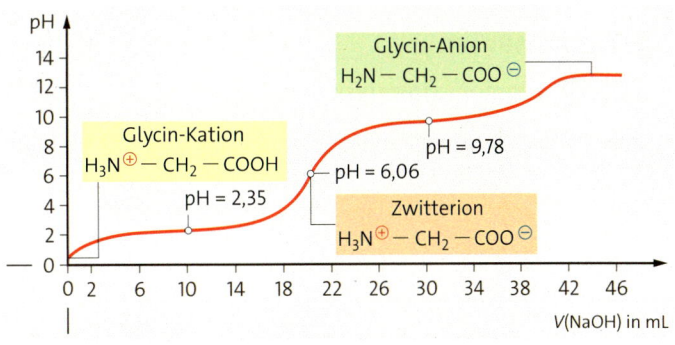

04 Titration einer angesäuerten Glycinlösung mit Natronlauge

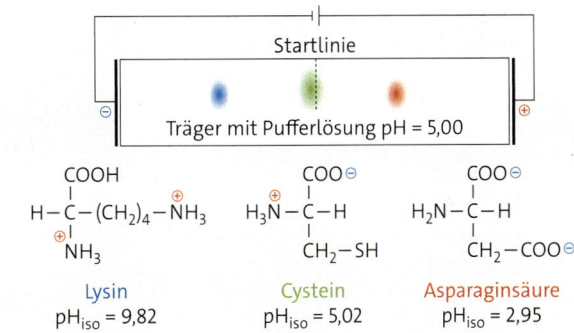

05 Prinzip der Auftrennung von Aminosäuren durch Elektrophorese

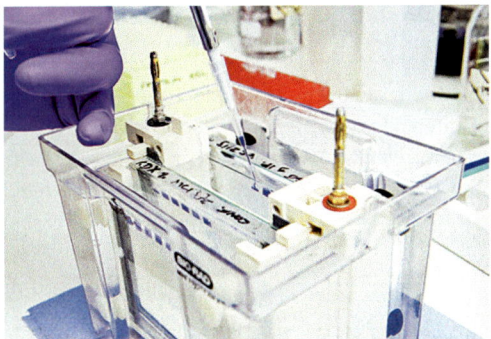

06 Gelelektrophorese-Apparatur

1) Vergleichen Sie D- und L-Aminosäuren.
2) Erklären Sie die schlechte elektrische Leitfähigkeit einer wässrigen Alaninlösung bei pH = 6,0.
3) Begründen Sie, warum Aminosäure-Moleküle als Ampholyte fungieren können.
4) Zeichnen Sie die Halbstrukturformeln von Lysin und Asparaginsäure jeweils bei pH = 1 und bei pH = 12.
5) Ein Gemisch aus Serin, Histidin und Asparaginsäure wird bei pH = 5,7 mittels Elektrophorese getrennt. Skizzieren Sie, wohin die einzelnen Aminosäuren wandern. Begründen Sie, in welcher Form die Teilchen vorliegen.

Praktikum

Aminosäuren

EXP 5.19 Elementaranalyse von Glycin

Materialien 2 Reagenzgläser, passender durchbohrter Stopfen mit Glasrohr, Becherglas, Reagenzglashalter, Spatel, Brenner, Glycin, Kupfer(II)-oxid (7, 9), Kalkwasser (Calciumhydroxidlösung, w = 10 %; 5), Universalindikatorpapier, Watesmopapier

Durchführung *Abzug!* Erhitzen Sie eine kleine Spatelspitze Glycin in einem trockenen Reagenzglas über einer kleinen Flamme. Halten Sie ein angefeuchtetes Universalindikatorpapier an die Öffnung des Reagenzglases (6, 5, 9).
Geben Sie anschließend eine Spatelspitze Glycin mit Kupfer(II)-oxid in das Reagenzglas, verschließen Sie es mit dem Stopfen mit Glasrohr und erhitzen Sie kräftig. Leiten Sie die entstehenden Gase auf Watesmopapier.
Leiten Sie anschließend die Gase in Kalkwasser.
Entsorgung: Reste in giftige anorganische Abfälle geben.

Auswertung Erklären Sie anhand Ihrer Beobachtungen, welche Elemente in Glycin gebunden sind.

EXP 5.20 Löslichkeit von Glycin

Materialien 3 Reagenzgläser, Reagenzglasständer, Spatel, Glycin, Wasser, Ethanol (2, 7), Heptan (2, 8, 7, 9)

Durchführung Prüfen Sie die Löslichkeit von Glycin in Wasser, Ethanol und Heptan, indem Sie zu jeweils 1 mL der Lösungsmittel eine kleine Spatelspitze Glycin hinzufügen.
Entsorgung: Lösungen mit Heptan in den Behälter für halogenfreie organische Abfälle geben.

Auswertung Erklären Sie das Löseverhalten von Glycin anhand der Struktur der Aminosäure.

EXP 5.21 pH-Werte von Aminosäurelösungen

Materialien 5 Reagenzgläser, Reagenzglasständer, Spatel, Alanin, Arginin (7), Asparaginsäure, Glycin, Lysin, Wasser, Universalindikatorlösung

Durchführung Lösen Sie je eine Spatelspitze der einzelnen Aminosäuren in jeweils 3 mL Wasser und versetzen Sie die Lösungen mit einigen Tropfen Universalindikator.
Entsorgung: Lösungen in den Behälter für saure und alkalische Abfälle geben.

Auswertung
1) Erstellen Sie eine tabellarische Übersicht für die Aminosäuren und die ermittelten pH-Werte.
2) Erläutern Sie die pH-Werte anhand der Struktur der Aminosäuren.

EXP 5.22 Titration von Alanin

Materialien Becherglas (250 mL), Bürette, Stativmaterial, pH-Meter, Messpipette, Magnetrührer mit Rührstab, Alaninlösung (c = 0,1 mol·L^{-1}), Natronlauge (c = 0,1 mol·L^{-1}), Salzsäure (c = 0,1 mol·L^{-1})

Durchführung Geben Sie die Natronlauge in die Bürette. Versetzen Sie im Becherglas 10 mL der Alaninlösung mit Salzsäure, bis sich der pH-Wert 1,5 einstellt. Fügen Sie nun tropfenweise Natronlauge hinzu und notieren Sie bei Zugabe von jeweils 0,5 mL Natronlauge tabellarisch den pH-Wert.
Entsorgung: Reste in den Behälter für saure und alkalische Abfälle geben.

Auswertung
1) Zeichnen Sie die Titrationskurve.
2) Geben Sie an, welche Alaninteilchen an den spezifischen Titrationskurvenpunkten vorliegen.

EXP 5.23 Dünnschichtchromatografie

Materialien 2 Bechergläser, Dünnschichtchromatografie-Fertigplatte Kieselgel 60 (DC-Platte, Plattengröße 5 cm × 5 cm), Tropfpipetten, Alanin, Valin, Leucin, Wasser, Butan-1-ol (2, 5, 7), Eisessig (2, 5), Ninhydrinlösung (2, 7)

Durchführung Mischen Sie Butan-1-ol, Eisessig und Wasser im Volumenverhältnis 4:1:1 und füllen Sie das Laufmittel etwa 1 cm hoch in ein Becherglas ein. Markieren Sie mit einem Bleistift die Startlinie auf der DC-Platte.
Lösen Sie etwa 5 mg Alanin, Valin und Leucin in jeweils 10 mL Wasser. Je 1 Tropfen der Lösungen wird mit Tropfpipetten auf die DC-Platte aufgetragen. Zusätzlich wird 1 Tropfen eines Gemischs aus jeweils 3 mL der wässrigen Lösungen von Alanin, Valin und Leucin auf die DC-Platte aufgebracht. Stellen Sie die Platte in das Becherglas und decken Sie es ab. Wenn das Laufmittel aufgestiegen ist, entnehmen Sie die Platte, markieren mit einem Bleistift das Ende der Laufmittelfront und besprühen sie unter dem *Abzug* mit Ninhydrinlösung. Trocknen Sie die DC-Platte mit dem Föhn und notieren Sie Ihre Beobachtungen.
Entsorgung: Organische Reste in den Behälter für halogenfreie organische Abfälle, andere Lösungen ins Abwasser geben.

Auswertung
1) Bestimmen Sie die Retentionswerte der einzelnen Aminosäuren. Nutzen Sie dafür die Informationen im Abschnitt Gaschromatografie (↑ S. 372 f.).
2) Beschreiben Sie das Prinzip der Trennung mithilfe der Dünnschichtchromatografie.

5.12 Bildung von Peptiden

![Bildung und Benennung eines Dipeptids: Alanin + Glycin → Alanylglycin + Wasser, mit markiertem N-terminalem Ende, Peptidbindung und C-terminalem Ende]

01 Bildung und Benennung eines Dipeptids

PEPTIDBINDUNG Bei der Reaktion zweier Aminosäure-Moleküle verbinden sich diese unter Abspaltung eines Wasser-Moleküls (**Kondensation**) zu einem **Dipeptid** (↑ 01). Aus der Aminogruppe des einen Moleküls und der Carboxygruppe des anderen Moleküls bildet sich die **Peptidbindung –CO–NH–**, die das charakteristische Strukturmerkmal aller Peptide und Proteine ist.
Innerhalb des Peptid-Moleküls unterscheidet man das N-terminale Ende, das C-terminale Ende und die Peptidbindung. Während Letztere sehr stabil ist, können die N- und C-terminalen Enden des Dipeptids mit anderen Aminosäure-Molekülen zu langen Molekülketten, den **Polypeptiden**, weiterreagieren. Der *systematische Name* der Peptide beginnt mit der N-terminalen Aminosäure ergänzt um die Endung **-yl**. Darauf folgen analog alle weiteren Aminosäurebausteine. Die Aminosäure mit der C-terminalen Gruppe wird ans Ende des Peptidnamens gestellt.

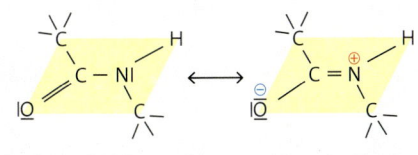

02 Mesomeriestabilisierung der Peptidbindung

Die Peptidbindung der Proteine ist identisch mit der Amidbindung der Polyamide, einer Kunststoffart (↑ S. 230).

> **P EXP 5.24 Vielfalt der Peptide**
>
> **Durchführung** Konstruieren Sie mithilfe des Molekülbaukastens ein Tripeptid aus den Aminosäuren Alanin, Glycin und Serin.
>
> **Auswertung** Vergleichen Sie Ihre Molekülmodelle innerhalb des Kurses. Leiten Sie daraus eine Schlussfolgerung ab.

STRUKTUR DER PEPTIDBINDUNG Die Bindungslänge der C–N-Bindung innerhalb der Peptidbindung beträgt 132 pm und ist damit kleiner als die zwischen dem α-C-Atom und dem N-Atom mit 147 pm. Die geringere Länge der C–N-Bindung in der Peptidbindung im Vergleich zur C–N-Einfachbindung weist darauf hin, dass sie teilweise Doppelbindungscharakter hat. Sauerstoff-, Wasserstoff- und Kohlenstoff-Atome sind eben angeordnet (↑ 02).
Die Elektronenverteilung in der Peptidbindung kann durch zwei *mesomere Grenzformeln* dargestellt werden, die den partiellen Doppelbindungscharakter zwischen dem Kohlenstoff- und dem Stickstoff-Atom zeigen. Dabei wird das Stickstoff-Atom zum Elektronendonator und das Sauerstoff-Atom zum Elektronenakzeptor. Diese Veränderung am Stickstoff-Atom ermöglicht die Ausbildung von Wasserstoffbrücken und trägt zur Strukturbildung der Proteine bei.

VIELFALT DER PEPTIDE Bei der Verknüpfung von bis zu 10 Aminosäure-Molekülen entstehen **Oligopeptide**. Verbindungen aus 10 bis 100 Aminosäurebausteinen bezeichnet man als **Polypeptide**.

Moleküle, in denen mehr als 100 Aminosäuren miteinander verknüpft sind, bilden **makromolekulare Proteine**.
Wenn ein Tripeptid aus zwei verschiedenen Aminosäuren gebildet wird, sind bereits $2^3 = 8$ Strukturen möglich, weil sich die C- und N-terminalen Enden der Moleküle unterscheiden. Ein Oligopeptid aus fünf Bausteinen der 22 proteinogenen Aminosäuren kann $22^5 = 5\,153\,632$ verschiedene Strukturen aufweisen. Die Vielfalt der Proteine mit mehr als 100 Bausteinen ist damit nahezu unerschöpflich.

Die Peptidbindung kann hydrolytisch gespalten werden (↑ Exp. 5.28, S. 167).

> Peptide sind Verbindungen, die durch Kondensation von Aminosäuren entstehen. Die Moleküle enthalten mindestens eine Peptidbindung und jeweils eine terminale Amino- bzw. Carboxygruppe.

1) **a** Geben Sie die Aminosäurebausteine des Tetrapeptids Seryllleucylglycylcystein an.
   b Formulieren Sie seine Bildungsreaktion.

2) Geben Sie alle Tripeptide an, die aus L-Alanin und L-Serin gebildet werden können.

5.13 Struktur von Proteinen

Proteine erfüllen vielfältige Funktionen in allen Lebewesen. Weil ihre Molekülstrukturen äußerst variabel sind, können sie ebenso biochemische Reaktionen steuern wie unserem Körper Stabilität geben. Man unterscheidet vier Molekülstrukturen: die *Primär-, Sekundär-, Tertiär- und Quartärstruktur*.

PRIMÄRSTRUKTUR Sie beschreibt die Art, Anzahl und Reihenfolge der L-Aminosäurebausteine in einem Protein-Molekül. Die Primärstruktur wird auch **Aminosäuresequenz** eines Proteins genannt.

Die Primärstruktur des Hormons Insulin zeigt, dass die beiden Polypeptidketten aus 17 verschiedenen L-Aminosäurebausteinen aufgebaut sind, die mit ihren Abkürzungen angegeben werden (↑ 01).

SEKUNDÄRSTRUKTUR Sie beschreibt räumlich begrenzte dreidimensionale Strukturabschnitte eines Protein-Moleküls, die durch Ausbildung von *Wasserstoffbrücken* zwischen nahe beieinanderliegenden Peptidbindungen entstehen.

Dabei unterscheidet man zwei Formen der Sekundärstruktur: die α-Helix- und die β-Faltblattstruktur. Die **α-Helixstruktur** entsteht, wenn sich eine Polypeptidkette schraubenförmig zu einer rechtsgängigen Spirale aufwickelt. Zwischen den Peptidbindungen jedes 3., 6., 9. usw. Aminosäurebausteins bilden sich regelmäßig wiederkehrende *intra*molekulare Wasserstoffbrücken, die die schraubenförmige Struktur stabilisieren (↑ 03). Die α-Helixstruktur kommt häufig in Polypeptiden mit großen Seitenketten vor. Proteine mit Helixstruktur sind beispielsweise am Aufbau von tierischen Haaren (Wolle) beteiligt.

Die **β-Faltblattstruktur** entsteht durch Faltung nebeneinanderliegender Polypeptidketten, die am α-Kohlenstoff-Atom abknicken und durch *inter*molekulare Wasserstoffbrücken zwischen den Atomen unterschiedlicher Peptidbindungen stabilisiert werden (↑ 02). Die Seitenketten der Aminosäurebausteine stehen abwechselnd oberhalb und unterhalb der Faltblattebene. Die Faltblattstruktur ist bei Polypeptiden mit kleinen Seitenketten begünstigt, weil sich die organischen Reste gegenüberstehen. Naturseide besteht beispielsweise aus Proteinen, deren Makromoleküle eine Faltblattstruktur haben.

TERTIÄRSTRUKTUR Die räumliche Struktur des gesamten Proteins wird erst durch verschiedene Wechselwirkungen zwischen den Seitenketten der Aminosäurebausteine vollständig beschrieben.

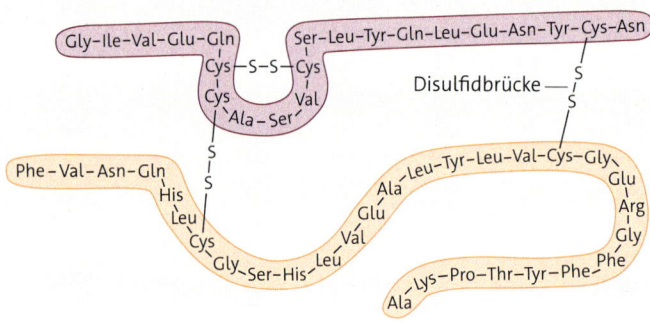

01 Primärstruktur des Insulins

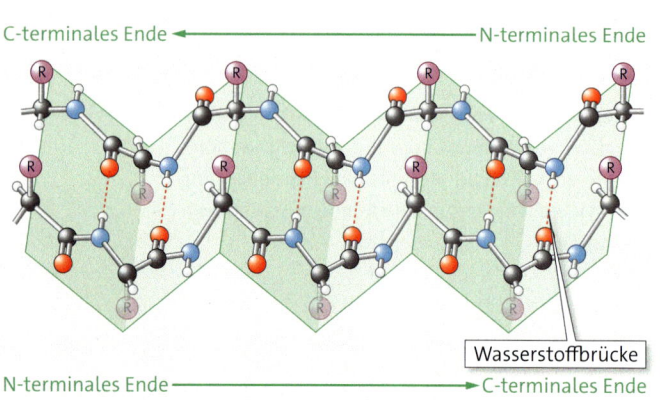

02 Sekundärstruktur: β-Faltblatt

03 Sekundärstruktur: α-Helix

Dadurch kommt es zu einer weiteren Verformung des Makromoleküls. Folgende Arten der chemischen Bindung und zwischenmolekularen Wechselwirkungen treten auf (↑ 04):

- **Disulfidbrücken:** S–S-Elektronenpaarbindungen, die sich durch Oxidation der SH-Gruppen zweier nahe beieinanderstehenden Cysteinreste bilden
- **Ionenbindungen** zwischen neagtiv geladenen Carboxyat- und positiv geladenen Ammoniumgruppen der Aminosäurebausteine
- **Wasserstoffbrücken** zwischen polaren Seitenketten, **London-Wechselwirkungen** zwischen unpolaren Seitenketten der Aminosäurebausteine

QUARTÄRSTRUKTUR Viele Proteine bestehen nicht nur aus einer, sondern aus mehreren Polypeptidketten, die sich zu einer funktionellen Einheit mit komplexer Raumstruktur zusammenlagern können. Ein Beispiel dafür ist das Protein **Hämoglobin**, das aus vier Polypeptidketten aufgebaut ist (↑ 05). Die einzelnen Polypeptidketten werden von den gleichen Bindungskräften zusammengehalten wie bei der Tertiärstruktur.

> Die Primärstruktur beschreibt die Abfolge der Aminosäurebausteine. Ihre räumliche Anordnung als α-Helix oder β-Faltblatt wird Sekundärstruktur genannt. Der räumliche Bau eines Proteins wird durch die Tertiärstruktur beschrieben.

GLOBULÄRE UND FIBRILLÄRE PROTEINE **Globuläre Proteine** haben kugelförmige Gestalt. Zu ihnen gehören Transportproteine wie das Hämoglobin, Enzyme und Hormone. Sie werden zu den *Funktionsproteinen* gezählt.

Längliche faserartige Protein-Moleküle werden **fibrilläre Proteine** genannt und dienen in Zellen und Geweben zur *Strukturbildung*. Zu ihnen gehören die Keratine der Haare sowie die Kollagene in der Haut und in den Knochen (↑ 06). Sie besitzen durch zahlreiche Wasserstoffbrücken zwischen den benachbarten Polypeptidketten hohe Festigkeit. Im Bereich der Helixstrukturen sind sie dehnbar und elastisch. So besteht das Kollagen-Molekül beispielsweise aus einer verdrillten Dreifachhelix, von denen wiederum mehrere in Kollagenfibrillen nebeneinander liegen und so deren enorme Zugfestigkeit bewirken.

1⟩ Beschreiben Sie anhand von ↑ 06 die Primär- und die Quartärstruktur eines Proteins.

2⟩ Beschreiben Sie die Ausbildung einer α-Helix- und einer β-Faltblattstruktur innerhalb eines Peptid-Moleküls.

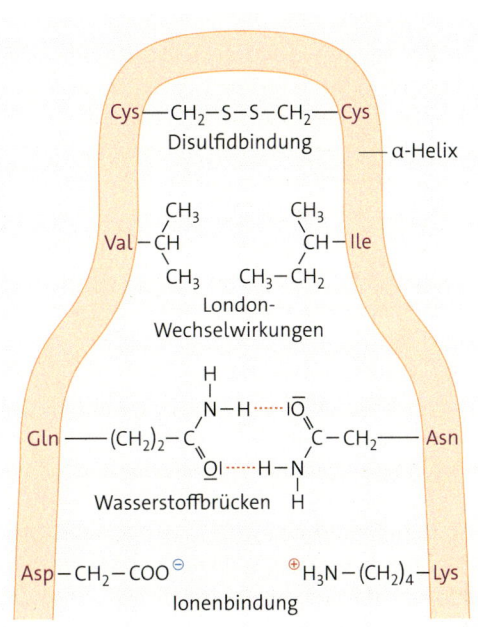

04 Stabilisierung von Tertiärstrukturen

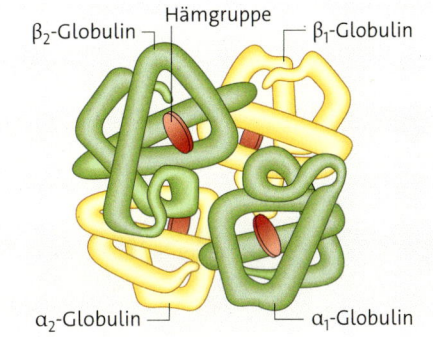

05 Hämoglobin ist ein globuläres Protein.

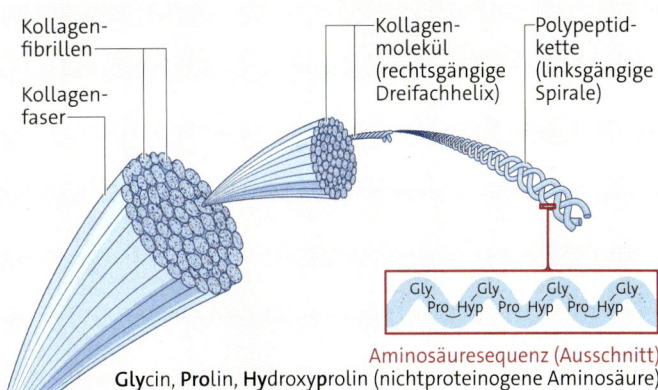

06 Kollagen ist ein fibrilläres Protein.

3⟩ Erläutern Sie die Art der Wechselwirkungen und chemischen Bindungen, die zur Ausbildung der Tertiärstruktur eines Proteins führen.

5.14 Eigenschaften von Proteinen

LÖSLICHKEIT Für die Eigenschaften der Proteine sind die vielen an den α-Kohlenstoff-Atomen des Polypeptid-Moleküls vorhandenen Seitenketten ausschlaggebend. Der hydrophile Charakter der Seitenketten, die bei den globulären Proteinen nach außen weisen, bestimmt beispielsweise deren Löslichkeit in Wasser. Man unterscheidet **Globuline**, die in gesättigter Salzlösung ausflocken, von **Albuminen**, die unter diesen Bedingungen gelöst bleiben und *kolloidale Lösungen*, die **Sole,** bilden.

Kolloidale Lösungen sind Stoffgemische, bei denen die gelösten Teilchen so groß sind, dass sie Licht streuen (Tyndall-Effekt, ↑ S. 354).

DENATURIERUNG Die biologische Funktion eines Proteins hängt maßgeblich von seiner räumlichen Struktur ab. Allerdings sind die Molekülstrukturen anfällig gegenüber Umwelteinflüssen. Sie werden z. B. durch Wärme, Säuren, Basen und Schwermetall-Ionen zerstört. Infolge dieses als **Denaturierung** bezeichneten Vorgangs verlieren Proteine ihre biologischen Funktionen (↑ Exp. 5.25).

Beim **Erwärmen** von Proteinen wie im Eiklar (↑ **01A**) werden Ionenbindungen und Wasserstoffbrücken gelöst sowie London-Wechselwirkungen geschwächt. Sie bilden sich an anderen Stellen neu, wobei sich die Sekundär- und Tertiärstruktur irreversibel verändert. Die Primärstruktur bleibt jedoch wie bei den anderen Denaturierungsvorgängen unverändert.

Gibt man zu Milch eine Säure, so werden die Milchproteine denaturiert, was man am Ausflocken erkennen kann (↑ **01B**). Durch Einwirkung von **Säuren** und **Basen** verändern sich die Ladungsverhältnisse im Protein-Molekül. Infolgedessen werden Ionenbindungen zwischen Carboxylat- und Ammoniumgruppen und Wasserstoffbrücken zerstört. Durch Einwirkung von Säure und Enzymen können Proteine auch *hydrolytisch gespalten* werden, beispielsweise bei der Verdauung von Proteinen im Magen (↑ Exp. 5.28).

Salze entziehen Proteinen das Wasser, sie dehydratisieren. Die Lebensmittelindustrie nutzt diese Form der Denaturierung zur Konservierung, z. B. beim Pökeln von Schinken (↑ **01C**). Dadurch werden vor allem Wasserstoffbrücken aufgebrochen. In ähnlicher Weise denaturierend wirken Lösungsmittel wie **Ethanol**, das ebenfalls die Wasserstoffbrücken in den Protein-Molekülen beeinflusst.

Schwermetall-Ionen treten mit Schwefel- und Stickstoff-Atomen der Protein-Moleküle in Wechselwirkung. Es kommt zur Quervernetzung zwischen Protein-Molekülen. Darauf beruht die Giftigkeit von Blei- und Quecksilber-Ionen für den Organismus.

Auch starke **Reduktionsmittel** wie Schwefelwasserstoff H_2S verändern die Struktur von Proteinen, indem sie mit den Disulfidbrücken reagieren und sie spalten. Der Prozess ist jedoch reversibel und kann durch geeignete Oxidationsmittel wieder umgekehrt werden. Diese Redoxreaktionen nutzen Friseure bei der „Dauerwelle" (↑ **01D**).

01 Denaturierung von Proteinen durch
A Erhitzen, **B** saure Lösung, **C** Salz, **D** Reduktionsmittel

RENATURIERUNG Durch die Zerstörung der Sekundär- und Tertiärstruktur liegen die Proteine als gestreckte Polypeptidketten vor. In bestimmten Fällen kann die Denaturierung jedoch rückgängig gemacht werden (↑ **02A**). Dieser Vorgang heißt **Renaturierung**. Ein Beispiel aus dem Alltag ist das Aufschlagen von Eiklar, denn der entstandene Eischnee wird nach einiger Zeit wieder flüssig. Auch bei der „Dauerwelle" kann die Strukturveränderung durch ein Oxidationsmittel wieder rückgängig gemacht werden. Meist sind Denaturierungen jedoch irreversibel.

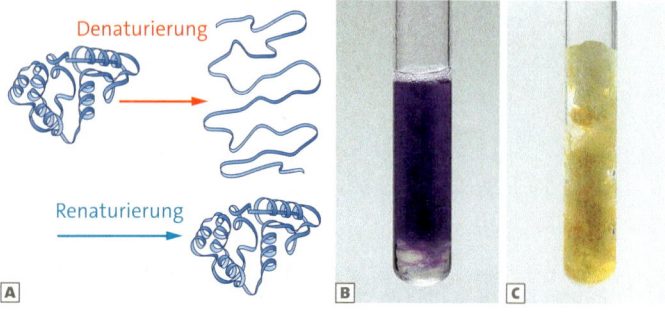

02 **A** Modell zur De- und Renaturierung eines globulären Proteins, **B** Biuretreaktion, **C** Xanthoproteinreaktion

NACHWEISREAKTIONEN Nachweisreaktionen für Proteine verlaufen als Denaturierung. Bei der **Biuretreaktion** reagieren Proteine mit alkalischer Kupfer(II)-sulfatlösung (↑ Exp. 5.26). Durch die Wechselwirkung mit den Stickstoff-Atomen bildet sich ein violetter **Kupferbiuretkomplex** (↑ 02**B**).
Bei der **Xanthoproteinreaktion** werden die Proteine mit konzentrierter Salpetersäure versetzt (↑ Exp. 5.27). Dabei flocken die Proteine aus und verfärben sich charakteristisch gelb, weil die Seitenketten mit aromatischen Resten nitriert werden (↑ 02**C**).

1) Begründen Sie, warum längeres hohes Fieber für Säugetiere und Menschen lebensgefährlich sein kann.
2) Erläutern Sie die Funktionen der Magensäure bei der Verdauung von Eiweißen und bei der Abtötung von Krankheitskeimen.
3) Eine Föhnfrisur ist auf eine Hydratisierung der Haare zurückzuführen. Erklären Sie die Veränderung einer Föhnfrisur bei Regenwetter mithilfe Ihrer Kenntnisse über die Struktur von Proteinen.

Struktur des Kupferbiuretkomplexes ↑ S. 352

P Eigenschaften von Proteinen

EXP 5.25 Denaturierung von Proteinen

Materialien 6 Bechergläser (100 mL), 1 Becherglas (500 mL), Glasstäbe, Kochplatte, 1 Eiklar, 300 mL 1 %ige Kochsalzlösung, Salzsäure ($c = 1\,\text{mol} \cdot \text{L}^{-1}$; 5), Natronlauge ($c = 1\,\text{mol} \cdot \text{L}^{-1}$; 5), Ethanol (2, 7), Ammoniumsulfat, Kupfer(II)-sulfat-5-Wasser (5, 7, 9)

Durchführung Vermischen Sie das Eiklar mit Kochsalzlösung und verteilen Sie das Gemisch auf die 6 Bechergläser. Das erste Becherglas wird auf der Heizplatte erwärmt. Zu den anderen Lösungen werden kleine Mengen an Salzsäure, Natronlauge, Ethanol, Ammoniumsulfat oder Kupfersulfat hinzugefügt.
Entsorgung: Reste in die Behälter für saure und alkalische Abfälle, halogenfreie organische Abfälle (Ethanol) bzw. giftige anorganische Abfälle (Kupfersulfat) geben.

Auswertung
1) Tragen Sie Ihre Beobachtungen in einer tabellarischen Übersicht zusammen und erklären Sie sie.
2) Diskutieren Sie, warum die Tertiärstruktur gegenüber Umwelteinflüssen besonders empfindlich ist.

EXP 5.26 Biuretreaktion

Materialien 2 Reagenzgläser, Eiklarlösung, Kupfer(II)-sulfatlösung ($w = 5\,\%$; 7), Natronlauge ($c = 1\,\text{mol} \cdot \text{L}^{-1}$; 5)

Durchführung Füllen Sie 3 mL Eiklarlösung in ein Reagenzglas. Geben Sie einige Tropfen Natronlauge und danach einige Tropfen Kupfer(II)-sulfatlösung dazu.
Entsorgung: Lösung in den Behälter giftige anorganische Abfälle geben.

Auswertung
1) Erklären Sie Ihre Beobachtungen.
2) Informieren Sie sich über die Giftwirkung von Schwermetallverbindungen im menschlichen Organismus. Erarbeiten Sie dazu eine Präsentation.

EXP 5.27 Xanthoproteinreaktion

Materialien Reagenzglas, Brenner, Eiklarlösung, konzentrierte Salpetersäure ($w = 50\,\%$; 5)

Durchführung Füllen Sie die Eiklarlösung in das Reagenzglas und geben Sie 4–5 Tropfen Salpetersäure hinzu. Erwärmen Sie das Gemisch vorsichtig.
Entsorgung: Reste in die Behälter für saure und alkalische Abfälle geben.

Auswertung
1) Erklären Sie Ihre Beobachtungen.
2) Begründen Sie, dass beim Umgang mit Salpetersäure besondere Sicherheitsregeln einzuhalten sind.

EXP 5.28 Hydrolyse eines Proteins

Materialien Reagenzglas, Becherglas (200 mL), kristallisiertes Albumin, Pankreatin (8, 7), Natriumdihydrogenphosphat, Natriumhydrogenphosphat-12-Wasser (5)

Durchführung Lösen Sie 1,4 g Natriumdihydrogenphosphat und 3,6 g Natriumhydrogenphosphat-12-Wasser in 100 mL Wasser. Fügen Sie unter Rühren 1 g Pankreatin dazu. Geben Sie etwa 5 mL der Pufferlösung ins Reagenzglas und versetzen Sie sie mit einer Spatelspitze Albumin. Erwärmen Sie das Gemisch etwa 1 Stunde lang auf ca. 37 °C. Entwickeln Sie ein Experiment, um das Hydrolysat dünnschichtchromatografisch aufzutrennen und drei Aminosäuren im Produktgemisch zu identifizieren (↑ Exp. 5.23, S. 162).
Entsorgung: Reste ins Abwasser geben.

Auswertung
1) Formulieren Sie eine Reaktionsgleichung für die Hydrolyse eines beliebigen Dipeptids.
2) Erläutern Sie die Funktion von Pankreatin und anderen Enzymen bei der Verdauung von Eiweißen.
3) Vergleichen Sie die Hydrolyse eines Peptids mit der Hydrolyse eines Esters.

5.15 Enzyme – spezialisierte Proteine

Video: Biolumineszenz

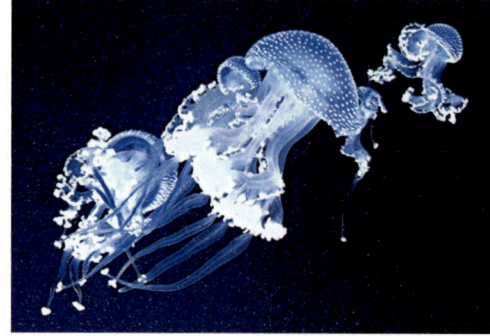
01 Biolumineszenz durch das Enzym Luciferase

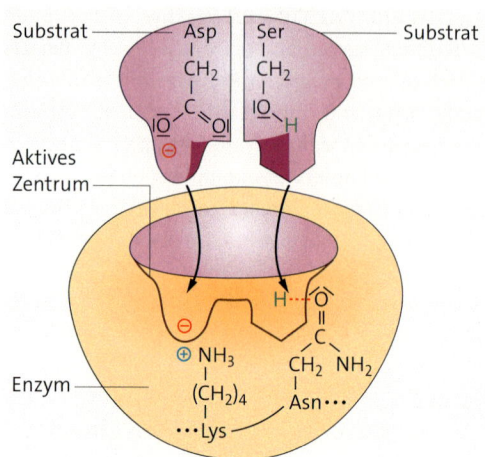
03 Enzym-Substrat-Komplex

Damit die vielen Tausend chemischen Reaktionen des Stoffwechsels in den Zellen der Lebewesen ablaufen können, sind Proteine mit einer spezifischen Funktion, die **Enzyme**, erforderlich. Indem sie die Aktivierungsenergie absenken, können viele Reaktionen schon bei etwa 37 °C ablaufen. Sie bewirken außerdem eine Erhöhung der Reaktionsgeschwindigkeit und gehen als Reaktionsteilnehmer nach der Reaktion unverändert aus ihr hervor. Sie haben eine *katalytische Funktion* bei biochemischen Reaktionen und werden deshalb **Biokatalysatoren** genannt.

Katalyse verstehen ↑ S. 56 f.

BAU DER ENZYME Enzyme sind globuläre Proteine, die gut in Wasser löslich sind. Ihre charakteristische Form wird durch die *Tertiärstruktur* festgelegt. Jedes Enzym besitzt dabei eine einzigartige taschenförmige Struktur, die das **aktive Zentrum** bildet (↑ 03). Daran können bestimmte geometrisch exakt passende Moleküle, die sogenannten **Substrate**, binden. Der Zusammenhalt von Enzym und Substrat im **Enzym-Substrat-Komplex** erfolgt durch *intermolekulare* Ionenbindungen oder chemische Wechselwirkungen wie Wasserstoffbrücken und London-Wechselwirkungen. Bindet ein Substrat-Molekül an das aktive Zentrum des Enzyms, so wird aus einer Vielzahl möglicher Reaktionen, an dem das Substrat beteiligt sein kann, eine bestimmte chemische Reaktion beschleunigt – häufig um das 10^{14}-Fache.

Enzymart	Katalysierte Reaktion	Beispiel(e)
Oxidoreduktase	Redoxreaktion	Luciferase: Biolumineszenz durch Oxidation von Luceferin
Hydrolase	hydrolytische Spaltung von Peptidbindungen	Peptidase und Protease im Magen- und Dünndarmsaft: Proteinspaltung (Verdauung)
Isomerase	Umlagerung von isomeren Molekülen	Retinal-Isomerase: Rückbildung des Sehfarbstoffs nach Belichtung

02 Beispiele für Enzymarten und ihre katalysierten Reaktionen

EINTEILUNG UND NAMEN VON ENZYMEN Nach der Art der katalysierten Reaktion werden die Enzyme in Gruppen eingeteilt (↑ 02). Ihr Name wird gebildet, indem die Endung **-ase** an den Reaktionstyp oder den Namen des Substrats angehängt wird: Das Enzym Lipase spaltet beispielsweise Lipide (Fette). Einige Enzyme wie das im Magen vorkommende Pepsin tragen Trivialnamen.

ABLAUF EINER ENZYMREAKTION Ein besonderes Merkmal aller Enzymreaktionen ist die exakte räumliche Passform zwischen Enzym und Substrat, was als **Substratspezifität** bezeichnet wird.
Bereits 1894 formulierte EMIL FISCHER das **Schlüssel-Schloss-Prinzip**, bei dem das aktive Zentrum in Abwesenheit des Substrats bereits vorgeformt vorliegt (↑ 05). Heute weiß man, dass Enzyme sich dynamisch anpassen können: Das Substrat kann am aktiven Zentrum Konformationsänderungen bewirken, sodass es erst nach der Bindung des Substrats die komplementäre Form einnimmt. Dieses Modell wird **Induced-fit-Modell** genannt.

Jedes Enzym katalysiert aufgrund seines spezifisch geformten aktiven Zentrums nur eine bestimmte chemische Reaktion, was als **Wirkungsspezifität** bezeichnet wird. Dabei benötigt die durch Enzyme katalysierte Reaktion eine geringere Aktivierungsenergie (↑ 04) und verläuft mit einer höheren Reaktionsgeschwindigkeit als die unkatalysierte Reaktion (↑ Exp. 5.29). Vorübergehend entsteht ein Enzym-Substrat-Komplex, bei dem die Bindungen des Substrat-Moleküls gelockert werden. Schließlich zerfällt der Komplex in das Produkt und das Enzym-Molekül, das wieder frei wird und für weitere Reaktionen zur Verfügung steht.

BEEINFLUSSUNG DER ENZYMAKTIVITÄT Die Funktion von Enzymen hängt entscheidend von der Temperatur und dem pH-Wert der Umgebung ab. Für beide Bedingungen existieren für jedes Enzym optimale Bereiche. Werden jedoch bestimmte Grenzwerte überschritten, so kann die Enzymfunktion ausbleiben oder das Enzym irreversibel denaturiert werden, da seine Tertiär- oder Quartärstruktur zerstört wird.

Im menschlichen Körper wirkende Enzyme benötigen meist Temperaturen zwischen 37 und 41 °C. Das pH-Optimum der Enzyme kann in völlig unterschiedlichen Bereichen liegen. So katalysiert **Amylase**, ein Stärke spaltendes Enzym im Speichel, im neutralen bis schwach sauren Bereich. **Pepsin**, eine Protein spaltende *Peptidase*, hat ihr pH-Optimum dagegen im stark sauren Bereich. Außerhalb des Magens ist sie inaktiv, sodass das Gewebe vor Selbstverdauung geschützt wird.

HEMMUNG EINER ENZYMREAKTION Stoffe, die eine Verringerung der Reaktionsgeschwindigkeit bewirken, werden **Inhibitoren** genannt. Sie setzen die Aktivität der Enzyme herab, indem sie das aktive Zentrum blockieren. Oft ist die Hemmung durch Inhibitoren reversibel wie bei der **kompetitiven Hemmung**. Dabei wird das aktive Zentrum durch den Inhibitor besetzt, dessen Struktur der des Substrats ähnelt, aber nicht umgesetzt werden kann. Substrat und Inhibitor konkurrieren um das aktive Zentrum. Diese Hemmung ist oft reversibel, da das aktive Zentrum wieder freigegeben werden kann. Bei der **allosterischen Hemmung** wird der Inhibitor an beliebiger Stelle des Enzyms gebunden und verändert dessen räumliche Struktur, sodass das Substrat nicht mehr am aktiven Zentrum binden kann. Bei der irreversiblen Hemmung durch **Schwermetall-Ionen** kommt es wegen der Größe der Ionen und der Stärke der Ladung zu einer dauerhaften Bindung zwischen den Metall-Ionen und den negativ geladenen Carboxyatgruppen und damit zu einer Änderung der Tertiärstruktur.

> Enzyme sind Proteine, die unter physiologischen Bedingungen als Biokatalysatoren wirken. Als besonderes Strukturmerkmal besitzen sie ein aktives Zentrum, das die Substrate in Produkte umwandelt.

1) Stellen Sie eine begründete Hypothese auf, welche Stoffe als Enzymgift wirken könnten.
2) Skizzieren Sie ein Modell zur kompetitiven und zur allosterischen Enzymhemmung.

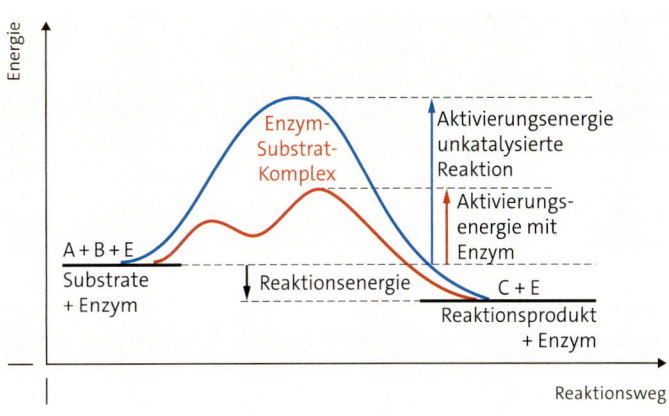

04 Energiediagramm einer chemischen Reaktion mit und ohne Enzym

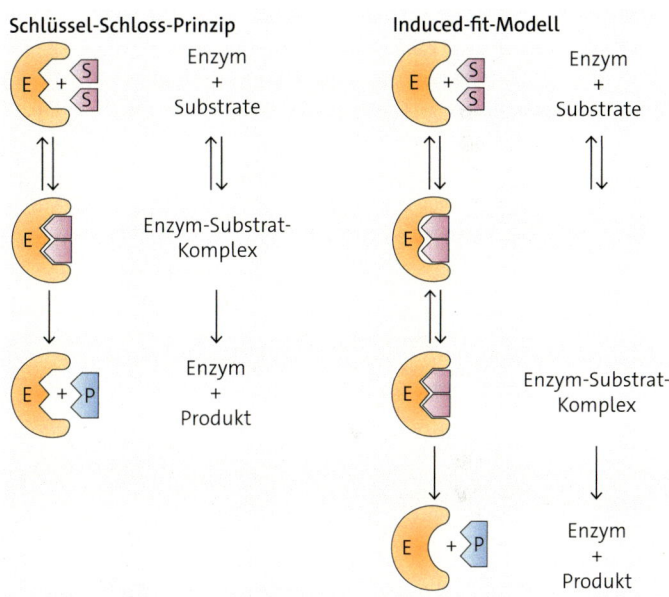

05 Modellvorstellung zur Bildung des Enzym-Substrat-Komplexes

EXP 5.29 Wirkung von Katalase

Materialien 5 Reagenzgläser, Brenner, rohe, geriebene Kartoffel, H_2O_2 (w = 10 %; 3, 5), Kupfersulfatlösung (w = 1 %), Wasser

Durchführung Vermengen Sie geriebene Kartoffel mit etwas Wasser, geben Sie dies auf ein Tuch und pressen Sie Saft aus. Die Hälfte des Safts wird bis zum Sieden erhitzt. Füllen Sie in 3 Reagenzgläser je 5 mL Wasserstoffperoxidlösung und geben Sie a) 1 mL Kartoffelpresssaft roh; b) 1 mL Kartoffelpresssaft erhitzt; c) 1 mL Kartoffelpresssaft roh plus 1 mL Kupfersulfatlösung dazu. Testen Sie alle 3 Ansätze mit der Glimmspanprobe auf Sauerstoff. *Entsorgung:* Rest von Reagenzglas c in den Behälter für giftige anorganische Abfälle, übrige Lösungen ins Abwasser geben.

Auswertung Beschreiben und deuten Sie Ihre Beobachtungen.

Klausurtraining

Material G Phenylketonurie

Einige Menschen leiden an der genetisch bedingten Krankheit *Phenylketonurie* (PKU). Ihnen fehlt ein für den Abbau der in vielen Lebensmitteln enthaltenen Aminosäure Phenylalanin das Enzym Phenyloxydase. Als Folge reichert sich die Aminosäure im Blut an und wird zu Stoffen abgebaut, die die Gehirnentwicklung beeinträchtigen. Daher müssen die Betroffenen Lebensmittel mit der Aufschrift „enthält eine Phenylalaninquelle" meiden.

Manchen Süßspeisen, Erfrischungsgetränken und Kaugummis wird der Zuckerersatzstoff Aspartam zugesetzt. Er schmeckt etwa 200-mal süßer als Saccharose, enthält aber viel weniger Energie, sodass er vor allem in kalorienreduzierten „Light"-Produkten enthalten ist.

Aspartam ist ein Dipeptid, das aus Asparaginsäure und Phenylalanin synthetisiert wird, wobei die C-terminale Aminosäure mit Methanol verestert ist (↑ G1.2). Beim Erhitzen ist es nicht stabil, sondern zerfällt hydrolytisch.

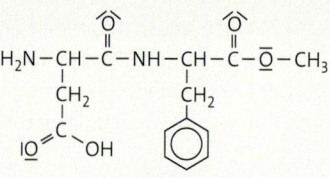

G1.2 Aspartylphenylalaninmethylester (Aspartam)

AUFGABEN ZU G

1) a Beschreiben Sie den Bau der proteinogenen Aminosäuren am Beispiel des Phenylalanins.
b Erläutern Sie die Einteilung der proteinogenen Aminosäuren anhand ihrer Struktur.
c Entwickeln Sie eine Reaktionsgleichung für die vollständige Hydrolyse von Aspartam, bei der drei verschiedene Reaktionsprodukte entstehen.
d Zeichnen Sie die Halbstrukturformeln aller Dipeptide, die aus einem Gemisch von Asparaginsäure und Phenylalanin entstehen können.

2) Bewerten Sie die Verwendung von Aspartam in Lebensmitteln als Verbraucher und aus medizinischer Sicht.

G1.1 Kaugummi, mit Aspartam gesüßt

Material H Vom Histidin zum Histamin

Histamin ist ein biogenes Amin, das durch Abspaltung von Kohlenstoffdioxid aus der Aminosäure Histidin entsteht. Dazu ist das Enzym HistidindeCarboxase notwendig. Histamin wirkt im Organismus als Botenstoff, der eine wichtige Rolle bei der Abwehr körperfremder Stoffe und bei Entzündungsreaktionen spielt, aber auch im Zentralnervensystem wirkt. Bei allergischen Reaktionen wird es aus Mastzellen freigesetzt. Daraufhin kommt es im umliegenden Gewebe sofort zur Erweiterung der Blutgefäße und zu Schwellungen durch Einlagerung von Flüssigkeit. Allergiker werden daher mit *Antihistaminika* behandelt, die die Wirkung des Botenstoffs hemmen.

Histamin ist auch im Gift der Wespen enthalten, das zusammen mit anderen Allergien auslösenden Proteinen nach einem Stich die schmerzhaften „Quaddeln" verursacht (↑ H1.1). Sie lassen sich u. a. mit diesen Methoden behandeln:
- Kühlen der betroffenen Stelle
- kurzzeitiges Erwärmen auf 45 bis 60 °C mittels eines thermoelektrischen Stichheilers („Insektenstift")
- Auftragen einer antiallergisch wirkenden Salbe

AUFGABEN ZU H

1) a Zeichnen Sie die Halbstrukturformel des Zwitterions von Histidin.
b Begründen Sie, dass der pH_{iso} von Histidin über 7,0 liegt.
c Erklären Sie den amphoteren Charakter von Histidin mithilfe des Donator-Akzeptor-Konzepts.
d Entwickeln Sie eine Reaktionsgleichung für die Umwandlung von Histidin zu Histamin.

2) Erläutern und bewerten Sie die Wirkmechanismen bei der Behandlung von Hautquaddeln durch Wespengift.

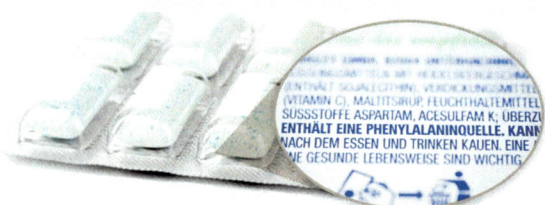

H1.1 Wespengift enthält Histamin.

Material I Proteine im Blut

Etwa vier bis sechs Liter Blut pulsieren durch den Körper eines erwachsenen Menschen. Es übernimmt u. a. die wichtige Aufgabe, den Stoffaustausch zwischen Umwelt und Zellen im Körper zu gewährleisten. Blut besteht zu 44 % aus zellulären Bestandteilen und zu 55 % aus Blutplasma. Die Funktionen des hauptsächlich aus Wasser und Proteinen bestehenden Blutplasmas sind Stofftransport, Immunabwehr, Blutgerinnung und Regulierung des pH-Werts.

Die Proteine im Blut lassen sich durch Elektrophorese in verschiedene Globuline und Albumin, das häufigste Plasmaprotein, auftrennen.
Albumin besteht aus 585 Aminosäurebausteinen, von denen viele polare Seitenketten aufweisen. Zudem hat es 16 Histidinbausteine gebunden.

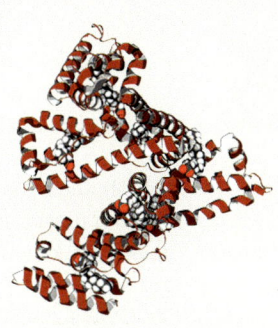

I1.1 Raummodell von Albumin

Indem Albumin in den Blutgefäßen Wasser an sich bindet, verhindert es dessen Austritt in die Zellzwischenräume und somit ins Gewebe.

AUFGABEN ZU I

1) **a** Beschreiben Sie die Struktur des Albumins anhand von ↑ I1.1 und ordnen Sie es begründet einer Proteinart zu.
   b Vergleichen Sie die Struktur von Albumin mit der eines selbst gewählten fibrillären Proteins. Leiten Sie daraus die unterschiedlichen Funktionen globulärer und fibrillärer Proteine ab.
2) **a** 1 g Albumin kann bis zu 18 ml Wasser binden. Erklären Sie diesen Sachverhalt.
   b Stellen Sie eine Hypothese auf, wie ein Mangel an Albumin im Blutplasma zu Ödemen, Wasseransammlungen im Gewebe, führen kann.
3) Blut hat einen stabilen pH-Wert von etwa 7,4. Erläutern Sie anhand einer Skizze die auf den Histidinbausteinen beruhende Pufferwirkung von Albumin im Blut.
4) Erklären Sie das Prinzip der Elektrophorese exemplarisch anhand der Plasmaproteine des Bluts.
5) Kommt es bei einer Rasur zu einer Verletzung, so dienen Alaunstifte zum Stillen der Blutung. Sie enthalten Kaliumaluminiumalaun ($KAl(SO_4)_2$). Erläutern Sie, worauf die blutstillende Wirkung beruht.

Material J Friseure als Chemiker

Haare bestehen aus dem fibrillären Protein α-Keratin, dessen häufigster Aminosäurebaustein Cystein ist. In einem Ausschnitt des Keratin-Moleküls kommen beispielsweise Aminosäurebausteine in der Reihenfolge –Ser–Cys–Leu– vor.

Keratin-Moleküle liegen als α-Helices vor, von denen mehrere durch Disulfidbrücken verbunden und zu einer Superhelix verdrillt sind. Sie ist Bestandteil einer Protofibrille. Elf Protofibrillen verbinden sich zu Mikrofibrillen. Ein Bündel davon ergibt eine Makrofibrille, von denen sich wiederum mehrere in einer Zelle des Haars befinden. Bei einer Dauerwelle werden die Disulfidbrücken an den Cysteinbausteinen durch ein Reduktionsmittel, das auch Protonen H^+ liefert, zu *Thiolen* –SH geöffnet. Nach dem Formen des Haars wird durch das Oxidationsmittel Wasserstoffperoxid (H_2O_2) die neue Struktur fixiert. Sie bleibt bis zum Nachwachsen des Haars bestehen.

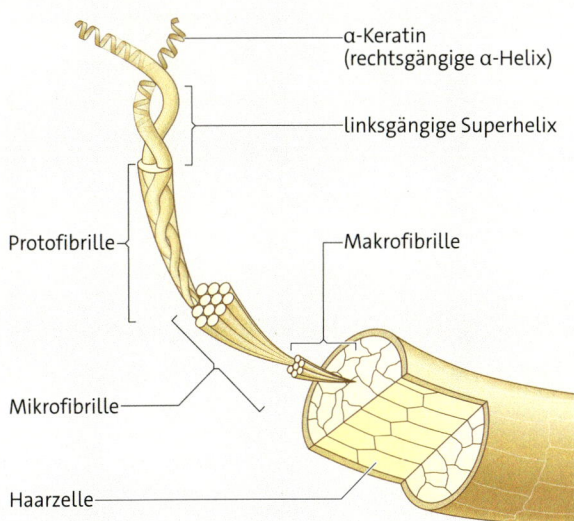

J1.1 Aufbau eines menschlichen Haars

AUFGABEN ZU J

1) Zeichnen Sie die Strukturformel für den angegebenen Ausschnitt des Keratin-Moleküls. Benennen Sie die vorliegende Bindung.
2) Erläutern Sie am Beispiel des α-Keratins die Begriffe Primär-, Sekundär-, Tertiär- und Quartärstruktur.
3) Formulieren Sie am Beispiel zweier Cysteinbausteine des Keratin-Moleküls die chemischen Reaktionen, die zur Formung des Haars führen. Zeigen Sie, dass es sich um eine Redoxreaktion handelt.

5.16 Die DNA – ein geniales Molekül

01 J. Watson und F. Crick mit einem ihrer DNA-Modelle im Jahr der ersten Veröffentlichung 1953

Heterocyclische (griech. *heteros*: anders, lat. *cyclus*: Kreis) *Verbindungen* weisen eine ringförmige Molekülstruktur auf und enthalten neben C-Atomen auch andere Atome.

Als *Base* werden sie bezeichnet, weil die im Ring gebundenen N-Atome protoniert werden können.

BESTANDTEILE DER DNA Die Informationen über Aufbau und Funktionen jedes einzelnen Lebewesens liefert ein Molekül, die *DNA*, das in allen Zellen enthalten ist. Der amerikanische Wissenschaftler James Watson und der britische Forscher Francis Crick entschlüsselten 1953 den Aufbau und Zusammenhalt des komplexen DNA-Moleküls.

Wie ist das Molekül aufgebaut, das unsere gesamten Erbinformationen beinhaltet und sie von Generation zu Generation weitergibt?

Die Abkürzung **DNA** steht für engl. *deoxyribonucleic acid*, im Deutschen **Desoxyribonukleinsäure** (auch: DNS). Die DNA ist ein Makromolekül, das in den meisten Zellen im Zellkern (lat. *nucleus*: Kern) vorliegt. Durch hydrolytische Spaltung erhält man sechs verschiedene Bausteine, die sich zu drei Gruppen zusammenfassen lassen (↑ 02):

- Ein Bestandteil des DNA-Moleküls ist der Zuckerrest 2-**Desoxyribose** – eine Pentose, die am zweiten Kohlenstoff-Atom keine Hydroxygruppe enthält (↑ 02**A**).
- Ebenfalls enthalten sind Phosphor**säure**reste (andere Bezeichnung: Phosphatgruppen), die den dritten Teil des Namens liefern (↑ 02**B**).
- Schließlich sind vier verschiedene stickstoffhaltige *heterocyclische Basen* in der DNA gebunden (↑ 02**C**): **Adenin (A)**, **Cytosin (C)**, **Guanin (G)** und **Thymin (T)**.

Nachdem viele Wissenschaftler Anfang des 20. Jahrhunderts zunächst vermuteten, die Weitergabe der Erbinformationen läge in komplexen Protein-Molekülen begründet, veröffentlichten Watson und Crick 1953 auf der Grundlage von Erkenntnissen anderer Wissenschaftler ein dreidimensionales Molekülmodell (↑ 01). Für die Beschreibung der DNA-Struktur erhielten sie dafür zusammen mit Maurice Wilkins 1962 den Medizinnobelpreis.

MOLEKÜLSTRUKTUR Watson und Crick konnten zeigen, dass die DNA ein **Polynucleotid** ist. Viele Millionen Nucleotide, die jeweils aus einem Zuckerrest, einem Phosphorsäurerest und einer Base zusammengesetzt sind, bilden einen Strang des komplexen Makromoleküls. Das „Rückgrat" bilden abwechselnd Phosphatgruppen und Desoxyribose-Moleküle. Die Hydroxygruppen am C–3- und am C–5-Atom des

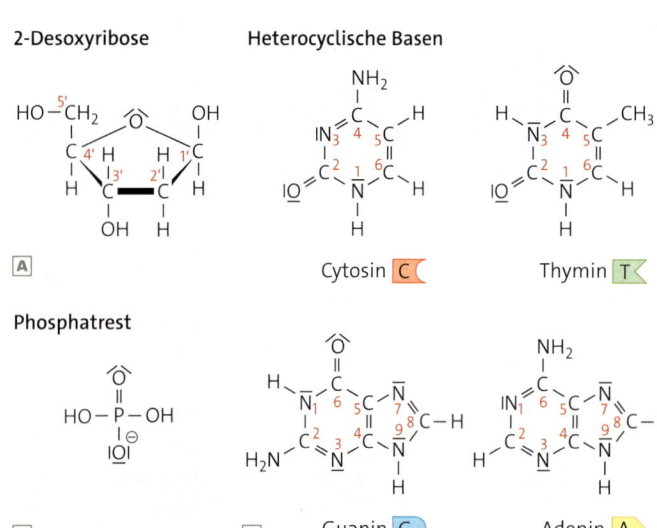

02 Bausteine der DNA

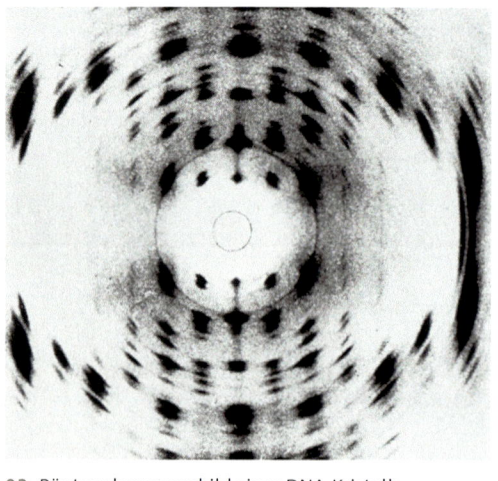

03 Röntgenbeugungsbild eines DNA-Kristalls. Ein solches Bild spielte eine wesentliche Rolle bei der Beschreibung der DNA-Doppelhelixstruktur durch Watson und Crick.

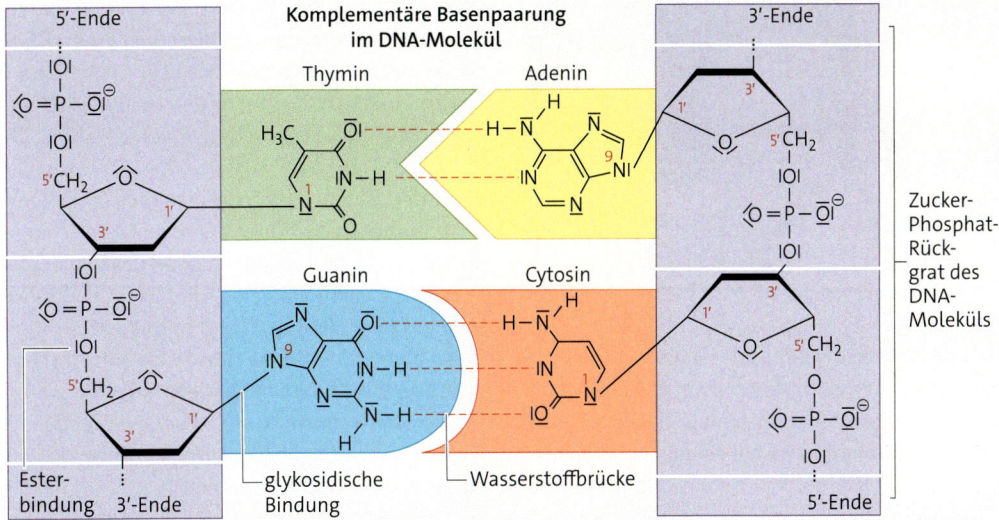

04 Ausschnitt aus der Molekülstruktur der DNA

Desoxyribose-Moleküls sind über Esterbindungen mit Phosphatgruppen verbunden und liefern die Orientierung des Moleküls. Jeder lineare DNA-Strang hat somit ein 3'- und ein 5'-Ende (↑ 04). Am C–1-Atom ist die Hydroxygruppe jedes Zuckerrests über eine C–N-glykosidische Bindung mit einer der vier verschiedenen Basen verbunden. Ein solcher einzelner Strang bildet die Primärstruktur der DNA (↑ 05).

Watson und Crick konnten zeigen, dass die Röntgenbeugungsbilder der DNA nur mit einer Struktur als **Doppelhelix** in Einklang zu bringen sind. Zwei **komplementäre** – d.h. gegensätzliche, aber sich ergänzende – DNA-Stränge sind über Wasserstoffbrücken zwischen den Basen verbunden.

Über die gesamte Länge des Moleküls sind die beiden Stränge schraubenförmig umeinandergewunden (↑ 05). Diese beiden Stränge ergeben zusammen die Sekundärstruktur der DNA, die die vollständige Weitergabe der Erbinformationen ermöglicht.

Dabei bilden sich nur zwei mögliche Basenpaare aus: *Adenin* und *Thymin* können aufgrund der Molekülstruktur über zwei Wasserstoffbrücken wechselwirken. *Cytosin* und *Guanin* können *drei* Wasserstoffbrücken ausbilden (↑ 04).

> Die DNA besteht aus zwei linearen Makromolekülen, die schraubenförmig umeinandergewunden sind (Doppelhelix). Jeweils zwei Basenpaare, Adenin und Thymin sowie Cytosin und Guanin, bilden Wasserstoffbrücken aus, die die beiden DNA-Stränge zusammenhalten.

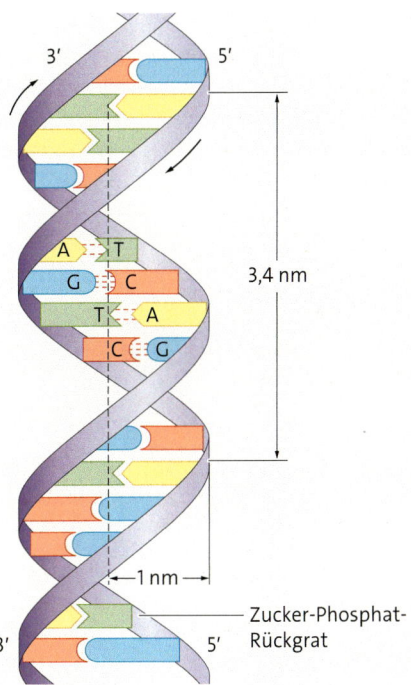

05 Doppelhelix der DNA – zwei komplementäre Moleküle, die schraubig umeinander gewunden sind

1⟩ Beschreiben Sie alle Bindungstypen und zwischenmolekularen Wechselwirkungen, die für den Aufbau der DNA eine Rolle spielen. Ordnen sie die Bindungen der Primärstruktur und der Sekundärstruktur zu.
2⟩ Recherchieren sie die wissenschaftliche Leistung von Rosalind Franklin – einer Wissenschaftlerin, die an den Röntgenstrukturanalysen der DNA-Makromoleküle arbeitete (↑ 03).

Funktionen der DNA

01 Mutter und Tochter, Vater und Sohn: Vieles ähnlich – und doch verschieden

BASENSEQUENZEN VERSCHLÜSSELN DIE INFORMATIONEN Die zentrale Funktion der DNA ist die Verschlüsselung der Erbinformationen. Die Hälfte unserer Erbinformationen bekommen wir von unserer Mutter, die Hälfte von unserem Vater. Was führt dazu, dass vieles ähnlich ist, manches aber auch ganz verschieden (↑ **01**)?

Zur Weitergabe der Informationen werden auf faszinierende Weise aus einem DNA-Doppelstrang zwei identische Moleküle synthetisiert (*DNA-Replikation*). Aus der Reihenfolge der Basenpaare werden Abschnitte der DNA zur Synthese von Proteinen genutzt (*Proteinbiosynthese*).

DNA-REPLIKATION Bei jeder Zellteilung entstehen zwei Tochterzellen, die dieselben Erbinformationen enthalten. Dazu wird jeder DNA-Doppelstrang im Zellkern mithilfe des Enzyms Helicase zunächst in zwei Einzelstränge aufgespalten. Die Helicase schwächt die Wasserstoffbrücken zwischen den Basenpaaren (↑ **02**) der beiden *komplementären DNA-Stränge* und trennt sie in zwei Einzelstränge. Im Anschluss wird zu jedem Einzelstrang entsprechend der Basensequenz ein komplementärer DNA-Strang erzeugt. Dies geschieht mithilfe des Enzyms DNA-Polymerase, das die Nucleotide entsprechend verbindet. Am Ende dieses Vervielfältigungsprozesses, der **Replikation** (lat. *re-*: zurück, *plicare*: falten), liegen also zwei identische DNA-Doppelhelices vor, die jeweils aus einem ursprünglichen Strang und einem neuen Strang bestehen. Da ein Strang erhalten bleibt und ein Strang neu gebildet wird, bezeichnet man diesen Vorgang als **semikonservative** (lat. *semi*: halb, *conservare*: erhalten) Replikation.

RNA Bei der Bildung von Proteinen spielt neben der DNA noch eine weitere Nucleinsäure, die **Ribonucleinsäure RNA** (engl. *ribonucleic acid*), eine wichtige Rolle. DNA und RNA sind ähnlich aufgebaut, sie unterscheiden sich allerdings in einigen wesentlichen Punkten:

Die RNA liegt im Vergleich zur doppelsträngigen DNA als Einzelstrangmolekül vor. Als Zuckerrest ist anstelle der Desoxyribose in der RNA die **Ribose** gebunden und statt der Base Thymin findet man in der RNA die Base **Uracil** (↑ **03**). RNA-Moleküle sind deutlich kürzer als DNA-Moleküle. Durch intramolekulare Wechselwirkungen gibt es Schlaufen und Verschlingungen der RNA-Moleküle.

Auch in den RNA-Molekülen ist die Erbinformation gespeichert – sie übernehmen aber vor allem die Aufgabe, die Erbinformation zu reproduzieren und zu übertragen (↑ **04**).

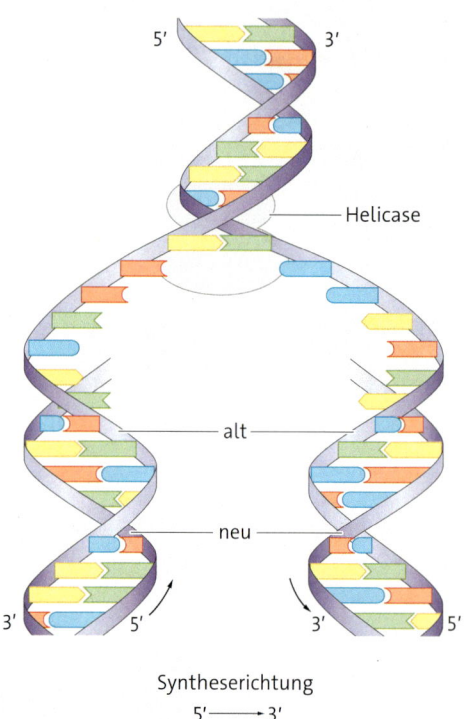

02 Prinzip der DNA-Replikation

03 Die Moleküle der RNA enthalten als Zuckerrest Ribose und die Base Uracil.

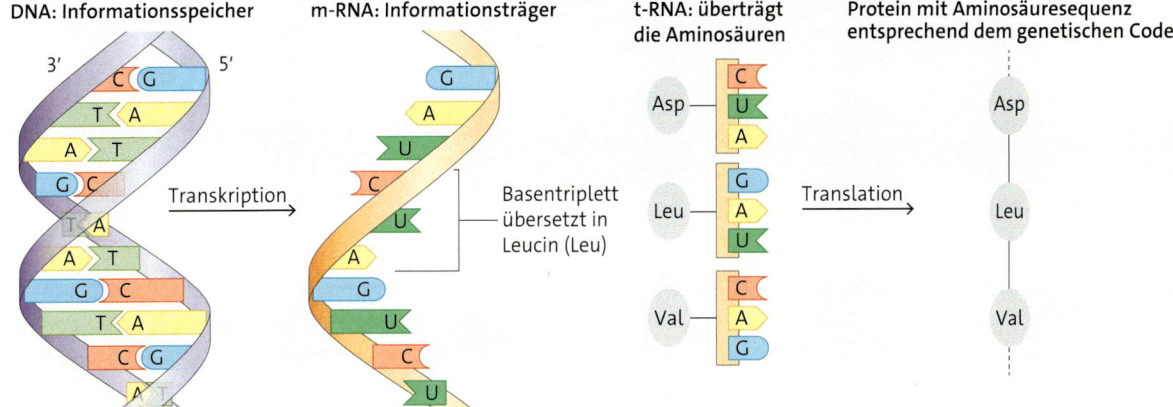

04 Prinzip der Transkription und Translation: Aus der Basenfolge der DNA entstehen in einem mehrstufigen Prozess Proteine.

TRANSKRIPTION UND TRANSLATION Aus der DNA wird im Zellkern zunächst die **messenger-RNA (m-RNA)** erzeugt. Die m-RNA ist komplementär zum ursprünglichen DNA-Strang. Die Basen-Paare lauten: A–U, C–G, G–C und T–A. Dieser Vorgang enthält die Abschrift der benötigten Informationen und wird **Transkription** genannt.

Die m-RNA verlässt den Zellkern und geht ins Cytoplasma der Zelle über. Durch die m-RNA werden die Informationen, die in der DNA gespeichert sind, den Ribosomen für die Proteinsynthese zur Verfügung gestellt. Die Übersetzung der Basensequenz der m-RNA in die Aminosäuresequenz wird als **Translation** bezeichnet. Dies wird durch Moleküle der **transfer-RNA (t-RNA)** ermöglicht, die sowohl jeweils eine spezifische Aminosäure als auch drei Basen gebunden haben. Im Ribosom lagern sich t-RNA-Moleküle an drei komplementäre Basen der m-RNA an. Mithilfe des Enzyms *Peptidyltransferase* wird das N-terminale Ende des ersten Aminosäure-Moleküls mit dem C-terminalen Ende des zweiten Aminosäure-Moleküls über eine Peptidbindung verbunden. Die Reihenfolge der Aminosäuren wird also durch die Anordnung der Basenpaare der DNA festgelegt.

PROTEINBIOSYNTHESE In der Basensequenz der DNA sind die Informationen zur Bildung von Peptiden und damit auch Proteinen gespeichert. Drei aufeinanderfolgende Basen werden **Basentriplett** genannt. Es stellt den *genetischen Code* für jeweils eine Aminosäure dar. Mit vier verschiedenen Basen sind $4^3 = 64$ Basentripletts möglich. Für die Proteinbiosynthese werden nur etwa 20 Aminosäuren benötigt. Deshalb gibt es für jede Aminosäure verschiedene Codierungen. Mithilfe der Codesonne (↑ 05) lassen sich von innen nach außen die codierten Aminosäuren ermitteln. Den Abschnitt auf der DNA, der

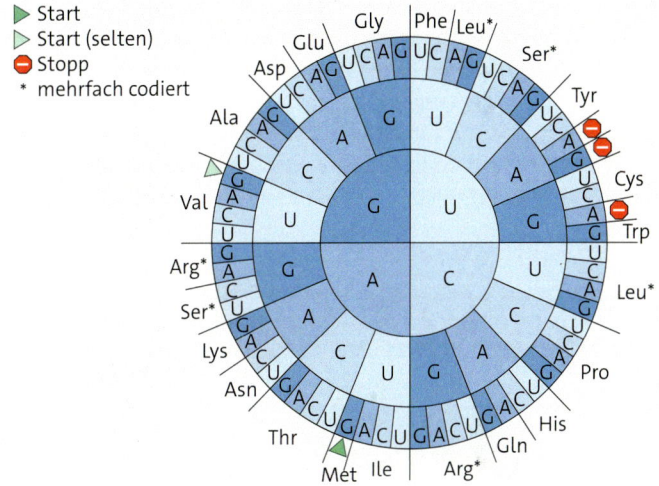

05 Die Codesonne stellt den genetischen Code der m-RNA dar und ist von innen nach außen zu lesen

ein ganzes Protein codiert, nennt man **Gen**. Es verfügt über die Grundinformation für die Entwicklung von Eigenschaften eines Individuums.

1) **a** Ermitteln Sie mithilfe der Codesonne, welches Peptid durch folgenden Abschnitt auf der m-RNA codiert wird: GUGCGGGCAAGUUAG.
   b Geben Sie die Basensequenz der DNA an, aus der sich dieser m-RNA-Abschnitt gebildet hat.
   c Geben Sie einen alternativen m-RNA-Abschnitt an, aus dem das gleiche Peptid gebildet wird.
2) Überlegen Sie, warum ein Basentriplett benötigt wird, um alle Aminosäuren eindeutig zu codieren. Begründen Sie, warum ein Basendublett (zwei Basen) nicht genügt, um alle in Proteinen vorkommenden Aminosäuren eindeutig zu codieren.

Animation: Proteinbiosynthese

5.17 Struktur und Eigenschaften der Fette

01 Die Milch, die das Walkalb bei seiner Mutter trinkt, enthält 50 % Fett.

Fette sind bei Raumtemperatur weiche Feststoffe, ein Beispiel dafür ist Schweineschmalz. Liegen sie bei Raumtemperatur in flüssiger Form vor wie beim Olivenöl, so nennt man sie *fette Öle*.
Fette und fette Öle kommen sowohl bei Pflanzen als auch bei Tieren vor. So ernähren beispielsweise Wale ihre Jungen mit einer extrem fettreichen Milch, die sie in kürzester Zeit an Größe und Gewicht zunehmen lässt. Unter der Haut besitzen sie eine dicke Fettschicht, die sie vor der Kälte der Ozeane schützt.

STRUKTUR VON FETTEN Fette sind **Ester des dreiwertigen Alkohols Glycerin** (Propan-1,2,3-triol) mit meist drei Carbonsäuren, die aufgrund ihrer Molekülgröße als **Fettsäuren** bezeichnet werden (↑ 02). Mit systematischem Namen heißen Fette auch **Triglyceride** oder **Triacylglycerine**. In Fett-Molekülen können drei gleiche, aber auch drei verschiedenartige Fettsäure-Moleküle gebunden sein (↑ 03).

FETTSÄUREN Die in den Fett-Molekülen gebundenen Fettsäure-Moleküle weisen Kettenlängen von 4 bis 24 Kohlenstoff-Atomen auf. Natürlich vorkommende Fettsäuren besitzen in der Regel eine gerade Anzahl an Kohlenstoff-Atomen. Ihre Moleküle weisen wie alle Carbonsäuren eine Carboxygruppe auf, bei der die Zählung der Kohlenstoff-Atome der Kette beginnt. In der Natur kommen etwa 500 verschiedene Fettsäuren vor. Längerkettige Fettsäuren sind geschmack- und geruchlos, farblos und wasserunlöslich.

GESÄTTIGTE UND UNGESÄTTIGTE FETTSÄUREN
Die Moleküle der **gesättigten Fettsäuren** besitzen in der Kohlenstoffkette nur Einfachbindungen (↑ **02A**), während die **ungesättigten Fettsäure-Moleküle** mindestens eine Doppelbindung in der Kohlenstoffkette enthalten (↑ **02B**). Weisen Fettsäuren mehrere Doppelbindungen auf, spricht man von **mehrfach ungesättigten Fettsäuren** (↑ 04).

Die Schmelztemperatur nimmt mit der Länge der Kohlenstoffkette zu, weil die zwischen den Molekülen herrschenden London-Wechselwirkungen stärker werden. Ungesättigte Fettsäuren weisen niedrigere Schmelztemperaturen auf als die gesättigten, weil zwischen den ungesättigten Fettsäure-Molekülen wegen ihrer gewinkelten Struktur (↑ **02B**) schwächere London-Wechselwirkungen herrschen.

Einige Fettsäuren kann der menschliche Körper nicht selbst herstellen und müssen mit der Nahrung zugeführt werden. Sie werden als **essenzielle Fettsäuren** bezeichnet. Dazu gehören alle ungesättigten Fettsäuren, die eine oder mehrere Doppelbindungen an einer höheren Position als dem neunten Kohlenstoff-Atom besitzen (↑ 04).

ZUSAMMENSETZUNG UND EIGENSCHAFTEN DER FETTE Natürlich vorkommende Fette sind keine Reinstoffe, sondern fast ausnahmslos **Stoffgemische**, die aus verschiedenen Glycerinestern bestehen können (↑ 05). Deshalb haben sie keine definierte Schmelztemperatur, sondern weisen einen **Schmelzbereich** auf, der für jedes Fett typisch ist.

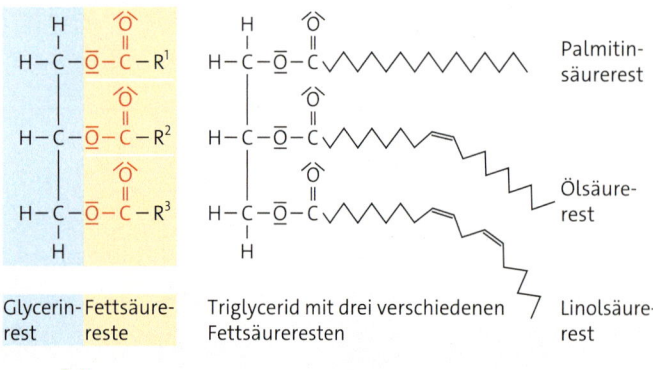

02 Modell eines **A** gesättigten Fettsäure-Moleküls und **B** eines ungesättigten Fettsäure-Moleküls

03 A Allgemeiner Bau eines Fett-Moleküls, **B** Beispiel eines Fett-Moleküls

	Fettsäure (* essenziell)	Anzahl der C-Atome im Molekül	Skelettformel	Schmelztemperatur in °C
gesättigt	Laurinsäure	12	∿∿∿∿∿COOH	44
	Palmitinsäure	16	∿∿∿∿∿∿∿COOH	62
	Stearinsäure	18	∿∿∿∿∿∿∿∿COOH	69
ungesättigt	Ölsäure	18	∿∿∿∿=∿∿∿COOH	16
	*Linolsäure	18	∿∿=∿=∿∿∿COOH	−5
	*Linolensäure	18	∿=∿=∿=∿∿∿COOH	−11

3D-Molekül: Stearinsäure

3D-Molekül: Ölsäure

04 Ausgewählte Fettsäuren

Je höher der Gehalt an gebundenen kurzen oder ungesättigten Fettsäuren ist, desto niedriger liegt der Schmelzbereich. Dies liegt daran, dass sich die Schmelztemperaturen der Fette analog zu denen der Fettsäuren verhalten.

So können sich beispielsweise Fett-Moleküle mit gewinkelten Fettsäureresten (↑ 02B) nicht so dicht aneinanderlegen und es wirken schwächere London-Wechselwirkungen als bei Fetten mit geraden, gesättigten Fettsäureresten (↑ 02A). Fette mit gesättigten Fettsäureresten sind deswegen bei Raumtemperatur fest, und es erfordert thermische Energie, um die Anziehungskräfte zu überwinden und das Fett zum Schmelzen zu bringen (↑ 05).

Fette und fette Öle sind geruch- und geschmacklos. Sie haben eine geringe Flüchtigkeit und bilden auf Papier einen charakteristischen Fettfleck (Fettfleckprobe). Dies unterscheidet sie von den ätherischen Ölen (Duft- und Aromastoffe in Pflanzen) und Mineralölen (Kohlenwasserstoffen). Es sind lipophile Stoffe, die sich wenig bis gar nicht in Ethanol und Wasser lösen (↑ Exp. 5.30, S. 182). Sie lösen sich aber in lipophilen Lösungsmitteln wie Heptan und Aceton.

> **Fette sind Ester des dreiwertigen Alkohols Glycerin mit meist verschiedenen gesättigten und ungesättigten Fettsäuren.**

1⟩ Zeichnen Sie die Strukturformel eines Fetts, das zwei Laurinsäurereste und einen Ölsäurerest enthält (Fettsäurereste als Skelettformel).

Fett oder fettes Öl — Im Fett gebundene Fettsäuren (* essenziell)	Anzahl C-Atome	Schweineschmalz	Butter	Olivenöl	Kokosfett	Leinöl	Sonnenblumenöl
Buttersäure, Capronsäure, Caprylsäure, Caprinsäure	4, 6, 8, 10	0 %	9 %	0 %	16 %	0 %	0 %
Laurinsäure	12	0 %	4 %	0 %	48 %	0 %	0 %
Myristinsäure	14	2 %	8 %	1 %	16 %	0 %	0 %
Palmitinsäure	16	27 %	22 %	10 %	9 %	5 %	8 %
Stearinsäure	18	14 %	10 %	2 %	3 %	4 %	8 %
Ölsäure	18	45 %	37 %	78 %	6 %	22 %	27 %
*Linolsäure	18	8 %	10 %	9 %	2 %	17 %	57 %
*Linolensäure	18	0 %	0 %	0 %	0 %	50 %	0 %
Schmelzbereich des Fetts		36 bis 42 °C	31 bis 36 °C	−3 bis 0 °C	23 bis 28 °C	−20 bis −16 °C	−18 bis −11 °C

05 Zusammensetzung tierischer und pflanzlicher Fette

5.18 Bedeutung und Charakterisierung der Fette

01 Das Fruchtfleisch der Avocado enthält 15 % Fett.

01 Für preiswerte Margarine stand man zu Beginn des 19. Jahrhunderts gerne an.

FETTE SIND ENERGIESPEICHER Fette sind neben Kohlenhydraten und Proteinen wichtige **Energielieferanten** für unseren Organismus. Dabei ist Fett der Nährstoff mit dem größten *Brennwert*: Fett enthält 37 kJ·g^{-1}, Kohlenhydrate und Proteine dagegen nur 17 kJ·g^{-1}. Bei gleicher Masse liefern Fette also mehr als doppelt so viel Energie wie die anderen Nährstoffe. Das macht sie nicht nur in der Ernährung, sondern auch als Speicherstoffe für Menschen und Tiere bedeutsam, da wir unsere Energiespeicher buchstäblich mit uns herumtragen.

Das in der Unterhaut eingelagerte Fett dient Tieren zur Wärmeisolation, da es selbst ein schlechter Wärmeleiter ist. Es ist daher ein bedeutender **Kälteschutz** für Tiere.

Pflanzen speichern Fette vor allem im Gewebe reifer Früchte (↑ **01**). Zur Gewinnung von **Speiseölen** kann es durch Auspressen oder nach Zerkleinerung durch Extraktion mit organischen Lösungsmitteln gewonnen werden. Die Pressrückstände nutzt man als energiereiches Viehfutter.

MARGARINE Anders als heute waren Butter und Schmalz im 19. Jahrhundert knapp und für einen Großteil der Bevölkerung unerschwinglich. Dem französischen Chemiker HIPPOLYTE MÈGE-MOURIÈS gelang es 1869, aus Milch, Wasser, Nierenfett und Lab ein Ersatzprodukt zu schaffen. Er nannte es wegen seines perlartigen Glanzes „margarine Mouriès" (angelehnt an griech. *margarites:* Perle), woraus der Name der **Margarine** entstand.
Die Rezeptur der Margarine hat sich mittlerweile geändert: Sie wird heute ausschließlich aus pflanzlichen Fetten wie Raps-, Soja- oder Sonnenblumenöl hergestellt.

Brennwert
↑ *Kap. 2, Energetik, S. 34 f.*

OMEGA-FETTSÄUREN Ungesättigte Fettsäuren besitzen eine oder mehrere Doppelbindungen. Im Körper werden sie u. a. zum Aufbau der Zellmembranen benötigt. In der Lebensmittelchemie werden sie oft als **Omega-Fettsäuren (ω-Fettsäuren)** bezeichnet, wobei die davorstehende Ziffer die Position der ersten von mehreren möglichen Doppelbindungen beschreibt: Die Kohlenstoffkette wird beginnend mit dem zur Carboxygruppe am weitesten entfernten Kohlenstoff-Atom durchnummeriert. Bei einem Omega-3-Fettsäure-Molekül befindet sich demnach die erste Doppelbindung zwischen dem dritten und vierten Kohlenstoff-Atom vom Kettenende her gezählt.

FETTE WERDEN RANZIG Wenn Fette lange Zeit Licht, Luft und Feuchtigkeit ausgesetzt sind, dann altern sie. Man sagt, sie werden **ranzig**. Dabei kann es zu einer Spaltung der Ester in Glycerin und freie Fettsäuren kommen, indem die Bindung zwischen Glycerin und den Fettsäuren unter Anlagerung von Wasser gespalten wird (*hydrolytische Spaltung*). Sauerstoff-Moleküle der Luft greifen die ungesättigten Fettsäure-Moleküle in einer mehrstufigen Reaktion bevorzugt an ihren Doppelbindungen an. Dabei tritt eine *stufenweise Oxidation* des Fetts auf, in deren Folge es zu Verkürzung der Kohlenstoffketten der Fettsäurereste kommt. Die resultierenden kurzkettigen Fettsäurereste besitzen einen charakteristischen ranzigen Geruch, den man beispielsweise von Buttersäure kennt.

1) Recherchieren Sie Beispiele für Omega-3-, Omega-6- und Omega-9-Fettsäuren. Geben Sie Lebensmittel an, in denen sie enthalten sind.

2) Klassifizieren Sie Octadeca-9,12,15-triensäure nach der Omega-Nomenklatur.

Kennzahlen von Fetten

Tierische und pflanzliche Fette haben je nach Herkunft eine unterschiedliche Zusammensetzung. Zur Unterscheidung der zahlreichen Fette verwendet man verschiedene Kennzahlen.

SÄUREZAHL UND VERSEIFUNGSZAHL Die **Säurezahl** gibt an, wie viel mg Kaliumhydroxid benötigt wird, um freie Fettsäuren in 1 g Fett zu neutralisieren. Sie nimmt bei der Lagerung von Fetten im Laufe der Zeit zu. Dabei werden in den Fett-Molekülen die Esterbindungen hydrolysiert, wodurch Fettsäure-Moleküle entstehen.

Beim Vorgang der Verseifung werden Fette durch alkalische Hydrolyse in ihre Bestandteile zerlegt. Dabei entstehen neben Glycerin die Alkalisalze der Fettsäuren, die *Seifen*.

Die **Verseifungszahl** gibt an, wie viel mg Kaliumhydroxid benötigt wird, um 1 g Fett vollständig zu spalten (↑ Exp. 5.32, S. 182). Dabei gilt: Je höher die Verseifungszahl ist, desto höher ist der Anteil kurzkettiger Fettsäure-Moleküle. Die Bestimmung erfasst auch die freien Fettsäuren, die im Fett als Verunreinigung enthalten sind.

IODZAHL Die **Iodzahl** (kurz: IZ) gibt die Masse von Iod in g an, die von 100 g eines Fetts addiert wird. Sie kennzeichnet also die Zahl der C=C-Doppelbindungen der Fettsäurereste, die im Fett vorliegen (↑ Exp. 5.31, S. 182).

$$IZ = 100 \cdot \frac{m(I_2)}{m(Fett)}$$

Die Anzahl der Doppelbindungen der Fettsäurereste lässt sich experimentell bestimmen, indem man untersucht, wieviel Iod mit einer bekannten Menge des Fetts reagiert. Dies lässt sich durch Zugabe einer Iodlösung im Überschuss zu einer gelösten Fettportion ermitteln. Die Iod-Moleküle werden nach ausreichender Reaktionszeit an die Doppelbindungen der Fettsäurereste addiert. Bestimmt man am Ende des Experiments die Konzentration der Iodlösung mittels Titration mit Natriumthiosulfatlösung und vergleicht diese mit der Konzentration der Blindprobe, so lässt sich daraus die Iodzahl des untersuchten Fetts ermitteln.
Bei der Titration der Iodlösung mit Natriumthiosulfatlösung läuft folgende Reaktion ab:

$$I_2 + 2\,S_2O_3^{2-} \longrightarrow 2\,I^- + S_4O_6^{2-}$$

Um den Äquivalenzpunkt der Titration zu detektieren, gibt man der Iodlösung Stärkelösung als Indikator zu. Der Äquivalenzpunkt ist erreicht, wenn die Blaufärbung der Lösung verschwindet. Es liegen dann keine Iod-Stärke-Einschlussverbindungen mehr vor.

Die Iodzahl macht keine Aussage zum Anteil einfach und mehrfach ungesättigter Fettsäuren. Liegen in einem Fett mehrere ungesättigte Fettsäuren vor, steigt die Iodzahl stark an (↑ 03).
Die Iodzahl eines Fetts sinkt z. B. beim Frittieren. In den hohen Temperaturbereichen laufen Additionsreaktionen und Polymerisationsreaktionen ab und mindern somit auch die Qualität des Fetts.

> Je größer die Iodzahl eines Fetts ist, desto mehr C=C-Doppelbindungen liegen an den Fettsäureresten des Fett-Moleküls vor.

Die Bedeutung der chemischen Kennzahlen ist mit der Entwicklung der Gaschromatografie zurückgegangen. Heute werden Fette mit Methanol zu Fettsäuremethylester und Glycerin umgesetzt und über *Gaschromatografie* quantitativ bestimmt.

Iodzahl	Fett	Anteil ungesättigter Fettsäuren in %		
		Ölsäure	Linolsäure	Linolensäure
20–50	Butter	37	10	/
80–90	Olivenöl	78	9	/
170–190	Leinöl	22	17	50
5–14	Kokosöl	6	2	/
50–70	Schweineschmalz	45	8	/

03 Iodzahlen einiger Fette

Seifen und Tenside
↑ *Kap. 9, S. 360 f.*

Gaschromatografie
↑ *Kap. 9: Aufgaben und Methoden der analytischen Chemie, S. 372 f.*

1) Auszug aus einer Anzeige: „Im Gegensatz zu tierischen Fetten enthalten pflanzliche Fette besonders viele einfach und mehrfach ungesättigte Fettsäuren."
Bewerten Sie diese Aussage anhand von Tabelle ↑ 03.

2) Erläutern Sie den Zusammenhang zwischen der Verseifungszahl und der Kettenlänge der in den Fetten enthaltenen Fettsäuren.

3) Peter behauptet: „Alte Fette haben eine hohe Säurezahl." Nehmen Sie Stellung zu dieser Behauptung.

4) Experimentell lässt sich feststellen, dass Fette, die eine hohe Iodzahl besitzen, einen niedrigen Schmelzbereich aufweisen. Erklären Sie diesen Befund.

5.19 Ungesättigte Fettsäuren – Additionsreaktion

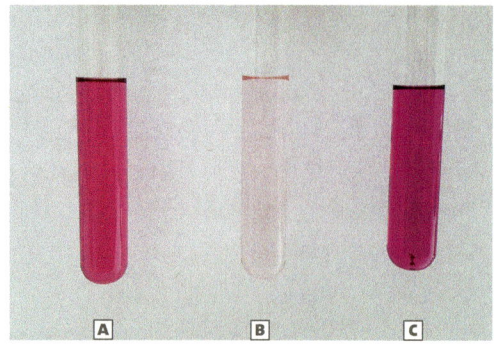

01 In Heptan gelöste Fette, die mit Iod versetzt wurden. Versuchsergebnis nach 3,5 h. **A** Blindprobe, **B** Rapsöl, **C** Palmitin

03 Triglycerid mit zwei gesättigten und einem ungesättigten Fettsäurerest

REAKTIVTÄT UNGESÄTTIGTER FETTSÄUREN Vergleicht man das Verhalten verschiedener, in einem Lösungsmittel gelöster Fette mit Iod, so lässt sich bei einigen Fetten eine Entfärbung der violetten Iod-Lösung beobachten, bei anderen nicht (↑ 01). Ob ein Fett mit Iod reagiert, hängt von der Struktur seiner Moleküle ab. Sind in den Fett-Molekülen ungesättigte Fettsäuren gebunden, wie dies beispielsweise in Rapsöl oder Olivenöl der Fall ist, so entfärbt sich die Iod-Lösung: Das Fett hat mit Iod reagiert. Ein Fett wie Palmitin, in dessen Molekülen ausschließlich gesättigte Fettsäuren gebunden sind, zeigt dagegen keine Entfärbung.

Charakteristisches Merkmal der ungesättigten Fettsäuren ist das Vorliegen von mindestens einer C=C-Doppelbindung im Molekül. Die elektronenreichere Doppelbindung ermöglicht die Reaktion des Fettsäurerests mit Iod. Liegen dagegen nur C–C-Einfachbindungen im Fett-Molekül vor, so läuft keine Reaktion mit Iod ab.

cis-trans-Nomenklatur
Die Substituenten befinden sich an der C=C-Doppelbindung zusammen auf einer Seite (cis-Stellung) oder auf entgegengesetzten Seiten (trans-Stellung); ↑ Kap. 1, Isomerie, S.19

ISOMERIE AN DER DOPPELBINDUNG Die Moleküle der Ölsäure weisen zwischen dem 9. und 10. Kohlenstoff-Atom eine C=C-Doppelbindung auf, eine freie Drehbarkeit um diese Bindung ist nicht mehr gegeben. Durch die feste Anordnung der organischen Reste an der Doppelbindung gibt es zwei Isomere: Beim Ölsäurerest (↑ 03) liegen die beiden organischen Reste auf der gleichen Seite der Doppelbindung. Die Reste liegen **z**usammen. Es handelt sich um eine **Z**-Konfiguration, deshalb heißt dieses Isomer (Z)-Octadec-9-ensäure. Befinden sich zwei organische Reste auf **e**ntgegengesetzten Seiten, so liegt die **E**-Konfiguration vor (↑ 04).

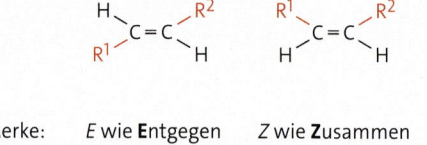

Merke: E wie **E**ntgegen   Z wie **Z**usammen

04 E- und Z-Konfiguration der Doppelbindung

Das isomere (E)-Octadec-9-ensäure-Molekül wird mit dem Trivialnamen Elaidinsäure bezeichnet. Da die beiden Isomere die gleiche *Konstitution* aufweisen, d. h., die gleiche Abfolge von Atomen zeigen, jedoch eine unterschiedliche **räumliche Anordnung** der Atome besitzen, handelt es sich dabei um **Stereoisomere** (↑ 04).

Hinweis: Bei *gleichen* Substituenten z. B. an Alkenen nutzt man häufig auch die cis-trans-Nomenklatur. Die E-Z-Nomenklatur kann dagegen auch dann angewendet werden, wenn – wie bei den ungesättigten Fettsäuren – unterschiedliche Substituenten vorliegen. Sie ist somit eindeutig anwendbar und wird deshalb nach IUPAC bevorzugt.

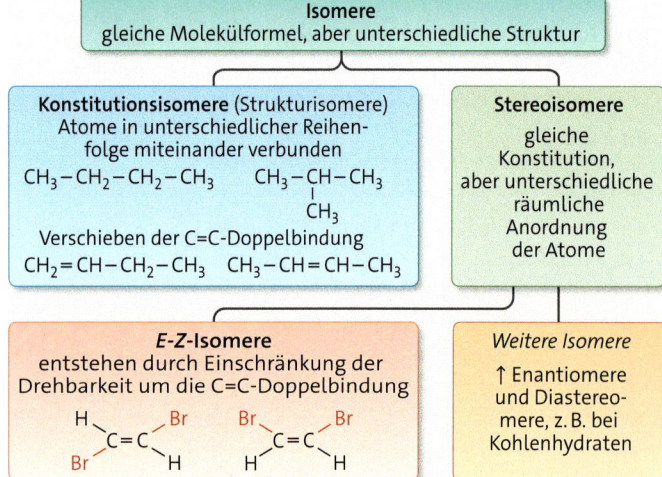

02 Übersicht über Isomeriearten

5.19 Ungesättigte Fettsäuren – Additionsreaktion

MECHANISMUS DER ELEKTROPHILEN ADDITION Bei der Reaktion von Iod mit einem ungesättigten Fettsäurerest handelt es sich um eine *Addition* (↑ S. 65, Kasten unten). Aufgrund der hohen Elektronendichte der C=C-Doppelbindung können ungesättigte Fettsäure-Moleküle von *elektrophilen Teilchen* (↑ S. 65) angegriffen werden. Die Reaktion von ungesättigten Verbindungen mit Halogenen wie Iod verläuft daher nach dem Mechanismus der **elektrophilen Addition (A_E)** in zwei Schritten (↑ 05):

1. Schritt:
Zunächst nähert sich ein Iod-Molekül an die C=C-Doppelbindung des Ölsäurerests an (↑ 05). Durch die elektronenreiche Doppelbindung verändert sich die Verteilung der Elektronen im Iod-Molekül. Die Abstoßung der Elektronen im Iod-Molekül durch die Elektronen der Doppelbindung führt zur Polarisierung des Iod-Moleküls, wobei der positive Ladungsschwerpunkt an dem zur Doppelbindung des Ölsäurerests gewandten Iod-Atom liegt. Dieses positiv polarisierte Iod-Atom tritt in Wechselwirkung mit den Elektronen der Doppelbindung. Es bildet sich ein Übergangszustand aus, der **π-Komplex** genannt wird.
Das positiv polarisierte Iod-Atom kann nun aus dem π-Komplex heraus *elektrophil* am Ölsäurerest angreifen und nimmt dabei ein Elektronenpaar der Doppelbindung auf. Dies führt zur Abspaltung eines negativ geladenen Iodid-Ions (I⁻). Gleichzeitig bildet das positiv geladene I⁺-Ion Bindungen zu den beiden Kohlenstoff-Atomen aus. Es bildet sich ein dreigliedriger, positiv geladener Ring, der als **σ-Komplex** bezeichnet wird.

2. Schritt:
Das negativ geladene Iodid-Ion nähert sich dem positiv geladenen σ-Komplex des Ölsäurerests. Aus Platzgründen ist die Annäherung von der Rückseite her begünstigt. Das Iodid-Ion greift eines der beiden Kohlenstoff-Atome an. Gleichzeitig öffnet sich der dreigliedrige σ-Komplex. An beiden Kohlenstoff-Atomen der ursprünglichen C=C-Doppelbindung wird ein Iod-Atom gebunden.
Als Reaktionsprodukt der elektrophilen Addition von Iod mit dem Ölsäurerest entsteht ein 9,10-Diiodoctadecansäurerest.

> Bei der elektrophilen Addition von Halogenen an ungesättigte Fettsäurereste entstehen doppelt halogenierte gesättigte Fettsäurereste. An jedem Kohlenstoff-Atom der ursprünglichen Doppelbindung ist jeweils ein Halogen-Atom gebunden.

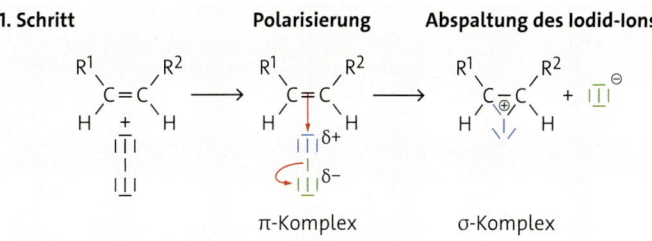

05 Mechanismus der elektrophilen Addition von Iod an einen Ölsäurerest

FETTHÄRTUNG Margarine wird aus pflanzlichen Fetten hergestellt, die meist flüssig sind. Vor der Verwendung werden sie deshalb *gehärtet*. Bei der **Fetthärtung** werden Wasserstoff-Atome an die Doppelbindungen in den ungesättigten Fettsäureresten der Fett-Moleküle addiert (↑ 06; ↑ Exp. 5.33, S. 182). Auch hierbei handelt es sich um eine Additionsreaktion, die allerdings *nicht* nach dem Mechanismus der elektrophilen Addition verläuft. Stattdessen verwendet man einen Katalysator, z. B. Nickel, weshalb das Verfahren als **katalytische Hydrierung** bezeichnet wird. Aus flüssigen einfach ungesättigten oder mehrfach ungesättigten Fetten bilden sich so feste gesättigte Fette. Gehärtete Fette müssen auf der Zutatenliste angegeben werden. Seit einigen Jahren wird bei der Margarineproduktion oft auf die Fetthärtung verzichtet. Stattdessen wird durch Rezeptänderung eine streichfähige Konsistenz erzielt, z. B. durch Verwendung von Fetten mit einem hohen Anteil an gesättigten Fettsäuren wie Kokosfett.

06 Addition von Wasserstoff an eine Fettsäure (katalytische Hydrierung)

1⟩ Geben Sie die systematischen Namen von Linolsäure und Linolensäure (↑ 06) gemäß der E-Z-Nomenklatur an.
2⟩ Formulieren Sie den Reaktionsmechanismus für die Addition von Brom an Ethen. Benennen Sie das Zwischenprodukt.

Praktikum

Eigenschaften und Reaktionen von Fetten

EXP 5.30 Löslichkeit von Fetten

Materialien 3 Reagenzgläser, Pipetten, Wasserbad, Speiseöl, Wasser, Heptan (2, 8, 7, 9), Ethanol (2, 7)

Durchführung In jedes Reagenzglas werden etwa 4 Tropfen Speiseöl und jeweils etwa 5 Tropfen von einem der oben genannten Lösungsmittel gegeben. Alle Proben werden kräftig geschüttelt. Erwärmen Sie anschließend alle drei Reagenzgläser im Wasserbad.
Entsorgung: Lösungen mit Heptan und Ethanol in Behälter für halogenfreie organische Abfälle geben.

Auswertung

1) Notieren Sie Ihre Beobachtungen.
2) Stellen Sie eine Rangfolge der Eignung als Lösungsmittel für Fett auf. Begründen Sie die unterschiedlich gute Eignung.

EXP 5.31 Bestimmung der Iodzahl

Materialien Waage, Spatel, Erlenmeyerkolben (100 mL), Wasserbad, Bürette, Stativmaterial, Magnetrührer mit Rührfisch, Iod (8, 7, 9), Propan-1-ol (2, 5, 7), Stärke, Natriumthiosulfatlösung ($c = 0{,}1\,\text{mol}\cdot\text{L}^{-1}$), Speiseöl

Durchführung *Herstellung Iodlösung (für 8 Ansätze):* 8,5 g Iod werden in 50 mL Propan-1-ol im Wasserbad bei etwa 50 °C gelöst. Nach dem Erkalten wird mit Propan-1-ol auf 100 mL aufgefüllt.
Herstellung Stärkelösung (für 8 Ansätze): 0,5 g Stärke werden in 50 mL Wasser supendiert und aufgekocht. Die Lösung wird heiß filtriert.
Lösen Sie im Erlenmeyerkolben 150 mg Speiseöl (6–7 Tropfen) in 10 mL Propan-1-ol und erwärmen Sie die Lösung im Wasserbad bei 50 °C. Geben Sie nach dem Erkalten 10 mL der Iodlösung dazu und lassen Sie den Ansatz abgedeckt für 10 min stehen. Anschließend fügen Sie 20 mL Wasser dazu und titrieren diese Lösung mit Thiosulfatlösung, bis eine blassgelbe Färbung erkennbar wird. Geben Sie dann 2 mL Stärkelösung in den Ansatz und titrieren Sie weiter, bis sich die Lösung wieder entfärbt (wenige Tropfen genügen).
Blindprobe: 10 mL Iodlösung werden mit 40 mL Wasser vermischt und mit Thiosulfatlösung bis zu einer blassgelben Färbung titriert. Nach Zugabe von 2 mL Stärkelösung wird bis zur Entfärbung weitertitriert.
Entsorgung: Lösungen ins Abwasser geben.

Auswertung

1) Berechnen Sie die Iodzahl des titrierten Fetts.
2) Erläutern Sie, wozu der Blindversuch dient.

Auswertungshinweise:

$$IZ = 100 \cdot \frac{M(I_2)}{m(\text{Fett})} \cdot \frac{1}{2} \cdot c(S_2O_3^{2-}) \cdot [V_{\text{Blind}}(\text{Thio}) - V_{\text{Probe}}(\text{Thio})]$$

$V_{\text{Blind}}(\text{Thio})$: Verbrauch an Thiosulfatlösung beim Blindversuch **in L**; $V_{\text{Probe}}(\text{Thio})$: Verbrauch an Thiosulfatlösung bei Titration der Probe **in L**

EXP 5.32 Bestimmung der Verseifungszahl

Materialien Heizplatte, Erlenmeyerkolben (100 mL), Ölbad (Kristallisierschale mit Speiseöl), Bürette, Stativmaterial, Kaliumhydroxid in Diethylenglycol ($c = 0{,}5\,\text{mol}\cdot\text{L}^{-1}$), Speiseöl, Salzsäure ($c = 0{,}1\,\text{mol}\cdot\text{L}^{-1}$), Thymolphthaleinlösung

Durchführung Geben Sie 0,5 g Speiseöl in 10 mL Kaliumhydroxidlösung und erhitzen Sie für 20 min bei 130 °C im Ölbad. Nach vollständiger Verseifung des Fetts verdünnen Sie die abgekühlte Lösung mit Wasser auf 30 mL. Geben Sie einige Tropfen Thymolphthaleinlösung als Indikator hinzu und titrieren Sie mit Salzsäure bis zur Entfärbung der Lösung.
Blindprobe: Geben Sie zu 10 mL Kaliumhydroxidlösung einige Tropfen Thymolphthaleinlösung als Indikator hinzu und titrieren Sie mit Salzsäure bis zur Entfärbung der Lösung.
Entsorgung: Lösungen in den Behälter für saure und alkalische Abfälle geben.

Auswertung

1) Berechnen Sie die Verseifungszahl des titrierten Fetts.
2) Erläutern Sie, wozu der Blindversuch dient.

Auswertungshinweise:

$$VZ = 1000 \cdot \frac{M(\text{KOH})}{m(\text{Fett})} \cdot c(\text{HCl}) \cdot [V_{\text{Blind}}(\text{HCl}) - V_{\text{Probe}}(\text{HCl})]$$

$V(\text{Blind})$: Verbrauch an Salzsäure beim Blindversuch **in L**; $V(\text{Probe})$: Verbrauch an Salzsäure bei Titration der Probe **in L**

EXP 5.33 Fetthärtung

Materialien Reagenzglas, Becherglas, Messpipette, Speiseöl, konz. Schwefelsäure ($w = 96\,\%$; 5), Wasser, Zinkpulver (9)

Durchführung Geben Sie in ein Reagenzglas 0,5 mL Wasser und dazu langsam 1,5 mL Schwefelsäure. Überschichten Sie die warme Lösung mit 1,5 mL Speiseöl. Dann wird eine Spatelspitze Zinkpulver zugegeben. Kühlen Sie nach dem Ende der Gasentwicklung das Reagenzglas mit kaltem Wasser.
Entsorgung: Lösungen in den Behälter für saure und alkalische Abfälle geben.

Auswertung Notieren und deuten Sie Ihre Beobachtungen.

Klausurtraining

Material K Fett – Energie- oder Wasserspeicher?

Braunbären halten im Winter Winterruhe. Dazu fressen sie sich im Herbst ein dickes Fettpolster an. Bei einem durchschnittlichen Körpergewicht von 200 kg verliert ein Bär im Laufe des Winters etwa ein Drittel seines Körpergewichts. In der Winterruhe verringert er Kreislauf, Atmung und Herzschlag nur so weit, dass er jederzeit in der Lage ist, aufzuwachen und seine Höhle zu verteidigen.
Wie alle Lebewesen muss auch der Bär regelmäßig ausreichend Wasser zu sich nehmen. Während der Winterruhe trinkt er jedoch kein Wasser.

Einige Forscher sind der Ansicht, dass er den Wasserhaushalt ebenso wie seinen Energiehaushalt mithilfe seines Fettpolsters aufrechterhält: Bei der vollständigen Oxidation von Fett entsteht neben Kohlenstoffdioxid auch Wasser.
Für die folgende Aufgabe soll davon ausgegangen werden, dass das Speicherfett ein Triglycerid ist, also ein Ester aus Glycerin (1,2,3-Propantriol) und den drei Fettsäureresten von Octadec-9-ensäure (Ölsäure).

AUFGABEN ZU K

1) Erläutern Sie, welche Vorteile das Fettgewebe für den Bären im Winter besitzt.
2) Geben Sie die Strukturformel, die Molekülformel und die molare Masse des Triglycerids an.
3) Stellen Sie die Reaktionsgleichung für die vollständige Oxidation des Fetts auf.
4) Berechnen Sie die Menge an Wasser, die bei der vollständigen Oxidation von 70 kg Triglycerid frei wird.
Hinweis: Falls Sie die molare Masse des Triglycerids nicht berechnen konnten, gilt der Näherungswert von $M = 900\ \text{g}\cdot\text{mol}^{-1}$.

Material L Transfette in Nahrungsmitteln

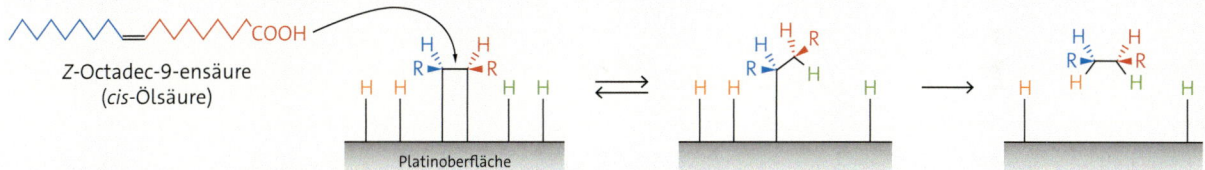

L1.1 Modellvorstellung zur Hydrierung von Ölsäure am Katalysator

Als *Transfette* bezeichnet man Triglyceride mit *E*-konfigurierten C=C-Doppelbindungen im Fettsäurerest. Die natürlich vorkommenden pflanzlichen Fettsäuren wie die Ölsäure besitzen dagegen an der Doppelbindung eine *Z*-Konfiguration. Die Bezeichnung *Transfette* stammt von der oft noch gebräuchlichen *cis-trans*-Nomenklatur, wobei *cis*-Isomere nach IUPAC mit *Z* und *trans*-Isomere mit *E* gekennzeichnet werden.
Bei der Härtung von Fetten entstehen durch eine *Isomerisierung* aus *cis*-Fettsäuren *trans*-Fettsäuren, wenn die Hydrierung nicht vollständig war. Auch beim Erhitzen von Pflanzenölen mit hohem Anteil an ungesättigten Fettsäuren auf über 130 °C finden mit der Dauer der Erhitzung Isomerisierungen von *cis*- zu *trans*-Fettsäuren statt.
Transfette werden auch Produkten wie Nuss-Nougat-Creme oder Margarine zugesetzt, weil sie für eine bessere Cremigkeit sorgen und das Fett länger haltbar machen. Man findet sie auch in frittierten Produkten wie Kartoffelchips und Pommes frites. Sie gelten als gesundheitsgefährdend, weil sie Herz-Kreislauf-Erkrankungen begünstigen können.

AUFGABEN ZU L

1) Erklären Sie am Beispiel der *Z*-Octadec-9-ensäure (Ölsäure) den Ablauf der Fetthärtung (↑ L1.1).
2) a Definieren Sie den Begriff *cis-trans*-Isomerisierung am Beispiel der Ölsäure. Zeichnen Sie das Produkt der Isomerisierung (Skelettformel).
b Zeigen Sie an diesem Beispiel, wie eine *trans*-Fettsäure entstehen kann (↑ L1.1).
3) a Erläutern Sie, warum Transfette besonders häufig in frittierten Produkten vorkommen.
b Diskutieren Sie, ob man zum Braten und Frittieren nur ungehärtete Öle verwenden und sie nach einmaliger Nutzung entsorgen sollte.

Auf einen Blick

▶ **Kohlenhydrate**	Gruppe von Naturstoffen mit der allgemeinen Summenformel $C_x(H_2O)_y$, die eine Aldehydgruppe (–CHO) oder eine Ketogruppe (–CO–) sowie mehrere Hydroxygruppen (–OH) im Molekül enthalten	
▶ **Monosaccharide**	Einfachzucker. Unterscheidung nach: • der Art der funktionellen Gruppe: **Aldosen** (eine Aldehydgruppe im Molekül) und **Ketosen** (eine Ketogruppe im Molekül) • der Länge der Kohlenstoffkette: **Triosen** (3 Kohlenstoff-Atome), **Tetrosen** (4 Kohlenstoff-Atome), **Pentosen** (5 Kohlenstoff-Atome), **Hexosen** (6 Kohlenstoff-Atome) • der Stellung der Hydroxygruppe des am weitesten von der funktionellen Gruppe entfernten asymmetrisch substituierten Kohlenstoff-Atoms in der Fischer-Projektion: **D-** und **L-Zucker**	

	Hexosen	Fischer-Projektion	Haworth-Projektion	Eigenschaft
	Aldosen: eine Aldehydgruppe am C–1-Atom *Beispiel:* D-Glucose	D-Glucose	α-D-Glucose (Pyranose)	reduzierend wegen Keto-Enol-Tautomerie
	Ketosen: eine Ketogruppe am C–2-Atom *Beispiel:* D-Fructose	D-Fructose	β-D-Fructose (Furanose)	reduzierend wegen Keto-Enol-Tautomerie

▶ **Spiegelbildisomere (Enantiomere)**	Stereoisomere, die sich wie Bild–Spiegelbild verhalten *Beispiel:* D-Glucose und L-Glucose sind Enantiomere. Enantiomere sind chiral, sie zeigen optische Aktivität. Notwendiges Kriterium für Chiralität: mindestens ein asymmetrisch substituiertes Kohlenstoff-Atom im Molekül, das vier unterschiedliche Substituenten besitzt	L-Glucose D-Glucose
▶ **Anomere**	Durch die Ringbildung entsteht ein neues asymmetrisch substituiertes (anomeres) Kohlenstoff-Atom, sodass sich zwei Stereoisomere (Anomere) bilden: **α-** und **β-Form**.	
▶ **Keto-Enol-Tautomerie**	Gleichgewichtsreaktion, bei der die Ketose Fructose durch katalytisch wirkende OH⁻-Ionen in den Aldehyd Glucose umgewandelt wird. Dabei kommt es zur intramolekularen Umlagerung von Wasserstoff-Atomen.	Ketoform ⇌ Endiolform ⇌ Aldehydform

Auf einen Blick

▸ **Disaccharide** — Zweifachzucker, deren Moleküle aus zwei Monosaccharidbausteinen bestehen; Bildung durch Kondensation von zwei Monosaccharidbausteinen unter Abspaltung eines Wasser-Moleküls

Disaccharid	Monosaccharidbausteine	Glykosidische Bindung	Strukturformel	Eigenschaft
Saccharose	α-D-Glucose, β-D-Fructose	α-1,β-2		nicht reduzierend
Maltose	α-D-Glucose, α-D-Glucose	α-1,4		reduzierend

▸ **Nachweise** — Reduzierende Zucker: **Benedict-Probe** und **Silberspiegelprobe** verlaufen positiv.
Spezifischer Nachweis für Glucose: Glucoseteststreifen
Spezifischer Nachweis für Fructose: Seliwanow-Probe

▸ **Cyclodextrine** — Cyclische Oligosaccharide aus 6, 7 oder 8 Glucosebausteinen, die α-1,4-verbunden sind.
Die Glucosebausteine sind so verbunden, dass Cyclodextrin-Moleküle eine polare Außenseite und einen unpolaren Hohlraum aufweisen. Auf diese Weise können Cyclodextrine Einschlussverbindungen bilden.

▸ **Polysaccharide** — Vielfachzucker, deren Moleküle aus mehr als 10 (bis zu 1 Million) Monosaccharidbausteinen bestehen; Bildung durch Kondensation von vielen Monosaccharidbausteinen unter Abspaltung von Wasser-Molekülen

Stärke
- Makromolekül aus α-D-Glucosebausteinen
- pflanzlicher Speicherstoff

Amylose
- unverzweigt, spiralförmig
- α-1,4-glykosidische Verknüpfung

Amylopektin
- verzweigt
- α-1,4- und zusätzlich α-1,6-glykosidische Verknüpfung

Cellulose
- Makromolekül aus β-D-Glucosebausteinen
- pflanzlicher Baustoff

- lineare Moleküle
- β-1,4-glykosidische Verknüpfung
- lagern sich zu größeren Verbänden zusammen, die durch Wasserstoffbrücken stabilisiert werden

α-Aminosäuren

α-Aminosäuren enthalten in ihren Molekülen als funktionelle Gruppen eine Amino- und eine Carboxygruppe, die am C–2-Atom gebunden sind. Sie unterscheiden sich durch die verschieden gestaltete Seitenkette, die die Eigenschaften der Aminosäuren bestimmt.
α-Aminosäure-Moleküle besitzen mit Ausnahme des Glycin-Moleküls ein asymmetrisch substituiertes C*-Atom und sind chiral. Die Enantiomere (Spiegelbildisomere) werden D- und L-Aminosäuren genannt. In der Natur kommen ausschließlich die **L-Aminosäuren** vor.

Zwitterion

Die Aminogruppe als Protonenakzeptor und die Carboxygruppe als Protonendonator führen in wässrigen Lösungen zur Bildung von Zwitterionen. Aminosäuren wirken deshalb als **Ampholyte**, die in wässrigen Lösungen pH-abhängige Gleichgewichtsreaktionen bilden:

Kation pH < 1 ⇌ Zwitterion pH = 6 ⇌ Anion pH > 13

Peptidbindung

gemeinsames Strukturmerkmal von Peptid- und Protein-Molekülen, das durch die Verknüpfung von Aminosäurebausteinen entsteht:

Alanin + Glycin →(Kondensation) Alanylglycin + Wasser

Peptide und Proteine

vielfältige Stoffgruppe, deren Vertreter unterschiedlich viele Aminosäurebausteine gebunden haben. Die Eigenschaften werden durch die Struktur der Moleküle bestimmt:
- **Primärstruktur:** Reihenfolge der Aminosäurebausteine (Aminosäuresequenz)
- **Sekundärstruktur:** α-Helix- und β-Faltblattstruktur
- **Tertiärstruktur:** räumliche Struktur des gesamten Proteins bzw. Faltung der Sekundärstruktur
- **Quartärstruktur:** funktionelle Einheit eines Proteins aus mehreren Polypeptidketten

Nucleinsäuren DNA und RNA

Die Makromoleküle der DNA verschlüsseln in zwei komplementären Strängen die Erbinformationen. Sie bestehen aus vielen Millionen Nucleotiden, die aus den Bausteinen Desoxyribose, Phosphorsäurerest und einer stickstoffhaltigen Base aufgebaut werden.
RNA-Moleküle (einsträngige Nucleinsäure) transportieren die Informationen, die in der DNA gespeichert sind, zu den Orten der Proteinbiosynthese, den Ribosomen.

Fette

Natürliche Fette sind Gemische verschiedener Glycerinester, die sich in den gebundenen Fettsäuren unterscheiden. Sie werden durch Veresterung des dreiwertigen Alkohols Glycerin mit drei, häufig unterschiedlichen Fettsäuren gebildet.

Elektrophile Addition

Ungesättigte Fettsäurereste reagieren nach dem Mechanismus der **elektrophilen Addition** z. B. mit Brom oder Iod. Die Reaktion verläuft in zwei Schritten. **1. Schritt:** Polarisierung des Halogen-Moleküls und Bildung des π-Komplexes; elektrophiler Angriff auf die Doppelbindung des Fettsäurerests unter Bildung des dreigliedrigen σ-Komplexes und Abspaltung eines Halogenid-Ions.
2. Schritt: Rückseitenangriff des Halogenid-Ions an eines der Kohlenstoff-Atome der ursprünglichen Doppelbindung unter Öffnung des σ-Komplexes und Bindung des zweiten Halogen-Atoms.

Übungsaufgaben

1) Die Samen von *Psyllium*, einer Wegerichart, enthalten sehr viele Ballaststoffe und werden deshalb bei Verdauungsproblemen angewendet. Außerdem enthält die Pflanze ein Monosaccharid, die Rhamnose.
a Vergleichen Sie die Struktur der Rhamnose mit der kettenförmigen Struktur von Glucose und Fructose.
b Zeichnen Sie die Haworth-Projektionsformel eines ringfömigen L-Rhamnose-Moleküls.
c Begründen Sie die Zuordnung des Stoffs zu den Kohlenhydraten.

```
    CHO
    |
H — C — OH
    |
H — C — OH
    |
HO — C — H
    |
HO — C — H
    |
    CH₃
```
L-Rhamnose

2) Die folgende Abbildung zeigt Modelle und Fischer-Projektionen verschiedener Kohlenhydrate:

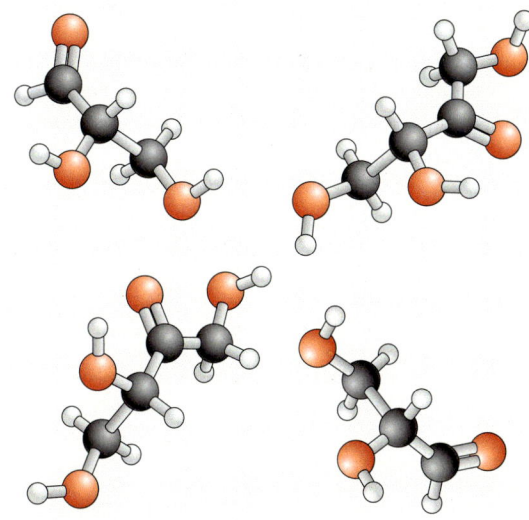

a Zeichnen Sie von den im Kugel-Stab-Modell dargestellten Kohlenhydraten die Fischer-Projektionen und benennen Sie sie.
b Bestimmen Sie die Chiralitätszentren aller Moleküle.
c Ordnen Sie bei den gegebenen Fischer-Projektionen Enantiomere und Diastereomere einander zu.
d Erläutern Sie die Begriffe Enantiomer und Diastereomer.

3) Max behauptet: „α- und β-D-Glucose sind Enantiomere." Nehmen Sie zu dieser Aussage begründet Stellung. Finden Sie mindestens zwei Argumente, die Ihre Meinung stützen.

4) Reine Mannose wird in Wasser gelöst und mit Natronlauge versetzt. Nach einigen Minuten wird neutralisiert. In der Lösung lassen sich jetzt neben Mannose auch Glucose und Fructose nachweisen.
a Vergleichen Sie die Molekülstruktur von D-Mannose mit der kettenförmigen Struktur von D-Glucose und D-Fructose.
b Zeichnen Sie eine Haworth-Projektion der ringförmigen Mannose (Pyranoseform).
c Erklären Sie das Versuchsergebnis ausführlich.

```
    CHO
    |
HO — C — H
    |
HO — C — H
    |
H — C — OH
    |
H — C — OH
    |
    CH₂OH
```
D-Mannose

5) Oligofructose ist eine Kette aus drei bis sieben Fructosebausteinen in β-2,1-glykosidischer Verknüpfung.
a Zeichnen Sie die Strukturformel eines Oligofructose-Moleküls aus drei β-D-Fructosebausteinen (Furanoseform).
b Kennzeichnen Sie die anomeren Kohlenstoff-Atome.
c Formulieren Sie eine Hypothese, ob die Benedict-Probe positiv verläuft.

6) Die folgende Tabelle enthält Angaben zu unterschiedlichen Disacchariden:

Name	Monosaccharidbausteine	Verknüpfung
Gentiobiose	D-Glucose, D-Glucose	β-1,6
Isomaltose	D-Glucose, D-Glucose	α-1,6
Lactulose	D-Galactose, D-Fructose	β-1,4
Sambubiose	D-Xylose, D-Glucose	β-1,2

a Erläutern Sie, was unter einer glykosidischen Bindung zu verstehen ist.
b Stellen Sie die in der Tabelle aufgeführten Disaccharide mit Haworth-Projektionen dar.
c Neben den Disacchariden Gentiobiose und Isomaltose besteht auch Maltose ausschließlich aus dem Monomer Glucose. Erklären Sie diese Vielfalt.

7) Chitin ist im Verbund mit Proteinen der Baustoff der Exoskelette von Insekten.
a Vergleichen Sie Chitin und Cellulose.
b Exoskelette der Insekten sind aus Chitin und nicht aus Cellulose. Erklären Sie, welcher Vorteil für Insekten daraus entsteht.

8) Natürliche Stärke besteht aus zwei Kohlenhydraten.
a Nennen Sie das Monosaccharid, das entsteht, wenn Stärke vollständig hydrolysiert wird.
b Vergleichen Sie Amylose und Amylopektin in Bezug auf ihre Struktur und ihre Eigenschaften.
c Beschreiben Sie, wie Stärke nachgewiesen werden kann.
d Die Makromoleküle beider Stärkearten besitzen an einem Ende freie glykosidische Gruppen. Trotzdem fällt die Benedict-Probe negativ aus. Erklären Sie diesen Sachverhalt.

9) Vergleichen Sie ein α-Cyclodextrin und ein Oligosaccharid, das aus sechs Glucosebausteinen besteht. Nennen Sie jeweils zwei Gemeinsamkeiten und zwei Unterschiede.

10) Ein Labor soll ein Trisaccharid analysieren. Wird es nur kurze Zeit hydrolysiert, erhält man neben Fructose und Glucose zwei weitere Disaccharide. Eines der Disaccharide reagiert positiv mit Benedict-Reagenz, das andere nicht. Nach längerer Zeit enthält das Reaktionsgemisch nur noch Glucose und Fructose im Verhältnis 2 : 1.
  a Beschreiben Sie die Vorgänge, die bei der Hydrolyse der Trisaccharide stattfinden.
  b Diskutieren Sie die Möglichkeiten für den Aufbau des Trisaccharids.
  c Ordnen Sie die Disaccharide begründet den reduzierenden bzw. nichtreduzierenden Zuckern zu.

11) Kunsthonig wurde in Notzeiten erfunden und wird heute noch als Invertzuckercreme bei der Herstellung von Lebkuchen verwendet. Rezept:
200 ml Wasser, 40 ml Zitronensaft und 250 g Haushaltszucker bei ca. 80 °C so lange erhitzen, bis sich das Volumen ungefähr halbiert hat. Man erhält eine dickflüssige Creme.
  a Erläutern Sie die chemischen Vorgänge bei der Herstellung von Kunsthonig.
  b Stellen Sie eine Hypothese zur chemischen Zusammensetzung des Kunsthonigs auf.
  c Beschreiben Sie einen experimentellen Weg, um die Hypothese zu überprüfen.

12) a Begründen Sie die Tatsache, dass von fast allen proteinogenen Aminosäuren zwei Enantiomere möglich sind.
  b Geben Sie an, welche Form in der Natur vorkommt.

13) DNA und RNA werden jeweils hydrolysiert. Als Reaktionsprodukte werden sechs Bausteine gefunden. Davon sind vier Bausteine gleich, zwei sind jedoch verschieden. Erläutern Sie.

14) a Erläutern Sie den Vorgang der Translation.
  b Geben Sie das Peptid an, das auf der m-RNA durch CUGGGACAUUGC codiert wird.
  c Ermitteln Sie ein Basentriplett, das die am einfachsten gebaute Aminosäure codiert.

15) a Stellen Sie die Reaktionsgleichung für die Umsetzung von Alanin mit Salzsäure auf.
  b Alanin hat einen pH_{iso} von 6,11. Geben Sie an, zu welcher Elektrode Alanin im elektrischen Feld bei pH = 3,5; pH = 6,11 und pH = 9 wandert.

16) a Beschreiben Sie den Aufbau und die Eigenschaften des Strukturproteins Kollagen.
  b Erläutern Sie, durch welche Maßnahmen aus Kollagen ein wasserbindendes Protein erzeugt werden kann, und benennen Sie dieses.

17) Glutathion (γ-L-Glutamyl-L-cysteinylglycin) ist ein Tripeptid, das in fast allen Zellen vorkommt.

Glutathion

  a Geben Sie die Aminosäurebausteine an, aus denen das Tripeptid aufgebaut ist.
  b Stellen Sie die Reaktionsgleichung für die Bildung des Dipeptids Cysteinylglycin auf.
  c Erläutern Sie, inwieweit Glutathion reguläre Peptidbindungen aufweist.
  d Zwei Glutathion-Moleküle können zu einem Peptid-Molekül aus sechs Aminosäurebausteinen verbunden werden. Erläutern Sie mögliche Verknüpfungen und geben Sie die Aminosäuresequenz der Peptide an.

18) Definieren Sie die Begriffe Peptid sowie Oligopeptid, Polypeptid und Protein.

19) Klassifizieren Sie die vier möglichen Molekülstrukturen der Proteine anhand der jeweils wirkenden Bindungs- sowie Wechselwirkungsarten und stellen Sie dies übersichtlich in einer Tabelle dar.

20) Ordnen Sie schematisch die in den Organismen vorkommenden Proteine nach ihrer Struktur sowie den daraus resultierenden Eigenschaften und Funktionen. Nennen Sie jeweils zwei Beispiele.

21) Aminosäuren mit voluminösen Seitenketten begünstigen die Helixbildung, solche mit kleinen Seitenketten die Faltblattstrukturbildung. Erläutern Sie, warum in Naturseide Glycin und Alanin häufig vorkommen.

22) Die Verdauung von Proteinen findet im Magen statt. Der Magensaft enthält u. a. Salzsäure und das Enzym Peptidase.
  a Definieren Sie den Begriff Enzym.
  b Erläutern Sie die Funktion der Salzsäure und des Enzyms im Magensaft.
  c Erstellen Sie ein allgemeines Reaktionsschema für die Proteinverdauung.
  d Stellen Sie eine Hypothese auf, ob Magensaft, der nur aus Salzsäure besteht, die Proteinverdauung ermöglichen würde.

23) a Formulieren Sie die Reaktionsgleichung für die Hydrolyse eines Fett-Moleküls mit Fettsäureresten aus Stearinsäure, Laurinsäure und Linolsäure.
  b Erklären Sie die unterschiedliche Konsistenz von Schweineschmalz und Sonnenblumenöl.

24) Bromwasser wird von (9Z,12Z)-Octadeca-9,12-diensäure (Linolsäure) rasch entfärbt. Erklären Sie den Sachverhalt unter Verwendung von Strukturformeln.

Übungsaufgaben (Lösungen im Anhang ↑ S. 386 ff.) | 189

Mithilfe dieses Kapitels können Sie:	Aufgabe	Hilfe finden Sie auf Seite
• die Vertreter der Kohlenhydrate nach ihren spezifischen Strukturmerkmalen in Gruppen einteilen (Aldosen – Ketosen; Triosen ... Hexosen; Mono-, Di-, Oligo-, Polysaccharide)	1, 3, 5, 6, 7, 8, 10	130, 143
• die Molekülstruktur von Kohlenhydraten beschreiben für:		
Monosaccharide	1, 2, 3, 4	136–138
Disaccharide, Oligosaccharide, Polysaccharide	5, 6, 7, 8, 10	144–145, 146–147, 152–154
• die besondere Struktur von Cyclodextrinen beschreiben und Rückschlüsse auf ihre Eigenschaften ziehen	9	147–148
• Spiegelbildisomerie definieren; anhand von Strukturmerkmalen Moleküle als Enantiomere oder Diastereomere charakterisieren	2, 3, 4	132–132
• Fischer-Projektionsformeln und Haworth-Projektionen aufstellen	1, 2, 4, 5, 6	132–132, 136–137
• Stoffeigenschaften und Reaktionsverhalten der Kohlenhydrate mit dem Einfluss der jeweiligen funktionellen Gruppen sowie der zwischenmolekularen Wechselwirkungen erklären:		
Keto-Enol-Tautomerie	4	139
Löslichkeit	7, 8	137–138, 152
reduzierende Wirkung und Nachweisreaktionen	5, 6, 10, 11	138, 140, 142, 145, 152
Kondensation und Hydrolyse	10, 11	144–145
• die Struktur von Aminosäuren unter Berücksichtigung von stereoisomeren Merkmalen beschreiben	12	158–159
• Stoffeigenschaften und Reaktionsverhalten der Aminosäuren anhand der spezifischen Strukturmerkmale erklären	15	160–161
• die Bildung von Peptiden und Proteinen als Kondensationsreaktion von Aminosäuren beschreiben	17	163
• die Struktur von Proteinen beschreiben und daraus Rückschlüsse auf ihre Eigenschaften und Funktionen in den Organismen ziehen	18, 19, 20, 21	164–165
• Vorkommen und Bedeutung von Proteinen anhand von Beispielen belegen	16, 19	164–168
• die Funktion von Enzymen als hochspezialisierte Proteine erläutern	22	168–169
• DNA- und RNA-Moleküle anhand der Bausteine erkennen	13, 14	172–175
• die Struktur von Fetten beschreiben und daraus Rückschlüsse auf ihre Eigenschaften ziehen	23	176–177
• die elektrophile Addition von Halogen-Atomen an ungesättigte Fettsäurereste erklären	24	181

Der aromatische Duft der Vanille und anderer Pflanzen basiert auf besonderen organischen Stoffen, die als aromatische Verbindungen bezeichnet werden. Längst nicht alle Aromaten riechen gut, aber alle Aromaten unterscheiden sich in ihrer Struktur und in ihrer Reaktivität deutlich von gewöhnlichen organischen Verbindungen. Ein tieferes Verständnis dafür ist nur möglich, wenn die strukturellen Unterschiede studiert werden – und die Mechanismen, nach denen organischen Reaktionen ablaufen.

01 Blüte der Vanille, einer Orchidee, und ihre fermentierten Früchte, die Vanilleschoten

6 Aromatische Kohlenwasserstoffe und Reaktionsmechanismen

Aromaten – besondere organische Verbindungen

Benzol – kein Alkan und kein Alken

- Struktur und Eigenschaften
- Reaktionsmechanismus der elektrophilen Addition
- Reaktionsmechanismus der radikalischen Substitution

Benzol-Molekül und aromatischer Zustand

- Delokalisiertes Elektronensystem
- Mesomerie und Grenzformeln
- Ein- und mehrcyclische Aromaten

Benzolderivate und ihre Bedeutung

- Reaktionsmechanismus der elektrophilen Substitution
- Ein- und mehrfach substituierte Benzolderivate
- Mechanismus der nucleophilen Substitution
- Salicylsäure und Aspirin
- KMR-Stoffe
- Exposition-Risiko-Beziehung

6.1 Benzol – ein Aromat

01 Alltagsprodukte, die aus aromatischen Verbindungen hergestellt werden

Aromaten sind Grundstoffe der chemischen Industrie. Sie werden zur Herstellung von Kunststoffen, Chemiefasern, Medikamenten, Pflegeprodukten, Waschmitteln und Farbstoffen verwendet (↑ 01). Bei der Produktion von Farben, Lacken und Klebstoffen spielen aromatische Verbindungen wie Toluol oder Xylol außerdem als Lösungsmittel eine wichtige Rolle. Die bekannteste und gleichzeitig strukturell einfachste aromatische Verbindung ist das **Benzol** (Name nach IUPAC: **Benzen**). Dieser „Grundaromat" fand in der Vergangenheit als ausgezeichnetes Lösungs- und Reinigungsmittel in vielen Bereichen Verwendung, wird aber heute wegen seiner extremen Giftigkeit zunehmend durch weniger problematische Stoffe ersetzt (↑ Steckbrief).

AROMATEN – EINE STOFFKLASSE Zu Beginn des 19. Jahrhunderts entdeckte man eine Reihe organischer Stoffe, die wegen ihres angenehmen Geruchs als **aromatische Verbindungen** oder **Aromaten** bezeichnet wurden. Heute versteht man unter Aromaten eine eigene Stoffklasse organischer Verbindungen, deren Moleküle eine besondere Bindungssituation aufweisen. Aromatische Verbindungen sind nach den Kohlenhydraten die am häufigsten vorkommende Stoffklasse der belebten Natur. So zählen beispielsweise das Lignin, der Gerüststoff des Holzes, sowie einige Aminosäuren wie Phenylalanin, Tyrosin und Tryptophan zu den Aromaten. Auch im Erdöl, in Braun- und Steinkohle sind neben den gewöhnlichen Kohlenwasserstoffen eine Vielzahl verschiedener aromatischer Kohlenwasserstoffe zu finden. Sie sind daher wichtige Quellen zur Gewinnung aromatischer Verbindungen.

DER BENZOLRING VON KEKULÉ 1825 wurde Benzol erstmals von MICHAEL FARADAY aus Steinkohlenteer isoliert. Die Ermittlung der Struktur des Benzol-Moleküls gab den Chemikern des 19. Jahrhunderts große Rätsel auf, denn seine Molekülformel C_6H_6 lässt insgesamt 217 theoretisch mögliche Strukturformeln mit Ringen, C=C-Doppelbindungen und C≡C-Dreifachbindungen zu (↑ 02A). Eine erste Annäherung an die tatsächliche Struktur des Benzol-Moleküls veröffentlichte 1865 der deutsche Chemiker AUGUST KEKULÉ. Er vermutete eine symmetrische Ringstruktur, genauer gesagt ein regelmäßiges, ebenes Sechseck, bei dem die Kohlenstoff-Atome abwechselnd über Einfach- und Doppelbindungen verknüpft sind (↑ 02B). Benzol wäre demnach ein cyclisches Alken und das zugehörige Molekül müsste systematisch als Cyclohexa-1,3,5-trien bezeichnet werden. Allerdings zeigt Benzol ein chemisches Verhalten, das nicht so recht zur Stoffklasse der Alkene passt. Das wird bei seinem Verhalten gegenüber Brom deutlich.

Benzol (Benzen)

Eigenschaften aromatisch riechende, farblose, stark lichtbrechende, brennbare Flüssigkeit; stark toxisches, lipophiles Lösungsmittel für Lacke, Harze, Wachse und Öle

Molekülformel C_6H_6

Schmelztemperatur ϑ_S 5,5 °C

Siedetemperatur ϑ_V 80,1 °C

Vorkommen Steinkohlenteer, Erdöl

Verwendung in Motorkraftstoffen als Beimischung zur Erhöhung der Klopffestigkeit; Ausgangsstoff für viele organische Verbindungen wie Nitrobenzol, Anilin, Phenol, Styrol, Azofarbstoffe, Kunststoffe und Kunstharze

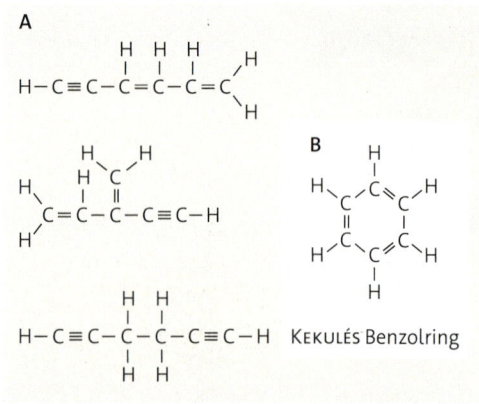

02 Beispiele für theoretisch mögliche Strukturformeln mit der Molekülformel C_6H_6

6.2 Elektrophile Addition bei Alkenen

ALKENE REAGIEREN MIT BROM Versetzt man ein flüssiges Alken mit Brom, entfärbt sich das Reaktionsgemisch bei Raumtemperatur fast augenblicklich. Es findet eine Additionsreaktion statt, bei der sich beide Brom-Atome des Brom-Moleküls an die C=C-Doppelbindung des Alken-Moleküls anlagern. Dabei entsteht nur ein Reaktionsprodukt. Wird z. B. Brom in Cyclohexen (C_6H_{10}) getropft, so entsteht ausschließlich 1,2-Dibromcyclohexan:

Die spontane Entfärbung von Brom bzw. Bromwasser dient als Nachweis von C=C-Doppelbindungen (↑ 05).

REAKTIONSMECHANISMUS Aufgrund der hohen Elektronendichte der C=C-Doppelbindung können Alken-Moleküle leicht von elektrophilen Teilchen (↑ S. 208) angegriffen werden. Die Reaktion von Alkenen mit Brom läuft entsprechend als **elektrophile Addition (A_E)** ab (↑ 04):

1. Schritt: Ein Brom-Molekül nähert sich der C=C-Doppelbindung, sodass die Br–Br-Bindung polarisiert wird. Die Doppelbindung besteht aus zwei unterschiedlichen Bindungsarten, einer **σ-Bindung** und einer **π-Bindung**. Das positiv polarisierte Brom-Atom wechselwirkt mit dem *π-Elektronenpaar*, greift aus dem so gebildeten **π-Komplex** heraus *elektrophil* an und nimmt dabei das π-Elektronenpaar auf. Dies führt zur Abspaltung eines Bromid-Ions (Br⁻) bei gleichzeitiger Ausbildung eines positiv geladenen dreigliedrigen Rings, in dem die beteiligten Atome über σ-Bindungen miteinander verbunden sind. Diese Anordnung wird **σ-Komplex** genannt. Aufgrund des Brom-Atoms spricht man hier auch von einem **Bromonium-Ion**. Anders als beim π-Komplex handelt es sich dabei um ein nachweisbares Zwischenprodukt der Reaktion. Das Energiediagramm weist dementsprechend ein lokales Minimum auf (↑ 03).

2. Schritt: Das negativ geladene Bromid-Ion greift das Bromonium-Ion an. Aus Platzgründen findet dieser Angriff auf der vom Brom-Atom des Bromonium-Ions abgewandten Seite statt („Rückseitenangriff"). Der Ring bricht auf und es kommt es zur Ausbildung einer zweiten Br–C-Bindung.

> Alkene reagieren mit Brom nach dem Mechanismus der elektrophilen Addition (A_E).

BENZOL VERHÄLT SICH NICHT WIE EIN ALKEN Gibt man Brom in Benzol, so ist keine Entfärbung zu beobachten. Das überrascht, da in KEKULÉS Benzolring sogar drei C=C-Doppelbindungen vorliegen (↑ 02 B) und damit eine besonders schnelle Reaktion mit Brom zu erwarten wäre. Die Bindungssituation im Benzol-Molekül kann also mit C=C-Doppelbindungen offensichtlich nicht gut beschrieben werden. Ist das Verhalten von Benzol mit C–C-Einfachbindungen womöglich besser erklärbar? Immerhin zeigen sich Alkane gegenüber Brom ebenfalls recht reaktionsträge.

05 Die Entfärbung von Bromwasser ist eine Nachweisreaktion für Alkene.

Animation zum Mechanismus der elektrophilen Addition ↑ S. 209

Bei der Doppelbindung unterscheidet man σ-Elektronen von π-Elektronen:

Zur genauen Beschreibung von π-Bindung und σ-Bindung im Orbitalmodell ↑ S. 330 ff.

03 Energiediagramm für die Bromierung eines Alkens

04 Reaktionsmechanismus der elektrophilen Addition von Cyclohexen

6.3 Radikalische Substitution bei Alkanen

ALKANE REAGIEREN MIT BROM Wird Brom in ein flüssiges Alkan gegeben, so entsteht zunächst eine rotbraune Lösung. Im Dunkeln ist die Lösung für längere Zeit beständig, im Hellen kommt es hingegen langsam zur Entfärbung. Es findet eine **Substitutionsreaktion** (lat. *substituere*: ersetzen) statt, bei der jeweils ein Wasserstoff-Atom eines Alkan-Moleküls durch ein Brom-Atom eines Brom-Moleküls ersetzt wird, wobei sich ein Bromalkan und Bromwasserstoff bilden. Löst man z. B. Brom in Cyclohexan (C_6H_{12}) und belichtet, so erhält man nach einiger Zeit 1-Bromcyclohexan und Bromwasserstoff:

Der entstehende Bromwasserstoff bildet an feuchter Luft Nebel und färbt feuchtes Indikatorpapier rot.

Animation zum Mechanismus der radikalischen Substitution ↑ S. 208

REAKTIONSMECHANISMUS Alkane sind reaktionsträge Kohlenwasserstoffe, d. h., Alkan-Moleküle reagieren nur mit besonders reaktiven Teilchen. Dazu zählen **Radikale**, also Teilchen, die ein ungepaartes Elektron besitzen und daher großes Bestreben zur Ausbildung einer Elektronenpaarbindung aufweisen. Die Reaktion von Alkanen mit Brom läuft entsprechend als **radikalische Substitution (S_R)** ab (↑ 01):

1. Schritt: Durch Belichten der Reaktionsmischung wird ein kleiner Teil der Brom-Moleküle *homolytisch* in Brom-Atome gespalten. Diese wenigen Startradikale sind erforderlich, um die Reaktion in Gang zu setzen.

2. Schritt: Ein Brom-Atom greift eine C–H-Bindung in einem Alkan-Molekül *radikalisch* an. Das Wasserstoff-Atom wird abgespalten und reagiert mit dem Brom-Atom zu einem Bromwasserstoff-Molekül. Am Kohlenstoff-Atom bleibt ein ungepaartes Elektron zurück. Das so entstandene **Alkylradikal** ist ein Zwischenprodukt der Reaktion, und das Energiediagramm weist dementsprechend ein lokales Minimum auf (↑ 02).

Stößt das Alkylradikal nun mit einem der vielen Brom-Moleküle im Reaktionsgemisch zusammen, die viel zahlreicher sind als die Radikale, so bildet sich ein Bromalkan-Molekül und ein Brom-Radikal

1. Schritt: Bildung von Startradikalen

2. Schritt: Bildung der Substitutionsprodukte in einer Kettenreaktion

3. Schritt: Abbruch der Kettenreaktion durch Rekombination von Radikalen

01 Reaktionsmechanismus der radikalischen Substitution

bleibt zurück. Das Brom-Radikal kann wieder an den Anfang der Reaktionskette eintreten und ein weiteres Alkan-Molekül angreifen. Auf diese Weise wiederholt sich die Reaktionsfolge viele Tausend Mal, sodass letztendlich ein einziges Startradikal die Reaktion vieler tausend Alkan- und Brom-Moleküle bewirkt.

3. Schritt: Im Verlauf der Reaktion kommt es dazu, dass Radikale auf andere Radikale treffen und mit diesen rekombinieren. Rekombinationsreaktionen führen allmählich zum Abbruch der Kettenreaktion und beenden schließlich den Umsatz des Alkans mit Brom.

> Alkane reagieren mit Brom nach dem Mechanismus der radikalischen Substitution (S_R).

BENZOL VERHÄLT SICH NICHT WIE EIN ALKAN Eine Mischung aus Brom und Benzol entfärbt sich nicht, selbst wenn intensiv belichtet oder sogar erwärmt wird. Benzol verhält sich demnach gegenüber Brom weder wie ein Alkan noch wie ein Alken (↑ 03). Anders als in KEKULÉS Benzolring liegt im Benzol-Molekül also eine Bindungssituation vor, die sich weder mit C–C-Einfachbindungen noch mit C=C-Doppelbindungen geeignet beschreiben lässt.

> Das Verhalten von Benzol gegenüber Brom spricht für eine besondere Bindungssituation im Benzol-Molekül, die durch KEKULÉS Benzolring nicht geeignet zum Ausdruck kommt.

1⟩ Zeigen Sie anhand der Energiediagramme, dass die Bromierung eines Alkans und die Bromierung eines Alkens exotherme Reaktionen sind.

2⟩ Werden Cyclohexan und Brom im Stoffmengenverhältnis 1:2 umgesetzt, so entstehen Dibromcyclohexane.
  a Erklären Sie dies.
  b Zeichnen Sie die Strukturformeln aller denkbaren Dibromcyclohexan-Moleküle und geben Sie die systematischen Namen an.

3⟩ Für die Herstellung von 1,2,3,4-Tetrachlorcyclohexan, ausgehend von einem Kohlenwasserstoff und Chlor, gibt es zwei unterschiedliche Reaktionswege. Nur einer davon führt gezielt zu dem gewünschten Produkt.
Erklären Sie dies mithilfe der zugehörigen Reaktionsgleichungen.

4⟩ Begründen Sie, warum es in ↑ 03 bei Ansatz A und B, nicht aber bei C zur Entfärbung kommt.

P **EXP 6.01** **L**

Bromierung von Cyclohexen und Cyclohexan

Materialien 2 Reagenzgläser mit Stopfen, Pipette, Tageslichtprojektor, Indikatorpapier, Cyclohexen (2, 8, 7, 9), Cyclohexan (2, 8, 7, 9), Bromwasser (5, 7), Silbernitratlösung (w = 3 %; 7)

Durchführung *Abzug!*
a In einem Reagenzglas werden 5 mL Cyclohexen (2, 8, 7, 9) mit 3 mL Bromwasser (5, 7) unterschichtet. Das Reagenzglas wird mit einem Stopfen verschlossen und geschüttelt.
b In einem Reagenzglas werden 5 mL Cyclohexan (2, 8, 7, 9) mit 3 mL Bromwasser (5, 7) unterschichtet. Das Reagenzglas wird mit einem Stopfen verschlossen, geschüttelt und für 5 min belichtet. Über die Flüssigkeit wird ein Stück feuchtes, bei starker Nebelbildung trockenes, Indikatorpapier gehalten. Die wässrige Phase wird mit einer Pipette abgezogen und mit 1 Tropfen Silbernitratlösung (7) versetzt.
Entsorgung: Reste in halogenhaltige organischen Abfällen geben.

Auswertung Beschreiben, vergleichen und erklären Sie die Versuchsergebnisse.

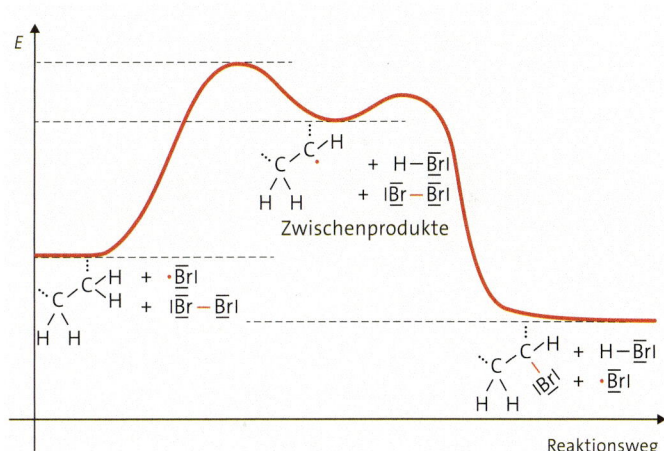

02 Energiediagramm für die Bromierung eines Alkans

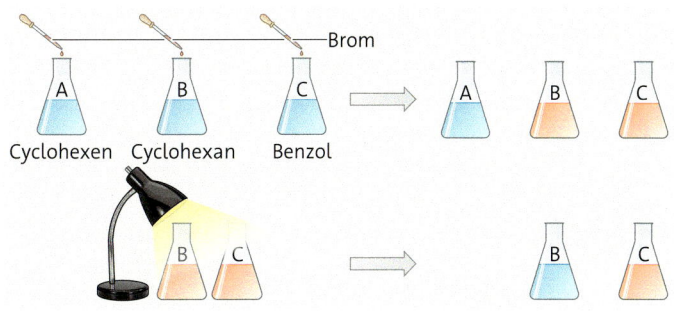

03 Benzol verhält sich gegenüber Brom weder wie ein Alkan noch ein Alken.

6.4 Das Benzol-Molekül

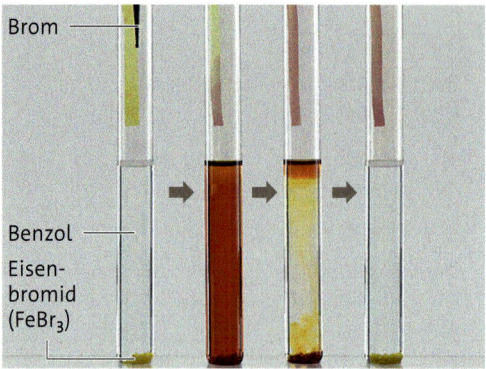

01 Bromierung von Benzol

BROMIERUNG VON BENZOL Gibt man Brom in Benzol, so ist keine Reaktion zu beobachten. Auch Belichten oder Erwärmen bewirkt nichts. Das spricht für eine besondere Bindungssituation im Benzol-Molekül, die durch KEKULÉS Benzolring nicht geeignet zum Ausdruck kommt. Die Reaktionsträgheit von Benzol gegenüber Brom wird erst durch Einsatz eines geeigneten Katalysators überwunden. In Gegenwart von Eisenbromid ($FeBr_3$) entfärbt sich das rotbraune Reaktionsgemisch und feuchtes Indikatorpapier oberhalb des Gemischs wird rot (↑ 01). Auch im Dunkeln kann dies beobachtet werden. Offensichtlich katalysiert das Eisensalz eine *Substitutionsreaktion*, die nicht über Radikale abläuft und bei der die Produkte Brombenzol und Bromwasserstoff entstehen:

$$\text{C}_6\text{H}_6 + Br_2 \xrightarrow{FeBr_3} \text{C}_6\text{H}_5Br + HBr$$

OSZILLATIONSHYPOTHESE Werden bei einem Überschuss von Brom pro Benzol-Molekül je zwei Wasserstoff-Atome gegen zwei Brom-Atome ersetzt, so gibt es ausgehend von KEKULÉS Benzolring auf den ersten Blick fünf verschiedene Dibrombenzol-Moleküle (↑ 02). Molekül (4) kann durch Drehung um den Mittelpunkt in Molekül (2) überführt werden, d. h., (2) und (4) sind identisch. Es müssten also vier verschiedene Disubstitutionsprodukte existieren. Tatsächlich können aber bloß drei verschiedene gefunden werden. KEKULÉ erklärte das Fehlen des vierten Disubstitutionsprodukts mit einem ungewöhnlichen Ansatz: Er ging davon aus, dass die Doppel- und Einfachbindungen in seinem Benzolring durch ständiges schnelles „Umklappen" von Elektronenpaaren ständig ihren Platz wechseln.

Dadurch wären die Kohlenstoff-Atome im Molekül ununterscheidbar und alle sechs C–C-Bindungen wären gleichartig. In diesem Fall wären auch die Moleküle (1) und (5) identisch, sodass nur noch die Moleküle (1), (2) und (3) unterschieden werden müssten.

Die Fachwelt stand der „Oszillationshypothese" damals sehr skeptisch und ablehnend gegenüber und die Zweifel an einem sechseckigen Benzolring mit „umklappenden" Elektronenpaaren waren groß. Mithilfe von Röntgenstrukturanalyse an Benzol-Kristallen konnte Mitte des 20. Jahrhunderts allerdings gezeigt werden, dass das Benzol-Molekül tatsächlich ein ebenes, regelmäßiges Sechseck mit sechs gleichartigen (ununterscheidbaren) C–C-Bindungen ist. Die ermittelte Bindungslänge von 139 pm liegt zwischen den Werten von C–C-Einfach- und C=C-Doppelbindungen (↑ 03). Es handelt sich also bei den C–C-Bindungen – anders als von KEKULÉ behauptet – weder um die eine noch um die andere Bindungsart. Ganz treffend könnte man vielleicht von „Eineinhalb-Bindungen" sprechen.

> Das Benzol-Molekül ist ein ebenes, regelmäßiges Sechseck mit sechs gleichartigen C–C-Bindungen.

Art der Bindung	Bindungslänge
C–C-Einfachbindung	154 pm
C=C-Doppelbindung	134 pm
C⋯C-Bindung Benzol-Molekül	139 pm

02 Mögliche Strukturformeln für Dibrombenzol-Moleküle

03 C–C-Bindungen im Vergleich (1 pm = 10^{-12} m)

MESOMERIE KEKULÉS gewagte Vorstellung von oszillierenden Bindungen muss nach heutiger Erkenntnis verworfen werden. Stattdessen ist davon auszugehen, dass die C=C-Doppelbindungen weder an der einen Stelle noch an der anderen Stelle im Molekül lokalisiert sind, sondern dass beide Anordnungen nur als zwei Grenzfälle betrachtet werden können, die zu keinem Zeitpunkt existieren. Die wahren Bindungsverhältnisse liegen *irgendwo zwischen* diesen beiden Grenzfällen, den **mesomeren Grenzformeln**. Die sechs π-Elektronen im Ring sind also nicht an bestimmten Kohlenstoff-Atomen lokalisiert, sondern über den ganzen Ring verteilt. Man spricht von einem **delokalisierten π-Elektronensystem**. In verkürzter Schreibweise wird für das Benzol-Molekül einfach ein ebenes, regelmäßiges Sechseck gezeichnet, die Kohlenstoff- und Wasserstoff-Atome sind dabei nicht sichtbar (Skelettformel). Statt der beiden mesomeren Grenzformeln zeichnet man dabei nur ein Sechseck mit einem Kreis in der Mitte, um so das delokalisierte Elektronensystem anzudeuten. Der Pfeil zwischen den Grenzformeln wird als *Mesomeriepfeil* bezeichnet. Er darf nicht mit dem Doppelpfeil für ein chemisches Gleichgewicht verwechselt werden.

> Das Benzol-Molekül besitzt sechs delokalisierte π-Elektronen. Die Bindungssituation wird durch zwei mesomere Grenzformeln beschrieben.

MESOMERIESTABILISIERUNG Benzol weist einen deutlich geringeren Energieinhalt auf und ist damit energetisch wesentlich stabiler, als man es von einer ungesättigten Verbindung erwarten sollte. Das zeigt sich z. B. bei der folgenden Betrachtung (↑ 04): Setzt man ein Mol Cyclohexen (C_6H_{10}) mit Wasserstoff zu Cyclohexan (C_6H_{12}) um, so wird ein Energiebetrag von 120 kJ frei. Die Hydrierung von einem Mol Cyclohexa-1,3-dien (C_6H_8) zu Cyclohexan liefert erwartungsgemäß etwa das Doppelte, nämlich 232 kJ. Bei der Hydrierung von einem Mol Benzol (C_6H_6) kann hochgerechnet ein Energiebetrag von etwa 360 kJ erwartet werden. Tatsächlich werden hier aber nur 209 kJ frei. Aufgrund der Mesomerie, also aufgrund des Vorliegens eines delokalisierten π-Elektronensystems, ist Benzol gegenüber dem hypothetischen Cyclohexa-1,3,5-trien um einen Energiebetrag von 151 kJ · mol^{-1} stabilisiert. Diesen Energiebetrag bezeichnet man als **Mesomerieenergie**.

> **Mesomerie**
>
> Für ein besseres Verständnis des Mesomeriebegriffs in Abgrenzung zur Oszillationstheorie ist die folgende Analogie aus dem Tierreich hilfreich:
>
> Aus der Kreuzung einer Pferdestute mit einem Esel geht das Maultier hervor. Ein Maultier hat gleichzeitig typische Eigenschaften eines Pferds (z. B. Gutmütigkeit) und eines Esels (z. B. hohe Ausdauer).
>
> Es ist aber ganz offensichtlich nicht der Fall, dass ein Maultier in der einen Sekunde ein Pferd ist und in der nächsten zum Esel wird und ständig zwischen diesen beiden Ausprägungen hin und her oszilliert.
>
> Pferd und Esel sind vielmehr so etwas wie die nie erreichten „Extremformen" des Maultiers. Diese Extreme helfen bei der Beschreibung seines Wesens, das tatsächlich irgendwo „dazwischen" liegt. Man könnte diese Situation ähnlich wie beim Benzolring so zusammenfassen:

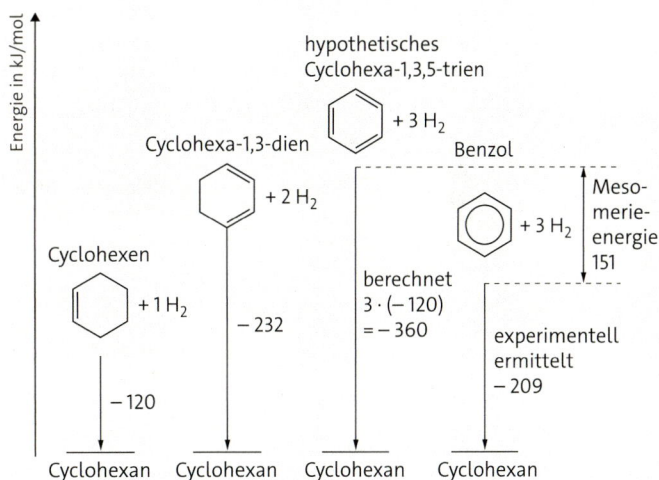

04 Das Benzol-Molekül ist mesomeriestabilisiert.

> Aufgrund des delokalisierten π-Elektronensystems ist Benzol mesomeriestabilisiert. Die Mesomerieenergie beträgt 151 kJ · mol^{-1}.

1\) Erklären Sie, warum der von KEKULÉ vorgeschlagene Benzolring von der Fachwelt zunächst nicht akzeptiert wurde.

2\) Erklären Sie die Begriffe Mesomerie und delokalisiertes π-Elektronensystem ausgehend vom Benzol-Molekül.

6.5 Die Stoffklasse der Aromaten

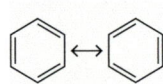

01 Delokalisierung erkennt man daran, dass sich mesomere Grenzformeln angeben lassen.

AROMATISCHER ZUSTAND Benzol ist der strukturell einfachste Vertreter der Aromaten und zeigt mit seiner hohen energetischen Stabilität und seinem ungewöhnlich trägen Verhalten gegenüber Brom ein chemisches Verhalten, das charakteristisch für die ganze Stoffklasse ist. Dieses Reaktionsverhalten ist auf eine besondere Bindungssituation in den Molekülen aromatischer Verbindungen zurückzuführen. Entscheidend für diesen *aromatischen Zustand* der Moleküle ist ein delokalisiertes π-Elektronensystem, wie es typischerweise im Benzol-Molekül mit seinen sechs delokalisierten Ringelektronen vorliegt (↑ **01**; ↑ S. 197).

BENZOL UND BENZOLDERIVATE Das Benzol-Molekül weist einen aromatischen Zustand auf und damit auch alle Moleküle, die sich direkt vom Benzol-Molekül ableiten, indem ein H-Atom oder mehrere H-Atome gegen andere Atome oder funktionelle Gruppen ausgetauscht werden. Stoffe, deren Moleküle einen Benzolrest als aromatischen Grundkörper tragen, werden als **Derivate** (Abkömmlinge) des Benzols bezeichnet. Sie gehören wie Benzol selbst zu den *eincyclischen Aromaten* (↑ **03A**).

02 Im Namen des Chemiekonzerns BASF versteckt sich ein Benzolderivat.

Toluol, Phenol und Anilin sind Beispiele für wichtige Benzolderivate. Sie zählen zu den Grundstoffen der chemischen Industrie und werden weltweit jährlich im Millionen-Tonnen-Maßstab produziert (↑ S. 202 f.). Auch die für die Strukturaufklärung des Benzol-Moleküls wichtigen Dibrombenzole (↑ S. 196) sind Benzolderivate. Im Gegensatz zu den erwähnten Industriearomaten haben diese Stoffe aber so gut wie keine praktische Bedeutung.

HÜCKEL-REGEL Dem deutschem Physiker ERICH HÜCKEL gelang es 1931 aus quantenmechanischen Überlegungen heraus eine verallgemeinerte Regel für das Vorliegen eines aromatischen Zustands aufzustellen:

> Hückel-Regel:
> Ein aromatischer Zustand liegt vor, wenn die Moleküle einer Verbindung eine ebene Ringstruktur mit einem ringförmig geschlossenen π-Elektronensystem mit $(4n + 2)$ delokalisierten π-Elektronen aufweisen ($n = 0, 1, 2, ...$).

Die Kriterien der Hückel-Regel sind nicht nur beim Benzol-Molekül und den Molekülen sämtlicher Benzolderivate mit ihren jeweils $4 \cdot 1 + 2 = 6$ delokalisierten π-Elektronen erfüllt, sondern auch bei vielen anderen eincyclischen Molekülen. Beispiele sind die Moleküle von Pyridin, Furan und Thiophen, die ebenfalls jeweils $4 \cdot 1 + 2 = 6$ delokalisierte π-Elektronen aufweisen (↑ **03B**).
Hier sind am Aufbau des ebenen Ringgerüsts nicht nur Kohlenstoff-Atome beteiligt, sondern auch

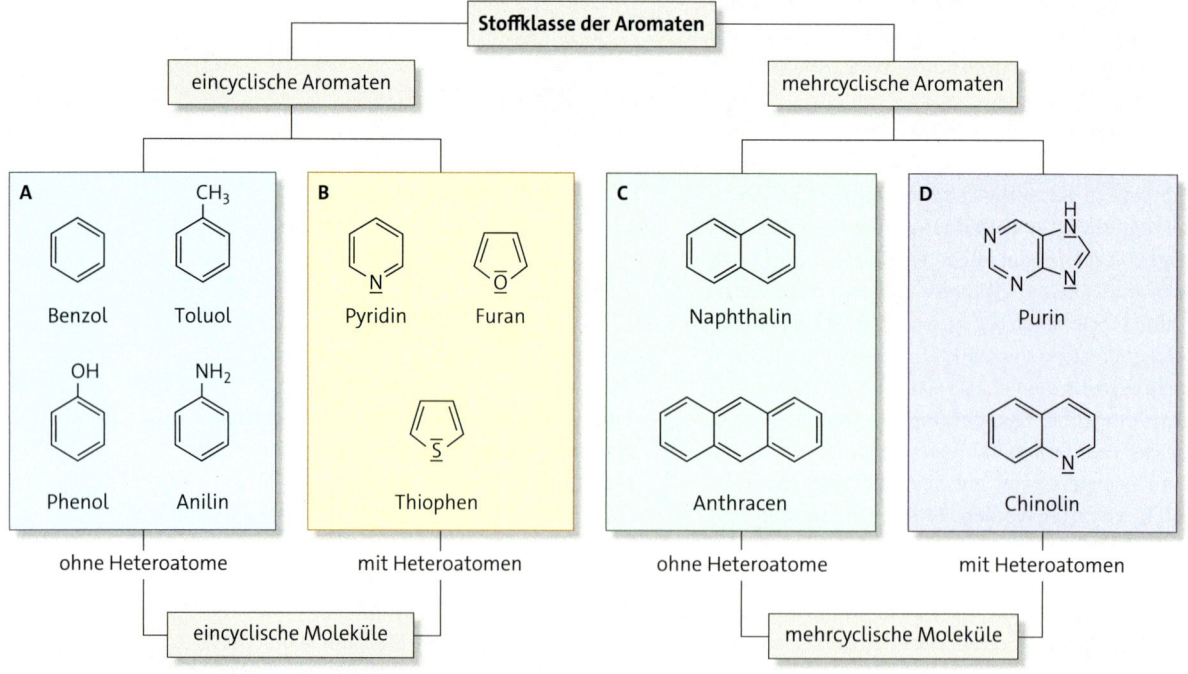

03 Stoffklasse der Aromaten

04 Naphthalinkugeln in einer Plantage, die Schadinsekten abwehren sollen

05 Cyclopentadienyl-Anion und -Kation

Heteroatome (griech. *hetero*: das andere), nämlich das Stickstoff-Atom, das Sauerstoff-Atom und das Schwefel-Atom. Die Aromatizität von Pyridin, Furan und Thiophen erkennt man nicht nur durch „Elektronenzählen", sondern auch an ihrem Reaktionsverhalten. So geht beispielsweise Pyridin bei geeigneter Aktivierung eine Substitutionsreaktion mit Brom ein, wie es für eine aromatische Verbindung zu erwarten ist.

Auch mehrcyclische Moleküle können die Hückel-Regel erfüllen, z. B. die Moleküle von Naphthalin ($n = 2$) und Anthracen ($n = 3$) sowie die Moleküle von Purin und Chinolin ($n = 2$). Hier sind zwei bzw. drei ebene Ringe über je eine gemeinsame C–C-Bindung miteinander verknüpft. Naphthalin, Anthracen, Purin und Chinolin gehören entsprechend zu den *mehrcyclischen Aromaten* (↑ 03C, D).

> Aromatische Moleküle können ein- oder mehrcyclisch sein. Die Ringgerüste können mit oder ohne Heteroatomen aufgebaut sein.

Die letztgenannten Beispiele aromatischer Verbindungen sind industriell weitaus weniger bedeutsam als Benzol und seine Derivate, haben aber dennoch interessante Anwendungsgebiete. Pyridin und Purin beispielsweise sind Ausgangsstoffe für zahlreiche Arzneistoffe. Ausgehend von Naphthalin und Anthracen können etliche Farbstoffe synthetisiert werden.
Mit Naphthalin in Form von „Mottenkugeln" vertrieb man früher Kleidermotten aus Schränken. Heute wird es manchmal noch zur Bekämpfung von Insekten in Plantagen genutzt (↑ 04).

AROMATISCH ODER NICHT AROMATISCH Nicht bei jedem cyclischen Molekül mit π-Elektronen im Ring liegt Aromatizität vor. Das Cyclopentadien-Molekül z. B. hat zwei lokalisierte C=C-Doppelbindungen, d. h., es können keine mesomeren Grenzformeln angegeben werden. Es liegt also keine Aromatizität vor. Das Cyclopentadienyl-Anion hat sechs delokalisierte π-Elektronen und ist damit nach der Hückel-Regel aromatisch (↑ 05). Das Cyclopentadienyl-Kation wiederum hat nur vier delokalisierte π-Elektronen und ist daher nicht aromatisch. Im Gegenteil: Die cyclische Delokalisierung von $4n$ Elektronen ($n = 1, 2, 3 ...$) führt sogar zu einer Verringerung der energetischen Stabilität und damit zu einer erhöhten Reaktivität. Man sagt: Das instabile Cyclopentadienyl-Kation ist *antiaromatisch*.

1⟩ Für das Pyridin-Molekül lassen sich fünf verschiedene mesomere Grenzformeln angeben. Drei davon sind hier abgebildet:

Geben Sie die fehlenden beiden Grenzformeln an.

2⟩ Geben sie für die folgenden Aromaten möglichst viele mesomere Grenzformeln an.
  a Phenol
  b Furan
  c Naphthalin

3⟩ Begründen Sie, ob die folgenden beiden Strukturformeln nach der Hückel-Regel einen aromatischen Zustand aufweisen:

4⟩ Zeichnen Sie die Strukturformel eines Moleküls, das die Hückel-Regel für $n = 0$ erfüllt.

6.6 Elektrophile Substitution an Aromaten

BROMIERUNG VON BENZOL Versetzt man Benzol mit Brom in Anwesenheit von Eisenbromid als Katalysator, so kommt es wie bereits gezeigt zur Entfärbung der Lösung und feuchtes Indikatorpapier oberhalb der Lösung färbt sich rot (↑ 01, S. 196). Es läuft eine *Substitutionsreaktion* ab, bei der Brombenzol und Bromwasserstoff entstehen:

Anders als bei der Reaktion von Brom mit Alkanen verläuft diese Substitutionsreaktion allerdings nicht über Radikale, d. h., es handelt sich *nicht* um eine *radikalische Substitution* (↑ S. 194 f.). Die angreifenden Teilchen sind vielmehr positiv polarisierte Brom-Atome, wie es auch bei der elektrophilen Addition von Brom an Alkene der Fall ist (↑ S. 193).

REAKTIONSMECHANISMUS Die Reaktion läuft als **elektrophile Substitution (S_E)** ab (↑ 01).

1. Schritt: Die Abläufe sind zunächst den Abläufen bei der elektrophilen Addition recht ähnlich:
Ein Brom-Molekül nähert sich dem Benzol-Molekül und es kommt zur Polarisierung der Br–Br-Bindung. Das positiv polarisierte Brom-Atom wechselwirkt mit den π-Elektronen im Benzol-Molekül und ein **π-Komplex** bildet sich aus. In Gegenwart von Eisenbromid ($FeBr_3$) als Katalysator ist die Polarisierung so stark, dass das positiv polarisierte Brom-Atom aus dem π-Komplex heraus das energetisch stabile Benzol-Molekül elektrophil angreifen und sich unter Ausbildung einer σ-Bindung an ein Kohlenstoff-Atom (C–1-Atom) anlagern kann. Gleichzeitig wird ein Bromid-Ion auf den Katalysator übertragen, sodass ein $FeBr_4^-$-Ion entsteht.

Durch die neu gebildete σ-Bindung ergibt sich im Benzol-Molekül eine positive Ladung, die allerdings nicht an einem bestimmten Kohlenstoff-Atom lokalisiert werden kann, sondern über drei mesomere Grenzformeln hinweg delokalisiert ist. Der so gebildete **σ-Komplex** (auch: **Arenium-Ion**) ist dadurch mesomeriestabilisiert. Es handelt sich um ein Zwischenprodukt der Reaktion und das Energiediagramm weist dementsprechend ein lokales Minimum auf (↑ 02).

Trotz der Mesomeriestabilisierung ist der σ-Komplex energetisch weniger günstig als das ursprüngliche aromatische System mit sechs delokalisierten π-Elektronen. Die Bildung des σ-Komplexes ist daher ein endothermer Vorgang (↑ 02).

2. Schritt: Anders als bei der elektrophilen Addition kommt es hier nicht zur Ausbildung einer zweiten Br–C-Bindung, sondern zur Substitution: Das Wasserstoff-Atom am C–1-Atom wird als Proton (H^+) abgespalten (**Deprotonierung**). Dabei entsteht ein Brombenzol-Molekül und der aromatische Zustand mit sechs delokalisierten π-Elektronen wird wiederhergestellt (**Rearomatisierung**).

Das Proton wird vom $FeBr_4^-$-Ion aufgenommen. Schließlich entsteht Bromwasserstoff und der Katalysator bildet sich zurück. Durch die Rearomatisierung wird in diesem Schritt so viel Energie frei, dass die Bromierungsreaktion insgesamt exotherm verläuft (↑ 02).

> Benzol reagiert mit Brom in Gegenwart eines geeigneten Katalysators nach dem Mechanismus der elektrophilen Substitution (S_E).

Animation: Elektrophile Substitution am Aromaten

Zur genauen Beschreibung von π-Orbitalen im Orbitalmodell ↑ S. 331 f.

01 Mechanismus der elektrophilen Substitution

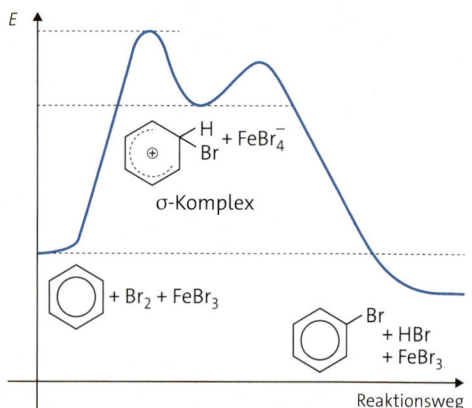

02 Energiediagramm der elektrophilen Substitution

6.6 Elektrophile Substitution an Aromaten

Analog zur Reaktion mit Brom kann Benzol auch mit Chlor umgesetzt werden. Weitaus bedeutsamer als der Austausch eines Wasserstoff-Atoms gegen ein Brom- oder Chlor-Atom sind allerdings Substitutionsreaktionen, bei denen eine Alkylgruppe (z. B. –CH$_3$), eine Nitrogruppe (–NO$_2$) oder eine Sulfonsäuregruppe (–SO$_3$H) in den Benzolring eingeführt werden. Auch solche *Alkylierungs-*, *Nitrierungs-* und *Sulfonierungsreaktionen* verlaufen als elektrophile Substitutionen in zwei Schritten.

ALKYLIERUNG Die Einführung einer Alkylgruppe in den Benzolring erfolgt durch Umsetzung von Benzol mit einem Halogenalkan in Anwesenheit eines geeigneten Katalysators, z. B. Aluminiumchlorid. Die nach ihren Entdeckern CHARLES FRIEDEL und JAMES CRAFT benannte Reaktion läuft dabei ganz ähnlich ab wie die Halogenierung: Aus dem π-Komplex heraus greift ein positiv polarisiertes C-Atom den Benzolring elektrophil an. Der sich bildende σ-Komplex rearomatisiert in einem zweiten Schritt durch Deprotonierung. Durch **Friedel-Crafts-Alkylierung** lässt sich beispielsweise **Toluol** (Methylbenzol) gewinnen (↑ 03).

NITRIERUNG Die Reaktion von Benzol mit Nitriersäure, einem Gemisch aus konzentrierter Salpetersäure und konzentrierter Schwefelsäure, führt zur Bildung von **Nitrobenzol**. Anders als bei der Halogenierung oder der Alkylierung greifen hier nicht positiv polarisierte Atome elektrophil an, sondern positiv geladene **Nitronium-Ionen (NO$_2^+$)**. Sie entstehen in der Nitriersäure durch Protonierung von Salpetersäure durch Schwefelsäure unter Abspaltung von Wasser. Der eigentliche Substitutionsvorgang läuft mechanistisch wieder genauso ab wie bei den Beispielen vorher (↑ 04).

SULFONIERUNG Bei der Umsetzung von Benzol mit stark konzentrierter (rauchender) Schwefelsäure bildet sich **Benzolsulfonsäure**. Auch hier läuft eine elektrophile Substitution nach dem beschriebenen Mechanismus ab. Als Elektrophile wirken dabei **Sulfonium-Ionen (SO$_3$H$^+$)**, die in der rauchenden Schwefelsäure entstehen (↑ 05). Die Sulfonierung ist eine umkehrbare Reaktion. Durch Erhitzen von Benzolsulfonsäure in verdünnter Schwefelsäure kann die Sulfonsäuregruppe wieder abgespalten werden.

> Die Halogenierung, Alkylierungen, Nitrierung und Sulfonierung von Benzol sind elektrophile Substitutionen.

03 Friedel-Crafts-Alkylierung: Synthese von Toluol

Bildung des Elektrophils:

Elektrophile Substitution:

04 Nitrierung: Synthese von Nitrobenzol

Bildung des Elektrophils:

$$3\ H_2SO_4 \rightleftharpoons SO_3H^+ + H_3O^+ + 2\ HSO_4^-$$
Schwefelsäure   Sulfonium-Ion

Elektrophile Substitution:

05 Sulfonierung: Synthese von Benzolsulfonsäure. *Hinweis:* Für das Schwefel-Atom gilt die Oktettregel hier nicht.

1) Vergleichen Sie die Reaktionsmechanismen der Reaktionen von Benzol mit Chlor sowie von Cyclohexen mit Chlor.

2) Erklären Sie unter Verwendung von Lewis-Formeln, wie es zwischen einem Bromid-Ion (Br$^-$) und dem Katalysator Aluminiumbromid (AlBr$_3$) zu einer Bindung kommen kann.

3) Stellen Sie den Reaktionsmechanismus der Friedel-Crafts-Alkylierung zu Ethylbenzol dar.

6.7 Technisch wichtige Derivate des Benzols

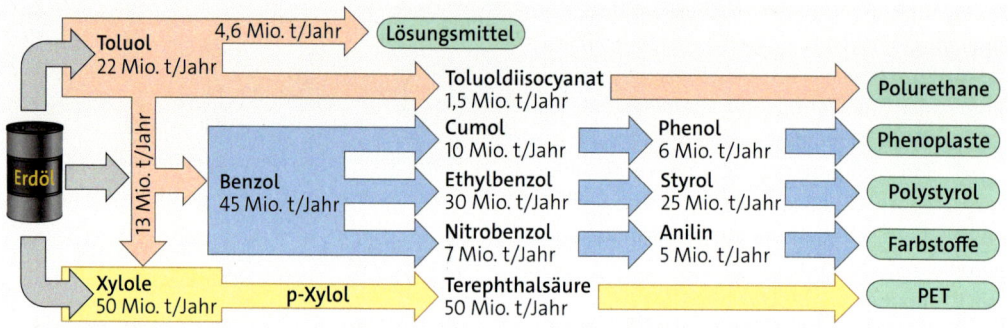

01 Wertschöpfungskette von Benzol und technisch wichtigen Benzolderivaten

Bei der systematischen Benennung von Benzolderivaten wird entweder „Benzol" als Grundname verwendet oder „Phenyl-" als Vorsilbe:

Chlorbenzol oder Phenylchlorid

Benzol ist eine wichtige Grundchemikalie der chemischen Industrie mit einem globalen Jahresbedarf von gegenwärtig etwa 45 Mio. Tonnen. Da im Erdöl nur geringe Mengen Benzol enthalten sind, lohnt sich eine direkte Abtrennung nicht. Bei der Verarbeitung von Erdöl entstehen allerding Kohlenwasserstoffgemische mit hohem Benzolanteil, z. B. *Pyrolysebenzin* und *Reformat*, aus denen die begehrte Verbindung isoliert werden kann. Der größte Teil des weltweit produzierten Benzols wird zu ein- oder mehrfach substituierten Benzolen weiterverarbeitet, den Derivaten („Abkömmlinge") des Benzols (↑ **01, 02**). Einige dieser Benzolderivate werden ebenfalls im Millionen-Tonnen-Maßstab produziert.

Bezüglich eines ersten Substituenten X kann ein zweiter Substituent im Benzolring drei verschiedene Positionen einnehmen:

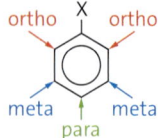

ALKYLDERIVATE Alkylderivate von Benzol lassen sich durch Friedel-Crafts-Alkylierung gewinnen (↑ S. 201). Das einfachste Alkylderivat ist **Toluol** (Methylbenzol), ein wichtiges Lösungsmittel für Farben und Lacke und Vorprodukt für die Herstellung von *Polyurethanen* (*PUR*; ↑ S. 238). Bei doppelter Methylierung von Benzol entstehen **ortho-Xylol** (1,2-Dimethylbenzol), **meta-Xylol** (1,3-Dimethylbenzol) und **para-Xylol** (1,4-Dimethylbenzol):

Etwa 20 Mio. Tonnen Toluol und rund 50 Mio. Tonnen der Xylole werden jährlich weltweit produziert. Der vergleichsweise teure Syntheseweg über die Friedel-Crafts-Alkylierung ist zur Gewinnung dieser Derivate glücklicherweise nicht erforderlich, denn wie Benzol können auch Toluol und die Xylole direkt aus petrochemischen Erzeugnissen gewonnen werden.

Ein technisch besonders bedeutsames Alkylderivat ist **Ethylbenzol**, bei dessen Dehydrierung **Styrol** (Phenylethen) entsteht:

Styrol ist Ausgangsstoff für den massenhaft produzierten Kunststoff *Polystyrol* (PS; ↑ S. 236).

HYDROXYDERIVATE Die wichtigen Hydroxyderivate von Benzol sind **Phenol** (Hydroxybenzol) sowie **Brenzcatechin** (1,2-Dihydroxybenzol), **Resorcin** (1,3-Dihydroxybenzol) und **Hydrochinon** (1,4-Dihydroxybenzol):

Phenol ist ein wichtiger Ausgangsstoff zur Herstellung von Kunststoffharzen (Phenoplaste) und Chemiefasern. Auch bei der Synthese von Aspirin spielt Phenol eine zentrale Rolle (↑ Exp. 6.01, S. 212). Großtechnisch wird Phenol nach dem **Hock-Verfahren** hergestellt. Dabei wird Benzol durch Friedel-Crafts-Alkylierung zu **Cumol** (2-Phenylpropan) umgesetzt. Die anschließende Oxidation von Cumol mit Sauerstoff führt schließlich zur Bildung von Phenol unter Abspaltung von Aceton:

$$\text{Cumol} + O_2 \longrightarrow \text{Phenol} + \text{Aceton}$$

CARBONYLDERIVATE Durch Oxidation von Toluol können **Benzaldehyd** (Phenylmethanal) und **Benzoesäure** (Phenylmethansäure) gewonnen werden:

$$\text{Toluol} \xrightarrow{+O_2, -H_2O} \text{Benzaldehyd} \xrightarrow{+\tfrac{1}{2}O_2} \text{Benzoesäure}$$

Benzaldehyd ist eine ölige Flüssigkeit, die angenehm süßlich nach Bittermandeln riecht und als Aromastoff in Marzipan oder als Mandelöl zum Backen verwendet wird. An der Luft oxidiert Benzaldehyd zu Benzoesäure. Sie wirkt stark giftig auf Mikroorganismen, ist aber weitgehend unbedenklich für den Menschen. Daher werden Benzoesäure (E210) und ihre gut wasserlöslichen Salze, die Benzoate (E211 bis E213), als Konservierungsstoffe unter anderem in Fisch- und Sauerkonserven sowie in manchen Limonaden eingesetzt.

Bei der Oxidation von para-Xylol entsteht **Terephthalsäure** (1,4-Benzoldicarbonsäure):

$$\text{para-Xylol} + 3\,O_2 \longrightarrow \text{Terephthalsäure} + 2\,H_2O$$

Diese aromatische Dicarbonsäure wird in riesigen Mengen für die Herstellung des vielseitig verwendbaren Polyesters *Polyethylenterephthalat* (*PET*) benötigt (↑ S. 231).

STICKSTOFFDERIVATE Bei der Reaktion von Benzol mit Nitriersäure entsteht **Nitrobenzol** (↑ S. 201), eine ölige Flüssigkeit, die wie Benzaldehyd angenehm nach Marzipan riecht. Der angenehme Geruch täuscht aber: Nitrobenzol ist hochgiftig und steht unter Verdacht, Krebs zu erregen. Durch Reduktion von Nitrobenzol mit Wasserstoff wird im großtechnischen Maßstab **Anilin** (Aminobenzol) hergestellt:

$$\text{Nitrobenzol} + 3\,H_2 \longrightarrow \text{Anilin} + 2\,H_2O$$

Anilin ist unverzichtbar bei der Herstellung von Kunststoffen, Medikamenten und vor allem Farbstoffen („Anilinfarben"). Auch das jeansblaue Indigo, der „König der Farbstoffe", kann ausgehend von Anilin hergestellt werden. Für den heute weltbekannten Chemiekonzern BASF (Badische Anilin- und Soda-Fabrik) war zu Beginn des 20. Jahrhunderts die Produktion von Anilin und Anilinfarbstoffen eines der zentralen Geschäftsfelder.

SULFONSÄUREDERIVATE Wird Benzol mit rauchender Schwefelsäure umgesetzt, so bildet sich *Benzolsulfonsäure* (↑ S. 201). Die Salze der Benzolsulfonsäure haben pharmazeutische Bedeutung und werden in diesem Zusammenhang als Besilate bezeichnet, so z. B. das blutdrucksenkende Arzneimittel *Amlodipin besilat*. Langkettige Alkylderivate der Benzolsulfonsäure bzw. deren Natriumsalze haben Verwendung als Tenside in Wasch- und Reinigungsmitteln.

> Benzol und einige Benzolderivate sind wichtige Grundchemikalien der chemischen Industrie. Besondere Bedeutung haben dabei Toluol, die Xylole, Ethylbenzol, Phenol und Anilin.

1) Recherchieren Sie, was man unter sogenannten BTEX-Aromaten versteht.

2) Die Weltjahresproduktion von Nitrobenzol liegt bei etwa 7 Mio. Tonnen. Daraus werden über 5 Mio. Tonnen Anilin pro Jahr hergestellt. Stellen Sie rechnerisch einen Zusammenhang zwischen diesen Daten her. *Hinweis:* Nutzen Sie eine Stoffmengenbetrachtung.

3) Durch Nitrierung von Toluol entsteht der Sprengstoff Trinitrotoluol (TNT). Formulieren Sie eine Reaktionsgleichung mit Strukturformeln.

4) Phenylalanin (2-Amino-3-phenylpropansäure) ist eine aromatische Aminosäure (↑ S. 159) und zählt ebenfalls zu den Benzolderivaten. Zeichnen Sie die zugehörige Strukturformel.

6.8 Elektrophile Zweitsubstitution

Wird durch elektrophile Substitution ein zweiter Substituent in das Molekül eines monosubstituierten Benzolderivats eingebracht, so spricht man von der **elektrophilen Zweitsubstitution**. Es zeigt sich, dass der Erstsubstituent sowohl die Geschwindigkeit der Zweitsubstitution als auch die Position des Zweitsubstituenten im Molekül beeinflusst.

BROMIERUNG VON PHENOL Phenol reagiert deutlich schneller mit Brom als Benzol. Es entstehen praktisch ausschließlich ortho-Bromphenol und para-Bromphenol.

ortho-Bromphenol 20 % meta-Bromphenol 0 % para-Bromphenol 80 %

Beide Befunde sind mit dem **positiven mesomeren Effekt (+M-Effekt)** der Hydroxygruppe im Phenol-Molekül zu erklären. Über das Sauerstoff-Atom kann ein freies Elektronenpaar in das delokalisierte π-Elektronensystem „hineingeschoben" werden (↑ 01A), wodurch sich die Elektronendichte im Benzolrest erhöht und der elektrophile Angriff erleichtert wird. Die Lage der negativen Ladung in den mesomeren Grenzformeln zeigt, dass der elektrophile ortho- und para-Angriff gegenüber dem elektrophilen meta-Angriff begünstigt sind. Man sagt, die Hydroxygruppe wirkt aktivierend und dirigiert den Zweitsubstituenten in ortho- und para-Position.

BROMIERUNG VON NITROBENZOL Nitrobenzol lässt sich nur sehr langsam bromieren. Es entsteht ausschließlich meta-Bromnitrobenzol.

ortho-Bromnitrobenzol 0 %   meta-Bromnitrobenzol 100 %   para-Bromnitrobenzol 0 %

Das ist mit dem **negativen mesomeren Effekt (−M-Effekt)** der Nitrogruppe im Nitrobenzol-Molekül erklärbar. Über das formal positiv geladene Stickstoff-Atom kann ein Elektronenpaar aus dem delokalisierten π-Elektronensystem „herausgezogen" werden, wodurch sich die Elektronendichte im Benzolrest verringert und der elektrophile Angriff erschwert wird. Die Lage der positiven Ladungen in den mesomeren Grenzformeln zeigt, dass der elektrophile ortho- und para-Angriff gegenüber dem elektrophilen meta-Angriff benachteiligt ist (↑ 01B). Die Nitrogruppe wirkt desaktivierend und dirigiert den Zweitsubstituenten in die meta-Position.

> Der +M-Effekt wirkt aktivierend und dirigiert in ortho- und para-Position. Der −M-Effekt wirkt desaktivierend und dirigiert in meta-Position.

BROMIERUNG VON TOLUOL Die Bromierung von Toluol verläuft schneller als die Bromierung von Benzol, das ortho- und para-Produkt sind bevorzugt.

ortho-Bromtoluol 39 %   meta-Bromtoluol 1 %   para-Bromtoluol 60 %

Die Methylgruppe kann zwar keine mesomeren Effekte ausüben, hat aber aufgrund der geringen Elektronegativität der Wasserstoff-Atome eine elektronenschiebende Wirkung, die man als **positiven induktiven Effekt (+I-Effekt)** bezeichnet. Der +I-Effekt der Methylgruppe wirkt aktivierend und erlaubt mesomere Grenzformeln, bei denen sich eine positive Ladung am C−1-Atom des Benzolrings be-

01 Der Erstsubstituent begünstigt den elektrophilen Abgriff in ortho- und para-Position (**A**, **C**) oder in meta-Position (**B**, **D**).

6.8 Elektrophile Zweitsubstitution

findet. Die Lage der negativen Ladung in den Grenzformeln zeigt, dass ausgehend davon der elektrophile ortho- und para-Angriff begünstigt sind (↑ 01C).

BROMIERUNG VON TRIFLUORMETHYLBENZOL Die Bromierung von Trifluormethylbenzol verläuft extrem langsam. Es entsteht nur das meta-Produkt.

ortho-Brom-trifluormethyl-benzol 0 %   meta-Brom-trifluormethyl-benzol 100 %   para-Brom-trifluormethyl-benzol 0 %

Aufgrund der hohen Elektronegativität der Fluor-Atome hat die Trifluormethylgruppe eine elektronenziehende Wirkung, einen sogenannten **negativen induktiven Effekt (–I-Effekt)**. Dieser wirkt desaktivierend und erlaubt mesomere Grenzformeln, bei denen sich eine negative Ladung am C–1-Atom des Benzolrings befindet. Die Lage der negativen Ladung in den Grenzformeln zeigt, dass ausgehend davon der elektrophile meta-Angriff begünstigt ist (↑ 01D).

> Der +I-Effekt wirkt aktivierend und dirigiert in ortho- und para-Position. Der –I-Effekt wirkt desaktivierend und dirigiert in meta-Position.

ÜBERLAGERUNG DER EFFEKTE Oft haben Zweitsubstituenten gleichzeitig einen mesomeren und einen induktiven Effekt (↑ 02). Die Effekte sind entweder gleichgerichtet und verstärken sich oder sie sind gegeneinander gerichtet und schwächen sich ab. So hat die Hydroxygruppe im Phenol-Molekül neben ihrem +M-Effekt auch einen gegenteilig wirkenden –I-Effekt, der aber schwächer ist und sich daher bei einer Zweitsubstitution weder auf die Geschwindigkeit noch auf die Produktverteilung auswirkt. Ein anderes Beispiel ist die Nitrogruppe im Nitrobenzol-Molekül. Neben dem –M-Effekt hat auch sie einen –I-Effekt. Hier sind die beiden Effekte gleichgerichtet und verstärken sich gegenseitig. Ein weiteres Beispiel ist das Brom-Atom im Brombenzol-Molekül. Es übt einerseits einen +M-Effekt aus und begünstigt damit bei einer Zweitsubstitution die Bildung des ortho- und des para-Produkts, andererseits desaktiviert der –I-Effekt des elektronegativen Erstsubstituenten das Brombenzol-Molekül, sodass eine Zweitsubstitution nur langsam abläuft.

Induktiver Effekt und mesomerer Effekt

Ein Substituent kann die Elektronenverteilung im Rest des Moleküls beeinflussen. Ist der Einfluss auf unterschiedliche *Elektronegativitäten* zurückzuführen, so spricht man von einem **induktiven Effekt**.

Resultiert der Einfluss hingegen aus der *Wechselwirkung des Substituenten mit delokalisierten π-Elektronen* im Restmolekül, so ist von einem **mesomeren Effekt** die Rede.

In beiden Fällen wird ein positiver (elektronenschiebender) und ein negativer (elektronenziehender) Effekt unterschieden. Positive Effekte erhöhen die Elektronendichte im Restmolekül, negative verringern sie.

Beim **positiven induktiven Effekt (+I-Effekt)** werden Elektronen vom Substituenten „weggeschoben", beim **negativen induktiven Effekt (–I-Effekt)** werden sie zum Substituenten „hingezogen". Substituenten mit negativ geladenen oder elektropositiven Atomen üben einen +I-Effekt aus, Substituenten mit positiv geladenen oder elektronegativen Atomen üben einen –I-Effekt aus.

Beim **positiven mesomeren Effekt (+M-Effekt)** werden Elektronen vom Substituenten in ein delokalisiertes π-Elektronensystem „hineingeschoben", beim **negativen mesomeren Effekt (–M-Effekt)** werden sie aus dem Elektronensystem „herausgezogen". Substituenten mit mindestens einem freien Elektronenpaar üben einen +M-Effekt aus, Substituenten mit Doppel- oder Dreifachbindungen üben einen –M-Effekt aus.

–Ï̱| –Ḇr| –C̱l| –ŌH   –N̄H₂   –C(=O)H   –C(=O)O–H   –O⁻–N⁺(=O)–

Zunahme des +M-Effekts →   Zunahme des –M-Effekts →

Erstsubstituent	Induktiver Effekt / mesomerer Effekt	Reaktivität im Vergleich zu Benzol	Dirigiert nach
–OH, –NH₂	+M > –I	viel größer	ortho und para
–CH₃	+I	größer	ortho und para
–CF₃	–I	viel geringer	meta
–Cl, –Br	–I, +M	geringer	ortho und para
–NO₂, –COOH	–I, –M	viel geringer	meta

02 Dirigierende Wirkung des Erstsubstituenten und Übersicht über die Effekte

1) Begründen Sie mithilfe mesomerer Grenzformeln, dass
 a die Aminogruppe (–NH₂) im Anilin-Molekül in ortho- und para-Position dirigiert,
 b die Carboxygruppe (–COOH) im Benzoesäure-Molekül in meta-Position dirigiert.

2) Geben Sie eine begründete Einschätzung zu Geschwindigkeit und Produktverteilung bei der Nitrierung von Chlorbenzol.

3) Erklären Sie, warum bei der Bromierung von Phenol mehr para- als ortho-Produkt entsteht.

6.9 Nucleophile Substitution

01 Jasminblüten enthalten Benzylalkohol.

GEWINNUNG VON BENZYLALKOHOL Benzylalkohol (Phenylmethanol) ist ein angenehm riechendes Benzolderivat, das als Duftstoff und Trägersubstanz für die Herstellung von Lebensmittelaromen Anwendung findet. In der Natur kommt der Aromat z. B. in den Ölen von Jasminblüten (↑ **01**), Rosmarin und Nelken vor. Benzylalkohol lässt sich durch zweifache Substitution an der Methylgruppe des Toluol-Moleküls gewinnen. Zunächst wird Toluol in einer radikalischen Substitution mit Chlor umgesetzt, wobei Benzylchlorid entsteht. Der Benzolrest bleibt davon unberührt.

Toluol + Cl_2 →(Licht) Benzylchlorid + HCl

Reaktionsgeschwindigkeit ↑ S. 52 ff.

In alkalischer Lösung kommt es dann zu einer weiteren Substitutionsreaktion, bei der Benzylalkohol entsteht. Auch hiervon bleibt der Benzolrest unberührt.

Benzylchlorid + OH^- → Benzylalkohol + Cl^-

Bei der zweiten Substitutionsreaktion ist das angreifende Teilchen ein Hydroxid-Ion. Es wirkt weder als Radikal noch als Elektrophil, sondern vielmehr als *Nucleophil*. Darunter versteht man ein „kernliebendes" Teilchen, das zur Bindungsbildung ein Elektronenpaar abgeben kann (Elektronenpaardonator).

ZWEI REAKTIONSMECHANISMEN Die Reaktion von Benzylchlorid zu Benzylalkohol in alkalischer Lösung verläuft als **nucleophile Substitution (S_N)**. Die zur Substitution erforderliche Spaltung der C–Cl-Bindung und Bildung der C–O-Bindung an der Methylgruppe können sowohl *nacheinander in zwei Schritten ablaufen* (↑ **02**) als auch *gleichzeitig in nur einem Schritt* (↑ **03**). Die beiden Substitutionsmechanismen stehen in Konkurrenz zueinander.

MONOMOLEKULARE NUCLEOPHILE SUBSTITUTION (S_N1) Sie verläuft in zwei Schritten:

1. Schritt: Aus einem Benzylchlorid-Molekül wird ein Chlorid-Ion als *Abgangsgruppe* abgespalten. Als Zwischenprodukt entsteht ein **Carbokation** mit positiver Ladung am Kohlenstoff-Atom der Methylgruppe. Dies erfordert eine hohe Aktivierungsenergie E_{A1} und geschieht daher recht langsam. Da nur das Benzylchlorid-Molekül beteiligt ist, spricht man von einem *monomolekularen Vorgang*.

2. Schritt: Ein Hydroxid-Ion greift das Carbokation *nuclophil* an. Durch Anlagerung des Hydroxid-Ions an das Carbokation bildet sich eine C–O-Bindung aus. Dies erfordert eine geringe Aktivierungsenergie E_{A2} und geschieht daher vergleichsweise schnell. Da das Carbokation und das Hydroxid-Ion beteiligt sind, spricht man von einem *bimolekularen Vorgang*.

Geschwindigkeitsbestimmend für die Gesamtreaktion ist die langsam ablaufende Bildung des Carbokations. Da dies ein monomolekularer Vorgang ist, spricht man von der **monomolekularen nucleophilen Substitution (S_N1)**.

Die *Reaktionsgeschwindigkeit v* hängt beim S_N1-Mechanismus nur von der Konzentration der Benzylchlorid-Moleküle ab, d. h.: $v = k \cdot c(C_6H_5-CH_2Cl)$

> Bei einer monomolekularen Substitution (S_N1) erfolgen Abspaltung der Abgangsgruppe und Anlagerung des Nucleophils nacheinander in zwei Schritten.

BIMOLEKULARE NUCLEOPHILE SUBSTITUTION (S_N2) Das Hydroxid-Ion greift das Benzylchlorid-Molekül von der Seite an, die dem Chlor-Atom abgewandt ist. Die Substituenten, die nicht an der Reaktion beteiligt sind, liegen dabei in einer Ebene (↑ **03**). Dieser energiereiche Zustand wird als **Übergangszustand** bezeichnet, das Energiediagramm weist hier ein Maximum auf. Die Abspaltung des Chlorid-Ions und die Anlagerung des Hydroxid-Ions erfolgen nun *gleichzeitig*, d. h., es entsteht kein Zwi-

6.9 Nucleophile Substitution

1. Schritt: Bildung eines Carbokations durch Abspaltung eines Chlorid-Ions

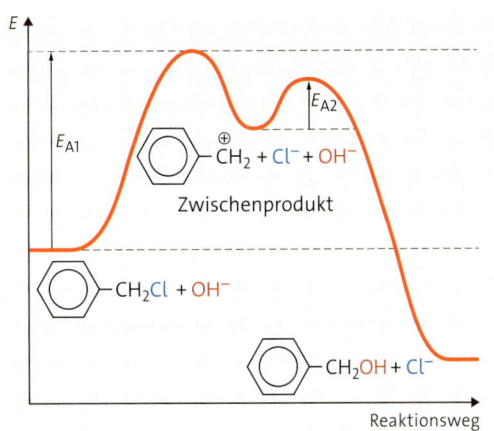

Animation: Monomolekulare nucleophile Substitution (S_N1)

2. Schritt: Nucleophiler Angriff des Hydroxid-Ions

02 Substitutionsmechanismus in zwei Schritten (S_N1-Mechanismus) und zugehöriges Energiediagramm

Abspaltung eines Chlorid-Ions und gleichzeitige Anlagerung eines Hydroxid-Ions

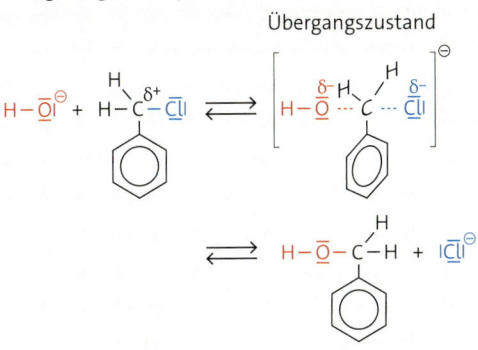
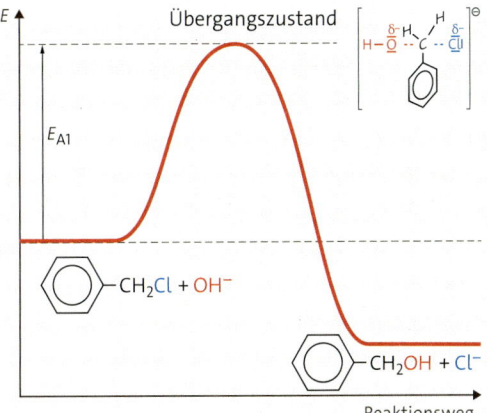

Animation: Bimolekulare nucleophile Substitution (S_N2)

03 Substitutionsmechanismus in einem Schritt (S_N2-Mechanismus) und zugehöriges Energiediagramm

schenprodukt. Da hierbei das Benzylchlorid-Molekül und das Hydroxid-Ion beteiligt sind, handelt es sich um einen *bimolekularen Vorgang*. Man spricht von der **bimolekularen nucleophilen Substitution** (S_N2).

Die *Reaktionsgeschwindigkeit v* hängt beim S_N2-Mechanismus sowohl von der Konzentration der Benzylchlorid-Moleküle als auch von der der Hydroxid-Ionen ab, d. h.: $v = k \cdot c(C_6H_5-CH_2Cl) \cdot c(OH^-)$

> Bei einer bimolekularen Substitution (S_N2) erfolgen Abspaltung der Abgangsgruppe und Anlagerung des Nucleophils gleichzeitig in einem Schritt.

Ob bei einer nucleophilen Substitution der S_N1- oder der S_N2-Mechanismus abläuft, wird von verschiedenen Faktoren beeinflusst, z. B. der Struktur des angegriffenen Teilchens, der Art und Konzentration des Nucleophils, der Abgangsgruppe und dem Lösungsmittel.

1⟩ Ein S_N1-Mechanismus kann nur dann ablaufen, wenn das Carbokation stabil genug ist. Bei der Bildung von Benzylalkohol aus Benzylchlorid ist das der Fall, denn das Carbokation ist mesomeriestabilisiert. Zeichnen Sie die zugehörigen Grenzformeln.

2⟩ Erläutern Sie für die beiden folgenden Reaktionen die angegebenen Mechanismen mithilfe der wichtigsten Strukturformeln.

a

$H_3C-\underset{\underset{CH_3}{|}}{\overset{\overset{CH_3}{|}}{C}}-Br + OH^- \xrightarrow{S_N1} H_3C-\underset{\underset{CH_3}{|}}{\overset{\overset{CH_3}{|}}{C}}-OH + Br^-$

b

$H_3C-\underset{\underset{H}{|}}{\overset{\overset{H}{|}}{C}}-OH + Br^- \xrightarrow{S_N2} H_3C-\underset{\underset{H}{|}}{\overset{\overset{H}{|}}{C}}-Br + OH^-$

6.10 Vergleich der Reaktionsmechanismen

In den vorigen Abschnitten wurden vier zentrale Reaktionsmechanismen der organischen Chemie vorgestellt: die radikalische Substitution (S_R), die elektrophile Addition (A_E), die elektrophile Substitution (S_E) und die nucleophile Substitution (S_N). Hier werden nun die grundlegenden mechanistischen Begriffe noch einmal aufgegriffen und die Mechanismen vergleichend nebeneinandergestellt.

Die Umkehrung einer Addition nennt man Eliminierung, ↑ S. 65.

Addition und Substitution	Beispiele
Addition: • Ein Atom oder eine Atomgruppe lagert sich an ein Molekül an. Dabei entsteht eine neue Bindung. Aus zwei Eduktteilchen wird ein Produktteilchen.	A + B ⟶ A–B
Substitution: • Ein Atom oder eine Atomgruppe lagert sich an ein Molekül an. Dabei wird ein anderes Atom oder eine andere Atomgruppe abgespalten. Es entstehen zwei Produkte.	A + B–C ⟶ A–B + C

Elektrophil, Nucleophil und Radikal	Beispiele
Elektrophil • „elektronenliebendes" Teilchen, das zur Bindungsbildung ein Elektronenpaar aufnehmen kann (Elektronenpaarakzeptor).	$^{\delta+}$Br–Br$^{\delta-}$, positiv polarisierte Atome; Nitronium-Ion; Sulfonium-Ion
Nucleophil • „kernliebendes" Teilchen, das zur Bindungsbildung ein Elektronenpaar abgeben kann (Elektronenpaardonator).	$^{\ominus}$O–H Hydroxid-Ion; $Cl^{\ominus}$, $Br^{\ominus}$, $I^{\ominus}$ Halogenid-Ionen
Radikal • Teilchen mit mindestens einem ungepaarten Elektron	·Cl, ·Br, ·I Halogen-Atome

Die radikalische Substitution ist eine typische Reaktion der Alkane.

Radikalische Substitution S_R	Mechanismus in Formeldarstellung
• Angreifendes Teilchen: Radikal, z. B. Brom-Atom • Angegriffenes Teilchen: Molekül mit C–H-Einfachbindung, z. B. Methan-Molekül **Mechanismus der Bromierung von Methan:** 1. Licht bewirkt homolytische Spaltung weniger Brom-Moleküle zu Brom-Atomen (Startradikale). 2. Brom-Atom greift Methan-Molekül radikalisch an, Methylradikal und Bromwasserstoff-Molekül bilden sich. Methylradikal reagiert mit Brom-Molekül zu Brommethan-Molekül und neuem Brom-Atom, das die Reaktionskette aufrechterhält (Kettenreaktion). 3. Rekombination von Radikalen (z. B. Methylradikale) führt zur Verlangsamung der Kettenreaktion (Kettenabbruch).	**1. Schritt:** Br–Br ⟶(Licht) Br· + ·Br **2. Schritt:** H₃C–H + ·Br ⟶ H₃C· + H–Br H₃C· + Br–Br ⟶ H₃C–Br + ·Br Brommethan **3. Schritt:** H₃C· + ·CH₃ ⟶ H₃C–CH₃

Animation: Radikalische Substitution (S_R)

6.10 Vergleich der Reaktionsmechanismen

Elektrophile Addition A$_E$	Mechanismus in Formeldarstellung	
• Angreifendes Teilchen: Elektrophil, z. B. positiv polarisiertes Brom-Atom • Angegriffenes Teilchen: Molekül mit C–C-Mehrfachbindung, z. B. Ethen-Molekül Mechanismus der Bromierung von Ethen: 1. Positiv polarisiertes Brom-Atom wechselwirkt mit π-Elektronen der C=C-Doppelbindung (π-Komplex), greift elektrophil an und es bildet sich eine σ-Bindung aus (σ-Komplex). 2. Bromid-Ion greift σ-Komplex von der Rückseite an. 1,2-Dibromethan-Molekül entsteht.	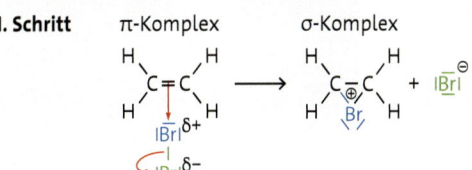	*Die elektrophile Addition ist eine typische Reaktion der Alkene.*  Animation: Elektrophile Addition (A$_E$)

Elektrophile Substitution S$_E$	Mechanismus in Formeldarstellung	
• Angreifendes Teilchen: Elektrophil, z. B. Nitronium-Ion • Angegriffenes Teilchen: aromatisches Molekül, z. B. Benzol-Molekül Mechanismus der Nitrierung von Benzol: 1. Positiv geladenes Nitronium-Ion wechselwirkt mit π-Elektronen des Benzol-Moleküls (π-Komplex), greift elektrophil an und bildet eine σ-Bindung aus (σ-Komplex). 2. Deprotonierung am Benzol-Molekül führt unter Rearomatisierung zu einem Nitrobenzol-Molekül	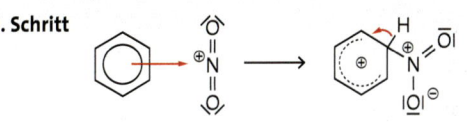	*Die elektrophile Substitution ist eine typische Reaktion der Aromaten.*

Nucleophile Substitution: S$_N$1 und S$_N$2	Mechanismus in Formeldarstellung	
• Angreifendes Teilchen: Nucleophil, z. B. Hydroxid-Ion • Angegriffenes Teilchen: Molekül mit geeigneter Abgangsgruppe, z. B. Chloralkan-Molekül Mechanismus der *monomolekularen* Hydroxylierung von 2-Chlor-2-methylpropan (S$_N$1): 1. Chlorid-Ion spaltet sich ab und Carbokation bildet sich. 2. Hydroxid-Ion greift Carbokation nucleophil an und 2-Methylpropan-2-ol-Molekül bildet sich.	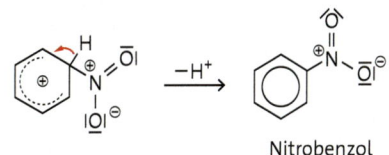	*Die nucleophile Substitution ist eine typische Reaktion der Halogenalkane.*
Mechanismus der *bimolekularen* Hydroxylierung von Chlormethan (S$_N$2): Abspaltung des Chlorid-Ions und Anlagerung des Hydroxid-Ions finden gleichzeitig statt.	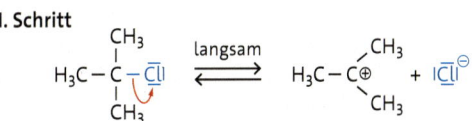	

1) Fertigen Sie für die vier Beispielreaktionen (S$_R$, A$_E$, S$_E$, S$_N$) je ein Energiediagramm an. Zeichnen Sie Moleküle der Edukte, Zwischenprodukte und Produkte an geeigneter Stelle ein.

2) Jemand behauptet: „Die Estersynthese auf S. 64 ist eine nucleophile Substitution." Nehmen Sie Stellung zu dieser Aussage.

6.11 Aspirin – ein aromatischer Arzneistoff

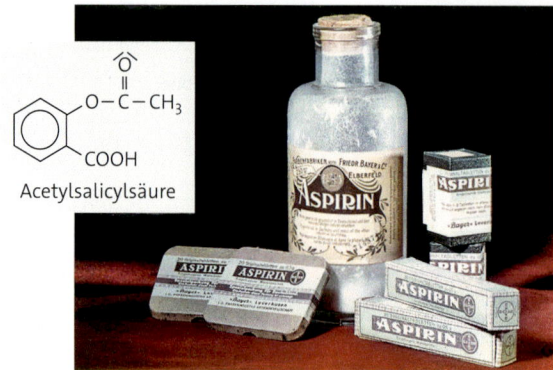

01 Aspirin – seit 120 Jahren in aller Munde

VON DER WEIDENRINDE ZUM ASPIRIN Bereits seit dem Altertum ist die schmerzstillende und fiebersenkende Wirkung der Weidenrinde bekannt. Kräuterfrauen nutzten die pflanzliche Medizin im Mittelalter zur Linderung von Beschwerden aller Art. Der eigentliche Wirkstoff, die **Salicylsäure**, wurde aber erst im 19. Jahrhundert entdeckt und industriell gewonnen. In diesem Zusammenhang ist der Marburger Chemiker HERMANN KOLBE zu nennen, der als Teilhaber der ersten Salicylsäurefabrik weltweit erstmals eine Arzneimittelsynthese im industriellen Maßstab betrieb. Der unangenehme Geschmack der Salicylsäure und das Auftreten unerwünschter Nebenwirkungen wie Übelkeit, Erbrechen und Magenschleimhautentzündung machen allerdings eine längerfristige Einnahme des Wirkstoffs unmöglich. Bei der Firma Bayer war im Jahr 1897 ein Stab von Chemikern damit beschäftigt, die Salicylsäure so zu verändern, dass diese Nebenwirkungen nicht mehr auftreten. Dem bei Bayer beschäftigten deutschen Chemiker FELIX HOFFMANN gelang schließlich dieser Kunstgriff. Er *acetylierte* Salicylsäure mithilfe von Essigsäureanhydrid zu **Acetylsalicylsäure (ASS)**, dem Essigsäureester der Salicylsäure (↑ 02; ↑ Exp. 6.01, S. 212). Pharmakologische Tests ergaben, dass durch die Acetylierung eine höhere Magenverträglichkeit und eine deutliche Verbesserung der klinischen Wirkung erreicht wurden. Am 1. Februar 1899 wurde das Präparat als **Aspirin** in Berlin patentiert. Der Name leitet sich von der Spierstaude ab, einem salicylsäurehaltigen Rosengewächs, das als Mädesüß bekannt ist. Aspirin wurde im 20. Jahrhundert zu einem der bekanntesten und meistverwendeten Arzneimittel – trotz nicht zu unterschätzender Nebenwirkungen. Bis heute wurden mehr als 100 Milliarden Aspirintabletten in aller Welt verkauft.

ASPIRIN IM MENSCHLICHEN KÖRPER Acetylsalicylsäure wird nach oraler Aufnahme im Dünndarm resorbiert und schnell in der Leber zu Salicylsäure *deacetyliert*. Das Ausscheiden der Salicylsäure und ihrer Stoffwechselprodukte erfolgt praktisch vollständig über den Urin. Der Wirkstoff hemmt die Bildung sogenannter **Prostaglandine**. Diese Hormongruppe ist einerseits an der Schmerzentstehung beteiligt, andererseits an der Aggregation, also dem Zusammenklumpen der Thrombozyten (Blutplättchen). Seiner blutverdünnenden Wirkung ist es zu verdanken, dass Aspirin nicht nur als Schmerzmittel eingesetzt werden kann, sondern auch zur Verhütung arterieller Thrombosen. Der Wirkmechanismus wurde 1971 von JOHN ROBERT VANE aufgeklärt. Dafür erhielt er 1982 den Nobelpreis für Medizin. Entscheidend ist das Enzym **Cyclooxygenase (COX)**, das die Bildung von Prostaglandinen katalysiert. Durch Acetylsalicylsäure wird ein Aminosäurerest in der Nähe des katalytischen Zentrums (Ser$_{530}$) von COX acetyliert (↑ 03). Die räumliche Veränderung bewirkt, dass das Enzym inaktiv wird (↑ Schlüssel-Schloss-Prinzip, S. 168).

PARACETAMOL – EINE ALTERNATIVE Acetylsalicylsäure stört den Aufbau der Magenschleimhaut und die Blutgerinnung. Schwer zu stillende Blutungen und schmerzhafte Magenschleimhautentzündungen können bei längerfristiger Einnahme die Folge

Acetylierung bzw. Deacetylierung: Austausch eines Wasserstoff-Atoms gegen eine Acetylgruppe bzw. umgekehrt

02 Acetylierung von Salicylsäure zu Acetylsalicylsäure

03 Wirkmechanismus von Acetylsalicylsäure (Aspirin)

sein. Eine Alternative insbesondere in der Kinderheilkunde ist **Paracetamol**, ebenfalls eine aromatische Verbindung, die schmerzlindernd und fiebersenkend wirkt und seit den 1950er Jahren eingesetzt wird. Im Gegensatz zu Acetylsalicylsäure handelt es sich hierbei nicht um einen Ester, sondern um ein Amid. Hergestellt wird Paracetamol durch N-Acetylierung von para-Aminophenol mit Essigsäureanhydrid (↑ 04). Anders als Acetylsalicylsäure hat der Wirkstoff kaum Wirkung auf die Cyclooxygenase und damit auch praktisch keine blutgerinnungshemmende Wirkung. Der genaue Wirkmechanismus von Paracetamol ist bis heute nicht vollständig erforscht. Bekannt ist lediglich, dass der schmerzstillende Effekt maßgeblich in Gehirn und Rückenmark zustande kommt.

ANALYSE MIT EISEN(III)-CHLORID Eine übliche Methode zur Unterscheidung von Acetylsalicylsäure und Salicylsäure ist die Zugabe von Eisen(III)-chloridlösung. Während die Acetylsalicylsäurelösung farblos bleibt, färbt sich die Salicylsäurelösung violett (↑ 05; ↑ Exp. 6.02, S. 212). Verantwortlich für die Violettfärbung ist ein *Eisenkomplex*, der sich nur ausbildet, wenn unveresterte Hydroxygruppen zur Verfügung stehen. Diese Strukturvoraussetzung ist auch bei Paracetamol gegeben. Lösungen von Paracetamol färben sich bei Zugabe von Eisen(III)-chlorid ebenfalls violett.

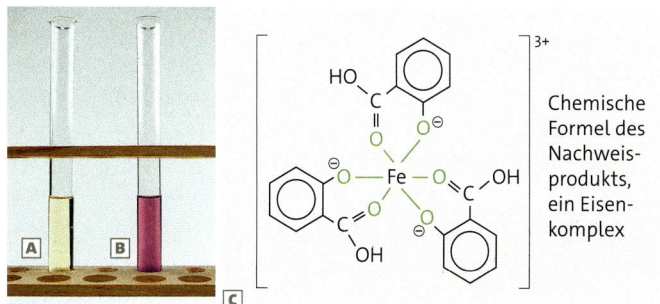

04 Acetylierung von para-Aminophenol zu Paracetamol

05 Unterscheidung von **A** Acetylsalicylsäure und **B** Salicylsäure, **C** Eisenkomplex

1〉 Bei der industriellen Herstellung von Salicylsäure nach dem Kolbe-Schmitt-Verfahren reagiert Phenol mit Kohlenstoffdioxid. Formulieren Sie eine zugehörige Reaktionsgleichung.

2〉 Recherchieren Sie, was man unter Säureanhydriden versteht. Formulieren Sie eine Reaktionsgleichung für die Bildung von Essigsäureanhydrid und geben Sie den Reaktionstyp an.

3〉 Vergleichen Sie die Moleküle von Acetylsalicylsäure und Paracetamol.

4〉 Eine lange Zeit offen gelagerte ASS-Tablette wird in Lösung gebracht. Bei Zugabe von Eisen(III)-chloridlösung beobachtet man eine Rotfärbung. Erklären Sie.

Komplexverbindungen ↑ S. 348 ff.

➕ Pharmazie – die Lehre der Arzneimittel

Schon seit jeher sind Menschen auf der Suche nach Stoffen, die Schmerzen lindern, Krankheiten heilen, das Leben verlängern oder gar Unsterblichkeit verleihen. Die Nutzung pflanzlicher Wirkstoffe hat dabei eine lange Tradition und reicht bis in die Antike zurück. Die gezielte Erforschung, Entwicklung und Erprobung von Arzneimitteln auf Grundlage naturwissenschaftlicher Erkenntnisse ist hingegen eine eher junge Disziplin. Erst im 19. Jahrhundert entstand die Pharmazie, die Lehre der Arzneimittel. Sie gilt heute als interdisziplinäre Wissenschaft, die vor allem chemische, biologische und medizinische Aspekte vereint.

Gegenwärtig werden in Deutschland über 20 000 verschiedene Arzneimittel verkauft. Sie werden in der sogenannten „Roten Liste" katalogisiert und gruppiert. Salicylsäure, Aspirin und Paracetamol sind Beispiele für aromatische Schmerzmittel (Analgetika). Auch in anderen Arzneimittelgruppen spielen aromatische Verbindungen eine wichtige Rolle. Pharmazie ohne Benzolring? Undenkbar!

Bezeichnung	Wirkung
Analgetika	lindern Schmerzen
Anästhetika	lähmen Teile des zentralen Nervensystems
Antibiotika	hemmen das Bakterienwachstum
Antihistaminika	lindern Entzündungen, Allergien
Antipyretika	senken Fieber
Chemotherapeutika	schädigen gezielt Zellen
Hypnotika	fördern Schlaf
Psychopharmaka	beeinflussen die Psyche

Praktikum

Herstellung und Untersuchung von Acetylsalicylsäure

EXP 6.01 Herstellung von Acetylsalicylsäure

Materialien Waage, Erlenmeyerkolben (100 mL) mit Stopfen, Wasserbad, Thermometer, Glasstab, Eiswasser, Wasserstrahlpumpe, Büchner-Trichter, Rundfilter, Saugflasche, Gummidichtung, Salicylsäure (5, 7), Essigsäureanhydrid (2, 5, 6), konzentrierte Schwefelsäure (5)

Durchführung Geben Sie in den Erlenmeyerkolben 5 g Salicylsäure, 5 mL Essigsäureanhydrid und einige Tropfen konzentrierte Schwefelsäure. Verschließen Sie den Erlenmeyerkolben und schütteln Sie so lange, bis eine Lösung entstanden ist.
Erhitzen Sie das Reaktionsgemisch im Wasserbad bei 60 °C für ca. 15 min und rühren Sie dabei das Reaktionsgemisch gelegentlich um.
Erhöhen Sie anschließend die Temperatur auf 80–90 °C und erhitzen Sie das Gemisch unter Umrühren für weitere 5 min.
Stellen Sie anschließend den heißen Kolben ins Eiswasser. Da die Löslichkeit der entstandenen Acetylsalicylsäure beim Abkühlen abnimmt, fällt hierbei schnell ein weißer Feststoff aus. Saugen Sie den Feststoff über den Büchner-Trichter ab.
Waschen Sie den Filterrückstand mit Eiswasser und lassen sie ihn anschließend trocknen.

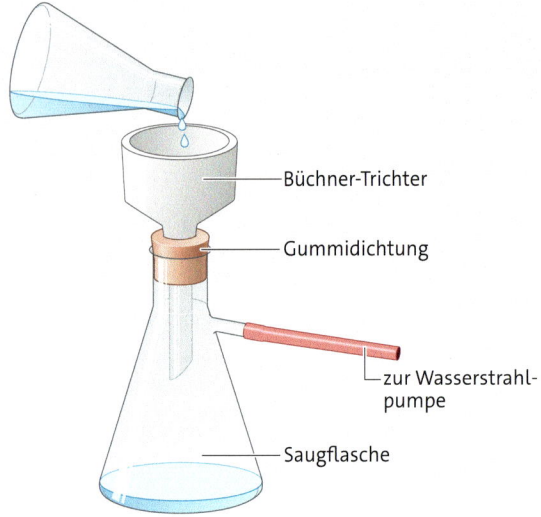

Entsorgung: Feste Rückstände mit Ethanol in Lösung bringen und in den Behälter für halogenfreie organische Abfälle geben.

Auswertung Formulieren Sie die zugehörige Reaktionsgleichung.

EXP 6.02 Untersuchung der Acetylsalicylsäure

Materialien Reibschale mit Pistill, 12 Reagenzgläser mit Ständer, Pipetten, Salicylsäure (5, 7), Acetylsalicylsäure (7), handelsübliche Aspirin- oder ASS-Tablette (7), Universalindikatorlösung (2, 7), Eisen(III)-chloridlösung (w = 3 %; 5, 7), Lugol'sche Lösung (8), demin. Wasser

Durchführung Geben Sie in die Reibschale eine handelsübliche Aspirin- bzw. ASS-Tablette und pulverisieren Sie diese mit dem Pistill.
Geben Sie das Pulver in Reagenzglas 1 und lösen Sie es in etwas Wasser.
Füllen Sie eine der Tablette entsprechende Menge an trockener, selbst hergestellter Acetylsalicylsäure in Reagenzglas 2 und lösen Sie sie ebenfalls in Wasser.
Geben Sie die etwa gleiche Menge an Salicylsäure in Reagenzglas 3 und lösen Sie sie ebenfalls in Wasser.

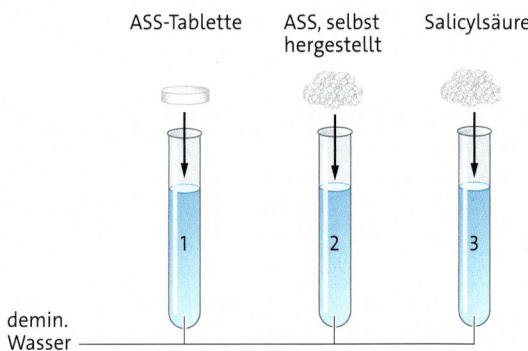

1. Entnehmen Sie aus jedem Reagenzglas einige mL der Lösung, geben Sie diese jeweils in ein weiteres Reagenzglas und stellen Sie mithilfe von Universalindikatorlösung jeweils den pH-Wert der Lösung fest.
2. Entnehmen Sie aus jedem Reagenzglas einige mL der Lösung, geben Sie diese in ein weiteres Reagenzglas und tropfen Sie jeweils etwas Lugol'sche Lösung zu.
3. Entnehmen Sie aus jedem Reagenzglas einige mL der Lösung, geben Sie diese in ein weiteres Reagenzglas und tropfen Sie jeweils etwas Eisen(III)-chloridlösung zu.
4. Erhitzen Sie Reagenzglas 1 für 10 min im Wasserbad bei ca. 70 °C. Tropfen Sie anschließend etwas Eisen(III)-chloridlösung dazu.

Entsorgung: Überschüssiges Iod aus Versuchsteil 2 bis zur Entfärbung mit Vitamin C versetzen. Lösungen ins Abwasser geben.

Auswertung Beschreiben und deuten Sie Ihre Beobachtungen.

Crystal Meth – eine Droge mit Geschichte

Ob in einer Prüfung oder beim Wettkampf – oft gelingen uns erst in einer Stresssituation Höchstleistungen. Dabei schüttet unser Körper vermehrt das Hormon **Adrenalin** aus. Adrenalin wie auch das in Pflanzen vorkommende **Ephedrin** und die synthetischen Stoffe **Amphetamin** und **Methamphetamin** weisen ähnliche Wirkungen auf die menschliche Herz-Kreislauf-Funktion auf. Bei steigender Herzfrequenz und beschleunigter Erregungsleitung stellt sich ein allgemeines Gefühl der Wachheit und des Aufgeputschtseins ein. Weitere Wirkungen kommen bei den einzelnen Stoffen hinzu. Auffällig ist, dass die Moleküle des Adrenalins, Ephedrins, Amphetamins und Methamphetamins ein ähnliches aromatisches Grundgerüst besitzen (↑ 01).

METHAMPHETAMIN ist ein weißes, bitter schmeckendes Pulver, das in Wasser und Ethanol löslich ist. Es wurde erstmals 1893 von dem japanischen Chemiker NAGAI NAGAYOSHI synthetisiert. 1938 kam es unter dem Handelsnamen Pervitin auf den Markt und wurde im Zweiten Weltkrieg von der deutschen Wehrmacht und auch von der zivilen Bevölkerung als aufputschende, Hunger und Schmerz unterdrückende Wunderpille konsumiert. In Form von „Panzerschokolade" hielt es Soldaten während des Blitzkriegs an der Westfront bis zu 60 Stunden ununterbrochen wach, bei gleichzeitig gesteigertem Selbstbewusstsein, minimierten Angstgefühlen und erhöhter Risikobereitschaft. Schnell wurde aber klar, dass sich durch die Einnahme eine starke Abhängigkeit einstellt. Nach dem Krieg wurde Pervitin als verschreibungspflichtiges Medikament gegen Depressionen und Übergewicht, noch häufiger jedoch als illegales Aufputschmittel in Beruf und Sport eingesetzt. Erst 1988 erfolgte das vollständige Verbot von Pervitin.

CRYSTAL METH Spätestens seit der TV-Serie „Breaking Bad" ist die Droge Crystal Meth in den Blickpunkt der Öffentlichkeit gelangt. Die kristalline Substanz wurde bereits in den 1920er Jahren aus Methamphetamin unter Einwirkung von Salzsäure als **Methamphetamin-Hydrochlorid** hergestellt. Es überwindet die Blut-Hirn-Schranke und stört im Gehirn den Neurotransmitterstoffwechsel, indem es die Wiederaufnahme des Neurotransmitters Dopamin aus dem synaptischen Spalt verhindert. Die Herstellung von Crystal Meth ist einfach und preiswert. Gleichzeitig ist es extrem suchterzeugend. Viele Drogenkonsumenten berichten, dass sie bereits beim ersten Mal abhängig wurden. Weil es die Ressourcen des Körpers aufbraucht, wird eine vernichtende Abhängigkeit erzeugt (↑ 02), die nur durch weiteren Konsum der Droge scheinbar gelindert werden kann. Viele sterben schließlich an den Folgen des Konsums.

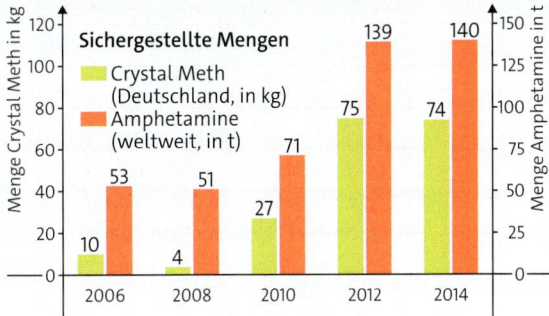

01 Ähnlichkeit der Moleküle der natürlichen Stoffe Adrenalin und Ephedrin mit den Drogen Amphetamin und Methamphetamin

Kurzzeitwirkung	Langzeitwirkung
• schneller Herzschlag, hoher Blutdruck, erhöhte Körpertemperatur • erweiterte Pupillen • Schlafstörungen • Appetitlosigkeit, Übelkeit • bizarres, fahriges, oft aggressives Verhalten • Halluzinationen, Panik • Neigung zu Krämpfen bis hin zum Tod	• irreversible Schädigungen der Blutgefäße • Leber-, Nieren-, Lungenschäden, Zerstörung der Nasenschleimhäute • Abszesse, Unterernährung • schwerer Zahnverfall • Desorientierung, Apathie • starke mentale Abhängigkeit, Psychosen, Depressionen, Demenz

02 Wirkungen des Konsums von Crystal Meth

03 Sichergestellte Drogen: Crystal Meth und Amphetamine

1⟩ Beschreiben und vergleichen Sie die Struktur der Moleküle in Bild ↑ 01.

2⟩ Stellen Sie eine Hypothese auf, wie es zu den ähnlichen Wirkungen von Adrenalin, Ephedrin, Amphetamin und Methamphetamin kommen kann.

3⟩ Bewerten Sie den Einsatz von Methamphetamin im Zweiten Weltkrieg.

4⟩ Beurteilen Sie die gefährdende Wirkung von Crystal Meth und Amphetaminen für die Bevölkerung (↑ 03).

6.12 Toxizität aromatischer Verbindungen

GHS 06 GHS 08

Alle Dinge sind Gift, und nichts ist ohne Gift: allein die Dosis macht, daß ein Ding kein Gift ist.

Aus: Paracelsus.
Das Buch Paragranum.
Septem Defensiones, 1538

01 Paracelsus von Hohenheim (1493–1541)

TOXIKOLOGIE Die Toxikologie (griech. *toxikologia*: Giftkunde) ist die Lehre der Giftstoffe und deren schädlicher Wirkung auf Lebewesen. Grundlegend für die Toxikologie ist die Erkenntnis, dass ein Stoff von vornherein weder giftig noch ungiftig ist, sondern dass vor allem die Aufnahmemenge (Dosis) für seine Gefährlichkeit bzw. für seine Unbedenklichkeit ausschlaggebend ist: *Die Dosis macht das Gift!* Dieses Prinzip war schon im 16. Jahrhundert bekannt und geht auf den Arzt und Naturforscher Paracelsus von Hohenheim zurück (↑ 01). Zur Beurteilung der Risiken, die mit der Aufnahme von Giftstoffen, der **Exposition**, einhergehen, spielen nach neuerer Einsicht neben der Dosis aber auch einige weitere Faktoren eine Rolle. Hierzu gehören:

- ob der Giftstoff kurzfristig in einer Einzeldosis aufgenommen wird und dann seine Wirkung entfaltet (**akute Giftwirkung**) oder ob eine kontinuierliche Exposition über einen längeren Zeitraum hinweg zu einem bestimmten Krankheitsbild führt (**chronische Giftwirkung**).
- ob die Aufnahme des Giftstoffs über den Mund (oral), über die Atmung (inhalativ) oder über die Haut (dermal) geschieht.
- die individuellen Eigenschaften des Lebewesens, das den Giftstoff aufnimmt, z. B. Spezies, Alter und Geschlecht.

AKUT TOXISCHE STOFFE Substanzen, die beim Menschen schon in kleiner Dosis schwerwiegende Gesundheitsschäden verursachen oder gar tödlich wirken, werden als **akut toxische Stoffe** bezeichnet. Zur Abschätzung der akuten Toxizität kann die **mittlere letale Dosis** (kurz: LD_{50}) angegeben werden. Das ist der Durchschnittswert der Dosis, die für 50 % einer im Tierversuch untersuchten Population, z. B. Ratten, bei oraler oder dermaler Aufnahme tödlich wirkt. Letale Dosen werden angegeben in Milligramm des Giftstoffs pro Kilogramm Körpergewicht.

Auf Basis der LD_{50}-Werte lassen sich vier **Gefahrenkategorien** ableiten, wobei die Gefährlichkeit von Kategorie I nach Kategorie IV abnimmt. Die Kennzeichnung akut toxischer Stoffe erfolgt durch das Totenkopf-Symbol (GHS 06) bzw. durch das Ausrufezeichen (GHS 07).

Unter den akut toxischen Stoffen sind bekannte Giftstoffe wie Kaliumcyanid („Zyankali"), Arsentrioxid („Arsenik") oder Acrylamid, aber auch einige in der Schule verwendete Chemikalien wie Brom, Chlor oder Methanol. Eine echte Fundgrube für akut toxische Substanzen ist die Stoffklasse der Aromaten. Besonders nitrierte aromatische Verbindungen sind problematisch, aber auch Anilin, Phenol, Benzaldehyd, Resorcin, Xylol und Styrol gehören in diese Gefahrenklasse (↑ 02).

> Schon kleine Dosen akut toxischer Stoffe sind gesundheitsschädlich oder sogar lebensbedrohlich. Nitrobenzol, Anilin, Phenol und viele andere Aromaten sind akut toxisch.

KMR-STOFFE Die Ursache chronischer Vergiftungen besteht meist darin, dass sich bestimmte Stoffe in der Luft am Arbeitsplatz oder in der Wohnung anreichern und so langfristig über die Atmung aufgenommen werden. Die Folgen sind mitunter gravierend, insbesondere dann, wenn die aufgenommenen Giftstoffe krebserregend (**k**arzinogen), erbgutverändernd (**m**utagen) oder fortpflanzungsschädigend (**r**eproduktionstoxisch) wirken. Nicht in allen Fällen ist das schädigende Potenzial eines solchen **KMR-Stoffs** eindeutig erwiesen, häufig gibt es diesbezüglich nur mehr oder weniger aussagekräftige Hinweise aus Tierstudien. Die Einschätzung des schädigenden Potenzials eines KMR-Stoffs erfolgt durch Zuordnung zu jeweils drei Gefahrenkategorien. Alle KMR-Stoffe sind mit dem GHS-Symbol für Gesundheitsgefahren (GHS 08) gekennzeichnet.

Der Umgang mit KMR-Stoffen im Chemieunterricht ist streng geregelt: Für Stoffe der Kategorien 1A und 1B besteht in der Regel sowohl für Schülerinnen und Schüler als auch für Chemielehrkräfte ein *Verwendungsverbot*. Für alle KMR-Stoffe ist außerdem zwingend eine **Ersatzstoffprüfung** durchzuführen, d. h., die Lehrkraft muss entscheiden, ob ein Experiment alternativ auch mit einem weniger problematischen Stoff durchgeführt werden kann. Viele aromatische Verbindungen wie Benzol, Toluol, Anilin oder Phenol sind KMR-Stoffe (↑ 03).

> Stoffe mit karzinogener, mutagener oder reproduktionstoxischer Wirkung werden als KMR-Stoffe bezeichnet. Beispiele: Benzol, Toluol, Anilin und Phenol.

EXPOSITION-RISIKO-BEZIEHUNG Die Gefährlichkeit eines krebserregenden Stoffs wird durch die **Exposition-Risiko-Beziehung (ERB)** ausgedrückt. Sie beschreibt den Zusammenhang zwischen der Konzentration des Stoffs in der Luft und der Wahrscheinlichkeit, dass bei dauerhafter Exposition im Verlauf des Lebens eine Krebserkrankung ausbricht. Bleibt die sogenannte **Akzeptanzkonzentration** unterschritten, so ist das expositionsbedingte Krebsrisiko akzeptabel gering. Wird der Wert überschritten, so erhöht sich das Risiko kontinuierlich. Bei Erreichen der sogenannten **Toleranzkonzentration** ist das Krebsrisiko aus gesetzlicher Sicht gerade noch tolerierbar. Eine weitere Überschreitung der Konzentration führt aber zu einem Erkrankungsrisiko, das z. B. am Arbeitsplatz als nicht mehr zumutbar eingeschätzt wird.

Bislang sind nur für wenige karzinogene Verbindungen Akzeptanz- und Toleranzwerte ermittelt worden, darunter auch Benzol. Der Bereich mittleren Risikos liegt hier bei Konzentrationen zwischen 0,2 mg pro Kubikmeter Luft (Akzeptanzkonzentration) und 1,9 mg pro Kubikmeter Luft (Toleranzkonzentration). Verdampft beispielsweise in einem Klassenzimmer mit einem Volumen von ca. 200 m³ ein Milliliter Benzol (880 mg), so ist die Toleranzkonzentration bereits deutlich überschritten. Allerdings sind nur diejenigen ernsthaft gefährdet, die sich jahrelang mehrere Stunden täglich in einem Raum mit einer solchen Benzolkonzentration aufhalten.

1⟩ Erklären Sie den Unterschied zwischen akuter und chronischer Giftwirkung.
2⟩ In einem Schulversuch soll mit Phenol experimentiert werden. Beschreiben Sie die Gesundheitsgefahren, die von diesem Stoff ausgehen, und geben Sie an, wie man sich davor schützen kann. Recherchieren Sie dazu die zugehörigen H-Sätze und P-Sätze (↑ S. 408 ff.).
3⟩ Benzol ist *aspirationstoxisch*. Recherchieren Sie, was es damit auf sich hat.

Einstufung in Gefahrenkategorie		Beispiele
Kategorie I	**lebensgefährlich** oral: LD$_{50}$ ≤ 5 mg/kg dermal: ≤ 50 mg/kg	2,4-Dinitroanilin 1,2- / 1,3- / 1,4-Dinitrobenzol 2-Methyl-4,6-dinitrophenol 1,3,5-Trinitrobenzol
Kategorie II	**lebensgefährlich** oral: LD$_{50}$ ≤ 50 mg/kg dermal: ≤ 200 mg/kg	1-Chlor-2,4-dinitrobenzol
Kategorie III	**giftig** oral: LD$_{50}$ ≤ 300 mg/kg dermal: ≤ 1000 mg/kg	Anilin Nitrobenzol Phenol 2,4-Dinitrophenol
Kategorie IV	**gesundheitsschädlich** oral: LD$_{50}$ ≤ 2000 mg/kg dermal: ≤ 2000 mg/kg	Benzaldehyd Resorcin Xylol Styrol

02 Akut toxische Aromaten

Einstufung in Gefahrenkategorie		Beispiele
Kategorie IA	schädliche Wirkung ist nachgewiesen i. d. R. Verwendungsverbot! Ersatzstoffprüfung!	Benzol (K)
Kategorie IB	schädliche Wirkung ist wahrscheinlich i. d. R. Verwendungsverbot! Ersatzstoffprüfung!	Benzol (M) Nitrobenzol (R)
Kategorie II	schädliche Wirkung wird vermutet Ersatzstoffprüfung!	Anilin (K/M) Nitrobenzol (K) Phenol (M) Toluol (R)

03 Aromatische KMR-Stoffe. K: karzinogen, M: erbgutverändernd, R: fortpflanzungsschädigend

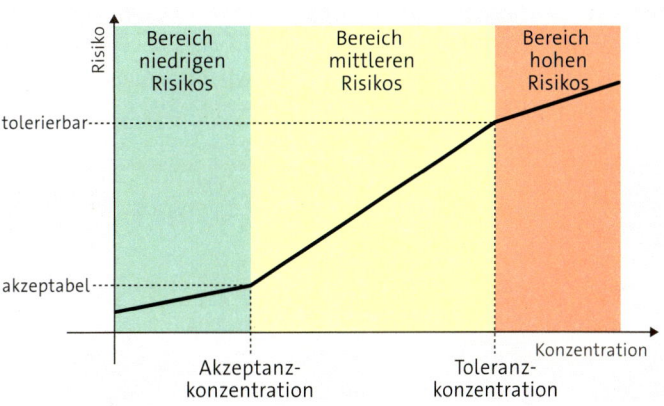

04 Exposition-Risiko-Beziehung

Klausurtraining

Material A Aromaten bei der Kunststoffsynthese

A1 Polyvinylchlorid

Polyvinylchlorid (PVC) ist ein Massenkunststoff, der beispielsweise zur Herstellung von Fensterprofilen und Kunststoffrohren verwendet wird. Auch Schallplatten – von Musikliebhabern bis heute als Kultobjekte verehrt – sind aus „Vinyl" gefertigt.

Polyvinylchlorid entsteht durch Polymerisation von Vinylchlorid (Chlorethen, C_2H_3Cl), das wiederum über 1,2-Dichlorethan zugänglich ist. Jährlich werden über 30 Millionen Tonnen Vinylchlorid für die Weiterverarbeitung zu PVC verbraucht.

A2 Cumylalkohol

Um die Polymerisationsreaktion auszulösen wird z. B. *Dicumylperoxid* verwendet. Als unerwünschtes Nebenprodukt der Polymerisation kann daraus *Cumylalkohol* (2-Phenylpropan-2-ol) entstehen, ein hautreizender Stoff, der in Verdacht steht, allergische Reaktionen auszulösen.
Zu Problemen führte dies in der Vergangenheit z. B. beim Tragen von Gummischuhen aus PVC, da hier über längeren Zeitraum Hautkontakt mit dem kontaminierten Kunststoff besteht.

Vinylchlorid

Dicumylperoxid

A3 Vergleich aromatischer KMR-Stoffe

Toxikologisch wesentlich bedenklicher als Cumylalkohol sind Dicumylperoxid und der namensgebende Alkylaromat *Cumol* (2-Phenylpropan):

Stoff	Gesundheits-gefahren	LD_{50} (Ratte, oral) in $mg \cdot kg^{-1}$	KMR (Kategorie)
Cumyl-alkohol	⚠	1300	/
Dicumyl-peroxid	⚠ ☣	4100	R (IA)
Cumol	⚠ ☣	1400	K (IB)

AUFGABEN ZU A

1 › Das als Ausgangsstoff für die PVC-Synthese eingesetzte 1,2-Dichlorethan (↑ **A1**) lässt sich durch Chlorierung von Ethen oder durch Chlorierung von Ethan gewinnen.
a Stellen Sie für beide Reaktionen eine Reaktionsgleichung auf. Verwenden Sie Strukturformeln.
b Geben Sie an, nach welchen Mechanismen die beiden Reaktionen ablaufen.
c Fertigen Sie für die Chlorierung von Ethen ein Energiediagramm an und begründen Sie den Kurvenverlauf.
d Bei der Chlorierung von Ethan entsteht in Spuren Butan. Erklären Sie diesen Sachverhalt.
e Begründen Sie, welche der Reaktionen für die gezielte Herstellung von 1,2-Dichlorethan besser geeignet ist.
f Durch Abspaltung eines Gases aus 1,2-Dichlorethan erhält man schließlich Vinylchlorid (↑ **A2**). Stellen hierfür eine Reaktionsgleichung auf. Verwenden Sie Strukturformeln.

2 › Das bei der Polymerisation entstehende Nebenprodukt 2-Phenylpropan-2-ol (Cumylalkohol, ↑ **A2**) ist gleichzeitig Ausgangsstoff für die Synthese des Polymerisationsstarters Dicumylperoxid. Es kann in drei Schritten synthetisiert werden:

Schritt [1]: Benzol und 2-Chlorpropan werden in Gegenwart von Aluminiumchlorid zu Cumol (2-Phenylpropan) umgesetzt.
Schritt [2]: Cumol wird mit Chlor zu Cumylchlorid (2-Chlor-2-Phenylpropan) umgesetzt.
Schritt [3]: Cumylchlorid wird in alkalischer Lösung zu Cumylalkohol umgesetzt. Kinetische Messungen zeigen, dass hierbei die Reaktionsgeschwindigkeit nicht vom pH-Wert abhängt.

a Stellen Sie für die Reaktionen der drei Schritte je eine Reaktionsgleichung auf. Verwenden Sie Strukturformeln.
b Geben Sie an, nach welchen Mechanismen die drei Reaktionen ablaufen.
c Geben Sie für die drei Reaktionen jeweils das angreifende Teilchen an und erklären Sie, wie es das Edukt-Molekül angreift.
d Im ersten Schritt entsteht als Zwischenprodukt ein mesomeriestabilisiertes Kation. Zeichnen Sie drei mesomere Grenzformeln dieses Kations.
e Begründen Sie, ob es im zweiten Schritt auch zu einer Chlorierung des Benzolrests kommen kann.
f Erklären Sie, welche Bedeutung im dritten Schritt die Information über die pH-Wert-Unabhängigkeit der Reaktionsgeschwindigkeit für die Zuordnung des Mechanismus hat.

3 › Beschreiben Sie die gesundheitlichen Gefahren, die von Cumylalkohol, Dicumylperoxid und Cumol ausgehen. Gehen Sie auf die Angaben in Tabelle ↑ **A3** ein.

Material B Synthese von Anisaldehyd

Anisaldehyd ist ein wichtiger Ausgangsstoff für die Synthese von Antihistaminika zur Behandlung von Allergien. Den Namen verdankt er seiner Gewinnung aus einer natürlichen Komponente im Anisöl, die für das typische Anisaroma verantwortlich ist. Anisaldehyd weist in seinen Molekülen eine zweite funktionelle Gruppe auf, die Methoxygruppe (–O–CH$_3$). Die Verbindung wird ausgehend von Toluol in *vier Schritten*, die im Folgenden nachvollzogen werden sollen, synthetisch hergestellt:

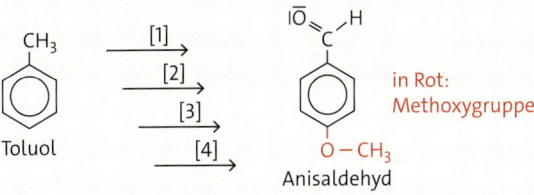

AUFGABEN ZU B

1) **Schritt [1]:** Bei der Umsetzung von Toluol mit Chlor in Gegenwart von Eisen(III)-chlorid als Katalysator entstehen u. a. para-Chlortoluol und Chlorwasserstoff.
   a Stellen Sie eine Reaktionsgleichung unter Verwendung von Strukturformeln auf.
   b Geben Sie an, nach welchem Mechanismus die Reaktion verläuft. Erläutern Sie den Mechanismus unter Verwendung geeigneter Strukturformeln.
   c Geben Sie an, welche weiteren Reaktionsprodukte hier entstehen können. Geben Sie eine begründete Einschätzung zur Produktverteilung.

2) **Schritt [2]:** Durch Reaktion von para-Chlortoluol mit Natronlauge bei 250 °C und 300 bar wird großtechnisch para-Methylphenol hergestellt.
   a Stellen Sie eine Reaktionsgleichung unter Verwendung von Strukturformeln auf.
   b Erläutern Sie, dass die Bildung von para-Methylphenol nach keinem der in diesem Kapitel vorgestellten Mechanismen (A$_E$, S$_R$, S$_E$, S$_N$) verläuft.

3) **Schritt [3]:** Durch Reaktion von para-Methylphenol mit Methanol entsteht eine aromatische Verbindung mit einer Methoxygruppe, das para-Methylanisol (C$_8$H$_{10}$O).
   a Stellen Sie eine Reaktionsgleichung unter Verwendung von Strukturformeln auf.
   b Erläutern Sie, wie mithilfe einer Farbreaktion para-Methylphenol und para-Methylanisol voneinander unterschieden werden können.

4) **Schritt [4]:** Durch Oxidation von para-Methylanisol (C$_8$H$_{10}$O) mit Salpetersäure (HNO$_3$) bildet sich schließlich Anisaldehyd. Als weitere Produkte entstehen Stickstoffmonooxid (NO) und Wasser.
   a Stellen Sie die zugehörigen Teilgleichungen für Oxidation und Reduktion sowie die *Redoxreaktionsgleichung* auf.
   b Erläutern Sie, mit welchen Produkten zu rechnen ist, wenn mit Nitriersäure statt mit Salpetersäure gearbeitet wird.

Material C Aromatischer Zustand

Ringförmige Moleküle können einen aromatischen Zustand aufweisen, also besonders stabil sein, wenn bestimmte Kriterien erfüllt sind. Das wichtigste Beispiel für ein aromatisches Molekül ist das Benzol-Molekül.
In der Abbildung sind die Strukturformeln von drei verschiedenen ringförmigen Molekülen angegeben:

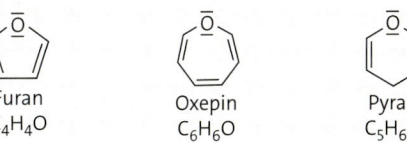

Furan C$_4$H$_4$O   Oxepin C$_6$H$_6$O   Pyran C$_5$H$_6$O

AUFGABEN ZU C

1) Die Stabilität des Benzol-Moleküls kann durch seine Mesomerieenergie in Zahlen gefasst werden. Sie beträgt 151 Kilojoule pro Mol.
   a Erklären Sie den Begriff Mesomerieenergie.
   b Erklären Sie, wie die Mesomerieenergie des Benzol-Moleküls ermittelt wird.

2) Der Physiker Erich Hückel hat 1931 allgemeine Kriterien für das Vorliegen eines aromatischen Zustands aufgestellt.
   a Nennen Sie diese Kriterien.
   b Erläutern Sie, dass das Furan-Molekül die Kriterien erfüllt.
   c Prüfen Sie, ob die anderen beiden Moleküle nach Hückel einen aromatischen Zustand aufweisen.

3) Aromatische Verbindungen reagieren anders mit Halogenen, als man es für ungesättigte Verbindungen wie Alkenen erwarten würde.
   a Erklären Sie diese Aussage am Beispiel der Reaktion von Benzol mit Brom.
   b Formulieren Sie Reaktionsgleichungen für die Reaktionen von Furan und Pyran mit Brom.

Auf einen Blick

Benzolring von KEKULÉ

Strukturvorschlag des deutschen Chemikers AUGUST KEKULÉ für das Benzol-Molekül (C_6H_6).

KEKULÉ postulierte 1865 ein regelmäßiges, ebenes Sechseck, bei dem die Kohlenstoff-Atome abwechselnd über C–C-Einfach- und C=C-Doppelbindungen verknüpft sind.

Elektrophile Addition (A_E)

Additionsreaktion, bei der ein Elektrophil eine C–C-Mehrfachbindung angreift.

Beispiel: Bromierung von Alkenen

Mechanismus:

1. Bildung des σ-Komplexes
2. Rückseitenangriff

Radikalische Substitution (S_R)

Substitutionsreaktion, bei der ein Radikal eine C–H-Einfachbindung angreift.

Beispiel: Bromierung von Alkanen

Mechanismus:

1. Bildung von Startradikalen
2. Kettenreaktion (↑ Bild)
3. Kettenabbruch

Benzol-Molekül

Benzol reagiert mit Brom weder nach dem Mechanismus der elektrophilen Addition noch nach dem Mechanismus der radikalischen Substitution.

Das Benzol-Molekül kann also weder mit C–C-Einfachbindungen noch mit C=C-Doppelbindungen gut beschrieben werden. Vielmehr handelt es sich im Benzol-Molekül um sechs gleichwertige C–C-Bindungen, die „irgendwo dazwischen" liegen. So ergibt sich ein regelmäßiges, ebenes Sechseck-Molekül.

Mesomerie

Es ist nicht möglich, die Bindungsverhältnisse von Molekülen mit delokalisierten π-Elektronen mit einer einzigen Lewis-Formel vollständig wiederzugeben. Dazu sind mindestens zwei **mesomere Grenzformeln** erforderlich, zwischen denen der „wahre" Zustand liegt. Zwischen zwei Grenzformeln wird der **Mesomeriepfeil** ⟷ gesetzt.

Im Benzol-Molekül werden die sechs delokalisierten π-Elektronen (in rot) mit einem Kreis symbolisiert (Ringsymbol).

Die Delokalisierung von π-Elektronen führt zur Stabilisierung der Moleküle (**Mesomeriestabilisierung**). Die „wahren" Moleküle haben also eine geringere Energie als jede zugehörige mesomere Grenzformel. Der Energieunterschied heißt **Mesomerieenergie**.

Die Mesomerieenergie des Benzol-Moleküls beträgt 151 kJ · mol^{-1}.

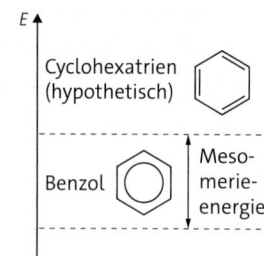

Stoffklasse der Aromaten

Stoffe, deren Moleküle einen **aromatischen Zustand** aufweisen, gehören zur Stoffklasse der **Aromaten**. Ein aromatischer Zustand liegt vor, wenn die Moleküle eine ebene Ringstruktur mit einem ringförmig geschlossenen π-Elektronensystem mit ($4n+2$) delokalisierten π-Elektronen aufweisen (**HÜCKEL-Regel**, $n = 0, 1, 2, …$).

Aromatische Moleküle können *ein-* oder *mehrcyclisch* sein. Die Ringgerüste können *mit* oder *ohne Heteroatomen* (z. B. O, N, S) aufgebaut sein.

▸ **Derivate des Benzols**	Stoffe, deren Moleküle einen Benzolrest als aromatischen Grundkörper tragen, werden als **Derivate** („Abkömmlinge") des Benzols bezeichnet. Nitrobenzol, Anilin, Salicylsäure, Acetylsalicylsäure, Terephthalsäure, Toluol, Phenol, Styrol, Benzaldehyd, Benzoesäure
▸ **Elektrophile Substitution (S_E)**	Substitutionsreaktion, bei der ein Elektrophil ein aromatisches Molekül angreift. *Beispiel:* Nitrierung von Benzol *Mechanismus:* 1. Bildung des σ-Komplexes 2. Deprotonierung und Re-aromatisierung
▸ **Elektrophile Zweitsubstitution**	Der Erstsubstituent X beeinflusst die Geschwindigkeit der Zweitsubstitution und die Position des Zweitsubstituenten im Molekül. Der **+M-Effekt** und der **+I-Effekt** eines Erstsubstituenten wirken aktivierend und dirigieren in ortho- und para-Position. Der **−M-Effekt** und der **−I-Effekt** eines Erstsubstituenten wirken desaktivierend und dirigieren in meta-Position. 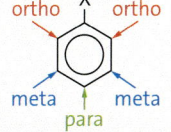
▸ **Nucleophile Substitution (S_N)**	Substitutionsreaktion, bei der ein Nucleophil ein Molekül mit geeigneter Abgangsgruppe angreift. *Beispiel:* Hydroxylierung eines Halogenalkans **Monomolekularer Mechanismus (S_N1)** 1. Bindungsspaltung und Bildung des Carbokations 2. Nucleophiler Angriff und Bindungsbildung **Bimolekularer Mechanismus (S_N2)** Bindungsspaltung und Bindungsbildung finden gleichzeitig statt.
▸ **Giftwirkung von Aromaten**	Grundsätzlich ist zwischen **akuter Toxizität** (Vergiftung aufgrund einmaliger Exposition) und **chronischer Toxizität** (Vergiftung aufgrund kontinuierlicher Exposition) zu unterscheiden. Aromaten können in beiderlei Hinsicht problematisch sein. *Beispiel:* Nitrobenzol kann schon in kleinen Dosen schwerwiegende Gesundheitsschäden verursachen, eine langfristige Exposition mit dem Stoff kann fortpflanzungsschädigend sein oder Krebs auslösen.   GHS 06 GHS 08

Übungsaufgaben

1) Im Deutschen ist die Bezeichnung „Benzol" immer noch üblich, obwohl nach der IUPAC-Nomenklatur die Bezeichnung „Benzen" vorgesehen ist. Diskutieren Sie, welcher Name den Stoff genauer beschreibt.

2) 1,2,4,5-Hexatetraen ist ein Kohlenwasserstoff, der wie Benzol die Summenformel C_6H_6 aufweist.
  a Zeichnen Sie die zugehörige Strukturformel.
  b Begründen Sie, welches Verhalten von 1,2,4,5-Hexatetraen gegenüber Brom zu erwarten ist. Vergleichen Sie mit Benzol

3) In einem Erlenmeyerkolben wird Styrol (Phenylethen, C_8H_8) mit einigen Tropfen Brom versetzt. Das Reaktionsgemisch entfärbt sich praktisch sofort.
  a Stellen Sie eine Reaktionsgleichung auf. Verwenden Sie Strukturformeln.
  b Benennen Sie den Mechanismus, nach dem die Reaktion abläuft. Erläutern Sie die einzelnen Schritte mithilfe von Reaktionsgleichungen.
  c Fertigen Sie ein Energiediagramm der Reaktion an. Zeichnen Sie die Moleküle der Edukte, Produkte und Zwischenprodukte an geeigneter Stelle ein.
  d Begründen Sie, warum bei der Reaktion die folgenden Produkt-Moleküle nicht entstehen können:

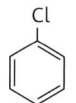

A   B

4) In einem Erlenmeyerkolben wird Ethylbenzol (C_8H_{10}) mit einigen Tropfen Brom versetzt. Nach Belichtung des Reaktionsgemischs, entfärbt es sich allmählich. Dabei bildet sich ein gasförmiger Stoff.
  a Stellen Sie eine Reaktionsgleichung auf. Verwenden Sie Strukturformeln.
  b Geben Sie an, welches Gas hier entsteht und beschreiben Sie, wie es nachgewiesen werden kann.
  c Benennen Sie den Mechanismus, nach dem die Reaktion abläuft. Erläutern Sie die einzelnen Schritte mithilfe von Reaktionsgleichungen.
  d Fertigen Sie ein Energiediagramm der Reaktion an. Zeichnen Sie die Moleküle der Edukte, Produkte und Zwischenprodukte an geeigneter Stelle ein.
  e Vergleichen Sie diese Reaktion mit der Reaktion aus Aufgabe 3. Geben Sie drei Gemeinsamkeiten und drei Unterschiede an.

5) In einem Erlenmeyerkolben wird Ethylbenzol (C_8H_{10}) mit einigen Tropfen Brom versetzt. In das Reaktionsgemisch wird zusätzlich Aluminiumbromid gegeben. Danach kommt es zur Entfärbung.
  a Stellen Sie eine Reaktionsgleichung auf. Verwenden Sie Strukturformeln.
  b Benennen Sie den Mechanismus, nach dem die Reaktion abläuft. Erläutern Sie die einzelnen Schritte mithilfe von Reaktionsgleichungen.
  c Fertigen Sie ein Energiediagramm der Reaktion an. Zeichnen Sie die Moleküle der Edukte, Produkte und Zwischenprodukte an geeigneter Stelle ein.
  d Vergleichen Sie diese Reaktion mit der Reaktion aus Aufgabe 4. Geben Sie drei Gemeinsamkeiten und drei Unterschiede an.

6) Die Hydroxygruppe im Phenol-Molekül reagiert stärker sauer als in Alkanol-Molekülen. Das ist damit zu erklären, dass das bei der Deprotonierung entstehende Phenolat-Anion mesomeriestabilisiert ist.
  a Erklären Sie den Begriff Mesomeriestabilisierung.
  b Zeichnen Sie vier mesomere Grenzformeln des Phenolat-Anions.

7) Begründen Sie, welche der folgenden Moleküle zu aromatischen Verbindungen zählen und welche nicht:
  a Chlorbenzol **b** 1,3-Cyclohexadien **c** Pyrylium-Kation

8) Bei der Umsetzung von Toluol mit Nitriersäure entsteht u. a. para-Nitrotoluol. Durch Hydrierung von para-Nitrotoluol entsteht para-Aminotoluol (para-Toluidin), ein wichtiger Ausgangsstoff zur Herstellung von Pharmazeutika, Farbstoffen und Pigmenten.
  a Geben Sie an, was man unter Nitriersäure versteht und welches reaktive Teilchen darin entsteht.
  b Stellen Sie für die Nitrierung und für die Hydrierung jeweils eine Reaktionsgleichung auf. Verwenden Sie Strukturformeln.
  c Bei der Nitrierung von Toluol entsteht nur in sehr geringem Maße meta-Nitrobenzol. Erläutern Sie diesen Sachverhalt mithilfe geeigneter mesomerer Grenzformeln von Toluol.
  d Um zu para-Nitrotoluol zu gelangen, könnte auch Nitrobenzol alkyliert werden. Beurteilen Sie diesen Syntheseweg.
  e para-Toluidin wird als akut toxisch (oral, Kategorie III) und als KMR-Stoff (karzinogen, Kategorie II) eingestuft. Erklären Sie diese Einstufung und beschreiben Sie die mögliche Gesundheitsgefährdung durch diesen Stoff.

Übungsaufgaben (Lösungen im Anhang ↑ S. 386 ff.)

9) Salicylsäure (2-Hydroxybenzolcarbonsäure) ist eine der bekanntesten aromatischen Verbindungen.
 a Zeichen Sie eine Strukturformel des Salicylsäure-Moleküls.
 b Beschreiben Sie die Bedeutung und Verwendung von Salicylsäure.

10) Benzoesäure und Benzolsulfonsäure werden im großtechnischen Maßstab synthetisiert.
 a Erläutern Sie jeweils den Syntheseweg mithilfe geeigneter Reaktionsgleichungen.
 b Beschreiben Sie die Bedeutung und Verwendung dieser Verbindungen.

11) Weichmacher sind Stoffe, die insbesondere Kunststoffen zugesetzt werden, um sie biegbar und dehnbar zu machen und bestimmte Gebrauchseigenschaften zu erreichen. Ein wichtiger Vertreter der Weichmacher ist Dibutylphthalat:

Beschreiben Sie wie dieser Stoff ausgehend von ortho-Xylol hergestellt werden kann.

12) 2-Chlor-2-phenylpropan reagiert in alkalischer Lösung nach dem S_N1-Mechanismus.
 a Stellen Sie eine Reaktionsgleichung auf. Verwenden Sie Strukturformeln.
 b Erläutern Sie die einzelnen Schritte des S_N1-Mechanismus mithilfe von Reaktionsgleichungen.
 c Erklären Sie, was es mit der „1" in der Bezeichnung „S_N1" auf sich hat.
 d Fertigen Sie ein Energiediagramm der Reaktion an. Zeichnen Sie die Moleküle der Edukte, Produkte und Zwischenprodukte an geeigneter Stelle ein.

13) Weltweit werden jährlich etwa 5 Mio. Tonnen Anilin (Aminobenzol) hergestellt. Etwa 10 % davon werden zu Dianilinmethan weiterverarbeitet.

Der Ausschuss für Gefahrstoffe hat hinsichtlich der Exposition-Risiko-Beziehung für Dianilinmethan folgende Daten ermittelt: Akzeptanzkonzentration: 0,07 mg/m³, Toleranzkonzentration: 0,7 mg/m³.
 a Formulieren Sie eine Reaktionsgleichung für die Gewinnung von Dianilinmethan ausgehend von Anilin und Methanal (CH_2O).
 b Erklären Sie an diesem Beispiel, was es mit den Begriffen Akzeptanz- und Toleranzkonzentration auf sich hat.

Mithilfe dieses Kapitels können Sie:	Aufgabe	Hilfe finden Sie auf Seite
• die Mechanismen der elektrophilen Addition und der radikalischen Substitution erläutern	3, 4	193–195
• die besondere Reaktivität aromatischer Verbindungen ausgehend von der Bindungssituation im Benzol-Moleküle erklären	1, 2, 6	196–197
• die Zugehörigkeit einer Verbindung zur Stoffklasse der Aromaten begründen	7	198–199
• den Mechanismus der elektrophilen Substitution an Aromaten erläutern und die Auswirkung eines Substituenten auf das weitere Reaktionsverhalten erklären	5, 8	200–201; 204–205
• Vorkommen, Herstellung, Bedeutung und Verwendung von Benzol und technisch wichtigen Benzolderivaten erläutern	10, 11	202–203; 210–211
• den Mechanismus der nucleophilen Substitution erläutern	12	206–207
• am Beispiel aromatischer Verbindungen die mögliche Gesundheitsgefährdung durch einen Stoff beschreiben	8e, 13	214–215

Wer Getränkekisten tragen muss, ist froh, wenn die darin befindlichen Flaschen aus Kunststoff sind. Wir nutzen diese leichten, stabilen und in allen Formen sowie Farben herstellbaren Einweg- und Mehrwegverpackungen täglich für viele Lebensmittel. Da die Ausgangssttoffe für die meisten Kunststoffe jedoch nur begrenzt vorhanden sind, müssen entsprechende Recyclingmethoden angewendet werden – vor allem auch, um die Umwelt vor einem rasanten Anstieg von Kunststoffabfällen zu schützen.

Kunststoffe 7

Synthetische makromolekulare Stoffe

Struktur und Eigenschaften der Polymere
- Thermoplaste
- Duromere
- Elastomere

Herstellungsarten
- Polykondensation
- Kettenpolymerisation
- Polyaddition

Verwertung von Kunststoffabfällen
- Rohstoffliches Recycling
- Werkstoffliches Recycling
- Thermisches Verwerten

Kunststoffe für spezielle Anwendungen
- Verbundwerkstoffe
- Membransysteme
- Superabsorber
- Biokunststoffe

01 Von fast 6 Mio. Tonnen Kunststoffabfällen werden in Deutschland 2,7 Mio. Tonnen werk- und rohstofflich genutzt. Aus Polyethenabfällen werden beispielsweise Getränkekästen hergestellt.

7.1 Ein erster Blick in die Welt der Kunststoffe

02 PET-Einwegflasche und -Mehrwegflasche im direkten Vergleich: *ein* Kunststoff – aber vollkommen unterschiedliche mechanische Eigenschaften

01 PET – ein Kunststoff kann unterschiedliche Anforderungen an seine Stoffeigenschaften für unterschiedliche Verwendungen ermöglichen.

EIN KUNSTSTOFF – VERSCHIEDENE EIGENSCHAFTEN Einweggetränkeflaschen werden aus dem Kunststoff **Polyethylenterephthalat**, kurz: **PET**, hergestellt. Sie sind meist sehr dünnwandig und einfach mechanisch zu verformen. Das Verhalten ähnelt einer wenige Zehntelmillimeter dicken Kunststofffolie. Doch auch die dickwandigeren, sehr viel formstabileren Mehrwegflaschen aus Kunststoff werden aus PET gefertigt (↑ **02**).
Weniger bekannt ist, dass PET in Form von Fasern als Material für Rucksäcke, Skibekleidung, Fleece-Decken oder als Füllmaterial von Stofftieren eingesetzt wird (↑ **01**).

Die vielen unterschiedlichen Anwendungen sprechen für verschiedene Eigenschaften ein und desselben Kunststoffs – PET scheint nicht gleich PET zu sein. Offensichtlich lassen sich die Stoffeigenschaften des Kunststoffs PET nicht ohne Weiteres eindeutig bestimmen.
Dies liegt unter anderem daran, dass die Verarbeitung eines Kunststoffs einen wesentlichen Einfluss auf die späteren Eigenschaften des Werkstoffs hat. So verhält sich ein Kunststoff, der zu einer Faser gezogen wurde, ganz anders als eine Folie oder ein kompakt gegossenes Werkstück aus ein und demselben Material (↑ **02**).

> Im Gegensatz zu „klassischen Stoffen" lassen sich die Stoffeigenschaften eines Kunststoffs nicht eindeutig angeben. Zur exakten Beschreibung sind weitere Informationen, beispielsweise die Art der Kunststoffverarbeitung, erforderlich.

Video: Thermoplastischer Kunststoff im 3D-Drucker

ENTSCHEIDENDES WERKSTOFFKRITERIUM: DIE MECHANISCHEN EIGENSCHAFTEN Zur Beschreibung der mechanischen Eigenschaften von Werkstoffen betrachtet man deren Verformbarkeit bei Einwirkung einer Kraft. Lässt sich der Werkstoff verformen und kehrt er nach Wegfall der Krafteinwirkung in seine ursprüngliche Form zurück, spricht man von **elastischem Verhalten**, z. B. bei Gummi. Ist die Elastizität gering bis gar nicht ausgeprägt, spricht man von **sprödem Verhalten**, z. B. bei Glas oder Salzen. Kehrt ein Werkstoff nach Wegfall einer Krafteinwirkung nicht in seine ursprüngliche Form zurück, wird dies als **plastische Verformung** bezeichnet. Beispiele dafür sind Knete oder Metalle.

EINTEILUNG VON KUNSTSTOFFEN AUFGRUND IHRER MECHANISCHEN EIGENSCHAFTEN Für Bastelarbeiten oder zur schnellen Reparatur von Gegenständen eignen sich Schmelzklebstoffe (Heißkleber) aufgrund ihrer einfachen Handhabung sehr gut. Der Schmelzklebstoff ist ein Kunststoff, der in Stangenform vertrieben wird. Der Kunststoff wird in der Heißklebepistole bei ca. 180 °C geschmolzen. Nach dem Abkühlen zeigt der Klebstoff dieselben Eigenschaften wie die ursprünglich eingesetzte Kunststoffstange. Bei Kunststoffen, die sich nur im erhitzten Zustand plastisch verformen lassen, spricht man von **Thermoplasten** (↑ **03**).

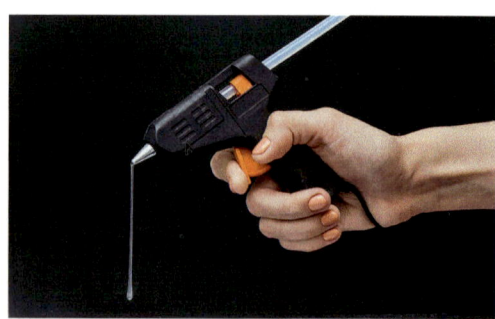

03 Heißkleber – ein thermoplastischer Kunststoff

04 Pfannengriffe bestehen aus Duromeren, die offensichtlich einer gewissen Hitze widerstehen können.

Lässt man eine Pfanne mit einem Kunststoffgriff fallen, passiert es leicht, dass der Griff zerbricht oder Teile absplittern. Er zeigt sprödes Verhalten. Gegenüber Hitzeeinwirkung zeigen diese Kunststoffe, die zur Herstellung von Griffen von Pfannen und Töpfen eingesetzt, werden keinerlei plastische Verformung (↑ 04). Erst bei sehr hohen Temperaturen beginnt der Kunststoff sich zu zersetzen, er „verkohlt".

Kunststoffe mit diesen Eigenschaften müssen in ihrer endgültigen Form durch „Aushärten" synthetisiert werden, weshalb sie als **Duromere** (lat. *duro*: härten; griech. *méros*: Teil) bezeichnet werden.

Haushaltsgummis zeigen elastisches Verhalten. Hitzeeinwirkungen gegenüber verhalten sie sich wie Duromere: Ein Schmelzen ist nicht zu beobachten, bei sehr hohen Temperaturen beginnt die Zersetzung. Derartige Kunststoffe werden der Klasse der **Elastomere** zugeordnet (↑ 05).

> Aufgrund ihrer mechanischen Eigenschaften lassen sich Kunststoffe in Thermoplaste, Duromere und Elastomere einteilen.

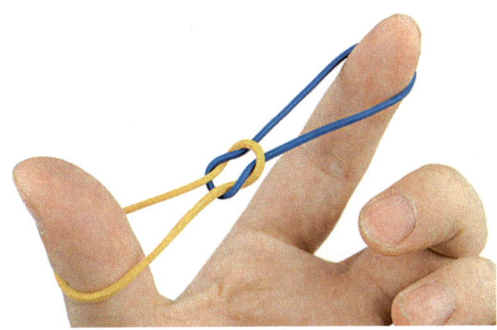

05 Haushaltsgummis werden aus Elastomeren gefertigt.

SYNTHETISCHE MAKROMOLEKÜLE Weshalb werden „Kunststoffe" als eine Stoffgruppe betrachtet, obwohl sich Duromere, Elastomere und Thermoplaste in ihren Stoffeigenschaften grundlegend unterscheiden? Und wie lässt es sich erklären, dass ein und derselbe Kunststoff gänzlich unterschiedliche Stoffeigenschaften zeigen kann (↑ 01, 02)?

Antworten auf diese Grundsatzfragen liefert der molekulare Aufbau von Kunststoffen. Um 1920 postulierte HERMANN STAUDINGER, dass Kunststoffe aus riesigen, mehr als 100 000 Atome umfassenden Molekülen bestehen. Dafür führte er den Begriff **Makromolekül** ein. Weiterhin nahm er einen kettenförmigen (linearen) Aufbau der Makromoleküle aus sich wiederholenden Einheiten an. Für seine Arbeiten auf dem Gebiet der makromolekularen Stoffe wurde er 1953 mit dem Nobelpreis für Chemie ausgezeichnet (↑ 06).

VOM MONOMER ZUM POLYMER Die Grundstruktur der Makromoleküle, aus denen Kunststoffe aufgebaut sind, können als *lineare Ketten* betrachtet werden. Sie entstehen bei der Synthese aus kleinen Molekülen, die in Kettenreaktionen durch Elektronenpaarbindungen verknüpft werden. Man nennt diese „Bausteinmoleküle" **Monomere**, die sich in chemischen Reaktionen zu **Polymerketten** bzw. **Polymeren** verbinden. Dieses Prinzip findet sich analog bei Naturstoffen, die ebenfalls aus Makromolekülen aufgebaut sind. Sind die Polymerketten frei beweglich, beispielsweise in einer Schmelze, liegen diese in *ungeordneten Knäueln* vor. Dieser Zustand ist energetisch am günstigsten.

Die sich stark unterscheidenden Stoffeigenschaften von Kunststoffen lassen sich über die Anordnung und die Länge der Polymerketten in den Kunststoffen erklären, was Gegenstand dieses Kapitels ist.

> Kunststoffe bestehen aus Polymerketten, die in einer chemischen Reaktion aus Monomeren gebildet werden. Die Länge der Ketten und die Anordnung zueinander sind für die Stoffeigenschaften wesentlich.

1) Beschreiben Sie das mechanische Verhalten von Duromeren, Elastomeren und Thermoplasten und geben Sie jeweils ein Beispiel eines Kunststoffs aus dem Alltag an.
2) Berechnen Sie die Anzahl an Monomereinheiten (C_2H_4) in den Polymer-Molekülen einer Polyethenprobe mit der molaren Masse $M = 140\,000$ g·mol^{-1}.

06 HERMANN STAUDINGER beschrieb als Erster Makromoleküle und erhielt dafür 1953 den Nobelpreis für Chemie.

Modell einer Polymerkette in linearer Form

bzw. in geknäuelter Form

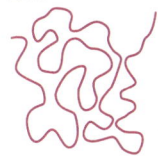

Natürlich vorkommende Polymere: Polypeptide und Proteine ↑ S. 163 ff.; Kohlenhydrate (Polysaccharide) ↑ S. 152 ff.

7.2 Molekülstruktur und Eigenschaften von Kunststoffen

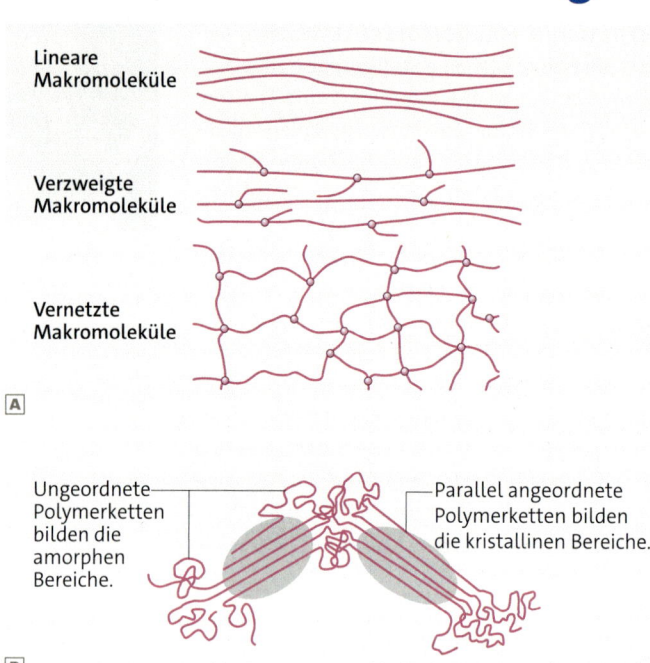

01 **A** Struktur von Makromolekülen, **B** kristalline und amorphe Bereiche in einem Kunststoff

Chemische Wechselwirkungen ↑ S. 334 ff.

Der Begriff „Polymer" wird synonym für „Polymerkette", aber auch für „Kunststoffe" allgemein verwendet.

RÄUMLICHE ANORDNUNG DER MAKROMOLEKÜLE Die Stoffeigenschaften von Kunststoffen resultieren aus der Anordnung der Polymerketten zueinander. Es lassen sich lineare (kettenförmige, unverzweigte), **verzweigte** sowie **vernetzte** Makromoleküle unterscheiden. Bei vernetzten Makromolekülen liegen im Idealfall keine einzelnen Polymerketten, sondern nur noch ein Gesamtmakromolekül vor.

Bei verzweigten Makromolekülen sind es lineare, separate Polymerketten, die im Verhältnis zur Hauptkette einzelne, kurze Seitenzweige aufweisen (↑ 01**A**).

AMORPHE UND KRISTALLINE BEREICHE Die linearen Kettenabschnitte von Makromolekülen können unterschiedlich orientiert vorliegen. Treten einheitliche, regelmäßige Strukturen auf, spricht man von **kristallinen** Bereichen. Entspricht die Struktur dagegen der statistischen, d. h. „regellosen" geknäuelten Anordnung, wie sie frei bewegliche Polymerketten einnehmen, wird der Bereich als **amorph** bezeichnet (↑ 01**B**). In **teilkristallinen** Polymeren finden sich kristalline und amorphe Bereiche. Weist ein Kunststoff einen hohen Anteil an kristallinen Bereichen auf, zeigt sich dies an seiner Härte (↑ Exp. 7.01, S. 229).

STRUKTUR VON THERMOPLASTEN Thermoplaste liegen in der Regel als teilkristalline Polymere vor. Sie bestehen aus linearen oder nur wenig verzweigten Makromolekülen. Zwischen den Polymerketten können je nach chemischem Aufbau der Kette *Wechselwirkungen* zwischen permanenten Dipolen (Keesom-Wechselwirkungen) oder temporären Dipolen (London-Wechselwirkungen) bzw. Wasserstoffbrücken auftreten.

Beim Erwärmen des Kunststoffs erhöht sich die Bewegungsenergie der Makromoleküle, wodurch die zwischenmolekularen Wechselwirkungen überwunden werden und die Makromoleküle aneinander vorbeigleiten können. Dadurch erweicht der Kunststoff, fängt schließlich an zu schmelzen und wird plastisch. In diesem Zustand lassen sich *thermoplastische Kunststoffe* leicht verformen und behalten nach Abkühlung ihre neue Form bei (↑ Exp. 7.02, S. 229).

Oberhalb des Fließtemperaturbereichs zersetzt sich der Thermoplast, da die Elektronenpaarbindungen innerhalb der Makromoleküle aufbrechen (↑ 02). Da sich das Aufschmelzen und das In-die-neue-Form-Bringen unterhalb der Zersetzungstemperatur beliebig oft wiederholen lässt, zählen thermoplastische Kunststoffe zu den am häufigsten verwendeten Kunststoffen.

> Thermoplaste erweichen beim Erwärmen und lassen sich verformen. Abgekühlt behalten sie die gegebene Form bei. Sie sind aus linearen Polymerketten aufgebaut, die durch zwischenmolekulare Wechselwirkungen zusammengehalten werden.

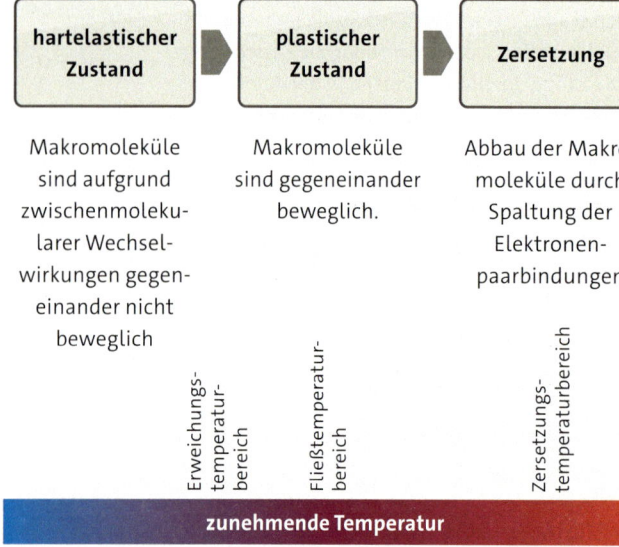

02 Verhalten von Thermoplasten beim Erwärmen

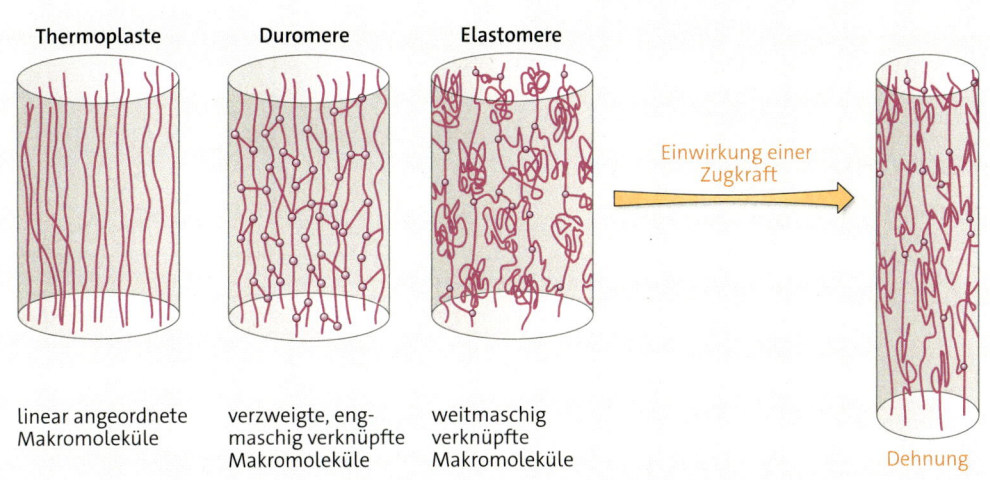

Übung: Duromer, Thermoplast oder Elastomer?

03 Anordnung der Makromoleküle in den Kunststoffarten Thermoplaste, Duromere und Elastomere

STRUKTUR VON DUROMEREN Duromere sind aus engmaschig vernetzten Makromolekülen aufgebaut. Die dreidimensionale Vernetzung erfolgt durch Elektronenpaarbindungen zwischen den linearen Polymerketten. Beim Erwärmen erhöht sich zunächst nur die Bewegungsenergie der Makromoleküle, wobei die netzartige Struktur beibehalten wird. Bei stärkerer Erhitzung zersetzt sich der Kunststoff, da die Elektronenpaarbindungen innerhalb der Makromoleküle aufbrechen.

Duromere lassen sich mechanisch nicht verformen, da die Polymerketten räumlich fixiert sind. Auch ein Aufschmelzen wie bei Thermoplasten ist nicht möglich, da die chemische Vernetzung ein Aneinandervorbeigleiten der Polymerketten verhindert (↑ Exp. 7.02, S. 229). Daher müssen Duromere bereits bei der Herstellung ihre endgültige Form erhalten, die anschließend nur noch durch Sägen oder Schleifen bearbeitet werden kann.

Da dieses Verfahren im Vergleich zum Aufschmelzen eines Thermoplasts sehr viel aufwendiger ist, kommen Duromere nur noch in wenigen Fällen zum Einsatz. Aufgrund der Tatsache, dass sie bei Erwärmung formstabil bleiben, werden Duromere als Gehäuse für elektrische Bauteile verwendet.

> Duromere sind Kunststoffe, die nicht schmelzbar sind. Sie müssen bei der Herstellung in ihre endgültige Form gebracht werden. Sie sind aus engmaschig vernetzten Makromolekülen aufgebaut.

STRUKTUR VON ELASTOMEREN Ebenso wie bei den Duromeren sind die weitmaschig vernetzten Makromoleküle der **Elastomere** durch Elektronenpaarbindungen miteinander verbunden. Bei Einwirken einer Zugkraft werden die geknäuelt vorliegenden Polymerketten zwischen den Vernetzungspunkten in einen sortierten Zustand gebracht. Da die ungeordnete Struktur („Knäuel") *energetisch günstiger* ist als die geordnete, wirkt eine Rückstellkraft, die das Elastomer in seine Ausgangsform zurückführt (↑ Exp. 7.04, S. 229).

Entropische Effekte ↑ S. 40 f.

Erst bei stärkerer mechanischer Beanspruchung oder bei starker Erwärmung brechen die Elektronenpaarbindungen auf und der Kunststoff zerreißt oder zersetzt sich (↑ Exp. 7.06, S. 229). Elastomere zeichnen sich durch eine hohe Elastizität aus. Sie werden deshalb in Reifen, Gummiringen oder Sitzpolstern eingesetzt.

> Elastomere sind Kunststoffe, die bei mechanischer Belastung ihre Form verändern. Anschließend kehren sie in ihre Ausgangsform zurück. Sie sind aus weitmaschig vernetzten Makromolekülen aufgebaut.

1) Beschreiben Sie die molekulare Struktur der Thermoplaste, Duromere und Elastomere.
2) Erstellen Sie eine tabellarische Übersicht, in der Sie das Verhalten von Thermoplasten, Duromeren und Elastomeren beim Erwärmen vergleichen und den Veränderungen ihrer molekularen Struktur gegenüberstellen.

Polymolekularität bei Kunststoffen

Kunststoff	Schmelzbereich in °C
Polyethylenterephthalat (PET) I	235–245
Polyethylenterephthalat (PET) II	250–260
Polyethen mit geringer Dichte (LDPE)	105–120
Polyethen mit hoher Dichte (HDPE)	125–135
Polyamid 6 (PA 6)	215–225
Polystyrol (PS)	235–250

01 Schmelzbereiche einiger thermoplastischer Kunststoffe

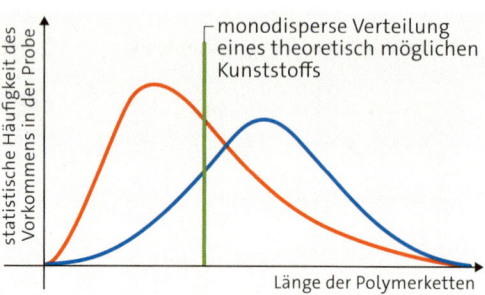

02 Statistische Verteilung der Längen der Polymerketten von zwei Kunststoffproben und eine monodisperse Verteilung eines nur theoretisch möglichen Kunststoffs

Für thermoplastische Kunststoffe lassen sich nur Schmelzbereiche angeben, keine exakten Schmelztemperaturen (↑ 01). Zudem lassen sich für einen Kunststoff „Sorten" mit verschiedenen Eigenschaften finden, wie das Beispiel der harten und der weichen PET-Flaschen zeigt (↑ 02, S. 224). Wie können diese Phänomene erklärt werden?

ZWISCHENMOLEKULARE WECHSELWIRKUNGEN
Bei der Charakterisierung *niedermolekularer Stoffe* lassen sich viele Stoffeigenschaften, z. B. Schmelz- und Siedetemperaturen, über den Aufbau der Moleküle und die Wechselwirkungen zwischen den Molekülen erklären. *Beispiele*:

Zwischen *Wasser-Molekülen* können Wasserstoffbrücken ausgebildet werden. Aufgrund dieser sehr starken zwischenmolekularen Wechselwirkungen lassen sich die Wasser-Moleküle nur unter hohem Energieaufwand separieren. Dies erklärt die hohe Siedetemperatur von Wasser. Bei *Methan-Molekülen* treten nur schwächere Wechselwirkungen zwischen temporären Dipolen (London-Wechselwirkungen) auf, weshalb Methan eine sehr niedrige Siedetemperatur besitzt. Diese Überlegungen lassen sich prinzipiell auch auf Kunststoffe übertragen. Auch hier treten *zwischenmolekulare Wechselwirkungen* zwischen den Makromolekülen auf.

POLYMOLEKULARITÄT Im Gegensatz zu den Molekülen niedermolekularer Stoffe lassen sich Polymer-Moleküle jedoch nicht eindeutig beschreiben. Die Synthese von Polymerketten aus Monomeren erfolgt in nicht exakt steuerbaren *Kettenreaktionen*. Zwar sind alle entstehenden Polymerketten chemisch identisch aus denselben Wiederholungseinheiten aufgebaut, sie unterscheiden sich jedoch in ihrer Kettenlänge. Es entsteht ein statistisch verteiltes Gemisch unterschiedlich langer Moleküle, man spricht von **Polymolekularität** (↑ 02).

Einige Typische Eigenschaften von:
Wasser (H_2O)
$\vartheta_S = 0\ °C$
$\vartheta_V = 100\ °C$
→ *bei Raumtemperatur flüssig*
Methan (CH_4)
$\vartheta_S = -182\ °C$
$\vartheta_S = -161{,}5\ °C$
→ *bei Raumtemperatur gasförmig*

Chemische Wechselwirkungen
↑ S. 38 ff.

Kettenreaktionen
↑ S. 232 f.

POLYDISPERSITÄT Durch die Synthesebedingungen kann Einfluss darauf genommen werden, ob im Mittel eher kurz- oder langkettige Makromoleküle entstehen. Man spricht bei der Längenverteilung von **Polydispersität** (lat. *dispergere*: zerstreuen). Theoretisch könnte ein Kunststoff mit exakt gleich langen Molekülen erzeugt werden, der dann eine monodisperse Verteilung zeigen würde (↑ 02).

EINFLUSS AUF DIE KRISTALLINITÄT Sowohl die Breite der Verteilung als auch die absoluten Kettenlängen haben Einfluss auf die Möglichkeit zur Ausbildung kristalliner Bereiche. In diesen ist die *Wechselwirkungsdichte*, also der Anteil an Bereichen, bei denen die Makromoleküle miteinander wechselwirken können, sehr viel höher als in amorphen Bereichen (↑ 03). Die Wechselwirkungsdichte ist – analog zu den niedermolekularen Stoffen – entscheidend für die Schmelztemperatur. Neben der Polydispersität hat die **chemische Struktur der Polymerkette** und damit zusammenhängend die Regelmäßigkeit im Aufbau der Polymerkette wesentlichen Einfluss auf die Kristallinität eines Kunststoffs.

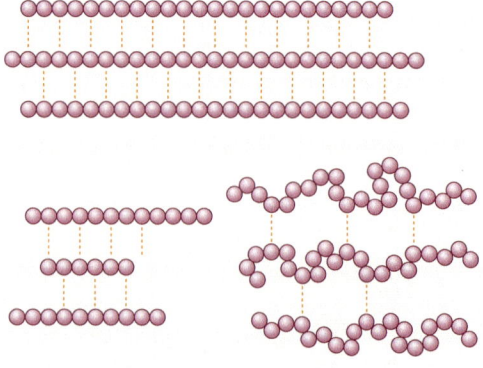

03 Wechselwirkungsdichte innerhalb der kristallinen Bereiche zweier verschieden disperser Kunststoffe sowie innerhalb eines amorphen Bereichs (Schema)

Praktikum

Eigenschaften von Kunststoffen

EXP 7.01 Verformbarkeit und Ritzprobe

Materialien Kunststoffproben, Nagel

Durchführung Versuchen Sie, die verschiedenen Kunststoffproben mit den Fingern erst zu verformen und dann zu zerbrechen.
Führen Sie mit dem Nagel eine Ritzprobe durch.
Entsorgung: Kunststoffproben für weitere Versuche verwenden.

Auswertung Erstellen Sie eine tabellarische Übersicht zur beobachteten Verformbarkeit sowie Bruch- und Ritzfestigkeit der einzelnen Kunststoffproben (halogenfrei).

EXP 7.02 Thermoplastische Verformung

Materialien 2 Tiegelzangen, Brenner, feuchte Papierunterlage, Kunststoffproben

Durchführung Halten Sie die verschiedenen Kunststoffproben jeweils mit zwei Tiegelzangen und erwärmen Sie diese vorsichtig mit dem Brenner. Versuchen Sie während des Erwärmens die Kunststoffproben vorsichtig auseinanderzuziehen. Entfernen Sie nach jedem Erwärmen die Reste der Kunststoffproben von den Tiegelzangen.
Entsorgung: Kunststoffproben für weitere Versuche weiterverwenden oder in den Hausmüll geben.

Auswertung Erstellen Sie eine tabellarische Übersicht zur Verformbarkeit beim Erhitzen der einzelnen Kunststoffproben.

EXP 7.03 Vergleichende Einordnung der Dichte von Kunststoffen

Materialien 2 Bechergläser, Pinzette, Papier zum Abtrocknen, Wasser, gesättigte Kochsalzlösung, Kunststoffproben

Durchführung Füllen Sie je ein Becherglas zur Hälfte mit Wasser bzw. Kochsalzlösung. Geben Sie die Kunststoffproben erst in das Wasser und dann in die Kochsalzlösung. Trocknen Sie die Kunststoffproben zwischendurch ab. Tauchen Sie die Proben mit der Kante, nicht mit der Fläche in die Flüssigkeiten und drücken Sie sie dabei etwas unter die Oberfläche. Nehmen Sie sie anschließend mit der Pinzette heraus.
Entsorgung: Kunststoffproben für weitere Versuche weiterverwenden oder im Hausmüll entsorgen. Lösungen ins Abwasser geben.

Auswertung Erstellen Sie eine tabellarische Übersicht zum beobachteten Schwimmverhalten der einzelnen Kunststoffproben.

EXP 7.04 Temporäre Bildung kristalliner Bereiche bei der Dehnung von Elastomeren

Materialien Therapieband („Theraband"; l = 10 cm)

Durchführung Ziehen Sie das Elastomerband schnell auseinander und halten es kurz gegen Ihre Stirn.
Entspannen Sie das Band nach einigen Sekunden wieder und halten es erneut kurz gegen Ihre Stirn.
Entsorgung: Theraband weiterverwenden oder in den Hausmüll geben.

Auswertung Leiten Sie aus Ihren Beobachtungen ab, ob die kurzzeitige Existenz kristalliner Bereiche nachgewiesen werden kann.
Hilfestellung: Vergleichen Sie den Vorgang mit einem schmelzenden Eiswürfel: Welcher Zustand ist geordneter? Welcher Austausch thermischer Energie findet in welche Richtung statt?

EXP 7.05 Verstreckung einer Kunststofffaser

Materialien unverstreckte thermoplastische Faser

Durchführung Prüfen Sie die Reisfestigkeit der Faser durch ruckartiges Auseinanderziehen an einem Ende der Probe. Verstrecken Sie anschließend die Faser, indem Sie diese an den Enden langsam auseinanderziehen.
Entsorgung: Kunststoffprobe in den Hausmüll geben.

Auswertung Skizzieren Sie den molekularen Aufbau der unverstreckten und der verstreckten Faser und erklären Sie damit die Beobachtungen.

EXP 7.06 Erwärmung eines gedehnten Elastomers

Materialien Stativ, Massestück mit Haken (50 g), Heißluftföhn, Lineal, Haushaltsgummiring

Durchführung Befestigen Sie den Haushaltsgummiring frei hängend an einer Stativstange. Hängen Sie das Massestück mit dem Haken unten in den Haushaltsgummi ein. Halten Sie das Lineal direkt an das Massestück, sodass Sie an der Oberkante des Massestücks den Linealwert sehen können. Erhitzen Sie das Gummiband mit dem Föhn und beobachten Sie das Massestück am Lineal.
Entsorgung: Kunststoffprobe in den Hausmüll geben.

Auswertung Vergleichen Sie das Verhalten des Elastomers beim Erhitzen mit dem Erhitzen eines Metalls.

7.3 Polykondensation

VERVIELFACHUNG DER KONDENSATIONSREAKTION Bei Kondensationsreaktionen werden zwei Monomere in einer chemischen Reaktion unter Abspaltung kleinerer Moleküle verbunden. Ein Beispiel ist die Reaktion einer Carbonsäure mit einem Alkohol zu einem Ester, bei der als Nebenprodukt Wasser entsteht. Zur Bildung von Makromolekülen durch **Polykondensation** müssen die eingesetzten Monomere mindestens zwei funktionelle Gruppen besitzen, die miteinander reagieren können. In einer sich vielfach wiederholenden Reaktion, einer **Polyreaktion**, werden Polymerketten gebildet. Als Nebenprodukte können z. B. Wasser- oder Chlorwasserstoff-Moleküle abgespalten werden (↑ 02, 05). Nicht nur synthetische Makromoleküle können so gebildet werden. Die Polykondensation liegt auch in der Natur u. a. der Bildung von Polysacchariden aus Monosacchariden (glykosidische Bindungen) und der Bildung von Proteinen aus Aminosäuren (Peptidbindungen) zugrunde.

Veresterung
↑ S. 21; ↑ S. 64

Glykosidische Bindung bei Polysacchariden
↑ S. 144

Peptidbindung bei Proteinen
↑ S. 163

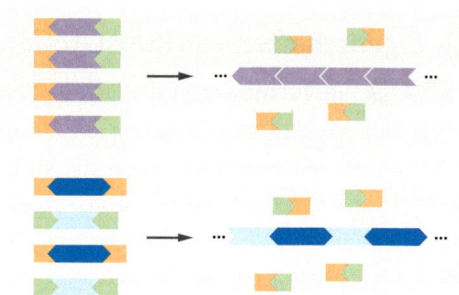

03 Allgemeines Schema der Polykondensation. **A** Ausgehend von Monomeren des Typs AB, **B** ausgehend von Monomeren des Typs AA–BB

> Bei der Polykondensation werden Monomere mit mindestens zwei funktionellen Gruppen zu Makromolekülen verknüpft. Dabei werden kleine Moleküle abgespalten.

SYNTHESE AUS ZWEI MONOMEREN Polykondensate können auch aus zwei unterschiedlichen Monomeren gebildet werden. Diese müssen dann jeweils zwei gleiche funktionelle Gruppen aufweisen. Man spricht von Monomeren des Typs AA–BB, bei denen zwei Monomere mit jeweils zwei funktionellen Gruppen A und B eine Kondensationsreaktion eingehen können – im Gegensatz zu Monomeren des Typs AB (↑ 03).

POLYFUNKTIONELLE MONOMERE Zur Herstellung thermoplastischer Polykondensate werden bei der Synthese bifunktionelle Monomere eingesetzt (Typ AB oder Typ AA–BB), wodurch ausschließlich lineare Makromoleküle gebildet werden. Kommen hingegen tri- oder polyfunktionelle Monomere zum Einsatz, bilden sich vernetzte Makromoleküle. Auf diese Weise entstehen Duromere.

POLYAMIDE (PA) sind bedeutende synthetische Polykondensate. Bei der Synthese reagieren **Carboxygruppen –COOH** mit **Aminogruppen –NH₂** unter Abspaltung von Wasser-Molekülen. Die dabei gebildeten **Amidbindungen –CO–NH–** sind identisch mit den Peptidbindungen in Proteinen. Bekannte **Polyamide** sind **Nylon** (PA 6,6) und **Perlon** (PA 6), die für Bekleidung und Dübel verwendet werden.

Nylon kann durch **Grenzflächenkondensation** aus Hexan-1,6-diamin und Hexan-1,6-disäure (oder dem reaktionsfreudigeren Hexandisäuredichlorid) hergestellt werden (↑ 02). Da die Lösungen beider Stoffe nicht mischbar sind, erfolgt die Polykondensation an der Kontaktfläche (↑ Exp. 7.09, S. 237). Während Nylon aus zwei Monomeren des Typs AA–BB hergestellt wird, synthetisiert man Perlon aus einem Monomer des Typs AB, das aus einem cyclischen Molekül entsteht (↑ 04). Dies spiegelt sich in den Namen PA 6,6 bzw. PA 6 wider, in denen die Zahlen für die Länge der Wiederholungseinheiten stehen.

04 Ausgangsstoff der Perlonsynthese: ε-Caprolactam

01 Aus Polyamid

02 Bildung des Polyamids Nylon (PA 6,6)

7.3 Polykondensation

05 Bildung eines Polycarbonats

Aus Polycarbonat

06 Bildung eines Polyesters (PET)

STUFENWACHSTUMSREAKTION Die Bildung linearer Polymerketten verläuft bei Polykondensationen in Stufen. Die in der Anfangsphase aus zwei Monomeren gebildeten Produkte können in wiederholten Kondensationen mit anderen Monomeren, aber auch untereinander reagieren. Dabei entstehen zunächst kurzkettige Polymere, die weiterhin reaktionsfähige funktionelle Gruppen aufweisen. Erst mit fortschreitender Zeit bilden sich auch langkettige Polymere. Wegen des stufenweisen Wachstums wird ein solcher Reaktionsverlauf als *Stufenwachstumsreaktion* bezeichnet.

POLYESTER (PES) Für die Herstellung von Polyestern werden als Ausgangsstoffe Monomere mit mehreren Carboxy- bzw. Hydroxygruppen eingesetzt, beispielsweise Dicarbonsäuren und Diole. Durch Reaktion einer Carboxygruppe mit einer Hydroxygruppe entsteht unter Abspaltung eines Wasser-Moleküls eine Esterbindung.

Der bedeutendste thermoplastische Polyester ist **Polyethylenterephthalat (PET)**. Bei der Herstellung wird Benzol-1,4-dicarbonsäure (Terephthalsäure) mit Ethan-1,2-diol (Glykol) verestert (↑ 06). Dieser Kunststoff ist bruchfest, formbeständig bis 80 °C und undurchlässig für Gase.
Neben der Verwendung als Material für Getränkeflaschen kommen Polyesterfasern bei der Herstellung von Bekleidung zum Einsatz. Werden Dicarbonsäuren mit mehrwertigen Alkoholen (z. B. Glycerin) verestert, entstehen vernetzte Duromere. Sie kommen als Polyesterharze in den Handel und werden u. a. zur Herstellung von Faserverbundwerkstoffen eingesetzt.

POLYCARBONATE (PC) Verwendet man anstelle der Dicarbonsäure Derivate der Kohlensäure, so erhält man Polycarbonate. Hierbei wird Phosgen (Kohlensäuredichlorid) mit Bisphenol A zur Reaktion gebracht, wobei als Nebenprodukt Chlorwasserstoff entsteht (↑ 05). Diese thermoplastischen Kunststoffe zeichnen sich durch eine gute Lichtdurchlässigkeit, hohe mechanische Festigkeit und gute Wärmebeständigkeit aus und finden somit Anwendung im Bereich des Fahrzeugbaus, bei Sicherheitsverglasungen und Schutzhelmen. Im Haushalt findet man sie beispielsweise in CDs und DVDs.

WEITERE POLYKONDENSATE Bei der Herstellung von **Aminoplasten** reagieren Harnstoff $H_2N–CO–NH_2$ und Formaldehyd (Methanal) $H–CHO$ miteinander. Dabei entstehen oft niedermolekulare Kunstharze. Sie werden in Holzleimen und in elektrischem Isoliermaterial verwendet. **Phenoplaste** sind Duromere, die sich in einem mehrschrittigen Verfahren aus Phenol $C_6H_5–OH$ und Methanal $H–CHO$ bilden. Dabei entstehen verzweigte Polymere.

Von historischer Bedeutung ist der Phenoplast **Bakelit**. Als einer der ersten vollsynthetischen Kunststoffe wurde er zur Herstellung von Telefonen und Autokarosserien eingesetzt. Aufgrund seiner Hitzebeständigkeit eignet er sich für Isolatoren.

1) Vergleichen Sie die Monomere und Makromoleküle der Proteine mit denen des Kunststoffs Polyamid.

2) Formulieren Sie die Reaktionsgleichung für die Synthese eines Polyesters aus Ethandisäure und Propandiol.

Aus PET

Vergleich von Stufenwachstums- und Kettenwachstumsreaktion ↑ S. 234

07 Aus Bakelit

7.4 Kettenpolymerisation (Polymerisation)

Monomere, die wie das Ethen-Molekül eine reaktive C–C-Mehrfachbindung enthalten, können durch **Kettenpolymerisation** (kurz: **Polymerisation**) zu Makromolekülen reagieren. Nach Aktivierung der Doppelbindung durch einen geeigneten Reaktionspartner reagieren die Monomere in einer Kettenreaktion zu Polymeren, die als **Polymerisate** bezeichnet werden.

Im Gegensatz zur Polykondensation entstehen keine Nebenprodukte (↑ 01).

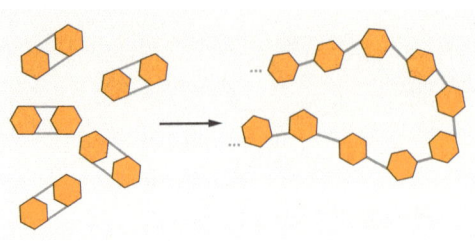

01 Allgemeines Schema der Polymerisation

RADIKALISCHE POLYMERISATION Die Aktivierung der Monomere kann durch Radikale erfolgen. Dies sind Teilchen, die sich durch ein ungepaartes Elektron auszeichnen und deshalb sehr reaktionsfreudig sind. Sie werden aus Initiatoren wie Dibenzoylperoxid (Kurzzeichen: DBPO) gebildet, deren Moleküle durch UV-Strahlung oder energiereiche Stöße in Radikale zerfallen (↑ 02; ↑ Exp. 7.07).

In der **Startreaktion** addiert sich das Radikal an die Doppelbindung eines Monomers indem es diese aufspaltet und sich mit einem der beiden Kohlenstoff-Atome unter Ausbildung einer Einfachbindung verknüpft. Das andere Kohlenstoff-Atom besitzt nun ein ungepaartes Elektron, wodurch ein neues Monomerradikal gebildet wird – ein Alkylradikal (↑ 02). Dieses kann nun in der Phase des **Kettenwachstums** mit einem weiteren Monomer reagieren, wobei

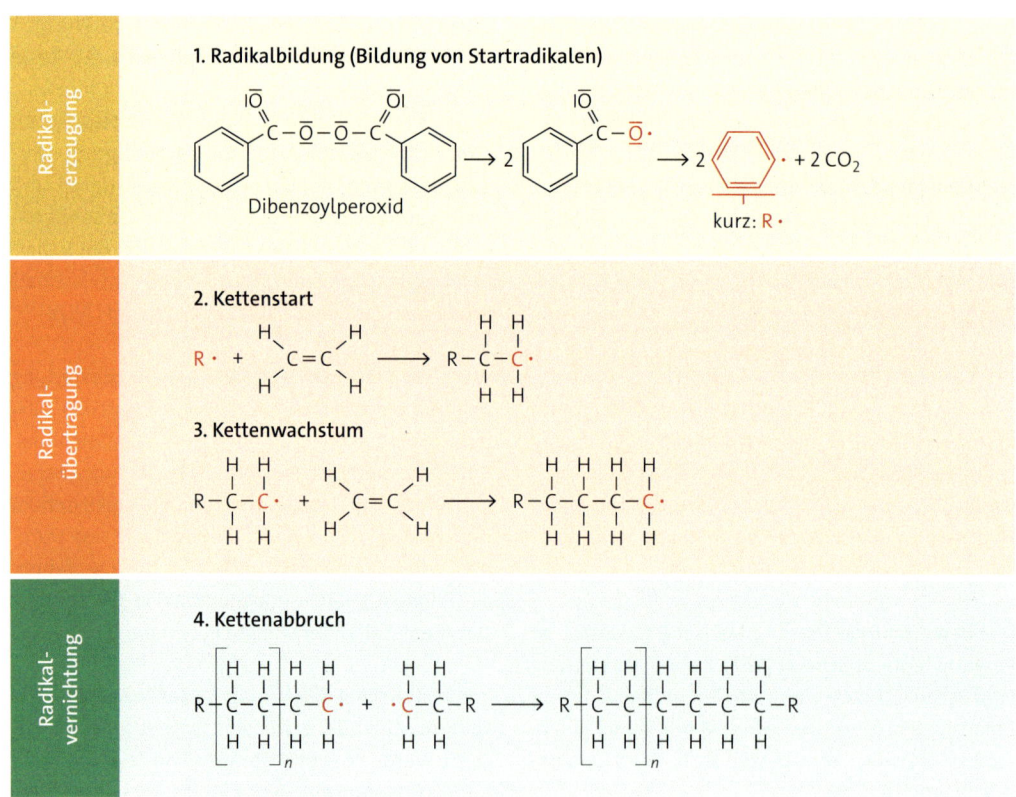

02 Reaktionsschritte einer radikalischen Kettenpolymerisation am Beispiel von Polyethen

03 Kettenverzweigung als Nebenreaktion am Beispiel von Polyethen wieder ein Radikal entsteht, das erneut reagieren kann. Es kommt dadurch zu einer Verlängerung der Kohlenstoffkette.

Erst wenn zwei Radikale im Reaktionsgemisch aufeinandertreffen und eine Elektronenpaarbindung eingehen, endet das Kettenwachstum und es kommt zum Abbruch der Reaktion. Da die **Abbruchreaktionen** rein zufällig erfolgen, entstehen bei der radikalischen Polymerisation Makromoleküle mit unterschiedlichen Kettenlängen. Bei der hier gezeigten radikalischen Polymerisation wird aus dem Monomer Ethen das Polymer **Polyethen** gebildet.

Der zugrunde liegende Reaktionsmechanismus ist eine **Additionsreaktion**. Die gebildeten Makromoleküle sind prinzipiell linear gebaut, können jedoch in weiteren Nebenreaktionen Verzweigungen ausbilden (↑ 03).

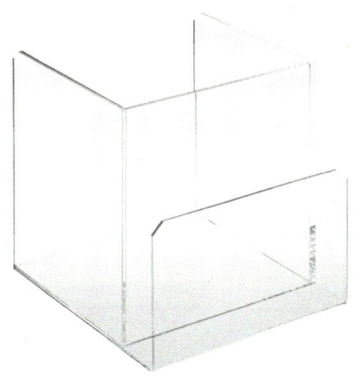

05 Produkt aus Polymethylmethacrylat (PMMA, Plexiglas), einem Polymerisat

Steuerung der Polymerisation ↑ S. 234

Hochdruck-Polyethen und Niederdruck-Polyethen ↑ S. 235

> Bei einer radikalischen Polymerisation werden Monomere mit mindestens einer C–C-Mehrfachbindung zu Makromolekülen verknüpft. Diese Kettenreaktion verläuft in vier Schritten: Radikalbildung, Kettenstart, Kettenwachstum und Kettenabbruch.

▶ **Schon gewusst?**
Die Aktivierung der Monomere kann nicht nur durch Radikale erfolgen. Kommen hierfür geeignete Brönsted-Säuren bzw. Brönsted-Basen zum Einsatz, so spricht man von **kationischer** bzw. **anionischer Kettenpolymerisation**. Das Kettenwachstum erfolgt hierbei über positiv bzw. negativ geladene Kettenenden (↑ 04).

Initiierung (Kettenstart)

Kettenwachstum

04 Prinzip der kationischen Polymerisation

1) Stellen Sie weitere Möglichkeiten für Abbruchreaktionen bei der radikalischen Polymerisation dar.

EXP 7.07 **L**

Radikalische Polymerisation

Materialien Heizplatte, Becherglas 200 mL (Wasserbad), 2 Reagenzgläser, Methylmethacrylat (Methacrylsäuremethylester; 2, 7), Styrol (2, 7, 8), Dibenzoylperoxid (1, 2, 7, 9)

Durchführung *Achtung!* Unter dem Abzug arbeiten! Erhitzen Sie im Becherglas ca. 200 mL Wasser auf 80 °C.

Polymerisation von Methylmethacrylat: Geben Sie 5 mL Methylmethacrylat in ein Reagenzglas und versetzen Sie es mit einer Spatelspitze Dibenzoylperoxid.
Erhitzen Sie das Gemisch im Wasserbad bis zur einsetzenden Reaktion. Die Temperatur darf zu keinem Zeitpunkt 80 °C überschreiten.

Polymerisation von Styrol: Geben Sie 5 mL Styrol in ein Reagenzglas und versetzen Sie es mit einer Spatelspitze Dibenzoylperoxid. Erhitzen Sie das Gemisch im Wasserbad bis zur einsetzenden Reaktion. Die Temperatur darf zu keinem Zeitpunkt 80 °C überschreiten.

Entsorgung: Kunststoffreste in den Hausmüll geben.

Auswertung
1) Erläutern Sie die Funktion des zugegebenen Dibenzoylperoxids und erklären Sie, warum die geringe Menge ausreichend ist.
2) Erläutern Sie unter Berücksichtigung der Radikalbildung, warum die entstehenden Kunststoffe Gasblasen eingeschlossen haben.

Steuerung der Polymerisation

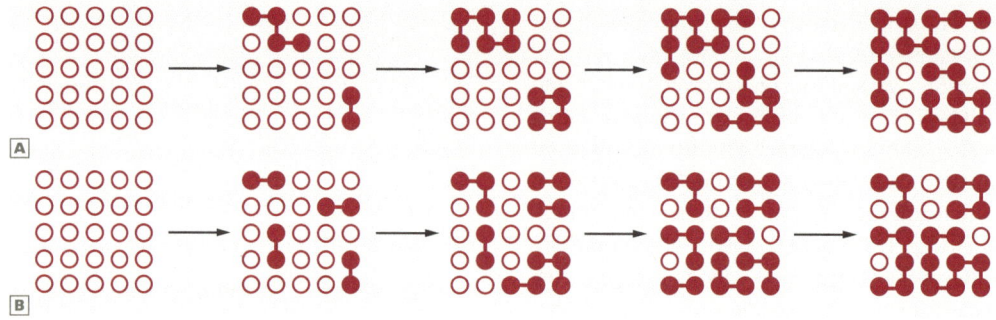

01 Verlauf von Polyreaktionen (Schema): **A** Kettenwachstumsreaktion (z. B. Kettenpolymerisation), **B** Stufenwachstumsreaktion (z. B. Polykondensation)

Polymerisationen verlaufen als **Kettenwachstumsreaktionen** und erzeugen schon zu Beginn der Reaktion Makromoleküle (↑ **01A**). Jedes durch ein Startradikal aktivierte Monomer-Molekül stellt den Beginn einer durch Addition weiterer Monomer-Moleküle fortwährend wachsenden Polymerkette dar.

Die Länge der entstehenden Polymerketten kann durch verschiedene Faktoren während der Reaktion beeinflusst werden, z. B. durch Veränderung der Synthesetemperatur: Je höher die Temperatur, desto mehr Startradikale werden gleichzeitig gebildet. Dies führt zu einem parallelen Kettenwachstum an sehr vielen Stellen gleichzeitig, was insgesamt zu kurzkettigeren Produkten führt. Der gleiche Effekt wird erzielt, wenn die Konzentration der Initiatoren entsprechend hoch ist.

Eine weitere Möglichkeit der Reaktionssteuerung besteht in der Zugabe von **Inhibitoren**. Dies sind Stoffe, deren Moleküle eine hohe Elektronendichte besitzen, beispielsweise Phenol C_6H_5–OH oder Thiole R–SH (R = Alkylrest). Sie unterbrechen das Kettenwachstum, da sie reaktionsträge Radikale bilden, die nicht mit weiteren Monomeren unter Kettenverlängerung reagieren. Sie können jedoch mit anderen Radikalen rekombinieren und damit die Reaktion verzögern (↑ **02**).

Bei der Stufenwachstumsreaktion reagieren zunächst nur einzelne Monomere zu Dimeren. Zu Beginn bilden sich also keine langkettigen Makromoleküle. Diese entstehen erst zu einem sehr späten Zeitpunkt des Reaktionsverlaufs durch Reaktion der bereits vorliegenden kürzeren Ketten (↑ **01B**).

POLYMERISATIONSGRAD Zur eindeutigen Beschreibung der unterschiedlichen Kettenlängen von Polymeren wird der Polymerisationsgrad verwendet. Er gibt die Anzahl der Wiederholungseinheiten an, aus der die Polymerkette aufgebaut ist. Wird das Polymer aus einem Monomer synthetisiert, entspricht die Wiederholungseinheit der Länge des Monomer-Moleküls, werden mehrere Monomere verwendet, bilden diese Moleküle zusammen die Länge der Wiederholungseinheit.

Da es sich bei Kunststoffproben immer um ein Gemisch unterschiedlich langer Polymerketten handelt (↑ S. 228, Polydispersität), kann in der Regel nur ein Mittelwert für die untersuchte Probe angegeben werden. Man spricht dann vom mittleren Polymerisationsgrad (↑ **03**).

> Durch die Variation von Syntheseparametern können Kunststoffe mit unterschiedlichen Eigenschaften hergestellt werden. Die Moleküle unterscheiden sich im Polymerisationsgrad.

Stufenwachstumsreaktion ↑ S. 231

02 Wirkung eines Inhibitors

Kunststoff	Mittlere Polymerisationsgrade
Polystyrol PS	10 – 200 (Lacke) 200 – 750 (Spritzgussteile) 750 – 15000 (Folien und Bänder)
Polymethylmethacrylat PMMA	20 000 – 30 000 (Kunstglas)

03 Beispiele typischer mittlerer Polymerisationsgrade

Polyethen und Polypropen

POLYETHEN Durch Variation der Reaktionsbedingungen sowie durch Einsatz eines Katalysators lassen sich verschiedene Polyethensorten herstellen: Bei hohen Temperaturen (150 bis 300 °C) und hohen Drücken (1400 bis 3500 bar) treten Nebenreaktionen auf, bei denen ein Radikal einem Makromolekül ein Wasserstoff-Atom entreißen kann. Es bleibt ein Radikal zurück, das Startpunkt für eine neue Seitenkette, eine Verzweigung, ist. Auf diese Weise bildet sich **Hochdruck-Polyethen** mit niederer Dichte (engl. *low-density polyethylene*, LDPE; ↑ 05).

Bei niedrigen Temperaturen (50 bis 150 °C) und niedrigen Drücken (1 bis 50 bar) bildet sich unter Verwendung eines Katalysators **Niederdruck-Polyethen** mit hoher Dichte (engl. *high-density polyethylene*, HDPE; ↑ 05). Die Makromoleküle sind unverzweigt und können sich parallel anordnen. Auf diese Weise kann sich eine kristalline Struktur ausbilden, was die größere Dichte des Niederdruck-Polyethens und somit seine höhere Festigkeit erklärt.
Beide Polyethensorten gehören zu den thermoplastischen Kunststoffen.

TAKTIZITÄT BEI POLYPROPEN – AUF DIE ORDNUNG KOMMT ES AN Zusätzlich zu den bisher beschriebenen Unterschieden im molekularen Aufbau von Kunststoffen können bei **Polypropen** noch verschiedene *Konformationen* auftreten – dies sind Anordnungen aufgrund der freien Drehbarkeit der C–C-Bindungen. Auch diese haben Auswirkungen auf die Stoffeigenschaften des Polymers. Da isotaktisches Polypropen kristalline Bereiche bilden kann, weist es mit Abstand die höchste Schmelztemperatur und die höchste Dichte auf (↑ 04).

isotaktisch   syndiotaktisch   ataktisch

04 Drei mögliche Taktizitäten bei Polypropen

	Hochdruck-Polyethen	Niederdruck-Polyethen
Typische Stoffeigenschaften	• amorpher Kunststoff • geringe Härte, geringe Festigkeit	• kristalliner Kunststoff • große Härte, hohe Festigkeit
Struktur	• unregelmäßige Anordnung • stark verzweigte Polymerketten → geringe Ausbildung kristalliner Bereiche	• regelmäßigere Anordnung • gering verzweigte Polymerketten → häufige Ausbildung kristalliner Bereiche
Dichte	niedrig: 0,92–0,94 g/cm³	hoch: 0,94–0,96 g/cm³
Mittlerer Polymerisationsgrad	1800–10 000	1000–5000
Typische Verwendungen	z. B. für dünnwandige Folien wie Tragetaschen und Müllsäcke	z. B. Hohlkörper wie Kanister und Verpackungen
Symbol und Kurzzeichen	♻ 4 LDPE Polyethen niederer Dichte (engl. *low-density polyethylene*) Merke: synthetisiert im **Hochdruck**verfahren	♻ 2 HDPE Polyethen hoher Dichte (engl. *high-density polyethylene*) Merke: synthetisiert im **Niederdruck**verfahren

05 Vergleich: Hochdruck- und Niederdruck-Polyethen

1) Erläutern Sie den Unterschied zwischen Initiatoren und Inhibitoren.

2) Stellen Sie die Start-, Kettenwachstums- und Abbruchreaktion für die radikalische Polymerisation von Polypropen dar.

Übersicht über die Polymerisate

Name Kurzzeichen	Monomer	Polymer-Molekül (Strukturausschnitt)	Eigenschaften/Verwendungen	Beispiel
Polypropen PP	Propen	$-[CH_2-CH(CH_3)]_n-$	teilkristallines Polymer mit größerer Härte und Festigkeit als PE, gute Beständigkeit gegenüber Lösungsmitteln, Säuren und Laugen; für Schutzhelme, Rohrleitungen, Innenausstattung von Pkws, Möbelrollen	
Polystyrol PS	Phenylethen (Styrol)	$-[CH_2-CH(C_6H_5)]_n-$	festes PS: hart, glasklar und beständig; für Joghurtbecher, DVD-Hüllen	
			geschäumtes PS (Styropor): geringe Dichte, undurchsichtig; für Dämmmaterial und Verpackungen	
Polyvinychlorid PVC	Chlorethen	$-[CH_2-CHCl]_n-$	Hart-PVC: hart, spröde, gute Beständigkeit gegenüber Lösungsmitteln, Säuren und Laugen, schwer entflammbar; für Fensterprofile und Rohre, EC-Karten	
			Weich-PVC: weich, elastisch; für Kabelummantelungen	
Polymethyl-methacrylat PMMA	Methacrylsäure-methylester	$-[CH_2-C(CH_3)(COOCH_3)]_n-$	glasartiger, biegsamer, bruchfester Kunststoff mit geringer Dichte; lichtdurchlässig und UV-beständig; im Flugzeugbau, Bauwesen, in der Optik als Plexiglas oder Acrylglas	
Polyacrylnitril PAN	2-Propennitril (Acrylnitril)	$-[CH_2-CH(CN)]_n-$	harter Kunststoff, der jedoch zu Fasern verspinnbar ist; für Textilfasern wie „Polyacryl"-Fasern	
Polytetrafluor-ethen PTFE	Tetrafluorethen	$-[CF_2-CF_2]_n-$	äußerst beständig gegen die meisten Chemikalien, temperaturbeständig von −200 bis +250 °C, wird nicht von wässrigen oder fettähnlichen Flüssigkeiten benetzt: für Beschichtungen von Kochgeschirr, Bekleidung (Goretex)	

Übung: Vielfalt der Polymerisate

Praktikum

Herstellung von Kunststoffen

EXP 7.08 Synthese eines unvernetzten Polymers

Materialien Reagenzglas, Reagenzglasklammer, Reagenzglasständer, Spatel, Pipette, Aluschale eines Teelichts, Bunsenbrenner, Pinzette, 3 Siedesteinchen, Waage, Glykol (Ethan-1,2-diol; 7, 8), Maleinsäure (cis-But-2-endisäure; 7), konzentrierte Schwefelsäure (5), Watesmopapier

Durchführung Wiegen Sie 2 g Maleinsäure ab und geben Sie diese zu 1 mL Glykol in ein Reagenzglas. Geben Sie anschließend einen Tropfen konzentrierte Schwefelsäure sowie 3 bis 5 Siedesteinchen hinzu. Erwärmen Sie das Gemisch vorsichtig mit dem Brenner, bis es sich orange verfärbt. Halten Sie während des Erhitzens mit der Pinzette das Watesmopapier an die Öffnung des Reagenzglases. Füllen Sie nach dem Erwärmen den Inhalt des Reagenzglases in die Aluschale.
Entsorgung: Kunststoffreste in den Hausmüll geben.

Auswertung
1) Beschreiben Sie Ihre Beobachtungen und erklären Sie die Farbveränderung des Watesmopapiers.
2) Entwickeln Sie einen Strukturformelausschnitt mit jeweils fünf Molekülen Maleinsäure und Glykol.
3) Geben Sie den Reaktionstyp an und nennen Sie die Stoffklasse des gebildeten Polymers.

EXP 7.09 Synthese eines vernetzten Polymers

Materialien Reagenzglas, Reagenzglasklammer, Reagenzglasständer, Spatel, Pipette, Aluschale eines Teelichts, Brenner, Watesmopapier, Pinzette, 3 Siedesteinchen, Waage, Glycerin (Propan-1,2,3-triol), Äpfelsäure (7)

Durchführung Wiegen Sie 2,2 g Äpfelsäure ab und geben Sie diese zu 1 mL Glycerin in ein Reagenzglas. Geben Sie anschließend 3 bis 5 Siedesteinchen hinzu. Erhitzen Sie das Gemisch vorsichtig 2 min in der rauschenden Brennerflamme. Halten Sie während des Erhitzens mit der Pinzette das Watesmopapier an die Öffnung des Reagenzglases. Füllen Sie nach dem Erwärmen den Inhalt des Reagenzglases in die Aluschale.
Entsorgung: Kunststoffreste in den Hausmüll geben.

Auswertung
1) Beschreiben Sie Ihre Beobachtungen und erklären Sie die Farbveränderung des Watesmopapiers.
2) Entwickeln Sie einen Strukturformelausschnitt mit jeweils fünf Molekülen Äpfelsäure und Glycerin.
3) Vergleichen Sie diesen Formelausschnitt mit dem aus Exp. 7.08 und stellen Sie Unterschiede dar.

EXP 7.10 Grenzflächenkondensation von Nylon

Materialien 2 Bechergläser, Spatel, Pinzette, Trichter, Glasstab, Waage, Messzylinder, Handschuhe, Sebacinsäuredichlorid (Decandisäurechlorid; 5, 7), Heptan (2, 7, 8, 9), Hexamethylendiamin (Hexan-1,6-diamin; 5, 7), Thymolphthaleinlösung (2)

Durchführung Lösen Sie in einem ersten Becherglas 1 mL Sebacinsäuredichlorid in 25 mL Heptan und im zweiten Becherglas 1 g Hexamethylendiamin in 25 mL Wasser und einigen Tropfen Thymolphthalein. Schichten Sie anschließend mithilfe eines Trichters vorsichtig die erste Lösung auf die zweite. Ziehen Sie mit der Pinzette die sich an der Grenzfläche der beiden Lösungen bildende Haut aus der Lösung und wickeln Sie sie vollständig auf dem Glasstab auf.
Entsorgung: Reste der Lösungen in den Behälter für halogenhaltige organische Abfälle geben.

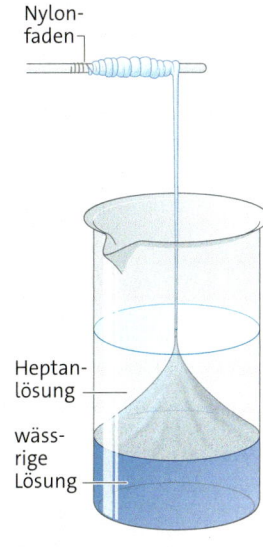

Auswertung
1) Beschreiben Sie Ihre Beobachtungen und erklären Sie die Schichtung im Becherglas.
2) Erstellen Sie die Reaktionsgleichung unter Verwendung von jeweils einem Molekül der Ausgangsstoffe.

EXP 7.11 Körper aus geschäumtem Polystyrol

Materialien Heizplatte, Becherglas (500 mL), 2 Metallhalbformen mit Verschlussklammern (alternativ: Teeei), Tiegelzange, expandierfähiges Polystyrol (EPS)

Durchführung Bringen Sie im Becherglas ca. 400 mL Wasser zum Kochen. Wiegen Sie in einer Hälfte der Formen ca. 5 g EPS-Kügelchen ab. Verschließen Sie die Form und geben Sie diese für ca. 15 min in das kochende Wasser. Entnehmen Sie die Form mit der Tiegelzange und kühlen Sie die Form mit kaltem Wasser vor dem Öffnen ab.
Entsorgung: Geben Sie die Reste in den Hausmüll.

Auswertung Erläutern Sie, warum die Kügelchen expandieren und warum sie im endgültigen Körper verschweißt sind.

7.5 Polyaddition

Kunststoffe lassen sich auch durch **Polyaddition** herstellen. Als Ausgangsstoffe werden im Gegensatz zur Polymerisation *zwei unterschiedliche Monomere* verwendet, deren Moleküle über jeweils zwei oder mehr funktionelle Gruppen verfügen. Ein Monomer besitzt dabei ein positiv polarisiertes Kohlenstoff-Atom, während das andere Monomer reaktionsfähige Wasserstoff-Atome an einem negativ polarisierten Sauerstoff-Atom aufweist. Die Reaktionsprodukte werden als **Polyaddukte** bezeichnet. Wie bei der Polymerisation entstehen auch bei der Polyaddition keine Nebenprodukte (↑ 02). Wichtige Vertreter der Polyaddukte sind Polyurethane, Polyurethanschaumstoffe, Polyharnstoffe und Epoxidharze.

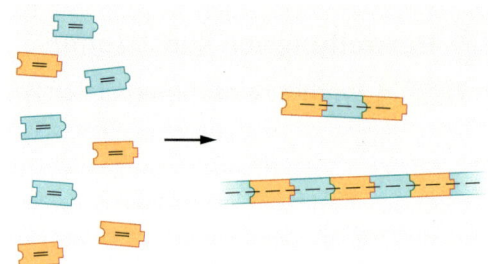

02 Allgemeines Schema der Polyaddition

POLYURETHANE Als Monomere der Ausgangsstoffe für die Herstellung von **Polyurethanen** (Kurzzeichen: **PUR**) werden Diole und Diisocyanate eingesetzt (↑ 01; ↑ Exp. 7.12). Bei der Reaktion entsteht eine Bindung zwischen dem partiell negativ geladenen Sauerstoff-Atom der Hydroxygruppe und dem partiell positiv geladene Kohlenstoff-Atom der Isocyanatgruppe –N=C=O. Gleichzeitig findet ein Protonenübergang von der Hydroxygruppe des Diol-Moleküls zum Stickstoff-Atom der Isocyanatgruppe statt. Dadurch bildet sich die für diese Kunststoffe typische **Urethanbindung** –O– CO–NH–.

Bei Einsatz von Monomeren mit zwei funktionellen Gruppen werden nur lineare Polyurethane erzeugt. Sie haben thermoplastische Eigenschaften. Enthalten die Monomere jedoch mehrere funktionelle Gruppen, so kann ein verzweigtes Polyurethan mit duromeren Eigenschaften entstehen.
Besonders durch Variation der Alkohole lassen sich Polyurethane mit verschiedenen Eigenschaften her-

03 Produkte aus Polyurethan

stellen, sodass viele Verwendungen für diesen Kunststoff möglich sind. Sie reichen von Dichtungen, Fußböden und Lacken bis hin zu Schuhsohlen, Skiern und Fußbällen.

Durch kontrollierte Wasserzugabe reagieren die Isocyanate zu Aminen und Kohlenstoffdioxid. Die Gasentwicklung führt zum Aufschäumen des Kunststoffs, wodurch **Polyurethan-Schaumstoffe** entstehen:

$R-N=C=O + H_2O \longrightarrow R-NH_2 + CO_2$

POLYHARNSTOFF Verwendet man Amine anstelle von Alkoholen, so können auch die Aminogruppen an die Isocyanatgruppen addiert werden. Der sich hierbei bildende Kunststoff wird **Polyharnstoff** genannt.

> Die Polyaddition ist eine Form der Addition, bei der aus Monomeren mit mehreren funktionellen Gruppen durch molekulare Umlagerung (Protonenwanderung) Makromoleküle gebildet werden.

1) Entwickeln Sie eine allgemeine Reaktionsgleichung für die Bildung eines Polyharnstoffs.
2) Begründen Sie, warum Handwerker für die Fixierung von Fensterzargen mithilfe von Polyurethanschaum die Arbeit an einem schwülen Sommertag der Arbeit an einem trockenen Wintertag vorziehen.

01 Bildung eines Polyurethans

7.5 Polyaddition

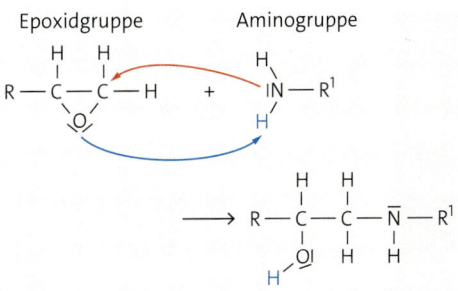

04 Synthese eines Epoxidharzes durch Reaktion einer Harzkomponente (Diepoxid) mit einem Härter (Diamin)

EPOXIDHARZE zeichnen sich durch eine sehr gute Haftfähigkeit auf verschiedensten Werkstoffen wie Glas, Holz, Metall, Keramik aus. Dies macht eine vielfältige Verwendung als Klebstoffe, Lacke oder Beschichtungen möglich. Als Gießharze werden sie für Bodenbeläge genutzt oder sie werden zur Herstellung von Formteilen wie Tennisschlägern, Stabhochsprungstäben oder Fahrradrahmen eingesetzt.

Epoxidharze werden aus zwei Komponenten hergestellt: einer *Harzkomponente*, die die Epoxidverbindung enthält, und einem *Härter*, der aus der Aminoverbindung besteht.
Bei der Harzkomponente handelt es sich um ein lineares Polymer, das am Ende jeweils eine **Epoxidgruppe** $-CHOCH_2$ aufweist. Dies ist ein Dreiring, der ein Sauerstoff-Atom enthält. Stoffe, die diese funktionelle Gruppe enthalten, sind sehr reaktiv. Aus diesem Grund werden z. B. bei Klebstoffen die beiden Komponenten in getrennten Kammern bevorratet (↑ 06).

Bei der Reaktion mit dem Härter bildet sich durch eine Polyaddition ein vernetztes Polymer (↑ 04). Je nach Menge des Härters und der Längen der Polymerketten in den Ausgangsstoffen variieren die Stoffeigenschaften.

> Polyepoxide und Polyamine reagieren zu vernetzten Epoxidharzen. Hierbei werden Aminogruppen an die Epoxidgruppen addiert.

1⟩ Erläutern Sie, wie die Ausgangsstoffe für ein sehr hartes, sprödes Epoxidharz aufgebaut sein müssen.

05 Addition einer Aminogruppe an eine Epoxidgruppe

P EXP 7.12 L Synthese von Polyurethan

Materialien transparenter Einwegplastikbecher (0,25 L), Holzstab, Handschuhe, Diisocyanat-Komponente (z. B. Desmodur; **2**, **8**, **7**), Polyol-Aktivator-Komponente (z. B. Desmophen; **7**), Wasser

Durchführung *Achtung! Unter dem Abzug arbeiten!* Geben Sie eine ca. 3 mm hohe Schicht der Polyol-Aktivator-Komponente in den Kunststoffbecher und verrühren Sie dies mit 5 Tropfen Wasser. Geben Sie dann von der Diisocyanat-Komponente eine ca. 5 mm hohe Schicht dazu. Anschließend wird die gesamte Mischung mit einem Holzstab kräftig umgerührt.

Auswertung Erläutern Sie die Temperaturänderung während der Reaktion sowie die Bildung eines Schaums.

06 Epoxidharz als Zweikomponentenklebstoff

Klausurtraining

Material A Polyvinylchlorid

A1 Auf die Stellung kommt es an

Heutzutage haben sie nur noch Liebhaber, aber früher gab es sie in jeder Musikabteilung – die Schallplatte. Schon wegen ihres Umgangsnamens „Vinyl" war klar, dass sie aus Polyvinylchlorid (PVC) gefertigt war. Heute findet man diesen Kunststoff eher in Fußbodenbelägen, Kabelisolierungen, Kreditkarten oder Durchdrückfolien von Medikamentenblistern. Die unterschiedlichen Eigenschaften des PVC lassen sich u. a. anhand der Stellung der Chlor-Atome in der Molekülkette, der *Taktizität*, erklären: Die Chlor-Atome können sich auf einer Seite (isotaktisch), abwechselnd gegenüber (syndiotaktisch) oder unregelmäßig verteilt (ataktisch) anordnen.

A2 Brand im World Trade Center

(...) Die hochtoxische Substanz [Dioxin] entsteht bei der Verbrennung des Kunststoffs PVC, der in Zigtausenden Computern und Kabeln, Papierkörben und Tapeten enthalten sei. (...) Als weiteres Produkt entstand ein unangenehm stechend riechendes Gas, das den Feuerwehrmännern erhebliche Atemprobleme bereitete. Es zeigte sich später, dass dieses Gas eine rötliche Verfärbung von angefeuchtetem Universalindikatorpapier hervorrief.

Die Zeitung vom 19.10.2001

Vergiftete Atmosphäre | Beim Brand des World Trade Centers sind hochtoxische Substanzen frei geworden. Die Langzeitfolgen sind noch unklar.

AUFGABEN ZU A

1) Beschreiben Sie den Reaktionsmechanismus für die Synthese von Polyvinylchlorid. Formulieren Sie für jeden Teilschritt eine entsprechende Reaktionsgleichung.
2) **a** Zeichnen Sie Formelausschnitte von isotaktischem und syndiotaktischem Polyvinylchlorid, die jeweils vier Wiederholungseinheiten umfassen.
   b Begründen Sie, warum isotaktisches PVC eine höhere Dichte, eine höhere Härte und einen höheren Schmelzpunkt aufweist als syndiotaktisches und ataktisches PVC.
3) Formulieren Sie eine Hypothese, welches stechende Gas auf dem angefeuchteten Universalindikatorpapier für die Rotfärbung verantwortlich war.

Material B Kunststoff aus nachwachsenden Rohstoffen

Glycerin wird aus Fetten und Citronensäure durch Fermentation aus zuckerhaltigen Rohstoffen gewonnen. Beide Stoffe können für die Herstellung eines Kunststoffs verwendet werden.

Glycerin (Propan-1,2,3-triol)

Citronensäure (2-Hydroxypropan-1,2,3-tricarbonsäure)

B1.1 Strukturformeln der Ausgangsstoffe

B1 Versuchsbeschreibung

Durchführung: 1 mL Glycerin und 2 g Citronensäure werden in einem Reagenzglas gemischt und dann bis zum Sieden erhitzt.
Beobachtung: Das Gemisch ist zunächst flüssig und milchigtrüb. Nach kurzer Zeit wird das Reaktionsprodukt klebrig und zäh, einige Bereiche des Produkts werden dagegen glasklar und hart. Wird nach dem Abkühlen erneut erhitzt, so schmilzt ein Teil des Reaktionsprodukts, ein anderer Teil zersetzt sich und verkohlt sofort.

nach kurzem Erhitzen

nach langem Erhitzen

B1.2 Reaktionsprodukte des Versuchs

AUFGABEN ZU B

1) Erläutern Sie die Eigenschaften des Reaktionsprodukts (↑ B1, B1.2).
2) Formulieren Sie die Reaktionsgleichung mithilfe der gegebenen Strukturformeln (↑ B1.1). Begründen Sie, welcher Reaktionstyp vorliegt und zu welcher Stoffklasse das Reaktionsprodukt gehört.
3) Zeichnen Sie einen Strukturformelausschnitt des entstandenen Makromoleküls und begründen Sie die von Ihnen gewählte Struktur.
4) Deuten Sie das unterschiedliche Verhalten des Reaktionsprodukts bei erneutem Erhitzen.
5) Ein Schüler hat bei der Versuchsdurchführung das Glycerin vergessen und trotzdem ein stark viskoses Produkt erhalten. Erläutern Sie diesen Befund.

Klausurtraining

Material C Klebstoffe

Klebstoffe sind aus unserem Alltag nicht wegzudenken. Für unterschiedliche Anwendungen gibt es verschiedene Klebstoffarten. Gemeinsam ist ihre Funktion, Werkstoffe miteinander zu verbinden.

C1 Adhäsion und Kohäsion

Der Begriff **Adhäsion** leitet sich von lat. *adhaerere* für *anhaften* ab und bezeichnet alle Wechselwirkungen zwischen Teilchen an Grenzflächen. **Kohäsion** geht auf lat. *cohaerere* für *zusammenhängen* zurück. Dieser Begriff umfasst alle Wechselwirkungen zwischen Teilchen innerhalb einer homogenen Phase, z. B. innerhalb eines Klebstofftropfens. Kohäsionswechselwirkungen sind rund 20- bis 100-mal stärker als Adhäsionswechselwirkungen und wirken besonders effektiv in festen Phasen, z. B. im fest gewordenen Klebstoff.

C1.1 Adhäsions- und Kohäsionswechselwirkungen bei einem Wassertropfen zwischen zwei Glasplatten

C2 Sekundenkleber

Cyanacrylat-Klebstoffe sind **Reaktionsklebstoffe** auf der Basis von 2-Cyanoacrylsäureestern-Monomeren. Sie bilden sehr schnell lange, unvernetzte Polymer-Moleküle aus. Bei der Reaktion handelt es sich um eine anionische Kettenpolymerisation. Als Starter reichen Spuren von Feuchtigkeit (↑ C2.1).

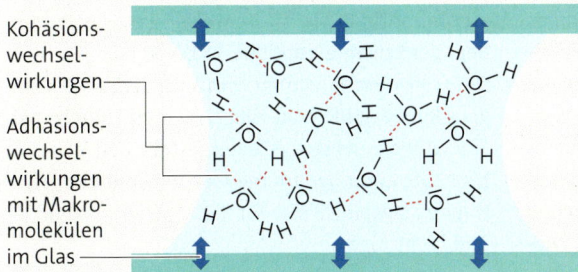

C2.1 Startreaktion einer anionischen Polymerisation eines Cyanoacrylsäureester-Moleküls

C3 Lösungsmittelbasierte Nassklebstoffe

Lösungsmittelhaltige Klebstoffe bestehen aus Polymer- und Lösungsmittel-Molekülen. Beim Auftragen der Klebstoffe sind diese flüssig und verteilen sich auch auf unebenen Oberflächen sehr gut.
Während des Trocknungsvorgangs des Klebstoffs verdampft das Lösungsmittel. Dadurch wird der Abstand zwischen den Polymer-Molekülen verringert, wodurch sich mehr zwischenmolekulare Wechselwirkungen zwischen den Polymer-Molekülen ausbilden können. Der Klebstoff wird fest.
In einem Experiment werden von zwei lösemittelhaltigen Nassklebstoffen jeweils ca. 2 g auf einem Papier aufgetragen und die Masse der beiden Proben während des Trocknungsvorgangs beobachtet (↑ C3.1)

Zeit in min	m(Klebstoff 1) in g	m(Klebstoff 2) in g	Zeit in min	m(Klebstoff 1) in g	m(Klebstoff 2) in g
0	2,20	2,00	10	1,67	1,24
1	1,98	1,85	11	1,66	1,20
2	1,87	1,75	12	1,65	1,18
3	1,77	1,65	13	1,65	1,17
4	1,74	1,58	14	1,65	1,16
5	1,71	1,50	15	1,65	1,16
6	1,70	1,43	16	1,66	1,17
7	1,68	1,36	17	1,65	1,16
8	1,67	1,32	18	1,64	1,16
9	1,66	1,28	19	1,65	1,17

C3.1 Vergleich der Massenabnahme zweier lösungsmittelhaltiger Klebstoffe beim Trocknen

AUFGABEN ZU C

1) Formulieren Sie eine Reaktionsgleichung für das Kettenwachstum der in ↑ C2.1 gestarteten anionischen Polymerisation.
2) Nach dem Auftragen des Reaktionsklebstoffs härtet dieser sehr schnell aus. Hierbei bilden sich starke Kohäsionswechselwirkungen aus.
   a Beschreiben Sie, warum beim Auftragen des Reaktionsklebstoffs nur geringe Kohäsionswechselwirkungen, kurze Zeit später jedoch sehr starke Kohäsionswechselwirkungen auftreten.
   b Skizzieren Sie vereinfachend und schematisch das Auftreten von Adhäsions- und Kohäsionswechselwirkungen vor und nach dem Aushärten eines Sekundenklebers.
3) Beschreiben Sie das Auftreten von Adhäsions- und Kohäsionswechselwirkungen während des Auftragens und während des Trocknens eines lösemittelhaltigen Klebstoffs.
4) **a** Stellen Sie die Daten der Massenabnahme der beiden Klebstoffe ↑ C3.1 in einem geeigneten Schaubild dar.
   b Begründen Sie mithilfe des Schaubilds und der Daten, welcher der beiden Klebstoffe als „schnelltrocknend" eingestuft werden kann.
   c Berechnen Sie die prozentualen Massenanteile der in den beiden Klebstoffen enthaltenen Lösungsmittel.
5) Beurteilen Sie die folgenden Lösungsmittel hinsichtlich ihrer Eignung in schnelltrocknenden Nassklebstoffen, die aus hydrophoben Polymeren aufgebaut sind: Ethanol, Pentan, Pentanol, Octan.

7.6 Maßgeschneiderte Kunststoffe

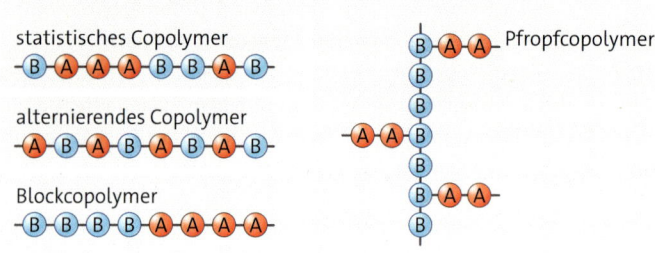

01 Mögliche Anordnungen bei der Bildung von Copolymeren aus den Monomeren A und B

Zusatzstoffe in der Kunststoffverarbeitung ↑ S. 244

Um die Stoffeigenschaften von Kunststoffen gezielt steuern zu können, werden oft verschiedene geeignete Monomere zu einem Kunststoff verarbeitet. Es entstehen sogenannte **Copolymerisate** (kurz: **Copolymere**). Auf diese Weise können typische Eigenschaften der sortenreinen Kunststoffe kombiniert werden.

AUFBAU DER COPOLYMERE Bei der Bildung eines Polymers aus zwei oder mehreren unterschiedlichen Monomeren können auf molekularer Ebene verschiedene Anordnungen auftreten. Sind die Wiederholungseinheiten der ursprünglichen Monomere in den Polymerketten regellos verteilt angeordnet, so spricht man von einem **statistischen Copolymer**. Ist dagegen eine sich zwischen den Wiederholungseinheiten abwechselnde Regelmäßigkeit zu erkennen, wird der Kunststoff als **alternierendes Copolymer** bezeichnet.

Blockcopolymere sind durch sich abwechselnde Segmente gleicher Wiederholungseinheiten gekennzeichnet. Sind an einer aus einem Monomer synthetisierten Polymerkette Verzweigungen (Seitenketten) aus einem zweiten Monomer „aufgepfropft", spricht man von **Pfropfcopolymeren** (↑ 01).

STYROL-BUTADIEN-KAUTSCHUK Für die Herstellung von Synthesekautschuk wird zunächst Buta-1,3-dien (Anteil: 75 %) mit Styrol (Anteil: 25 %) polymerisiert. Dadurch entstehen lineare Makromoleküle als statistische Copolymere (↑ 03).

Um die typischen elastischen Eigenschaften eines Gummis zu erhalten, müssen die linearen Makromoleküle noch vernetzt werden. Hierfür kommt das Verfahren der **Vulkanisation durch Schwefel** zur Anwendung.

Dieses Verfahren gelang erstmals 1838 dem Amerikaner CHARLES GOODYEAR, indem er Naturkautschuk mit Schwefel reagieren ließ. Dabei kommt es zu einer Aufspaltung der Doppelbindungen in den Kautschuk-Molekülen und zu einer Vernetzung der Makromoleküle durch Ketten von bis zu 50 Schwefel-Atomen (↑ 04).

Durch diese Vulkanisation entsteht aus einem Thermoplast ein Elastomer. Dabei entscheidet der Schwefelanteil über die Elastizität des Gummis: Weichgummi enthält bis 5 % Schwefel, bei Hartgummi liegt der Schwefelanteil bei 25 bis 50 %.

Der synthetische Gummi wird auch als **S**tyrol-**B**utadien-**R**ubber (**SBR**; engl. *rubber*: Gummi) bezeichnet. SBR wird bereits seit 1929 hergestellt und ist damit bis heute einer der am meisten verwendeten Elastomere, beispielsweise für Reifen, Transportbänder und Dichtungen.

STYROL-ACRYLNITRIL Ebenso wie beim SBR dient auch beim **S**tyrol-**A**crylnitril (kurz: **SAN**) Styrol als eines der beiden Monomere der Ausgangsstoffe. Styrol liegt in diesem Copolymer zu etwa 70 % vor. Bei den weiteren 30 % handelt es sich um Acrylnitril. Der ebenfalls durch Polymerisation entstehende Kunststoff ist ein Thermoplast, der eine höhere thermische und mechanische Festigkeit im Vergleich zu Polystyrol besitzt. Daher findet SAN sowohl Ver-

02 Anwendungen für Copolymerisate: **A** Reifen aus SBR, **B** Lebensmittelbehälter aus SAN, **C** Spielsteine aus ABS

7.6 Maßgeschneiderte Kunststoffe

03 Bildung von Styrol-Butadien-Kautschuk aus Styrol und Butadien durch Polymerisation

wendung für Duschkabinen und Reflektoren als auch im Lebensmittelbereich für Salatschüsseln und Geschirr.

ACRYLNITRIL-BUTADIEN-STYROL (ABS) Eines der bekanntesten Copolymere ist **A**crylnitril-**B**utadien-**S**tyrol, kurz: **ABS**, aus dem beispielsweise seit 1963 Legosteine hergestellt werden. Es ist chemikalienbeständig, formstabil, beliebig einfärbbar, fast unzerbrechlich und witterungsbeständig. Deshalb findet es in einem breiten Spektrum, beispielsweise in der Automobil- und Elektroindustrie, Verwendung. ABS ist ein Pfropfcopolymerisat, bei dem die beiden Monomere Acrylnitril und Styrol an das Butadien angelagert werden. Um die vielfältigen Verwendungen zu ermöglichen, müssen die Anteile der einzelnen Monomere unterschiedlich gewichtet werden und schwanken deshalb beträchtlich.

> Copolymerisate setzen sich aus zwei oder mehreren verschiedenen Monomeren zusammen. Dadurch wird eine große strukturelle Variationsbreite erzielt, um Eigenschaften des Produkts gezielt zu steuern.

1) Entwickeln Sie – analog zur dargestellten Bildungsreaktion von Styrol-Butadien-Kautschuk – die Reaktionen für die Herstellung von:
  a Styrol-Acrylnitril
  b Acrylnitril-Butadien-Styrol

2) Formulieren Sie eine Reaktionsgleichung, die die Vernetzung eines SBR-Copolymers durch Vulkanisation zeigt. Nutzen Sie dafür Formelausschnitte von Halbstrukturformeln des SBR.

3) Zeichnen Sie jeweils einen Formelausschnitt für ein statistisches und ein alternierendes Copolymer sowie ein Block- und ein Pfropfcopolymer. Verwenden Sie hierfür jeweils drei Monomere zwei verschiedener frei gewählter Monomere.

04 Vulkanisation: Vernetzung von Kautschuk-Molekülen durch Schwefel

EXP 7.13 Herstellung eines Copolymers

Materialien Reagenzglas, Reagenzglasklammer, Reagenzglasständer, Spatel, Pipette, Brenner, Siedesteinchen, Messzylinder, Styrol (2, 7, 8), Maleinsäureanhydrid (5, 7, 8)

Durchführung *Abzug!* Geben Sie zwei Spatelportionen Maleinsäureanhydrid in ein Reagenzglas und anschließend 1,5 mL Styrol dazu. Erwärmen Sie das Gemisch vorsichtig mit kleiner Brennerflamme, bis eine klare Lösung entsteht. Erhitzen Sie vorsichtig weiter, bis die Flüssigkeit zähflüssig wird. Nach dem Erkalten bleibt eine feste Masse im Reagenzglas zurück.
Entsorgung: Kunststoffreste in den Hausmüll geben.

Auswertung Entwickeln Sie einen Strukturformelausschnitt mit jeweils fünf Monomeren Maleinsäureanhydrid und Styrol.

Modifikation durch Zusatzstoffe

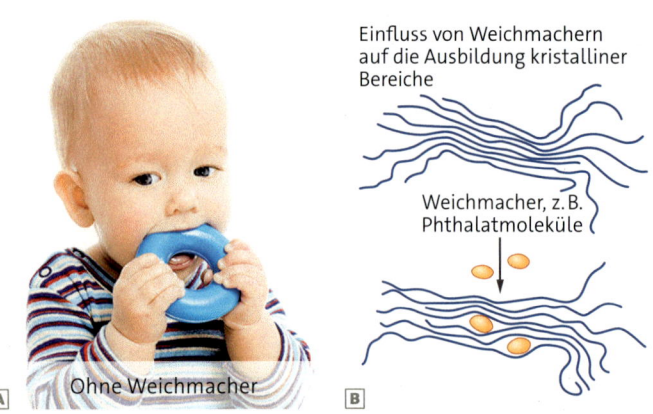

01 Weichmacher: **A** Anwendungsverbot für bestimmte Produkte, **B** Funktion im Kunststoff

Kunststoffe lassen sich durch Beimischen von Zusatzstoffen nahezu beliebig modifizieren und an die gewünschten Verwendungen anpassen. Dabei werden je nach Zusatzstoff die jeweiligen spezifischen Eigenschaften des Kunststoffs verändert (↑ 01).

WEICHMACHER Durch die Zugabe von Weichmachern zu ursprünglich spröden und harten Kunststoffen wie Polyvinylchlorid (PVC) entsteht ein weicher Kunststoff, der z. B. zu Folien verarbeitet werden kann. Dies wird möglich, weil die Moleküle des Weichmachers bei der Herstellung des Kunststoffs zwischen die Makromoleküle des Kunststoffs eingelagert werden und so die Ausbildung kristalliner Bereiche gestört wird. Die zwischenmolekularen Wechselwirkungen nehmen ab.

Häufig verwendete Weichmacher sind **Phthalate**, die sich durch Lösungsmittel herauslösen lassen oder ausdampfen. Sie werden teilweise als gesundheitsgefährdend eingestuft. Deshalb wurde in der EU für mehrere Weichmacher ein Anwendungsverbot für Kinderspielzeug erteilt.

STABILISATOREN Beim Gebrauch von Kunststoffprodukten kommen diese unweigerlich in Kontakt mit Sauerstoff und Wasser und werden Licht und Wärme ausgesetzt. Unter diesen Bedingungen können Polymerketten gespalten und abgebaut werden oder neue Vernetzungsreaktionen stattfinden. So können z. B. UV-Strahlen und auch Wärme zur Spaltung chemischer Bindungen innerhalb der Makromoleküle führen und auf diese Art die Eigenschaften des Kunststoffs verändern, der dadurch spröde wird und „altert". Um diese chemischen Reaktionen zu unterbinden, werden den Kunststoffen z. B. aromatische Amine als Stabilisatoren zugesetzt.

ANTISTATIKA Kunststoffe wie Polystyrol ziehen Staub- und Schmutzpartikel durch elektrostatische Aufladung an, weil hohe Oberflächenwiderstände Ladungen nur langsam abfließen lassen. Dagegen wirken beispielsweise leitfähige Antistatika, die als metallhaltiger Lack auf die Oberfläche des Kunststoffs aufgetragen werden.

FLAMMSCHUTZMITTEL Sie dienen dazu, die Entzündung brennbarer Materialien aus Kunststoffen, aber auch Textilien und Holz hinauszuzögern und die Flammausbreitung zu verlangsamen. Hierdurch lassen sich Brände entweder verhindern oder aber es bleibt mehr Zeit für Flucht und Rettung. Die wichtigsten Flammschutzmittel sind *polybromierte Verbindungen* (↑ 03). Bei **Decabromdiphenylether** handelt es sich um ein weltweit sehr häufig eingesetztes Flammschutzmittel, das in fast allen Kunststoffgehäusen von Elektronikgeräten verwendet wird. Obwohl diese Verbindungen helfen, schwerwiegende Unglücke zu verhindern, bergen sie dennoch Gefahren vor allem für die Umwelt in sich: Sie sind in der Umwelt schwer abbaubar und reichern sich in Lebewesen an. Im Brandfall und bei unkontrollierter Entsorgung können sie hochgiftige Dioxine bilden.

Übung: Zusatzstoffe – Funktionen

Zusatzstoffe	Funktion
Antistatika	verhindern elektrostatische Aufladung, Staub- und Schmutzpartikel werden nicht angezogen
Farbstoffe	intensivieren den Farbeindruck und erhöhen die Festigkeit
Flammschutzmittel	begrenzen die Entflamm- und Entzündbarkeit sowie den Verbrennungsprozess
Füllstoffe	verbessern mechanische Eigenschaften wie Festigkeit, Elastizität, Härte
Gleitmittel	erleichtern die Verarbeitung und Formbarkeit
Stabilisatoren	verlängern die Lebensdauer durch Schutz vor Umwelteinflüssen wie UV-Strahlen, Wärme
Weichmacher	optimieren Elastizität und Härte

02 Einige Zusatzstoffe und ihre Funktionen

03 Flammschutzmittel Decabromdiphenylether

1) Beurteilen Sie Nutzen und Risiken der beschriebenen Zusatzstoffe in Kunststoffen.

Von der Cellulose zur Viskose

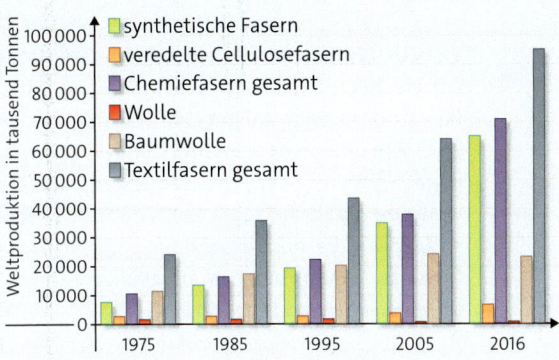

01 Weltproduktion an Textilfasern

NATURFASERN FÜR DIE TEXTILHERSTELLUNG Bis Mitte des 20. Jahrhunderts wurden Textilien hauptsächlich aus Naturfasern, vor allem aus Baumwolle und Wolle, gefertigt. Da aber mit einer wachsenden Weltbevölkerung der Bedarf an Textilfasern zunahm, mussten neue Wege erschlossen werden. Seit den 1970er Jahren hat sich die Produktion an Textilfasern weltweit vervierfacht, wobei besonders der Anteil an synthetischen Fasern und chemisch modifizierten Naturfasern stark zugenommen hat (↑ 01). Ein Grund hierfür sind begrenzt zur Verfügung stehende Anbauflächen – der Bedarf wäre alleine mit natürlichen Fasern nicht zu decken. Viel bedeutender ist jedoch die Tatsache, dass synthetische Faserpolymere für die entsprechenden textilen Anwendungen „maßgeschneidert" werden können, z. B. in Bezug auf die Elastizität, Knitterfestigkeit oder das Wasseraufnahmevermögen. In puncto Tragegefühl jedoch haben synthetische Textilien oft Nachteile. Die Kunststoffchemie bietet Möglichkeiten, um die Vorteile synthetischer und natürlicher Polymerfasern in einer Faser zu erhalten: die chemische Modifikation natürlicher Fasern.

VEREDLUNG VON BAUMWOLLE Baumwolle, die aus Cellulosefasern besteht, kann zu Viskose oder auch zu Celluloseacetat weiterverarbeitet werden.

Viskose erzeugt ein ähnliches Tragegefühl wie Baumwolle. Sie knittert jedoch viel weniger als Baumwolle und Färbungen sind haltbarer als bei der Naturfaser. Stoffe aus Viskose sind weniger steif, da ihre Fasern aus kürzeren Molekülketten im Vergleich zu Cellulosefasern bestehen. Deshalb lässt sich Viskose für fließende, leicht fallende Kleidung nutzen.
Diese Eigenschaften entstehen durch chemische Verarbeitung der Naturfaser: Zuerst wird die Cellulose in Natronlauge getaucht. Dabei entstehen aus Cellulose-Molekülen unter Abspaltung von Protonen Alkalicellulose-Moleküle. Alkalicellulose, das Natriumsalz der Cellulose, wird nun getrocknet und zerkleinert, wobei durch teilweise Hydrolyse der glykosidischen Bindungen kleinere Faserabschnitte entstehen. Durch Zugabe von Kohlenstoffdisulfid (CS_2) bildet sich Cellulosexanthogenat (↑ 02). Salze mit einem $R-O-CS_2^-$-Anion werden als **Xanthogenate** bezeichnet. Diese orangegelbe, zähe Masse ist die Viskose. Aus ihr können nach erneutem Lösen in Natronlauge Viskosefasern gesponnen werden. Mithilfe von Schwefelsäure werden die Xanthogenatreste fast vollständig abgespalten, sodass die Fasern schließlich nahezu aus reiner Cellulose bestehen.

Celluloseacetat wird durch Veresterung der Cellulose mit Essigsäure hergestellt. Es ähnelt in seinem Aussehen Seide, ist dabei knitterarm und nimmt Feuchtigkeit gut auf.

1〉 a Recherchieren Sie die Eigenschaften der eingesetzten und anfallenden Chemikalien bei der Viskoseherstellung.
b Bewerten Sie am Beispiel von Viskose die Umweltverträglichkeit der Veredlung von Naturfasern.

02 Wesentliche Reaktionsschritte bei der Herstellung von Viskose

7.7 Verarbeiten von thermoplastischen Kunststoffen

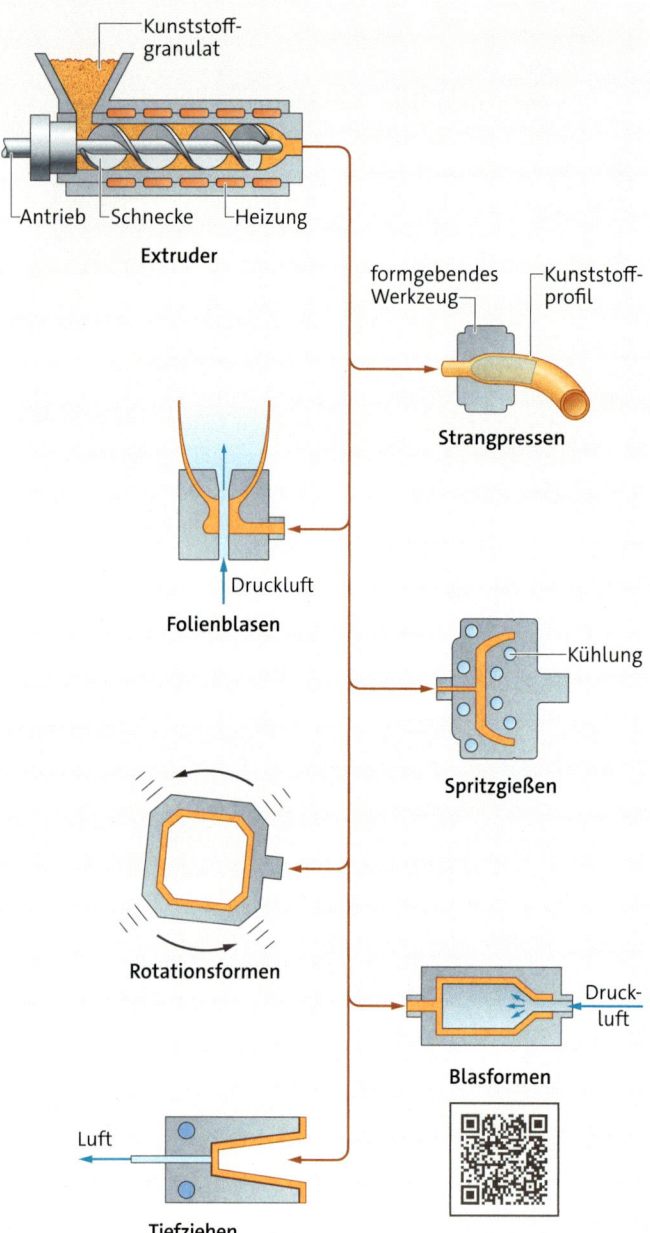

01 Verfahren zur Verarbeitung von Thermoplasten

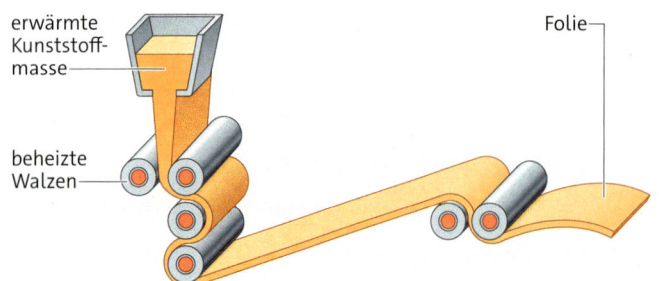

02 Kalandrieren

Thermoplaste sind im erwärmten Zustand verformbar. Sie lassen sich mit unterschiedlichen mechanischen Verfahren in Form bringen.

EXTRUDIEREN Mithilfe eines **Extruders** (lat. *extrudere*: heraustreiben) wird das als Granulat oder Pulver vorliegende Polymer aufgeschmolzen. Dies geschieht unter erhöhtem Druck und erhöhter Temperatur mithilfe einer sich bewegenden Schneckenwelle, die die schmelzende Kunststoffmasse voranschiebt. An der Austrittsöffnung verlässt das verflüssigte Gemisch den Extruder und gelangt in das formgebende Werkzeug (↑ 01).

Beim **Spritzgießen** wird die flüssige Kunststoffmasse in einen Hohlraum eines gekühlten Werkzeugs gespritzt, in dem sie schnell verdichtet und erkaltet. Beim Öffnen des Werkzeugs fallen die geformten Kunststoffteile heraus. Wird die geschmolzene Kunststoffmasse jedoch beim **Strangpressen** durch eine geformte Düse gedrückt, so wird ein Rohr bzw. ein Schlauch geformt.

Beim **Blasformen** wird die Kunststoffmasse zusammen mit Druckluft in die Blasform eingeblasen. So können Hohlkörper wie Flaschen oder Kanister hergestellt werden. Benutzt man beim Einfüllen eine offene ringförmige Düse, so werden Folien erzeugt. Bei diesem als **Folienblasen** bezeichneten Verfahren entsteht durch die einströmende Druckluft ein dünnwandiger Endlosschlauch.

Um große, hohle Kunststoffprodukte herzustellen, verwendet man das **Rotationsformverfahren**. Hierbei lagert sich die Kunststoffmasse beim Abkühlen an den Innenflächen der rotierenden Form ab.

Zur Herstellung von Kunststoffbechern kommt das **Tiefziehverfahren** zum Einsatz. Hierbei wird eine Polymerschicht durch Unterdruck in eine gekühlte Form gezogen, in der der Becher erstarrt. Anschließend wird er durch Erzeugen eines geringfügigen Überdrucks aus der Form geworfen.

Das **Kalandrieren** (franz. *calandre:* Wäschemangel) dient der Gewinnung dickerer Folien. Dabei wird das Polymergranulat im Spalt zwischen zwei sich gegeneinander drehenden, erwärmten Walzen kontinuierlich aufgeschmolzen (↑ 02). Weitere Walzen sorgen für die zusätzliche Homogenisierung und Verstreckung der Folie.

CHEMIEFASERN Als Chemiefasern werden alle Fasern bezeichnet, die industriell hergestellt werden. Hierbei lassen sich die *Synthesefasern* von den *Fasern* von *abgewandelten Naturstoffen* unterscheiden. Gemeinsam ist allen Chemiefasern, dass sie aus unverzweigten Makromolekülen mit kristalliner Struktur aufgebaut sind. Den Zusammenhalt zwischen den Makromolekülen bewirken verschiedene zwischenmolekulare Wechselwirkungen (↑ 03, 04).

Zu den **Synthesefasern** gehören u. a. *Polyester* wie Trevira, *Polyamide* wie Nylon und Perlon sowie *Polyacrylnitrile* wie Dralon und Elasthan. Zur Herstellung wird das Polymer in flüssige Form gebracht, indem es im **Schmelzspinnverfahren** aufgeschmolzen wird. Anschließend wird es durch Spinndüsen gepresst und kann als fester, praktisch endloser Faden abgezogen werden (↑ 04, 05). Nach Abkühlung im Luftstrom erstarren die Fäden und werden nun beim sogenannten *Verstrecken* gestreckt, damit sich die noch verknäuelt vorliegenden Makromoleküle parallel anordnen. Dabei streckt sich die Faser auf das 100- bis 400-Fache. Durch Zerschneiden in kurze Fasern, Mischen mit anderen Fasern und anschließendes Verdrillen können bestimmte Eigenschaften verschiedener Kunststoffe kombiniert werden.
Synthesefasern besitzen charakteristische Eigenschaften: Sie sind pflegeleicht, sehr haltbar sowie beständig gegen Mikroorganismen und Insekten. Sie nehmen nur wenig Feuchtigkeit auf, wodurch sie schnell trocknen. Sie laden sich jedoch elektrostatisch auf, weshalb sie leicht verschmutzen.

MIKROFASERN Mithilfe spezieller Spinnverfahren können extrem dünne Fasern hergestellt werden, die 10-mal dünner als ein menschliches Haar sind und als **Mikrofasern** bezeichnet werden. Ein Gramm einer Mikrofaser entspricht ungefähr einer Länge von 10 km. Gewebe aus Mikrofasern sind extrem dicht, sodass Regentropfen wegen der Oberflächenspannung des Wassers nicht in das Gewebe eindringen können. Wasserdampf jedoch kann durch die Poren des Gewebes nach außen gelangen.

VERARBEITUNG VON DUROMEREN Duromere lassen sich thermisch nicht verformen. Deshalb müssen sie unmittelbar bei der Reaktion in die gewünschte Form gebracht werden. Anschließend lassen sie sich nur noch mechanisch bearbeiten, z. B. durch Sägen. Deshalb werden duromere Formteile häufig als unvernetzte Vorprodukte hergestellt. Nachdem weitere Farb- oder Füllstoffe zugesetzt wurden, wird das Gemisch in Form gebracht und

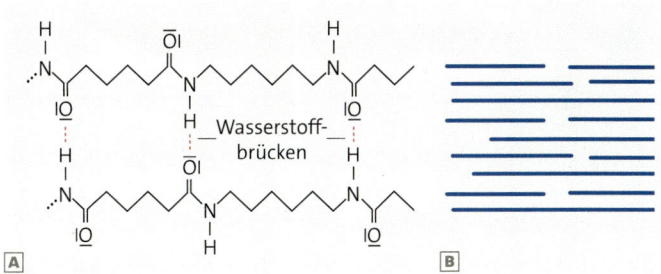

03 **A** Anordnung der Makromoleküle in einer Nylonfaser, **B** Modell

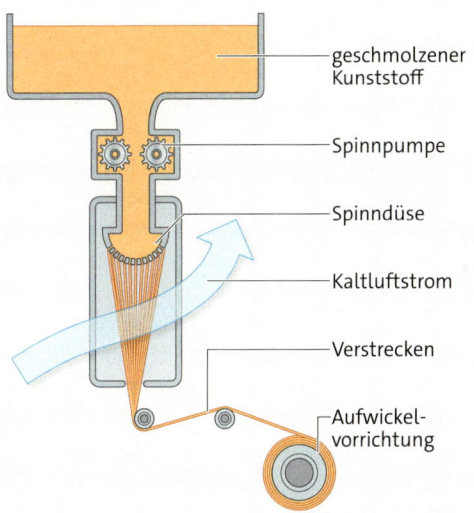

04 Verfahren zum Schmelzspinnen von Polyamiden

05 Schmelzspinndüse

reagiert durch Erwärmen oder Zusatz eines Katalysators zum duromeren Werkstück.

1⟩ Stellen Sie begründet dar, mit welchem Verfahren Sie einen Kanister herstellen würden.
2⟩ Nennen Sie Anwendungsgebiete und Alltagsprodukte, in denen die Eigenschaften von Synthese- oder Mikrofasern zum Tragen kommen.
3⟩ Synthesefasern werden bei ihrer Herstellung mit höherer Geschwindigkeit aufgewickelt als sie die Spinndüse verlassen. Begründen Sie.

7.8 Kunststoffabfälle – ein Problem

01 A 500 Jahre dauert die natürliche Verrottung einer Plastiktüte.
B Upcycling – Treibhaus aus Plastikflaschen

So vielfältig die Nutzungsmöglichkeiten von Kunststoffen sind, so schwierig gestaltet sich ihre sinnvolle Entsorgung oder Wiederverwertung. Allein in Deutschland werden jährlich ca. 500 000 t Kunststoff in die Umwelt freigesetzt. Dabei könnte diese Zahl durch werkstoffliches oder rohstoffliches Recycling oder durch energetische Verwertung deutlich gemindert werden (↑ 03).

In Deutschland werden von den fast sechs Millionen Tonnen gesammelten Kunststoffabfällen aus den privaten Haushalten und der Industrie 99 % einem der nachfolgend beschriebenen Recyclingverfahren zugeführt. Dabei stammen 25 % der Abfälle aus dem Verpackungsbereich. Einen wichtigen Anteil an dieser hohen Verwertungsquote hat dabei das in den 1990er Jahren eingeführte Duale System („Grüner Punkt") zum Recycling von Verkaufsverpackungen. Ressourcenschonender ist die Wiederverwendung als gleich- oder höherwertige Gebrauchtwaren, das sogenannte **Upcycling**: Kleine Veränderungen bezüglich der Nutzungsweise oder der äußeren Form ermöglichen neue Funktionen, z. B. den Bau eines Treibhauses aus Plastikflaschen.

DEPONIERUNG Während in Deutschland nur noch etwa 1 % der Kunststoffabfälle auf Deponien landet, liegt diese Zahl europaweit bei etwa 30 %. Weil sie gegenüber Sauerstoff, Licht, Wasser und Mikroorganismen nahezu beständig sind, verrotten die Kunststoffe dort nicht.

WERKSTOFFLICHES RECYCLING Unter dem Aspekt der Müllvermeidung handelt es sich beim werkstofflichen Recycling um die effizienteste Möglichkeit, Kunststoff wiederzuverwenden. Allerdings erfordert es einen weitgehend sortenreinen und sauberen Altkunststoff, wie er meist nur bei Industrieabfällen vorkommt. Zudem kommt es nur für thermoplastischen Kunststoff infrage. Folgende Schritte müssen vorgeschaltet werden (↑ 04):
- sortenreines Sammeln, Zerkleinern, Waschen
- Abtrennen anhaftender Störstoffe wie Papier, Fremdkunststoffe oder Metalle

Trotzdem treten durch chemische und physikalische Einflüsse Veränderungen in den Polymer-Molekülen auf, z. B. die Spaltung der Makromoleküle, was zu einer Verschlechterung der Qualität des Kunststoffs führt. Man bezeichnet dies als **Downcycling**.

02 Codierung für den recycelbaren Kunststoff Polyethylenterephthalat (PET)

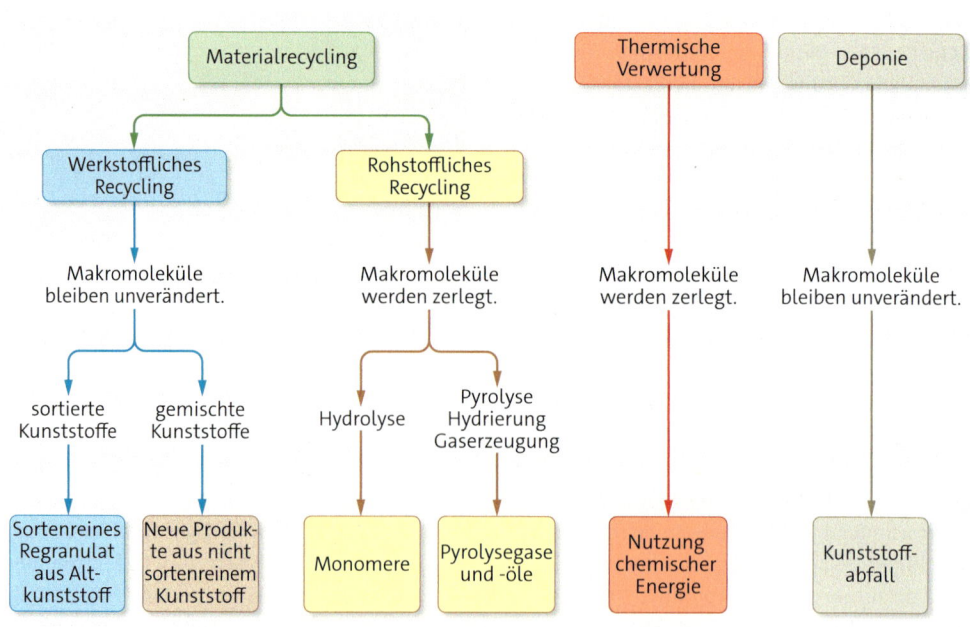

03 Überblick über Verwertungsverfahren für Kunststoffabfälle

Durch wiederholtes Recycling können deshalb Kunststoffe innerhalb der Nutzungskaskade nur eingeschränkten Verwendungsmöglichkeiten zugeführt werden (↑ 05).

Um aus gemischten Abfällen, besonders aus dem Hausmüll, sortenreine Granulate zu erhalten, sind viele Verfahrensschritte wie Trennen und Waschen nötig. Ohne Trennung können diese Altkunststoffe nur zu Formteilen minderer Qualität umgeschmolzen werden. In Deutschland werden 41 % der Kunststoffabfälle werkstofflich verarbeitet.

ROHSTOFFLICHES RECYCLING Auch das rohstoffliche Recycling von vermischten Kunststoffabfällen, die sich nicht werkstofflich trennen lassen, trägt zur Schonung natürlicher Ressourcen bei. Denn dadurch lassen sich die Monomere selbst zurückgewinnen oder aber niedermolekulare Kohlenwasserstoffe in Form von Ölen oder Gasen erzeugen. Diese können dann als Ausgangsstoffe für die Herstellung von Kunststoffen verwendet werden. 1 % der Kunststoffabfälle in Deutschland werden so verarbeitet.

Zur Überführung der Polymere in ihre Ausgangsstoffe kommen verschiedene Verfahren zur Anwendung: Bei der **Pyrolyse** werden die Kunststoffe unter Sauerstoffabschluss auf etwa 700 °C erhitzt, wobei ihre Makromoleküle in kürzere Ketten zerbrechen. Als Produkte entstehen u. a. Alkane, Alkene und Aromaten.

Werden die Kunststoffe bei einer Temperatur von ca. 470 °C und unter hohem Druck (ca. 200 bar) mit einem Überschuss an Wasserstoff behandelt, kommt es ebenfalls zu einem Aufbrechen der langen Ketten. Als Reaktionsprodukte entstehen aber überwiegend Alkane. Das Verfahren wird als Hydrierung bezeichnet. Als **Solvolyse** wird die Kettenteilung der Makromoleküle mithilfe eines Lösungsmittels bezeichnet. Unter Verwendung von sauren Lösungen werden Polyester und Polyamide durch **Hydrolyse** in ihre ursprünglichen Monomere aufgespalten.

THERMISCHE VERWERTUNG Etwa 57 % der in Deutschland anfallenden Kunststoffabfälle werden in Müllverbrennungsanlagen verbrannt. Die dabei frei werdende thermische Energie wird in Kraftwerken genutzt. Jedoch muss bei der Verbrennung darauf geachtet werden, dass die Schadstoffemissionswerte nicht überschritten werden. Problematisch sind hierbei Polymere, die wie PVC keine reinen Kohlenwasserstoffe sind, da sich bei der Verbrennung Chlorwasserstoff (HCl) bildet.

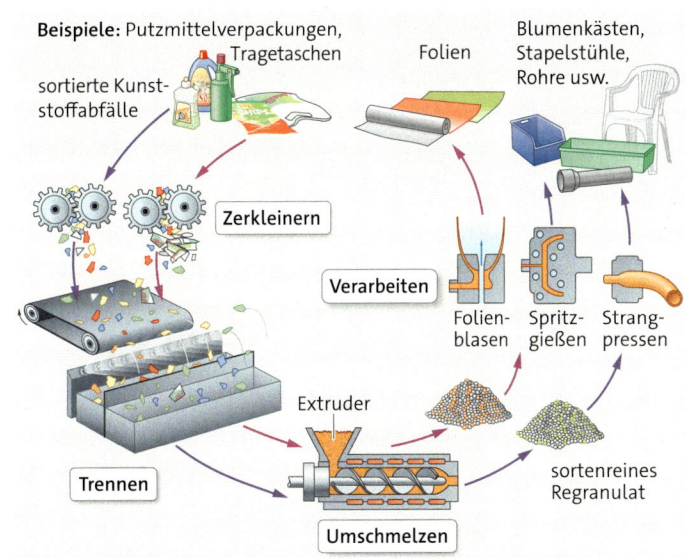

04 Werkstoffliches Recycling (Schema)

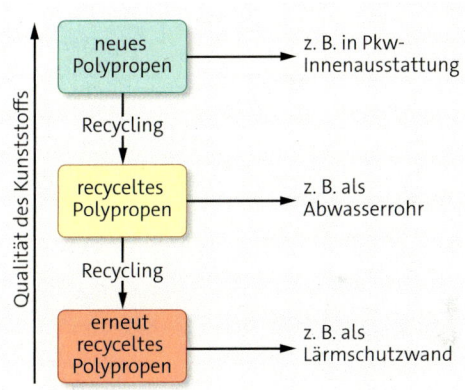

05 Downcycling: Beispiel einer Nutzungskaskade

Betrachtet man Polymere auf Kohlenwasserstoffbasis wie PE oder PP, so entstehen bei der Verbrennung keine anderen Produkte als bei der Verbrennung des ursprünglichen Rohstoffs Erdöl. Unter energetischen Aspekten betrachtet bleibt der ursprüngliche Energiegehalt der eingesetzten Erdölportion vollumfänglich im Kunststoff enthalten. Solange Erdöl zur Energieerzeugung direkt verbrannt wird, ist es also durchaus sinnvoll, Kunststoffe nach dem Durchlaufen einer Nutzungskaskade (↑ 05) anschließend thermisch zu verwerten.

1〉 Erstellen Sie jeweils ein Schema, das die verschiedenen Varianten des rohstofflichen Recyclings darstellt.

2〉 Begründen Sie, welches Recyclingverfahren für welche Kunststoffkategorie geeignet ist: Duromere, Elastomere, Thermoplaste.

Biokunststoffe – biologisch abbaubare und biobasierte Kunststoffe

Jedes Recyclingverfahren erfolgt unter Energieaufwand und/oder birgt umweltgefährdende Risiken. Um beides zu minimieren und gleichzeitig unabhängig vom Rohstoff Erdöl zu werden, wird bereits seit Jahren an **Biokunststoffen** geforscht. Dieser Sammelbegriff umfasst Kunststoffe mit unterschiedlichen Merkmalen in Bezug auf:

- den Weg der Verwertung: biologisch abbaubare bzw. kompostierbare Kunststoffe
- die Rohstoffbasis bei der Herstellung: Ausgangsstoffe aus Biomasse statt aus Erdöl

Dabei gilt: Kunststoffe, deren Ausgangsstoffe aus Biomasse stammen, sind nicht automatisch biologisch abbaubar – und biologisch abbaubare Kunststoffe müssen nicht auf Biomasse basieren. Beide Konzepte existieren nebeneinander (↑ 01).

BIOLOGISCH ABBAUBARE KUNSTSTOFFE Der Vorteil biologisch abbaubarer Kunststoffe besteht darin, dass sie in der Umwelt unter geeigneten Bedingungen im Vergleich zu konventionellem Kunststoff schneller zu Kohlenstoffdioxid und Wasser abgebaut werden. Zunächst erfolgt ein Zerfall in kleine Partikel, bei dem Mikroplastik in Böden und Gewässer eingetragen wird. Der vollständige Abbau dieser Partikel kann jedoch je nach Umweltbedingungen viel Zeit in Anspruch nehmen und wird oft nur in industriellen Kompostieranlagen erreicht, die eine konstant hohe Temperatur von 60 °C und eine Luftfeuchtigkeit von 80 % erreichen. Deshalb ist die Kompostierung solcher Kunststoffe über die Bioabfallsammlung ökologisch wenig sinnvoll. Sie stellt auch keine hochwertige Verwertung dar, weil die Stoffeigenschaften des Kunststoffs bei der Bioabfallverwertung nicht genutzt werden und das abgebaute Material keinen positiven Effekt auf den erzeugten Kompost hat.

BIOBASIERTE KUNSTSTOFFE Das Monomer Milchsäure (2-Hydroxypropansäure) kann durch Fermentation aus Maisstärke erzeugt werden. Durch anschließende Polykondensation und Polymerisation entsteht aus den Monomeren die **Polymilchsäure** (Polylactid, kurz: **PLA**), ein thermoplastischer Kunststoff (↑ Exp. 7.15). Verwendung findet PLA im medizinischen Bereich als Nahtmaterial zum Wundverschluss, aber auch als Verpackungsmaterial für Lebensmittel. Der Abbau des Polymers erfolgt über die hydrolytische Spaltung der Esterbindungen (↑ Exp. 7.16). Mikroorganismen zersetzen die Abbauprodukte weiter zu Kohlenstoffdioxid und Wasser. Dieser Biokunststoff vereint also beide Aspekte: Ausgangsstoffe aus Biomasse und biologische Abbaubarkeit.

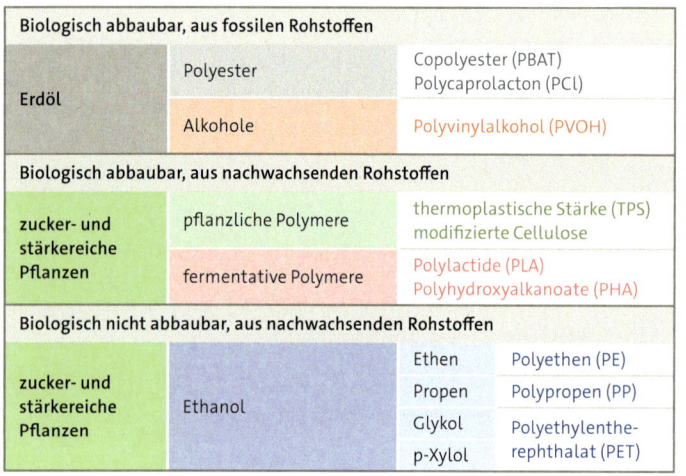

01 Beispiele für Biokunststoffe im Überblick

Neben solchen schon seit einigen Jahren am Markt befindlichen Polymeren auf Stärke- oder Milchsäurebasis kommen auch biobasierte Polyolefine wie Polyethen (PE) auf Basis nachwachsender Rohstoffe hinzu. Dieses Bio-PE weist exakt die gleiche chemische Struktur auf wie das aus Erdöl hergestellte PE. In Brasilien werden derzeit Produktionsanlagen gebaut, die Bio-PE auf der Basis von aus Zuckerrohr gewonnenem Ethanol herstellen (↑ 02).

1) **a** Vergleiche Sie Bio-PE und herkömmlich produziertes PE hinsichtlich des chemischen Aufbaus und der daraus ableitbaren Stoffeigenschaften.
b Bewerten Sie, welche dieser beiden Kunststoffarten zu einer stärkeren Schonung der Umwelt beiträgt. Recherchieren Sie dazu auch in weiteren Quellen.

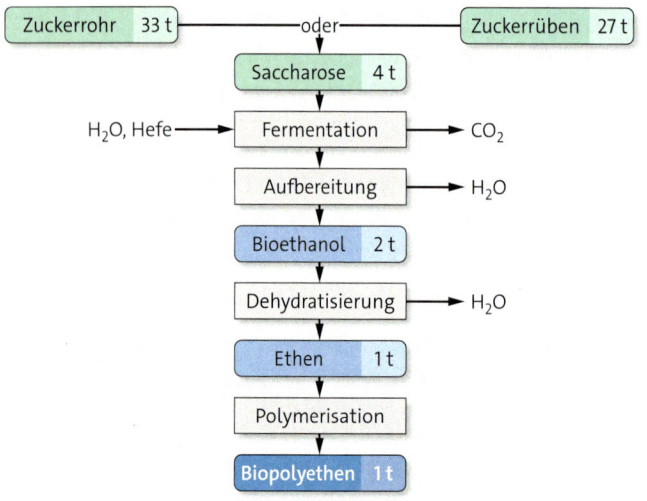

02 Herstellung von Biopolyethen (Bio-PE)

7.8 Kunststoffabfälle – ein Problem | 251

Praktikum

 Kunststoffverwertung – Biokunststoffe

EXP 7.14 Pyrolyse von Kunststoffabfällen

Materialien Reagenzglas, Reagenzglas mit Ansatz, Kolbenprober, Becherglas, Stativmaterial, 2 durchbohrte Stopfen, Brenner, Kunststoffabfälle (kein PVC!), Eiswasser, Kaliumpermanganatlösung (3, 5, 9)

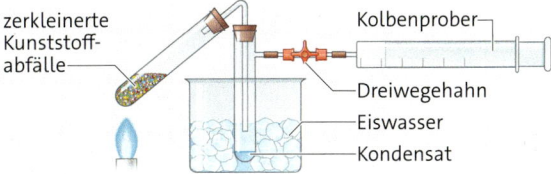

Durchführung Erhitzen Sie die unsortierten, zerkleinerten Kunststoffabfälle kräftig in einem schräg eingespannten Reagenzglas unter Luftabschluss. Fangen Sie die entweichenden Pyrolyseprodukte in einem Kolbenprober auf. Versetzen Sie die gasförmigen Produkte wie auch das Kondensat mit der Kaliumpermanganatlösung.
Entsorgung: Reagenzglas nach dem Abkühlen in den Hausmüll geben. Flüssigkeiten im Scheidetrichter trennen und in den Behälter für giftige anorganische Abfälle bzw. halogenfreie organische Abfälle geben.

Auswertung
1) Erklären Sie die Farbveränderung der Kaliumpermanganatlösung.
2) Erläutern Sie die Vorteile der Pyrolyse gegenüber der Verbrennung bzw. dem werkstofflichen Recycling von Kunststoffabfällen.

EXP 7.15 Herstellung von Polymilchsäure

Materialien Reagenzglas, Reagenzglasklammer, Reagenzglasständer, Spatel, Aluschale vom Teelicht, Brenner, Pipette, Siedesteinchen, Gärröhrchen mit Aktivkohle oder Watte, Milchsäure (5), Zinn(II)-chlorid (5, 7)

Durchführung Geben Sie fingerbreit Milchsäure und einige Kristalle Zinn(II)-chlorid in ein Reagenzglas. Fügen Sie anschließend 3 bis 5 Siedesteinchen hinzu und setzen das Gärröhrchen auf das Reagenzglas. Erhitzen Sie das Gemisch vorsichtig unter ständigem Schütteln in der rauschenden Brennerflamme, bis sich die Farbe der Lösung verändert. Füllen Sie dann den Inhalt des Reagenzglases in die Aluschale und stellen Sie diese zum Abkühlen in den Abzug.
Entsorgung: Kunststoffreste in den Hausmüll geben.

Auswertung
1) Zeichnen Sie einen Strukturformelausschnitt mit fünf Monomeren Milchsäure.
2) Welche Funktion des Zinn(II)-chlorids vermuten Sie?

EXP 7.16 Hydrolyse von Polymilchsäure

Materialien Erlenmeyerkolben (100 mL), Magnetrührer, Magnetfisch, Schere, Kunststoffprobe aus Polymilchsäure, Universalindikator, Wasser, Natronlauge (c = 0,01 mol/L), Salzsäure (c = 0,01 mol/L)

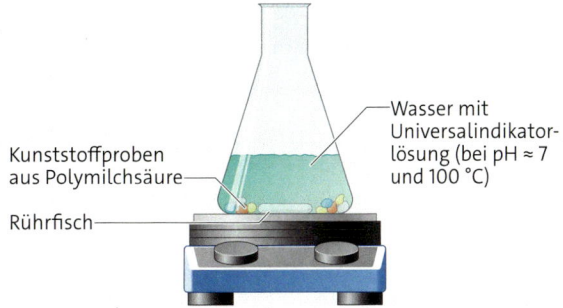

Durchführung Geben Sie in den Erlenmeyerkolben 50 mL Wasser und anschließend ca. 50 Tropfen Universalindikator dazu. Erhitzen Sie auf 100 °C. Sollte dabei ein von pH 7 in das saure Milieu abweichender pH-Wert festgestellt werden, erfolgt die Einstellung auf pH 7 durch die tropfenweise Zugabe von Natronlauge.
Zerkleinern Sie eine Kunststoffprobe von Polymilchsäure (z. B. Becher oder Plastiktüte) und geben Sie unter ständigem Rühren die Schnipsel in den Erlenmeyerkolben.
Entsorgung: Lösung mit Salzsäure neutralisieren und im Abwasser entsorgen. Kunststoffreste in den Hausmüll geben.

Auswertung
1) Entwickeln Sie eine Reaktionsgleichung für die Hydrolyse von Polymilchsäure.
2) Erklären Sie den Farbumschlag des Universalindikators.

EXP 7.17 Folie aus Kartoffelstärke

Materialien Waage, Becherglas (250 mL), Messpipette, Uhrglas, Wasserbad (400 mL), Brenner, Dreifuß, Glasstab, Kunststofffolie, Kartoffelstärke, Glycerinlösung (w = 50 %)

Durchführung Mischen Sie im Becherglas 20 mL Wasser mit 2 mL Glycerinlösung und geben Sie 2,5 g Stärke dazu. Bedecken Sie das Becherglas mit dem Uhrglas und kochen Sie es unter gelegentlichem Rühren ca. 15 min im Wasserbad. Anschließend gießen Sie das heiße Gel auf die Kunststofffolie und lassen es trocknen.
Entsorgung: Kunststoffreste in den Hausmüll geben.

Auswertung
1) Entwickeln Sie einen Strukturformelausschnitt mit fünf Molekülen β-D-Glucose.
2) Welche Funktion der Glycerinlösung vermuten Sie?

7.9 Spezialkunststoffe

01 **A** Gerüst aus Bambus, **B** Bambusgewebe unter dem Mikroskop (Querschnitt), **C** Frontspoiler eines Rennwagens aus Faserverbundmaterial (schwarz: Carbonfasergewebe, glänzend: Kunststoffmatrix)

VERBUNDWERKSTOFFE Für die Optimierung mechanischer Eigenschaften von Polymeren als Konstruktionswerkstoffen hat man sich die Grundprinzipien von der Natur abgeschaut: Bei den in Asien zum Gerüstbau eingesetzten Bambusrohren sind lange Fasern aus Proteinen in Cellulose eingebettet. Dadurch kann Bambus als extrem stabiler und gleichzeitig sehr zugfester und elastischer Werkstoff für viele Anwendungen genutzt werden. Auch technisch hergestellte **Verbundwerkstoffe** stellen eine Verbindung aus einer füllenden Grundsubstanz, der Matrix, und dem Verstärkungsmaterial, häufig Fasern, dar. Als Matrix werden thermo- oder duromere Kunststoffe eingesetzt, während für das Verstärkungsmaterial Glas, Kohlenstoff („Carbon"), Keramik oder auch aromatische Polyamide, z. B. Aramidfasern, verwendet werden.

Je nach Form und Anordnung der verstärkenden Elemente unterscheidet man die folgenden Verbundwerkstoffe:

Sind die Verstärkungsmaterialien als Fasern, Fäden oder Drähte in die Matrix eingebettet, spricht man von **Faserverbundwerkstoffen**. Dabei hält die Matrix die Fasern in der gewünschten Form, während die Festigkeit weitgehend von der Faser abhängt. Die Fasern können sowohl parallel als auch verschränkt angeordnet sein, z. B. als Gewebe (↑ **01C**). Solche Faserverbundwerkstoffe sind im Vergleich zu Stahl wesentlich zugfester bei gleichzeitig sehr geringer Masse. Sie werden u. a. in der Luft- und Raumfahrttechnik, im Schiffbau und für Sportgeräte eingesetzt. Werden einzelne Partikel in eine Matrix eingebettet, um deren Eigenschaften zu verändern, spricht man von **Teilchenverbundwerkstoffen**. Beispielsweise führt die Zugabe von Kohlenstoffpartikeln (Ruß) zur Erhöhung der elektrischen Leitfähigkeit. Kombiniert man gezielt Ebenen mit unterschiedlichen Eigenschaften, entstehen **Schichtverbundwerkstoffe**, sog. Laminate. Sie werden in der Verpackungsindustrie verwendet.

SUPERABSORBER können ein Vielfaches ihrer Masse an Wasser aufnehmen und einlagern – und im Unterschied zu einem Schwamm, wird es auch auf Druck nicht wieder abgegeben. Solche **superabsorbierenden Polymere** (kurz: **Superabsorber**, **SAP**) werden beispielsweise in Babywindeln und in Verbandsmaterial eingesetzt.
Superabsorber bestehen aus schwach vernetzten, wasserunlöslichen Polymeren. Die Eigenschaft, Wasser binden zu können, lässt sich durch den chemischen Aufbau der Polymerketten erklären: Durch die große Anzahl an polaren Carboxy- und Carboxylatgruppen können diese mit vielen Wasser-Molekülen Wechselwirkungen ausbilden. Wären die Polymerketten unvernetzt, wäre der Kunststoff wasserlöslich.

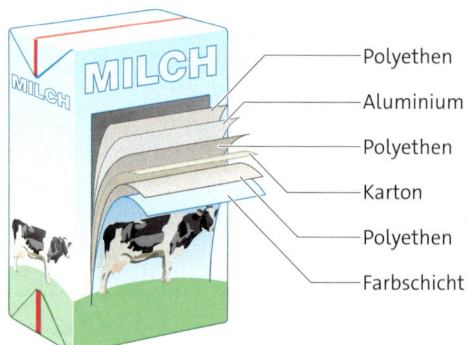

02 Aufbau von Getränkeverpackungen aus Schichtverbundwerkstoffen

7.9 Spezialkunststoffe

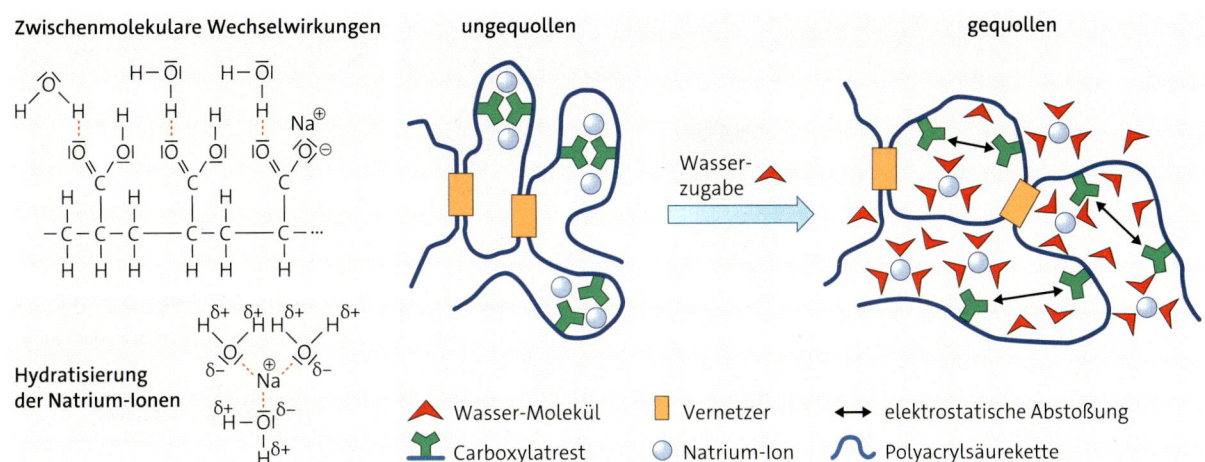

03 Funktion von Superabsorbern in einer Babywindel: Wasser wird in das Polymernetzwerk aus Polyacrylsäure eingeschlossen.

Für die in Windeln enthaltenen Superabsorber wird ein wasserlösliches Copolymerisat aus Acrylsäure (Propensäure) und Natriumacrylat eingesetzt, die Polyacrylsäure. Erst durch den Einbau spezieller Vernetzermoleküle, die die Polymerketten chemisch verbinden, entsteht das weitmaschige Polymernetzwerk. Der dann theoretisch aus einem einzigen Riesenmakromolekül bestehende Kunststoff ist wasserunlöslich.

Diese spezielle Kombination ist für die superabsorbierenden Eigenschaften verantwortlich: Wasser kann in das Netzwerk eindiffundieren, dabei bilden die Wasser-Moleküle Wechselwirkungen zu den Polymerketten und den Natrium-Ionen der Acrylatgruppen aus. Auf diese Weise wird das Wasser „eingeschlossen".

Sobald die Natrium-Ionen von eingedrungenen Wasser-Molekülen hydratisiert werden, bleiben negativ geladenen Carboxylatgruppen an den Ketten zurück, die sich gegenseitig abstoßen. Das zuvor geknäulte Polymer wird gedehnt und der Stoff quillt. Allgemein bezeichnet man einen Verbund eines Polymernetzwerks mit Wasser-Molekülen als **Hydrogel**.

MEMBRANSYSTEME Besonders in der Bekleidungsindustrie werden für Jacken und Schuhe vielfach sogenannte atmungsaktive Klimamembranen eingesetzt, die auf die Innenseite von Textilgewebe aufgeklebt werden. Als Polymer wird dafür beispielsweise **Polytetrafluorethen** (Teflon, Kurzzeichen: PTFE) eingesetzt, dessen nur 0,02 mm dünne Folie so stark verstreckt wird, dass etwa eine Milliarde winzige Poren pro cm² in der Folie entstehen. Durch diese Poren kann Wasserdampf (Schweiß) diffundieren, die Wassertropfen des Regens werden jedoch nicht hindurchgelassen.

EXP 7.18 Untersuchung eines Superabsorbers

Materialien Messzylinder, 4 Bechergläser (250 mL), Spatellöffel, Superabsorberpolymer, Wasser, Kochsalz, Citronensäure (7), Natriumcarbonat (7)

Durchführung Geben Sie einen Spatellöffel Superabsorber in jedes der vier Bechergläser. Anschließend fügen Sie in alle Bechergläser 100 mL Wasser dazu. In das zweite Becherglas geben Sie einen halben Spatellöffel Kochsalz, in das dritte einen halben Spatellöffel Citronensäure und in das vierte Becherglas einen halben Spatellöffel Soda hinzu.

Entsorgung: Kunststoffreste in den Hausmüll geben.

Auswertung Notieren und deuten Sie Ihre Beobachtungen hinsichtlich der unterschiedlichen Wasseraufnahme des Superabsorbers in den vier Ansätzen. Gehen Sie auf das osmotische Verhältnis der verschiedenen Lösungen ein.

Allerdings entstehen bei der Herstellung und Verbrennung von Polytetrafluorethen umweltgefährdende Stoffe.

Ein anderes Membransystem setzt auf porenfrei produzierte Membranen aus **Polyetherester** – einem gesundheitlich unbedenklichen Kunststoff, der schadstoffarm produziert und ähnlich wie PET recycelt werden kann. In diesen nur 0,005 mm dicken Membranen ermöglichen die funktionellen Gruppen des Polymers den Austausch von Wasserdampf.

Video: Superabsorber im Zeitraffer

1) Skizzieren Sie den Aufbau eines Faserverbundwerkstoffs mit parallel ausgerichteten bzw. gegeneinander verschränkt angeordneten Fasern. Erläutern Sie die besonderen Eigenschaften.

Klausurtraining

Material D Mit Polymeren gegen Fressfeinde

Der einheimische Laufkäfer *Abax ater* bekämpft seine Gegner durch Versprühen von Methacrylsäure (2-Methylpropensäure) aus einer Hinterleibsdrüse. Der Gegner wird dadurch binnen kürzester Zeit von einer Schicht aus Polymethacrylsäure überzogen und dadurch bewegungsunfähig.

Methacrylsäure

Ähnlich aufgebaute Kunststoffe werden in der Medizintechnik eingesetzt. Sie finden als Material zur Herstellung von Kontaktlinsen Verwendung. Als Monomere für diese Kunststoffe dienen Ester, die durch exotherme Gleichgewichtsreaktionen von Methacrylsäure mit Methanol oder Ethan-1,2-diol entstehen und bei Raumtemperatur flüssig sind. In Abhängigkeit vom verwendeten Alkohol bilden sich bei der nachfolgenden Herstellung der polymeren Verbindungen zwei Kunststoffe mit unterschiedlichen Eigenschaften:
Der eine Kunststoff besitzt ausgeprägte hydrophile Eigenschaften und ist damit für weiche Kontaktlinsen bestens geeignet, während sich der andere für harte Kontaktlinsen verwenden lässt.

AUFGABEN ZU D

1) a Stellen Sie den Reaktionsmechanismus für die Bildung von Polymethacrylsäure dar und geben Sie den Reaktionstyp an.
Hinweis: Bei dem entstehenden Polymer sind die Carboxygruppen weiterhin vorhanden.
b Entwickeln Sie je eine Reaktionsgleichung (mit Strukturformeln) für die Bildung der beiden erwähnten Methacrylsäureester. Beachten Sie dabei, dass bei der Reaktion mit Ethan-1,2-diol nur eine Hydroxygruppe verestert wird.

2) a Zeichnen Sie für die beiden Polymere, die zur Herstellung von Kontaktlinsen verwendet werden, je einen charakteristischen Strukturformelausschnitt.
b Beurteilen Sie, welcher dieser Kunststoffe zur Herstellung von weichen Kontaktlinsen geeignet ist.

Material E Bakterien erzeugen ein Biopolymer

E1 Eigenschaften des Biopolymers

Bakterien der Art *Alcaligenes eutrophus* produzieren aus 3-Hydroxybutansäure den makromolekularen Speicherstoff Poly-3-hydroxybutansäure (PHB), der sich in den Bakterien anreichert. In großen Bioreaktoren wird PHB säurekatalysiert gewonnen und zu einem biologisch abbaubaren Kunststoff weiterverarbeitet, der unter dem Handelsnamen *Biopol* vertrieben wird. Dieser Kunststoff kann in vielen Anwendungsbereichen das Polypropen (PP) ersetzen, da er ähnliche Eigenschaften besitzt, im Gegensatz zu Polypropen aber biologisch abbaubar ist. Als Problem erwies sich jedoch, dass biotechnologisch hergestelltes *Biopol* sehr teuer ist.
Die Zersetzungstemperatur liegt bei 180 °C und damit nur knapp oberhalb des Schmelzbereichs bei ca. 170 °C.

E2 Nutzung als Speicherstoff

Viele Bakterien nutzen Poly-3-hydroxybutansäure als Speicherstoff. Mehrere Hundert bis mehrere Tausend 3-Hydroxybutansäuremonomere sind über ihre Hydroxy- und Carboxygruppen zu einem Polyestermolekül verknüpft. Aufgrund ihrer unpolaren hydrophoben Eigenschaften lagern sich diese Polymere in tröpfchenförmigen Zelleinschlüssen ein, die sich mit lipophilen Farbstoffen wie Sudanschwarz anfärben und damit sichtbar machen lassen.
Der intrazelluläre Abbau der Poly-3-hydroxybutansäure erfolgt über alkalische Hydrolyse zu 3-Hydroxybutansäure und anschließend weiteren Stoffwechselreaktionen.

AUFGABEN ZU E

1) a Formulieren Sie die Reaktionsgleichung für die Herstellung von Poly-3-hydroxybutansäure aus 3-Hydroxybutansäure und geben Sie den Reaktionstyp an.
b Ordnen Sie begründet PHB einer Kunststoffart zu.
c Begründen Sie, warum Poly-3-hydroxybutansäure in Bakterien durch Sudanschwarz sichtbar gemacht werden kann, jedoch die 3-Hydroxybutansäure sich nicht anfärben lässt.

2) Erstellen Sie eine ausführliche Durchführungsbeschreibung für einen Schülerversuch zur alkalischen Hydrolyse von Poly-3-hydroxybutansäure. Berücksichtigen Sie dabei auch sicherheitsrelevante Aspekte.

3) Stellen Sie Hypothesen auf, warum Poly-3-hydroxybutansäure im Gegensatz zu Polypropen biologisch abbaubar ist.

Material F Biologisch abbaubare Kunststoffe

F1 Dimerisierung von Milchsäure

Milchsäure hat eine besondere Eigenschaft: Sie bildet mit sich selbst Dimere. Sie werden als Dilactide bezeichnet. Dabei handelt es sich um *cyclische Ester*.

$$2\ \text{HO–CH(CH}_3\text{)–COOH} \rightleftharpoons \text{Dilactid} + 2\ H_2O$$

Milchsäure → Dilactid

F2 Polymerisierung zum Polylactid

Aus Milchsäure lässt sich der Kunststoff Polylactid (PLA, auch Polymilchsäure) herstellen. Polylactide können bis zu einer molaren Masse von 15 000 g/mol durch Polykondensation direkt aus Milchsäure und bei Raumtemperatur erzeugt werden. Die Entsorgung der dazu verwendeten Lösungsmittel ist allerdings problematisch. Deshalb werden Polylactide bevorzugt durch die ionische Polymerisation von Dilactiden hergestellt. Bei etwa 180 °C und unter der Einwirkung von Zinn(II)-chlorid findet die Ringöffnung des Dilactids sowie die Polymerisation statt. So werden Kunststoffe mit sehr großen molaren Massen von über 20 000 g/mol und hoher Festigkeit erzeugt.

F3 Biologischer Abbau

Über Biotonnen gesammelte Bioabfälle werden in industriellen Kompostieranlagen zu Kompost verarbeitet. Dieser Prozess dauert in der Regel rund vier Wochen. Aus Sicht der Betreiber stellen biologisch abbaubare Kunststoffe wie Polylactid ein großes Problem dar, weil sie zur Verunreinigung des Kompostprodukts führen.

Temperatur in °C	4	25	25	40	60	60
relative Luftfeuchte in %	100	20	80	80	20	80
vollständiger Abbau in Monaten	124	58	37	10	3	2

F3.1 Vollständiger Abbau von Polylactiden

F4 Eigenschaften

Durch gezielte Copolymerisation von D- und L-Milchsäuremonomeren stellt man verschiedene Poly-L-lactide her, die sich in ihrem Kristallisationsgrad, ihren Schmelztemperaturen sowie ihrem Abbauverhalten unterscheiden. So ist beispielsweise das Poly-L-lactid teilkristallin, also aufgrund seiner kristallähnlichen Struktur relativ hart und spröde. Die Schmelztemperatur ist von der jeweiligen Kettenlänge der Makromoleküle abhängig und beträgt beispielsweise bei Poly-L-lactid 80 bis 190 °C. Aus diesem Biokunststoff werden diverse Verpackungen, aber auch Tüten für Bioabfälle hergestellt.

F5 Copolymerisierung von Milchsäure und Glycolsäure

Der Biokunststoff Polylactid-co-Glycolid (PLGA) besteht aus den Monomeren Milchsäure und Glycolsäure und findet vor allem in der Medizintechnik Anwendung, beispielsweise als chirurgisches Nahtmaterial oder bei der Herstellung von sich auflösenden Arzneimitteldepots. Alle PLGA-Typen haben amorphe Strukturen und besitzen eine Schmelztemperatur von etwa 200 °C.

Glycolsäure

AUFGABEN ZU F

1) Definieren Sie die Begriffe Duromer, Thermoplast und Elastomer und ordnen Sie Poly-L-lactid einer der drei Kunststoffarten begründet zu (↑ F4).
2) Stellen Sie Unterschiede und Gemeinsamkeiten der beiden Polylactidsynthesen (aus einzelnen Milchsäure-Molekülen bzw. aus Dilactiden) tabellarisch gegenüber. Entwickeln Sie daraus Vor- und Nachteile der beiden Polylactidsynthesewege (↑ F2).
3) Beurteilen Sie aus den Daten zum Abbau von Polylactiden die Meinung der Betreiber von Kompostieranlagen. Ziehen Sie hieraus die Schlussfolgerung, wie die optimalen Prozessbedingungen in einer Kompostieranlage aussehen müssten (↑ F3).
4) In der Medizintechnik finden Polylactide als Copolymerisate mit Glycolsäure, die PLGA, vielfach Anwendung (↑ F4, F5).
   a Zeichnen Sie einen charakteristischen PLGA-Strukturformelausschnitt und nennen Sie unterschiedliche Eigenschaften von Poly-L-lactid und PLGA, die sich aufgrund der Strukturformel ableiten lassen.
   b Begründen Sie anhand der Eigenschaften von Poly-L-lactid und PLGA, für welche Anwendungen sie sich gut bzw. weniger gut eignen.

Auf einen Blick

Kunststoffe	Werkstoffe, die künstlich oder durch Abwandlung von Naturprodukten hergestellt werden. Sie bestehen aus einzelnen gleichartigen Grundbausteinen, den Monomeren. Durch chemische Verknüpfungen von sehr vielen Monomeren entstehen langkettige Makromoleküle, die Polymere.

Einteilung der Kunststoffe nach ihrer Struktur und ihren Eigenschaften

Kunststoffart	Thermoplaste	Duromere	Elastomere
Struktur der Makromoleküle	lineare oder wenig verzweigte Makromoleküle	engmaschig vernetzte Makromoleküle	weitmaschig vernetzte Makromoleküle
Eigenschaften	erweichen beim Erwärmen, erwärmt plastisch formbar	zersetzen sich beim Erwärmen, mechanisch nicht formbar	nehmen nach Verformung die Ausgangsform ein

Einteilung der Polymere nach der Herstellungsart

Herstellungsart	Polymerisation	Polykondensation	Polyaddition
Reaktionstyp	Addition	Substitution	Addition
Strukturmerkmale in den Monomeren	C–C-Mehrfachbindungen	zwei oder mehr funktionelle Gruppen	Mehrfachbindungen und reaktionsfähige Wasserstoff-Atome
Produkt(e)	Polymerisat ohne Nebenprodukt, *Beispiel:* Polyethen	Polykondensat und Nebenprodukt (z. B. H_2O), *Beispiel:* Polyamid	Polyaddukt ohne Nebenprodukt, *Beispiel:* Polyurethan

Copolymere	Makromoleküle, die aus zwei oder mehreren verschiedenen Monomeren aufgebaut sind

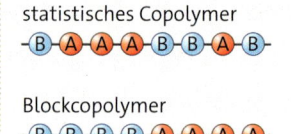

Verarbeitung von Kunststoffen	Thermoplaste werden durch Extrusion, Strangpressen, Spritzgießen, Folienblasen, Blasformen, Rotationsformen, Kalandrieren und Schmelzspinnen verarbeitet. Duromere und Elastomere sind nicht wärmeverformbar und müssen in ihrer endgültigen Form synthetisiert werden.
Verwertung von Kunststoffabfällen	**Werkstoffliche Verwertung:** Sortenreine Kunststoffabfälle werden zerkleinert und wieder aufgeschmolzen. **Rohstoffliche Verwertung:** Aus gemischten Kunststoffabfällen werden die Monomere zurückgewonnen oder durch Pyrolyse und Hydrierung niedermolekulare Kohlenwasserstoffe in Form von Ölen oder Gasen erzeugt. **Energetische Verwertung:** Gemischte Kunststoffabfälle werden zur Energieerzeugung verbrannt.
Biokunststoffe	• biologisch abbaubare bzw. kompostierbare Kunststoffe • Ausgangsstoffe aus Biomasse statt aus Erdöl

Übungsaufgaben

1. *"Molecule of high relative molecular mass, the structure of which essentially comprises the multiple repetition of units derived, [...], from molecules of low relative molecular mass."* Geben Sie an, welcher Begriff hier definiert wird, und formulieren Sie eine sinngemäße deutsche Definition.

2. Erläutern Sie die unterschiedlichen Eigenschaften von Thermoplasten, Duromeren und Elastomeren anhand ihrer jeweiligen Struktur.

3. Versetzt man Styrol (Vinylbenzol) mit Dibenzoylperoxid, so bildet sich nach kurzer Zeit in einer exothermen Reaktion eine zähe Flüssigkeit, die allmählich zum Feststoff erstarrt.
   a Formulieren Sie unter Verwendung von Strukturformeln die Reaktionsgleichung für diesen Vorgang und benennen Sie das Produkt.
   b Beschreiben und erklären Sie das thermoplastische Verhalten des Produkts.
   c Erläutern Sie die einzelnen Reaktionsschritte unter Verwendung von Reaktionsgleichungen. Verwenden Sie für das Startmolekül das Symbol R–R, für das Styrol-Molekül das Symbol S und kennzeichnen Sie Radikale mit einem Punkt.

4. 4-Hydroxybenzoesäure ist zur Bildung von Makromolekülen geeignet, Benzoesäure (Phenylmethansäure) dagegen nicht.
   a Stellen Sie die Strukturformeln der beiden Verbindungen auf.
   b Geben Sie die Reaktionsgleichung für die Bildung eines Makromoleküls aus 4-Hydroxybenzoesäure an und nennen Sie die Reaktionsart. Begründen Sie, warum Benzoesäure als Ausgangsstoff nicht dafür geeignet ist.
   c Stellen Sie eine Hypothese auf, wie sich der gebildete Kunststoff beim Erwärmen verhalten wird.

5. Um 1846 stellte BERZELIUS den ersten Polyester aus Weinsäure (2,3-Dihydroxybutandisäure) und Glycerin her.
   a Erklären Sie an diesem Beispiel die Begriffe Monomer und Polymer.
   b Begründen Sie mithilfe von Strukturformeln (Ausschnitt), dass die Bildung eines Polyesters ausschließlich aus Weinsäure ebenfalls möglich ist.
   c Erläutern Sie, zu welcher Kunststoffklasse der von BERZELIUS erzeugte Polyester zuzuordnen ist.

6. Ein Laborant soll ein Polymer herstellen. Als Ausgangsstoffe stehen ihm 1,2-Diaminoethan $H_2N–CH_2–CH_2–NH_2$, Dimethylamin $H_3C–NH–CH_3$ und Diisocyanat $O=C=N–(CH_2)_2–N=C=O$ zur Verfügung. Geben Sie unter Auswahl geeigneter Ausgangsstoffe einen möglichen Reaktionsmechanismus an, der zur Bildung eines Polymers führt.

7. Beschreiben Sie die Herstellung einer Flasche aus PET und einer Salatschüssel aus HDPE.

8. Begründen Sie, dass für Ummantelungen elektrischer Kabel Thermoplaste nur bedingt geeignet sind. Schlagen Sie eine geeignete Kunststoffart vor.

9. EC-Karten aus PVC können recycelt werden. Skizzieren Sie ein Schema, das den Lebenszyklus von PVC inklusive der Möglichkeiten einer sinnvollen Verwertung darstellt.

10. Stellen Sie allgemein Möglichkeiten dar, bei Einsatz von nur zwei bestimmten Monomeren dennoch zu Polymeren mit unterschiedlichen „maßgeschneiderten" Eigenschaften zu kommen.

Mithilfe dieses Kapitels können Sie:	Aufgabe	Hilfe finden Sie auf Seite
• den Aufbau von Polymeren aus Monomeren beschreiben	1, 5a	225, 230–233, 238
• Kunststoffe nach ihrer charakteristischen Struktur und den daraus resultierenden Eigenschaften in Thermoplaste, Duromere und Elastomere klassifizieren	2, 4c, 5c	226–227
• Kunststoffe aufgrund ihrer Synthese als Polykondensate, Polymerisate oder Polyaddukte zuordnen	3, 4, 5, 6	230–231, 232–236
• die Reaktionsschritte bei einer Polykondensation, radikalischen Polymerisation, Polyaddition erläutern	3, 4, 5, 6	230, 232–233, 238–239
• geeignete Kunststoffarten und Verarbeitungsverfahren für die Herstellung von Alltagsprodukten beschreiben	7, 8, 10	231, 235, 238–239, 242–244, 246–247
• aufgrund der Eigenschaften von Kunststoffen auf deren Einsatzmöglichkeiten schließen	8	246–247, 252–253
• Maßnahmen für eine adäquate Wiederverwertung von Kunststoffabfällen erläutern	9	248–249

Wenn Kohle verbrennt oder Bahnschienen geschweißt werden, dann laufen Redoxreaktionen ab: chemische Reaktionen, bei denen Elektronenübergänge zwischen den beteiligten Teilchen stattfinden. Fotoapparate und andere elektrische Geräte hingegen benötigen Energie, die nicht aus der Steckdose kommt. Hier werden Batterien und Akkus genutzt, in denen chemische Energie durch Redoxreaktionen in elektrische Energie umgewandelt wird.

8 Von Redoxreaktionen zu elektrochemischen Anwendungen

Elektronenübergänge bei chemischen Reaktionen

Redoxreaktion
- Elektronenübergang
- Donator-Akzeptor-Konzept
- Oxidationszahlen
- Aufstellen von Redoxgleichungen
- Redoxtitrationen

Elektrochemische Reaktionen
- Daniell-Element
- Elektrochemische Doppelschicht
- Galvanische Zelle
- Elektrodenpotenzial und Standardelektrodenpotenzial
- Standardwasserstoffelektrode
- Elektrochemische Spannungsreihe
- Nernst-Gleichung

Batterien und Akkus
- Batterieprinzip
- Zellspannung
- Batterietypen
- Akkumulatoren
- Brennstoffzelle

Elektrolysen
- Erzwungene Redoxreaktion
- Zersetzungsspannung
- Überspannung
- Faraday-Gesetze
- Großtechnische Elektrolysen

Korrosion
- Lokalelemente
- Korrosionsarten
- Korrosionsschutz
- Galvanisieren

01 Woraus bestehen Batterien und wie funktionieren sie?

8.1 Reaktionen mit Elektronenübergang

01 **A** Verbrennen von Magnesium, **B** Thermitschweißen von Bahnschienen

REAKTIONEN MIT ELEKTRONENÜBERGANG Bei der Reaktion von Magnesium mit Sauerstoff entsteht der weiße Feststoff Magnesiumoxid, der sich in seinen Eigenschaften wahrnehmbar von Magnesium unterscheidet.

Auf der Teilchenebene kann die Reaktion folgendermaßen gedeutet werden: Magnesiumoxid ist eine Ionenverbindung, die aus zweifach positiv geladenen Magnesium-Ionen Mg^{2+} und zweifach negativ geladenen Oxid-Ionen O^{2-} aufgebaut ist. In den Ausgangsstoffen liegen aber elektrisch ungeladene Teilchen (Atome oder Moleküle) vor. Die Ionen können sich erst während der Reaktion gebildet haben.

Magnesium-Atome geben je zwei Elektronen an Sauerstoff-Atome ab. Die Magnesium-Atome wirken als **Elektronendonatoren**. Sie werden durch die Elektronenabgabe zu Magnesium-Ionen Mg^{2+} oxidiert. Die Sauerstoff-Atome reagieren dagegen als **Elektronenakzeptoren**. Sie nehmen je zwei Elektronen auf und werden zu Oxid-Ionen O^{2-} reduziert. Die Verbrennung von Magnesium ist eine **Reaktion mit Elektronenübergang**, bei der Elektronen von Magnesium-Atomen auf Sauerstoff-Atome übertragen werden (↑ 03).

OXIDATION UND REDUKTION Stoffe können verbrennen – sogar Metalle. Entzündet man ein Stück Magnesiumband, verbrennt es an der Luft, wobei sich unter hellem Aufglühen Magnesiumoxid bildet (↑ 01**A**). Das silbergraue Metall Magnesium reagiert mit dem Sauerstoff der Luft zum weißen Magnesiumoxid. Eine solche Reaktion mit Sauerstoff wird als **Oxidation** bezeichnet.

$$2\,Mg(s) + O_2(g) \longrightarrow 2\,MgO(s)$$

Video: Thermitverfahren

Die Oxidation ist umkehrbar. Beim *Thermitverfahren* zum Schweißen von Eisenbahnschienen wird ein Gemisch aus Eisenoxid und Aluminium mithilfe eines Zünders zur Reaktion gebracht. Dabei bildet sich aus Eisenoxid flüssiges Eisen, das durch eine Form zwischen die Schienenenden läuft und diese dauerhaft miteinander verschweißt (↑ 01**B**).

Bei diesem Vorgang handelt es sich um eine **Reduktion**, da das Metalloxid wieder zum Metall zurückgeführt wird (lat. *reducere*: zurückführen). Gleichzeitig wird bei dieser Reaktion Aluminium zu Aluminiumoxid oxidiert (↑ 02).

Auch die Reaktion beim Thermitverfahren lässt sich so erklären. Eisenoxid ist aus Fe^{3+}-Ionen und O^{2-}-Ionen aufgebaut. Während der Reaktion übertragen Aluminium-Atome jeweils drei Elektronen auf ein Fe^{3+}-Ion. Dabei werden diese zu Fe-Atomen reduziert und gleichzeitig Al-Atome zu Al^{3+}-Ionen oxidiert. Auch hier handelt es sich um eine Reaktion mit Elektronenübergang, bei der die Elektronen vom Metall-Atom auf ein Metallkation übertragen werden. Die Oxid-Ionen selbst bleiben unverändert. Im Eisenoxid liegen sie ebenso vor wie im Aluminiumoxid.

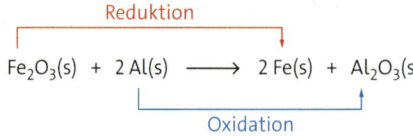

02 Reaktion zwischen Eisenoxid und Aluminium

REDOXREAKTION Reaktionen mit Elektronenübergang werden auch als **Redoxreaktionen** bezeichnet. Das Teilchen, das in einer Redoxreaktion als Elektronendonator wirkt, wird durch die Elektronenabgabe selbst oxidiert. Das Teilchen, das in einer Redoxreaktion als Elektronenakzeptor wirkt, wird durch die Elektronenaufnahme reduziert. Dabei kann ein Teilchen nur Elektronen abgeben, wenn diese durch ein anderes Teilchen aufgenommen werden. Daher sind Redoxreaktionen **Donator-Akzeptor-Reaktionen**.

Elektronenabgabe:	$Mg \longrightarrow Mg^{2+} + 2\,e^-$	(Oxidation)
Elektronenaufnahme:	$O_2 + 4\,e^- \longrightarrow 2\,O^{2-}$	(Reduktion)
Elektronenübergang:	$2\,Mg + O_2 \xrightarrow{4\,e^-} 2\,MgO$	(Redoxreaktion)

03 Oxidation von Magnesium – Reaktion mit Elektronenübergang

In einer Redoxreaktion bezeichnet man den Elektronendonator als **Reduktionsmittel**, da er seinen Reaktionspartner reduziert. Der Elektronenakzeptor wird als **Oxidationsmittel** bezeichnet, da er seinen Reaktionspartner oxidiert.

8.1 Reaktionen mit Elektronenübergang

KORRESPONDIERENDE REDOXPAARE Elektronenabgabe und -aufnahme sind umkehrbare Vorgänge. Ein Elektronendonator (reduzierte Form, Red) gibt Elektronen ab und wird dabei zum korrespondierenden Elektronenakzeptor. Ein Elektronenakzeptor (oxidierte Form, Ox) nimmt Elektronen auf und wird dabei zum korrespondierenden Elektronendonator.

$$Al \rightleftarrows Al^{3+} + 3\,e^- \qquad Fe^{3+} + 3\,e^- \rightleftarrows Fe$$
$$Red \rightleftarrows Ox + z\,e^- \qquad Ox + z\,e^- \rightleftarrows Red$$

An der Thermitreaktion ist erkennbar, dass an ihr zwei korrespondierende (zusammengehörige) Redoxpaare beteiligt sind. Die Fe^{3+}-Ionen bilden mit den Fe-Atomen das Redoxpaar Fe/Fe^{3+}. Die Al-Atome und Al^{3+}-Ionen bilden das zweite Redoxpaar Al/Al^{3+}.

```
        korrespondierendes Redoxpaar 1
       ┌─────────────────────┐
Fe₂O₃(s) + 2 Al(s) ⟶ 2 Fe(s) + Al₂O₃(s)
             └─────────────────────┘
        korrespondierendes Redoxpaar 2

Ox 1    + Red 2   ⟶   Red 1  + Ox 2
```

> Redoxreaktionen sind Reaktionen mit Elektronenübergang, bei denen Oxidation und Reduktion immer gekoppelt ablaufen. Bei der Oxidation erfolgt eine Elektronenabgabe, bei der Reduktion eine Elektronenaufnahme.

REDOXREIHE DER METALLE Metall-Atome unterscheiden sich in ihrem Bestreben, Elektronen an Elektronenakzeptoren abzugeben. Ihre *reduzierende Wirkung* kann experimentell ermittelt werden (↑ Exp. 8.01, S. 266): Taucht man ein Eisenblech in Kupfersulfatlösung, so scheidet sich Kupfer ab. Auch die *oxidierende Wirkung* von Metall-Ionen ist verschieden: Beim Eintauchen eines Kupferblechs in Eisensulfatlösung lässt sich keine Veränderung beobachten. Beide Phänomene kommen in der **Redoxreihe der Metalle** zum Ausdruck. Mithilfe der Redoxreihe (↑ 04) können mögliche Redoxreaktionen vorhergesagt werden: Metall-Ionen lassen sich von den jeweils weiter rechts stehenden Atomen unedlerer Metalle reduzieren.

Bestreben der Atome zur Elektronenabgabe nimmt zu. →

Au	Pt	Ag	Cu	Pb	Fe	Zn	Al	Mg	Ca	K	Li
edle Metalle											unedle Metalle
Au^{3+}	Pt^{2+}	Ag^+	Cu^{2+}	Pb^{2+}	Fe^{2+}	Zn^{2+}	Al^{3+}	Mg^{2+}	Ca^{2+}	K^+	Li^+

← Bestreben der Ionen zur Elektronenaufnahme nimmt zu.

04 Redoxreihe der Metalle

1〉 Zeigen Sie, dass die Bildung von Magnesiumchlorid ($MgCl_2$) aus den Elementen eine Redoxreaktion ist. Formulieren Sie die Teilgleichungen für die Elektronenaufnahme und -abgabe. Benennen Sie reduzierte und oxidierte Form.

2〉 Erläutern Sie den Elektronenübergang bei der Redoxreaktion zwischen Eisen(III)-oxid (Fe_2O_3) und Magnesium.

3〉 Benennen Sie die korrespondierenden Redoxpaare folgender Reaktionen:
  a Verbrennen von Calcium
  b Reaktion von Natrium mit Brom
  c Reduktion von Kupferoxid (CuO) mit Eisen

4〉 Silberoxid (Ag_2O) kann durch Erhitzen in seine Elemente zerlegt werden. Begründen Sie, dass diese Analyse eine Redoxreaktion ist. Kennzeichnen Sie den Elektronenübergang.

	Redoxreaktion	Säure-Base-Reaktion
Übergang von:	Elektronen	Protonen
Beteiligte Teilchen:	Elektronendonator: reduzierte Form (Red) $Red \rightleftarrows Ox + z\,e^-$	Protonendonator: Säure (HA) $HA \rightleftarrows A^- + H^+$
	Elektronenakzeptor: oxidierte Form (Ox) $Ox + z\,e^- \rightleftarrows Red$	Protonenakzeptor: Base (B) $B + H^+ \rightleftarrows HB^+$
Reaktionsgleichung:	Red 1 + Ox 2 $\rightleftarrows$ Ox 1 + Red 2 Beispiel: ┌── Redoxpaar 1 ──┐ $2\,Al + Fe_2O_3 \rightleftarrows Al_2O_3 + 2\,Fe$ └── Redoxpaar 2 ──┘	HA + B $\rightleftarrows$ A^- + HB^+ Beispiel: ┌─ Säure-Base-Paar 1 ─┐ $HCl + H_2O \rightleftarrows Cl^- + H_3O^+$ └─ Säure-Base-Paar 2 ─┘

05 Donator-Akzeptor-Konzept (Übersicht)

8.2 Redoxreaktionen und Oxidationszahlen

01 Verbrennen von Methanol

Wenn Methanol mit Sauerstoff zu Kohlenstoffdioxid und Wasser reagiert, hat eine Redoxreaktion stattgefunden (↑ 01). Wie lässt sich zeigen, dass ein Elektronenübergang erfolgt ist?

$$2\ CH_3\text{–}OH(l) + 3\ O_2(g) \longrightarrow 2\ CO_2(g) + 4\ H_2O(l)$$

OXIDATIONSZAHLEN Um Redoxreaktionen anhand der beteiligten Teilchen zu erkennen, ist das Konzept der **Oxidationszahl (OZ)** hilfreich. Bei einfachen Ionen (Atom-Ionen) entspricht die Oxidationszahl deren Ionenladung. Ein Natrium-Ion Na^+ hat die Oxidationszahl I, ein Chlorid-Ion Cl^- die Oxidationszahl –I.
In Formeln werden die Oxidationszahlen mit römischen Ziffern über das jeweilige Elementsymbol geschrieben. Ein Minuszeichen kennzeichnet negative Oxidationszahlen. In einer Verbindung ist die Summe der Oxidationszahlen aller Atome null.
Zur Ermittlung der Oxidationszahlen für die in einem Molekül gebundenen Atome wird die Lewis-Formel des Moleküls notiert (↑ Methode, S. 263). Dabei stellt man sich vor, dass dieses formal aus Ionen aufgebaut ist.

Dazu werden die Bindungselektronen einer polaren Elektronenpaarbindung immer dem Atom mit der größeren *Elektronegativität* (kurz: EN) zugeordnet. Um die Oxidationszahlen in Verbindungen zu bestimmen, für die keine Lewis-Formeln aufgestellt werden können, gibt es noch weitere Regeln (↑ Methode, S. 263).

> Die Oxidationszahl entspricht der formalen Ladung eines Atoms in einer Verbindung, wenn alle Bindungselektronen dem jeweils elektronegativeren Atom zugeordnet wurden.

OXIDATIONSZAHL UND REDOXREAKTION Verändern sich die Oxidationszahlen der beteiligten Teilchen während einer chemischen Reaktion, handelt es sich um eine Redoxreaktion.

Bei der Verbrennung von Methanol mit Sauerstoff erhöht sich die Oxidationszahl des Kohlenstoff-Atoms während der Reaktion von –II auf IV. Das Kohlenstoff-Atom wirkt formal als Elektronendonator und wird oxidiert.

Die Sauerstoff-Atome fungieren als Elektronenakzeptor und werden reduziert. Ihre Oxidationszahl verringert sich von 0 auf –II.

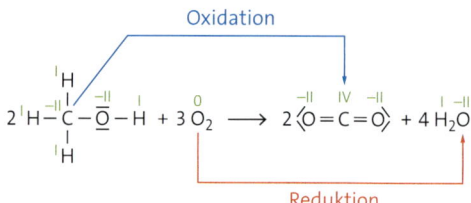

Aus dem Beispiel lässt sich eine Verallgemeinerung ableiten: Die Oxidationszahl des Elektronendonators erhöht sich während der Reaktion, da er Elektronen abgibt. Umgekehrt verringert sich die Oxidationszahl des Elektronenakzeptors, da er während der Reaktion Elektronen aufnimmt.

> Eine Redoxreaktion liegt vor, wenn sich die Oxidationszahlen der beteiligten Teilchen verändern. Die Veränderung der Oxidationszahl entspricht der Anzahl übertragener Elektronen.

1) Bestimmen Sie die Oxidationszahlen der Atome in F_2, F^-, O_2, O_3, O^{2-}, Fe, Fe^{2+}, Fe^{3+}, S_8.

2) Bestimmen Sie die Oxidationszahlen der Atome in folgenden Teilchen:
a MnO_2, CuO, Ag_2O, Na_2SiF_6, C_2H_6, H_2SO_3
b HNO_3, OH^-, NO_2^-, FeF_6^{4-}, FeF_6^{3-}, AlF_6^{3-}

Animation: Ermittlung der Oxidationszahlen im Methanol-Molekül

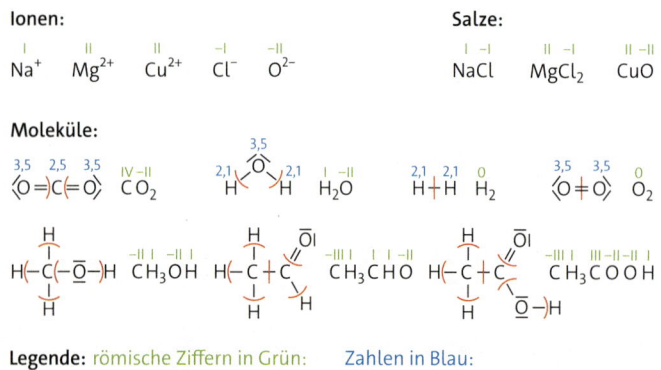

Legende: römische Ziffern in Grün: Oxidationszahlen
Zahlen in Blau: Elektronegativität

02 Oxidationszahlen einiger Verbindungen (Übersicht)

Methode

Bestimmen von Oxidationszahlen

AUFGABE Bestimmen Sie die Oxidationszahlen der Atome im Methanol-, Sauerstoff-, Kohlenstoffdioxid- und Wasser-Molekül mithilfe von Lewis-Formeln.

1. Notieren Sie die Lewis-Formel der Moleküle:

2. Ordnen Sie dem Atom mit der jeweils größeren Elektronegativität (EN) die Elektronen der Elektronenpaarbindung zu:
   EN(C) = 2,5   EN(O) = 3,5   EN(H) = 2,1

3. Ermitteln Sie die Oxidationszahl der einzelnen Atome:
   Bestimmen Sie die ursprüngliche Anzahl der Valenzelektronen (entspricht der Hauptgruppennummer des Elements im PSE).

   Bestimmen Sie die Anzahl der zugeordneten Elektronen inklusive der freien Elektronen.

   Die Oxidationszahl wird aus Differenz der ursprünglichen Elektronen und der zugeordneten Elektronen ermittelt.

Atom im Methanol-Molekül	CH_3OH	CH_3OH	CH_3OH
Anzahl Valenzelektronen	4	6	1
Anzahl zugeordneter Elektronen	6	8	0
Oxidationszahl	4 − 6 = −II	6 − 8 = −II	1 − 0 = +I

AUFGABE Bestimmen Sie die Oxidationszahlen der Atome im Permanganat-Ion MnO_4^-.

Bei der Bestimmung von Oxidationszahlen in Verbindungen, für die sich keine Lewis-Formel aufstellen lassen, geht man nach folgenden Regeln vor:

Regeln zur Bestimmung der Oxidationszahlen	
1. Atome in elementaren Stoffen haben die Oxidationszahl 0.	Zn, Fe, Cu, H_2, O_2, Cl_2 (alle 0)
2. Bei einfachen Ionen entspricht die Oxidationszahl der Ionenladung.	Zn^{2+} (II), Fe^{3+} (III), NaBr (I,−I), Cu^+ (I), H^+ (I)
3. Fluor hat in Verbindungen immer die Oxidationszahl −I.	HF (I,−I), CaF_2 (II,−I), AlF_3 (III,−I), CF_4 (IV,−I)
4. Wasserstoff hat in Verbindungen die Oxidationszahl I. (Ausnahme: Hydride)	HCl (I,−I), H_2O (I,−II), H_2O_2 (I,−I), NH_3 (−III,I) Ausnahmen: NaH (I,−I), CaH_2 (II,−I)
5. Sauerstoff hat in Verbindungen die Oxidationszahl −II. (Ausnahmen: Peroxide und Sauerstofffluoride)	SO_2 (IV,−II), SO_3 (VI,−II), H_2SO_4 (I,VI,−II), Al_2O_3 (III,−II) Ausnahmen: H_2O_2 (I,−I), OF_2 (II,−I)
6. Die Summe der Oxidationszahlen aller Atome eines Teilchens entspricht der Gesamtladung des Teilchens.	Ungeladene Teilchen: CO_2 (IV,−II), SiF_4 (IV,−I), $Al(OH)_3$ (III,−II,I) Ionen: HCO_3^- (I,IV,−II), SO_4^{2-} (VI,−II)

Oxidationszahlen der Atome in MnO_4^-

Anwenden der Regeln 1 und 2: Es liegen weder elementare Stoffe noch einfache Ionen vor.
Anwenden der Regel 3: Die Verbindung enthält kein Fluor.
Anwenden der Regeln 4 und 5: Sauerstoff erhält die Oxidationszahl −II.

$$Mn\overset{-II}{O_4^-}$$

Anwenden der Regel 6: Die Gesamtladung im MnO_4^- beträgt −1. Daraus ergibt sich für Mangan die Oxidationszahl VII.

$$\overset{VII\ -II}{MnO_4^-} \qquad 1 \cdot VII + 4 \cdot (-II) = -I$$

Aufstellen von Redoxgleichungen

pH-WERT-ABHÄNGIGE REDOXREAKTIONEN Für Redoxreaktionen in sauren oder alkalischen Lösungen muss auch die Beteiligung der Protonen H⁺ oder Hydroxid-Ionen OH⁻ berücksichtigt werden. Das Aufstellen solcher Redoxgleichungen ist deshalb aufwendiger.

So muss bei der Reaktion von Nitrit-Ionen NO_2^- mit Permanganat-Ionen MnO_4^- *in saurer Lösung* nicht nur die Anzahl der übertragenen Elektronen ausgeglichen werden, sondern mithilfe der Protonen H⁺ ein Ladungsausgleich erfolgen.

Es ist daher sinnvoll, die Reaktion in Teilgleichungen für die Oxidation und Reduktion zu zerlegen (↑ Methode, S. 265 oben):

Reduktion: $\overset{VII}{Mn}O_4^- + 5\,e^- + 8\,H^+ \longrightarrow \overset{II}{Mn}^{2+} + 4\,H_2O \mid \cdot 2$

Oxidation: $\overset{III}{N}O_2^- + H_2O \longrightarrow \overset{V}{N}O_3^- + 2\,e^- + 2\,H^+ \quad \mid \cdot 5$

Redoxreaktion: $5\,NO_2^- + 2\,MnO_4^- + 6\,H^+$
$\longrightarrow 5\,NO_3^- + 2\,Mn^{2+} + 3\,H_2O$

In den Teilgleichungen wird das kleinste gemeinsame Vielfache der abgegebenen bzw. aufgenommenen Elektronen bestimmt und durch Multiplikation mit den entsprechenden Faktoren ausgeglichen. Durch Addition der Teilgleichungen wird schließlich die Redoxgleichung erhalten.

Bei der Oxidation von Bromid-Ionen zu Bromat-Ionen BrO_3^- durch Chlor-Moleküle *in alkalischer Lösung* gleichen Hydroxid-Ionen OH⁻ die Atom- und Ladungsbilanz aus (↑ Methode, S. 265 unten):

Reduktion: $3\,\overset{0}{Cl}_2 + 6\,e^- \longrightarrow 6\,\overset{-I}{Cl}^-$

Oxidation: $\overset{-I}{Br}^- + 6\,OH^- \longrightarrow \overset{V}{Br}O_3^- + 3\,H_2O + 6\,e^-$

Redoxreaktion: $3\,Cl_2 + Br^- + 6\,OH^-$
$\longrightarrow 6\,Cl^- + BrO_3^- + 3\,H_2O$

DISPROPORTIONIERUNG – SYNPROPORTIONIERUNG Zur Reinigung und Desinfektion von weichen Kontaktlinsen wird häufig eine 3%ige Wasserstoffperoxidlösung verwendet. Am Platinkatalysator zersetzen sich Wasserstoffperoxid-Moleküle zu Wasser-Molekülen und reaktiven Sauerstoff-Molekülen. Der frei werdende Sauerstoff ist für die desinfizierende Wirkung der Kontaktlinsenflüssigkeit verantwortlich. Bei der Zersetzung von Wasserstoffperoxid handelt es sich um eine besondere Form der Redoxreaktion:

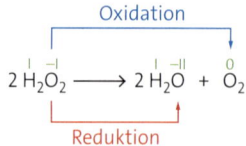

$$2\,\overset{I\,\,-I}{H_2O_2} \longrightarrow 2\,\overset{I\,\,-II}{H_2O} + \overset{0}{O_2}$$

(Oxidation oben, Reduktion unten)

01 Im Kontaktlinsenbehälter disproportioniert Wasserstoffperoxid zu Sauerstoff und Wasser.

Die Sauerstoff-Atome des Wasserstoffperoxid-Moleküls besitzen die Oxidationszahl –I. Nach der Reaktion besitzt das Sauerstoff-Atom des Wasser-Moleküls die Oxidationszahl –II und die Sauerstoff-Atome des Sauerstoff-Moleküls die Oxidationszahl 0. Dieser Sonderfall der Redoxreaktion wird **Disproportionierung** genannt. Sie liegt vor, wenn Atome eines Elements aus einer mittleren Oxidationsstufe durch gleichzeitige Reduktion und Oxidation in eine niedrigere und in eine höhere Oxidationsstufe übergehen.

Die Umkehrung der Disproportionierung wird **Synproportionierung (Komproportionierung)** genannt. Bei einer Synproportionierung handelt es sich um Redoxreaktionen, bei denen Atome eines Elements durch Oxidation aus einer niedrigeren und gleichzeitige Reduktion aus einer höheren in eine mittlere Oxidationsstufe übergehen.

Ein Beispiel für eine Synproportionierung ist die Gewinnung von Iod aus Speisesalz. Darin ist Iod in Form von Kaliumiodat KIO_3 enthalten. Wird zu einer sauren Lösung des Speisesalzes eine Kaliumiodidlösung gegeben, so entsteht elementares Iod I_2.

$\overset{V\,-II}{IO_3^-} + 5\,\overset{-I}{I^-} + 6\,\overset{I}{H^+} \longrightarrow 3\,\overset{0}{I_2} + 3\,\overset{I\,-II}{H_2O}$

1) Entwickeln Sie jeweils die Redoxgleichung:
  a Reduktion von Iod mit Wasserstoffperoxid (H_2O_2) unter Bildung von Wasser und Sauerstoff (O_2) in alkalischer Lösung
  b Reduktion von Nitrit-Ionen (NO_2^-) mit Wasserstoffperoxid unter Bildung von Stickstoffmonooxid (NO) und Sauerstoff (O_2) in saurer Lösung

2) In saurer Lösung kann Wasserstoffperoxid sowohl reduziert als auch oxidiert werden. Formulieren Sie die Teilgleichungen für die Reduktion und die Oxidation.

Methode

Entwickeln von Redoxgleichungen

AUFGABE Entwickeln Sie die Redoxgleichung für die Reaktion von Permanganat-Ionen mit Chlorid-Ionen zu Mangan-Ionen (Mn^{2+}), Wasser-Molekülen und Chlor-Molekülen **in saurer Lösung**.

1. **Notieren der korrespondierenden Redoxpaare**
   An jeder Redoxreaktion sind zwei korrespondierende Redoxpaare beteiligt.

   Korrespondierendes Redoxpaar 1: Mn^{2+}/MnO_4^-

   Korrespondierendes Redoxpaar 2: $2\,Cl^-/Cl_2$

2. **Aufstellen der Gleichungen für Oxidation und Reduktion**
   a) Bestimmen der Oxidationszahlen des jeweiligen korrespondierenden Redoxpaars
   b) Ermitteln der Anzahl der jeweils beteiligten Elektronen
   c) Ausgleichen der Ladungsbilanz durch Ergänzen von Protonen H^+ in saurer Lösung
   d) Ausgleichen der H-Atom- und O-Atombilanz durch eine entsprechende Anzahl von Wasser-Molekülen

   Reduktion
   $\overset{VII\ -II}{MnO_4^-} \longrightarrow \overset{II}{Mn^{2+}}$
   $MnO_4^- + 5\,e^- \longrightarrow Mn^{2+}$
   $MnO_4^- + 5\,e^- + 8\,H^+ \longrightarrow Mn^{2+}$
   $\overset{VII\ -II}{MnO_4^-} + 5\,e^- + 8\,H^+ \longrightarrow \overset{II}{Mn^{2+}} + 4\,H_2O$

   Oxidation
   $\overset{-I}{2\,Cl^-} \longrightarrow \overset{0}{Cl_2}$
   $2\,Cl^- \longrightarrow Cl_2 + 2\,e^-$
   $2\,Cl^- \longrightarrow Cl_2 + 2\,e^-$
   $\overset{-I}{2\,Cl^-} \longrightarrow \overset{0}{Cl_2} + 2\,e^-$

3. **Ermitteln der Redoxgleichung**
   a) Ausgleichen der Elektronenanzahl in beiden Gleichungen über das kleinste gemeinsame Vielfache, sodass gleich viele Elektronen aufgenommen wie abgegeben werden
   b) Addition der Teilgleichungen zur Redoxreaktion. Die Anzahl der Elektronen ist dabei auf beiden Seiten gleich und lässt sich subtrahieren.

   Reduktion:
   $MnO_4^- + 5\,e^- + 8\,H^+ \longrightarrow Mn^{2+} + 4\,H_2O \qquad |\cdot 2$

   Oxidation:
   $2\,Cl^- \longrightarrow Cl_2 + 2\,e^- \qquad |\cdot 5$

   Redoxreaktion:
   $2\,MnO_4^- + \cancel{10\,e^-} + 16\,H^+ + 10\,Cl^- \longrightarrow 2\,Mn^{2+} + 8\,H_2O + 5\,Cl_2 + \cancel{10\,e^-}$

AUFGABE Entwickeln Sie die Redoxgleichungen für die Reaktion von Permanganat-Ionen mit Mangan(II)-Ionen zu Mangandioxid (MnO_2) **in alkalischer Lösung**.

1. **Notieren der korrespondierenden Redoxpaare**
   An jeder Redoxreaktion sind zwei korrespondierende Redoxpaare beteiligt.

   Korrespondierendes Redoxpaar 1: MnO_2/MnO_4^-

   Korrespondierendes Redoxpaar 2: Mn^{2+}/MnO_2

2. **Aufstellen der Gleichungen für Oxidation und Reduktion**
   a) Bestimmen der Oxidationszahlen des jeweiligen korrespondierenden Redoxpaars
   b) Ermitteln der Anzahl der jeweils beteiligten Elektronen
   c) Ausgleichen der Ladungsbilanz durch Ergänzen von Hydroxid-Ionen OH^- in alkalischer Lösung
   d) Ausgleichen der H-Atom- und O-Atombilanz durch eine entsprechende Anzahl von Wasser-Molekülen

   Reduktion
   $\overset{VII\ -II}{MnO_4^-} \longrightarrow \overset{IV\ -II}{MnO_2}$
   $MnO_4^- + 3\,e^- \longrightarrow MnO_2$
   $MnO_4^- + 3\,e^- \longrightarrow MnO_2 + 4\,OH^-$
   $\overset{VII\ -II}{MnO_4^-} + 3\,e^- + 2\,H_2O \longrightarrow \overset{IV\ -II}{MnO_2} + 4\,OH^-$

   Oxidation
   $\overset{II}{Mn^{2+}} \longrightarrow \overset{IV\ -II}{MnO_2}$
   $Mn^{2+} \longrightarrow MnO_2 + 2\,e^-$
   $Mn^{2+} + 4\,OH^- \longrightarrow MnO_2 + 2\,e^-$
   $\overset{II}{Mn^{2+}} + 4\,OH^- \longrightarrow \overset{IV\ -II}{MnO_2} + 2\,e^- + 2\,H_2O$

3. **Aufschreiben der Redoxgleichung**
   a) Ausgleichen der Elektronenanzahl in beiden Gleichungen über das kleinste gemeinsame Vielfache, sodass gleich viele Elektronen aufgenommen wie abgegeben werden
   b) Addition der Teilgleichungen zur Redoxreaktion. Die Anzahl der Elektronen ist dabei auf beiden Seiten gleich und lässt sich subtrahieren.

   Reduktion:
   $MnO_4^- + 3\,e^- + 2\,H_2O \longrightarrow MnO_2 + 4\,OH^- \qquad |\cdot 2$

   Oxidation:
   $Mn^{2+} + 4\,OH^- \longrightarrow MnO_2 + 2\,e^- + 2\,H_2O \qquad |\cdot 3$

   Redoxreaktion:
   $2\,MnO_4^- + \cancel{6\,e^-} + \cancel{4\,H_2O} + 3\,Mn^{2+} + \cancel{12}\,4\,OH^- \longrightarrow 5\,MnO_2 + 8\,OH^- + \cancel{6\,e^-} + \cancel{6}\,2\,H_2O$

Praktikum

Redoxreaktionen

EXP 8.01 Fällung von Metallen

Materialien Tüpfelplatte mit 16 Feldern, jeweils 4 Eisen-, Kupfer-, Silber- und Zinkbleche, Kupfer(II)-sulfatlösung (5, 7, 9), Eisen(II)-sulfatlösung (7), Zinksulfatlösung (5, 7, 9), Silbernitratlösung ($w < 10\%$; 5, 9)

Durchführung
Verteilen Sie die Kupfer(II)-sulfatlösung auf vier verschiedene Felder. Geben Sie dann in das erste Feld ein Stück des blank geschmirgelten Eisenblechs, in das zweite das Kupfer-, in das dritte das Silber- und in das vierte das Zinkblech. Wiederholen Sie die gesamte Durchführung mit den drei anderen Metallsalzlösungen.
Entsorgung: Lösungen in den Behälter für giftige anorganische Abfälle geben.

Auswertung
1) Fassen Sie Ihre Beobachtungen in einer geeigneten Tabelle zusammen.
2) Entwickeln Sie die Reaktionsgleichungen für die beobachteten Redoxreaktionen.
3) Ordnen Sie die Metalle hinsichtlich ihrer reduzierenden Wirkung.

EXP 8.02 Redoxverhalten von Eisen-Ionen

Materialien 4 Reagenzgläser mit Stopfen, Brenner, Tropfpipette, Spatel, Eisenpulver (2), Zinkpulver (9), Eisen(II)-sulfat (7), Eisen(III)-chloridlösung ($w = 5\%$; 5, 7), Kaliumiodidlösung ($w = 1\%$), verdünnte Schwefelsäure ($w = 10\%$; 5), Silbernitratlösung ($w < 10\%$; 5, 9)

Durchführung
a) Geben Sie jeweils zu 3 mL der Eisen(III)-chloridlösung ein wenig Zinkpulver (Lösung I) bzw. 2 mL Kaliumiodidlösung (Lösung II). Schütteln Sie beide Lösungen.
b) Geben Sie zu einer frisch zubereiteten Eisen(II)-sulfatlösung einige Tropfen Silbernitrat und erwärmen Sie vorsichtig.
c) Geben Sie eine kleine Spatelspitze Eisenpulver in 5 mL Schwefelsäure. Fügen Sie nach dem Auflösen des Eisenpulvers einige Tropfen Silbernitratlösung hinzu und erwärmen Sie.
Entsorgung: Lösungen aus Versuch **a** in den Behälter für giftige anorganische Abfälle, restliche Lösungen in den Behälter für Silberabfälle geben.

Auswertung
1) Erklären Sie Ihre Beobachtungen und stellen Sie die zugehörigen Reaktionsgleichungen auf.
2) Ordnen Sie den beteiligten Stoffen in den Reaktionen jeweils die Begriffe Reduktions- bzw. Oxidationsmittel zu.

EXP 8.03 Redoxreaktionen mit Kaliumpermanganat

Materialien 7 Reagenzgläser, Tropfpipetten, Spatel, Holzspan, Kaliumpermanganatlösung ($w = 5\%$; 5, 9), Eisen(II)-sulfat (7), Kaliumiodid, Oxalsäure (5, 7), Wasserstoffperoxidlösung ($w = 3\%$; 7), Natriumsulfitlösung ($w = 5\%$), verdünnte Schwefelsäure ($w = 10\%$; 5), verdünnte Natronlauge ($w = 10\%$; 5)

Durchführung
a) Füllen Sie je 5 mL Kaliumpermanganatlösung in 4 Reagenzgläser und geben Sie jeweils 2 mL Schwefelsäure hinzu. Fügen Sie dann in das erste Reagenzglas eine Spatelspitze Eisen(II)-sulfat, in das zweite Reagenzglas eine Spatelspitze Kaliumiodid, in das dritte Reagenzglas eine Spatelspitze Oxalsäure und in das vierte Reagenzglas 1 mL Wasserstoffperoxidlösung. Führen Sie hier die Glimmspanprobe durch.

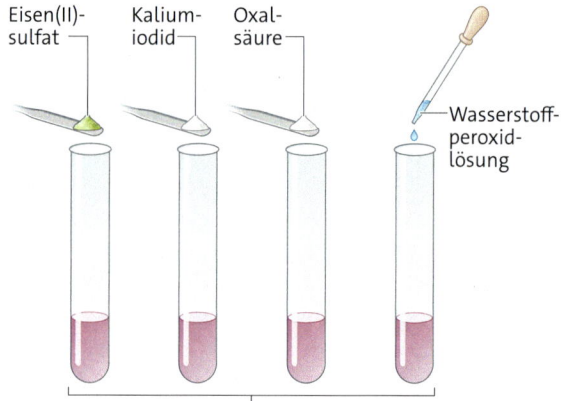

mit Schwefelsäure versetzte Kaliumpermanganatlösung

b) Füllen Sie je 5 mL Natriumsulfitlösung in 3 Reagenzgläser. Säuern Sie das erste Reagenzglas durch Zugabe von 2 bis 3 mL Schwefelsäure stark an, das zweite verbleibt neutral, in das dritte geben Sie einige Tropfen Natronlauge. Alle drei Lösungen werden dann mit 2 mL Kaliumpermanganatlösung versetzt.
Entsorgung: Lösungen in den Behälter für giftige anorganische Abfälle geben.

Auswertung
1) Erklären Sie die beobachteten Reaktionen in Versuch **a** und stellen Sie die zugehörige Redoxreaktion auf.
2) Diskutieren Sie die beobachtete Abhängigkeit vom pH-Wert in Versuch **b** und erklären Sie den Reaktionsablauf.

Praktikum

Redoxtitration

EXP 8.04 Manganometrie

Materialien Bürette (50 mL), Erlenmeyerkolben (250 mL), Messpipette (10 mL), Eisen(II)-sulfatlösung (7), Kaliumpermanganatlösung ($c = 0{,}02\ \text{mol} \cdot \text{L}^{-1}$), Schwefelsäure ($w = 10\%$; 5), dest. Wasser

Durchführung Legen Sie 10 mL der Eisen(II)-sulfatlösung mit der Messpipette im Erlenmeyerkolben vor. Geben Sie 5 mL Schwefelsäure hinzu und füllen Sie mit destilliertem Wasser auf ca. 50 mL auf.
Tropfen Sie unter ständigem Rühren so lange Kaliumpermanganatlösung aus der Bürette hinzu, bis ein Farbumschlag von farblos zu Blassrosa erreicht ist.
Notieren Sie den Verbrauch an Kaliumpermanganatlösung. Wiederholen Sie die Durchführung zweimal.

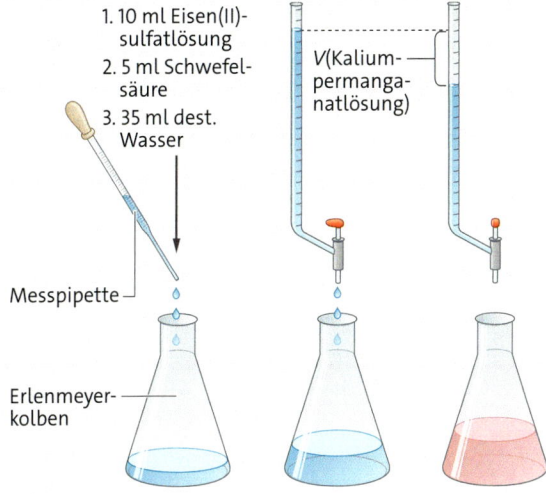

Entsorgung: Reste in den Behälter für saure und alkalische Abfälle geben.

Auswertung

1) Erläutern Sie das Verfahren der Manganometrie. Begründen Sie, weshalb beim ersten Schritt der Manganometrie Schwefelsäure hinzugegeben werden muss.
2) Stellen Sie die Redoxgleichung für die ablaufende Reaktion auf. Kennzeichnen Sie die beiden Redoxpaare.
3) Berechnen Sie aus dem Verbrauch der Maßlösung die Stoffmengenkonzentration an Eisen(II)-Ionen in der Probelösung.

EXP 8.05 Iodometrische Bestimmung von Vitamin C

Materialien Bürette (50 mL), Erlenmeyerkolben (250 mL), Messkolben (100 mL), Messpipette (10 mL), Waage (Genauigkeit 0,1 g), Kaliumiodatlösung ($c = 0{,}033\ \text{mol} \cdot \text{L}^{-1}$), lösliche Stärke ($w = 1\%$, in Wasser aufkochen), Schwefelsäure ($c = 2\ \text{mol} \cdot \text{L}^{-1}$; 5), Kaliumiodidlösung ($c = 2\ \text{mol} \cdot \text{L}^{-1}$), Sportgetränkepulver (z. B. Isostar), destilliertes Wasser

Durchführung

a) Probetitration
Füllen Sie in einen Erlenmeyerkolben 50 mL Wasser. Lösen Sie darin 0,6 g Ascorbinsäure. Geben Sie mit einer Messpipette 3 mL Schwefelsäure, 1 mL Stärkelösung und 2 mL Kaliumiodidlösung hinzu. Für die Probetitration geben Sie so lange Kaliumiodatlösung unter ständigem Schwenken des Kolbens dazu, bis es zur dauerhaften Blaufärbung kommt. Notieren Sie das verbrauchte Volumen der Kaliumiodatlösung.
Hinweis: Kaliumiodidlösung wird zugegeben, um auch bei geringen Konzentrationen von Ascorbinsäure den Endpunkt der Titration erkennen zu können, weil die Bildung des Iod-Stärke-Komplexes eine Mindestkonzentration an Iod-Iodid-Komplexen erfordert.

b) Titration einer unbekannten Lösung
Wiegen Sie genau 5 g des Sportgetränkepulvers im Erlenmeyerkolben ein. Lösen Sie das Pulver danach in 25 mL destilliertem Wasser.
Anschließend geben Sie zu dieser Lösung 3 mL Schwefelsäure, 2 mL Stärkelösung und 2 mL Kaliumiodidlösung. Titrieren Sie unter ständigem Schwenken des Erlenmeyerkolbens bis zur Blaufärbung der Lösung. Wiederholen Sie die Titration zweimal und bilden Sie den Mittelwert.
Entsorgung: Lösungen ins Abwasser geben.

Auswertung

1) Recherchieren Sie die Strukturformeln von Ascorbinsäure. Erläutern Sie anhand der Strukturformel, warum es sich bei der Ascorbinsäure um keine typische organische Säure handelt.
2) Erklären Sie die Beobachtungen bei der Titration. Stellen Sie die Reaktionsgleichung auf.
3) Zur Bestimmung der unbekannten Masse an Ascorbinsäure wird die folgende Formel verwendet:
$m = 17{,}6/1000 \cdot V(\text{Kaliumiodatlösung})$.
a) Überprüfen Sie die Masse an Ascorbinsäure aus der Probetitration anhand der angegebenen Formel.
b) Berechnen Sie die unbekannte Masse an Ascorbinsäure im Sportgetränkepulver.

8.3 Redoxtitration

01 Durchführung einer Manganometrie

Grundlagen der Säure-Base-Titration (↑ S. 112 f.)

Reduktionsmittel = Elektronendonator

Oxidationsmittel = Elektronenakzeptor

In einer wässrigen Lösung kann der Gehalt eines Stoffs, dessen Teilchen entweder reduziert oder oxidiert werden können, durch **Redoxtitration** bestimmt werden. Dazu wird beispielsweise die Lösung eines Reduktionsmittels unbekannter Konzentration (Probelösung) gegen eine Lösung, die ein Oxidationsmittel bekannter Konzentration (Maßlösung) enthält, titriert.

Mit farbigen Maßlösungen, die Teilchen wie Permanganat-Ionen MnO_4^- enthalten, wird der Äquivalenzpunkt der Redoxtitration durch einen Farbumschlag angezeigt. Aus dem verbrauchten Volumen und der bekannten Stoffmengenkonzentration der Maßlösung kann dann die Stoffmenge des Stoffs in der Probelösung bestimmt werden.

MANGANOMETRIE Elektronendonatoren wie Eisen(II)-Ionen Fe^{2+} oder Oxalat-Ionen $C_2O_4^{2-}$ lassen sich sehr gut durch **Manganometrie** bestimmen:
In saurer Lösung sind Permanganat-Ionen MnO_4^- starke Elektronenakzeptoren. Sie werden durch Elektronendonatoren zu Mangan(II)-Ionen Mn^{2+} reduziert. Die violette Permanganatlösung wird beim Eintropfen in die Probelösung durch die Bildung von Mn^{2+}-Ionen entfärbt, da deren Lösung fast farblos ist. Das Erreichen des *Äquivalenzpunkts* kann daran erkannt werden, dass die Probelösung die Permanganatlösung nicht mehr entfärbt.

Äquivalenzpunkt↑ S. 112

Da Oxonium-Ionen (H_3O^+) zur Reduktion der Permanganat-Ionen notwendig sind, muss die Probelösung z. B. mit Schwefelsäure angesäuert werden.

Beispiel: Für die Bestimmung der Stoffmengenkonzentration an Fe^{2+}-Ionen wurden 100 mL einer sauren Eisen(II)-sulfatlösung mit 30 mL einer Kaliumpermanganatlösung mit bekannter Konzentration (c = 0,001 mol·L^{-1}) titriert (↑ Exp. 8.04, S. 267). Bei der Auswertung geht man wie folgt vor:

1) Aufstellen der Reaktionsgleichung (↑ Methode S. 265):
$MnO_4^- + 5\ Fe^{2+} + 8\ H_3O^+ \longrightarrow Mn^{2+} + 5\ Fe^{3+} + 12\ H_2O$

2) Aufstellen des Stoffmengenverhältnisses
$n(Fe^{2+}) = 5 \cdot n(MnO_4^-)$

3) Stoffmenge n ersetzen durch $n = c \cdot V$
$[c(Fe^{2+}) \cdot V(Fe^{2+})] = [5 \cdot c(MnO_4^-) \cdot V(MnO_4^-)]$

4) Umformen der Gleichung nach $c(Fe^{2+})$
$c(Fe^{2+}) = [5 \cdot c(MnO_4^-) \cdot V(MnO_4^-)] : V(Fe^{2+})$

5) Berechnung der Stoffmengenkonzentration
$c(Fe^{2+}) = [5 \cdot 0{,}001\ mol \cdot L^{-1} \cdot 30\ mL] : 100\ mL$
$= 0{,}0015\ mol \cdot L^{-1}$

Lösung: Die Eisensulfatlösung hat eine Stoffmengenkonzentration von $c(Fe^{2+})$ = 0,0015 mol·L^{-1}.

IODOMETRIE Das Redoxpaar $2\ I^-/I_2$ eignet sich sowohl zur Bestimmung von Elektronendonatoren als auch von Elektronenakzeptoren. Iod-Moleküle werden von Elektronendonatoren reduziert, die leichter zur Elektronenabgabe neigen als die sich dabei bildenden Iodid-Ionen. Diese können deshalb bei der **Iodometrie** direkt mit einer Iod-Kaliumiodidlösung titriert werden. Iodmoleküle werden so lange zu Iodid-Ionen reduziert, wie noch Elektronendonatoren in der Probelösung vorhanden sind. Am Äquivalenzpunkt kann dann kein weiteres Iod verbraucht werden. Das eingetropfte überschüssige Iod in der Probelösung wird durch Stärke als Indikator sichtbar gemacht. Sie bildet mit Iod den tiefblauen Iod-Stärke-Komplex. Um auch Elektronenakzeptoren wie Kupfer(II)-Ionen, die Elektronen von Iodid-Ionen aufnehmen, mittels Iodometrie zu bestimmen, setzt man diese zunächst mit Kaliumiodid im Überschuss um. Dabei reagieren die Cu^{2+}-Ionen mit I^--Ionen zu Kupfer(I)-iodid-Teilchen (CuI) und Iod-Molekülen. Durch die Oxidation der I^--Ionen bildet sich eine der Stoffmenge der Cu^{2+}-Ionen äquivalente Stoffmenge an Iod, d. h., halb so viele Iod-Moleküle wie Cu^{2+}-Ionen vorhanden waren.

Ausgangsstoff	Reaktionsprodukte in verschiedenen Lösungen				
	stark basisch	schwach basisch bis neutral			sauer
VII MnO_4^- (violett)	VI MnO_4^{2-} (grün)	V MnO_4^{3-} (blau)	IV MnO_2 (braun)	III Mn^{3+} (rot)	II Mn^{2+} (rosa bis farblos)

Schwefeln von Wein

02 Hinweis auf dem Etikett eines Weins: „Enthält Sulfite"

Lebensmittel – insbesondere Trockenobst und Wein – werden schon seit Jahrhunderten durch das sogenannte Schwefeln konserviert. Früher wurde dazu Schwefel direkt im Weinfass verbrannt, damit das entstehende Schwefeldioxid (SO_2) sich im jungen Wein löst und darin schädliche Mikroorganismen tötet. Das wasserlösliche Gift kann ihre Zellmembran passieren, diese dabei schädigen und den Stoffwechsel der Mikroorganismen stören.

Heute weiß man, dass durch Schwefeln von Wein nicht nur dessen Haltbarkeit verlängert wird. Schwefeldioxid wirkt reduzierend und beugt daher der unerwünschten Oxidation von Bestandteilen des Weins durch Sauerstoff vor. Beim Lösevorgang gebildete schweflige Säure protolysiert zu Hydrogensulfit-Ionen, die mit Luftsauerstoff zu Sulfat-Ionen oxidiert werden können.

Bereits oxidierte Bestandteile des Weins können durch Schwefeldioxid auch wieder „zurück" reduziert werden.
Bei der alkoholischen Gärung entstehen als Nebenprodukte u. a. kleine Mengen an Aldehyden. So enthält junger Wein Ethanal, das neben Phenolen und Brenztraubensäure den von Weinkennern als störend empfundenen sogenannten Luftton verursacht. Durch Reaktion von Ethanal mit Schwefeldioxid entsteht geschmacksneutrale 1-Hydroxyethansulfonsäure.

$$\overset{I}{C}H_3-\overset{IV}{C}HO + SO_2 + H_2O \longrightarrow \overset{0}{C}H_3-\overset{V}{C}HOH-SO_3H$$
Ethanal $\qquad\qquad\qquad\qquad\qquad$ 1-Hydroxyethansulfonsäure

Auch andere Aldehyde können auf ähnliche Weise gebunden werden. Diese Redoxreaktionen beeinflussen den Geschmack und den Geruch des Weins nachhaltig.

Da Schwefeldioxid auch für den Menschen schädlich ist, muss die Konzentration des Konservierungsmittels streng kontrolliert werden. Erlaubt sind für Weißweine bis zu 240 mg·L^{-1}, für Auslesen sogar bis zu 350 mg·L^{-1} Schwefeldioxid. Sofern ein Wein mehr als 10 mg·L^{-1} Schwefeldioxid enthält, muss er entsprechend gekennzeichnet werden. Heute erfolgt die Schwefelung durch Zusatz von schwefliger Säure (H_2SO_3), ihrer Salze oder Verbindungen, die Schwefeldioxid abspalten, z. B. Kaliumdisulfit ($K_2S_2O_5$).

1) Schlagen Sie ein Experiment vor, mit dem der Schwefeldioxidgehalt in einem Wein festgestellt werden kann. Entwickeln Sie eine mögliche Durchführung.

Für ein Iod-Molekül benötigt man die Elektronen von zwei Cu^{2+}-Ionen, sodass die ursprüngliche Stoffmenge an Cu^{2+}-Ionen in der Lösung doppelt so groß ist wie die Stoffmenge des gebildeten I_2.
Die Stoffmenge des Iods wird durch Rücktitration mit Natriumthiosulfat ($Na_2S_2O_3$) bestimmt, wobei sich wieder Iodid-Ionen bilden.
Das Ende der Titration wird durch die Entfärbung der Lösung angezeigt, der zuvor etwas Stärke zugesetzt wurde. Aus der umgesetzten Stoffmenge der Thiosulfat-Ionen $S_2O_3^{2-}$ kann dann die Stoffmenge und damit die Konzentration der Kupfer(II)-Ionen in der Probe berechnet werden.

$2\,Cu^{2+} + 4\,I^- \longrightarrow 2\,CuI + I_2 \qquad n(Cu^{2+}) = 2 \cdot n(I_2)$

$I_2 + 2\,S_2O_3^{2-} \longrightarrow 2\,I^- + S_4O_6^{2-} \qquad 2 \cdot n(I_2) = n(S_2O_3^{2-})$

$n(Cu^{2+}) = 2 \cdot n(I_2) = n(S_2O_3^{2-})$

$c(Cu^{2+}) = \dfrac{c(S_2O_3^{2-}) \cdot V(S_2O_3^{2-})}{V(\text{Probe})}$

1) Nitrit-Ionen NO_2^- werden in saurer Lösung von MnO_4^--Ionen zu Nitrat-Ionen NO_3^- oxidiert.
a Stellen Sie die Reaktionsgleichung für diese Redoxreaktion auf. Kennzeichnen Sie die korrespondierenden Redoxpaare.
b Erläutern Sie, wie sich die Konzentration der NO_2^--Ionen mittels Manganometrie bestimmen lässt.

2) 10 mL einer Eisen(II)-sulfatlösung ($FeSO_4$) werden mit saurer Kaliumpermanganatlösung ($c(KMnO_4) = 0{,}1$ mol·L^{-1}) titriert. Bis zum Farbumschlag werden 6,0 mL Lösung verbraucht.
a Entwickeln Sie die Reaktionsgleichung für die Redoxreaktion. Kennzeichnen Sie die korrespondierenden Redoxpaare.
b Berechnen Sie die Fe^{2+}-Konzentration in der Probelösung.

3) Erläutern Sie das Prinzip der Iodometrie von Wasserstoffperoxid (H_2O_2) in saurer Lösung durch Rücktitration mit Natriumthiosulfat ($Na_2S_2O_3$).

Klausurtraining

Material A Alkoholbestimmung

A1 Alkohol im Straßenverkehr

Der Genuss von Alkohol beeinträchtigt die Funktion der Nervenzellen. In der Folge treten eine verminderte Reaktionsfähigkeit, eine verringerte Fähigkeit logisch zu denken und Selbstkontrolle auszuüben sowie der Abbau von Hemmungen auf. Im Straßenverkehr sind diese Auswirkungen besonders gefährlich, da sie zu riskantem Verhalten führen.

In Deutschland und Frankreich beispielsweise gelten bei einem Blutalkoholanteil von w(Ethanol) $\geq$ 0,5 ‰ („Promillegrenze") ein Fahrverbot für das Führen eines Kfz.

A2 Überprüfen des Atemalkohols mit Alkoteströhrchen

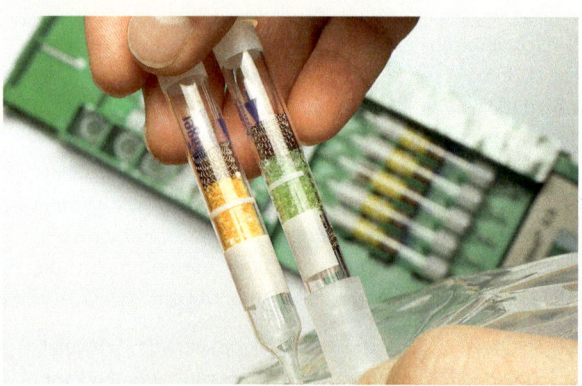

A2.1 Alkoteströhrchen zur Beurteilung des Atemalkoholgehalts

Zusätzlich zur Promillegrenze ist in Frankreich die Mitnahme eines Alkoholtesters vorgeschrieben, mit dem man den Volumenanteil des Alkohols in der Atemluft überprüfen kann (↑ A2.1). In diesen Teströhrchen werden farbige Chromverbindungen eingesetzt, die durch Ethanol reduziert werden können. Das Wasser in der Ausatemluft ist die Quelle für die Bildung einer wässrigen *sauren Lösung* im Teströhrchen.
Wird nach Alkoholgenuss in das Teströhrchen gepustet, findet eine Reaktion von orangenem Kaliumdichromat und Ethanol statt. Dabei werden Dichromat-Ionen ($Cr_2O_7^{2-}$) zu Cr^{3+}-Ionen reduziert und Ethanol-Moleküle zu Ethansäure-Molekülen oxidiert. Dabei ändert sich die Farbe von Orange zu Grün.

A3 Blutalkoholbestimmung nach Widmark

Die Blutalkoholbestimmung nach Widmark läuft nach einem ähnlichen Prinzip ab wie die Bestimmung des Atemalkoholgehalts. Dabei wird das Ethanol, das in einer Blutprobe enthalten ist, in ein Gefäß destilliert, das *konzentrierte Schwefelsäure* und einen Überschuss an Kaliumdichromat ($K_2Cr_2O_7$) enthält. Ethanol wird dabei zu Ethansäure oxidiert und die Dichromat-Ionen ($Cr_2O_7^{2-}$) werden zu Cr^{3+}-Ionen reduziert. Die verbleibenden Dichromat-Ionen werden in einer Redoxreaktion mit Kaliumiodid (KI) zu Cr^{3+}-Ionen reduziert.
Die Stoffmenge des dabei gebildeten Iods (I_2) kann durch eine *Redoxtitration* mit einer Natriumthiosulfatlösung ($Na_2S_2O_3$) bestimmt werden. Die Iod-Moleküle werden dabei zu Iodid-Ionen (I^-) reduziert, die Thiosulfat-Ionen ($S_2O_3^{2-}$) werden zu Tetrathionat-Ionen ($S_4O_6^{2-}$) oxidiert.

AUFGABEN ZU A

1) Zeichnen Sie die Strukturformeln von Ethanol und Ethansäure und bestimmen Sie die Oxidationszahlen aller Atome in diesen Molekülen sowie im Dichromat-Ion.

2) Mit dem Alkoteströhrchen soll der Atemalkoholgehalt beurteilt werden (↑ A2).
   a Ermitteln Sie die korrespondierenden Redoxpaare und notieren Sie die Teilgleichungen für die Reduktion und die Oxidation.
   b Stellen Sie dann die Gesamtgleichung für die Redoxreaktion auf.
   c Erläutern Sie, ob man anhand der Verfärbung der Chromverbindungen im Proberöhrchen bereits eine genaue Aussage darüber machen kann, ob ein Autofahrer eine erhöhte Blutalkoholkonzentration hat. Diskutieren Sie gegebenenfalls mögliche Fehlerquellen.

3) Erläutern Sie das Prinzip einer Redoxtitration (↑ A3).

4) Nennen Sie einen geeigneten Indikator für die Redoxtitration von Iod-Molekülen und Thiosulfat-Ionen.

5) Zu einer Blutprobe der Masse 2,5 g werden 1,0 mL Kaliumdichromatlösung (c = 0,05 mol·L^{-1}) gegeben (↑ A3). Anschließend wird der Lösung eine Kaliumiodidlösung zugesetzt. Bei der Titration des entstandenen Iods werden 0,9 mL Natriumthiosulfatlösung (c = 0,1 mol·L^{-1}) verbraucht.
   a Notieren Sie die Reaktionsgleichungen für die Reaktion von Iod-Molekülen und Thiosulfat-Ionen zu Iodid-Ionen und Tetrathionat-Ionen.
   b Notieren Sie die Reaktionsgleichungen für die Reaktion von Iodid-Ionen sowie Dichromat-Ionen zu Iod-Molekülen und Cr^{3+}-Ionen.
   c Berechnen Sie mithilfe der Reaktionsgleichung aus **5a** die Stoffmenge des entstandenen Iods und mithilfe der Reaktionsgleichung aus **5b** die Stoffmenge des in der titrierten Probe enthaltenen Dichromats.
   d Berechnen Sie die Stoffmenge des Kaliumdichromats, das mit dem Ethanol reagiert hat.
   e Berechnen Sie die Stoffmenge und die Masse des Ethanols, die in der Blutprobe enthalten war.
   f Beurteilen Sie, ob die Person, von der die Probe stammt, noch fahrtüchtig gewesen wäre (↑ A1).

Klausurtraining

Material B Analoge Fotografie

Auch wenn heutzutage fast überall nur noch digital fotografiert wird, ist die analoge Schwarz-Weiß-Fotografie unter professionellen Fotografen weiterhin beliebt.

Bei einer analogen Kamera wird das Bild auf einem Film erzeugt. Dieser besteht aus einem Kunststoff, auf dem sich eine Gelatineschicht befindet. In der Gelatine sind viele sehr kleine Silberbromid-Kristalle eingelagert. Beim Belichten des Films bilden sich in den Silberbromid-Kristallen durch die Energie des Lichts submikroskopische Silberkeime. So entsteht auf dem belichteten Teil des Films ein nicht sichtbares Abbild des fotografierten Objekts.

Zum Entwickeln des Bilds wird der Film in der Dunkelkammer in eine wässrige Lösung gelegt, die u. a. Hydrochinon-Anionen enthält. Dabei werden die Silberbromid-Kristalle mit einem Silberkeim vollständig zu Silber umgesetzt. Ein sichtbares Negativbild entsteht. Im Anschluss wird dieses in einem sogenannten Fixierbad behandelt, um die verbliebenen unbelichteten Silberbromid-Kristalle aus dem Film herauszuspülen. Um daraus das eigentliche Foto (das Positiv) zu erzeugen, wird mit dem Negativ ein Fotopapier, das genauso aufgebaut ist wie der Film, belichtet und entwickelt.

B1.2 Negativ- und Positivbild

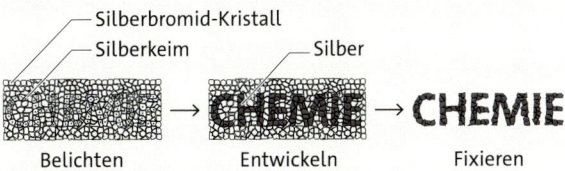

B1.3 Von der Belichtung zum Negativ

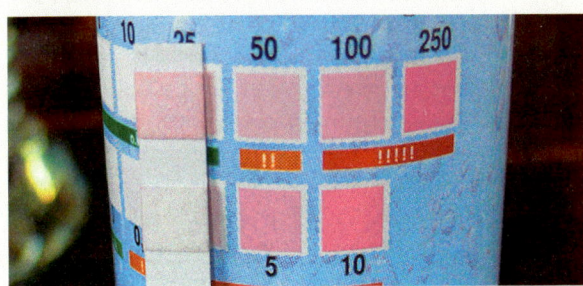

B1.1 Hydrochinon-Anion und 1,4-Benzochinon als korrespondierendes Redoxpaar

AUFGABEN ZU B

1) **a** Begründen Sie die Notwendigkeit des Entwickelns beim fotografischen Prozess.
   b Stellen Sie die dazugehörige Redoxreaktion auf.
2) Begründen Sie, warum Silbernitratlösung in braunen Glasflaschen aufbewahrt werden muss.
3) Schlecht gewässerte ältere Fotos werden oft gelblich. Formulieren Sie eine Hypothese für diese Erscheinung.

Material C Nitrate in Lebensmitteln

C1.1 Nitratteststreifen mit zwei Testfeldern

Nitrate entstehen durch enzymatische Umwandlung von Ammoniumverbindungen im Boden. Bestimmte Bakterien oxidieren Ammonium-Ionen (NH_4^+) mit Sauerstoff zunächst zu Nitrit-Ionen (NO_2^-), die dann von anderen Bakterien zu Nitrat-Ionen (NO_3^-) umgewandelt werden. Nitrate sind aber auch in Düngemitteln enthalten, die ins Trinkwasser und in Nahrungsmittel gelangen können. Im Organismus werden Nitrate bei der Verdauung zu Nitriten umgewandelt, die zur Bildung von krebserregenden Nitrosaminen beitragen können. Zudem stören sie die Sauerstoffaufnahme im Blut.

Mit Nitratteststreifen lässt sich der Nitratgehalt von Lebensmitteln und Trinkwasser quantitativ bestimmen. Nitrat-Ionen werden mithilfe eines Reduktionsmittels zu Nitrit-Ionen reduziert, die dann in saurer Lösung Salpetrige Säure bilden. Durch Reaktion mit Sulfanilsäure bilden sie einen rotvioletten Farbstoff. Je höher die Konzentration der Nitrat-Ionen ist, desto intensiver wird das Testfeld gefärbt. Die Teststreifen haben noch ein zweites Testfeld, das identisch aufgebaut ist, aber kein Reduktionsmittel enthält (↑ C1.1).

AUFGABEN ZU C

1) **a** Zeichnen Sie die Lewis-Formeln des NH_4^+-, NO_2^-- und NO_3^--Ions. Bestimmen Sie die Oxidationszahlen.
   b Entwickeln Sie die Redoxgleichungen für die Bildung von NO_2^-- und NO_3^--Ionen aus NH_4^+-Ionen.
2) **a** Benennen Sie die Verbindung, die mit dem unteren Testfeld nachgewiesen wird.
   b Begründen Sie die Notwendigkeit des unteren Testfelds, um den Nitratgehalt einer Lebensmittelprobe sicher zu bestimmen.

8.4 Das Batterieprinzip

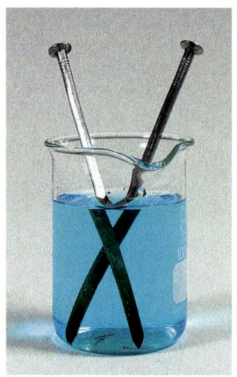

01 Reaktion von Eisen mit Kupfer(II)-sulfatlösung

FREIWILLIGE REDOXREAKTION Taucht man einen Eisennagel in eine Kupfer(II)-sulfatlösung, so scheidet sich Kupfer am Nagel ab. Im Verlauf dieser Redoxreaktion werden Elektronen von Eisen-Atomen auf Kupfer-Ionen übertragen. Der Elektronenübergang findet unmittelbar an der Eisenoberfläche statt.

$$Fe(s) + Cu^{2+}(aq) \longrightarrow Fe^{2+}(aq) + Cu(s)$$

Führt man den Versuch umgekehrt durch und taucht ein Kupferblech in eine Eisensulfatlösung, findet keine Reaktion statt. Der Vorgang verläuft nur in eine Richtung freiwillig, weil Eisen ein unedleres Metall ist als Kupfer. Eisen-Atome haben ein größeres Bestreben, ihre Elektronen abzugeben, als Kupfer-Atome, sie können daher durch Elektronenabgabe die Kupfer-Ionen reduzieren und werden selbst zu Eisen-Ionen oxidiert.

DANIELL-ELEMENT Elektronenübergänge bei Redoxreaktionen in wässrigen Lösungen werden schon lange zur Erzeugung elektrischer Ströme ausgenutzt, mit denen elektrische Geräte betrieben werden können. Bereits 1836 entwickelte JOHN FREDERIC DANIELL eine **Batterie**, die einen stabilen Strom für einen elektrischen Verbraucher liefert.

Im **Daniell-Element** taucht das Kupferblech in die Kupfer(II)-sulfatlösung und das Zinkblech in die Zinksulfatlösung ein (↑ 02). Beide Lösungen müssen räumlich voneinander getrennt, aber elektrisch leitend verbunden sein. Dies erfolgt entweder durch einen Stromschlüssel (↑ 02) oder durch eine poröse Tonwand, das **Diaphragma**. So wird verhindert, dass sie sich vermischen und Kupfer-Ionen direkt in Kontakt mit dem Zinkblech kommen. Wenn man die Bleche leitend verbindet, kann ein kleiner Elektromotor mit dem Daniell-Element betrieben werden (↑ Exp. 8.06). Im Daniell-Element laufen Oxidation und Reduktion räumlich getrennt voneinander ab: Am Zinkblech geben Zink-Atome jeweils zwei Elektronen ab und werden zu Zink-Ionen oxidiert. Durch die leitende Verbindung wandern die Elektronen zur Oberfläche des Kupferblechs. Kupfer-Ionen aus der Kupfer(II)-sulfatlösung nehmen diese auf und werden zu Kupfer-Atomen reduziert, die sich auf dem Blech ablagern.

Das Diaphragma besitzt eine für bestimmte Ionen durchlässige Struktur. So können Sulfat-Ionen aus der Kupfer(II)-sulfatlösung in die Zinksulfatlösung wandern. Der elektrische Stromkreis wird geschlossen und ein Ladungsausgleich zwischen den Lösungen ermöglicht.

Aber wie entsteht die kleine elektrische Spannung zwischen den beiden Blechen, die ausreicht, um den Elektromotor zu betreiben?

ELEKTROCHEMISCHE DOPPELSCHICHT Beim Eintauchen des Zinkblechs in die Zinksulfatlösung treten die Zink-Atome an der Oberfläche des Metalls mit polaren Wasser-Molekülen in Wechselwirkung. Dabei lösen sich einzelne positiv geladene Zink-Ionen aus der Metalloberfläche und wandern in die Lösung, während negativ geladene Elektronen zurückbleiben. Das Blech lädt sich negativ auf. Die Zinksulfatlösung wird durch die zusätzlichen hydratisierten Zink-Ionen positiv aufgeladen. Aufgrund dieser Ladungstrennung zwischen den Elektronen und den Zink-Ionen entsteht an der Phasengrenze zwischen Zinkblech und Lösung eine elektrische Potenzialdifferenz (↑ 03).

Umgekehrt übt die zunehmend negative Aufladung des Zinkblechs eine immer stärkere Anziehung auf die in der Lösung befindlichen Zink-Ionen aus. Diese scheiden sich auch wieder auf der Metalloberfläche ab. Es kommt zur Ausbildung eines **dynamischen Gleichgewichts**:

$$Zn(s) \rightleftarrows Zn^{2+}(aq) + 2\,e^-$$

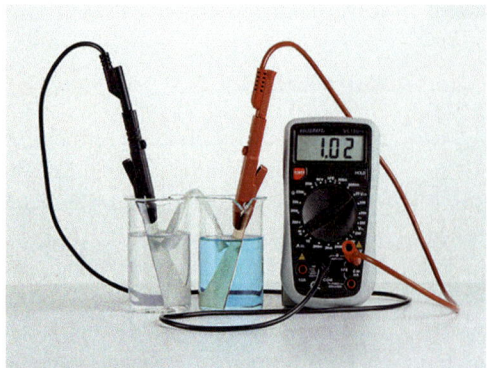

02 Daniell-Element

8.4 Das Batterieprinzip

Im Gleichgewicht gehen genauso viele Zink-Ionen in Lösung, wie sich aus der Lösung auf der Zinkoberfläche abscheiden. Zwischen der Zinkoberfläche und der Lösung entsteht eine **elektrochemische Doppelschicht** (↑ 03).

Die Fähigkeit eines Metalls, in wässriger Lösung Ionen zu bilden, hängt von der Energiebilanz bei der Bildung hydratisierter Metall-Ionen ab und ist für jedes Metall charakteristisch. Je edler ein Metall ist, desto geringer ist sein Lösungsdruck ausgeprägt.

BATTERIEPRINZIP Mithilfe der elektrochemischen Doppelschicht lässt sich erklären, warum das Daniell-Element elektrischen Strom liefert. Hier ist Kupfer ein edleres Metall als Zink. Es lösen sich weniger Cu^{2+}-Ionen aus dem Kupferblech als Zn^{2+}-Ionen aus dem Zinkblech. Entsprechend bleiben an der Oberfläche des Kupfers weniger Elektronen zurück als an der Zinkoberfläche. Daher hat Zink ein geringeres elektrisches Potenzial als Kupfer. Werden beide Bleche leitend verbunden, können die Elektronen vom Zinkblech, dem Minuspol, zum Kupferblech, dem Pluspol, fließen (↑ 04). Diese unterschiedlichen elektrischen Potenziale ergeben eine messbare elektrische Spannung. Für das Daniell-Element misst man eine elektrische Spannung, auch **Zellspannung** U genannt, von 1,1 Volt.

Auf diesem Grundprinzip beruhen alle bekannten Batterien. Das Daniell-Element liefert so lange Strom, bis sich alle Kupfer-Ionen auf dem Kupferblech abgeschieden haben oder sich das Zinkblech vollständig aufgelöst hat.

Oxidation: $Zn(s) \longrightarrow Zn^{2+}(aq) + 2\,e^-$ (Minuspol)
Reduktion: $Cu^{2+}(aq) + 2\,e^- \longrightarrow Cu(s)$ (Pluspol)

Redoxreaktion: $Zn(s) + Cu^{2+}(aq) \longrightarrow Zn^{2+}(aq) + Cu(s)$

> Das Daniell-Element ist eine Batterie, in der chemische Energie in einer freiwilligen Redoxreaktion in elektrische Energie umgewandelt wird. Für einen elektrischen Strom müssen Oxidation und Reduktion räumlich getrennt ablaufen.

1⟩ Erklären Sie, warum sich beim Eintauchen eines Kupferblechs in eine Kupfer(II)-sulfatlösung eine elektrochemische Doppelschicht ausbildet.
2⟩ Erläutern Sie den Aufbau und die elektrochemischen Vorgänge in einer galvanischen Zelle, die aus einer Zink- und einer Silberhalbzelle besteht.

EXP 8.06 Daniell-Element

Materialien Becherglas, Kupferblech, Zinkblech, Tonzylinder, Spannungsmessgerät, Elektromotor, Kupfer(II)-sulfatlösung ($c = 1\,mol \cdot L^{-1}$; 7, 9) und Zinksulfatlösung ($c = 1\,mol \cdot L^{-1}$; 7, 9)

Durchführung In das Becherglas mit Tonzylinder wird innen Kupfer(II)-sulfatlösung und außen Zinksulfatlösung gefüllt, sodass beide Flüssigkeitsspiegel gleich hoch sind. Das in die Kupfer(II)-sulfatlösung tauchende Kupferblech wird mit dem Pluspol, das Zinkblech in der Zinksulfatlösung mit dem Minuspol eines Spannungsmessgeräts verbunden und die Spannung gemessen. Bauen Sie anschließend einen kleinen Elektromotor in den Stromkreis ein und messen Sie erneut die Spannung.
Entsorgung: Lösungen in den Behälter für giftige anorganische Abfälle geben.

Auswertung Erläutern Sie die elektrochemischen Vorgänge im Daniell-Element.

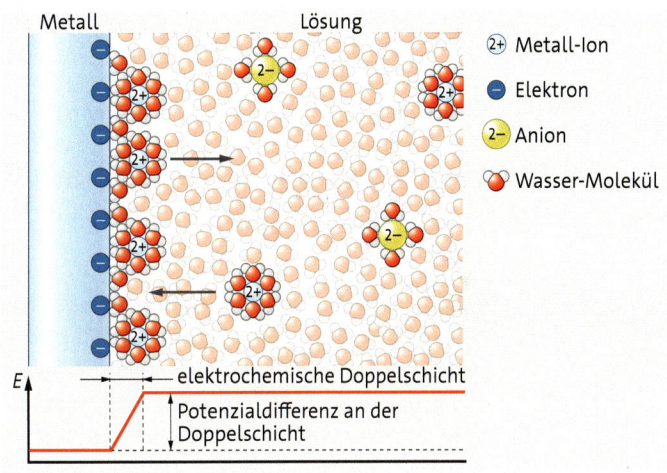

03 Elektrochemische Doppelschicht

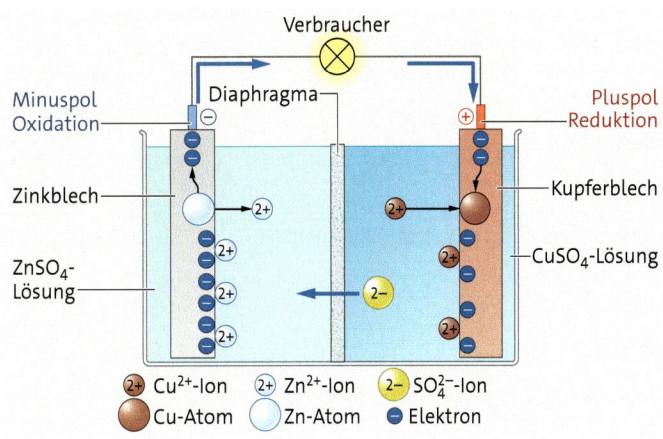

04 Vorgänge im Daniell-Element

8.5 Die elektrochemische Spannungsreihe

GALVANISCHE ZELLEN Eine Anordnung wie beim Daniell-Element wird **galvanische Zelle** oder auch **galvanisches Element** genannt.

Prinzipiell besteht jede galvanische Zelle aus zwei **Halbzellen**. Beim Daniell-Element bildet das Kupferblech in der Kupfer(II)-sulfatlösung die eine Halbzelle, die andere ist das Zinkblech in der Zinksulfatlösung. Die Salzlösungen werden als **Elektrolyte** bezeichnet, da die in ihnen gelösten Ionen die elektrische Leitfähigkeit ermöglichen.

Halbzelle = Kombination aus einem elektrisch leitenden Stoff mit einem Elektrolyten

Die Halbzelle, an der die Oxidation erfolgt, die **Donatorhalbzelle**, wird auch als **Anode** bezeichnet. Sie bildet in galvanischen Zellen den **Minuspol**. Dagegen findet an der **Kathode**, der **Akzeptorhalbzelle**, immer die Reduktion statt, sodass sie in galvanischen Zellen den **Pluspol** bildet. Die Bezeichnung der Elektroden als Anode oder Kathode ergibt sich nicht aus ihrer Ladung, sondern aus der Art der dort ablaufenden Teilreaktion (↑ 01).

Anders als bei der galvanischen Zelle findet bei der Elektrolyse am Minuspol die Reduktion und am Pluspol die Oxidation statt. Die Anode ist daher der Pluspol und die Kathode der Minuspol (↑ S. 295).

Eine galvanische Zelle wie das Daniell-Element wird üblicherweise durch eine Kurzschreibweise dargestellt. Dabei wird das Redoxpaar der Donatorhalbzelle (Oxidation/Anode) immer links und das Redoxpaar der Akzeptorhalbzelle (Reduktion/Kathode) rechts geschrieben. Da die Spannung der galvanischen Zelle auch von der Stoffmengenkonzentration der Ionen abhängt, wird diese zusätzlich angegeben.

$$Zn/Zn^{2+} (c = 1\,mol \cdot L^{-1}) // Cu^{2+} (c = 1\,mol \cdot L^{-1})/Cu$$
Donatorhalbzelle — Akzeptorhalbzelle

ELEKTRODENPOTENZIAL Das durch die elektrochemische Doppelschicht auf dem Metall entstehende Potenzial heißt **Elektrodenpotenzial E**. Es ist für die Halbzelle spezifisch und hängt außerdem von der Temperatur, der Stoffmengenkonzentration der Salzlösung und bei Gasen zusätzlich auch vom Druck ab.

Dieses Elektrodenpotenzial ist nicht direkt messbar. Messbar ist nur die elektrische Spannung zweier zu einer galvanischen Zelle leitend verbundener Halbzellen. Die Zellspannung U ergibt sich dabei aus der Differenz der Elektrodenpotenziale der Halbzellen.

$$U = E(\text{Akzeptorhalbzelle}) - E(\text{Donatorhalbzelle})$$

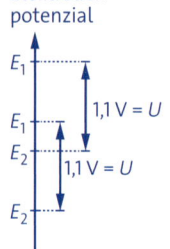

Ohne Bezugspunkt lassen sich keine Werte für die Elektrodenpotenziale festlegen.

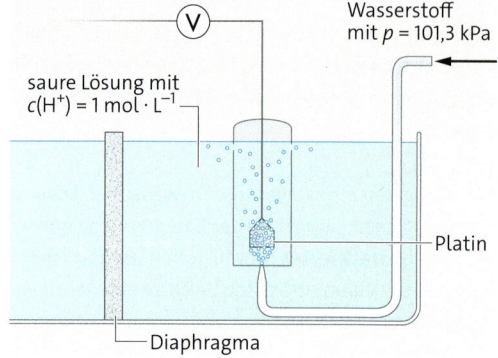

02 Modell der Standardwasserstoffhalbzelle

STANDARDWASSERSTOFFHALBZELLE Um Werte für die Elektrodenpotenziale angeben zu können, benötigt man einen Bezugspunkt. Prinzipiell eignet sich dazu jede beliebige Halbzelle unter genau definierten Bedingungen, deren Elektrodenpotenzial willkürlich festgelegt wird.

Nach einem Vorschlag von WALTHER NERNST dient die **Standardwasserstoffhalbzelle** als Bezugshalbzelle. Darin taucht eine spezielle Platinelektrode in eine saure Lösung mit $c(H^+) = 1\,mol \cdot L^{-1}$ und wird bei **Standardbedingungen** ($\vartheta = 25\,°C$, $p = 101{,}3\,kPa$) von Wasserstoffgas umspült (↑ 02).

Dabei werden die H_3O^+-Ionen vereinfacht als H^+-Ionen betrachtet. Das Elektrodenpotenzial $E(H_2/2\,H^+)$ der Standardwasserstoffhalbzelle ist auf exakt 0 Volt festgelegt.

Das Elektrodenpotenzial E einer beliebigen Halbzelle entspricht dadurch der gemessenen Spannung der galvanischen Zelle aus der Standardwasserstoffhalbzelle und der betrachteten Halbzelle.

ELEKTROCHEMISCHE SPANNUNGSREIHE Die so erhaltenen Werte werden als **Standardelektrodenpotenziale** bzw. **Standardpotenziale E^0** bezeichnet, Einheit: Volt (V). Die Standardpotenziale von Redoxpaaren, die gegenüber der Wasserstoffhalbzelle als Elektronendonator fungieren, also in einem galvanischen Element gegenüber der Standardwasserstoffhalbzelle den Minuspol darstellen, erhalten ein Minus als Vorzeichen. Die Elektrodenpotenziale von Redoxpaaren, die als Elektronenakzeptor wirken, erhalten ein positives Vorzeichen. Die Werte sind in der **elektrochemischen Spannungsreihe** tabelliert (↑ 04). Mithilfe der Standardpotenziale kann die bekannte Zellspannung U für das Daniell-Element rechnerisch überprüft werden (↑ Methode, S. 276).

$$U = E(Cu/Cu^{2+}) - E(Zn/Zn^{2+}) = 1{,}1\,V$$

Bestandteile eines galvanischen Elements	
Donatorhalbzelle (Elektronendonator)	Akzeptorhalbzelle (Elektronenakzeptor)
Anode (Ort der Oxidation)	Kathode (Ort der Reduktion)
Minuspol	Pluspol

01 Synonyme Begriffe für die Halbzellen in einem galvanischen Element

8.5 Die elektrochemische Spannungsreihe

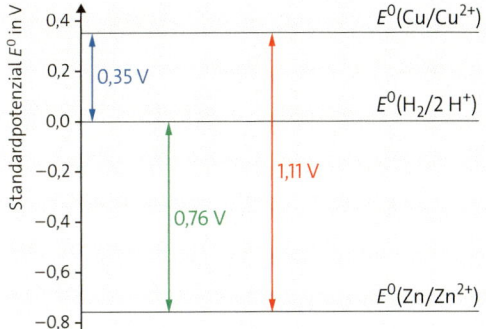

03 Zellspannung des Daniell-Elements

Mithilfe der elektrochemischen Spannungsreihe lässt sich auch die Richtung einer Redoxreaktion vorhersagen: Das Redoxpaar mit dem geringeren Standardpotenzial stellt in einer Redoxreaktion immer den Elektronendonator.

Da das Redoxpaar $H_2/2\,H^+$ in der Spannungsreihe eine mittlere Stellung einnimmt, können nur solche Metalle mit sauren Lösungen reagieren, die ein negatives Standardpotenzial haben. Ihre Metall-Atome (Me) können gegenüber H^+-Ionen als Elektronendonator fungieren.

$$Me(s) + 2\,H^+(aq) \longrightarrow Me^{2+}(aq) + H_2(g)$$

MESSUNG VON ELEKTRODENPOTENZIALEN Die experimentelle Bestimmung der Elektrodenpotenziale muss stromlos erfolgen, da ansonsten das elektrochemische Gleichgewicht gestört und die Zellspannung verfälscht werden kann.
Statt der Standardwasserstoffhalbzelle wird in der Praxis häufig die Silber/Silberchloridhalbzelle (Ag/AgCl) als Bezugshalbzelle verwendet. Ihr Elektrodenpotenzial ist weitgehend unabhängig von den Messbedingungen, sodass genaue und reproduzierbare Werte erhalten werden.
Handelt es sich um ein nichtmetallisches Redoxpaar, benötigt man eine **Ableitelektrode** zur Ableitung der Elektronen. Dazu kann eine Platin- oder eine Graphitelektrode verwendet werden, die durch die Elektrodenreaktion nicht angegriffen wird. So wird das Standardpotenzial des Redoxpaars $2\,Cl^-/Cl_2$ gemessen, indem eine von Chlor bei $p = 101{,}3\,kPa$ umspülte Platinelektrode in einen Elektrolyten mit Chlorid-Ionen von $c(Cl^-) = 1\,mol \cdot L^{-1}$ eintaucht.

> Mithilfe der Standardelektrodenpotenziale E^0 lässt sich die Spannung einer galvanischen Zelle berechnen sowie die Richtung möglicher Redoxreaktionen vorhersagen.

Akzeptor + z e⁻		Donator	Standardpotenzial E^0 in V
$Li^+ + e^-$	⇌	Li	−3,04
$Mg^{2+} + 2\,e^-$	⇌	Mg	−2,36
$Al^{3+} + 3\,e^-$	⇌	Al	−1,66
$Zn^{2+} + 2\,e^-$	⇌	Zn	−0,76
$Fe^{2+} + 2\,e^-$	⇌	Fe	−0,41
$Ni^{2+} + 2\,e^-$	⇌	Ni	−0,23
$Pb^{2+} + 2\,e^-$	⇌	Pb	−0,13
$2\,H^+ + 2\,e^-$	⇌	$H_2(g)$	0
$Cu^{2+} + 2\,e^-$	⇌	Cu	0,35
$I_2(s) + 2\,e^-$	⇌	$2\,I^-$	0,54
$Ag^+ + e^-$	⇌	Ag	0,80
$Br_2(l) + 2\,e^-$	⇌	$2\,Br^-$	1,07
$Pt^{2+} + 2\,e^-$	⇌	Pt	1,20
$O_2(g) + 4\,H^+ + 4\,e^-$	⇌	$2\,H_2O(l)$	1,23
$Cl_2(g) + 2\,e^-$	⇌	$2\,Cl^-$	1,36
$Au^{3+} + 3\,e^-$	⇌	Au	1,50
$F_2(g) + 2\,e^-$	⇌	$2\,F^-$	2,87

Stärke des Elektronendonators nimmt zu. / Stärke des Elektronenakzeptors nimmt zu.

04 Standardpotenziale ausgewählter Redoxpaare (Spannungsreihe); ↑ S. 406

1) Definieren Sie die Begriffe galvanische Zelle, Donator- und Akzeptorhalbzelle. Finden Sie zu jedem Begriff ein Synonym.

2) a Skizzieren Sie den Aufbau einer galvanischen Zelle aus einer Eisen- und einer Wasserstoffhalbzelle. Ordnen Sie den Pluspol und den Minuspol begründet zu.
b Formulieren Sie die Teilgleichungen für die Reaktionen in den Halbzellen sowie die Gleichung für die Redoxreaktion. Geben Sie an, welche Spannung diese galvanische Zelle unter Standardbedingungen liefert.

3) Definieren Sie den Begriff Standardelektrodenpotenzial. Geben Sie an, welche Synonyme dafür noch gebräuchlich sind.

4) Die galvanische Zelle mit dem Symbol $Sn/Sn^{2+}\,(c = 1\,mol \cdot L^{-1})\,//\,Cu^{2+}\,(c = 1\,mol \cdot L^{-1})/Cu$ liefert unter Standardbedingungen eine Spannung von 0,49 V. Ordnen Sie das Redoxpaar Sn/Sn^{2+} in die elektrochemische Spannungsreihe ein.

5) Beschreiben Sie, wie sich das Standardelektrodenpotenzial einer Bromhalbzelle experimentell bestimmen lässt.

M Berechnen der Standardzellspannung

AUFGABE Berechnen Sie die Spannung einer galvanischen Zelle, in der Kupfer unter Standardbedingungen in saurer Lösung (pH = 0) durch Sauerstoff oxidiert wird.

Die Zellspannung ist die **Differenz der Elektrodenpotenziale** der beiden an der Zellreaktion beteiligten Redoxpaare. Dabei wird das Elektrodenpotenzial der Donatorhalbzelle (Oxidation) vom Elektrodenpotenzial der Akzeptorhalbzelle (Reduktion) abgezogen:

$U = \Delta E = E(\text{Akzeptorhalbzelle}) - E(\text{Donatorhalbzelle})$
$U = \Delta E = E(\text{Reduktion}) - E(\text{Oxidation})$

1. **Ermitteln der beteiligten Redoxpaare:** Die beteiligten Redoxpaare können aus der elektrochemischen Spannungsreihe oder aus entsprechenden Tabellen ermittelt werden. Das Redoxpaar mit dem höheren Standardpotenzial stellt den Elektronenakzeptor: O_2-Moleküle werden zu Oxid-Ionen und damit in saurer Lösung zu H_2O-Molekülen reduziert. Redoxpaar 1: H_2O/O_2
Das Redoxpaar mit dem geringeren Standardpotenzial stellt den Elektronendonator: Cu-Atome werden zu Cu^{2+}-Ionen oxidiert. Redoxpaar 2: Cu/Cu^{2+}

2. **Entwickeln der Redoxreaktion:** Formulieren Sie zuerst die Reaktionsgleichungen für die Teilreaktionen Oxidation (Donatorhalbzelle) und Reduktion (Akzeptorhalbzelle). Fassen Sie diese zu einer Gesamtreaktion – der **Zellreaktion** – zusammen.

Oxidation (−): $2\,Cu \longrightarrow 2\,Cu^{2+} + 4\,e^-$
Reduktion (+): $O_2 + 4\,H^+ + 4\,e^- \longrightarrow 2\,H_2O$

Zellreaktion: $O_2 + 4\,H^+ + 2\,Cu \longrightarrow 2\,H_2O + 2\,Cu^{2+}$

3. **Berechnen der Zellspannung:** Die Zellspannung U entspricht der Differenz der Elektrodenpotenziale der Teilreaktionen Reduktion und Oxidation. Unter Standardbedingungen können die Standardpotenziale der Redoxpaare in die Gleichung eingesetzt werden.

$U = E^0(\text{Reduktion}) - E^0(\text{Oxidation})$
$U = E^0(H_2O/O_2) - E^0(Cu/Cu^{2+})$
$E^0(H_2O/O_2) = 1{,}23\,V$
$E^0(Cu/Cu^{2+}) = 0{,}35\,V$
$U = 1{,}23\,V - 0{,}35\,V = 0{,}88\,V$

4. **Formulieren des Ergebnisses:** Die Standardzellspannung der galvanischen Zelle, bei der Kupfer durch Sauerstoff in saurer Lösung oxidiert wird, beträgt 0,88 V.

1) Berechnen Sie die Zellspannung der galvanischen Zellen mithilfe der elektrochemischen Spannungsreihe:
a $Zn/Zn^{2+}\,//\,Ag^+/Ag$
b $Fe/Fe^{2+}\,//\,Cl_2/2\,Cl^-$
c $Pt, H_2/2\,H^+\,//\,Cu^{2+}/Cu$

2) Entscheiden Sie anhand der Elektrodenpotenziale, ob folgende Redoxreaktionen freiwillig ablaufen. Stellen Sie die Reaktionsgleichungen auf und berechnen Sie gegebenenfalls die Zellspannung.
a Oxidation von Kupfer durch Ni^{2+}-Ionen
Hinweis: $E^0(Cu/Cu^{2+}) = 0{,}35\,V;\ E^0(Ni/Ni^{2+}) = -0{,}23\,V$
b Oxidation von Cl^--Ionen durch Wasserstoffperoxid
Hinweis: $E^0(H_2O/H_2O_2) = 1{,}77\,V;\ E^0(2\,Cl^-/Cl_2) = 1{,}36\,V$

P EXP 8.07 Spannungsreihe der Metalle

Materialien U-Rohre mit Diaphragma, durchbohrte Stopfen, Experimentierkabel, Krokodilklemmen, Spannungsmessgerät, Eisen-, Kupfer-, Silber-, Zinkstäbe mit Gummistopfen; Lösungen (c = 0,1 mol·L^{-1}) von Kupfer(II)-sulfat (5, 7, 9), Eisen(II)-sulfat (7), Zinksulfat (5, 7, 9), Silbernitrat (3, 5, 9)

Durchführung Bauen Sie durch Kombination verschiedener korrespondierender Redoxpaare galvanische Zellen entsprechend der Abbildung auf. Messen Sie jeweils die Zellspannung.
Entsorgung: Lösungen in den Behälter für giftige anorganische Abfälle geben.

Auswertung Entscheiden Sie sich für eine geeignete Bezugshalbzelle und stellen Sie eine Spannungsreihe auf.

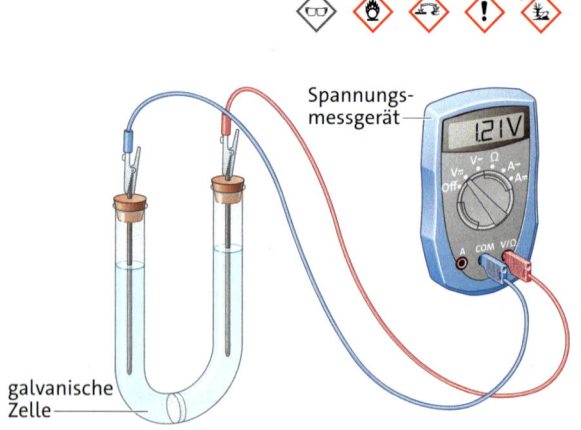

Klausurtraining

Material D Redoxverhalten von Halogenen

D1 Halogene in der Industrie

Die Halogene Fluor, Chlor, Brom und Iod kommen in der Natur nicht elementar vor, sondern sind hauptsächlich als negativ geladene Ionen im Meerwasser und in Salzlagerstätten zu finden. Sie werden jedoch für die Industrie benötigt, z. B. für die Synthese der Kunststoffe Polyvinylchlorid und Teflon. Chlor, das eine starke oxidierende Wirkung besitzt, dient noch immer als unverzichtbare Grundchemikalie zur Herstellung unzähliger Chlorverbindungen, aus denen Arzneimittel und Pestizide produziert werden. Brom wird beispielsweise zur Herstellung von Desinfektionsmitteln oder Schädlingsbekämpfungsmitteln verwendet.

Chlor wird dabei hauptsächlich auf elektrochemischem Weg, z. B. durch Chloralkali-Elektrolyse, hergestellt. Brom lässt sich industriell durch Umsetzung von sehr konzentrierten Salzlösungen (Sole aus großer Tiefe, aus Salzseen und vereinzelt aus Meerwasser) mit elementarem Chlor gewinnen. Iod wurde früher durch Oxidation mit Mangandioxid aus iodhaltigem Seetang hergestellt. Heute dienen vor allem Rückstände der Salpetersynthese, die größere Mengen Iodatsalze enthalten (Iodat-Ion: IO_3^-), und natriumiodidhaltige Salzsolen (Natriumiodid: NaI) als Rohstoffquellen.

Aufgrund ihrer oxidierenden Wirkung sind Fluor, Chlor und Brom nicht nur giftig, sondern greifen auch viele Metalle und teilweise Kunststoffe an. Deshalb sind beim Umgang mit den Halogenen strenge Sicherheitsregeln einzuhalten. Zudem müssen Gefäße, Apparaturen und Leitungen aus teuren, chemisch beständigen Spezialmaterialien gebaut werden.

Elektronenakzeptor + $z\,e^-$ $\rightleftharpoons$ Elektronendonator	E^0 in V
$AgCl(s) + e^- \rightleftharpoons Ag(s) + Cl^-(aq)$	0,196*
$Cu^{2+}(aq) + 2\,e^- \rightleftharpoons Cu(s)$	0,35
$I_2(s) + 2\,e^- \rightleftharpoons 2\,I^-(aq)$	0,54
$Br_2(g) + 2\,e^- \rightleftharpoons 2\,Br^-(aq)$	1,07
$Cl_2(g) + 2\,e^- \rightleftharpoons 2\,Cl^-(aq)$	?
$Au^{3+}(aq) + 3\,e^- \rightleftharpoons Au(s)$	1,50
$F_2(g) + 2\,e^- \rightleftharpoons 2\,F^-(aq)$	2,87

D2.1 Standardpotenziale (* für gesättigte KCl-Lösung)

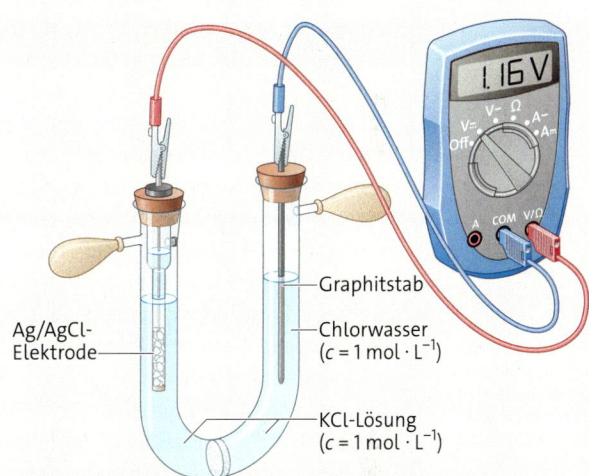

D2.2 Messung des Standardpotenzials einer Chlorhalbzelle

D2 Halogene im Labor

Im Labormaßstab können die Halogene Chlor, Brom und Iod durch Umsetzung ihrer Natriumsalze NaCl, NaBr und NaI mit Braunstein MnO_2 in Gegenwart von Schwefelsäure dargestellt werden. Außerdem ist im Laborexperiment zu beobachten, dass Bromwasser aus einer Kaliumiodidlösung elementares Iod freisetzt, während Chlorwasser aus einer Kaliumbromidlösung Brom freisetzt. Es handelt sich dabei um Reaktionen mit Elektronenübergang, deren Verlauf durch die Standardpotenziale der Redoxpaare in wässrigen Lösungen bestimmt wird (↑ D2.1). Zur Bestimmung des Standardpotenzials des Redoxpaars Cl^-/Cl_2 wird im Labor eine Silber/Silberchlorid-Elektrode ($E(Ag/AgCl) = 0{,}196$ V) in eine Kaliumchloridlösung mit $c = 1\,mol \cdot L^{-1}$ in den linken Schenkel eines U-Rohrs mit Diaphragma gegeben. In den rechten Schenkel des U-Rohrs wird Chlorwasser und Kaliumchloridlösung der gleichen Konzentration ($c = 1\,mol \cdot L^{-1}$) eingefüllt. Über einen Graphitstab und Kabel werden die beiden Halbzellen verbunden und eine Zellspannung von $U = 1{,}16$ V gemessen (↑ D2.2).

AUFGABEN ZU D

1⟩ **a** Entscheiden Sie begründet, ob Sie eine Reaktion erwarten, wenn Chlor oder Brom in eine wässrige Natriumfluoridlösung eingeleitet wird.
b Erläutern Sie, welche Vorgänge an der Phasengrenze des Graphitstabs in der Chlorhalbzelle ablaufen.
c Berechnen Sie aus der experimentell bestimmten Zellspannung U das Standardpotenzial der Chlorhalbzelle.
d Bewerten Sie die Eignung einer Chlorhalbzelle zur Konstruktion einer Batterie.

2⟩ **a** Formulieren Sie die Redoxreaktion für die Laborsynthese von Chlor aus Braunstein und konzentrierter Salzsäure. Dabei entstehen u. a. Mn^{2+}-Ionen.
b Zeigen Sie anhand der Oxidationszahlen, dass bei der Synthese eine Redoxreaktion abläuft.
c Begründen Sie, warum die Apparaturen für industrielle Synthesen mit Chlor aus besonderen Materialien konstruiert werden müssen. Diskutieren Sie, ob sich Kupfer oder Gold als Materialien für chlorleitende Rohre eignen.

8.6 Nernst-Gleichung

Werden zwei Ag/Ag$^+$-Halbzellen mit gleicher Stoffmengenkonzentration der Salzlösungen zu einer galvanischen Zelle kombiniert, ist keine Spannung messbar. Beide Halbzellen weisen das gleiche Elektrodenpotenzial auf.

Verringert man jedoch die Konzentration des Elektrolyten in einer der beiden Halbzellen, so entsteht eine messbare Spannung. Beim Verdünnen ändert sich das Elektrodenpotenzial der Halbzelle. Eine derartige galvanisches Zelle wird als **Konzentrationszelle** oder als **Konzentrationselement** bezeichnet.

POTENZIALDIFFERENZ Die gemessene Spannung lässt sich mithilfe des dynamischen Gleichgewichts an der elektrochemischen Doppelschicht erklären (↑ S. 273 f.). In beiden Halbzellen der Silberkonzentrationszelle stellt sich jeweils an der Oberfläche des Silberblechs das folgende Gleichgewicht ein:

$$Ag(s) \rightleftarrows Ag^+(aq) + e^-$$

Bei der konzentrierten Salzlösung ist die Anzahl der Silber-Ionen in der Lösung aber größer, denn zur Konzentration der hydratisierten Silber-Ionen auf der rechten Seite zählen nicht nur die aufgrund des Lösungsdrucks des Silbers entstehenden Ionen, sondern auch die schon vorhandenen Silber-Ionen in der Salzlösung. Nach dem Prinzip von Le Chatelier verschiebt sich deshalb das Gleichgewicht in Richtung der Silber-Atome Ag(s). Folglich lädt sich das Silberblech in der Halbzelle mit der konzentrierten Salzlösung nicht so stark negativ auf wie in der Halbzelle mit der verdünnten Lösung. Es bildet sich eine Potenzialdifferenz aus.

Die Lage des chemischen Gleichgewichts ist nach dem Prinzip von Le Chatelier beeinflussbar (↑ S. 71).

Die konzentrierte Halbzelle mit einer Stoffmengenkonzentration von z. B. $c(Ag^+) = 1\,mol \cdot L^{-1}$ wird zum Pluspol, während die verdünnte Halbzelle mit $0{,}1\,mol \cdot L^{-1}$ zum Minuspol wird.

Werden die beiden Halbzellen leitend verbunden, so wird die Halbzelle mit der geringeren Silber-Ionenkonzentration die Donatorhalbzelle. Hier geben Silber-Atome Elektronen ab und werden zu Silber-Ionen oxidiert. Die Elektronen wandern über den Leiter zum Silberblech, das in die Lösung mit der höheren Silber-Ionenkonzentration eintaucht. In der Akzeptorhalbzelle werden Silber-Ionen zu Silber-Atomen reduziert (↑ 01). Für eine solche Konzentrationszelle wird die folgende Kurzschreibweise verwendet:

Ag/Ag$^+$($c_1 = 0{,}1\,mol \cdot L^{-1}$) // Ag$^+$($c_2 = 1\,mol \cdot L^{-1}$)/Ag
Donatorhalbzelle   Akzeptorhalbzelle

KONZENTRATIONSABHÄNGIGKEIT Ändert man die Konzentrationen der Salzlösungen systematisch (↑ Exp. 8.06), dann ergibt sich ein proportionaler Zusammenhang zwischen der Zellspannung und dem Zehnerlogarithmus des Konzentrationsverhältnisses der Metall-Ionen der Halbzellen. Der Proportionalitätsfaktor ist temperaturabhängig und beträgt für die Silberkonzentrationszelle bei $T = 298\,K$ etwa 0,059 V.

$$U = 0{,}059\,V \cdot \lg \frac{c_2(Ag^+)}{c_1(Ag^+)}; \; c_2(Ag^+) > c_1(Ag^+)$$

Für die Kupferkonzentrationszelle mit Cu/Cu^{2+} beträgt der Proportionalitätsfaktor nur noch die Hälfte, für eine Konzentrationszelle mit dem Redoxpaar Au/Au^{3+} nur noch ein Drittel dieses Werts. Offenbar hängt der Proportionalitätsfaktor von der Anzahl der bei der Redoxreaktion übertragenen Elektronen ab. Allgemein gilt bei einer Temperatur von $T = 298\,K$ für eine Konzentrationszelle mit dem Redoxpaar Me/Me^{z+} (Me: Metall, z: Anzahl der je Teilchen übertragenen Elektronen):

$$U = \frac{0{,}059\,V}{2} \cdot \lg \frac{c_2(Cu^{2+})}{c_1(Cu^{2+})} \quad U = \frac{0{,}059\,V}{3} \cdot \lg \frac{c_2(Au^{3+})}{c_1(Au^{3+})}$$

$$U = \frac{0{,}059\,V}{z} \cdot \lg \frac{c_2(Me^{z+})}{c_1(Me^{z+})}$$

Diese Gleichung kann benutzt werden, um das Elektrodenpotenzial E einer Halbzelle mit beliebiger Stoffmengenkonzentration des Elektrolyten aus dem Standardpotenzial E^0 einer Stoffmengenkonzentration des Elektrolyten $c_1 = 1\,mol \cdot L^{-1}$ herzuleiten. Im Folgenden wird dies für die Ag/Ag$^+$-Halbzelle gezeigt.

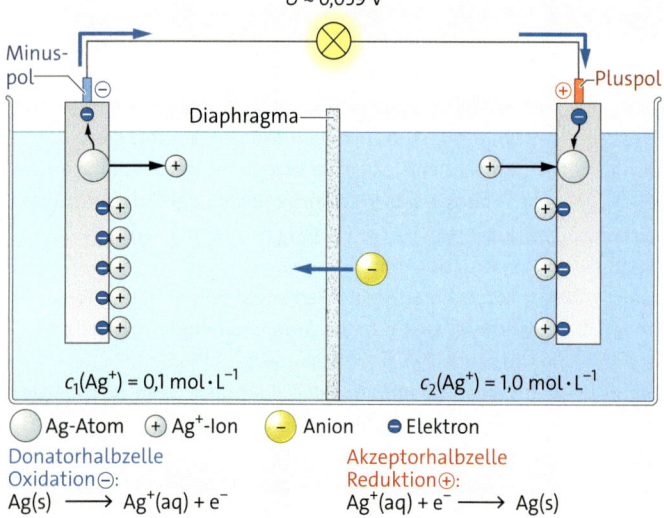

01 Elektrochemische Vorgänge im Konzentrationselement

Die Zellspannung einer galvanischen Zelle ergibt sich aus der Differenz der Potenziale der Akzeptorhalbzelle und der Donatorhalbzelle (↑ S. 274).

$U = E(\text{Akzeptorhalbzelle}) - E(\text{Donatorhalbzelle})$
$U = E_2(\text{Ag/Ag}^+) - E_1(\text{Ag/Ag}^+)$

Die Zellspannung U (linke Seite der Gleichung) kann mithilfe der oben aufgestellten Beziehung für die Silberkonzentrationszelle ausgedrückt werden:

$$0{,}059\ \text{V} \cdot \lg \frac{c_2(\text{Ag}^+)}{c_1(\text{Ag}^+)} = E_2(\text{Ag/Ag}^+) - E_1(\text{Ag/Ag}^+)$$

Wenn die Donatorhalbzelle $E_1(\text{Ag/Ag}^+)$ die Standardsilberhalbzelle $E^0(\text{Ag/Ag}^+)$ mit einer Silber-Ionenkonzentration von $c_1(\text{Ag}^+) = 1\ \text{mol}\cdot\text{L}^{-1}$ ist, verändert sich die Gleichung zu:

$$0{,}059\ \text{V} \cdot \lg \frac{c_2(\text{Ag}^+)}{1\ \text{mol}\cdot\text{L}^{-1}} = E_2(\text{Ag/Ag}^+) - E^0(\text{Ag/Ag}^+)$$

Umstellen nach $E_2(\text{Ag/Ag}^+)$ ergibt das Elektrodenpotenzial einer Halbzelle mit beliebiger Konzentration:

$$E_2(\text{Ag/Ag}^+) = E^0(\text{Ag/Ag}^+) + 0{,}059\ \text{V} \cdot \lg \frac{c_2(\text{Ag}^+)}{1\ \text{mol}\cdot\text{L}^{-1}}$$

NERNST-GLEICHUNG Die Gleichung zur Berechnung des konzentrationsabhängigen Potenzials lässt sich auch auf ein beliebiges Redoxpaar verallgemeinern. Sie wurde bereits 1889 von WALTER NERNST aufgestellt. Handelt es sich um ein Redoxpaar der Form Me/Me^{z+} (Me: Metall), so ergibt sich als **Nernst-Gleichung**:

$$E(\text{Me/Me}^{z+}) = E^0(\text{Me/Me}^{z+}) + \frac{0{,}059\ \text{V}}{z} \cdot \lg \frac{c(\text{Me}^{z+})}{1\ \text{mol}\cdot\text{L}^{-1}}$$

Die **allgemeine Nernst-Gleichung** für ein Redoxpaar der Form Red ⇌ Ox + z e$^-$ lautet:

$$E(\text{Red/Ox}) = E^0(\text{Red/Ox}) + \frac{0{,}059\ \text{V}}{z} \cdot \lg \frac{c(\text{Ox})}{c(\text{Red})}$$

Daraus lässt sich für jede beliebige Halbzelle das Elektrodenpotenzial und für jede galvanische Zelle die Zellspannung berechnen, wenn die Standardpotenziale und die Konzentrationen bekannt sind.
Hinweis: Für die Konzentrationen von reinen Metallen wird vereinbarungsgemäß eine Stoffmengenkonzentration von $c = 1\ \text{mol}\cdot\text{L}^{-1}$ eingesetzt.

> Das Elektrodenpotenzial hängt von der Art der Elektrode, der Anzahl z der übertragenen Elektronen und der Konzentration des Elektrolyten in der Halbzelle ab. Es kann für jede Halbzelle mithilfe der Nernst-Gleichung berechnet werden.

EXP 8.08 Konzentrationselement

Materialien A: 5 Bechergläser, Filterpapierstreifen, Spannungsmessgerät, 4 Messkolben (100 mL), Voll- oder Messpipetten (50 mL und 20 mL), 2 Silberbleche, Silbernitratlösung ($c_0 = 0{,}1\ \text{mol}\cdot\text{L}^{-1}$; 7), Kaliumnitratlösung ($c = 0{,}1\ \text{mol}\cdot\text{L}^{-1}$)
Materialien B: wie A, aber statt Silbernitratlösung Kupfer(II)-sulfatlösung ($c = 0{,}1\ \text{mol}\cdot\text{L}^{-1}$; 7, 9) und Kupferbleche verwenden

Durchführung A: Erstellen Sie aus der Silbernitratlösung eine Verdünnungsreihe mit $c_1 = 0{,}05\ \text{mol}\cdot\text{L}^{-1}$, $c_2 = 0{,}01\ \text{mol}\cdot\text{L}^{-1}$, $c_3 = 0{,}005\ \text{mol}\cdot\text{L}^{-1}$ und $c_4 = 0{,}001\ \text{mol}\cdot\text{L}^{-1}$. Für die erste Verdünnung pipettieren Sie 50 mL der Ausgangslösung in einen 100-mL-Messkolben und füllen ihn mit der Kaliumnitratlösung (!) auf 100 mL bis zur Ringmarkierung auf. Für die zweite Verdünnung werden anschließend 20 mL der ersten verdünnten Silbernitratlösung in einen zweiten 100-mL-Messkolben pipettiert und auf 100 mL aufgefüllt usw. Füllen Sie anschließend etwa 50 mL jeder Lösung in jeweils ein Becherglas. Achten Sie auf gleiche Füllhöhen.

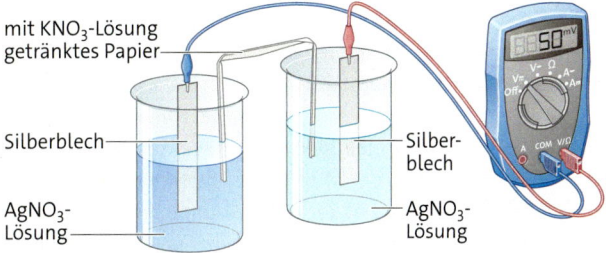

Kombinieren Sie nun verschiedene Silbernitratlösungen zu einer Konzentrationszelle, indem Sie sie mit dem in der Kaliumnitratlösung getränkten Filterpapier leitend verbinden. Verbinden Sie die Silberbleche mit dem Spannungsmessgerät und messen Sie die Zellspannung. Achten Sie darauf, dass die Silberbleche vor jeder Messung mit der Kaliumnitratlösung abgespült werden.
Durchführung B: Eine zweite Schülergruppe führt den Versuch mit der Kupfer(II)-sulfatlösung durch.
Entsorgung: Lösungen in den Behälter für giftige anorganische Abfälle geben.

Auswertung Tragen Sie die gemessenen Zellspannungen für die Silber- und die Kupferkonzentrationszellen jeweils grafisch gegen $\lg c_1/c_2$ (mit $c_1 > c_2$) auf. Interpretieren Sie das Diagramm.

---

1) Beschreiben Sie die Vorgänge im folgenden Konzentrationselement:
Zn/Zn^{2+}($c = 0{,}05\ \text{mol}\cdot\text{L}^{-1}$) // Zn^{2+}($c = 0{,}5\ \text{mol}\cdot\text{L}^{-1}$)/Zn
Ermitteln Sie die Zellspannung.

2) Erläutern Sie, von welchen Faktoren das Elektrodenpotenzial einer Halbzelle abhängt.

3) Berechnen Sie das Potenzial einer Kupferhalbzelle mit $c(\text{Cu}^{2+}) = 0{,}5$ bzw. $0{,}002\ \text{mol}\cdot\text{L}^{-1}$.

Nernst-Gleichung in der Analytik

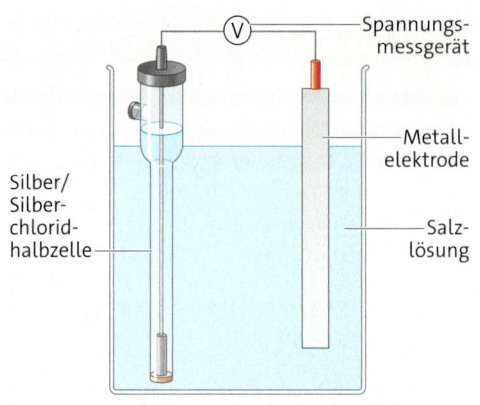

01 Prinzipieller Aufbau einer galvanischen Zelle zur Bestimmung von Ionenkonzentrationen

Aus der gemessenen Zellspannung (z. B. $U = 0{,}596$ V) ergibt sich mithilfe der Nernst-Gleichung die Pb^{2+}-Konzentration.

$$E(Pb/Pb^{2+}) = E(Ag/AgCl) - U$$

$$E(Pb/Pb^{2+}) = 0{,}196 \text{ V} - 0{,}596 \text{ V} = -0{,}40 \text{ V}$$

$$E(Pb/Pb^{2+}) = E^0(Pb/Pb^{2+}) + \frac{0{,}059 \text{ V}}{z} \cdot \lg \frac{c(Pb^{2+})}{1 \text{ mol} \cdot L^{-1}}$$

$$-0{,}40 \text{ V} = -0{,}13 \text{ V} + \frac{0{,}059 \text{ V}}{2} \cdot \lg \frac{c(Pb^{2+})}{1 \text{ mol} \cdot L^{-1}}$$

$$\lg \frac{c(Pb^{2+})}{1 \text{ mol} \cdot L^{-1}} = \frac{2 \cdot (-0{,}40 \text{ V} + 0{,}13 \text{ V})}{0{,}059 \text{ V}} = -9{,}15$$

$$c(Pb^{2+}) = 10^{-9{,}15} \text{ mol} \cdot L^{-1}$$

BESTIMMUNG VON IONENKONZENTRATIONEN

Die Nernst-Gleichung ermöglicht nicht nur die Berechnung von Redoxpotenzialen und Zellspannungen. Durch Anwendung der Gleichung lassen sich auch die Konzentrationen vieler Ionen in wässrigen Lösungen mit geeigneten Elektroden durch ein als **Potenziometrie** bezeichnetes Verfahren bestimmen. Prinzipiell laufen alle Messungen gleich ab. Eine Bezugselektrode, deren Redoxpotenzial bekannt ist wie bei der Silber/Silberchloridhalbzelle, wird in die Lösung mit der zu bestimmenden Ionenkonzentration gebracht und mit einer geeigneten Ableitelektrode, die für diese Ionensorte sensitiv ist, zu einer galvanischen Zelle verbunden.

So kann z. B. die unbekannte Konzentration an Pb^{2+}-Ionen einer Salzlösung aus der Zellspannung einer Bleihalbzelle und der Silber/Silberchloridhalbzelle mit bekanntem Redoxpotenzial $E(Ag/AgCl) = 0{,}196$ V experimentell ermittelt werden.

Auch andere Ionensorten und der pH-Wert (↑ S. 93) können so potenziometrisch erfasst werden.

SILBER/SILBERCHLORIDHALBZELLE

Die Silber/Silberchloridhalbzelle dient in fast allen potenziometrischen Messungen als Bezugselektrode. Sie besteht aus einem mit schwerlöslichem Silberchlorid beschichteten Silberdraht, der in eine Kaliumchloridlösung genau bekannter Konzentration eintaucht. Ein Diaphragma stellt die elektrisch leitende Verbindung zur anderen Halbzelle her. In der Halbzelle stellt sich das folgende chemische Gleichgewicht ein:

$$Ag(s) + Cl^-(aq) \rightleftarrows AgCl(s) + e^-$$

Silber-Ionen, die sich von der Oberfläche des Silberdrahts lösen, fallen sofort als festes Silberchlorid wieder aus. Da die Stoffmengenkonzentrationen fester Stoffe mit $1 \text{ mol} \cdot L^{-1}$ in die Nernst-Gleichung einfließen, hängt das Potenzial nur von der festgelegten Cl^--Konzentration in der Lösung ab (↑ 02). In der Praxis arbeitet man häufig mit einer gesättigten Kaliumchloridlösung. Die Cl^--Konzentration ist so groß, dass sie sich während der Messung nicht merklich verändert und als konstant angesehen werden kann.

Neben dem einfachen Umgang ist ein großer Vorteil der Silber/Silberchloridhalbzelle, dass ihr Redoxpotenzial unter normalen Laborbedingungen temperaturunabhängig ist.

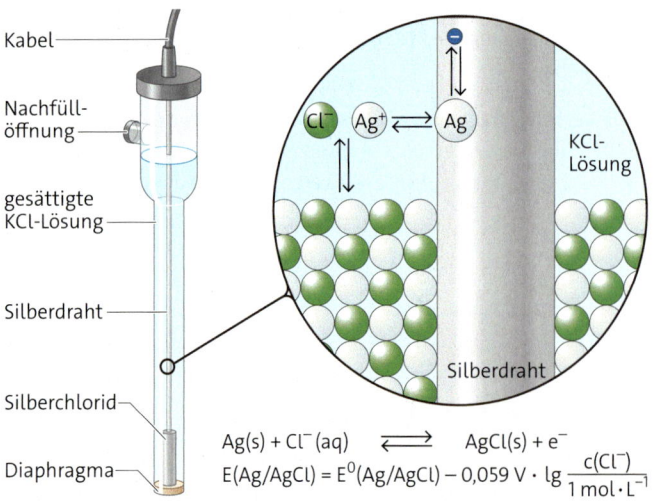

02 Handelsübliche Silber/Silberchloridhalbzelle

$$Ag(s) + Cl^-(aq) \rightleftarrows AgCl(s) + e^-$$
$$E(Ag/AgCl) = E^0(Ag/AgCl) - 0{,}059 \text{ V} \cdot \lg \frac{c(Cl^-)}{1 \text{ mol} \cdot L^{-1}}$$

1⟩ Die Zellspannung einer $Fe/Fe^{2+} // Cu^{2+}/Cu$-Zelle beträgt $U = 0{,}65$ V. Berechnen Sie daraus die Konzentration der Cu^{2+}-Ionen, wenn $c(Fe^{2+}) = 1 \text{ mol} \cdot L^{-1}$ ist.

2⟩ Skizzieren Sie eine mögliche galvanische Zelle zur Bestimmung der Kupfer-Ionen in einer Probelösung. Erklären Sie das Funktionsprinzip.

Praktikum

Batterien – Strom für unterwegs

EXP 8.09 Vom Bleistiftanspitzer zur Batterie

Materialien Plastikbecher, Kabel mit Krokodilklemmen, Spannungsmessgerät, Elektromotor, Schraubenzieher, Bleistiftanspitzer aus Metall, Natriumchloridlösung ($c = 1{,}5\ \text{mol} \cdot \text{L}^{-1}$)

Durchführung Nehmen Sie den Bleistiftanspitzer auseinander und bauen Sie aus den Teilen eine Batterie (↑ Bild). Messen Sie die Spannung und versuchen Sie, damit einen kleinen Elektromotor zu betreiben.
Entsorgung: Reste ins Abwasser geben.

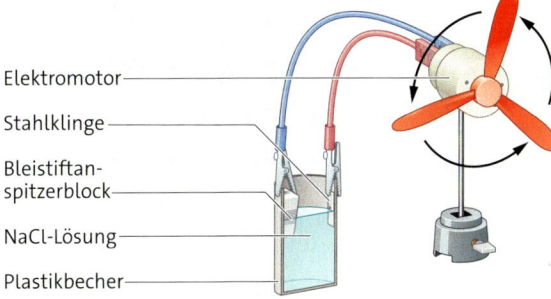

- Elektromotor
- Stahlklinge
- Bleistiftanspitzerblock
- NaCl-Lösung
- Plastikbecher

Auswertung
1) Informieren Sie sich, woraus der Bleistiftanspitzer besteht. Erklären Sie Ihre Beobachtungen und das Funktionsprinzip der Bleistiftanspitzerbatterie.
2) Begründen Sie, dass in einer galvanischen Zelle der Strom nicht unendlich lange andauern kann.

EXP 8.10 Selbstbaubatterie

Materialien Filterpapier, Spannungsmessgerät, Kabel, Elektromotor, Wäscheklammern, Krokodilklemmen, Kupferplatte, Zinkplatte, Kupfer(II)-sulfatlösung ($c \approx 1\ \text{mol} \cdot \text{L}^{-1}$; 7, 9), Zinksulfatlösung ($c \approx 1\ \text{mol} \cdot \text{L}^{-1}$; 5, 7, 9), Wasser

Durchführung Konstruieren Sie mithilfe der gegebenen Bauteile eine Modellbatterie. Überlegen Sie vorher, welche Funktionen die einzelnen Teile erfüllen müssen. Schließen Sie an Ihre Modellbatterie zuerst ein Spannungsmessgerät an und im Fall einer messbaren Spannung dann einen kleinen Elektromotor. Betrachten Sie die einzelnen Bauteile anschließend genau.
Entsorgung: Reste in den Behälter für giftige anorganische Abfälle geben.

Auswertung
1) Beschreiben und erläutern Sie Ihre Vorgehensweise.
2) Vergleichen Sie die ablaufenden elektrochemischen Reaktionen mit denen im Daniell-Element.

EXP 8.11 Alkali-Mangan-Batterie

Materialien entladene Alkali-Mangan-Monozelle (AA), Pinzette, Metallsäge, Zinkbecher oder Zinkblech, Filterpapier, Eisennagel, Kabel, Spannungsmessgerät, Elektromotor, Kaliumhydroxid (5, 7), Mangandioxid (8, 7), Wasser, Stärke

Durchführung *Arbeitshandschuhe!* Spannen Sie die Alkali-Mangan-Batterie in einen Schraubstock ein. Sägen Sie die Batterie vorsichtig entlang der Längsachse auf. Achtung – scharfe Metallkanten! Nehmen Sie die Einzelteile mit der Pinzette auseinander. Planen Sie mit den anderen gegebenen Materialien den Nachbau einer Alkali-Mangan-Zelle. Skizzieren Sie den Aufbau des Batteriemodells und bauen Sie die Batterie dementsprechend auf. Betreiben Sie mit der Modellbatterie über 15 min einen Elektromotor mit kleinem Innenwiderstand. Messen Sie dabei die Spannung zunächst alle 30 s, nach 3 min alle 90 s.
Entsorgung: Reste in den Behälter für giftige anorganische Abfälle geben.

Auswertung
1) Beschreiben Sie den prinzipiellen Aufbau einer handelsüblichen Alkali-Mangan-Monozelle.
2) Vergleichen Sie die im Modellversuch und in der normalen Batterie ablaufenden elektrochemischen Reaktionen.
3) Zeichnen Sie die Entladekurve, indem Sie die Spannung gegen die Zeit auftragen. Interpretieren Sie das Diagramm.
4) Informieren Sie sich über den Aufbau und das Funktionsprinzip des Leclanché-Elements. Diskutieren Sie die Vorteile der Alkali-Mangan-Zelle gegenüber dieser Zink-Kohle-Batterie.

EXP 8.12 Strom aus Zink und Luft

Materialien Holzkohle, Zinkblech, Becherglas, Kabel, Spannungsmessgerät, Kalilauge ($c = 3\ \text{mol} \cdot \text{L}^{-1}$; 5)

Durchführung Füllen Sie etwa 1 cm hoch Kalilauge in das Becherglas. Tauchen Sie das Holzkohlestück und das Zinkblech in die Kalilauge, sodass sie sich nicht berühren, und verbinden Sie die Elektroden mit den Polen des Spannungsmessgeräts. Schließen Sie einen kleinen Elektromotor an.
Entsorgung: Reste in den Behälter für saure und alkalische Abfälle geben.

Auswertung Erklären Sie die Funktionsweise der Zink-Luft-Batterie. Gehen Sie dabei speziell auf die Rolle des Sauerstoffs ein.

8.7 Batterietypen

Batterien sind galvanische Zellen, in denen chemische Energie in elektrische Energie umgewandelt wird. Daher werden sie in mobilen elektrischen Geräten vielseitig als Energiequelle eingesetzt.

ZINK-KOHLE-BATTERIE Eine der ersten Batterien war das Leclanché-Element, das auch als Zink-Kohle-Batterie bekannt ist. Sie besteht aus einem Zinkbecher, der gleichzeitig als Minuspol dient. Er ist mit einer Masse aus Mangandioxid (MnO_2) und Ammoniumchlorid (NH_4Cl) gefüllt, in die ein Graphitstab eintaucht. Bei der Zellreaktion wird Zink oxidiert und Mangandioxid reduziert, sodass an den Polen eine Zellspannung von 1,5 V messbar ist (↑ Exp. 8.11, S. 281).

ALKALI-MANGAN-BATTERIE Heute sind die nach einem ähnlichen Prinzip wie dem Leclanché-Element funktionierenden Alkali-Mangan-Batterien weit verbreitet. Es handelt sich ebenfalls um Zink-Mangandioxid-Zellen, die jedoch mit einem alkalischen Elektrolyten ausgestattet sind.
Bei der Zellreaktion wird Mangandioxid am äußeren Stahlmantel, dem Pluspol, zu Manganoxidhydroxid (MnOOH) reduziert. Als Minuspol kommt ein Eisennagel zum Einsatz, der in eine Zinkpaste mit Kaliumhydroxid eintaucht. Zink-Atome werden zu Zn^{2+}-Ionen oxidiert, die zunächst mit Hydroxid-Ionen zu Zinkhydroxid reagieren. In der stark alkalischen Umgebung reagieren diese zu leicht löslichem Tetrahydroxyzinkat $[(Zn(OH)_4]^{2-}$ weiter (↑ 02). Mit fortschreitender Entladung bildet sich daraus in einer komplexen Reaktion Zinkoxid, wodurch der Widerstand in der Batterie ansteigt.

Da der Batteriemantel durch die Zellreaktion nicht angegriffen wird, sind Alkali-Mangan-Batterien auslaufsicher. Zudem liefern sie mehr als doppelt so lange Energie wie vergleichbare Zink-Kohle-Batterien. Die Batterien können nach Benutzung nicht wieder aufgeladen und müssen fachgerecht entsorgt werden. Alkali-Mangan-Batterien werden in unterschiedlichen Formen von der Knopfzelle bis zum 9-V-Block angeboten. Durch Reihenschaltung mehrerer Zellen lässt sich die Spannung vervielfachen.

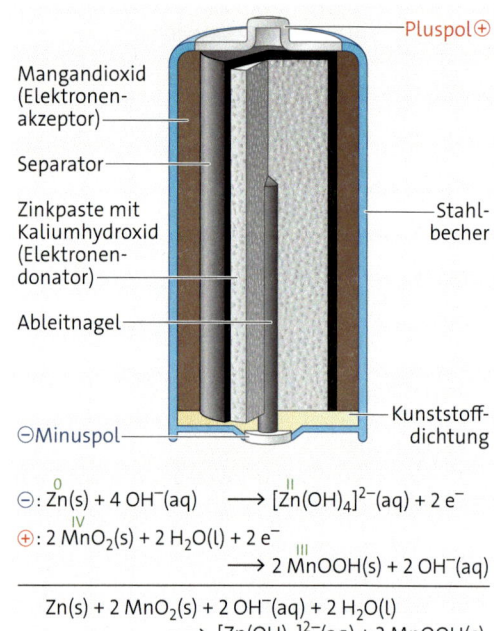

$\ominus$: $\overset{0}{Zn}(s) + 4\, OH^-(aq) \longrightarrow [Zn(OH)_4]^{2-}(aq) + 2\, e^-$

$\oplus$: $2\, \overset{IV}{Mn}O_2(s) + 2\, H_2O(l) + 2\, e^- \longrightarrow 2\, \overset{III}{Mn}OOH(s) + 2\, OH^-(aq)$

$Zn(s) + 2\, MnO_2(s) + 2\, OH^-(aq) + 2\, H_2O(l) \longrightarrow [Zn(OH)_4]^{2-}(aq) + 2\, MnOOH(s)$

02 Aufbau einer Alkali-Mangan-Batterie

Typ	Zink-Kohle-Batterie	Alkali-Mangan-Batterie	Lithium-Mangandioxid-Batterie	Knopfzelle
Minuspol (−)	Zinkbecher	Eisennagel	Lithium	Zinkpulver
Pluspol (+)	Graphitstab („Kohle")	Stahlmantel	Braunstein (MnO_2) oder Eisen(II)-disulfid (FeS_2)	Silberoxid (Ag_2O)
Elektrolyt	wässrige Paste aus: MnO_2 und NH_4Cl	Zinkpaste mit Kalilauge (KOH)	wasserfreier Elektrolyt (Polymer)	Kalilauge (KOH)
Zellspannung	1,5 V	1,5 V	2,9 V	1,55 V
Eigenschaften	preiswert, Zinkbecher nicht beständig (Auslaufen der Batterie), hohe Selbstentladung	liefert anhaltend hohe Ströme, auslaufsicher	geringe Selbstentladung, lange Lagerfähigkeit	hohe Spannungskonstanz, kleine Baugröße, hohe Energiedichte
Verwendung	einfache elektrische Geräte im Haushalt, z. B. Taschenlampe	Fotoapparate, in vielen Geräten in Reihe geschaltet	Herzschrittmacher, in Platinen zur Datenspeicherung	Armbanduhren, Hörgeräte, Taschenrechner

01 Batterietypen im Vergleich

8.7 Batterietypen

LITHIUMBATTERIEN Da Lithium ein stark negatives Elektrodenpotenzial aufweist, eignet es sich hervorragend als Anodenmaterial für eine Batterie mit hoher Zellspannung. Allerdings reagiert das unedle Metall heftig mit Wasser unter Wasserstoffentwicklung. Daher müssen in Lithiumbatterien organische Lösungsmittel wie Propylencarbonat oder wasserfreie Festelektrolyte eingesetzt werden.

Aus diesem Grund sind Lithiumbatterien vergleichsweise teuer und werden nur für besondere Zwecke eingesetzt. Sie dienen z. B. als Backup-Batterien in Computern, liefern jahrelang den Strom für Herzschrittmacher oder werden in Alarm- und Sicherheitssystemen eingesetzt.

Der Minuspol besteht meist aus Lithium und leitendem Graphit, die zusammen in einem polymeren Bindemittel suspendiert sind. Das Material ist auf einem elektrischen Leiter zum Ableiten der bei der Oxidation entstehenden Elektronen aufgebracht (↑ 03). Als Pluspol werden Mangandioxid, Eisen(II)-disulfid oder andere Elektronenakzeptoren verwendet. Das Material des Pluspols bestimmt die Zellspannung und die Verwendungsmöglichkeiten der verschiedenen Typen von Lithiumbatterien (↑ 04).

KNOPFZELLEN Elektronische Geräte wie Armbanduhren, Funkschlüssel für Automobile oder Hörgeräte erfordern langlebige Energiequellen mit geringer Leistung und kleiner Bauteilgröße. Hier kommen Knopfzellen wie die **Silberoxid-Zink-Knopfzelle** zum Einsatz, die Kalilauge als Elektrolyt enthält. Am Pluspol wird Silberoxid zu elementarem Silber reduziert, während Zink am Minuspol oxidiert wird (↑ 05).

Die Redoxreaktion liefert über viele Betriebsstunden eine konstante Zellspannung von 1,55 V.

Die in der entladenen Batterie enthaltenen Schwermetalle Silber und Zink können bei fachgerechter Entsorgung (↑ S. 285) wiedergewonnen werden.

1) **a** Erläutern Sie die Funktionsweise einer Alkali-Mangan-Batterie.
   b Erklären Sie, warum im Laufe der Zeit die Spannung abnimmt.
2) Leiten Sie aus der Gesamtreaktion der Lithium-Iod- und der Lithium-Eisensulfid-Batterie (↑ 04) die jeweiligen Teilreaktionen in den Halbzellen ab. *Hinweis:* $\overset{II}{Fe}\overset{-I}{S_2}$
3) **a** Informieren Sie sich über die Funktionsweise einer Quecksilberoxid-Zink-Knopfzelle.
   b Begründen Sie, warum diese Batterien heute in der EU nicht mehr verwendet werden.

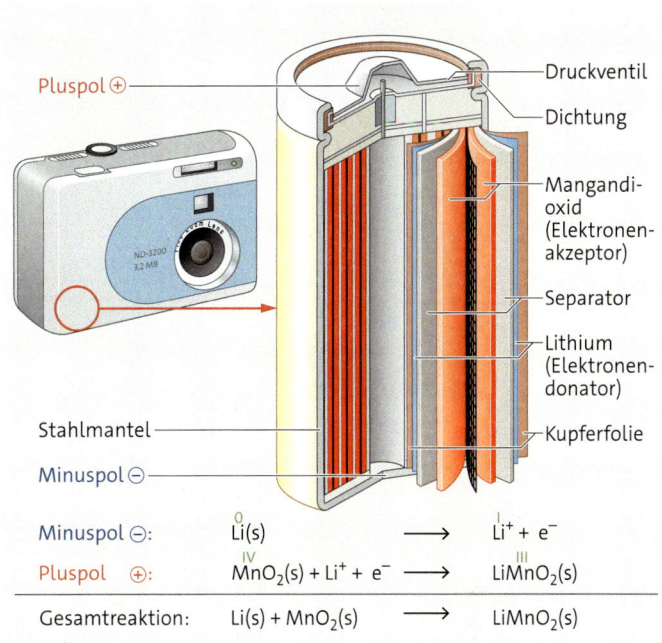

Minuspol ⊖: $\overset{0}{Li}(s) \longrightarrow \overset{I}{Li^+} + e^-$
Pluspol ⊕: $\overset{IV}{Mn}O_2(s) + Li^+ + e^- \longrightarrow Li\overset{III}{Mn}O_2(s)$
Gesamtreaktion: $Li(s) + MnO_2(s) \longrightarrow LiMnO_2(s)$

03 Aufbau, Verwendungsmöglichkeiten und Elektrodenreaktionen einer Lithium-Mangandioxid-Batterie (LiMnO₂)

Batterietyp	Gesamtreaktion	U in V
Lithium-Mangandioxid	$Li(s) + MnO_2(s) \longrightarrow LiMnO_2(s)$	2,9
Lithium-Iod	$2\,Li(s) + I_2(s) \longrightarrow 2\,LiI(s)$	2,8
Lithium-Eisensulfid	$4\,Li(s) + FeS_2(s) \longrightarrow 2\,Li_2S(s) + Fe(s)$	1,5

04 Typen von Lithiumbatterien

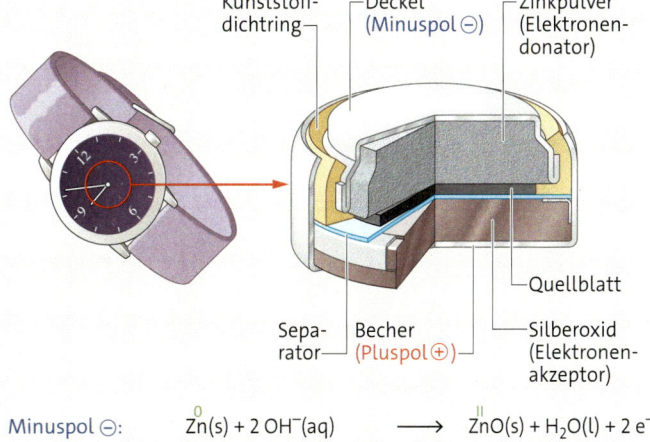

Minuspol ⊖: $\overset{0}{Zn}(s) + 2\,OH^-(aq) \longrightarrow \overset{II}{Zn}O(s) + H_2O(l) + 2\,e^-$
Pluspol ⊕: $\overset{I}{Ag_2}O(s) + H_2O(l) + 2\,e^- \longrightarrow 2\,\overset{0}{Ag}(s) + 2\,OH^-(aq)$
Gesamtreaktion: $Ag_2O(s) + Zn(s) \longrightarrow 2\,Ag(s) + ZnO(s)$

05 Aufbau, Verwendungsmöglichkeiten und Elektrodenreaktionen einer Zink-Silberoxid-Knopfzelle

8.8 Akkumulatoren

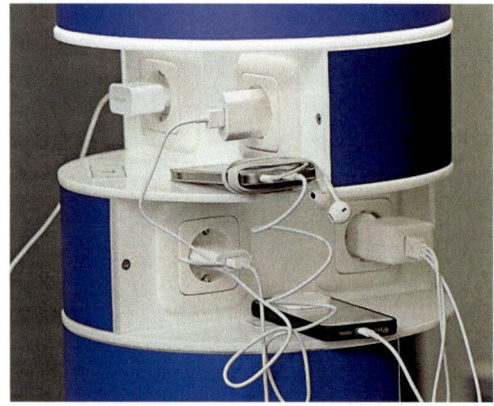

01 Akkus wie in Mobiltelefonen sind wieder aufladbar.

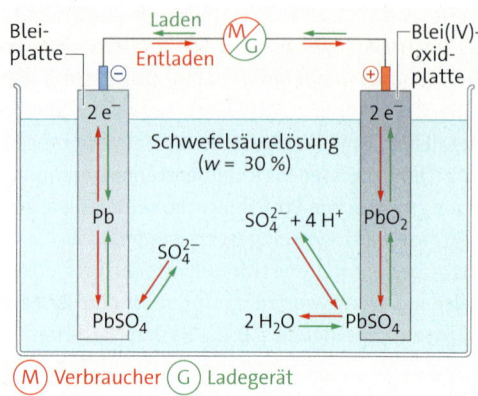

03 Entladen und Laden im Bleiakku

Akkumulatoren, kurz **Akkus**, sind Energiespeicher, die im Gegensatz zu Batterien wieder aufgeladen werden können. Die beim Entladen ablaufende chemische Reaktion wird dabei umgekehrt, sodass die zugeführte elektrische Energie in chemische Energie umgewandelt und wieder gespeichert werden kann. Nach dem Aufladen steht der Akku somit erneut als mobile Energiequelle zur Verfügung.

Je nach Anwendung können unterschiedliche Akkumulatoren eingesetzt werden: Zu den am häufigsten verwendeten Akkumulatoren gehören vor allem der Bleiakku, der Nickel-Metallhydrid-Akku sowie der Lithium-Ionen-Akku.

Animation: Aufbau eines Bleiakkus

BLEIAKKU Akkus sind ebenso wie Batterien galvanische Zellen, die aus einer Donatorhalbzelle und einer Akzeptorhalbzelle bestehen. Beim geladenen Bleiakkumulator, der „Autobatterie", wird die Donatorhalbzelle (Minuspol) von einer Bleiplatte gebildet, die in Schwefelsäurelösung taucht. Die Akzeptorhalbzelle (Pluspol) bildet eine Blei(IV)-oxidplatte in der gleichen Schwefelsäurelösung (↑ 03).

ENTLADEVORGANG Beim Entladevorgang geben in der Donatorhalbzelle Blei-Atome jeweils zwei Elektronen ab. Dadurch bilden sich Blei(II)-Ionen Pb^{2+}. Die Pb^{2+}-Ionen reagieren mit Sulfat-Ionen SO_4^{2-} aus der Schwefelsäure zu schwerlöslichem Blei(II)-sulfat $PbSO_4$, das sich an der Bleiplatte ablagert.

Donatorhalbzelle (Minuspol):

$$\overset{0}{Pb}(s) + SO_4^{2-}(aq) \longrightarrow \overset{II}{Pb}SO_4(s) + 2\,e^- \quad \text{(Oxidation)}$$

In der Akzeptorhalbzelle werden Pb^{4+}-Ionen aus dem Blei(IV)-oxid PbO_2 durch Aufnahme von je zwei Elektronen zu Pb^{2+}-Ionen reduziert, die sich wie in der Donatorhalbzelle als schwerlösliches Blei(II)-sulfat an der Platte ablagern.

Akzeptorhalbzelle (Pluspol):

$$\overset{IV}{Pb}O_2(s) + 4\,H^+(aq) + SO_4^{2-}(aq) + 2\,e^-$$
$$\longrightarrow \overset{II}{Pb}SO_4(s) + 2\,H_2O(l) \quad \text{(Reduktion)}$$

Bei den Reaktionen wird Schwefelsäure verbraucht, sodass man über die Dichte ihrer Lösung den Ladezustand des Akkus bestimmen kann.

Die Zellspannung dieser galvanischen Zelle beträgt etwa 2 Volt. Sie kann aus den Standardpotenzialen der Redoxpaare berechnet werden:

$$U = \Delta E = E^0(PbSO_4/PbO_2) - E^0(Pb/PbSO_4)$$
$$U = 1{,}69\,V - (-0{,}36\,V) = 2{,}05\,V$$

LADEVORGANG Zum Laden müssen die Reaktionen in den Halbzellen umgekehrt werden. Es muss eine Spannung größer als 2 Volt angelegt werden, damit der Stromrichtung umgekehrt wird. An beiden Platten löst sich die Blei(II)-sulfatschicht wieder auf und die ursprünglichen Stoffe – Blei, Blei(IV)-oxid und Schwefelsäure – bilden sich zurück.

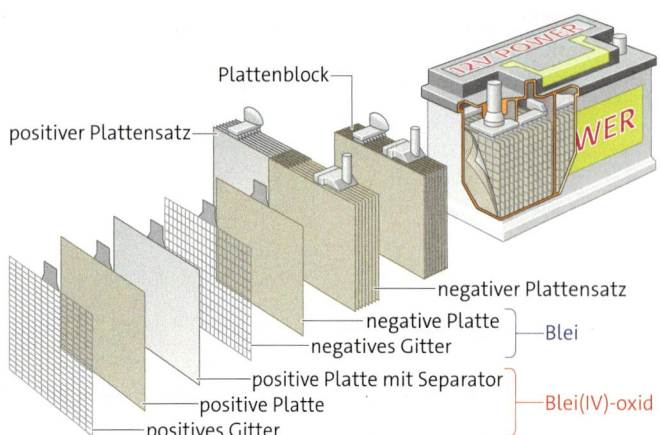

02 Aufbau einer „Autobatterie" – ein Bleiakkumulator

Entsorgung von Batterien und Akkus

Entladene Batterien und alte Akkus gehören nicht in den Hausmüll! Sie müssen gesondert gesammelt werden. Händler wie Elektronik- oder Supermärkte sind verpflichtet, Altbatterien zurückzunehmen. Häufig stellen sie hierzu spezielle Boxen auf, in denen die entladenen Batterien entsorgt werden können. Unternehmen wie die Stiftung *Gemeinsames Rücknahmesystem Batterien* (*GRS Batterien*) können so die Altbatterien einsammeln und dem Recycling zuführen.

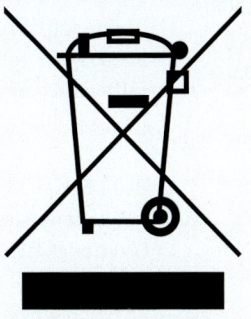

01 Abfälle mit diesem Symbol dürfen nicht im Hausmüll entsorgt werden.

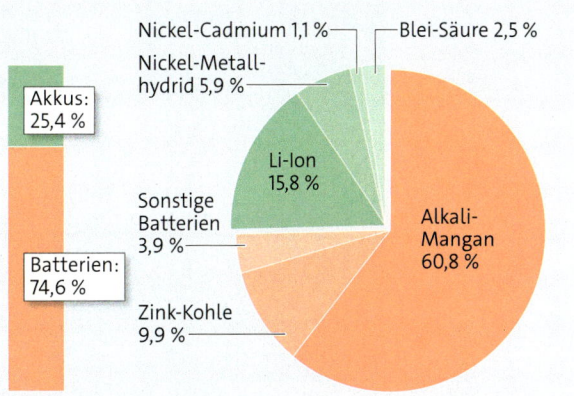

02 Anteil verkaufter Batterientypen 2015

Batterien und Akkus enthalten viele Gefahrstoffe wie giftige Schwermetalle und ätzende Säuren und Laugen. Diese dürfen nicht in die Umwelt gelangen. Zugleich sind diese Stoffe aber auch wertvoll, weil sie bei fachgerechter Verwertung als Sekundärrohstoffe wieder zur Produktion von neuen Batterien und Akkus dienen können. So kann das Blei für neue Bleiakkumulatoren schon heute fast vollständig aus Altbatterien gewonnen werden.

Für Gerätebatterien sieht die Quote allerdings nicht so gut aus: Im Jahre 2015 wurden von fast 44 000 Tonnen verkauften Batterien nur 45,3 % als Altbatterien wieder zurückgegeben und konnten recycelt werden. Besonders kleine Batterien wie die Knopfzellen werden leider noch zu oft im Hausmüll entsorgt. Dabei lohnt sich das Sammeln: Von den 20 000 Tonnen zurückgegebenen Altbatterien werden fast 100 % stofflich verwertet. Lediglich knapp 300 Tonnen mussten deponiert oder verbrannt werden, weil der Batterietyp nicht mehr identifiziert werden konnte.

1⟩ Erstellen Sie ein Plakat oder ein Faltblatt, indem Sie an Ihrer Schule über die Notwendigkeit und Sinnhaftigkeit des Batterierecyclings informieren. Recherchieren Sie dazu weitergehende Informationen.

Beim Ladevorgang sind Donator- und Akzeptorhalbzelle vertauscht, da nun durch die erzwungene Reaktion am Minuspol Elektronen aufgenommen und am Pluspol abgegeben werden (↑ 03).
Entladen und Laden der Zelle lassen sich demnach folgendermaßen formulieren:

$$Pb(s) + PbO_2(s) + 4\,H^+(aq) + 2\,SO_4^{2-}(aq) \underset{\text{Laden}}{\overset{\text{Entladen}}{\rightleftharpoons}} 2\,PbSO_4(s) + 2\,H_2O(l)$$

Der Bleiakku wird meist als Autobatterie eingesetzt, wo er zum Starten des Motors sehr hohe Ströme bereitstellen muss. Hierzu werden mehrere Blei- und Blei(IV)-oxidplatten parallel geschaltet und zu einem Plattenblock zusammengefasst. Die Platten bestehen bei einer Autobatterie aus einem Metallgitter, das mit porösem Blei (Bleischwamm) bzw. feinverteiltem Bleioxid beschichtet ist. Auf diese Weise wird die Oberfläche der Platten stark vergrößert, sodass große Stromstärken und Ladekapazitäten erreicht werden können. Separatoren zwischen den Platten verhindern, dass sie sich berühren und ein Kurzschluss entsteht. In einer Autobatterie mit einer Gesamtspannung von 12 V werden sechs solcher Plattenblöcke in Reihe geschaltet (↑ 02).

Für die Anwendung in vielen mobilen Geräten wie in Handys oder in Laptops kommen Bleiakkus wegen ihres hohen Gewichts, ihrer Maße und der stark ätzenden Schwefelsäure nicht infrage.

1⟩ Erläutern Sie die Vorgänge beim Laden des Bleiakkus. Formulieren Sie die Reaktionsgleichungen für die jeweiligen Halbzellen.
2⟩ Beim Laden des Bleiakkus können sich an den Platten auch Wasserstoff und Sauerstoff bilden. Formulieren Sie die Redoxgleichungen für die Bildung der Gase. Geben Sie an, an welcher Elektrode welches Gas entsteht.
3⟩ Erläutern Sie, wie sich die Konzentration der Schwefelsäurelösung beim Laden bzw. Entladen verändert (↑ 03).

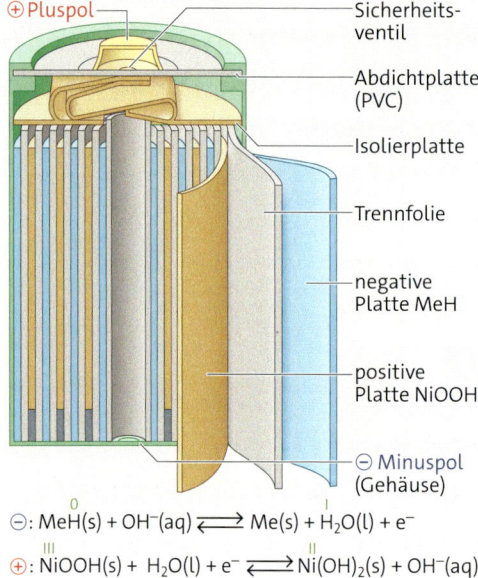

$\ominus$: $\overset{0}{\text{MeH}}(s) + OH^-(aq) \rightleftharpoons \overset{I}{\text{Me}}(s) + H_2O(l) + e^-$

$\oplus$: $\overset{III}{\text{NiOOH}}(s) + H_2O(l) + e^- \rightleftharpoons \overset{II}{\text{Ni}}(OH)_2(s) + OH^-(aq)$

01 Aufbau eines Nickel-Metallhydrid-Akkumulators und ablaufende Elektrodenreaktionen

NICKEL-METALLHYDRID-AKKUMULATOR Der Nickel-Metallhydrid-Akku (NiMH-Akku) gehört neben dem Lithium-Ionen-Akku zu den weitverbreiteten wiederaufladbaren Energiespeichern. Es gibt ihn in allen gängigen Bauformen und -größen für die mobile Energieversorgung von Telefonen, Digitalkameras, Elektrowerkzeugen wie „Akkuschraubern" usw.

P EXP 8.13 Modellakku

Materialien Becherglas (50 mL), Spannungsquelle, Verbindungskabel, Krokodilklemmen, 2 dicke Graphitminen (d = 3,15 mm, Härtegrad 6B), LED-Diode, Lithiumperchlorat (3, 7), gelöst in Propylencarbonat (c = 1 mol · L^{-1}; 7).

Durchführung Glühen Sie die Graphitminen in der Brennerflamme aus. Füllen Sie das Becherglas so weit mit der Lithiumperchloratlösung, dass die Graphitminen etwa 2 cm tief eintauchen können (Abstand etwa 1 cm). Verbinden Sie die Graphitminen über die Krokodilklemmen mit der Spannungsquelle und laden Sie den Modellakku mit 4 V für etwa 3 min auf. Tauschen Sie das Ladegerät gegen die LED-Diode. *Achtung:* Beim Anschluss der Diode auf die richtige Polung achten!
Wiederholen Sie den Ladevorgang mehrmals.
Entsorgung: Lösungsmittel aufheben, kann wiederverwendet werden.

Auswertung Erläutern Sie mithilfe der elektrochemischen Spannungsreihe, warum keine wässrige Lithiumperchloratlösung als Elektrolyt verwendet werden darf.

Im geladenen Zustand liegt am Pluspol des Akkus Nickel(III)-oxidhydroxid NiOOH vor. Der Minuspol besteht aus einer Legierung verschiedener Metalle. In eine solche Legierung können Wasserstoff-Atome in das Metallgitter eingebaut werden, was als **Metallhydrid** (kurz: MeH) bezeichnet wird. Als Elektrolyt dient eine Kaliumhydroxidlösung.

Beim Entladen werden am Minuspol die im Metall gebundenen H-Atome zu H$^+$-Ionen oxidiert. Die Elektronen fließen zum Pluspol und reduzieren dort Ni^{3+}-Ionen zu Ni^{2+}-Ionen. Beim Laden wird diese Reaktion umgekehrt. Die Zellspannung beträgt etwa 1,2 V. Vereinfacht lassen sich Laden und Entladen durch folgende Zellreaktion ausdrücken:

$$\overset{0}{\text{MeH}}(s) + \overset{III}{\text{NiOOH}}(s) \underset{\text{Laden}}{\overset{\text{Entladen}}{\rightleftharpoons}} \overset{I}{\text{Me}}(s) + \overset{II}{\text{Ni}}(OH)_2(s)$$

Bei den im Handel erhältlichen Akkus bestehen die Elektroden häufig aus sehr dünnen Folien, die aufgewickelt und mit einem Metallzylinder ummantelt werden (↑ 01). Die Verwendung spezieller Separatoren verhindert die sonst übliche Selbstentladung von etwa 25 % pro Monat. Heute werden vorgeladene Akkus verkauft, die sofort einsatzbereit sind.

LITHIUM-IONEN-AKKUMULATOREN Lithium-Ionen-Akkumulatoren (Li-Ion-Akkus) sind momentan die leistungsfähigsten und zugleich sehr flexibel einsetzbaren mobilen Energiespeicher. Aus dem Alltag sind sie hauptsächlich aus der Verwendung in Smartphones, Tablets und Notebooks bekannt. Ihre Zellspannung beträgt etwa 3,6 bis 3,8 Volt.
In den meisten Li-Ion-Akkus besteht der Minuspol aus negativ geladenem Graphit, in den Lithium-Ionen eingelagert sind. Der Pluspol wird aus einem Lithium-Metalloxid gebildet. Als Elektrolyt werden polare organische Lösungsmittel, z. B. Propylencarbonat, verwendet, in denen Lithiumsalze wie Lithiumperchlorat (LiClO$_4$) gelöst sind, um die elektrische Leitfähigkeit herzustellen. Der Einsatz von elektrisch besser leitenden wässrigen Salzlösungen ist nicht möglich, weil sich wegen des großen negativen Elektrodenpotenzials der Anode sofort gasförmiger Wasserstoff bilden würde. Schon Spuren von Wasser reichen aus, um den Akku zu zerstören. Zudem würde sich bei einer Ladespannung von über 4 Volt eine wässrige Lösung elektrolytisch zersetzen und damit den Akku zum Explodieren bringen.
Bei der Herstellung der Akkus müssen deshalb das Elektrodenmaterial und der Elektrolyt aufwendig getrocknet und unter einer Schutzgasatmosphäre verarbeitet werden.

ENTLADEN UND LADEN Im geladenen Zustand sind zwischen den einzelnen Graphitschichten Li$^+$-Ionen eingelagert. Sie gleichen die negative Ladung von Elektronen aus, mit denen das Graphit aufgeladen wurde.

Im vollständig geladenen Zustand beträgt im Graphit das Teilchenanzahlverhältnis von Kohlenstoff-Atomen zu Lithium-Ionen etwa 6 : 1, sodass man für die Graphitelektrode formal eine Verhältnisformel LiC$_6$ angeben kann.

Beim **Entladen** fließen die im Graphit eingeschlossenen Elektronen über den angeschlossenen Verbraucher zur Lithium-Metalloxidelektrode. Gleichzeitig wandert eine entsprechende Anzahl an Lithium-Ionen aus dem Graphit in den Elektrolyten. Das Lithium-Metalloxid besteht z. B. aus Lithiumcobaltoxid. Im geladenen Zustand des Akkus liegen im Ionengitter des Oxids die Hälfte der Cobalt-Ionen als Co^{3+}-Ionen, die andere Hälfte als Co^{4+}-Ionen vor. Daraus ergibt sich für das Lithiumcobaltoxid die Verhältnisformel: LiCoO$_2$CoO$_2$.

Beim Entladen werden durch die Elektronenaufnahme am Pluspol die Co^{4+}-Ionen zu Co^{3+}-Ionen reduziert. Dabei wandern Lithium-Ionen vom Elektrolyten in das Ionengitter, um die Ladung der Oxid-Ionen O^{2-} auszugleichen (↑ 02).

Zum **Laden** des Akkus werden durch Anlegen einer Ladespannung von etwa 4 Volt die Elektrodenreaktionen umgekehrt: Co^{3+}-Ionen werden zu Co^{4+}-Ionen oxidiert, wodurch Li$^+$-Ionen wieder freigesetzt werden. Sie wandern zurück zum Minuspol und lagern sich erneut im Graphitgitter ein (↑ 02). Dabei wird formal je eines von sechs C-Atomen reduziert.

$$\overset{-I}{\text{LiC}_6}(s) + \overset{III \quad IV}{\text{LiCoO}_2\text{CoO}_2}(s) \underset{\text{Laden}}{\overset{\text{Entladen}}{\rightleftarrows}} \overset{0}{\text{C}_6}(s) + 2\,\overset{III}{\text{LiCoO}_2}(s)$$

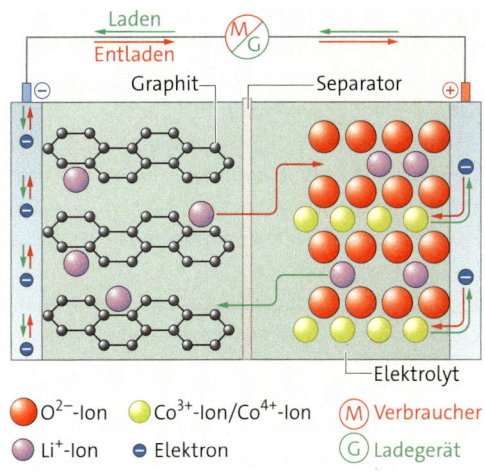

02 Vorgänge beim Entladen/Laden des Li-Ionen-Akkus

Die Lithium-Ionen werden beim Laden und Entladen weder reduziert noch oxidiert, sondern stellen durch ihr Wandern lediglich den Ladungsausgleich in den Elektroden her.

Prinzipiell haben Li-Ion-Akkus eine sehr lange Lebensdauer und können weit über 1000-mal aufgeladen und wieder entladen werden. Neben Lithium-Ionen können aber vereinzelt auch Lösungsmittel-Moleküle in das Graphitgitter eingelagert werden. Dies führt zu einer langsamen Aufweitung der Graphitschichten und verhindert die Einlagerung von Lithium-Ionen. Mit jedem Ladezyklus verliert der Akku so an Kapazität und kann irgendwann gar nicht mehr geladen werden.

1 ⟩ Vergleichen Sie die Vorgänge beim Entladen und Laden im NiMH-Akku mit den Vorgängen im Li-Ionen-Akku.

Typ	Bleiakku	Nickel-Metallhydrid-Akku	Lithium-Ionen-Akku
Minuspol (−)	Blei (Pb)	Metallhydrid (MeH)	Graphit
Pluspol (+)	Blei(IV)-oxid (PbO$_2$)	Nickel(III)-oxidhydroxid (NiOOH)	Lithiumcobaltoxid
Elektrolyt	Schwefelsäurelösung (H$_2$SO$_4$)	Kaliumhydroxidlösung (KOH)	Lithiumsalz/organisches Lösungsmittel
Zellspannung	2,0 V	1,2 V	3,6 V
Eigenschaften	lange Lebensdauer, preiswert, hohe Belastbarkeit, umweltschädlich	gute Umweltverträglichkeit, hohe Belastbarkeit, selbstentladend	hohe Zellspannung, geringes Gewicht, sehr teuer, empfindlich gegenüber Überladung/Tiefentladung
Anwendungen	Starterbatterie im Auto, Notstromversorgung, Solartechnik	Akkuschrauber, schnurlose Telefone, Videokameras	mobile Elektrogeräte, Antriebsbatterien für (E-Auto/E-Fahrrad)

03 Vergleich verschiedener Akkumulatoren

Klausurtraining

Material E Entfernung von Iodflecken

Das Element Iod kommt auf der Erde normalerweise nicht elementar vor, sondern ist als Iodid (I^-) oder Iodat (IO_3^-) in verschiedenen Salzen gebunden, von denen sich unter anderem im Meer große Vorkommen finden. Um elementares Iod zu gewinnen, können die entsprechenden Iodidsalze mit elementarem Brom oder Chlor umgesetzt werden. Die Standardpotenziale $E^0(Br^-/Br_2)$ und $E^0(Cl^-/Cl_2)$ sind größer als $E^0(I^-/I_2)$.
Eine mögliche Verwendung von Iod ist sein Einsatz in Tinkturen oder in Desinfektionsmitteln, denen es wegen seiner antibakteriellen Wirkung zugesetzt wird. Iod ist allerdings schlecht wasserlöslich, sodass sich Iodflecken nur schwer mit reinem Wasser aus Kleidungsstücken entfernen lassen. Setzt man dem Wasser hingegen Ascorbinsäure (Vitamin C) zu, gelingt die Entfernung des Flecks nach einer gewissen Einwirkzeit.

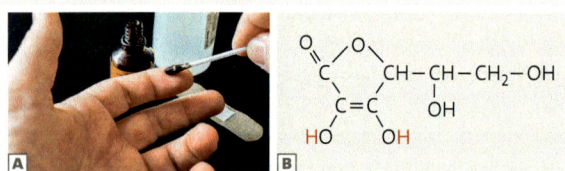

E1.1 **A** Iodtinktur, **B** Strukturformel von Ascorbinsäure (Vitamin C)

$E^0(I_2/I^-)$ = 0,54 V bei pH 0 bis 14
$E^0(I_2/IO^-)$ = 1,44 V bei pH = 0
$E^0(I_2/IO^-)$ = 0,42 V bei pH = 14

E1.2 pH-abhängige Standardpotenziale

AUFGABEN ZU E

1⟩ Entwickeln Sie unter Zuhilfenahme von Oxidationszahlen die Reaktionsgleichung zur Gewinnung von Iod aus Natriumiodid und Chlor.

2⟩ **a** Begründen Sie die schlechte Wasserlöslichkeit von elementarem Iod unter Berücksichtigung der zwischenmolekularen Wechselwirkungen.
b Das Ascorbinsäure-Molekül (H_2Asc) kann in Wasser unter Abgabe von zwei Protonen und zwei Elektronen zu einem Dehydroxyascorbinsäure-Molekül (Asc_{ox}) oxidiert werden. Erläutern Sie anhand von Reaktionsgleichungen, warum sich ein Iodfleck nach Zugabe von Ascorbinsäure in der nun sauren Lösung aus weißer Kleidung entfernen lässt.
c Stellen Sie mithilfe von Oxidationszahlen die Reaktionsgleichung für den Zerfall von Iod-Molekülen (I_2) in Iodid-Ionen (I^-) und Hypoiodid-Ionen (IO^-) auf, die in alkalischer Lösung abläuft. Benennen Sie den Reaktionstyp.
d Erläutern Sie anhand der Standardpotenziale von I_2/I^- und IO^-/I_2, warum der Zerfall von Iod-Molekülen zu Iodid-Ionen und Hypoiodid-Ionen nur in alkalischer Lösung freiwillig abläuft.

Material F Münzmetalle

Die Metalle Nickel, Cobalt und Kupfer werden häufig zur Herstellung von Schmuck, Werkzeugen oder Münzen verwendet. So besteht unter anderem der silberfarbene Rand einer Zwei-Euro-Münze aus einer Legierung von Kupfer und Nickel. Alle drei Metalle können in wässrigen Lösungen zweiwertige Kationen bilden, die den Lösungen charakteristische Farben verleihen. So sind Lösungen von Cu^{2+}-Ionen blau, während die Lösungen von Ni^{2+}-Ionen grün und die von Co^{2+}-Ionen rosa sind.

F1.1 Verschiedene Metalle in der Zwei-Euro-Münze

Salzlösung \ Metallblech	Nickel	Cobalt	Kupfer
Ni^{2+}-Ionen	/		
Co^{2+}-Ionen		/	
Cu^{2+}-Ionen			/

F1.2 Kombination von Metallen mit Metallsalzlösungen

AUFGABEN ZU F

1⟩ In einem Experiment werden die drei Metalle Nickel, Cobalt und Kupfer jeweils mit den Salzlösungen der anderen beiden Metalle in Berührung gebracht (↑ F1.2). Die Standardpotenziale der Redoxpaare Ni/Ni^{2+}, Co/Co^{2+} und Cu/Cu^{2+} sind bekannt (↑ S. 406).
a Nennen Sie die Beobachtungen, die Sie für die einzelnen Kombinationen erwarten.
b Erläutern Sie, welches der drei Metalle das edelste und welches das unedelste ist.
c Erläutern Sie die von Ihnen genannten Beobachtungen, indem Sie die Redoxgleichungen für die ablaufenden Reaktionen notieren.

2⟩ Aus den Metallen Cobalt und Nickel und ihren jeweiligen Salzlösungen soll eine galvanische Zelle gebaut werden.
a Skizzieren Sie den Versuchsaufbau und markieren Sie die Anode und die Kathode.
b Erläutern Sie die Vorgänge, die in den Elektroden sowie in den Elektrolyten ablaufen. Benennen Sie dabei auch die Teilchen, die jeweils reagieren.
c Notieren Sie die Teilgleichungen für Oxidation und Reduktion sowie die Gesamtgleichung. Ordnen Sie den Teilgleichungen die Begriffe Anode und Kathode zu.
d Berechnen Sie die zu erwartende Zellspannung unter der Annahme, dass die Salzlösungen in gleichen Konzentrationen vorliegen.
e Durch eine entsprechende Verdünnung eines der Elektrolyte kann man die Polung der Nickel-Cobalt-Zelle umkehren. Erläutern Sie qualitativ, welche der beiden Salzlösungen man dazu verdünnen muss.

Klausurtraining

Material G Redox-Flow-Akkumulator

G1 Stromspeicher für Windkraft

Die größte Batterie Deutschlands

Fünf Jahre lang hat man geplant, entwickelt, gebaut. In Pfinztal wurde jetzt eine riesige Flüssigkeitsbatterie in Betrieb genommen. Sie soll die Energie einer Windkraftanlage zwischenspeichern.

Es ist die Energiewende im Kleinen: Ein 2-Megawatt-Windrad liefert von nun an die Energie für das Institutsgelände des Fraunhofer-Instituts in Pfinztal bei Karlsruhe. Wird zu viel Strom produziert, wird dieser in einer sogenannten „Redox-Flow-Batterie" gespeichert, die in einer Halle gleich neben dem Windrad gebaut wurde. Gibt es zu wenig Wind, sorgt diese Batterie für die Stromversorgung aller Institutsgebäude.

Die Batterie beansprucht eine ganze Halle. Ein Windrad mit 100 Meter Nabenhöhe auf dem nahegelegenen Hummelberg erzeugt den Strom. Die Batterie kann so viel Strom speichern, dass das gesamte Institutsgelände mehr als zehn Stunden lang mit Energie versorgt werden kann – so viel, wie eine Kleinstadt von 4000 Einwohnern verbrauchen würde. […]

G1.1 Internetbericht: SWR2 IMPULS vom 25.9.2017, zuletzt abgerufen am 06.08.2019

G2 Aufbau und besondere Merkmale des Redox-Flow-Akkumulators

Der Aufbau eines Redox-Flow-Akkumulators gleicht einer galvanischen Zelle, bei der die Halbzellen durch eine teilweise durchlässige Membran voneinander getrennt sind. Der Elektrolyt Schwefelsäure wird mit den entsprechenden Vanadiumsalzen angereichert und für die Reaktion aus Vorratsbehältern außerhalb der Zelle in die jeweilige Halbzelle gepumpt. Dieser Akkutyp weist Besonderheiten auf: Die Energie ist in Verbindungen gespeichert, die ausschließlich in gelöster Form vorliegen. Außerdem wird der Elektrolyt nur für den Vorgang des Ladens bzw. Entladens durch die galvanische Zelle gepumpt. Weil Vanadium in vier verschiedenen Oxidationsstufen vorkommen kann, eignen sich Verbindungen des Elements für diese Technologie besonders gut.

Redox-Flow-Akkumulatoren zeichnen sich durch eine hohe Kapazität und einen geringen Verschleiß der Elektroden aus. Außerdem lassen sie einen schnellen Wechsel zwischen Aufladen und Entladen zu. Die großen Vorratsbehälter benötigen allerdings viel Platz. Vanadium bzw. Vanadiumverbindungen erzielen auch vergleichsweise hohe Preise am Weltmarkt.

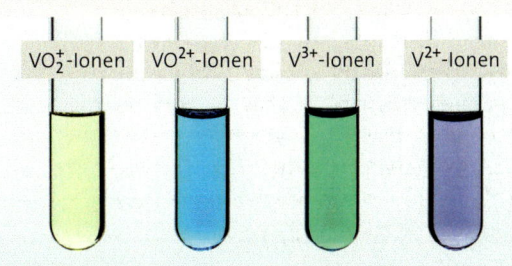

G3.1 Verschiedene Oxidationsstufen von Vanadiumsalzlösungen

G3 Vorgänge im Akkumulator

Die eigentliche Reaktion findet an Kohleelektroden statt, die von den Vanadiumsalzlösungen umspült werden. In eine der Halbzellen wird eine Lösung mit V^{3+}-Ionen und in die andere eine mit VO^{2+}-Ionen eingeleitet. Beim Aufladen reagieren am Pluspol VO^{2+}-Ionen mit Wasser-Molekülen zu VO_2^+-Ionen, $E^0 = 0{,}995$ V.
Am Minuspol werden gleichzeitig V^{3+}-Ionen zu V^{2+}-Ionen reduziert, $E^0 = -0{,}255$ V.

AUFGABEN ZU G

1) **a** Skizzieren Sie den Aufbau eines Vanadium-Redox-Akkumulators. Gehen Sie von einer normalen galvanischen Zelle aus und ergänzen Sie Vorratstanks, Zu- und Abläufe. Beschriften Sie die verwendeten Bauteile und Lösungen.
b Bestimmen Sie die Oxidationszahlen der Vanadium-Atome in VO^{2+}-Ionen und in VO_2^+-Ionen.
c Stellen Sie die Teilgleichungen für Oxidation und Reduktion beim Aufladen des Akkus auf und ordnen Sie sie den Elektroden zu.
d Erläutern Sie die Vorgänge beim Entladen des Akkumulators in korrekter Fachsprache.
e Notieren Sie die Gesamtgleichung für die ablaufende Redoxreaktion beim Entladen und berechnen Sie die Zellspannung. Erläutern Sie, wie Sie anhand des Werts ermitteln können, ob die Reaktion freiwillig abläuft.

2) Eine Ingenieurin hat die Idee, den Ladezustand des Akkus über die Farbe der Lösungen zu bestimmen.
a Erläutern Sie, wie auf diese Weise der Ladezustand des Akkus bestimmt werden kann.
b Erstellen Sie Skizzen, die einen geladenen/entladenen/halbentladenen Akku darstellen. Nutzen Sie realistische Farben für die Elektrolytlösungen.

3) Vergleichen Sie Bleiakkumulatoren, Brennstoffzelle und Redox-Flow-Akkumulatoren hinsichtlich ihrer Einsatzmöglichkeiten, Funktionsweise und ausgewählter Vor- und Nachteile. Bewerten Sie ihren Einsatz unter ökologischen und wirtschaftlichen Gesichtspunkten.

8.9 Brennstoffzellen

01 Wasserstofftankstelle zum Betanken von Fahrzeugen mit Brennstoffzellen

02 Wasserstoff-Sauerstoff-Brennstoffzelle (Aufbau)

FAHREN OHNE AUTOABGASE Allein in Deutschland sind über 50 Mio. Kraftfahrzeuge zugelassen. Sie sind für rund 16 % der jährlichen Treibhausgasemissionen verantwortlich, die maßgeblich als Verursacher der globalen Erderwärmung gelten. In Deutschland und weltweit werden daher alternative Antriebskonzepte entwickelt, um zukünftig Fahrzeuge ohne Verbrennungsmotor auf die Straße bringen zu können. Eine Möglichkeit ist die Verwendung von Brennstoffzellen.

Eine **Brennstoffzelle** ist eine galvanische Zelle, bei der die Ausgangsstoffe kontinuierlich von außen zugeführt werden müssen. Durch die Redoxreaktionen an den Elektroden wird chemische Energie in elektrische Energie umgewandelt. Sie kann beispielsweise genutzt werden, um den Elektromotor in einem Fahrzeug anzutreiben.

Video: Modellversuch Brennstoffzellenauto

AUFBAU UND FUNKTION Schließt man ein Voltmeter an zwei Graphitelektroden an, die in eine Kaliumhydroxidlösung eintauchen, kann man keine Spannung messen. Wiederholt man aber die Messung, nachdem man an die Elektroden so lange eine Gleichspannung angelegt hat, bis diese von Gasbläschen besetzt sind, kann man eine Spannung von etwas weniger als 1 V messen (↑ Exp 8.14). Durch die Gasbildung ist eine galvanische Zelle entstanden, die am Minuspol aus einer Wasserstoff- und am Pluspol aus einer Sauerstoffhalbzelle besteht (↑ 02). Bei der Wasserstoff-Sauerstoff-Brennstoffzelle werden die Elektroden kontinuierlich von den beiden Gasen umspült. Wird ein elektrischer Verbraucher angeschlossen, laufen folgende Reaktionen ab:

Minuspol: $H_2 + 2\,OH^- \longrightarrow 2\,H_2O + 2\,e^-$
Pluspol: $O_2 + 2\,H_2O + 4\,e^- \longrightarrow 4\,OH^-$

Gesamtreaktion: $2\,H_2 + O_2 \longrightarrow 2\,H_2O$

Letztendlich läuft in der Brennstoffzelle die Knallgasreaktion ab, bei der Wasserstoff und Sauerstoff zu Wasser reagieren. Durch die räumliche Trennung von Oxidation und Reduktion kann die chemische Energie in elektrische Energie umgesetzt werden (↑ 03).

EXP 8.14 Prinzip einer Brennstoffzelle

Materialien U-Rohr, 2 Graphitstäbe, Gleichspannungsquelle, Kabel, Krokodilklemmen, Voltmeter, Kaliumhydroxidlösung (w = 10 %; **5**)

Durchführung Befüllen Sie das U-Rohr mit der 10%igen Kaliumhydroxidlösung. Setzen Sie in jeden Schenkel jeweils ein Graphitstab ein und messen Sie die Spannung mit dem Voltmeter. Legen Sie mithilfe der Gleichspannungsquelle für etwa 3 bis 5 min eine Spannung von etwa 5 V an. An den Elektroden sollte jeweils eine deutliche Gasentwicklung zu beobachten sein. Klemmen Sie die Spannungsquelle vorsichtig ab, ohne das U-Rohr zu erschüttern. Messen Sie erneut die Spannung an den Elektroden.
Entsorgung: Elektroden einsammeln, Kaliumhydroxidlösung in den Behälter für saure und alkalische Abfälle geben.

Auswertung Erläutern Sie, wie die Spannung zwischen den Elektroden entsteht.

03 Vorgänge in der Brennstoffzelle

POLYMERELEKTROLYT-BRENNSTOFFZELLE Eine häufig verwendete Brennstoffzelle ist die **PEMFC** (engl. *Proton Exchange Membrane Fuel Cell*, ↑ 04). Entsprechend ihrem Namen besteht das wesentliche Bauteil aus einer nur etwa 0,1 mm dicken protonenleitenden Polymermembran (Handelsname: Nafion), die als Elektrolyt dient. Sie sorgt außerdem dafür, dass sich Wasserstoff und Sauerstoff nicht mischen. Beide Seiten der Polymermembran sind mit porösen Kohlenstoffmatten beschichtet, die als Elektroden dienen. In den Poren der Kohlenstoffschicht befindet sich feinverteiltes Platin als Katalysator. Die Elektroden sind über einen äußeren Stromkreis miteinander verbunden.

Auch in der PEMFC läuft wiederum die (kontrollierte) Knallgasreaktion ab: Wasserstoff-Moleküle werden am Minuspol mithilfe des Platinkatalysators in Protonen H^+ und Elektronen gespalten. Die freigesetzten Elektronen gelangen über den äußeren Stromkreis zum Pluspol, während die Protonen durch die Membran zum Pluspol diffundieren. Dort reagieren sie mit Sauerstoff-Molekülen und Elektronen zu Wasser-Molekülen.

Da die PEMFC klein und robust sind, kommen sie als mobile Akkuladegeräte zum Einsatz. Hauptsächlich werden sie jedoch für den Fahrzeugantrieb bei Pkws und Bussen genutzt, wobei für die benötigte Leistung mehrere PEMFC hintereinandergeschaltet werden.

DIREKTMETHANOL-BRENNSTOFFZELLE Methanol lässt sich einfacher als Wasserstoff speichern. **DMFC** (engl. *Direct Methanol Fuel Cells*) nutzen eine wässrige Methanollösung als Brennstoff. Auch hier wird eine protonenleitende Polymermembran verwendet, die allerdings auch für Methanol durchlässig ist. Methanol wird am Minuspol oxidiert, wobei Kohlenstoffdioxid als Reaktionsprodukt entsteht. Am Pluspol wird Sauerstoff zu Wasser reduziert. Dies führt zu einem geringeren elektrischen Potenzial als bei der PEMFC.

DMFC werden z. B. zur autarken Energieversorgung von Wohnmobilen verwendet – aber auch kleine elektrische Geräte könnten auf diese Weise betrieben werden.

ANWENDUNG Obwohl die Brennstoffzelle seit über 150 Jahren bekannt ist (und damit länger als der Ottomotor), ist sie nicht weit verbreitet. So ist das Brennstoffzellenauto ein absolutes Nischenprodukt. Das liegt auch am geringen Interesse der Autoindustrie an dieser Antriebsart. In Deutschland gibt es nicht mal 50 Wasserstofftankstellen (↑ 01). Zum Vergleich:

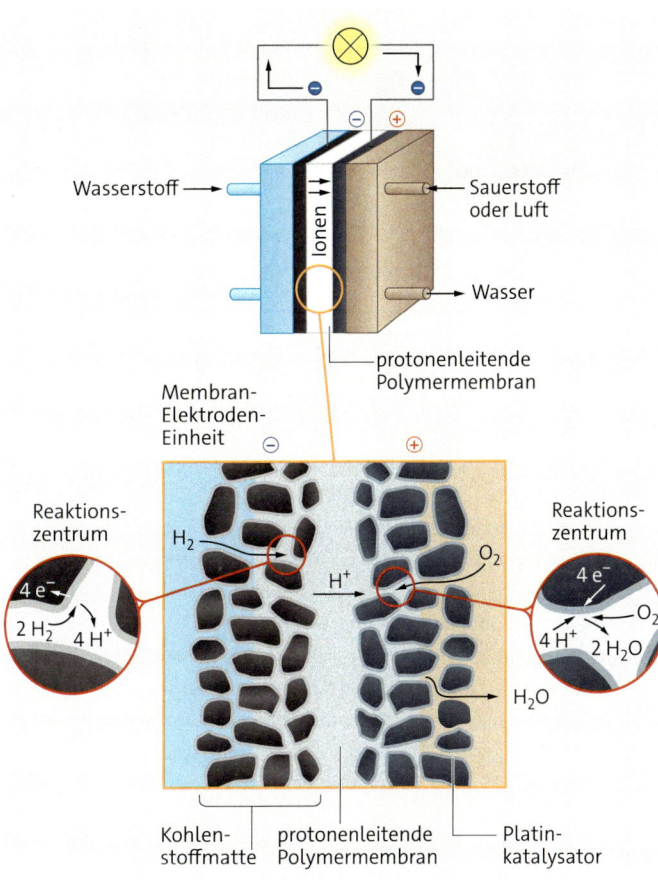

04 Aufbau einer Polymerelektrolyt-Brennstoffzelle (PEMFC)

Benzin und Diesel sind an über 14 000 Tankstellen verfügbar und selbst für die relativ neuen batteriebetriebenen E-Autos gibt es mittlerweile knapp ca. 10 000 Ladesäulen.

Brennstoffzellen werden auch im stationären Bereich betrieben. Sie dienen als kleine Kraftwerke zur Erzeugung von Strom und Wärme. Meist werden sie indirekt mit Erdgas betrieben, aus dem der Wasserstoff erzeugt wird.

> Brennstoffzellen sind galvanische Zellen, bei denen die Ausgangsstoffe kontinuierlich von außen zugeführt werden müssen. Chemische Energie wird direkt in elektrische Energie umgewandelt.

1⟩ Vergleichen Sie die Wasserstoff-Sauerstoff-Brennstoffzelle mit dem Bleiakku.
2⟩ **Vergleichen Sie** PEMFC und DMFC. Stellen Sie für beide Brennstoffzellen die Teil- und Gesamtreaktionen auf.
3⟩ Diskutieren Sie Vor- und Nachteile der Verwendung von Brennstoffzellen in Fahrzeugen.

Klausurtraining

Material H Von der Kupferradierung zur Leiterplatte

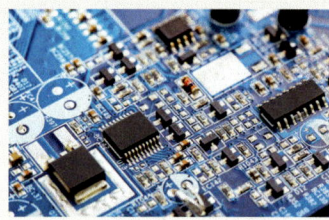

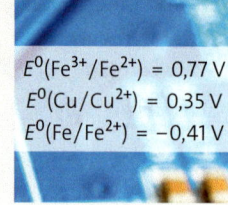

$E^0(Fe^{3+}/Fe^{2+}) = 0{,}77\ V$
$E^0(Cu/Cu^{2+}) = 0{,}35\ V$
$E^0(Fe/Fe^{2+}) = -0{,}41\ V$

H1.1 Leiterplatte

H1.2 Standardpotenziale

Der Maler Albrecht Dürer (1471–1528) schuf im 16. Jahrhundert bahnbrechende Gemälde wie „Ritter, Tod und Teufel", die er als Kupferstiche anlegte, um sie auf Papier drucken zu können. Zur Vervielfältigung der Kunstdrucke experimentierte er auch mit chemischen Ätztechniken, bei denen er die Kupferplatte mit Wachs beschichtete. Darin konnte der Künstler sein Motiv mit wenig Kraftaufwand seitenverkehrt einritzen, bis das Kupfer unter dem Wachs sichtbar wurde.

Das frei liegende Kupfer wurde durch Einwirkung von Eisen(III)-chloridlösung geätzt, damit sich das Motiv tiefer in die Kupferoberfläche eingrub. Zum Schluss entfernte Dürer das restliche Wachs mit heißem Wasser. Dabei entstanden Kupferplatten, die als Druckvorlagen für Kupferradierungen genutzt wurden.

Auch wenn die Qualität der Drucke nicht ganz mit denen eines Kupferstichs mithalten konnte, so ließen sie sich doch aufgrund der einfachen Herstellung gewinnbringend verkaufen. Heute werden Leiterplatinen für elektronische Geräte noch auf ähnliche Weise durch redoxchemisches Ätzen von Kupfer mit Eisen(III)-chloridlösung hergestellt (↑H1.1).

AUFGABEN ZU H

1⟩ a Begründen Sie anhand der Standardpotenziale, dass bei der „Radierung" eine Redoxreaktion abläuft. Geben Sie die Reaktionsgleichungen an (↑ H1.2).
b Erklären Sie, was passieren würde, wenn statt Eisen(III)-chloridlösung versehentlich Eisen(II)-chloridlösung zum Ätzen eingesetzt würde (↑ H1.2).
c Erläutern Sie die Auswirkung der Bildung von Kupfer(II)-Ionen auf das Elektrodenpotenzial $E(Cu/Cu^{2+})$. Berechnen Sie, wie groß die Stoffmengenkonzentration $c(Cu^{2+})$ an Kupfer(II)-Ionen werden müsste, um ein Potenzial von 0,77 V zu erreichen.

2⟩ Entwickeln Sie einen Vorschlag zur Herstellung einer Leiterplatine aus Kunststoffharz mit Kupferleitungen.

Material I Direkt-Methanol-Brennstoffzelle

Für die autarke Energieversorgung in Wohnmobilen sind Direkt-Methanol-Brennstoffzellen (DMFC, engl. *direct methanol fuel cell*) erhältlich. Sie versorgen das Wohnmobil mit elektrischer Energie, ohne dass der Motor laufen muss.
Wie die Wasserstoff-Sauerstoff-Brennstoffzelle besteht die DMFC aus einem Kathoden- und Anodenraum, die durch eine protonenleitende Polymermembran voneinander getrennt sind. An der Anode reagiert Methanol (CH_3–OH) mit Wasser zu Kohlenstoffdioxid, die dabei entstehenden Protonen können durch die Membran in den Kathodenraum wandern und weiterreagieren. Methanol ist ein Alkohol, der im großtechnischen Maßstab aus fossilen Rohstoffen aber auch aus Holz oder Biogas hergestellt wird. Der Brennstoff ist leicht entzündlich und bildet mit Luft explosive Gemische. Dämpfe und Flüssigkeit sind für den Menschen giftig.

AUFGABEN ZU I

1⟩ a Erläutern Sie die Funktion der Bauteile (↑ I1.1).
b Skizzieren Sie den schematischen („inneren") Aufbau einer Direkt-Methanol-Brennstoffzelle.
c Formulieren Sie die Reaktionsgleichungen für die Teilreaktionen an Anode und Kathode sowie für die Redoxreaktion.
d Ergänzen Sie in Ihrer Skizze die Vorgänge an Anode und Kathode. Nutzen Sie für die Teilchen die jeweiligen Molekülformeln.

2⟩ Vergleichen Sie die Wasserstoff-Sauerstoff-Brennstoffzelle mit der Direkt-Methanol-Brennstoffzelle hinsichtlich Aufbau, Edukten und Produkten sowie ablaufenden Reaktionen.

3⟩ Ein Nachteil von Direkt-Methanol-Brennstoffzellen ist eine geringfügige Diffusion des Methanols durch die Polymermembran in den Kathodenraum.
a Erläutern Sie die Folgen, die sich aus dieser geringfügigen Diffusion ergeben.
b Bewerten Sie die Eignung von Methanol statt Wasserstoff als Brennstoff.

I1.1 Direkt-Methanol-Brennstoffzelle mit Methanoltank für die Nutzung im Wohnmobil

Klausurtraining

Material J Knopfzellen für Hörgeräte

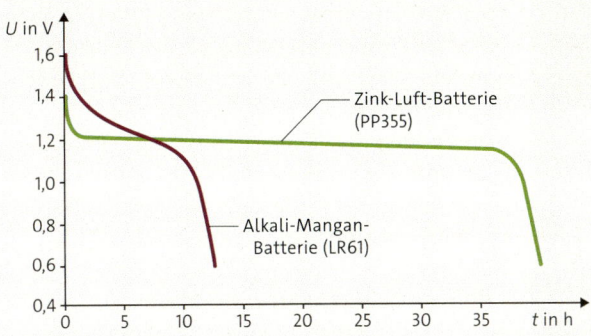

J1.1 Entladekurven verschiedener Batterien

Moderne Hörgeräte werden immer kleiner und leistungsfähiger. Daraus ergeben sich zwangsläufig hohe Anforderungen an die zur Stromversorgung eingesetzte Batterie. Zum einen muss sie eine besonders hohe Energiedichte haben, d. h., aus möglichst geringer Masse muss sie möglichst viel elektrische Energie bereitstellen können. Zum anderen muss die Spannung der Batterie nahezu konstant bleiben. Schließlich soll das Hörgerät auch dann noch optimal funktionieren, wenn die Batterie bereits längere Zeit in Betrieb ist. Das bedeutet, die Spannung der Batterie muss auch bei relativ hohen Strömen bis zum Ende der Entladung nahezu konstant bleiben (↑ J1.1).

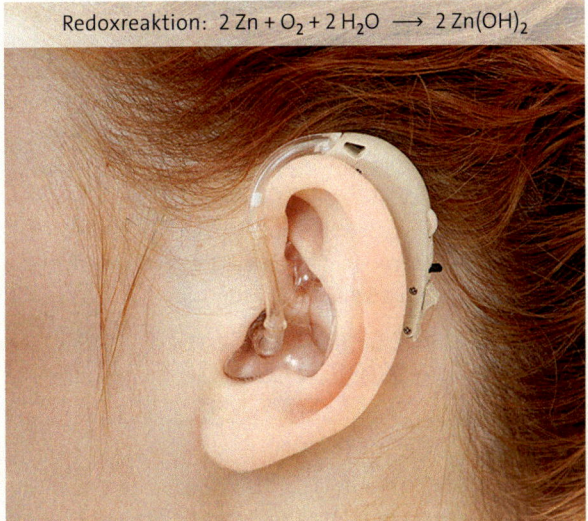

J1.2 Redoxreaktion von Zink-Luft-Batterien in Hörgeräten

Früher wurden oft Quecksilberoxid-Zink-Batterien in Hörgeräte eingesetzt, die aber heute wegen der Toxizität des Quecksilbers nicht mehr zulässig sind. Deshalb werden moderne Hörgeräte mit Zink-Luft-Batterien betrieben (↑ H1.2). Am Minuspol der Zelle werden Zink-Atome oxidiert, während am Pluspol aus Aktivkohle Sauerstoff-Moleküle aus der Luft zu Hydroxid-Ionen reduziert werden. In alkalischer Lösung bilden Zink-Ionen mit Hydroxid-Ionen sehr stabile $[Zn(OH)_4]^{2-}$-Ionen, die im weiteren Verlauf zu festem Zinkhydroxid $Zn(OH)_2$ reagieren. Daher beträgt die Konzentration der freien Zink-Ionen nur ca. 10^{-16} mol·L^{-1}, sodass sich ein Elektrodenpotenzial der Zinkelektrode von $E(Zn/Zn^{2+}) = -1{,}23$ V ergibt. Das Elektrodenpotenzial am Pluspol beträgt $E(OH^-/O_2) = 0{,}40$ V.

Bei längerem Betrieb bildet sich in der Zink-Luft-Batterie durch die ständige Luftzufuhr Kaliumcarbonat, wodurch die Leistungsfähigkeit der Batterie reduziert wird.

Donator	⇌	Akzeptor + z e⁻	E^0 in V	pH
Zn(s)	⇌	Zn^{2+}(aq) + 2 e⁻	−0,76	0
Zn(s) + 4 OH⁻(aq)	⇌	$[Zn(OH)_4]^{2-}$(aq) + 2 e⁻	−1,23	14
2 H_2O(l)	⇌	O_2(g) + 4 H⁺(aq) + 4 e⁻	1,23	0
4 OH⁻(aq)	⇌	O_2(g) + 2 H_2O(l) + 4 e⁻	0,40	14

J1.3 Standardpotenziale verschiedener Redoxpaare

Batterietyp	U in V	Elektronenübergang (Anzahl)	M in g·mol⁻¹ Donator	M in g·mol⁻¹ Akzeptor	Energiedichte in Wh·kg⁻¹
Zn/MnO_2	1,5	2 e⁻	65,4	86,9	200–450
Zn/O_2	1,6	4 e⁻	65,4	32,0	650–800
Li/MnO_2	3,2	1 e⁻	6,9	86,9	650–800
Pb/PbO_2	2,0	2 e⁻	207,2	239,2	30–80

J1.4 Batterietypen im Vergleich

AUFGABEN ZU J

1) a Skizzieren Sie den prinzipiellen Aufbau einer Zink-Luft-Batterie und beschriften Sie die einzelnen Bestandteile der galvanischen Zelle.
b Formulieren Sie die Elektrodenreaktionen der Zink-Luft-Batterie. Ordnen Sie den Teilreaktionen die Begriffe Pluspol, Minuspol, Anode, Kathode, Donator- bzw. Akzeptorhalbzelle zu.
c Berechnen Sie die theoretisch maximale Zellspannung mithilfe der gegebenen Elektrodenpotenziale.
d Erklären Sie die Bildung von Kaliumcarbonat im Langzeitbetrieb der Zink-Luft-Batterie.

2) a Vergleichen Sie die Energiedichten der Batterietypen in ↑ J1.4 und diskutieren Sie, von welchen Faktoren diese abhängen.
b Bewerten Sie die Leistungsfähigkeit der Zink-Luft-Batterie im Vergleich zu den anderen Batterien. Leiten Sie eine Schlussfolgerung ab.
c Begründen Sie, warum Zink-Luft-Batterien gemeinhin als umweltfreundlich gelten.

8.10 Elektrolysen

01 Verchromt glänzt nicht nur, sondern hält auch länger.

In galvanischen Zellen wird durch die an den Elektroden ablaufenden Redoxreaktionen chemische Energie in elektrische Energie umgewandelt. Umgekehrt können chemische Reaktionen aber auch mithilfe des elektrischen Stroms erzwungen werden. So kann durch elektrischen Strom ein Metallüberzug auf einem Gegenstand abgeschieden werden, der nicht nur schön glänzt, sondern auch vor Umwelteinflüssen schützt (↑ 01).

EXP 8.15 Elektrolyse von Zinkiodidlösung

Materialien Spannungsquelle, Elektromotor, U-Rohr, 2 Graphitstäbe, Krokodilklemmen, Kabel, Stativmaterial, Zinkiodidlösung ($c = 1\;\text{mol} \cdot \text{L}^{-1}$; 5, 9)

Durchführung Befüllen Sie das U-Rohr mit der Zinkiodidlösung und tauchen Sie einen Graphitstab in jeden Schenkel des U-Rohrs. Verbinden Sie die Graphitstäbe mit den Krokodilklemmen der Spannungsquelle. Stellen Sie eine Spannung von 10 Volt ein. Sobald Sie eine Veränderung an den Elektroden beobachten, ersetzen Sie die Spannungsquelle durch einen Elektromotor.
Entsorgung: Lösung sammeln und mit etwas Zink versetzen (Iod reagiert wieder zu Iodid), Zinkiodidlösung weiterverwenden.

Auswertung Deuten Sie die Beobachtungen. Beschreiben Sie eine Möglichkeit, das Reaktionsprodukt am Minuspol nachzuweisen.

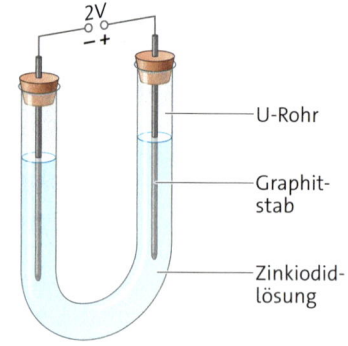

ELEKTROLYSE VON LÖSUNGEN Taucht man in eine Lösung aus Zinkiodid zwei Graphitelektroden ein und legt eine Gleichspannung von etwa 10 Volt an, kann man am Pluspol die Bildung brauner Schlieren und am Minuspol die Abscheidung eines silbrig glänzenden Belags beobachten (↑ Exp 8.15).
Die angelegte Spannung bewirkt, dass sich aus gelöstem Zinkiodid elementares Zink und Iod bilden. Eine solche chemische Zerlegung mithilfe elektrischer Energie wird Elektrolyse genannt.

ELEKTRODENREAKTIONEN Durch die angelegte Gleichspannung lädt sich ein Graphitstab negativ auf. Er bildet den Minuspol, zu dem die positiv geladenen Zink-Ionen aus der Lösung wandern. Dort nehmen sie jeweils zwei Elektronen auf und werden zu Zink-Atomen reduziert. Mit der Zeit scheidet sich auf der Elektrode genug Zink ab, sodass es als metallischer Belag sichtbar wird.
Der andere Graphitstab lädt sich positiv auf. Er bildet den Pluspol, zu dem die negativ geladenen Iodid-Ionen wandern. Sie geben dort je ein Elektron ab und werden zu Iod-Atomen oxidiert, die zu Iod-Molekülen weiterreagieren (↑ 02). Iod löst sich, was an braunen Schlieren erkennbar ist.

Minuspol: $Zn^{2+}(aq) + 2\;e^- \longrightarrow Zn(s)$ (Reduktion)
Pluspol: $2\;I^-(aq) \longrightarrow I_2(aq) + 2\;e^-$ (Oxidation)

$Zn^{2+}(aq) + 2\;I^-(aq) \longrightarrow Zn(s) + I_2(aq)$ (Redoxreaktion)

Bei der Elektrolyse der Zinkiodidlösung findet eine Redoxreaktion statt, bei der Elektronen von den Iodid-Ionen auf die Zink-Ionen übertragen wurden. Es handelt sich um eine erzwungene Reaktion, die nur so lange abläuft, wie eine ausreichend große Spannung an den Elektroden anliegt.

EINE GALVANISCHE ZELLE ENTSTEHT Ersetzt man die Spannungsquelle bei der Elektrolyse nach einiger Zeit durch einen Elektromotor, wird dieser für einen kurzen Moment angetrieben.
Durch die Bildung von Zink-Atomen und Iod-Molekülen hat sich an der Oberfläche der beiden Graphitstäbe jeweils eine elektrochemische Doppelschicht ausgebildet. Es ist eine galvanische Zelle entstanden, bei der das Redoxpaar Zn/Zn^{2+} die Donatorhalbzelle und das Redoxpaar $2\;I^-/I_2$ die Akzeptorhalbzelle bilden. Es findet eine freiwillige Redoxreaktion statt, bei der sich die Vorgänge der Elektrolyse umkehren (↑ 03).

Minuspol: $Zn(s) \longrightarrow Zn^{2+}(aq) + 2\;e^-$ (Oxidation)
Pluspol: $I_2(aq) + 2\;e^- \longrightarrow 2\;I^-(aq)$ (Reduktion)

8.10 Elektrolysen

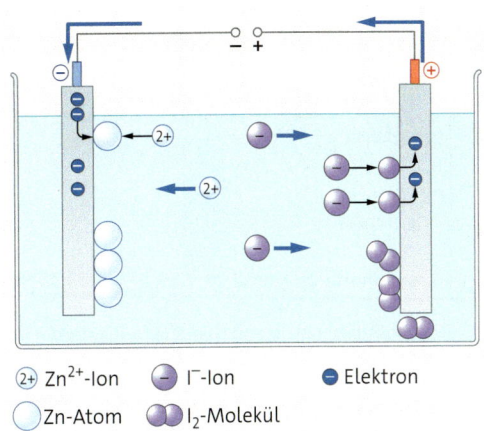

2+ Zn^{2+}-Ion — I^--Ion • Elektron
○ Zn-Atom ⬤⬤ I_2-Molekül

02 Vorgänge bei der Elektrolyse von Zinkiodidlösung

2+ Zn^{2+}-Ion — I^--Ion • Elektron
○ Zn-Atom ⬤⬤ I_2-Molekül

03 Vorgänge in der galvanischen Zelle mit den Halbzellen Zn/Zn^{2+} // $2 I^-/I_2$

Zn/Zn^{2+} // $2 I^-/I_2$ ist die Kurzschreibweise für eine galvanische Zelle (↑ S. 274).

ZERSETZUNGSSPANNUNG Die zur Elektrolyse einer Verbindung erforderliche Spannung wird **Zersetzungsspannung** U_Z genannt. Sie kann theoretisch aus den Elektrodenpotenzialen der beteiligten Redoxpaare von Pluspol und Minuspol berechnet werden. Für das Beispiel der Elektrolyse von Zinkiodid ergibt sich somit:

$U_Z = E^0(\text{Pluspol/Anode}) - E^0(\text{Minuspol/Kathode})$
$U_Z = E^0(2 I^-/I_2) - E^0(Zn/Zn^{2+}) = 1{,}30$ V

Die *theoretische Zersetzungsspannung* entspricht damit genau der Spannung, die eine galvanische Zelle aus diesen Redoxpaaren liefern würde. In der Praxis muss aber meistens eine deutlich höhere Spannung angelegt werden.

VERGLEICH ZWISCHEN ELEKTROLYSEZELLE UND GALVANISCHER ZELLE Vergleicht man die Elektrolyse mit den Vorgängen in einer galvanischen Zelle, so stellt man fest, dass Anode und Kathode jeweils vertauscht sind:
Während bei der Elektrolyse am Minuspol eine erzwungene Reduktion stattfindet, läuft in einer galvanischen Zelle eine freiwillige Oxidation ab. Am Pluspol findet hingegen bei der Elektrolyse eine erzwungene Oxidation und in der galvanischen Zelle eine freiwillig ablaufende Reduktion statt. Aber nicht nur der Ort der Oxidation (Anode) und der Reduktion (Kathode) sind vertauscht. Bei der Elektrolyse kehrt sich auch die Richtung des Elektronenflusses um.
Wie in einer galvanischen Zelle finden auch bei der Elektrolyse Oxidation und Reduktion zwar räumlich getrennt, aber gleichzeitig statt. Die Vorgänge lassen sich mithilfe des Donator-Akzeptor-Konzepts beschreiben und verstehen.

	Elektrolysezelle	Galvanische Zelle
Kathode (Reduktion)	Minuspol (−)	Pluspol (+)
	Akzeptorhalbzelle (Elektronenakzeptor)	Akzeptorhalbzelle (Elektronenakzeptor)
Anode (Oxidation)	Pluspol (+)	Minuspol (−)
	Donatorhalbzelle (Elektronendonator)	Donatorhalbzelle (Elektronendonator)
Elektronenfluss	vom Plus- zum Minuspol	vom Minus- zum Pluspol

04 Vergleich zwischen galvanischer Zelle und Elektrolysezelle

> Elektrolysen sind durch elektrische Energie erzwungene Redoxreaktionen. Die Elektrolyse ist die Umkehrung der Vorgänge in einer galvanischen Zelle.

1⟩ Eine Kupfer(II)-chloridlösung wird elektrolysiert.
a Skizzieren und beschriften Sie einen Aufbau zur Elektrolyse der Lösung.
b Geben Sie die chemischen Reaktionen an den Elektroden an.
c Erklären Sie, warum man nach dem Ausschalten der Gleichspannung für kurze Zeit eine elektrische Spannung an den Elektroden messen kann.

2⟩ a Vergleichen Sie die Vorgänge bei der Elektrolyse einer Zinkiodidlösung mit den Vorgängen in folgender galvanischer Zelle:
Zn/Zn^{2+} // $2 Br^-/Br_2$
b Geben Sie jeweils die Zersetzungsspannung dieser Elektrolyse und die Spannung der galvanischen Zelle an.

Zersetzungs- und Überspannung

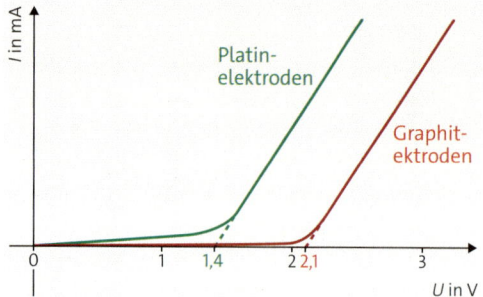

01 Stromstärke-Spannungs-Kurve für die Elektrolyse von Salzsäure

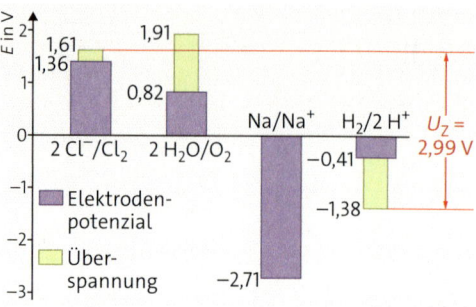

02 Elektrodenpotenziale und Überspannung bei der Elektrolyse von Natriumchloridlösung

TATSÄCHLICHE ZERSETZUNGSSPANNUNG Versucht man eine Salzsäurelösung mit einer Spannung von 1,36 Volt zu elektrolysieren, kann man keine merklichen Reaktionen an den Graphitelektroden beobachten, obwohl sich dieser Wert aus den Elektrodenpotenzialen der beteiligten Redoxpaare ergibt:

$$U_Z = E^0(2\,Cl^-/Cl_2) - E^0(H_2/2\,H^+) = 1{,}36\,V$$

Erst beim Anlegen einer Spannung von über 2 Volt ist eine Gasentwicklung an den Elektroden bemerkbar. Die **tatsächliche Zersetzungsspannung** ist deutlich größer als die aus den Elektrodenpotenzialen berechnete. Um sie zu ermitteln, wird die gemessene Stromstärke gegen die angelegte Spannung in einem Diagramm aufgetragen. Bei schrittweiser Erhöhung der Spannung ergibt sich ein Verlauf ähnlich wie in Bild ↑ 01. Zu Beginn ist nur eine geringe Stromstärke messbar, sodass auch keine Elektrolyse stattfindet. Erst ab einer bestimmten Spannung steigt die Stromstärke steil an. Verlängert man diesen Teil der Kurve zur x-Achse, kann man die tatsächlich benötigte Zersetzungsspannung grafisch ermitteln. Für die Elektrolyse von Salzsäure an Graphitelektroden ergibt sich ein Wert von etwa 2,1 Volt.

Ersetzt man die Graphitelektroden im Versuchsaufbau durch Platinelektroden, so sinkt die Zersetzungsspannung auf 1,4 Volt. Sie entspricht damit in etwa der aus den Elektrodenpotenzialen ermittelten *theoretischen Zersetzungsspannung*.
Ein Grund für eine höhere Zersetzungsspannung liegt darin, dass vor allem die Bildung von Gasen durch eine hohe Aktivierungsenergie gehemmt ist. Diese Hemmung ist stark vom Elektrodenmaterial abhängig und kann z. B. durch die Verwendung von Platinelektroden verringert werden.
Weitere Faktoren, die die Zersetzungsspannung beeinflussen können, sind die Temperatur, die Konzentration des Elektrolyten und die Beschaffenheit der Elektrodenoberfläche.

Theoretische Zersetzungsspannung (↑ S. 295)

ÜBERSPANNUNG Bei der Elektrolyse einer Natriumchloridlösung sind mehrere Elektrodenreaktionen denkbar:

Minuspol:

$Na^+(aq) + e^- \longrightarrow Na(s)$ $\quad E^0 = -2{,}71\,V$

$2\,H_2O(l) + 2\,e^- \longrightarrow H_2(g) + 2\,OH^-(aq)$
$\quad E = -0{,}41\,V\;(pH = 7)$

Pluspol:

$2\,Cl^-(aq) \longrightarrow Cl_2(g) + 2\,e^-$ $\quad E^0 = 1{,}36\,V$

$2\,H_2O(l) \longrightarrow O_2(g) + 4\,H^+(aq) + 4\,e^-$
$\quad E = 0{,}82\,V\;(pH = 7)$

Vergleicht man die Elektrodenpotenziale der jeweils möglichen Reaktionen an den Elektroden, so müsste am Minuspol Wasserstoff und am Pluspol Sauerstoff entstehen, da bei diesen Reaktionen der Betrag des Elektrodenpotenzials jeweils geringer ist. Tatsächlich kann man aber nur die Bildung von Wasserstoff beobachten. Am Pluspol entsteht stattdessen Chlor.

Die Bildung von Sauerstoff – aber auch von anderen Gasen – ist bei der Elektrolyse stark gehemmt. Die Hemmung führt zu einer sogenannten **Überspannung**, die die Beträge der Elektrodenpotenziale vergrößert. Sie ist bei Sauerstoff so groß, dass die Abscheidung von Chlor bevorzugt abläuft.

> Bei einer Elektrolyse läuft zuerst die Redoxreaktion ab, die die geringste Zersetzungsspannung erfordert. Die Zersetzungsspannung ergibt sich aus den Elektrodenpotenzialen und möglichen Überspannungen.

1⟩ Eine Kupfer(II)-chloridlösung wird elektrolysiert. Ermitteln Sie auch mithilfe von Bild ↑ 02 die tatsächliche Zersetzungsspannung und geben Sie die Elektrodenreaktionen an.
Hinweis: Metalle haben keine Überspannung.

Faraday-Gesetze

Elektrolysen haben eine große technische Bedeutung bei der Herstellung wichtiger Grundchemikalien. Jährlich werden auf diese Weise mehrere Millionen Tonnen an Chlor oder Aluminium produziert. Hierzu müssen die quantitativen Zusammenhänge zwischen der abgeschiedenen Masse eines Stoffs und der dazu notwendigen Ladungsmenge, dem „Stromverbrauch", bekannt sein.

FARADAY-GESETZE Schon um 1833/34 führte MICHAEL FARADAY quantitative Experimente zur Elektrolyse durch. Er untersuchte u. a. den Zusammenhang zwischen abgeschiedener Masse verschiedener Metalle und geflossener Ladungsmenge. Wiederholt man ähnliche Versuche, so kann man grundsätzlich feststellen, dass die abgeschiedene Masse m eines Stoffs an der Elektrode proportional zur geflossenen Ladungsmenge Q ist (**1. Faraday-Gesetz**, ↑ 03). Zur Abscheidung von 108 g Silber ist dabei die gleiche Ladungsmenge notwendig wie zur Abscheidung von 23 g Natrium. Beide Massen entsprechen einer Stoffmenge von 1 mol.

Um ein 1 mol Zink (m = 65 g) abzuscheiden, ist aber eine doppelt so große Ladungsmenge notwendig, für 1 mol Aluminium (m = 27 g) sogar eine dreimal so große Ladungsmenge (↑ 03). Daraus kann man folgern, dass die Ladungsmenge von der Ladungszahl des Metall-Ions abhängen muss (**2. Faraday-Gesetz**). Zur Berechnung der elektrolytischen Abscheidung einer beliebigen Masse eines Stoffs ergibt sich folgender Zusammenhang:

$$m(\text{Stoff}) = \frac{Q}{z \cdot F} \cdot M(\text{Stoff}) = \frac{I \cdot t}{z \cdot F} \cdot M(\text{Stoff})$$

Hierbei ist die Konstante F genau die Ladungsmenge, die notwendig ist, um 1 mol Silber abzuscheiden. Sie wird **Faraday-Konstante F** genannt.

$F = 96\,485\,\text{A} \cdot \text{s} \cdot \text{mol}^{-1}$

z ist eine dimensionslose Zahl. Sie entspricht der Anzahl der beteiligten Elektronen in der Reaktionsgleichung:

$Ag^+ + e^- \longrightarrow Ag$ $z = 1$
$Na^+ + e^- \longrightarrow Na$ $z = 1$
$Zn^{2+} + 2\,e^- \longrightarrow Zn$ $z = 2$
$Al^{3+} + 3\,e^- \longrightarrow Al$ $z = 3$

Wird die Elektrolyse mit konstanter Stromstärke I durchgeführt, ergibt sich die Ladungsmenge Q aus dem Produkt der Zeitdauer t der Elektrolyse und der gemessenen Stromstärke I:
$Q = I \cdot t$

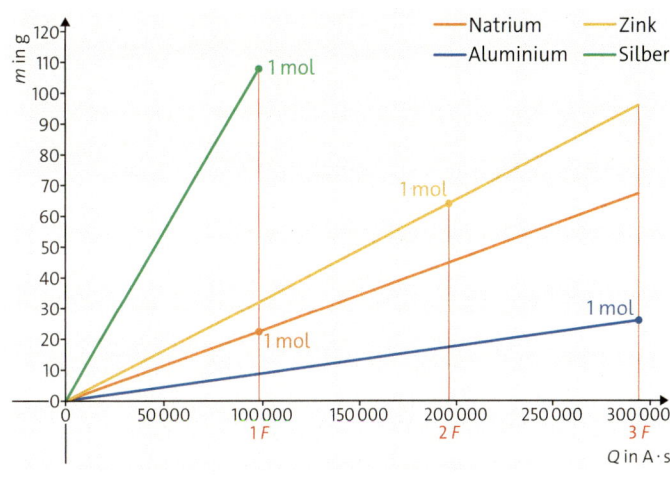

03 Abgeschiedene Massen verschiedener Metalle bei der Elektrolyse

---

Elektrolyse einer Lithiumchloridschmelze

Aufgabe: Berechnen Sie die Masse an abgeschiedenem Lithium und das Volumen an Chlor (unter Normbedingungen), die bei der Elektrolyse einer Lithiumchloridschmelze mit einer Stromstärke von 3 A innerhalb von 2 h entstehen.

Gegeben: $I = 3\,\text{A}$; $t = 2\,\text{h} = 7200\,\text{s}$; $F = 96\,485\,\text{A} \cdot \text{s} \cdot \text{mol}^{-1}$;
$M(\text{Li}) = 6{,}9\,\text{g} \cdot \text{mol}^{-1}$; $V_m = 22{,}4\,\text{L} \cdot \text{mol}^{-1}$

Gesucht: $m(\text{Li})$, $V(Cl_2)$

Lösung:
1. Aufstellen der Reaktionsgleichungen für Minus- und Pluspol:
Minuspol: $Li^+ + e^- \longrightarrow Li$ $z = 1$
Pluspol: $2\,Cl^- \longrightarrow Cl_2 + 2\,e^-$ $z = 2$

2. Berechnen von $m(\text{Li})$:

$$m(\text{Li}) = \frac{I \cdot t}{z \cdot F} \cdot M(\text{Li}) = \frac{3\,\text{A} \cdot 7200\,\text{s}}{1 \cdot 96\,485\,\text{A} \cdot \text{s} \cdot \text{mol}^{-1}} \cdot 6{,}9\,\text{g} \cdot \text{mol}^{-1} = 1{,}54\,\text{g}$$

3. Berechnen von $V(Cl_2)$:

$$V(Cl_2) = \frac{I \cdot t}{z \cdot F} \cdot V_m = \frac{3\,\text{A} \cdot 7200\,\text{s}}{2 \cdot 96\,485\,\text{A} \cdot \text{s} \cdot \text{mol}^{-1}} \cdot 22{,}4\,\text{L} \cdot \text{mol}^{-1} = 2{,}51\,\text{l}$$

Antwort: Bei der Elektrolyse einer Lithiumchloridschmelze mit einer Stromstärke von 3 A bilden sich in 2 h 1,54 g Lithium und 2,51 L Chlor.

---

1) Berechnen Sie die Masse an Silber, die in 3 min bei einer Stromstärke von 2,5 A an einer Kathode abgeschieden wird.

2) Eine Kupfer(II)-sulfatlösung wird mit einer Stromstärke von 1 A elektrolysiert.
a Berechnen Sie die Zeitdauer, um 150 g Kupfer an einer Elektrode abzuscheiden.
b Berechnen Sie die Stromstärke, um die gleiche Masse Kupfer in nur einer Stunde zu erzeugen.

8.11 Chloralkali-Elektrolyse

Chlor und Natronlauge sind zwei der wichtigsten Grundchemikalien der chemischen Industrie. Chlor wird z. B. bei der Herstellung von Kunststoffen – hauptsächlich PVC (Polyvinylchlorid) –, Arzneimitteln, Farbstoffen, Papier, Lösungsmitteln und Salzsäure eingesetzt. Natronlauge dient u. a. zur Herstellung von Seifen, als industrielles Reinigungsmittel und zur Neutralisation von Säuren.

Beide Stoffe werden fast ausschließlich durch Chloralkali-Elektrolyse aus einer Natriumchloridlösung gewonnen. Das Natriumchlorid steht als Steinsalz in großen Mengen in unterirdischen Lagerstätten zur Verfügung. Als Nebenprodukt fällt zudem Wasserstoff an, der z. B. in Brennstoffzellen zur Energiegewinnung genutzt werden kann.

Obwohl industriell verschiedene Verfahren der Chloralkali-Elektrolyse durchgeführt werden, sind grundsätzlich immer die folgenden chemischen Reaktionen bei der Elektrolyse möglich:

Minuspol (Kathode):

$Na^+ + e^- \longrightarrow Na \qquad E^0 = -2{,}71\ V$

$2\ H_2O + 2\ e^- \longrightarrow H_2 + 2\ OH^- \quad E = -0{,}41\ V\ (bei\ pH = 7)$

Pluspol (Anode):

$2\ Cl^- \longrightarrow Cl_2 + 2\ e^- \qquad E^0 = 1{,}36\ V$

$2\ H_2O \longrightarrow O_2 + 4\ H^+ + 4\ e^- \quad E = 0{,}82\ V\ (bei\ pH = 7)$

Aus den Elektrodenpotenzialen ist ersichtlich, dass sich am Minuspol Wasserstoff und am Pluspol Sauerstoff bilden müsste. Durch Verwendung von beschichteten Titananoden als Pluspol kann aber die Abscheidung von Sauerstoff sehr stark gehemmt werden, sodass am Pluspol hauptsächlich Chlor entsteht.

MEMBRANVERFAHREN Beim Membranverfahren sind Anode (Pluspol) und Kathode (Minuspol) durch eine spezielle Membran voneinander getrennt, sodass sich die beiden Lösungen nicht miteinander vermischen können (↑ 01). Die Membran ist aus dem Kunststoff Polytetrafluorethen (PTFE) aufgebaut. Durch Poren, die mit negativ geladenen Sulfonatgruppen $-SO_3^-$ besetzt sind, können nur die positiv geladenen Natrium-Ionen Na^+ von einem Elektrodenraum in den anderen gelangen. Für negativ geladene Ionen ist sie dagegen undurchlässig.

Die Anode aus Titan ist von einer gesättigten Natriumchloridlösung umgeben, an der sich Chlor bildet. Die Kathode aus Nickel oder Edelstahl wird von einer verdünnten Natronlauge (NaOH-Lösung) umspült. Durch die bei der Bildung von Wasserstoff entstehenden OH^--Ionen erhöht sich deren Konzentration in der Lösung. Na^+-Ionen aus der Kochsalzlösung wandern durch die Membran zum Ladungsausgleich ein. Die so gewonnene Natronlauge ist hoch konzentriert, sehr rein und kann direkt weiterverarbeitet werden, da die negativ geladenen Chlorid-Ionen Cl^- nicht durch die Membran wandern können.

In Deutschland werden rund 58 % des Chlors mithilfe des Membranverfahrens erzeugt.

DIAPHRAGMAVERFAHREN Das Diaphragmaverfahren kann als Vorläufer des Membranverfahrens angesehen werden. Mit etwa 24 % hat es aber immer noch einen großen Anteil an der Chloralkali-Elektrolyse in Deutschland. Statt der speziellen Membran sind Kathode und Anode nur durch ein Diaphragma getrennt, das auch für negativ geladene Ionen durchlässig ist. Die so gewonnene Natronlauge enthält deshalb noch Cl^--Ionen. Um das Diffundieren von OH^--Ionen in den Anodenraum zu verhindern, wird die Kochsalzlösung durch das Diaphragma gepresst (↑ 02).

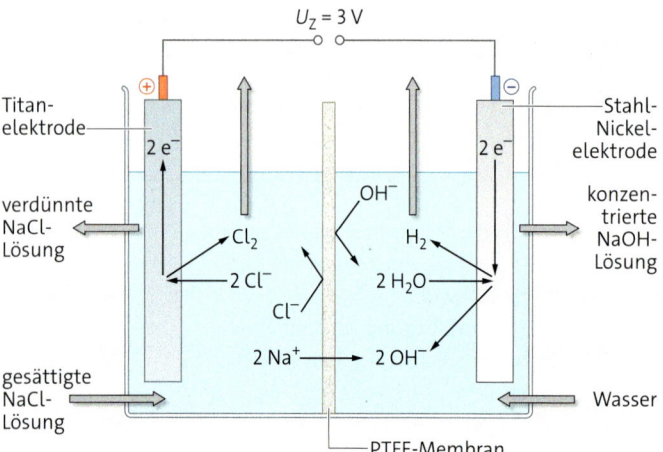

01 Membranverfahren (Schema)

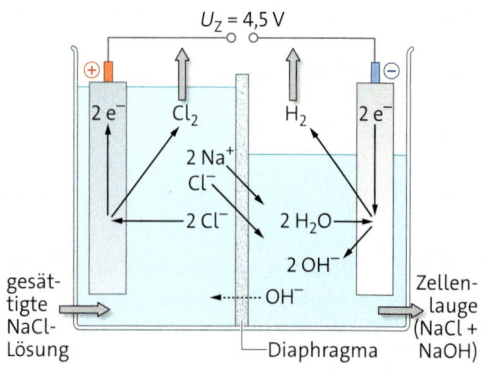

02 Diaphragmaverfahren (Schema)

AMALGAMVERFAHREN Ein drittes Verfahren, das auf der Chloralkali-Elektrolyse beruht, ist das Amalgamverfahren. Aufgrund des Einsatzes von hochgiftigem Quecksilber findet aber der Bau neuer Anlagen in der EU und in anderen Ländern nicht mehr statt. Lag zu Beginn des Jahrtausends der Anteil des Amalgamverfahrens noch bei 60 %, ist er durch die Modernisierung vieler Anlagen auf das Membranverfahren auf heute unter 20 % gesunken.
Beim Amalgamverfahren sind Kathode und Anode nicht räumlich voneinander getrennt. Titananoden tauchen in eine konzentrierte Natriumchloridlösung. Als Kathode dient eine dünne Schicht flüssiges Quecksilber, das durch Neigung der Elektrolysezelle über den Boden fließt (↑ **03**).

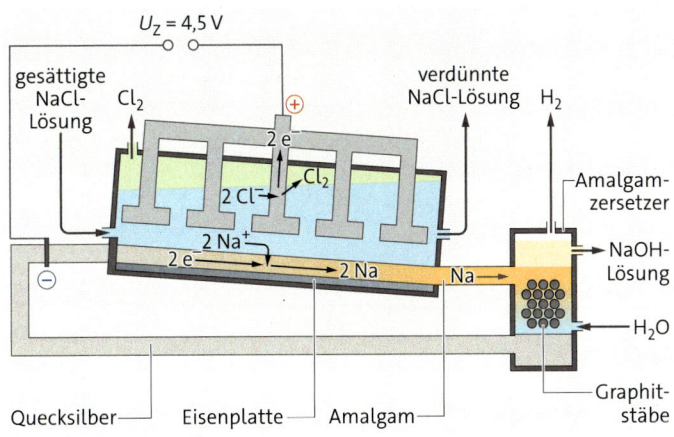

03 Amalgamverfahren (Schema)

Durch die Verwendung von Quecksilber bildet sich an der Kathode Natrium und kein Wasserstoff. Dies liegt zum einen daran, dass die Abscheidung von Wasserstoff an Quecksilber stark gehemmt ist. Außerdem bildet das Natrium mit dem Quecksilber eine Legierung, das **Amalgam**, und kann so aus der Elektrolysezelle abgeführt werden.
Erst in einem weiteren Schritt reagiert das Natrium mit Wasser im Amalgamzersetzer zu Natronlauge und Wasserstoff. Das Quecksilber kann so in einem geschlossenen Kreislauf wieder eingesetzt werden.

VERFAHREN IM VERGLEICH Weltweit werden über 50 Millionen Tonnen Chlor im Jahr produziert. Unabhängig vom Verfahren ist die Chloralkali-Elektrolyse sehr energieintensiv. In Deutschland können mit den drei gängigen Verfahren jährlich etwa 5 Millionen Tonnen Chlor erzeugt werden. Nimmt man einen durchschnittlichen Energiebedarf von 2700 kWh pro Tonne an, so müssen für die Gesamterzeugung rund 13,5 Milliarden kWh elektrische Energie aufgewandt werden. Zum Vergleich: 2015 bezogen alle 40 Millionen privaten Haushalte in Deutschland 132 Milliarden kWh elektrische Energie.

Aus diesem Grund wird bei der Modernisierung von Anlagen und bei Neubau fast ausschließlich das weniger energieintensive Membranverfahren realisiert. Ein weiterer Vorteil: Beim Membranverfahren werden keine umweltgiftigen Stoffe wie Quecksilber oder Asbest verwendet, deren Emissionen gesetzlich stark begrenzt sind. Ein großer Nachteil des Membranverfahrens ist allerdings die aufwendige Reinigung der Kochsalzlösung. Schon Spuren anderer Kationen wie Magnesium- oder Calcium-Ionen führen zur irreparablen Beschädigung der teuren PTFE-Membran.

	Membranverfahren	Diaphragmaverfahren	Amalgamverfahren
Anode	speziell beschichtetes Titan		
Kathode	Nickel oder Edelstahl	Nickel oder Edelstahl	flüssiges Quecksilber
Trennung von Anode und Kathode	ionenselektive PTFE-Membran	Diaphragma aus Asbest oder Teflon	keine Trennung erforderlich
Energiebedarf pro Tonne Chlor	2500 bis 2700 kWh	2800 bis 3000 kWh	3300 bis 3600 kWh
Reinheit des Chlors	bis zu 2 % Sauerstoff	bis zu 2 % Sauerstoff	<0,3 % Sauerstoff
Natronlauge	30- bis 33%ig, praktisch rein	10- bis 12%ig, ca. 1 % NaCl	ca. 50%ig, praktisch rein
Vorteile	sauber, energiesparend	günstig	konz. NaOH, reines Cl_2
Nachteile	aufwendige Reinigung der NaCl-Lösung, teure Membran	umweltgiftiges Asbest, Nachbehandlung der Natronlauge nötig	umweltgiftiges Quecksilber, hoher Energiebedarf

04 Vergleich der Verfahren der Chloralkali-Elektrolyse

1) In einer Fabrik wird Chlor mithilfe des Membranverfahrens hergestellt.
Berechnen Sie die Masse an Natriumchlorid, die benötigt wird, um 1 Tonne Chlor herzustellen. Berechnen Sie auch, welches Volumen einer 30%igen Natronlauge dabei erzeugt werden kann.
Hinweis: Die Dichte einer 30%igen Natronlauge beträgt 1,33 g/mL.

2) Diskutieren Sie die ökonomischen und ökologischen Vor- und Nachteile der Verfahren der Chloralkali-Elektrolyse.

8.12 Korrosion

01 Rostige Brücke im Hamburger Hafen (Speicherstadt)

ROSTEN – KORROSION Rost begegnet uns überall im Alltag. Das neue Fahrrad behält nicht lange seinen metallischen Glanz. Schon ein- oder zweimal im Regen stehen gelassen, überziehen sich unlackierte Stellen mit rotbraunen Flecken – der Stahl rostet. Auch die Oberfläche einer Bahnbrücke aus Stahl oder Eisen überzieht sich mit der Zeit mit einer Rostschicht (↑ 01). Der Vorgang kann sich so lange fortsetzen, bis das Metall vollständig zerstört ist.
Nicht nur Eisen verändert sich durch Umwelteinflüsse: Auf einem neuen rot glänzenden Kupferdach bildet sich mit der Zeit eine mattgrünliche Schicht, die Patina genannt wird. Im Gegensatz zu Rost hat sie sogar eine Schutzfunktion, da sie das Kupferblech darunter vor weiterer Veränderung bewahrt. Auch Skulpturen aus Bronze, einer Kupfer-Zinn-Legierung, sehen matt und schwarz aus. Nur Stellen, die z. B. aus Aberglauben häufig berührt oder gerieben werden, glänzen golden (↑ 02).
Jede Veränderung von metallischen Werkstoffen durch Umwelteinflüsse wie das Rosten und die Bildung einer Patina werden als **Korrosion** (lat. *corrodere:* zernagen, zerfressen) bezeichnet.

02 Glücksbringer?!

LOKALELEMENT Tauchen ein Kupferstab und ein Zinkstab isoliert voneinander in ein Gefäß mit verdünnter Salzsäure, so tritt nur am Zinkstab eine Gasentwicklung von Wasserstoff auf (↑ 03**A**; ↑ Exp. 8.16, S. 302).

Die Protonen der sauren Lösung oxidieren das Zink, indem sie Elektronen der Zink-Atome aufnehmen, und werden selbst zu Wasserstoff-Atomen reduziert. Die Zink-Atome gehen als Zink-Ionen in Lösung:

Anode: $Zn(s) \longrightarrow Zn^{2+}(aq) + 2\,e^-$ (Oxidation)
Kathode: $2\,H^+(aq) + 2\,e^- \longrightarrow H_2(g)$ (Reduktion)

Am Kupfer passiert zunächst nichts. Sobald sich aber die beiden Metallstäbe berühren, ist die Gasentwicklung am Kupferstab zu erkennen, während sie am Zinkstab zurückgeht (↑ 03**B**). Es hat sich ein **Lokalelement** zwischen Zink als Anode und Kupfer als Kathode gebildet. Bei dieser *kurzgeschlossenen galvanischen* Zelle geben Zink-Atome unter Bildung von Zink-Ionen Elektronen an das Kupfer ab (↑ 03**C**). Weil am Kupfer eine im Vergleich zum Zink weniger stark ausgeprägte elektrochemische Doppelschicht vorliegt, reduzieren die Elektronen dort bevorzugt Protonen zu Wasserstoff-Molekülen. Kupfer nimmt also lediglich die Rolle eines Elektronenüberträgers ein.
Lokalelemente können selbst aus kleinsten Partikeln edlerer Metalle entstehen, die z. B. im Stahl oder Eisen eingeschlossen sind. Kommen sie mit Feuchtigkeit in Kontakt, beginnt das Eisen an dieser Stelle zu korrodieren. Da das edle Metall bei dieser **Kontaktkorrosion** nicht aufgelöst wird, kann es das Werkstück großflächig zerstören. Das edlere Metall wirkt wie ein *Katalysator*, der die Korrosion beschleunigt.

Katalysatoren sind Stoffe, die die Aktivierungsenergie einer Reaktion herabsetzen und sie dadurch beschleunigen. Sie gehen unverändert aus der Reaktion hervor (↑ S. 56 f.).

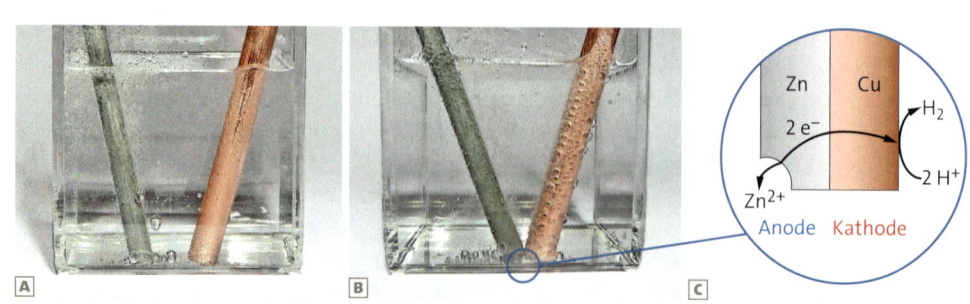

03 **A** Kupfer- und Zinkstab tauchen in verdünnte Salzsäure. **B** Die Stäbe berühren sich. **C** Modelldarstellung

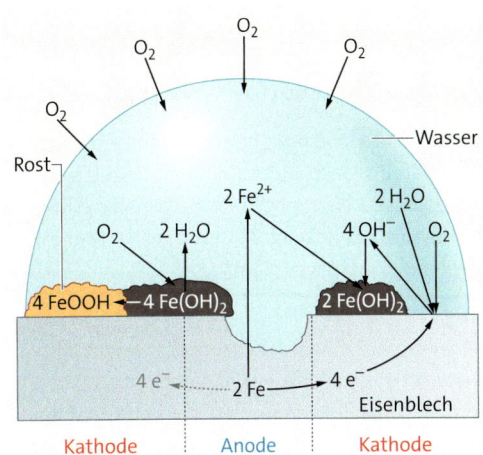

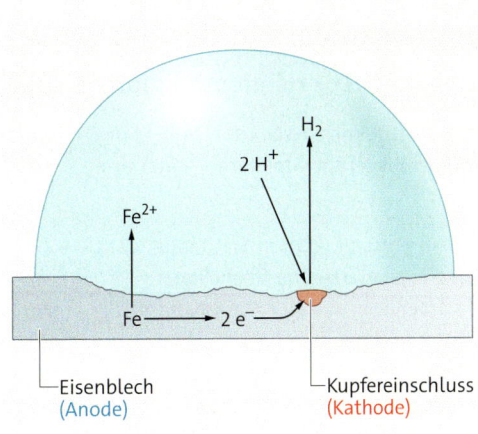

04 Sauerstoffkorrosion von Eisen (Schema)

05 Säurekorrosion an einem Lokalelement (Schema)

SAUERSTOFFKORROSION VON EISEN Untersucht man die Korrosion von Eisennägeln systematisch, stellt man fest, dass sowohl Wasser als auch der Sauerstoff der Luft am Rostvorgang von Eisen beteiligt sind (↑ Exp. 8.17, 8.18, S. 302).

Ist die Oberfläche von Eisen an einer Stelle mit Feuchtigkeit oder Wasser benetzt, führt der im Wasser gelöste Sauerstoff zu einer elektrochemischen Reaktion. Eisen-Atome an der Oberfläche lösen sich als Eisen(II)-Ionen Fe^{2+} im Wasser und lassen Elektronen auf der Oberfläche zurück. Gleichzeitig nehmen Sauerstoff- und Wasser-Moleküle diese Elektronen auf und reagieren zu Hydroxid-Ionen OH^-. Durch die Reaktion sinkt die Konzentration der Sauerstoff-Moleküle im Wasser – an der Grenzfläche zur Luft allerdings nicht so stark, da hier Sauerstoff-Moleküle aus der Luft nachdiffundieren können. Es entsteht eine kurzgeschlossene Konzentrationszelle (↑ 04). Diese Vorgänge werden auch als **Sauerstoffkorrosion** bezeichnet.

Anode: $Fe \longrightarrow Fe^{2+} + 2\,e^-$ (Oxidation)
Kathode: $O_2 + 2\,H_2O + 4\,e^- \longrightarrow 4\,OH^-$ (Reduktion)

Gesamtreaktion: $2\,Fe + O_2 + 2\,H_2O \longrightarrow 2\,Fe^{2+} + 4\,OH^-$

Die Fe^{2+}- und OH^--Ionen reagieren zum schwerlöslichen Eisen(II)-hydroxid $Fe(OH)_2$. In einer Folgereaktion bildet sich daraus Eisen(III)-oxidhydroxid $FeOOH$, das sich auf der Metalloberfläche als Rost absetzt.

$Fe^{2+} + 2\,OH^- \longrightarrow Fe(OH)_2$
$4\,Fe(OH)_2 + O_2 \longrightarrow 4\,FeOOH + 2\,H_2O$

Der Rost ist blättrig, porös und löst sich leicht von der Oberfläche. Das darunterliegende Eisen ist nicht vor weiterer Korrosion geschützt, sodass mit der Zeit das komplette Metall reagieren kann.

SÄUREKORROSION VON EISEN Auch durch saure Lösungen wird Eisen korrodiert. An der Oberfläche eines Eisennagels, der in Salzsäure getaucht wird, bilden sich Gasblasen. Es ist bekannt, dass unedle Metalle von Oxonium-Ionen (vereinfacht: H^+) angegriffen werden. Bei der **Säurekorrosion** werden in einer Redoxreaktion Fe-Atome zu Fe^{2+}-Ionen oxidiert und H^+-Ionen zu H_2-Molekülen reduziert.

Umwickelt man den Eisennagel im Versuch an einer Stelle mit einem Kupferdraht, bildet sich der Wasserstoff nur am Kupfer, und die Gasentwicklung ist viel stärker. Eisennagel und Kupferdraht bilden mit der sauren Lösung eine galvanische Zelle, die durch den direkten Kontakt der Metalle kurzgeschlossen ist. Das edlere Kupfer bildet die Kathode, an der die Reduktion der H^+-Ionen ungestört ablaufen kann (↑ 05).

Anode: $Fe \longrightarrow Fe^{2+} + 2\,e^-$ (Oxidation)
Kathode: $2\,H^+ + 2\,e^- \longrightarrow H_2$ (Reduktion)

Gesamtreaktion: $Fe + 2\,H^+ \longrightarrow Fe^{2+} + H_2$

> Korrosion ist die Zerstörung eines Metalls durch elektrochemische Reaktionen mit Sauerstoff oder sauren Lösungen. Die Bildung von Lokalelementen mit edleren Metallen beschleunigt die Korrosion.

1⟩ Erklären Sie, warum sich bei der Kontaktkorrosion die Metalle berühren müssen, obwohl sie doch über die Lösung leitend verbunden sind.
2⟩ Erläutern Sie anhand einer Skizze, warum die Bildung von Lokalelementen auch die Sauerstoffkorrosion beschleunigt.
3⟩ Erläutern Sie, warum Gegenstände aus Eisen in Meeresnähe schnell Rost ansetzen (↑ 01).

Praktikum

Korrosion und Korrosionsschutz

EXP 8.16 Korrosion durch Lokalelementbildung

Materialien Becherglas (100 mL), zwei Kabel mit Klemmen, Zinkstab, Strommessgerät, Kupferstab, Salzsäure ($c = 0{,}1\ \text{mol} \cdot \text{L}^{-1}$)

Durchführung *Vor dem Versuch:* Achten Sie darauf, dass der Zinkstab eine möglichst glatte Oberfläche hat.
a) Stellen Sie den Kupferstab und den Zinkstab isoliert voneinander in die Salzsäurelösung.
b) Bringen Sie den Kupferstab mit dem Zinkstab in der Salzsäurelösung in Kontakt.
c) Stellen Sie den Kupferstab und den Zinkstab isoliert voneinander in die Salzsäurelösung und verbinden Sie beide Stäbe elektrisch leitend mit dem Kabel und dem Strommessgerät.

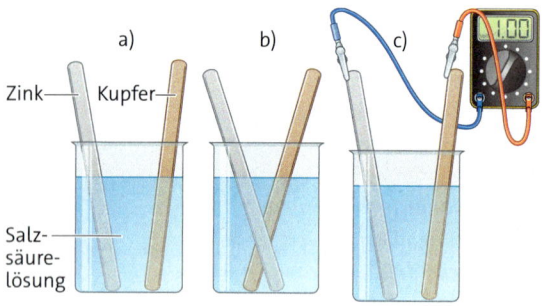

Entsorgung: Lösungen ins Abwasser, Metallstäbe in die Sammlung geben.

Auswertung Deuten Sie die Beobachtungen der Teilversuche **a** bis **c**.

EXP 8.17 Untersuchen der Korrosion von Eisen

Materialien Becherglas, Sandpapier, 4 Reagenzgläser, Wasser, verdünnte Salzsäure (5, 7), 4 Eisennägel

Durchführung Schmirgeln Sie die Eisennägel mit dem Sandpapier ab, bis diese glänzen. Geben Sie je einen Nagel in ein Reagenzglas, das Sie jeweils füllen: mit Wasser, mit Wasser, das Sie zuvor gekocht haben, sowie mit verdünnter Salzsäure. In ein Reagenzglas geben Sie nur einen Nagel. Verschließen Sie die Reagenzgläser mit einem Stopfen. Lassen Sie den Versuchsaufbau für ein bis zwei Tage stehen und notieren Sie regelmäßig Ihre Beobachtungen.
Entsorgung: Lösungen in das Abwasser, Nägel in den Hausmüll geben.

Auswertung Erläutern Sie den Unterschied zwischen dem gekochten und dem nichtgekochten Wasser. Deuten Sie das unterschiedliche Aussehen der Nägel.

EXP 8.18 Korrosion und Korrosionsschutz

Materialien Becherglas (250 mL), Brenner, Drahtnetz, Dreifuß, Glasstab, Spatel, Waage, 4 Petrischalen, Tiegelzange, Agar, destilliertes Wasser, Natriumchlorid, Kaliumhexacyanoferrat(III), Thymolphthaleinlösung, 4 Eisennägel ($l = 50\ \text{mm}$), Kupferdraht (blank), Zinkblech (blank)

Durchführung
a) Stellen Sie aus etwa 2 g Agar, 100 mL destilliertem Wasser, einem Spatel Natriumchlorid, einer Spatelspitze Kaliumhexacyanoferrat(III) und einigen Tropfen Thymolphthaleinlösung unter Erwärmen und ständigem Rühren eine klare Agarlösung her.
b) Gießen Sie die noch heiße Agarlösung in Petrischalen, in denen sich je einer der folgenden Gegenstände befindet:
– ein unbehandelter Eisennagel
– ein Eisennagel, dessen vordere Hälfte in der Brennerflamme oxidiert wurde
– ein Eisennagel, der in der Mitte fest mit einem blanken Kupferdraht umwickelt ist
– ein Eisennagel, der in der Mitte mit einem blanken Zinkblech umwickelt ist
c) Lassen Sie die Petrischalen bis zum Festwerden der Agarlösung stehen.

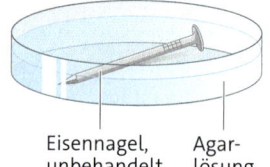 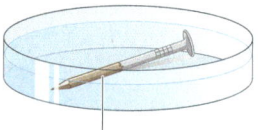

Eisennagel, unbehandelt — Agarlösung | in der Brennerflamme oxidiert

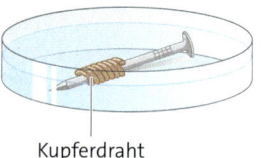 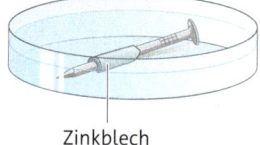

Kupferdraht | Zinkblech

Entsorgung: Agar in den Hausmüll geben, Feststoffe einsammeln.

Auswertung
1) Beschreiben Sie Ihre Beobachtungen.
2) Erklären Sie Ursachen der rötlichen und der dunkelblauen Färbung.
   Hinweis: Eisen(II)-Ionen bilden mit Hexacyanoferrat(III)-Ionen einen tiefblauen Komplex (Turnbulls Blau, $Fe_4[Fe(CN)_6]_3$).
3) Erläutern Sie korrosionsfördernde und korrosionshemmende Maßnahmen am Eisennagel.

Aluminium und das Eloxalverfahren

01 Aluminium im Alltag

03 Die Fassade des Selfridges-Einkaufszentrums in Birmingham ist mit 15 000 Aluminiumscheiben verkleidet.

BEDEUTUNG VON ALUMINIUM Aluminium ist vor allem als Verpackungsmaterial kaum wegzudenken (↑ 01). Das ist aber bei Weitem nicht die einzige Einsatzmöglichkeit. Mit einer Jahresproduktion von etwa 45 Millionen Tonnen ist es nach Eisen mit etwa 1000 Millionen Tonnen pro Jahr das zweitwichtigste Gebrauchsmetall. Aufgrund seiner geringen Dichte von 2,7 g · cm^{-3} wird es überall dort eingesetzt, wo es auf eine geringe Masse ankommt: Bei der Konstruktion von Fahrzeugen, Flugzeugen und Schienenfahrzeugen kann durch die Verwendung von Aluminium Treibstoff gespart werden. Flugzeuge bestehen zu mehr als der Hälfte aus Aluminium. Das gleiche Flugzeug aus Stahl würde deutlich mehr wiegen. Auch im Automobilbau kommt es immer häufiger zum Einsatz. In einem modernen Pkw sind über 150 kg Aluminium verbaut, sogar Motoren bestehen aus dem Metall. Aluminium ist zudem sehr korrosionsbeständig, da es auf seiner Oberfläche eine dünne, undurchlässige Oxidschicht bildet, die das Metall schützt.

ELOXALVERFAHREN Aluminium ist mit seinem negativen Standardpotenzial von $E^0 = -1,66$ V ein sehr unedles Metall. Korrosion durch Sauerstoff oder schwach saure Lösungen findet trotzdem nicht statt. Das liegt an einer fest haftenden, undurchlässigen Schicht aus Aluminiumoxid Al_2O_3, die sich auf der Oberfläche bildet. Natürlicherweise ist diese Schicht etwa 0,05 µm dick (1 µm = 1/1000 mm).

Beim **Eloxalverfahren**, einer **el**ektrolytischen **Ox**idation von **Al**uminium, wird die Schicht technisch verstärkt. Hierzu wird das Werkstück aus Aluminium in verdünnte Schwefelsäurelösung getaucht und als Anode geschaltet (↑ 02). Die Kathode besteht aus Aluminium, Kohle oder Blei. Legt man eine Gleichspannung an, so werden die H$^+$-Ionen der Säure unter Elektronenaufnahme zu Wasserstoff-Molekülen reduziert. Am Aluminiumwerkstück oxidieren Aluminium-Atome zu Al^{3+}-Ionen, die mit Wasser-Molekülen aus der Lösung zu Aluminiumoxid weiterreagieren. Durch das Eloxieren erreicht man Schichtdicken von bis zu 25 µm. Poren in der Oxidschicht ermöglichen das Einlagern von Farbstoffen zum Einfärben des Metalls. Durch Behandlung mit Wasserdampf werden anschließend die Poren dauerhaft verschlossen. Eloxiertes Aluminium wird z. B. zur Fertigung von Gehäusen für hochwertige Elektronikgeräte oder für Fassadenelemente im Bau verwendet (↑ 03).

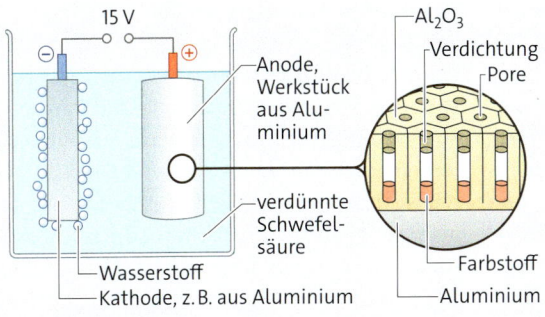

02 Eloxalverfahren

1) Formulieren Sie die Reaktionsgleichungen für die Vorgänge an Kathode und Anode sowie eine Gesamtgleichung für das Eloxalverfahren.
2) Planen Sie einen Versuch zum Eloxalverfahren.
3) Erläutern Sie die folgende Abbildung:

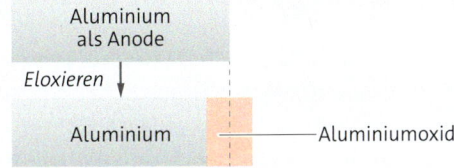

4) Das Eloxalverfahren verbessert die Beständigkeit von Aluminium. Erklären Sie, warum sich dieses Verfahren nicht zum Korrosionsschutz von Eisen eignet.

8.13 Korrosionsschutz

01 Feuerverzinkung einer Autokarosserie

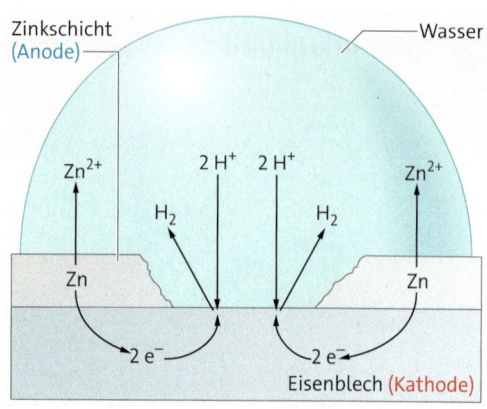

02 Kontaktkorrosion bei verzinktem Eisen

SCHÄDEN DURCH KORROSION Korrosionsschäden verursachen jährlich Kosten in Milliardenhöhe. Man schätzt, dass Industrieländer etwa 3 bis 4 % ihres Bruttoinlandsprodukts für die Beseitigung von Korrosionsschäden aufwenden müssen. Das sind allein in Deutschland etwa 100 Milliarden Euro jährlich. Zum Vergleich: 2016 umfassten die Ausgaben des Bundes etwa 300 Milliarden Euro. Effektive Maßnahmen zum Schutz vor Korrosion haben deshalb eine große wirtschaftliche Bedeutung.

SCHUTZ DURCH PASSIVIERUNG Im Gegensatz zu Eisen bilden viele andere unedle Metalle auf ihrer Oberfläche eine fest haftende, undurchlässige Oxidschicht. So sind Werkstoffe aus Aluminium, Titan, Chrom oder Zink durch diese Schicht vor weiterer Korrosion geschützt. Bei Gegenständen aus Aluminium wird diese **Passivierung** durch technische Verfahren künstlich verstärkt (↑ Eloxalverfahren, S. 303). Auch die Bildung einer Patina wie bei Kupfer oder Bronze stellt eine wirksame Passivierung des Metalls dar.

Bei Eisen funktioniert diese Form des Korrosionsschutzes nicht, da die gebildete Rostschicht porös und schlecht haftend ist. Durch Legieren mit bestimmten Metallen wie Chrom und Nickel beim Nirosta-Stahl kann aber auch hier eine gewisse Passivierung erfolgen, die vor weiterer Oxidation schützt.

SCHUTZ DURCH ÜBERZÜGE AUS METALLEN Die passivierenden Eigenschaften einiger unedler Metalle nutzt man, um auch Eisen vor Korrosion zu schützen. Beim Feuerverzinken wird das Werkstück, z. B. eine Autokarosserie, in eine 450 °C heiße Zinkschmelze getaucht und vollständig mit einer etwa 0,1 mm dicken Zinkschicht überzogen (↑ 01). Die Schicht verhindert so den Kontakt von Wasser und Sauerstoff mit dem Eisen.

Aber selbst wenn die Zinkschicht beschädigt wird, bietet sie einen aktiven Schutz vor Korrosion. An der beschädigten Stelle entsteht ein *Lokalelement*, bei dem das edlere Eisen die Kathode bildet. Die Zinkschicht löst sich zwar weiter auf, aber das darunterliegende Eisen wird nicht angegriffen (↑ 02).

Metallische Überzüge werden auch elektrolytisch erzeugt. Bei diesem **Galvanotechnik** genannten Verfahren wird das Werkstück als Kathode geschaltet. Als Anode dient das Metall, mit dem der Gegenstand überzogen werden soll. Beide werden in eine Salzlösung getaucht, die Metall-Ionen der Anode enthält. Durch Anlegen einer Spannung scheidet sich auf dem Werkstück der metallische Überzug ab, während sich die Anode langsam auflöst. Beispiel dafür ist das *Verchromen* von Eisenwerkstücken.

Auf diese Weise lassen sich auch Überzüge aus edleren Metallen wie Kupfer, Silber und Gold erzeugen, die den Gegenstand nicht nur schützen, sondern auch wertvoller erscheinen lassen.

Konservendosen sind häufig aus Weißblech. So bezeichnet man dünne Stahlbleche mit einem Zinnüberzug. Zinn ist edler als Eisen. Im Gegensatz zu Zink wird es von sauren Lösungen nicht angegriffen, sodass Dosen aus Weißblech zur Aufbewahrung von Lebensmitteln gut geeignet sind.

SCHUTZ DURCH ANDERE ÜBERZÜGE Schrauben und andere Teile aus Metall werden häufig eingeölt. So wird der Zutritt von Feuchtigkeit unterbunden. Farbiger Lack oder ein Überzug mit Kunststoff versiegelt nicht nur die Oberfläche des Metalls, sondern dient auch ästhetischen Zwecken. Ein besonders harter und beständiger Schutz ist Email. Der glasartige Überzug kann durch Pigmente angefärbt werden und wird z. B. bei Küchenutensilien angewandt.

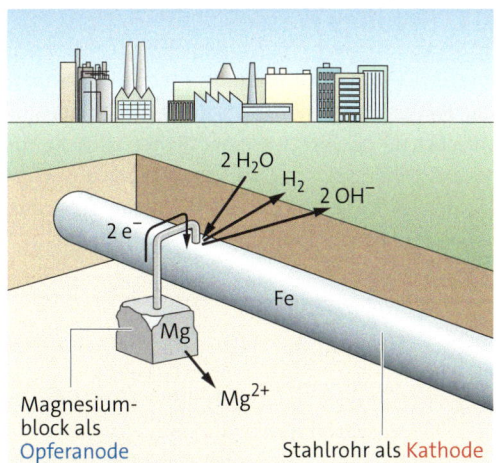

03 Kathodischer Korrosionsschutz: Opferanode

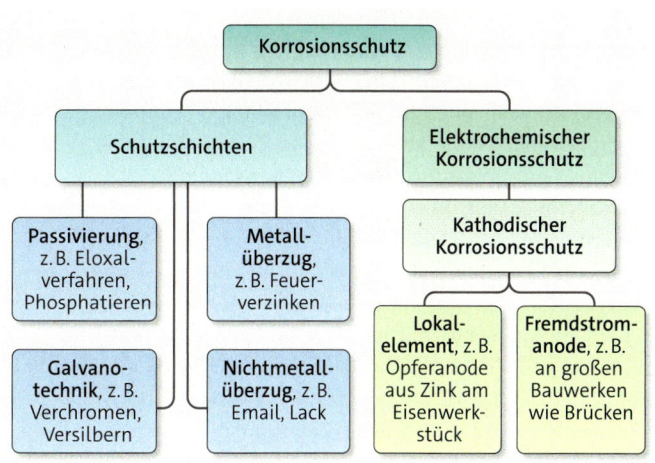

05 Verfahren des Korrosionsschutzes

KATHODISCHER KORROSIONSSCHUTZ Metallische Gegenstände, die ständig in Kontakt mit Wasser oder Feuchtigkeit stehen, müssen besonders vor Korrosion geschützt sein. Auf dem Rumpf von Schiffen werden hierzu Zinkplatten angebracht (↑ 04). Im Wasser bilden sie mit dem Eisen des Rumpfs ein Lokalelement. Da Zink ein geringeres Elektrodenpotenzial als Eisen hat, bildet es die Anode, an der die Oxidation von Zink-Atomen zu Zink-Ionen stattfindet. Am Eisen finden hingegen Reduktionsvorgänge statt, bei denen das Metall unverändert bleibt. Mit der Zeit lösen sich die Zinkplatten auf – sie werden geopfert, weshalb man sie auch **Opferanoden** nennt. Metallrohre im Boden werden häufig mit Opferanoden aus Magnesium verbunden (↑ 03).
Eine besonders wirksame Form des kathodischen Korrosionsschutzes ist die Verwendung von *Fremdstromanoden*. Hierbei wird an das Stahlgerüst von Stahlbetonbauten wie Brücken eine elektrische Spannung angelegt. Sie ist so gepolt, dass ein Stromfluss die Oxidation des Eisens verhindert. Der Vorteil ist, dass die verwendeten Anoden dabei nicht verbraucht und nicht ausgetauscht werden müssen.

Um auf einem Eisenwerkstück eine Passivierungsschicht aufzubringen, nutzt man das Verfahren des Phosphatierens. Dabei werden die Werkstücke in eine Lösung, die Phosphorsäure und Zinkphosphat enthält, eingetaucht. Durch chemische Reaktion befindet sich anschließend auf dem Eisen eine fest haftende Eisenphosphatschicht von bis zu 1 Mikrometer Schichtdicke. Sie gewährleistet zwar keinen dauerhaften Korrosionsschutz, allerdings haftet die Phosphatschicht sehr gut auf dem Untergrund und erlaubt durch die mikroporöse Schichtstruktur eine gute Verankerung für nachfolgende Beschichtungen, z. B. Lacküberzüge.

> Durch Überzüge kann Eisen vor Korrosion geschützt werden. Sie verhindern den Kontakt der Oberfläche mit Feuchtigkeit und dem Sauerstoff der Luft. Opferanoden aus unedlen Metallen bieten einen aktiven Korrosionsschutz.

1⟩ Erläutern Sie die chemischen Vorgänge, nachdem die Zinnschicht des Weißblechs einer Sauerkrautkonservendose verletzt wurde.
2⟩ Erklären Sie, warum in stählernen Heizkesseln zur Warmwasserbereitung Magnesiumstäbe eingebracht werden.
3⟩ Durch Galvanotechnik lassen sich auch Gegenstände aus Kunststoff verchromen. Erläutern Sie, warum diese vorher mit einem Metalllack z. B. aus Nickel behandelt werden.
4⟩ Recherchieren Sie die chemischen Reaktionen, die beim Phosphatieren ablaufen. Erläutern Sie das Verfahren.
5⟩ Diskutieren Sie die verschiedenen Arten des Korrosionsschutzes unter ökonomischen und ökologischen Gesichtspunkten.

04 Opferanoden aus Zink an einem Schiffsrumpf

Klausurtraining

Material K Kupferraffination

Großtechnisch wird Kupfer durch Redoxreaktion aus Kupfersulfiderzen gewonnen. Es enthält noch bis zu 2 % Verunreinigungen von anderen Metallen, wie Eisen, Zink, Nickel, Silber, Platin und Gold, und wird als Rohkupfer bezeichnet.

Bei der anschließenden elektrolytischen Kupferraffination wird der Kupferanteil auf 99,98 % erhöht. Hierzu werden Metallplatten aus Rohkupfer gefertigt, die als Anoden verwendet werden. Zusammen mit Platten aus hochreinem Kupfer, die als Kathode fungieren, tauchen sie in eine saure Kupfer(II)-sulfatlösung. Bei einer Spannung von etwa 0,3 V und einer Stromstärke von 100 A lösen sich die Anodenplatten langsam auf und es scheidet sich hochreines Kupfer auf den Kathodenplatten ab. Unter den Anoden lagert sich Anodenschlamm ab, der aus den Edelmetallen Silber, Platin und Gold besteht.

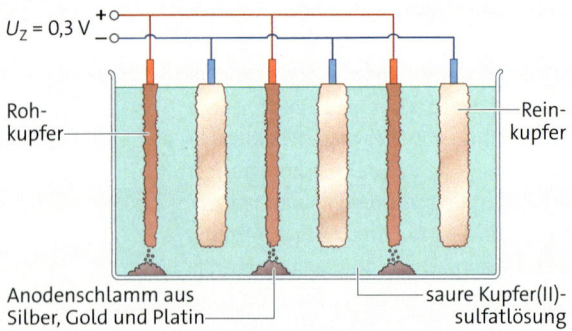

K1.1 Kupferraffination (Schema)

Redoxpaar	Standard-potenzial E^0	Redoxpaar	Standard-potenzial E^0
Au/Au^{3+}	1,50 V	H$_2$/2 H$^+$	0 V
Pt/Pt^{2+}	1,19 V	Zn/Zn^{2+}	–0,76 V
Ag/Ag$^+$	0,80 V	Fe/Fe^{2+}	–0,41 V
Cu/Cu^{2+}	0,35 V	Ni/Ni^{2+}	–0,23 V

K1.2 Standardpotenziale einiger Redoxpaare

AUFGABEN ZU K

1) **a** Berechnen Sie die theoretische Zersetzungsspannung der Elektrolysezelle der Kupferraffination (↑ K1.1, K1.2).
   b Erläutern Sie, warum tatsächlich mit 0,3 V elektrolysiert wird.
2) Formulieren Sie die Reaktionsgleichungen für die Vorgänge an den Elektroden (↑ K1.1).
3) Begründen Sie, warum sich an der Kathode nur Kupfer abscheidet (↑ K1.2).
4) Begründen Sie, warum sich im Anodenschlamm nur Metalle finden, die edler sind als Kupfer.

Material L Braunes Wasser

Heizungsanlagen und Warmwasseraufbereiter in Häusern verfügen häufig über große Kessel aus verzinktem Stahl, die als Zwischenspeicher für das heiße Wasser dienen. Zum Korrosionsschutz sind die Kessel mit einer Schutzanode aus Magnesium ausgestattet. Das ist ein langer Metallstab, der in den Kessel hineinragt und mit der Außenwand verschraubt ist.

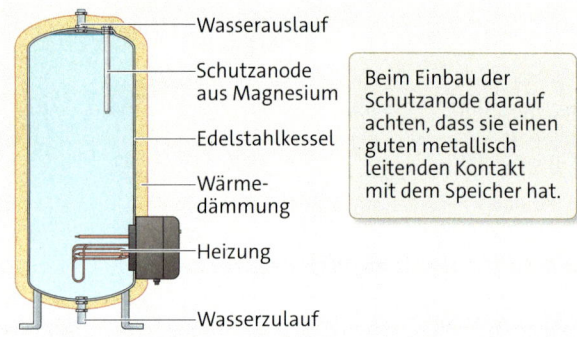

Beim Einbau der Schutzanode darauf achten, dass sie einen guten metallisch leitenden Kontakt mit dem Speicher hat.

L1.1 Montagehinweis aus einer Bedienungsanleitung

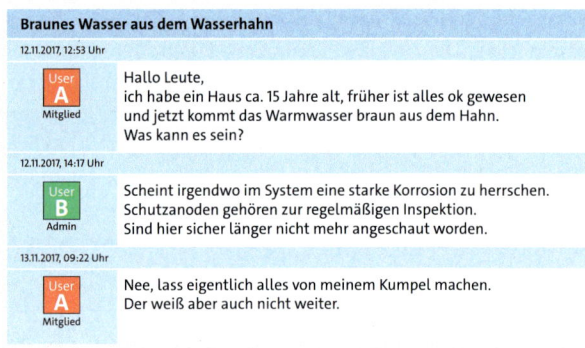

L1.2 Aus einem Handwerkerforum im Internet

AUFGABEN ZU L

1) **a** Skizzieren Sie eine experimentelle Anordnung, mit der die Funktionsweise einer Schutzanode aus Magnesium demonstriert werden kann (↑ L1.1).
   b Beschriften Sie Ihre Skizze mit folgenden Begriffen: Kathode, Anode, Pluspol, Minuspol, Donatorhalbzelle und Akzeptorhalbzelle.
   c Stellen Sie die Reaktionsgleichungen für die dabei ablaufenden chemischen Vorgänge auf.
2) **a** Begründen Sie den Hinweis des Forummitglieds, den Zustand der Schutzanode regelmäßig durch Begutachtung zu kontrollieren (↑ L1.2).
   b Erläutern Sie, worauf die Braunfärbung des Warmwassers wahrscheinlich zurückzuführen ist. Beziehen Sie dazu auch den Hinweis aus der Montageanleitung ein. Formulieren Sie mögliche Reaktionsgleichungen (↑ L1.1, L1.2).

Klausurtraining

Material M Reinigung von Silber

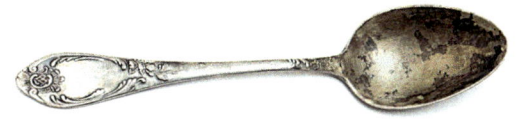

M1.1 Angelaufener Silberlöffel

Silberbesteck wird seit Langem als edles Essbesteck genutzt, hat aber einen großen Nachteil: Bei längerer Lagerung läuft es schwarz an und wird unansehnlich. Obwohl Silber ein edles Metall ist, reagiert es in Anwesenheit von Sauerstoff bereits mit Spuren von Schwefelwasserstoff (H_2S), wie sie in der Luft vorhanden sind, zu schwarzem Silbersulfid (Ag_2S). Früher musste „angelaufenes" Silberbesteck daher regelmäßig poliert werden.

$$4\,Ag(s) + 2\,H_2S(g) + O_2(g) \longrightarrow 2\,Ag_2S(s) + 2\,H_2O(l)$$

Heute finden sich im Internet eine Vielzahl von Tipps zur Reinigung von Silber. Dazu gehört auch das folgende elektrochemische Verfahren: „Geben Sie 1 Liter Wasser und 6 Esslöffel Kochsalz in einen Topf und bringen Sie die Lösung zum Kochen. Fügen Sie einige locker zusammengeknüllte Stücke Alufolie hinzu. Stellen Sie einen angelaufenen Silberlöffel so in die Lösung, dass er Kontakt zum Aluminium hat."

Redoxpaar	Standardpotenzial E^0	Redoxpaar	Standardpotenzial E^0
Ag/Ag^+	0,80 V	$4\,OH^-/O_2 + 2\,H_2O$	0,40 V (pH = 14)
Cu/Cu^{2+}	0,35 V	Fe/Fe^{2+}	−0,41 V

M1.2 Standardpotenziale einiger Redoxpaare

AUFGABEN ZU M

1) **a** Zeigen Sie mithilfe der Oxidationszahlen, dass es sich bei der Bildung von Silbersulfid um eine Oxidation des Silbers durch Sauerstoff handelt.
   b Stellen Sie die Reaktionsgleichungen für Oxidation und Reduktion auf.
   c Begründen Sie mithilfe der Redoxreihe, warum Silber von Sauerstoff nicht direkt oxidiert werden kann (↑ M1.2).
2) **a** Skizzieren und beschriften Sie einen Versuchsaufbau, mit dem die elektrochemische Reinigung von angelaufenem Silberbesteck demonstriert werden kann.
   b Erläutern Sie den Verlauf der Redoxreaktion mithilfe des Donator-Akzeptor-Konzepts. Geben Sie die Reaktionsgleichungen für die Vorgänge an den Elektroden an.
   c Bewerten Sie die beiden Reinigungsmethoden hinsichtlich selbst gewählter Kriterien.

Material N Batterie im Mund

Viele Menschen tragen unbewusst ein kleines Elektrizitätswerk im Mund, weil ihnen Ärzte Zahnfüllungen, Kronen oder Brücken aus unterschiedlichen Metalllegierungen eingesetzt haben. Unvermeidlich kommen die Metalle mit Speichel in Kontakt und können so elektrochemisch miteinander reagieren. Selbst wenn man nur eine einzige Zahnfüllung aus Dentalamalgam (↑ N1.1) im Mund trägt, kann dies unangenehme Folgen haben. Beißt man damit versehentlich auf ein Stück Alufolie, dann verursacht die elektrochemische Reaktion einen stechenden Schmerz.

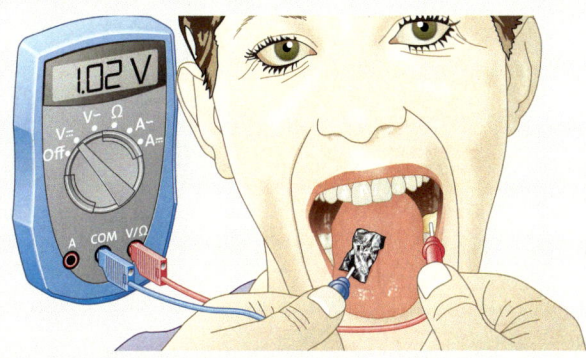

N1.1 Elektrochemischer Batterieeffekt im Mund

Massenanteile	Zahngold	Dentalamalgam
	58 % Au, 24 % Ag, 12 % Cu, 6 % Pd	50 % Hg, 35 % Ag, 9 % Sn, 6 % Cu

N1.2 Zusammensetzung von Zahnfüllungen

Standardpotenziale einiger Metalle						
Redoxpaar	Au/Au^{3+}	Pd/Pd^{2+}	Hg/Hg^{2+}	Ag/Ag^+	Cu/Cu^{2+}	Sn/Sn^{2+}	Al/Al^{3+}
E^0 in V	1,50	0,95	0,85	0,80	0,35	−0,14	−1,66

N1.3 Standardpotenziale der beteiligten Metalle

AUFGABE ZU N

1) **a** Erklären Sie die Ausbildung der elektrochemischen Doppelschicht für eines der sieben Metalle. Geben Sie das Metall mit dem höchsten Lösungsdruck an (↑ N1.3).
   b Begründen Sie, dass Menschen Schmerzen spüren, wenn sie mit einer Goldkrone auf Alufolie beißen.
   c Diskutieren Sie, was passiert, wenn sich Goldkrone und Amalgamfüllung im Mund berühren.
   d Berechnen Sie die Zellspannung der Mundbatterie unter der Annahme, dass jeweils die Hauptbestandteile der Goldkrone und der Amalgamfüllung an der Zellreaktion beteiligt sind (↑ N1.2, N1.3).

Auf einen Blick

▸ **Redoxreaktionen**	Donator-Akzeptor-Reaktionen mit Elektronenübergang, bei denen die Teilreaktionen Oxidation und Reduktion immer gekoppelt ablaufen. Bei der Oxidation erfolgt eine Elektronenabgabe, bei der Reduktion eine Elektronenaufnahme.	
▸ **Oxidationsmittel = Elektronenakzeptor**	Teilchen, die während einer Redoxreaktion Elektronen aufnehmen. Sie wirken oxidierend und werden im Verlauf der Redoxreaktion selbst reduziert.	
▸ **Reduktionsmittel = Elektronendonator**	Teilchen, die während einer Redoxreaktion Elektronen abgeben. Sie wirken reduzierend und werden im Verlauf der Redoxreaktion selbst oxidiert.	
▸ **Korrespondierende Redoxpaare**	Zusammengehörende Paare von Reduktionsmittel/Elektronendonator und Oxidationsmittel/Elektronenakzeptor, die durch Elektronenabgabe bzw. -aufnahme ineinander überführt werden können. An einer Redoxreaktion sind immer zwei korrespondierende Redoxpaare beteiligt. $$\text{Red 1} + \text{Ox 2} \rightleftarrows \text{Ox 1} + \text{Red 2}$$ mit Elektronenübergang $z\,e^-$, Oxidation (Red 1 → Ox 1), Reduktion (Ox 2 → Red 2)	
▸ **Oxidationszahlen**	In einem Molekül gibt die Oxidationszahl die formale Ladung eines Atoms an, wenn man sich vorstellt, dass alle Bindungselektronen dem jeweils elektronegativeren Atom zugeordnet wären. Bei einfachen Ionen entspricht die Oxidationszahl der Ladung des Ions. Beispiele: 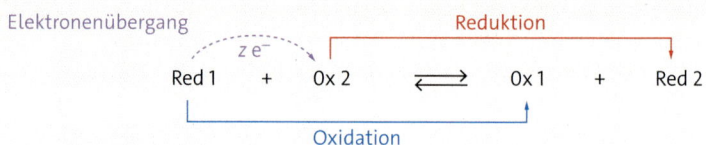 $\overset{\text{I } -\text{II}}{H_2O}\quad \overset{\text{I } -\text{I}}{HCl} \quad \overset{\text{II } -\text{II}}{CaO} \quad \overset{0}{N_2} \quad \overset{\text{II}}{Cu^{2+}} \quad \overset{\text{III}}{Fe^{3+}} \quad \overset{-\text{I}}{Br^-} \quad \overset{-\text{II}}{S^{2-}} \quad \overset{-\text{III } \text{I}}{NH_4^+} \quad \overset{-\text{II } \text{I}}{OH^-}$ Änderung der Oxidationszahl bei einer Redoxreaktion: 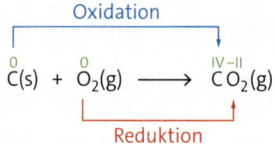 $\overset{0}{C}(s) + \overset{0}{O_2}(g) \longrightarrow \overset{\text{IV}\,-\text{II}}{C\,O_2}(g)$ — Oxidation (C), Reduktion (O)	
▸ **Spezialfälle der Redoxreaktionen**	**Disproportionierung:** Gleiche Atome einer Verbindung gehen aus einer mittleren Oxidationsstufe durch gleichzeitige Reduktion und Oxidation in eine niedrigere und in eine höhere Oxidationsstufe über.	**Synproportionierung (Komproportionierung):** Atome eines Elements gehen durch Oxidation aus einer niedrigeren und gleichzeitige Reduktion aus einer höheren in eine mittlere Oxidationsstufe über.
▸ **Redoxtitration**	Verfahren zur Bestimmung der Stoffmengenkonzentration eines oxidierbaren oder reduzierbaren Stoffs in Lösung; wichtige Verfahren: Manganometrie und Iodometrie	

	Manganometrie	Iodometrie
Nachweis von	Reduktionsmitteln	Oxidationsmitteln/Reduktionsmitteln
Redoxpaar	MnO_4^-/Mn^{2+}	$2\,I^-/I_2$
Ablauf	Titration mit violetter Permanganatlösung bis zur ersten bleibenden Färbung der Probelösung	Red: Titration mit Iod-Kaliumiodidlösung bis zur ersten bleibenden Blaufärbung der Probelösung durch den Iod-Stärke-Komplex Ox: Zugabe von Iodid-Ionen im Überschuss; Rücktitration mit Natriumthiosulfat bis zur Entfärbung des blauen Iod-Stärke-Komplexes

Auf einen Blick

▶ **Elektrochemische Doppelschicht**	An der Phasengrenze zwischen Metalloberfläche und Lösung stellt sich ein chemisches Gleichgewicht ein, das zur Bildung einer elektrochemischen Doppelschicht führt. $Me \rightleftarrows Me^+ + e^-$ An der Doppelschicht entsteht ein elektrisches Potenzial (Redoxpotenzial) E.	
▶ **Galvanische Zelle Galvanisches Element**	Kombination zweier Halbzellen (Metall/Metallsalzlösung). Beide Halbzellen müssen durch ein Diaphragma oder Stromschlüssel leitend verbunden sein. Galvanische Zellen sind elektrochemische Spannungsquellen, bei denen Oxidation und Reduktion freiwillig und räumlich voneinander getrennt ablaufen. Galvanische Zellen können durch eine Kurzschreibweise dargestellt werden. Kurzschreibweise für das Daniell-Element: $Zn/Zn^{2+} // Cu^{2+}/Cu$	
▶ **Zellspannung einer galvanischen Zelle**	Aus der Differenz der Redoxpotenziale E der beiden Halbzellen einer galvanischen Zelle ergibt sich die Zellspannung U: $U = E(\text{Akzeptorhalbzelle}) - E(\text{Donatorhalbzelle})$ oder $U = E(\text{Reduktion}) - E(\text{Oxidation})$ Das **Redoxpotenzial E** ist dabei eine stoffspezifische Größe, die von der Art des Stoffs, von der Stoffmengenkonzentration der Ionen im Elektrolyten, von der Temperatur und bei Gasen vom Druck abhängt. Das Redoxpotenzial selbst ist nicht direkt messbar.	**Begriffe zur galvanischen Zelle** | Halbzelle | Elektrode (Teilreaktion) | Pol | |---|---|---| | Akzeptorhalbzelle | Kathode (Reduktion) | Pluspol | | Donatorhalbzelle | Anode (Oxidation) | Minuspol |
▶ **Standardredoxpotenzial E^0 (Standardpotenzial)**	Redoxpotenzial einer Halbzelle, das unter Standardbedingungen (T = 298 K, p = 101,3 kPa, c = 1 mol·L^{-1}) durch Kombination mit der Standardwasserstoffhalbzelle ermittelt wurde. Der Betrag des Standardpotenzials E^0 entspricht dabei der gemessenen Zellspannung.	
▶ **Standardwasserstoffhalbzelle**	Bezugshalbzelle zur Bestimmung von Redoxpotenzialen unter Standardbedingungen. Ihr Standardredoxpotenzial ist dabei willkürlich auf $E^0(H_2/2\,H^+) = 0$ V festgelegt.	
▶ **Nernst-Gleichung**	Mithilfe der Nernst-Gleichung kann das Redoxpotenzial einer Halbzelle in Abhängigkeit von der Stoffmengenkonzentration der Ionen berechnet werden. Für Metalle gilt: $Me \rightleftarrows Me^{z+} + z\,e^-$ $E(Me/Me^{z+}) = E^0(Me/Me^{z+}) + \dfrac{0{,}059\text{ V}}{z} \cdot \lg \dfrac{c(Me^{z+})}{1\text{ mol}\cdot L^{-1}}$ Allgemein gilt für ein Redoxpaar der Form: $\text{Red} \rightleftarrows \text{Ox} + z\,e^-$ $E(\text{Red}/\text{Ox}) = E^0(\text{Red}/\text{Ox}) + \dfrac{0{,}059\text{ V}}{z} \cdot \lg \dfrac{c(\text{Ox})}{c(\text{Red})}$	

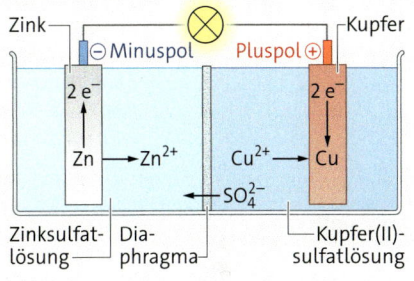

Auf einen Blick

▸ **Elektrochemische Spannungsreihe**	Nach ihrem Standardpotenzial sortierte Reihenfolge der Redoxpaare. Mit ihrer Hilfe kann eine Vorhersage über die Richtung einer freiwillig ablaufenden Redoxreaktion getroffen werden. Der Elektronendonator (Reduktionsmittel) in einer Redoxreaktion muss ein kleineres Standardpotenzial haben als der Elektronenakzeptor (Oxidationsmittel). Unterscheidung edler Metalle: $E^0 > 0{,}0$ V und unedler Metalle: $E^0 < 0{,}0$ V	

▸ **Batterie und Akkumulator**

Batterien und Akkumulatoren sind (mobile) galvanischen Zellen, bei denen in einer freiwillig verlaufenden Redoxreaktion chemische Energie in elektrische Energie umgewandelt wird.
Akkumulatoren unterscheiden sich von Batterien dadurch, dass sie wieder aufgeladen werden können. Mithilfe einer elektrischen Spannung werden die beim Entladen ablaufenden Reaktionen umgekehrt. Elektrische Energie wird in chemische Energie umgewandelt.

Beispiel für:

Batterien	Akkumulatoren
• Zink-Kohle-Batterie • Alkali-Mangan-Batterie • Lithium-Batterie • Silberoxid-Zink-Batterie	• Bleiakku • Nickelmetallhydrid-Akku (NiMH) • Lithium-Ionen-Akku

▸ **Brennstoffzelle**

Galvanische Zelle, bei der Reduktions- und Oxidationsmittel beständig zugeführt werden müssen. Sie kann im Gegensatz zu Batterien und Akkumulatoren dauerhaft betrieben werden.
Beispiel: Wasserstoff-Sauerstoff-Brennstoffzelle

▸ **Elektrolyse und Zersetzungsspannung**

Bei der Elektrolyse wird durch eine elektrische Spannung die freiwillig ablaufende Redoxreaktion einer galvanischen Zelle umgekehrt. Die Zersetzungsspannung U_Z ist die Mindestspannung, unter der die Elektrolyse merklich abläuft. Sie kann aus den Standardpotenzialen der beteiligten Redoxpaare und möglichen Überspannungen ermittelt werden.

$U_Z = E(\text{Pluspol/Anode}) - E(\text{Minuspol/Kathode})$

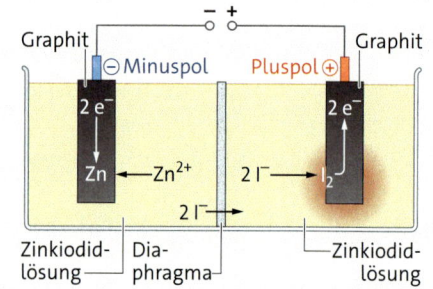

▸ **Faraday-Gesetze**

Aus der geflossenen Ladungsmenge $Q = I \cdot t$ lassen sich die abgeschiedenen Massen bei einer Elektrolyse berechnen. Dabei muss jeweils die Anzahl z der übertragenen Elektronen aus der Reaktionsgleichung berücksichtigt werden.

Faraday-Konstante: $F = 96\,485$ A·s·mol^{-1} $\qquad m(\text{Stoff}) = \dfrac{I \cdot t}{z \cdot F} \cdot M(\text{Stoff})$

▸ **Chloralkali-Elektrolyse**

Großtechnische Verfahren zur Gewinnung von Chlor, Natronlauge und Wasserstoff durch Elektrolyse einer Natriumchloridlösung. Wichtige Verfahren sind Membranverfahren, Diaphragmaverfahren und Amalgamverfahren.

Minuspol (Kathode):
$Na^+ + e^- \longrightarrow Na$ $\qquad E^0 = -2{,}71$ V
$2\,H_2O + 2\,e^- \longrightarrow H_2 + 2\,OH^-$ $\qquad E = -0{,}41$ V
(bei pH = 7)

Pluspol (Anode):
$2\,Cl^- \longrightarrow Cl_2 + 2\,e^-$ $\qquad E^0 = 1{,}36$ V
$2\,H_2O \longrightarrow O_2 + 4\,H^+ + 4\,e^-$ $\qquad E = 0{,}82$ V
(bei pH = 7)

▸ **Korrosion und Korrosionsschutz**

Korrosion: elektrochemische Reaktionen, die an metallischen Oberflächen stattfinden. Sie können zur Zerstörung des Gegenstands führen. Die Bildung von Lokalelementen (kurzgeschlossene galvanische Zellen) beschleunigt Korrosionsvorgänge.

Korrosionsschutz: Maßnahmen zum Schutz von Metallen vor Korrosion, z. B. durch Versiegeln der Oberfläche mit Metallüberzügen, Lacken, Kunststoffen und Ölen sowie durch Verwenden von Opferanoden aus unedleren Metallen

Übungsaufgaben

1) Magnesium verbrennt in einer Kohlenstoffdioxidatmosphäre. Bei der dabei stattfindenden Redoxreaktion entsteht u. a. Ruß (C).
  a Formulieren Sie die Reaktionsgleichung, kennzeichnen Sie darin Oxidation und Reduktion sowie die korrespondierenden Redoxpaare.
  b Auch Magnesiumoxid reagiert mit Kohlenstoffdioxid, dabei bildet sich Magnesiumcarbonat ($MgCO_3$). Formulieren Sie die Reaktionsgleichung und begründen Sie, ob es sich auch hierbei um eine Redoxreaktion handelt.

2) In den ersten Airbags wurde der Stoff Natriumazid eingesetzt. Bei einem Unfall wurde durch eine Initialzündung sein explosionsartiger Zerfall in Natrium und Stickstoff ausgelöst. Es schlossen sich Folgereaktionen des Natriums an:
  __ NaN_3 ⟶ __ Na + __ N_2
  __ Na + __ KNO_3 ⟶ __ K_2O + __ Na_2O + __ N_2
  __ K_2O + __ Na_2O + __ SiO_2 ⟶ __ K_2SiO_3 + __ Na_2SiO_3
  a Gleichen Sie die obigen Reaktionsgleichungen aus und geben Sie alle Oxidationszahlen an. Entscheiden Sie jeweils, ob es sich um eine Redoxreaktion handelt.
  b Heute wird in Airbags häufiger der Stoff Nitroguanidin ($CH_4N_4O_2$) eingesetzt, der mit Kaliumchlorat ($KClO_3$) explosionsartig zu Stickstoff, Wasser, Kohlenstoffdioxid und Kaliumchlorid reagiert. Entwickeln Sie die Reaktionsgleichung für die Redoxreaktion.
  c Vergleichen Sie die Gasvolumina (V_m = 24,5 l·mol^{-1}), die aus je 10 g Natriumazid (M = 65 g·mol^{-1}) und Nitroguanidin (M = 104 g·mol^{-1}) gebildet werden können.

3) 50 mL einer mit Schwefelsäure versetzten Lösung von Eisen(II)-sulfat werden mit 8 mL einer Kaliumpermanganatlösung der Konzentration $c(KMnO_4)$ = 0,01 mol·L^{-1} titriert, wobei Mangan(II)-Ionen und Fe(III)-Ionen gebildet werden.
  a Stellen Sie die Reaktionsgleichung auf.
  b Berechnen Sie die Stoffmenge an Eisen(II)-sulfat, das gebildet wird.

4) Ammoniumnitrat (NH_4NO_3), ein Bestandteil von Dünger, kann beim Erhitzen auf über 170 °C explodieren. Dabei bilden sich Stickstoff, Sauerstoff und Wasser.
  a Stellen Sie die Reaktionsgleichung für die Explosion von Ammoniumnitrat auf.
  b Erläutern Sie, warum ein Zusatz von Benzin (Octan) die Sprengwirkung deutlich erhöhen kann.

5) a Begründen Sie, dass Eisen auf der Erde nur in Erzen gebunden, Gold dagegen auch elementar vorkommt.
  b Eisenerze enthalten z. B. Eisensulfid (FeS) oder das Eisenoxid Hämatit (Fe_2O_3).
  Entwickeln Sie einen Vorschlag, wie sich daraus metallisches Eisen gewinnen lässt.

6) Metalle wie Eisen und Zink werden durch verdünnte Salzsäure angegriffen, Kupfer hingegen nicht.
  a Erläutern Sie mithilfe von Oxidationszahlen, ob dabei eine Redoxreaktion stattfindet.
  b Leiten Sie eine Schlussfolgerung zur oxidierenden Wirkung von Oxonium-Ionen (H_3O^+) ab. Entwickeln Sie hierzu eine mögliche Definition der Begriffe edle und unedle Metalle.

7) Das Abwasser einer Textilreinigung wird durch Manganometrie auf den Gehalt an Wasserstoffperoxid untersucht. 200 mL Abwasser verbrauchen dabei 37,5 mL Kaliumpermanganatlösung mit $c(KMnO_4)$ = 0,1 mol·L^{-1}.
  a Beschreiben Sie das Vorgehen der Manganometrie.
  b Stellen Sie die Reaktionsgleichung aus den Teilgleichungen für Oxidation und Reduktion auf.
  c Berechnen Sie die Masse Wasserstoffperoxid in einem Liter Abwasser.

8) Viele Entfärber enthalten Natriumdithionit ($Na_2S_2O_4$). In wässriger Lösung entsteht beim Entfärben Schwefeldioxid (SO_2) mit einem unangenehmen Geruch.
  a Entscheiden und begründen Sie, ob Natriumdithionit beim Entfärbevorgang oxidiert wird.
  b Erläutern Sie anhand von Standardpotenzialen, ob sich auch Iodflecken mit Natriumdithionit entfernen lassen. Hinweis: $E^0(I_2/2I^-)$ = 0,54 V; $E^0(Na_2S_2O_4/HSO_3^-)$ = −0,66 V
  c Stellen Sie die Reaktionsgleichung für diesen Vorgang auf.

9) Ein Silberblech taucht in eine Silbernitratlösung, ein Kupferblech in eine Kupfer(II)-nitratlösung. Beide Lösungen sind durch ein Diaphragma getrennt, um eine Vermischung zu vermeiden. Mit einem Spannungsmessgerät wird an den Blechen eine Spannung von etwa 0,4 V gemessen.
  a Erläutern Sie die Vorgänge an den Metallblechen, die zur Entstehung der elektrischen Spannung führen.
  b Skizzieren Sie den Aufbau der galvanischen Zelle. Ordnen Sie jeweils die Begriffe Donator- und Akzeptorhalbzelle sowie Minus- und Pluspol zu.
  c Die Zelle wird mit einer LED verbunden. Entwickeln Sie die Reaktionsgleichungen für die Vorgänge in den jeweiligen Halbzellen.

10) Berechnen Sie die Elektrodenpotenziale folgender Halbzellen bei 25 °C:
  a Cu/Cu^{2+} (c = 0,2 mol·L^{-1})
  b Ag/Ag^+ (c = 0,1 mol·L^{-1})
  c Ag/Ag^+ (c = 0,01 mol·L^{-1})

11) Berechnen Sie die Zellspannung einer galvanischen Zelle mit den Halbzellen Zn/Zn^{2+} (c = 0,1 mol·L^{-1}) und Cu/Cu^{2+} (c = 1 mol·L^{-1}) bei 25 °C.

12) Die galvanische Zelle mit dem Symbol Cu/Cu^{2+} (c = 0,2 mol·L^{-1}) // Ag^+ (c = ? mol·L^{-1})/Ag liefert unter Standardbedingungen eine Spannung von 0,35 V. Berechnen Sie die Konzentration der Silber-Ionen der Ag^+/Ag-Halbzelle.

Übungsaufgaben

13) Vier Metallstäbe werden jeweils in eine wässrige Lösung von Salzen ($c = 0{,}1 \text{ mol} \cdot \text{L}^{-1}$) getaucht. Der nachfolgenden Tabelle können Sie entnehmen, ob sich dabei an den Metallstäben ein anderes Metall abgeschieden hat (+) oder nicht (−).
  a Ordnen Sie die Metalle begründet nach steigender Reduktionswirkung.
  b Skizzieren Sie eine galvanische Zelle, die mit den gegebenen Redoxpaaren eine möglichst hohe Zellspannung liefert.
  c Berechnen Sie die zu erwartende Zellspannung aus den tabellierten Standardpotenzialen der Redoxpaare.

Metall \ Lösung	Fe(s)	Au(s)	Cu(s)	Al(s)
$FeSO_4$(aq)	(−)	(−)	(−)	(+)
$AuCl_3$(aq)	(+)	(−)	(+)	(+)
$CuSO_4$(aq)	(+)	(−)	(−)	(+)
$AlCl_3$(aq)	(−)	(−)	(−)	(−)

14) Batterien sind galvanische Zellen zur mobilen Stromerzeugung.
  a Schlagen Sie mindestens drei galvanische Zellen vor, deren Zellspannung größer als 1,5 V ist.
  b Beschreiben Sie den prinzipiellen Aufbau und die Funktionsweise einer Batterie.

15) In einer Coincell, einer besonders flachen Knopfzelle, sind Lithium, Mangandioxid und ein geeigneter Elektrolyt verarbeitet. Beim Entladen werden Li^+-Ionen in das Gitter von Mangandioxid eingelagert, Mn^{4+}-Ionen dabei zu Mn^{3+}-Ionen reduziert.
  a Erläutern Sie die Vorgänge in der Coincell.
  b Begründen Sie die Verwendung von Lithium.
  c Geben Sie an, welche besondere Anforderung der Elektrolyt erfüllen muss und welche Schlussfolgerungen sich daraus für den Preis der Coincell ergeben.

16) Lasagne ist eine schmackhafte Speise, die sich auch für interessante chemische Entdeckungen eignet. Lasagne mit Tomatensoße wird einige Tage in einer Stahlpfanne mit Alufolie abgedeckt im Kühlschrank gelagert. Bei der Entnahme befinden sich kleine Löcher in der Alufolie.
  a Erklären Sie, wie die Löcher in der Alufolie entstanden sind.
  b Erläutern Sie, ob bei der Benutzung einer Keramikform oder einer Kunststofffolie eine ähnliche Beobachtung gemacht werden kann.
  c Diskutieren Sie, ob die Lasagne noch gegessen werden sollte.

17) Die Begriffspaare Halbzelle und Elektrode, Redoxpotenzial und Elektrodenpotenzial sowie Kathode und Pluspol werden in der Chemie häufig als Synonyme verwendet. Erarbeiten Sie eine tabellarische Übersicht über diese und zwei weitere Synonyme, die in der Elektrochemie verwendet werden. Bewerten Sie die Nutzung der einzelnen synonymen Begriffe kritisch.

18) Zink-Kohle- und Alkali-Mangan-Batterien unterscheiden sich im Wesentlichen durch die Art des verwendeten Elektrolyten. In der Zink-Kohle-Batterie wird mit Ammoniumchlorid ein saurer Elektrolyt verwendet, während in der Alkali-Mangan-Batterie ein zinkhaltiges Kaliumhydroxidgel eingesetzt wird. Zudem besteht der Mantel der Zink-Kohle-Batterie häufig aus Zink.
  a Skizzieren Sie den prinzipiellen Aufbau einer Zink-Kohle-Batterie und formulieren Sie die Elektrodenreaktionen.
  b Erklären Sie, warum im Betrieb die Stoffmengenkonzentration der Zink-Ionen Zn^{2+} im Elektrolyten ansteigt, und erläutern Sie, welche Folgen dies für die Zellspannung hat.
  c Begründen Sie, warum die Zink-Kohle-Batterie nicht auslaufsicher ist.
  d Diskutieren Sie, welche der beiden Batterien Sie für umweltverträglicher halten.

19) Berechnen Sie die Zellspannungen in folgenden galvanischen Zellen bei Standardbedingungen:
  a $Zn/Zn^{2+} // Ni^{2+}/Ni$
  b $Cu/Cu^{2+} // Ag^+/Ag$
  c Erklären Sie, wie sich das Elektrodenpotenzial ändert, wenn die Stoffmengenkonzentration der Metall-Ionen in den wässrigen Lösungen jeweils nur $0{,}1 \text{ mol} \cdot \text{L}^{-1}$ beträgt.

20) Das Elektrodenpotenzial der Bildung von Wassermolekülen aus Sauerstoffmolekülen hängt vom pH-Wert der wässrigen Lösung ab.
  a Entwickeln Sie die Nernst-Gleichung für das Redoxpaar und erläutern Sie daran die pH-Abhängigkeit des Potenzials.
  b Diskutieren Sie, warum in Tabellen zwei verschiedene Standardpotenziale für das Redoxpaar O_2/H_2O angegeben sind.

21) Die großtechnische Herstellung von Kalilauge (KOH-Lösung) erfolgt aus wässrigen Lösungen von Kaliumchlorid mithilfe der Chloralkali-Elektrolyse.
  a Geben Sie alle Produkte an, die bei der Chloralkali-Elektrolyse von Kaliumchlorid gewonnen werden können.
  b Erläutern Sie das Membranverfahren anhand der Herstellung von Kalilauge. Entwickeln Sie die Reaktionsgleichungen für die Vorgänge an den Elektroden.
  c Berechnen Sie die Tagesproduktion an reinem Kaliumhydroxid einer Elektrolysezelle, die mit einer Stromstärke von $I = 250 \text{ kA}$ betrieben wird.

22) In Autos werden Bleiakkumulatoren als Starterbatterien verwendet. Die galvanische Zelle des Bleiakkus hat eine Spannung von 2 V. Eine Starterbatterie liefert 12 V. Dazu sind sechs solcher Zellen in Reihe geschaltet.

a Skizzieren Sie schematisch die galvanische Zelle des Bleiakkumulators.
b Geben Sie die Elektrodenreaktionen an, die beim Entladen bzw. Laden des Bleiakkus stattfinden.
c Erläutern Sie, warum man anhand der Dichte der Schwefelsäure den Ladestand des Akkus bestimmen kann.

23) Eine Lithiumbromidlösung wird elektrolysiert.
a Berechnen Sie aus den Redoxpotenzialen die theoretische Zersetzungsspannung.
b Erklären Sie, warum es nicht gelingt, auf diese Weise Lithium herzustellen.

24) Wasserstoff-Sauerstoff-Brennstoffzellen sind wie Batterien galvanische Zellen.
a Skizzieren Sie schematisch den Aufbau einer Wasserstoff-Sauerstoff-Brennstoffzelle und geben Sie die Reaktionen an den jeweiligen Elektroden an.
b Vergleichen Sie die Brennstoffzelle mit einer Zink-Braunstein-Batterie (Alkali-Mangan-Batterie).
c Begründen Sie, warum die Brennstoffzellentechnologie der regenerativen Energie zum Durchbruch verhelfen könnte.

25) Im Handel sind Bleistiftanspitzer aus Metall erhältlich. Sie bestehen aus einem Magnesiumgehäuse, in das eine Stahlklinge eingesetzt ist.
a Erläutern Sie, warum die Stahlklinge durch das Magnesiumgehäuse gegen Korrosion geschützt ist.
b Entwickeln Sie die Reaktionsgleichungen für die ablaufenden chemischen Vorgänge, wenn der Bleistiftanspitzer nass wird. *Hinweis:* Es bildet sich u. a. schwerlösliches Magnesiumhydroxid $Mg(OH)_2$.

26) Nachbar Schulz weiß, dass Kupfer ein korrosionsbeständiges Metall ist. Er hat deshalb seine neue Regenrinne aus verzinktem Stahlblech mit verkupferten Schrauben befestigt.
a Erläutern Sie, warum Kupfer korrosionsbeständig ist.
b Klären Sie Nachbar Schulz über seinen Irrtum auf. Erläutern Sie dazu die chemischen Vorgänge, die ablaufen, wenn es regnet und die Rinne mit der Befestigung nass wird.

Mithilfe dieses Kapitels können Sie:	Aufgabe	Hilfe finden Sie auf Seite
• das Donator-Akzeptor-Prinzip auf Reaktionen mit Elektronenübergang anwenden (Oxidation, Reduktion, Redoxpaare) und Redoxgleichungen aufstellen	1, 2, 3, 4, 5, 6, 7, 8	260–261, 264–265
• Oxidationszahlen zur Identifizierung von Redoxreaktionen und zur Formulierung von Reaktionsgleichungen von Redoxreaktionen anwenden	1, 2, 6, 8	262–263
• redoxtitrimetrische Verfahren zur Konzentrationsbestimmung anwenden und deuten	3, 7, 8	268–269
• elektrochemische Reaktionen in einer galvanischen Zelle auf der Basis des Donator-Akzeptor-Konzepts erklären	9, 13, 15, 16, 17, 22, 24	272–275
• das Batterieprinzip als Nutzung der Umwandlung von chemischer in elektrische Energie in einer galvanischen Zelle deuten und die Funktionsweise verschiedener Batterien, Akkumulatoren und Brennstoffzellen erläutern	14, 15, 18, 22, 24	272–273, 282–291
• die elektrochemische Spannungsreihe zur Vorhersage von Redoxreaktionen und zur Berechnung von Zellspannungen anwenden	8, 10–16, 19, 20, 23	274–275
• die Konzentrationsabhängigkeit des Redoxpotenzials erklären und mithilfe der Nernst-Gleichung berechnen	18, 19, 20	278–280
• die Vorgänge der Elektrolyse erläutern und als Umkehrung der Vorgänge in der galvanischen Zelle deuten	21, 23	294–295, 298–299
• die Vorgänge bei der elektrochemischen Korrosion und wirksame Maßnahmen zum Korrosionsschutz erläutern	25, 26	300–301, 304–305

Etablierte Auffassungen infrage zu stellen und Unerwartetes zu entdecken – das macht Forschung und Wissenschaft so spannend. Die „Buckyballs" aus 60 Kohlenstoff-Atomen öffneten die Tür zu Kohlenstoff-Nanoröhren. Bei Nanomaterialien, organischen Farbstoffen und anorganischen Komplexverbindungen lässt sich die Farbe über Eigenschaften der Teilchen steuern und berechnen. Ihre gezielte Synthese ist nur im Zusammenspiel mit modernen Analyseverfahren möglich.

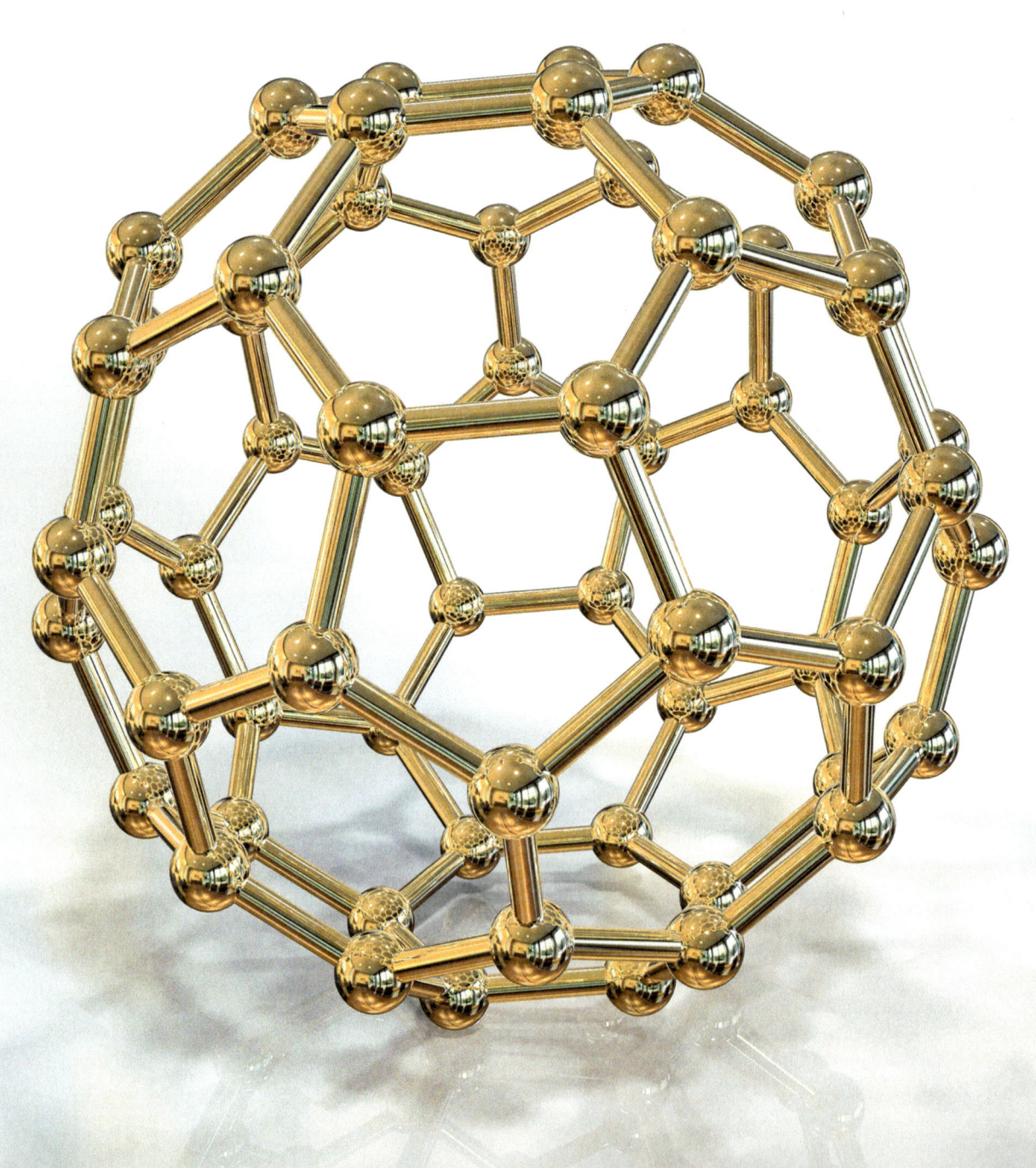

Chemie in Wissenschaft, Forschung und Anwendung 9

Ausgewählte Themen

Atombau und Bindungen
- Modellbegriff und historische Atommodelle
- Schalenmodell von BOHR und SOMMERFELD
- Zusammenhang zwischen dem Bau der Atome und dem Periodensystem
- Welle-Teilchen-Dualismus von Elektronen
- Quantenzahlen
- Atomorbitale und Besetzungsregeln
- Elektronenpaarbindung im Orbitalmodell
- Chemische Wechselwirkungen

Farbstoffe und Komplexe
- Licht und Farbe
- Einfluss der Molekülstruktur auf die Farbigkeit
- Farbstoffgruppen: Azofarbstoffe, Triphenylmethanfarbstoffe und Indigofarbstoffe
- Färbeverfahren
- Bildung und Struktur von Komplexen
- Koordinative Bindung
- Vorkommen und Anwendung

Nanomaterialien
- Oberflächen- und Größeneffekte
- Tyndall-Effekt
- Bottom-up- und Top-down-Verfahren
- Quantum Dots, Nanorods
- Stabilisierung von Nanopartikeln

Tenside
- Struktur und Eigenschaften von Seifen- und Tensidmolekülen
- Waschwirkung und Waschvorgang
- Tensidklassen
- Waschmittel, Zusammensetzung und Verwendungszweck

Analytische Verfahren
- Strukturaufklärung und Identifizieren von Stoffen
- Massenspektrometrie
- Fotometrie
- NMR-Spektroskopie
- IR-Spektroskopie

01 Modelldarstellung eines Buckminster-Fulleren-Moleküls C_{60} (engl. *buckyball*). Die Molekülstruktur besteht aus 12 Fünfecken und 20 Sechsecken, die zusammen ein abgestumpftes Ikosaeder bilden.

9.1 Atommodelle im Wandel der Zeit

FRÜHE ATOMMODELLE Bereits um 400 v. Chr. vermuteten die griechischen Philosophen DEMOKRIT und LEUKIPP, dass Materie aus winzig kleinen, unteilbaren Bausteinen besteht. Diese Bausteine, die **Atome** (griech. *atomos*: unteilbar), stellten sie sich als kleine Würfel, Kugeln und andere Körper vor, die durch Haken und Ösen miteinander verbunden sind (↑ **01A**). Beweisen konnten die Philosophen ihre Vorstellungen nicht, denn die Überlegungen zum Aufbau der Materie waren rein spekulativ. Erst viele Jahrhunderte später konnte die zwischenzeitlich fast in Vergessenheit geratene atomistische Sichtweise der Antike durch experimentelle Erkenntnisse untermauert werden. Ein wichtiger Wegbereiter dafür war der französische Chemiker ANTOINE LAURENT DE LAVOISIER, der erstmals mit feinen Waagen arbeitete und auf diese Weise verlässliche quantitative Aussagen treffen konnte. Basierend auf seinen Arbeiten erkannte man Ende des 18. Jahrhunderts, dass chemische Elemente immer in einem festen Massenverhältnis miteinander reagieren. JOHN DALTON sah diesen Befund als zwingenden Beleg für die Existenz von Atomen, die im Verlauf einer chemischen Reaktion nach bestimmten Gesetzmäßigkeiten umgruppiert werden, dabei aber insgesamt erhalten bleiben. Er dachte sich Atome als massive Kugeln mit einer für das jeweilige Element charakteristischen Masse und Größe (↑ **01B**). Dass Atome nicht unteilbar sind, kam erst knapp 100 Jahre später in den Blick, als JOSEPH JOHN THOMSON das Elektron entdeckte und daraufhin sein „Rosinenkuchenmodell" entwickelte: negativ geladene, fast masselose Elektronen, eingebettet in einen positiv geladenen, massebehafteten „Teig" (↑ **01C**).

KERN-HÜLLE-MODELL Im Jahr 1911 beschoss ERNEST RUTHERFORD sehr dünne Goldfolie mit positiv geladenen α-Teilchen (↑ **02**). Er stellte dabei fest, dass die meisten α-Teilchen die Goldfolie mehr oder weniger ungehindert passieren konnten und dass nur ein sehr kleiner Teil der Teilchen an der Goldfolie zurückgeworfen wurde. Daraus schloss er, dass die Masse und die positive Ladung eines Atoms vollständig in einem kleinen Atomkern konzentriert sein müssen. Der größte Teil eines Atoms schien einfach leer zu sein – leer bis auf die Elektronen, die sich nach der Vorstellung RUTHERFORDS ständig in Kreisbahnen um den Atomkern herumbewegen und ihn so kugelförmig umhüllen. In Abbildungen des **Kern-Hülle-Modells** besetzen die Elektronen einen festen Platz im Innern einer Kugel. Dies ist sozusagen als eine „Momentaufnahme" des Atoms zu verstehen (↑ **01D**).

ELEMENTARTEILCHEN UND ORDNUNGSZAHL Als Träger der Masse und der positiven Ladung im Atomkern entdeckte RUTHERFORD 1913 das Proton. Neben Protonen sind auch Neutronen am Aufbau eines Atomkerns beteiligt. Sie haben nahezu die gleiche Masse wie Protonen, sind im Gegensatz zu ihnen aber ungeladen. Neutronen dienen quasi als „Klebstoff" für den Zusammenhalt der Protonen im Kern. RUTHERFORD sagte bereits 1920 einen elektrisch neutralen Kernbaustein voraus, entdeckt wurden die Neutronen aber erst in den 1930er Jahren. Protonen, Neutronen und Elektronen sind die Bausteine der Atome und werden als **Elementarteilchen** bezeichnet (↑ **03**). Im neutralen Atom ist die Anzahl der Protonen im Kern (**Kernladungszahl bzw. Ordnungszahl Z**) gleich der Anzahl der Elektronen in der Hülle. Diese Zahl legt das Element eindeutig fest. Ist z. B. $Z = 6$, so handelt es sich eindeutig um ein Kohlenstoff-Atom.

Animation: Streuversuch von RUTHERFORD

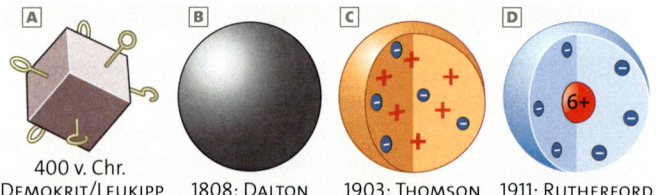

A	B	C	D
400 v. Chr. DEMOKRIT/LEUKIPP	1808: DALTON	1903: THOMSON	1911: RUTHERFORD

01 Atommodelle von der Antike bis ins 20. Jahrhundert

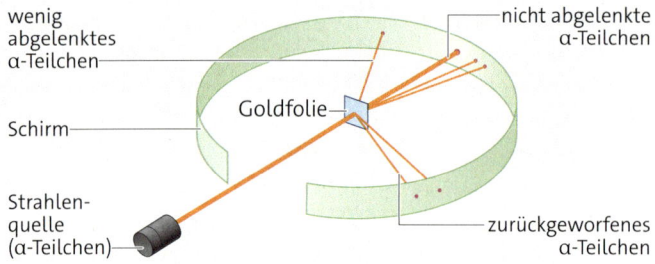

02 Streuversuch von RUTHERFORD

Teilchen	Ort	Relative Ladung	Masse
Elektron e^- bzw. $_{-1}^{0}e$	Atomhülle	−1 negative Elementarladung	$9{,}1094 \cdot 10^{-31}$ kg = 0,0005 u
Proton p^+ bzw. $_{1}^{1}p$	Atomkern	+1 positive Elementarladung	$1{,}6726 \cdot 10^{-27}$ kg = 1,0073 u
Neutron n bzw. $_{0}^{1}n$	Atomkern	0 neutral	$1{,}6749 \cdot 10^{-27}$ kg = 1,0087 u

03 Elementarteilchen des Atoms

Spektraler Fingerabdruck der Elemente

Seit Jahrmillionen sendet unsere Sonne elektromagnetische Strahlung aus, ohne die das Leben auf der Erde nicht möglich wäre. Die höchste Intensität entwickelt die Sonnenstrahlung im für uns sichtbaren Wellenlängenbereich von 400 bis 780 nm. Das weiße Sonnenlicht lässt sich mithilfe eines Prismas in die Spektralfarben von Violett bis Rot zerlegen und kann so als **kontinuierliches Spektrum** sichtbar gemacht werden (↑ Licht und Farbe, S. 339).

Bei der Erforschung des Sonnenlichts stellte Joseph von Fraunhofer bereits 1814 fest, dass im Sonnenspektrum Hunderte schwarzer Linien vorkommen (↑ 04A). Diese Fraunhofer'schen Linien ergeben sich daraus, dass in der Gashülle der Sonne durch Atome und Ionen Licht ganz bestimmter Wellenlängen „herausgefiltert" wird. Bei diesem Vorgang, der als **Absorption** bezeichnet wird, nehmen die Teilchen Energie auf (↑ S. 341).

Um 1860 verglichen G. Kirchhoff und R. Bunsen das Spektrum des Sonnenlichts mit dem einer Spiritusflamme. Sie entdeckten im Spektrum der Flamme zwei gelbe Linien, die genau dort auftraten, wo im Spektrum der Sonne zwei schwarze Absorptionslinien (λ = 589,0 nm und 589,6 nm) zu beobachten waren. Sie führten die gelben Linien auf Spuren von Natrium zurück, die in der Spiritusflamme enthalten sind. Das Auftreten von schwarzen Linien im Sonnenspektrum und zwei gelben Linien im Spektrum der Spiritusflamme an der gleichen Stelle deutete man so, dass in der Gashülle der Sonne Natrium vorhanden sein müsse, das die Energie von Licht mit genau diesen Wellenlängen absorbiere.

Kirchhoff verallgemeinerte diese Erkenntnis: Werden Elemente thermisch angeregt, so senden sie Energie in Form von Strahlung bestimmter Wellenlänge aus. Diesen Vorgang nennt man **Emission**. Somit besitzt jedes Element ein Emissionsspektrum mit einer charakteristischen Linienfolge, durch das es identifiziert werden kann (↑ 04B).

Auf der Grundlage dieser Erkenntnisse entwickelten Wissenschaftler leistungsfähige Verfahren zur **spektralanalytischen Untersuchung** von Stoffen. Bei der Emissionsspektroskopie werden Stoffproben erhitzt und die dabei emittierte Strahlung analysiert. Da jedes Element ein charakteristisches Linienspektrum besitzt, können die Bestandteile des Stoffs anhand dieses „spektralen Fingerabdrucks" präzise bestimmt werden.

Mithilfe der **Spektroskopie** wiesen Bunsen und Kirchhoff später nach, dass in der Sonnenkorona zahlreiche auch auf der Erde vorhandene Elemente anzutreffen sind. Auf diese Art konnten beispielsweise viele Seltenerdmetalle entdeckt werden.

Auch Feuerwerker nutzen die Emission von sichtbarem Licht durch Alkali- und Erdalkalimetalle. Die Salze der Metalle werden z. B. bengalischen Feuern beigemischt. Beim Abbrennen des Feuerwerks verdampfen die Salze und die Metall-Ionen geben die aufgenommene Energie in Form von farbigem Licht wieder ab (↑ 05B).

Ein weiteres Beispiel für die praktische Anwendung der Lichtemission nach thermischer Anregung ist die **Natriumdampflampe**. Sie dient der Nachtbeleuchtung vorzugsweise von öffentlichen Straßen und Industriegeländen. Im Glaskörper der Lampe wird Natrium im Gemisch mit Neon verdampft und emittiert fast ausschließlich Licht der Wellenlängen 589,0 nm und 589,6 nm. Das gelbe Licht wird vom menschlichen Auge als angenehm empfunden und lockt kaum Insekten an (↑ 05A).

Wie Absorption und Emission mit dem Bau der Atome zusammenhängen, kann mithilfe des Rutherford'schen Atommodells nicht erklärt werden. Um die beobachteten Linienspektren zu deuten, waren die Wissenschaftler zu Beginn des 20. Jahrhunderts gezwungen, ein weiterführendes Modell zum Bau der Atomhülle zu entwickeln.

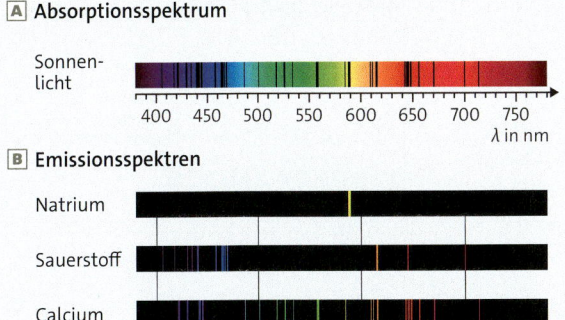

04 **A** Absorptionsspektrum des Sonnenlichts, **B** Emissionsspektren ausgewählter Elemente nach dem Verdampfen (Zufuhr thermischer Energie)

05 **A** Natriumdampflampe. **B** Beim Abbrennen von Feuerwerk erzeugen Strontiumsalze rote und Bariumsalze grüne Farbeffekte.

9.2 Schalenmodell der Atomhülle

LINIENSPEKTRUM Füllt man eine Gasentladungsröhre mit Wasserstoff und legt eine Spannung an, so beginnt das Gas violett zu leuchten. Mithilfe eines Prismas kann das violette Licht in ein Spektrum aufgefächert werden. Anders als bei weißem Licht erhält man hier als Spektrum kein zusammenhängendes Farbband („Regenbogen"), sondern nur vier einzelne, scharf begrenzte Farblinien, ein sogenanntes Linienspektrum (↑ 01). Das violette Licht ist offensichtlich ein Gemisch aus vier verschiedenfarbigen Lichtsorten. Jede Lichtsorte ist durch eine bestimmte Wellenlänge λ bzw. die zugehörige Frequenz ν gekennzeichnet. Die beiden Größen hängen über die Lichtgeschwindigkeit c zusammen:

Lichtgeschwindigkeit c im Vakuum: 299 792 458 m·s^{-1}

$$\nu = \frac{c}{\lambda}$$

Wie Wasserstoff können auch andere Elemente durch Energiezufuhr zur Aussendung von farbigem Licht angeregt werden. Beim Durchgang durch ein Prisma entstehen auch dann charakteristische Linienspektren.

SCHALENMODELL Mit dem Kern-Hülle-Modell lässt sich das Auftreten von Linienspektren nicht erklären. Ohnehin steht das Modell im krassen Widerspruch zu Gesetzen der Physik: Die negativ geladenen Elektronen müssten durch ihre Kreisbewegung Energie abstrahlen, langsamer werden und schließlich spiralförmig in den positiv geladenen Kern stürzen. Ein stabiles Atom kann so nicht aussehen! Daher entwickelte der Physiker NIELS BOHR im Jahre 1913 ein neues, leistungsfähigeres Atommodell. BOHR verknüpfte dazu zwei Theoriekonzepte, die sich eigentlich ausschließen: die klassische Mechanik von ISAAC NEWTON und die erst 1900 aufgestellte **Quantentheorie** von MAX PLANCK. Von der klassischen Mechanik nutzte er die Vorstellung, dass Elektronen den Atomkern umlaufen, stellte aber die Bedingung auf, dass die Bewegung strahlungsfrei erfolgen muss. Von der Quantentheorie übernahm er die Idee, dass Elektronen nicht beliebige Energiewerte annehmen können, sondern dass nur ganz bestimmte Werte möglich sind. Konsequenz: Die Elektronen eines Atoms umlaufen den Atomkern auf „stabilen" Kreisbahnen und können dementsprechend in bestimmten Kugelschalen um den Kern herum verortet werden (↑ 02). In jeder Schale nehmen die Elektronen ein bestimmtes **Energieniveau** ein. Elektronen, die eine bestimmte Schale „besetzen" sind also örtlich und energetisch bestimmt.

> Nach dem Schalenmodell ist die Atomhülle in Kugelschalen um den Atomkern herum aufgeteilt. Die Elektronen der Hülle besetzen bestimmte Schalen und damit bestimmte Energieniveaus.

Die Elektronenschalen werden mit der **Hauptquantenzahl** n (n = 1, 2, 3, ...) durchnummeriert und der Reihe nach mit den Großbuchstaben K, L, M, N, O, P usw. bezeichnet. Je größer der Zahlenwert für n, desto größer ist der Abstand der Schale vom Kern und desto höher liegt das zugehörige Energieniveau. Jede Schale kann mit maximal $2n^2$ Elektronen besetzt sein, also die K-Schale (n = 1) mit maximal zwei, die L-Schale (n = 2) mit maximal acht und die M-Schale (n = 3) mit maximal 18 Elektronen (↑ 03).

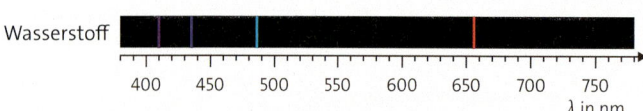

01 Linienspektrum von Wasserstoff

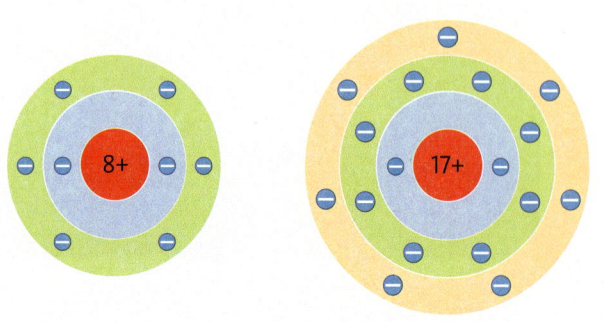

02 Schalenmodelle für das Sauerstoff-Atom (links) und das Chlor-Atom (rechts)

03 Besetzung der Energieniveaus beim Chlor-Atom

QUANTENSPRUNG Mit dem Schalenmodell lassen sich die Spektrallinien des Wasserstoffspektrums auf atomarer Ebene deuten: Die Wasserstoff-Atome in der Gasentladungsröhre sind zunächst alle im Grundzustand. In jedem Atom besetzt das Elektron die K-Schale. Wird die Röhre in Betrieb genommen, so wird den Elektronen durch elektrische Entladung Energie zugeführt. Dadurch werden sie angeregt und „springen" gegen die elektrostatische Anziehung des Kerns vom Grundzustand in einen **angeregten Zustand**, z. B. in die M-Schale (↑ 04, links). Bei diesem Sprung absorbieren die Elektronen eine genau definierte Energieportion ΔE, ein sogenanntes **Quant**. Von dem höheren Energieniveau aus „fallen" die Elektronen schnell wieder in tiefere Energieniveaus und schließlich in den Grundzustand zurück (↑ 04, rechts). Dabei werden in jedem Schritt Quanten emittiert, und zwar in Form von elektromagnetischer Strahlung mit bestimmter Wellenlänge λ bzw. Frequenz ν. Zwischen den Größen besteht der Zusammenhang

$$\Delta E = h \cdot \nu = h \cdot \frac{c}{\lambda}$$

wobei h eine Naturkonstante ist, die zu Ehren von MAX PLANCK als **Planck'sches Wirkungsquantum** bezeichnet wird.

> Elektronen können durch Energiezufuhr angeregt und auf ein höheres Energieniveau angehoben werden. Bei der Rückkehr in den Grundzustand geben sie die aufgenommene Energie in Form elektromagnetischer Strahlung wieder ab.

Die vier Farblinien im Wasserstoffspektrum kommen durch vier Quantensprünge von höheren Energieniveaus zurück in die L-Schale zustande. Sie liefern Strahlung im Wellenlängenbereich des sichtbaren Lichts.

UNTERENERGIENIVEAUS Das Schalenmodell erlaubt zwar eine Deutung des Wasserstoff-Linienspektrums, aber die Feinstrukturen von Linienspektren bei Atomen mit mehreren Elektronen sind mit diesem Modell nicht befriedigend zu erklären. Experimentell findet man stets mehr Spektrallinien, als sie durch den Sprung der Elektronen zwischen den Schalen theoretisch erklärbar sind.

ARNOLD SOMMERFELD erweiterte 1916 das Modell entsprechend durch Hinzunahme von **Unterenergieniveaus** nach dem folgenden Prinzip: Das Energieniveau der Hauptquantenzahl n spaltet sich in n Unterniveaus auf. Diese werden mit der **Nebenquantenzahl** l (l = 0, 1, 2, ..., $n-1$) durchnummeriert und der Reihe nach mit den Kleinbuchstaben s, p, d, f, g, h usw. bezeichnet, wobei s, p, d und f gebräuchliche Kürzel für die spektroskopischen Begriffe *sharp*, *principal*, *diffuse* und *fundamental* sind. Für n = 1 bleibt es bei einem Energieniveau, dem 1s-Niveau (l = 0). Für n = 2 sind zwei Unterniveaus zu unterscheiden, nämlich das 2s-Niveau (l = 0) und das 2p-Niveau (l = 1). Für n = 3 gibt es sogar drei Unterniveaus, nämlich das 3s-Niveau (l = 0), das 3p-Niveau (l = 1) und das 3d-Niveau (l = 2). Jedes Unterniveau kann mit maximal $4l + 2$ Elektronen besetzt sein (↑ 05).

Planck'sches Wirkungsquantum h:
$6{,}626 \cdot 10^{-34}$ J·s

1 ⟩ Zeichnen Sie ein Schalenmodell für das Argon-Atom. Erklären Sie daran die Begriffe „Schale", „Energieniveau" und „Hauptquantenzahl".
2 ⟩ Erläutern Sie, wie das Schalenmodell durch Hinzunahme von Unterenergieniveaus erweitert wird und welche Rolle dabei die Nebenquantenzahl l spielt.
3 ⟩ Berechnen Sie, mit wie vielen Elektronen die Unterenergieniveaus (s, p, d, f) maximal besetzt sein können. Fertigen Sie eine Tabelle an.

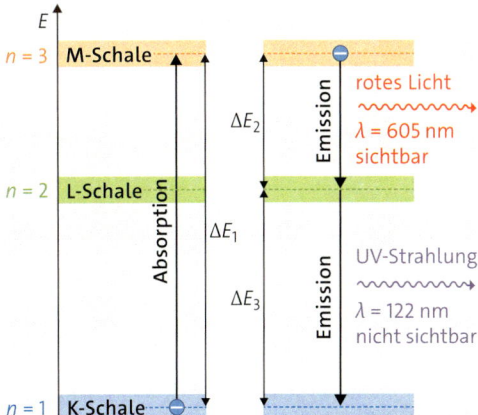

04 Quantensprünge im Wasserstoff-Atom

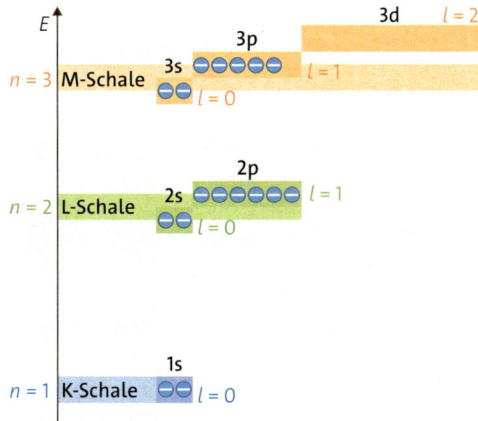

05 Besetzung der Unterenergieniveaus beim Chlor-Atom

9.3 Das wellenmechanische Atommodell

MATERIEWELLEN Anfang des 20. Jahrhunderts entwickelten Physiker die Vorstellung, dass Elektronen gar nicht als klassische Teilchen aufzufassen sind. LOUIS DE BROGLIE hatte 1924 die Idee, ihnen eine Wellenlänge zuzuordnen und sie auf diese Weise als **Materiewellen** zu beschreiben. Unter bestimmten Versuchsbedingungen verhalten sich nämlich Elektronen so, wie man es eigentlich nur von Schall- oder Lichtwellen kennt und wie man es von klassischen Teilchen niemals erwarten würde.

INTERFERENZ AM DOPPELSPALT Licht, das durch zwei dicht beieinanderliegende Öffnungen (Doppelspalt) fällt, erzeugt auf einem dahinter angebrachten Schirm ein Muster aus hellen und dunklen Streifen (↑ 01). Das Streifenmuster entsteht durch Überlagerung der Lichtwellen auf dem Schirm. Dieses für Wellen typische Verhalten wird als **Interferenz** bezeichnet. Werden Elektronen durch einen Doppelspalt geschossen, so sollten sich diese bildlich gesprochen wie Fußbälle beim Torwandschießen verhalten und nur direkt hinter den beiden Öffnungen auftreffen.

Bei diesem Experiment verhalten sich Elektronen allerdings nicht wie klassische Teilchen. Wie beim Licht ergibt sich auch in diesem Fall ein Interferenzmuster (↑ 02), das nur mit der Vorstellung von Elektronen als Materiewellen sinnvoll erklärt werden kann.

Mit einer speziellen Lampe hinter dem Doppelspalt kann festgestellt werden, welche der beiden Öffnungen jedes einzelne Elektron passiert. Durch die Wechselwirkung des Elektrons mit dem Licht der Lampe entsteht nämlich ein kleiner Blitz genau hinter der Öffnung.

Verblüffend ist folgender Befund: Wird das Experiment so durchgeführt, entsteht auf dem Schirm kein Interferenzmuster. Die Elektronen verhalten sich plötzlich wie klassische Teilchen und treffen ausschließlich direkt hinter den beiden Öffnungen auf (↑ 03).

WELLE-TEILCHEN-DUALISMUS Die Doppelspaltexperimente zeigen: Je nach Versuchsanordnung verhalten sich Elektronen einmal als Welle und einmal als Teilchen. Ein Elektron ist demnach weder Teilchen noch Welle, sondern muss immer gleichzeitig als beides aufgefasst werden. Um diese „Doppelnatur" der Elektronen zum Ausdruck zu bringen, spricht man vom **Welle-Teilchen-Dualismus**.

> Je nach experimenteller Anordnung zeigen Elektronen Welleneigenschaften oder sie verhalten sich wie klassische Teilchen. Man spricht vom Welle-Teilchen-Dualismus.

Der Welle-Teilchen-Dualismus ist nicht auf Elektronen begrenzt. Auch andere Teilchen wie Protonen oder Neutronen zeigen unter bestimmten Bedingungen ihre Wellennatur. Andersherum haben typische Wellenerscheinungen wie Licht unter bestimmten Bedingungen Teilchencharakter. Das war ALBERT EINSTEIN bereits 1905 bei seinen Arbeiten am fotoelektrischen Effekt aufgefallen. Seine Ergebnisse konnte er nur erklären, indem er Licht als einen Strom von Teilchen auffasste. Seine „Lichtteilchen", die **Photonen**, gelten als Meilenstein der Quantentheorie.

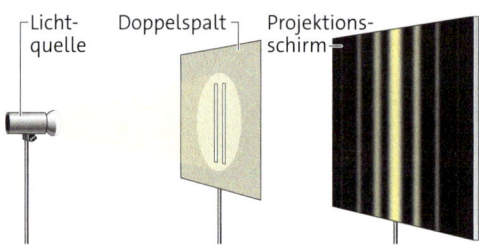

01 Interferenz von Licht am Doppelspalt (Schema)

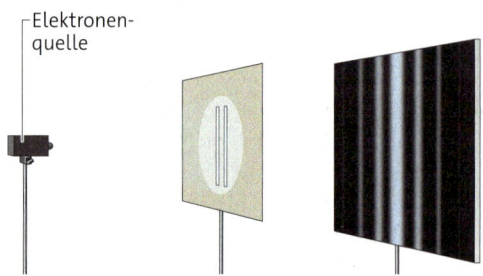

02 Der Doppelspaltversuch mit Elektronen ergibt qualitativ das gleiche Interferenzmuster wie der Doppelspaltversuch mit Licht (Schema).

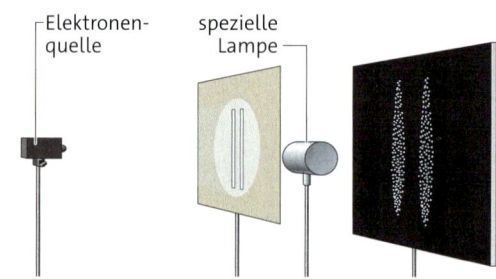

03 Beobachtet man mit einer Lichtschranke, durch welchen Spalt das Elektron fliegt, verschwindet das Interferenzmuster (Schema).

UNSCHÄRFERELATION Mit der bereits beschriebenen „Lichtblitz-Methode" kann für jedes Elektron festgestellt werden, welche der beiden Öffnungen des Doppelspalts es passiert hat. Ist das bekannt, kann der **Ort** x des Elektrons recht genau angegeben werden: Es muss sich irgendwo zwischen dem einen Ende ($x = x_1$) und dem anderen Ende ($x = x_2$) der Öffnung befinden. Die **Ortsunschärfe** $\Delta x = x_2 - x_1$ entspricht dann gerade mal der Spaltbreite (↑ 04). Ganz anders sieht es für den Impuls p (dem Produkt aus Masse und Geschwindigkeit) des Elektrons aus. Nach Passieren der Öffnung kommt es zum Zusammenprall mit einem von der Lampe ausgesendeten Photon und damit zu einer Änderung des Elektronenimpulses. Allerdings kann niemand rekonstruieren, wie genau dieser Zusammenprall abgelaufen ist. Über den Impuls des Elektrons nach dem Zusammenprall ist daher wenig bekannt, die **Impulsunschärfe** Δp ist groß.

Mit dem Experiment ist es offensichtlich nicht möglich, Ort und Impuls eines Elektrons *gleichzeitig* scharf zu messen. Das hat aber gar nichts mit der gewählten Methode zu tun und auch nicht mit der Messgenauigkeit der verwendeten Apparatur. Auch ein ganz anderer Aufbau mit noch so präzisen Geräten würde keine Abhilfe schaffen. Dahinter steckt ein allgemeines Prinzip, das WERNER HEISENBERG 1927 mit seiner **Unschärferelation** beschrieben hat: Das Produkt aus der Ortsunschärfe Δx und der Impulsunschärfe Δp eines Elektrons unterschreitet niemals einen bestimmten Wert. Ist also Δx klein, so muss Δp entsprechend groß sein und umgekehrt.

> Gemäß der Unschärferelation kann man den Ort und den Impuls eines Elektrons nie gleichzeitig scharf bestimmten. Je genauer man den einen Wert misst, desto unbestimmter wird der andere.

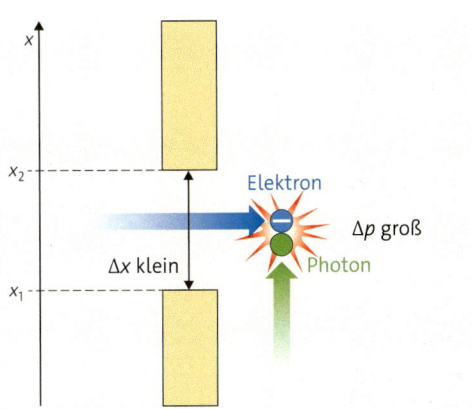

04 Kleine Ortsunschärfe bedingt große Impulsunschärfe und umgekehrt.

GRENZE DES SCHALENMODELLS Im Schalenmodell betrachtet man Elektronen als klassische Teilchen, die sich auf bestimmten Bahnen um den Atomkern bewegen. Ort und Impuls der Elektronen sind dabei genau festgelegt, so wie Ort und Impuls der um die Sonne kreisenden Erde. Diese Vorstellung aus der klassischen Mechanik steht im Widerspruch zur Unschärferelation, nach der ein Elektron nur mit einer gewissen **Wahrscheinlichkeit** an einem bestimmten Ort des Atoms anzutreffen ist (Ortsunschärfe) und nur mit einer gewissen Wahrscheinlichkeit einen bestimmten Impuls aufweist (Impulsunschärfe). Eine solche Wahrscheinlichkeitsinterpretation war zu HEISENBERGs Zeiten eine ungeheure Neuigkeit für die Wissenschaft. Sie unterstreicht einmal mehr die Wellennatur von Elektronen.

> Das Schalenmodell ist mit der Unschärferelation nicht vereinbar. Die Wahrscheinlichkeitsinterpretation des Elektrons spricht für seine Wellennatur.

SCHRÖDINGER-GLEICHUNG Zur Beschreibung eines Elektrons als Welle ist eine dreidimensionale **Wellenfunktion** ψ (Psi) mit den drei Raumkoordinaten x, y und z erforderlich. 1926 formulierte ERWIN SCHRÖDINGER in einer nach ihm benannten Gleichung den Zusammenhang zwischen der Wellenfunktion und der Energie eines Elektrons:

$$\underbrace{\frac{\partial^2 \psi}{\partial x^2} + \frac{\partial^2 \psi}{\partial y^2} + \frac{\partial^2 \psi}{\partial z^2}}_{\text{Summe der zweiten Ableitungen der Wellenfunktion}} + \frac{8\pi^2 m}{h^2} \underbrace{(E - E_{\text{pot}})}_{\substack{\text{Differenz aus} \\ \text{Gesamtenergie und} \\ \text{potenzieller Energie} \\ \text{des Elektrons}}} \psi = 0$$

(Elektronenmasse)

Mathematische Formulierung der Unschärferelation: $\Delta x \cdot \Delta p \geq \frac{h}{4\pi}$

Für die Schrödinger-Gleichung existiert nicht nur eine einzige Lösung ψ, sondern eine ganze Lösungsschar $\psi_{n,l,m}$ mit den drei Parametern n, l und m. Bei den ersten beiden Parametern handelt es sich um die Hauptquantenzahl n und die Nebenquantenzahl l, die wie bereits erklärt das Energieniveau bzw. Unterenergieniveau des betrachteten Elektrons angeben. Der dritte Parameter wird als **Orientierungsquantenzahl** m ($m = -l, ..., 0, ..., +l$) bezeichnet. Was es mit dieser Quantenzahl auf sich hat, wird im nächsten Abschnitt klar werden.

> Die Wellennatur eines Elektrons kann mithilfe einer zugehörigen Wellenfunktion $\psi_{n,l,m}$ beschrieben werden. Alle Wellenfunktionen $\psi_{n,l,m}$ sind Lösungen der Schrödinger-Gleichung.

Orbitalmodell

ATOMORBITALE Die Wellenfunktion $\psi_{n,l,m}$ eines Elektrons hat keinerlei anschauliche Bedeutung, wohl aber das Quadrat der Wellenfunktion $\psi^2_{n,l,m}$. Der Ausdruck gibt nämlich an, mit welcher Wahrscheinlichkeit sich ein Elektron an einem beliebigen Punkt im Raum aufhält. Aus dieser Information kann umgekehrt ermittelt werden, in welchem Bereich um den Atomkern herum das Elektron mit besonders hoher Wahrscheinlichkeit angetroffen werden kann. Solche bevorzugten Aufenthaltsbereiche von Elektronen werden als **Atomorbitale** (kurz: Orbitale) bezeichnet. Wie nun ein Orbital konkret aussieht, ist durch die drei Quantenzahlen n, l und m festgelegt. Die Hauptquantenzahl n gibt Auskunft über die Größe des Orbitals, die Nebenquantenzahl l über die Gestalt des Orbitals und die Orientierungsquantenzahl m schließlich darüber, wie das Orbital im Raum ausgerichtet ist.

Dies ist eine sehr anschauliche und durchaus zweckmäßige Definition des Begriffs „Orbital". Ganz korrekt ist sie allerdings nicht (↑ S. 323).

> Ein Orbital ist ein Bereich um den Atomkern, in dem sich ein Elektron eines Atoms mit hoher Wahrscheinlichkeit aufhält. Das Aussehen eines Orbitals hängt von den Quantenzahlen n, l und m ab.

In jedem Orbital können sich maximal zwei Elektronen aufhalten. Dann ist das Orbital voll besetzt. Hält sich nur ein Elektron in einem Orbital auf, so ist es halb besetzt, hält sich gar kein Elektron darin auf, so ist es unbesetzt.

s-ORBITALE Die Elektronen eines s-Niveaus ($l = 0$) besetzen kugelförmige s-Orbitale mit dem Atomkern als Mittelpunkt. Das Orbital ist dabei umso größer, je größer die zugehörige Hauptquantenzahl n ist, je höher also das Energieniveau der Elektronen liegt. Weil sich eine Kugel im Koordinatensystem unabhängig von ihrer Größe nur auf eine Weise ausrichten lässt, gibt es für jedes n immer nur ein zugehöriges s-Orbital, gekennzeichnet durch die Orientierungsquantenzahl $m = 0$ (↑ 01).

Das Elektron im Wasserstoff-Atom ($n = 1$) z. B. hält sich mit einer Wahrscheinlichkeit von 99 % innerhalb einer Kugel mit dem Radius $r = 220$ pm auf. Diese Kugel ist das 1s-Orbital. Außerhalb der Kugel ist die Aufenthaltswahrscheinlichkeit zwar gering, aber nicht null! Rein mathematisch betrachtet kann das Elektron auch kilometerweit von seinem Atomkern entfernt mit einer bestimmten, wenn auch sehr kleinen Wahrscheinlichkeit angetroffen werden. Die größte Aufenthaltswahrscheinlichkeit hat das Elektron bei einem Kernabstand von 53 pm (↑ 02).

Für das gesamte 1s-Orbital sind die Funktionswerte der dazugehörigen Wellenfunktion $\psi_{1,0,0}$ positiv. Beim größeren 2s-Orbital wechselt hingegen die Wellenfunktion $\psi_{2,0,0}$ einmal ihr Vorzeichen. Für die kleinere innere Kugel sind die Funktionswerte positiv, im restlichen Orbital sind sie negativ. Beim 3s-Orbital gibt es zwei Vorzeichenwechsel, beim 4s-Orbital drei usw. Die verschiedenen Vorzeichen der Wellenfunktion werden im Orbital durch die Symbole „+" und „–" angegeben (↑ 01).

> In einem Orbital hat die zugehörige Wellenfunktion an verschiedenen Orten unterschiedliche Vorzeichen (+ und –).

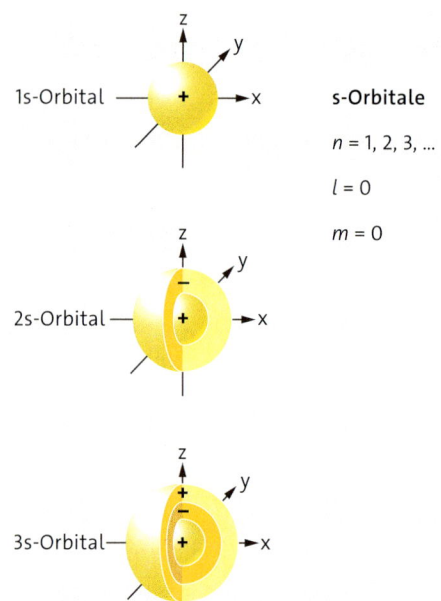

01 1s-, 2s- und 3s-Orbital

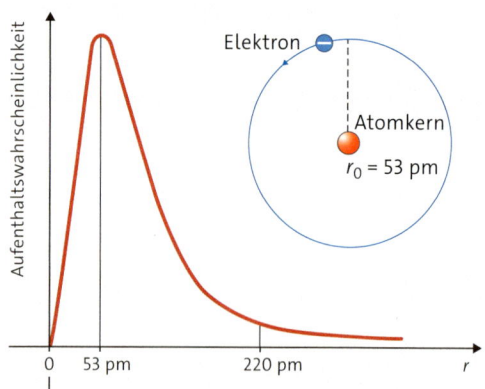

02 Aufenthaltswahrscheinlichkeit des Elektrons im 1s-Orbital des Wasserstoff-Atoms

9.3 Das wellenmechanische Atommodell

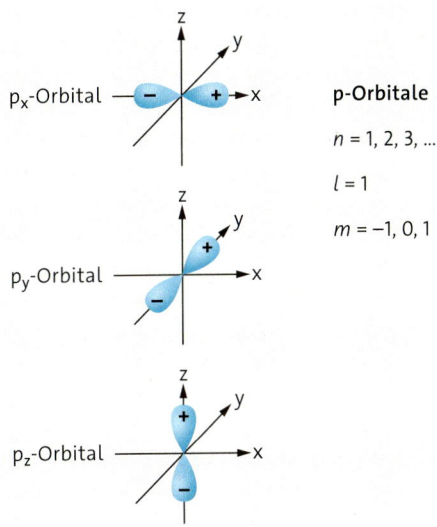

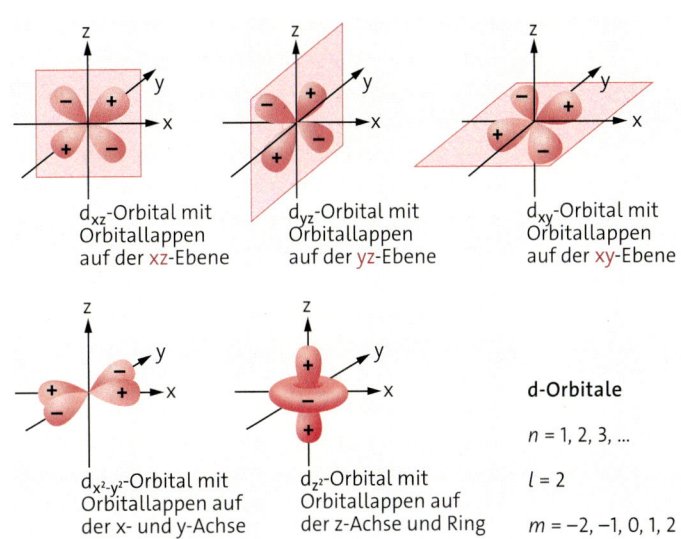

03 Die drei verschiedenen p-Orbitale

04 Die fünf verschiedenen d-Orbitale

p-ORBITALE Die Elektronen eines p-Niveaus ($l = 1$) besetzen hantelförmige **p-Orbitale**. Die beiden Orbitallappen der Hantel sind umso größer, je größer n ist. Die Hanteln können sich auf drei verschiedene Arten entlang der Koordinatenachsen anordnen. Dementsprechend unterscheidet man für jedes n auch drei verschiedene p-Orbitale: das p_x-Orbital bei Orientierung entlang der x-Achse, das p_y-Orbital bei Orientierung entlang der y-Achse und das p_z-Orbital bei Orientierung entlang der z-Achse. Die verschiedenen p-Orbitale sind durch die drei Orientierungsquantenzahlen $m = -1, 0, 1$ gekennzeichnet. In allen drei Fällen haben die beiden Orbitallappen jeweils unterschiedliche Vorzeichen (↑ **03**).

d-ORBITALE Die Elektronen eines d-Niveaus ($l = 2$) besetzen d-Orbitale. Man unterscheidet für jedes n je fünf verschiedene d-Orbitale ($m = -2, -1, 0, 1, 2$). Vier davon haben die Gestalt einer Doppelhantel mit jeweils unterschiedlich orientierten Orbitallappen, die Fünfte hat die Gestalt einer Einfachhantel mit einem Ring um die Mitte. Wie bei den p-Orbitalen haben die einzelnen Orbitallappen auch hier unterschiedliche Vorzeichen (↑ **04**).

> **Der Orbitalbegriff**
>
> In diesem Buch werden Orbitale vereinfacht als bevorzugte Aufenthaltsbereiche von Elektronen beschrieben. Streng genommen sind aber gar nicht die abgebildeten Kugeln, Hanteln und Doppelhanteln die Orbitale, sondern die abstrakten Wellenfunktionen $\psi_{n,l,m}$, die dahinterstecken. Das ist ein bisschen so, wie wenn in der Mathematik eine Funktion und ihr Schaubild gleichgesetzt würden. Das Schaubild ist nur eine grafische Veranschaulichung der Funktion, so wie die dreidimensionalen Raumbereiche nur eine Veranschaulichung der Wellenfunktionen $\psi_{n,l,m}$ sind. Identisch sind die beiden Objekte jeweils nicht!
>
>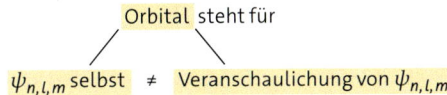
>
> Wie jede Vereinfachung hat auch diese ihre Grenzen. Nicht alles, was über die Wellenfunktionen erklärbar und sogar exakt berechenbar wäre, sieht man auch den dreidimensionalen „Orbitalen" an. Diese Grenzen liegen allerdings weit außerhalb der Schulchemie.

1⟩ Erläutern Sie ausgehend von den Doppelspaltexperimenten, was man unter dem „Welle-Teilchen-Dualismus" versteht (↑ S. 320).
2⟩ Erläutern Sie, warum das Schalenmodell der Atomhülle und die Heisenberg'sche Unschärferelation nicht miteinander vereinbar sind (↑ S. 321).
3⟩ Geben Sie an, welche Bedeutung n, l und m für das Aussehen eines Orbitals haben.
4⟩ Jemand sagt: „Durch die Symbole ‚+' und ‚−' in einem Orbital wird klar, an welcher Stelle das Orbital positiv bzw. negativ geladen ist." Nehmen Sie Stellung zu dieser Aussage.
5⟩ Erklären Sie den Zusammenhang zwischen der Schrödinger-Gleichung und einem Orbital. Unterscheiden Sie dabei den fachlich korrekten und den vereinfachten Orbitalbegriff.

9.4 Elektronenkonfiguration der Atome

In einem Atom besetzen die Elektronen unterschiedliche Orbitale. Die genaue Verteilung der Elektronen auf die einzelnen Orbitale wird als **Elektronenkonfiguration** bezeichnet.

Zur Angabe der Elektronenkonfiguration werden die Orbitale üblicherweise als kleine Kästchen dargestellt und die Elektronen als Pfeile in den Kästchen. Im einfachsten Fall, beim Wasserstoff-Atom ($Z = 1$), besetzt ein Elektron das 1s-Orbital:

H   1s [↑]

PAULI-PRINZIP Jedem Elektron kann eine Eigendrehung (engl.: *spin*) zugeschrieben werden. Anschaulich kann man sich ein Elektron als kleine Kugel vorstellen, die sich entweder links- oder rechtsherum um die eigene Achse dreht (↑ 01).

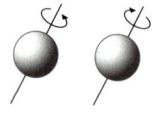

01 Veranschaulichung des Spins eines Elektrons

Die beiden Situationen werden durch die Pfeilrichtung ↑ und ↓ bzw. durch die beiden **Spinquantenzahlen** $s = +\frac{1}{2}$ und $s = -\frac{1}{2}$ unterschieden. Die Spinquantenzahl s ist neben der Hauptquantenzahl n, der Nebenquantenzahl l und der Orientierungsquantenzahl m die vierte und letzte Quantenzahl zur Charakterisierung von Elektronen.

WOLFGANG PAULI stellte 1925 fest, dass es in einem Atom keine zwei Elektronen gibt, die in allen vier Quantenzahlen übereinstimmen. Nach dem **PAULI-Prinzip** müssen sich also zwei Elektronen im gleichen Orbital in ihrem Spin unterscheiden, da sie schon in n, l und m übereinstimmen:

> **PAULI-Prinzip:** Zwei Elektronen, die das gleiche Orbital besetzen, unterscheiden sich in ihrem Spin.

Für die Elektronenkonfiguration des Helium-Atoms ($Z = 2$) bedeutet dies:

He   richtig: 1s [↑↓]

     falsch: 1s [↑↑]

Aufgrund des PAULI-Prinzips kann jedes Elektron in einem Atom mit den vier Quantenzahlen eindeutig charakterisiert werden (↑ 02).

ENERGIEPRINZIP Beim Lithium-Atom ($Z = 3$) sind zwei Orbitale zu besetzen, das 1s- und das 2s-Orbital. Die Reihenfolge der Besetzung entspricht der Reihenfolge der zugehörigen Energieniveaus:

Li   richtig: 1s [↑↓]   2s [↑]

     falsch: 1s [↑]   2s [↑↓]

Im Grundzustand wird das energieärmere 1s-Orbital zuerst und erst danach das energiereichere 2s-Orbital besetzt.

> **Energieprinzip:** Orbitale werden in der Reihenfolge der Energieniveaus besetzt.

Die energetische Reihenfolge entspricht zunächst der Reihenfolge der Haupt- und Nebenquantenzahlen: 1s → 2s → 2p → 3s → 3p. Danach kommt es zu Unregelmäßigkeiten, erstmals beim 4s-Orbital. Es liegt trotz höherer Hauptquantenzahl energetisch *unterhalb* der 3d-Orbitale und wird entsprechend *vorher* besetzt. So sind beim Kalium-Atom ($Z = 19$) die 3d-Orbitale noch komplett unbesetzt. (↑ 03). Mithilfe des Schachbrettschemas lässt sich die korrekte Abfolge der Energieniveaus ermitteln. Folgt

Quantenzahlen				Anzahl an Elektronen	
n	l	m	s		Verteilung auf …
1	0	0	$+\frac{1}{2}, -\frac{1}{2}$	2	ein 1s-Orbital
2	0	0	$+\frac{1}{2}, -\frac{1}{2}$	2	ein 2s-Orbital
	1	−1, 0, 1	$+\frac{1}{2}, -\frac{1}{2}$	6	drei 2p-Orbital
3	0	0	$+\frac{1}{2}, -\frac{1}{2}$	2	ein 3s-Orbital
	1	−1, 0, 1	$+\frac{1}{2}, -\frac{1}{2}$	6	drei 3p-Orbitale
	2	−2, −1, 0, 1, 2	$+\frac{1}{2}, -\frac{1}{2}$	10	fünf 3d-Orbitale

02 Quantenzahlen und Elektronenverteilung

03 Elektronenkonfiguration des Kalium-Atoms ($Z = 19$)

9.4 Elektronenkonfiguration der Atome

man den Pfeilen, so ergibt sich die Besetzungsreihenfolge der Orbitale (↑ 04):
1s → 2s → 2p → 3s → 3p → 4s → 3d → 4p → 5s → 4d → 5p → 6s → 4f → 5d → 6p → 7s → 5f → 6d → 7p

HUND'SCHE REGEL: Orbitale eines gleichen Energieniveaus werden zunächst alle nacheinander mit jeweils einem Elektron gleichen Spins besetzt, erst dann werden sie mit dem zweiten Elektron aufgefüllt. So sind z. B. beim Stickstoff-Atom ($Z = 7$) die drei 2p-Orbitale zunächst mit je nur einem Elektron besetzt:

N richtig: 1s [↑↓] 2s [↑↓] 2p [↑][↑][↑]
   falsch: 1s [↑↓] 2s [↑↓] 2p [↑↓][↑][ ]

Der **Gesamtspin** in den p-Orbitalen, also die Summe der drei Spinquantenzahlen, ist bei dieser Anordnung maximal ($\frac{1}{2} + \frac{1}{2} + \frac{1}{2} = \frac{3}{2}$ statt $\frac{1}{2} - \frac{1}{2} + \frac{1}{2} = \frac{1}{2}$). Auch im Sauerstoff-Atom ($Z = 8$) ist der Gesamtspin in den p-Orbitalen maximal ($\frac{1}{2} - \frac{1}{2} + \frac{1}{2} + \frac{1}{2} = 1$ statt $\frac{1}{2} - \frac{1}{2} + \frac{1}{2} - \frac{1}{2} = 0$).

O richtig: 1s [↑↓] 2s [↑↓] 2p [↑↓][↑][↑]
   falsch: 1s [↑↓] 2s [↑↓] 2p [↑↓][↑↓][ ]

Das allgemeine Prinzip hinter dieser „Spinverteilung" formulierte der deutschen Physiker FRIEDRICH HERMANN HUND:

> **HUND'sche Regel:** Energiegleiche Orbitale werden so mit Elektronen besetzt, dass sich ein maximaler Gesamtspin ergibt.

1) Geben Sie die für die folgenden Atome bzw. Ionen die Elektronenkonfiguration in der Kästchenschreibweise und in der vereinfachten Schreibweise an.
  a Mg-Atom und Sc-Atom
  b Mg^{2+}-Ion und K$^+$-Ion
  c S^{2-}-Ion und Br$^-$-Ion

2) Geben Sie das Symbol für das Atom bzw. Ion mit der folgenden Elektronenkonfiguration an:
  a [Ne] 3s^{2}3p^5 (elektrisch neutrales Atom)
  b [Ar] 4s^{2}3d^{10} (zweifach positiv geladenes Ion)

3) Erklären Sie, inwiefern die folgenden Angaben fehlerhaft sind, und korrigieren Sie sie.
  a Mn-Atom

  [Ar] 4s [↑↑] 3d [↑↓][↑↓][↑][ ][ ]

  b Zn-Atom: [Ar] 4s^{2}4p^{6}4d^4
  c [Kr] 4d^{8}5s^{2}5p^2 (zweifach positiv geladenes Ion)

VEREINFACHTE SCHREIBWEISE Genügt es, ohne Betrachtung der Orbitale anzugeben, wie viele Elektronen welches Ergieniveau besetzen, kann die Kästchenschreibweise vereinfacht werden (↑ 05). Beim Stickstoff-Atom z. B. besetzen zwei Elektronen das 1s-Niveau, zwei Elektronen das 2s-Niveau und die übrigen drei Elektronen das 2p-Niveau. Man schreibt hierfür vereinfacht 1s^{2}2s^{2}2p^3.
Die Elektronenkonfiguration des Sauerstoff-Atoms kann entsprechend mit 1s^{2}2s^{2}2p^4 angegeben werden. Um zu lange Ausdrücke zu vermeiden, kann die Elektronenkonfiguration ausgehend vom letzten Edelgas-Atom zusammengefasst werden. So schreibt man beispielsweise beim Natrium-Atom ($Z = 11$) statt 1s^{2}2s^{2}2p^{6}3s^1 einfach [Ne]3s^1, beim Kalium-Atom entsprechend [Ar]4s^1.

Sprachregelung für der Besetzung von Orbitalen:

[↑↓] *voll besetzt*

[↑] *halb besetzt*

[ ] *unbesetzt*

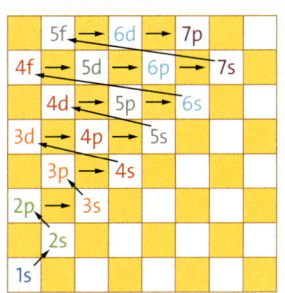

Merkhilfe Schachbrettschema: Folgt man den Pfeilen auf dem Schachbrett, ergibt sich die Reihenfolge der Energieniveaus (Energieprinzip).

04 Schachbrettschema zur Ermittlung der Besetzungsreihenfolge

Atom	Kästchenschreibweise				Vereinfachte Schreibweise
	1s	2s	2p	3s	
H	[↑]	[ ]	[ ][ ][ ]	[ ]	1s^1
He	[↑↓]	[ ]	[ ][ ][ ]	[ ]	1s^2
Li	[↑↓]	[↑]	[ ][ ][ ]	[ ]	1s^2 2s^1
Be	[↑↓]	[↑↓]	[ ][ ][ ]	[ ]	1s^2 2s^2
B	[↑↓]	[↑↓]	[↑][ ][ ]	[ ]	1s^2 2s^2 2p^1
C	[↑↓]	[↑↓]	[↑][↑][ ]	[ ]	1s^2 2s^2 2p^2
N	[↑↓]	[↑↓]	[↑][↑][↑]	[ ]	1s^2 2s^2 2p^3
O	[↑↓]	[↑↓]	[↑↓][↑][↑]	[ ]	1s^2 2s^2 2p^4
F	[↑↓]	[↑↓]	[↑↓][↑↓][↑]	[ ]	1s^2 2s^2 2p^5
Ne	[↑↓]	[↑↓]	[↑↓][↑↓][↑↓]	[ ]	1s^2 2s^2 2p^6

05 Elektronenkonfiguration der Atome bis $Z = 10$

9.5 Aufbau des Periodensystems

HAUPTGRUPPEN Die Atome im Periodensystem der Elemente (PSE) sind nach steigender Kernladungszahl Z angeordnet. Die ersten 18 Atome verteilen sich auf drei **Perioden** und acht **Hauptgruppen** (↑ 01). Die Nummer der Periode entspricht der Hauptquantenzahl n der äußeren besetzten Schale (Außen- oder Valenzschale), die Nummer der Hauptgruppe entspricht der Anzahl der Elektronen in der Außenschale, also der Anzahl der **Valenzelektronen**.

Beispiele: Das Fluor-Atom steht in der zweiten Periode in der Hauptgruppe VII. Das bedeutet, dass hier die L-Schale ($n = 2$) als Außenschale mit sieben Valenzelektronen besetzt ist. Zwei Elektronen besetzen dabei das 2s-Orbital, fünf Elektronen die 2p-Orbitale. Die **Valenzelektronenkonfiguration** ist $2s^2 2p^5$.

Das Chlor-Atom hat ebenfalls sieben Valenzelektronen und mit $3s^2 3p^5$ eine entsprechende Valenzelektronenkonfiguration für $n = 3$. Es steht daher ebenfalls in Hauptgruppe VII, allerdings in der dritten Periode. Die Übereinstimmung in der Anzahl an Valenzelektronen bedingt die chemische Verwandtschaft der zugehörigen Elemente Fluor und Chlor, die beide zur Elementfamilie der Halogene gehören.

NEBENGRUPPEN Nach Besetzung der 3p-Orbitale werden nicht die fünf 3d-Orbitale besetzt, sondern zunächst das energieärmere 4s-Orbital (↑ Schachbrettschema, S. 325). Dementsprechend stehen das Kalium-Atom und das Calcium-Atom mit den Valenzelektronenkonfigurationen $4s^1$ und $4s^2$ in den Hauptgruppen I und II der vierten Periode. Erst ab dem Scandium-Atom werden die 3d-Orbitale nach und nach mit Elektronen aufgefüllt. Die vierte Periode erweitert sich aus diesem Grund um zehn **Nebengruppenatome** ($Z = 21$ bis $Z = 30$), die zwischen die Hauptgruppen II und III eingefügt sind (↑ 02). Auch die fünfte, sechste und siebte Periode erweitern sich durch Auffüllen der 4d-, 5d- und 6d-Orbitale um jeweils zehn Nebengruppenatome.

> Durch Auffüllen der d-Orbitale erweitern sich die vierte bis siebte Periode jeweils um zehn Nebengruppenatome.

Alle Nebengruppenelemente sind typische Metalle. Vertreter wie Eisen, Kupfer und Gold zählen zu den wichtigsten Metallen überhaupt.

Periode	\multicolumn{8}{c}{Hauptgruppe}							
	I	II	III	IV	V	VI	VII	VIII
1	$Z=1$ H $1s^1$							$Z=2$ He $1s^2$
2	$Z=3$ Li $2s^1$	$Z=4$ Be $2s^2$	$Z=5$ B $2s^2 2p^1$	$Z=6$ C $2s^2 2p^2$	$Z=7$ N $2s^2 2p^3$	$Z=8$ O $2s^2 2p^4$	$Z=9$ F $2s^2 2p^5$	$Z=10$ Ne $2s^2 2p^6$
3	$Z=11$ Na $3s^1$	$Z=12$ Mg $3s^2$	$Z=13$ Al $3s^2 3p^1$	$Z=14$ Si $3s^2 3p^2$	$Z=15$ P $3s^2 3p^3$	$Z=16$ S $3s^2 3p^4$	$Z=17$ Cl $3s^2 3p^5$	$Z=18$ Ar $3s^2 3p^6$
	1	2	3	4	5	6	7	8
	\multicolumn{8}{c}{Anzahl Valenzelektronen (**s**-Elektronen und **p**-Elektronen)}							

01 Valenzelektronenkonfiguration der ersten 18 Atome im PSE

Periode	\multicolumn{8}{c}{Hauptgruppe}							
	I	II	III	IV	V	VI	VII	VIII
4	$Z=19$ K $4s^1$	$Z=20$ Ca $4s^2$	$Z=31$ Ga $4s^2 4p^1$	$Z=32$ Ge $4s^2 4p^2$	$Z=33$ As $4s^2 4p^3$	$Z=34$ Se $4s^2 4p^4$	$Z=35$ Br $4s^2 4p^5$	$Z=36$ Kr $4s^2 4p^6$

$Z=21$ Sc $3d^1 4s^2$	$Z=22$ Ti $3d^2 4s^2$	$Z=23$ V $3d^3 4s^2$	$Z=24$ **Cr** $3d^5 4s^1$	$Z=25$ Mn $3d^5 4s^2$	$Z=26$ Fe $3d^6 4s^2$	$Z=27$ Co $3d^7 4s^2$	$Z=28$ Ni $3d^8 4s^2$	$Z=29$ **Cu** $3d^{10} 4s^1$	$Z=30$ Zn $3d^{10} 4s^2$
3	4	5	6	7	8	9	10	11	12

Anzahl Valenzelektronen (**4s**-Elektronen und **3d**-Elektronen)

02 Das Auffüllen der 3d-Orbitale führt zu einer Erweiterung der vierten Periode um 10 Nebengruppenatome; **Cr**, **Cu**: Atome mit unregelmäßiger Valenzelektronenkonfiguration.

9.5 Aufbau des Periodensystems

Bei Nebengruppenatomen sind die Elektronen in den energetisch höchsten s- und d-Orbitalen Valenzelektronen. Atome der gleichen Nebengruppe stimmen in der Anzahl der Valenzelektronen überein. Die Atome der *Chromgruppe* (Cr, Mo, W) haben beispielsweise sechs Valenzelektronen, die Atome der *Kupfergruppe* (Cu, Ag, Au) elf. Beim Chrom-Atom ist die Valenzelektronenkonfiguration $3d^54s^1$ gegenüber der zu erwartenden Verteilung $3d^44s^2$ bevorzugt, beim Kupfer-Atom die Anordnung $3d^{10}4s^1$ gegenüber $3d^94s^2$. Halbbesetzte bzw. vollbesetzte d-Orbitale sind energetisch besonders günstig. Das zeigt sich auch beim Molybdän-Atom ($4d^55s^1$), beim Silber-Atom ($4d^{10}5s^1$) und beim Gold-Atom ($5d^{10}6s^1$).

LANTHANOIDE UND ACTINOIDE Nach Besetzung des 6s-Orbitals wird zunächst wie zu erwarten ein 5d-Orbital besetzt, d. h., das Lanthan-Atom (Z = 57) hat die Valenzelektronenkonfiguration $5d^16s^2$. Danach werden aber nicht die 5d-Orbitale weiter aufgefüllt, sondern zunächst die sieben energieärmeren 4f-Orbitale (↑ Schachbrettschema, S. 325). Dementsprechend folgen auf das Lanthan-Atom zunächst 14 **Lanthanoid-Atome** (Z = 58 bis Z = 71). Die zugehörigen Elemente, z. B. Cer (Ce), Neodym (Nd), Europium (Eu) und Thulium (Tm), sind ebenfalls Metalle. Sie heißen **Lanthanoide** und zählen zu den sogenannten *Seltenen Erden*, wenngleich ihr Name trügt: Selbst das seltenste Lanthanoid Thulium kommt häufiger vor als Gold. Die *Seltenen Erden* haben besondere chemische Eigenschaften und spielen eine wichtige Rolle in vielen Hightechprodukten wie Smartphones und Laptops. Auch die Produktion moderner Elektromotoren ist ohne sie nicht denkbar.

Die siebte Periode erweitert sich durch Auffüllen der 5f-Orbitale wiederum um 14 Atome, die **Actinoid-Atome** (Z = 90 bis Z = 103). Wie alle Atome mit Z > 83 weisen auch diese Atome instabile Kerne auf, die unter Aussendung von energiereicher Strahlung zerfallen. Die zugehörigen Elemente, die Actinoide, sind demnach alle radioaktiv und spielen daher eine weitaus geringere praktische Rolle als die Lanthanoide.

> Durch Auffüllen der f-Orbitale erweitern sich die sechste und siebte Periode um jeweils vierzehn weitere Atome, die Lanthanoid-Atome und die Actinoid-Atome.

Nach dem geschilderten Aufbauprinzip des Periodensystems können insgesamt 118 Atome in sieben Perioden eingeteilt werden. Davon gehören 50 Atome in die acht Hauptgruppen, 40 in die zehn Nebengruppen und je 14 zur Lanthanoid- bzw. Actinoid-Reihe.

1) Begründen Sie, inwiefern die Stellung des Helium-Atoms im PSE und seine Valenzelektronenkonfiguration im Widerspruch stehen.
2) Geben Sie die Gesamtelektronenkonfiguration und die Valenzelektronenkonfigurationen der Nebengruppenatome aus der fünften Periode des PSE an (Z = 39 bis Z = 48).
3) Geben Sie die Gesamtelektronenkonfiguration und die Valenzelektronenkonfiguration der Atome der V. Hauptgruppe an.
4) Beschreiben Sie, inwiefern beim Gadolinium-Atom (Z = 64) die Valenzelektronenkonfiguration unregelmäßig ist. Äußern Sie eine Vermutung für die Ursache dieser Unregelmäßigkeit.

Periode	Hauptgruppe							
	I	II	III	IV	V	VI	VII	VIII
6	Z = 55 Cs $6s^1$	Z = 56 Ba $6s^2$	Z = 81 Ti $6s^26p^1$	Z = 82 Pb $6s^26p^2$	Z = 83 Bi $6s^26p^3$	Z = 84 Po $6s^26p^4$	Z = 85 At $6s^26p^5$	Z = 86 Rn $6s^26p^6$

Z = 57 La $5d^16s^2$	Z = 72 Hf $5d^26s^2$	Z = 73 Ta $5d^36s^2$	Z = 74 W $5d^46s^2$	Z = 75 Re $5d^56s^2$	Z = 76 Os $5d^66s^2$	Z = 77 Ir $5d^76s^2$	Z = 78 Pt $5d^96s^1$	Z = 79 Au $5d^{10}6s^1$	Z = 80 Hg $5d^{10}6s^2$

Z = 58 Ce $4f^15d^16s^2$	Z = 59 Pr $4f^35d^06s^2$	Z = 60 Nd $4f^45d^06s^2$	Z = 61 Pm $4f^55d^06s^2$	Z = 62 Sm $4f^65d^06s^2$	Z = 63 Eu $4f^75d^06s^2$	Z = 64 Gd $4f^75d^16s^2$	Z = 65 Tb $4f^95d^06s^2$	Z = 66 Dy $4f^{10}5d^06s^2$	Z = 67 Ho $4f^{11}5d^06s^2$	Z = 68 Er $4f^{12}5d^06s^2$	Z = 69 Tm $4f^{13}5d^06s^2$	Z = 70 Yb $4f^{14}5d^06s^2$	Z = 71 Lu $4f^{14}5d^16s^2$
4	5	6	7	8	9	10	11	12	13	14	15	16	17

Anzahl Valenzelektronen (6s-Elektronen, 5d-Elektronen und 4f-Elektronen)

03 Das Auffüllen der 4f-Orbitale führt zu einer Erweiterung der sechsten Periode um 14 Lanthanoid-Atome; Pt, Au, Gd: Atome mit unregelmäßiger Valenzelektronenkonfiguration.

9.6 Elektronenpaarbindung im Orbitalmodell

Allgemein gilt, dass sich Nichtmetall-Atome über Elektronenpaarbindungen zu Molekülen verbinden. Die Bindungsverhältnisse in Molekülen werden durch **Lewis-Formeln (Valenzstrichformeln)** ausgedrückt. Ein Strich zwischen den Atomsymbolen steht für ein *bindendes Elektronenpaar*. Elektronenpaare, die nicht an einer Bindung teilnehmen, heißen *freie Elektronenpaare* (↑ 01). Sie werden durch einen Strich am Atomsymbol repräsentiert.

> Die Bindung in Molekülen erfolgt durch bindende Elektronenpaare.

BILDUNG DES WASSERSTOFF-MOLEKÜLS (H_2) Sind zwei Wasserstoff-Atome weit genug voneinander entfernt, so gibt es praktisch keinerlei Wechselwirkung zwischen ihnen (↑ 02A). Nähern sich die beiden Atome einander an, so überlappen die beiden kugelförmigen 1s-Orbiale und es entsteht ein gemeinsamer Bindungsbereich zwischen den Atomkernen (↑ 02B), in dem sich beide Elektronen aufhalten. Jedes der beiden Elektronen in diesem Bereich wird von beiden Atomkernen angezogen.

Gleichzeitig stoßen sich die beiden Kerne und die beiden Elektronen jeweils gegenseitig ab. Bei einem Kernabstand von 74 pm sind anziehende und abstoßende Kräfte gerade im Gleichgewicht und das Gesamtsystem nimmt ein Energieminimum an (↑ 02C). Die Elektronenpaarbindung zwischen zwei Wasserstoff-Atomen lässt sich so durch Überlappung von zwei halbbesetzten 1s-Atomorbitalen zu einem vollbesetzten *Molekülorbital* erklären (↑ 02D).

> Elektronenpaarbindungen lassen sich durch Überlappung von Atomorbitalen zu Molekülorbitalen erklären.

Die Überlappung von Orbitalen führt immer dann zu einer Bindung, wenn die zugehörigen Wellenfunktionen in den sich überlagernden Bereichen gleiche Vorzeichen haben. Da die Wellenfunktionen $\psi_{1,0,0}$ der beiden 1s-Orbitale überall positiv sind (↑ S. 322), ist diese Bedingung bei der Bildung des Wasserstoff-Moleküls offensichtlich erfüllt (↑ 02E).

> Die Überlappung von Atomorbitalen führt nur dann zu einer Bindung, wenn die Wellenfunktionen in den sich überlappenden Bereichen gleiche Vorzeichen haben.

Das entstehende Molekülorbital ist rotationssymmetrisch zur Verbindungsachse der Wasserstoff-Atomkerne. Man bezeichnet in diesem Fall die Bindung als σ-**Bindung** (sprich: Sigma-Bindung).

Animation: Bindungsbildung im Wasserstoff-Molekül

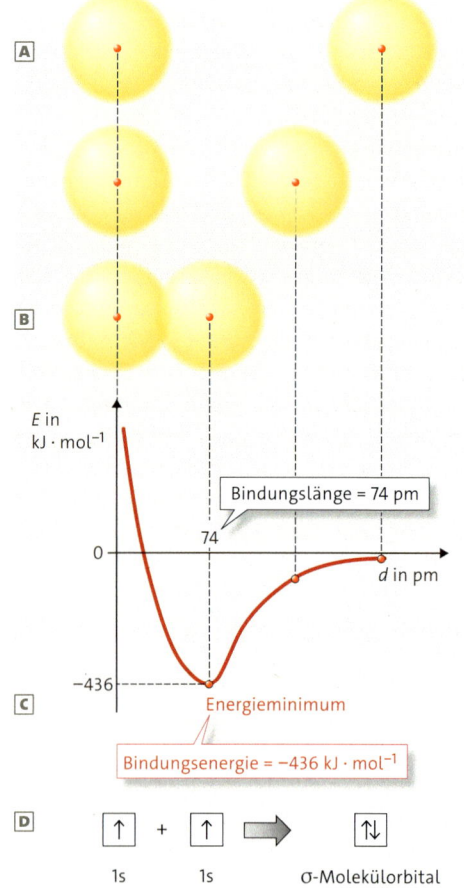

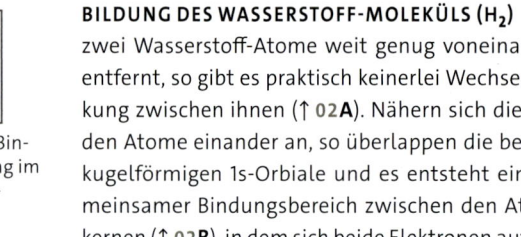

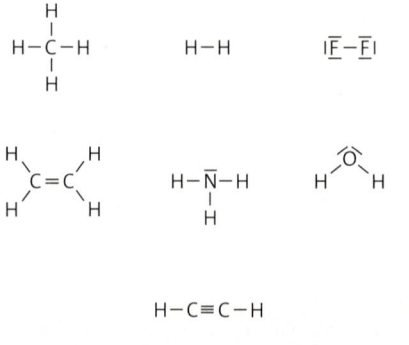

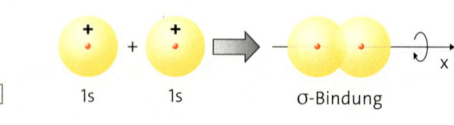

01 Lewis-Formeln verschiedener Moleküle

02 Bildung der H–H-Bindung im Wasserstoff-Molekül

BILDUNG DES FLUOR-MOLEKÜLS (F_2) Das Fluor-Atom hat die Valenzelektronenkonfiguration $2s^2 2p^5$ mit einem vollbesetzten 2s-Orbital und zwei voll- sowie einem halbbesetzten 2p-Orbital. Die Elektronenpaarbindung zwischen zwei Fluor-Atomen ergibt sich aus der Überlappung zweier halbbesetzter 2p-Orbitalen zu einem vollbesetzten Molekülorbital (↑ 03A). Die zwei vollbesetzten 2s- und die vier vollbesetzten 2p-Orbitale werden in der Lewis-Formel als sechs freie Elektronenpaare angegeben. Die beiden Orbitallappen von p-Orbitalen haben unterschiedliche Vorzeichen (↑ S. 322). Zur Bindung kommt es nur bei der Kombination zweier Lappen mit jeweils gleichem Vorzeichen (↑ 03B). Das entstehende Molekülorbital ist wieder rotationssymmetrisch zur Kernverbidungsachse, sodass auch bei der F—F-Bindung von einer σ-Bindung gesprochen wird.

BILDUNG DES METHAN-MOLEKÜLS (CH_4) Das Kohlenstoff-Atom hat im Grundzustand die Valenzelektronenkonfiguration $2s^2 2p^2$ (↑ 04). Nimmt eines der beiden Elektronen im 2s-Orbital Energie auf, so kann es das leere 2p-Orbital besetzen. In diesem energetisch angeregten Zustand liegen nun drei einfach besetzte p-Orbitale und ein einfach besetztes s-Orbital vor, d. h., vom Kohlenstoff-Atom aus können insgesamt vier Elektronenpaarbindungen ausgebildet werden. Im Methan-Molekül sind allerdings die vier C–H-Bindungen absolut gleichartig. Das ist nur so zu erklären, dass sich die vier Atomorbitale vor der Bindungsbildung zu vier Orbitalen gleicher Energie und gleicher Form „vermischen". Dieser Mischvorgang wird als **Hybridisierung** bezeichnet, die vier Mischorbitale, die aus der Kombination von einem s-Orbital und drei p-Orbitalen hervorgehen, heißen entsprechend **sp^3-Hybridorbitale**.

> Unterschiedliche Atomorbitale können sich zu gleichartigen Hybridorbitalen vermischen.

Ein sp^3-Hybridorbital hat die Gestalt einer Hantel mit einem kleinen negativen Lappen und einem sehr viel größeren positiven Lappen (↑ 05A). Zur Vereinfachung genügt es, nur den positiven Lappen darzustellen. Die vier $2sp^3$-Hybridorbitale sind zu den Ecken eines Tetraeders hin ausgerichtet. Das hat auch einen möglichst großen Abstand der sich abstoßenden Elektronenpaare zur Folge. Zwei $2sp^3$-Hybridorbitale schließen einen Winkel von 109,5°, d. h. einen Tetraederwinkel, ein (↑ 05B).

Bei der Bildung des Methan-Moleküls überlappen nun die vier $2sp^3$-Hybridorbitale eines Kohlenstoff-Atoms mit den 1s-Orbitalen von vier Wasserstoff-Atomen. Dabei wird mehr Energie frei, als für die Hybridisierung erforderlich war. Es entsteht ein tetraedrisches Molekül mit dem Kohlenstoff-Atom im Zentrum und vier gleichartigen σ-Bindungen zu den Wasserstoff-Atomen (↑ 06). Anders als die Lewis-Formel vermuten lässt, betragen die H–C–H-Bindungswinkel im Methan-Molekül daher nicht 90°, sondern 109,5° (↑ 05B).

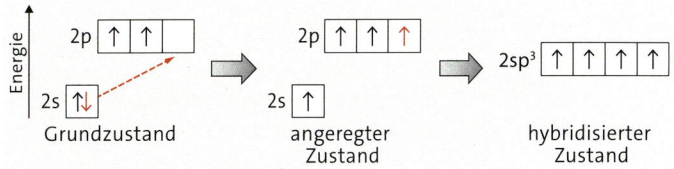

04 Bildung von sp^3-Hybridorbitalen

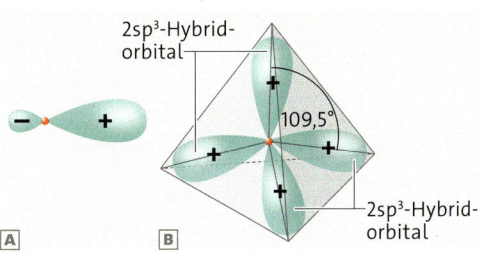

05 Gestalt und Ausrichtung der sp^3-Hybridorbitale

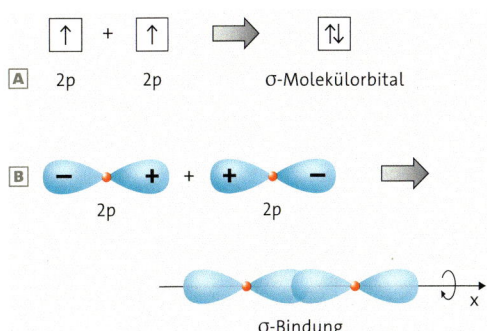

03 Bildung der F–F-Bindung im Fluor-Molekül

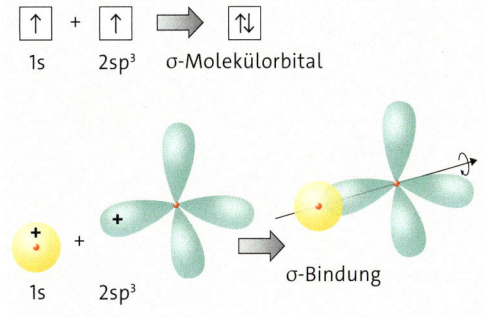

06 Bildung einer H–C-Bindung im Methan-Molekül

Bindungswinkel und Mehrfachbindungen

ABWEICHUNG VOM TETRAEDERWINKEL Im Amoniak-Molekül (NH_3) liegt das Stickstoff-Atom ebenfalls sp^3-hybridisiert vor. Allerdings sind in diesem Fall nur drei der vier Hybridorbitale halb besetzt, eines ist voll besetzt. Das vollbesetzte Hybridorbital wird in der Lewis-Formel als freies Elektronenpaar angegeben. Das NH_3-Molekül ist ein pyramidales Molekül mit dem Stickstoff-Atom in der Spitze. Der H–N–H-Bindungswinkel beträgt 107°, ist also etwas kleiner als der Tetraederwinkel beim Methan-Molekül. Das liegt an dem freien Elektronenpaar. Es nimmt etwas mehr Raum ein als ein bindendes Elektronenpaar und drückt daher die drei N–H-Bindungen ein wenig mehr zusammen, als es bei den C–H-Bindungen im Methan-Molekül der Fall ist (↑ **01B**). Dieser Effekt ist beim Wasser-Molekül (H_2O) noch stärker ausgeprägt. Das Sauerstoff-Atom weist nach der sp^3-Hybridisierung zwei halbbesetzte und zwei vollbesetzte $2sp^3$-Hybridorbitale auf. In der Lewis-Formel sind dementsprechend zwei freie Elektronenpaare angegeben. Sie sorgen für eine noch stärkere Verringerung des Bindungswinkels: Das Wasser-Molekül ist ein gewinkeltes Molekül mit einem H–O–H-Bindungswinkel von nur noch 104,5° (↑ **01C**).

ETHEN UND DIE C=C-DOPPELBINDUNG Im Ethan-Molekül (C_2H_6) sind die beiden Kohlenstoff-Atome sp^3-hybridisiert (↑ **02**). Es liegen sechs C–H-Bindungen und eine C–C-Bindung vor. Entsprechend der Überlappung von $2sp^3$- und 1s-Orbitalen handelt es sich um σ-Bindungen. Insgesamt können so von jedem Kohlenstoff-Atom aus vier σ-Bindungen gebildet werden (↑ **03**). Im Ethen-Molekül (C_2H_4) hingegen sind die beiden Kohlenstoff-Atome nicht sp^3-, sondern **sp^2-hybridisiert**. Bei dieser Art der Hybridisierung vermischen sich das halbbesetzte 2s-Orbital und zwei halbbesetzte 2p-Orbitale zu drei halbbesetzten **$2sp^2$-Hybridorbitalen**. Das dritte halbbesetzte 2p-Orbital nimmt nicht an der Hybridisierung teil. Auch bei $2sp^2$-Hybridorbitalen kann zur Vereinfachung nur jeweils der positive Orbitallappen dargestellt werden. Aufgrund der elektrostatischen Abstoßung sind die drei $2sp^2$-Hybridorbitale zu den Ecken eines gleichseitigen Dreiecks hin ausgerichtet. Sie liegen also in einer gemeinsamen Ebene. Zwei $2sp^2$-Hybridorbitale schließen dabei einen Winkel von 120° ein.

Bei der Bildung des Ethen-Moleküls überlappen zwei $2sp^2$-Hybridorbitale der beiden Kohlenstoff-Atome unter Ausbildung einer σ-Bindung. Die übrigen vier $2sp^2$-Hybridorbitale überlappen jeweils mit den 1s-Orbitalen der vier Wasserstoff-Atome. Alle sechs Atome des Moleküls liegen damit auf einer gemeinsamen Ebene, das Ethen-Molekül ist *planar*. Senkrecht auf der Molekülebene stehen die beiden halbbesetzten 2p-Orbitale. Auch sie können überlappen, und zwar aufgrund der unterschiedlichen Vorzeichen der Orbitallappen sowohl oberhalb als auch unterhalb der Ebene.

Auf diese Weise entsteht eine zweite Bindung zwischen den beiden Kohlenstoff-Atomen. Das resultierende Molekülorbital ist in diesem Fall allerdings nicht rotationssymmetrisch zur C–C-Achse. Es handelt sich bei der zweiten Bindung demnach nicht

Auch im Benzol-Molekül sind alle sechs Kohlenstoff-Atome sp^2-hybridisiert (↑ S.332).

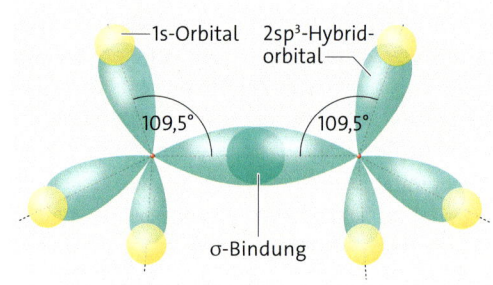

02 Im Ethan-Molekül sind die C-Atome sp^3-hybridisiert.

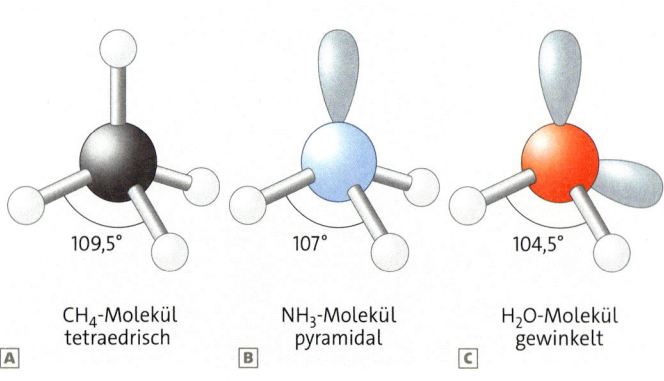

01 Molekülgeometrie und Bindungswinkel

03 Bildung und Ausrichtung von sp^2-Hybridorbitalen

um eine σ-Bindung. Die Bindung, die durch die „doppelte Überlappung" von p-Orbitalen entsteht, wird zur Unterscheidung als π-Bindung (sprich: Pi-Bindung) bezeichnet (↑ 04).

> Das Ethen-Molekül ist planar. Die C=C-Doppelbindung setzt sich aus einer σ- und einer π-Bindung zusammen.

Durch die π-Bindung kommt es zu einer starren Anordnung der Atome im Molekül, sodass sie um die C=C-Doppelbindung nicht frei drehbar sind. Experimentelle Befunde zeigen: Die C=C-Doppelbindung (molare Bindungsenergie: 614 kJ · mol^{-1}) ist schwächer als zwei C–C-Einfachbindungen (molare Bindungsenergie: 348 kJ · mol^{-1}).

ETHIN UND DIE C≡C-DREIFACHBINDUNG Im Ethin-Molekül (C_2H_2) sind die beiden Kohlenstoff-Atome sp-hybridisiert (↑ 05), d. h., pro Kohlenstoff-Atom stehen zwei halbbesetzte 2p-Orbitale und zwei halbbesetzte 2sp-Hybridorbitale für Bindungen zur Verfügung. Die beiden 2sp-Hybridorbitale eines Kohlenstoff-Atoms liegen auf einer gemeinsamen Geraden. Im Ethin-Molekül können entsprechend eine C–C-σ-Bindung und zwei C–H-σ-Bindungen ausgebildet werden. Durch jeweils „doppelte Überlappung" der insgesamt vier paarweise zueinander senkrecht stehenden 2p-Orbitale werden zusätzlich zwei C–C-π-Bindungen ausgebildet. Alle vier Atome des Ethin-Moleküls liegen schließlich auf einer Geraden, das Molekül ist linear (↑ 06).

> Das Ethin-Molekül ist linear. Die C–C-Dreifachbindung setzt sich aus einer σ- und zwei π-Bindungen zusammen.

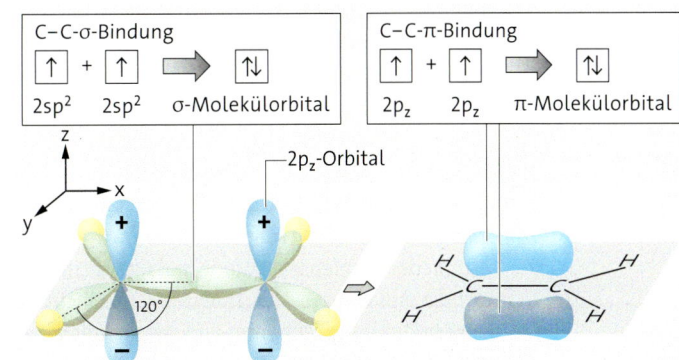

04 Im Ethen-Molekül sind die C-Atome sp^2-hybridisiert.

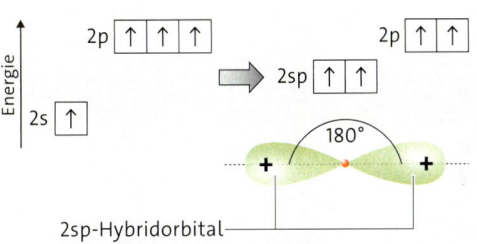

05 Bildung und Ausrichtung der sp-Hybridorbitale

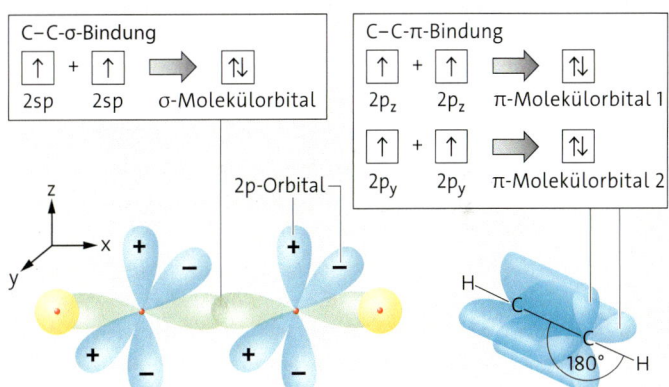

06 Im Ethin-Molekül sind die C-Atome sp-hybridisiert.

1) Beschreiben Sie die Bildung eines Fluorwasserstoff-Moleküls (HF) durch Überlappung von Orbitalen.

2) Im Chlormethan-Molekül (CH_3Cl) ist das Kohlenstoff-Atom sp^3-hybridisiert.
 a Beschreiben Sie die Bildung eines Chlormethan-Moleküls durch Überlappung von Orbitalen.
 b Treffen Sie eine Aussage über die Molekülgeometrie und die Bindungswinkel.

3) Im Sauerstoff-Molekül (O_2) sind die beiden Sauerstoff-Atome sp^2-hybridisiert.
 a Beschreiben Sie den Übergang vom Grundzustand über den angeregten Zustand zum hybridisierten Zustand eines Sauerstoff-Atoms (↑ 04).
 b Beschreiben Sie die Bildung eines Sauerstoff-Moleküls (O_2) durch Überlappung von Orbitalen.

4) Abgebildet ist die Lewis-Formel eines Kohlenstoffdioxid-Moleküls (CO_2).

$$\langle \overline{\underline{O}} = C = \overline{\underline{O}} \rangle$$

 a Begründen Sie, welche Art von Hybridisierung bei beiden Kohlenstoff-Atomen vorliegt.
 b Beschreiben Sie die Bildung eines Kohlenstoffdioxid-Moleküls durch Überlappung von Orbitalen.

Das Benzol-Molekül im Orbitalmodell

Bildung von sp²-Hybridorbitalen ↑ S. 330

Im Benzol-Molekül (C₆H₆) sind alle sechs Kohlenstoff-Atome sp²-hybridisiert, d. h., jedes Kohlenstoff-Atom kann insgesamt drei σ-Bindungen ausbilden, zwei zu benachbarten Kohlenstoff-Atomen und eine zu einem Wasserstoff-Atom. Das entstehende Bindungsgerüst liegt in einer Ebene, alle Bindungswinkel betragen 120° (↑ **01A**). So ist zu verstehen, dass das Benzol-Molekül als regelmäßiges Sechseck vorliegt. Jedes Kohlenstoff-Atom verfügt weiterhin über ein einfachbesetztes 2p-Orbital, das nicht an der Hybridisierung teilnimmt und das senkrecht auf der Molekülebene steht. Dabei weist jeweils ein Orbitallappen nach oben, einer nach unten. Würden die p-Orbitale paarweise überlappen, so ergäben sich drei lokalisierte π-Bindungen. Tatsächlich überlappt jedes p-Orbital gleichmäßig mit beiden benachbarten p-Orbitalen, sodass sich ein delokalisiertes π-Elektronensystem ausbildet, das aus zwei geschlossenen Ringen oberhalb und unterhalb der Molekülebene besteht (↑ **01B**).

> Das Benzol-Molekül ist ein ebenes, regelmäßiges Sechseck. Die sechs C-Atome im Benzol-Molekül sind sp²-hybridisiert. Die Überlappung der sechs p-Orbitale führt zu einem delokalisierten π-Elektronensystem.

Mit spezieller Software, die quantenmechanische Berechnungen ausführt, kann die Verteilung der Elektronendichte über ein Molekül hinweg berechnet und durch einen Farbcode dargestellt werden (↑ **02**). Im Wasser-Molekül zeigt sich eine erhöhte Elektronendichte am elektronegativen Sauerstoff-Atom, im Hepta-1,6-dien-Molekül an den beiden lokalisierten C=C-Doppelbindungen. Das Benzol-Molekül hingegen weist eine gleichmäßig erhöhte Elektronendichte zwischen allen sechs Kohlenstoff-Atome auf. Das zeigt eindrucksvoll die Delokalisierung der sechs Bindungselektronen im Ring.

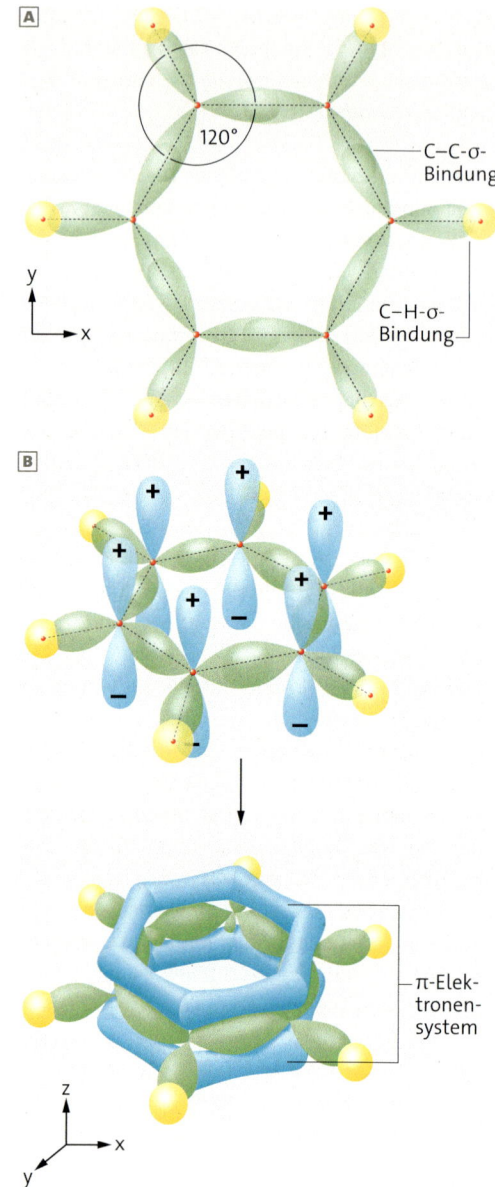

01 Benzol-Molekül im Orbitalmodell

↑ Tipp zum QR-Code in Bild 02:
Drop-down-Menü „Jmol", Auswahl:
„MEP surface lucent" oder
„MEP surface opaque"
Das Molekülmodell ist freibeweglich.

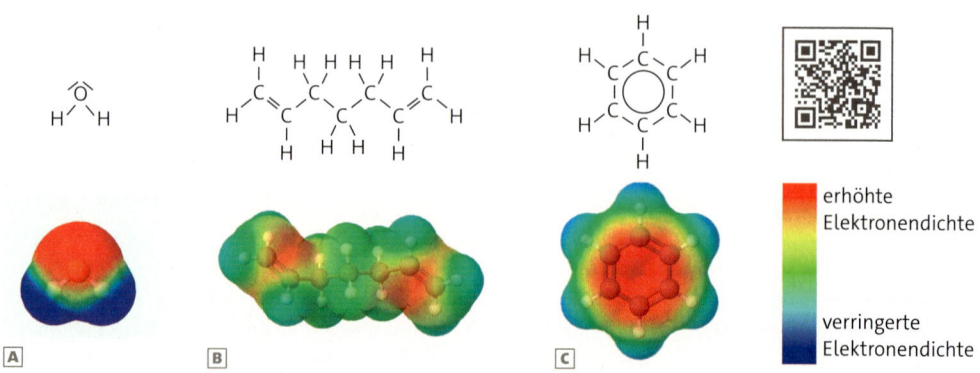

02 Strukturformel und Elektronendichteverteilung verschiedener Moleküle. **A** Wasser, **B** Hepta-1,6-dien, **C** Benzol

Elektronenpaarbindung mit der Molekülorbital-Theorie beschreiben

Bei der bisherigen Betrachtung der Elektronenpaarbindung wird von der Wechselwirkung zwischen Atomen ausgegangen, wenn sie sich annähern und es zur Überlappung von Atomorbitalen zu Molekülorbitalen kommt (↑ S. 328). Ein alternativer Ansatz dazu wurde 1928 von Friedrich Hund und Robert Mulliken vorgestellt. In ihrer **Molekülorbital-Theorie (MO-Theorie)** gehen sie davon aus, dass für jedes Molekül ein Satz von Molekülorbitalen existiert, die durch Kombination der beteiligten Atomorbitale bzw. der zugehörigen Wellenfunktionen entstehen.

Im **Wasserstoff-Molekül (H_2)** entstehen aus zwei 1s-Atomorbitalen der Wasserstoff-Atome A und B zwei σ-Molekülorbitale – eins durch Addition, eins durch Subtraktion der Wellenfunktionen ψ_A und ψ_B. Die Quadrate $(\psi_A + \psi_B)^2$ und $(\psi_A - \psi_B)^2$ geben an, wo sich in den besetzten Molekülorbitalen die Elektronen bevorzugt aufhalten (↑ 01). Im Fall der Addition konzentrieren sie sich zwischen den Atomkernen, sodass eine starke Anziehung zwischen Kernen und Elektronen resultiert. Man spricht von einem *bindenden σ-Molekülorbital*. Bei Subtraktion ergibt sich zwischen den Kernen eine *Knotenebene*, auf der die Elektronenaufenthaltswahrscheinlichkeit null ist. Elektronen in diesem Molekülorbital halten sich bevorzugt außerhalb des Bereichs zwischen den Atomkernen auf, mit der Konsequenz, dass die Abstoßung der Kerne nicht ausgeglichen werden kann. Dies nennt man ein *antibindendes σ*-Molekülorbital*. Da die zwei Elektronen im Wasserstoff-Molekül das energetisch abgesenkte, bindende Molekülorbital besetzen und das energetisch angehobene, antibindende Molekülorbital leer bleibt (↑ 02A), resultiert eine σ-Bindung zwischen den Wasserstoff-Atomen. In einem hypothetischen **Helium-Molekül (He_2)** wäre auch das antibindende Molekülorbital mit zwei Elektronen besetzt (↑ 02B), sodass sich keine σ-Bindung ausbildet, denn die bindende und antibindende Wirkung der besetzten Molekülorbitale heben sich auf.

Im **Sauerstoff-Molekül (O_2)** ergeben sich aus den zehn Atomorbitalen der beiden Sauerstoff-Atome zehn Molekülorbitale, fünf bindende und fünf antibindende (↑ 03A). Die Kombination der 2p-Orbitale führt zu zwei bindenden π-Molekülorbitalen und zu zwei antibindenden π*-Molekülorbitalen. Die 16 Elektronen verteilen sich im Grundzustand so auf die Molekülorbitale, dass zwei Bindungen resultieren und die beiden π*-Molekülorbitale mit je einem Elektron gleichen Spins besetzt sind.

Mit drei mesomeren Grenzformeln können die Bindungsverhältnisse im Sauerstoff-Molekül besser abgebildet werden als mit einer. Die übliche Lewis-Formel (↑ 03B, Mitte) gibt den diradikalischen Charakter des Sauerstoff-Moleküls nicht wieder, die rechte und linke mesomere Grenzformel in ↑ 03B zeigen den falschen Bindungsgrad.

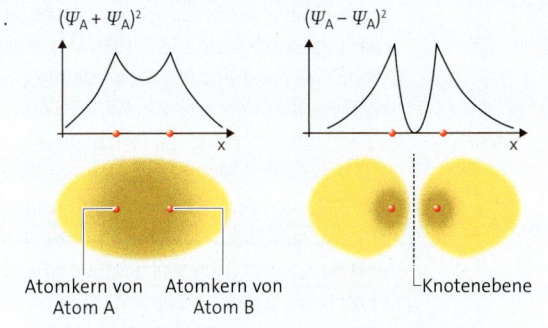

01 Bindendes und antibindendes Molekülorbital eines Wasserstoff-Moleküls H_2

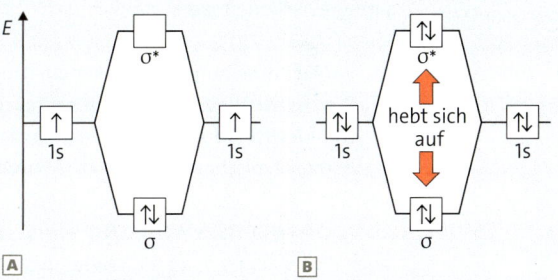

02 Molekülorbital-Schemata. **A** H_2-Molekül, **B** He_2-Molekül (hypothetisch)

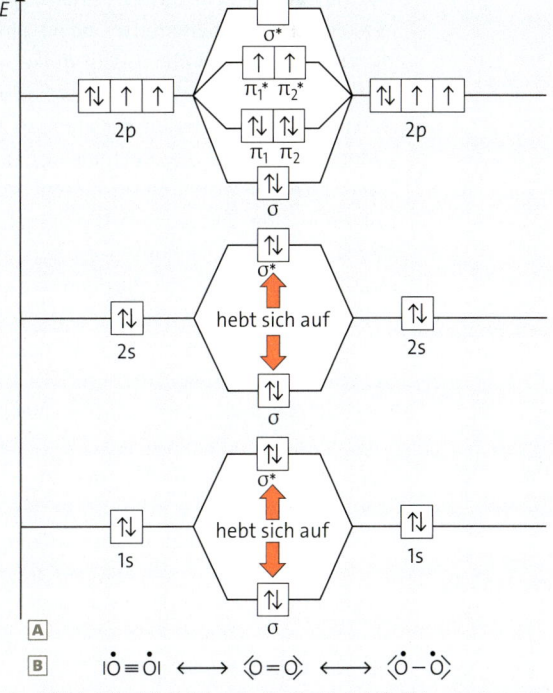

03 A Molekülorbital-Schema des O_2-Moleküls, **A** Lewis-Formeln

9.7 Chemische Wechselwirkungen

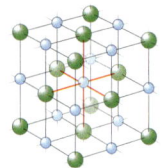

01 Ionengitter

Das Elektronenvolt (eV) ist eine Energieeinheit für mikroskopisch kleine Energiebeträge – ähnlich der Masseneinheit unit (u) für mikroskopisch kleine Massen. Es ist:
$1\,eV = 1{,}602 \cdot 10^{-19}\,J$
$\approx 100\,kJ \cdot mol^{-1}$

IONENBINDUNG Salze sind aus negativ geladenen Anionen und positiv geladenen Kationen aufgebaut. Die unterschiedlich geladenen Ionen ziehen sich gegenseitig an und bilden ein regelmäßiges, dreidimensionales Gitter aus. Die Wechselwirkung zwischen Anionen und Kationen in einem Ionengitter ist dabei so stark, dass man von einer Bindung zwischen den Ionen spricht, der **Ionenbindung**. Die Verhältnisse auf Teilchenebene schlagen sich erkennbar auf die Stoffeigenschaften durch: Salze sind meist kristalline Feststoffe und weisen in der Regel hohe Schmelztemperaturen auf.

Um ein einzelnes Anion-Kation-Paar vollständig voneinander zu trennen, muss typischerweise ein theoretischer Energiebetrag zwischen 5 und 10 Elektronenvolt (eV) aufgewendet werden. Diesen Energiebetrag bezeichnet man als die **Wechselwirkungsenergie** des Ionenpaars.

> Ionen halten aufgrund starker elektrostatischer Wechselwirkung in einem Ionengitter zusammen. Die Wechselwirkungsenergie eines Ionenpaars beträgt typischerweise zwischen 5 und 10 eV.

LONDON-WECHSELWIRKUNG Nicht nur Ionen, auch neutrale Atome können miteinander wechselwirken. Zwar gibt es hier keine „vollen" Ladungen (+ und –), aufgrund der ständigen Bewegung der Elektronen in der Hülle kommt es aber zur Bildung von positiven und negativen Teilladungen (δ+ und δ–). In einem Neon-Atom z. B. sind die zehn Elektronen einen kurzen Moment lang stärker auf der einen Seite konzentriert, dann wieder einen kurzen Moment lang stärker auf der anderen Seite. Eine „Momentaufnahme" der Elektronenverteilung (↑ 02) zeigt diese Polarisierung. In diesem Moment ist das Neon-Atom kurzzeitig ein Dipol, ein **temporärer Dipol**. Temporäre Dipole wirken auf umliegende Nachbaratome ein und induzieren auch dort Teilladungen. So kommt es zur elektrostatischen Wechselwirkung zwischen den gegensätzlichen Teilladungen des ursprünglichen und des induzierten temporären Dipols (↑ 03). Obwohl die kurzlebigen Dipole ständig vergehen und wieder neu entstehen, sorgen sie im Endeffekt für einen Zusammenhalt der Neon-Atome. Diese Art der Wechselwirkung bezeichnet man als **London-Wechselwirkung**, benannt nach dem deutsch-amerikanischen Physiker Fritz London (1900–1954), der intensiv an der Theorie der chemischen Bindung arbeitete. Häufig wird die London-Wechselwirkung auch als **Van-der-Waals-Wechselwirkung** bezeichnet. Ganz korrekt ist dieser Begriff allerdings nicht (↑ S. 336).

Das Phänomen der Ausbildung temporärer Dipole ist nicht allein auf Atome beschränkt. Auch bei Molekülen, die ja ihrerseits aus Atomen bestehen, treten temporäre Dipole auf, d. h., auch Moleküle aller Art wechselwirken miteinander auf diese Weise.

> Bei allen Atomen und Molekülen treten aufgrund kurzfristiger Unregelmäßigkeiten bei der Elektronenverteilung temporäre Dipole auf. Die Wechselwirkung zwischen temporären Dipolen heißt London-Wechselwirkung.

Verglichen mit der Wechselwirkung zwischen Ionen ist die Wechselwirkung zwischen temporären Dipolen oft nur sehr schwach. Die Wechselwirkungsenergie eines NaCl-Ionenpaars mit einem Ionenabstand von $d = 283$ pm beträgt beispielsweise 5,1 eV. Die **London-Wechselwirkungsenergie** E_{WW}-**London** zwischen zwei Neon-Atomen im gleichen Abstand beträgt hingegen nur ca. 0,005 eV = 5 meV.

So unterschiedlich wie die Stärke der Wechselwirkung zwischen den Teilchen ist, so unterschiedlich sind auch die zugehörigen Stoffe selbst: Während das Salz Natriumchlorid erst oberhalb von 800 °C schmilzt, ist das Edelgas Neon auch bei einer Temperatur unter −200 °C noch gasförmig. Nicht immer ist jedoch die London-Wechselwirkung derart schwach wie in diesem Beispiel. In vielen flüssigen und sogar in festen Stoffen ist der Zusammenhalt der Teilchen auf eine recht starke London-Wechselwirkung zurückzuführen.

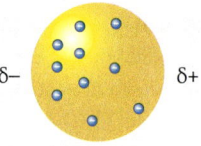

02 Ausbildung eines temporären Dipols am Beispiel eines Neon-Atoms

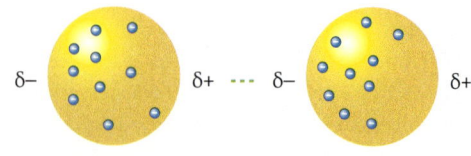

03 London-Wechselwirkung (---) am Beispiel zweier Neon-Atome

9.7 Chemische Wechselwirkungen

POLARISIERBARKEIT Die Stärke der London-Wechselwirkung hängt davon ab, wie viele Elektronen es in den Teilchen gibt, wie leicht beweglich diese sind und wie gut sich in der Folge temporäre Dipole ausbilden können. Diese Eigenschaft wird durch die **Polarisierbarkeit α** der Teilchen ausgedrückt (↑ S. 336).

> Die London-Wechselwirkung ist umso stärker, je größer die Polarisierbarkeit der wechselwirkenden Teilchen ist.

Die Polarisierbarkeit der Edelgas-Atome beispielsweise nimmt vom Helium-Atom zum Xenon-Atom hin zu, da in dieser Reihenfolge die Zahl an Elektronen insgesamt zunimmt und damit auch die Zahl leicht beweglicher Elektronen in weiter außen liegenden, kernfernen Schalen. Die Stärke der London-Wechselwirkung nimmt in der gleichen Reihenfolge zu. Dies zeigt sich an den London-Wechselwirkungsenergien zwischen je zwei Edelgas-Atomen. Konsequenz auf Stoffebene: steigende Siedetemperaturen von Helium hin zu Xenon (↑ 04).

Für die Alkane und ihre Moleküle gilt das ganz ähnlich. Vom Methan-Molekül hin zum n-Pentan-Molekül nimmt die Elektronenzahl und damit die Polarisierbarkeit zu, ebenso die Stärke der London-Wechselwirkung sowie die Siedetemperaturen der zugehörigen Stoffe (↑ 05). Die London-Wechselwirkungsenergie zwischen zwei n-Pentan-Molekülen liegt bereits bei etwa 50 meV. Folge: n-Pentan ist bei Raumtemperatur flüssig.

KEESOM-WECHSELWIRKUNG Moleküle, die aus unterschiedlichen Atomen aufgebaut sind, können **permanente Dipole** sein. Das ist z. B. der Fall beim Chlorwasserstoff-Molekül (HCl). Das Chlor-Atom hat eine deutlich größere Elektronegativität (EN = 3,0) als das Wasserstoff-Atom (EN = 2,1). Die Bindungselektronen sind deshalb zum Chlor-Atom hin verschoben. So kommt es dort zu einer dauerhaft negativen Teilladung ($\delta-$) und einer dauerhaft positiven Teilladung am Wasserstoff-Atom ($\delta+$; ↑ 06).
Die Wechselwirkung zwischen permanenten Dipolen bezeichnet man als **Keesom-Wechselwirkung**, benannt nach dem niederländischen Physiker WILLEM HENDRIK KEESOM, der die mathematische Theorie dazu entwickelte. Häufig wird die Keesom-Wechselwirkung als **Dipol-Dipol-Wechselwirkung** bezeichnet. Diese Formulierung ist allerdings irreführend, da sich ja auch die London-Wechselwirkung auf Paare von Dipolen bezieht, nur eben auf temporäre statt auf permanente.

Atom	He	Ne	Ar	Kr	Xe
Anzahl Elektronen	2	10	18	36	54
Polarisierbarkeit α in 10^{-30} m³	0,2	0,4	1,6	2,5	4,0
E_{WW}(London) in meV	0,05	0,17	1,94	4,20	9,29
Siedetemperatur des Stoffs in °C	−273	−249	−189	−157	−111

04 Wechselwirkung zwischen Edelgas-Atomen (d = 500 pm)

Molekül	CH_4	C_2H_6	C_3H_8	C_4H_{10}	C_5H_{12}
Anzahl Elektronen	10	18	26	34	42
Polarisierbarkeit α in 10^{-30} m³	2,5	4,2	5,9	8,0	9,0
E_{WW}(London) in meV	3,90	10,0	18,5	33,2	49,9
Siedetemperatur des Stoffs in °C	−162	−89	−42	−1	36

05 Wechselwirkung zwischen Alkan-Molekülen (d = 500 pm)

DIPOLMOMENT Die Keesom-Wechselwirkung ist umso stärker, je größer die Teilladungen $\delta+$ und $\delta-$ ausfallen und je größer der Abstand zwischen ihnen ist. Diese Eigenschaft wird durch das elektrische **Dipolmoment μ** des permanenten Dipol-Moleküls ausgedrückt (↑ S. 336). Bindungen zu besonders elektronegativen Atomen wie z. B. dem Fluor-Atom (EN = 4,0) oder dem Sauerstoff-Atom (EN = 3,5) führen zu großen Dipolmomenten, wenn nicht die im Molekül bewirkten Ladungsschwerpunkte räumlich zusammenfallen und sich gegenseitig aufheben. Das ist z. B. der Fall beim linearen Kohlenstoffdioxid-Molekül. Hier ist μ = 0!

> Die Wechselwirkung zwischen permanenten Dipol-Molekülen heißt Keesom-Wechselwirkung. Sie ist umso stärker, je größer das Dipolmoment der Dipol-Moleküle ist.

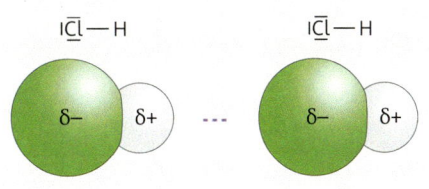

06 Keesom-Wechselwirkung (---) am Beispiel zweier Chlorwasserstoff-Moleküle

Zusammenspiel der Wechselwirkungen

GESAMTWECHSELWIRKUNG Die Gesamtwechselwirkung zwischen permanenten Dipol-Molekülen ergibt sich als Summe der London-Wechselwirkung und der Keesom-Wechselwirkung. Die Keesom-Wechselwirkung spielt dabei oftmals nur eine untergeordnete Rolle. Ist $\mu \leq 1$ Debye, kann sie praktisch völlig vernachlässigt werden. Erst für $\mu > 1$ Debye spielt der Keesom-Anteil gegenüber dem London-Anteil eine gewisse Rolle. Das lässt sich an der Reihe der Halogenwasserstoff-Moleküle nachvollziehen (↑ 01).

Van-der-Waals-Wechselwirkungen

Unter dem Überbegriff „Van-der-Waals-Wechselwirkungen", benannt nach dem niederländischen Physiker JOHANNES DIDERIK VAN DER WAALS, sind sämtliche anziehende Wechselwirkungen zwischen Dipolen zusammengefasst, also
- die Wechselwirkung zwischen *temporären* Dipolen (London-Wechselwirkung) und
- die Wechselwirkung zwischen *permanenten* Dipolen (Keesom-Wechselwirkung) und
- die Wechselwirkung zwischen *temporären und permanenten* Dipolen (Debye-Wechselwirkung).

Polarisierbarkeit, Dipolmoment, Wechselwirkungsenergie

- Die Polarisierbarkeit α ist ein Maß dafür, wie gut ein Teilchen temporäre Dipole ausbilden kann. Die Polarisierbarkeit oder genauer gesagt das Polarisierbarkeitsvolumen wird häufig in der Einheit 10^{-30} m³ angegeben.

Die London-Wechselwirkungsenergie zwischen zwei gleichartigen Teilchen mit der Polarisierbarkeit α und der Ionisierungsenergie I im Abstand d zueinander berechnet sich nach

$$E_{WW}(\text{London}) = \frac{3}{4} \cdot \frac{\alpha^2 \cdot I}{d^6}$$

- Das elektrische Dipolmoment μ ist ein Maß dafür, wie stark die Ladungstrennung in einem Dipol-Molekül ausgeprägt ist. Es wird häufig in der Einheit Debye angegeben.

Die Stärke der Wechselwirkung zwischen zwei permanenten Dipol-Molekülen hängt von der gegenseitigen Orientierung der Dipole ab, z. B.:

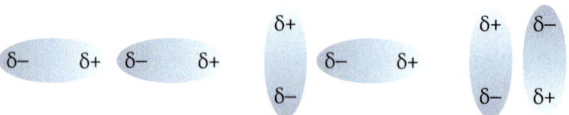

In Flüssigkeiten und Gasen bewegen sich die Moleküle mehr oder weniger frei, sodass sämtliche Orientierungen unterschiedlich wahrscheinlich vorkommen. Die gemittelte Keesom-Wechselwirkungsenergie zwischen zwei gleichartigen Dipol-Molekülen mit dem Dipolmoment μ im Abstand d zueinander berechnet sich nach:

$$E_{WW}(\text{Keesom}) = \frac{2}{3} \cdot \frac{\mu^4 \cdot k}{d^6}$$

wobei k eine temperaturabhängige Konstante ist.

Die Keesom-Wechselwirkung nimmt mit dem Dipolmoment von HCl nach HI hin ab, ebenso der Anteil der Keesom-Wechselwirkung an der Gesamtwechselwirkung. Eine wichtige Rolle spielt die Keesom-Wechselwirkung erst für $\mu > 2$ Debye. Das ist beispielsweise bei Carbonylverbindungen wie Aceton der Fall ($\mu = 2{,}9$ Debye). Hier beträgt der Keesom-Anteil über 60 %.

Die Moleküle NH_3, H_2O und HF sind ebenfalls Beispiele für permanente Dipole mit $\mu < 2$ Debye (↑ 02). Aufgrund der geringen Polarisierbarkeiten dieser Moleküle resultieren insgesamt nur geringe London- und Keesom-Wechselwirkungsenergien. Die vergleichsweise hohen Siedetemperaturen von Ammoniak, Wasser und Fluorwasserstoff (↑ 02) sind damit nicht zu erklären. Hier spielt offensichtlich eine weitere zwischenmolekulare Wechselwirkung die entscheidende Rolle: die Wasserstoffbrücke.

Molekül	HCl	HBr	HI
Polarisierbarkeit α in 10^{-30} m³	2,6	3,6	5,5
Dipolmoment μ in Debye	1,1	0,8	0,4
E_{WW}(London) in meV	4,13	7,27	15,1
E_{WW}(Keesom) in meV	0,95	0,27	0,02
E_{WW}(ges.) in meV	5,08	7,54	15,12
London-Anteil	81,3 %	96,4 %	99,9 %
Keesom-Anteil	18,7 %	3,6 %	0,1 %
Siedetemperatur des Stoffs in °C	−85	−66	−35

01 Wechselwirkung zwischen Halogenwasserstoff-Molekülen ($d = 500$ pm)

Molekül	NH_3	H_2O	HF
Polarisierbarkeit α in 10^{-30} m³	2,2	1,5	0,5
Dipolmoment μ in Debye	1,5	1,9	1,9
E_{WW}(ges.) in meV	5,96	9,83	8,53
Siedetemperatur des Stoffs in °C	−33	100	19,5

02 Wechselwirkung zwischen NH_3-, H_2O- und HF-Molekülen ($d = 500$ pm)

9.7 Chemische Wechselwirkungen

WASSERSTOFFBRÜCKEN Eine Wasserstoffbrücke kann immer dann zwischen zwei Molekülen ausgebildet werden, wenn zwei Bedingungen erfüllt sind:

① Bei einem der beiden Moleküle muss es mindestens ein stark positiv polarisiertes Wasserstoff-Atom geben, also ein H-Atom mit einem stark elektronegativen Bindungspartner, in der Regel ein Stickstoff-Atom, ein Sauerstoff-Atom oder ein Fluor-Atom.

② Beim anderen Molekül muss es mindestens ein freies Elektronenpaar an einem kleinen, stark elektronegativen Atom geben, in der Regel wiederum ein Stickstoff-Atom, ein Sauerstoff-Atom oder ein Fluor-Atom.

Das stark positiv polarisierte H-Atom des einen Moleküls kann dann in Wechselwirkung mit einem freien Elektronenpaar am O-, N- oder F-Atom des anderen Moleküls treten. Dies ist beispielsweise möglich zwischen NH_3-Molekülen, zwischen H_2O-Molekülen und zwischen HF-Molekülen (↑ 03).

> Die Wechselwirkung zwischen einem stark positiv polarisierten Wasserstoff-Atom und einem freien Elektronenpaar eines kleinen, elektronegativen Atoms (N, O oder F) bezeichnet man als Wasserstoffbrücke.

Die Wechselwirkungsenergie einer Wasserstoffbrücke liegt für ungeladene Moleküle häufig in einem Bereich zwischen 50 meV und 400 meV. In den genannten Beispielen kann von den folgenden Orientierungswerten ausgegangen werden:

N–H⋯∣N	ca. 100 meV
O–H⋯∣O	ca. 200 meV
F–H⋯∣F	ca. 300 meV

Größenordnungsmäßig erreichen Wasserstoffbrücken etwa 10 % der Bindungsenergie echter Elektronenpaarbindungen, die typischerweise zwischen 1,5 und 5 eV (etwa 150 bis 500 kJ · mol^{-1}) liegen.

03 Wasserstoffbrücken (⋯) am Beispiel zweier Fluorwasserstoff-Moleküle, zweier Wasser-Moleküle und zweier Ammoniak-Moleküle

Die Tatsache, dass Ammoniak im Gegensatz zu Wasser ein Gas ist, lässt sich nicht allein aufgrund der schwächeren Wasserstoffbrücke erklären. Hier spielt vor allem eine Rolle, dass jedes Ammoniak-Molekül theoretisch höchstens zwei Wasserstoffbrücken zu Nachbarmolekülen ausbilden kann, jedes Wasser-Molekül hingegen bis zu vier (↑ 04).

04 Möglichkeiten zur Wasserstoffbrückenbildung zwischen Ammoniak-Molekülen bzw. Wasser-Molekülen

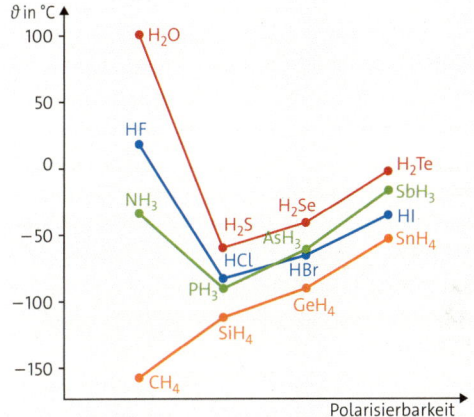

05 Siedetemperaturen der Wasserstoffverbindungen der Elemente der Hauptgruppen IV bis VII

1〉 Begründen Sie die Zunahme der Siedetemperaturen der Halogene in der Reihe Fluor (−188 °C), Chlor (−34 °C), Brom (59 °C) und Iod (184 °C).

2〉 Begründen Sie, wie sich die Polarisierbarkeiten und die Dipolmomente der Halogenwasserstoff-Moleküle HCl, HBr und HI entwickeln (↑ 01).

3〉 Ordnen Sie den Molekülen n-Heptan, Ethanol und Methanal ihre Polarisierbarkeit und ihr Dipolmoment zu.

α in 10^{-30} m³	2,8	5,1	13,4
μ in Debye	0	1,7	2,8

4〉 Erläutern Sie den Verlauf der Siedetemperaturen der Wasserstoffverbindungen der Hauptgruppen IV bis VII (↑ 05).

9.8 Unsere Welt ist bunt

01 Eine Welt voller Farben

FARBEN AUS DER NATUR Seit jeher faszinieren Farben die Menschen und prägen ihr Leben (↑ 01). Der Wunsch, die Farbenpracht der Natur zu kopieren und nutzbar zu machen, besteht schon lange. Bereits aus der Steinzeit sind farbige Höhlenmalereien bekannt. Hierfür wurden Farben anorganischen Ursprungs aus Mineralien wie Mennige, Zinnober und Malachit gewonnen. Zum Färben von Textilien wurden seit dem Altertum organische Naturfarbstoffe verwendet, die man aus bestimmten Pflanzen und Tieren gewinnen und damit Farbtöne wie Gelb, Rot oder Braun erzielen konnte. Viele dieser natürlichen Farbstoffe können jedoch nur in kleinen Mengen gewonnen werden und sind daher bis heute besonders wertvoll.

So war der rote Farbstoff Purpur im antiken römischen Reich dem Kaiser und später viele Jahrhunderte lang Königen und Kardinälen vorbehalten (↑ 02). Zur Herstellung eines Gramms reinen Purpurs waren ungefähr 10 000 Purpurschnecken erforderlich. Als der wachsende Bedarf der Menschen an farbiger Kleidung durch natürlich gewonnene Farbstoffe nicht mehr gedeckt werden konnte, begann die Suche nach künstlich herstellbaren Farbstoffen.

SYNTHETISCHE FARBSTOFFE 1856 stellte Sir William Henry Perkin bei der Oxidation von Anilin den purpurvioletten Farbstoff **Mauvein** her (↑ 02). Es war der erste synthetische Farbstoff. Er war nicht nur aufgrund seiner brillanten Färbeeigenschaft und seiner einfachen Synthese im Labor bedeutsam. Wichtig war auch, dass sich der Ausgangsstoff, das Anilin, aus Steinkohlenteer gewinnen ließ, einem in großen Mengen anfallenden Abfallprodukt der Industrie des 19. Jahrhunderts.

Heute ist nahezu jeder Farbton herstellbar. Neben dem Färben von Textilien gibt es viele weitere Anwendungsmöglichkeiten, beispielsweise das Färben von Lebensmitteln, Druckerzeugnissen, Lederwaren oder die Herstellung von Farblacken. Dafür werden weltweit über drei Millionen Tonnen Farbstoffe pro Jahr produziert.

SPEKTRALFARBEN Weißes Licht lässt sich mithilfe eines Prismas in seine Spektralfarben zerlegen. Jede wird durch einen Wellenlängenbereich charakterisiert. Für das menschliche Auge sichtbar ist nur ein kleiner Bereich des elektromagnetischen Spektrums: die Wellenlängen von etwa 400 nm (Violett) bis 780 nm (Rot; ↑ 04). Die Physiker Max Planck und Albert Einstein entdeckten den Zusammenhang zwischen der Energie (E) eines Photons und der Wellenlänge (λ) des zugehörigen Lichts:

$$E = h \cdot v = h \cdot \frac{c}{\lambda}$$

h: Planck'sches Wirkungsquantum
c: Lichtgeschwindigkeit v: Frequenz

Aus der Gleichung folgt: Je kleiner die Wellenlänge des Lichts ist, desto größer ist die Energie seiner Photonen.

02 **A** Mit Purpur gefärbt, **B** mit Mauvein gefärbt

Licht und Farbe

FARBWAHRNEHMUNG UND KOMPLEMENTÄR-FARBEN Fällt weißes Licht auf einen Farbstoff, werden Anteile davon absorbiert. Gelangt das nichtabsorbierte Licht auf die Netzhaut des Auges, dann registrieren die Rezeptoren den roten, grünen und blauen Anteil des Lichts. Im Gehirn werden aus diesen Informationen Farbwahrnehmungen erzeugt. Wir nehmen den Stoff als farbig wahr.

Die wahrgenommene Farbe ist die **Komplementärfarbe** zum absorbierten Teil des Lichts. Ein weißer Gegenstand reflektiert demnach das Licht des gesamten sichtbaren Spektrums. Ein gelber absorbiert hingegen blaues Licht, wenn man ihn mit weißem Licht bestrahlt. Blau ist die Komplementärfarbe zu Gelb und umgekehrt (↑ 03). Die nichtabsorbierten Farben des weißen Lichts ergeben bei der Wahrnehmung im Gehirn die Mischfarbe Gelb.

> Die von einem Stoff absorbierte Spektralfarbe und die Mischfarbe des restlichen Spektrums sind komplementär zueinander.

SUBTRAKTIVE FARBMISCHUNG Alle Farbeindrücke, die über die Grundfarben hinausgehen, entstehen durch Farbmischung. Mischt man blaue und gelbe Wasserfarbe, so erhält man Grün. Die gelbe Farbe absorbiert einen Teil des sichtbaren Lichts, die blaue Farbe einen anderen Teil. Das restliche Licht wird reflektiert und ergibt in der Wahrnehmung die Mischfarbe Grün.

Bei dieser **subtraktiven Farbmischung** werden Teile des sichtbaren Lichts aus dem Spektrum entfernt (subtrahiert). Bild ↑ 04 A verdeutlicht, dass im **CMY-Modell** ein Gemisch der Farben Cyan (Cyanblau), Magenta (Magentarot) und Yellow (Gelb) Schwarz ergibt, da das gesamte sichtbare Licht absorbiert wird.

LICHTABSORPTION UND -REFLEXION Die Farbigkeit eines Gegenstands beruht auf Lichtabsorption und Reflexion (↑ 04 B). Er erscheint beispielsweise in Orangerot, wenn nach Absorption des cyanblauen Lichts das reflektierte Restspektrum die vom Gegenstand nicht absorbierten Lichtanteile des weißen Lichts enthält.

Das Prinzip der *subtraktiven Farbmischung* wird bei Farbfotos, Tintenstrahldruckern und Farblacken angewendet. Auch die Farbentstehung beim Durchgang von weißem Licht durch transparente Gegenstände beruht darauf.

LEUCHTFARBEN Leuchtfarbstoffe leuchten intensiv, wenn sie mit UV-Licht bestrahlt werden. Was macht diese Farben so besonders?
Tagesleuchtfarben sind fluoreszierende Farben, die bereits durch das Tageslicht zum Leuchten angeregt werden. Dabei wird der UV-Anteil des Tageslichts in sichtbares Licht umgewandelt und so die „Lichtausbeute" erhöht. **Nachleuchtfarben** sind phosphoreszierende Farben. Sie speichern die Energie, die bei der Beleuchtung aufgenommen wurde, und geben sie zeitverzögert wieder ab – sie leuchten nach.

1⟩ Eine Lösung, die mit weißem Licht bestrahlt wird, absorbiert Licht der Wellenlängen zwischen 580 und 595 nm. Geben Sie die Farbe der Lösung an und begründen Sie.
2⟩ Erläutern Sie, weshalb das Laub von Zitronenbäumen als Grün und die Zitronen selbst als Gelb wahrgenommen werden.

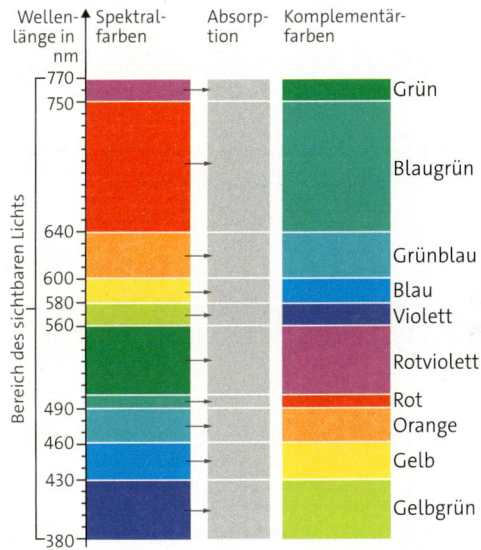

03 Spektralfarben und ihre Komplementärfarben

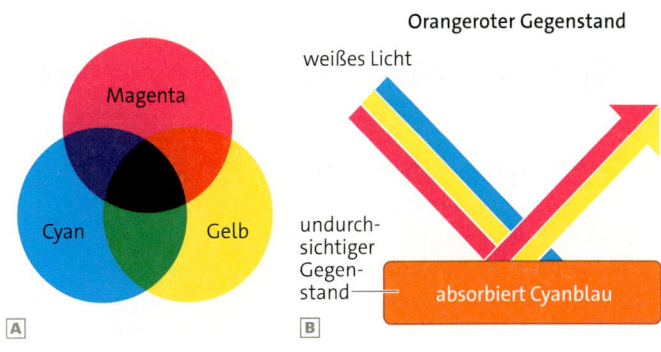

04 **A** Prinzip der subtraktiven Farbmischung. **B** Zusammenhang zwischen Lichtabsorption und Farbe

Praktikum

P Farbstoffe

EXP 9.01 Herstellung des Azofarbstoffs Orange II

Materialien Waage, Thermometer, Plastikschüssel, 4 Bechergläser (3 × 100 mL, 1 × 250 mL), Messzylinder, Glasrührstab, Glastrichter, Filterpapier, Spatel, Sulfanilsäure (7), 2-Naphthol (7, 9), Natriumnitrit (3, 6, 9), Salzsäure (w = 10 %; 5, 7), Natriumhydroxidlösung (w = 10 %; 5), Kochsalz, Eiswürfel, Wasser, destilliertes Wasser

Durchführung Geben Sie Eiswürfel und etwas Wasser zur Herstellung eines Eisbads in die Plastikschüssel.
Schritt 1 – Herstellung von 4 verschiedenen Lösungen:
Lösung 1: Geben Sie in ein Becherglas (250 mL) 10 mL Salzsäure.
Lösung 2: Geben Sie in ein Becherglas (100 mL) 10 mL Natronlauge und lösen Sie darin 0,8 g 2-Naphthol.
Lösung 3 zur Herstellung von Orange II: Geben Sie in ein Becherglas (100 mL) 5 mL Natronlauge und lösen Sie darin 1 g Sulfanilsäure.
Lösung 4: Geben Sie in ein Becherglas (100 mL) 5 mL destilliertes Wasser und lösen Sie darin 0,4 g Natriumnitrit.
Kühlen Sie die Lösungen in den vier Bechergläsern im Eisbad unter 5 °C ab.
Schritt 2 – Herstellung des Diazoniumsalzes: Geben Sie Lösung 4 zur Lösung 3 und fügen Sie anschließend das Gemisch langsam unter Umrühren zur Lösung 1. *Dabei darf die Temperatur nicht über 5 °C ansteigen!*

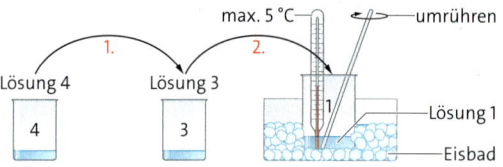

Schritt 3 – Azokupplung: Geben Sie zu der entstandenen Suspension des Diazoniumsalzes nun Lösung 2 hinzu. Während des Umrührens kristallisiert der Farbstoff aus.

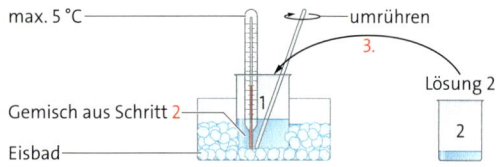

Schritt 4 – Aussalzen des Farbstoffs: Geben Sie unter Rühren zwei Spatel Kochsalz hinzu, damit der Farbstoff ausfällt.
Schritt 5: Filtrieren Sie den Farbstoff ab und geben Sie etwas Eiswasser auf den Farbstoff im Filter. Legen Sie anschließend das Filterpapier mit dem Farbstoff zum Trocknen aus.
Entsorgung: Farbstoff weiterverwenden. Lösungen ins Abwasser geben.

Auswertung
1) Notieren Sie Ihre Beobachtungen.
2) Der Farbstoff Orange II hat bei pH = 8 die Farbe Orange. Erläutern Sie, welche Farbveränderung Sie bei Orange II im stark alkalischen Bereich erwarten würden.

$$NaO_3S-\text{[Ring]}-\overline{N}=\overline{N}-\text{[Naphthol mit HO]}$$

EXP 9.02 Herstellung und Eigenschaften des Triphenylmethanfarbstoffs Fluorescein

Materialien Reagenzglas, Reagenzglasklammer, Brenner, Spatel, Tropfpipetten, Becherglas (400 mL), UV-Lampe (λ = 366 nm), Resorcin (7, 8, 9), Phthalsäureanhydrid (5, 7, 8), Schwefelsäure (w = 96 %; 5), Natronlauge (c = 1 mol · L^{-1}; 5), Salzsäure, (c = 1 mol · L^{-1}; 5), demineralisiertes Wasser

Durchführung Geben Sie je eine Spatelspitze Resorcin und Phthalsäureanhydrid in das Reagenzglas und fügen Sie einen Tropfen Schwefelsäure hinzu. Erhitzen Sie das Glas mehrfach kurz mit dem Brenner, bis sich eine zähe, schwarzrote Flüssigkeit bildet. Füllen Sie dann 150 mL demineralisiertes Wasser in das Becherglas und gießen Sie die schwarzrote Flüssigkeit hinein. Spülen Sie das Reagenzglas anschließend mit wenig Wasser aus und geben Sie die Lösung ebenfalls ins Becherglas.
Dunkeln Sie den Raum ab und bestrahlen Sie die Lösung im Becherglas mit UV-Licht. Geben Sie dabei portionsweise mit einer Tropfpipette Natronlauge in die Lösung und beobachten Sie Farbveränderungen. Wenn durch Zugabe von Natronlauge keine farbliche Veränderung mehr feststellbar ist, geben Sie portionsweise mit einer Tropfpipette Salzsäure in die Lösung und beobachten wiederum Farbveränderungen.
Entsorgung: Lösung neutralisieren und ins Abwasser geben.

Auswertung
1) Notieren Sie Ihre Beobachtungen.
2) a Informieren Sie sich über die Strukturformeln von Resorcin, Phthalsäureanhydrid und Fluorescein.
   b Erstellen Sie durch einen Vergleich der Strukturformeln eine Hypothese, welches Reaktionsprodukt neben Fluorescein noch entstanden ist.
3) Deuten Sie mithilfe geeigneter mesomerer Grenzstrukturen (↑ S. 344) von Triphenylmethanfarbstoffen in saurer/neutraler bzw. in alkalischer Lösung Ihre Beobachtungen.

9.9 Lichtabsorption und Molekülstruktur

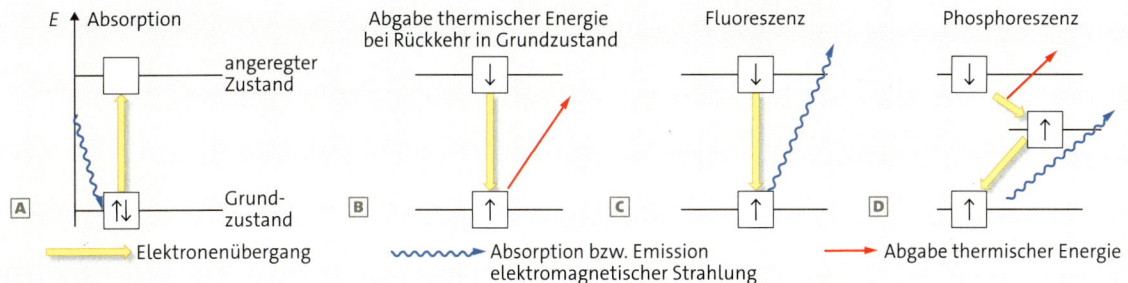

01 Energiestufenmodell bei Lichtabsorption und Lichtemission

ABSORPTION UND EMISSION Ursache für die Lichtabsorption durch Farbstoffe ist die Anregung von Elektronen in den Molekülen dieser Stoffe. Durch die Absorption der Energie eines Photons kann ein Elektron aus seinem Grundzustand in einen angeregten Zustand gehoben werden (↑ 01). Die Anregung durch sichtbares oder UV-Licht ist bei Außenelektronen möglich. π-Elektronen benötigen meist eine kleinere Anregungsenergie als die Elektronen der σ-Bindungen.

Die für die Anregung notwendige Energie entspricht der Energie des absorbierten Photons. Je kleiner die Energiedifferenz zwischen Grundzustand und angeregtem Zustand ist, desto energieärmer und langwelliger ist das absorbierte Licht. Aus dem angeregten Zustand kehrt das Elektron in seinen Grundzustand zurück und gibt dabei die aufgenommene Energie wieder ab (↑ 01A). Dies kann in Form von thermischer Energie (strahlungslose Desaktivierung, ↑ 01B) oder in Form von Licht erfolgen (↑ 01C, D).

FLUORESZENZ UND PHOSPHORESZENZ Bei Tagesleuchtfarben endet die Lichtaussendung unmittelbar mit der Bestrahlung. Diese Form der Lichtaussendung heißt **Fluoreszenz**. Die Elektronen gehen unter Beibehaltung ihres Spins aus dem angeregten Zustand direkt in den Grundzustand über. Allerdings wird die Energie nicht nur als Licht, sondern auch als thermische Energie freigesetzt. Deshalb ist das emittierte Licht energieärmer und damit langwelliger als das eingestrahlte Licht. Leuchtet die Farbe nach dem Ausschalten der Lichtquelle weiter, handelt es sich um **Phosphoreszenz**. Hierbei fällt das Elektron über einen metastabilen Zustand in den Grundzustand zurück. Phosphoreszierende Farben werden z. B. in Zifferblättern von Uhren verwendet.

EINFLUSS DER MOLEKÜLSTRUKTUR AUF DIE FARBIGKEIT Im Ethen-Molekül mit einer Doppelbindung können π-Elektronen angeregt werden. Die Anregungsenergie ist jedoch so groß, dass die Absorption nur im UV-Bereich erfolgt. Ethen erscheint daher farblos. Enthält ein Molekül wie β-Carotin abwechselnd C–C-Einfach und C=C-Doppelbindungen, dann liegen **konjugierte Doppelbindungen** vor. In diesem System sind die π-Elektronen über einen großen Molekülbereich delokalisiert, man spricht von einem **π-Elektronensystem**. Je größer es ist, umso kleiner ist die Anregungsenergie. So genügt bereits sichtbares Licht, um das β-Carotin in Möhren farbig erscheinen zu lassen (↑ 02). Alle Farbstoff-Moleküle besitzen solch ein farbgebendes System, das **Chromophor**.

Eine Doppelbindung setzt sich aus einer σ- und einer π-Bindung zusammen (↑ S. 330 f.).

> Das farbgebende Chromophor eines Farbstoff-Moleküls besteht aus einem ausgedehnten System von konjugierten Doppelbindungen, das für die Absorption von Licht im sichtbaren Bereich verantwortlich ist.

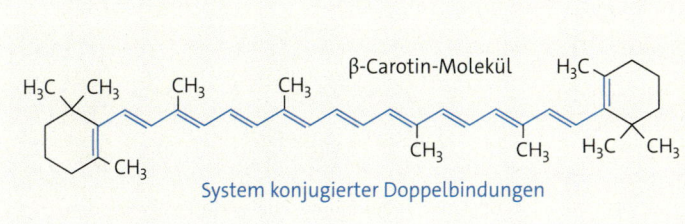

3D-Molekül: β-Carotin

02 β-Carotin – ein natürlicher Farbstoff in Möhren

Auxochrome Gruppen

FARBIGKEIT BEI POLYENEN Polyene sind Kohlenwasserstoffe, deren Moleküle zwei oder mehr konjugierte Doppelbindungen enthalten. Polyene, deren Moleküle neun oder mehr Doppelbindungen enthalten, erscheinen in weißem Licht farbig (↑ 03). Die Moleküle des β-Carotins beispielsweise enthalten eine Polyenstruktur mit elf konjugierten Doppelbindungen. Fällt weißes Licht auf diese Struktur, so wird der blaue Anteil des Lichts absorbiert. Der übrige Anteil wird reflektiert. Die wahrgenommene Komplementärfarbe ist orange.

Mit zunehmender Zahl konjugierter Doppelbindungen entsteht ein immer größer werdendes konjugiertes System aus delokalisierten π-Elektronen, sodass sich die Energieniveaus von Grundzustand und angeregtem Zustand einander nähern. Es wird immer weniger Energie zur Anregung eines Elektrons benötigt. Daher verschiebt sich das Absorptionsmaximum bei Polyen-Molekülen mit zunehmender Kettenlänge in den längerwelligen Bereich.

Struktur der Polyene: $CH_3-(CH=CH)_n-CH_3$		
n	Wellenlänge des absorbierten Lichts in nm	Komplementärfarbe
6	352 (UV)	(farblos)
9	412	Gelb
11	452	Orange
19	530	Purpur

03 Farbigkeit bei Polyenen

EINFLUSS VON SUBSTITUENTEN AUF DIE FARBIGKEIT Cyanine sind chemisch mit den Polyenen verwandt. An den Enden ihrer kettenförmigen Moleküle aus CH-Einheiten tragen sie jeweils eine Aminogruppe ($-N(CH_3)_2$) und eine Ammoniumgruppe ($=N(CH_3)_2^+$). Die Aminogruppe besitzt ein freies Elektronenpaar am Stickstoff-Atom, das in das delokalisierte Elektronensystem miteinbezogen werden kann (↑ 01). Sie wirkt als Elektronenpaardonator und wird **auxochrome Gruppe** genannt. Die Ammoniumgruppe hingegen agiert als Elektronenpaarakzeptor. Beide Gruppen sind Bestandteil des Chromophors und vergrößern das π-Elektronensystem. Dadurch wird die Energie zur Anregung von π-Elektronen verkleinert und Cyanine absorbieren Licht größerer Wellenlänge als Polyene mit der gleichen Anzahl konjugierter Doppelbindungen. Tabelle ↑ 02 zeigt weitere Substituenten, die das π-Elektronensystem erweitern.

> Je größer das delokalisierte π-Elektronensystem ist, desto größer ist die Wellenlänge des absorbierten Lichts und desto kleiner ist seine Energie.

Die mesomeren Grenzformeln verdeutlichen, dass die Substituenten in das π-Elektronensystem miteinbezogen werden.

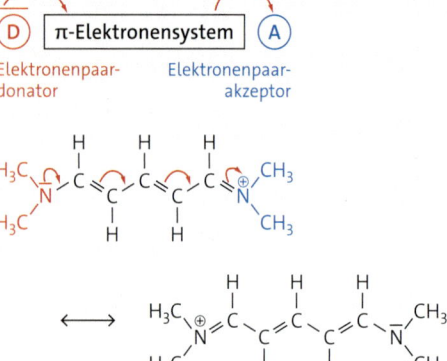

01 Mesomere Grenzformeln und Erweiterung des Chromophors bei Cyaninen

1) a Zeichnen Sie die beiden mesomeren Grenzstrukturen für 7-Aminohepta-2,4,6-trienal.
b Geben Sie eine begründete Einschätzung, ob diese Verbindung in weißem Licht farbig erscheint.
2) Begründen Sie die unterschiedliche Farbigkeit der beiden Stoffe in Bild ↑ 04.

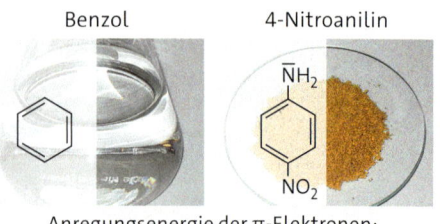

Anregungsenergie der π-Elektronen:
471 kJ/mol   319 kJ/mol

04 Abschätzen der Farbigkeit

Elektronenpaardonator		Elektronenpaarakzeptor	
Aminogruppe	H–N(H)–	Nitrogruppe	$-N^+(O^-)=O$
tert. Aminogruppe	$(H_3C)_2N-$	Ammoniumgruppe	$=N^+(CH_3)_2$
Hydroxygruppe	$H-\bar{O}-$	Aldehydgruppe	$-C(=O)H$

02 Beispiele für Substituenten, die das π-Elektronensystem erweitern

9.10 Farbstoffgruppen – Azofarbstoffe

AZOFARBSTOFFE (franz. *azote*: Stickstoff) sind synthetische Farbstoffe (↑ Exp. 9.01, S. 340). Ausgehend von Anilin wurde 1861 der Azofarbstoff Anilingelb zum ersten Mal synthetisiert (↑ 07). Alle Azofarbstoffe weisen als Strukturelement in ihren Molekülen die Azogruppe R–N=N–R zwischen zwei aromatischen Resten auf. Azofarbstoffe absorbieren Licht sehr gut. Sie werden z. B. zum Färben von Textilien, Papier und Holz, aber auch Lebensmitteln verwendet. Im menschlichen Körper können Azofarbstoffe enzymatisch wieder in ihre Ausgangsstoffe umgewandelt werden. Deshalb sind Azofarbstoffe, die als Ausgangsstoff eine krebserregende Aminoverbindung besitzen, in der EU in Gebrauchsmitteln verboten. Einige von ihnen wie Methylorange werden als Säure-Base-Indikatoren verwendet (↑ 05, 06), wobei die Azogruppe als Base agiert.

HERSTELLUNG DER AZOFARBSTOFFE Die Synthese der Azofarbstoffe erfolgt in drei Schritten: der Bildung des Nitrosyl-Ions, der Synthese des Diazonium-Ions (**Diazotierung**) und der elektrophilen Substitution (**Azokupplung**). Der Reaktionsmechanismus ist in Bild ↑ 07 am Beispiel der Bildung von Anilingelb dargestellt.
Zunächst wird das Nitrit-Ion NO_2^- in einer stark sauren Lösung in das Nitrosyl-Ion NO^+ umgewandelt. Bei der Diazotierung wird aus dem Nitrosyl-Ion und dem Anilin-Molekül das stark elektrophile Diazonium-Ion gebildet. Weil Diazonium-Ionen metastabil sind, muss die Diazotierung zur Vermeidung des Zerfalls bei niedrigen Temperaturen durchgeführt werden. Bei der Azokupplung reagiert das Diazonium-Ion in einer elektrophilen Substitution (↑ S. 200) mit einer Kupplungskomponente, die als Elektronendonator wirkt, z. B. Anilin C_6H_5–NH_2.
Die Kupplungskomponente dirigiert den Zweitsubstituenten, das Diazonium-Ion, aus sterischen Gründen vorwiegend in para-Stellung. Die Vielfalt der Kupplungskomponenten – meist Aromaten mit Substituenten wie –OH oder –NH_2 – ermöglicht die Synthese einer großen Anzahl von Azofarbstoffen.

07 Reaktionsmechanismus der Synthese des Azofarbstoffs Anilingelb

1⟩ Beschreiben Sie die Molekülstruktur eines Azofarbstoffs.
2⟩ Erläutern Sie anhand von Strukturformeln, inwiefern die Azogruppe die Lichtabsorption durch das Molekül beeinflusst und somit für die Farbigkeit der Azofarbstoffe verantwortlich ist.
3⟩ Entwickeln Sie den Reaktionsmechanismus für die Herstellung von Methylorange ausgehend von Sulfanilsäure und N,N-Dimethylanilin.

pH = 2

pH = 7

05 Methylorange bei verschiedenen pH-Werten

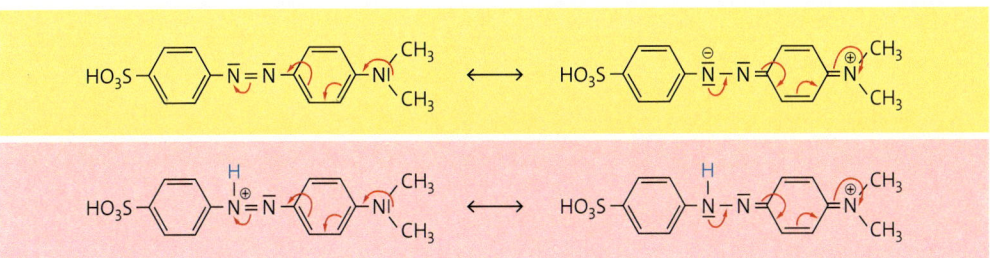

06 Mesomere Grenzstrukturen von Methylorange in der deprotonierten Form (gelb) und in der protonierten Form (rot)

Triphenylmethanfarbstoffe

01 Fluorescein dient als Leuchtfarbstoff.

Bildung von von sp²-Hybrid-Orbitalen ↑ S. 330 f.

Zur Gruppe der Triphenylmethanfarbstoffe gehören beispielsweise Indikatoren wie *Phenolphthalein* und *Thymolphthalein*, aber auch das lichtechte *Malachitgrün*, das zur Färbung von Textilien genutzt wird, und *Fluorescein*, das als Leuchtfarbstoff z. B. in Warnwesten oder für Hinweisschilder dient (↑ 01, 03**A**; ↑ Exp. 9.02, S. 340).

MOLEKÜLSTRUKTUR Die Moleküle aller **Triphenylmethanfarbstoffe** leiten sich vom Triphenylmethan-Molekül ab. Sie bestehen aus einem C-Atom, an das drei (ggf. substituierte) Phenylringe binden (↑ 02**A**). Ist das zentrale C-Atom sp^3-hybridisiert, so liegen nur drei kleine konjugierte π-Elektronensysteme der Phenylringe vor. Der Energieabstand zwischen Grundzustand und angeregtem Zustand ist groß. Die entsprechende Verbindung absorbiert kein sichtbares Licht und erscheint farblos. Eine notwendige Voraussetzung für die Farbigkeit ist die sp^2-Hybridisierung des zentralen C-Atoms wie beim Aurin-Molekül (↑ 02**B**).

Dadurch entsteht ein großes, zusammenhängendes π-Elektronensystem. In ihm ist der Energieabstand zwischen Grundzustand und angeregtem Zustand so klein, dass sichtbares Licht absorbiert werden kann und die Verbindung farbig erscheint. Durch verschiedene Substituenten in ortho- oder para-Position (z. B. Amino- oder Hydroxygruppen) kann das delokalisierte π-Elektronensystem erweitert und die Farbigkeit variiert werden.

TRIPHENYLMETHANFARBSTOFFE ALS INDIKATOREN Phenolphthalein (↑ 04) und Thymolphthalein (↑ 03**B**) sind Beispiele für Triphenylmethanfarbstoffe, deren Farbigkeit vom pH-Wert abhängt (↑ S. 119). In saurer und neutraler Lösung ist das zentrale C-Atom in ihren Molekülen sp^3-hybridisiert. Dadurch liegt kein ausgedehntes konjugiertes π-Elektronensystem vor und die Lösungen erscheinen farblos, weil die Moleküle nur UV-Strahlung, aber kein sichtbares Licht absorbieren (↑ 04 links).

Erhöht man bei Phenolphthalein den pH-Wert auf über 8, dann wird zunehmend eine der beiden Hydroxygruppen deprotoniert. Dadurch öffnet sich der Lactonring und es entsteht ein über die drei Phenylringe und das zentrale C-Atom ausgedehntes konjugiertes π-Elektronensystem (↑ 04 Mitte).

Bei pH-Werten oberhalb von 12 ist die Konzentration der Hydroxid-Ionen so groß, dass ein OH^--Ion an das zentrale Kohlenstoff-Atom bindet, wodurch dieses wieder sp^3-hybridisiert wird. Dadurch wird das konjugierte π-Elektronensystem unterbrochen und der Indikator erscheint wieder farblos (↑ 04 rechts).

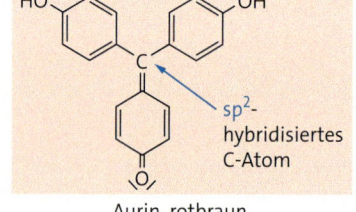

02 Struktur und Farbe: **A** Triphenylmethan-Molekül, **B** Aurin-Molekül

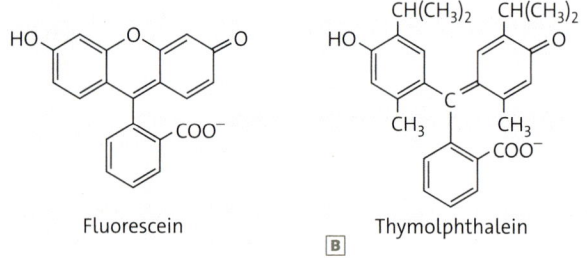

03 **A** Fluorescein-Molekül, **B** Thymolphthalein-Molekül

1 ⟩ Geben Sie die mesomeren Grenzformeln des Phenolphthalein-Moleküls bei pH = 10 an.

2 ⟩ Im sehr stark sauren Bereich bei pH = 0 erscheint eine wässrige Phenolphthaleinlösung rotorange. Erläutern Sie diesen Sachverhalt.

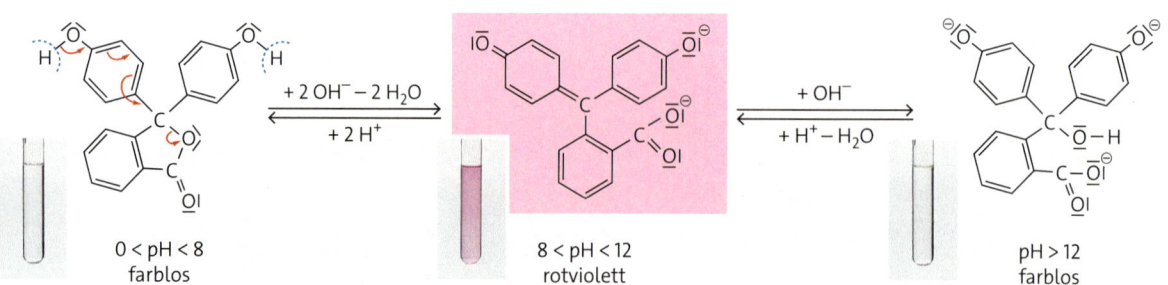

04 Strukturformeln des Phenolphthaleins bei verschiedenen pH-Werten

Indigofarbstoffe

Farbstoffe, die in ihrer Molekülstruktur dem **Indigo** (↑ 05) ähneln, bilden die Gruppe der **Indigofarbstoffe**. Der tiefblaue Farbstoff wird beispielsweise zur Färbung der *Bluejeans* verwendet. Dieser Naturfarbstoff wurde früher aus den Blättern der indischen Indigopflanze oder dem europäischen Färberwaid gewonnen, die die Vorstufen des Farbstoffs Indigo enthalten. Die zu färbenden Stoffe wurden in die Küpe eingetaucht und anschließend aufgehängt. An der Luft färben sich die Stoffe durch Oxidation blau (↑ 06). Heute wird Indigo vorwiegend synthetisch hergestellt.

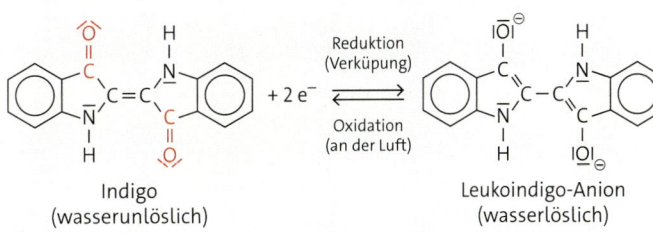

05 Redoxsystem Indigo – Leukoindigo (Carbonylgruppen in Rot).

KÜPENFÄRBEN MIT INDIGO Indigo selbst ist nicht wasserlöslich. Daher ist eine direkte Färbung mit Indigo nicht möglich. Zunächst wird es in alkalischer Lösung reduziert und so in eine wasserlösliche, schwachgelb erscheinende Form gebracht, das **Leukoindigo** (griech. *leukos*: weiß) oder Indigoweiß. Als Reduktionsmittel wird z. B. Natriumdithionit, $Na_2S_2O_4$, eingesetzt. Die Lösung, die das Leukoindigo enthält, wird **Küpe** genannt. Mit ihr wird das zu färbende Textilstück getränkt. Bei Luftkontakt wird das Leukoindigo dann durch Sauerstoff zum Indigo oxidiert (↑ 05). Indigo ist zwar lichtecht, aber nicht abriebfest. An stark beanspruchten Stellen wird der Farbstoff schneller abgerieben als an weniger beanspruchten. So erhalten Jeans ihr typisches Aussehen.

06 **A** Herstellung von Indigo in der Küpe, **B** mit Indigo gefärbt

Chemisch eng verwandt mit dem Indigo ist Purpur (6,6-Dibromindigo; ↑ 07**A**). Dieser Farbstoff wird aus den im Mittelmeer lebenden Purpurschnecken (↑ 07**B**) gewonnen und ist bis heute einer der teuersten Farbstoffe.

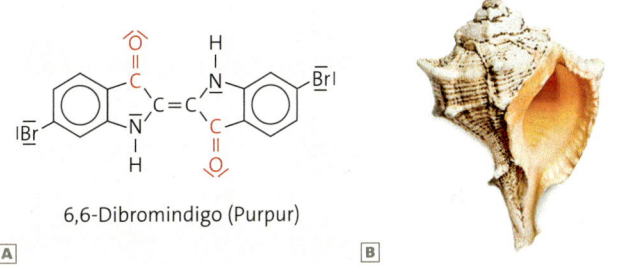

07 **A** Strukturformel von Purpur (Carbonylgruppen in Rot), **B** Purpurschnecke *Bolinus brandaris*

Auch der orange-braune Naturfarbstoff **Henna**, der aus dem Hennastrauch gewonnen wird, ist mit den Indigofarbstoffen chemisch verwandt. Henna wird zum Färben von Haaren oder für Tattoos verwendet (↑ 08). Vor allem in Nordafrika vermischt man traditionell Henna mit Indigo, um eine schwarze Färbung zu erzielen.

CARBONYLFARBSTOFFE Betrachtet man die Strukturformeln der hier genannten Farbstoff-Moleküle, so fällt ein gemeinsames Strukturmerkmal auf: Sie weisen mindestens zwei Carbonylgruppen –CO– auf, die durch ein konjugiertes π-Elektronensystem miteinander verbunden sind (↑ 05, 07, 08). Aufgrund dieses Strukturmerkmals fasst man sie auch als Carbonylfarbstoffe zusammen. Sie sind besonders lichtecht und bleichen daher unter Lichteinwirkung kaum aus.

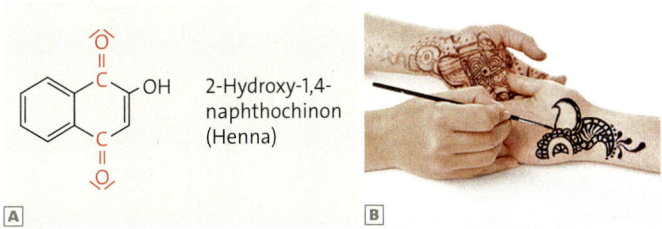

08 **A** Strukturformel von Henna, **B** mit Henna tätowierte Hände

1⟩ Erläutern Sie den Farbwechsel zwischen Indigo und Leukoindigo.
2⟩ Begründen Sie anhand von Oxidationszahlen, dass die Umwandlung zwischen Indigo und Leukoindigo eine Redoxreaktion ist.
3⟩ Begründen Sie die unterschiedliche Wasserlöslichkeit von Indigo und Leukoindigo mithilfe der Molekülstrukturen.

9.11 Färbeverfahren

Zu den Faserarten:
Struktur von
Cellulose ↑ S. 154 f.

Struktur von
Proteinen ↑ S. 164 f.

01 Gefärbt und bedruckt

ANFORDERUNGEN AN TEXTILFARBSTOFFE Grundsätzlich können Textilien bedruckt oder gefärbt werden. Während beim **Bedrucken** die Farbe von einer Seite auf das Gewebe aufgetragen wird, soll die Farbe beim **Färben** mit dem Lösungsmittel in die Faser oder das Gewebe eindringen und so die Faser selbst einfärben.

Um beim Färben eine einheitliche Färbung der Fasern zu gewährleisten, muss der Farbstoff in dem Färbebad gut löslich sein, um gleichmäßig in die Faser eindringen zu können.

Bei der Textilfärbung kommt es vor allem darauf an, den Farbstoff so mit der Faser zu verbinden, dass er beim Waschen nicht wieder von der Faser abgelöst wird. Auch ist ein Farbabrieb meist nicht wünschenswert. Der Farbstoff sollte seine Farbe nicht verändern, wenn er längere Zeit der Luft oder der Lichteinstrahlung ausgesetzt ist. Und er sollte seine Farbe bei Kontakt mit sauren oder alkalischen Lösungen nicht verändern, damit durch die Waschlauge oder den pH-Wert des menschlichen Schweißes die Farbe nicht umschlägt.

FASERARTEN Nicht jeder Farbstoff ist für das Färben jeder beliebigen Faserart gleich gut geeignet. Um eine lang anhaltende Färbung zu erzielen, muss der Farbstoff durch starke Wechselwirkungen zwischen Faser- und Farbstoff-Molekül verankert werden.
Pflanzliche Fasern, wie die aus *Cellulosefasern* bestehende Baumwolle, sind langkettige Polysaccharide. Ihre Moleküle tragen als funktionelle Gruppen ungeladene Hydroxygruppen. **Tierische Fasern** wie Wolle oder Seide bestehen dagegen aus *Proteinen*. Ihre Moleküle besitzen als funktionelle Gruppen geladene Amino- und Carboxygruppen. Mit sauren oder basischen Farbstoffen reagieren die Proteine unter Ausbildung einer salzartigen Verbindung, die Farbstoff und Faser fest miteinander verbindet. Pflanzliche Fasern müssen dagegen oft vorbehandelt werden, damit Farbstoff und Faser fest aneinanderhaften können. Daher gibt es mehrere Färbeverfahren, die auf ein optimales Zusammenspiel von Faser und Farbstoff abgestimmt sind.

DIREKTFÄRBEN Dieses Färbeverfahren nutzt wasserlösliche Farbstoffe, die ohne Vorbehandlung *direkt auf der Faser* haften. Beim **substantiven Direktfärben** von Baumwollfasern lagert sich der Farbstoff in die Hohlräume zwischen den Fasern ein. Das Farbstoff-Molekül haftet nur durch London-Wechselwirkungen oder Wasserstoffbrücken an den Molekülen der Faser (↑ 02). Allerdings sind solche Färbungen oft nicht waschecht.
Beim **ionischen Direktfärben** von Wolle, Seide und synthetischen Fasern verwendet man Farbstoff-Moleküle mit positiv geladenen Atomgruppen wie den Triphenylmethanfarbstoff *Methylviolett* oder Farbstoff-Moleküle mit negativ geladenen Atomgruppen wie den Azofarbstoff *Methylorange*. Die Fixierung auf der Faser erfolgt durch ionische Wechselwirkungen.
Kationische Farbstoffe enthalten Aminogruppen, die in saurer Lösung protoniert und daher positiv geladen sind. Sie eignen sich zur Färbung von Fasern, die negativ geladene Atomgruppen besitzen. **Anionische Farbstoffe** enthalten Carboxy- oder Sulfonsäuregruppen. Durch Protolyse der Farbstoff-Moleküle bilden sich negativ geladene Farbstoff-Anionen. Diese reagieren mit den protonierten Aminogruppen von Woll- und Polyamidfasern (↑ 03).

02 Substantive Direktfärbung: Bindung eines Kongorot-Moleküls an eine Cellulosefaser durch Wasserstoffbrücken

03 Bindung eines anionischen Farbstoffs auf der Faser

9.11 Färbeverfahren

ENTWICKLUNGSFÄRBEN Bei diesem Färbeverfahren werden die Farbstoffe durch eine chemische Reaktion auf der Faser gebildet. Neben dem **Küpenfärben** (↑ S. 345; ↑ Exp. 9.03) gehört auch das **Beizenfärben** zu diesem Verfahren. Es ist nicht möglich, allein mit sauren oder basischen Farbstoffen eine waschechte Färbung auf Cellulosefasern wie Baumwolle oder Viskose zu erzielen. Ionen, die in Salzlösungen enthalten sind, können jedoch als Vermittler zwischen Farbstoff und Faser-Molekül fungieren. Zunächst wird die Faser mit einer Salzlösung, z. B. einer Kaliumaluminiumsulfatlösung (Alaunlösung), vorbehandelt (gebeizt). Nach dem Eintauchen der gebeizten Faser in das Farbbad bildet sich ein Farblack aus, bei dem die Al^{3+}-Ionen an das Faser-Molekül binden und gleichzeitig eine Bindung mit den Farbstoff-Molekülen eingehen. Auch Wolle und Seide lassen sich so färben.

REAKTIVFÄRBEN Durch Elektronenpaarbindungen lassen sich Farbstoff-Moleküle noch fester auf der Faser verankern als durch zwischenmolekulare Wechselwirkungen. Reaktivfarbstoffe mit sogenannten Ankergruppen reagieren dabei in alkalischer Lösung mit den Hydroxygruppen der Cellulose-Moleküle (↑ 04) oder den Aminogruppen eines Protein-Moleküls. Reaktivfärbungen sind daher besonders waschecht.

> Farbstoff-Moleküle können durch zwischenmolekulare Wechselwirkungen, Ionenbindung oder Elektronenpaarbindung an den Molekülen der Faser verankert werden. Je fester die Verankerung auf der Faser erfolgt, desto waschechter ist die Färbung.

EXP 9.03 Küpenfärben mit Indigo

Video: Küpenfärben mit Indigo

Materialien Waage, Thermometer, Reagenzglas, Becherglas (400 mL), Messzylinder, Glasrührstab, Heizplatte, ungefärbter (sauberer) Baumwollstoff, Wasser, Indigo oder Flavanthren, Natriumdithionit (2, 7), Natronlauge (w = 12 %; 5), Ethanol (2, 7)

Durchführung Geben Sie in das Becherglas 250 mL Wasser und 20 mL Natronlauge. Erwärmen Sie diese Lösung auf der Heizplatte auf 70 °C.
Geben Sie in ein Reagenzglas 0,5 g Flavanthren oder Indigo und lösen Sie den Farbstoff in 5 mL Ethanol. Geben Sie die Lösung aus dem Reagenzglas in die erwärmte Lösung im Becherglas (Farbbad).
Fügen Sie dem Farbbad unter ständigem Rühren 3 g Natriumdithionit bei einer Temperatur von 60 bis 70 °C zu.
Geben Sie die Stoffprobe in das Farbbad und erhitzen Sie es kurz zum Sieden. Färben Sie die Stoffprobe für 15 min und wenden Sie sie mehrmals mit dem Glasstab. Spülen Sie die Stoffprobe in Wasser aus und trocknen Sie diese an der Luft. Reiben Sie anschließend die getrocknete Stoffprobe über weißes Papier.
Entsorgung: Lösungen über das Abwasser entsorgen.

Auswertung Deuten Sie die Farbwechsel mithilfe geeigneter mesomerer Grenzstrukturen.

1) Erläutern Sie, warum Baumwolle nicht mit ionischen Direktfarbstoffen gefärbt werden kann, Wolle dagegen schon.
2) Erklären Sie, warum es keinen universellen Farbstoff für die verschiedenen Fasertypen geben kann.
3) Begründen Sie die Abnahme der Waschechtheit in der Reihenfolge Reaktivfarbstoffe – Entwicklungsfarbstoffe – Direktfarbstoffe.
4) Wenn Waschlaugen einen hohen pH-Wert haben, bleichen einige direkt gefärbte Kleidungsstücke aus Wolle schnell aus. Erklären Sie diesen Sachverhalt.

R: Chromophor
H—O—Cell: Hydroxylgruppen des Cellulose-Moleküls

04 Reaktivfärben – chemische Reaktion zwischen einem Reaktivfarbstoff und einem Cellulose-Molekül

9.12 Komplexverbindungen

01 **A** Kupfer(II)-sulfat-Lösung, **B** Niederschlag von Kupfer(II)-hydroxid, **C** Tetraamminkupfer(II)-sulfatlösung, **D** auskristallisiertes Tetraamminkupfer(II)-sulfat, **E** Komplex mit Kupfer(II)-Ion als Zentralteilchen und vier Ammoniak-Molekülen als Liganden

Eher zufällig entdeckte der Mitbegründer der modernen Chemie ANDREAS LIBAVIUS um das Jahr 1600 die tiefblaue Färbung eines *Kupferkomplexes*, der sich bildete, als er in einem Messinggefäß Experimente mit Ammoniak durchführte.

BILDUNG VON KOMPLEXVERBINDUNGEN Versetzt man wie im ↑ Exp. 9.04 die blaue Kupfer(II)-sulfatlösung mit Ammoniaklösung, so bildet sich zunächst ein Niederschlag aus Kupfer(II)-hydroxid (↑ **01B**). Bei weiterer Zugabe von Ammoniaklösung löst sich der Niederschlag wieder auf und die Lösung erscheint nun tiefblau (↑ **01C**).

Diese Lösung zeigt ungewöhnliche Eigenschaften: Fällt man durch Zugabe von Ethanol die tiefblauen Kristalle aus der Lösung aus und löst diese anschließend in Wasser, so lassen sich in der wässrigen Lösung weder (Kupfer(II)-Ionen noch Ammoniak-Moleküle, sondern lediglich Sulfat-Ionen nachweisen. Folglich müssen die Kupfer(II)-Ionen und die Ammoniak-Moleküle in gewisser Weise „gefangen" sein und gleichzeitig trotzdem ein zweifach positiv geladenes Gegen-Ion zu den Sulfat-Ionen darstellen. Erklären lässt sich dies durch die Bildung einer sogenannten **Komplexverbindung** (lat. *complexus*: das Umfassen, die Verknüpfung).

$CuSO_4(aq) + 4\ NH_3(aq) \longrightarrow [Cu(NH_3)_4]SO_4(aq)$
Kupfer(II)-sulfat: blau — Tetraamminkupfer(II)-sulfat: tiefblau

Das Salz Tetraamminkupfer(II)-sulfat besteht aus einem **Komplex-Ion** $[Cu(NH_3)_4]^{2+}$ und dem Sulfat-Ion (SO_4^{2-}) als Gegen-Ion. Beim Komplex-Ion sind um das Kupfer(II)-Ion (Cu^{2+}), das **Zentralteilchen**, vier Ammoniak-Moleküle regelmäßig als **Liganden** (lat. *ligare*: umarmen) angeordnet (↑ **01E**). Aufgrund der vier direkt am Zentralteilchen gebundenen Stickstoff-Atome besitzt das Cu^{2+}-Ion im zweifach positiv geladenen Tetraamminkupfer(II)-Komplex die **Koordinationszahl** (KZ) 4. Zur Verdeutlichung, dass ein Komplex vorliegt, wird er in der Formel in eckige Klammern gesetzt. Als Zentralteilchen kommen sowohl Metall-Atome als auch Metall-Ionen vor. Liganden können entweder Moleküle oder Ionen sein. Durch die Summe der Ladungen aller in einer Komplexverbindung enthaltenen Ionen oder Moleküle ergibt sich die Gesamtladung des Komplexes (**komplexe Anionen** bzw. **komplexe Kationen**). Gleichen sich die Ladungen gegenseitig aus, liegen **Neutralkomplexe** vor.

P **EXP 9.04** **Reaktion von Kupfer(II)-sulfat mit Ammoniaklösung**

Materialien großes Reagenzglas, Reagenzglasständer, Pipette, $CuSO_4 \cdot 5\ H_2O$ (5, 7, 9), dest. Wasser, konz. Ammoniaklösung (5, 7, 9), Ethanol (2, 7)

Durchführung Stellen Sie aus 2 g Kupfer(II)-sulfat und 6 mL Wasser eine Lösung her. Geben Sie so lange tropfenweise Ammoniaklösung hinzu, bis sich der gebildete hellblaue Niederschlag gerade wieder auflöst. Fügen Sie zu der nun dunkelblauen Lösung unter Schütteln ca. 10 mL Ethanol hinzu. Die ausfallenden Kristalle werden abfiltriert, mit Ethanol gewaschen und getrocknet.
Entsorgung: Reste in den Sammelbehälter für giftige anorganische Abfälle geben.

Auswertung Beschreiben und deuten Sie die Beobachtungen.

> Ein Komplex besteht aus einem Metall-Atom oder Metall-Ion als Zentralteilchen und Molekülen oder Ionen als Liganden. Die Zahl der am Zentralteilchen gebundenen Atome wird als Koordinationszahl (KZ) bezeichnet.

9.12 Komplexverbindungen

Formel	Name des Liganden
Neutralliganden	
H$_2$O	aqua
NH$_3$	ammin
CO	carbonyl
NO	nitrosyl
Anionische Liganden	
Cl$^-$	chloro
F$^-$	fluoro
OH$^-$	hydroxo
O^{2-}	oxido
CN$^-$	cyano
SCN$^-$	thiocyanato

02 Einige Namen von Liganden

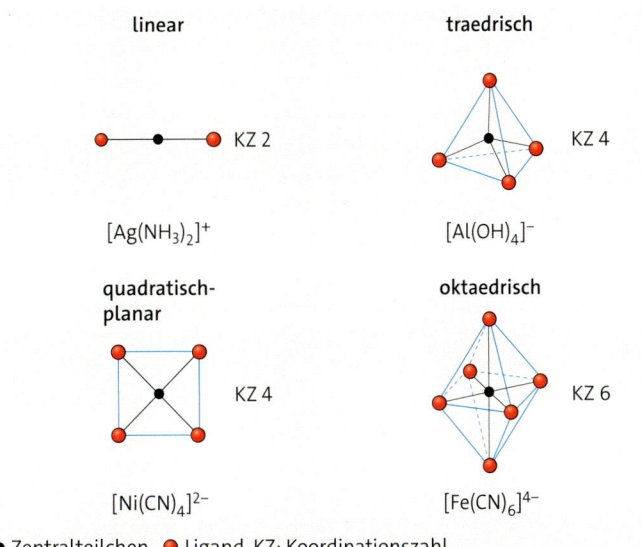

● Zentralteilchen, ● Ligand, KZ: Koordinationszahl

03 Struktur von Komplexteilchen

STRUKTUR VON KOMPLEXEN Die Liganden ordnen sich nicht zufällig, sondern in Form eines geometrischen Körpers um das Zentralteilchen an, und zwar so, dass die geringste Abstoßung der Liganden untereinander und die größte Anziehung durch das Zentralteilchen gewährleistet werden (↑ 03).

NOMENKLATUR In den Namen von Komplexen stehen die Namen der Liganden in alphabetischer Reihenfolge vor dem Zentralteilchen. Die Anzahl der Liganden wird durch Zahlwörter (di, tri, tetra …) ausgedrückt. Dann folgt der Name des Liganden. Neutrale Liganden behalten ihren Namen bei oder es existieren Eigennamen, z. B. *aqua* für Wasser (↑ 02). Die Namen anionischer Liganden enden auf **-o**, z. B. fluoro für Fluorid. Am Schluss kommt der Name des Zentralteilchens, wobei seine Ladung in runde Klammern mit römischen Ziffern geschrieben wird. Ist der Komplex insgesamt negativ geladen, erhält das Zentral-Ion die Endung **-at** an den lateinischen Wortstamm des Elements, ansonsten verändert sich der Name nicht (↑ 04).

1⟩ Im Labor stehen „Rotes Blutlaugensalz" K$_3$[Fe(CN)$_6$] und „gelbes Blutlaugensalz" K$_4$[Fe(CN)$_6$] im Chemikalienschrank. Geben Sie die systematischen Namen an.

Komplexe Kationen
[Cu(H$_2$O)$_4$]$^{2+}$
[Ag(NH$_3$)$_2$]$^+$

Komplexe Anionen
[AgCl$_2$]$^-$
[Zn(CN)$_4$]$^{2-}$

Neutralkomplexe
[Ni(CO)$_4$]
[Fe(CO)$_5$]

05 Beispiele für komplexe Ionen und Neutralkomplexe

Komplexverbindung mit komplexem Kation: [Cu(NH$_3$)$_4$]SO$_4$				
Komplexes Kation				Anion
Anzahl der Liganden	Name des Liganden	Name des Zentral-Ions	Oxidationszahl des Zentral-Ions	Name des Anions
Tetra	ammin	kupfer	(II)	sulfat
Tetraamminkupfer(II)-sulfat				
Komplexverbindung mit komplexem Anion: Na[Al(OH)$_4$]				
Kation	Komplexes Anion			
Name des Kations	Anzahl der Liganden	Name des Liganden	Name des Zentral-Ions	Oxidationszahl des Zentral-Ions
Natrium	tetra	hydroxo	aluminat	(III)
Natrium-tetrahydroxoaluminat(III)				
Neutralkomplex: [Ni(CO)$_4$]				
Anzahl der Liganden	Name des Liganden	Zentral-Atom	Oxidationszahl des Zentralteilchens	
Tetra	carbonyl	nickel	(0)	
Tetracarbonylnickel(0)				

04 Benennung von Komplexverbindungen (Kationen stehen immer vor den Anionen)

Chemische Bindung und Reaktionen von Komplexen

ELEKTROSTATISCHE WECHSELWIRKUNGEN In Komplexen halten das Zentral-Ion und die ionischen Liganden aufgrund ihrer elektrostatischen Wechselwirkung zusammen, beispielsweise umgibt sich das dreifach positiv geladene Zentralteilchen Fe^{3+} mit sechs negativ geladenen Liganden Cl^-. Aufgrund ihrer Ladung sind sie in der Lage, entgegengesetzt geladene Ionen oder auch Dipol-Moleküle aus allen Raumrichtungen anzuziehen. Ähnlich wie beim Elektronenpaarabstoßungsmodell kann durch die Größe der Liganden, ihrer jeweiligen Ladung und der des Zentralteilchens die Raumstruktur vieler Komplexe beschrieben werden. Allerdings hat dieses Bindungsmodell Grenzen: Es erklärt weder die große Stabilität von Komplexen in wässrigen Lösungen noch die Anziehung zwischen einem ungeladenen Zentral-*Atom* und seinen Liganden.

KOORDINATIVE BINDUNG Alle Liganden enthalten freie Elektronenpaare an mindestens einem Atom. Diese stellen als **Elektronenpaardonatoren** freie Elektronenpaare für die Bindung zum Zentralteilchen zur Verfügung, das als **Elektronenpaarakzeptor** dient. Die freien Elektronenpaare der Elektronenpaardonatoren besetzen freie Energieniveaus am Zentralteilchen, wodurch eine **koordinative Bindung** ausgebildet wird (↑ 01).

Im Unterschied zur bekannten Elektronenpaarbindung (Atombindung), bei der jeder Bindungspartner jeweils ein Valenzelektron für die Bindung bereitstellt, stammt in Komplexen das bindende Elektronenpaar ausschließlich von dem Liganden.

Mit der koordinativen Bindung können somit auch Komplexe mit Zentral-Atom und ungeladenen Liganden erklärt werden.

LIGANDENAUSTAUSCHREAKTIONEN UND STABILITÄT Komplexverbindungen sind in wässrigen Lösungen unterschiedlich stabil. Ein Beispiel dafür ist der Hexaaquaeisen(III)-Komplex, bei dem sich die komplexgebundenen Wasser-Moleküle schrittweise durch andere Liganden ersetzen lassen. Dies wird als **Ligandenaustausch** bezeichnet und geht oft mit einer Farbänderung einher, hier von Gelb nach Rot. Durch die Zugabe von Thiocyanat-Ionen bilden sich schrittweise unterschiedlich intensiv rot gefärbte Lösungen, die als empfindlicher Nachweis für Eisen(III)-Ionen genutzt werden können (↑ 02A).

$$[Fe(H_2O)_6]^{3+} + 3\ SCN^- \longrightarrow [Fe(SCN)_3(H_2O)_3] + 3\ H_2O$$
gelb rot

Werden Fluorid-Ionen zugesetzt, wird die rote Lösung farblos, weil die Thiocyanat-Ionen und die Wasser-Moleküle aus dem Komplex verdrängt worden sind (↑ 02B, C).

$$[Fe(SCN)_3(H_2O)_3] + 5\ F^- \longrightarrow [FeF_5(H_2O)]^{2-} + 3\ SCN^- + 2\ H_2O$$
rot farblos

Der gebildete Aquapentafluoroferrat(III)-Komplex $[FeF_5(H_2O)]^{2-}$ ist sehr stabil. Durch die Anwesenheit von Fluorid-Ionen werden die Eisen(III)-Ionen „maskiert" – der ansonsten empfindliche Nachweis von Eisen(III)-Ionen mit Thiocyanat-Ionen gelingt daher nicht mehr.

Bei der Bildung und dem Zerfall von Komplexen stellt sich ein *chemisches Gleichgewicht* ein (Hydratisierung bleibt unberücksichtigt):

$$Fe^{3+} + 5\ F^- \rightleftarrows [FeF_5]^{2-}$$

Es kann mit dem *Massenwirkungsgesetz* quantitativ beschrieben werden. Die Komplexstabilitätskonstante K für diese Reaktion ist:

$$K = \frac{c[FeF_5]^{2-}}{c(Fe^{3+}) \cdot c^5(F^-)} = 2{,}5 \cdot 10^{15}\ L^5 \cdot mol^{-5}$$

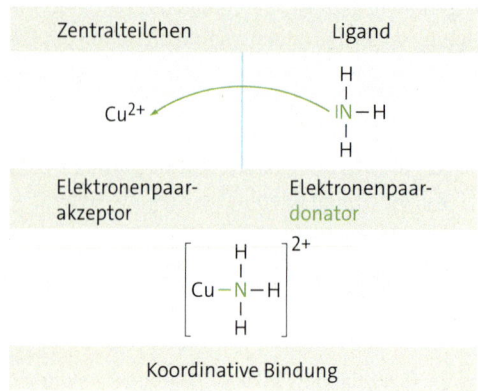

Massenwirkungsgesetz ↑ S.66 f.

01 Donator-Akzeptor-Prinzip der koordinativen Bindung

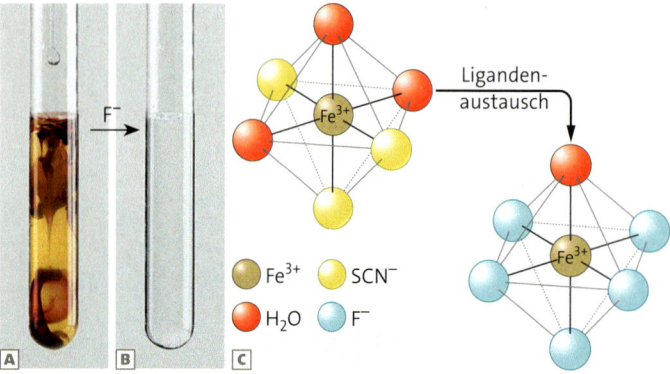

02 **A** Nachweis für Eisen(III)-Ionen, **B** Maskierung des Fe^{3+}-Ions durch Fluorid-Ionen, **C** Modell zum Ligandenaustausch

Bedeutung von Komplexen

WASSERENTHÄRTUNG DURCH CHELATE Störende Ablagerungen gehören zu den unerwünschten Folgen von zu hartem Wasser. Verantwortlich sind zu hohe Konzentrationen von Metall-Ionen wie Ca^{2+}- und Mg^{2+}-Ionen, die schwerlösliche Salze bilden und die Waschwirkung reduzieren. In Waschmitteln sind daher Enthärter enthalten, die mit den Ca^{2+}- und Mg^{2+}-Ionen im Waschwasser lösliche Komplexe bilden. Dazu werden häufig organische Moleküle als Liganden eingesetzt, die an mehreren Atomen jeweils ein freies Elektronenpaar besitzen und so mehrere Bindungen zum Zentralteilchen ausbilden können. Solche Liganden nennt man *mehrzähnig*. Dabei entstehen **Chelatkomplexe** (kurz: **Chelate** von griech. *chele*: Krebsschere), in denen der Ligand das Zentralteilchen zangenartig umgreift.

In Waschmitteln wird als Enthärter u. a. **Ethylendiamintetraessigsäure** (kurz: **EDTA**) verwendet. Dieser Ligand ist ein „sechszähniger" Ligand (↑ 03). EDTA bildet mit Metall-Ionen in hoher Geschwindigkeit und mit hoher Stabilität Komplexverbindungen. So bleibt das Waschwasser frei von störenden Ionen.

KOMPLEXE IN ZENTRALEN LEBENSPROZESSEN
Häufig nehmen Komplexe in Lebewesen zentrale Funktionen im Stoffwechsel ein. Der rote Blutfarbstoff **Hämoglobin**, ein aus vier Polypeptidketten und der Hämgruppe bestehendes Protein, ist für den Transport von Sauerstoff in Wirbeltieren zuständig. Im Häm bildet Porphyrin als vierzähniger Ligand das Gerüst um ein zentrales Eisen(II)-Ion (↑ 04). An der fünften Koordinationsstelle ist das Protein über die Aminosäure Histidin an das Eisen(II)-Ion gebunden. Für die Atmung ist die noch verfügbare sechste Koordinationsstelle von zentraler Bedeutung, denn dort kann ein Sauerstoff-Molekül reversibel gebunden und abgegeben werden.

Ähnlich aufgebaut ist **Chlorophyll**, der Blattfarbstoff der grünen Pflanzen. Der Komplex besitzt ein Magnesium(II)-Ion als Zentral-Ion. Durch seine Fähigkeit zur Lichtabsorption ermöglicht das Chlorophyll die Fotosynthese der grünen Pflanzen.

GOLDGEWINNUNG Die Goldgewinnung durch Cyanidlaugerei ist ein Beispiel für Verfahren zur Metallgewinnung, bei denen Komplexverbindungen eine Rolle spielen: Nachdem das goldführende Erz fein gemahlen wurde, werden die kleinen, durch Pressluft aufgewirbelten Edelmetallpartikel mit einer Natriumcyanidlösung besprüht. Die Gold-Atome werden in der alkalischen Umgebung oxidiert und von den Cyanid-Ionen umschlossen, sodass die lösliche Komplexverbindung Dicyanoaureat(I)

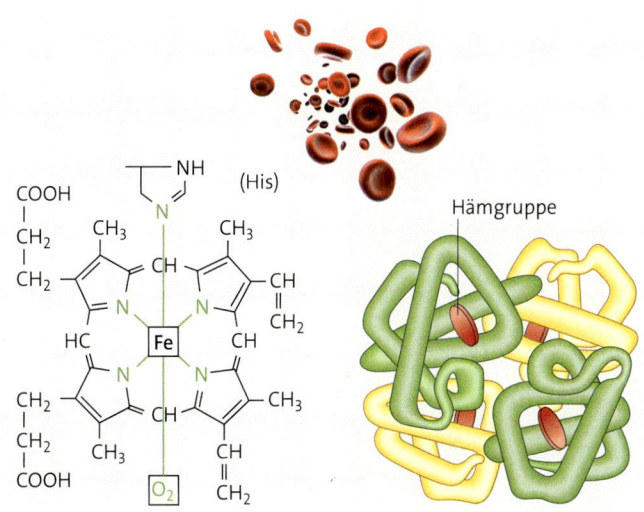

03 Calcium-EDTA-Komplex (Chelatkomplex)

04 Roter Blutfarbstoff Hämoglobin. **A** Hämgruppe (Chelatkomplex), **B** Protein

$[Au(CN)_2]^-$ entsteht. Aus der Cyanidlauge wird anschließend durch Zugabe des unedlen Metalls Zink elementares Gold mit einem Reinheitsgrad von etwa 90 % ausgefällt, das durch elektrolytische Abscheidung weiter angereichert wird. Allerdings ist die Nutzung von giftigen Cyaniden hochriskant, wie ein schwerwiegender Chemieunfall in Rumänien im Jahr 2000 zeigte, bei dem in den Flüssen Theiß und Donau auf 2000 km alle Wasserorganismen vergiftet wurden und starben.

1) Formulieren Sie die Fällung von Gold bei der Cyanidlaugerei durch die Reaktionen des Komplexes Dicyanoaureat(I) mit elementarem Zink und benennen Sie den gebildeten Zinkkomplex.

Komplexe machen Nachweisreaktionen erst möglich

Nachweisreaktionen für Glucose und Fructose ↑ S. 140 f.; Nachweisreaktion für Proteine ↑ S. 167

Die reduzierende Wirkung von Zuckern kann durch die Reduktion von Silber-Ionen (Ag^+) oder Kupfer(II)-Ionen (Cu^{2+}) nachgewiesen werden. Die Metall-Kationen werden hierfür in wässrigen Salzlösungen bereitgestellt: Bei der Tollens-Probe in Form von gelöstem Silbernitrat ($AgNO_3$), im Benedict-Reagenz ist es gelöstes Kupfersulfat ($CuSO_4$).

Da die zugrunde liegenden Redoxreaktionen nur im Alkalischen ablaufen, werden in beiden Fällen alkalische Lösungen zugegeben. Problematisch hierbei ist, dass beide Kationen mit den zugefügten Hydroxid-Ionen schwerlösliche Hydroxide bilden, die als Niederschlag ausfallen. Umso erstaunlicher ist, dass sich diese bei weiterer Zugabe alkalischer Lösung nach und nach wieder lösen. Es bilden sich wasserlösliche Komplexe, die die Metall-Kationen im alkalischen Medium in Lösung halten.

TOLLENS-PROBE Das Tollens-Reagenz wird durch Zugabe einer wässrigen Ammoniaklösung zu einer wässrigen Lösung von Silbernitrat hergestellt. Die in der Ammoniaklösung enthaltenen Hydroxid-Ionen reagieren mit den Silber-Ionen unter Bildung von Silberhydroxid (AgOH), das in Wasser schwer löslich ist.

$$Ag^+(aq) + OH^-(aq) \rightleftharpoons AgOH(s)$$

Bei weiterer Zugabe der Ammoniaklösung bildet sich nach und nach der wasserlösliche Silberdiammin-Komplex. Sobald sämtliches Silberhydroxid in den wasserlöslichen Komplex überführt wurde, wird die Ammoniakzugabe beendet: Das Tollens-Reagenz ist für den Nachweis bereit.

$$AgOH(s) + 2\,NH_3(aq) \rightleftharpoons [Ag(NH_3)_2]^+(aq) + OH^-(aq)$$

Bei einer positiven Probe bilden die in einer Redoxreaktion entstandenen Silber-Atome einen Silberspiegel an der Glasgefäßwand.

BENEDICT-PROBE Bei einer positiven Benedict-Probe werden Cu^{2+}-Ionen im Alkalischen zu Cu^+-Ionen reduziert. Zur Herstellung einer alkalischen Lösung wird zu einer Kupfersulfatlösung Natronlauge gegeben. Auch hier fällt ein schwerlösliches Hydroxid aus – Kupferhydroxid $Cu(OH)_2$.

$$Cu^{2+}(aq) + 2\,OH^-(aq) \rightleftharpoons Cu(OH)_2(s)$$

Durch Zugabe von Natriumcitrat werden Citrat-Ionen bereitgestellt, die durch Ausbildung von jeweils drei koordinativen Bindungen zum zentralen Kupfer-Ion einen wasserlöslichen Citrat-Komplex bilden (↑ 02).

BIURET-PROBE Die Ausbildung eines Komplexes spielt auch beim Nachweis von Peptiden und Proteinen mithilfe von Cu^{2+}-Ionen eine zentrale Rolle. Die freien Elektronenpaare der an zwei benachbarten Peptidbindungen enthaltenen Stickstoff-Atome können zum Cu^{2+}-Ion eine koordinative Bindung ausbilden. So bildet sich ein stabiler Chelatkomplex (↑ S. 351), der die Lösung violett färbt (↑ 03).

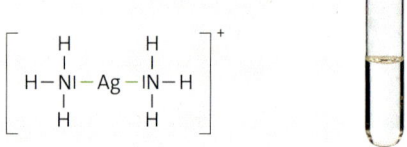

01 Farbloses Tollens-Reagenz, in dem mithilfe des dargestellten Diammin-Komplexes Ag^+-Ionen in Lösung gehalten werden, die bei positiver Probe zu einem Silberspiegel reduziert werden.

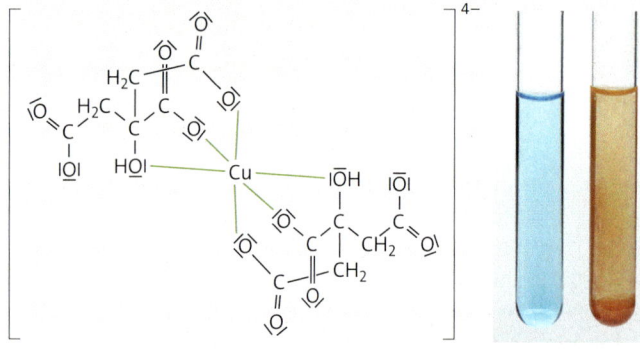

02 Von je zwei Citrat-Ionen komplexierte Cu^{2+}-Ionen sind im blauen Benedict-Reagenz enthalten. Bei positiver Probe werden diese zu Cu^+-Ionen reduziert (Bildung von rotem Kupfer(I)-oxid).

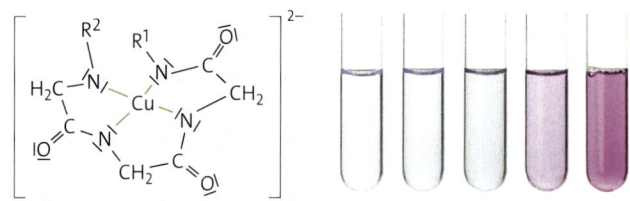

03 Bei der Biuret-Reaktion bilden Cu^{2+}-Ionen und nachzuweisende Peptidgruppen einen Chelat-Komplex, der die Lösung violett färbt.

1) **a** Erläutern Sie anhand von Bild ↑ 02, wie die Gesamtladung von −4 des Komplexes zustande kommt.
b Begründen Sie, dass es sich um einen Chelatkomplex handelt.
2) Begründen Sie, weshalb die Violettfärbung bei Durchführung der Biuret-Probe mit Aminosäuren ausbleibt.

9.13 Lotuseffekt in Natur und Technik

REINHEIT DER LOTUSBLÜTE Die Lotusblüte ist in vielen Ländern ein Symbol der Reinheit. Schmutzpartikel auf den wasserabweisenden Blüten und Blättern der Lotuspflanze werden vom Regen heruntergewaschen. Das Wasser benetzt die Oberfläche nicht, sondern bildet auf ihr fast kugelförmige Tropfen (↑ 04). Sie rollen statt zu fließen, wodurch sie Schmutzpartikel vom Untergrund aufnehmen und wegtransportieren. Die Ursachen dieses Effekts wurden erst gegen Ende des 20. Jahrhunderts entdeckt. Elektronenmikroskopische Aufnahmen zeigen, dass die Blüten und Blätter eine „mikroraue" Oberfläche haben. Sie wird von winzigen, etwa 10 μm hohen und breiten Wachspartikeln erzeugt, die auch etwa 10 μm Abstand voneinander haben (↑ 05). Sie sind verantwortlich für die geringe Benetzbarkeit einer Oberfläche, was als **Lotuseffekt** bezeichnet wird. Der Lotuseffekt tritt auch bei einigen anderen Pflanzen auf, z. B. beim heimischen Frauenmantel und verschiedenen Kohlarten wie dem Brokkoli.

SUPERHYDROPHOBIE Bringt man einen Wassertropfen auf eine hydrophobe Oberfläche, so ist der **Kontaktwinkel** Θ zwischen der Oberfläche und der Kontaktfläche Wasser-Luft größer als 90°. Das liegt an der Oberflächenspannung des Wassers, die versucht, eine möglichst kleine Kontaktfläche zur hydrophoben Oberfläche herzustellen (↑ 06).
Im Vergleich zu einer glatten Wachsoberfläche verstärken Mikro-Wachspartikel diesen Effekt und vergrößern den Kontaktwinkel. Sehr stark wasserabweisende Oberflächen haben Kontaktwinkel größer als 150°, und der Tropfen hat näherungsweise Kugelform. Außerdem ist der **Abrollwinkel** α, ab dem der Tropfen von der Oberfläche rollt, kleiner als 5°. Oberflächen mit solchen Eigenschaften werden als **superhydrophobe Oberflächen** bezeichnet.

WASSERABWEISENDER ANSTRICH Die Übertragung eines Funktionsprinzips aus der belebten Natur auf eine technische Anwendung wird als **Bionik** bezeichnet. Ein Beispiel dafür ist Fassadenfarbe mit Lotuseffekt. Zu ihrer Herstellung wird Diatomeen-Erde, die aus fossilen Kieselalgen besteht, chemisch modifiziert, damit aus der hydrophilen eine superhydrophobe Oberfläche wird. Ihre Mikrostruktur ähnelt der von Lotusblättern (↑ 07). Schmutzpartikel auf dieser Fassadenfarbe werden von Regenwasser genauso entfernt wie solche auf einem Lotusblatt.

04 Lotusblatt mit fast kugelförmigen Wassertropfen

05 Elektronenmikroskopische Aufnahme der Oberfläche eines Lotusblatts mit Mikro-Wachspartikeln

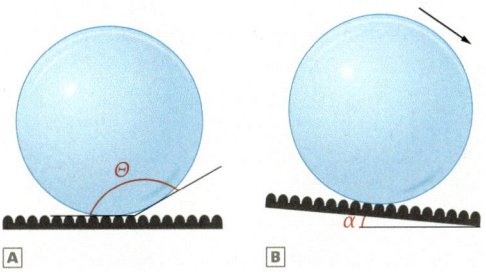

06 Wassertropfen auf superhydrophober Oberfläche (Schema). **A** Kontaktwinkel Θ, **B** Abrollwinkel α

07 Elektronenmikroskopische Aufnahme der Oberfläche von Fassadenfarbe mit Lotuseffekt

> Auf einer superhydrophoben Oberfläche bildet Wasser nahezu kugelförmige Tropfen, die auf ihr rollen.

1⟩ Begründen Sie, warum der Lotuseffekt verschwindet, wenn Lotusblätter mit Seifenlauge oder Benzin in Kontakt kommen.

9.14 Nanopartikel und Nanomaterialien

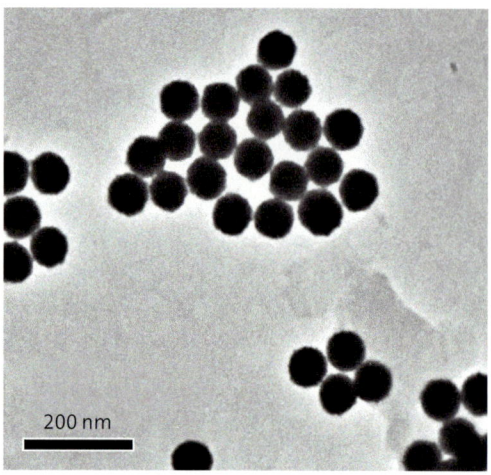

01 Elektronenmikroskopische Aufnahme von Quecksilbertellurid-Nanopartikeln (HgTe)

NANOPARTIKEL – ZWISCHEN ATOM UND KRISTALL Lösungen, die Nanopartikel enthalten, sind schon seit Langem als **kolloidale Lösungen** bekannt. Es handelt sich um Suspensionen oder Emulsionen. Die dispergierten Tröpfchen oder Mikrokristalle haben Durchmesser von wenigen Nanometern bis hin zu einigen Mikrometern. Die größeren Partikel lassen sich mit einem Lichtmikroskop beobachten, sie zeigen das als Brown'sche Bewegung bekannte „Zittern". Im Gegensatz zu „echten" Lösungen zeigen kolloidale Lösungen den **Tyndall-Effekt**, d. h., sie streuen Licht senkrecht zu dessen Einfallsrichtung (↑ 02).

Die Forschung an den Nanopartikeln selbst ist hingegen ein junger Wissenschaftszweig, der sich seit Ende des 20. Jahrhunderts rasant entwickelte. Das war der verbesserten Auflösung der Elektronenmikroskopie und der zunehmenden Rechenkapazität von Computern zu verdanken. Mithilfe dieser analytischen Methoden untersuchten Wissenschaftlerinnen und Wissenschaftler der Chemie, Physik und Biologie die besonderen Eigenschaften von Nanopartikeln auf der atomaren Ebene. In der Chemie wurden neue Methoden zu ihrer Synthese etabliert.

02 Tyndall-Effekt

Video: Tyndall-Effekt

MILLI, MIKRO, NANO Das Wort „nano" ist griechischen Ursprungs und heißt „Zwerg". Als Vorsilbe vor einer Einheit bedeutet *nano*, dass es sich um ein Milliardstel davon handelt. Ein Nanometer (1 nm) ist ein milliardstel Meter (10^{-9} m; ↑ 04). Das entspricht etwa der Länge einer Reihe aus vier Gold-Atomen. **Nanopartikel** haben in keiner Richtung eine Ausdehnung von mehr als 100 nm (↑ 01). Sie sind winzig und selbst unter einem Lichtmikroskop nicht sichtbar.

Die Motivation für die Forschungsaktivitäten ist der Wunsch, Materialien mit neuen oder verbesserten Eigenschaften herzustellen, die z. B. Schadstoffe schneller abbauen, biologisch aktive Moleküle selektiv erkennen oder einen höheren Wirkungsgrad bei der Umwandlung von Lichtenergie in elektrische Energie haben. Diese Materialien werden als **Nanomaterialien** bezeichnet. Nanopartikel bilden den Übergang von einzelnen Stoffteilchen hin zu mikroskopisch sichtbaren Aggregaten. Es sind hauptsächlich zwei Effekte, die nanostrukturierte Materie zum interessanten Forschungsgegenstand machen: die Oberfläche und die Größe der Aggregate.

> Nanopartikel sind Aggregate von Atomen oder Ionen. Sie haben einen Durchmesser kleiner als 100 nm.

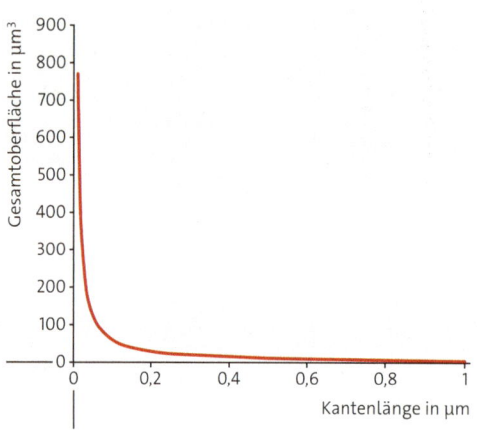

03 Partikelgröße und Oberfläche der Stoffportion

Bezeichnung	Millimeter	Mikrometer	Nanometer	Pikometer
Einheit	1 mm	1 μm	1 nm	1 pm
in Meter	10^{-3} m	10^{-6} m	10^{-9} m	10^{-12} m
typisches Objekt, Durchmesser	Rohrzuckerkristall, ca. 1 mm	dünnes Kopfhaar, 40–60 μm	Nanopartikel, bis 100 nm	Wasserstoff-Atom, 60 pm

04 Längeneinheiten

„NANO-EFFEKTE" DURCH OBERFLÄCHE Verkleinert man einen Würfel, indem die Kantenlänge a halbiert wird, so vermindert sich das Volumen V auf ein Achtel ($V = a^3$), die Oberfläche O aber nur auf ein Viertel ($O = 6\,a^2$). Verteilt man also ein bestimmtes Volumen eines gegebenen Stoffs auf immer mehr und kleinere Würfel, dann steigt die Gesamtoberfläche. So verdoppelt sich die gesamte Oberfläche, wenn ein Würfel in acht kleinere Würfel mit halber Kantenlänge zerteilt wird, d. h., $O \sim \frac{1}{a}$ (↑ 03). Gleiches gilt auch für die Kugeloberfläche und den Durchmesser von Kugeln. Damit verdoppelt sich die Zahl der Atome bzw. Ionen direkt an der Oberfläche, was auch eine Verdopplung der Kontaktmöglichkeiten zu Teilchen anderer Stoffe bedeutet. Dadurch steigt die Reaktionsgeschwindigkeit, wenn Nanopartikel als Edukte oder als Katalysatoren fungieren (↑ S. 56). Von Katalysatoren aus Nanopartikeln wird erwartet, dass sie effizienter sind als solche aus mikro- oder millimetergroßen Kristallen.

„NANO-EFFEKTE" DURCH LIMITIERTE GRÖSSE
Die Energie von Elektronen in der Atomhülle kann mit dem Orbitalmodell beschrieben werden (↑ S. 322). Treten zwei Atome oder Ionen z. B. über ihre s-Orbitale miteinander in Wechselwirkung, so verändern sich die zugehörigen Orbitalenergien – eine nimmt zu, die andere nimmt ab. Kommen weitere Atome dazu, dann entsteht eine Reihe von s-Niveaus, die in ihrer Energie dicht zusammenliegen und für eine große Anzahl an Atomen ein nahezu kontinuierliches „Band" bilden (↑ 05 A). Gleiches gilt auch für die p-Orbitale, auch aus ihnen wird bei vielen Atomen ein „Band".
Handelt es sich bei dem Stoff um einen Halbleiter, dann entspricht der Energieabstand zwischen beiden Bändern der Energie von Photonen zwischen dem infraroten und dem ultravioletten Bereich. Je größer der Kristall und je mehr Atome miteinander wechselwirken, umso kleiner ist dieser Energieabstand (↑ 05 B). Durch Bestrahlung mit UV-Licht kann ein Elektron aus einem energetisch tiefer liegenden in ein höher liegendes Band angehoben werden. Beim Übergang zurück in das energietiefere Band gibt es Energie in Form von Strahlung ab. Je kleiner der Halbleiterpartikel ist, umso energiereicher ist die abgegebene Strahlung und umso kürzer ist ihre Wellenlänge. Daraus folgt: Kleinere Nanopartikel geben Licht im blauen, größere im roten Bereich ab (↑ 06). Somit hat ein und derselbe Stoff unterschiedliche Eigenschaften, die von der Partikelgröße abhängen. Diese Entdeckung im Jahr 1984 war für die Chemie eine bahnbrechende Neuigkeit.

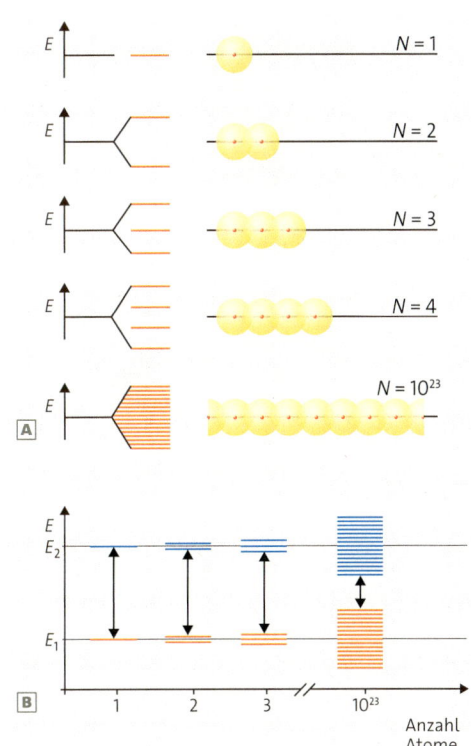

05 **A** Anzahl der wechselwirkenden Atomorbitale und Veränderung der Energie, **B** Energieabstand von s- und p-Niveaus mit steigender Atomanzahl

06 Fluoreszierende Halbleiter-Nanopartikel im UV-Licht

1) Berechnen Sie den Anteil der Atome an der Oberfläche in Würfeln, deren Kanten jeweils aus 5 Atomen, 10 Atomen bzw. 50 Atomen bestehen.

2) Sie sollen feststellen, ob eine Flüssigkeit Mikropartikel, Nanopartikel oder keine von beiden Sorten enthält. Beschreiben Sie Ihr Vorgehen.

3) Ein Wissenschaftler untersucht das Wachstum von Halbleiter-Nanopartikeln. Dazu nimmt er, während die Lösung mit UV-Licht bestrahlt wird, drei Bilder auf. Eines zeigt grüne, eines rote und eines blaue Fluoreszenz. Bringen Sie die Bilder begründet in die richtige zeitliche Reihenfolge.

Herstellung

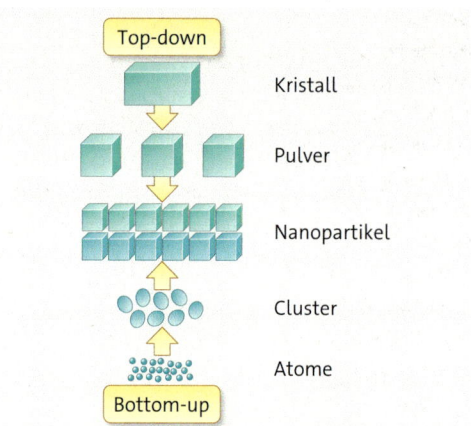

01 „Bottom-up"- und „Top-down"-Verfahren zur Herstellung von Nanomaterialien

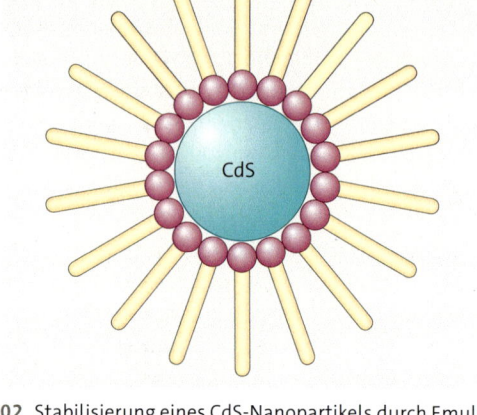

02 Stabilisierung eines CdS-Nanopartikels durch Emulgator-Moleküle (Schema)

„TOP-DOWN" – VOM KRISTALL ZUM NANOMATERIAL Die Herstellung von Nanomaterialien kann auf zwei prinzipiell verschiedenen Wegen erfolgen, die als „Top-down"- bzw. „Bottom-up"-Verfahren bezeichnet werden (↑ 01). Im „Top-down"-Weg werden Nanomaterialien aus größeren Strukturen hergestellt.

Im einfachsten Fall werden Makro- oder Mikrokristalle dazu z. B. in Kugelmühlen mechanisch zerkleinert. Kohlenstoff-Nanoröhren konnten durch elektrische Entladung zwischen zwei Kohlenstoffelektroden erzeugt werden. Schließlich lassen sich nanoskopische Schaltkreise z. B. mit Laserlicht lithografisch auf Makro- oder Mikrokristallen aufbringen.

„BOTTOM-UP" – VOM MOLEKÜL ZUM NANOMATERIAL Der „Bottom-up"-Ansatz zu Nanomaterialien geht von Atomen oder Molekülen aus. Um wenige Nanometer dicke Schichten herzustellen, werden z. B. Atome aus Metalldämpfen im Hochvakuum auf einer Oberfläche abgeschieden. Hat das Metall dafür einen zu geringen Dampfdruck, lassen sich molekulare Verbindungen des Metalls als Ausgangsstoffe verwenden, die sich auf einer heißen Oberfläche zersetzen. Dabei kondensiert das Metall auf der Oberfläche, flüchtige Nebenprodukte bleiben in der Gasphase und werden abgepumpt.

Durch chemische Reaktionen in Lösung können Nanopartikel einheitlicher Größe synthetisiert werden. Nanohalbleiter wie Cadmiumsulfid (CdS) können beispielsweise durch eine Fällungsreaktion gewonnen werden:

$$Cd^{2+}(aq) + S^{2-}(aq) \longrightarrow CdS(s)$$

EIN KERN-HÜLLE-MODELL FÜR NANOPARTIKEL
Wenn Nanopartikel in Lösung hergestellt werden sollen, dann ist es wichtig, ihre Aggregation zu größeren Kristallen zu verhindern. Dazu müssen die Nanopartikel von einer Hülle aus *Emulgator-Molekülen* umgeben sein (↑ 02; ↑ Exp. 9.05). Deren Funktion ist mit der von Tensid-Molekülen vergleichbar (↑ S. 360 ff.). An einem Ende haben sie eine funktionelle Gruppe, die eine starke Wechselwirkung zu den Atomen bzw. Ionen im Nanopartikel hat. Am anderen Ende sind sie so beschaffen, dass sie gut mit Lösungsmittel-Molekülen wechselwirken. Ist dieses Ende zusätzlich elektrisch geladen, verhindert die Abstoßung zwischen den Nanopartikeln ebenfalls die Entstehung größerer Aggregate. Über das Anzahlverhältnis der Teilchen, die den Kern bilden, zu denen sie die Hülle bilden, lässt sich die Größe der Nanopartikel gezielt beeinflussen.

„DOTS AND RODS" Nanopartikel aus halbleitenden Materialien werden als **Quantum Dots** (Quantenpunkte) bezeichnet. Die Beschränkung ihrer Ausdehnung auf den Nanometerbereich führt dazu, dass die Ladungsträger in ihnen Energie nicht kontinuierlich, sondern nur quantisiert aufnehmen können (↑ S. 319). Bei den Quantenpunkten handelt es sich um „nulldimensionale Nanomaterialien". Eindimensionale Nanomaterialien sind die **Nanorods** bzw. **Nanotubes** („Nanoröhren") mit einem Durchmesser kleiner als 100 nm. Ihre prominentesten Vertreter sind die Kohlenstoff-Nanoröhren, d. h. „aufgerollte" Graphitschichten. Das zweidimensionale Nanomaterial aus einzelnen Graphitschichten wird als **Graphen** bezeichnet. Für seine Synthese erhielten die russischen Wissenschaftler KONSTANTIN NOVOSELOV und ANDRE GEIM im Jahr 2010 den Physik-Nobelpreis.

Praktikum

Herstellung und Nachweis von Nanopartikeln

EXP 9.05 Wachstum von Silbersulfid-Nanopartikeln

Materialien 2 Reagenzgläser, Reagenzglasständer, 2 Messpipetten (10 mL), Tropfpipette, roter Laser, Silbernitratlösung ($c = 0{,}1$ mol · L^{-1}; **7**), Natriumthiosulfat Lösung ($c = 0{,}1$ mol · L^{-1}), Salpetersäurelösung ($c = 1$ mol · L^{-1}; **5**)

Durchführung Geben Sie 10 mL der Silbernitratlösung in ein Reagenzglas und fügen Sie einen Tropfen der Salpetersäurelösung hinzu. Testen Sie mit dem Laser, ob die Lösung einen Tyndall-Effekt zeigt. Geben Sie dann 5 mL der Natriumthiosulfatlösung in das zweite Reagenzglas und prüfen Sie auch hier, ob ein Tyndall-Effekt auftritt. Vereinigen Sie nun die beiden Lösungen schnell in einem Reagenzglas. Homogenisieren Sie die Lösung durch kurzes Schütteln. Beobachten Sie die Veränderungen im Reagenzglas und testen Sie mit dem Laser auf den Tyndall-Effekt.
Wiederholen Sie den Versuch für eine längere Beobachtungsphase mit verdünnten Lösungen. Nehmen Sie dazu je 2 mL Silbernitratlösung bzw. Natriumthiosulfatlösung und verdünnen Sie mit Wasser auf je 10 mL Gesamtvolumen, ehe Sie beide Lösungen zusammengeben.
Entsorgung: Reaktionsrückstand in den Behälter für Schwermetallabfall geben.

Auswertung

1. Beschreiben Sie Ihre Beobachtungen nach dem Zusammengeben der Lösungen und dem Bestrahlen mit dem Laser.
2. Deuten Sie Ihre Beobachtungen über eine Reaktionsgleichung und das Wachstum von Silbersulfid-Nanopartikeln.

Hinweis: An der Reaktion nehmen Ag$^+$-Ionen, S$_2$O$_3^{2-}$-Ionen und H$_2$O-Moleküle teil. Neben Silbersulfid (Ag$_2$S) entstehen bei der Reaktion Oxonium-Ionen und Sulfat-Ionen.

EXP 9.06 Synthese und Nachweis von Silber-Nanopartikeln

Materialien Analysenwaage, Erlenmeyerkolben (300 ml), Erlenmeyerkolben (50 ml), Uhrglas, Magnetrührer mit Heizplatte und Magnetrührstäbchen, roter Laser, Tiegelzange, Silbernitrat (**3**, **5**, **9**), Trinatriumcitrat-Dihydrat

Durchführung Silbernitrat (34 mg, 0,2 mmol) wird im Erlenmeyerkolben (300 mL) in 200 mL demineralisiertem Wasser gelöst und auf der Heizplatte unter Rühren zum Sieden erhitzt. Trinatriumcitrat-Dihydrat (0,206 g, 0,7 mmol) werden im Erlenmeyerkolben (50 mL) in 20 mL demineralisiertem Wasser gelöst. Die Lösung wird zügig unter starkem Rühren zur siedenden Silbernitratlösung gegeben. Danach wird die heiße Lösung mithilfe einer Tiegelzange von der Heizplatte genommen und mit einem Uhrglas abgedeckt. Nun werden die Veränderungen im Erlenmeyerkolben über mehrere Minuten beobachtet.
Mit dem Licht des roten Lasers wird mehrfach für jeweils kurze Zeit seitlich durch den Kolben gestrahlt und beobachtet. *Vorsicht beim Umgang mit dem Laser!* Nicht ins Licht hineinschauen und niemandem in die Augen strahlen!

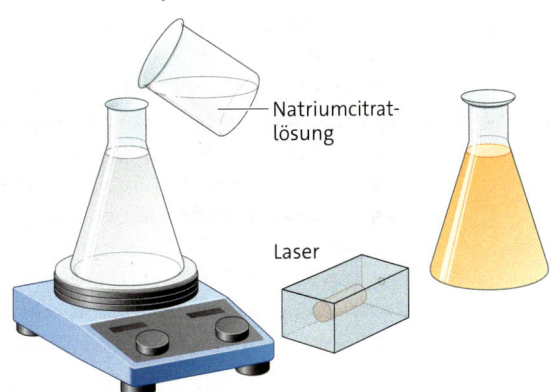

Auswertung

1. a Beschreiben Sie die Veränderungen, die sich im Erlenmeyerkolben nach Zugabe der Natriumcitratlösung beobachten lassen.
   b Geben Sie an, ob sich beim Durchstrahlen der Flüssigkeit mit dem Laserlicht ein Tyndall-Effekt beobachten lässt.
2. Deuten Sie die Beobachtungen mithilfe chemischer Reaktionsgleichungen.

Hinweis: Das Citrat-Ion (**A**) ist ein dreifach geladenes Anion, das sich von der Citronensäure ableitet. Es wird unter den Reaktionsbedingungen zum 3-Ketopentandisäuredianion (**B**) oxidiert. (**A**) und (**B**) können als Emulgatoren für Silber-Nanopartikel fungieren.

Oxidation des Citrat-Anions:

Chancen und Risiken

01 In Sonnencreme sorgen z. B. Zinkoxid-Nanopartikel für den Schutz der Haut vor UV-Strahlung.

ANWENDUNG VON NANOMATERIALIEN Im Rahmen des Forschungsprogramms „Nano-Initiative Aktionsplan 2010" wurden von der Bundesregierung mehr als 300 Millionen Euro für die Forschung an und die Entwicklung von Nanomaterialien zur Verfügung gestellt. Nanoskopisch strukturierte Materie ist nicht nur von wissenschaftlichem Interesse. Im Jahr 2015 wurden Nanotechnologie-basierte Produkte im geschätzten Wert von ca. 2,5 Billionen US-Dollar weltweit umgesetzt. Von Nanomaterialien erhoffen sich Technik und Wirtschaft Verbesserungen bestehender Produkte, z. B. die Vergrößerung der Kapazität magnetischer Informationsspeicher. Auch die Entwicklung neuer Produkte, die z. B. die optischen Eigenschaften von halbleitenden Quantum Dots nutzen, stehen im Fokus (↑ 02).

NANOMATERIALIEN IN SONNENCREME Neben zahlreichen anderen Komponenten ist in Sonnenschutzmitteln Titandioxid oder Zinkoxid enthalten (↑ 01). Sie sind die wirksamen Bestandteile und werden verwendet, um UV-Strahlung zu absorbieren (↑ 04). Die UV-Strahlung regt zunächst Elektronen in den Oxiden an. Bei der Rückkehr in den Grundzustand wird Licht größerer Wellenlänge emittiert.

Die entsprechenden Photonen haben eine kleinere Energie als die aus dem UV-Licht und schädigen biologisch aktive Moleküle nicht. Im Gegensatz zu größeren Titandioxid- bzw. Zinkoxidpartikeln führen die entsprechenden Nanopartikel nicht zur Bildung einer kosmetisch störenden weißen Schicht auf der Haut. Dadurch wurde die Akzeptanz der Sonnenschutzmittel erhöht. In mehreren Studien wurde belegt, dass diese Nanopartikel auf der Hautoberfläche verbleiben und nicht in die Haut eindringen. Die häufig anzutreffende Unterscheidung zwischen physikalischen und chemischen UV-Filtern ist übrigens nicht sinnvoll. Die entsprechenden Stoffe wurden in chemischen Synthesen gewonnen, die UV-Absorption ist ein physikalischer Vorgang.

NANOSILBER IN DER MEDIZIN Die antibakterielle Wirkung von Silber-Ionen wurde schon im 18. Jahrhundert zur Behandlung von Geschwüren genutzt. Das Gewebe wurde dazu mit Silbernitratlösung betupft. In den letzten Jahren hat sich die Verwendung von Nanosilber in vielen medizinischen Produkten etabliert. Die Herstellung von Silber-Nanopartikeln ist vergleichsweise einfach und gelingt z. B. beim Erhitzen einer sehr verdünnten Silbernitratlösung mit einer Natriumcitratlösung (↑ Exp. 9.06, S. 357). Die Citrat-Ionen agieren dabei nicht nur als Reduktionsmittel für die Silber-Ionen. Sie binden auch an die Oberfläche der Silber-Nanopartikel und verhindern so deren Aggregation (↑ 02; ↑ S. 356). Für die medizinische Anwendung ist es wichtig, dass an der Oberfläche der Silber-Nanopartikel durch Oxidation der Silber-Atome wieder Silber-Ionen entstehen, die in die umgebende Gewebsflüssigkeit diffundieren können. Nanosilber wird deshalb in Wundauflagen u. a. zur Abdeckung von Brandwunden verwendet. In Kleidungsstücken kann es Bakterien abtöten, die für die Geruchsbildung verantwortlich sind. Es wirkt nicht nur gegen Bakterien – auch seine antivirale und fungizide Wirkung wurden nachgewiesen.

NANOMATERIALIEN ZUR WASSERREINIGUNG Verschiedene Nanomaterialien wurden bislang erfolgreich zur Reinigung von Wasser bzw. zur Aufbereitung von Trinkwasser eingesetzt. Dabei werden mehrere Mechanismen genutzt. Kohlenstoff-Nanotubes *adsorbieren* organisch-chemische Verunreinigungen besser als die sonst häufig verwendete Aktivkohle. Ihre dem Graphit ähnliche Oberfläche begünstigt die Wechselwirkung mit unpolaren Molekülen (↑ 03). Eine gänzlich andere Art der Abwasserreinigung ist mit nanokristallinem Titandioxid

Bereich	Anwendungsbeispiel
Gebrauchsgegenstände	nichtbeschlagende Spiegel mit Titanoxid-Nanopartikeln
Medizin	antibakterielle Wundauflagen mit Silber-Nanopartikeln
Energie/Verkehr	Autoabgaskatalysator mit Platinmetall-Nanopartikeln
Elektronik	mechanisches Polieren mit Aluminiumoxid-Nanopartikeln

02 Bereiche und konkrete Anwendungsbeispiele für Nanomaterialien

durch *Photokatalyse* möglich. Dabei sorgt ein UV-Photon für die Anregung eines Elektrons aus einem besetzten in ein unbesetztes „Band" im Titandioxid-Nanopartikel (↑ 04). Das angeregte Elektron kann ein H_2O-Molekül zu einem OH^--Ion und einem H-Atom reduzieren (↑ 04 oben). Aus diesem H-Atom bildet sich durch Kombination mit einem anderen H-Atom ein H_2-Molekül. Die „Elektronenlücke" sorgt durch Aufnahme eines Elektrons für die Oxidation eines H_2O-Moleküls (↑ 04 unten). In der Folge bilden sich sehr reaktive Protonen und O-Atome. Organisch-chemische Moleküle, die mit ihnen in Kontakt treten, werden oxidiert und schließlich in CO_2- und H_2O-Moleküle umgewandelt. Da auch Biomoleküle oxidativ abgebaut werden, können Titandioxid-Nanopartikel zur Desinfektion von Trinkwasser durch Sonnenlicht eingesetzt werden.

FREISETZUNG VON NANOMATERIALIEN IN DIE UMWELT In den vergangenen Jahren hat die Anzahl von Produkten, die Nanomaterialien enthalten, stark zugenommen. Produktion und Verwendung von Nanopartikeln führen dazu, dass neben den überwiegend natürlichen Nanopartikeln auch synthetische Nanopartikel in Luft, Gewässern und Böden gefunden werden. Verlässliche Daten über die Konzentration von Nanopartikeln in der Umwelt sind häufig nicht oder nur mit großer Unsicherheit zu erhalten. Bekannt ist, dass Oberflächenreaktionen, Stabilität, Mobilität und Löslichkeit den Verbleib und das Verhalten von Nanopartikeln in wässriger Umgebung bestimmen. Die aus Siliciumdioxid, Titandioxid und Eisenoxid bestehenden Nanopartikel haben die größten Produktionsmengen, ihre geschätzten Konzentrationen im Oberflächenwasser liegen im Bereich von $1\ \mu g \cdot L^{-1}$. Damit sind allerdings noch keine Aussagen über die Wirkung auf lebende Organismen möglich.

Aufgrund ihrer geringen Größe können Nanopartikel Zellmembranen durchdringen und sich so in Organismen verteilen bzw. anreichern. Die im Vergleich zu makrokristallinen Stoffen erhöhte Oberflächenreaktivität von Nanopartikeln kann sie zu unerwünschten Reaktionspartnern für Biomoleküle machen. Über die spezifische Auswirkung der charakteristischen Eigenschaften von Nanopartikeln auf Organismen ist trotz zahlreicher Studien bislang noch wenig bekannt.

Gesichert erscheint der durch Titandioxid-Nanopartikel in Kombination mit UV-Strahlung ausgelöste oxidative Stress für lebende Zellen, d. h. eine relativ hohe Konzentration reaktiver, sauerstoffhaltiger Moleküle im Organismus. Der bei der Abwasserreini-

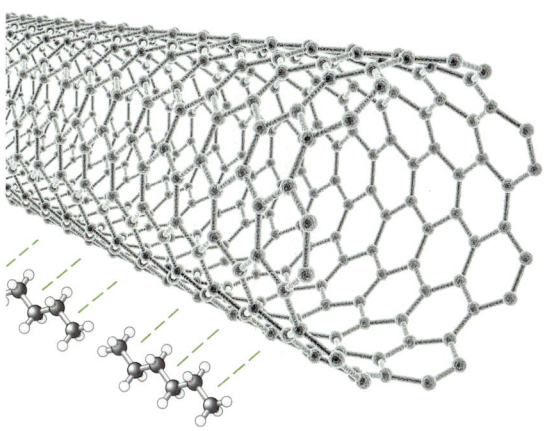

03 Wechselwirkung von Kohlenstoff-Nanotube mit unpolaren Hexan-Molekülen

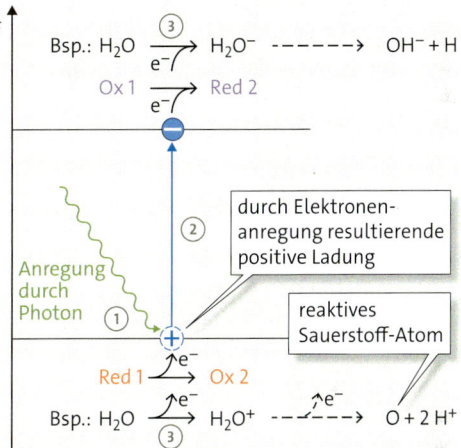

04 Photokatalyse (Schema): UV-Photon ermöglicht „Sprung" von Elektron in höheres Energieniveau (① und ②) und nachfolgende Redoxreaktionen ③.

gung mit nanokristallinem Titandioxid genutzte Effekt tritt auch dann auf, wenn er unerwünscht ist. Hier sollte der kosmetische Aspekt gegenüber umweltschädigender Wirkung abgewogen werden. Gleiches gilt für Silber-Nanopartikel: Ihre antibakterielle Wirkung entfalten sie nicht nur gegenüber Mikroorganismen im Schweiß. Beim Waschen gelangen sie von der Kleidung ins Abwasser und aus dem kurz dauernden, gewünschten Effekt kann so langfristiger Schaden für Süßwasserbakterien werden.

1〉 a Vergleichen Sie die Wirkungen von Kohlenstoff-Nanotubes und von Titandioxid-Nanopartikeln auf in Wasser gelöste organische Moleküle.
b Stellen Sie anhand von Bild ↑ 04 und den entsprechenden Reaktionsgleichungen dar, wie es gelingt, Wasser mithilfe der Photokatalyse in Wasserstoff und Sauerstoff zu spalten.

9.15 Seifen und Tenside

01 Seife – aus Olivenöl hergestellt

SEIFEN – SALZE DER FETTSÄUREN Aus Fetten wie Olivenöl, Palmöl oder Rindertalg lässt sich durch Kochen mit alkalischen Lösungen Seife herstellen – ein Vorgang, der als *Seifensieden* bezeichnet wird. Fette sind Gemische verschiedener Ester des Glycerins (Glycerinester) mit unterschiedlichen Fettsäuren. Mit Natron- oder Kalilauge reagieren Glycerinester zu Glycerin und den Alkalisalzen der im Fett gebundenen Fettsäuren, den **Seifen** (↑ **02**). Es handelt sich um eine **alkalische Esterspaltung**, die auch **alkalische Hydrolyse** bzw. **Verseifung** genannt wird.

Da Fette immer Gemische von verschiedenen Glycerinestern sind, fällt bei der Verseifung ein Gemisch aus Alkalisalzen verschiedener Fettsäuren an. Erfolgt die Esterspaltung mit Natronlauge, dann entstehen feste **Kernseifen**. Beim Erhitzen mit Kalilauge bilden sich dagegen flüssige **Schmierseifen**.

Struktur und Eigenschaften der Fette ↑ S. 176 f.

Industriell wird die Seifenherstellung als Hydrolyse mit heißem Wasserdampf und unter hohem Druck durchgeführt. Dabei entstehen wasserunlösliche Fettsäuren, die sich leicht vom wasserlöslichen Glycerin trennen lassen. Die Fettsäuren werden mit Natronlauge oder Natriumcarbonatlösung neutralisiert. Für Feinseife setzt man außerdem Parfümöle, Farbstoffe sowie hautpflegende Substanzen zu.

> Seifen sind Alkalisalze von Fettsäuren. Sie werden u. a. durch alkalische Esterspaltung (Verseifung) von Fetten gebildet.

REAKTIONEN DER SEIFEN Für Seifen ist eine Reihe von Reaktionen charakteristisch, die sich auch auf das Waschen mit Seife auswirken.

Seifen sind wasserlöslich und **dissoziieren** in Seifen-Anionen und Alkalimetall-Ionen, z. B. Natrium-Ionen.

$$R\text{–}COO^-Na^+(s) \rightleftarrows R\text{–}COO^-(aq) + Na^+(aq)$$

Mit Wasser bilden Seifen **alkalische Lösungen**. Das Seifen-Anion reagiert als Base (Protonenakzeptor):

$$R\text{–}COO^-(aq) + H_2O(l) \rightleftarrows R\text{–}COOH(aq) + OH^-(aq)$$

Wird der pH-Wert einer Seifenlösung gesenkt, beispielsweise beim Waschen von stark verschwitzten Textilien, so kann die Konzentration von R–COOH(aq) so groß werden, dass die Fettsäure als Feststoff R–COOH(s) ausfällt.

In hartem Wasser, das hohe Konzentrationen an Calcium- und Magnesium-Ionen aufweist, bilden sich **schwerlösliche Kalkseifen**, die das Wasser trüben und sich auf Textilien ablagern:

$$2\,R\text{–}COO^-(aq) + Ca^{2+}(aq) \rightleftarrows (R\text{–}COO)_2Ca(s)$$

STRUKTUR Seifen-Anionen besitzen eine charakteristische Struktur, auf der die Waschwirkung von Seife und anderen waschaktiven Stoffen beruht. Sie bestehen aus einem unpolaren und einem polaren Teil (↑ **03**). Die Alkylgruppe des Seifen-Anions bildet den langen unpolaren „Schwanz". Die negativ geladene Carboxylatgruppe bildet den polaren „Kopf".

Verbindungen, deren Ionen oder Moleküle eine solche Struktur aufweisen, verhalten sich amphiphil (griech. *amphi*: beides), d. h., sie haben sowohl hydrophile als auch lipophile Eigenschaften. Sie sind daher in polaren Lösungsmitteln wie Wasser, aber auch in unpolaren Lösungsmitteln wie Öl gut löslich.

02 Alkalische Esterspaltung eines Fetts (Verseifung)

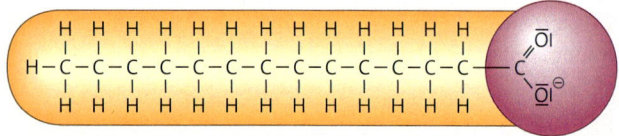

03 Modell eines Seifen-Anions

OBERFLÄCHENSPANNUNG In jeder Flüssigkeit wirken zwischen benachbarten Teilchen anziehende Kräfte. Im Innern einer Flüssigkeit wirken sie in alle Raumrichtungen und heben sich dadurch gegenseitig auf, weil die Teilchen vollständig von anderen Teilchen umgeben sind. Die Teilchen an der Oberfläche der Flüssigkeit haben nur Nachbarn nach innen, wodurch auch die Anziehung nur nach innen wirkt. Daraus ergibt sich eine Kraft, die zur Verringerung der Oberfläche der Flüssigkeit führt. Dieses Phänomen wird **Oberflächenspannung** genannt. Flüssigkeitstropfen sind deshalb meist kugelförmig, weil eine Kugel die kleinste Oberfläche bei einem bestimmten Volumen aufweist (↑ **04A**).

Bei Wasser ist die Oberflächenspannung aufgrund der starken Wasserstoffbrücken zwischen den Wasser-Molekülen besonders groß. Nach Zugabe von Seifen-Anionen oder allgemein eines **Tensids** (lat. *tensus*: gespannt) bildet sich an der Oberfläche der Lösung eine monomolekulare Tensidschicht aus (↑ **05**). Dabei orientieren sich die Tensid-Moleküle so, dass der hydrophile Teil in die wässrige Lösung weist und der hydrophobe Teil herausragt. Durch die Tensid-Moleküle wird der Zusammenhalt der Wasser-Moleküle an der Oberfläche geschwächt. Tenside verringern also die Oberflächenspannung des Wassers.

BILDUNG VON MICELLEN Befinden sich mehr Tensid-Moleküle in einer Lösung, als sich an der Oberfläche anreichern können, dann lagern sie sich zu **Micellen** zusammen. Bei den kugel- oder stabförmigen Micellen weisen die hydrophoben Teile der Tensid-Moleküle nach innen und die hydrophilen Teile nach außen zu den Wasser-Molekülen hin (↑ **05**).

GRENZFLÄCHENSPANNUNG An der Grenzfläche zwischen zwei nichtmischbaren Flüssigkeiten bildet sich in ähnlicher Weise eine **Grenzflächenspannung** aus. Das Phänomen kann bei der Entmischung von Öl in Wasser beobachtet werden (↑ **04B**). Das Öl bildet im Wasser kugelförmige Tröpfchen, die sich schnell wieder vereinigen. Die Struktur der Tensid-Moleküle ermöglicht es, dass sie sich an der Grenzfläche zwischen den beiden Phasen sammeln. Da die Tenside sowohl in Öl als auch in Wasser löslich sind, verringert sich die Grenzflächenspannung zwischen den beiden Flüssigkeiten (↑ **06**). Tenside sind deshalb **grenzflächenaktive Stoffe**.

04 Im Alltag zu beobachten: **A** Oberflächenspannung von Wasser, **B** Grenzflächenspannung bei der Entmischung von Öl in Wasser

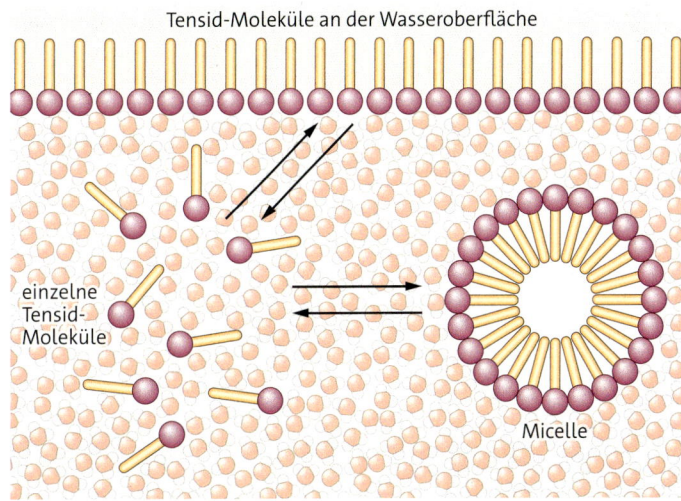

05 Modellvorstellung zur Bildung von Micellen in Tensidlösungen

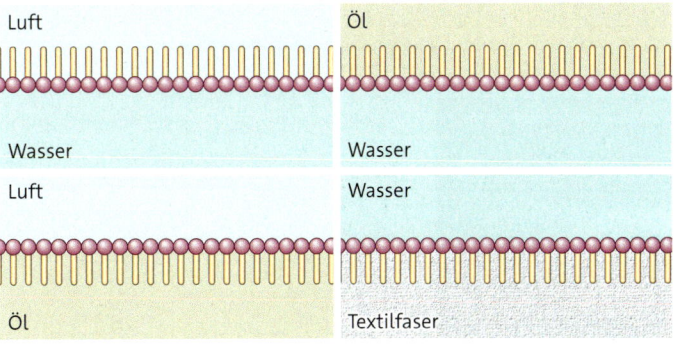

06 Grenzflächenbesetzung durch Tenside

> Tenside sind grenzflächenaktive Stoffe. Ihre Moleküle bestehen aus einem polaren (hydrophilen) und einem unpolaren (lipophilen) Teil.

1⟩ Erläutern Sie die Bildung von Schmierseifen aus Fetten.

2⟩ Legen Sie vorsichtig eine Büroklammer auf eine Wasseroberfläche in einem Becherglas. Geben Sie einen Tropfen Spülmittel dazu. Erklären Sie Ihre Beobachtungen.

Eigenschaften und Waschwirkung von Tensiden

EMULGIEREN Tensid-Moleküle können sowohl mit Wasser- als auch mit Fett-Molekülen in Wechselwirkung treten. Dadurch wirken Tenside als **Emulgatoren**, d. h., sie stabilisieren heterogene Stoffgemische aus nichtmischbaren Flüssigkeiten und verhindern ihre Entmischung (↑ Exp. 9.09, S. 364). In Abhängigkeit vom verwendeten Tensid und dem Mischungsverhältnis bildet sich bei der Durchmischung eine **Öl-in-Wasser-Emulsion** (O/W-Emulsion), bei der Öltröpfchen im Wasser verteilt sind, oder eine **Wasser-in-Öl-Emulsion** (W/O-Emulsion), bei der kleinste Wassertröpfchen im Öl verteilt sind (↑ 01).

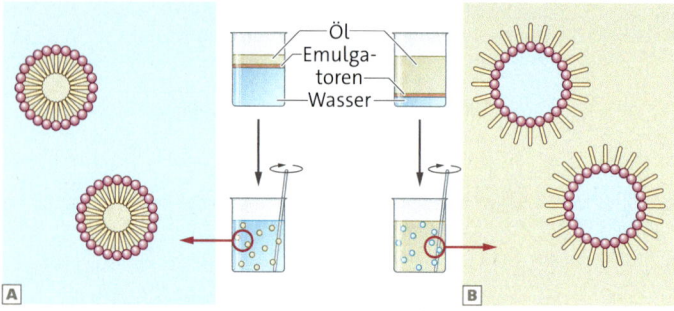

01 Bildung von Emulsionen: **A** O/W-Emulsion, **B** W/O-Emulsion

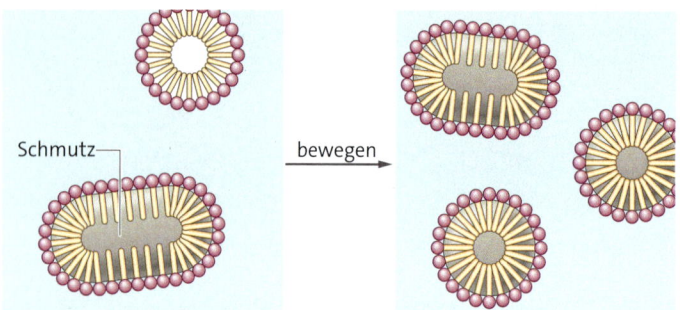

02 Mechanische Bewegung unterstützt das Dispergieren.

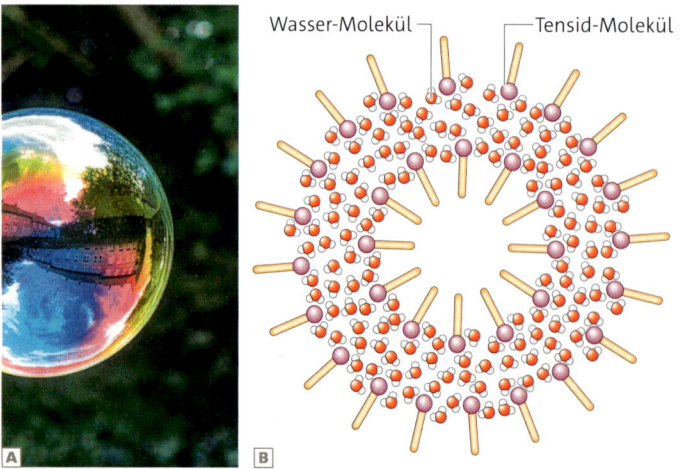

03 **A** Seifenblase, **B** Modell zum Aufbau einer Seifenblase

DISPERGIEREN Tenside erlauben nicht nur das Emulgieren von nichtmischbaren Flüssigkeiten, sondern ermöglichen auch die Verteilung unlöslicher Feststoffe in einer Lösung. Eine solche Lösung wird **Suspension** genannt. Hydrophobe Partikel aus Fett oder Schmutz werden in das Innere von Micellen eingeschlossen (↑ 02). Größere hydrophobe Partikel werden nach dem Einschluss häufig durch Anlagerung weiterer Tensid-Moleküle zerkleinert. Die Micellen schweben im Wasser und stoßen sich aufgrund der gleichnamigen Ladung gegenseitig ab. Sie sind in der ganzen Lösung fein verteilt und können sich beim Waschen nicht an die Textilfasern anlagern. Die Vorgänge des Emulgierens bzw. des Suspendierens sowie die anschließende feine Verteilung der Micellen werden unter dem Begriff **Dispergieren** zusammengefasst.

BENETZEN Viele Textilfasern, vor allem Kunstfasern, haben hydrophobe Eigenschaften, weil die Moleküle, aus denen sie aufgebaut sind, unpolar sind. Auch Schmutzpartikel sind überwiegend hydrophob. Die grenzflächenaktiven Tensid-Moleküle lagern sich so an die Textilfasern an, dass der hydrophobe Teil der Tensid-Moleküle zur Faser bzw. zum Schmutz und der hydrophile Teil zum Wasser weist. Dadurch wird die **Benetzung** der hydrophoben Fasern mit Wasser ermöglicht. Die Tensidlösung kann leichter in das Textilgewebe eindringen und den Schmutz herauslösen.

SCHAUMBILDUNG In Tensidlösungen kann sich Schaum bilden, bei dem jede Seifenblase einen von einer dünnen Wasserschicht umschlossenen Luftraum bildet. Beide Flächen der Wasserschicht sind mit je einer Lage Tensid-Moleküle besetzt, die mit ihren polaren „Köpfen" zueinanderzeigen (↑ 03). Sie sorgen für den Zusammenhalt der Seifenblase.

PHASEN DES WASCHVORGANGS Wäsche wird durch unterschiedlichste Stoffe verschmutzt (↑ 04). Dieser Schmutz kann meist nur durch waschaktive Tenside herausgelöst werden. Dabei läuft der Waschvorgang in folgenden Phasen ab (↑ 05):

1. **Benetzen:** Zuerst lagern sich die hydrophoben Teile der Tensid-Moleküle an die hydrophoben Textilfasern und den hydrophoben Schmutz an.
2. **Umnetzen:** Je mehr Tensid-Moleküle sich an die Schmutzpartikel anlagern, desto stärker stoßen sich die hydrophilen Teile untereinander ab. Dadurch bricht die Schmutzschicht auf und die Schmutzpartikel lockern sich. Danach können weitere Tensid-Moleküle an den Schmutz sowie an die Fasern gelangen und das Gewebe benetzen.

3. **Ablösen:** Die Wechselwirkung der Tensid-Moleküle untereinander führt zu einer Abstoßung von Schmutz und Faser, sodass der Schmutz sich vollständig von der Oberfläche der Fasern löst.
4. **Dispergieren:** Die Tensid-Moleküle umhüllen die abgelösten Schmutzpartikel vollständig, zerkleinern sie und bewirken durch gleiche Aufladung, dass sich die Micellen untereinander abstoßen. Bei genügend vielen Tensid-Molekülen im Waschwasser bleibt die entstandene Dispersion stabil, der abgelöste Schmutz wird vom Waschwasser fortgetragen und kann sich nicht wieder auf der Faser anlagern.

Das Ablösen und Dispergieren des Schmutzes wird durch die mechanische Bewegung der Wäsche in der Waschmaschine und von der Wärme der Waschlösung unterstützt.

NACHTEILE VON SEIFEN Speziell die Verwendung von *Seife* für das Waschen von Textilien führt zu schlechten Waschergebnissen (↑ Exp. 9.08, S. 364). Die durch hartes Wasser mit Ca^{2+}- und Mg^{2+}-Ionen gebildeten *Kalkseifen* stehen für den Waschvorgang nicht zur Verfügung und setzen sich außerdem als Rückstände auf der Wäsche ab. Die Wäsche erhält einen hässlichen Grauschleier und wird starr.

Seifenlösungen reagieren alkalisch. Durch die Hydroxid-Ionen in der Lösung werden Fasern aus Wolle und Seide angegriffen. Dabei wird durch die Veränderung der Tertiärstruktur der Faserproteine die Struktur dieser Textilien zerstört, was beispielsweise am Verfilzen von Wolle erkennbar wird. Zudem belasten Seifenlaugen die Umwelt, wenn sie ungeklärt ins Grundwasser gelangen.

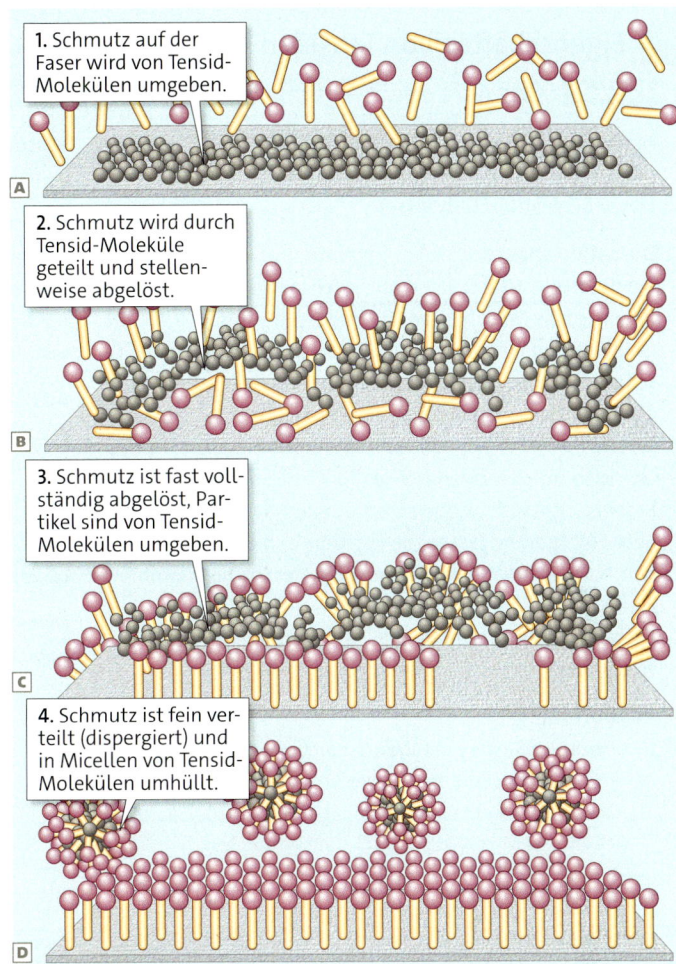

05 Phasen des Waschvorgangs:
A Benetzen, **B** Umnetzen, **C** Ablösen, **D** Dispergieren

> Tenside verbessern die Benetzbarkeit von Textilfasern. Sie zerteilen den Schmutz, umschließen ihn in Micellen und dispergieren den Schmutz in der Waschlösung.

1⟩ Erläutern Sie die Auswirkung einer Unterdosierung von Waschmittel für den Waschvorgang.
2⟩ Übertragen und erläutern Sie die Vorgänge beim Händewaschen anhand des Waschprozesses in Bild ↑ 05.
3⟩ Diskutieren Sie, warum Seifen heute nicht mehr zum Wäschewaschen eingesetzt werden.
4⟩ In seinem Buch „Woher weiß die Seife, was Schmutz ist?" schreibt ROBERT L. WOLKE: *„Aber die Seife tut noch etwas: Sie macht das Wasser ‚nasser'. Das heißt, sie hilft dem Wasser, bis in die letzte Falte oder Ritze der zu waschenden Textilien vorzudringen."* Interpretieren Sie, was der Autor damit meint.

Hauptbestandteile	Art des Schmutzes	Anteil im Schmutz
Pigmente	Staub, Kosmetika	25–30 %
Proteine	Hautschuppen, Blut, Speisereste (Milch …)	20–25 %
Kohlenhydrate	Speisereste (Stärke, Zucker …), Faserreste	ca. 20 %
Salze	Schweiß	15–20 %
Fette	Hautfett, Kosmetika, Speisereste (Öl, Butter …)	5–10 %
Harnstoff	Urin	< 5 %
Farbstoffe	Obst, Rotwein, Tee, Kaffee, Gras	unbestimmt

04 Zusammensetzung von Wäscheschmutz

Praktikum

Eigenschaften von Tensiden

EXP 9.07 Kernseife – selbst gemacht

Materialien Messzylinder, Becherglas (250 mL), Heizrührer, Wasserbad, Thermometer, Natriumhydroxid (5), Kokosfett, Olivenöl, destilliertes Wasser

Durchführung Lösen Sie 13,5 g Natriumhydroxid in ca. 15 mL destilliertem Wasser. Nach Abkühlen auf Raumtemperatur füllen Sie die Natronlauge (5) mit destilliertem Wasser auf ca. 35 mL auf. Erwärmen Sie das Wasserbad auf ca. 45 °C, schmelzen Sie 20 g Kokosfett und geben Sie dann 80 g Olivenöl hinzu. Geben Sie die vorbereitete Natronlauge vorsichtig und in kleinen Portionen hinzu. Halten Sie das Gemisch unter Rühren bei ca. 70 °C, bis eine zähflüssige Emulsion entsteht. Geben Sie die Seifenmasse (7) in geeignete Formen und lassen Sie das Gemisch über Nacht stehen. Nach 24 h kann die Rohseife aus der Form genommen werden.
Entsorgung: Feststoffe in den Hausmüll geben, Lösungen verdünnen und ins Abwasser geben.

Auswertung
1) Ermitteln Sie den pH-Wert einer Kernseifelösung.
2) Prüfen Sie, ob mit der Kernseife und einem Wasser-Öl-Gemisch eine Emulsion hergestellt werden kann.

EXP 9.08 Nachteile von Seifen

Materialien 4 Reagenzgläser mit Stopfen, Reagenzglasständer, gesättigte Calciumhydroxidlösung (5), Kernseife, Universalindikatorpapier, destilliertes Wasser, verdünnte Salzsäure ($w = 10\%$; 5, 7), Eiweißlösung

Durchführung Geben Sie in 4 Reagenzgläser jeweils ca. 10 mL destilliertes Wasser und etwas Kernseife. Verschließen Sie die Reagenzgläser mit einem Stopfen und schütteln Sie kräftig. Geben Sie dann in je ein Reagenzglas einige Tropfen Eiweißlösung, Calciumhydroxidlösung oder verdünnte Salzsäure. Das vierte Reagenzglas dient als Vergleichsprobe. Prüfen Sie hier den pH-Wert mit dem Universalindikatorpapier.
Entsorgung: Reste ins Abwasser geben.

Auswertung
1) Beschreiben Sie Ihre Beobachtungen.
2) Erläutern Sie den Einsatz von Calciumhydroxidlösung als Modellchemikalie für hartes Wasser.
3) Begründen Sie, ob man anstelle von Calciumhydroxidlösung auch Natriumhydroxidlösung verwenden könnte.
4) Erklären Sie die Entstehung der Fettsäureschicht und die Bildung des Niederschlags.

EXP 9.09 Emulsionen von Wasser und Öl

Materialien Reagenzgläser mit Stopfen, Pflanzenöl, Rohseife (7), Handspülmittel, destilliertes Wasser

Durchführung Entwickeln Sie ein Experiment, um Öl-in-Wasser- und Wasser-in-Öl-Emulsionen herzustellen. Weisen Sie damit auch die Emulgatorwirkung von Tensiden nach.
Entsorgung: Reste ins Abwasser geben.

Auswertung
1) Erläutern Sie die Unterschiede zwischen den beiden Emulsionsarten.
2) Begründen Sie, dass Tenside als Emulgatoren wirken.

EXP 9.10 Schmutztragevermögen

Materialien 2 Reagenzgläser mit Stopfen, Trichter, Filterpapier, Kernseife, Aktivkohle, destilliertes Wasser

Durchführung Lösen Sie etwas Seife in 10 mL destilliertem Wasser und füllen Sie ein Reagenzglas zur Hälfte mit der Seifenlösung, ein zweites Reagenzglas zur Hälfte mit Wasser. Geben Sie dann in jedes Reagenzglas eine Spatelspitze Aktivkohle hinzu. Verschließen Sie die Gläser mit einem Stopfen und schütteln Sie kräftig.
Filtrieren Sie die Suspension anschließend.

Auswertung Beschreiben und deuten Sie Ihre Beobachtungen.

EXP 9.11 Nachweis von Tensiden

Materialien 3 Reagenzgläser, Tropfpipetten, Ethansäureethylester (2, 7), Methylenblaulösung (7), Methylorangelösung ($w = 0,2\%$), Weichspüler, Vollwaschmittel

Durchführung Füllen Sie die Reagenzgläser ca. 2 cm hoch mit Wasser. Geben Sie in das Wasser einige Tropfen der beiden Farbstofflösungen. Überschichten Sie dann die Lösungen vorsichtig mit Ethansäureethylester. Geben Sie in eines der Reagenzgläser einige Tropfen Weichspüler, in ein zweites Reagenzglas einige Tropfen Vollwaschmittellösung. Das dritte Reagenzglas dient als Vergleich. Schütteln Sie die Reagenzgläser.

Auswertung Methylenblau ist ein kationischer und Methylorange ein anionischer Farbstoff. Aufgrund ihrer Ladung sind die Farbstoffe gut in Wasser, aber nicht in der organischen Phase löslich. Leiten Sie anhand Ihrer Beobachtungen eine Aussage über die Struktur der Tenside im Weichspüler und im Vollwaschmittel ab.

Von der Entdeckung der Seife bis zum Waschmittel von heute

Schon um 2500 v. Chr. entdeckten die Sumerer, dass beim Kochen von pflanzlichen und tierischen Fetten mit alkalischer Holzasche eine geschmeidige Substanz entstand, mit der sich Haut und Haare, aber auch Bekleidung besser reinigen ließ als mit Wasser allein: die *Seife*. Sie gehört damit zu den ersten synthetisch hergestellten chemischen Stoffen überhaupt und wird bis heute zum Reinigen des Körpers verwendet. Später entdeckte man im antiken Rom, dass sich abgestandener Urin, in dem durch Zersetzungsprozesse Ammoniak entsteht, auch eignet, um Wäsche zu säubern – vom unangenehmen Geruch einmal abgesehen. Waschen wurde schon damals als Dienstleistung durchgeführt, wobei die Wäscher wegen des ihnen anhängenden Geruchs nicht besonders anerkannt waren. Die Besteuerung ihres Gewerbes durch Kaiser VESPASIAN wird mit dem bekannten lateinischen Sprichwort *Pecunia non olet – Geld stinkt nicht!* in Verbindung gebracht.

Viele Jahrhunderte lang änderte sich die Praxis des Wäschewaschens nicht nennenswert, wobei der Waschvorgang an sich bis weit in das 20. Jahrhundert hinein Schwerstarbeit bedeutete. Die mechanischen Vorgänge des Stampfens, Schlagens oder Reibens der Wäsche auf einem Waschbrett, durch die der Schmutz sich leichter aus den Textilien löste, forderte einen hohen Kraftaufwand, der durch das Kochen der Wäsche nur unwesentlich erleichtert wurde (↑ 01). In vielen Küchen wurde bis in die 1960er Jahre einmal pro Woche Wäsche „gekocht", wozu ein besonders großer Topf mit Wäsche in einer sogenannten Waschküche verwendet wurde. Das Waschen selbst nahm dann oft mehrere Tage in Anspruch.

Erst die Erfindung der Waschmaschine und leistungsstarker moderner Waschmittel brachte eine Wende in der Wäschereinigung mit sich. Die ersten Waschmaschinen wurden schon um 1901 entwickelt, waren jedoch noch für die meisten Haushalte unerschwinglich. Zunächst vereinfachte sich nur das Kochen der Wäsche und die harte Arbeit über dem Waschbrett. Heute erkennen moderne Waschmaschinen, wie viel Wäsche vorhanden ist, und dosieren anhand der Verschmutzung des Waschwassers das Waschmittel genau zu.

Auch die Waschmittel haben sich seitdem rasant weiterentwickelt. Die bei der Handwäsche eingesetzten Seifen reagieren stark alkalisch und haben viele Nachteile. Eines der ersten preisgünstig herzustellenden Waschmittel war das im Molekülbau stark verzweigte **Tetrapropenbenzolsulfonat (TPS)**. Bis Mitte der 1960er Jahre war TPS das am häufigsten eingesetzte Tensid überhaupt. Weil es nicht biologisch abbaubar ist, führte es zu starker Schaumbildung in Kläranlagen, Flüssen und Seen (↑ 02). Das daraufhin erlassene Detergenziengesetz von 1961 war eines der ersten Umweltgesetze in Deutschland und schrieb eine Mindestabbaubarkeit für Tenside gesetzlich vor. Diese Anforderung wurde durch die linearen **Alkylbenzolsulfonate (LAS)** erfüllt und die Schaumberge verschwanden. Bis heute werden ständig neue biologisch abbaubare Tenside mit dem Ziel entwickelt, die benötigte Waschtemperatur zu senken und möglichst viele unterschiedliche Textilarten reinigen zu können.

1) Erarbeiten Sie eine Präsentation über die historische Entwicklung des Waschens.

01 Früher war Waschen über einem Waschbrett im Zuber körperliche Schwerstarbeit.

02 In einer Kläranlage bildeten sich Schaumberge als Folge von Tensiden, die nicht biologisch abbaubar waren (etwa 1960).

Tenside für jeden Zweck

Die Nachteile der Seife in Waschmitteln führten ab den 1930er Jahren zur gezielten Synthese von neuen Tensiden für alle möglichen Einsatzbereiche. Moderne Tenside lösen Verunreinigungen bei niedrigeren Temperaturen als Seife. Dadurch werden der Energiebedarf und der Wasserverbrauch beim Waschen vermindert und so die Umwelt geschont.

Der hydrophobe Teil von Tensid-Molekülen besteht aus linearen, verzweigten oder cyclischen Kohlenwasserstoffresten mit 2 bis 22 Kohlenstoff-Atomen im Molekül. Da die Eigenschaften der Tenside vor allem durch den hydrophilen „Kopf" des Tensid-Moleküls bestimmt werden, teilt man sie nach der Ladung dieser Gruppe in verschiedene Tensidklassen ein (↑ 03).

Veresterung

$$CH_3-(CH_2)_n-OH + H_2SO_4 \longrightarrow CH_3-(CH_2)_n-O-SO_3H + H_2O$$

Fettalkohol   Schwefelsäuremonoalkylester

Neutralisation

$$CH_3-(CH_2)_n-O-SO_3H + NaOH \longrightarrow CH_3-(CH_2)_n-O-SO_3^-Na^+ + H_2O$$

Schwefelsäuremonoalkylester   Monoalkylsulfat

01 Herstellung eines Monoalkylsulfats

ANIONISCHE TENSIDE Seifen-Anionen zählt man wegen des negativ geladenen Kopfs zu den **anionischen Tensiden**. Zu dieser Tensidklasse gehörten auch die ersten industriell produzierten Tenside, die anionischen **Monoalkylsulfate**. Sie werden durch Veresterung von *Fettalkoholen* (langkettige Alkohol-Moleküle) mit Schwefelsäure gebildet. Dabei entsteht zunächst ein Schwefelsäuremonoalkylester, der mit Natronlauge neutralisiert werden muss (↑ 01). Die erhaltenen Monoalkylsulfate reagieren in wässriger Lösung neutral und bilden mit Magnesium- oder Calcium-Ionen – anders als Seife – keine schwerlöslichen Salze (Kalkseifen). Weitere wichtige Vertreter sind lineare Alkylbenzolsulfonate (LAS) und Fettalkoholsulfonate.

KATIONISCHE TENSIDE Anstelle der negativ geladenen Carboxylat- oder Sulfatgruppe enthalten **kationische Tensid-Moleküle** eine positiv geladene Gruppe als hydrophilen Kopf. Dabei handelt es sich meist um eine quartäre Ammoniumgruppe, also ein Ammonium-Ion, bei dem alle vier Wasserstoff-Atome durch Alkyreste ersetzt sind (↑ 03).
Kationische Tenside haben kaum Bedeutung als Waschmittel, da die Ablösung umhüllter Schmutzpartikel durch ihre positive Ladung im hydrophilen Molekülteil von den negativ geladenen Textilfasern erschwert wird. Sie werden aber als Weichspüler eingesetzt, da sie ein Verkleben der Fasern verhindern. Der positiv geladene Kopf dieser Tensid-Moleküle bindet an die negativ geladene Faser, während der hydrophobe Molekülteil von der Faser wegweist. So werden elektrostatische Wechselwirkungen zwischen den Fasern reduziert, das Bügeln der Kleidung erleichtert und der Tragekomfort erhöht.

ZWITTERIONISCHE TENSIDE Einige synthetische Tenside werden so entwickelt, dass sie im hydrophilen Kopf der Moleküle sowohl eine positive als auch eine negative Ladung enthalten. Diese **zwitterionischen bzw. amphoteren Tenside** reagieren weder sauer noch alkalisch. Sie vereinen die Vorteile anionischer und kationischer Tensidklassen: Sie besitzen eine hohe Waschkraft, bilden aber keine Kalkseifen. Ihre Calcium- und Magnesiumsalze sind wegen der verbliebenen positiven Ladung im hydrophilen Kopf des Tensid-Moleküls gut in Wasser löslich.
Zwitterionische Tenside sind jedoch teuer in ihrer Herstellung, weshalb sie vor allem in Kosmetika und in Spezialreinigungsmitteln Verwendung finden. Für die Kosmetikindustrie ist es darüber hinaus vorteilhaft, dass zwitterionische Tenside oft besonders hautverträglich sind.

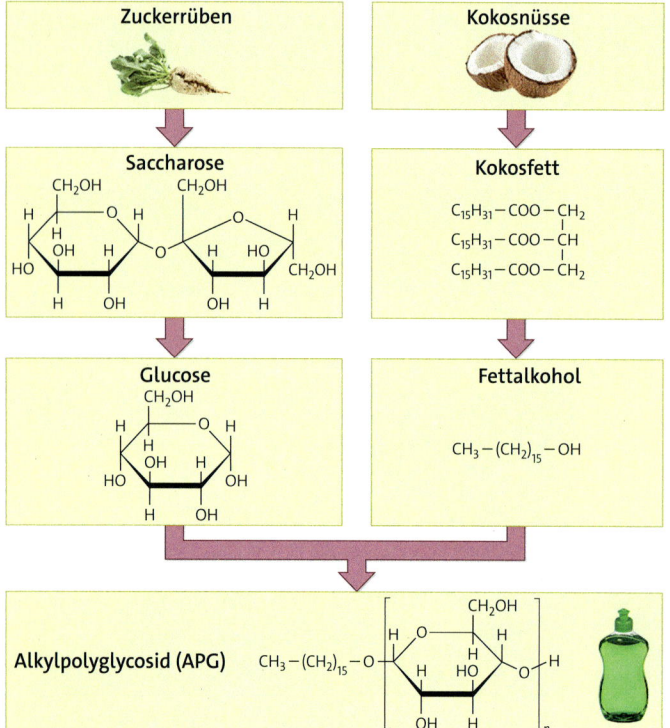

02 Herstellung eines Zuckertensids aus natürlichen Rohstoffen (Schema)

NICHTIONISCHE TENSIDE Nichtionische Tenside besitzen in ihren Molekülen als hydrophilen Kopf mehrere polare Gruppen, z. B. OH-Gruppen, weisen dort aber keine elektrischen Ladungen auf (↑ 03). Sie sind pH-neutral, bilden keine Kalkseifen und besitzen gleichzeitig eine sehr gute Waschwirkung. Die zu dieser Tensidklasse gehörenden Alkylpolyglycoside (Zuckertenside) werden aus nachwachsenden Rohstoffen auf Basis von Kohlenhydraten und pflanzlichen Fetten synthetisiert. Daher sind sie schnell und vollständig biologisch abbaubar.

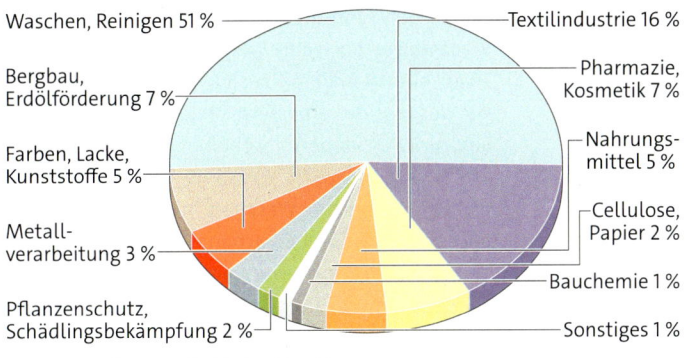

04 Verwendung synthetischer Tenside

> Synthetische Tenside werden in anionische, kationische, zwitterionische und nichtionische Tenside unterteilt. Sie unterscheiden sich hauptsächlich in der Struktur des hydrophilen Kopfs ihrer Moleküle.

1⟩ Erläutern Sie die Vorteile zwitterionischer und nichtionischer Tenside beim Waschen.

2⟩ Informieren Sie sich über weitere Verwendungsmöglichkeiten von Tensiden (↑ 04).

Tensidklasse	Beispiel(e) und Halbstrukturformel(n)	Verwendung	Eigenschaften
Anionische Tenside	• Seifen $CH_3-(CH_2)_n-COO^-Na^+$ $n = 8$ bis 16	• Handseife, Flüssigreiniger, als Schauminhibitoren in Waschmitteln	• alkalische Reaktion • bildet Kalkseifen • preiswert
	• Fettalkoholsulfate (FAS) $CH_3-(CH_2)_n-O-SO_3^-Na^+$ $n = 11$ bis 17	• Voll- und Feinwaschmittel, Haarshampoo, Geschirrspülmittel	• neutrale Reaktion • bildet keine Kalkseifen
	• Lineare Alkylbenzolsulfonate (LAS) $CH_3-(CH_2)_m-CH(-C_6H_4-SO_3^-Na^+)-(CH_2)_n-CH_3$ $n = 4$ bis 5, $m = 7$ bis 9	• Fein- und Colorwaschmittel, Haushaltsreiniger, Geschirrspülmittel	• neutrale Reaktion • gute Waschwirkung • bildet keine Kalkseifen • preiswert
Kationische Tenside	• Dialkyldimethylammoniumchlorid $CH_3-(CH_2)_n-N^+(CH_3)_2-(CH_2)_n-CH_3 \; Cl^-$ $n = 15$ bis 17	• Hauptbestandteile von Weichspülern	• neutrale Reaktion • biologisch abbaubar • lagern sich an negativ geladenen Oberflächen an
Zwitterionische Tenside	• Alkylbetaine $CH_3-(CH_2)_n-N^+(CH_3)_2-CH_2-COO^-$ $n = 11$ bis 17	• Kosmetik, Körperlotion, Haarshampoo, Schaumbäder, Spezialreinigungsmittel	• neutrale Reaktion • hautfreundlich • bildet keine Kalkseifen
Nichtionische Tenside	• Alkylpolyglycoside $CH_3-(CH_2)_n-O-$(Zuckerrest)$_m$ $n = 11$ bis 13, $m = 1$ bis 6	• Voll- und Colorwaschmittel, Geschirrspül- und Spezialreinigungsmittel, Emulgatoren in Kosmetika	• neutrale Reaktion • gute Waschwirkung bei niedriger Temperatur • besonders gut biologisch abbaubar • bildet keine Kalkseifen

03 Klassifizierung und Verwendung von synthetischen Tensiden

Zusammensetzung von Waschmitteln

Neben den schmutzlösenden Tensiden enthalten Waschmittel noch eine Vielzahl an Hilfsstoffen, die zwar keine Waschkraft besitzen, aber die Wirksamkeit der Tenside verbessern, bleichen und/oder den Eindruck der Sauberkeit erhöhen (↑ 01).

ENTHÄRTER Beim Waschen mit hartem Wasser fallen schwerlösliche Carbonate aus, die auch zur Verkalkung der Waschmaschine führen. Um die Calcium- und Magnesium-Ionen aus der Waschlösung zu entfernen, werden den Waschmitteln Zeolithe oder Komplexbildner wie **EDTA** als **Wasserenthärter**, sogenannte *Builder*, zugesetzt. **Zeolithe** sind Natriumaluminiumsilicate mit käfigartigen Strukturen, in deren Innern die Metall-Ionen gebunden werden (↑ 02). Sie sind leicht löslich und werden mit der Waschlauge ausgeschwemmt.

BLEICHMITTEL Farbige Flecken von Obst, Kaffee oder Rotwein können nicht durch Tenside entfernt werden, sondern werden durch ein Bleichmittel oxidiert und damit entfärbt. Dazu dienen **Perborate** wie $Na_2H_4B_2O_8$ oder **Percarbonate** $Na_2CO_3 \cdot 3\,H_2O_2$, die schon bei niedrigen Temperaturen unter Freisetzung von Wasserstoffperoxid H_2O_2 zerfallen. In alkalischer Lösung setzt Wasserstoffperoxid atomaren Sauerstoff frei, der die unerwünschten Farbstoffe oxidiert:

$$H_2O_2 \longrightarrow H_2O + O$$

Bei hohen Waschtemperaturen zerfällt Wasserstoffperoxid dagegen zu Wasser und molekularem Sauerstoff, sodass die Bleichwirkung verloren geht.

OPTISCHE AUFHELLER Bei häufigem Waschen bekommen Textilien oft einen Gelbstich. Dies liegt vor allem an Fettsäuren, die sich auf den Fasern ablagern und verhindern, dass das gesamte Spektrum des Lichts reflektiert wird. Organische Fluoreszenzfarbstoffe im Vollwaschmittel lagern sich an die Fasern an, absorbieren nichtsichtbares UV-Licht und strahlen es als sichtbares blaues Licht wieder ab. Durch die Erhöhung des Blauanteils werden Textilien heller und strahlender wahrgenommen, was zur Bezeichnung **optische Aufheller** oder **Weißtöner** geführt hat. Dabei wird zum einen der Gelbstich überkompensiert und zum anderen ergibt die additive Farbmischung von Gelb und Blau ein strahlenderes Weiß.

ENZYME Als Biokatalysatoren bauen in Waschmitteln enthaltene Enzyme (↑ S. 168) nichtlösliche hochmolekulare organische Verbindungen durch Hydrolyse ab und beseitigen so Flecken von Hautfett, Blut oder Kosmetik. Die Spaltprodukte werden anschließend durch die Tenside von der Faser abgelöst. Für jede Schmutzart werden spezifische Enzyme zugesetzt. So entfernen *Proteasen* Proteine, *Lipasen* dagegen Fett (↑ Exp. 9.14).

Inhaltsstoff	Vollwaschmittel	Colorwaschmittel	Funktion
Anionische Tenside	< 5–10 %	5–30 %	• lösen den Schmutz von der Faser • verhindern seine Wiederanlagerung
Nichtionische Tenside	10–15 %	< 5 %	
Bleichmittel (Natriumpercarbonat)	20–30 %	–	• oxidieren Farbstoffe • töten Mikroorganismen ab
Wasserenthärter	30–40 %	20–30 %	• binden Mg^{2+}- und Ca^{2+}-Ionen
Enzyme	0,5–1,0 %	0,5–1,0 %	• zersetzen Fette, Eiweiße und Kohlenhydrate
Optische Aufheller	0,2–0,5 %	–	• erhöhen den Weißheitsgrad
Parfümöle	0,1–0,2 %	0,1–0,2 %	• verbessern den Geruch der Wäsche
Vergrauungsinhibitoren	0,5–2 %	0,5–1,5 %	• hemmen die Neuverschmutzung der sauberen Fasern
Verfärbungsinhibitoren	–	0,5–2 %	• verhindern das Verfärben der Wäsche
Schauminhibitoren	2–3 %	2–3 %	• hemmen die Schaumbildung

01 Zusammensetzung von Waschmitteln

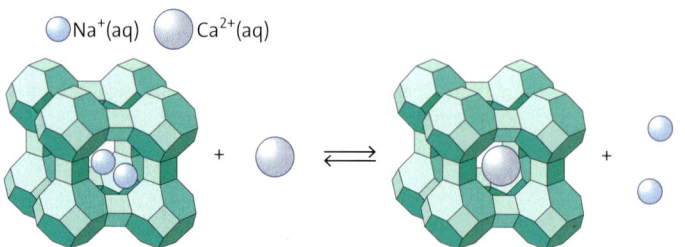

02 Wirkung von Zeolithen als Wasserenthärter durch Ionenaustausch

1⟩ Erläutern Sie die Wirkungsweise von Zeolithen als Wasserenthärter anhand von Bild ↑ 02.

2⟩ a Entwickeln Sie einen Vorschlag zur Zusammensetzung eines Wollwaschmittels. Begründen Sie Ihre Vorschläge.
b Ermitteln Sie die Zusammensetzung eines handelsüblichen Wollwaschmittels. Diskutieren Sie, inwiefern die Zusammensetzung von Ihrem Vorschlag abweicht.

Praktikum

Waschhilfsstoffe

EXP 9.12 Nachweis von Bleichmitteln

Materialien Tropfpipetten, Messzylinder, Reagenzgläser, Erlenmeyerkolben, div. Waschpulver, Kaliumpermanganatlösung ($c = 0{,}02\ mol \cdot L^{-1}$), Schwefelsäure ($w = 10\ \%$; 5)

Durchführung Stellen Sie wässrige Lösungen von verschiedenen Waschpulvern her und füllen Sie diese ca. 3 cm hoch in Reagenzgläser. Geben Sie wenige Tropfen Schwefelsäure hinzu und schütteln Sie um. Tropfen Sie nun so lange Kaliumpermanganatlösung hinzu, bis diese nicht mehr entfärbt wird.
Entsorgung: Reste der Kaliumpermanganatlösung in den Behälter für giftige anorganische Abfälle, andere Reste verdünnen und ins Abwasser geben.

Auswertung
1) Erläutern Sie die Reaktion mit Kaliumpermanganat.
2) Begründen Sie, wie Zeolithe die Wirkung von Bleichmitteln unterstützen.

EXP 9.13 Wirkungsweise von Amylase

Materialien Reagenzglas, Bechergläser, Waage, Messpipette, Stoppuhr, Wasserbad, Thermometer, Iod-Kaliumiodidlösung (7), Stärke, Waschmittel, Wasser

Durchführung Stellen Sie eine etwa 1%ige Stärkelösung her, indem Sie 1 g Speisestärke in 100 mL Wasser einrühren und zum Sieden erhitzen. Versetzen Sie die abgekühlte Lösung mit einem Tropfen Iod-Kaliumiodidlösung, sodass sich eine tiefblaue Färbung ergibt. Stellen Sie eine verdünnte Waschmittellösung her. Geben Sie 2 mL Stärkelösung und 2 mL Waschmittellösung in ein Reagenzglas. Schwenken Sie das Reagenzglas im Wasserbad bei etwa 30 °C und messen Sie die Zeit bis zur vollständigen Entfärbung.
Entsorgung: Reste ins Abwasser geben.

Auswertung Untersuchen Sie die Wirkung der Amylase in Abhängigkeit von der Temperatur zwischen 20 und 90 °C. Stellen Sie die Ergebnisse grafisch dar und deuten Sie sie.

EXP 9.14 Wirkungsweise von Protease

Durchführung Planen Sie ein Experiment, um mithilfe der Biuretreaktion (↑ S. 167 f.) eiweißabbauende Enzyme, sogenannte Proteasen, in Waschmitteln nachzuweisen. Fordern Sie Geräte und Chemikalien an und führen Sie das Experiment unter Beachtung der Sicherheitsvorschriften durch.

Auswertung Erarbeiten Sie ein Protokoll. Erklären Sie die Funktion von Proteasen in Waschmitteln. Diskutieren Sie, ob es sinnvoll ist, Vollwaschmitteln Enzyme zuzusetzen.

EXP 9.15 Nachweis von Zeolithen

Materialien Bechergläser, Reagenzglas, Tropfpipette, Messzylinder, Eisen(III)-chloridlösung ($w = 1\ \%$; 7), Kaliumthiocyanatlösung ($w = 1\ \%$; 7), div. Waschmittel, Wasser

Durchführung Stellen Sie Lösungen von verschiedenen Waschmitteln her. Mischen Sie in einem Reagenzglas etwa 1 mL Eisen(III)-chloridlösung mit 1 mL Kaliumthiocyanatlösung. Geben Sie jeweils 5 Tropfen von diesem Nachweisreagenz zu den einzelnen Waschmittellösungen. Vergleichen Sie, was passiert, wenn Sie das Nachweisreagenz in Leitungswasser tropfen.
Entsorgung: Reste verdünnen und ins Abwasser geben.

Auswertung Deuten Sie Ihre Beobachtungen.

EXP 9.16 Nachweis von optischen Aufhellern

Materialien Bechergläser, Küchenrolle, UV-Lampe, diverse Waschmittel, Wasser

Durchführung Befeuchten Sie Küchenpapier mit Waschmittellösungen sowie eine Vergleichsprobe mit Leitungswasser. Beleuchten Sie die Proben im Dunkeln mit der UV-Lampe.
Entsorgung: Reste in den Hausmüll geben.

Auswertung Erklären Sie, warum weiße T-Shirts bei geeignetem Licht hellblau bis weiß leuchten.

EXP 9.17 Wirkungsweise von EDTA

Materialien 3 Reagenzgläser mit Stopfen, Tropfpipette, destilliertes Wasser, Seifenlösung ($w = 2\ \%$), gesättigte Calciumsulfatlösung, EDTA-Lösung ($c = 0{,}1\ mol \cdot L^{-1}$; 7)

Durchführung Geben Sie in eines der Reagenzgläser 10 mL Calciumsulfatlösung. Mischen Sie in einem zweiten Reagenzglas 8 mL Calciumsulfatlösung mit 2 mL EDTA-Lösung. In das dritte Reagenzglas füllen Sie 10 mL destilliertes Wasser. Nun wird in alle 3 Gläser Seifenlösung hinzugetropft. Schließen Sie nach jedem Tropfen die Gläser und schütteln Sie kräftig. Zählen Sie die Anzahl der Tropfen, bis sich jeweils ein dauerhafter kräftiger Schaum bildet.
Entsorgung: Reste verdünnen und ins Abwasser geben.

Auswertung
1) Fertigen Sie ein Protokoll an, in dem Sie tabellarisch Ihre Beobachtungen und die Ergebnisse der Tropfenzählung notieren.
2) Erklären Sie Ihre Beobachtungen.
3) Erläutern Sie die Wirkungsweise von EDTA.

9.16 Aufgaben und Methoden der analytischen Chemie

01 Analyse in einem modernen Labor

AUFGABEN DER ANALYTISCHEN CHEMIE Die analytische Chemie hat einerseits die Aufgabe, bekannte Stoffe zu identifizieren und ihre Menge beispielsweise in Lösungen zu ermitteln, andererseits trifft sie Aussagen über die atomare Zusammensetzung und die Struktur bislang unbekannter Stoffe. Entsprechend dieser Aufgabengebiete unterscheidet man die Teilbereiche **qualitative Analyse**, **quantitative Analyse** und **Strukturanalyse**. Die Strukturuntersuchung unbekannter Stoffe ist eine Forschungsaufgabe in chemischen und pharmazeutischen Instituten und in Forschungseinrichtungen der chemischen Industrie (↑ 01). Die qualitative und quantitative Analyse von Stoffgemischen spielt dagegen auch in ganz anderen Bereichen eine Rolle

Mit dem Nachweis von Schadstoffen in Wasser, Luft und Böden befassen sich beispielsweise Umweltämter oder Naturschutzorganisationen. Die Suche nach giftigen Rückständen in Lebensmitteln beschäftigt Lebensmittelbehörden im Rahmen der Lebensmittelkontrolle. Das Aufspüren körperfremder Stoffe im menschlichen Körper ist ein wichtiger Teil der kriminaltechnischen Untersuchung bei Morddelikten oder bei Fällen von Drogenmissbrauch.

ANALYSEMETHODIK Soll beispielsweise untersucht werden, ob eine wässrige Lösung Chlorid-Ionen Cl⁻ enthält, so kann Silbernitratlösung zugegeben werden. Sind Chlorid-Ionen vorhanden, dann bildet sich schwerlösliches weißes Silberchlorid, das aus der Lösung ausfällt.

$$Ag^+(aq) + Cl^-(aq) \longrightarrow AgCl(s)$$

Die Bildung des weißen Niederschlags ist ein **chemischer Nachweis** für Chlorid-Ionen in der Lösung, die ggf. aus einem Salz stammen.

Soll die Menge an Chlorid-Ionen in der Probelösung ermittelt werden, so kann Silbernitratlösung im Überschuss zugegeben werden. Dadurch ist gewährleistet, dass wirklich alle Chlorid-Ionen der Probe ausgefällt werden. Der Niederschlag kann abgetrennt, getrocknet und gewogen werden. Über die Masse des ausgefällten Silberchlorids kann schließlich auf die Kochsalzmenge geschlossen werden. Analyseverfahren, bei denen wie hier mit einer Waage gearbeitet wird, bezeichnet man als **gravimetrische Verfahren**.

Eine andere Möglichkeit, die Menge an Chlorid-Ionen in der Probe zu bestimmen, besteht in der schrittweisen Zugabe von Silbernitratlösung mit bekannter Konzentration (Maßlösung), z. B. über eine Bürette. Solange noch Chlorid-Ionen in der Lösung vorhanden sind, werden sie durch die zugesetzten Silber-Ionen ausgefällt. Wird über diesen Endpunkt hinaus Silbernitratlösung zugegeben, so lässt sich dies nur dann zweifelsfrei erkennen, wenn der Probe von vornherein Kaliumchromat (K_2CrO_4) als Indikator zugesetzt wurde, denn die Chromat-Ionen bilden mit den überschüssigen Silber-Ionen einen rotbraunen Niederschlag von Silberchromat:

$$2\,Ag^+(aq) + CrO_4^{2-}(aq) \longrightarrow Ag_2CrO_4(s)$$

Über den Verbrauch an Silbernitratlösung bis zum Endpunkt kann nun auf die Menge an Chlorid-Ionen in der Lösung geschlossen werden. Analyseverfahren, bei denen wie hier der Verbrauch einer geeigneten Maßlösung registriert wird, bezeichnet man als

```
                    Analytische Chemie
         Was?             │              Wie viel?
    Qualitative Analyse                 Quantitative Analyse
    ┌─────────────────┐                 ┌─────────────────────────┐
    │ Chemische       │                 │ Gravimetrische Verfahren│
    │ Nachweismethoden│                 │ Titrimetrische Verfahren│
    └─────────────────┘                 └─────────────────────────┘
    ┌─────────────────┐                 ┌─────────────────┐
    │ Gaschromatografie│                │ Elektroanalytik │
    └─────────────────┘                 │ Fotometrie      │
                                        └─────────────────┘
                        Welche Struktur?
                        Strukturanalyse
    ┌──────────────┐   ┌─────────────┐   ┌──────────────┐
    │ Qualitative  │   │Spektroskopische│ │ Quantitative │
    │ Elementar-   │   │ Verfahren    │   │ Elementar-   │
    │ analyse      │   │ z.B. NMR-    │   │ analyse      │
    │ zur Bestimmung│  │ Spektroskopie,│  │ zur Bestimmung│
    │ der beteiligten│ │ IR-Spektroskopie│ │ der Verhältnisformel│
    │ Atome        │   └─────────────┘   │ bzw. Molekülformel│
    └──────────────┘                     └──────────────┘
    ┌──────────────┐                     ┌──────────────┐
    │ Chemische    │                     │ Massen-      │
    │ Nachweis-    │                     │ spektrometrie│
    │ methoden     │                     └──────────────┘
    │ zur Bestimmung│
    │ der Strukturmerkmale│
    └──────────────┘
              □ Instrumentelle Analytik
```

02 Teilbereiche und Methoden der analytischen Chemie

titrimetrische Verfahren. Ein Problem bei jeder Titration ist die Endpunktbestimmung.

Bei der beschriebenen Fällungstitration mit Silbernitratlösung entsteht ein trübes Gemisch, in dem der farbige Silberchromatniederschlag womöglich nicht rechtzeitig wahrgenommen wird. Ungenaue Ergebnisse sind die Folge. Besser ist es daher, durch einen geeigneten Sensor die Konzentration an Silber- oder Chlorid-Ionen während der Titration zu verfolgen und die entstehende *Titrationskurve* auszuwerten. Analyseverfahren, bei denen wie hier elektrochemische Methoden genutzt werden, bezeichnet man als **elektroanalytische Verfahren**. Auch die Verwendung eines pH-Sensors bei einer Säure-Base-Titration (↑ S. 112 f.) ist ein Beispiel für Elektroanalytik.

In allen Aufgabenbereichen der analytischen Chemie kommen teilweise hochkomplexe, sehr präzise technische Analyseinstrumente zur Anwendung. Auch die Gaschromatografie (↑ S. 372), die Fotometrie (↑ S. 374), die Massenspektrometrie (↑ S. 375) sowie spektroskopische Verfahren (↑ S. 376 ff.) sind typische Beispiele für Methoden der **instrumentellen Analytik**.

STRUKTURANALYSE Soll die Molekülstruktur eines unbekannten organischen Stoffs bestimmt werden, so kann durch **qualitative Elementaranalyse** zunächst festgestellt werden, welche Atome am Aufbau der Moleküle beteiligt sind. Die **quantitative Elementaranalyse** liefert schließlich die Verhältnisformel oder bei bekannter molarer Masse sogar die **Molekülformel** des Stoffs.
Die molare Masse kann dabei durch verschiedene physikalisch-chemische Methoden bestimmt werden, am schnellsten allerdings durch Massenspektrometrie. Durch geeignete chemische Nachweismethoden lassen sich zusätzlich verschiedene Strukturmerkmale feststellen. Die endgültige Strukturaufklärung geschieht dann u. a. über spektroskopische Verfahren, also auf instrumentellem Weg.

SPEKTROSKOPISCHE VERFAHREN Spektroskopischen Verfahren basieren auf der Wechselwirkung von Materie mit elektromagnetischer Strahlung. Entscheidend ist, welche Strahlungsart des elektromagnetischen Spektrums (↑ S. 339) genutzt wird. Für die organische Strukturanalyse spielen vor allem drei Verfahren eine Rolle:

Strahlungsart	Spektroskopisches Verfahren
Ultraviolett	UV-Spektroskopie
Infrarot	IR-Spektroskopie
Radiowellen	NMR-Spektroskopie

Das Funktionsprinzip ist in allen drei Fällen gleich (↑ 03): Elektromagnetische Strahlung tritt durch eine Substanzprobe. Die Frequenz der Strahlung wird in gewissen Grenzen kontinuierlich verändert. Die Intensität der aus der Probe austretenden Strahlung wird gemessen und aufgezeichnet. Bei den meisten Frequenzen gibt es keine Wechselwirkung, sodass die Intensität des eintretenden und des austretenden Messstrahls gleich ist. Dann wird eine gerade Linie aufgezeichnet, die Basislinie. Bei ganz bestimmten Frequenzen kommt es allerdings zur **Absorption**, d. h., die Moleküle nehmen ein Energiequant ΔE auf und gehen von ihrem Grundzustand E_0 in einen angeregten Zustand E_1 über. Wird Strahlung absorbiert, so wird die veränderte Intensität als Abweichung von der Basislinie durch ein Signal registriert. Auf diese Weise entsteht ein charakteristisches **Spektrum**, genauer gesagt ein *Absorptionsspektrum*, der untersuchten Substanz. Lage und Intensität der einzelnen Signale im Spektrum lassen Rückschlüsse auf bestimmte Strukturmerkmale des untersuchten Stoffs zu.

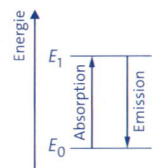

Absorptions- und Emissionsspektren spielen auch bei der Entwicklung des Atommodells eine Rolle (↑ S. 319 ff.).

> Die analytische Chemie befasst sich mit qualitativen, quantitativen und strukturellen Analyseaufgaben. In allen drei Bereichen spielt die instrumentelle Analytik eine wichtige Rolle. Insbesondere spektroskopische Verfahren helfen bei der instrumentellen Strukturanalyse.

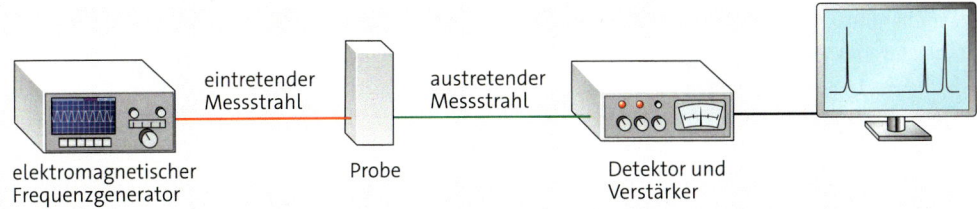

03 Funktionsprinzip spektroskopischer Verfahren

Gaschromatografie

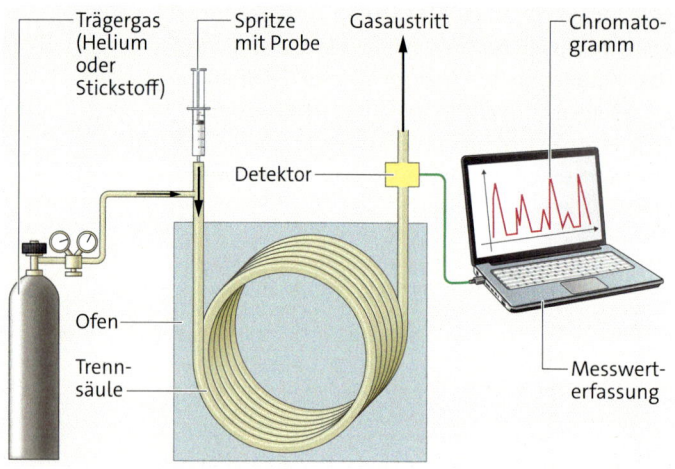

01 Gaschromatograf (Schema)

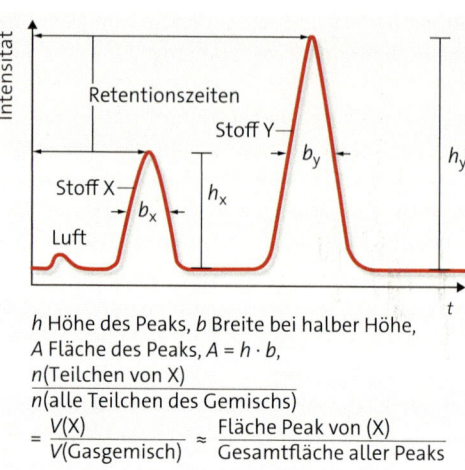

h Höhe des Peaks, b Breite bei halber Höhe,
A Fläche des Peaks, $A = h \cdot b$,

$$\frac{n(\text{Teilchen von X})}{n(\text{alle Teilchen des Gemischs})}$$
$$= \frac{V(X)}{V(\text{Gasgemisch})} \approx \frac{\text{Fläche Peak von (X)}}{\text{Gesamtfläche aller Peaks}}$$

03 Gaschromatogramm von Wintergas

02 Sommer- oder Wintergas?

Durch chromatografische Verfahren lassen sich Bestandteile von Stoffgemischen identifizieren. So kann beispielsweise die unterschiedliche Zusammensetzung einer Butan-Propan-Gasmischung in Campinggaskartuschen, die als „Sommer-" bzw. „Wintermischung" erhältlich sind, durch Gaschromatografie ermittelt werden.

GRUNDLAGEN Das Prinzip der Chromatografie (griech. *chroma*: Farbe, *graphein*: schreiben) beruht darauf, dass ein Stoffgemisch an einem Trägermaterial vorbeiströmt. Die Stoffe werden dabei aufgrund ihrer unterschiedlichen Verteilung in zwei verschiedenen Phasen, einer **stationären** und einer **mobilen Phase**, aufgetrennt.

Aufgrund der unterschiedlichen Verteilung der verschiedenen Stoffe zwischen der mobilen Phase und der stationären Phase fließen diese unterschiedlich schnell mit der mobilen Phase und werden entsprechend voneinander getrennt.

An der Grenzfläche zwischen beiden Phasen stellt sich für jeden einzelnen Stoff ein Verteilungsgleichgewicht ein. Je unterschiedlicher sich die Stoffe eines Stoffgemischs in den beiden Phasen verteilen, desto besser ist die chromatografische Trennwirkung.

GASCHROMATOGRAFIE Ist ein Stoffgemisch unzersetzt verdampfbar, kann es mithilfe der **Gaschromatografie** getrennt werden.

Die Probe wird mit einer Spritze in einen Gasstrom aus Helium oder Stickstoff als mobiler Phase injiziert. Anschließend strömt das Gas durch eine Trennsäule aus Glas, deren Innenwand mit einem dünnen Film eines geeigneten Stoffs als stationäre Phase benetzt ist. Die einzelnen Bestandteile der Probe werden dort unterschiedlich stark adsorbiert (lat. *adsorbere*: anhaften).

Je geringer die Adsorptionsfähigkeit eines Stoffs ist, desto schneller passiert er mit der mobilen Phase die Trennsäule, die je nach analytischer Anforderung bis zu 100 Meter und länger sein kann. Stoffe, die ein höheres Adsorptionsvermögen zur stationären Phase aufweisen, wandern langsamer mit der mobilen Phase.

Damit eine Trennung möglichst effizient erfolgt und einzelne Chromatogramme vergleichbar sind, müssen die Bedingungen bei der Gaschromatografie konstant gehalten werden. Neben der Fließgeschwindigkeit wird die Temperatur im Ofen, in dem sich die Trennsäule befindet, eingestellt und mit einem Thermostaten überwacht.

Am Detektor schließlich werden die einzelnen Stoffe in der Reihenfolge registriert, in der sie den Ofen des Gaschromatografen nach ihrer Trennung verlassen (↑ 04).

CHROMATOGRAMM Jeder Peak (engl. *peak*: Bergspitze, Scheitelpunkt) im Chromatogramm kann in der Regel einem einzelnen Stoff zugeordnet werden (↑ 03). Die Zeit, die zwischen dem Einspritzen der Probe und dem Auftreten eines Peaks vergeht, heißt **Retentionszeit t_R**. Sie ist für den betreffenden Stoff charakteristisch.

Durch Vergleich mit Chromatogrammen von Stoffgemischen bekannter Zusammensetzung lässt sich der Stoff auf diese Weise identifizieren. Wird durch Integration die Fläche unter dem Peak im Chromatogramm ermittelt, kann der Massenanteil des Stoffs im Stoffgemisch bestimmt werden. Dabei ist die Fläche proportional zum Volumenanteil dieses Stoffs (↑ 03).

9.16 Aufgaben und Methoden der analytischen Chemie

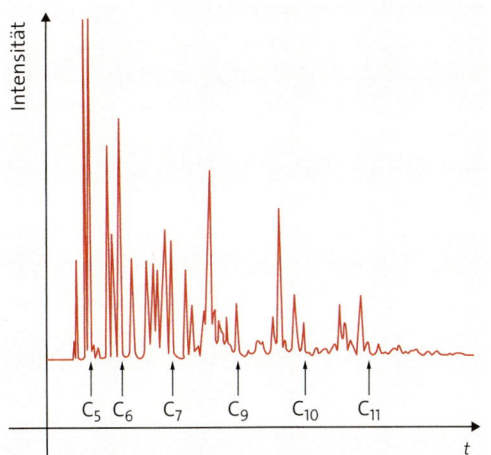

04 Gaschromatogramm von Benzin

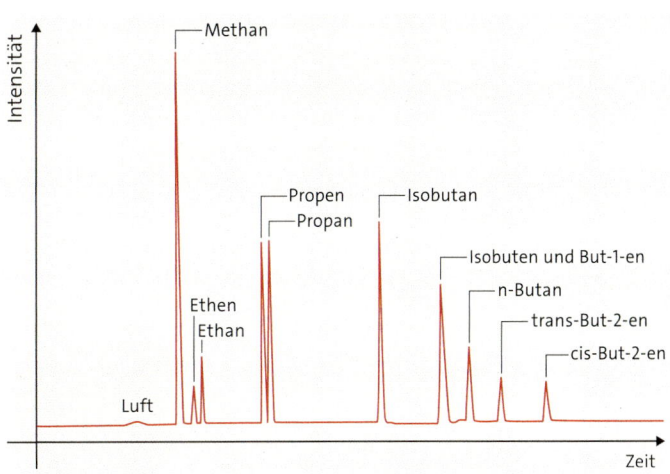

05 Gaschromatogramm verschiedener Kohlenwasserstoffe

GASCHROMATOGRAMM VON BENZIN Um die Zusammensetzung von Benzin zu analysieren, wird als stationäre Phase eine hochsiedende Flüssigkeit wie Paraffinöl verwendet, die auf einem festen Trägermaterial aufgebracht ist. Paraffinöl besteht aus langkettigen, unpolaren Kohlenwasserstoff-Molekülen. Auch die Benzinprobe ist ein Gemisch verschiedener unpolarer Kohlenwasserstoff-Moleküle.
Im Gaschromatogramm sind viele unterschiedliche Signale zu erkennen (↑ 04). Jedes Signal steht für einen der Stoffe des Benzingemischs, die sich in der stationären Phase unterschiedlich gut lösen. Die einzelnen Stoffe werden vom nachfolgenden reinen Trägergas, das mit gleichmäßiger Geschwindigkeit durch die Trennsäule strömt, wieder herausgelöst. Es stellt sich ein *Verteilungsgleichgewicht* zwischen mobiler und stationärer Phase ein, das für jeden der Stoffe im Benzin charakteristisch ist.
Beispiel: Die Kohlenstoffkette eines Pentan-Moleküls („C_5", ↑ 04) ist kürzer als die eines Nonan-Moleküls („C_9"). Es wirken insgesamt schwächere London-Wechselwirkungen zwischen den Molekülen der stationären Phase und den Pentan-Molekülen als zwischen den Molekülen der stationären Phase und den Nonan-Molekülen. Am Ende der Trennsäule kommen zuerst die Moleküle an, die nur schwach an das Lösungsmittel gebunden wurden. Pentan läuft daher in der mobilen Phase schneller und wird vor Nonan im Gaschromatogramm registriert. Die Retentionszeit des Pentans ist geringer als die des Nonans. Weitere Peaks gehören zu anderen Isomeren. Der Austritt der einzelnen Stoffe des Stoffgemischs erfolgt nacheinander, wird mithilfe eines Computers erfasst und grafisch als Gaschromatogramm dargestellt (↑ 04). Die Peakhöhe zeigt auch an, dass Benzin z. B. eine größere Menge an Pentan als an Nonan enthält.

ANWENDUNG Die Gaschromatografie wird nicht nur in der analytischen Chemie eingesetzt, sondern z. B. auch in der Qualitätssicherung, um die Reinheit von Stoffen zu überprüfen bzw. Verunreinigungen zu bestimmen. Das Verfahren ist so genau, dass damit geringste Spuren von Stoffen gemessen werden können, z. B. in der Dopingkontrolle von Blut- oder Urinproben. Ist ein Stoff rein, dann besteht sein Chromatogramm aus einem einzelnen Peak. Entsprechend führen verunreinigte Proben zu weiteren Peaks.

FLÜSSIGKEITSCHROMATOGRAFIE Dieses Verfahren arbeitet nach dem gleichen Prinzip wie die Gaschromatografie und wird auch HPLC (engl. *high performance liquid chromatography*) genannt. Die flüssige mobile Phase wird dabei unter hohem Druck durch eine schmale Säule gepresst, wodurch eine bessere Trennung des Gemischs erfolgt. Die Methode lässt sich zur Trennung organischer Flüssigkeiten und Feststoffe einsetzen, sodass auch nichtflüchtige Substanzen analysiert werden können.

Verteilungsgleichgewicht in der Dünnschichtchromatografie ↑ S. 120

1) Bild ↑ 03 zeigt das Chromatogramm von Feuerzeuggas, das aus Propan und n-Butan besteht, mit einer unpolaren stationären Phase.
  a Interpretieren Sie das Chromatogramm.
  b Bestimmen Sie anhand von (↑ 03) den Anteil des n-Butans im Feuerzeuggas.
2) Erläutern Sie anhand des Gaschromatogramms (↑ 05), wie die Anzahl der Kohlenstoff-Atome, die Art der Bindung und die Molekülstruktur bei einer Verbindung die Retentionszeit beeinflussen.
3) Beschreiben Sie, wie sich das Chromatogramm unter folgenden Bedingungen verändert:
  a Verwendung einer längeren Trennsäule
  b Einstellung einer höheren Ofentemperatur

Fotometrie

Die in Obst oder Gemüse vorkommende Farbstoffgruppe der Carotine absorbiert blau-grünes Licht, weshalb uns ein Kürbis, eine Möhre, eine Aprikose oder eine Paprika in der jeweiligen Komplementärfarbe gelb, orange oder rot erscheint (↑ 02).

GRUNDLAGEN Organische Farbstoff-Moleküle absorbieren elektromagnetische Strahlung bestimmter Wellenlängen. Die Energie des Lichts regt die Elektronen an, in nicht besetzte Energiezustände zu wechseln (↑ S. 341). Diese Wechselwirkung zwischen Licht und Stoff ist charakteristisch und kann dazu genutzt werden, die Konzentration des Stoffs in einer Lösung fotometrisch zu bestimmen.

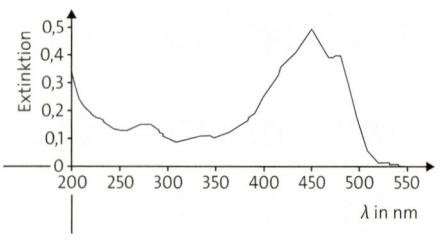

01 β-Carotin absorbiert Licht im Wellenlängenbereich von 450 nm am stärksten.

02 β-Carotin ist auch in Paprika enthalten.

LAMBERT-BEER'SCHES GESETZ Strahlung, die eine Probenlösung durchquert, wird je nach ihrer Wellenlänge unterschiedlich stark absorbiert. Die Absorption kann sowohl im Bereich des sichtbaren Lichts (VIS-Spektroskopie) liegen als auch im Bereich ultravioletter Strahlung (λ = 10–390 nm, UV-Spektroskopie). Im Spektralfotometer wird die Intensität mit einem Detektor – meist einer Fotozelle – registriert und in ein elektrisches Signal umgewandelt (↑ 03). Damit die Messung im Spektralfotometer möglichst empfindlich ist, wird eine passende Wellenlänge gewählt, bei der ein deutliches Absorptionsmaximum des jeweiligen Farbstoffs liegt – im Fall des β-Carotins eignet sich dazu eine Wellenlänge von 450 nm (↑ 01).

Zwischen der Abschwächung der Strahlung, die als **Extinktion E** (engl. *to extinguish:* auslöschen) bezeichnet wird, und der Stoffmengenkonzentration c der Probenlösung sowie der Schichtdicke d der durchstrahlten Probenlösung besteht ein linearer Zusammenhang. Als Proportionalitätsfaktor dient der molare Extinktionskoeffizient ε_λ bei der jeweils ausgewählten Wellenlänge λ.

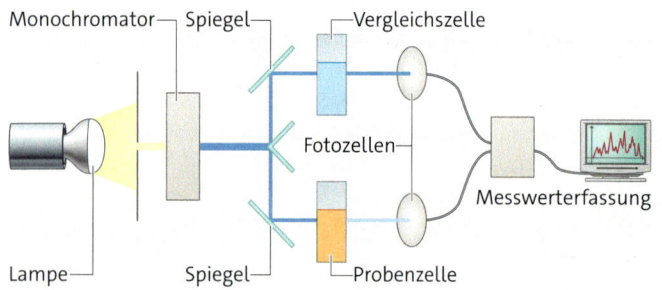

03 Spektralfotometer (Aufbau)

| $E = \varepsilon_\lambda \cdot c \cdot d$ | Lambert-Beer'sches Gesetz |

Die Bestimmung der Stoffmengenkonzentration erfolgt häufig grafisch: Hierzu wird die Extinktion von mindestens zwei Lösungen mit bekannter Stoffmengenkonzentration gemessen. Anschließend wird die Extinktion gegen die Stoffmengkonzentration in einem Diagramm aufgetragen. Aus den Messpunkten kann eine Kalibriergerade konstruiert werden, mit der die unbekannte Konzentration in der zu untersuchenden Lösung grafisch oder rechnerisch ermittelt werden kann (↑ Exp. 9.18).

P **EXP 9.18** **Konzentration von β-Carotin in Möhren**

Materialien Reagenzglas, 3 Messkolben (50 mL), Waage, Spektralfotometer, Möhren (geraspelt), n-Heptan (2, 8, 7, 9), β-Carotin

Durchführung Geben Sie etwa 10 g Möhren (exakt auswiegen und Masse notieren) in das Reagenzglas und überschichten Sie mit der dreifachen Menge an n-Heptan. Schütteln Sie das verschlossene Reagenzglas und wiederholen Sie ggf. die Extraktion, bis sich die Möhrenstücke entfärben. Geben Sie alle Extrakte in den Messkolben, der anschließend bis auf 50 mL aufgefüllt wird.
Stellen Sie für die Kalibriergerade jeweils eine Lösung mit etwa 10 mg/L und 50 mg/L her. Bestimmen Sie für die Lösungen die Extinktion bei λ = 450 nm. Ermitteln Sie anschließend die Extinktion für das Möhrenextrakt.

Auswertung Erstellen Sie die Kalibriergerade und bestimmen Sie anschließend die Konzentration an β-Carotin im Extrakt. Berechnen Sie den Massenanteil an β-Carotin in der Möhrenprobe.

---

1) Beschreiben Sie den Aufbau eines Spektralfotometers.

2) Methylorange ist ein Säure-Base-Indikator, der im pH-Bereich von 3 bis 4,4 von Rot nach Orange umschlägt. Erläutern Sie, warum zur Fotometrie einer sauren Lösung eine andere Wellenlänge verwendet wird als für eine neutrale oder alkalische Lösung.

Massenspektrometrie

Die **Massenspektrometrie** ist bei der Identifizierung von Stoffen chemischen Methoden weit überlegen. Aus dem Massenspektrum einer molekularen Verbindung lassen sich ihre Molekülmasse und wesentliche Strukturmerkmale bestimmen.

GRUNDLAGEN Um eine Massenspektrometrie durchführen zu können, müssen die Moleküle der zu untersuchenden Verbindung ionisiert werden. Zur *Ionenerzeugung* wird die zuvor verdampfte Probe einem energiereichen Elektronenstrahl ausgesetzt, der durch eine Glühkathode erzeugt wird (↑ 04). Durch den Beschuss mit Elektronen können einzelne Elektronen aus den Molekülen entfernt werden, sodass Kationen entstehen – man spricht von einer **Elektronenstoß-Ionisation**:

$$M + e^- \longrightarrow M^+ + 2\,e^-$$

Ein Teil der dabei gebildeten **Molekül-Ionen** M^+ zerfällt in kleinere **Fragment-Ionen** sowie ungeladene Radikale und weitere Spaltmoleküle. Alle Kationen werden durch ein elektrisches Feld beschleunigt, bevor sie das **Flugrohr** erreichen. Ein von außen angelegtes magnetisches Feld, das senkrecht zur Flugrichtung steht, lenkt die Kationen aufgrund der Lorentzkraft auf unterschiedlich stark gekrümmte Kreisbahnen. Je schwerer das Ion ist, desto größer ist der Radius dieser Bahn im Flugrohr.

Die Stärke des Magnetfelds wird so verändert, dass für die verschieden schweren Ionen jeweils eine stabile Flugbahn bis zum Ende des Flugrohrs entsteht. Dort gelangen die Ionen in den **Detektor** und werden registriert. Der elektrisch verstärkte Ionenstrom wird anschließend der **Messwerterfassung** zugeführt.

MASSENSPEKTRUM Im Massenspektrum werden die durch die Ionen erzeugten Signale als einzelne Striche dargestellt. Das stärkste Signal wird als **Basispeak** bezeichnet und seine Intensität auf 100 % festgelegt. Alle anderen Peaks sind entsprechend kleiner. Das Signal mit der größten Masse stammt vom Molekül-Ion M^+. Hieraus lässt sich die molare Masse der Verbindung ablesen. Signale von Fragment-Ionen und die Massendifferenzen zwischen einzelnen Fragment-Ionen und dem Molekül-Ion liefern wichtige Informationen über Strukturmerkmale und Bindungsverhältnisse des Moleküls.

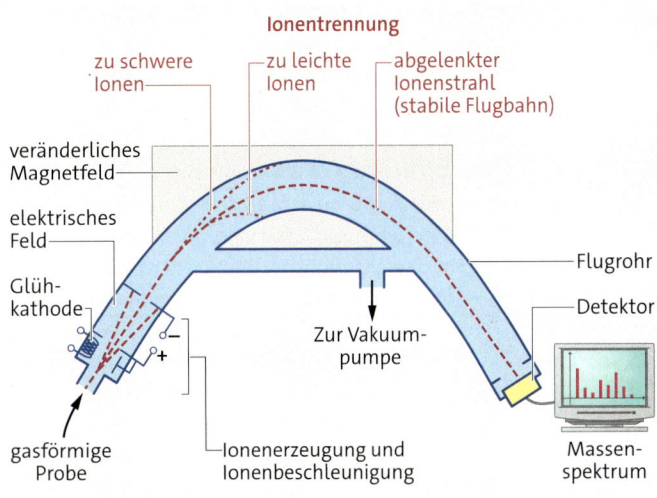

04 Massenspektrometer (Schema)

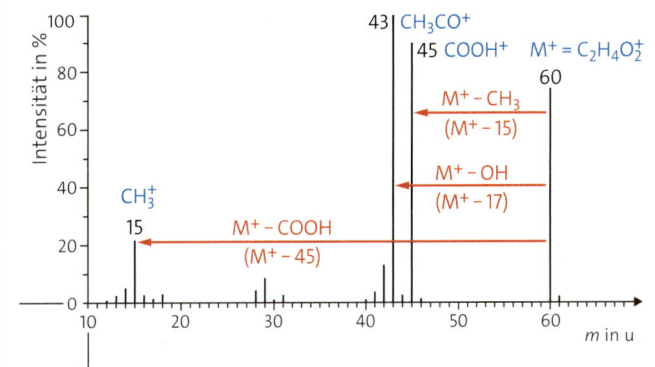

Interpretation eines Massenspektrums

Aufgabe: Die Elementaranalyse einer Verbindung ergab die Verhältnisformel $(CH_2O)_x$. Bestimmen Sie anhand des Massenspektrums die Molekülmasse und identifizieren Sie charakteristische Strukturmerkmale.

Lösung: Im Massenspektrum findet sich das Molekül-Ion mit der größten Masse bei $m = 60$ u. Das entspricht der Masse des Moleküls nach der Verhältnisformel ($m = 2 \cdot 30$ u). Die Molekülformel der Verbindung lautet also $(CH_2O)_2$ bzw. $C_2H_4O_2$.
Weiterhin fallen zwei charakteristische Fragment-Ionen bei $m = 43$ u bzw. bei $m = 45$ u auf. Sie sind für Carbonsäuren typisch. Mit einer Massendifferenz von 15 u, die dem Verlust einer Methylgruppe $-CH_3$ entspricht, kann das Signal bei $m = 45$ u als Carboxy-Ion $COOH^+$ identifiziert werden. Die Differenz von 17 u deutet auf die Abspaltung einer Hydroxygruppe $-OH$ hin, sodass dem Signal bei $m = 43$ u ein CH_3CO^+-Ion zugeordnet werden kann. Bei der gesuchten Verbindung handelt es sich somit um Ethansäure CH_3COOH.

1) Die Molekülformel $C_2H_4O_2$ passt zur Verbindung 2-Hydroxyethanal.
   a Entwickeln Sie die Strukturformel der Verbindung.
   b Erläutern Sie, welche Fragment-Ionen im Massenspektrum der Verbindung zu erwarten sind.

2) Ordnen Sie im Massenspektrum von Ethanol den Peaks bei folgenden Massen sinnvolle Strukturen zu: 46 u, 45 u, 31 u, 29 u, 27 u und 15 u.

NMR-Spektroskopie

Die Strukturaufklärung durch **NMR-Spektroskopie** (engl. *nuclear magnetic resonance*: kernmagnetische Resonanz) basiert auf dem unterschiedlichen Verhalten bestimmter Atomkerne in einem starken Magnetfeld.

Video: NMR-Spektrometer

GRUNDLAGEN Viele Atomkerne verhalten sich so, als würden sie um ihre eigene Achse rotieren. So wie Elektronen einen *Elektronenspin* haben (↑ S. 324), haben solche Atomkerne einen *Kernspin*. Das wichtigste Beispiel für einen Atomkern mit Kernspin ist der Wasserstoffatomkern ^{1}H, das Proton. Bei der Eigendrehung eines geladenen Teilchens entsteht nach den Gesetzen der Elektrodynamik ein schwaches Magnetfeld. Jeder ^{1}H-Atomkern kann daher vereinfacht als kleiner Stabmagnet aufgefasst werden (↑ 02A). In einem außen angelegten Magnetfeld können sich diese „Stabmagnete" auf zwei unterschiedliche Arten anordnen: parallel oder antiparallel zu den Magnetfeldlinien (↑ 02B). Zwischen den beiden Anordnungen besteht ein kleiner Energieunterschied ΔE (↑ 02C), der zur Stärke des äußeren Magnetfelds proportional ist, wobei die parallele Anordnung die energieärmere ist und deshalb bevorzugt auftritt. Die parallele Anordnung im *Grundzustand* kann allerdings durch Absorption elektromagnetischer Strahlung in die antiparallele Anordnung „umklappen". Diesen Übergang in einen energetisch *angeregten Zustand* bezeichnet man als **kernmagnetische Resonanz**. Kommt es zur Resonanz, so wird dies durch ein Signal, einen *Peak*, im NMR-Spektrum sichtbar. Typische Frequenzen für die durch kernmagnetische Resonanz absorbierte Strahlung liegen bei modernen NMR-Spektrometern zwischen 200 und 800 MHz.

CHEMISCHE VERSCHIEBUNG Die Elektronenhülle um die einzelnen Atomkerne schwächt das von außen angelegte Magnetfeld ab. Diese Abschirmung des Kernspins, z. B. bei einem Proton, ist abhängig von den benachbarten Atomen und den Bindungsverhältnissen im Molekül.

$$H_3C-\underset{\underset{CH_3}{|}}{\overset{\overset{CH_3}{|}}{Si}}-CH_3$$

01 Tetramethylsilan

In einer Methylgruppe ($-CH_3$) ist durch die geringe Polarität der Elektronenpaarbindung zwischen den Wasserstoff- und Kohlenstoff-Atomen die Elektronendichte um die Kerne der Wasserstoff-Atome relativ hoch. Diese Protonen sind entsprechend stark abgeschirmt, sodass die für die Resonanz erforderliche Energie geringer ist als z. B. bei dem Proton einer Hydroxygruppe ($-OH$), in der das elektronegative Sauerstoff-Atom die Elektronendichte um dieses Proton deutlich herabsetzt.

NMR-SPEKTRUM Diese unterschiedlichen Bindungsverhältnisse führen zu einer **chemischen Verschiebung** δ der jeweiligen Peaks im ^{1}H-NMR-Spektrum. Die Lage einzelner Signale gibt damit Aufschluss über die „chemische Umgebung" der Protonen in einem Molekül.

Da die Unterschiede zwischen den Absorptionsenergien jedoch sehr gering sind, weichen die entsprechenden Frequenzen nur um wenige Millionstel ihres jeweiligen Betrags voneinander ab. In den NMR-Spektren wird daher die chemische Verschiebung in einer relativen ppm-Skala (ppm: parts per million) dargestellt (↑ 03).

Als Bezugssignal mit $\delta = 0$ wählt man den NMR-Peak einer Referenzsubstanz wie Tetramethylsilan, kurz: TMS, [$(CH_3)_4Si$; ↑ 01], deren H-Atome chemisch völlig gleichartig gebunden sind, sodass im ^{1}H-NMR-Spektrum ein einzelnes, scharfes Signal (Singulett) auftaucht.

ERMITTLUNG DER ANZAHL VON PROTONEN Die Fläche unter einem ^{1}H-NMR-Peak ist der Anzahl der Protonen, die den Peak hervorrufen, direkt proportional. Im Spektrum liefert die integrierte Peakfläche daher das jeweilige Anzahlverhältnis der gebundenen Wasserstoff-Atome in der jeweiligen Molekülgruppe: 3 H für die Methylgruppe $-CH_3$ und 1 H für die Aldehydgruppe $-CHO$ im ^{1}H-NMR-Spektrum von Ethanal (↑ 04).

Gruppen	δ in ppm
H_3C-R	0,9
$R_2C-CH_2-CR_2$	1,4
$H_3C-CO-R$	2,2
H_3C-Ar	2,3
H_3C-O-R	3,3
$R-CH_2-Cl$	3,6
$R-OH$	bis 5,1
$R-COOH$	bis 13

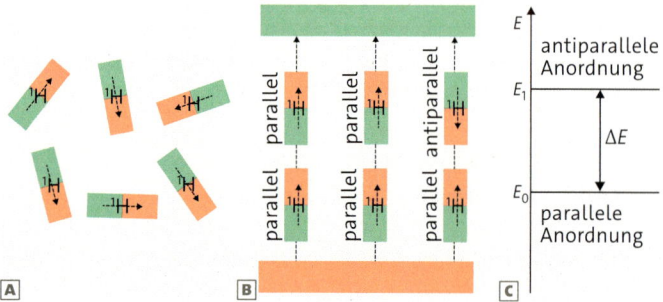

02 ^{1}H-Atomkerne (Protonen) verhalten sich wie kleine Stabmagnete.

03 Chemische Verschiebung

9.16 Aufgaben und Methoden der analytischen Chemie

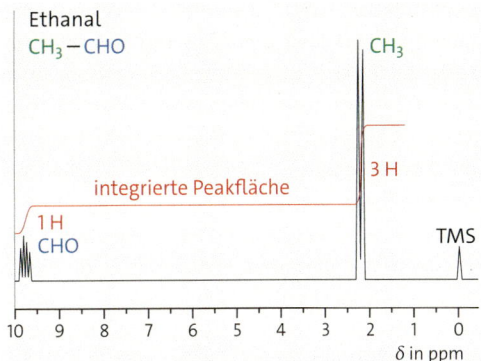

04 ^{1}H-NMR-Spektrum von Ethanal

SPIN-SPIN-KOPPLUNG Die Resonanzfrequenz eines Protons wird geringfügig von den Magnetfeldern benachbarter chemisch nicht gleicher Protonen beeinflusst. Diese Kopplung der Kernspins liefert wichtige Informationen über direkt benachbarte Atomgruppen des jeweiligen Protons im Molekül.
Ein einzelnes Proton, z. B. in einer CH-Gruppe, spaltet den Peak des benachbarten Protons in einen Doppelpeak (Dublett) auf. Zwei benachbarte Protonen, z. B. in einer Methylengruppe –CH$_2$–, führen zu einer Aufspaltung des betreffenden Peaks in einen Dreifachpeak (Triplett), drei Protonen führen zu einem Quadruplett usw. Allgemein führt eine Gruppe mit n benachbarten Protonen zu einer Aufspaltung des Signals in $n + 1$ Peaks.

1〉 Im ^{1}H-NMR-Spektrum eines sauerstoffhaltigen Kohlenwasserstoffs (M = 46 g·mol^{-1}) erscheint nur ein Peak bei δ = 3,7 ppm. Geben Sie Namen und Strukturformel der Verbindung an und erläutern Sie das Spektrum.

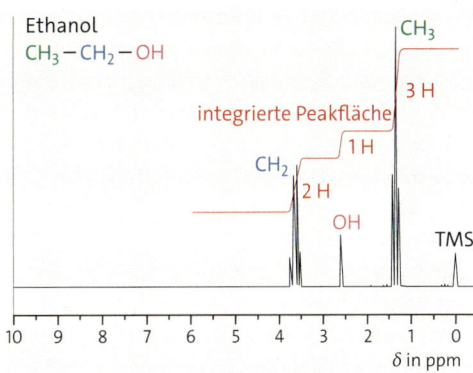

06 ^{1}H-NMR-Spektrum von Ethanol

BEISPIEL ETHANOL Im ^{1}H-NMR-Spektrum sind drei Peaks erkennbar, deren Protonen sich in drei unterschiedlichen chemischen Umgebungen befinden. Die Peakflächen verhalten sich wie 3 : 1 : 2.
Die Protonen der Methylgruppe –CH$_3$ koppeln mit der Methylengruppe –CH$_2$– und spalten dadurch in ein Triplett bei δ = 1,23 ppm auf. Die Protonen der Methylengruppe wiederum koppeln mit der Methylgruppe. Dieser Peak spaltet daher in ein Quadruplett bei δ = 3,69 ppm auf. Das Proton der Hydroxygruppe –OH (2,61 ppm) wird durch das Sauerstoff-Atom von den anderen Protonen stärker abgeschirmt. Mit benachbarten Protonen an den Kohlenstoff-Atomen koppelt es daher nicht, sodass das Signal nicht aufgespalten ist (↑ 06).

2〉 Geben Sie jeweils die Anzahl der Signale im ^{1}H-NMR-Spektrum an. Erläutern Sie Ihre jeweilige Wahl anhand der Strukturformeln für:
 a Propanal
 b Propanon

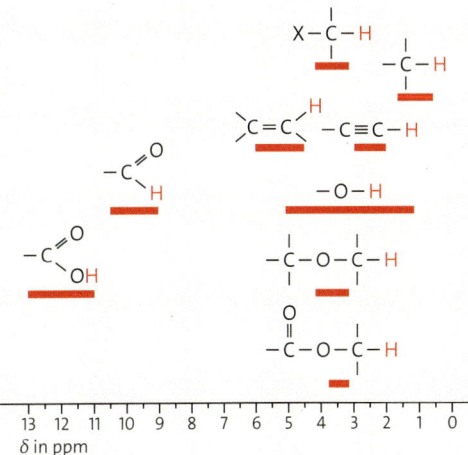

05 Chemische Verschiebung für ausgewählte funktionelle Gruppen

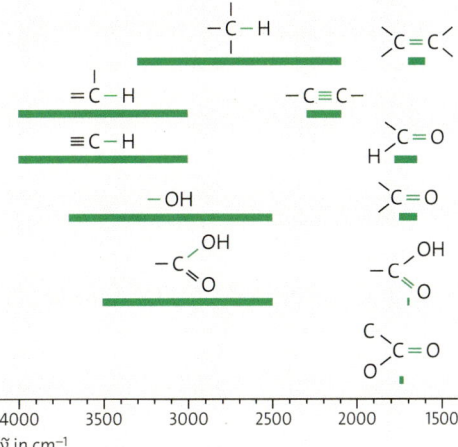

07 IR-Absorptionsbanden für ausgewählte funktionelle Gruppen

IR-Spektroskopie

Wasserdampf und Kohlenstoffdioxid gehören zu den Treibhausgasen. Sie tragen zur Erwärmung der Erdatmosphäre bei, weil ihre Moleküle durch Absorption von infraroter Strahlung in Schwingungen versetzen werden. Diese Eigenschaft, die viele Moleküle besitzen, lässt sich für die analytische Chemie nutzen.

GRUNDLAGEN Bei der **Infrarot-Spektroskopie** (kurz: IR-Spektroskopie) werden durch Absorption von Energie Moleküle zu Schwingungen angeregt.
Bei diesen **Molekülschwingungen** unterscheidet man zwischen **Valenzschwingungen**, bei denen sich die Bindungslängen zwischen Atomen verändern, und leichter anzuregenden **Deformationsschwingungen**, bei denen sich Bindungswinkel zwischen Atomgruppen verändern (↑ 01).

Eine wichtige Voraussetzung für die Absorption von Infarotstrahlung ist, dass sich bei den Schwingungsmöglichkeiten des Moleküls sein Dipolmoment (die Stärke des Dipols) verändert. Das ist z. B. dann der Fall, wenn sich die Lage der Ladungsschwerpunkte im Molekül durch die Schwingungen verschieben. So kann erst durch die asymmetrische Valenzschwingung z. B. im Kohlenstoffdioxid-Molekül ein Dipol entstehen und damit Infrarotstrahlung absorbiert werden.

IR-SPEKTRUM Entsprechend den unterschiedlichen Schwingungsmöglichkeiten, die sich oft auch überlagern, bilden sich im IR-Spektrum Absorptionsbanden. Aus historischen Gründen wird im IR-Spektrum die Durchlässigkeit (Transmission) in Abhängigkeit von der Wellenzahl $\tilde{\nu}$ als Kehrwert der Wellenlänge dargestellt: $\tilde{\nu} = \lambda^{-1}$.

Da der Betrag der jeweils absorbierten Energie von den Massen der in den Molekülen gebundenen Atome sowie von der Anzahl bindender Elektronenpaare zwischen den Atomen bestimmt wird, lassen sich einzelne Valenzschwingungen eindeutig bestimmten Strukturen im Molekül zuordnen. Aus der Lage und Intensität einzelner Banden können entsprechend Rückschlüsse auf funktionelle Gruppen im Molekül gezogen werden (↑ 02). Nutzt man weitere Kenntnisse wie Molekülformel oder -masse, lässt sich die Struktur des unbekannten Stoffs aufklären. Bei Wellenzahlen unter 1500 cm^{-1} lassen sich die Banden keinen einzelnen Molekülgruppen mehr zuordnen. In diesem **Fingerprint-Bereich** kommt es zu Schwingungsüberlagerungen im gesamten Molekül, die häufig für den Stoff charakteristisch sind. Anhand von Vergleichsspektren gelingt es damit, den unbekannten Stoff allein durch die IR-Spektroskopie zu identifizieren.

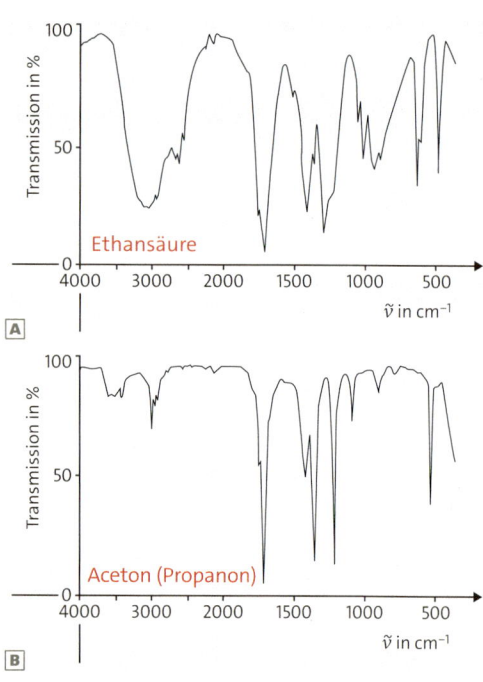

03 IR-Spektrum von **A** Ethansäure und **B** Aceton (Propanon): Die breite Absorptionsbande zwischen 3000 cm^{-1} und 3600 cm^{-1} gibt einen Hinweis auf die im Ethansäure-Molekül vorhandene OH-Gruppe. Die scharfe Bande bei etwa 1750 cm^{-1} ist der C=O-Valenzschwingung in beiden Molekülen zuzuordnen.

01 Molekülschwingungen dreiatomiger Moleküle

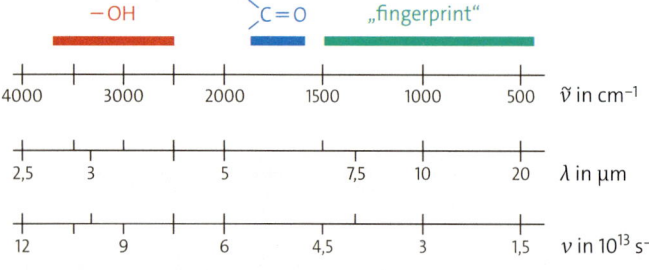

02 Ausgewählte Absorptionsbanden im IR-Spektrum in Abhängigkeit von Wellenzahl, Wellenänge und Frequenz

Suche nach Drogen – die forensische Toxikologie

Die Forensik umfasst verschiedene Arbeitsgebiete, die sich mit der Auswertung krimineller Handlungen befassen. Dazu gehören z. B. der Nachweis von Alkohol- oder Medikamenteneinfluss beim Begehen von Straftaten, die Überprüfung von Sportlern auf Dopingmittel oder die Aufklärung versehentlicher und ungeklärter Vergiftungen.

NACHWEIS VON ALKOHOL Ein moderner Schnelltest zur Überprüfung des Alkoholgehalts im Atem mithilfe der IR-Spektroskopie bestimmt die Intensität der Absorptionsbande der OH-Gruppe im Ethanol-Molekül. Je höher die Konzentration des Ethanoldampfs in der ausgeatmeten Luft ist, desto intensiver fällt die OH-Bande im Spektrum aus (↑ 01).
Die quantitative Bestimmung von Alkohol in einer Speichelprobe erfolgt durch das Zusetzen eines Enzym, das den Alkohol reduziert. In einer Folgereaktion wird daraus ein violetter Farbstoff gebildet, dessen Konzentration fotometrisch bestimmt wird.

Blutproben können gaschromatografisch untersucht werden: Die Probe wird zur Bestimmung des Alkoholgehalts in einem geschlossenen Gefäß erwärmt. Leichtflüchtige Bestandteile wie das Ethanol verdampfen zum Teil und gelangen in den Gasraum über der flüssigen Probe – man spricht aufgrund dieser Probenzuführung in den Gaschromatografen auch von der Headspace-Gaschromatografie. Nach erfolgreicher Kalibrierung lässt sich im Chromatogramm aus der Intensität der OH-Bande die Konzentration des Alkohols im Blut bestimmen.

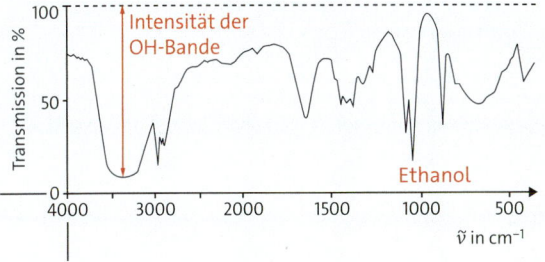

01 Bestimmung von Alkohol in der Atemluft

NACHWEIS VON DROGEN IN HAAREN, URIN, BLUT UND SPEICHEL Auch psychoaktive Substanzen wie Amphetamine, Cannabis, Ecstasy, Kokain oder LSD sind durch spezifische Schnelltests nachweisbar. Meist reicht dazu eine kleine Speichel- oder Schweißprobe, um nach wenigen Minuten erste qualitative Ergebnisse vorliegen zu haben. Die Tests werden daher bei Verkehrskontrollen von der Polizei eingesetzt, z. B. nach Partys oder Großveranstaltungen. Mithilfe verschiedener instrumenteller Analyseverfahren wie der Kopplung von Gaschromatografie bzw. HPLC mit der UV-Spektroskopie bzw. der Massenspektrometrie kann der Nachweis zweifelsfrei und gerichtsfest geführt werden.

In Urin, Speichel und Blut gelingt ein Nachweis häufig nur bis zu wenigen Stunden bis maximal einige Wochen nach dem Konsum. Da sich Drogen aber dauerhaft in Haaren einlagern können, sind verbotene Substanzen bei regelmäßigem missbräuchlichem Konsum oft auch nach Jahren noch nachweisbar – vorausgesetzt, das untersuchte Haarbüschel ist lang genug.

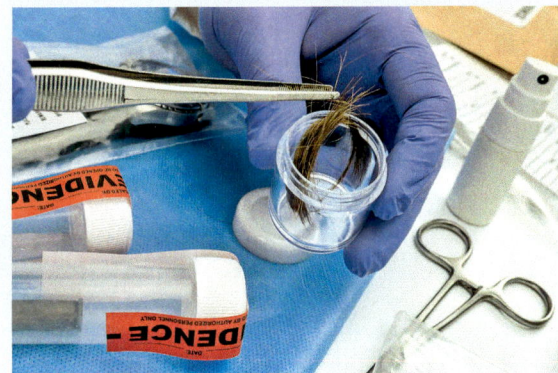

02 Analyse einer Haarprobe

1〉 Grundlage der Atemluftanalyse ist die Einstellung eines temperaturabhängigen Gleichgewichts zwischen der Alkoholkonzentration im Blut und der Atemluft. Skizzieren Sie die Methode der Headspace-Gaschromatografie im Vergleich zur direkten Einspritzung der Blutprobe in den Chromatografen.

1〉 Erläutern Sie, warum die Moleküle von Chlorwasserstoff IR-Strahlung absorbieren, Wasserstoff- und Chlor-Moleküle jedoch nicht.
3〉 Diskutieren Sie anhand des Fluorwasserstoff-Moleküls, ob zweiatomige Moleküle Deformationsschwingungen ausführen können.
2〉 Das Kohlenstoffdioxid-Molekül zeigt im IR-Spektrum eine Absorptionsbande bei 2360 cm^{-1}.

a Erläutern Sie den Beitrag von Kohlenstoffdioxid zum Treibhauseffekt und geben Sie Schwingungsmöglichkeiten des Moleküls an.
b Geben Sie die Wellenlänge an, bei der die Strahlung absorbiert wird.
c Berechnen Sie die Frequenz der absorbierten Strahlung.

Auf einen Blick

▸ **Entwicklung von Atommodellen**	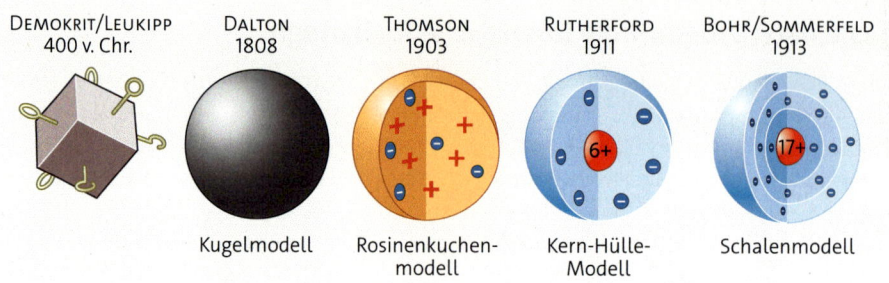 Demokrit/Leukipp 400 v. Chr. — Dalton 1808 (Kugelmodell) — Thomson 1903 (Rosinenkuchenmodell) — Rutherford 1911 (Kern-Hülle-Modell) — Bohr/Sommerfeld 1913 (Schalenmodell)	
▸ **Wellenmechanisches Atommodell**	• Elektronen haben Teilchen- und Wellencharakter (Welle-Teilchen-Dualismus). • In der Schrödinger-Gleichung wird der Zusammenhang zwischen der Energie eines Elektrons und der zugehörigen Wellenfunktion ψ ausgedrückt. Die Lösung der Schrödinger-Gleichung führt zu einer Lösungsschar $\psi_{n,l,m}$ mit den drei Quantenzahlen n, l und m als Parameter. • Aus dem Quadrat $\psi^2_{n,l,m}$ kann der Bereich um den Atomkern ermittelt werden, in dem sich das betreffende Elektron mit hoher Wahrscheinlichkeit aufhält. Solche bevorzugten Aufenthaltsbereiche eines Elektrons bezeichnet man als **Atomorbitale** (kurz: Orbitale). Sie haben die Gestalt von Kugeln (s-Orbitale), Hanteln (p-Orbitale) oder Doppelhanteln (d-Orbitale). In jedem Atomorbital können sich maximal zwei Elektronen aufhalten.	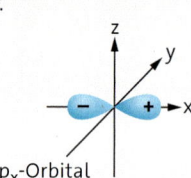 p_x-Orbital
▸ **Quantenzahlen**	Durch Quantenzahlen sind Elektronen bzw. die zugehörigen Atomorbitale näher bestimmt.	

Quantenzahl	Wertebereich	Bedeutung
Hauptquantenzahl n	$n = 1, 2, 3, …$	• Energieniveau (Schale) des Elektrons • Größe des Atomorbitals, das das Elektron besetzt
Nebenquantenzahl l	$l = 0, 1, 2, … (n-1)$	• Unterenergieniveau des Elektrons • Gestalt des Atomorbitals, das das Elektron besetzt
Orientierungsquantenzahl m	$m = -l, …, 0, …, l$	• Ausrichtung des Atomorbitals im Raum
Spinquantenzahl s	$s = \pm\frac{1}{2}$	• Eigendrehung des Elektrons – mit oder gegen den Uhrzeigersinn

▸ **Aufbau des Periodensystems der Elemente (PSE)**	• Das PSE spiegelt die Elektronenkonfiguration der Atome wider: Die Nummer der Periode entspricht der Hauptquantenzahl der Valenzschale, die Nummer der Hauptgruppe entspricht der Anzahl an Valenzelektronen.
▸ **Elektronenpaarbindung**	• Elektronenpaarbindungen lassen sich durch Überlappung von Atomorbitalen bzw. Hybridorbitalen zu Molekülorbitalen erklären. • Man unterscheidet rotationssymmetrische σ-Bindungen und π-Bindungen, die aus „doppelter Überlappung" von p-Orbitalen resultieren.

▸ **Chemische Wechselwirkung**

wechselwirkende Teilchen	London-Wechselwirkung (Van-der-Waals-WW)	Keesom-Wechselwirkung (Dipol-Dipol-WW)	Wasserstoffbrücken
	temporäre Dipole	permanente Dipole	spezielle permanente Dipole

• Zwischenmolekulare Wechselwirkungen beeinflussen die Eigenschaften von Molekülverbindungen, insbesondere ihre Siedetemperatur.

Auf einen Blick | 381

▸ **Farbigkeit von Stoffen**	Farbige Stoffe sind Verbindungen, die elektromagnetische Strahlung aus dem sichtbaren Bereich des Spektrums (380 bis 800 nm) absorbieren und daher dem menschlichen Auge farbig erscheinen. Wahrgenommen wird die Komplementärfarbe des absorbierten Lichts.		
▸ **Chromophor**	farbgebendes, delokalisiertes, konjugiertes π-Elektronensystem, das die Lichtabsorption eines Moleküls ermöglicht		
▸ **Auxochrome Gruppen**	funktionelle Gruppen, die durch mesomere Wechselwirkungen mit dem Chromophor die Lichtabsorption eines Farbstoffmoleküls und damit die Farbigkeit eines Stoffs beeinflussen		
▸ **Wichtige Farbstoffgruppen**	Farbstoffgruppe	Strukturmerkmale/Beispiele	Verwendung
	Azofarbstoffe	Methylorange, Kongorot $NaO_3S-\text{C}_6H_4-\underline{N}=\underline{N}-\text{C}_6H_4-N(CH_3)_2$ (Azogruppe) Methylorange	Färben von Textilien, Leder und Papierprodukten, als Lebensmittelfarbstoffe, als pH-Indikatoren
	Triphenylmethanfarbstoffe	Phenolphthalein, Aurin, Methylviolett Malachitgrün — Triphenylmethan-Baustein	Färben von Textilien, als Tinten- oder Druckfarben, als pH-Indikatoren, für kosmetische Produkte
	Indigofarbstoffe	Henna, Indigo, Purpur Indigo — Carbonylgruppe	Färben von Textilien (Indigo, Purpur), in Haarfärbemitteln (Henna)
▸ **Komplexverbindungen**	Ein Komplex besteht aus einem Metall-Atom oder Metall-Ion als **Zentralteilchen** und Molekülen oder Ionen als **Liganden**. Es gibt komplexe Kationen, komplexe Anionen und Neutralkomplexe. Die Bindung der Liganden erfolgt über Elektronenpaardonatoren an die Zentralteilchen (Elektronenpaarakzeptoren). Viele wichtige Nachweise in der Naturstoffchemie basieren auf wasserlöslichen Komplexen, die den spezifischen Nachweis erst ermöglichen. *Beispiele:* Nachweise auf reduzierend wirkende Zucker: **Tollens-Probe** und **Benedict-Probe** Nachweis auf Peptide und Proteine: **Biuret-Probe**		
▸ **Donator-Akzeptor-Prinzip der koordinativen Bindung**	Zentralteilchen Cu^{2+} + Ligand NH_3 → $[Cu-NH_3]^{2+}$ Elektronenpaarakzeptor — Elektronenpaardonator — Koordinative Bindung		
▸ **Nanopartikel**	sind Aggregate von Atomen oder Ionen. Sie haben einen Durchmesser kleiner als 100 nm. Nanomaterialien bestehen aus Nanopartikeln. Partikeldurchmesser und Gesamtoberfläche aller Partikel einer Stoffportion sind antiproportional zueinander. Nanopartikel in Lösungen lassen sich durch den Tyndall-Effekt nachweisen.		
▸ **Herstellung von Nanopartikeln**	Top-down-Synthese von Nanomaterialien durch Zerkleinerung größerer Kristalle. Bottom-up-Synthese von Nanomaterialien durch Aggregation von Atomen oder Ionen. Emulgatoren stabilisieren Nanopartikel in Lösung gegenüber Aggregation zu größeren Partikeln.		

Auf einen Blick

- **Tenside**

Stoffe, die die Grenzflächenspannung zwischen zwei nicht-mischbaren Flüssigkeiten verringern. Sie wirken deshalb als waschaktive Stoffe und als Emulgatoren. Ihre Moleküle weisen einen polaren und einen unpolaren Teil auf.

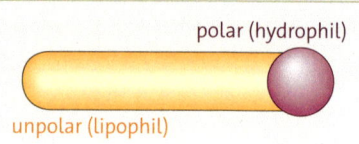

- **Tensidklassen**

Entsprechend dem Bau des hydrophilen „Kopfs" der Moleküle werden Tenside in Klassen eingeteilt:

Anionische Tenside	Nichtionische Tenside
z. B. Natriumlaurylsulfat $CH_3-(CH_2)_{11}-O-SO_3^-Na^+$ 	z. B. Polyoxyethylen(4)laurylether $CH_3-(CH_2)_{11}-O-(C_2H_4-O)_4-H$ 

Kationische Tenside	Zwitterionische Tenside
z. B. Diesterquat	z. B. Tridecyldimethylbetain

Kationische Tenside:
$$CH_3-(CH_2)_{14}-CO-O$$
$$HC-CH_2-\overset{+}{N}(CH_3)_3\ Cl^-$$
$$CH_3-(CH_2)_{16}-CO-O-CH_2$$

Zwitterionische Tenside:
$$CH_3-(CH_2)_{12}-\overset{+}{N}(CH_3)_2-CH_2-COO^-$$

- **Instrumentelle Methoden zur Strukturaufklärung**

Massenspektrometrie

In einem Massenspektrometer werden die Moleküle einer chemischen Verbindung ionisiert und in einem elektrischen Feld beschleunigt. Aus der anschließenden Ablenkung in einem Magnetfeld wird die Masse der Molekül- und der aus ihrem Zerfall entstandenen Fragment-Ionen bestimmt. Das dabei aufgenommene Massenspektrum ist für die Verbindung spezifisch.

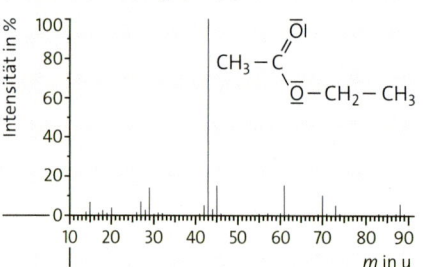

Fotometrie

Die Absorption von Energie elektromagnetischer Strahlung durch Elektronen im Molekül führt zu einem spezifischen Absorptionsspektrum. Aus der Extinktion bei einer bestimmten Wellenlänge kann mithilfe des **Lambert-Beer'schen Gesetzes** die Stoffmengenkonzentration des Stoffs in einer Lösung bestimmt werden:

$E = \varepsilon_\lambda \cdot c \cdot d$

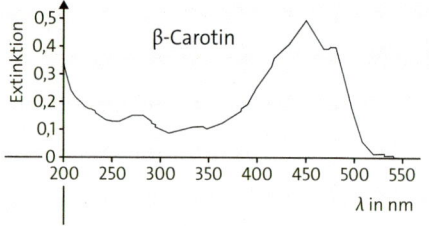

IR-Spektroskopie

Durch Absorption von Energie elektromagnetischer Strahlung im Infrarotbereich (IR) werden Moleküle zu Molekülschwingungen angeregt. Die Anregungsenergie ist für bestimmte Molekülgruppen charakteristisch. Die Absorptionsbanden im Fingerprint-Bereich ($\tilde{\nu} < 1500\ cm^{-1}$) sind für viele Verbindungen charakteristisch.

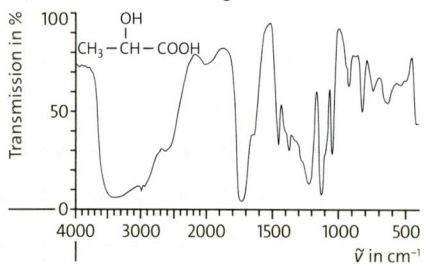

¹H-NMR-Spektroskopie

Durch Absorption von Energie elektromagnetischer Strahlung im Radiowellenbereich in einem sehr starken Magnetfeld werden Wasserstoffatomkerne (Protonen) angeregt. Die unterschiedlichen Bindungsverhältnisse und Bindungspartner im Molekül (*chemische Umgebung*) führen zu einer charakteristischen chemischen Verschiebung δ.

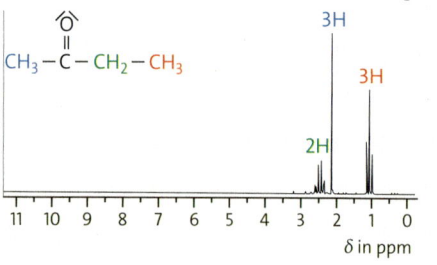

Übungsaufgaben

1) Erläutern Sie, inwiefern RUTHERFORD mit seinem Streuversuch das „Rosinenkuchenmodell" des Atoms widerlegen konnte.

2) Atomkerne werden durch ihre Kernladungszahl Z und ihre Massenzahl A gekennzeichnet. Ermitteln Sie die Anzahl an Protonen, Elektronen und Neutronen der Atome mit den folgenden Atomkernen:
  a $^{23}_{11}$Na **b** $^{45}_{21}$Sc **c** $^{127}_{53}$I **d** $^{197}_{79}$Au

3) a Erklären Sie, wie mithilfe des Schalen- oder Energiestufenmodells die vier farbigen Linien im Spektrum von Wasserstoff gedeutet werden können.
  b Zeichnen Sie die vier zugehörigen Quantensprünge in ein Energiediagramm ein (↑ 04, S. 319) und erläutern Sie.

4) a Die Verteilung der Elektronen des Fluor-Atoms ($Z = 9$) auf die Energie- bzw. Unterenergieniveaus lautet:

n	Schale	l	Unterniveau	Anzahl Elektronen	
1	K	0	s	2	2
2	L	0	s	2	7
		1	p	5	

Fertigen Sie für das Chlor- und das Brom-Atom eine entsprechende Tabelle an.
  b Das Fluor-Atom hat die Elektronenkonfiguration [He] $2s^2 2p^5$. Geben Sie entsprechend die Elektronenkonfiguration für das Chlor- und das Brom-Atom an.

5) Beurteilen Sie die folgende Aussage: „Ein Elektron ist manchmal ein Teilchen, manchmal eine Welle."

6) Zu einem Elektron im Atom gehört die Wellenfunktion $\psi_{2,1,0}$. Geben Sie an:
  a welche Schale und welches Unterenergieniveau das Elektron besetzt,
  b welches Orbital das Elektron besetzt,
  c welche Gestalt das besetzte Orbital hat,
  d was über den Spin des Elektrons gesagt werden kann.

7) Die folgenden Elektronenkonfigurationen sind fehlerhaft. Nennen und korrigieren Sie die Fehler.
  a $1s^1 2s^1$ **c** $1s^2 2s^2 3s^1$ **e** [Ne] $3s^2 3d^4$
  b $1s^2 2s^2 2p^7$ **d** [Ne] $2s^2 2p^2$

8) Geben Sie die Valenzelektronenkonfiguration an und begründen Sie die Stellung der Atome im PSE.
  a Ge-Atom, Sn-Atom, Pb-Atom
  b Ti-Atom, Zr-Atom, Hf-Atom

9) Im H_2O-Molekül liegt das O-Atom sp^3-hybridisiert vor.
  a Geben Sie die Elektronenkonfiguration des O-Atoms im Grundzustand und im sp^3-hybridisierten Zustand an.
  b Beschreiben Sie die Bildung des H_2O-Moleküls durch Überlappung von Orbitalen.
  c Erklären Sie, warum der Bindungswinkel im H_2O-Molekül (104,5°) etwas kleiner ist als der ideale Tetraederwinkel (109,5°).

10) n-Pentan (C_5H_{12}), Butan-1-ol ($C_4H_{10}O$) und Butan-2-on (C_4H_8O) sind drei flüssige organische Substanzen. Ihre Moleküle haben folgende Eigenschaften:

	C_5H_{12}	$C_4H_{10}O$	C_4H_8O
Polarisierbarkeit in 10^{-30} m³	9,9	8,6	8,2
Dipolmoment in Debye	0	1,7	2,8

  a Erläutern Sie den Verlauf der Polarisierbarkeiten und der Dipolmomente innerhalb der Tabelle.
  b Geben Sie für die drei Beispiele an, welche chemischen Wechselwirkungen zum zwischenmolekularen Zusammenhalt beitragen.
  c Ordnen Sie die drei Flüssigkeiten nach steigender Siedetemperatur und begründen Sie die Reihenfolge.

11) Erläutern Sie die folgenden Fachbegriffe:
  a Lichtabsorption und Lichtemission
  b subtraktive Farbmischung
  c Fluoreszenz und Phosphoreszenz

12) Erläutern Sie unter Verwendung von Fachbegriffen den Zusammenhang zwischen Molekülstruktur und Farbigkeit am Beispiel des gelben Farbstoffs Buttergelb.

13) Wird ein Gegenstand, der im Tageslicht blau erscheint, nur mit dem gelben Licht einer Natriumdampflampe bestrahlt, so erscheint der Gegenstand schwarz. Erklären Sie diesen Sachverhalt.

14) a Erläutern Sie die folgenden Begriffe: Direktfarbstoff, Leukoform, Carbonylfarbstoff.
  b Begründen Sie, dass Indigo eigentlich nicht zu den Farbstoffen gehört, und leiten Sie ab, warum zum Färben mit Indigo dessen Verküpung notwendig ist.

15) Um Resorcingelb herzustellen, wird eine alkalische Lösung aus Sulfanilsäure und Natriumnitrit auf unter 5 °C abgekühlt und dann mit Salzsäure gemischt. Zu dieser Lösung gibt man eine ebenfalls abgekühlte alkalische Lösung von Resorcin.

  a Geben Sie an, zu welcher Farbstoffklasse Resorcingelb gehört, und begründen Sie Ihre Zuordnung.
  b Entwickeln Sie den Reaktionsmechanismus der Synthese ausgehend von der Versuchsvorschrift.

Übungsaufgaben

c Begründen Sie, welche Faser sich mit Resorcingelb im Direktfärbeverfahren färben lässt. Beurteilen Sie die Waschechtheit des so gefärbten Textilstücks. Erläutern Sie, wie die Waschechtheit eines mit Resorcingelb zu färbenden Stoffs erhöht werden kann.

16 ⟩ Bei der Tollens-Probe werden eine Silbernitrat- und eine Ammoniaklösung gemischt. Es entsteht zunächst ein brauner Niederschlag aus Silber(I)-oxid, der nach weiterer Zugabe von Ammoniaklösung wieder verschwindet. Dabei bildet sich ein wasserlöslicher Komplex: Diamminsilber(I)-nitrat.
  a Geben Sie die Molekülformel des Komplexes an.
  b Beschreiben Sie dessen räumliche Struktur.

17 ⟩ Erläutern Sie das Donator-Akzeptor-Prinzip einer koordinativen Bindung.

18 ⟩ Silber-Atome haben einen Radius von 134 pm. In Nanopartikeln liegt näherungsweise eine dichteste Packung der Atome vor. Die Raumausfüllung mit Atomen beträgt somit ca. 74 %. Die kugelförmigen Nanopartikel sollen einen Durchmesser von 100 nm haben.
  a Berechnen Sie die Oberfläche und das Volumen von einem Nanopartikel.
  b Berechnen Sie die Zahl der Silber-Atome in einem Nanopartikel und die Zahl der Nanopartikel für 1 mol Silber-Atome.
  c Berechnen Sie die Oberfläche der Nanopartikel aus 1 mol Silber-Atome.

19 ⟩ Die Herstellung von Cadmiumsulfid-Nanopartikeln gelingt, wenn einer Lösung, die S^{2-}-Ionen enthält, neben Cd^{2+}-Ionen z. B. auch 8-Ammoniumoctanthiolat ($^-S-(CH_2)_8-NH^{3+}$) als Emulgator zugesetzt wird.
  a Begründen Sie den Vorteil von Emulgatoren bei der Synthese von Nanopartikeln.
  b Erläutern Sie, wie sich die Größe der Nanopartikel in diesem System steuern lässt.
  c Erläutern Sie, wie sich Nanopartikel in Lösung nachweisen lassen.
  d Begründen Sie, ob es sich um eine „Top-down"- oder „Bottom-up"-Synthese handelt.

20 ⟩ Pflanzenöl und Wasser sind nichtmischbare Flüssigkeiten. Erläutern Sie, wie dennoch eine stabile Emulsion gebildet werden kann.

21 ⟩ a Beschreiben Sie die Bildung von Micellen in einer Tensidlösung.
  b Erläutern Sie die Bedeutung der Micellenbildung für den Waschvorgang.

22 ⟩ a Beschreiben Sie den allgemeinen Aufbau eines Tensid-Moleküls.
  b Ordnen Sie die dargestellten Tenside begründet den bekannten Tensidklassen zu und geben Sie die Verwendungsmöglichkeiten an.

$H_3C\diagup\diagdown\diagup\diagdown\diagup\diagdown OSO_3^- Na^+$

$CH_3-(CH_2)_{11}-O-(C_2H_4-O)_6-H$

$$CH_3-(CH_2)_{11}-\overset{CH_3}{\underset{CH_3}{\overset{|}{\underset{|}{N^+}}}}-CH_2-\bigcirc\ Cl^-$$

  c Eine Tensidklasse ist im Bild nicht vertreten. Nennen Sie die fehlende Tensidklasse und geben Sie die Halbstrukturformel eines Vertreters an.

23 ⟩ Aus Glucose und Hexadecan-1-ol lässt sich ein waschaktiver Stoff gewinnen. Dabei reagiert eine Hydroxygruppe des Glucosemoleküls unter Abspaltung eines Wassermoleküls mit einem Alkohol-Molekül.
  a Formulieren Sie die Reaktionsgleichung für die Herstellung und geben Sie an, zu welcher Tensidklasse das Reaktionsprodukt gehört.
  b Begründen Sie die Waschwirkung des Tensids.
  c Beschreiben Sie eine Methode, mit der sich eine Lösung dieses Tensids von einer Seifenlösung experimentell unterscheiden lässt.

24 ⟩ a Erläutern Sie den Beitrag der beiden Gase Kohlenstoffdioxid und Wasserdampf zum Treibhauseffekt im Vergleich zu den beiden Hauptbestandteilen der Luft Stickstoff und Sauerstoff, indem Sie angeben, welche Schwingungen bei linearen und bei gewinkelten Molekülen durch IR-Strahlung angeregt werden können.
  b Diskutieren Sie, ob von Chlorwasserstoff ein IR-Spektrum aufgenommen werden kann.

25 ⟩ a Beschreiben Sie anhand einer tabellarischen Übersicht den Aufbau und die Funktion eines Massenspektrometers.
  b Erläutern Sie, warum in einem Massenspektrometer ein Vakuum herrschen muss.

26 ⟩ Der Gehalt an β-Carotin ($M(\beta\text{-Carotin}) = 536\ g \cdot mol^{-1}$) in Möhren beträgt bis zu 8 mg pro 100 g und ist damit ähnlich hoch wie in Süßkartoffeln. Bei einer Einwaage von 0,8 g Möhren in 10 ml n-Heptan wurde im Fotometer eine Extinktion von 1,23 gemessen. Der Extinktionskoeffizient für β-Carotin beträgt $\varepsilon_{450} = 1{,}41 \cdot 10^5\ L \cdot mol^{-1} \cdot cm^{-1}$. Die Küvette hat eine Schichtdicke von 1 cm.
  a Beschreiben Sie das Funktionsprinzip der Fotometrie zur Bestimmung von Gehaltsangaben von Stoffen anhand von β-Carotin.
  b Berechnen Sie die Konzentration an β-Carotin in der Lösung und überprüfen Sie die Gehaltsangabe des orangen Naturstoffs.

27 ⟩ Von 2-Methylbutan-2-ol wurde ein ^{1}H-NMR-Spektrum aufgenommen.
  a Geben Sie die Anzahl der Signale an, die im Spektrum sichtbar sind, und das Verhältnis der integrierten Flächen unter den Signalen. Begründen Sie Ihre Angaben.
  b Erläutern Sie anhand der Strukturformel, welche Signale wie im Spektrum aufgespalten werden.

Übungsaufgaben (Lösungen im Anhang ↑ S. 386 ff.)

Mithilfe dieses Kapitels können Sie:	Aufgabe	Hilfe finden Sie auf Seite
• mit Atommodellen den Aufbau von Atomen erläutern	1, 2	316, 318–319
• mit dem Schalen- bzw. Energiestufenmodell den energetischen Zustand der Elektronen in der Atomhülle beschreiben	3, 4	318–319
• wellenmechanisches Atommodell und Orbitalbegriff erläutern	5, 6	320–321
• die Elektronenkonfiguration eines Atoms angeben und den Zusammenhang zwischen Atombau und Stellung der Atome im Periodensystem erklären	4, 7, 8	324–325
• die Elektronenpaarbindung (Atombindung) durch Überlappung von Orbitalen beschreiben und so die Bindungsverhältnisse in einfachen Molekülen erklären	9	328–331
• Arten chemischer bzw. zwischenmolekularer Wechselwirkungen benennen und ihr Zustandekommen auf Teilchenebene sowie ihre Auswirkungen auf Stoffebene erläutern	10	334–337
• die Farbigkeit von Stoffen durch Lichtabsorption begründen	11, 12, 13	339
• den Zusammenhang zwischen Farbigkeit und Molekülstruktur erläutern	12, 13, 14	341
• die Synthese eines Azofarbstoffs beschreiben	15 a–c	343
• die Art der chemischen Bindung der Textilfarbstoffgruppen auf der Faser beschreiben und erklären	14, 15 d	346–347
• den Aufbau und die Struktur eines Komplexes mithilfe der koordinativen Bindung beschreiben	16, 17	348–350
• Synthesemethoden und Eigenschaften von Nanopartikeln beschreiben	18	354–356
• Den Zusammenhang von Oberfläche und Volumen von Nanopartikeln erklären und damit Berechnungen durchführen	19	354–355
• das Phänomen der Oberflächen- und Grenzspannung beschreiben und auf unterschiedliche Lösungen anwenden	20, 21	360–362
• Strukturen und Eigenschaften ausgewählter Tenside angeben	22	366–367
• den Einsatz synthetischer Tenside und Waschhilfsstoffe begründen	23	368
• die Grundlagen der IR-Spektroskopie und der NMR-Spektroskopie beschreiben und einfache Spektren interpretieren	24, 27	376–378
• Aufbau und Funktion eines Massenspektrometers erläutern	25	375
• aus der Extinktion eines Farbstoffs die Konzentration berechnen	26	374

Lösungen der Übungsaufgaben

Kapitel 2: Energetik (↑ S. 49)

1) a $Q = -(m_W \cdot c_W + C_K) \cdot \Delta T$
  $= (330\,g \cdot 4{,}18\,J \cdot g^{-1} \cdot K^{-1} + 84\,J \cdot K^{-1}) \cdot 12{,}5\,K$
  $= 18\,293\,J \approx 18{,}3\,kJ$

b $n(Na) = \dfrac{m(Na)}{M(Na)} = \dfrac{2{,}3\,g}{23\,g \cdot mol^{-1}} = 0{,}1\,mol$

$\Delta_r H = \dfrac{Q}{n(Na)} = \dfrac{18{,}3\,kJ}{0{,}1\,mol} = 183\,kJ \cdot mol^{-1}$

$Q = \Delta_r H \cdot n(Na) = 183\,kJ \cdot mol^{-1} \cdot 1\,mol = 183\,kJ$

c $2\,Na(s) + 2\,H_2O(l) \longrightarrow 2\,NaOH(aq) + H_2(g)$
$\Delta_r H^0 = 2 \cdot \Delta_f H_m^0(Na^+, aq) + 2 \cdot \Delta_f H_m^0(OH^-, aq) - 2 \cdot \Delta_f H_m^0(H_2O, l)$
 $= [2 \cdot (-240) + 2 \cdot (-230) - 2 \cdot (-286)]\,kJ \cdot mol^{-1}$
 $= 368\,kJ \cdot mol^{-1}$

Bei der zugrunde liegenden Reaktionsgleichung für einen Formelumsatz von 1 mol werden 2 mol Natrium umgesetzt. Der ermittelte Wert für die Reaktionsenthalpie ist daher etwa doppelt so groß wie der aus der Reaktionswärme Q berechnete. Die kleinen Abweichungen ergeben sich aus möglichen Ungenauigkeiten der Messung von ΔT.

d Aus 0,1 mol Natrium entstehen 0,05 mol gasförmiger Wasserstoff. Das sind 1,225 L.
$W = -p \cdot \Delta V = -101\,300\,N \cdot m^{-2} \cdot (0{,}001\,25\,m^3 - 0\,m^3)$
$\approx 124{,}1\,N \cdot m^2 = 0{,}124\,kJ$

2) a

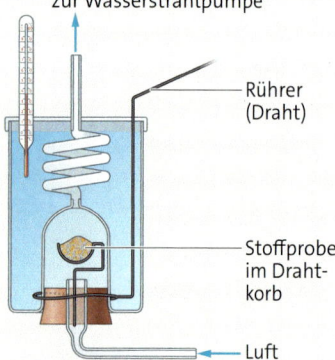

b $C_3H_7O_2N(s) + \tfrac{15}{4} O_2(g) \longrightarrow 3\,CO_2(g) + \tfrac{7}{2} H_2O(g) + \tfrac{1}{2} N_2(g)$
$Q = -(m_W \cdot c_W + C_K) \cdot \Delta T$
 $= -(240\,g \cdot 4{,}18\,J \cdot g^{-1} \cdot K^{-1} + 60{,}8\,J \cdot K^{-1}) \cdot 3{,}5\,K$
 $= -3511{,}2\,J$

Reaktionsenthalpie für 1 mol
$\Delta_r H = \dfrac{Q}{n} = Q \cdot \dfrac{M(C_3H_7O_2N)}{m(C_3H_7O_2N)}$
 $= -3511{,}2\,J \cdot \dfrac{89\,g \cdot mol^{-1}}{1\,g}$
 $= -312{,}5\,kJ \cdot mol^{-1}$

Molare Verbrennungsenthalpie
$\Delta_c H_m = \Delta_r H - 3{,}5 \cdot \Delta_v H_m$
 $= -312{,}5\,kJ \cdot mol^{-1} - 3{,}5 \cdot 44\,kJ \cdot mol^{-1}$
 $= -466{,}5\,kJ \cdot mol^{-1}$

c Heizwert H_i:
$H_i = \dfrac{-Q}{m} = \dfrac{3511{,}2\,J}{1\,g} = 3511{,}2\,J \cdot g^{-1} = 3{,}51\,kJ \cdot g^{-1}$

Brennwert H_s:
$H_s = \dfrac{-\Delta_c H_m}{M} = \dfrac{466{,}5\,kJ \cdot mol^{-1}}{89\,g \cdot mol^{-1}} = 5{,}2\,kJ \cdot g^{-1}$

3) a $C_2H_4(g) + H_2(g) \longrightarrow C_2H_6(g)$
$C_2H_6(g) + \tfrac{7}{2} O_2(g) \longrightarrow 2\,CO_2(g) + 3\,H_2O(l)$
$C_2H_4(g) + 3\,O_2(g) \longrightarrow 2\,CO_2(g) + 2\,H_2O(l)$
$H_2(g) + \tfrac{1}{2} O_2(g) \longrightarrow H_2O(l)$

b

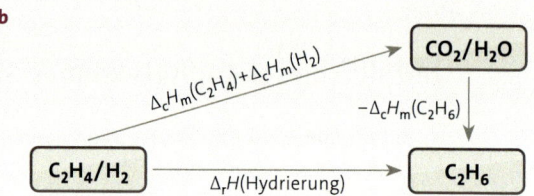

$\Delta_r H$(Hydrierung) $= \Delta_c H_m(C_2H_4) + \Delta_c H_m(H_2) - \Delta_c H_m(C_2H_6)$
 $= -1409\,kJ \cdot mol^{-1} + (-286\,kJ \cdot mol^{-1}) - (-1557\,kJ \cdot mol^{-1})$
 $= -138\,kJ \cdot mol^{-1}$

4) $\Delta_r H^0 = \Delta_f H_m^0(CaCO_3, s) + \Delta_f H_m^0(H_2O, l)$
  $- [\Delta_f H_m^0(CO_2, g) + \Delta_f H_m^0(Ca^{2+}, aq) - 2 \cdot \Delta_f H_m^0(OH^-, aq)]$
 $= \{-1207 + (-286) - [(-394) + (-553) + 2 \cdot (-230)]\}\,kJ \cdot mol^{-1}$
 $= -86\,kJ \cdot mol^{-1}$

5) a $Zn(s) + Cu^{2+}(aq) \longrightarrow Zn^{2+}(aq) + Cu(s)$
Hinweis: Die Sulfat-Ionen nehmen an der Reaktion nicht teil. Sie brauchen daher in der Reaktionsgleichung nicht berücksichtigt zu werden.

b $\Delta_r G^0 = \Delta_f G_m^0(Zn^{2+}, aq) + \Delta_f G_m^0(Cu, s) -$
  $[\Delta_f G_m^0(Cu^{2+}, aq) + \Delta_f G_m^0(Zn, s)]$
 $= [(-147 + 0) - (66 + 0)]\,kJ \cdot mol^{-1}$
 $= -213\,kJ \cdot mol^{-1} < 0 \;\Rightarrow\;$ exergonisch

6) a $\Delta_r H = 2 \cdot \Delta_f H_m^0(NaCl) = -822\,kJ \cdot mol^{-1}$
$\Delta_r S = 2 \cdot S_m^0(NaCl) - 2 \cdot S_m^0(Na) - S_m^0(Cl_2)$
 $= 2 \cdot 72\,J \cdot K^{-1} \cdot mol^{-1} - 2 \cdot 51\,J \cdot K^{-1} \cdot mol^{-1} - 223\,J \cdot K^{-1} \cdot mol^{-1}$
 $= -181\,J \cdot K^{-1} \cdot mol^{-1}$

b $\Delta_r G = \Delta_r H - T \cdot \Delta_r S$
 $= -822\,kJ \cdot mol^{-1} - 243\,K \cdot (-0{,}181\,kJ \cdot K^{-1} \cdot mol^{-1})$
 $\approx -778\,kJ \cdot mol^{-1} < 0 \;\Rightarrow\;$ exergonisch

7) a Die Reaktionsentropie sollte negativ sein ($\Delta_r S < 0$), da im Laufe der Reaktion die Anzahl der Moleküle geringer wird. Zudem ist das Reaktionsprodukt fest, während das Edukt gasförmig ist.
b Es gilt: $\Delta_r G < 0$, da die Reaktion exergonisch ist. Mit der Gibbs-Helmholtz-Gleichung folgt daraus, dass die Reaktion in jedem Fall exotherm verlaufen muss ($\Delta_r H < 0$). $\Delta_r G = \Delta_r H - T \cdot \Delta_r S$, da der Term $-T \cdot \Delta_r S$ wegen der negativen Reaktionsentropie einen positiven Wert hat.

Kapitel 3: Reaktionsgeschwindigkeit und chemisches Gleichgewicht (↑ S. 83)

1) a $c(C_2H_5OH) = \dfrac{n(C_2H_5OH)}{V(Blut)} \quad n(C_2H_5OH) = \dfrac{m(Ethanol)}{M(C_2H_5OH)}$

$V(Blut) = \dfrac{m(Blut)}{\varrho(Blut)}$

$c(C_2H_5OH) = \dfrac{m(Ethanol)}{m(Blut)} \cdot \dfrac{\varrho(Blut)}{M(C_2H_5OH)} = \dfrac{w(Ethanol) \cdot \varrho(Blut)}{M(C_2H_5OH)}$

$c(C_2H_5OH) = \dfrac{0{,}001 \cdot 1060\,g \cdot L^{-1}}{46\,g \cdot mol^{-1}} = 0{,}023\,mol \cdot L^{-1}$

b $1‰ \cdot h^{-1} \;\hat{=}\; v = 0{,}023\,mol \cdot L^{-1} \cdot h^{-1}$
$0{,}14‰ \cdot h^{-1} \;\hat{=}\; v \approx 0{,}0032\,mol \cdot L^{-1} \cdot h^{-1}$

c Zahl der pro Stunde abgebauten Ethanol-Moleküle:
$N(C_2H_5OH) = N_A \cdot c(C_2H_5OH) \cdot V(Blut)$
 $= 6 \cdot 10^{23}\,mol^{-1} \cdot 0{,}0032\,mol \cdot L^{-1} \cdot 5\,L$
 $= 9{,}6 \cdot 10^{21}$
$N(C_2H_5OH) = 9{,}6 \cdot 10^{21} \;\hat{=}\; t = 1\,h$
$N(C_2H_5OH) = 7 \cdot 10^9 \;\hat{=}\; t = x$

$x = \dfrac{7 \cdot 10^9\,h}{9{,}6 \cdot 10^{21}} \approx 7{,}3 \cdot 10^{-13}\,h = 2{,}6 \cdot 10^{-9}\,s$

2) a Durch Erhöhung der Temperatur und durch Verwendung eines Katalysators.

b $v = -\frac{1}{2} \cdot \frac{\Delta c(H_2O_2)}{\Delta t}$

$= -\frac{1}{2} \cdot \frac{(0,01 - 0,1)}{600} \, mol \cdot L^{-1} \cdot s^{-1}$

$= 7,5 \cdot 10^{-5} \, mol \cdot L^{-1} \cdot s^{-1}$

c Wenn die Geschwindigkeit v bei $\Delta T = 10$ K verdoppelt wird:
$v(+30\,K) = 2^3 \cdot v$
$= 8 \cdot v = 6 \cdot 10^{-4} \, mol \cdot L^{-1} \cdot s^{-1}$

Wenn die Geschwindigkeit v bei $\Delta T = 10$ K vervierfacht wird:
$v(+30K) = 4^3 \cdot v$
$= 64 \cdot v = 4,8 \cdot 10^{-3} \, mol \cdot L^{-1} \cdot s^{-1}$

3) a Chemische Reaktionen in Lösung: Hinreaktion wird langsamer und Rückreaktion schneller, bis beide mit gleicher Geschwindigkeit verlaufen.
Verdunsten von Wasser in einem geschlossenen Gefäß: Wasser-Moleküle gehen von flüssigem Wasser in Gasphase. Dadurch steigt die Zahl der Wasser-Moleküle in der Gasphase und auch die Zahl der Übergänge von der Gasphase in die flüssige Phase. Nach einiger Zeit verlaufen beide Vorgänge mit gleicher Geschwindigkeit.
Lösen eines Salzes in Wasser: Aus dem Salzkristall diffundieren Ionen zwischen die Wasser-Moleküle und es lagern sich Ionen aus der Lösung wieder an den Salzkristall an.

b Gemeinsamkeit: Im Gleichgewicht sind Hin- und Rückprozess gleich schnell.
Unterschied: Chemische Reaktion: nur eine Phase; Verdunsten und Löslichkeitsgleichgewicht: zwei Phasen

c Dynamisches Gleichgewicht: Vorgänge, die zum Gleichgewicht geführt haben, verlaufen auch im Gleichgewicht noch. Konzentrationen verändern sich nicht mehr, es finden gleich viele reaktive Stöße für Hin- und Rückprozess statt. Bei Störung eines dynamischen Gleichgewichts reagiert das System so, dass ein neues Gleichgewicht erreicht wird.
Statisches Gleichgewicht: Vorgänge, die zum Gleichgewicht geführt haben, verlaufen nicht mehr. Wenn ein statisches Gleichgewicht (z. B. eine Balkenwaage) gestört wird, erreicht das System keinen neuen Gleichgewichtszustand.

4) a $2\,SO_2(g) + O_2(g) \rightleftarrows 2\,SO_3(g)$

$K_C = \dfrac{c^2(SO_3)}{c^2(SO_2) \cdot c(O_2)}$

b $K_C(Bildung) = \dfrac{(0,9 \, mol \cdot L^{-1})^2}{(0,1 \, mol \cdot L^{-1})^2 \cdot 0,05 \, mol \cdot L^{-1}}$

$= 1620 \, L \cdot mol^{-1}$

$K_C(Zersetzung) = \dfrac{1}{K_C(Bildung)} = 6,17 \cdot 10^{-4} \, mol \cdot L^{-1}$

c Eine Erhöhung von $c(O_2)$ beschleunigt die Bildungsreaktion von Schwefeltrioxid. Bis sich das Gleichgewicht wiedereingestellt hat, nimmt daher $c(SO_2)$ ab und $c(SO_3)$ zu.

$K_C(Bildung) = \dfrac{c^2(SO_3)}{c^2(SO_2) \cdot c(O_2)}$

$\dfrac{c(SO_3)}{c(SO_2)} = \sqrt{K_C \cdot c(O_2)} = \sqrt{1620 \, L \cdot mol^{-1} \cdot 0,80 \, mol \cdot L^{-1}} = 36$

5) a Bei Salz I steigt die Löslichkeit mit der Temperatur, d. h., das Gleichgewicht wird dabei auf die Seite des gelösten Salzes verschoben. Nach dem Prinzip von Le Chatelier muss es sich beim Lösevorgang um einen endothermen Vorgang handeln.
Für Salz III folgt mit analoger Argumentation, dass der Lösevorgang exotherm ist. Die Löslichkeit von Salz II hängt nicht von der Temperatur ab, d. h., es löst sich weder exotherm noch endotherm.

b Die Kristallisation ist der Umkehrvorgang zur Lösung mit einer entgegengesetzten Wärmetönung. Da die Kristallisation beim Taschenwärmer exotherm sein muss, eignet sich nur Salz I, das sich endotherm löst.

6) a $N_2(g) + O_2(g) \rightleftarrows 2\,NO(g) \,|\, \Delta H > 0$

Reaktion ist endotherm ($\Delta H > 0$), d. h., eine Temperaturerhöhung führt zu einer Neueinstellung des Gleichgewichts mit einem höheren Produktanteil. Da sich die Zahl der Teilchen in der Gasphase in der Reaktion nicht verändert, hat der Druck keinen Einfluss auf die Lage des Gleichgewichts.

b $N_2(g) + 3\,H_2(g) \rightleftarrows 2\,NH_3(g) \,|\, \Delta H < 0$
Reaktion ist exotherm ($\Delta H < 0$), d. h., eine Temperatursenkung führt zu einer Neueinstellung des Gleichgewichts mit einem höheren Produktanteil. Da die Zahl der Teilchen in der Gasphase mit der Hinreaktion abnimmt, wird das Gleichgewicht durch steigenden Druck auf die rechte Seite verschoben.

Kapitel 4: Säure-Base-Reaktionen (↑ S. 126–127)

1) a $HCl + H_2O \longrightarrow H_3O^+ + Cl^-$
HCl: Säure, H_2O: Base

b Die Reaktion von HCl mit H_2O erhöht die Konzentration der Oxonium-Ionen. Das System ist nicht mehr im Gleichgewicht, und die Neutralisationsreaktion läuft schneller ab als die Autoprotolyse, bis das Gleichgewicht wieder eingestellt ist, d. h.:
$c(H_3O^+) \cdot c(OH^-) = K_W$
Dadurch wird $c(OH^-)$ kleiner als $10^{-7} \, mol \cdot L^{-1}$.

$c(OH^-) = \dfrac{K_W}{c(H_3O^+)} = \dfrac{10^{-14} \, mol^2 \cdot L^{-2}}{10^{-3} \, mol \cdot L^{-1}} = 10^{-11} \, mol \cdot L^{-1}$

c Die Zahl der Oxonium-Ionen aus der Autoprotolyse ist genauso groß wie die Zahl der Hydroxid-Ionen, weil letztere in der sauren Lösung nur durch die Autoprotolyse entstehen, d. h.:
$c(H_3O^+, \text{Autoprot.}) = 10^{-11} \, mol \cdot L^{-1}$

2) a Der pH-Wert einer Lösung ist der negative Zehnerlogarithmus der Oxonium-Ionen-Konzentration der Lösung mit der Einheit $mol \cdot L^{-1}$.
$pH = -\lg c(H_3O^+)$

b Gegebene Größen sind kursiv gesetzt:

$c(H_3O^+)$	$c(OH^-)$	pH	pOH
$10^{-6} \, mol \cdot L^{-1}$	$10^{-8} \, mol \cdot L^{-1}$	6	*8*
$10^{-9} \, mol \cdot L^{-1}$	$10^{-5} \, mol \cdot L^{-1}$	9	5
$5 \cdot 10^{-3} \, mol \cdot L^{-1}$	$2 \cdot 10^{-12} \, mol \cdot L^{-1}$	*2,3*	11,7
$5 \cdot 10^{-9} \, mol \cdot L^{-1}$	$2 \cdot 10^{-6} \, mol \cdot L^{-1}$	8,3	5,7

3) Für das Autoprotolyse-Gleichgewicht gilt: $2\,H_2O \rightleftarrows H_3O^+ + OH^-$.
Gleichgewichtskonstante: $K_C = c(H_3O^+) \cdot c(OH^-) / c(H_2O)^2$ bzw.
$K_C \cdot c(H_2O)^2 = c(H_3O^+) \cdot c(OH^-) = K_W$ (1)
K_C ist bei gegebener Temperatur konstant. K_W ist nur dann eine Konstante, wenn $c(H_2O) = $ konst. Dies gilt für Wasser auf jeden Fall und in guter Näherung auch für verdünnte Lösungen von HA. Wenn man aber immer mehr von einer Säure HA zu dieser Lösung gibt, dann nimmt die auf einen Liter bezogene Zahl der Wasser-Moleküle und damit auch $c(H_2O)$ ab. Weil K_C eine Konstante ist, sinkt K_W gemäß Gleichung (1), wenn $c(H_2O)$ abnimmt.

4) a $2\,NH_3 \rightleftarrows NH_4^+ + NH_2^-$
b Es gilt: $K_W(NH_3) = c(NH_4^+) \cdot c(NH_2^-)$
In Ammoniak ist $c(NH_4^+) = c(NH_2^-)$,
d. h., $c(NH_4^+) = \sqrt{K_W(NH_3)} = 10^{-16} \, mol \cdot L^{-1}$
$\Rightarrow pH(NH_3) = -\lg c(NH_4^+) = 16$

c Bei $-33\,°C$ gilt:
sauer: $10^{-16} \, mol \cdot L^{-1} < c(NH_4^+) > c(NH_2^-)$
neutral: $10^{-16} \, mol \cdot L^{-1} = c(NH_4^+) = c(NH_2^-)$
alkalisch: $10^{-16} \, mol \cdot L^{-1} > c(NH_4^+) < c(NH_2^-)$

5) Sechs Schlussfolgerungen sind möglich:
– HA^1 ist eine stärkere Säure als HA^2.
– A^{-1} ist eine schwächere Base als A^{-2}.
– $pK_S(HA^1) < pK_S(HA^2)$
– $pK_B(A^{-1}) > pK_B(A^{-2})$
– Bei gleicher Konzentration c_0 ist der pH-Wert einer Lösung von HA^1 kleiner als der einer Lösung von HA^2, falls es sich nicht bei beiden um sehr starke oder sehr schwache Säuren handelt.

– Für die Gleichgewichtsreaktion
$HA^1 + A^{-2} \rightleftharpoons HA^2 + A^{-1}$ ist

$$K_C = \frac{K_S(HA^1)}{K_S(HA^2)} > 1 \Rightarrow \text{Das Gleichgewicht liegt rechts.}$$

6) **a** Die Farbe des Indikators zeigt, dass die entstehende Lösung alkalisch reagiert, d. h., bei der Reaktion müssen Hydroxid-Ionen entstanden sein. Dies ist nur durch eine Reaktion der Säure H_2O mit der Base CH_3^- möglich: $CH_3^- + H_2O \longrightarrow OH^- + CH_4$
Daneben entsteht CH_4 (Methan), wodurch die Gasbildung erklärt wird.
b $\underset{\text{Base 1}}{CH_3^-} + \underset{\text{Säure2}}{H_2O} \longrightarrow \underset{\text{Base2}}{OH^-} + \underset{\text{Säure1}}{CH_4}$

7) **a** Der Schüler verwechselt korrespondierende Säure-Base-Paare und Ampholyte. Nur für korrespondierende Säure-Base-Paare ist die Summe aus pK_S und pK_B gleich 14 (bei 25 °C).
b $NaHCO_3$ bildet in wässriger Lösung Na^+- und HCO_3^--Ionen. Na^+-Ionen protolysieren nicht, haben also keinen Einfluss auf den pH-Wert. Für den Ampholyt HCO_3^- ist $pK_B = 7{,}48$ und $pK_S = 10{,}40$, d. h., die Basenstärke überwiegt die Säurestärke. Die Lösung reagiert somit alkalisch.

8) $\dfrac{K_S(HA)}{c_0(HA)} = \dfrac{\alpha^2}{1-\alpha}$

$K_S(HA) = \dfrac{c(H_3O^+) \cdot c(A^-)}{c(HA)}$

$\alpha = \dfrac{c(A^-)}{c_0(HA)} \Rightarrow c(A^-) = \alpha \cdot c_0(HA)$

Werden die H_3O^+-Ionen aus der Autoprotolyse des Wassers vernachlässigt, dann ist durch die Protolyse von HA $c(H_3O^+) = c(A^-)$, d. h.:
$c(H_3O^+) = \alpha \cdot c_0(HA)$
Aufgrund der Protolyse von HA gilt außerdem:
$c(HA) = c_0(HA) - c(A^-) = (1-\alpha) \cdot c_0(HA)$

$\Rightarrow K_S(HA) = \dfrac{(\alpha \cdot c_0(HA))^2}{1-\alpha \cdot c_0(HA)}$

$K_S(HA) = \dfrac{c_0(HA) \cdot \alpha^2}{1-\alpha}$

$\dfrac{K_S(HA)}{c_0(HA)} = \dfrac{\alpha^2}{1-\alpha}$

9) **a** $pK_S(CH_3COOH) < pK_S(H_2CO_3)$. CH_3COOH ist die stärkere Säure, Gleichgewicht liegt rechts.
b $pK_S(NH_4^+) > pK_S(H_3O^+)$. H_3O^+ ist die stärkere Säure, Gleichgewicht liegt links.
c $pK_S(NH_4^+) < pK_S(H_2O)$. NH_4^+ ist die stärkere Säure, Gleichgewicht liegt rechts.

10) **a** $pK_S(CH_3COOH) = 4{,}75 \Rightarrow$ schwache Säure
$pH = \frac{1}{2}[pK_S - \lg c_0(HA)] = 2{,}53$
b $pK_B(NH_3) = 4{,}75 \Rightarrow$ schwache Base
$pOH = \frac{1}{2}[pK_B - \lg c_0(B)] = 3{,}03 \Rightarrow pH = 10{,}97$
c $pK_B(Cl^-) = 21 \Rightarrow$ sehr schwache Base $\Rightarrow$ kein Einfluss auf pH
$pK_S(NH_4^+) = 9{,}25 \Rightarrow$ schwache Säure
$pH = \frac{1}{2}[pK_S - \lg c_0(HA)] = 4{,}63$
d $pK_S(HNO_3) = -1{,}32 \Rightarrow$ starke Säure
$\Rightarrow K_S = 20{,}9$ und $K_S/c_0 \approx 100 > 10$
D. h., zur pH-Wert-Berechnung kann die Näherung für sehr starke Säure angewendet werden:
$pH = -\lg c_0(HNO_3) = 0{,}7$

11) **a** Eine Lösung mit pH = 9 ist alkalisch. Das steht im Widerspruch dazu, dass in der Salzsäure HCl gegenüber H_2O als Säure reagiert und dabei H_3O^+-Ionen erzeugt werden. Der pH-Wert der Lösung muss kleiner als 7 sein.
b Er hat das Autoprotolyse-Gleichgewicht des Wassers nicht berücksichtigt. Die Konzentration der Oxonium-Ionen aus der Autoprotolyse des Wassers ist ca. 100-mal größer als die Konzentration der Oxonium-Ionen durch die Protolyse von HCl. Der pH-Wert der Lösung liegt in guter Näherung bei 7.

12) In „hartem" Wasser liegen gelöste Ca^{2+}- und HCO_3^--Ionen vor. Calciumhydroxid bildet bei der Dissoziation in wässriger Lösung Ca^{2+}- und OH^--Ionen.
$OH^-(aq) + HCO_3^-(aq) \rightleftharpoons CO_3^{2-}(aq) + H_2O(aq)$
$Ca^{2+}(aq) + CO_3^{2-}(aq) \rightleftharpoons CaCO_3(s)$
Durch die Erhöhung von $c(CO_3^{2-})$ sinkt aufgrund des Löslichkeitsgleichgewichts $c(Ca^{2+})$.

13) **a** $pH = 11 \Rightarrow pOH = 3 \Rightarrow c(OH^-) = 10^{-3} \text{ mol} \cdot L^{-1}$
$pH = 3 \Rightarrow c(H_3O^+) = 10^{-3} \text{ mol} \cdot L^{-1}$
$OH^- + H_3O^+ \longrightarrow 2 H_2O$
b Die Stoffmenge der Oxonium-Ionen in 1 L Salzsäure ist gleich der Stoffmenge der Hydroxid-Ionen in 1 L Natronlauge bzw. Ammoniaklösung.
Die Natronlauge wurde genau neutralisiert, der pH-Wert beträgt 7. In der Ammoniaklösung mit pH = 11 liegt zusätzlich folgendes Gleichgewicht vor: $NH_3 + H_2O \rightleftharpoons OH^- + NH_4^+$
$c(NH_3)$ beträgt dabei ein Mehrfaches von $c(OH^-)$, weil NH_3 nur eine schwache Base ist:
$K_B(NH_3) = 10^{-pK_B} = 1{,}78 \cdot 10^{-5} \text{ mol} \cdot L^{-1}$

$K_B(NH_3) = \dfrac{c(OH^-) \cdot c(NH_4^+)}{c(NH_3)}$ bzw.

$c(NH_3) = \dfrac{c(OH^-) \cdot c(NH_4^+)}{K_B(NH_3)}$

Unter der Annahme, dass $c(NH_4^+) = c(OH^-)$ ist, folgt:
$c(NH_3) = 0{,}056 \text{ mol} \cdot L^{-1}$
Werden alle Hydroxid-Ionen aus dem Gleichgewicht entfernt, so stellt es sich nach dem Prinzip von Le Chatelier neu ein, indem NH_3 mit H_2O reagiert und wieder OH^--Ionen erzeugt werden. Die Lösung bleibt auch nach Zugabe der Salzsäure alkalisch.

14) **a** Der Essigsäure-Acetat-Puffer ($pK_S = 4{,}75$) ist geeignet, da der pK_S-Wert dicht an pH = 5,0 liegt:
$HA = CH_3COOH$ und $A^- = CH_3COO^-$

b $pH = pK_S + \lg \dfrac{c(A^-)}{c(HA)}$

$pH - pK_S = 0{,}25 = \lg \dfrac{c(A^-)}{c(HA)}$

$10^{0{,}25} = \dfrac{c(A^-)}{c(HA)} \approx 1{,}78$

15) **a** $H_3O^+ + CH_3COO^- \longrightarrow CH_3COOH + H_2O$
b Die Pufferkapazität ist die Stoffmenge an Oxonium-Ionen, die den pH-Wert eines Puffers um eine Einheit senkt. Deshalb werden im Folgenden Stoffmengen betrachtet:
$n_0(HA) = c_0(HA) \cdot V(\text{Puffer}) = 0{,}25 \text{ mol}$
$n_0(A^-) = c_0(A^-) \cdot V(\text{Puffer}) = 0{,}25 \text{ mol}$
Wegen $n_0(HA) = n_0(A^-)$ gilt:

$pH = pK_S + \lg \dfrac{n_0(A^-)}{n_0(HA)} = 4{,}75$

Durch die Reaktion (↑ Teilaufgabe a) entstehen aus x Acetat-Ionen mit x Oxonium-Ionen x Essigsäure-Moleküle, d. h., es gilt:

$pH = pK_S + \lg \dfrac{(n_0(A^-) - x)}{(n_0(HA) + x)} = 3{,}75$

$pH - pK_S = -1 = \lg \dfrac{(n_0(A^-) - x)}{(n_0(HA) + x)}$

$\Rightarrow 10^{-1} = 0{,}1 = \dfrac{(n_0(A^-) - x)}{(n_0(HA) + x)}$

$\Rightarrow x = n(H_3O^+) = \dfrac{(n_0(A^-) - 0{,}1 \cdot n_0(HA))}{1{,}1} \approx 0{,}205 \text{ mol}$

Die Pufferkapazität beträgt 0,205 mol H_3O^+.

c $pH = pK_S + \dfrac{c(A^-)}{c(HA)} = 4{,}75$

Zur Berechnung des pH-Werts nach Zugabe der Salzsäure werden Stoffmengen betrachtet:
$n_0(HA) = c_0(HA) \cdot V(Puffer) = 0{,}25$ mol
$n_0(A^-) = c_0(A^-) \cdot V(Puffer) = 0{,}25$ mol
$n(H_3O^+) = c(H_3O^+) \cdot V(Salzsäure) = 0{,}1$ mol
0,1 mol H_3O^+ reagieren mit 0,1 mol CH_3COO^- zu 0,1 mol CH_3COOH.
⇨ $n(HA) = n_0(HA) + 0{,}1$ mol = 0,35 mol
⇨ $n(A^-) = n_0(A^-) - 0{,}1$ mol = 0,15 mol

$$pH = pK_S + \lg \frac{n(A^-)}{n(HA)} \approx 4{,}38$$

d Zur Berechnung des Volumens der Salzsäure werden Stoffmengen betrachtet:
$n_0(HA) = c_0(HA) \cdot V(Puffer) = 0{,}25$ mol
$n_0(A^-) = c_0(A^-) \cdot V(Puffer) = 0{,}25$ mol

$$V(Salzsäure) = \frac{n(H_3O^+)}{c(H_3O^+)} = \frac{x}{c(H_3O^+)}$$

Durch die Reaktion (↑ Teilaufgabe a) entstehen aus x Acetat-Ionen mit x Oxonium-Ionen x Essigsäure-Moleküle, d. h., es gilt:

$$pH = pK_S + \lg \frac{(n_0(A^-) - x)}{(n_0(HA) + x)}$$

$$pH - pK_S = -0{,}75 = \lg \frac{(n_0(A^-) - x)}{(n_0(HA) + x)}$$

⇨ $10^{-0{,}75} \approx 0{,}178 = \dfrac{(n_0(A^-) - x)}{(n_0(HA) + x)}$

⇨ $x = \dfrac{(n_0(A^-) - 0{,}178\, n_0(HA))}{1{,}178} \approx 0{,}174$ mol

$$V(Salzsäure) = \frac{x}{c(H_3O^+)} = 0{,}174\ L$$

16) a $H_3PO_4 + OH^- \longrightarrow H_2O + H_2PO_4^-$
$H_2PO_4^- + OH^- \longrightarrow H_2O + HPO_4^{2-}$
$HPO_4^{2-} + OH^- \longrightarrow H_2O + PO_4^{3-}$
b Geg.: $V(Natronlauge) = 0{,}01$ L, $c(OH^-) = 0{,}1$ mol·L^{-1}, $M(H_3PO_4) = 100$ g·mol^{-1}; ges.: $n(H_3PO_4)$, $m(Phosphorsäure)$
Der Umschlagbereich von Phenolphthalein fällt in den pH-Sprung beim 2. Äquivalenzpunkt der Titrationskurve von Phosphorsäure, d. h., bis zu diesem Punkt sind die beiden ersten Reaktionen (↑ Teilaufgabe a) abgelaufen. Zusammengefasst:
$H_3PO_4 + 2\ OH^- \longrightarrow 2\ H_2O + HPO_4^{2-}$
D. h.: $n(H_3PO_4) = \frac{1}{2} n(OH^-)$
$n(OH^-) = V(Natronlauge) \cdot c(OH^-) = 0{,}001$ mol
$n(H_3PO_4) = 0{,}0005$ mol
$m(Phosphorsäure) = n(H_3PO_4) \cdot M(H_3PO_4) = 0{,}049$ g

17) a Reaktionsgleichung: $NH_3 + H_3O^+ \longrightarrow H_2O + NH_4^+$
0 mL Salzsäure: Es liegt eine Ammoniaklösung vor, Berechnung des pH-Werts nach der Gleichung für schwache Basen.
1 mL, 5 mL, 9 mL Salzsäure: Es liegen Ammonium-Ammoniak-Puffer-Lösungen vor, Berechnung des pH-Werts mit der Puffergleichung.
10 mL: 1. Äquivalenzpunkt: Es liegt eine Lösung von Ammoniumchlorid vor, Berechnung des pH-Werts nach der Gleichung für schwache Säuren.
11 mL: Es liegt die Lösung einer sehr starken Säure (H_3O^+) vor.

V in mL	$c(NH_3)$ in mol·L^{-1}	$c(NH_4^+)$ in mol·L^{-1}	pH
0	0,1	0	11,12
1	0,09	0,01	10,21
5	0,05	0,05	9,25
9	0,01	0,09	8,29
10	0	0,1	5,13
11	0	0	2

b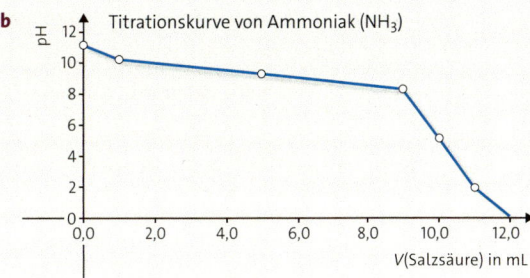

c Der pH-Sprung umfasst die Umschlagbereiche von Methylrot und Bromkresolgrün.

Kapitel 5: Naturstoffe (↑ S. 187–188)

1) a Rhamnose-, Glucose- und Fructose-Molekül: je sechs C-Atome ⇨ Hexosen. Glucose- und Rhamnose-Molekül: Aldehydgruppe am C–1-Atom ⇨ Aldosen; Fructose-Molekül: Ketogruppe am C–2-Atom ⇨ Ketose. Rhamnose-Molekül: die Hydroxygruppe am C–6-Atom ist durch ein H-Atom ersetzt ⇨ Desoxyzucker mit der Molekülformel $C_6H_{12}O_5$ (im Vergleich zur Molekülformel von Glucose und Fructose: $C_6H_{12}O_6$)

b

(Strukturformel: Sechsring mit CH_3, OH, H-Substituenten)

c Der Grundaufbau der Moleküle der Monosaccharide (Einfachzucker) besteht aus einem Kohlenstoffgerüst mit drei bis sieben Kohlenstoff-Atomen. Alle Moleküle enthalten eine Carbonylgruppe –CO–, die entweder mit dem C–1- oder dem C–2-Atom verknüpft ist, sowie jeweils eine Hydroxygruppe –OH an jedem weiteren Kohlenstoff-Atom. Aufgrund der fehlenden OH-Gruppe am C–6-Atom weicht das Rhamnose-Molekül von dieser Grundstruktur ab. Da es aber am C–1-Atom eine Aldehydgruppe aufweist und darüber hinaus am C–2- bis C–5-Atom jeweils eine Hydroxygruppe trägt, wird Rhamnose zu den Zuckern, genauer den um ein Sauerstoff-Atom geminderten Zuckern, den Desoxyzuckern, gezählt.

2) a und **b**

L-Glycerinaldehyd
D-Erythrulose
L-Erythrulose
D-Glycerinaldehyd

c Namen der in der Aufgabe abgebildeten Fischer-Projektionsformeln:
D-Idose (links), D-Glucose (2. v. links), L-Idose (2. v. rechts), L-Glucose (rechts).
Die Idosen sind Diastereomere zu den Glucosen. D-Idose und L-Idose sowie D-Glucose und L-Glucose sind Enantiomere.

d Moleküle, die sich wie Bild und Spiegelbild verhalten, sind *Enantiomere* (Spiegelbildisomere). Sie lassen sich durch Drehen der Moleküle nicht zur Deckung bringen.
Von Molekülen mit mehreren Chiralitätszentren gibt es auch Stereoisomere, die nicht wie Bild und Spiegelbild sind und als

Diastereomere bezeichnet werden. Beispiel: D-Glucose und L-Glucose sind zueinander Enantiomere. Zur Aldohexose D-Glucose gibt es 14 weitere Diastereomere, ebenso zur L-Glucose usw.

3) Durch den Ringschluss des kettenförmigen Glucose-Moleküls wird das C–1-Atom der Aldehydgruppe zu einem weiteren asymmetrisch substituierten Kohlenstoff-Atom. Dadurch sind zwei Isomere möglich, die *Anomere* α-D-Glucose und β-D-Glucose. Es sind keine spiegelbildlichen Enantiomere, wie es D-Glucose oder L-Glucose sind, sondern *Diastereomere*.
α-D-Glucose und β-D-Glucose unterscheiden sich in ihren physikalischen und chemischen Eigenschaften, z. B. zeigen die beiden Anomere unterschiedliche Schmelztemperaturen. Ihre Lösungen unterscheiden sich in ihrem Drehwinkel, während D- und L-Glucose sich nur im Vorzeichen des Drehwinkels unterscheiden und gleiche Schmelztemperaturen besitzen. α-D-Glucose reagiert zu Stärke, während β-D-Glucose Cellulose bildet.

4) **a** D-Mannose ist ein Diastereomer zu D-Glucose, das sich nur in der Stellung der OH-Gruppe am C–2-Atom unterscheidet. D-Mannose ist eine Aldohexose, D-Fructose ist dagegen eine Ketohexose. Die einzigen Übereinstimmungen zwischen den beiden Molekülen sind die Stellungen der OH-Gruppen am C–3-, C–4-, C–5-Atom.

b α-D-Mannose

c Es hat eine Keto-Enol-Tautomerie stattgefunden. Durch die Natronlauge sind katalytisch wirkende OH-Ionen in der Lösung vorhanden, die bewirken, dass am C–1-Atom des Mannose-Moleküls ein Proton abgespalten und zwischen dem C–1- und C–2-Atom eine Doppelbindung gebildet wird. Das abgespaltene Proton kann nun an das Sauerstoff-Atom der Ketogruppe binden. Das bei dieser intramolekularen Umlagerung entstandene Zwischenprodukt ist ein Endiol.
Die Endiolform ist nicht sehr stabil. Jeweils eine der Hydroxygruppen kann wieder deprotoniert und dadurch eine Carbonylgruppe zurückgebildet werden. Wird dabei das Proton der Hydroxygruppe am C–2-Atom abgespalten und an die Doppelbindung addiert, bildet sich die Fructose. Wird aber das Proton der Hydroxygruppe am C–1-Atom abgespalten, bildet sich die Aldehydgruppe am C–1-Atom und es entsteht durch Isomerisierung ein Aldehyd – entweder die Glucose oder die Mannose, da am C–2-Atom die Hydroxygruppe auch in umgekehrter Konfiguration entstehen kann. Da alle beteiligten Reaktionen Gleichgewichtsreaktionen sind, stellt sich mit der Zeit ein Gleichgewicht zwischen Mannose, Fructose und Glucose ein.

5) **a** und **b**

c Die anomeren Kohlenstoff-Atome des Oligofructose-Moleküls sind an der glykosidischen Bindung beteiligt (Acetal). Die Benedict-Probe wird negativ ausfallen.

6) **a** Als glykosidische Bindung bezeichnet man die chemische Bindung zwischen dem anomeren C-Atom eines Monosaccharidbausteins mit einem C-Atom eines zweiten Monosaccharidbausteins. Sie entsteht aus den jeweiligen glykosidischen OH-Gruppen der beiden Monosaccharidbausteine. Im Gentiobiose-Molekül liegt z. B. eine β-1,6-glykosidische Bindung vor. Dies besagt, dass ein β-D-Glucose-Molekül über sein C–1-Atom mit dem C–6-Atom des β-D-Glucose-Moleküls verbunden ist.

b

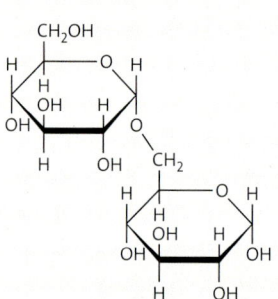

Gentiobiose (β-1,6)

Isomaltose (α-1,6)

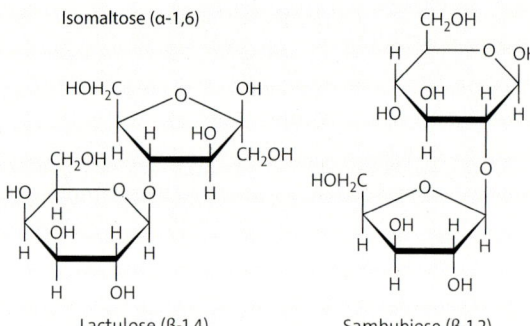

Lactulose (β-1,4)   Sambubiose (β-1,2)

c Bei der Verknüpfung von zwei D-Glucosebausteinen ergeben sich viele Verknüpfungsmöglichkeiten, da D-Glucose in zwei anomeren Formen, α- und β-D-Glucose, existiert. Die anomeren C-Atome können außerdem mit unterschiedlichen OH-Gruppen des zweiten Glucosebausteins reagieren. Damit ergeben sich allein für die Verknüpfung von zwei Glucosebausteinen drei nichtreduzierende und 8 reduzierende Disaccharide.

7) **a** In beiden Molekülen liegt zwischen den Monosaccharidbausteinen eine β-1,4-glykosidische Verknüpfung vor. Beide bilden gerade Molekülketten. Die Monosaccharidbausteine im Chitin-Molekül weisen am C–2-Atom eine Acetamidogruppe auf, die sich in dieser Hinsicht von der β-Glucose unterscheidet. Chitin ist also ähnlich aufgebaut wie Cellulose und kann als Derivat der Cellulose aufgefasst werden.

b Cellulose-Moleküle verfügen über viele freie OH-Gruppen. Dadurch können sich Wasser-Moleküle zwischen die Celluloseketten einlagern. Cellulose kann eine beträchtliche Menge Wasser aufnehmen. Im Chitin-Molekül ist das Wasserbindungsvermögen stark eingeschränkt, da die Acetamidogruppe (NHCOCH$_3$-Gruppe) hydrophob ist. Wäre das Exoskelett aus Cellulose, würden Insekten bei Kontakt mit Wasser aufquellen.

8) **a** α-D-Glucose

b Natürlich vorkommende Stärke besteht aus einem Gemisch aus Amylose (ca. 25 %) und Amylopektin (ca. 75 %).
Amylose-Moleküle: unverzweigte Makromoleküle von 500 bis 1200 D-Glucosebausteinen, die α-1,4-glykosidisch verknüpft sind. Amylose ist in heißem Wasser löslich (lösliche Stärke).
Amylopektin-Moleküle: verzweigte Makromoleküle aus bis zu 1 000 000 Glucosebausteinen, die α-1,4-glykosidisch verknüpft sind und zusätzlich im Abstand von etwa 25 Glucosebausteinen eine Verzweigung in α-1,6-glykosidische Bindung aufweisen. Bedingt durch die Größe seiner Moleküle ist Amylopektin nicht wasserlöslich. Es ist jedoch quellfähig und kann deshalb große Mengen Wasser binden.
c Versetzt man natürlich vorkommende Stärke mit Lugol'scher Lösung (Iod-Kaliumiodidlösung), so erkennt man eine dunkelblaue Färbung. Dieser Stärkenachweis beruht auf einer Einlagerungsverbindung der Amylose mit Triiodid-Ionen, die in Lugol'scher Lösung enthalten sind. Die Amylose-Moleküle bilden eine Spirale, in deren Inneres sich Triiodid-Ionen (I_3^-) einlagern und so die blaue Färbung verursachen.
d Amylose-Moleküle bestehen aus vielen Hundert Glucosebausteinen und Amylopektin aus bis zu einer Million Glucosebausteinen, die über die glykosidischen Gruppen verknüpft sind. Diese sind durch die Bindung blockiert und können nicht reduzierend wirken. Jedes Molekül hat an seinem Ende aber eine freie glykosidische Gruppe, die reduzierend wirken kann. Im Verhältnis zu den riesigen Stärke-Molekülen kommen sie jedoch in zu geringer Anzahl vor, um eine positive Benedict-Probe zu ermöglichen.

9)

	α-Cyclodextrin	Oligosaccharid aus 6 Glucosebausteinen
Gemeinsamkeiten	• Moleküle bestehen aus gleichen Bausteinen (Glucosebausteine) • Moleküle besitzen die gleiche Anzahl an Glucosebausteinen (sechs)	
Unterschiede	• ringförmiges Molekül • $M = 972 \text{ g} \cdot \text{mol}^{-1}$, d.h., die molare Masse ist wegen des Ringschlusses um 18 g · mol^{-1} ($\hat{=} H_2O$) geringer als beim Oligosaccharid • nichtreduzierender Zucker	• lineares Molekül • $M = 990 \text{ g} \cdot \text{mol}^{-1}$ • reduzierender Zucker

10) a Durch verdünnte Säuren kann ein Trisaccharid hydrolytisch an glykosidischen Bindungen gespalten werden. Bei kurzem Einwirken der Säure wird nur eine glykosidische Bindung gespalten und als Reaktionsprodukt wird ein Disaccharid und ein Monosaccharid erhalten. Bei längerem Einwirken der Säure werden beide glykosidischen Bindungen des Trisaccharid-Moleküls gespalten und als Reaktionsprodukte werden drei Monosaccharide gebildet.
b Reihenfolge der Monosaccharidbausteine im untersuchten Trisaccharid:
Möglichkeit I: Glucose-Fructose-Glucose
Möglichkeit II: Glucose-Glucose-Fructose
c In der Beschreibung des Versuchs wird ausgeführt, dass eines der Disaccharide eine positive Benedict-Probe ergibt, das andere jedoch nicht. Beim untersuchten Trisaccharid muss es sich um Möglichkeit II handeln, da nur in ihm ein endständiger Fructose-Baustein vorliegt, der bei der kurzzeitigen Hydrolyse abgespalten werden kann. Bei den entstehenden Disacchariden könnte es sich um Maltose und Saccharose handeln. Beim Maltose-Molekül ist das C–1-Atom des zweiten Glucosebausteins frei, sodass dort eine Ringöffnung erfolgen kann. Maltose wirkt deshalb reduzierend und die Benedict-Probe fällt positiv aus. Beim Saccharose-Molekül liegen keine freien glykosidischen Gruppen vor und auch die reaktiven C-Atome beider Monosaccharidbausteine sind glykosidisch gebunden. Die Benedict-Probe verläuft daher negativ.

11) a Durch die im Zitronensaft katalytisch wirkenden Säuren kann die Saccharose hydrolytisch gespalten werden.
$C_{12}H_{22}O_{11} + H_2O \longrightarrow 2 \, C_6H_{12}O_6$
b Es entstehen Glucose und Fructose. Invertzucker ist ein Gemisch aus Glucose und Fructose im Verhältnis 1:1.
c Glucose ist mit den Glucoseteststäbchen nachweisbar. Die Reaktion kann durch Polarimetrie verfolgt werden.

12) a Die Moleküle der proteinogenen Aminosäuren haben am α-Kohlenstoff-Atom (mit Ausnahme von Glycin) ein asymmetrisch substituiertes C*-Atom, an dem vier unterschiedliche Substituenten gebunden sind. Dadurch sind Aminosäure-Moleküle chiral und es existieren von diesen Aminosäuren zwei unterschiedliche Enantiomere, die sich wie Bild und Spiegelbild verhalten: D- und L-Aminosäuren.
b Für die Proteinbiosynthese der Lebewesen werden ausschließlich die L-Aminosäuren zum Aufbau von Proteinen genutzt.

13) Die Moleküle von DNA und RNA unterscheiden sich in zwei wesentlichen Strukturmerkmalen: Das Zucker-Phosphat-Rückgrat besteht bei der DNA aus dem Zucker 2-Desoxyribose und Phosphatresten, bei der RNA dagegen aus dem Zucker Ribose und Phosphatresten. Bei der DNA ist an die 2-Desoxyribosebausteine jeweils eine der Basen Cytosin, Guanin, Adenin oder Thymin gebunden. Bei der RNA sind es die Basen Cytosin, Guanin, Adenin oder Uracil.
Wird DNA und RNA hydrolysiert, so wird die Esterbindung zwischen den Phosphatresten und den Zuckerbausteinen sowie die glykosidische Bindung zwischen den Zuckerbausteinen und den Basen gespalten:
Phosphatrest-Zucker-Base $\longrightarrow$ Phosphorsäure + Zucker + Base
Man findet also nach der Hydrolyse die vier gleichen Bausteine Phosphatrest (bzw. Phosphorsäure), Cytosin, Guanin, Adenin sowie die zwei unterschiedlichen Bausteine 2-Desoxyribose und Thymin bzw. Ribose und Uracil.

	DNA	RNA
Phosphatrest	×	×
2-Desoxyribose	×	
Ribose		×
Guanin	×	×
Adenin	×	×
Cytosin	×	×
Thymin	×	
Uracil		×

14) a Bei der Translation erfolgt die Übersetzung der Basensequenz der m-RNA in die Aminosäuresequenz des Proteins. Dazu transportieren t-RNA-Moleküle jeweils eine spezifische Aminosäure zu Ribosomen im Zellplasma. Im Ribosom werden die Aminosäuren unter Einwirkung eines Enzyms (Peptidyltransferase) durch Peptidbindungen in der durch das Gen festgelegten Reihenfolge zu einem Protein verknüpft.
b Leucin-Glycin-Histidin-Cystein
c Die einfachste Aminosäure ist Glycin. Sie wird durch vier Basentripletts codiert: GGG, GGA, GGC und GGU.

15) a $H_3N^+-CH(-CH_3)-COO^- + H_3O^+ + Cl^-$
$\longrightarrow H_3N^+-CH(-CH_3)-COOH + H_2O + Cl^-$
b pH = 3,5: zur Kathode; pH = 6,11: keine Wanderung;
pH = 9: zur Anode

16) a Kollagen ist ein fibrilläres Strukturprotein, das aus einer verdrillten Dreifachhelix besteht. Die Polypeptidketten sind über Wasserstoffbrücken stabilisiert. Mehrere dieser Kollagenfibrillen liegen nebeneinander und bilden die Kollagenfaser. Kollagen be-

sitzt aufgrund dieser Struktur eine große Zugfestigkeit und ist nicht wasserlöslich.
b Wird Kollagen zusammen mit Wasser erhitzt, so lösen sich die nur durch Wasserstoffbrücken stabilisierten Polypeptidketten der Dreifachhelix partiell auf und entspiralisieren sich. Dabei entsteht eine zufällige Knäuelstruktur. Dieses (denaturierte) Protein wird als Gelatine bezeichnet. Zwischen den polaren Seitenketten der Polypeptid-Moleküle und den Wasser-Molekülen können sich Wasserstoffbrücken bilden. Es kommt zur Bildung eines Hydrogels, einer gelierten Lösung. Durch Erwärmen auf etwa 50 °C wird Gelatine wasserlöslich.

17) a Ein Molekül Glutathion besteht aus den Aminosäurebausteinen Glutaminsäure, Cystein und Glycin.
b Kondensation:
$H_2N–CH(–CH_2–SH)–COOH + H_2N–CH_2–COOH$
$\longrightarrow H_2N–CH(–CH_2–SH)–CO–NH–CH_2–COOH + H_2O$
c Die Peptidbindung zwischen dem Cystein- und dem Glycinbaustein erfolgt über die Carboxygruppe am α-C-Atom von Cystein. Dies ist der Normalfall. Die Peptidbindung zwischen dem Glutaminsäure- und dem Cysteinbaustein weicht davon ab, denn hier erfolgt die Bindung zwischen der zusätzlichen Carboxygruppe in der Seitenkette der Glutaminsäure (*Hinweis*: γ-Carboxygruppe). Bei Glutathion handelt es sich um kein reguläres Peptid, da es eine irreguläre Peptidbindung aufweist.
d Aufgrund der zwei freien Carboxygruppen am Glutaminsäurerest gibt es zwei Möglichkeiten, ein Peptid aus sechs Aminosäurebausteinen zu bilden:
Glu-Cys-Gly-Glu-Cys-Gly und
Gly-Cys-Glu-Glu-Cys-Gly

18) Peptid: Verbindung aus mindestens zwei Aminosäuren; bis 10 Aminosäurebausteinen spricht man von Oligopeptiden. Polypeptid: Verbindung aus 10 bis 100 Aminosäurebausteinen. Proteine sind makromolekulare Stoffe, deren Moleküle aus mehr als 100 Aminosäurebausteinen bestehen.

19)

Struktur	Wirkende Bindung
Primärstruktur	Peptidbindung zwischen der Amino- und der Carboxygruppe der Aminosäuren
Sekundärstruktur	Wasserstoffbrücken zwischen CO- und NH-Gruppen verschiedener Peptidgruppen: • intramolekular ⇨ α-Helix • intermolekular ⇨ β-Faltblatt
Tertiärstruktur	Wechselwirkungen zwischen den Resten der Aminosäuren durch: Elektronenpaarbindungen Ionenbindungen Wasserstoffbrücken London-Wechselwirkungen
Quartärstruktur	wie Tertiärstruktur

20)

```
                    Proteine
                   /        \
        Globuläre Proteine   Fibrilläre Proteine
```

- kugelförmige Makromoleküle
- wasserlöslich
- Funktionsproteine: Transport, Steuerung, Abwehr: Peptidhormone, Enzyme
- Beispiele: Hämoglobin, Katalase, Albumin

- faserartige, längliche Makromoleküle
- nicht wasserlöslich
- Strukturproteine: Muskel-, Horn-, Gewebeaufbau
- Beispiele: Kollagen, Keratin, Spidroin, Naturseide

21) Naturseide hat Faltblattstruktur. Glycin (keine Seitenkette) und Alanin (kleine Seitenkette, –CH$_3$) begünstigen in Naturseide die Ausbildung der Faltblattstruktur.

22) a Enzyme sind Proteine, die unter physiologischen Bedingungen als Biokatalysatoren wirken. Sie ermöglichen spezifische chemische Reaktionen (Wirkungsspezifität).
b Funktion der Salzsäure: Denaturierung der Proteine in der Nahrung, dabei werden die Ionenbindungen zwischen den Carboxyat- und Ammoniumgruppen zerstört; außerdem hydrolytische Spaltung der Proteine.
Funktion des Enzyms Peptidase: Hydrolytische Spaltung der Proteine
c Hydrolyse:
Protein–NH–CO–CH(–R)–NH$_2$ + H$_2$O
$\xrightarrow{Enzym}$ Protein–NH$_2$ + COOH–CH(–R)–NH$_2$
d Die Hydrolyse ist eine exotherme Reaktion und läuft vermutlich bereits unter Einwirkung der Salzsäure auch ohne Peptidase ab. Die Reaktion hat aber eine hohe Aktivierungsenergie und die Reaktionsgeschwindigkeit ist gering. Durch die Beteiligung der Peptidase, einem Biokatalysator, wird die Reaktionsgeschwindigkeit erhöht, sodass die Hydrolyse mit für den Stoffwechsel geeigneter Geschwindigkeit und bei Körpertemperatur ablaufen kann.

23) a Reaktionsgleichung ↑ 01, unten auf dieser Seite
b Es gilt: Je höher der Gehalt an gebundenen ungesättigten Fettsäuren in einem Fett ist, desto niedriger liegt sein Schmelzbereich, weil sich Fett-Moleküle mit gewinkelten Fettsäureresten nicht dicht aneinanderlegen können und schwächere London-Wechselwirkungen als bei Fett-Molekülen mit geraden, gesättigten Fettsäureresten wirken. Fette mit gesättigten Fettsäureresten sind deswegen bei Raumtemperatur fest und es erfordert thermische Energie, um die Anziehungskräfte zu überwinden und das Fett zum Schmelzen zu bringen.
Schweineschmalz besteht zu 45 % aus einfach ungesättigten Fettsäuren, zu 8 % aus mehrfach ungesättigten Fettsäuren und zu 43 % aus gesättigten Fettsäuren. Zwischen den Molekülen des Schweineschmalzes wirken relativ starke London-Wechselwirkungen: Das Fett ist bei Raumtemperatur fest (streichfähig). Sonnenblumenöl dagegen besteht zu 57 % aus mehrfach ungesättigten Fettsäuren, zu 27 % aus einfach ungesättigten Fettsäuren und nur zu 16 % aus gesättigten Fettsäuren. Zwischen den

01 Hydrolyse eines Fetts (zu Aufgabe **23a**)

Molekülen des Sonnenblumenöls wirken daher nur schwächere London-Wechselwirkungen: Das Fett ist bei Raumtemperatur flüssig.

24) "Bromwasser" ist der Name für eine sehr verdünnte Lösung von Brom in Wasser. Sie erscheint im Tageslicht wegen des gelösten Broms gelbbraun. Fügt man die zweifach ungesättigte Linolsäure im Überschuss hinzu, so addieren sich die Brom-Moleküle (Br_2) an die Doppelbindungen (Mechanismus der elektrophilen Addition). Dadurch verschwinden die Brom-Moleküle aus der Lösung und mit ihnen die Farbe.

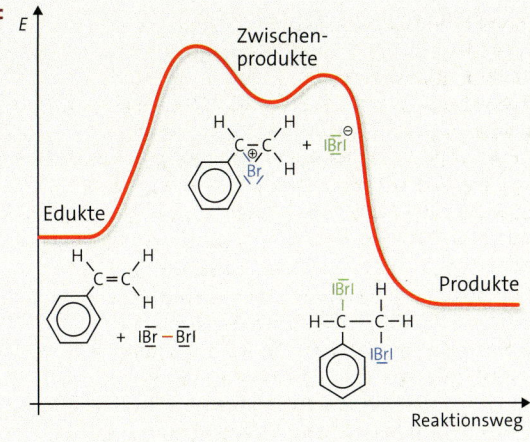

Kapitel 6: Aromatische Kohlenwasserstoffe und Reaktionsmechanismen (↑ S. 220–221)

1) Benzen, der systematische Name nach IUPAC-Nomenklatur, weist auf die in den mesomeren Grenzformeln vorhandenen Doppelbindungen hin. Die Endung -ol des Namens Benzol bezeichnet im Allgemeinen Moleküle, die mindestens eine Hydroxygruppe (OH-Gruppe) besitzen. Der Name Benzol ist deshalb verwirrend, jedoch aus historischen Gründen im Deutschen weiterhin gebräuchlich.

2) a

b Bei 1,2,4,5-Hexatetraen ist eine Addition von Brom zu erwarten, wie es für ungesättigte Verbindungen typisch ist. Bei Benzol kommt es hingegen in Anwesenheit eines geeigneten Katalysators zu einer Substitutionsreaktion.

3) a

b Es läuft eine elektrophile Addition ab.
Schritt 1: Wechselwirkung zwischen der C=C-Doppelbindung der Ethylengruppe und dem Brom-Molekül führt zur Bildung des σ-Komplexes (Bromonium-Ion) unter Abspaltung eines Bromid-Ions:

Schritt 2: Rückseitenangriff des Bromid-Ions führt zur Öffnung des Dreirings und schließlich zum Produkt-Molekül:

d Molekül **A** kann nicht gebildet werden, da an dem zweiten Kohlenstoff-Atom der Ethylengruppe von vornherein zwei Wasserstoff-Atome gebunden sind und der Angriff des Bromid-Ions auf das Bromonium-Ion nicht mit einer Umlagerung von Wasserstoff-Atomen einhergeht.
Molekül **B** kann nicht gebildet werden, da die C=C-Doppelbindung der Ethylengruppe sehr viel reaktiver ist als der Benzolrest.

4) a

b Es entsteht Bromwasserstoff (HBr).
Nachweis: Kommt das Gas in Berührung mit feuchtem Indikatorpapier, so färbt sich dieses rot.
c Es läuft eine radikalische Substitution ab.
Schritt 1: Durch die Belichtung bilden sich Startradikale:

Schritt 2: In einer Kettenreaktion entstehen die Substitutionsprodukte:

Schritt 3: Radikale rekombinieren und die Reaktion kommt allmählich zum Erliegen, z.B.:

d

Reaktionsdiagramm (Edukte → Zwischenprodukte → Produkte) für die radikalische Substitution von Ethylbenzol mit Brom.

e Gemeinsamkeiten:
– In beiden Fällen reagiert Brom mit einer organischen Substanz.
– In beiden Reaktionen bleibt der Benzolrest unberührt.
– In beiden Reaktionen bilden sich nachweisbare Zwischenprodukte.

Unterschiede:
– Bei der elektrophile Addition in Aufgabe 3 entsteht nur ein Produkt, bei der radikalischen Substitution entstehen zwei Produkte.
– Bei der elektrophile Addition greift ein Elektrophil an, bei der radikalischen Substitution greift ein Radikal an.
– Die elektrophile Addition verläuft spontan, die radikalische Substitution muss durch Belichten gestartet werden.

5⟩ a

Ethylbenzol + Br₂ →(Aluminiumbromid) 4-Bromethylbenzol + HBr

b Es läuft eine elektrophile Substitution an einem Aromaten ab.
Schritt 1: Wechselwirkung zwischen den π-Elektronen des Benzolrests und dem Brom-Molekül in Gegenwart von Aluminiumbromid führt zur Bildung des mesomeriestabilisierten σ-Komplexes und einem AlBr₄⁻-Ion:

[Mesomere Grenzformeln des σ-Komplexes mit AlBr₄⁻]

Schritt 2: Deprotonierung des σ-Komplexes führt unter Rearomatisierung zum Produkt-Molekül. Außerdem entsteht Bromwasserstoff und der Katalysator bildet sich zurück:

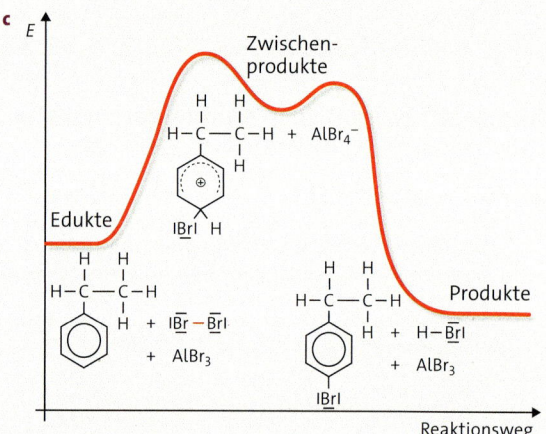

c *Reaktionsdiagramm (Edukte → Zwischenprodukte → Produkte) für die elektrophile Substitution.*

d Gemeinsamkeiten:
– In beiden Fällen reagiert Brom mit einer organischen Substanz.
– In beiden Reaktionen entstehen zwei Produkte, eines davon ist Bromwasserstoff.
– In beiden Reaktionen bilden sich nachweisbare Zwischenprodukte.

Unterschiede:
– Bei der radikalischen Substitution in Aufgabe 4 bleibt der Benzolrest unberührt, bei der elektrophilen Substitution wird der Benzolrest angegriffen.
– Bei der radikalischen Substitution in Aufgabe 3 greift ein Radikal, bei der elektrophilen Substitution greift ein Elektrophil an.
– Die radikalische Substitution muss durch Belichten gestartet werden, bei der elektrophilen Substitution ist die Anwesenheit eines geeigneten Katalysators erforderlich.

6⟩ a Für Moleküle mit delokalisiertem π-Elektronensystem wie dem Phenolat-Anion lassen sich mehrere mesomere Grenzformeln angeben. Sie sind energetisch stabiler als vergleichbare Moleküle, bei denen keine Delokalisierung auftritt.

b *[Mesomere Grenzformeln des Phenolat-Anions]*

7⟩ a Benzolderivate sind Aromaten.
b Das ebene Ringmolekül hat nur vier π-Elektronen. Es kann also gemäß der Hückel-Regel kein Aromat sein.
c Das ebene Ringmolekül hat wie das Benzol-Molekül ein ringförmig geschlossenes, delokalisiertes π-Elektronensystem mit sechs π-Elektronen. Es ist gemäß der Hückel-Regel ein Aromat.

Lösungen der Übungsaufgaben

8) a Nitriersäure ist ein Gemisch aus konzentrierter Salpetersäure und konzentrierter Schwefelsäure. In Nitriersäure entstehen reaktive Nitronium-Ionen.

b Nitrierung:

Toluol + Nitronium-Ion → para-Nitrotoluol + $-H^+$

Hydrierung:

para-Nitrotoluol + $3 H_2$ → para-Aminotoluol + $2 H_2O$

c Aufgrund des +I-Effekts der Methylgruppe im Toluol-Molekül sind mesomere Grenzformeln mit positiver Ladung am C1-Atom möglich. Ausgehend von diesen Grenzformeln ist ein Angriff in ortho- und para-Position begünstigt:

d Die Nitrogruppe wirkt desaktivierend und dirigiert einen Zweitsubstituenten in die meta-Position. Die Methylierung von Nitrobenzol würde daher nur sehr langsam verlaufen und das gewünschte Produkt ließe sich nur in geringer Ausbeute erhalten.

e Erklärung der Einstufung: Stoffe, die bereits bei einmaliger Aufnahme kleiner Dosen über den Mund (oral), über die Atmung (inhalativ) oder über die Haut (dermal) schwerwiegende Gesundheitsschäden verursachen oder sogar tödlich wirken können, werden als akut toxisch bezeichnet. In dieser Gefahrenklasse unterscheidet man vier Kategorien (I, II, III, IV), wobei die Gefährlichkeit von Kategorie I nach Kategorie IV abnimmt. Stoffe, die bei längerfristiger Aufnahme krebserregend (karzinogen), erbgutverändernd (mutagen) oder fortpflanzungsschädigend (reproduktionstoxisch) wirken, bezeichnet man als KMR-Stoffe. KMR-Stoffe werden je nachdem, wie sicher die schädigende Wirkung auf den Menschen nachgewiesen ist, in drei Kategorien eingeteilt (IA, IB, II). Bei einem KMR-Stoff der Kategorie II gibt lediglich Hinweise auf die schädigende Wirkung, z. B. aus Tierstudien.
Beschreibung der möglichen Gesundheitsgefährdung: Beim einmaligen Umgang mit para-Toluidin können Vergiftungen auftreten, wenn der Stoff oral aufgenommen wird. Eine lebensgefährliche Vergiftung ist für einen Erwachsenen allerdings unwahrscheinlich, denn dazu müssten je nach Körpergewicht zwischen 15 und 30 g des Stoffs verschluckt werden (entspricht einer Menge von 5 bis 10 Zuckerwürfeln). Es gibt Hinweise darauf, dass beim langfristigen Umgang mit para-Toluidin ein erhöhtes Risiko besteht, an Krebs zu erkranken.

9) a Salicysäure-Molekül:

b Salicylsäure kommt in vielen Pflanzen vor, z. B. in Kräutern wie dem Mädesüß (Spierstaude) oder in der Weidenrinde (Salix). Die schmerzstillende Wirkung der Salicylsäure ist bereits seit dem Altertum bekannt. Im 19. Jahrhundert wurde Salicylsäure erstmals im großtechnischen Maßstab synthetisch hergestellt und als Schmerzmittel verkauft. Die Verbindung gilt als das erste industriell hergestellte Arzneimittel. Heute hat Salicylsäure vor allem Bedeutung als Ausgangsstoff für den verträglicheren Schmerzwirkstoff Acetylsalicylsäure (ASS).

10) a *Benzoesäure* wird industriell durch Oxidation von Toluol gewonnen:

2 Toluol $+ 3 O_2 \longrightarrow 2$ Benzoesäure $+ 2 H_2O$

Benzolsulfonsäure wird industriell durch Sulfonierung von Benzol in rauchender Schwefelsäure gewonnen:

Benzol $+ SO_3H^+ \longrightarrow$ Benzolsulfonsäure $+ H^+$

b *Benzoesäure* (E 210) und ihre gut wasserlöslichen Salze, die Benzoate (E 211 bis E 213), werden als Konservierungsstoffe unter anderem in Fisch- und Sauerkonserven sowie in manchen Limonaden eingesetzt.
Die Salze der *Benzolsulfonsäure* haben Bedeutung im pharmazeutischen Bereich und werden als „Besilate" bezeichnet. Langkettige Alkylderivate der Benzolsulfonsäure bzw. deren Natriumsalze werden als Tenside in Wasch- und Reinigungsmitteln verwendet.

11) Durch Oxidation von ortho-Xylol erhält man im ersten Schritt Phthalsäure (1,2-Benzoldicarbonsäure). Durch Veresterung von Phthalsäure mit Butan-1-ol ergibt sich das gewünschte Produkt.

12) a

2-Chlor-2-phenylpropan + $OH^- \longrightarrow$ 2-Phenylpropan-2-ol + Cl^-

b Es läuft eine nucleophile Substitution ab.
Schritt 1: Abspaltung eines Chlorid-Ions aus dem 2-Chlor-2-phenylpropan-Molekül führt zur Bildung eines Carbenium-Ions:

Carbenium-Ion

Schritt 2: Nucleophiler Angriff eines Hydroxid-Ions auf das Carbenium-Ion führt zur Bildung des Produkt-Moleküls:

c Der geschwindigkeitsbestimmende Schritt der Reaktion ist die langsam verlaufende Bildung des Carbenium-Ions. An diesem Vorgang ist nur *eine Teilchensorte* beteiligt, nämlich das 2-Chlor-2-phenylpropan-Molekül. Der Vorgang ist also *monomolekular* (S_N1-Reaktion).

d

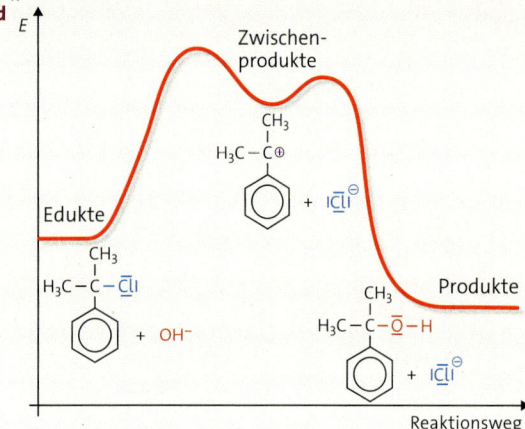

13) a

$$2 \; \text{Anilin} + 2 \; HCHO \xrightarrow{\text{Kat. [H}^+\text{]}} \text{Dianilinmethan} + H_2O$$

b Bleibt die Konzentration von Dianilinmethan in der Luft unter einem Wert von 0,07 mg pro Kubikmeter (Akzeptanzkonzentration), so ist das expositionsbedingte Krebsrisiko akzeptabel gering. Wird der Wert überschritten, so erhöht sich das Risiko. Bei Erreichen einer Konzentration von 0,7 mg Dianilinmethan pro Kubikmeter Luft (Toleranzkonzentration) ist das Krebsrisiko aus Sicht des Gesetzgebers gerade noch tolerierbar. Eine weitere Überschreitung der Konzentration führt aber zu einem Erkrankungsrisiko, das z. B. am Arbeitsplatz als nicht mehr zumutbar eingeschätzt wird.

Kapitel 7: Kunststoffe (↑ S. 257)

1) Es wird der Begriff Makromolekül definiert (originale Definition der IUPAC).
Sinngemäße Übersetzung: Ein Makromolekül ist ein Molekül großer molarer Masse. Es besitzt eine Struktur, die sich grundsätzlich aus einer vielfachen Wiederholung von Monomeren mit geringer molarer Masse ableiten lässt.

2) *Thermoplaste:* je nach Herstellungsart weiche oder feste Kunststoffe, die beim Erwärmen schmelzen und dabei verformbar werden. Makromoleküle linear, ggf. wenig verzweigt, aber nicht vernetzt. Zwischen den Molekülen wirken London-Wechselwirkungen, Dipol-Dipol-Wechselwirkungen oder Wasserstoffbrücken, die beim Erwärmen überwunden werden. Dadurch können die Makromoleküle aneinander vorbeigleiten.
Duromere: harte, feste Kunststoffe, die sich beim Erwärmen zersetzen. Makromoleküle sind engmaschig vernetzt. Bei geringer Erwärmung fangen die Makromoleküle zu schwingen an, unter Beibehaltung der netzartigen Struktur. Bei höheren Temperaturen brechen die Elektronenpaarbindungen auf und das Polymer zerfällt in kleinere Moleküle. Deshalb kommt es beim Erwärmen von Duromeren nicht zum Schmelzen, sondern zur Zersetzung.
Elastomere: elastische Kunststoffe. Weitmaschig vernetzte Makromoleküle, die dafür sorgen, dass sich bei mechanischem Zug das Elastomer vorübergehend ausdehnen kann.

3) a Es handelt sich um eine radikalische Polymerisation, bei der Polystyrol entsteht.

$$n \; CH_2=CH(C_6H_5) \longrightarrow [-CH_2-CH(C_6H_5)-]_n$$

b Beim Erwärmen wird Polystyrol (PS) zunächst weich und schmilzt zu einer zähflüssigen Masse. Es besitzt keine Schmelztemperatur, sondern einen Schmelztemperaturbereich. Da es sich bei Polystyrol-Molekülen um sehr große Moleküle handelt, wirken zwischen ihnen ziemlich starke London-Wechselwirkungen. Bei Raumtemperatur ist PS deshalb ein Feststoff. Die Anzahl der Monomere, die sich zum Polymer verbinden, schwankt innerhalb weiter Grenzen. Daher verhält sich PS nicht wie ein Reinstoff, sondern wie ein Gemisch aus vielen Stoffen mit nahe beieinanderliegenden Schmelztemperaturen.

c Aus Dibenzoylperoxid entstehen durch Licht oder Wärme Radikale, die in einem ersten Schritt mit einem Styrol-Molekül reagieren, wobei ein neues Radikal entsteht. Dieses wird mit einem weiteren Styrol-Molekül umgesetzt usw. Ein Abbruch der Kette erfolgt beispielsweise, wenn zwei Radikale miteinander reagieren (Rekombination).

Startreaktion: R–R ⟶ 2 R•
Kettenwachstum: R• + S ⟶ R–S•
  R–S• + S ⟶ R–S–S• usw.
Abbruchreaktion: R–S• + R–S• ⟶ R–S–S–R

4) a Benzoesäure, 4-Hydroxybenzoesäure

b Polykondensation.

Bei der Polykondensation werden Monomere mit mindestens zwei funktionellen Gruppen zu Makromolekülen verknüpft. Dies trifft auf 4-Hydroxybenzoesäure mit einer COOH-Gruppe und einer OH-Gruppe zu – im Unterschied zu Benzoesäure mit nur einer COOH-Gruppe.

c Das Polykondensat ist ein lineares Makromolekül, wie es für Thermoplaste typisch ist. Es sollte also beim Erwärmen schmelzen und verformbar sein.

5) a Monomer: kleinste Baueinheit der Polymere. Hier: zwei Monomere – Glycerin-Molekül und Weinsäure-Molekül
Polymer: Makromolekül aus vielen chemisch miteinander verbundenen Monomeren, wobei sich die Eigenschaften des Polymers bei Hinzufügen oder Wegnehmen einzelner Monomere nicht ändern. Hier: Polyester

b Voraussetzung für die Bildung eines Polyesters (Polykondensation) ist das Vorliegen mehrerer funktioneller Gruppen in den Molekülen des Ausgangsstoffs.

c Der gebildete Polyester ist ein Duromer, weil die Monomere jeweils mehr als zwei funktionelle Gruppen enthalten (drei im Glycerin-Molekül und vier im Weinsäure-Molekül), wodurch ein stark vernetztes Makromolekül erzeugt wird.

6) Nur mit den Ausgangsstoffen 1,2-Diaminoethan und Diisocyanat ist eine Polyaddition zu Polyharnstoff möglich. Dimethylamin fehlt die für die Polyaddition notwendige zweite funktionelle Gruppe.

$$\cdots \overset{H}{\underset{H}{N}}-\overset{H}{\underset{H}{C}}-\overset{H}{\underset{H}{C}}-\overset{H}{\underset{H}{N}}\overset{H}{} + \langle O=C=\overset{H}{N}-\overset{H}{\underset{H}{C}}-\overset{H}{\underset{H}{C}}-\overset{}{N}=C=O \rangle \cdots$$

$$\longrightarrow \cdots N-C-C-N-C-N-C-C-N-C\cdots$$

7) Eine Schüssel aus HDPE, einem thermoplastischen Kunststoff, kann durch Spritzgießen hergestellt werden. Das Granulat wird in einem Extruder mit beweglicher Schnecke gefördert, durch Erwärmen plastisch gemacht und dann durch Vorwärtsbewegen der Schnecke in die gekühlte Form gespritzt. Später öffnet sich die Form und die fertige Schüssel fällt heraus. Flaschen aus PET, einem thermoplastischen Kunststoff, können durch Hohlkörperblasen hergestellt werden. Dabei drückt ein Extruder einen plastischen Schlauch in ein zweiteiliges Hohlwerkzeug mit der gewünschten Form. Durch Schließen des Werkzeugs wird der Schlauch luftdicht abgequetscht und durch Einblasen von Luft an die Wände der Form gedrückt. Nach kurzer Abkühlung wird die Form geöffnet und der Hohlkörper ausgeworfen.

8) Bei der Leitung von elektrischem Strom entsteht im metallischen Leiter Wärme. Die Kunststoffummantelung darf aus Sicherheitsgründen nicht schmelzen, deshalb sollte sie aus einem duromeren Kunststoff hergestellt werden.

9) Mehrere Lösungen sind möglich, z. B.:

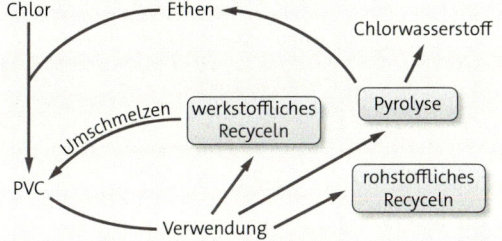

10) Durch statistische, alternierende Block- oder Pfropf-Copolymere können verschiedene Kunststoffe mit völlig unterschiedlichen Eigenschaften gebildet werden, obwohl die gleichen Monomere verwendet werden.

Kapitel 8: Von Redoxreaktionen zu elektrochemischen Anwendungen (↑ S. 311–313)

1) a

$$\underset{\text{Red 2}}{2\,Mg} + \underset{\text{Ox 1}}{CO_2} \longrightarrow \underset{\text{Ox 2}}{2\,MgO} + \underset{\text{Red 1}}{C}$$

Oxidation / Reduktion

b $\overset{II}{Mg}\overset{-II}{O} + \overset{IV}{C}\overset{-II}{O_2} \longrightarrow \overset{II}{Mg}\overset{IV}{C}\overset{-II}{O_3}$
Keine Redoxreaktion, da sich die Oxidationszahlen nicht ändern.

2) a $2\,\overset{I}{Na}\overset{-I}{N_3} \longrightarrow 2\,\overset{0}{Na} + 3\,\overset{0}{N_2}$ ⇒ Redoxreaktion

$10\,\overset{0}{Na} + 2\,\overset{V}{KNO_3} \longrightarrow \overset{I}{K_2O} + 5\,\overset{I}{Na_2O} + \overset{0}{N_2}$ ⇒ Redoxreaktion

$\overset{I\,-II}{K_2O} + \overset{I\,-II}{Na_2O} + 2\,\overset{IV\,-II}{SiO_2} \longrightarrow \overset{I\,IV\,-II}{K_2SiO_3} + \overset{I\,IV\,-II}{Na_2SiO_3}$
⇒ keine Redoxreaktion

b $3\,CH_4N_4O_2 + 2\,KClO_3 \longrightarrow 6\,N_2 + 6\,H_2O + 3\,CO_2 + 2\,KCl$

c Für Natriumazid:

$V_1(N_2) = \dfrac{3 \cdot 24{,}5\,L \cdot mol^{-1}}{2 \cdot 65\,g \cdot mol^{-1}} \cdot 10\,g = 5{,}65\,L$

$m(Na) = \dfrac{2 \cdot 23\,g \cdot mol^{-1}}{2 \cdot 65\,g \cdot mol^{-1}} \cdot 10\,g = 3{,}54\,g$

$V_2(N_2) = \dfrac{1 \cdot 24{,}5\,L \cdot mol^{-1}}{10 \cdot 23\,g \cdot mol^{-1}} \cdot 3{,}54\,g = 0{,}38\,L$

$V(N_2) = 5{,}65\,L + 0{,}38\,L = 6{,}03\,L$

Für Nitroguanidin:

$V(Gas) = \dfrac{15 \cdot 24{,}5\,L \cdot mol^{-1}}{3 \cdot 104\,g \cdot mol^{-1}} \cdot 10\,g = 11{,}78\,L$

Aus Nitroguanidin wird knapp doppelt so viel Gas freigesetzt.

3) a Nur beteiligte Ionen berücksichtigt:
$5\,Fe^{2+} + MnO_4^- + 8\,H^+ \longrightarrow 5\,Fe^{3+} + Mn^{2+} + 4\,H_2O$

b Es gilt: $n(FeSO_4) = n(Fe^{3+}) = 5 \cdot n(KMnO_4)$
Mit $n = c \cdot V$ gilt:
$n(Fe^{3+}) = 5 \cdot c(KMnO_4) \cdot V(KMnO_4)$
$= 5 \cdot 0{,}01\,mol \cdot L^{-1} \cdot 0{,}008\,L = 0{,}0004\,mol$

4) a $2\,NH_4NO_3 \longrightarrow 2\,N_2 + 4\,H_2O + O_2$

b Benzin reagiert in einer exothermen Reaktion mit dem gebildeten Sauerstoff und die Zahl der Moleküle in der Gasphase nimmt zu, weil Wasser als Wasserdampf entsteht.
$2\,C_8H_{18} + 25\,O_2 \longrightarrow 16\,CO_2 + 18\,H_2O$

5) a Weil Eisen sehr unedel ist, kommt es nicht elementar, sondern nur in Form von Verbindungen vor. Gold ist dagegen sehr edel und geht in der Regel keine Verbindungen ein.

b Eisensulfid oxidieren („rösten"):
$4\,FeS + 7\,O_2 \longrightarrow 2\,Fe_2O_3 + 4\,SO_2$
Eisenoxid mit Kohlenstoff reduzieren:
$2\,Fe_2O_3 + 3\,C \longrightarrow 4\,Fe + 3\,CO_2$

6) a $\overset{0}{Zn} + 2\,\overset{I}{H_3O^+} \longrightarrow \overset{II}{Zn^{2+}} + 2\,H_2O + \overset{0}{H_2}$

$\overset{0}{Fe} + 2\,\overset{I}{H_3O^+} \longrightarrow \overset{II}{Fe^{2+}} + 2\,H_2O + \overset{0}{H_2}$

Redoxreaktionen, da sich die Oxidationszahlen verändern.

b Oxonium-Ionen können gegenüber Atomen von unedlen Metallen wie Zink und Eisen als Oxidationsmittel wirken. Gegenüber edlen Metallen wie Kupfer allerdings nicht.

7) a Abgemessenes Volumen Probelösung vorlegen.
Bürette mit Kaliumpermanganatlösung (Maßlösung) auffüllen und ablesen.
Titrieren, bis keine Entfärbung mehr eintritt.
Endstand ablesen und Verbrauch ermitteln.

b Reduktion: $MnO_4^- + 8\,H^+ + 5\,e^- \longrightarrow Mn^{2+} + 4\,H_2O$ | ·2
Oxidation: $H_2O_2 \longrightarrow 2\,H^+ + O_2 + 2\,e^-$ | ·5

Redoxreaktion: $2\,MnO_4^- + 5\,H_2O_2 + 6\,H^+$
$\longrightarrow 2\,Mn^{2+} + 8\,H_2O + 5\,O_2$

c $n(H_2O_2) = \tfrac{5}{2} \cdot c(KMnO_4) \cdot V(KMnO_4)$
$= \tfrac{5}{2} \cdot 0{,}1\,mol \cdot L^{-1} \cdot 37{,}5\,ml = 9{,}375\,mmol$

$m(H_2O_2) = 9{,}375\,mmol \cdot 34\,g \cdot mol^{-1} = 318{,}75\,mg$

$\beta(H_2O_2) = \dfrac{318{,}75\,mg}{200\,ml} = 1{,}59\,g \cdot L^{-1}$

8) a $\overset{I\ \ III\ -II}{Na_2S_2O_4}$ $\overset{IV\ -II}{SO_2}$

Die Oxidationszahl der Schwefel-Atome wird größer, sodass Natriumdithionit oxidiert wird. Es ist ein Reduktionsmittel.

b $E(\text{Oxidation}) = E^0(Na_2S_2O_4/HSO_3^-) = -0{,}66\ V$
$E(\text{Reduktion}) = E^0(I_2/2\ I^-) = 0{,}54\ V$
$\Delta E = E(\text{Reduktion}) - E(\text{Oxidation}) = 0{,}54\ V - (-0{,}66\ V) = 1{,}2\ V$
Die Iodflecken lassen sich mit Natriumdithionit entfernen, weil die Potenzialdifferenz größer als 0 ist.

c Oxidation: $S_2O_4^{2-} \longrightarrow 2\ SO_2 + 2\ e^-$
Reduktion: $I_2 + 2\ e^- \longrightarrow 2\ I^-$

Redoxreaktion: $S_2O_4^{2-} + I_2 \longrightarrow 2\ SO_2 + 2\ I^-$

9) a In beiden Halbzellen bildet sich jeweils ein elektrochemisches Gleichgewicht aus, das von der Art der Elektroden abhängt.
$Cu \rightleftarrows Cu^{2+} + 2\ e^-$
$Ag \rightleftarrows Ag^+ + e^-$
Da Cu^{2+}-Ionen ein größeres Bestreben haben, in Lösung zu gehen, als Ag^+-Ionen, ist das Kupferblech im Vergleich zum Silberblech stärker negativ aufgeladen. Die beiden Halbzellen weisen verschiedene Potenziale auf. Der Unterschied führt zu einer messbaren Spannung von 0,4 V.

b

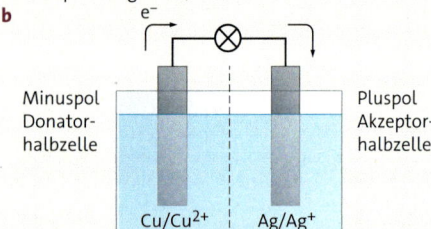

Minuspol Donatorhalbzelle — Cu/Cu^{2+} Pluspol Akzeptorhalbzelle — Ag/Ag^+

c Minuspol: $Cu(s) \longrightarrow Cu^{2+}(aq) + 2\ e^-$
Pluspol: $2\ Ag^+(aq) + 2\ e^- \longrightarrow 2\ Ag(s)$

10) a $E(Cu/Cu^{2+}) = E^0(Cu/Cu^{2+}) + \dfrac{0{,}059\ V}{z} \cdot \lg c(Cu^{2+})$
$= 0{,}35\ V + \dfrac{0{,}059\ V}{2} \cdot \lg 0{,}2 = 0{,}329\ V$

b $E(Ag/Ag^+) = E^0(Ag/Ag^+) + \dfrac{0{,}059\ V}{z} \cdot \lg c(Ag^+)$
$= 0{,}80\ V + \dfrac{0{,}059\ V}{1} \cdot \lg 0{,}1 = 0{,}741\ V$

c $E(Ag/Ag^+) = E^0(Ag/Ag^+) + \dfrac{0{,}059\ V}{z} \cdot \lg c(Ag^+)$
$= 0{,}80\ V + \dfrac{0{,}059\ V}{1} \cdot \lg 0{,}01 = 0{,}682\ V$

11) $E(Cu/Cu^{2+}) = E^0(Cu/Cu^{2+}) = 0{,}35\ V$
$E(Zn/Zn^{2+}) = E^0(Zn/Zn^{2+}) + \dfrac{0{,}059\ V}{z} \cdot \lg c(Zn^{2+})$
$= -0{,}76\ V + \dfrac{0{,}059\ V}{2} \cdot \lg 0{,}1 = -0{,}79\ V$
$U = E(\text{Akzeptorhalbzelle}) - E(\text{Donatorhalbzelle})$
$= 0{,}35\ V - (-0{,}79\ V) = 1{,}14\ V$

12) $E(Cu/Cu^{2+}) = E^0(Cu/Cu^{2+}) + \dfrac{0{,}059\ V}{z} \cdot \lg c(Cu^{2+})$
$= 0{,}35\ V + \dfrac{0{,}059\ V}{2} \cdot \lg 0{,}2 = 0{,}329\ V$
$U = E(\text{Akzeptorhalbzelle}) - E(\text{Akzeptorhalbzelle})$
$E(\text{Akzeptorhalbzelle}) = U + E(\text{Akzeptorhalbzelle})$
$= 0{,}35\ V + 0{,}329\ V = 0{,}679\ V$
$E(Ag/Ag^{2+}) = E^0(Ag/Ag^{2+}) + \dfrac{0{,}059\ V}{z} \cdot \lg x$
$= 0{,}80\ V + \dfrac{0{,}059\ V}{1} \cdot \lg x = 0{,}679\ V$

$-0{,}121\ V = 0{,}059\ V \cdot \lg x$
$-\dfrac{0{,}121\ V}{0{,}059\ V} = -2{,}05 = \lg x$
$x = 10^{-2{,}05} = 8{,}91 \cdot 10^{-3}$
Die Konzentration an Silber-Ionen beträgt:
$c(Ag^+) = 8{,}91 \cdot 10^{-3}\ mol \cdot L^{-1}$

13) a Reduktionswirkung: Al > Fe > Cu > Au
Auf dem Al-Stab scheiden sich alle drei anderen Metalle ab. Es hat daher die größte Reduktionswirkung. Auf dem Fe-Stab scheiden sich nur Kupfer und Gold ab. Auf dem Cu-Stab scheidet sich nur Gold ab und auf dem Au-Stab scheidet sich kein anderes Metall ab. Es hat die geringste Reduktionswirkung.

b

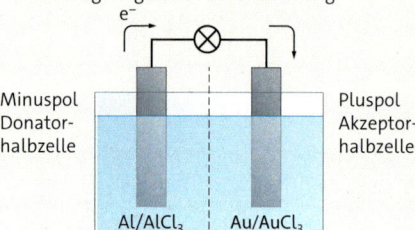

Minuspol Donatorhalbzelle — $Al/AlCl_3$ Pluspol Akzeptorhalbzelle — $Au/AuCl_3$

c $U = E(\text{Reduktion}) - E(\text{Oxidation})$
$= E^0(Au/Au^{3+}) - E^0(Al/Al^{3+}) = 1{,}50\ V - (-1{,}66\ V) = 3{,}16\ V$

14) a Teilweise offene Aufgabenstellung:
$U(Zn/Zn^{2+} // Ag^+/Ag) = 1{,}56\ V$
$U(Zn/Zn^{2+} // Pt^{2+}/Pt) = 1{,}96\ V$
$U(Zn/Zn^{2+} // Au^{3+}/Au) = 2{,}26\ V$
$U(Li/Li^+ // Ag^+/Ag) = 3{,}84\ V$

b Eine Batterie ist eine galvanische Zelle, die zur mobilen Stromerzeugung genutzt werden kann. Die beiden Halbzellen werden in einem Baukörper verbaut (oft Zylinder), der außen geschlossen ist, damit die Batterie in einem Verbraucher genutzt werden kann. Häufig werden nichtflüssige Elektrolyte verwendet. Bei Anschluss eines Verbrauchers laufen die freiwilligen galvanischen Reaktionen ab. Elektronen fließen von der Donator- zur Akzeptorhalbzelle. Chemische Energie wird in elektrische Energie umgewandelt.
Beispiele: Zink-Kohle-Batterie; Alkali-Mangan-Batterie

15) a Die Coincell ist eine galvanische Zelle aus einer Lithiumhalbzelle und einer MnO_2/Mn^{3+}-Halbzelle.
Anode (Elektronendonator):
$\overset{0}{Li} \longrightarrow \overset{I}{Li^+} + e^-$
Kathode (Elektronenakzeptor):
$\overset{IV}{MnO_2} + \overset{I}{Li^+} + e^- \longrightarrow \overset{I\ III}{LiMnO_2}$
Zellreaktion: $Li + MnO_2 \longrightarrow LiMnO_2$

b Stark negatives Elektrodenpotenzial von Lithium, geringe Masse (hohe Energiedichte)

c Wasserfreier, trotzdem leitfähiger Elektrolyt, sehr dichte Bauform, da es sonst zur Reaktion von Lithium mit Wasser unter Wasserstoffentwicklung kommt; ⇒ hoher Preis der Knopfzelle

16) a Bildung eines Lokalelements aus dem unedleren Aluminium und dem Eisen in der Stahlpfanne. Lasagne enthält durch die Tomatensauce H^+-Ionen.
$Al \longrightarrow Al^{3+} + 3\ e^-$ (Oxidation)
$2\ H^+ + 2\ e^- \longrightarrow H_2$ (Reduktion)
$2\ Al + 6\ H^+ \longrightarrow 2\ Al^{3+} + 3\ H_2$ (Redoxreaktion)

b Nein, da dann kein Lokalelement aus zwei Metallen entstehen kann.

c Aluminium als Verpackungsmaterial sollte unbedenklich sein, Al^{3+}-Ionen können z. B. durch Erhitzen nicht entfernt werden; saure Lebensmittel sollten nicht in Aluminium verpackt werden.

17) Synonyme untereinander sind:

Halbzelle	Anode (Ort der Oxidation)	Kathode (Ort der Reduktion)	Redoxpotenzial
Elektrode	Elektronendonator	Elektronenakzeptor	Elektrodenpotenzial
elektrochemische Zelle	Minuspol	Pluspol	

Die Begriffe *Halbzelle* und *Elektrode* bezeichnen die Kombination aus Metall und Elektrolytlösung. *Elektrode* wird häufig auch nur für das Metall verwendet. Der Begriff Halbzelle weist darauf hin, dass eine zweite Halbzelle erforderlich ist, um eine galvanische Zelle zu erhalten, das leistet der Begriff *elektrochemische Zelle* nicht. Die Begriffe *Anode/Kathode* für die Vorgänge der Oxidation/Reduktion sind ebenso eindeutig wie *Elektronendonator/-akzeptor*. Die Begriffe *Minuspol/Pluspol* sind problematisch, da die Ladung selbst nichts über die Art der Reaktion aussagt. Bei galvanischen Zellen erfolgt am Minuspol die Oxidation, bei Elektrolysen die Reduktion.
Redoxpotenzial zielt auf das Verhalten des Systems in einer Redoxreaktion ab, also auf die Fähigkeit, einen Partner zu oxidieren bzw. zu reduzieren. Das *Elektrodenpotenzial* ist physikalisch als elektrisches Potenzial zu verstehen.

18) a

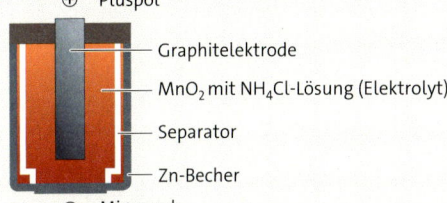

Anode (Minuspol): $Zn \longrightarrow Zn^{2+} + 2\,e^-$
Kathode (Pluspol): $MnO_2 + 2\,H_2O + 2\,e^- \longrightarrow 2\,MnOOH + 2\,OH^-$
b Nach NERNST sinkt mit steigender Konzentration der Zn^{2+}-Ionen das Potenzial der Halbzelle Zn/Zn^{2+}.
c Die Anode ist der Zinkbecher, der sich während der Benutzung der Batterie auflöst.
d Beide Batterien enthalten Zink und Mangandioxid, dürfen nicht im Hausmüll entsorgt werden. Alkaline halten doppelt so lange, sind auslaufsicher und ihre Spannung bleibt länger konstant.

19) a $U(Zn/Zn^{2+} // Ni^{2+}/Ni) = -0{,}23\,V - (-0{,}76\,V) = 0{,}53\,V$
b $U(Cu/Cu^{2+} // Ag^+/Ag) = 0{,}8\,V - 0{,}35\,V = 0{,}45\,V$
c Für die galvanische Zelle in Teilaufgabe **a** gilt: Weil die Konzentration in beiden Halbzellen gleichmäßig verringert wird, bleibt die Spannung gleich, denn die Konzentrationsänderung wirkt sich dann nicht auf die Spannung aus.

20) a $2\,H_2O(l) \rightleftarrows O_2(g) + 4\,H^+ + 4\,e^-$
Nernst-Gleichung:
$$E(Red/Ox) = E^0(Red/Ox) + \frac{0{,}059\,V}{z} \cdot \lg \frac{c(Ox)}{c(Red)}$$

$$E(H_2O/H^+) = E^0(H_2O/H^+) + \frac{0{,}059\,V}{4} \cdot \lg \frac{c^4(H^+) \cdot c(O_2)}{c^2(H_2O)}$$

$c(O_2)$ und $c(H_2O)$ entsprechen Standardbedingungen.

$$E(H_2O/H^+) = E^0(H_2O/H^+) + \frac{0{,}059\,V}{4} \cdot \lg c^4(H^+)$$

$$E(H_2O/H^+) = E^0(H_2O/H^+) - 0{,}059\,V \cdot pH$$

b

pH-Wert	Halbzellenreaktion	Stoffmengenkonzentration $c(H^+)$ in mol·l^{-1}	Elektrodenpotenzial in V
0	$2\,H_2O \rightleftarrows O_2 + 4\,H^+ + 4\,e^-$	1	1,23
7	$4\,OH^- \rightleftarrows O_2 + 2\,H_2O + 4\,e^-$	10^{-7}	0,82
14	$4\,OH^- \rightleftarrows O_2 + 2\,H_2O + 4\,e^-$	10^{-14}	0,41

In Abhängigkeit vom pH-Wert ist das Elektrodenpotenzial nach der Nernst-Gleichung für die Oxidationswirkung von Sauerstoffmolekülen in Lösung unterschiedlich.

21) a Chlor, Wasserstoff, Kalilauge (Kaliumhydroxidlösung)
b Pluspol (Anode):
$2\,Cl^- \longrightarrow Cl_2 + 2\,e^-$
Minuspol (Kathode):
$2\,H_2O + 2\,e^- \longrightarrow 2\,OH^- + H_2$
_____
$2\,Cl^- + 2\,H_2O \longrightarrow Cl_2 + H_2 + 2\,OH^-$

Beim Membranverfahren sind die beiden Halbzellen durch eine spezielle Membran getrennt, die nur für die Kalium-Ionen durchlässig ist. An der Anode entstehen aus den Chlorid-Ionen einer Kaliumchloridlösung Chlor. An der Anode reagieren Wasser-Moleküle in einer Kalilauge zu Hydroxid-Ionen und Wasserstoff-Molekülen. Zum Ladungsausgleich wandern Kalium-Ionen durch die Membran. Dadurch entsteht konzentrierte, hochreine Kalilauge.

c $m(KOH) = \dfrac{I \cdot t \cdot M(KOH)}{z \cdot F}$

$= \dfrac{2{,}5 \cdot 10^5\,A \cdot s \cdot 86\,400\,s \cdot 56\,g\,mol^{-1}}{1 \cdot 96\,485\,A \cdot s \cdot mol^{-1}}$

$= 1{,}25 \cdot 10^7\,g = 12{,}5\,t$

22) a

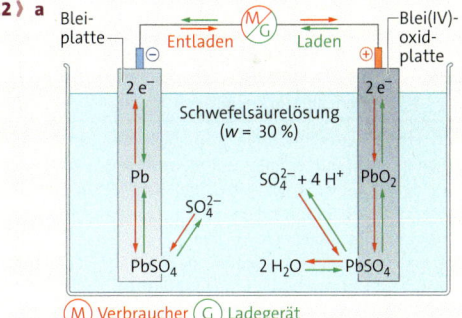

b Entladen:
Pluspol:
$PbO_2 + 4\,H^+ + SO_4^{2-} + 2\,e^- \longrightarrow PbSO_4 + 2\,H_2O$
Minuspol:
$Pb + SO_4^{2-} \longrightarrow PbSO_4 + 2\,e^-$

Laden:
Pluspol:
$PbSO_4 + 2\,H_2O \longrightarrow PbO_2 + 4\,H^+ + SO_4^{2-} + 2\,e^-$
Minuspol:
$PbSO_4 + 2\,e^- \longrightarrow Pb + SO_4^{2-}$

c Beim Entladen des Akkus wird entsprechend der Reaktionsgleichung Schwefelsäure verbraucht und Wasser gebildet. Dadurch wird die Schwefelsäure verdünnt und ihre Dichte verringert. Liegt eine geringe Dichte der Schwefelsäure vor, so ist der Bleiakku weitgehend entladen, bei hoher Dichte ist der Akku dagegen weitgehend aufgeladen.

23) **a** $U_Z = E^0(2\,Br^-/Br_2) - E^0(Li/Li^+)$
= 1,07 V − (−3,04 V) = 4,11 V
b Aufgrund des hohen negativen Elektrodenpotenzials von Li/Li$^+$ reagieren am Pluspol Wasser-Moleküle zu Hydroxid-Ionen und Wasserstoff-Molekülen. Das Redoxpotenzial von OH$^-$/H$_2$O ist größer (weniger negativ), sodass eine geringere Zersetzungsspannung resultiert.

24) **a**

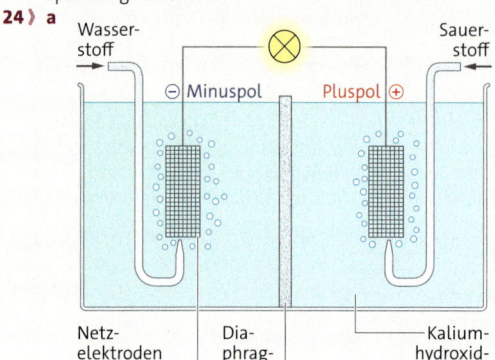

Pluspol (Anode):
2 H$_2$ + 4 OH$^-$ $\longrightarrow$ 4 H$_2$O + 4 e$^-$
(2 H$_2$ $\longrightarrow$ 4 H$^+$ + 4 e$^-$)

Minuspol (Kathode):
O$_2$ + 2 H$_2$O + 4 e$^-$ $\longrightarrow$ 4 OH$^-$
(O$_2$ + 4 H$^+$ + 4 e$^-$ $\longrightarrow$ 2 H$_2$O)

b

	Brennstoffzelle	Alkaline
Pluspol	Platinelektrode von Wasserstoff umspült	Mangandioxidpaste
Minuspol	Platinelektrode von Sauerstoff umspült	Zinkgel
Elektrolyt	KOH-Lösung/PEM	KOH-Lösung
Zellspannung	1,23 V	1,5 V
Eigenschaften	kontinuierlicher Betrieb, Ausgangsstoffe müssen von außen zugeführt werden	nicht wiederaufladbar

c Die Brennstoffzellentechnologie ermöglicht die Speicherung überschüssiger regenerativer Energie, indem diese zur Elektrolyse von Wasser verwendet wird. Die dabei gebildeten Reaktionsprodukte Wasserstoff und Sauerstoff können zur Energiegewinnung in der Brennstoffzelle eingesetzt werden.

25) **a** Magnesium ist ein unedleres Metall als das Eisen in der Stahlklinge. Es dient als Opferanode für die Stahlklinge.
b Elektronenabgabe/Oxidation:
2 Mg $\longrightarrow$ 2 Mg^{2+} + 4 e$^-$
Elektronenaufnahme/Reduktion:
2 H$_2$O + O$_2$ + 4 e$^-$ $\longrightarrow$ 4 OH$^-$

Elektronenübergang/Redoxreaktion:
2 Mg + 2 H$_2$O + O$_2$ $\longrightarrow$ 2 Mg(OH)$_2$

26) **a** Kupfer ist durch Passivierung vor Korrosion geschützt.
b Es bildet sich ein Lokalelement, bei dem die verzinkte Regenrinne die Anode bildet, die sich langsam auflöst. Es reicht aus, wenn die Zinkschicht an einer Stelle beschädigt wurde, z. B. beim Festziehen der Kupferschraube.
Anode: Fe $\longrightarrow$ Fe^{2+} + 2 e$^-$
Kathode: 2 H$_2$O + O$_2$ + 2 e$^-$ $\longrightarrow$ 4 OH$^-$

Kapitel 9: Chemie in Wissenschaft, Forschung und Anwendung (↑ S. 384–385)

1) RUTHERFORD beschoss eine sehr dünne Goldfolie mit positiv geladenen α-Teilchen. Er stellte fest, dass die meisten α-Teilchen die Goldfolie ungehindert passieren können. Daraus schloss er, dass der größte Teil der Gold-Atome mehr oder weniger „leer" sein muss. Diese Erkenntnis steht im Widerspruch zum „Rosinenkuchenmodell", bei dem angenommen wird, Atome seien massive Kugeln, die aus einem positiv geladenen „Teig" bestehen, in den Elektronen wie Rosinen eingebettet sind.

2)

	Anzahl an		
	Protonen	Neutronen	Elektronen
a	11	12	11
b	21	24	21
c	53	74	53
d	79	118	79

3) **a** Die vier Farblinien im Wasserstoffspektrum kommen durch vier Quantensprünge von höheren Schalen bzw. höheren Energieniveaus zurück in die L-Schale ($n = 2$) zustande.
b Je größer die Wellenlänge der emittierten Strahlung, desto geringer die emittierte Energieportion ΔE (Quant).

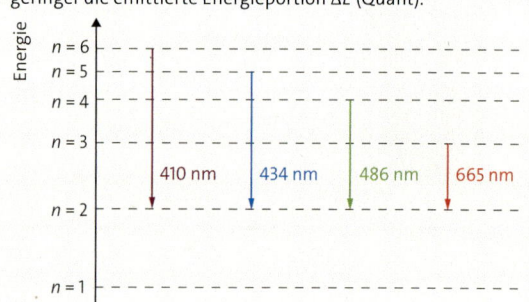

4) **a**
Cl-Atom

n	Schale	l	Unterniveau	Anzahl Elektronen	
1	K	0	s	2	2
2	L	0	s	2	8
		1	p	6	
3	M	0	s	2	7
		1	p	5	
		2	d	0	

Br-Atom

n	Schale	l	Unterniveau	Anzahl Elektronen	
1	K	0	s	2	2
2	L	0	s	2	8
		1	p	6	
3	M	0	s	2	18
		1	p	6	
		2	d	10	
4	N	0	s	2	7
		1	p	5	
		2	d	0	
		3	f	0	

b Cl-Atom: [Ne] 3s^{2}3p^5; Br-Atom: [Ar] 4s^{2}4p^5

5) Elektronen sind weder Wellen noch Teilchen. Sie zeigen je nach experimenteller Anordnung Eigenschaften, die manchmal sinnvoller mit einer Teilchenvorstellung, manchmal sinnvoller mit einer Wellenvorstellung gedeutet werden können.

6) a L-Schale ($n = 2$), p-Niveau ($l = 1$)
b 2p-Orbital
c hantelförmig
d Der Elektronenspin wird über die Spinquantenzahl s ausgedrückt, entweder $s = +\frac{1}{2}$ oder $s = -\frac{1}{2}$. Welcher der beiden Fälle zutrifft, kann nicht durch die Wellenfunktion ausgedrückt werden.

7) a Energie-Prinzip nicht beachtet: $1s^2$
b Maximale Anzahl an Elektronen in den p-Orbitalen ($l = 1$) nicht beachtet: $1s^2\, 2s^2\, 2p^6\, 3s^1$
c Energie-Prinzip nicht beachtet: $1s^2 2s^2 2p^1$
d Im Ne-Atom sind schon Orbitale mit $n = 2$ besetzt [Ne] = $1s^2 2s^2 2p^6$, daher: [Ne] $3s^2 3p^1$
e Energie-Prinzip nicht beachtet: [Ne] $3s^2\, 3p^4$

8) a Ge-Atom: $4s^2 4p^2$ Sn-Atom: $5s^2 5p^2$ Pb-Atom: $6s^2 6p^2$
Anzahl der Valenzelektronen: 4 aus s- und p-Orbitalen
Nummer der äußersten Schalen: 4, 5 und 6
Die Atome stehen in der Hauptgruppe IV in den Perioden 4, 5 und 6.
b Ti-Atom: $3d^2 4s^2$ Zr-Atom: $4d^2 5s^2$ Hf: $5d^2 6s^2$
Anzahl der Valenzelektronen: 4 aus s- und d-Orbitalen
Nummer der äußersten Schalen: 4, 5 und 6
Die Atome stehen in der Nebengruppe IV in den Perioden 4, 5 und 6.

9) a

Grundzustand					sp³-hybridisierter Zustand			
↑↓	↑↓	↑↓	↑	↑	↑↓	↑↓	↑↓	↑ ↑
1s	2s	2p			1s		2sp³	

b Die beiden halbbesetzten sp³-Hybridorbitale (+) überlappen mit den s-Orbitalen (+) von zwei H-Atomen unter Ausbildung von zwei σ-Bindungen.
c Die beiden vollbesetzten sp³-Hybridorbitale sind als freie Elektronenpaare zu deuten. Sie drücken die beiden bindenden Elektronenpaare (O–H-Bindungen) zusammen, sodass sich der tatsächliche Bindungswinkel gegenüber dem idealen Tetraederwinkel verringert.

10) a Aufgrund ähnlicher Elektronenzahlen (40–42) sind die Polarisierbarkeiten der drei Moleküle grundsätzlich ähnlich. Im Butan-1-ol-Molekül und im Butan-2-on-Molekül gibt es allerdings polare Bindungen (O–H, C–O und C=O), sodass hier die Polarisierbarkeiten etwas geringer ausfallen.
Das n-Pentan-Molekül ist kein Dipol, daher ist $\mu = 0$. Aufgrund der polaren O–H-Bindung ist das Butan-2-ol-Molekül ein Dipol, aufgrund der stark polaren Carbonylgruppe ist das Butan-2-on-Molekül sogar ein starker Dipol.
b

	C_5H_{12}	$C_4H_{10}O$	C_4H_8O
London-Wechselwirkung	×	×	×
Keesom-Wechselwirkung	–	×	×
Wasserstoffbrücken	–	×	–

c In allen drei Fällen ist die London-Wechselwirkung ähnlich groß, die Keesom-Wechselwirkung spielt bei Butan-1-ol eine eher untergeordnete Rolle, ist aber bei Butan-2-on entscheidend. Wasserstoffbrücken gibt es nur zwischen den Butan-1-ol-Molekülen. Die Siedetemperatur der Flüssigkeiten steigt in der gleichen Reihenfolge wie die Gesamtwechselwirkung zwischen den entsprechenden Molekülen:

	C_5H_{12}	C_4H_8O	$C_4H_{10}O$
Gesamtwechselwirkung zwischen den Molekülen	\multicolumn{3}{c}{—— nimmt zu ——→}		
Siedetemperatur der Flüssigkeiten	—— nimmt zu ——→		
	36,1 °C	79,6 °C	117 °C

11) a *Lichtabsorption:* Wird ein farbiger Gegenstand mit Licht bestrahlt, so werden bestimmte Wellenlängen aus dem Spektrum aufgenommen (Lichtabsorption). Dadurch werden Elektronen der Farbstoff-Moleküle auf ein höheres Energieniveau gehoben. Die für die Anregung notwendige Energie entspricht der Energie der absorbierten Wellenlänge. Die wahrgenommene Farbe ist das Resultat der Mischung der nicht vom Stoff absorbierten Anteile des weißen Lichts. *Lichtemission:* Abstrahlung elektromagnetischer Wellen im sichtbaren Spektrum unter Rückkehr von Elektronen aus einem angeregten Zustand in den Grundzustand. Die Anregungsenergie wird in Form von Licht emittiert. Die wahrgenommene Farbe ist das Resultat des Aussendens von Licht in den Wellenlängen des sichtbaren Spektrums.
b *Subtraktive Farbmischung:* Teile des sichtbaren Lichts werden vom Gegenstand absorbiert. In das Auge gelangt nur der nichtabsorbierte Anteil. Die Mischfarbe wird somit bereits im betrachteten Gegenstand erzeugt. Grundfarben: Cyan, Magenta und Gelb. Werden diese drei Farben in gleicher Intensität und zu gleichen Anteilen miteinander gemischt, wird das gesamte Licht absorbiert und der Farbeindruck ist schwarz.
c *Fluoreszenz:* Emission von Licht beim Elektronenübergang aus dem angeregten Zustand in den Grundzustand unter Beibehaltung des Elektronenspins. Die Energie wird nicht nur in Lichtenergie, sondern auch in Schwingungsenergie umgewandelt. Deshalb ist das emittierte Licht etwas energieärmer und damit langwelliger als das eingestrahlte Licht. Man sieht das Leuchten nur, solange der Gegenstand mit energiereichem Licht bestrahlt wird. *Phosphoreszenz:* Das Elektron fällt unter Umkehrung des Elektronenspins über einen metastabilen Zustand in den Grundzustand zurück. Der Vorgang ist langsamer als der Übergang ohne Spinumkehr. Deshalb findet auch nach Ausschalten der anregenden Lichtquelle Emission von Licht statt. Wie bei der Fluoreszenz besitzt das ausgestrahlte Licht größere Wellenlängen als das absorbierte Licht.

12) Buttergelb ist ein Azofarbstoff, der im sichtbaren Spektrum (blauviolettes Licht) absorbiert. Der Farbstoff erscheint in der Komplementärfarbe Gelb. Das Chromophor besteht aus den delokalisierten π-Elektronen der Benzolringe und den freien Elektronenpaaren an den Stickstoff-Atomen der Azogruppe R–N=N–R, die die Ringe miteinander verbindet. Die tert-Aminogruppe –N(CH₃)₂ des Buttergelb-Moleküls ist eine auxochrome Gruppe; das freie Elektronenpaar am Stickstoff-Atom wird in das delokalisierte Elektronensystem miteinbezogen (Elektronendonator). Sie erzeugt einen +M-Effekt, der die Elektronendichte im konjugierten π-Elektronensystem erhöht. Die Delokalisation der π-Elektronen bewirkt, dass eine geringe Anregungsenergie benötigt wird, um die Elektronen auf ein höheres Energieniveau zu heben. Beim Buttergelb kann die Elektronenanregung durch sichtbares Licht erreicht werden, weshalb die Verbindung farbig erscheint.

13) Ein im Tageslicht blau erscheinender Gegenstand hat sein Absorptionsmaximum im gelben Bereich des sichtbaren Lichts. In das Auge gelangt nur noch ein Teilspektrum des weißen Lichts. Die Komplementärfarbe zum absorbierten gelben Licht ist die Farbe, die vom Auge wahrgenommen wird, also Blau. Das gelbe Licht der Natriumdampflampe wird vom Gegenstand vollständig absorbiert. Es kann daher kein Licht einer anderen Wellenlänge reflektiert werden: Der Gegenstand erscheint schwarz.

14) a *Direktfarbstoff*: wasserlöslicher Farbstoff, der beim Färben direkt aus der Färbeflotte auf die Faser zieht

Beim substantiven Direktfärben lagern sich Farbstoff-Moleküle in die Hohlräume zwischen den Fasern und werden dort durch London-, Dipol-Dipol-Wechselwirkungen oder Wasserstoffbrücken gebunden. Kationische Farbstoff-Moleküle enthalten Aminogruppen, die in saurer Lösung protoniert und daher positiv geladen sind; eignen sich zur Färbung von Fasern, die negativ geladene Atomgruppen besitzen. Anionische Farbstoff-Moleküle enthalten Carboxy- oder Sulfonsäuregruppen. Durch Protolyse der Farbstoff-Moleküle bilden sich negativ geladene Farbstoff-Anionen, die sich an die protonierten Aminogruppen von Woll- und Polyamidfasern binden.
Leukoform: reduzierte Form eines Farbstoffs, die nicht farbig ist, weil das konjugierte π-Elektronensystem unterbrochen ist
Carbonylfarbstoff: Farbstoffgruppe mit mindestens zwei Carbonylgruppen in ihren Molekülen, die durch ein konjugiertes π-Elektronensystem miteinander verbunden sind. Carbonylfarbstoffe sind besonders lichtecht und bleichen unter Lichteinwirkung kaum aus. *Beispiele:* Indigo- und Anthrachinonfarbstoffe
b Indigo ist nicht wasserlöslich, eine direkte Färbung daher nicht möglich. Indigo gehört zu den Pigmenten und nicht zu den Farbstoffen. Zum Färben wird Indigo in alkalischer Lösung reduziert und in eine wasserlösliche, gelblich weiße Form, das Leukoindigo, gebracht. Dieses kann auf die zu färbenden Stoffe aufziehen. Durch den Sauerstoff der Luft erfolgt die Oxidation zum blauen Indigo.

15 **a** Resorcingelb ist ein Azofarbstoff. Die Moleküle enthalten die Azogruppe R–N=N–R zwischen zwei aromatischen Resten. Ein aromatischer Rest besteht aus einem Benzolring mit zwei Hydroxygruppen in ortho- bzw. para-Stellung zur Azogruppe, ein weiterer aus einem Benzolring mit einer deprotonierten Sulfonsäuregruppe (Sulfonatgruppe) in para-Stellung zur Azogruppe.

b Reaktionsmechanismus (elektrophile Substitution) der Azokupplung ↑ **01** siehe unten.
c Pflanzliche Fasern wie Baumwolle bestehen aus Cellulose, langkettigen Polysacchariden. Cellulose-Moleküle besitzen als funktionelle Gruppen eine Vielzahl an ungeladenen Hydroxygruppen. Beim *substantiven Direktfärben* von Baumwolle mit Resorcingelb lagert sich der Farbstoff in die Hohlräume zwischen den Fasern ein. Das Farbstoff-Molekül haftet nur durch London-Wechselwirkungen oder Wasserstoffbrücken an den Molekülen der Cellulose. Daher ist diese Färbung nicht waschecht.
Tierische Fasern wie Wolle bestehen aus Proteinen. Ihre Moleküle besitzen als funktionelle Gruppen geladene Ammonium- und Carboxylatgruppen. Mit sauren oder basischen Farbstoffen reagieren die Proteine unter Ausbildung einer salzartigen Verbindung, die Farbstoff und Faser fest miteinander verbindet. Resorcingelb enthält eine Sulfonsäuregruppe. Durch Protolyse der Farbstoff-Moleküle bilden sich negativ geladene Farbstoff-Anionen. Diese können mit den protonierten Aminogruppen der Protein-Moleküle in einer *anionischen Direktfärbung* reagieren.
Erhöhung der Waschechtheit: Die Waschechtheit eines Farbstoffs hängt davon ab, wie fest der Farbstoff auf der Faser haftet. Sie kann durch Entwicklungsfärbung erhöht werden. Dabei wird Resorcingelb durch eine chemische Reaktion erst auf der Faser gebildet (Zweikomponentenfärbung): Zuerst wird in einer alkalischen Lösung die farblose und wasserlösliche Kupplungskomponente Resorcin hergestellt, mit der die Textilfasern getränkt werden. Danach gibt man die Textilfasern in eine Lösung des Diazoniumsalzes, das ausgehend von Sulfanilsäure durch Reaktion mit dem Nitrosyl-Kation gebildet wird. Durch Azokupplung bildet sich der wasserunlösliche Farbstoff Resorcingelb direkt auf der Faser und haftet dort durch Adsorption. Dadurch wird die Waschechtheit deutlich erhöht.

1. Bildung des Nitrosyl-Kations

Nitrit-Ion → (+ H⁺) Salpetrige Säure → (+ H⁺) protoniert → (− H₂O) Nitrosyl-Kation

2. Diazotierung

Sulfanilsäure + IN=O⁺ → (− H⁺) ... ⇌ HO₃S–C₆H₄–N̄=N̄–OH

+ H⁺ → ... → (− H₂O) HO₃S–C₆H₄–N̄=N⁺ ↔ HO₃S–C₆H₄–N≡N

Diazonium-Ion

3. Azokupplung (in alkalischer Lösung)

⁻O₃S–C₆H₄–N̄=N⁺ + Resorcin (Kupplungskomponente) → ⁻O₃S–C₆H₄–N̄=N̄–C₆H₄(OH)–...
Na⁺   Na⁺

−H⁺ → ⁻O₃S–C₆H₄–N̄=N–C₆H₃(OH)(OH)
Na⁺

Resorcingelb

01 Reaktionsmechanismus einer Azokupplung zu Aufgabe **15b**

16) **a** Die chemische Formel von Diamminsilber(I)-nitrat lautet: [Ag(NH$_3$)$_2$]NO$_3$
b Diamminsilber(I) ist linear gebaut.

17) Liganden einer Komplexverbindung besitzen mindestens ein freies Elektronenpaar. Sie können daher als Elektronenpaardonator eingesetzt werden. Als Elektronenpaarakzeptor wird das Zentralteilchen betrachtet, da es freie Energieniveaus mit Elektronenpaaren der Liganden besetzen kann.

18) **a** Berechnung der Oberfläche eines Nanopartikels O(N. p.):
O(N. p.) = $4 \cdot \pi \cdot r^2$ = 31 400 nm^2
Berechnung des Volumens eines Nanopartikels V(N. p.):
V(N. p.) = $\frac{4}{3} \cdot \pi \cdot r^3$ = 523 600 nm^3
b Berechnung der Anzahl der Silber-Atome (Ag) in einem Nanopartikel:
V(Ag) = V(N. p.) · 0,74 = 387 500 nm^3
V(Ag) = $\frac{4}{3} \cdot \pi \cdot$ 0,134 nm^3 = 0,01 nm^3
Berechnung der Anzahl der Nanopartikel in einem Mol Silber-Atome (Ag):
N(Ag pro N. p) = 387 500 nm^3 : 0,01 nm^3 = 38 750 000
N(N. p. pro mol) = 6 · 10^{23} · mol^{-1} : 38 750 000
  = 1,5 · 10^{16} · mol^{-1}
c Berechnung der Oberfläche der Nanopartikel aus 1 mol Silber-Atome:
O(N. p.) = O(1 N. p.) · N(N. p.)
  = 31 400 nm^2 · 1,5 · 10^{16} · mol^{-1}
  = 4,7 · 10^{20} nm^2 = 470 m^2

19) **a** Cadmiumsulfid-Nanopartikel bilden größere Kristalle, wenn sie nicht durch Emulgatoren gegen Aggregation geschützt werden.
b Wenn die Menge der Emulgator-Moleküle zunimmt, dann kann von ihnen eine größere Oberfläche bedeckt werden. Damit entstehen kleinere Nanopartikel.
c Eine Lösung, die Nanopartikel enthält, zeigt einen positiven Tyndall-Effekt: Licht, z. B. von einem Laser, das durch diese Lösung fällt, wird gestreut.
d Da die Nanopartikel aus Ionen und Molekülen aufgebaut werden, liegt eine „Bottom-up"-Synthese vor.

20) An der Grenzfläche zweier nichtmischbarer Flüssigkeiten wie Pflanzenöl und Wasser bildet sich eine Grenzflächenspannung aus. Sie kann überwunden werden, indem beim Durchmischen der Flüssigkeiten ein Tensid zugesetzt wird. Da Tenside sowohl in Öl als auch in Wasser löslich sind, besetzen die Tensid-Moleküle die Grenzfläche und verringern so die Grenzflächenspannung zwischen beiden Flüssigkeiten. Die Entmischung beider Phasen bleibt aus und es bildet sich eine stabile Emulsion.

21) **a** Tensid-Moleküle besetzen in einer wässrigen Lösung zunächst die Grenzfläche zwischen der Lösung und Luft. Befinden sich mehr Tensid-Moleküle in der Lösung, als sich an der Oberfläche anreichern können, dann lagern sie sich zu kugel- oder stabförmigen Gebilden, den Micellen, zusammen, wobei die hydrophoben Teile der Tensid-Moleküle nach innen weisen und die hydrophilen Teile nach außen zu den Wasser-Molekülen. Micellen sind also Ansammlungen von Tensid-Molekülen, die sich aufgrund der zwei unterschiedlich gestalteten Molekülteile der Tenside ausbilden.
b In das Innere von Micellen weisen die hydrophoben Teile der Tensid-Moleküle. Hydrophobe Schmutzpartikel können deshalb in Micellen eingeschlossen werden. Der Schmutz wird durch den Einschluss in Micellen fein zerteilt, sodass eine stabile Dispersion aus von Tensid-Molekülen umhüllten Schmutzpartikeln im Wasser entsteht. Da die hydrophilen Molekülteile der Tenside zu den Wasser-Molekülen weisen, bleiben die von Tensid-Molekülen umhüllten Schmutzpartikel in der Schwebe der wässrigen Lösung und können sich nicht wieder auf der Faser anlagern. Sie werden in der wässrigen Lösung von der Faser weg transportiert.

22) **a** Tensid-Moleküle bestehen aus einem polaren Teil („Kopf") und einem unpolaren Teil („Schwanz"). Die Struktur des „Kopfs" bestimmt die Zugehörigkeit des jeweiligen Tensid-Moleküls zu verschiedenen Tensidklassen (anionische, kationische, zwitterionische oder nichtionische Tenside). Die Struktur des „Schwanzes" besteht meist aus einer langen, oft unverzweigten Alkylgruppe.
b Tensid oben [Natriumdodecylsulfat]: *Anionisches Tensid* (dissoziiert in wässriger Lösung in negativ geladene Tensid-Anionen und Natrium-Kationen); Verwendung in Waschmitteln, Shampoos und Schaumbädern
Tensid Mitte [Polyoxyethylen(6)laurylether]: *Nichtionisches Tensid* (dissoziiert nicht in wässriger Lösung, besitzt polare Glykolbausteine im Molekül); Verwendung in Flüssigwaschmitteln, Shampoos und Schaumbädern
Tensid unten [Dodecyl-N,N-dimethylbenzylammoniumchlorid]: *Kationisches Tensid* (dissoziiert in wässriger Lösung in positiv geladene Tensid-Kationen und Chlorid-Anionen); Verwendung in Weichspülern
c Zwitterionische Tenside, z. B.:

$CH_3-(CH_2)_{12}-\overset{CH_3}{\underset{CH_3}{\overset{|}{\underset{|}{N^{\oplus}}}}}-CH_2-C\overset{\overline{O}|}{\underset{\overline{O}|^{\ominus}}{}}$

23) **a**

$CH_3-(CH_2)_{15}-OH$ + Glucose ⟶ $CH_3-(CH_2)_{15}-O-$(Glucoserest) + H$_2$O

Hexadecan-1-ol + Glucose ⟶ Hexadecylglycosid + Wasser
Es entsteht ein Alkylglycosid (nichtionisches Tensid).
b Das Alkyglycosid-Molekül besitzt einen Glucosebaustein als polare Gruppe (vier OH-Gruppen) und einen Hexadecylrest als unpolare Gruppe. Damit besitzt es die notwendigen Merkmale für ein nichtionisches Tensid.
c Mehrere Lösungen möglich, z. B.: Ausfällen von Kalkseifen mit hartem Wasser bei Seifen – Alkylglycosid reagiert nicht mit den Calcium- und Magnesium-Ionen. Messung des pH-Werts: Alkylglycoside reagieren als nichtionische Tenside pH-neutral.

24) **a** Moleküle absorbieren IR-Strahlung, wenn sich dabei ihr Dipolmoment durch eine angeregte Schwingung ändern. N$_2$-Moleküle und O$_2$-Moleküle sind unpolar und auch bei einer Schwingung entsteht kein Dipolmoment. Sie absorbieren daher keine IR-Strahlung. CO$_2$-Moleküle sind unpolar, aber durch eine asymmetrische Streckschwingung oder eine Deformationsschwingung entsteht ein Dipolmoment. CO$_2$ absorbiert daher IR-Strahlung. Gleiches gilt für H$_2$O. Es ist bereits polar und das Dipolmoment ändert sich durch die Schwingungen. Durch die Absorption der von der Erdoberfläche emittierten IR-Strahlung wird die Abstrahlung der Energie in das Weltall verringert und in der Atmosphäre gehalten, was zur Erhöhung der Jahresdurchschnittstemperatur an der Oberfläche führt.
b Chlorwasserstoff besteht aus linearen HCl-Molekülen mit polarer Elektronenpaarbindung. Das Molekül kann daher Streckschwingungen ausführen, die durch Absorption von IR-Strahlung angeregt werden.

25) **a**

Ionenerzeugung	Verdampfen der Probe im Hochvakuum, Beschuss der Moleküle mit Elektronen zur Ionisierung, Beschleunigung der Ionen im elektrischen Feld
Ionenablenkung	Ablenkung der Ionen durch Magnetfeld auf Kreisbahnen, der Radius der Kreisbahn ist abhängig von der Masse der Ionen
Ionennachweis	Erfassen der Ionen am Detektor, Ausgabe eines Massenspektrums

b Die Ionen dürfen auf dem Weg zum Detektor nicht mit anderen Teilchen zusammenstoßen und aus ihrer Bahn abgelenkt werden. Die Ablenkung würde zur Verfälschung der Messung führen.

26) a Nach dem Lambert-Beer'schen Gesetz ist die Extinktion einer β-Carotinlösung proportional zur Stoffmengenkonzentration c. Durch Aufnahme einer Kalibriergeraden durch Messung der Extinktion von Lösungen bekannter Konzentration oder durch Berechnung kann die Stoffmengenkonzentration bestimmt werden.

b $c = \dfrac{E}{\varepsilon_{450} \cdot d} = \dfrac{1{,}23}{1{,}41 \cdot 10^5 \, L \cdot mol^{-1} \cdot cm^{-1} \cdot 1\,cm}$

$c = 8{,}72\,\mu mol \cdot L^{-1}$

$m = c \cdot V \cdot M$
$ = 8{,}72\,\mu mol \cdot L^{-1} \cdot 0{,}01\,L \cdot 536\,g \cdot mol^{-1} = 46{,}8\,\mu g$
$ = 0{,}0468\,mg$

27)

$$\overset{1}{CH_3} - \overset{\overset{\displaystyle CH_3}{|}}{\underset{\underset{\displaystyle OH}{|}}{\overset{2}{C}}} - \overset{3}{CH_2} - \overset{4}{CH_3}$$

a Vier Signale: Die Protonen in den CH_3-Gruppen am Kohlenstoff-Atom der Hydroxygruppe (C2) weisen die gleichen Bindungsverhältnisse auf (chemische Umgebung) und erzeugen nur ein Signal. Die Protonen am C4 und am C3 und das Proton in der Hydroxygruppe erzeugen jeweils ein Signal. Das Verhältnis ist: 6:3:2:1.

b Die Signale der Protonen der sechs H-Atome der beiden äquivalenten CH_3-Gruppen sind nicht aufgespalten, da sie nicht mit anderen Protonen gekoppelt sind. Das Signal der Protonen am C4 ist in ein Triplett aufgespalten, da es mit den zwei Protonen am C3 gekoppelt ist. Das Signal der zwei Protonen am C3 ist in ein Quartett aufgespalten, da es mit den drei Protonen am C4 gekoppelt ist.

Wichtige Größen und Daten in der Chemie

Größen in der Chemie

Größe	Formelzeichen	Einheit
Masse	m	kg, g
Volumen	V	m^3, L
Stoffmenge	n	mol
molare Masse	M	g/mol
molares Volumen	V_m	L/mol
Teilchenanzahl	N	1
Dichte	ϱ	g/cm^3, g/L
Massenanteil	w	1, %
Massenkonzentration	β	g/L
Stoffmengenkonzentration	c	mol/L
Temperatur	T, ϑ	K, °C

Größengleichungen in der Chemie

Dichte	$\varrho = \dfrac{m}{V}$
	$\varrho = \dfrac{M}{V_m}$
molare Masse	$M = \dfrac{m}{n}$
molares Volumen	$V_m = \dfrac{V}{n}$
Massenanteil	$w(\text{Stoff}) = \dfrac{m(\text{Stoff})}{m(\text{Stoffgemisch})}$
Volumenanteil	$\varphi(\text{Stoff}) = \dfrac{V(\text{Stoff})}{V(\text{Stoffgemisch})}$
Massenkonzentration	$\beta(\text{Stoff}) = \dfrac{m(\text{Stoff})}{V(\text{Stoffgemisch})}$
Stoffmengenkonzentration	$c(\text{Stoff}) = \dfrac{n(\text{Stoff})}{V(\text{Stoffgemisch})}$

Vorsätze von Einheiten (Auswahl)

Vorsatz	Kurzzeichen	Faktor, mit dem die Einheit multipliziert wird	
Giga	G	1 000 000 000	(10^9)
Mega	M	1 000 000	(10^6)
Kilo	k	1 000	(10^3)
Dezi	d	0,1	(10^{-1})
Zenti	c	0,01	(10^{-2})
Milli	m	0,001	(10^{-3})
Mikro	µ	0,000 001	(10^{-6})
Nano	n	0,000 000 001	(10^{-9})

Konstanten in der Chemie

Normdruck p_n	p_n = 1013 hPa
Normtemperatur T_n	T_n = 273,15 K
Molares Volumen eines idealen Gases im Normzustand $V_{m,n}$	$V_{m,n}$ = 22,4 L/mol
Avogadro-Konstante N_A	$N_A = 6{,}022\,1367 \cdot 10^{23}\,\text{mol}^{-1}$

Thermodynamische Daten ausgewählter Stoffe

Formel	M in $g \cdot mol^{-1}$	$\Delta_f H_m^0$ in $kJ \cdot mol^{-1}$	S_m^0 in $J \cdot K^{-1} \cdot mol^{-1}$	$\Delta_f G_m^0$ in $kJ \cdot mol^{-1}$	Formel	M in $g \cdot mol^{-1}$	$\Delta_f H_m^0$ in $kJ \cdot mol^{-1}$	S_m^0 in $J \cdot K^{-1} \cdot mol^{-1}$	$\Delta_f G_m^0$ in $kJ \cdot mol^{-1}$
$H_2O(l)$	18	−286	70	−237	$Cl_2(g)$	71	0	223	0
$H_2O(g)$	18	−244	189	−229	$CaCO_3(s)$	100	−1207	93	−1129
$CO_2(g)$	44	−394	214	−394	$Cu(s)$	63,5	0	33	0
$NaCl(s)$	58,5	−411	72	−384	$Cu^{2+}(aq)$	63,5	65	−100	66
$CaCl_2(s)$	111	−796	105	−748	$Na^+(aq)$	23	−240	59	−262
$C_4H_{10}(g)$	58	−126	310	−17	$Ca^{2+}(aq)$	40	−543	−53	−554
$Na(s)$	23	0	51	0	$Cl^-(aq)$	35,5	−167	56	−131
$Zn(s)$	65	0	42	0	$OH^-(aq)$	17	−230	−11	−157
$Zn^{2+}(aq)$	65	−154	−112	−147	$NH_4^+(aq)$	18	−132	113	−79

Elektrodenpotenziale E^0 verschiedener Verbindungen in wässriger Lösung bei Standardbedingungen (p = 1,013 bar, T = 25 °C)

Donator		Akzeptor + z e$^-$	Standardpotenzial E^0 in V
Li	⇌	Li$^+$ + e$^-$	−3,04
K	⇌	K$^+$ + e$^-$	−2,94
Sr	⇌	Sr^{2+} + 2 e$^-$	−2,90
Ca	⇌	Ca^{2+} + 2 e$^-$	−2,87
Na	⇌	Na$^+$ + e$^-$	−2,71
Mg	⇌	Mg^{2+} + 2 e$^-$	−2,36
Al	⇌	Al^{3+} + 3 e$^-$	−1,68
Mn	⇌	Mn^{2+} + 2 e$^-$	−1,18
H$_2$ + 2 OH$^-$	⇌	2 H$_2$O + 2 e$^-$	−0,81
Zn	⇌	Zn^{2+} + 2 e$^-$	−0,76
Cr	⇌	Cr^{3+} + 3 e$^-$	−0,74
S^{2-}	⇌	S(s) + 2 e$^-$	−0,45
Fe	⇌	Fe^{2+} + 2 e$^-$	−0,44
H$_2$ + 2 OH$^-$	⇌	2 H$_2$O + 2 e$^-$	−0,41 (bei pH = 7)
Pb + SO$_4^{2-}$	⇌	PbSO$_4$(s) + 2 e$^-$	−0,36
Co	⇌	Co^{2+} + 2 e$^-$	−0,28
Ni	⇌	Ni^{2+} + 2 e$^-$	−0,24
Pb	⇌	Pb^{2+} + 2 e$^-$	−0,13
Fe	⇌	Fe^{3+} + 3 e$^-$	−0,04
H$_2$	⇌	2 H$^+$ + 2 e$^-$	0,00
Cu	⇌	Cu^{2+} + 2 e$^-$	0,34
4 OH$^-$	⇌	O$_2$ + 2 H$_2$O + 4 e$^-$	0,40
2 I$^-$	⇌	I$_2$ + 2 e$^-$	0,54
H$_2$O$_2$	⇌	O$_2$ + 2 H$^+$ + 2 e$^-$	0,68
Ag	⇌	Ag$^+$ + e$^-$	0,80
4 OH$^-$	⇌	O$_2$ + 2 H$_2$O + 4 e$^-$	0,82 (bei pH = 7)
2 Br$^-$	⇌	Br$_2$ + 2 e$^-$	1,10
Pt	⇌	Pt^{2+} + 2 e$^-$	1,18
2 H$_2$O	⇌	O$_2$ + 4 H$^+$ + 4 e$^-$	1,23
2 Cl$^-$	⇌	Cl$_2$ + 2 e$^-$	1,36
Au	⇌	Au^{3+} + 3 e$^-$	1,50
Au	⇌	Au$^+$ + e$^-$	1,69
PbSO$_4$(s) + 2 H$_2$O	⇌	PbO$_2$(s) + SO$_4^{2-}$ + 4 H$^+$ + 4 e$^-$	1,69
2 H$_2$O	⇌	H$_2$O$_2$ + 2 H$^+$ + 2 e$^-$	1,76
2 F$^-$	⇌	F$_2$ + 2 e$^-$	2,89

↑ zunehmende reduzierende Wirkung

↓ zunehmende oxidierte Wirkung

Einstufung von Gefahrstoffen nach dem GHS-System

Seit 2009 erfolgt die Einstufung von Chemikalien nach dem GHS (*Globally Harmonised System of Classification and Labelling of Chemicals*). Dabei werden Gefahrstoffe mit international einheitlichen Gefahrenpiktogrammen, Gefahrenhinweisen (H-Sätze) und Sicherheitshinweisen (P-Sätze) versehen. Die Übergangsfristen für die bisherigen Verordnungen sind seit dem 1. Juni 2017 ausgelaufen.

Gefahrenpiktogramm und Piktogrammcode		Mit dem Gefahrenpiktogramm gekennzeichnete Stoffe und Gemische	Signalwort	Zugehörige Gefahrenhinweise (H-Sätze)
	GHS01	explosive und sehr gefährliche selbstzersetzliche Stoffe und Gemische sowie sehr gefährliche organische Peroxide	Gefahr	H200, H201, H202, H203, H240, H241 (mit GHS02)
			Achtung	H204
	GHS02	entzündbare, selbsterhitzungsfähige und gefährliche selbstzersetzliche Stoffe und Gemische, pyrophore Stoffe sowie Stoffe und Gemische, die bei Berührung mit Wasser entzündbare Gase entwickeln	Gefahr	H220, H222, H229, H224, H225, H228 (Kat. 1), H250, H251, H260, H261 (Kat. 2)
			Achtung	H221, H223, H229, H226, H228 (Kat. 2), H252, H261 (Kat. 3)
	GHS02	selbstzersetzliche Stoffe und Gemische sowie gefährliche organische Peroxide	Gefahr oder Achtung	H242
	GHS03	Stoffe und Gemische mit oxidierender Wirkung	Gefahr	H270, H271, H272 (Kat. 2)
			Achtung	H272 (Kat. 3)
	GHS04	Gase unter Druck	Achtung	H280, H281
	GHS05	Stoffe und Gemische, die korrosiv auf Metalle wirken	Achtung	H290
	GHS05	Stoffe und Gemische, die schwere Verätzungen der Haut und/oder schwere Augenschäden verursachen	Gefahr	H314, H318
	GHS07	Stoffe und Gemische, die Haut- und/oder schwere Augenreizungen verursachen können	Achtung	H315, H319
	GHS06	lebensgefährliche und giftige Stoffe und Gemische	Gefahr	H300, H310, H330, H301, H311, H331
	GHS07	gesundheitsschädliche Stoffe und Gemische	Achtung	H302, H312, H332
	GHS08	Stoffe und Gemische, die bei Verschlucken und Eindringen in die Atemwege tödlich sein können und/oder eine Gefahr für die Gesundheit darstellen. Diese Stoffe und Gemische schädigen bestimmte Organe und/oder können Krebs erzeugen, die Fruchtbarkeit beeinträchtigen, das Kind im Mutterleib schädigen und/oder genetische Defekte und/oder beim Einatmen Allergien, asthmaartige Symptome oder Atembeschwerden verursachen.	Gefahr	H304, H334, H340, H350, H350i, H360, H360F, H360D, H360FD, H370, H372
			Achtung	H341, H351, H361, H361f, H361d, H361fd, H371, H373
	GHS07	Stoffe oder Gemische, die allergische Hautreaktionen, Reizungen der Atemwege und/oder Schläfrigkeit und Benommenheit verursachen können	Achtung	H317, H335, H336
	GHS09	Stoffe und Gemische, die sehr giftig oder giftig für Wasserorganismen sind	Achtung	H400, H410, H411 (kein Signalwort)

* Die in den Experimenten verwendeten Gase stehen meist nicht unter Druck, daher wird dort in der Regel auf diese Kennzeichnung verzichtet. In der Gefahrstoffliste sind alle Gase auch mit GHS04 gekennzeichnet.

Gefahrenhinweise (H-Sätze)

Gefahrenhinweise für physikalische Gefahren

H200	Instabil, explosiv.
H201	Explosiv, Gefahr der Massenexplosion.
H202	Explosiv; große Gefahr durch Splitter, Spreng- und Wurfstücke.
H203	Explosiv; Gefahr durch Feuer, Luftdruck oder Splitter, Spreng- und Wurfstücke.
H204	Gefahr durch Feuer oder Splitter, Spreng- und Wurfstücke.
H205	Gefahr der Massenexplosion bei Feuer.
H220	Extrem entzündbares Gas.
H221	Entzündbares Gas.
H222	Extrem entzündbares Aerosol.
H223	Entzündbares Aerosol.
H224	Flüssigkeit und Dampf extrem entzündbar.
H225	Flüssigkeit und Dampf leicht entzündbar.
H226	Flüssigkeit und Dampf entzündbar.
H228	Entzündbarer Feststoff.
H229	Behälter steht unter Druck: kann bei Erwärmung bersten.
H230	Kann auch in Abwesenheit von Luft explosionsartig reagieren.
H231	Kann auch in Abwesenheit von Luft bei erhöhtem Druck und/oder erhöhter Temperatur explosionsartig reagieren.
H240	Erwärmung kann Explosion verursachen.
H241	Erwärmung kann Brand oder Explosion verursachen.
H242	Erwärmung kann Brand verursachen.
H250	Entzündet sich in Berührung mit Luft von selbst.
H251	Selbsterhitzungsfähig; kann in Brand geraten.
H252	In großen Mengen selbsterhitzungsfähig; kann in Brand geraten.
H260	In Berührung mit Wasser entstehen entzündbare Gase, die sich spontan entzünden können.
H261	In Berührung mit Wasser entstehen entzündbare Gase.
H270	Kann Brand verursachen oder verstärken; Oxidationsmittel.
H271	Kann Brand oder Explosion verursachen; starkes Oxidationsmittel.
H272	Kann Brand verstärken; Oxidationsmittel.
H280	Enthält Gas unter Druck; kann bei Erwärmung explodieren.
H281	Enthält tiefkaltes Gas; kann Kälteverbrennungen oder -verletzungen verursachen.
H290	Kann gegenüber Metallen korrosiv sein.

Gefahrenhinweise für Gesundheitsgefahren

H300	Lebensgefahr bei Verschlucken.
H301	Giftig bei Verschlucken.
H302	Gesundheitsschädlich bei Verschlucken.
H304	Kann bei Verschlucken und Eindringen in die Atemwege tödlich sein.
H310	Lebensgefahr bei Hautkontakt.
H311	Giftig bei Hautkontakt.
H312	Gesundheitsschädlich bei Hautkontakt.
H314	Verursacht schwere Verätzungen der Haut und schwere Augenschäden.
H315	Verursacht Hautreizungen.
H317	Kann allergische Hautreaktionen verursachen.
H318	Verursacht schwere Augenschäden.
H319	Verursacht schwere Augenreizung.
H330	Lebensgefahr bei Einatmen.
H331	Giftig bei Einatmen.
H332	Gesundheitsschädlich bei Einatmen.
H334	Kann bei Einatmen Allergie, asthmaartige Symptome oder Atembeschwerden verursachen.
H335	Kann die Atemwege reizen.
H336	Kann Schläfrigkeit und Benommenheit verursachen.
H340	Kann genetische Defekte verursachen <Expositionsweg angeben, sofern schlüssig belegt ist, dass diese Gefahr bei keinem anderen Expositionsweg besteht>.
H341	Kann vermutlich genetische Defekte verursachen <Expositionsweg angeben, sofern schlüssig belegt ist, dass diese Gefahr bei keinem anderen Expositionsweg besteht>.
H350	Kann Krebs erzeugen <Expositionsweg angeben, sofern schlüssig belegt ist, dass diese Gefahr bei keinem anderen Expositionsweg besteht>.
H350i	Kann beim Einatmen Krebs erzeugen.
H351	Kann vermutlich Krebs erzeugen <Expositionsweg angeben, sofern schlüssig belegt ist, dass diese Gefahr bei keinem anderen Expositionsweg besteht>.
H360	Kann die Fruchtbarkeit beeinträchtigen oder das Kind im Mutterleib schädigen <konkrete Wirkung angeben, sofern bekannt> <Expositionsweg angeben, sofern schlüssig belegt ist, dass die Gefahr bei keinem anderen Expositionsweg besteht>.
H360F	Kann die Fruchtbarkeit beeinträchtigen.
H360D	Kann das Kind im Mutterleib schädigen.
H360FD	Kann die Fruchtbarkeit beeinträchtigen. Kann das Kind im Mutterleib schädigen.
H360Fd	Kann die Fruchtbarkeit beeinträchtigen. Kann vermutlich das Kind im Mutterleib schädigen.
H360Df	Kann das Kind im Mutterleib schädigen. Kann vermutlich die Fruchtbarkeit beeinträchtigen.
H361	Kann vermutlich die Fruchtbarkeit beeinträchtigen oder das Kind im Mutterleib schädigen <konkrete Wirkung angeben, sofern bekannt> <Expositionsweg angeben, sofern schlüssig belegt ist, dass die Gefahr bei keinem anderen Expositionsweg besteht>.
H361f	Kann vermutlich die Fruchtbarkeit beeinträchtigen.
H361d	Kann vermutlich das Kind im Mutterleib schädigen.
H361fd	Kann vermutlich die Fruchtbarkeit beeinträchtigen. Kann vermutlich das Kind im Mutterleib schädigen.
H362	Kann Säuglinge über die Muttermilch schädigen.
H370	Schädigt die Organe <oder alle betroffenen Organe nennen, sofern bekannt> <Expositionsweg angeben, sofern schlüssig belegt ist, dass diese Gefahr bei keinem anderen Expositionsweg besteht>.
H371	Kann die Organe schädigen <oder alle betroffenen Organe nennen, sofern bekannt> <Expositionsweg angeben, sofern schlüssig belegt ist, dass diese Gefahr bei keinem anderen Expositionsweg besteht>.
H372	Schädigt die Organe <alle betroffenen Organe nennen> bei längerer oder wiederholter Exposition <Expositionsweg angeben, wenn schlüssig belegt ist, dass diese Gefahr bei keinem anderen Expositionsweg besteht>.
H373	Kann die Organe schädigen <alle betroffenen Organe nennen, sofern bekannt> bei längerer oder wiederholter Exposition <Expositionsweg angeben, wenn schlüssig belegt ist, dass diese Gefahr bei keinem anderen Expositionsweg besteht>.

Gefahrenhinweise für Umweltgefahren

H400	Sehr giftig für Wasserorganismen.
H410	Sehr giftig für Wasserorganismen, mit langfristiger Wirkung.
H411	Giftig für Wasserorganismen, mit langfristiger Wirkung.
H412	Schädlich für Wasserorganismen, mit langfristiger Wirkung.
H413	Kann für Wasserorganismen schädlich sein, mit langfristiger Wirkung.
H420	Schädigt die öffentliche Gesundheit und die Umwelt durch Ozonabbau in der äußeren Atmosphäre.

Ergänzende Gefahrenmerkmale

Physikalische Eigenschaften

EUH001	In trockenem Zustand explosionsgefährlich.
EUH014	Reagiert heftig mit Wasser.
EUH018	Kann bei Verwendung explosionsfähige/entzündbare Dampf/Luft-Gemische bilden.
EUH019	Kann explosionsfähige Peroxide bilden.
EUH044	Explosionsgefahr bei Erhitzen unter Einschluss.

Gesundheitsgefährliche Eigenschaften

EUH029	Entwickelt bei Berührung mit Wasser giftige Gase.
EUH031	Entwickelt bei Berührung mit Säure giftige Gase.
EUH032	Entwickelt bei Berührung mit Säure sehr giftige Gase.
EUH066	Wiederholter Kontakt kann zu spröder oder rissiger Haut führen.
EUH070	Giftig bei Berührung mit den Augen.
EUH071	Wirkt ätzend auf die Atemwege.

Ergänzende Kennzeichnungselemente/Informationen über bestimmte Stoffe und Gemische

EUH201	Enthält Blei. Nicht für den Anstrich von Gegenständen verwenden, die von Kindern gekaut oder gelutscht werden könnten.
EUH201A	Achtung! Enthält Blei.
EUH202	Cyanacrylat. Gefahr. Klebt innerhalb von Sekunden Haut und Augenlider zusammen. Darf nicht in die Hände von Kindern gelangen.
EUH203	Enthält Chrom (VI). Kann allergische Reaktionen hervorrufen.
EUH204	Enthält Isocyanate. Kann allergische Reaktionen hervorrufen.
EUH205	Enthält epoxidhaltige Verbindungen. Kann allergische Reaktionen hervorrufen.
EUH206	Achtung! Nicht zusammen mit anderen Produkten verwenden, da gefährliche Gase (Chlor) freigesetzt werden können.
EUH207	Achtung! Enthält Cadmium. Bei der Verwendung entstehen gefährliche Dämpfe. Hinweise des Herstellers beachten. Sicherheitsanweisungen einhalten.
EUH208	Enthält <Name des sensibilisierenden Stoffes>. Kann allergische Reaktionen hervorrufen.
EUH209	Kann bei Verwendung leicht entzündbar werden.
EUH209A	Kann bei Verwendung entzündbar werden.
EUH210	Sicherheitsdatenblatt auf Anfrage erhältlich.
EUH401	Zur Vermeidung von Risiken für Mensch und Umwelt die Gebrauchsanleitung einhalten.

Sicherheitshinweise (P-Sätze)

Sicherheitshinweise – Allgemeines

P101	Ist ärztlicher Rat erforderlich, Verpackung oder Kennzeichnungsetikett bereithalten.
P102	Darf nicht in die Hände von Kindern gelangen.
P103	Vor Gebrauch Kennzeichnungsetikett lesen.

Sicherheitshinweise – Prävention

P201	Vor Gebrauch besondere Anweisungen einholen.
P202	Vor Gebrauch alle Sicherheitshinweise lesen und verstehen.
P210	Von Hitze/Funken/offener Flamme/heißen Oberflächen fernhalten. Nicht rauchen.
P211	Nicht gegen offene Flamme oder andere Zündquelle sprühen.
P220	Von Kleidung/.../brennbaren Materialien fernhalten/entfernt aufbewahren.
P221	Mischen mit brennbaren Stoffen/... unbedingt verhindern.
P222	Kontakt mit Luft nicht zulassen.
P223	Kontakt mit Wasser wegen heftiger Reaktion und möglichem Aufflammen unbedingt verhindern.
P230	Feucht halten mit ...
P231	Unter inertem Gas handhaben.
P232	Vor Feuchtigkeit schützen.
P233	Behälter dicht verschlossen halten.
P234	Nur im Originalbehälter aufbewahren.
P235	Kühl halten.
P240	Behälter und zu befüllende Anlage erden.
P241	Explosionsgeschützte elektrische Betriebsmittel/Lüftungsanlagen/Beleuchtung/... verwenden.
P242	Nur funkenfreies Werkzeug verwenden.
P243	Maßnahmen gegen elektrostatische Aufladungen treffen.
P244	Druckminderer frei von Fett und Öl halten.
P250	Nicht schleifen/stoßen/.../reiben.
P251	Behälter steht unter Druck: Nicht durchstechen oder verbrennen, auch nicht nach der Verwendung.
P260	Staub/Rauch/Gas/Nebel/Dampf/Aerosol nicht einatmen.
P261	Einatmen von Staub/Rauch/Gas/Nebel/Dampf/Aerosol vermeiden.
P262	Nicht in die Augen, auf die Haut oder auf die Kleidung gelangen lassen.
P263	Kontakt während der Schwangerschaft und der Stillzeit vermeiden.
P264	Nach Gebrauch ... gründlich waschen.
P270	Bei Gebrauch nicht essen, trinken oder rauchen.
P271	Nur im Freien oder in gut belüfteten Räumen verwenden.
P272	Kontaminierte Arbeitskleidung nicht außerhalb des Arbeitsplatzes tragen.
P273	Freisetzung in die Umwelt vermeiden.
P280	Schutzhandschuhe/Schutzkleidung/Augenschutz/Gesichtsschutz tragen.
P282	Schutzhandschuhe/Gesichtsschild/Augenschutz mit Kälteisolierung tragen.
P283	Schwer entflammbare/flammhemmende Kleidung tragen.
P284	Atemschutz tragen.
P231 + P232	Unter inertem Gas handhaben. Vor Feuchtigkeit schützen.
P235 + P410	Kühl halten. Vor Sonnenbestrahlung schützen.

Sicherheitshinweise – Reaktion

P301	BEI VERSCHLUCKEN:
P302	BEI BERÜHRUNG MIT DER HAUT:
P303	BEI BERÜHRUNG MIT DER HAUT (oder dem Haar):
P304	BEI EINATMEN:
P305	BEI KONTAKT MIT DEN AUGEN:
P306	BEI KONTAMINIERTER KLEIDUNG:
P308	BEI Exposition oder falls betroffen:
P310	Sofort GIFTINFORMATIONSZENTRUM oder Arzt anrufen.
P311	GIFTINFORMATIONSZENTRUM oder Arzt anrufen.
P312	Bei Unwohlsein GIFTINFORMATIONSZENTRUM oder Arzt anrufen.
P313	Ärztlichen Rat einholen/ärztliche Hilfe hinzuziehen.
P314	Bei Unwohlsein ärztlichen Rat einholen/ärztliche Hilfe hinzuziehen.
P315	Sofort ärztlichen Rat einholen/ärztliche Hilfe hinzuziehen.
P320	Besondere Behandlung dringend erforderlich (siehe ... auf diesem Kennzeichnungsetikett).
P321	Besondere Behandlung (siehe ... auf diesem Kennzeichnungsetikett).
P330	Mund ausspülen.
P331	KEIN Erbrechen herbeiführen.
P332	Bei Hautreizung:
P333	Bei Hautreizung oder -ausschlag:
P334	In kaltes Wasser tauchen/nassen Verband anlegen.
P335	Lose Partikel von der Haut abbürsten.
P336	Vereiste Bereiche mit lauwarmem Wasser auftauen. Betroffenen Bereich nicht reiben.
P337	Bei anhaltender Augenreizung:
P338	Eventuell vorhandene Kontaktlinsen nach Möglichkeit entfernen. Weiter ausspülen.
P340	Die betroffene Person an die frische Luft bringen und in einer Position ruhig stellen, die das Atmen erleichtert.
P342	Bei Symptomen der Atemwege:
P351	Einige Minuten lang behutsam mit Wasser ausspülen.
P352	Mit viel Wasser und Seife waschen.
P353	Haut mit Wasser abwaschen/duschen.
P360	Kontaminierte Kleidung und Haut sofort mit viel Wasser abwaschen und danach Kleidung ausziehen.
P361	Alle kontaminierten Kleidungsstücke sofort ausziehen.
P362	Kontaminierte Kleidung ausziehen und vor erneutem Tragen waschen.
P363	Kontaminierte Kleidung vor erneutem Tragen waschen.
P364	Und vor erneutem Tragen waschen.
P370	Bei Brand:
P371	Bei Großbrand und großen Mengen:
P372	Explosionsgefahr bei Brand.
P373	KEINE Brandbekämpfung, wenn das Feuer explosive Stoffe/Gemische/Erzeugnisse erreicht.
P374	Brandbekämpfung mit üblichen Vorsichtsmaßnahmen aus angemessener Entfernung.
P375	Wegen Explosionsgefahr Brand aus der Entfernung bekämpfen.
P376	Undichtigkeit beseitigen, wenn gefahrlos möglich.
P377	Brand von ausströmendem Gas: Nicht löschen, bis Undichtigkeit gefahrlos beseitigt werden kann.
P378	... zum Löschen verwenden.
P380	Umgebung räumen.
P381	Alle Zündquellen entfernen, wenn gefahrlos möglich.
P390	Verschüttete Mengen aufnehmen, um Materialschäden zu vermeiden.
P391	Verschüttete Mengen aufnehmen.
P301 + P310	BEI VERSCHLUCKEN: Sofort GIFTINFORMATIONSZENTRUM oder Arzt anrufen.
P301 + P312	BEI VERSCHLUCKEN: Bei Unwohlsein GIFTINFORMATIONSZENTRUM oder Arzt anrufen.
P301 + P330 + P331	BEI VERSCHLUCKEN: Mund ausspülen. KEIN Erbrechen herbeiführen.
P302 + P334	BEI KONTAKT MIT DER HAUT: In kaltes Wasser tauchen/nassen Verband anlegen.
P302 + P352	BEI KONTAKT MIT DER HAUT: Mit viel Wasser und Seife waschen.
P303 + P361 + P353	BEI KONTAKT MIT DER HAUT (oder dem Haar): Alle kontaminierten Kleidungsstücke sofort ausziehen. Haut mit Wasser abwaschen/duschen.

P304 + P340	BEI EINATMEN: An die frische Luft bringen und in einer Position ruhig stellen, die das Atmen erleichtert.
P305 + P351 + P338	BEI KONTAKT MIT DEN AUGEN: Einige Minuten lang behutsam mit Wasser spülen. Vorhandene Kontaktlinsen nach Möglichkeit entfernen. Weiter spülen.
P306 + P360	BEI KONTAKT MIT DER KLEIDUNG: Kontaminierte Kleidung und Haut sofort mit viel Wasser abwaschen und danach Kleidung ausziehen.
P308 + P311	Bei Exposition oder falls betroffen: GIFTINFORMATIONSZENTRUM, Arzt oder ... anrufen.
P308 + P313	BEI Exposition oder falls betroffen: Ärztlichen Rat einholen/ärztliche Hilfe hinzuziehen.
P332 + P313	Bei Hautreizung: Ärztlichen Rat einholen/ärztliche Hilfe hinzuziehen.
P333 + P313	Bei Hautreizung oder -ausschlag: Ärztlichen Rat einholen/ärztliche Hilfe hinzuziehen.
P335 + P334	Lose Partikel von der Haut abbürsten. In kaltes Wasser tauchen/nassen Verband anlegen.
P337 + P313	Bei anhaltender Augenreizung: Ärztlichen Rat einholen/ärztliche Hilfe hinzuziehen.
P342 + P311	Bei Symptomen der Atemwege: GIFTINFORMATIONSZENTRUM oder Arzt anrufen.
P361 + P364	Alle kontaminierten Kleidungsstücke sofort ausziehen und vor erneutem Tragen waschen.
P362 + P364	Kontaminierte Kleidung ausziehen und vor erneutem Tragen waschen.
P370 + P376	Bei Brand: Undichtigkeit beseitigen, wenn gefahrlos möglich.
P370 + P378	Bei Brand: ... zum Löschen verwenden.
P370 + P380	Bei Brand: Umgebung räumen.
P370 + P380 + P375	Bei Brand: Umgebung räumen. Wegen Explosionsgefahr Brand aus der Entfernung bekämpfen.
P371 + P380 + P375	Bei Großbrand und großen Mengen: Umgebung räumen. Wegen Explosionsgefahr Brand aus der Entfernung bekämpfen.

Sicherheitshinweise – Aufbewahrung

P401	... aufbewahren.
P402	An einem trockenen Ort aufbewahren.
P403	An einem gut belüfteten Ort aufbewahren.
P404	In einem geschlossenen Behälter aufbewahren.
P405	Unter Verschluss aufbewahren.
P406	In korrosionsbeständigem/... Behälter mit korrosionsbeständiger Auskleidung aufbewahren.
P407	Luftspalt zwischen Stapeln/Paletten lassen.
P410	Vor Sonnenbestrahlung schützen.
P411	Bei Temperaturen von nicht mehr als ... °C aufbewahren.
P412	Nicht Temperaturen von mehr als 50 °C aussetzen.
P413	Schüttgut in Mengen von mehr als ... kg bei Temperaturen von nicht mehr als ... °C aufbewahren.
P420	Von anderen Materialien entfernt aufbewahren.
P422	Inhalt in/unter ... aufbewahren.
P402 + P404	In einem geschlossenen Behälter an einem trockenen Ort aufbewahren.
P403 + P233	Behälter dicht verschlossen an einem gut belüfteten Ort aufbewahren.
P403 + P235	Kühl an einem gut belüfteten Ort aufbewahren.
P410 + P403	Vor Sonnenbestrahlung geschützt an einem gut belüfteten Ort aufbewahren.
P410 + P412	Vor Sonnenbestrahlung schützen und nicht Temperaturen von mehr als 50 °C aussetzen.
P411 + P235	Kühl und bei Temperaturen von nicht mehr als ... °C aufbewahren.

Sicherheitshinweise – Entsorgung

P501	Inhalt/Behälter ... zuführen.

Entsorgungsratschläge (E-Sätze)

E1	Verdünnen, in den Ausguss geben (WGK 0 bzw. 1)
E2	Neutralisieren, in den Ausguss geben
E3	In den Hausmüll geben, gegebenenfalls im Polyethylenbeutel (Stäube)
E4	Als Sulfid fällen
E5	Mit Calcium-Ionen fällen, dann E 1 oder E 3
E6	Nicht in den Hausmüll geben
E7	Im Abzug entsorgen
E8	Der Sondermüllbeseitigung zuführen (Adresse zu erfragen bei der Kreis- oder Stadtverwaltung), Abfallschlüssel beachten
E9	Unter größter Vorsicht in kleinsten Portionen reagieren lassen (z. B. offen im Freien verbrennen)
E10	In gekennzeichneten Behältern sammeln: 1. „Organische Abfälle – halogenhaltig" 2. „Organische Abfälle – halogenfrei", dann E 8
E11	Als Hydroxid fällen (pH = 8), den Niederschlag zu E 8
E12	Nicht in die Kanalisation gelangen lassen
E13	Aus der Lösung mit unedlem Metall (z. B. Eisen) als Metall abscheiden (E 14, E 3)
E14	Recycling-geeignet (Redestillation oder einem Recyclingunternehmen zuführen)
E15	Mit Wasser **vorsichtig** umsetzen, frei werdende Gase absorbieren oder ins Freie ableiten
E16	Entsprechend den speziellen Ratschlägen für die Beseitigungsgruppen beseitigen

Entsorgung von Chemikalienabfällen

Nach dem Experimentieren werden die Reste in die dafür vorgesehenen Sammelbehälter gegeben:

nicht gefährliche und wasserlösliche Chemikalien	nicht gefährliche und feste Chemikalien	Säuren und Laugen	giftige anorganische Chemikalien	halogenfreie organische Chemikalien	halogenhaltige organische Chemikalien
z. B. Natriumchlorid, Natriumcarbonat, Wasserstoffperoxidlösung	z. B. Eisen, Indikatorpapier	z. B. Salzsäure, Natronlauge	z. B. Kupfersulfat	z. B. Petroleumbenzin, Methanol	z. B. Trichlormethan

  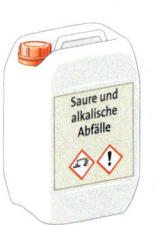   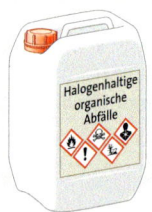

Die weitere Behandlung und Entsorgung bzw. Übergabe der Abfälle zur Sondermüllentsorgung erfolgt durch die Lehrkraft.

Liste der Gefahrstoffe nach der GHS-Verordnung

Gefahrstoff	Signalwort	Piktogrammcode	H-Sätze und EUH-Sätze	E-Sätze
A				
Aceton (Propanon)	Gefahr	GHS02 GHS07	H225 H319 H336 EUH066	1-10-14
Acetaldehyd s. Ethanal				
Acetylsalicylsäure	Achtung	GHS07	H302 H315 H319 H335	10-12
Aluminium, Pulver (stabilisiert)	Gefahr	GHS02	H261 H228	6-9
Aluminiumchlorid, wasserfrei	Gefahr	GHS05	H314	2
Aluminiumchloridlösung $5\% \leq w < 10\%$	Achtung	GHS07	H315 H319	2
Ameisensäure (Methansäure) $w \geq 85\%$	Gefahr	GHS02 GHS06 GHS05	H314 H226 H302 H331 EUH071	1-10
$25\% \leq w < 85\%$	Gefahr	GHS06 GHS05	H314 H226 H302 H331 EUH071	1-10
$2\% \leq w < 25\%$	Achtung	GHS07	H315 H319	1-10
Ammoniak, wasserfrei	Gefahr	GHS04 GHS06 GHS05 GHS09	H221 H280 H331 H314 H400 EUH071	2-7
Ammoniaklösung $w \geq 30\%$	Gefahr	GHS05 GHS07 GHS09	H314 H290 H335 H400	2
$10\% \leq w < 30\%$	Gefahr	GHS05 GHS07 GHS09	H314 H335 H400	2
$5\% \leq w < 10\%$	Gefahr	GHS05 GHS07	H314 H335	2
Ammoniumcarbonat	Achtung	GHS07	H302	2
Ammoniumchlorid	Achtung	GHS07	H302 H319	2
Ammoniumthiocyanat	Achtung	GHS05 GHS07	H302 + H312 + H332 H412 H318 EUH032	2
B				
Bariumchlorid	Gefahr	GHS06	H301 H332	1-3
Bariumchloridlösung $10\% \leq w < 18\%$	Achtung	GHS07	H302	1
Bariumhydroxid	Gefahr	GHS05 GHS07	H302 H314 H318	1-3
Bariumhydroxid-8-Wasser	Gefahr	GHS05 GHS07	H302 H314 H318	1-3
Benzoesäure	Gefahr	GHS05 GHS08	H315 H318 H372	10-12
Brennspiritus (Ethanol)	Gefahr	GHS02 GHS07	H225 H319	1-10

Gefahrstoff	Signalwort	Piktogrammcode	H-Sätze und EUH-Sätze	E-Sätze
Brenzcatechin (1,2-Dihydroxybenzol)	Gefahr	GHS06 GHS08 GHS05	H301 + H311 + H332 H315 H317 H318 H341	10-12
Brom	Gefahr	GHS06 GHS05 GHS09	H330 H314 H400	16
Bromwasser $w = 3\%$	Gefahr	GHS05 GHS07	H332 H314	16
n-Butan	Gefahr	GHS02 GHS04	H220 H280	2
Butandisäure (Bernsteinsäure)	Gefahr	GHS05	H318	10-12
Butan-1-ol	Gefahr	GHS02 GHS05 GHS07	H226 H302 H335 H315 H318 H336	10
tert-Butanol (2-Methylpropan-2-ol)	Gefahr	GHS02 GHS07	H225 H332 H319 H335	10-12
Butansäure (Buttersäure)	Gefahr	GHS05 GHS07	H314 H302	10
C				
Calciumcarbid	Gefahr	GHS02 GHS05 GHS07	H260 H315 H318 H335	15-16
Calciumchlorid	Achtung	GHS07	H319	1
Calciumchlorid-6-Wasser	Achtung	GHS07	H319	1
Capronsäure s. Hexansäure				
Chlor	Gefahr	GHS06 GHS03 GHS04 GHS09	H270 H280 H330 H315 H319 H335 H400 EUH071	16
Chlorwasserstoff	Gefahr	GHS04 GHS06 GHS05	H331 H314 H280 EUH071	2
Citronensäure	Achtung	GHS07	H319	1-10
Cyclohexan	Gefahr	GHS02 GHS08 GHS07 GHS09	H225 H304 H315 H336 H410	10-12
Cyclohexen	Gefahr	GHS02 GHS08 GHS07 GHS09	H225 H304 H302 H411	10-12
D				
n-Decan	Gefahr	GHS02 GHS08	H226 H304 EUH066	10-12
Decansäuredichlorid s. Sebacinsäuredichlorid				
Dibenzoylperoxid	Gefahr	GHS01 GHS02 GHS07 GHS09	H241 H319 H317 H410	10-12
Dichlormethan s. Methylenchlorid				

Gefahrstoff	Signal-wort	Pikto-gramm-code	H-Sätze und EUH-Sätze	E-Sätze
Diethylether (Ether)	Gefahr	GHS02 GHS07	H224 H302 H336 EUH019 EUH066	9-10-12
1,2-Dihydroxyolbenzol s. Brenzcatechin				
1,3-Dihydroxyolbenzol s. Resorcin				
1,4-Dihydroxyolbenzol s. Hydrochinon				
N,N-Dimethylanilin	Gefahr	GHS06 GHS08 GHS09	H351 H331 H311 H301 H411	10-12
Dimethylglyoximlösung, gesättigt in Ethanol	Gefahr	GHS02 GHS07	H225 H319	1-10
Distickstofftetraoxid	Gefahr	GHS04 GHS03 GHS06 GHS05	H280 H270 H330 H314 EUH071	7
E				
Eisen(III)-chlorid	Gefahr	GHS05 GHS07	H302 H315 H318 H290	2
Eisen(III)-nitrat-9-Wasser	Achtung	GHS03 GHS07	H272 H315 H319	2
Essigessenz	Achtung	GHS05	H319 H315	2-10
Essigsäure (Ethansäure) $w \geq 90\%$	Gefahr	GHS02 GHS05	H226 H290 H314	2-10
$w \geq 60\%$	Gefahr	GHS05	H314 H318	2-10
$10\% \leq w < 60\%$	Achtung	GHS07	H319 H315	2-10
Essigsäureanhydrid	Gefahr	GHS02 GHS06 GHS05	H226 H302 H331 H314 H335	2-10
Essigsäureethylester (Ethylacetat)	Gefahr	GHS02 GHS07	H225 H319 H336 EUH066	10-12
Ethan	Gefahr	GHS02 GHS04	H220 H280	7
Ethanal (Acetaldehyd)	Gefahr	GHS02 GHS08 GHS07	H224 H351 H319 H335	9-10-12-16
Ethanallösung (Acetaldehydlösung) $w = 1\%$	Gefahr	GHS02 GHS08	H224 H351	9-10-12-16
Ethanol (Brennspiritus)	Gefahr	GHS02 GHS07	H225 H319	1-10
Ethan-1,2-diol s. Glykol				
Ethen (Ethylen)	Gefahr	GHS02 GHS04 GHS07	H220 H280 H336	7
Ethin (Acetylen)	Gefahr	GHS02 GHS04	H220 H230 H280	7
F				
Fehling-Lösung I	Gefahr	GHS05 GHS09	H318 H410	2
Fehling-Lösung II	Gefahr	GHS05	H290 H314	2
G				
Glykol (Ethan-1,2-diol)	Achtung	GHS07 GHS08	H302 H373	10-12
H				
n-Heptan	Gefahr	GHS02 GHS08 GHS07 GHS09	H225 H304 H315 H336 H410	10-12
n-Hexan	Gefahr	GHS02 GHS08 GHS07 GHS09	H225 H361f H304 H373 H315 H336 H411	10-12
Hexan-1,6-diamin	Gefahr	GHS05 GHS07	H312 H302 H335 H314	10-12
Hexan-1-ol	Achtung	GHS02 GHS07	H226 H302 + H312 H319	1-10
Hexansäure (Capronsäure)	Gefahr	GHS06 GHS05	H302 H311 H314	2-10
Hex-1-en	Gefahr	GHS02 GHS08	H225 H304 EUH066	10-12
Hydrochinon (1,4-Dihydroxybenzol)	Gefahr	GHS08 GHS05 GHS07 GHS09	H351 H341 H302 H318 H317 H400	10-12
I				
Iod	Achtung	GHS08 GHS07 GHS09	H312 + H332 + H315 H319 H335 H372 H400	1-16
2-Iodbutan (sek-Butyliodid)	Gefahr	GHS02	H225	10-12
K				
Kaliumcyanat	Achtung	GHS07	H302 H319	1
Kaliumhydrogensulfat	Gefahr	GHS05 GHS07	H314 H335	2
Kaliumhydroxid (Ätzkali)	Gefahr	GHS05 GHS07	H290 H302 H314	2
Kaliumhydroxidlösung (Kalilauge) $w \geq 47\%$	Gefahr	GHS05 GHS07	H290 H302 H314	2
$0,5\% \leq w < 47\%$	Gefahr	GHS05	H290 H314	2
Kaliumnitrat	Gefahr	GHS03	H272	1
Kaliumpermanganat	Gefahr	GHS03 GHS05 GHS07 GHS09	H272 H302 H314 H410	1-6

Gefahrstoff	Signalwort	Piktogrammcode	H-Sätze und EUH-Sätze	E-Sätze
Kohlenstoffdisulfid	Gefahr	GHS02 GHS08 GHS07	H225 H302 H315 H319 H361 H372 H412	9-10-12
Kupfer(II)-oxid	Achtung	GHS07 GHS09	H302 H410	8-16
Kupfer(II)-sulfat, wasserfrei	Gefahr	GHS07 GHS05 GHS09	H302 H315 H318 H410	11
Kupfer(II)-sulfat-5-Wasser	Achtung	GHS07 GHS05 GHS09	H302 H315 H318 H410	11
L				
Lithiumchlorid	Achtung	GHS07	H302 H319 H315	1
M				
Magnesium, Späne	Gefahr	GHS02	H228 H251 H261	3
Mangan(IV)-oxid (Braunstein)	Gefahr	GHS08 GHS07	H302 + H332 H373	3
Methan	Gefahr	GHS02 GHS04	H220 H280	7
Methanol	Gefahr	GHS02 GHS06 GHS08	H225 H331 H311 H301 H370	1-10
Methansäure s. Ameisensäure				
Methansäuremethylester (Methylformiat)	Gefahr	GHS02 GHS07	H224 H302 + H332 H319 H335	10-12
Methylenchlorid (Dichlormethan)	Achtung	GHS08	H351	10-12
Methylmethacrylat (Methacrylsäuremethyl-ester)	Gefahr	GHS02 GHS07	H225 H335 H315 H317	10-12
Milchsäure (2-Hydroxypropansäure)	Gefahr	GHS05	H318 H315	10-12
N				
Naphthalin	Gefahr	GHS02 GHS08 GHS07 GHS09	H228 H351 H302 H410	10-12
2-Naphthol (2-Hydroxynaphthalin)	Achtung	GHS07 GHS09	H332 H302 H400	10-12
Natrium	Gefahr	GHS02 GHS05	H260 H314 EUH014	6-12-16
Natriumcarbonat	Achtung	GHS07	H319	1
Natriumcarbonat-10-Wasser	Achtung	GHS07	H319	1
Natriumdithionit	Gefahr	GHS02 GHS07	H251 H302 EUH031	1
Natriumfluorid	Gefahr	GHS06	H301 H319 H315 EUH032	5
Natriumhydroxid (Ätznatron)	Gefahr	GHS05	H290 H314	2
Natriumhydroxidlösung (Natronlauge) $w \geq 2\%$	Gefahr	GHS05	H290 H314	2
Natriumnitrat	Achtung	GHS03 GHS07	H271 H319	1
Natriumnitrit	Gefahr	GHS03 GHS06 GHS09	H272 H301 H400	1-16
Nicotin	Gefahr	GHS06 GHS09	H301 H310 H315 H400 H411	10-16
Ninhydrin	Achtung	GHS07	H302 H315 H319 H335	10-12
Ninhydrin-Sprühlösung (ethanolisch) $w \geq 25\%$	Gefahr	GHS02	H225	1-10
Nonan-1-ol	Achtung	GHS07	H319	3
O				
n-Octan	Gefahr	GHS02 GHS08 GHS07 GHS09	H225 H304 H315 H336 H410	10-12
Oxalsäure	Achtung	GHS05 GHS07	H302 H312 H318	5
P				
n-Pentan	Gefahr	GHS02 GHS08 GHS07 GHS09	H225 H304 H336 H411 EUH066	10-12
Pentan-1-ol	Achtung	GHS02 GHS07	H226 H315 H319 H332 H335	10-14
Pentansäure (Valeriansäure)	Gefahr	GHS05	H314 H412	2-10
Perchlorsäure $w \geq 0{,}7\%$	Gefahr	GHS03 GHS08 GHS05 GHS07	H271 H290 H302 H314 H373	2
Petroleumbenzin, Siedebereich 60 °C bis 80 °C	Gefahr	GHS02 GHS08 GHS07 GHS09	H225 H304 H315 H336 H411	10-12
Phenol (Hydroxybenzol)	Gefahr	GHS06 GHS08 GHS05	H301 + H311 + H331 H314 H341 H373 H411	10-12
Phenollösung $1\% \leq w < 3\%$	Achtung	GHS07	H319 H315	10-12

Gefahrstoff	Signal-wort	Pikto-gramm-code	H-Sätze und EUH-Sätze	E-Sätze
Phenolphthaleinlösung (ethanolisch, $w = 1\%$)	Gefahr	GHS02 GHS08 GHS07	H225 H319 H341 H350	1-10
Phthalsäureanhydrid	Gefahr	GHS08 GHS05 GHS07	H302 H335 H315 H318 H334 H317	10
Propan	Gefahr	GHS02 GHS04	H220 H280	7
Propanal	Gefahr	GHS02 GHS05 GHS07	H225 H302 + H332 H315 H318 H335	9-10-12-16
Propan-1-ol	Gefahr	GHS02 GHS05 GHS07	H225 H318 H336	10
Propan-2-ol	Gefahr	GHS02 GHS07	H225 H319 H336	10
Propanon s. Aceton				
R				
Resorcin (1,3-Dihydroxybenzol)	Gefahr	GHS08 GHS07 GHS09	H302 H315 H319 H317 H370 H410	10
S				
Salpetersäure $w \geq 65\%$	Gefahr	GHS03 GHS05	H272 H290 H314 EUH071	2
$3,5\% \leq w < 65\%$	Gefahr	GHS05	H314 H290	2
Salzsäure $w \geq 10\%$	Gefahr	GHS05 GHS07	H314 H335 H290	2
$5\% \leq w < 10\%$	Achtung	GHS05	H290 H314	2
Schwefel	Achtung	GHS07	H315	3
Schwefeldioxid	Gefahr	GHS04 GHS06 GHS05	H331 H314 H280 EUH071	7
Schwefelsäure $w \geq 5\%$	Gefahr	GHS05	H290 H314	2
Schwefelwasserstoff	Gefahr	GHS02 GHS04 GHS06 GHS09	H220 H280 H330 H335 H400	2-7
Sebacinsäuredichlorid (Decansäuredichlorid)	Gefahr	GHS05 GHS07	H302 H314 H335	10-12
Silbernitrat	Gefahr	GHS03 GHS05 GHS09	H272 H290 H314 H410	12-13-14
Silbernitratlösung $w = 1\%$	Achtung	GHS07	H319 H315 H412	12-13-14
Silbernitratlösung, ammoniakalisch	Achtung	GHS05 GHS07 GHS09	H314 H400 H335	2

Gefahrstoff	Signal-wort	Pikto-gramm-code	H-Sätze und EUH-Sätze	E-Sätze
Stickstoffdioxid	Gefahr	GHS04 GHS03 GHS06 GHS05	H280 H270 H330 H314 EUH071	7
Stickstoffmonooxid	Gefahr	GHS04 GHS03 GHS06 GHS05	H280 H270 H314 H330 EUH071	7
Strontiumchlorid-6-Wasser	Gefahr	GHS05 GHS07	H315 H318 H335	1-3
Styrol	Gefahr	GHS02 GHS08 GHS07	H226 H332 H315 H319 H361d H372	10-12
Sulfanilsäure	Achtung	GHS07	H319 H315 H317	10-16
T				
Toluol	Gefahr	GHS02 GHS08 GHS07	H225 H361d H304 H373 H315 H336	10-12
1,1,1-Trichlor-2-methyl-2-propanol	Achtung	GHS07	H302	10
V				
Valeriansäure s. Pentansäure				
W				
Wasserstoff	Gefahr	GHS02 GHS04	H220 H280	7
Wasserstoffperoxidlösung $w \geq 30\%$	Gefahr	GHS03 GHS05 GHS07	H272 H302 H318 H412	1
$10\% \leq w < 30\%$	Gefahr	GHS03 GHS05	H272 H318	1
$5\% \leq w < 10\%$	Achtung	GHS07	H319	1
Weinsäure	Gefahr	GHS05	H318	2-10
X				
Xylol (Dimethylbenzol; o-, m-, p-)	Gefahr	GHS02 GHS08 GHS07	H226 H303 H319 H312 H332 H335 H373 H315	10-12
Z				
Zink, Pulver, Staub (stabilisiert)	Achtung	GHS09	H410	3
Zink, Pulver, Staub (pyrophor)	Gefahr	GHS02 GHS09	H260 H250 H410	3
Zinkchlorid	Gefahr	GHS05 GHS07 GHS09	H302 H314 H410	1-11
Zinkchloridlösung $5\% \leq w < 10\%$	Achtung	GHS07	H315 H319	1-11
Zinkoxid	Achtung	GHS09	H410	3
Zinn(II)-chlorid	Gefahr	GHS05 GHS07	H302 H314 H317	1-11

Bild- und Textquellennachweis

Cover: Shutterstock/Vitalina Rybakova

Grafik und Illustration:

Cornelsen/Atelier G/Marina Goldberg: GHS-Symbole

Cornelsen/Birgit Janisch: S. 317/ l., S. 318/ 1

Cornelsen/Detlef Seidensticker: S. 17/ 2.o., S. 26/o., S. 42/u., S. 114/u.r.

Cornelsen/Hannes von Goessel: S. 10, S. 11 o.r., S. 11 m., S. 11 u.l., S. 18 l.o., S. 18 l.o.r., S. 18 l.u., S. 18 5.r., S. 19 o.l., S. 20 u.2.v.l, S. 20 u.3.v.l., S. 20 u.1.v.l., S. 27, S. 31 o.r., S. 31 u.l., S. 40 u.l., S. 41 l., S. 46 m., S. 46 u.l., S. 57 u.l., S. 59, S. 64 r., S. 64 l., S. 65 u.r., S. 65 m., S. 65 o., S. 76 o., S. 80 u.l., S. 81 u.l., S. 87 o.l., S. 87 u.l., S. 90 u.l., S. 92 u.l., S. 93 u.r., S. 94 o.r., S. 95 o.r., S. 105 o.r., S. 108, S. 109 m.r., S. 109 u.r., S. 112 o.r., S. 113 o.r., S. 113 m.r., S. 114 o.r., S. 115 o.r., S. 115 m.r., S. 116 o.l., S. 117 o.r., S. 117 u.l., S. 118 o.l., S. 119 u.r., S. 119 o.r., S. 119 m.r., S. 123 m.r., S. 123 m.l., S. 123 o.r., S. 124, S. 125 u.r., S. 125 m., S. 130 m.r., S. 131 m., S. 132 o., S. 132 o.r., S. 133 1.r., S. 133 4.r., S. 133 2.l., S. 133 3.r., S. 133 2.r., S. 133 4.l., S. 133 3.l, S. 133 1.l., S. 135 o., S. 136 u., S. 137 u., S. 137 o., S. 139 o., S. 138 u.l., S. 138 o.r., S. 139 u.r., S. 140 o.r., S. 143, S. 144 m., S. 145 m., S. 145 o., S. 146 o.l., S. 146 u.r., S. 147 o.r., S. 147 u.l., S. 150 u., S. 150 m.l., S. 151 o.l., S. 151 u.l., S. 151 Formel Apfelsäure, S. 152 u., S. 152 o.4.v.l., S. 153 m.r., S. 153 u.r., S. 153 o., S. 154 u.r., S. 154 u.l., S. 155 m., S. 155 u., S. 161 o., S. 168 o.r., S. 169 m., S. 169 o., S. 172 u.l., S. 173 o., S. 173 m., S. 174 u.r., S. 174 u.l., S. 175 o., S. 176 m., S. 176 u., S. 177, S. 180 m.r., S. 180 o.r., S. 181 o., S. 181 u., S. 183 m., S. 184 o.l., S. 184 o.r., S. 184 2.o.r., S. 184 2.o.l., S. 184 1.o.l., S. 184 m., S. 185 u., S. 185 1.o., S. 185 2.o., S. 185 m., S. 186 u., S. 187 u.l., S. 187 o.r., S. 187 o.l., S. 188, S. 192 u.r., S. 193 u.l., S. 193 u.r., S. 193 m.r., S. 193 o.l., S. 194 o., S. 194 u., S. 195, S. 196 m., S. 196 o.r., S. 198, S. 199 m., S. 199 u.l., S. 202 o., S. 204, S. 205, S. 206, S. 207, S. 208, S. 209, S. 212 u.l., S. 212 u.r., S. 215 u.r., S. 218 2.v.o., S. 218 4.v.o., S. 218 3.v.o., S. 218 1.v.o., S. 219 2.v.u., S. 219 3.v.u., S. 219 3.v.o., S. 225 r.2, S. 225 r.3, S. 228, S. 228, S. 230 o.r., S. 232 1, S. 233 l., S. 234, S. 235 o.l., S. 235 u.l., S. 235 o.r., S. 236 3.v.o.l., S. 236 2.v.o.l., S. 236 1.v.o.l., S. 236 5.v.o.l., S. 236 6.v.o.l., S. 236 4.v.o.l., S. 238 u., S. 240 o.r., S. 241 u.l., S. 243 m., S. 243 o., S. 244 u.r., S. 245 u., S. 247 u.l., S. 253 o.r., S. 254 o.r., S. 255, S. 256 o.r., S. 260 2.v.u., S. 260 u., S. 261 l., S. 262 u.l., S. 267 m.l., S. 269, S. 271 o.l., S. 271 o.r.2., S. 291, S. 292 u.l., S. 300 u.r.C, S. 302, S. 303 u.l., S. 303 u.r., S. 305 o.l., S. 308, S. 318 3, S. 318 2, S. 319, S. 321, S. 322, S. 323, S. 324 1, S. 324 3, S. 328, S. 329, S. 330 3, S. 331/5, S. 332 2.m., S. 333 1, S. 333 2, S. 333 3, S. 348 E, S. 349 o.r., S. 350 1, S. 351 4, S. 351 3, S. 352 u.l., S. 352 m.l., S. 352 o.l., S. 353 6, S. 354 3, S. 355 5, S. 356, S. 356, S. 357 m.r., S. 359 u., S. 359 o.l., S. 360 m., S. 366 2, S. 367, S. 371 u., S. 373/4, S. 373/5, S. 372 3, S. 374 1, S. 375 u.r., S. 376, S. 377, S. 378, S. 379 1, S. 380 m., S. 381 u., S. 382, S. 384, S. 389, S. 390, S. 392, S. 393, S. 394, S. 395, S. 396, S. 397, S. 398, S. 399 o.l., S. 402, S. 403, S. 404

Cornelsen/Tom Menzel, Scharbeutz: S. 16. u.r/u.l.

Cornelsen/Tom Menzel, bearbeitet durch Hannes von Goessel: S. 175 m., S. 226, S. 227, S. 246 l., S. 249 o., S. 256 o.l., S. 256 o.m., S. 331/4, S. 330 2, S. 331/6, S. 332 r.

Cornelsen/Absatz-DTP-Service, Oxana Rödel: S. 14/o.r., S. 16/ l., S. 16/m., S. 17/o., S. 36 u.r., S. 41 m., S. 48, S. 74/o.l., S. 158 u., S. 159, S. 163 o., S. 186 l.o., S. 186 m., S. 200 1, S. 200 o., S. 201 3, S. 201 4, S. 201 5, S. 360 3, S. 366 1, S. 367 u.l., S. 367 o.l., S. 367 2.v.l.o, S. 367 2.v.l.u, S. 381 m.o., S. 381 o., S. 382 2.r., S. 382 1.l., S. 382 2.l., S. 382 3.r., S. 382 1.r., S. 383 u., S. 383 o., S. 401

Cornelsen/ Absatz-DTP-Service, Oxana Rödel, bearbeitet von Hannes von Goessel: S. 180/u.

Michael Hüter: S. 210 u.r., u.m.

Sofarobotnik GbR, Stefan Knab: Brillen-Symbol

Fotos:
S. 24/stock.adobe.com/Stefan Schurr; S. 31/o.l./mauritius images/Science Photo Library; S. 40/o.4./Shutterstock.com/Africa Studio; S. 40/o.3./Cornelsen/Volker Minkus; S. 40/o.2./Shutterstock.com/Egoreichenkov Evgenii; S. 40/o.1./Shutterstock.com/Steve Heap; S. 41/u.r./Shutterstock.com/givaga; S. 41/u.l./Shutterstock.com/Mariyana M; S. 42/o./stock.adobe.com/usk75; S. 46/o.l.2/Shutterstock.com/Mona Makela; S. 46/o.l.1/stock.adobe.com/Manutsawee; S. 47/l./dpa Picture-Alliance/Christoph Schmidt; S. 50/stock.adobe.com/indy1227; S. 52/o.l./Cornelsen/Volker Minkus; S. 52/m./CV Inhouse/Deutsche Bundesbank/Luc Luycx aus Belgien; S. 52/o.r./NASA; S. 55/o.m./stock.adobe.com/Bernd Kröger; S. 55/o.l./stock.adobe.com/kosmos111; S. 56/o.m./Dr. Holger Fleischer; S. 56/o.l.1+2/Cornelsen/Volker Minkus; S. 60/u.r./Thomas Seilnacht; S. 60/u.l./Cornelsen/Volker Döring; S. 60/o.l./stock.adobe.com/jflatman; S. 60/o.m./Steffen Wilhelm; S. 60/o.r./Cornelsen/Volker Döring; S. 61/A+B/Dr. Holger Fleischer; S. 69/u.+m./Cornelsen/Inhouse; S. 70/o.l./Cornelsen/Volker Minkus; S. 70/01+03/Cornelsen/Volker Minkus; S. 71/05/Cornelsen/Volker Minkus; S. 74/o.r./stock.adobe.com/contrastwerkstatt; S. 78/u.l.B/dpa Picture-Alliance/dpa - Report/Rainer Jensen; S. 78/u.r.B/akg-images; S. 78/u.l.A/akg-images/Science Photo Library, Portrait of Fritz Haber, 1868–1934; S. 78/u.r.A/akg-images/Science Photo Library; S. 79/o.B/MARUM - Zentrum für Marine Umweltwissenschaften, Universität Bremen; S. 84/stock.adobe.com/neirfy; S. 86/o.l./mauritius images/Kim Taylor/nature picture library; S. 86/o.r./Cornelsen/Volker Döring; S. 87/05/Cornelsen/Volker Minkus; S. 96/o.l./stock.adobe.com/istetiana; S. 98/Shutterstock.com/josefkubes; S. 101/u.r./Cornelsen/Volker Minkus; S. 101/o.l./stock.adobe.com/rusteax; S. 102/o.l./Shutterstock.com/Konstantin Novikov; S. 102/o.r./Shutterstock.com/Ethan Daniels; S. 103/stock.adobe.com/checker; S. 104/o.r./sciencephotolibrary/SCIENCE PHOTO LIBRARY; S. 105/o.l./stock.adobe.com/gertrudda; S. 109/o.r./Shutterstock.com/royaltystockphoto.com; S. 112/o.l./mauritius images/Phil Boorman/Cultura; S. 118/o.r./Cornelsen/Steffen Wilhelm; S. 120/o.l./Shutterstock.com/Rattiya Thongdumhyu; S. 120/o.m./Shutterstock.com/Rattiya Thongdumhyu; S. 120/m.l./Cornelsen/Volker Döring; S. 122/o.l./stock.adobe.com/Kadmy; S. 122/o.r./stock.adobe.com/Angela Shirinov; S. 128/Shutterstock.com/ESB Professional; S. 130/1.o.v.l./stock.adobe.com/Tim UR; S. 130/3.o.v.l./Shutterstock.com/Kateryna Kon; S. 130/4.o.v.l./stock.adobe.com/enjoynz; S. 130/m.l./Science Photo Library/MARTYN F. CHILLMAID; S. 130/2.o.v.l./stock.adobe.com/emuck; S. 135/o.Minze/stock.adobe.com/Tamara Kulikova; S. 135/o.Orange/stock.adobe.com/Andrey Khritin; S. 135/o.Fichte/Shutterstock.com/Lukas Gojda; S. 135/o.Kümmel/stock.adobe.com/romantsubin; S. 136/o./Shutterstock.com/Alliance Images; S. 138/o.m./stock.adobe.com/abet; S. 138/o.l./Shutterstock.com/kojihirano; S. 140/o.l./Science Photo Library/MARTYN F. CHILLMAID; S. 140/o.m./Cornelsen/Volker Döring; S. 142/u./Shutterstock.com/Krystyna Taran; S. 142/o.A-D./Dr. Holger Fleischer; S. 144/o.l./stock.adobe.com/bdshaheen; S. 144/o.r./stock.adobe.com/nโอุหญ เนิสันเเพียะ; S. 144/o.m./stock.adobe.com/ra3rn; S. 144/u./Look and Learn/Bridgeman Images, Coolies cutting sugar cane, West IndieS. Illustration for The Practical Grocer by W H Simmonds (Gresham, 1906); S. 146/o.m./stock.adobe.com/Cherry-Merry; S. 147/m./Wacker Chemie AG; S. 148/o.r./stock.adobe.com/Ewa Brozek; S. 148/o.l./Shutterstock.com/Dudarev Mikhail; S. 150/o./Cornelsen/Volker Minkus; S. 150/m.r./Wacker Chemie AG; S. 151/1.m./Cornelsen/Volker Döring; S. 151/o.r./stock.adobe.com/alexlukin; S. 151/1.u.r./Cornelsen/Volker Minkus; S. 151/2.m./Cornelsen/Volker Döring; S. 151/2.u.r./Cornelsen/Volker Minkus; S. 152/o.3.v.l./Shutterstock.com/raksina; S. 152/o.2.v.l./Shutterstock.com/Volosina; S. 152/o.1.v.l./Shutterstock.com/onair; S. 152/o.5.v.l./Cornelsen/Volker Döring; S. 153/Shutterstock.com/yogesh_more; S. 153/m.l./stock.adobe.com/Jeanette Dietl; S. 154/o./stock.adobe.com/mates; S. 157/o.r./Shutterstock.com/jultud; S. 158/o./Shutterstock.com/Leonid Andronov; S. 161/u./Science Photo Library/GUSTOIMAGES; S. 166/m.B./Cornelsen/Sven Wilhelm; S. 166/m.D/Shutterstock.com/schankz; S. 166/u.B./Cornelsen/Volker Döring; S. 166/m.A./stock.adobe.com/ponlayut; S. 166/m.C./stock.adobe.com/kunertus; S. 166/u.C./Cornelsen/Volker Döring; S. 168/o.l./stock.adobe.com/Yozhik; S. 170/m.r./Cornelsen/Stephan Röhl; S. 170/u.l./stock.adobe.com/kozorog; S. 170/m.l./stock.adobe.com/Africa Studio; S. 171/o./stock.adobe.com/petarg; S. 172/o./sciencephotolibrary/ "PHOTOGRAPH BY A. BARRINGTON BROWN, COPYRIGHT GONVILLE AND CAIUS COLLEGE, CAMBRIDGE/COLOURED BY SCIENCE"; S. 172/u.r./sciencephotolibrary/SCIENCE SOURCE; S. 174/o./stock.adobe.com/Olesia Bilkei; S. 174/o.l./stock.adobe.com/tbel; S. 176/o./Shutterstock.com/Christopher Meder; S. 178/o.r./bpk/Kunstbibliothek, SMB, Photothek Willy Römer/John Graudenz; S. 178/o.l./stock.adobe.com/nata_vkusidey; S. 180/o.l./Dr. Holger Fleischer; S. 183/o./Shutterstock.com/Onyx9; S. 190/Shutterstock.com/Valentyn Volkov; S. 192/u.l./Cornelsen/Volker Döring; S. 192/o.l.4./stock.adobe.com/doris_bredow; S. 192/o.l.3./stock.adobe.com/Petair; S. 192/o.l.1./stock.adobe.com/Antonioguillem; S. 192/o.l.2./stock.adobe.com/nikesidoroff; S. 193/o.r./Science Photo Library/MARTYN F. CHILLMAID;

Bildnachweis

S. 196/o.l./Cornelsen/Volker Minkus; S. 197/m./stock.adobe.com/megastocker; S. 197/r./stock.adobe.com/FreeReinDesigns; S. 197/l./Shutterstock.com/Marry Kolesnik; S. 198/m.l./Imago Stock & People GmbH/R. Wittek; S. 199/o.l./Shutterstock.com/kaninw; S. 206/o./stock.adobe.com/Miroslav Beneda; S. 210/m.o./Bayer AG; S. 211/m.l./Steffen Wilhelm; S. 214/o.l./Bridgeman Images/Granger, PARACELSUS (1493-1541),Woodcut, 16th century; S. 216/o./stock.adobe.com/photopixel; S. 216/2.v.o./Shutterstock.com/Andrey_Zakharov; S. 217/o./Shutterstock.com/Nik Merkulov; S. 222/Shutterstock.com/Chones; S. 223/u./stock.adobe.com/euthymia; S. 224/o.l.4./stock.adobe.com/jollier; S. 224/o.l.PET/Shutterstock.com/Standard Studio; S. 224/o.l.2./stock.adobe.com/grafikplusfoto; S. 224/o.r.2./stock.adobe.com/charupha; S. 224/o.r.1./stock.adobe.com/chatchawan; S. 224/o.l.1./stock.adobe.com/Birgit Reitz-Hofmann; S. 224/u.r./stock.adobe.com/zaharov43; S. 224/o.l.3./Shutterstock.com/Reel2Reel; S. 225/o.r./interfoto e.k./Sammlung Dieter Meinhardt; S. 225/u./stock.adobe.com/Xuejun li; S. 225/o./stock.adobe.com/sasamihajlovic; S. 230/u.l./stock.adobe.com/Taweesak Thiprod; S. 231/m.r./Shutterstock.com/Scanrail1; S. 231/u.r./Shutterstock.com/Irina Silayeva; S. 231/o.r./stock.adobe.com/Evgeniy Vorobiev; S. 233/o./stock.adobe.com/francesca; S. 235/m.u./Shutterstock.com/Standard Studio; S. 235/2.v.u.m./Shutterstock.com/daizuoxin; S. 235/2.v.u.r./stock.adobe.com/amirul syaidi; S. 235/u.r./Shutterstock.com/StandardStudio; S. 236/r.5.v.o.r./Shutterstock.com/sydeen; S. 236/r.1.v.o.r.Helm/stock.adobe.com/tukda; S. 236/r.7.v.o.r./stock.adobe.com/aerostato; S. 236/r.1.v.o.r.Rad/stock.adobe.com/amnach; S. 236/r.8.v.o.r.Schuh/Shutterstock.com/Engin Sezer; S. 236/r.4.v.o.r./Shutterstock.com/Solomin Andrey; S. 236/r.6.v.o.r./Shutterstock.com/Ronnachai Palas; S. 236/r.2.v.o.r.Box/stock.adobe.com/amnachphoto; S. 236/r.2.v.o.r.Becher/Shutterstock.com/Zelenskaya; S. 236/r.3.v.o.r./Shutterstock.com/xpixel; S. 236/r.8.v.o.r.Herz/stock.adobe.com/PhotoSG; S. 238/r./Shutterstock.com/Arkadi Bulva; S. 238/l./stock.adobe.com/Smileus; S. 239/u.r./Shutterstock.com/Zoltan Major; S. 240/m.l./Shutterstock.com/JDiPierro; S. 240/u.r./Cornelsen/Sven Wilhelm; S. 241/o.l./Shutterstock.com/johnfoto18; S. 242/u.l./stock.adobe.com/karepa; S. 242/u.m./Shutterstock.com/Devenorr; S. 242/u.r./Q-Brick Service, Creazzo, Italy; S. 244/A/Shutterstock.com/Olga Sapegina; S. 245/o.r./Shutterstock.com/Kaya; S. 247/u./Deutsche Institute für Textil- und Faserforschung Denkendorf; S. 248/m.PET/Shutterstock.com/Standard Studio; S. 248/o.r./Shutterstock.com/Visharo; S. 248/o.l./Shutterstock.com/Rich Carey; S. 252/o.r.C./stock.adobe.com/prakasitlalao; S. 252/o.l.A./stock.adobe.com/djama; S. 252/o.l.B./stock.adobe.com/Gerhard; S. 254/o.l./Shutterstock.com/Preeda Soyraya; S. 258/Shutterstock.com/Tom Wang; S. 259/stock.adobe.com/sarawuth; S. 260/o.r./Shutterstock.com/Kapuska; S. 260/o.l./Cornelsen/Volker Döring; S. 262/o./Science Photo Library/Winters, Charles D.; S. 264/r./stock.adobe.com/Sandy1983; S. 268/stock.adobe.com/sinhyu; S. 271/o.r.1./ClipDealer GmbH/Bastian Kienitz; S. 271/u.l./Imago Stock & People GmbH/blickwinkel; S. 272/u.l./Cornelsen/ Volker Minkus; S. 272/o.l./Cornelsen/Volker Döring; S. 272/o.r./Cornelsen/Volker Döring; S. 284/o.l./dpa Picture-Alliance/Tobias Hase; S. 285 o.r.; S. 285 o.l./Shutterstock/Standard Studio; S. 288/o.l.A./Shutterstock.com/Mikhail Romanov; S. 288/o.r./Shutterstock.com/Andrey Lobachev; S. 289/mauritius images/Science Source; S. 290/o.l./Imago Stock & People GmbH/photothek; S. 292/H1.1+2/Shutterstock.com/Karynav; S. 293/u./Shutterstock.com/PhotoMediaGroup; S. 294/o./stock.adobe.com/spuno; S. 300/01/Shutterstock.com/Croutchou; S. 300/03 A+B/Thomas Seilnacht; S. 300/02/Shutterstock.com/TravnikovStudio; S. 303/o.r./stock.adobe.com/Weina Li; S. 303/o.l./Cornelsen/Volker Minkus; S. 304/o.l./Didier Maillac/REA/laif; S. 305/u./Shutterstock.com/3523studio; S. 307/l./mauritius images/alamy/Zoonar; S. 314/Imago Stock & People GmbH/Science Photo Library; S. 317/r.B/stock.adobe.com/AlGol; S. 317/m.A/Shutterstock.com/Francesca Pianzola; S. 332/02 A-C/Herman Bergwerf, MolView.org; S. 338/m.l./stock.adobe.com/Fiedels; S. 338/m.r./stock.adobe.com/karandaev; S. 338/o.l./stock.adobe.com/Gunnar Assmy; S. 338/u.r./interfoto e.k./Science & Society; S. 338/u.l./mauritius images/alamy stock photo/Gari Wyn Williams; S. 338/o.r./stock.adobe.com/Christian Müller; S. 341/04/T. Neubacher-Riens; S. 343/u.r./Cornelsen/Volker Döring; S. 344/o.l./stock.adobe.com/pit24; S. 345/8B/stock.adobe.com/Africa Studio; S. 345/6A/stock.adobe.com/Paijit; S. 345/7B/stock.adobe.com/TTLmedia; S. 345/6B/stock.adobe.com/BillionPhotos.com; S. 346/o.l./stock.adobe.com/margostock; S. 348/D/Cornelsen/Volker Minkus; S. 348/A-C/Cornelsen/Volker Döring; S. 350/A+B/Cornelsen/Volker Minkus; S. 351/4B/Shutterstock.com/Andrii Muzyka; S. 351/u.r./stock.adobe.com/bambambu; S. 352/u.r./sciencephotolibrary/Chillmaid, Martyn F.; S. 352/m.r./sciencephotolibrary/Giphotostock; S. 352/o.r./sciencephotolibrary/MARTYN F. CHILLMAID; S. 353/4/Shutterstock.com/siriwat wongchana; S. 353/5/sciencephotolibrary/EYE OF SCIENCE; S. 353/7/sciencephotolibrary/EYE OF SCIENCE; S. 354/2/Cornelsen/Volker Döring; S. 354/1/Dr. Holger Fleischer; S. 355/6/Shutterstock.com/Tayfun Ruzgar; S. 358/o.l./Shutterstock.com/Romolo Tavani; S. 359 o.r./stock.adobe.com/Tyler Boyes; S. 360/o./Fotolia/hjschneider; S. 361/4B/Shutterstock.com/malialeon; S. 361/4A/mauritius images/alamy stock photo/Nigel Cattlin; S. 362/3A/Shutterstock.com/Svitlana Kokoshyna; S. 365/1/dpa Picture-Alliance/ZB/dpa/Edgar Dahlberg; S. 365/2/akg-images; S. 366/o.r./Shutterstock.com/Iurii Kachkovskyi; S. 366/o.l./Shutterstock.com/Luis Carlos Jimenez del rio; S. 366/u.r./stock.adobe.com/gradt; S. 370/o./Shutterstock.com/anyaivanova; S. 372/2/Shutterstock.com/ronstik; S. 374/2/Shutterstock.com/kriangsak unsorn; S. 379/2/Shutterstock.com/felipe caparros;

Fremdtexte:
S. 78: Clara Haber to Richard Abegg, 23 April 1909. Haber Collection. Archiv der Max-Planck-Gesellschaft, Haber-Sammlung Va Abt., Rep. 5., Nr. 812.
S. 214: Paracelsus, Das Buch Paragranum, Septem Defensiones, 1538
S. 289: Stromspeicher für Windkraft - Die größte Batterie Deutschlands (25.09.2017), VON THOMAS HILLEBRANDT. ONLINEFASSUNG. RALF KÖLBEL, zit. nach: https://www.swr.de/swr2/wissen/redoxbatterie-in-pfinztal-eroeffnet,article-swr-14976.html
S. 363: u. r. Robert L. Wolke: Woher weiß die Seife was der Schmutz ist?, übers. v. Markus P. Schupfner, München: Piper Verlag 2004.

Register

A

Abbruchreaktion 194, 232 f.
Abgaskatalysator 57
Ableitelektrode 275
Abrollwinkel 353
Absorption 317, 371
Absorptionsspektrum 317, 371
Acetylierung 211
Acetylsalicylsäure
- Nachweis 211
Acrylnitril-Butadien-Styrol (ABS) 243
Actinoide 327
Addition 208, 233
- elektrophile 181, 184, 193, 200, 209
- nucleophile 65
Additions-Eliminierungs-Reaktion 65
Additionsreaktion 19
Adrenalin 213
Aggregatzustandsänderung 41
Akkumulator (Akku) 284 f., 310
- Entsorgung 285
aktives Zentrum 168
Aktivierungsenergie 11, 55 f.
Akzeptanzkonzentration 215
Akzeptorhalbzelle 274, 278
Albumin 166
Aldosen 130
- homologe Reihe 143
Alkali-Mangan-Batterie 282
Alkane 18 f.
- chemische Wechselwirkungen 335
- Isomerie 18
- radikalische Substitution 194 f.
Alkanole 20
Alkene 19
- Bromierung 193
- elektrophile Addition 193
- Nachweis 193
Alkine 20
Alkohole 20
- mehrwertige 20
Alkoholnachweis 379
Alkylbetaine 367
Alkyl-Gruppe 18
Alkylierung 201
Alkylpolyglycosie 367
Alkylradikal 194
Alpha-Helixstruktur (α-Helixstruktur) 164
Aluminium 303
Amalgam 299
Amalgamverfahren 299
Amidbindung 230
Aminosäuren 158 f., 186
Aminosäuresequenz 164 f.
Ammoniak
- Autoprotolyse 90
- chemische Wechselwirkungen 336
- Stoffmengenbestimmung durch Titration 113
- Synthese 76 f.
Ammoniumchlorid 60
Ammonium-Ion
- Nachweis 104
Amphetamine 213
Ampholyt 87, 124
Amylopektin 152
Amylose 152
Analyse
- Methodik 370
- qualitative/quantitative 370
Analytik
- instrumentelle 371
- Nernst-Gleichung 280
analytische Chemie 370 f.
angeregter Zustand 319
Anilin (Aminobenzol) 203
Anilingelb 343
Anion 15
- komplexes 348 f.
Anomere 137, 184
antiaromatisch 199
Antistatika 244
Äquivalenzpunkt 113, 117
Arbeit 28
Arenium-Ion 200
Aromaten 192 ff., 198, 218
- eincyclische/mehrcyclische 198
- KRM-Stoffe 215
- Toxizität 214 f., 219
aromatischer Zustand 198, 218
Aromatzität 199
ARRHENIUS, SVANTE 86
Arzneimittel 211
Aspirin 210
Atmosphäre
- Kohlenstoffdioxidanteil 102
atomare Masseneinheit (u) 14
Atombau 14
Atomhülle 14, 318
Atomkern 14
Atommasse 14
Atommodell 14
- Entwicklung 316, 380
- Kern-Hülle-Modell 316
- Orbitalmodell 322 f.
- Schalenmodell 318 f.
- wellenmechanisches 320 f., 380
Atomorbital 322
Aurin 344
Außenelektron 14
Autobatterie 285
Autokatalyse 57
Autoprotolyse 90, 124
Autoprotolysegleichgewicht 90 f.
- Störung 90 f.
auxochrome Gruppe 342
Avogadro-Konstante 11
Azofarbstoffe 343, 381
Azokupplung 343

B

Bakelit 231
Bakterien, sulfidoxidierende 79
Base 17, 88
- nach Brönsted 89
- Stoffmengenbestimmung durch Titration 112 f.
Basenkonstante 95
Basenpaarung, komplementäre 173
Basensequenz 174
Basenstärke 94 ff., 124
Basispeak 375
Batterie 17, 272, 310
- Entsorgung 285
- Typen 282 f.
Batterieprinzip 272 f.
Beizen 347
Benedict-Probe 140, 352
Benetzen 362
Benzaldehyd (Phenylmethanal) 203
Benzin
- Gaschromatogramm 373
Benzoesäure (Phenylmethansäure) 203
Benzol (Benzen) 192 f.
- Alkylderivate 202
- Bromierung 196, 200 f.
- Carbonylderivate 203
- Hydroxyderivate 202
- Stickstoffderivate 203
- Sulfonsäurederivate 203
Benzolderivate 198, 202 f., 219
Benzol-Molekül
- Orbitalmodell 332 f.
- Oszillationsprinzip 196 f., 218
Benzolring von Kékulé 192, 218
Benzolsulfonsäure 201
Benzylalkohol (Phenylmethanol) 206
Beta-Carotin (β-Carotin) 341
Beta-Faltblattstruktur (β-Faltblattstruktur) 164
bimolekulare nucleophile Substitution 206 f., 209
Bindungswinkel 330 f.
Biokatalyse 57
Biokunststoffe 250, 256
Bionik 353
Biopolyethen (Bio-PE) 250
Biuretreaktion 166 f., 352
Blasformen 246
Bleiakkumulator 284, 287
Bleichmittel 368
Blockcopolymere 242
Bombenkalorimeter 30
BOSCH, CARL 77
Bottom-up-Verfahren 356
BRAUN, FERDINAND 71
Brennstoffzellen 290 f., 310
Brennwert 34 f., 178
Brenzcatechin (1,2-Dihydroxybenzol) 202
Bromierung
- Alkane 194 f.
- Alkene 193
- Aromaten 204 f.
- Benzol 196
Bromonium-Ion 193
Brönsted-Base/-Säure 87
BRÖNSTED, JOHANNES 87

C

Calciumcarbonat 102 f.
Carbokation 64, 206 f.
Carbonat-Ionen
- Nachweis 104
- Säure-Base-Gleichgewicht 102
Carbonsäureester 21
Carbonylfarbstoffe 345
Carboxygruppe 64
Carvon 135
Cellulose 154, 184
Celluloseacetate 154, 245
Celluloseester 154
Chelatkomplexe (Chelate) 351
Chemiefasern 247
chemische Bindung
- Elektronenpaarbindung 328 f.
- glykosidische 144 f., 152 f.
- koordinative 140, 350, 381
- Umbau 10
chemische Energie 26
chemische Größen 12
chemische Reaktion
- mit Elektronenübergang 17, 260 ff.
- endergonische/exergonische 44
- endotherme 11, 28, 45
- Energieumwandlung 28
- Entropieänderung 42 f.
- exotherme 11, 45
- freiwillig ablaufende 44 f.
- Kennzeichen 10
- mehrschrittige 64
- mit Protonenübertragung 17
- Reaktionsenthalpie 28, 34 f.
- Reaktionsgeschwindigkeit 52 f.
- Reaktionswärme 28
- Stoßtheorie 54, 63
- Übergangszustand 55
- Umkehrbarkeit 60, 62

- unvollständig verlaufende 46, 48
- Volumenarbeit 28, 34 f.
- chemisches Gleichgewicht 62 f., 82
- dynamisches 61 f., 82
- Konstante 66
- Massenwirkungsgesetz 66 f.
- metastabiles 46
- Simulation (Methode) 69
- Störung 70 f.
- Temperaturabhängigkeit 71
- Verschiebung 70

chemische Verschiebung 376
chemische Wechselwirkungen 334 f., 336 f., 380
- elektrostatische 350

Chiralität 132
Chiralitätszentrum 132
Chitin 155
Chitosan 155
Chloralkali-Elektrolyse 298 f., 310
Chlor-Atom
- Energieniveaus 318
- Schalenmodell 318
- Unterenergieniveaus 319

Chlorophyll 351
Chromatografie 120
- Simulation 121

Chromatogramm 372
Chromophor 341
cis-trans-Isomerie 19, 180
CMY-Modell 339
Codesonne 175
Copolymere 242, 256
Copolymerisate 242
CRICK, F. 172
Crystal Meth 213
Cumol (2-Phenylpropan) 202
Cyanidin 118
Cyanidlaugerei 351
Cyanine 342
Cyclodextrine 147 f., 185
Cyclohexen 193
Cyclooxygenase (COX) 210
Cyclopentadienyl-Anion/-Kation 199

D

Daniell-Element 272
DANIELL, JOHN FREDERIC 272
DAVY, HUMPHRY 86
DE BROGLIE, LOUIS 320
Decabromdiphenylether 244
Deformationsschwingung 378
delokalisierte Teilladung 64
Delokalisation 197
Denaturierung 166
Deprotonierung 200
Derivate 198
Desoxyribose 172

Dialkyldimethylammoniumchlorid 367
Diaphragma 272
Diaphragmaverfahren 298 f.
Diastereomer 132 f.
Diazotierung 343
Dichte 11
Dipeptid 163
Dipol 335
Dipol-Dipol-Wechselwirkung 335
Dipolmolekül 16
Dipolmoment 335 f.
Direktfärben 346
Direktmethanol-Brennstoffzelle (DMFC) 291
Disaccharide (Zweifachzucker) 144 f., 185
Dispergieren 362
Disproportionierung 264, 308
Distickstoffmonooxid-Molekül 65
Disulfidbrücken 165
DNA 172 ff., 186
- Molekülstruktur 173
- Replikation 174

DNA-Strang, komplementärer 173 f.
Donator-Akzeptor-Konzept 87, 260 f., 350
Donatorhalbzelle 274, 278
Doppelbindungen 193, 330
- E-/Z-Konfiguration 180
- hydrolytische Spaltung 178
- konjugierte 341 f.

Doppelhelix 173
Doppelschicht
- elektrochemische 272 f., 309

Doppelspaltversuch 320
d-Orbitale 323
Dosis 214
- mittlere letale (LD50) 214

Downcycling 248 f.
Dreifachbindung 16, 331
Droge 213, 379
Druck 54
Druckänderung 70
Dünnschichtchromatografie 120 f.
Duromere 225
- Struktur 227
- Verarbeitung 247

E

Edelgase
- chemische Wechselwirkungen 335

Edelgaskonfiguration 15
Edelgasregel 15
Einfachbindung 16
EINSTEIN, ALBERT 320
Eisen

- Kontaktkorrosion 304
- Sauerstoffkorrosion 301
- Säurekorrosion 301

Eisen(II)-sulfid
- Löslichkeitsprodukt 79

Eisen(III)-Ionen
- Nachweis 350

Elastizität 224
Elastomere 227
elektrische Leitfähigkeit 116
elektroanalytische Verfahren 371
elektrochemische Doppelschicht 272 f., 309
elektrochemischer Korrosionsschutz 305
elektrochemische Spannungsreihe 274 f., 310
Elektrodenpotenzial 274
- Messung 275

Elektrodenreaktionen
- Bleiakku 284
- Brennstoffzelle 290
- Daniell-Element 273
- Elektrolyse 294 f.
- galvanische Zelle 295
- Konzentrationselement 278
- Li-Ionen-Akku 287
- Lithium-Mangandioxid-Batterie 283
- Nickel-Metallhydrid-Akkumulator 286
- Polymerelektrolyt-Brennstoffzelle 291
- Silber / Silberchloridhalbzelle 278
- Zink-Silberoxid-Knopfzelle 283
- Elektrolyse 17, 294 f., 298 f., 310
- Faraday-Gesetze 297
- Überspannung 296
- Zersetzungsspannung 295 f., 310

Elektrolysezelle 294
- vs. galvanische Zelle 295

Elektrolyt 274
elektrolytische Dissoziation 86
Elektronegativitätswert (EN) 16
Elektronen 316
- am Doppelspalt 320
- Aufenthaltswahrscheinlichkeit 322
- Welle-Teilchen-Dualismus 320 f.

Elektronenakzeptor/-donator 17, 260, 308
Elektronendichteverteilung 332
Elektronenkonfiguration 324 f.
- vereinfachte Schreibweise 325

Elektronenpaarabstoßungsmodell (EPA-Modell) 16
Elektronenpaarbindung 16, 328 f., 333, 380
- Elektronegativitätswert 16
- polare/unpolare 16

Elektronenpaardonator/-akzeptor 208, 342, 350
Elektronenpaar, freies/bindendes 16
Elektronenstoß-Ionisation 375
Elektronenübertragung 17
Elektrophil 64, 208
elektrophile Addition 181, 186, 193, 209, 218
elektrophile Substitution 200 f., 209, 219
elektrophile Zweitsubstitution 205 f., 219
Elektrophorese 161
Element 10
- Elektronegativitätswert 16

Elementaranalyse 371
Elementarreaktion 64
Elementarteilchen 316
Elementfamilie 14
Eliminierung 65
Eloxalverfahren 303
Emission 317
Emissionsspektrum 317
Emulsion 362
Enantiomere 132, 184
endergonische Reaktion 44
Endiolform 139
endotherme Reaktion 28, 45
- Energiediagramm 11

Energie
- chemische 26
- innere 26, 28, 48
- kinetische 55
- thermische 27

Energiediagramm 55, 82, 169
- endotherme/exotherme Reaktion 11

Energieerhaltungssatz 27, 36
Energieformen 26
Energiekette 26
Energieniveau 318
Energiestufenmodell 14
Energieträger 27
Energieumwandlung 10, 26 f.
Energieverteilung (Maxwell) 55, 63
Enthärter 368
Entropie 41, 48
Entwicklungsfärben 347
Enzymaktivität 169
Enzyme 57, 168 f.
- in Waschmitteln 368

Enzym-Substrat-Komplex 168
Ephedrin 213
Epoxidgruppe 239

Epoxidharze 239
Erbinformation 174
Ersatzstoffprüfung 214
Erstsubstituent
- dirigierende Wirkung
ERTL, GERHARDT 78
Erweichungstemperatur 226
Essigsäure-Acetat-Puffer 107
Esterbindung 231
Esterhydrolyse 62
Estersynthese (Esterbildung) 57
- Reaktionsmechanismus 64 f.
- Reaktionsschritte/-typen 65
Ethan-Molekül 330
Ethen-Molekül 330 f.
Ethin-Molekül 331
Ethylbenzol 202
Ethylendiamintetraessigsäure (EDTA) 351
exergonische Reaktion 44
exotherme Reaktion 45
- Energiediagramm 11
Exposition-Risiko-Beziehung (ERB) 215
Extinktion 374
Extrudieren 246
E-Z-Isomere 180

F

Faraday-Gesetze 297, 310
Faraday-Konstante 297
FARADAY, MICHAEL 297
Färbeverfahren 346 f.
Farbigkeit
- Molekülstruktur 341
- Polyene 342
- von Stoffen 381
Farbmischung, subtraktive 339
Farbstoffe 338, 346
Farbstoffgruppen 343 f., 381
Farbwahrnehmung 339
Faserarten 346
Faserverbundwerkstoffe 252
Fettalkoholsulfate (FAS) 367
Fette 176 ff., 186
- alkalische Esterspaltung 360
- gehärtete 181
- Kennzahlen 179
- ranzig werden 178
fette Öle 176 f.
Fettfleckprobe 177
Fetthärtung 181
Fett-Molekül 176
Fettsäuren
- essenzielle 176
- gesättigte 176
- ungesättigte 176, 180 f.
Fingerprint-Bereich 378
FISCHER, EMIL 136
Fischer-Projektionsformel 132
- Alanin 136
- Aufstellen (Methode) 133

- Glucose 136
Flammschutzmittel 244
Fließtemperatur 226
Fluorescein 344
Fluoreszenz 341
Fluor-Molekül 329
Formalladung 65
Formelumsatz 34
Fotokatalyse 359
Fotometrie 374, 382
Fragment-Ion 375
freie Aktivierungsenthalpie 46
freie Reaktionsenthalpie 44, 48
freie Standardreaktionsenthalpie 44
freiwillig ablaufende Prozesse 40
Fremdstromanode 305
Friedel-Crafts-Alkylierung 201
Fructose (Fruchtzucker) 138 f.
- Nachweis 140, 186
funktionelle Gruppe 20 f.
Furanosen 138

G

Galactomannane 153
galvanische Zelle (galvanisches Element) 274, 309
- Brennstoffzellen 290 f.
- vs. Elektrolysezelle 295
- Entstehung 294
- Konzentrationszelle 278 f.
- Standardzellspannung 274
- Zellspannung 273, 309
Galvanotechnik 304
Gaschromatografie 372 f.
Gaschromatogramm 373
Gaszustände 40
Gefahrenkategorie 214 f.
Gelelektrophorese 161
genetischer Code 175
Gesamtspin 325
Geschwindigkeitskonstante 54
Gibbs-Helmholtz-Gleichung 44
Giftwirkung, akute/toxische 214
Gittermodell 15
Glaselektrode 93
Gleichgewicht
- chemisches s. chemisches Gleichgewicht
- dynamisches 61, 82, 272
Gleichgewichte, gekoppelte 102
Gleichgewichtskonstante 66 f.
Gleichgewichtskonzentration 67
Globulin 166
Glucose (Traubenzucker) 136 f.
- Nachweis 140, 186
Glucoseisomerase 142
Glycerinaldehyd 132 f.
Glycin 161
Glykogen 153

Glykolipide 146
Glykoproteine 146
GOD-Tes 140
Goldgewinnung 351
GOODYEAR, CHARLES 242
Graphen 356
gravimetrische Verfahren 370
Grenzflächenkondensation 230
Grenzflächenspannung 361

H

Haber-Bosch-Verfahren 76 f., 82
HABER, FRITZ 76, 78
Halbacetalgruppe 136
Halbäquivalenzpunkt 113 f.
Halbleiter-Nanopartikel, fluoreszierende 355
Halbstrukturformel 18
Halbtitration 114
Halogenwasserstoffe 336
Hämoglobin 109, 165, 351
Hauptgruppe im PSE 14, 326
Hauptquantenzahl 318
Hauptsatz der Thermodynamik 27
Haworth-Projektion 137
HEISENBERG, WERNER 321
Heizwert 35
Hemmung, allosterische/ kompetitive/ irreversible 169
Henderson-Hasselbalch-Gleichung 108
Henna 345
Heteroatom 198 f.
heterocyclische Basen 172
heterogene Katalyse 56
Hochdruck-Polyethen (LD-PE) 235
Hock-Verfahren 202
HOFFMANN, FELIX 210
homogene Katalyse 57
homologe Reihe
- D-Aldosen 143
- Alkane 18
- Alkanole 20
- Alkene 19
- Alkine 20
- D-Ketosen 143
Hückel-Regel 198
Humane Muttermilch Oligosaccharide (HMO) 146
HUND, FRIEDRICH 333
Hund'sche Regel 325
Hybridisierung 329
Hydrationsenthalpie 31
Hydrierung 19, 181
Hydrochinon 202
Hydrogel 253
Hydrogencarbonat 102
Hydrolyse 21, 249
hydrophil/hydrophob 361
hydrothermale Zirkulation 79

I

ideales Gas 40
IMMERWAHR, CLARA 78
Impulsunschärfe 321
Indigofarbstoffe 345, 381
Indikatorbase/-säure 118
Induced-fit-Modell 168 f.
induktiver Effekt (I-Effekt) 205
Insulin 164
Interferenz 320
Inulin 153
Iodometrie 268 f.
Iod-Probe 142
Iodwasserstoff-Gleichgewicht 66 f.
Iodzahl 179
Ionen 15
- Nachweis 13
Ionenbeweglichkeit, relative 116 f.
Ionenbindung 15, 334
Ionenkonzentration
- Bestimmung 280
Ionenkristall 15
Ionenprodukt des Wassers 90
IR-Spektroskopie 378, 382
IR-Spektrum 378
isoelektrischer Punkt 160
Isoglucose 142
Isomere / Isomerie 18 f., 132, 180
Isomerisierung 139

K

Kalandrieren 247
Kalium-Atom
- Elektronenkonfiguration 324
Kalk 102 f.
Kalkseife 360, 363
Kalorimetrie 29 f.
Kalottenmodell 18
Kälteschutz 178
Katalysator 11, 55, 63
Katalyse 56 f.
katalytische Hydrierung 181
Kathode 274
kathodischer Korrosionsschutz 305
Kation 15
- komplexes 348 f.
Keesom-Wechselwirkung 335 f.
Keil-Strich-Formel 132
KÉKULÉ, AUGUST 192
Kern-Hülle-Modell
- Atome 14, 316
- Nanopartikel 356
Kernladungszahl 14
kernmagnetische Resonanz 376
Keto-Enol-Tautomerie 139, 184
Ketosen 130
- homologe Reihe 143
Kettenpolymerisation
- anionische/kationische 233

- radikalische 232 f.
Kettenreaktion 194, 232
Kettenverzweigung 232
Kettenwachstumsreaktion 232, 234
Knopfzelle 282 f.
Kohlenhydrate 130 ff., 184
Kohlensäure 102
Kohlenstoffatom
- anomeres 137
- asymmetrisch substituiertes 132

Kohlenstoffdioxid-Carbonat-Gleichgewicht 102
Kohlenstoffdioxid-Hydrogencarbonat-Puffer 109
Kohlenwasserstoffe
- aromatische 192 ff.
- Gaschromatogramm 373
- gesättigte 18
- ungesättigte 19

KOLBE, HERMANN 210
Kollagen 165
Komplementärfarbe 339
Komplex 140
Komplex-Ion 348
Komplexverbindungen 381
- Bedeutung 351
- Bildung 348
- chemische Bindung 350
- Nachweisreaktionen 352
- Nomenklatur 349
- Reaktionen 350
- Struktur 349

Komproportionierung 264, 308
Konduktometrie 116
Konstitutionsisomere 18 f., 180
Kontaktkorrosion 300, 304
Kontaktverfahren 100
Kontaktwinkel 353
Konzentrationsänderung 53, 70
Konzentrationselement 278 f.
Konzentrationsquotient 66
Konzentrations-Zeit-Diagramm 53, 63
Konzentrationszelle 278 f.
Koordinationszahl 348
koordinative Bindung 350, 381
Korallen 102
Korrosion 300 f., 310
- Schäden 304

Korrosionsschutz 304 f., 310
Kristallinität 228
KRM-Stoffe 214
Kugelpackungsmodell 15
Kugel-Stab-Modell 18, 132, 160
Kunststoffabfälle 248 f., 256
Kunststoffe 224 f., 256
- Biokunststoffe 250
- Chemiefasern 247
- Copolymere 242
- Einteilung 256

- Makromoleküle 226 f.
- Polyaddition 238 f.
- Polykondensation 230 f.
- Polymerisation 232 f.
- Polymolekularität 228
- Spezialkunststoffe 252 f.
- Struktur 226 f.
- Verarbeitung 246f, 256
- Zusatzstoffe 244

Küpenfärben 345
Kupferbiuretkomplex 167

L

Lactose (Milchzucker) 145
Ladungstransport im elektrischen Feld 117
Laevulose 138
Lambert-Beer'sches Gesetz 374
Lanthanoide 327
LAVOISIER, ANTOINE LAURENT DE 316
Lebensmittel
- Schwefeln 269

LE CHATELIER, HENRY 71
Leitfähigkeit, elektrische 116
Leitfähigkeitstitration 116
Leukoindigo 345
Lewis-Formel (Valenzstrichformel) 16, 328
- mesomere Grenzformel 65

Lichtabsorption 339
- Energiestufenmodell 341

Lichtemission
- Energiestufenmodell 341

Licht, polarisiertes 134
Lichtreflexion 339
Ligand 348
Ligandenaustauschreaktion 350
Limonen 135
Lineare Alkylbenzolsulfonate (LAS) 367
Linienspektrum 318
Lithiumbatterien 283
Lithiumchloridschmelze (Elektrolyse) 297
Lithium-Ionen-Akkumulator 286 f.
Lithium-Mangandioxid-Batterie 282 f.
Lokalelement 300
LONDON, FRITZ 334
London-Wechselwirkung 165, 334
London-Wechselwirkungsenergie 334, 336
Lösevorgang
- im Teilchenmodell 31

Löslichkeitsgleichgewicht 74
- Störung 75

Löslichkeitsprodukt 75, 82
- Calciumcarbonat 102
- Eisen(II)-sulfid 79

Lösung
- alkalische 17, 86, 91, 360
- gesättigte 74
- neutrale 86
- pH-Wert 92 f., 98 f.
- saure 17, 86, 91

Lösungsenthalpie 31
Lotuseffekt 353
Lugol'sche Lösung 152
Lyocell 155

M

Makromoleküle 152
- Kohlenhydrate 130 ff., 184
- Kunststoffe 225
- lineare/verzweigte/vernetzte 226
- Proteine 164 f., 166, 186
- synthetische 225

Maltose (Malzzucker) 145
Manganometrie 268
Margarine 178
Masse, molare 11 f.
Massenanteil 13
Massenerhaltung 10
Massenkonzentration 13
Massenspektrometrie 375, 382
Massenspektrum 375
Massenwirkungsgesetz (MWG) 66 f.
- Ammoniaksynthese 77
- Rechnen mit (Methode) 68

Massivsulfide 79
Maßlösung 113
Materiewelle 320
Mauvein 338
MAXWELL, JAMES C. 55
Meere
- Schwarze Raucher 79
- Versauerung 102 f.

Mehrfachbindung 330 f.
Membransysteme 253
Membranverfahren 298 f.
mesomere Grenzformeln 64 f., 163, 197
mesomerer Effekt (M-Effekt) 204 f.
Mesomerie 65, 197, 218
Mesomerieenergie 197
Mesomeriepfeil 65, 197
Mesomeriestabilisierung 163, 197
Metalle 14
- Korrosion 300 f.
- Korrosionsschutz 304 f.
- Redoxreihe 261

Metallhydrid 286
Metallsulfide 79
Metastabilität 46, 48
Methamphetamin 213
Methan-Molekül 329
Methanoat-Ion 65

Methansäuremethylester 64 f.
Methode
- Aufstellen einer Fischer-Projektionsformel 133
- Berechnen der Standardzellspannung 276
- Bestimmen von Oxidationszahlen 263
- Entwickeln von Redoxgleichungen 265
- Rechnen mit dem Massenwirkungsgesetz 68
- Simulation chemischer Gleichgewichte 69

Methylorange 343
Micellen 361
Mikrofasern 247
Milchzucker s. Lactose
molare Gitterenthalpie 31
molare Hydratationsenthalpie 31
molare Masse 11 f.
molare Standardbildungsenthalpie 36 f.
molare Standardentropie 43
molares Volumen 12
molare Verbrennungsenthalpie 34 f.
molare Verdampfungsenthalpie 35
Moleküle
- räumlicher Bau 16, 330
- ringförmige 136

Molekülformel 10
Molekülgeometrie 330
Molekül-Ion 65
Molekülorbital 328 f., 330 f.
- bindendes/ antibindendes 333

Molekülorbitalschema 333
Molekülorbital-Theorie (MO-Theorie) 333
Molekülschwingung 378
Molekülstruktur
- Farbigkeit 341

Molekülverbindung 16
monmolekulare nucleophile Substitution 206 f., 209
Monoalkylsulfate 366
Monomere 225
- polyfunktionelle 230 f.

Monosaccharide (Einfachzucker) 136 f., 143, 184
MULLIKEN, ROBERT 333
Muttermilch 146

N

Nachtleuchtfarben 339
Nachweis
- chemischer 370
- von Alkohol 379
- von Drogen 379

N

Nachweisreaktionen
- Acetylsalicylsäure 211
- Aldehyde 21
- Alkene 193
- Ammonium-Ion 104
- Carbonat-Ion 104
- Eisen(III)-Ionen 350
- Fructose 140
- Glucose 140
- Ionen 13
- Proteine 167
- Salicylsäure 211
- Stärke 152
- Stoffe 13

Nano-Effekte 355
Nanomaterialien 354
- Anwendungen 357
- Freisetzung in die Umwelt 359
- Herstellung 356, 381

Nanopartikel 354, 381
Nanorods/Nanotubes 356
Nanosilber 358
Naphthalin 199
Nebengruppe im PSE 326
Nebengruppenatome 326
Nebenquantenzahl 319
Nernst-Gleichung 278 f., 309
NERNST, WALTHER 274
Neutralisation 17, 86
Neutralkomplex 348
Neutron 14, 316
Nichtmetalle 14
Nickel-Metallhydrid-Akkumulator 286 f.
Niederdruck-Polyethen (HDPE) 235
Nitrate 76
Nitrierung 201
Nitrobenzol 201, 203
- Bromierung 204
- Toxizität 219

Nitronium-Ion 201
NMR-Spektroskopie 376 f., 382
NMR-Spektrum 376 f.
Nomenklaturregeln
- Alkane 19
- Alkanole 20
- Carbonsäuren 21
- Komplexverbindungen 349

Nucleinsäuren 174, 186
Nucleophil 65, 208
nucleophile Addition 65
nucleophile Substitution 206 f., 209, 219
Nylon 230, 247

O

Oberflächenspannung 361
Oligosaccharide 146
Omega-Fettsäuren 178
Operatoren (in Aufgaben) 22 f.
Opferanode 305
optische Aktivität 134
optische Aufheller 368
Orbitalbegriff 323
Orbitale
- Besetzung mit Elektronen 324 f.
- Energieprinzip 324
- Quantenzahlen 324
- Schachbrettschema 325
- Orbitalmodell 322 f.
- Elektronenkonfiguration 324
- Elektronenpaarbindung 328 f.

Ordnungszahl 14, 316
organische Verbindung 18
Orientierungsquantenzahl 321
Ortsunschärfe 321
Ostwald'sches Verdünnungsgesetz 95
Oszillationshypothese 196
Oxidation 17, 260
- stufenweise 178
- von Alkanen 19
- von Alkanolen 20

Oxidationsmittel 260, 308
Oxidationszahlen 262, 308
- Bestimmen (Methode) 263

Oxonium-Ionen 87
- Ladungstransport im elektrischen Feld 117

P

Papierchromatografie 121
PARACELSUS VON HOHENHEIM 214
Paracetamol 210 f.
Passivierung 304
PAULING, LINUS 57, 324
Pauli-Prinzip 324
Peptidbindung 163, 186
Peptide 163, 186
Periodensystem der Elemente (PSE) 14, 326 f., 380
Pfropfcopolymere 242
Pharmazie 211
Phase, mobile/stationäre 120
Phenol (Hydroxybenzol) 202
- Bromierung 204

Phenolphthalein 119, 344
Phenoplaste 231
pH-Indikator 17, 118
- Methylorange 343
- Säure-Base-Titration 119
- Triphenylmethanfarbstoffe 344
- Umschlagbereich 118

Phosphoreszenz 341
Phosphorsäure 101, 125
Photokatalyse 359
Photon
- Energie 338

pH-Puffer 106 f., 125, 160
Phthalate 244
pH-Wert 17, 92 f.
- Berechnung 98 f., 124
- der Meere 102
- Messung 93
- Puffersysteme 106 f., 125

pH-Wert-Skala 17, 92
Pi-Bindung (π-Bindung) 193, 331
Pi-Elektronen (π-Elektronen) 193, 197
Pi-Elektronensystem (π-System) 119, 197, 332, 342
Pi-Komplex (π-Komplex) 181, 193, 200
pKB-Wert 96
- Bestimmung 114

pK$_S$-Wert 96, 118, 124
- Bestimmung 113 f.

PLANCK, MAX 318
Planck'sches Wirkungsquantum 319
Plastizität 224
Pluspol 274
pOH-Wert 92, 124
Polarimeter 134
Polarisierbarkeit 335 f.
Polyacrylnitril (PAN) 236
Polyaddition 238 f.
Polyaddukte 238
Polyamide (PA) 230, 247
Polycarbonate (PC) 231
Polydispersität 228
Polyene
- Farbigkeit 342

Polyester (PES) 231
Polyethen (PE) 235
Polyetherester 253
Polyethylenterephthalat (PET) 231
Polyharnstoff 238
Polykondensation 230 f.
Polylactid (PLA) 250
Polymere 225, 256
- superabsorbierende 253

Polymerelektrolyt-Brennstoffzelle (PEMFC) 291
Polymerisate 236
Polymerisation 232 f.
- radikalische 232 f.

Polymerisationsgrad 234
Polymerkette 225
Polymethmethacrylat (PMMA) 236
Polymilchsäure 250
Polymolekularität 228
Polypeptid 163
Polypropen 235 f.
Polysaccharide 152 f., 185
- als Baustoffe 154 f.

Polystyrol (PS) 236
Polytetrafluorethen (PTFE) 236, 253
Polyurethane 238
Polyurethan-Schaumstoffe 238
Polyvinylchlorid (PVC) 236
p-Orbitale 323
Potenzialdifferenz 278
Potenziometrie 280
Primärstruktur 164
Prinzip von Le Chatelier 71, 82
Prostaglandine 210
Proteinbiosynthese 175
Proteine 164 f., 166, 186
- fibrilläre 165
- globuläre 165
- Nachweis 167

protochemische Reihe 97
Protolyse 87, 95, 124
Protolysegrad 95
Proton 316
- Säurekatalyse 64

Protonenakzeptor/-donator 87
Protonenübertragungsreaktion 17
Puffer
Puffergleichung 108
Pufferkapazität 108
Puffersysteme 106 f., 160
- biochemische 109

Purpur 345
Pyranosen 136, 138
Pyrolyse 249

Q

Quant 319
Quantensprung 319
Quantentheorie 318
Quantenzahlen 318, 324, 380
Quantum Dots 356
Quartärstruktur 165

R

Racemat 134
Radikale 194, 208, 232
radikalische Polymerisation 232 f.
radikalische Substitution 19, 194 f., 208, 218
Ranzigwerden (Fette) 178
Reaktionsenthalpie 28, 34 f., 45, 48
Reaktionsentropie 42 f.
Reaktionsgeschwindigkeit 10, 52 ff., 82
- mittlere/momentane 53

Reaktionsgeschwindigkeits-Temperatur-Regel (RGT-Regel) 55
Reaktionsgleichung 11
Reaktionsmechanismus 56, 64
Reaktionswärme 28 f.
reaktiver Stoß 54

Register

reaktive Teilchen 65
Reaktivfärben 347
reales Gas 40
Rearomatisierung 200
Recycling 248 f., 285
Redoxgleichung
- Aufstellen 264
- Entwickeln (Methode) 265

Redoxpaar
- korrespondierendes 261, 308
- Standardpotenzial 275

Redoxreaktion 17, 260 f., 308
- Donator-Akzeptor-Konzept 261
- freiwillige 272
- Oxidationszahlen 262
- pH-Wert-abhängige 264

Redoxreihe der Metalle 261
Redoxtitration 268 f., 308
Reduktion 17, 260
Reinstoff 10
Renaturierung 166
Retentionsfaktor 121
Retentionszeit 372
RGT-Regel 55
RNA 174, 186
Rosten 300
Rotationsformverfahren 246
Rotkohlsaft 118
Rückreaktion 62

S

Saccharose (Rohrzucker) 144
Salicylsäure 210
- Nachweis 211

Salpetersäure 101, 125
Salze 15
- Lösevorgang 31, 74
- Löslichkeitsprodukt 75

Salzlösung 17
- alkalische/saure 97

Satz von Avogadro 12
Satz von Hess 36 f., 48
Sauerstoff-Atom
- Schalenmodell 318

Sauerstoffkorrosion 301
Sauerstoff-Molekül
- Molekülorbitalschema 333

Säure 17, 86, 101 f.
- mehrprotonige 115, 117
- nach Brönsted 87
- Stoffmengenbestimmung durch Titration 112 f.
- zweiprotonige 100

Säure-Base-Gleichgewicht 94, 96, 118
Säure-Base-Indikator 118 f., 125
Säure-Base-Konzept 87, 124
Säure-Base-Paar, konjugiertes 94, 97
Säure-Base-Reaktion 17

- Donator-Akzeptor-Konzept 261

Säure-Base-Titration 113 f., 125
- mit pH-Indikator 118

säurekatalysierte Veresterung 64 f.
Säurekonstante 95
Säurekorrosion 301
Säurelösung
- Konzentrationsbestimmung durch Titration 112 f.

Säurerest-Ion 101
Säurestärke 94 ff., 124
Säurezahl 179
Schachbrettschema 325
Schalenmodell 14, 318 f.
- Grenze 321

Schaumbildung 362
Schichtverbundwerkstoffe 252
Schlüssel-Schloss-Prinzip 57, 168 f.
Schmelzklebstoff 224
Schmelzspinnverfahren 247
SCHRÖDINGER, ERWIN 321
Schrödinger-Gleichung 321
schwarze Raucher 79
Schwefeln (Lebensmittel) 269
Schwefelsäure 100, 125
- Konzentrationsbestimmung 117

Schwefeltrioxid 100
Schwefelwasserstoff 79
schweflige Säure 100
Seifen 360 f.
- Nachteile 363

Seifen-Anion 360
Seifenblase 362
Sekundärstruktur 164
Seliwanow-Test 140
Sigma-Bindung (σ-Bindung) 193, 328
Sigma-Elektronen (σ-Elektronen) 193, 197
Sigma-Komplex (σ-Komplex) 181, 193, 200
Silberoxid-Zink-Knopfzelle 283
Silber/Silberchloridhalbzelle 280
Silberspiegelprobe 140, 352
Skelettformel 18
s-Orbital 322
Spaltung, hydrolytische 178
sp^2-Hybridisierung
- Benzol-Molekül 330
- Doppelbindung 330

sp^2-Hybridorbital 330
sp^3-Hybridorbital 329
Spannungsreihe, elektrochemische 274 f.
Speiseöl 178
Spektralanalyse 317

Spektralfarben 338 f.
Spektralfotometer 374
spektroskopische Verfahren 371
Spektrum, kontinuierliches 317
Spezialkalorimeter 30
Spezialkunststoffe 252 f.
sp-Hybridorbital 331
Spiegelbildisomere (Enantiomere) 132 f., 160, 184
Spiegelbildisomerie
Spinquantenzahl 324
Spin-Spin-Kopplung 377
Spritzgießen 246
Sprödigkeit 224
Stabilisator 244
Standardbedingungen 34
Standardbildungsenthalpie 36
Standardelektrodenpotenzial 274 f.
Standardentropie 42 f.
Standardpotenzial 274 f., 309
Standardreaktionsenthalpie 34
Standardreaktionsentropie 43
Standardredoxpotenzial 309
Standardwasserstoffhalbzelle 274, 309
Standardzellspannung
- Berechnen (Methode) 276

Stärke 152 f., 184
- Nachweis 152

STAUDINGER, HERMANN 225
Stereoisomerie 19, 180
Stickstoff 76 f.
Stöchiometriezahl 52
stöchiometrische Berechnungen 12
Stoffe
- akut toxische 214
- Einteilung 10
- Farbigkeit 381
- grenzflächenaktive 361
- Nachweisreaktionen 13
- optisch aktive 134

Stoffgemisch
- Massenanteil 13
- Massenkonzentration 13

Stoffmenge 11, 112 f.
Stoffmengenkonzentration 13, 54, 112 f.
Stoffportion 11
Stoffumwandlung 10
Stoßmodell 63
Stoßzahl 54
Strangpressen 246
Streuversuch von Rutherford 316
Strukturanalyse 371
Strukturaufklärung 371
- instrumentelle Methoden 374, 375, 376 f., 378, 382

Strukturformel 18

Stufenwachstumsreaktion 231, 234
Styrol (Phenylethen) 202
Styrol-Acrylnitril (SAN) 242 f.
Styrol-Butadien-Kautschuk 242 f.
Styrol-Butadien-Rubber (SBR) 242
Substitution 208
- elektrophile 200 f., 209
- nucleophile 206 f., 209
- radikalische 19, 194 f., 208

Substrat 57
sulfidoxidierende Bakterien 79
Sulfonierung 201
Sulfonium-Ion 201
Superabsorber (SAP) 252 f.
Superhydrophobie 353
Synproportionierung 264, 308
Synthese, spiegelsymmetrische 135
Synthesefasern 247
System 48
- geschlossenes/isoliertes/offenes 27
- innere Energie 26
- und Umgebung 27
- Unordnung 41
- Zustände 40 f.

T

Tagleuchtfarben 339
Taktizität 235
Tautomerie 139
Teflon 253
Teilchendichte 54
Teilchenverbundwerkstoffe 252
Tencel 155
Tenside 361, 382
- anionische 366 f.
- Grenzflächenspannung 361
- kationische 366 f.
- Micellen 361
- nichtionische 367
- Oberflächenspannung 361
- Waschwirkung 362 f.
- zwitterionische 366 f.

Tensidklassen 382
Terephthalsäure (1,4-Benzoldicarbonsäure) 203
Tertiärstruktur 164
Textilfarbstoffe 346
Thermoplaste 224
- Struktur 226
- Verarbeitung 246 f.
- Verhalten beim Erwärmen 226

Thiocyanat-Ion 350
THOMSON, JOSEPH JOHN 316
Thymolphthalein 119, 344
Tiefziehverfahren 246

Titandioxid-Nanopartikel 358 f.
Titration 113 f.
- konduktometrische 116 f.
- mit Indikator 112, 117
- pH-metrische 112, 117
Titrationskurve
- Interpretation 115
- mehrprotonige Säure 115
- schwache Base 113
- schwache Säure 113 f.
- starke Base/Säure 112
titrimetrische Verfahren 117, 371
Toleranzkonzentration 215
Tollens-Probe 140, 352
Toluol 201
- Bromierung 204
Top-down-/Top-up-Verfahren 356
Toxikologie 214 f.
- forensische 379
Toxizität, akute/chronische 219
transfer-RNA (t-RNA) 175
Transkription 175
Translation 175
Traubenzucker s. Glucose
Trennverfahren
- Chromatografie 120 f.
- Elektrophorese 161
Trifluormethylbenzol
- Bromierung 205
Triglyceride 176, 180
Triphenylmethanfarbstoffe 344, 381
Tropfsteine 103
Tyndall-Effekt 354

U
Übergangszustand 55, 207
Überspannung 296
Umkehrreaktion 61, 67
Umlagerung, intramolekulare 139
Umschlagbereich (pH-Indikator) 118
Umweltgefährdung
- Flammschutzmittel 244
- Nanomaterialien 359
- Polytetrafluorethen 253
unit 14
Universalindikator 120 f.
Unschärferelation 321
Unterenergieniveau 319
Urethanbindung 238

V
Valenzelektronen 326
Valenzelektronenkonfiguration 326
Valenzschwingung 378
Valenzstrichformel 328

Van-der-Waals-Wechselwirkung 334, 336
Verbindung
- aromatische 192
- chirale 135
- Einteilung 10
- Oxidationszahlen 262
Verbrennungsenthalpie 34 f.
Verbrennungskalorimeter 30
Verbundwerkstoff 252
Verchromen 304
Veresterung 62
- säurekatalysiert 64 f.
Verseifung 360
Verseifungszahl 179
Verteilungsgleichgewicht 61, 121
Verwertungsverfahren (Kunststoffabfälle) 248 f., 256
Verzinken 304
Viskose 155, 245
Volumen, molares 12
Volumenarbeit 28, 48
Vulkanisation 242 f.

W
Wärme 41
Wärmekapazität 29
Waschmittel 365
- Zusammensetzung 368
Waschvorgang 362 f.
Wasser
- Autoprotolyse 90
- chemische Wechselwirkungen 336
- Mischungstemperatur 30
- nivellierender Effekt 97
- Oberflächenspannung 361
wasserabweisender Anstrich 353
Wasserenthärtung 351
Wasserreinigung 358 f.
Wasserstoff
Linienspektrum 318
Wasserstoff-Atom
- 1s-Orbital 322
Wasserstoffbrücken 16, 165, 337
Wasserstoff-Molekül
- Elektronenpaarbindung 328
- Molekülorbitalschema 333
Wasserstoff-Sauerstoff-Brennstoffzelle 290
WATSON, J. 172
Weichmacher 244
Wellenfunktion 321
Welle-Teilchen-Dualismus 320
WILKINS, MAURICE 172

X
Xanthogenate 245
Xanthoproteinreaktion 166 f.
Xylol 202

Z
Zelle s. galvanische Zelle
Zellspannung 273 f., s.a. Standardzellspannung
- Konzentrationsabhängigkeit 278 f.
Zeolithe 368
Zersetzungsspannung 295 f., 310
Zersetzungstemperatur 226
Zerteilungsgrad 54
Zink-Kohle-Batterie 282
Zucker 130, 136, 143
reduzierende 138, 146
Zuckertenside 366
Zweifachbindung 16
Zweitsubstitution, elektrophile 205 f.
zwischenmolekulare Wechselwirkungen 16, 228
Zwischenprodukt 64, 207
Zwitterion 160, 186

Periodensystem der Elemente

■ Metall		schwarz = Feststoff		
■ Halbmetall		weiß = Flüssigkeit		
		rot = Gas		
■ Nichtmetall		hellblau = künstliches Element		
		* = radioaktives Element		
		[1] = Gruppennummerierung IUPAC (1989): Gruppennummern 1 bis 18		

Periode

1 I. Hauptgruppe									
1 1,008 / 2,1 **H** / Wasserstoff / $1s^1$	2 II. Hauptgruppe								
3 6,94 / 1,0 **Li** / Lithium / $[He]2s^1$	**4** 9,01 / 1,5 **Be** / Beryllium / $[He]2s^2$								
11 22,99 / 0,9 **Na** / Natrium / $[Ne]3s^1$	**12** 24,31 / 1,2 **Mg** / Magnesium / $[Ne]3s^2$	3 III. Nebengruppe	4 IV. Nebengruppe	5 V. Nebengruppe	6 VI. Nebengruppe	7 VII. Nebengruppe	8 VIII. Nebengruppe	9 VIII. Nebengruppe	
19 39,10 / 0,8 **K** / Kalium / $[Ar]4s^1$	**20** 40,08 / 1,0 **Ca** / Calcium / $[Ar]4s^2$	**21** 44,96 / 1,3 **Sc** / Scandium / $[Ar]3d^14s^2$	**22** 47,88 / 1,5 **Ti** / Titan / $[Ar]3d^24s^2$	**23** 50,94 / 1,6 **V** / Vanadium / $[Ar]3d^34s^2$	**24** 51,996 / 1,6 **Cr** / Chrom / $[Ar]3d^54s^1$	**25** 54,94 / 1,5 **Mn** / Mangan / $[Ar]3d^54s^2$	**26** 55,85 / 1,8 **Fe** / Eisen / $[Ar]3d^64s^2$	**27** 58,93 / 1,8 **Co** / Cobalt / $[Ar]3d^74s^2$	
37 85,47 / 0,8 **Rb** / Rubidium / $[Kr]5s^1$	**38** 87,62 / 1,0 **Sr** / Strontium / $[Kr]5s^2$	**39** 88,91 / 1,3 **Y** / Yttrium / $[Kr]4d^15s^2$	**40** 91,22 / 1,6 **Zr** / Zirconium / $[Kr]4d^25s^2$	**41** 92,91 / 1,6 **Nb** / Niob / $[Kr]4d^45s^1$	**42** 95,94 / 1,8 **Mo** / Molybdän / $[Kr]4d^55s^1$	**43** [98] / 1,9 **Tc*** / Technetium / $[Kr]4d^55s^2$	**44** 101,07 / 2,2 **Ru** / Ruthenium / $[Kr]4d^75s^1$	**45** 102,91 / 2,2 **Rh** / Rhodium / $[Kr]4d^85s^1$	
55 132,91 / 0,7 **Cs** / Caesium / $[Xe]6s^1$	**56** 137,33 / 0,9 **Ba** / Barium / $[Xe]6s^2$	**57** 138,91 / 1,1 **La** ● / Lanthan / $[Xe]5d^16s^2$	**72** 178,49 / 1,3 **Hf** / Hafnium / $[Xe]4f^{14}5d^26s^2$	**73** 180,95 / 1,5 **Ta** / Tantal / $[Xe]4f^{14}5d^36s^2$	**74** 183,84 / 1,7 **W** / Wolfram / $[Xe]4f^{14}5d^46s^2$	**75** 186,21 / 1,9 **Re** / Rhenium / $[Xe]4f^{14}5d^56s^2$	**76** 190,23 / 2,2 **Os** / Osmium / $[Xe]4f^{14}5d^66s^2$	**77** 192,22 / 2,2 **Ir** / Iridium / $[Xe]4f^{14}5d^76s^2$	
87 [223] / 0,7 **Fr*** / Francium / $[Rn]7s^1$	**88** 226,03 / 0,9 **Ra*** / Radium / $[Rn]7s^2$	**89** 227,03 / 1,1 **Ac*** ●● / Actinium / $[Rn]6d^17s^2$	**104** [261] **Rf*** / Rutherfordium / $[Rn]5f^{14}6d^27s^2$	**105** [262] **Db*** / Dubnium / $[Rn]5f^{14}6d^37s^2$	**106** [266] **Sg*** / Seaborgium / $[Rn]5f^{14}6d^47s^2$	**107** [264] **Bh*** / Bohrium / $[Rn]5f^{14}6d^57s^2$	**108** [267] **Hs*** / Hassium / $[Rn]5f^{14}6d^67s^2$	**109** [268] **Mt*** / Meitnerium / $[Rn]5f^{14}6d^77s^2$	

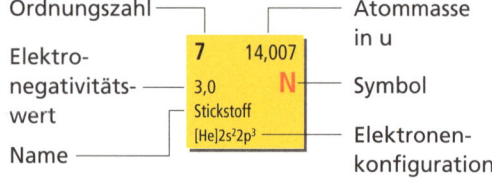

- Ordnungszahl
- Elektronegativitätswert
- Name
- Atommasse in u
- Symbol
- Elektronenkonfiguration

(Beispiel: 7 / 14,007 / 3,0 **N** / Stickstoff / $[He]2s^22p^3$)

Die Atommassen in eckigen Klammern beziehen sich auf das längstlebige gegenwärtig bekannte Isotop des betreffenden Elements.

● Elemente der Lanthanreihe (Lanthanoide)

58 140,12 / 1,1 **Ce** / Cer / $[Xe]4f^26s^2$	**59** 140,91 / 1,1 **Pr** / Praseodym / $[Xe]4f^36s^2$	**60** 144,24 / 1,2 **Nd** / Neodym / $[Xe]4f^46s^2$	**61** [145] / 1,2 **Pm*** / Promethium / $[Xe]4f^56s^2$	**62** 150,36 / 1,2 **Sm** / Samarium / $[Xe]4f^66s^2$

●● Elemente der Actiniumreihe (Actinoide)

90 232,04 / 1,3 **Th*** / Thorium / $[Rn]6d^27s^2$	**91** 231,04 / 1,5 **Pa*** / Protactinium / $[Rn]5f^26d^17s^2$	**92** 238,03 / 1,7 **U*** / Uran / $[Rn]5f^36d^17s^2$	**93** [237] / 1,2 **Np*** / Neptunium / $[Rn]5f^46d^17s^2$	**94** [244] / 1,3 **Pu*** / Plutonium / $[Rn]5f^67s^2$